普通高等教育“十一五”国家级规划教材

材料成形装备及自动化

第2版

主　编　樊自田
参　编　莫健华　陈柏金　叶春生
周龙早　蒋文明　吕书林
吴和保
主　审　吴浚效　华　林　张俊德

机械工业出版社

本书共9章，介绍了成形装备在材料成形加工中的作用及工业生产自动化与智能化的含义、金属液态成形装备及自动化、金属塑性成形装备及自动化、金属焊接成形设备及自动化、高分子材料成型设备及自动化、增材制造装备及系统、陶瓷和玻璃等其他重要的材料成形装备、工业炉及其控制、材料加工中的环境保护装备。

本书是在普通高等教育“十一五”国家级规划教材《材料成形装备及自动化》的基础上修订而成的，可供高等院校材料成形及控制工程专业本科生、材料加工工程专业研究生使用，也可供机械大类和材料大类专业学生及从事相关专业生产与科学研究工作的工程技术人员参考。

图书在版编目（CIP）数据

材料成形装备及自动化/樊自田主编. —2版. —北京：机械工业出版社，2018.8（2024.7重印）
普通高等教育“十一五”国家级规划教材
ISBN 978-7-111-60236-1

Ⅰ.①材… Ⅱ.①樊… Ⅲ.①工程材料-成型装置-高等学校-教材②工程材料-成型-自动化-高等学校-教材 Ⅳ.①TB3

中国版本图书馆CIP数据核字（2018）第190889号

机械工业出版社（北京市百万庄大街22号 邮政编码100037）
策划编辑：丁昕祯 责任编辑：丁昕祯 安桂芳
责任校对：刘志文 封面设计：马精明
责任印制：单爱军
北京虎彩文化传播有限公司印刷
2024年7月第2版第5次印刷
184mm×260mm · 27印张 · 716千字
标准书号：ISBN 978-7-111-60236-1
定价：69.00元

凡购本书，如有缺页、倒页、脱页，由本社发行部调换

电话服务
服务咨询热线：010-88379833
读者购书热线：010-88379649

网络服务
机 工 官 网：www.cmpbook.com
机 工 官 博：weibo.com/cmp1952
教育服务网：www.cmpedu.com
金 书 网：www.golden-book.com

封面无防伪标均为盗版

第2版前言

本书的第1版于2006年出版，至今已有十余年，2006年被选定为普通高等教育“十一五”国家级规划教材，编者认为它是较能体现“材料成型及控制工程”专业主要知识特点的课程教材，知识内容宽泛，在主体介绍金属材料成形（液态成形、塑性成形、焊接成形）装备及自动化特点的同时，还介绍了非金属材料成形（陶瓷、玻璃等）装备及控制系统，以及现代材料成形装备新发展（增材制造、半固态成形、绿色材料成形），符合当今对大学生宽知识面、多适应性的时代要求。

经过十多年的技术进步，材料成形装备及自动化又有了新的发展，智能化被确定为更高的发展目标，绿色材料及绿色成形制造技术更受重视，“快速成形”演变成为“增材制造”或“3D打印”。因此，本书的修订必须有所改进、完善及发展，以适应时代的快速进步。

编者在十多年的教学实践积累与装备知识更新的基础上，修改完善了本书的知识内容，更正了第1版中的错误，统一了章节编写结构，增加了装备智能化的知识介绍，使书中的章节结构更加合理，知识层次更加分明，更加与时俱进。

本书基于二十大报告中关于“深入实施科教兴国战略、人才强国战略、创新驱动发展战略”的要求，在详细讲授基础理论知识的同时融入探索性实践内容，以增强学生的自信心和创造力，即用学科理论知识促进学生活距思维、敢于创新，尽可能地将新思路在实践中进行创造性的转化，推动科学技术实现创新性发展。

本书（第2版）由华中科技大学樊自田教授担任主编，六位华中科技大学教授（副教授）、一位武汉工程大学教授参加了编写工作。具体的编写分工为：第1~2章，樊自田教授；第3章，华中科技大学陈柏金教授；第4章，华中科技大学周龙早副教授；第5章，华中科技大学叶春生副教授；第6章，华中科技大学莫健华教授；第7章，华中科技大学蒋文明副教授；第8章，华中科技大学吕书林副教授；第9章，武汉工程大学吴和保教授。全书由樊自田教授最终审定。

由于涉及的内容繁多，加之编者水平有限，书中难免有不当之处，敬请读者批评指正。

编　者

第1版前言

装备是整个工业和国民经济的基础，工业的自动化与信息化又是现代工业与国民经济发展的必然趋势。材料成形装备及自动化的进展是材料成形工业技术发展的主要标志，全面了解并掌握材料成形装备及自动化方面的知识是对当代“材料成形及控制工程”专业大学生的必然要求。

经过数十年的发展，原铸造、锻压、焊接、热处理等专业已自成体系，相对较为独立。这些专业又分成形工艺、成形材料、成形装备等研究方向，且以讲授金属材料的热加工成形内容为主，专业学习的知识面较窄。新的“材料成型及控制工程”专业的知识内容覆盖了原铸造、锻压、焊接、热处理等专业，还包括塑料、陶瓷、玻璃等材料的成形及过程控制的内容。其中，“成形装备及自动化”课程是本专业的核心课程之一，内容包含了原来的“铸造机械化”“锻压设备”“焊接设备及自动化”“热处理工业炉”“塑料成形机械”“陶瓷工业机械设备”“玻璃加工机械”等课程内容。以往的教材已无法满足新专业对教学内容的要求，针对此，编写了本书，以满足专业合并改造后材料成型及控制工程专业更宽广的知识教学与人才培养需求。

本书为普通高等教育“十一五”国家级规划教材，编写的指导思想是：以讲述材料成形装备的结构和原理为主体，以讲述装备的控制与自动化为重点。内容既包括传统材料成形加工方法（铸造、锻压、焊接等）的装备及自动化的内容，又包括高分子材料（塑料、橡胶等）及其他材料（陶瓷、玻璃等）的成形装备与控制，还介绍了材料加工成形领域的最新研究与应用成果，如“材料的快速成形装备控制”“半固态金属成形装备”等现代先进材料成形加工技术的内容。鉴于21世纪对环境保护、绿色加工成形技术的重视与发展，书中还介绍了“材料成形加工中的环境保护装备”，符合材料成形加工及制造行业绿色可持续发展的时代要求。

在编写方法上，编者力争反映材料成形装备及自动化的共性知识，使金属材料、高分子材料、陶瓷材料等的加工成形设备融为一体，促进专业的融合及其知识面的拓宽。重点或详细介绍各材料成形装备及方法中的主要设备和自动化程度较高的新型设备，而对其中的次要设备或较旧的设备只做简要介绍或不做介绍。

本书由华中科技大学樊自田教授担任主编，华中科技大学莫健华教授担任副主编。编写分工为：第1章、第7~9章，樊自田教授；第2章，华中科技大学万里副教授、樊自田教授；第3章，华中科技大学陈柏金副教授；第4章，华中科技大学姜幼卿副教授；第5章，华中科技大学叶春生副教授；第6章，莫健华教授。本书由清华大学吴浚效教授、武汉理工大学华林教授、华中科技大学张俊德教授任主审。主审分工为：第1~2章、第9章，吴浚效教授；第3~6章，华林教授；第7~8章，张俊德教授。

由于涉及的内容繁多，加之编者水平有限，书中难免有不当之处，敬请读者批评指正。

编　者

目录

第1章 绪论

材料成形装备与材料种类、成形方法密切相关，不同材料具有不同性能特征，产生了不同的成形工艺方法及装备。随着技术的进步，对材料成形装备的控制，已由人工控制向机械化、自动化、智能化迈进。本章从概述材料的分类、成形方法及装备种类入手，重点阐述成形装备在材料成形加工中的作用、工业生产自动化与智能化的含义，最后简述了本课程的知识基础及教学目标等。

1.1 材料的分类及其成形装备概述

1.1.1 材料的分类

材料通常是指可以用来制造有用的构件、器件或其他物品的物质。根据化学组成和显微结构特点，材料分为金属材料、无机非金属材料、高分子材料和复合材料等种类，复合材料是由前三者相互构成的。材料的分类及组成关系如图1-1所示。

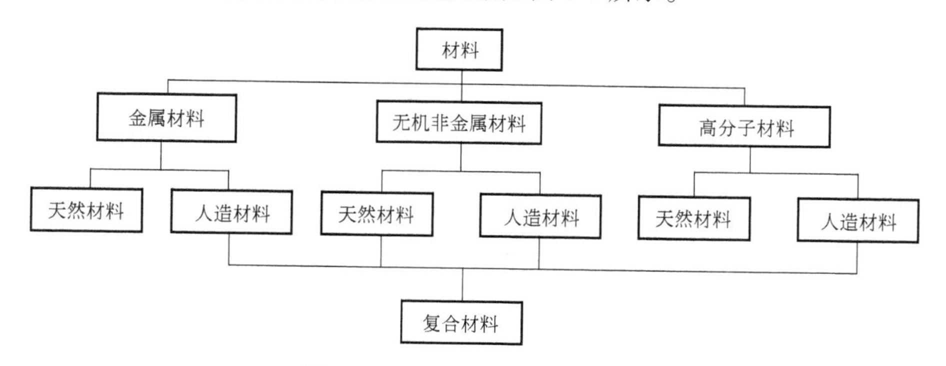

图1-1 材料的分类及组成关系

金属材料包括钢铁、铜合金、铝合金、镁合金等。高分子材料包括塑料、树脂、橡胶等。无机非金属材料几乎包括除金属材料、高分子材料以外的所有材料，主要有陶瓷、玻璃、胶凝材料（水泥、石灰和石膏等）、混凝土、耐火材料、天然矿物材料等。

复合材料是指由两个或两个以上独立的物理相，包括黏结材料（基体）和粒料、纤维或片状材料所组成的一种固体产物。复合材料的组成分为两大部分：基体与增强材料。其中，基体是构成复合材料连续相的单一材料（如玻璃钢中的树脂），增强材料是复合材料中不构成连续相的材料（如玻璃钢中的玻璃纤维）。复合材料根据其基体材料的不同，又可分为聚合物基复合材料（如树脂基复合材料）、金属基复合材料、无机非金属基复合材料（如陶瓷基复合材料）三种。

材料还可以根据其性能特征、用途、状态等分类。根据性能特征的不同，可分为结构材料和功能材料，前者以力学性能为主，后者以物理、化学性能为主。根据用途可分为建筑材料、航空材料、电子材料和半导体材料。根据状态可分为固体材料、液体材料和粉末材料。

1.1.2　材料的成形方法及装备概述

不同的材料应采用不同的成形方法，同一种材料处于不同状态时也有不同的成形方法。

(1) 金属材料成形　对金属材料而言，其成形方法通常分为冷加工、热加工两大类。冷加工成形是指切削加工，如车削、刨削、磨削、铣削、镗削等。热加工成形则有铸造(或液态成形)、锻压(挤压)、焊接、粉末冶金等方法。

由于铸造成形和焊接成形是在液态金属冷却凝固后完成的，故有人将它们称为金属的液态成形；而金属的锻压(挤压)成形是在固态下通过施力使金属材料受力后发生塑性变形而完成的，故又称为金属材料的塑性成形。当金属处于半固态下(即金属的温度处于固相线与液相线之间)时，可采用半固态铸造或液态锻压成形。

金属材料的铸造成形、塑性成形、焊接成形的工艺方法有多种多样，常见的金属材料热加工成形方法特点及主要装备见表1-1。金属材料成形装备的种类也十分繁多，其主要装备及其自动化将在后面的章节阐述。

表1-1　常见的金属材料热加工成形方法特点及主要装备

金属材料成形方法			工艺特点、适用场合	主要装备
铸造成形	重力作用下的铸造成形	砂型铸造	用模样和型砂制造砂型的铸造工艺，制造砂型经过：型(芯)砂紧实、起模、下芯、合型、浇注、落砂、清理等过程。根据黏结剂的不同，它又包括黏土砂型铸造、树脂砂型铸造、水玻璃砂型铸造、壳型(覆膜砂型)铸造等。其应用十分广泛，可适用于钢、铁、铜、铝、镁等各类金属及其合金材料的各种尺寸和重量的铸件生产	各类造型机、制芯机、铸型输送机及辅助装备、落砂机、砂处理设备、清理设备等
		金属型铸造	采用金属铸型的铸造工艺，金属型可以重复使用，又称为永久型铸造。金属型铸造的工艺过程及装备较为简单，常用于铜、铝、镁、锌等有色金属及合金的铸件生产	金属型铸造机
		熔模铸造	铸型为蜡模熔失后而形成的中空型壳，又称为失蜡铸造或精密铸造。所得铸件的尺寸精度高、表面粗糙度值低，其工艺过程包括蜡模制造、结壳、脱蜡、焙烧、浇注等。它主要用于高熔点和难切削的铸钢、合金铸钢、合金铸铁等材料的中小精密铸件(如航空航天铸件等)的生产	压蜡机、结壳生产线、焙烧炉等
		消失模铸造	用泡沫塑料模样代替木模或金属型，用无黏结剂干砂、水玻璃砂等型砂进行造型，无须起模，高温金属液浇注到铸型中的模样上，泡沫模样受热汽化、消失而形成铸件。其工艺过程包括铸件模样及其浇冒系统的制造与组合、涂料及干燥、填砂及振动紧实、浇注及落砂等，可用于钢、铁、铜、铝、镁等各类金属及其合金材料的铸件生产	模样成形机、振动紧实台、热干砂冷却系统、真空系统等
	外力作用下的铸造成形	离心铸造	将金属液浇入高速旋转的金属铸型中，使其在离心力的作用下充填铸型、凝固形成铸件。它用于生产空心旋转体铸件很有优势，大量用来生产管筒类铸件(如铁管、铜套、缸套等)	离心铸造机
		压力铸造	在高压(30~70MPa)作用下将液态或半固态金属快速(充填速度为5~100m/s、充型时间为0.05~0.2s)压入金属铸型中，并在压力下凝固获得铸件。压铸的生产率高、易于实现自动化，可生产尺寸精度高、表面粗糙度值低、结构形状复杂的铸件，目前主要用于生产锌、铝、镁等有色金属及合金铸件	冷室压铸机、热室压铸机
		低压铸造	介于金属型铸造与压力铸造之间的一种铸造方法，在低压(0.02~0.07MPa)干燥的气体作用下将金属液注入型腔，并在压力下凝固成形铸件。低压铸造时，铸件无须设置冒口，由浇道兼起补缩作用，铸件的组织性能好，主要用于铝合金铸件的大量生产，也可用于球墨铸铁、铜合金等较大铸件的生产	低压铸造机

（续）

金属材料成形方法			工艺特点、适用场合	主要装备
铸造成形	外力作用下的铸造成形	挤压铸造	在铸型中浇入一定量的金属液，上型随即向下运动，金属液自下而上充型。其主要特征是压力（2～10MPa）和速度（0.1～0.4m/s）较低，无涡流飞溅，铸件致密无气孔。能铸造出高品质的大平面薄壁件（汽车门、机罩等），多用于铝合金铸件，也可用于钢铁铸件	挤压铸造机
塑性成形	轧制塑性成形		金属坯料在两个回转轧辊之间受压变形而形成各种产品的成形工艺。轧制过程中，坯料靠摩擦力得以连续从轧辊之间通过而受压变形，结果是其截面减小、长度增加。轧制通常用于生产钢板、型材、管材等，也可直接成形零件毛坯	各类轧机
	挤压塑性成形		金属坯料在挤压模内受压被挤出模孔而变形的成形工艺。挤压过程中，坯料的截面依模孔的形状减小，其长度增加。挤压可以获得各种复杂截面的型材或零件，适于低碳钢、非铁金属及合金的加工，也可用于合金钢和难熔合金的成形	各类压力机
	拉拔塑性成形		将金属坯料拉过拉拔模的模孔而变形的成形工艺。拉拔模模孔的截面形状和使用性能对产品有决定性影响。该工艺主要用于制造各类细线材薄壁管等，可以完成低碳钢和大多数非铁金属及其合金的拉拔成形	各类拉拔（或拉力）机
	自由锻成形		金属坯料在上、下砧铁间受冲击力或压力作用而变形的成形工艺。该成形工艺简单，自由度大，无需模具，成本低。常用于成形低碳钢的零件毛坯	各类锻锤
	模锻成形		金属坯料在具有一定形状的锻模模膛内受冲击或压力而变形的成形工艺，主要用于成形低碳钢和重要的受力零件或精锻毛坯，如机器的主轴、重要齿轮、连杆、炮管等	各类锻锤或压力机
	板料冲压成形		金属坯料在冲模之间受压产生分离或变形的成形工艺，广泛用于汽车、电器、仪表及日用品制造工业，如小汽车外壳、仪表盘架等	各类压力机
焊接成形	熔焊	电弧焊	以带有药皮的焊丝为一个电极，以工件为另一个电极，通过短路引燃电弧，在电弧的高温作用下，工件（母材）和焊丝熔化形成熔池，冷却凝固后形成焊缝而实现工件间的连接。根据焊接过程中保护介质的不同，它又可分为焊条电弧焊、气体保护焊、埋弧焊等，其工艺装备简单，主要用于板材的焊接。它适用于低碳钢和低合金的焊接，也适用于有色金属、铸铁、不锈钢等材料的焊接	各类弧焊机
		电渣焊	利用电流通过熔渣时产生的电阻热加热并熔化焊丝和母材来进行焊接的一种熔焊方法，又可分为丝极电渣焊、板极电渣焊、管板电渣焊等。电渣焊时，焊接电源的一极接在焊丝的导电嘴上，另一极接在工件上，焊丝由机头上的送丝机构送入渣池熔化，其凝固后形成焊缝。它可用于锅炉、重型机械、化工等行业的厚大工件的焊接，材质除碳钢、各类合金钢、铸件外，也可用来焊接各种有色金属	电渣焊机
		电子束焊	高速运动的电子撞击工件将动能转化为热能并将焊缝熔化进行熔化焊。该工艺焊接质量好，但成本高，主要用于微电子器件、导弹外壳、核电站锅炉气包、难熔或活性金属等的焊接，广泛用于原子能、航空、航天等技术领域	电子束焊机
		激光焊	利用光学系统将激光束聚焦成微小的光斑，使其能量密度达 $10^{13}\mathrm{W/cm^2}$，将材料熔化而焊接。它又可分为脉冲激光焊和连续激光焊。该工艺生产率高、无焊接变形、材料不易氧化，但设备系统复杂，常用于薄板和微型电子器件的焊接	激光焊机
		等离子弧焊	利用机械压缩效应、热压缩效应和电磁收缩效应将电弧压缩为细小的等离子体的焊接工艺。等离子弧的温度高、能量密度大、穿透能力强，可一次性熔化较厚的材料，既可用于焊接又可用于切削。该工艺广泛用于国防工业的合金钢、钨、钼、钴、钛等金属的焊接，如钛合金导弹壳体、波纹管等，但等离子弧焊设备系统复杂，气体耗量大等	等离子弧焊机

（续）

金属材料成形方法			工艺特点、适用场合	主要装备
焊接成形	压焊	电阻焊	利用电阻热为热源，并在压力下通过塑性变形和再结晶实现焊接，其过程包括预压、通电加热、压力下冷却结晶等。电阻焊又有点焊和缝焊之分，当采用圆柱电极焊接时即为电阻点焊，电阻缝焊是连续的点焊过程，缝焊用连续转动的盘状电极代替柱状电极。电阻焊主要用于汽车、飞机等薄板的大量生产	电阻点焊机和电阻缝焊机
		摩擦焊	利用工件接触面相对旋转运动中相互摩擦所产生的热使端部达到塑性状态，然后迅速顶锻，完成焊接的一种压焊方法。摩擦焊的优点很多，主要有焊件的尺寸精度高，接头品质好，生产率高，适于异种金属（如铜-不锈钢、铝-铜等）的焊接等。它主要用于汽车、拖拉机工业中批量的杆状零件及圆柄刀具的焊接	摩擦焊机
	钎焊		将表面清洗好的工件以搭接的形式装配在一起，把钎料（熔点比焊件低）放在接头间隙附近或接头间隙中，当工件与钎料被加热到稍高于钎料的熔点温度后，钎料熔化被吸入并充满工件间隙中，液态钎料与工件金属相互扩散溶解，冷却后形成钎焊接头。钎焊又分为硬钎焊和软钎焊。硬钎焊的钎料熔点在450℃以上，接头强度较高，在200MPa以上，用于受力较大的钢铁和铜合金构件的焊接及工具、刀具的焊接；软钎焊的钎料熔点在450℃以下，接头强度较低，一般不超过70MPa，只用于受力不大、工作温度较低的仪表、导电元件、铜合金等的焊接	钎焊设备

（2）塑料成形　塑料制品的种类很多，其成形装备也多种多样，主要有挤出机、注射机等。

几乎所有的热塑性塑料都可以用挤出成形法加工，挤出成形的产品包括管材、型材、板材、薄膜、中空制品等。另外，挤出机还可用于塑料的混合、造粒、塑化等。

注射成形是将热塑性塑料或热固性塑料加工成制品的重要成形方法之一。注射成形能够加工出外形复杂、尺寸精确和带有嵌件的塑料制品。注射机是注射成形的主要成形设备，其生产效率高、易实现自动化。

（3）陶瓷材料成形　陶瓷是以黏土为主要原料烧成的多晶、多相（晶相、玻璃相和气相）聚集体制品的统称，它又包括土器、陶器、炻器、瓷器等。陶瓷制造经历了数千年历史，其进步发展的关键之一是成形工艺及装备技术。

陶瓷作为一种重要的结构材料，具有高强度、高硬度、耐高温、耐腐蚀等优点，在传统工业及新兴高技术领域都有广泛的应用。然而，陶瓷所固有的高强度、高硬度等优点却给陶瓷零件的成形、加工带来了很多困难。因此，研究各种陶瓷零件的成形技术至关重要。

陶瓷成形方法种类繁多，常用的方法有：挤制成形、干压成形、热压铸成形、注浆成形、轧膜成形、等静压成形、热压成形和流延成形等，更多采用压制方法成形。

（4）玻璃材料成形　玻璃的主要成分是硅酸盐，属于非金属材料。普通玻璃的化学组成是 $Na_2O \cdot CaO \cdot 6SiO_2$，主要成分是二氧化硅。当混入某些金属氧化物或盐类显现颜色时称为有色玻璃，通过特殊方法可制得钢化玻璃，有时把一些透明的塑料（如聚甲基丙烯酸甲酯）称为有机玻璃。

玻璃主要分为平板玻璃和深加工玻璃。平板玻璃主要有三种成形方法：引上法平板玻璃（分有槽、无槽两种）、平拉法平板玻璃和浮法玻璃。由于浮法玻璃具有厚度均匀、上下表面平整平行，再加上劳动生产率高及利于管理等方面的优点，浮法玻璃正成为玻璃制造方式的主流。深加工玻璃是为达到生产生活中的各种需求，人们对普通平板玻璃进行深加工处理。

玻璃材料的成形是熔融玻璃转变为固有几何形状的过程。玻璃成形的方法有很多，主要有压制法、吹制法、拉制法、延压法、浇注法等。玻璃制品广泛用于建筑、日用、医疗、化学、电子、仪表、核工程等领域。

（5）粉末材料成形 许多材料都可以以粉末形式出现，如金属粉末、陶瓷粉末、高分子聚合物粉末等。粉末材料通常可采用压制烧结成形（如粉末冶金）和粉末注射成形等。

粉末冶金是一种制造金属粉末，并以金属粉末（有时也添加少量非金属粉末）为原料，经过混合、成形和烧结，制造出材料或制品的成形方法。它能制造出用传统的熔铸和加工方法无法制成、具有独特性能的材料或制品。粉末冶金的生产工艺与陶瓷的生产工艺在形式上相似，故粉末冶金又称为金属陶瓷法。

粉末注射成形（Powder Injection Molding，PIM）是一种采用黏结剂固结金属粉末、陶瓷粉末、复合材料、金属间化合物的一种特殊成形方法。它是在传统粉末冶金技术的基础上，结合塑料工业的注射成形技术而发展起来的一种近净成形（Near-Shaped）技术。目前，极有发展前景的粉末注射成形有金属粉末的注射成形（Metal Powder Injection Molding，MIM）和陶瓷粉末的注射成形（Ceramic Injection Molding，CIM）。

（6）材料的快速成形 快速成形（Rapid Prototyping，RP）技术的发明和出现，给材料的加工成形注入了全新的概念。它基于“离散/堆积”的成形思想，集数控技术、CAD/CAM技术、激光技术、新材料和新工艺技术等于一身，以极高的加工柔性，可以成形几乎所有种类的材料（树脂、金属、塑料、陶瓷、石蜡等）。

快速成形技术彻底摆脱了传统的“去除”加工法，而采用全新的“增长”加工法，将复杂的三维加工分解成简单的二维加工的组合。它不需采用传统的加工机床和工装模具，只要传统加工方法的10%~30%的工时和20%~35%的成本，就能直接制造出产品样品或模具。它已成为现代材料加工与先进制造技术中的一项支柱技术，是实现并行工程（Concurrent Engineering）不可缺少的手段。

近年来，快速成形技术发展极为迅速，又被称为“增材制造”“3D打印”等。它给予了更多的知识含义，应用也更加广泛。快速成形方法有很多种，其中，运用最为广泛的有：液态树脂光固化成形（Stereo Lithography Apparatus，SLA）、分层物体制造（Laminated Object Manufacturing，LOM）、选择性激光烧结（Selective Laser Sintering，SLS）、熔丝沉积制造（Fused Deposition Modeling，FDM）、3D打印（3D Print，3DP）等五种（详见第6章概述）。

总之，材料的成形装备与材料的成形方法是相互对应的，通常不同的成形方法具有相应的成形装备，而成形工艺方法与其成形装备是密不可分的。

1.2 成形装备在材料成形加工中的作用

社会生产力和科学技术的进步可归结为人类不断创造工具以延伸自身的能力，从而把劳动力解放出来从事更富创造性的工作。从原始人类的工具到导致工业革命的各种动力机械设备，直至今天各种现代的运载工具、精密加工机器和大规模施工装备等，都是在力和功率、速度和距离、强度和精度等方面延伸了人的体力。这种机械化的过程极大地提高了劳动生产率，创造了巨大的社会财富，并导致极其深刻的社会变革。

因此，材料成形加工过程中采用的装备（即现代工具）在现代材料成形加工中具有不可替代的重要作用。实现高度的自动化在经济方面和社会方面也将获得很大的效益，这些作用和效益主要表现在以下几个方面：

1）大大提高了生产率，降低了工人的劳动强度。以现代压铸机为例，每小时可压铸60~180次，最高可达500次，可实现自动化、半自动化生产，故在生产率大大提高的同时，工人的劳动强度大大降低。除自动化的单机生产外，计算机控制的全自动生产加工流水线、装备线等，能自动完成从原材料的输送与准备、多工序的成形加工、零件处理直至产品库存等众多工部，同时完成产品质量的在线检测与控制，生产现场的工人少，操作人员只需在控制室内监视生产过程。

2）提高了产品质量与精度，降低了原材料消耗。机械化、自动化生产可避免人力生产中的人为因素（如疲劳、情绪等）影响，保障产品的质量与精度，大大降低原材料的消耗。例如：精密模锻成形零件的尺寸精度和表面质量要大大优于自由锻成形的零件，前者的尺寸精度通常为IT7~IT8，表面粗糙度值 $Ra=3.2\sim0.8\mu m$，而后者的尺寸精度通常为IT11~IT12，表面粗糙度值 $Ra=12.5\sim6.3\mu m$；在原材料的利用率方面，精密模锻成形工艺也要远远高于自由锻成形工艺。

3）缩短了产品设计至实际投产时间。以往新产品研制的周期长，费用高，修改困难。快速成形（RP）技术及装备的出现，使得新产品的设计、（原型）评价、修改、制造等过程形成了一个整体的闭环系统，大大缩短了新产品的研制时间和开发费用。RP技术可以在较短的时间内（数小时或数天）将设计图样或CAD模型制成RP实体零件原型，设计人员可根据零件原型对设计方案进行评定、分析、模拟试验、生产可行性评估，并能迅速取得用户对设计方案的反馈信息，通过CAD对设计方案做修改和再验证。用RP装备制作的零件原型还可直接用于产品装配试验或做某些特殊的功能试验。新产品的快速研制与定型，也大大缩短了产品大规模生产的时间。

4）减少制品的库存。实现生产管理的装备与自动化，可通过各个管理子系统及时、准确地处理大量数据，对器件、设备、人力、技术资料进行组织、协调，保证在规定的时间、人力和消耗限额内完成生产任务，生产的制品也可及时地输出，因此可大大减少生产制品的库存量。

5）改善操作环境，实现安全和清洁生产。随着环境保护和安全生产的意识不断加强，环保和清洁生产工艺与装备大量采用。除尘设备、降噪设备的使用，使得工人的操作环境及劳动条件大为改善；生产废料（废渣、废气、废水等）的再生回用（或无害处理），大大减少了生产资源浪费和对环境的污染，符合绿色可持续发展的时代要求。

1.3 工业生产自动化与智能化的含义

从材料成形加工的生产过程看，自动化是一种把复杂的机械、电子和以计算机为基础的系统应用于生产操作和控制中，在较少人工操作与干预下生产可以自动进行的技术。在自动化生产中应用的系统一般由以下部分组成：①自动机床；②物料自动搬运系统；③自动装配机；④流水生产线；⑤信号检测数据采集系统；⑥计算机过程控制系统；⑦为支持制造活动用来收集数据、进行规划和做出决策的计算机控制系统。

因此，一般认为，工业生产自动化是指将多台设备（或多个工序）组合成有机的联合体，用各种控制装置和执行机构进行控制，协调各台设备（或各工序）的动作，校正误差、检验质量，使生产全过程按照人们的要求自动实现，并尽量减少人为的操作与干预。

1.3.1 工业生产过程

工业生产是原料在体力劳动、脑力劳动、机械装备、特殊工具的综合作用下，成为市场上有价值的商品的变化过程，这个变化过程又称为“生产过程”。生产是一步一步进行的，每一个步骤称为“生产工序”。尽管工业生产的产品品种繁多、大小悬殊、用途不一、形状各异，但就生产方式来划分，一般可分为大批量生产和多品种中小批量生产两种类型；就生产工艺而言，又可分为冷加工、热加工及特殊工艺。从整个生产过程来看，无论哪种方式或工艺的生产，都可以分为表 1-2 所列的三大环节、八个主要过程。

表 1-2　生产过程中的三大环节及八个主要过程

环节	主要过程	功能作用
设计	设计过程	产品设计、工装模具设计、专用加工设备设计等
制造	生产准备过程	原材料准备、采购及外协加工委托计划等
	工艺准备过程	工艺图样准备、加工设备选择、工装模具制造等
	加工过程	冷加工(各种切削加工)、热加工(铸、锻、焊等)、各类生产线等
	检验试验过程	加工过程中工艺参数的自动检测、加工后产品的性能检测等
	装备过程	零件供给、产品装备与输送等
	辅助生产过程	产品的后续处理、废旧料回用、设备检修维护等
管理	生产管理过程	原材料(工具、配件等)管理、生产调度、人事管理、企业规划等

1.3.2　工业生产自动化内容

从生产过程的三大环节、八个主要过程来看，目前工业生产自动化的主要内容如下：

（1）设计过程　在采用 CAD（计算机辅助设计）技术之前，机械（或材料加工）工业的设计人员占技术人员的 10%~15%，设计工作 50%~60%的工作量是制图与其他一些重复性劳动，且设计多凭经验设计，工作量大，周期长，设计图样修改不便，设计的安全系数通常较大。随着计算机技术的广泛采用，设计过程中可应用计算机辅助进行产品设计、性能分析、模拟试验等，进一步的发展是将 CAD 技术、CAE（计算机辅助工程）技术和 CAM（计算机辅助制造）技术等结合起来，实现 CAD/CAE/CAM 一体化，从而大大缩短了设计过程，提高了设计的准确性与可靠性，设计方案与图样的修改和保存也非常便利，设计过程的发展趋势是设计自动化。

（2）生产准备过程　该过程包括：①根据公司企业销售和市场信息部门提出的产品订货订单，考虑生产纲领、本厂设备及库存情况，②编制材料、刀具、元器件、专用设备等需用、采购、外协加工委托计划，③必要时，甚至包括专用生产基地厂房的建设等任务。在这些工作中相应地采用各种自动化技术与手段可提高效益、减少差错。

（3）工艺准备过程　该过程包括：①根据设计图样、技术装备水平及产品批量等因素，选择加工设备；②确定加工工艺及技术要求；③设计零件制造、产品装配的工艺过程，编制材料明细栏；④确定工装模具、量具等的设计制造，准备外协加工件的验收方法及手段。在这些工作中，有些已经实现了相当程度的自动化，如工艺过程模拟及自动设计方面。

（4）加工过程　自动化的加工过程包括：从大批量生产中采用各种高效专用机床、组合机床、自动化生产线，到多品种、小批量生产中采用的数控机床、组合机床，直至近年来采用的成组技术和柔性加工系统。各种类型的调节器、控制器，特别是计算机、微型机的大量应用，加快了加工过程自动化速度。

（5）检验试验过程　在自动化单机、自动线等的工作过程中，出于保证产品质量、提高精度和为操作者提供安全保护等目的，往往需要进行自动测试。各种传感器的出现，使原材料、毛坯、零部件等的性能、外形尺寸、特征，加工和装配的工位状况，设备工作状况，材料、零件的传送情况，产品性能等的检测试验都成为可能。各种各样的放大器、转换器、传送器显示记录装置促进了自动检测技术的发展，使得机械及材料加工工业的检测技术，由过去的离线、被动、单参数、接触式逐步转向使用计算机的在线、主动、多参数、非接触式快速检测。

(6) 装备过程 装配作业自动化包括零件供给、装配作业、装配成品、运送等方面的自动化。从装配作业看，方向是研制高生产率的数控装配机、自动装配线、装配机器人；从整个生产过程来看，是如何将装配作业与CAM、零件后处理和自动化立体仓库相连接。

(7) 辅助生产过程 该过程包括毛坯、原材料、工件、刀具、工夹具、废料等的处理、搬运、抓取、中间存贮、检修等，由于该过程的时间占生产时间的95%以上，费用占30%~40%，因此研制各种自动化物流装置得到世界各国普遍重视。各种悬挂输送、自动小车输送、高架立体仓库、机械手和工业机器人已广泛应用于各个领域。

(8) 生产管理过程 生产管理过程包括车间或工厂的各种原材料、工具、存货的管理，生产调度，中长期规划，生产作业计划，产品订货与销售，市场预测与分析，财务管理，工资计算，人事管理等。生产管理自动化就是利用计算机技术按照订货或任务要求，通过各个管理子系统及时、准确地处理大量数据，对器件、设备、人力、技术资料进行组织、协调，保证在规定的时间、人力和消耗限额（包括能源、资金、器材等）内完成生产任务。

综上所述，工业生产过程自动化所研究的内容主要有两个方面：对上述各个过程，实现不同程度自动化时的各种方法和手段；对上述几个过程或全部过程按照一定的目标和要求（如技术上先进、经济上合理、具体所要求的生产率）联系起来，组成不同规模的自动线、自动化车间或自动化工厂。

从另一种角度看，生产过程所进行的生产活动，实际上由物质流和信息流两个主要部分组成。物质流是指物质的流动和处理，包括原材料、毛坯、工夹具、模具、半成品、成品、废料、能源的流动、处理（加工）、变换。信息流是指信息（包括加工指令、数据、反映生产过程各种状态的资料等）的流动和处理。

实现物质流动和处理的自动化必须有相应的自动化设备，如自动化单机、生产线、装配线以及各种物料搬运系统；实现信息流动和处理的自动化，则必须适时检测、收集信息，然后利用计算机进行自动处理。

1.3.3 工业生产智能化内容

当前，工业革命与技术发展进入了“工业4.0”时代，而“工业4.0”的两大主题是智能工厂与智能生产。

(1) 智能工厂

1) 智能工厂的基本特征。“智能工厂”的概念，最早由美国罗克韦尔自动化有限公司CEO奇思·诺斯布希（Keith Nosbusch）于2009年提出，其核心是工业化和信息化的高度融合。智能工厂是智能工业发展的新方向。

智能工厂是在数字化工厂的基础上，利用物联网的技术和设备监控技术加强信息管理和服务；未来，将通过大数据与分析平台，将云计算中由大型工业机器产生的数据转化为实时信息（云端智能工厂），并加上绿色智能的手段和智能系统等新兴技术于一体，构建一个高效节能、绿色环保的、环境舒适的人性化工厂。目前智能工厂概念仍众说纷纭，但其基本特征主要有制程管控可视化、系统监管全方位及制造绿色化三个层面。

① 制程管控可视化。由于智能工厂高度的整合性，在产品制程上，包括原料管控及流程，均可直接实时展示于控制者眼前，此外，系统机具的现况也可实时掌握，减少因系统故障造成偏差。而制程中的相关数据均可保留在数据库中，让管理者得以有完整信息进行后续规划，也可以依生产线系统的现况规划机具的维护；可根据信息的整合建立产品制造的智能

组合。

② 系统监管全方位。通过物联网概念，以传感器做链接使制造设备具有感知能力，系统可进行识别、分析、推理、决策以及控制功能；这类制造装备，可以说是先进制造技术、信息技术和智能技术的深度结合。当然此类系统，绝对不仅只是在 KS（Key System）内安装一个软件系统而已，主要是透过系统平台累积知识的能力，来建立设备信息及反馈的数据库。从订单开始，到产品制造完成、入库的生产制程信息，都可以在数据库中一目了然，在遇到制程异常的状况时，控制者也可更为迅速反应，以促进更有效的工厂运转与生产。

③ 在制造绿色化方面，除了在制造上利用环保材料、留意污染等问题，并与上下游厂商间，从资源、材料、设计、制造、废弃物回收到再利用处理，以形成绿色产品生命周期管理的循环，更可透过绿色 ICT（Information Communication Technology）的附加值应用，延伸至绿色供应链的协同管理、绿色制程管理与智慧环境监控等，协助上下游厂商与客户之间共同创造符合环保的绿色产品。

2）智能工厂的技术基础。智能工厂的建设主要基于以下三大技术基础。

① 无线感测器。无线感测器将是实现智能工厂的重要利器。智慧感测是基本构成要素。仪器仪表的智慧化，主要是以微处理器和人工智能技术的发展与应用为主，包括运用神经网络、遗传演算法、进化计算、混沌控制等智慧技术，使仪器仪表实现高速、高效、多功能、高机动灵活等性能，如专家控制系统（Expert Control System，ECS）、模糊逻辑控制器（Fuzzy Logic Controller，FLC）等都成为智能工厂相关技术的关注焦点。

② 控制系统网络化（云端智能工厂）。随着智能工厂制造流程连接的嵌入式设备越来越多，通过云端架构部署控制系统，无疑已是当今最重要的趋势之一。在工业自动化领域，随着应用和服务向云端运算转移，资料和运算位置的主要模式都已经被改变了，由此也给嵌入式设备领域带来颠覆性变革。如随着嵌入式产品和许多工业自动化领域的典型 IT（Information Technology）元件，如制造执行系统（Manufacturing Execution System，MES）和生产计划系统（Production Planning System，PPS）的智慧化，以及连线程度日渐提高，云端运算将可提供更完整的系统和服务。一旦完成连线，体系结构、控制方法以及人机协作方法等制造规则，都会因为控制系统网络化而产生变化。此外，由于影像、语音信号等大数据高速率传输对网络频宽的要求，对控制系统网络化，更构成严厉的挑战，而且网络上传递的资讯非常多样化，哪些资料应该先传（如设备故障信息），哪些资料可以晚点传（如电子邮件），都要靠控制系统的智慧能力，进行适当的判断才能得以实现。

③ 工业通信无线化。工业无线网络技术是物联网技术领域最活跃的主流发展方向，是影响未来制造业发展的革命性技术，其通过支持设备间的交互与物联，提供低成本、高可靠、高灵活的新一代泛在制造信息系统和环境。随着无线技术日益普及，各家供应商正在提供一系列软硬体技术，协助在产品中增加通信功能。这些技术支援的通信标准包括蓝牙、Wi-Fi、GPS、LTE 以及 WiMax。然而，由于工厂需求不像消费市场一样的标准化，必须适应生产需求，有更多弹性的选择，最热门的技术未必是最好的通信标准和客户需要的技术。

（2）智能生产

1）智能生产的概念。智能生产（Intelligent Manufacturing，IM），也称为智能制造，是一种由智能机器和人类专家共同组成的人机一体化智能系统，它在制造过程中能进行智能活动，诸如分析、推理、判断、构思和决策等。智能生产是制造业的未来。通过人与智能机器的合作共事，去扩大、延伸和部分取代人类专家在制造过程中的脑力劳动。它把制造自动化的概念更新，扩展到柔性化、智能化和高度集成化。与传统制造相比，智能生产具有自组织和超柔性、自律能力、学习能力和自维护能力、人机一体化、虚拟实现等特征。

“智能制造”需要硬件、软件以及咨询系统的整合。那些具有“智慧制造”属性的生产线，不仅拥有着为数众多的控制器、传感器，而且通过有线或无线传感网架构进行串联，将数据传输给上层的制造执行管理系统（MES），结合物联网的系统架构，从而让制造业提升到一个新的阶段。制造主要是服务于产品的生产，现在随着客户个性化需求越来越多，产品生产也逐渐呈现出少量多样等新特征，这就迫使制造厂商要提升生产线的速度与灵活性，对于市场前端的变化需要能够快速调整。例如，当前一些汽车厂就可以让客户在线指定汽车的颜色，快速调整生产线，快速交付产品。智能制造就是要为使用者带来更多的便利。

2）智能制造的趋势。近年来，由人工智能技术、机器人技术和数字化制造技术等相结合的智能制造技术，正引领新一轮的制造业变革。智能制造技术开始贯穿于设计、生产、管理和服务等制造业的各个环节，智能制造技术的产业化及广泛应用正催生智能制造业。概括起来，当今世界制造业智能化发展呈两大趋势。

① 以3D打印为代表的“数字化”制造技术崭露头角。“数字化”制造以计算机设计方案为蓝本，以特制粉末或液态金属等先进材料为原料，以“3D打印机”为工具，通过在产品层级中添加材料直接把所需产品精确打印出来。这一技术有可能改变未来产品的设计、销售和交付用户的方式，使大规模定制和简单的设计成为可能，使制造业实现随时、随地、按不同需要进行生产，并彻底改变自“福特时代”以来的传统制造业形态。3D打印技术开创了一个全新的偏平式、合作性的全球手工业市场，而不是传统意义上的层级式、自上而下的企业结构。一个由数百万人组成的分散式网络代替了从批发到零售商在内的所有中间人，并且消除了传统供应链中每一个阶段性的交易成本。这种“添加式生产”能够大幅降低耐用品的生产成本，从而使数以万计的小型生产商对传统上处于中心位置的大型生产者提出挑战。不过新的生产方式已经发生了重大改变，传统的生产制造业将面临一次长时间的“洗牌”。有预测指出，未来模具制造行业、机床行业、玩具行业、轻工产品行业或许都可能被淘汰出局，而取代它们的就是3D打印机。当然，这需要一个过程，主要是人们适应和接受新事物的过程与产业自身完善成长的过程。不过10年、20年是分水岭，一般新技术会变得非常成熟，并被广泛应用。

② 智能制造技术的创新及应用贯穿制造业全过程。先进制造技术的加速融合使得制造业的设计、生产、管理、服务各个环节日趋智能化，智能制造正引领新一轮的制造业革命，主要体现在以下四个方面。

a. 建模与仿真使产品设计日趋智能化。建模与仿真广泛应用于产品设计、生产及供应链管理的整个产品生命周期。建模与仿真通过减少测试和建模支出降低风险，通过简化设计部门和制造部门之间的切换来压缩新产品进入市场的时间。

b. 以工业机器人为代表的智能制造装备在生产过程中的应用日趋广泛。近年来，工业机器人应用领域不断拓宽，种类更加繁多，功能越来越强，自动化和智能化水平显著提高。汽车、电子电器、工程机械等行业已大量使用工业机器人自动化生产线，工业机器人自动化生产线成套装备已成为自动化装备的主流及未来的发展方向。业内通常将工业机器人分为日系和欧系。日系中主要有安川、OTC、松下、FANUC、不二越、川崎等公司的商品；欧系中主要有德国的KUKA、CLOOS，瑞典的ABB，意大利的COMAU，奥地利的IGM等公司的商品。工业机器人在制造业的应用范围越来越广泛，其标准化、模块化、网络化和智能化程度越来越高，功能也越发强大，正朝着成套技术和装备的方向发展。国际机器人联合会主席榊原伸介（Sakakibara Shinsuke）表示，在过去4~5年间，世界机器人行业得到了长足的发展，行业平均增长率为8%~9%。据联合会统计，近年来世界工业机器人行业的年总产值约250亿美元。

c. 全球供应链管理创新加速。通过使用企业资源规划软件和无线电频率识别技术

（RFID）等信息技术，使得全球范围的供应链管理更具效率，缩短了满足客户订单的时间，提高了生产率。

d. 智能服务业模式加速形成。先进制造企业通过嵌入式软件、无线连接和在线服务的启用整合成新的“智能”服务业模式，制造业与服务业两个部门之间的界限日益模糊，融合越来越深入。消费者正在要求获得产品“体验”，而非仅仅是一个产品，服务供应商如亚马逊公司已进入了制造业领域。

1.4 本课程的知识基础及教学目标

材料成形装备及自动化技术快速进步，但其成形及结构的基本特点没有改变，全面了解并掌握材料成形装备及自动化方面的知识是对当代“材料成型及控制工程”专业大学生的基本要求也没有改变。

本课程是在学习《液压与气压传动》《机械原理》《机械设计》《控制技术基础》《检测技术基础》《材料成形工艺》等先修课程的基础上，学习材料加工主要装备的结构原理及自动化控制技术。具体的教学目标如下：

1）根据材料的种类繁多，其加工方法及成形装备各异的特点，本书以介绍材料的成形装备为主体，讲述成形装备的自动化为重点，帮助学生获得必要的装备及自动化方面的基本知识，了解材料成形装备及自动化技术的发展前沿。

2）在全面了解与掌握材料成形装备种类及结构特点的基础上，帮助学生重点学习金属材料成形、塑料成形、快速成形等装备及自动化技术。结合 21 世纪绿色制造成形的发展趋势，介绍材料加工中的环境保护装备，为培养新时代高素质的材料成形加工人才奠定基础。

3）由于装备及自动化课程是实践性极强的课程之一，本课程将密切结合学生的生产实习、课程设计、实验课等实践环节，培养学生对材料成形加工设备与自动化技术的兴趣及感性认识，提高授课质量与效果。

思考题

1. 材料有哪些种类？常用的金属材料有哪几种？
2. 金属材料有哪些常见的成形方法？举例说明其特点。
3. 举例说明不同的材料及成形工艺的主要设备及其作用。
4. 阐述工业装备在材料成形加工中的作用。
5. 概述工业自动化的定义、组成及主要内容。
6. 简述智能工厂的基本特征、技术基础及智能制造的发展趋势。

第2章

金属液态成形装备及自动化

液态金属成形俗称“铸造”，它是机械工业的基础。作为加工工具的各类机床，其重量的90%来自于铸件；飞机、汽车的核心——发动机，其关键零件（涡轮叶片、缸体、缸盖等）均为铸件。我国已是第一铸件生产大国。2017年我国的铸件年产量达4940万t，已超过铸造强国的美国和日本之和。但我国并不是铸造强国，所生产的铸件大多为档次不高的普通铸铁件，高质量的铸件尤其是高质量的铝合金、镁合金铸件的产量偏少，生产高质量铸件的现代化装备也不多。装备是材料成形工业的基础，也是生产高质量铸件的保障。本章主要介绍重要的液态金属成形（铸造）装备及自动化控制系统。

2.1 概述

铸造又可分为重力作用下的铸造成形和外力作用下的铸造成形两类（见表1-1），也可分为“砂型铸造”和“特种铸造”。砂型铸造（根据黏结剂的不同）通常可分为黏土砂型铸造、树脂砂型铸造、水玻璃砂型铸造、覆膜砂型（壳型）铸造等；特种铸造通常是指所有的非砂型铸造，包括压力铸造、离心铸造、低压铸造、金属型铸造、熔模铸造、挤压铸造等。消失模铸造目前通常被归纳为特种铸造，但按工艺性质和过程特点更应归纳为砂型铸造类。

在我国，按铸造生产产量计算，砂型铸造占整个铸造产量的80%~90%，而黏土砂型铸造又占砂型铸造的80%以上。因此，在介绍液态金属成形装备时，砂型铸造装备是主体。由于铸造工艺过程相对复杂，涉及的原材料众多，其装备类型也多种多样。铸造装备的分类及其作用简介见表2-1。

表2-1 铸造装备的分类及其作用简介

序号	铸造装备的分类		主要装备名称	作用
1	熔化、浇注装备	冲天炉熔化装备	冲天炉、鼓风机、配料设备、加料设备	铸铁（灰铸铁、球墨铸铁）的配料、加料及熔化
		电炉熔化装备	电弧炉、感应电炉、电阻炉	各种金属炉料（钢、铁、铝）的熔化
		浇注设备	倾转式浇注机、气压式浇机、电磁浇注机	金属液的浇注
2	砂型铸造装备	砂处理装备	混砂机、松砂机、破碎机、筛分设备、旧砂再生机、烘干设备、旧砂冷却设备、磁分离设备	型砂、芯砂的混制与准备，旧砂的再生回用等
		造型装备	震实造型机、压实造型机、震压实造型机、射压造型机、气流冲击造型机、静压造型机	型砂、芯砂的紧实与造型
		制芯装备	热芯盒射芯机、冷芯盒射芯机、壳芯机	砂芯的制造、成形
		落砂装备	振动落砂机、滚筒落砂机、振动输送落砂机、风动落砂机	落砂、铸件与铸型的分离
		清理装备	滚筒清理设备、喷丸清理设备、抛丸清理设备、抛喷丸联合清理设备、水力清砂设备、电液压清砂设备	铸件表面清理

（续）

序号	铸造装备的分类		主要装备名称	作用
3	特种铸造装备	压铸机	冷室压铸机、热室压铸机、定量浇注机、取件机械手、模具调温控制系统	压力铸造成形
		熔模铸造装备	蜡料处理设备、制模设备、制壳设备、脱蜡设备、模壳焙烧设备	熔模精密铸造成形
		低压铸造机	立式低压铸造机、卧式低压铸造机、液面加压控制装置	低压铸造成形
		金属型铸造机	金属型铸造机、倾转浇注设备、模具调温控制系统	金属型铸造成形
		离心铸造机	卧式离心铸造机、离心铸管机	离心铸造成形
4	运输定量装备	铸型输送机	连续式铸型输送机、脉动式铸型输送机、间歇式铸型输送机	铸型的输送，组成造型、浇注、冷却、落砂等工序的生产线
		鳞板输送机	Y31型鳞板输送机、BLT型鳞板输送机	输送热铸件
		振动输送机	矩形槽式振动输送机、管式振动输送机、螺旋槽式振动输送机	输送砂粒、煤粉、黏土、焦炭等材料
		气力输送装置	压送式气力输送装置、脉冲压送式气力输送装置、吸送式气力输送装置	输送砂粒、煤粉、黏土等材料
		给料设备	圆盘给料机、螺旋给料机、带式给料机、振动给料机	旧砂、型砂的定量给料
		定量设备	容积法定量设备、称量法定量设备	旧砂、型砂、焦炭、煤粉、黏土等材料的称量
5	检测与控制装备	冲天炉熔炼检测与控制设备	风量检测仪、风压检测仪、炉气成分检测仪、铁液温度及成分检测仪、料位测量仪等	冲天炉熔炼过程工艺参数的检测与控制
		炉前快速分析与检验设备	比色计、光谱仪、碳硫测定仪、金属中含气量测定仪	用于金属液的化学成分、碳硫含量、气体含量的测定
		型砂性能试验设备	原砂性能测试设备、型砂常温性能测试设备、型砂高温性能测试设备	型砂的常温及高温性能的测试
		铸件无损检测设备	超声波无损检测设备、射线无损检测设备、磁粉无损检测设备、渗透无损检测设备	铸件内部质量的无损检测
6	环保装备	除尘设备	袋式除尘器、旋风除尘器、湿式除尘器	灰尘及微粒的去除设备
		噪声防治设备	消声器、隔声防噪设备	噪声的降低与防治
		污水净化设备	沉淀池、污水处理器	污水净化与处理
7	其他附属装备	材料准备设备	锭料断裂机、搅拌机、球磨机、破碎机	金属锭料的准备、涂料的准备、旧砂的破碎等
		起重运输设备	电动平车、桥式起重机、起重机、悬挂抓斗	物料的运输、抓取等
		远红外烘干炉	电热远红外烘干炉	型砂、芯砂的烘干设备

本章主要介绍金属熔化、浇注装备及控制，砂处理装备及自动检测系统，造型设备及自动化生产线，制芯设备及自动控制系统，铸件落砂与清理装备及自动化，特种铸造装备及自动化（包括压力铸造、低压铸造等），消失模精密铸造装备及生产线，半固态铸造成形装备及生产线，典型铸造工业机器人及无人工厂等。

2.2 金属熔化及浇注装备

熔化是金属液态成形的首要环节，其任务是提供高质量的金属液。根据合金材料可选择不同的金属熔化方法，如：铸铁合金可采用冲天炉熔化，铸钢常用电弧炉或感应炉熔炼，铝合金常用电阻炉或油气炉熔化等。金属的熔化装备一般包括三大部分：熔化炉、辅助装备（如配料、加料装备等）、浇注装备。

2.2.1 冲天炉熔化

1. 冲天炉结构

冲天炉是铸造车间获得铁液的主要熔炼设备，其典型结构如图 2-1 所示。它由炉底、炉体和炉顶三部分组成。炉底起支承作用，炉体是冲天炉的主要工作区域，炉顶排出炉气。冲天炉的熔化过程如下：空气经鼓风机升压后送入风箱，然后由各风口进入炉内，与底焦层中的焦炭发生燃烧反应，生成大量的热量和 CO、CO_2 等气体。高温炉气向上流动，使底焦面上的第一批金属炉料熔化。熔化后的液滴在下落过程中被进一步加热，温度上升（达 1500℃以上）。高温液体汇集后由出铁口放出，而炉渣则由出渣口排出。图 2-2 所示为冲天炉熔化时炉内的状态图。

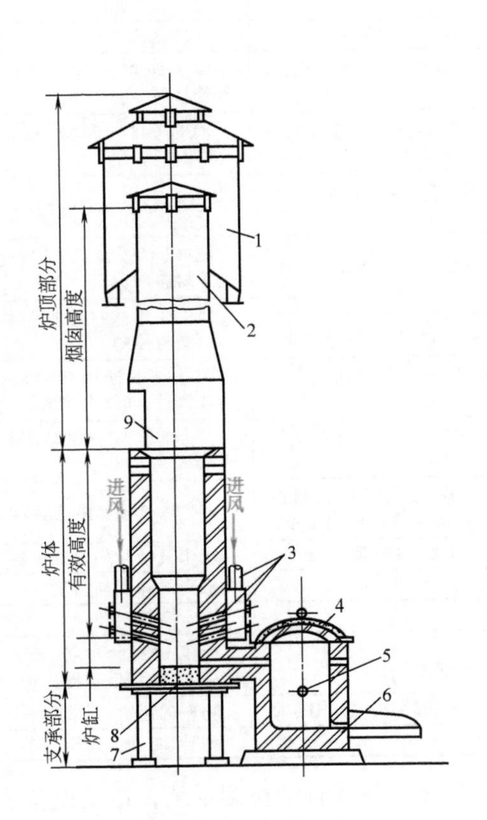

图 2-1 冲天炉典型结构

1—除尘器 2—烟囱 3—进风通道 4—前炉 5—出渣口 6—出铁口 7—支腿 8—炉底板 9—加料口

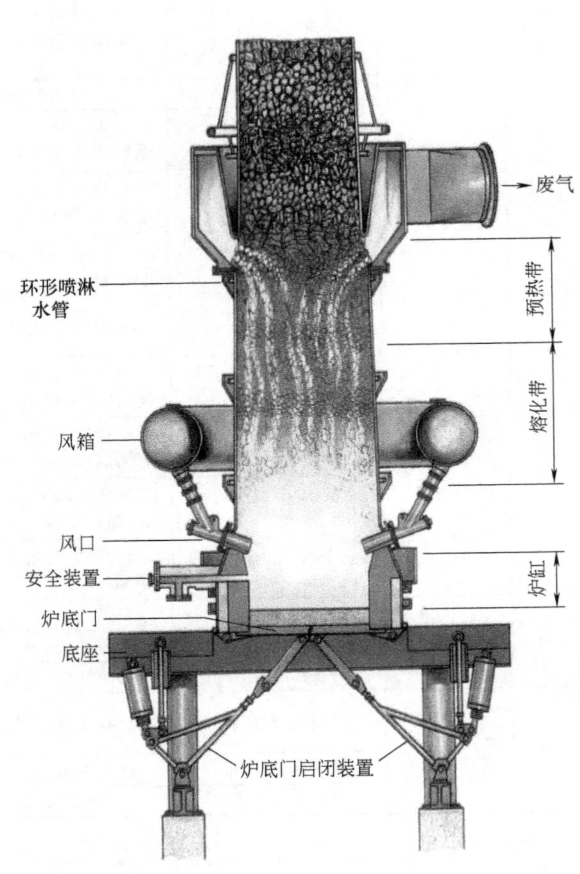

图 2-2 冲天炉熔化时炉内的状态图

为提高炉内空气的燃烧效率，常将空气加热后再送入冲天炉内，称为热风冲天炉。图 2-3 所示为热风冲天炉实例。冲天炉炉气由排风口被引入到热交换器的燃烧塔 4 中燃烧，产生高温废气。高温废气由上至下进入热交换塔 5；由两台主风机 11 输入的冷空气则从下至上进入热交换塔，和高温废气发生能量交换，预热后的热空气由进风管送入冲天炉炉内。废气由右侧管道进入冷却塔 7 冷却。如果热空气温度过高，则打开电磁阀 6，使高温废气的一部分不经过热交换直接进入冷却塔，从而稳定热空气温度。因此，该热风冲天炉具有如下特点：①一个热风装置配两台冲天炉；②设置有金属热交换器，由燃烧塔 4 和热交换塔 5 组成；③燃烧塔设有火焰稳定装置和冷却装置；④热风温度稳定、波动小。

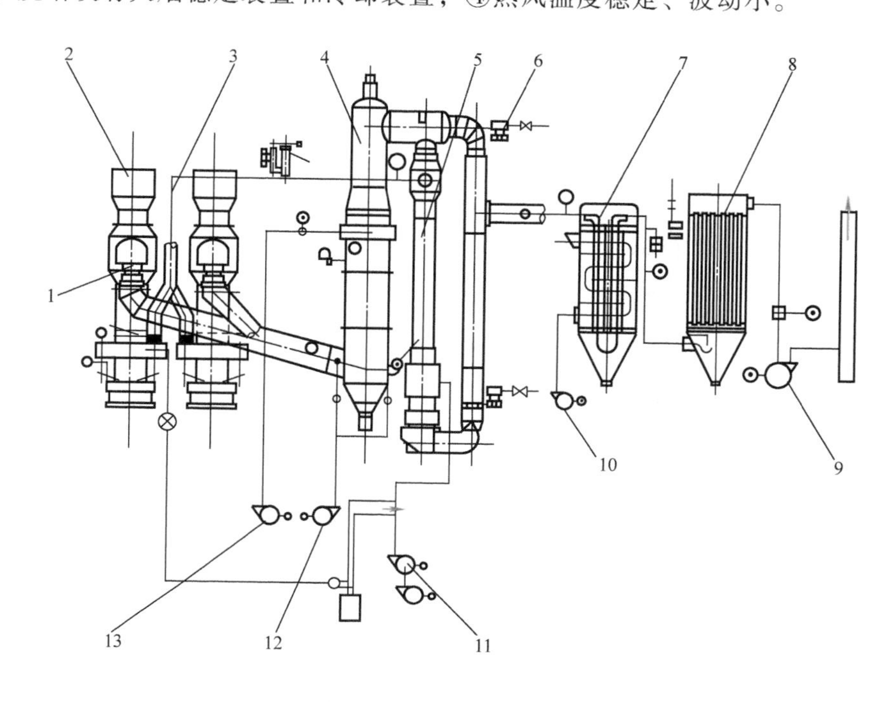

图 2-3 热风冲天炉实例

1—排风口 2—冲天炉 3—进风管 4—燃烧塔 5—热交换塔 6—电磁阀 7—冷却塔 8—除尘器 9—抽风机 10、13—冷却风机 11—主风机 12—燃烧用风机

2. 称量配料装置

炉料主要包括金属料（生铁、回炉料、废钢等）、焦炭和石灰石等。不同的炉料采用不同的称量配料装置。对于焦炭和石灰石等常用电子磅秤直接称量，振动给料机输送；而金属料则采用电磁秤配料。电磁秤的结构原理如图 2-4 所示。它一般安装在桥式起重机上，可往返于料库和加料车之间，完成吸料、定量、搬运和卸料工作，主要由电子秤、电磁吸盘及控制部分组成。

3. 加料装置

配料工序完成后，由加料机完成加料工作。图 2-5 为一种常见的爬式加料机结构简图。料桶 2 悬挂在料桶小车支架的前端，料桶小车两侧装有行走轮，可以沿机架 3 的轨道行走。加料时，卷扬机 4 以钢丝绳拉动料桶小车从下端的地坑内上升至加料口。然后小车上的支架将料桶伸进冲天炉炉内，这时料桶的桶体受炉壁上的支承托住，而小车的两个后轮进入轨道的交叉，被向上拉起。于是小车支架绕前轮轴旋转，支架前端向下运动，将底门打开，把料装入炉内。卸料完毕，卷扬机放松钢丝绳，料桶因自重下落返回原始位置。爬式加料机动作比较简单，速度快，操作方便，易于实现自动化。使用时应特别注意安全，防止断绳引起的人身或机械事故。

冲天炉内炉料高度保持在一定位置对获得稳定可靠的金属液有非常重要的作用，且炉料位置的检测是实现自动加料的关键要素。常用的方法有杠杆式料位计、重锤式料位计和气缸式料位计等。图 2-6 所示为杠杆式料位计。料满时杠杆左臂被压下，右端上升，加料开关断开。当部分炉料熔化后炉料下降到一定位置时杠杆左臂上升，右臂下降，闭合开关给出加料

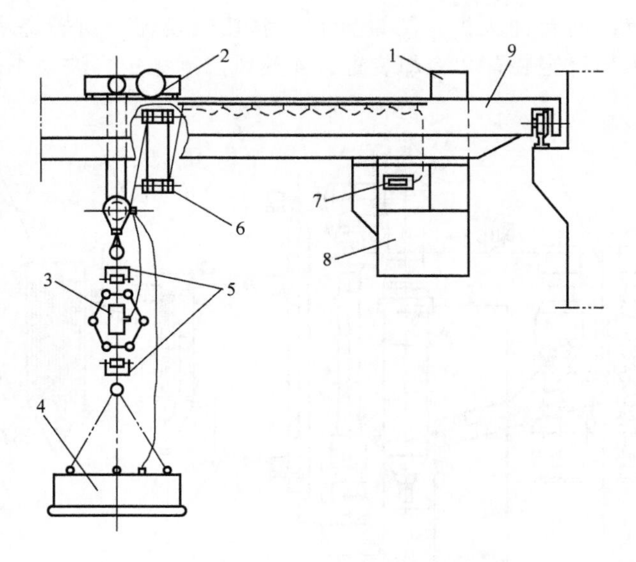

图 2-4 电磁秤的结构原理

1—控制屏 2—小车卷扬机构 3—荷重传感器 4—电磁吸盘 5—万向挂钩 6—滑轮卷电缆装置 7—电子秤 8—驾驶室 9—桥式起重机

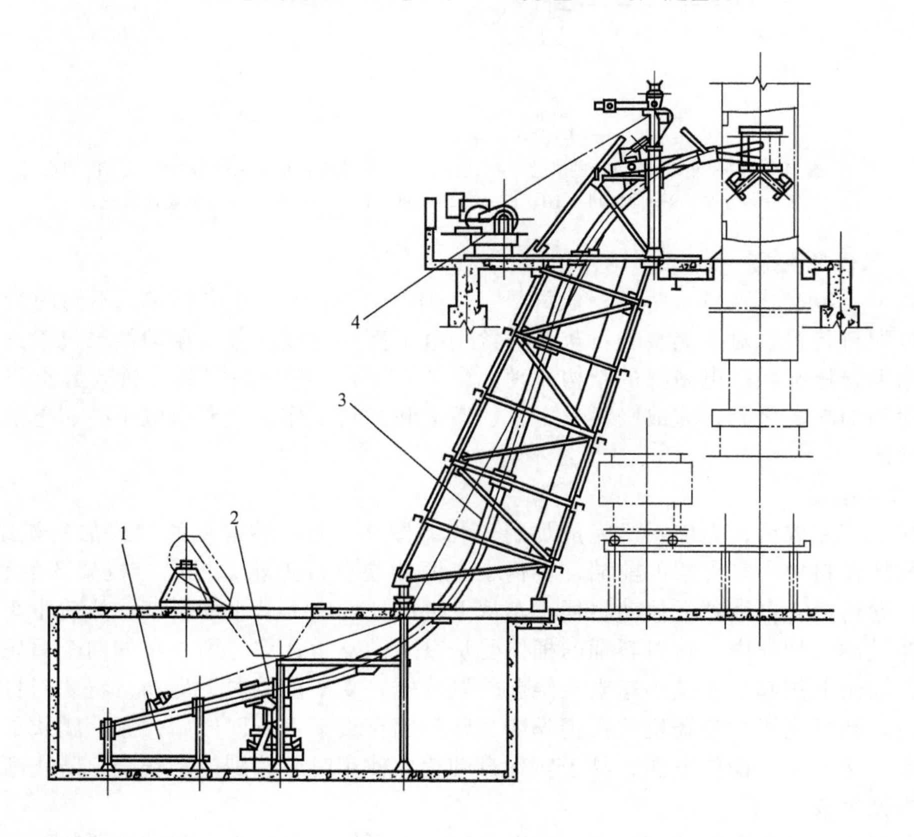

图 2-5 爬式加料机

1—料桶小车 2—料桶 3—机架 4—卷扬机

信号。杠杆式料位计具有结构简单、使用可靠、价格低的优点。

4. 冲天炉熔化的自动化系统

为了实现冲天炉熔化的自动化控制，必须对影响冲天炉熔炼效果的因素及指标实施实时监控，并进行实时调整。判断冲天炉熔炼效果的指标，必须是全面达到高温、优质、低消耗三项技术经济指标，即铁液化学成分准确稳定、铁液温度达到要求，同时又要使冲天炉在最佳工作状态下运行，即焦炭燃烧效率高而消耗低，元素烧损少，生产率稳定。

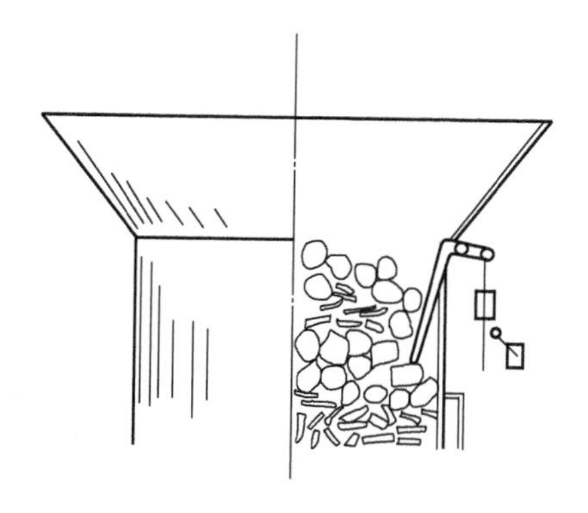

图 2-6　杠杆式料位计

由于影响熔炼过程的因素很多，其中包括：①冶金因素，如原材料来源、配比、预处理以及化学成分波动等。②炉子结构因素，如风口、铁焦比、铁料块度、焦炭质量及鼓风温度等。因此，所谓冲天炉熔化过程的控制，是在一定炉子结构，以一定的原材料及其配比条件下，调节各种工艺因素，以达到铁液化学成分及温度的基本要求，并且保证炉子在最佳状态下工作。

将上述因素分类，可归纳为四类，如图 2-7 所示。

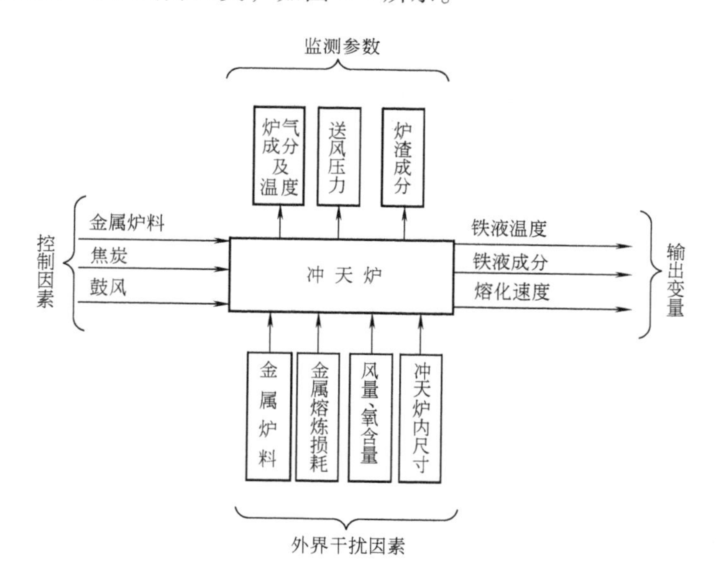

图 2-7　冲天炉熔化过程影响因素

冲天炉熔炼过程监控系统方案如图 2-8 所示。该系统可以同时输入 9 个模拟量：炉气成分（CO_2或 CO）、炉气温度、热风温度、铁液温度、风量、送风湿度、铁液成分、风压及铁液重量。

此系统共有 4 路输出控制：

1）由测定的铁液温度值与给定的铁液温度进行比较，当温度出现偏差时，输出通道的输出开关量信号开大供氧气路，以此控制铁液温度。

2）通过测定炉气成分控制送风量。

3）通过测定送风湿度控制干燥器的功率，以此来控制送风湿度。

4）通过热分析法测定铁液的含量及铁液重量与给定的铁液成分比较，根据比较偏差，按铁液重量计算出炉前应补加的硅铁量。

2.2.2 电炉熔化

常用的铁合金熔化电炉包括三相交流电弧炉和感应炉，电弧炉主要用于铸钢的熔化，感应炉可用于铸钢及各类铸铁的熔化。

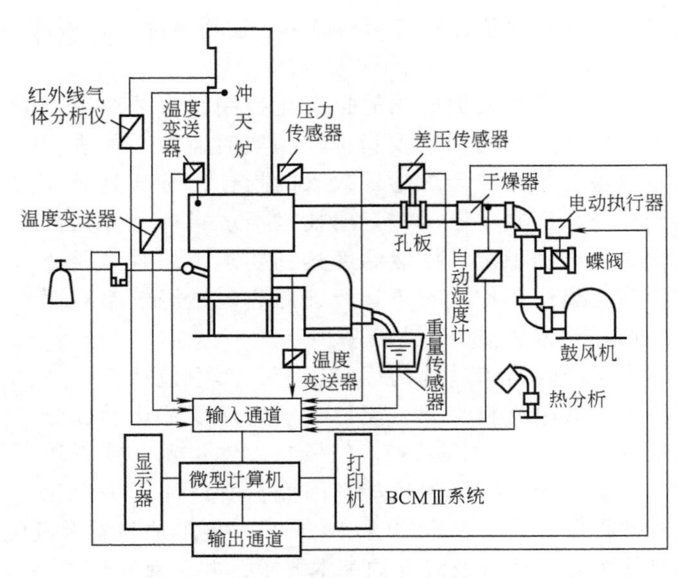

图 2-8 冲天炉熔炼过程监控系统方案

（1）电弧炉 电弧炉是利用电极电弧产生的高温熔炼矿石和金属的电炉。电弧炉熔化的温度很高，气体放电形成电弧时能量很集中，弧区温度可达3000℃以上。对于熔炼金属，电弧炉比其他熔炼钢炉工艺灵活性大，能有效地除去硫、磷等杂质，炉温容易控制，设备占地面积小，适于优质合金钢的熔炼。

图 2-9 所示为铸钢用三相电弧炉的结构示意图。其基本原理是，炉体上部的 3 根石墨电极（图中只示出 2 根）通以三相交流电后，在电极和炉料之间产生高温电弧使金属料熔化。加料时，炉盖和电极同时上移并旋转以让出加料所需的空间及位置。熔化完毕，炉体倾转倒出金属液。一种三相电弧炉的外形构造如图 2-10 所示。

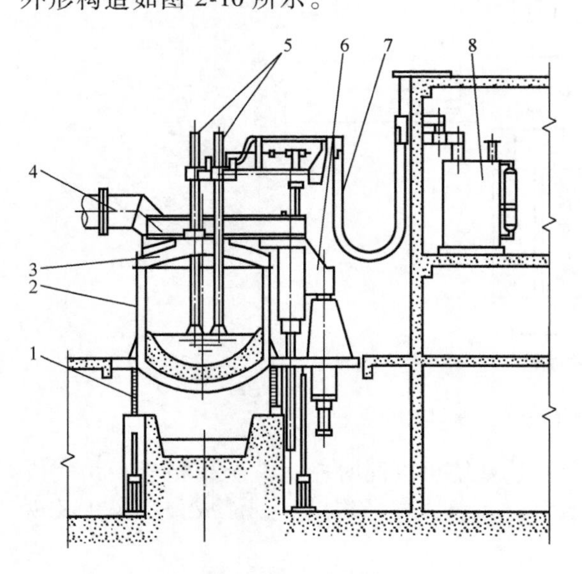

图 2-9 铸钢用三相电弧炉的结构示意图

1—支腿 2—炉体 3—炉盖 4—抽风管 5—电极 6—炉盖开启旋转机构 7—电缆 8—变压器

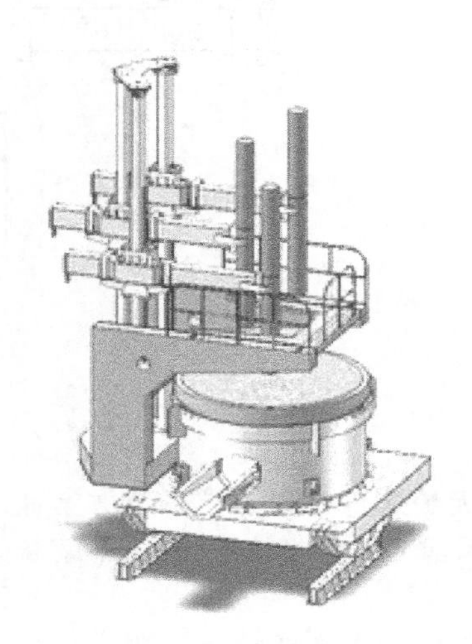

图 2-10 一种三相电弧炉的外形构造

（2）感应炉 感应炉是利用金属料的感应电热效应使物料加热或熔化的电炉。感应炉采用的交流电源有工频（50Hz 或 60Hz）、中频（50～10000Hz）和高频（高于 10000Hz）三种。根据电流频率的不同，感应炉可分为工频感应炉（50Hz）、中频感应炉（50～

10000Hz）和高频感应炉（10000Hz 以上）。

感应炉通常分为感应加热炉和熔炼炉。熔炼炉分为有芯感应炉和无芯感应炉两类。有芯感应炉主要用于各种铸铁等金属的熔炼和保温，能利用废炉料，熔炼成本低。无芯感应炉分为工频感应炉、三倍频感应炉、发电机组中频感应炉、晶闸管中频感应炉、高频感应炉。

感应炉的主要部件有感应器、炉体、电源、电容和控制系统等。感应加热的基本原理是，当线圈中通以一定频率的交流电时，在坩埚中产生磁场，使得处于该磁场内的金属炉料中形成感应电流。由于金属材料有电阻，因此金属材料便会发热而熔化。感应炉的特点是加热速度快、生产率高、工作环境友好，适于各类金属材料的熔化。

坩埚式感应炉的结构如图 2-11 所示，其炉体由感应线圈、耐火砖、倾转机构、冷却水及电源等部分组成。图 2-12 为一种小型坩埚式感应炉的外形。

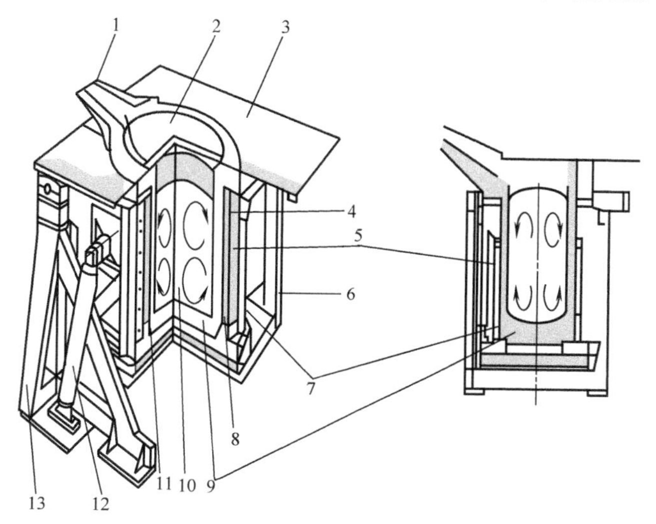

图 2-11　坩埚式感应炉的结构

1—出金属液口　2—炉盖　3—作业面板　4—冷却水　5—感应线圈黏结剂　6—炉体　7—铁心　8—感应线圈　9—耐火材料　10—金属液　11—耐火砖　12—倾转机构　13—支架

图 2-12　一种小型坩埚式感应炉的外形

（3）熔化炉的控制系统　图 2-13 所示为一典型的感应炉熔炼的集中控制式自动化系统的组成。它由一台上位机控制三台各自独立的 PLC，其中一台 PLC 负责配料、运输、物流管理等功能；一台则承担熔化的优化运行，包括电源、金属液温度、冷却水控制等；另一台 PLC 则通过与上位机的通信接口，对配料、熔化过程中的数据进行分析和计算，以提供操作指导，确保熔化质量及系统安全。

集中控制式自动化系统在实际应用中具有以下优点：①运行优化，节能省电；②金属液出炉温度偏差小，质量稳定；③可防止升温过高，安全可靠；④自动化程度高，不会因操作者不同引起金属液质量波动；⑤熔化效率提高；⑥炉衬的使用寿命长；⑦改善劳动环境。感应炉熔化的安全要素是至关重要的。为确保安全自动运行，本系统设有安全自动监视装置、耐火砖损耗检测装置及物料搭棚状况检测装置。

2.2.3　自动浇注装备

1. 自动浇注机的基本要求及类型

铸造生产中的浇注作业环境恶劣（高温和烟气）、劳动强度大、危险性高，一直以来是

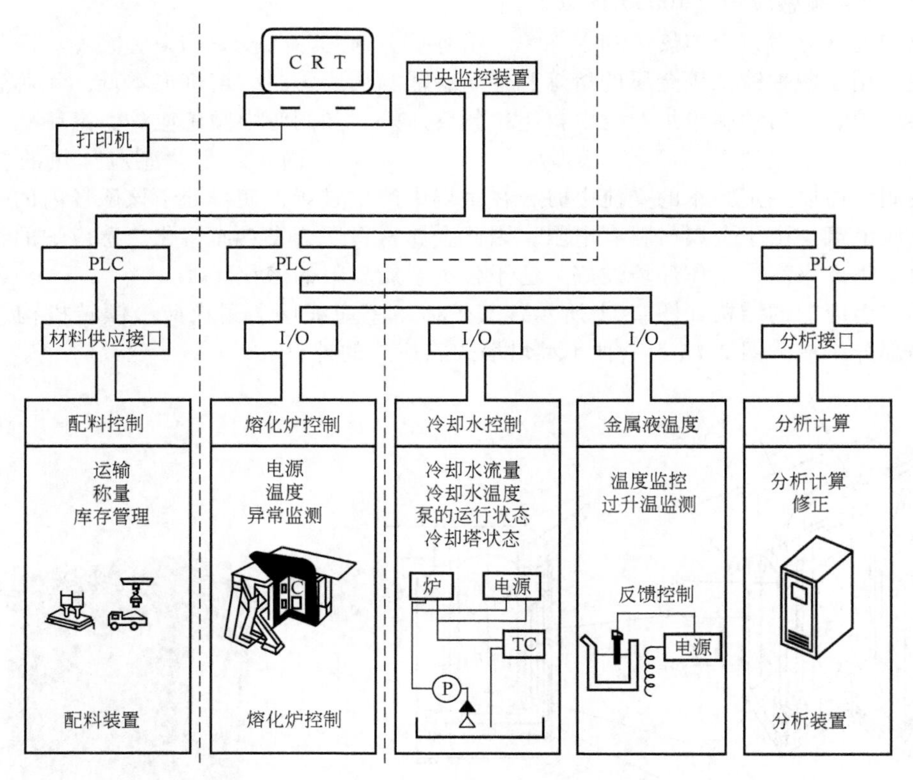

图 2-13 感应炉熔炼的集中控制式自动化系统的组成

迫切需要实现机械化和自动化操作的工序。为适应现代化铸造生产的要求，研制了各种各样的自动浇注机。

为了实现自动化浇注，需要满足自动浇注的基本要求：

（1）对位与同步 静态浇注时，仅要求浇包口与铸型浇口杯对位；动态浇注时，不仅要求浇包口与铸型浇口杯对位，还要求浇包口与铸型同步运动。

（2）定量控制 需要按铸件的大小，供给适量的金属液，以满足定量浇注的要求，故控制系统中需要有定量、满溢自动监测装置。

（3）浇注速度 应按照铸造工艺的要求，控制浇注流量及浇注速度，以满足恒流浇注或变流浇注的需要。

（4）备浇速度 应根据浇包的结构形式，控制有利于开浇或停浇的时间及其浇包位置。

（5）保温与过热 浇包内，应有加热和保温装置，以保证金属液的浇注温度不下降。

国内外常用的自动浇注机主要有倾转式自动浇注机、气压式自动浇注机、电磁泵式自动浇注机等。

2. 倾转式自动浇注机

倾转式自动浇注机是目前使用最广泛的浇注装备。其特点是结构简单，容易操作，适应性强，能满足不同用户的需求。

图 2-14 所示为倾转式自动浇注机的结构。浇包 12 由桥式起重机吊运置于倾转架 11 上，浇注机沿平行于造型线的轨道移动，当其对准铸型浇口位置后，电动机 5 的离合器脱开；同时薄膜气缸 2 将同步挡块 1 推出，使之与铸型生产线同步。倾转液压缸 10 推动倾转架 11，带动浇包以包嘴轴线为轴心转动进行浇注。浇注完毕，同步挡块 1 缩回，离合器合上，电动

机反转，浇注机退到下一铸型再进行浇注。横向移动液压缸 8 使浇包做横向移动并与纵向移动配合，以满足浇包对位要求。图 2-15 所示为倾转式自动浇注机的应用实例。

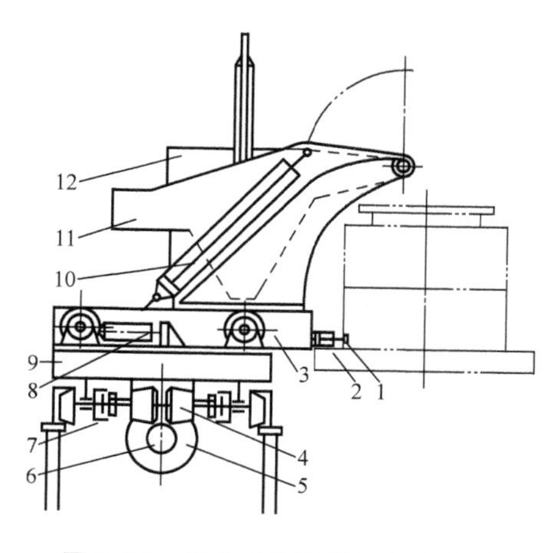

图 2-14　倾转式自动浇注机的结构
1—同步挡块　2、4—薄膜气缸　3—横向移动车架　5—电动机　6—减速器　7—摩擦轮　8—横向移动液压缸　9—纵向移动液压缸　10—倾转液压缸　11—倾转架　12—浇包

图 2-16 所示为国外开发的全自动倾转式浇注机的检测及控制原理。它采用了多传感器检测浇注时的温度、流量、浇口杯液面等以适时控制浇注机，实现浇注过程的全自动化。

3. 气压式自动浇注机

气压式自动浇注机的工作原理如图 2-17 所示。在密封浇包的金属液面上施加一压力，金属液在压力的作用下沿浇注槽上升，金属液到达浇注口后便自然下落，浇入到铸型。浇注完毕，金属液面上的气体卸压，金属液回落。为保证浇注平稳，浇注前金属液面上应施加一个预压力（备浇压力），使金属液到达浇注槽的预定位置，而且每浇注一次，浇包内的金属液面下降，该预压力应随着液面的下降而自动补偿。

a)

b)

图 2-15　倾转式自动浇注机的应用实例
a）案例 1　b）案例 2

采用荷重传感器与预压力联合控制可大大提高浇注定量的精度和浇注过程的稳定性，使称量、保持备浇状态、浇注、卸压等各个动作均自动连续进行，如图 2-18 所示。其工作原理为：首先称量浇注前的整个浇包的质量，然后加压浇注。浇注过程中浇包质量逐渐减少，当减少量逐渐逼近于设定的铸件质量时，就根据对应的“气压-流速”关系图，降低浇包内气压，减小浇注量，直至停止加压并保持浇包内有一定的初始压力。

近年来，随着图像处理技术的发展，利用图像传感器（如摄像头等）摄取铸型浇口杯或冒口中的金属液面状态，以控制浇注过程的气压式自动浇注机获得了成功应用。它是将摄取的浇口杯中的液面图像数据传输到计算机中，与计算机中预存的浇口杯充填状态图进行比较处理，并以此得到相应的控制信号，然后驱动伺服液压缸/电动机动作，带动塞杆升降得到不同的开启程度。如浇口杯中完全充满液体，且液面不再变化时，即认为浇注完毕，塞杆下降关闭浇嘴。图 2-19 所示为摄像头检测液面的自动浇注机控制原理图。

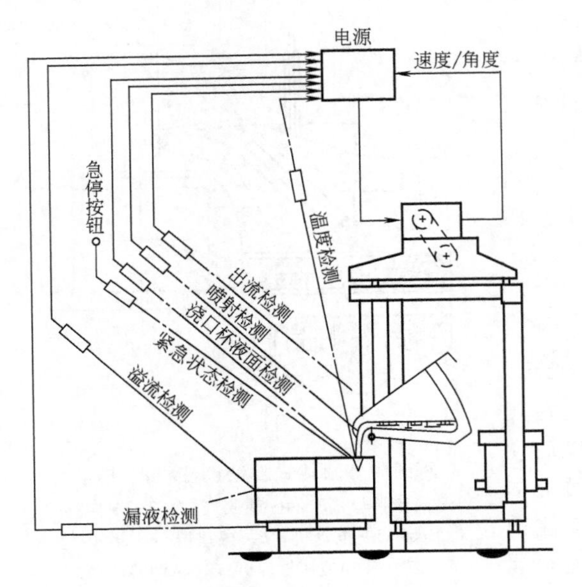

图 2-16 全自动倾转式浇注机的检测及控制原理

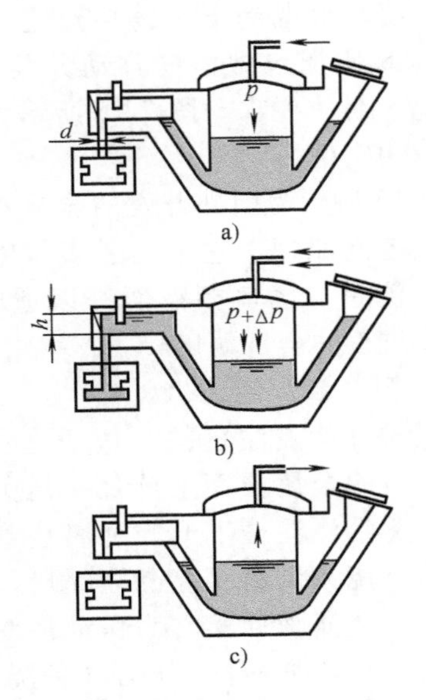

图 2-17 气压式自动浇注机的工作原理

a）保持预定高度 b）浇注 c）浇注完毕

p—预压力 Δp—浇注压力

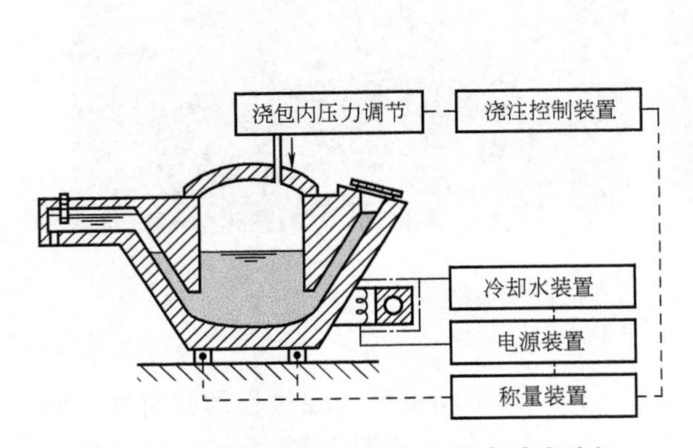

图 2-18 带荷重传感器的气压式自动浇注机

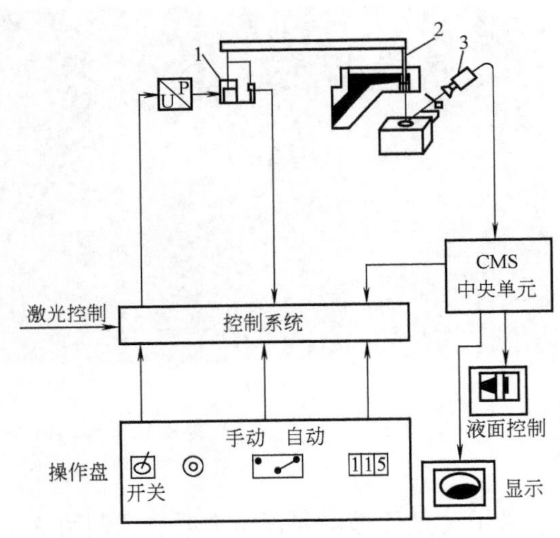

图 2-19 摄像头检测液面的自动浇注机控制原理图

1—伺服液压缸 2—塞杆 3—摄像头

4. 电磁泵的工作原理及电磁泵式自动浇注机

电磁泵式自动浇注机一般由电磁泵和浇注流槽组成。电磁泵的原理是通入电流的导电流体在磁场中受到洛仑兹力的作用，使其定向移动，如图 2-20 所示。其主要参数是电磁铁磁场间隙的磁感应强度 B（单位为 T）和流过液态金属的电流密度 J（单位为 A/mm^2），它们与电磁泵的主要技术性能指标——压射冲头（Δp）间存在如下关系：

$$\Delta p = \int_0^L J_x B_y \mathrm{d}x$$

式中 J_x 为垂直于磁感应强度和金属液体流动方向上的电流密度；B_y 为垂直于电流和金属液体流动方向上的磁感应强度；L 为处于磁隙间的金属液体长度。

扁平管道是电磁泵体流槽，内部充满导电金属液体，流槽左右两侧的装置是直流电磁铁的磁极，两磁极之间形成一个具有一定磁感应强度的磁隙。流槽的前后两侧是直流电极，电极上有电压时，电流流过流槽壁和内部的金属液体。

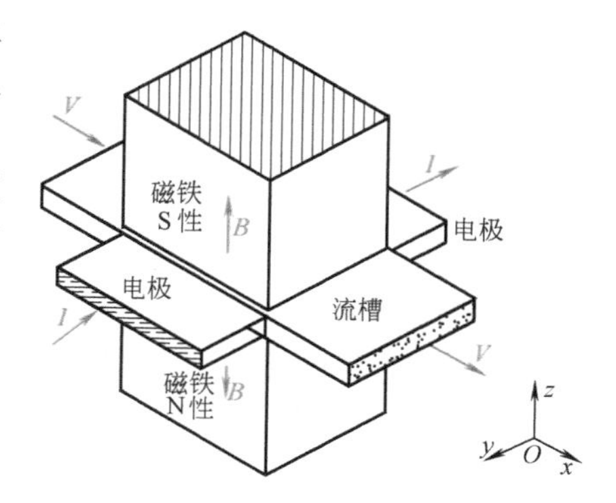

图2-20 电磁泵工作原理

直流电磁泵工作时，作用于流槽内金属液体的电流（I）和磁隙磁感应强度（B）的方向互相垂直，根据左手安培定则，在磁场中的电流元将受到磁场的作用力，该力为安培力，其方向向上。电磁铁、电极和流槽是构成电磁泵的基本结构单元。其中电极与铝合金直接接触，并加载电流，工作环境恶劣，因此对电极的综合性能要求很高。

电磁泵的效率通常很低。如何提高电磁泵的效率，对于电磁泵的推广应用是一个十分重要的课题。电磁泵的效率受诸多因素影响，泵体流槽结构、直流电极是关键结构因素。

由电磁泵和浇注流槽组成的自动浇注机的结构原理如图2-21所示。电磁泵所在的流槽位置处于浇包的最底部，从而保证了金属液长期充满电磁泵的流槽。而浇嘴位置则稍高于排液口，工作时金属液在电磁泵推力作用下，先沿流槽坡上升到达浇嘴处，再经浇嘴流出。电磁泵式自动浇注机的优点是容易调节浇注速度和浇注量，容易实现自动化，此外电磁力对熔渣不起作用，因此流动时只有金属液向浇注口方向运动，可保证浇注的金属液质量。

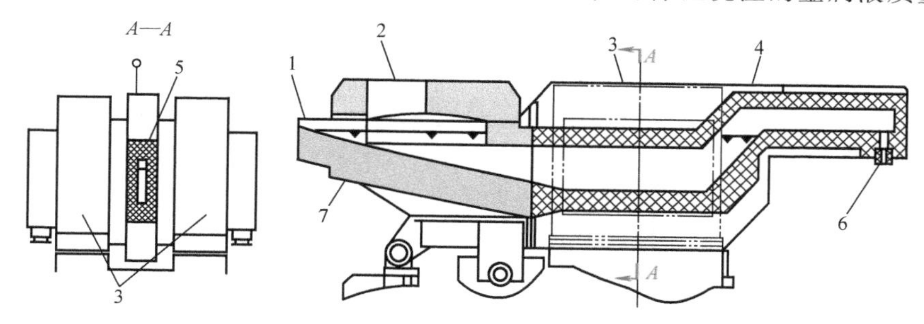

图2-21 电磁泵式自动浇注机的结构简图

1—排液口 2—加料口 3—电磁泵 4—流槽 5—耐火材料 6—浇嘴 7—贮液槽

图2-22所示为电磁泵定量浇注系统与压铸机配合系统，图2-23所示为电磁泵低压铸造系统。

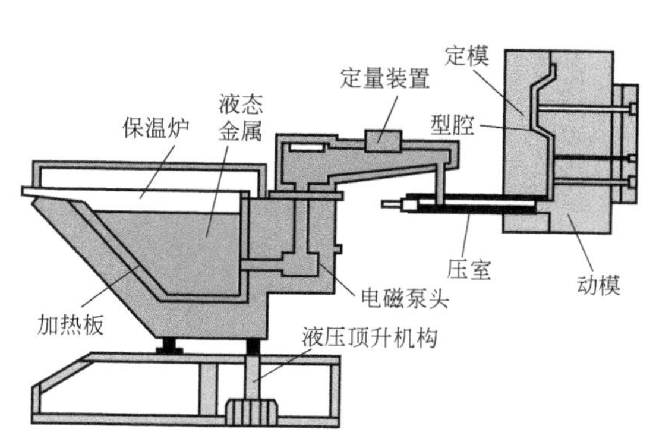

图2-22 电磁泵定量浇注系统与压铸机配合系统

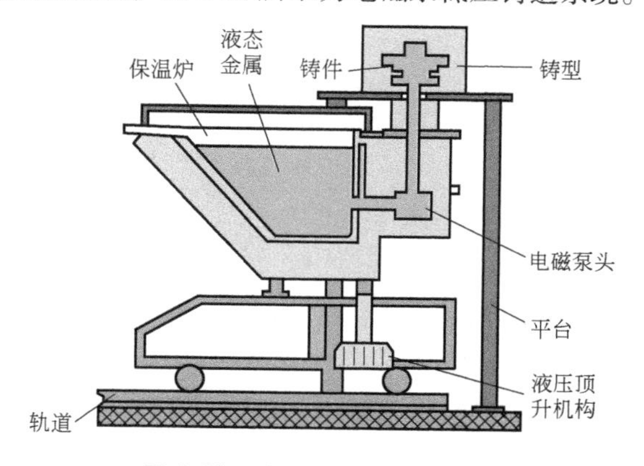

图2-23 电磁泵低压铸造系统

2.3 砂处理装备及自动检测系统

2.3.1 砂处理装备概述

砂处理装备，一般包括旧砂的回用（或再生）处理装备、混砂装备、搬运及辅助装备等。旧砂回用处理装备的主要功能是去除旧砂中的金属屑、杂质灰尘，降温冷却及贮藏等。再生处理装备主要用于化学黏结剂砂（树脂砂和水玻璃砂等），其作用是去除包覆在砂粒表面的残留黏结剂膜。而混砂装备则是完成砂、黏结剂及附加物等的称量和混制，获得满足造型要求的高质量型砂。一个组成比较简单的黏土旧砂处理系统如图 2-24 所示。

近年来，旧砂回用系统的自动化重点是旧砂冷却，即旧砂温度的检测与控制。为提高旧砂的冷却效率，国内外普遍采用增湿冷却技术。其原理是将水加入到热的旧砂中，水吸热汽化带走砂的热量使砂温降低。因此，在自动化的旧砂回用系统中必须设置型砂温度传感器、水分传感器、加水装置、搅拌装置、除尘装置等。而型砂混制系统的自动化重点则是型砂性能的控制。其主要控制对象是以型砂紧实率为中心的型砂性能在线检测装置、水分检测装置、加水装置等。

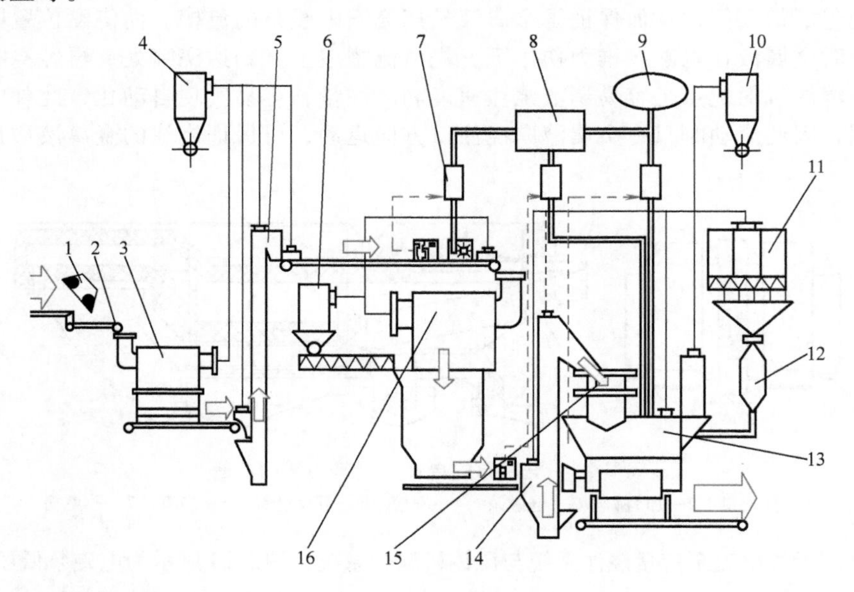

图 2-24 黏土旧砂处理系统

1—磁选机 2—带式输送机 3—旋转式筛砂机 4、6、10—除尘器 5、14—斗式提升机 7—加水装置 8—水压稳定装置 9—水源 11—附加物贮料桶 12—气力输送机 13—混砂机 15—砂定量装置 16—旧砂冷却滚筒

2.3.2 旧砂处理装备

黏土旧砂处理装备常有夹杂物分离设备、旧砂冷却装备等。对于化学黏结剂砂还包括旧砂的再生装备。

1. 夹杂物分离设备

对于混杂在旧砂中的断裂浇冒口、飞边、铁豆等铁磁性物质可用磁分离的方法去除。而对于没有磁性的金属、砂芯芯头等则可用筛分方法去除。常用的磁分离设备按其结构形式不同，有磁分离滚筒、磁分离带轮和带式磁分离机三种；常用的筛分装置有滚筒筛砂机、摆动筛砂机和振动筛砂机等。磁分离设备和筛分装置，结构原理较简单，详细了解可参考其他教科书或手册。

2. 旧砂冷却装备

自动化造型生产线的型砂使用频率很高，浇注后型砂温度升高。如用温度过高的旧砂混制型砂将造成型砂性能下降，引发铸件缺陷，因此必须对旧砂进行冷却。常用的冷却装备中有加水和吹冷空气冷却方法。采用吹冷空气方法的设备有冷却提升机、振动沸腾冷却床等。

图 2-25 所示为一种将落砂、旧砂冷却结合在一起的回转冷却滚筒。回转冷却滚筒内胆沿水平方向有一倾斜角，壁上焊有肋条。型砂入口处设有鼓风装置，筒体内设有测温及加水装置。滚筒体由电动机带动以匀速转动。其工作原理是：振动给料机向滚筒内送入铸件和型砂的混合物，滚筒旋转时会带着铸件和型砂上升，铸件/型砂升到一定高度后因重力作用而下落，和下方的型砂发生撞击，铸件上黏附的型砂因撞击而脱落，砂块因撞击而破碎。与此同时，设在滚筒内的砂温传感器检测型砂温度，加水装置向型砂喷水，鼓风机向筒内吹入冷空气。在筒体旋转过程中，水与高温型砂充分接触，受热汽化后的水蒸气由冷空气吹出。因内胆倾斜，连续旋转的筒体会使铸件/型砂向前运动。最后铸件和已冷却的型砂由滚筒出口处分别排出。该机具有冷却效果好、噪声小、粉尘少、操作环境好的优点。其缺点是仅适合于小型铸件，不能用于大型铸件。

图 2-25　回转冷却滚筒

为获得比较理想的冷却效果，加水装置一般采用雨淋式。为防止铸件因激冷而产生裂纹，加水装置一般设在筒体的中间部位。自动加水的控制方法主要有：①检测筒体出口处的砂温；②检测粉尘气体的温度；③预先设置砂/铁比与加水量的关系；④在筒体中间抽取少量型砂测温。

近年来，在我国出现并采用了集冷却与垂直提升于一体的旧砂振动提升冷却设备，其结构如图 2-26 所示，常用在树脂自硬砂、水玻璃自硬砂及消失模铸造的砂处理系统中。其工作原理是：当两台交叉安装的振动器同步旋转时，其不平衡质量将产生惯性振动力，惯性力的水平分力互相抵消，合成为使输送塔绕自身轴进行扭转振动的力偶，而垂直分量使输送塔体上下振动，输送槽上任一点的合成振动方向与槽面成一夹角，物料从槽面跃起，按抛物线飞行一段距离再落下，这样就使物料不断地沿槽面跳跃前进。槽的底部有许多小孔，压缩空气通过这些小孔进入砂粒中，使热砂得到冷却。因此，该设备可以起冷却器和提升机的双重作用，它占地少、粉末少、噪声小、维修量小、物料对设备的磨损小、生产率可调（3~20t/h），是一种较好的冷却提升设备。

振动提升冷却设备源于垂直振动提升机的发展，垂直振动提升机是一种新型的垂直振动输送设备，对一切颗粒状、块状、粉状的固体物料（黏度不大）都可以输送。广泛应用于矿山、冶金、机械、建材、化工、橡胶、医药、电力、粮食、食品等行业的块状、粉状和短纤维状固体物料的提升，在向上提升物料的同时，还可以完成对物料的干燥和冷却。有分开槽式、封闭式两种结构，并可根据不同的工艺要求，设计物料颗粒分级作用的筛选提升机及设计易燃易爆物料的提升机。振动电动机可以放置在下部，也可以放置在上部。

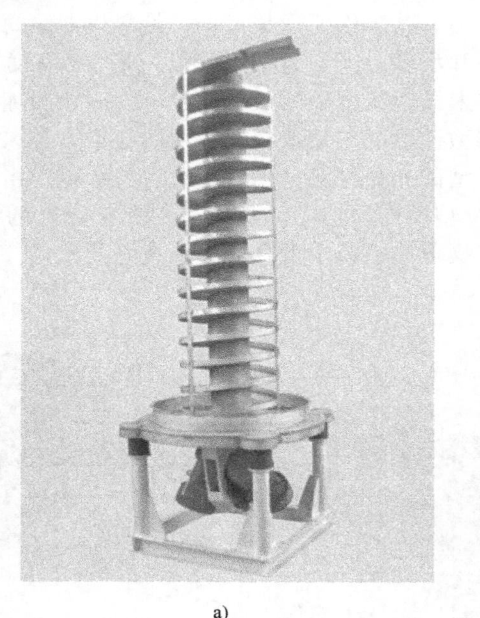

a)

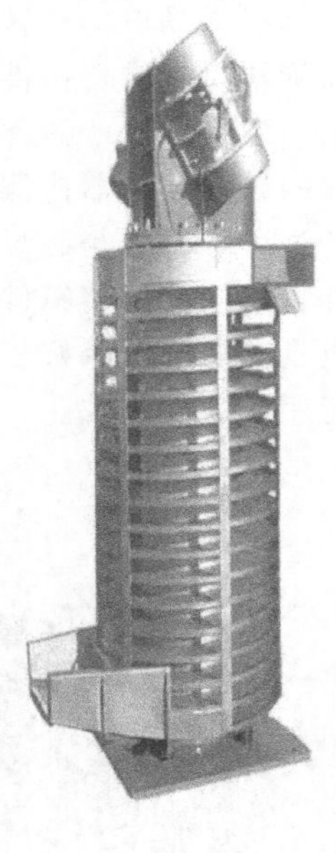

b)

图 2-26 振动提升冷却设备

a）电动机装在下部 b）电动机装在上部

3. 旧砂再生装备

对于化学黏结剂砂（树脂砂、水玻璃砂等），如像黏土旧砂，对旧砂进行简单的处理（破碎、去磁、除尘等）较难达到回用之目的，必须对旧砂进行再生。而随着环保要求的日益严格和资源的减少，旧砂再生已成为现代化的铸造企业必须考虑的重要课题之一。因为旧砂再生不仅降低了旧砂排放引起的环境污染，而且节约了新砂的使用量，减少了对新砂资源的过度开采，具有明显的经济效益和巨大的社会效益。

旧砂再生的方法很多，不同的旧砂由于其性质的明显不同，适合不同的再生方法。根据其再生原理可分为干法再生、湿法再生、热法再生等。各种旧砂再生装备系统的介绍参见本书 9.6 节。

2.3.3 混砂装备

混砂装备是自动化砂处理系统中最重要的设备，应根据铸件大小、造型方法、型砂类型、黏结剂等来选择合适的混砂装备。混砂装备种类繁多，结构各异。对于黏土砂混砂机，按混砂装置可分为碾轮式、转子式、摆轮式、叶片式、逆流式等；而自硬树脂砂（和自硬水玻璃砂）混砂机则有双螺旋式混砂机和球形混砂机两种。按照混砂机的工作方式不同，有间歇式和连续式两种。

1. 黏土砂混砂机

混砂机对混制黏土砂的要求是：将各种成分混合均匀，使水分均匀湿润所有物料；使黏结剂膜均匀包覆在砂粒表面；将混砂过程中产生的黏土团破碎，使型砂松散。

（1）碾轮式混砂机　碾轮式混砂机是目前使用最广泛的小型混砂装备，其结构如图 2-27 所示。它由碾压装置、传动系统、刮板、出砂门与机体等部分组成。混砂机加料后在碾轮下形成一定的厚度的砂层。传动系统带动混砂机主轴以一定的转速转动时，安装在主轴十字头两侧的碾轮随之旋转，由于与砂层接触，碾轮又绕自身水平轴自转，在转动过程中将砂层压实。而安装在主轴十字头另两侧的刮板则将压实的砂层翻起、松散。这样碾轮和刮板就会不断碾压、松散型砂，达到混砂的目的。

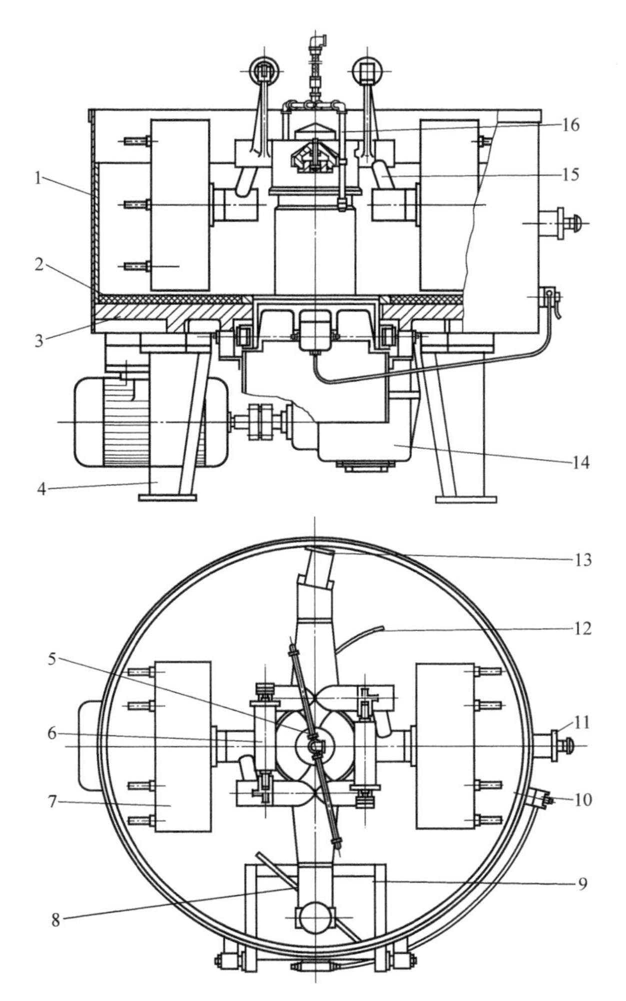

图 2-27　碾轮式混砂机结构图

1—围圈　2—辉绿岩铸石　3—底盘　4—支腿　5—十字头　6—弹簧加减压装置　7—碾轮　8—外刮板　9—卸砂门　10—气阀　11—取样器　12—内刮板　13—壁刮板　14—减速器　15—曲柄　16—加水装置

（2）转子式混砂机　转子式混砂机依据强烈搅拌原理设计，是一种高效、大容量的混砂装备，常用于大规模生产。其主要混砂机构是高速旋转的混砂转子，转子上焊有多个叶片。根据底盘的转动方式不同，有底盘固定式、底盘旋转式两类。如图 2-28 所示，当转子或底盘转动时，转子上的叶片迎着砂的流动方向，对型砂施以冲击力，使砂粒间彼此碰撞、混合，使黏土团破碎、分散；旋转的叶片同时对松散的砂层施以剪切力，使砂层间产生速度差，砂粒间相对运动，互相摩擦，将各种成分快速地混合均匀，在砂粒表面包覆上黏土膜。

与常用的碾轮式混砂机相比，转子式混砂机有以下特点：

1）碾轮式混砂机的碾轮对物料施以碾压力，而转子式混砂机的混砂器对物料施加冲击力、剪切力和离心力，使物料处于强烈的运动状态。

2）碾轮式混砂机的碾轮不仅不能埋在料层中，而且要求碾轮前方的料层低一些，以免前进阻力太大。转子式混砂机的混砂工具可以完全埋在料层中工作，可将能量全部传给物料。

3）碾轮式混砂机的主轴转速一般为 25~45r/min，因此两块垂直刮板每分钟只能将物料推起和松散 50~90 次，混合作用不够强烈。而转子式混砂机高速转子的转速为 600r/min 左右，使受到冲击的物料快速运动，混合速度快，混匀效果好。

4）碾轮使物料始终处于压实和松散的交替过程，而转子则使物料一直处于松散的运动状态，这既有利于物料间穿插、碰撞和摩擦，也减轻了混砂工具的运动阻力。

5）转子式混砂机生产率高，生产量大。

6）转子式混砂机结构简单，维修方便。

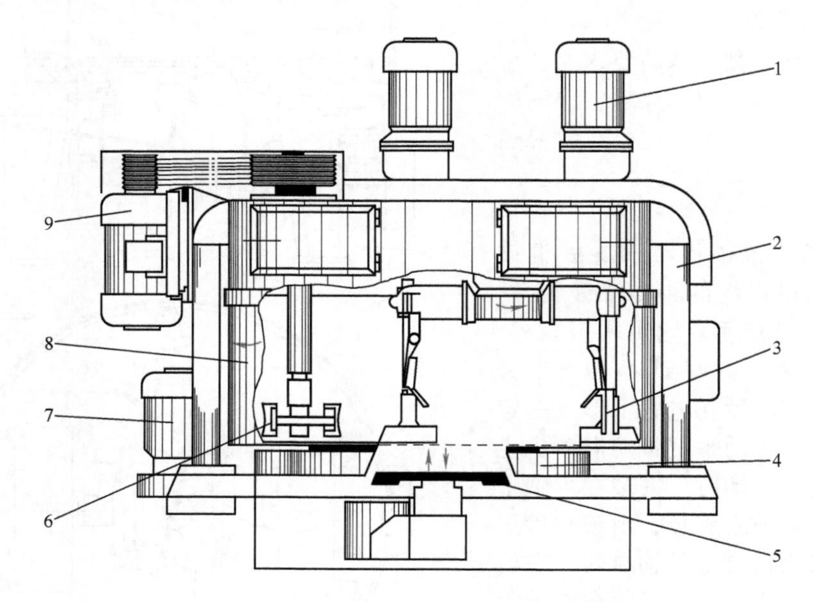

图 2-28 转子式混砂机示意图

1—刮板混砂器电动机 2—机架 3—刮板混砂器 4—大齿圈 5—卸砂门 6—混砂转子 7—底盘转动电动机 8—围圈 9—混砂转子电动机

国内研制开发的 S14 系列转子式混砂机如图 2-29 所示。它的底盘 8 和围圈 5 是固定的，主电动机 9 和减速器 10 均安装在底盘下面，驱动主轴套 11 旋转。主轴套的顶端装有流砂锥 3，侧面安装两层各 4 块均布的刮板，上层是短刮板 13，下层的长刮板 7 与底盘 8 接触，长刮板外侧装有壁刮板。在围圈外侧上部的对称位置安装转子电动机，在转子轴上则安装三层均布叶片，下面两层是上抛叶片，上面一层是下压叶片。混砂时，长刮板铲起并推动物料在底盘上形成水平方向上的环流；而且由于离心力的作用，物料在环流的同时也从底盘中心向围圈运动。旋转的叶片则对水平环流的物料施以冲击力，上抛叶片使物料抛起，下压叶片使物料下压。如此综合作用使物料在盆内迅速得到均匀混合。

（3）摆轮式混砂机 摆轮式混砂机起源于美国，适于大量生产，其工作原理如图 2-30 所示。由混砂机主轴驱动的转盘上，有两个安装高度不同的水平摆轮，以及两个与底盘分别成 45°和 60°夹角的刮板。摆轮可以绕其偏心轴在水平面内转动，刮板的夹角与摆轮的高度相对应。围圈的内壁和摆轮的表面均包有橡胶。当主轴转动时，转盘带动刮板将型砂从底盘上铲起并抛出，形成一股砂流抛向围圈，与围圈摩擦后下落。

由于这种混砂机主轴转速比较高，摆轮在离心惯性力的作用下，绕其垂直的偏心轴摆向围圈，在砂流上压过，碾压砂流，压碎黏土团。由于摆轮与砂流间的摩擦力，摆轮也绕其偏心轴自转。在摆轮式混砂机中，由于主轴转速、刮板角度与摆轮高度的配合，型砂受到强烈的混合、摩擦和碾压作用，混砂效率高。但摆轮式混砂机的混砂质量不如碾轮式混砂机。

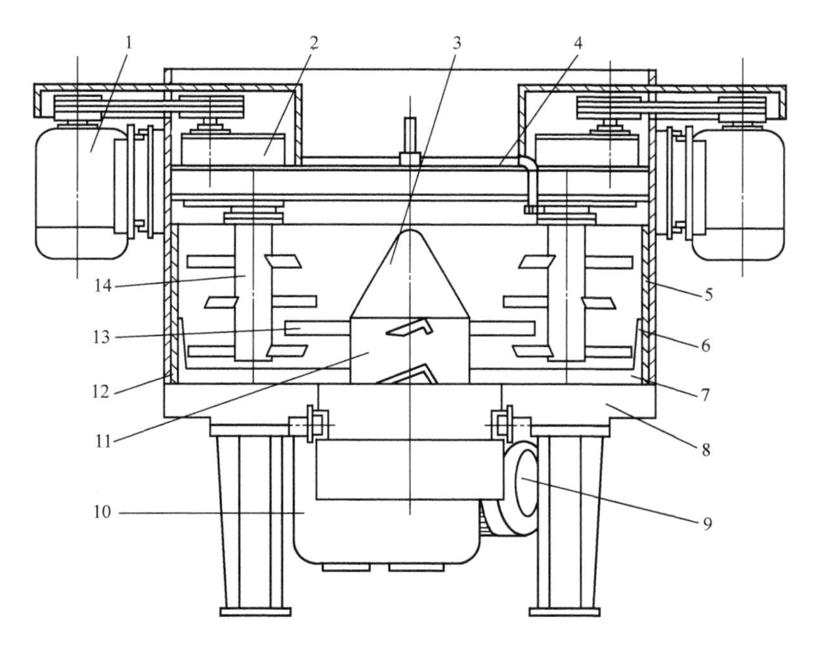

图 2-29　S14 系列转子式混砂机

1—转子电动机　2—转子减速器　3—流砂锥　4—加水装置　5—围圈　6—壁刮板　7—长刮板　8—底盘　9—主电动机　10—减速器　11—主轴套　12—内衬圈　13—短刮板　14—混砂转子

一种美国 Simpson 公司生产的间歇式摆轮混砂机如图 2-31 所示。

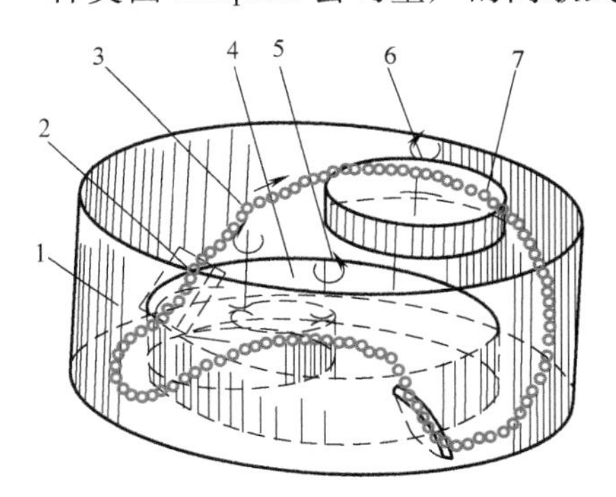

图 2-30　摆轮式混砂机工作原理图

1—围圈　2—刮板　3—砂流轨迹　4—转盘　5—主轴　6—偏心轴　7—摆轮

图 2-31　一种美国 Simpson 公司生产的间歇式摆轮混砂机

2. 化学黏结剂砂混砂机

常用的化学黏结剂自硬砂（树脂自硬砂、水玻璃自硬砂）混砂机有球形混砂机和连续式混砂机两种。前者用于间歇式小批量生产，后者用于连续大量生产。

（1）球形混砂机　球形混砂机的结构如图 2-32 所示。主要由转轴 1、球形外壳 2、搅拌叶片 3、反射叶片 4 与卸料门 5 构成。卸料门一般放置在下球体上，便于迅速而彻底地卸料。

原材料从混砂机上部加入后，在叶片高速旋转的离心力作用下向四周飞散，由于球壁的限制和摩擦，混合料沿球面螺旋上升，经反射叶片导向抛出，形成空间交叉砂流，使混合料之间产生强烈的碰撞和搓擦，落下后再次抛起。如此反复多次，达到混合均匀和树脂膜均匀包覆砂粒的目的。图 2-33 为一种球形混砂机的照片。

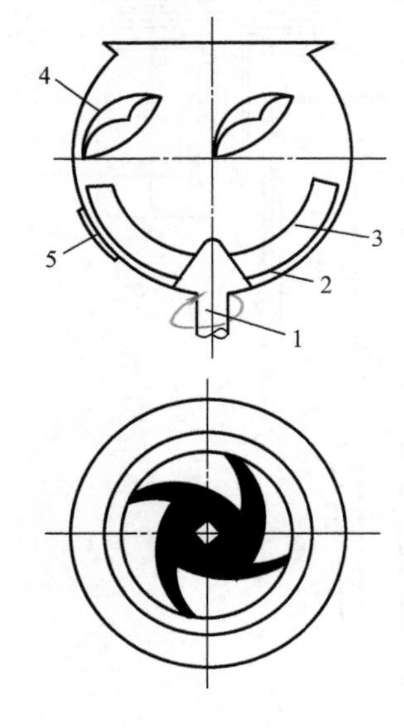

图 2-32 球形混砂机示意图

1—转轴 2—球形外壳 3—搅拌叶片 4—反射叶片 5—卸料门

图 2-33 球形混砂机的照片

该机的最大特点是效率高，一般只需 5～10s 即可混好，结构紧凑，球形腔内无物料停留或堆积的“死角”区，与混合料接触的零部件少，而且由于砂流的冲刷能减少黏附（或称为自清洗的作用），因此可减少人工清理。

（2）连续式混砂机 加料和出料可连续进行的混砂机称为连续式混砂机。原砂由砂斗连续提供，黏结剂、固化剂由液料泵供给，混砂机开动时，原砂和液料同时供给，并在几秒至几十秒内混匀，砂混合料从出料口连续流出直接流入砂箱（或芯盒），在可使用时间内完成填满砂箱、振动紧实，造好型芯。连续式混砂机是水玻璃自硬砂（和树脂自硬砂）的专用混砂设备。自硬砂造型，砂混合料有可使用时间限制，大量生产时通常选用连续式混砂机。

常见的双臂连续式混砂机的结构如图 2-34 所示。它由一级输送搅龙和二级混砂搅龙组成，输送搅龙常采用低速输送，混砂搅龙则采用高速混制。每个搅龙内都含有两类叶片，即推进叶片和搅拌叶片，推进叶片的主要作用是输送，搅拌叶片的主要作用是混砂。

型（芯）砂的混砂次序一般为：先在水平螺旋混砂装置的前端（按一定的比例）进行原砂与固化剂的混匀，再在水平螺旋混砂装置的末端加入一定量的黏结剂，快速混合，出砂直接卸入砂箱（或芯盒）中造型与制芯。通常，黏结剂的加入设置在水平混砂装置的前 1/2～1/3 处，固化剂的加入设在水平混砂筒的始端。这种混砂机需要有足够长的混砂筒体。

连续式混砂机的特点是，连续混砂、效率高、可以现混现用，混砂机的自清理性能好，常用于酯硬化水玻璃砂（或自硬树脂砂）的混制。

连续式混砂机的关键问题之一是黏结剂、固化剂的准确定量，因此在设备选型和采购时，一定要特别注意连续式混砂机的定量泵（或装置）的质量。

目前，国内外有两种（自硬树脂砂、酯硬化水玻璃砂）常见的连续式混砂机。大多数用于酯硬水玻璃砂的连续式混砂机都来源于自硬树脂砂的连续式混砂机。毫无疑问，由于两种型砂的混制工艺相同，原理上连续式混砂机是可以通用的；但又由于水玻璃的黏度与树脂的黏度有一定的区别，通常水玻璃的黏度要大于树脂的黏度，故水玻璃砂的混制时间更长，混制强度要求更高。在连续式混砂机的设备结构上，用于水玻璃砂的混砂机（比用于树脂砂的）的混砂筒体要长一些、混砂速度要快一些，筒体内搅拌叶片的倾斜角度也要小一些。

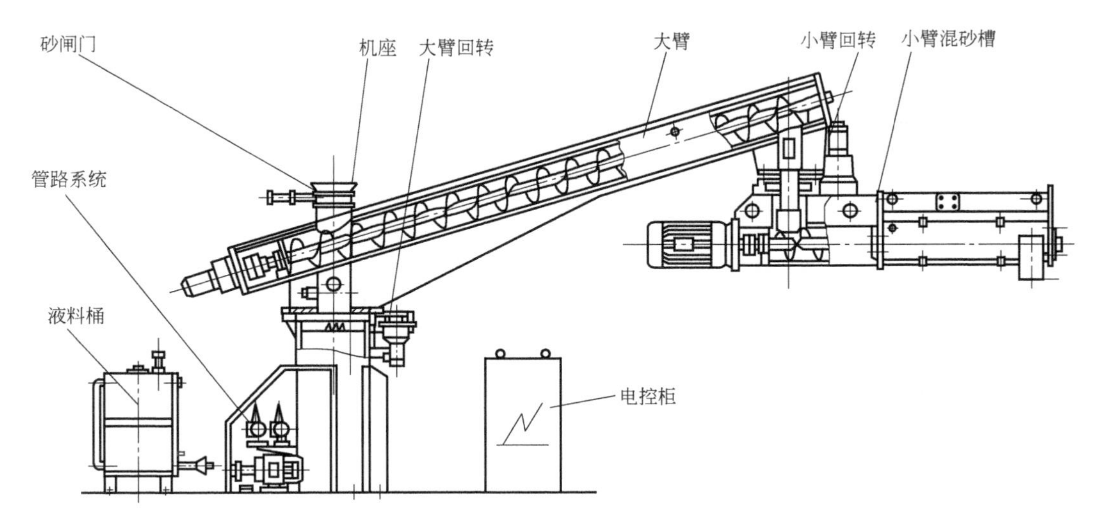

图 2-34　双臂连续式混砂机的结构

3. 黏土混砂的自动控制及在线检测

黏土混砂过程在线控制的自动化及检测是近年来砂处理装备中最引人瞩目的研究领域。型砂中的水分是影响型砂质量的关键要素，型砂紧实率是反映型砂性能的重要指标。因此，混砂的自动检测及控制多以水分及紧实率的测量及控制为中心进行。目前已实用化的混砂自动控制装置的控制方法见表 2-2。

表 2-2　混砂自动控制装置的控制方法

测量参数	控制方式	测定方法	受控介质
水分 水分+砂温	下次混料预测控制	电阻法 电容法 红外线法	水
体积密度 体积密度+水分 体积密度+水分+砂温	下次混料预测控制	荷重传感器+电容法	水
紧实率、剪切强度、抗压强度	下次混料预测控制	专用测定装置	水 黏土
紧实度	本次混料反馈控制	专用测定装置	水 时间

自动化造型生产线上，型砂性能的稳定性非常重要。一般的铸造企业设有专业的型砂性能实验室，测量从生产现场采取的型砂的紧实率、抗压强度、透气性、水分等性能参数，进而对混砂中所需水、黏土、煤粉、新砂等的加入量进行调整和控制。但该方法有严重的滞后性，无法满足自动化生产的及时需要。因此，人们开发了型砂性能在线检测系统，如图 2-35 所示。它可安装在混砂装备的出口处或型砂输送带的侧旁，通过采样器摄取已混制的型砂进

入检测系统的砂筒中，砂筒上装有水分测量电极和透气性测量压力传感器。型砂进入装料筒后，料筒上端入口被气缸驱动的盖板密封，料筒下方的气缸驱动压板上移，紧实型砂。系统此时可测量型砂试样的水分、透气性及紧实率。随后盖板左移，紧实气缸将试样顶出，抗压强度测量气缸动作，将型砂试样压碎，测其抗压强度值。测量的型砂数据可及时反馈给混砂装备，控制混砂参数，也可存储在计算机内，以日报表、周报表、月报表的形式输出，作为砂处理系统生产管理的重要资料保存。

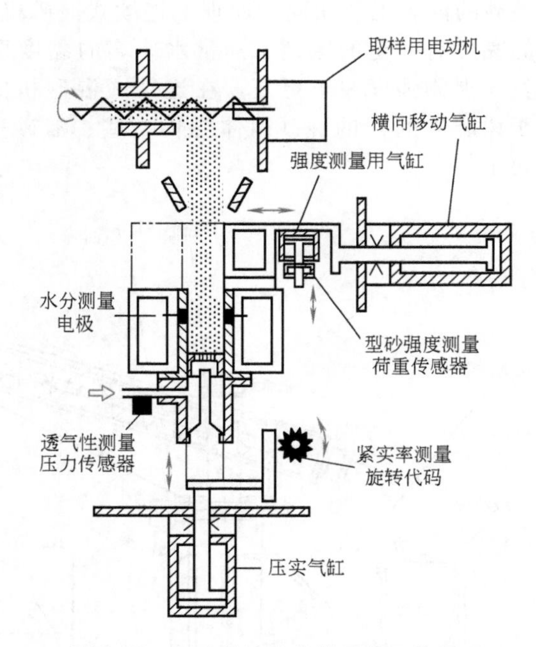

图 2-35 型砂性能在线检测仪工作原理

以紧实率为控制参数的混砂自动控制装置与型砂性能在线检测结合的控制系统如图2-36所示。其工作原理为先测定混砂前旧砂温度、水分等参数，确定初次加水量；然后由型砂性能在线检测混砂机中砂的水分、温度、紧实率，并与设定目标值比较，由此确定二次加水量。经过反复数次混砂和测量，逐渐逼近预期目标值后即可出料。

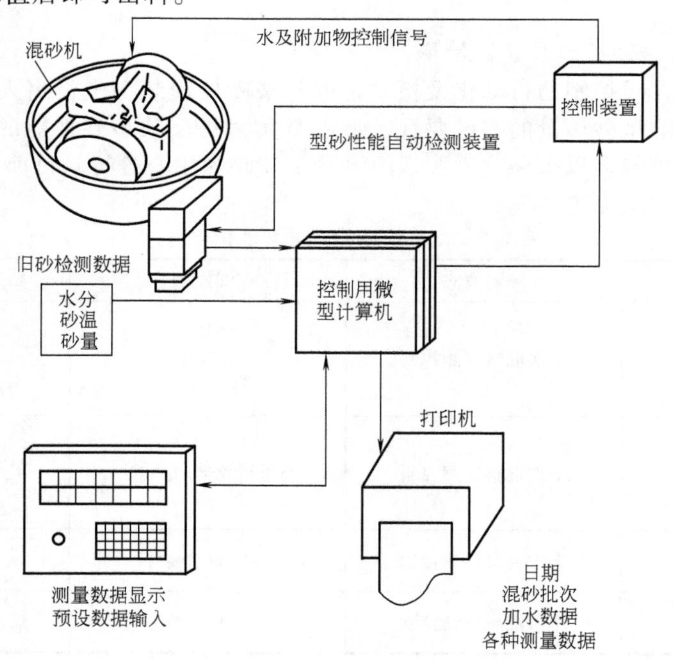

图 2-36 以紧实率为目标的自动混砂系统

2.3.4 砂处理系统的自动检测/监测

图2-24表示了砂处理系统的组成，而一个运行可靠的自动化砂处理系统需要大量的数

据检测/监测及控制。表2-3列出了国外某企业采用的自动化砂处理系统（和静压造型线配套）中混砂装备的检测内容、测定方法及数据处理方式。

表2-3 混砂装备的自动检测及处理方法

工序		检测内容	测定位置	测定目的	测定方法		重要性	实现性	数据处理		
									显示	保存	打印
混砂	常检	混砂机的电流，使用电力	混砂机控制柜	混砂状态监视	自动	电流计，三相电度计	△	△	△	△	—
	每20s	CB值，水分，砂温	混砂机	混砂过程监视，CB控制，水分控制	自动	型砂性能测试仪	○	△	△	△	—
	每批次	旧砂重量，新砂重量，添加剂重量	料斗	型砂成分监视	自动	料斗比例	○	○	○	○	—
		加水量	加水装置	水分控制	自动	荷重传感器	○	△	○	○	—
		混砂完毕时的CB值，水分，砂温，透气性，强度	混砂机	型砂性能测量	自动	型砂性能测试仪	○	○	○	○	○
		混砂机下料斗砂量	料斗	混砂开始判定监测砂量及停留时间	自动	杠杆式料位计	△	○	△	—	—
		混砂时间监测	混砂机控制柜	砂量不足，上一工序异常，型砂性能异常检测	自动	PLC内部计数器	○	○	○	○	—

注：1. 重要性、实现性栏中“○”表示高；“△”表示中；“—”表示低。
2. 数据处理栏中“○”表示必要；“△”表示部分采用；“—”表示几乎不用。

2.4 造型设备及自动化生产线

造型是金属液态成形的主要工艺过程，其目的是获得一个紧实度高而且分布均匀的砂型。造型过程的机械化、自动化水平在很大程度上决定着企业的劳动生产率和产品质量。造型过程主要包括填砂、紧实、起模、下芯、合型及砂型、砂箱的运输等工序。造型机是整个造型过程的核心装备，它的作用是填砂、紧实和起模，其中紧实是关键的一环。所谓紧实就是将包覆有黏结剂的松散砂粒在模型中形成具有一定强度和紧实度的砂块或砂型。常用紧实度来衡量型砂被紧实的程度，一般用单位体积内型砂的质量或型砂表面的硬度表示紧实度。

从液态成形工艺上讲，紧实后的砂型应具有以下性能：

1）有足够的强度。能经受搬运、翻转过程中的振动或浇注时金属液的冲刷而不破坏。

2）容易起模。起模时不易损坏或脱落，能保持型腔的精确度。

3）有必要的透气性，避免产生气孔等缺陷。

上述要求有时互相矛盾。例如，紧实度高的砂型透气性差，所以应根据具体情况对不同的要求有所侧重，或采取一些辅助补偿措施，如高压造型时，用扎通气孔的方法解决透气性的问题。

2.4.1 黏土砂用造型装备

常用紧实型砂的方法（简称实砂）有震击紧实、压实紧实、射砂紧实、气流紧实等。而现代造型装备为获得最佳的型砂紧实效果，常将几种紧实方法结合起来。因此，根据其紧实原理造型机可分为震击/震压造型机、压实/高压造型机、射压造型机、静压造型机、气冲造型机等。另外，根据是否使用砂箱又可分为有箱造型机和无箱/脱箱造型机。

1. 震击/震压造型机

震击/震压造型机是黏土砂造型机机械化/自动化的初期产品，在我国中小型铸造企业仍有广泛的应用。震击紧实的工作原理如图 2-37 所示。工作台、砂箱连同型砂被举升到一定高度，然后下落时与机体发生撞击。撞击时，型砂的下落速度变成很大的冲击力作用在下面的型砂上，使型砂层层得到紧实。震击若干次后，可得到所需的型砂紧实度。

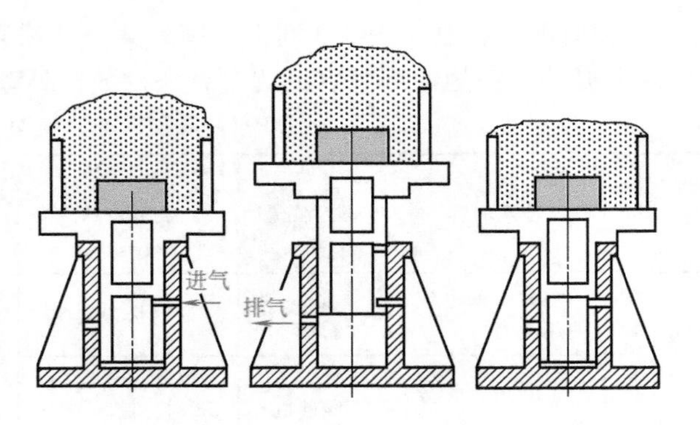

图 2-37 震击紧实的工作原理

震击造型机的最大缺点是振动和噪声。为减轻振动和噪声，且实现造型的高速化，人们研发了多种形式的震击造型机，其核心就是采用空气垫或弹簧减震以及增加震击速度和震击频率。详细介绍可参阅其他专著。

震击时，越是下面的砂层，受到的冲击力越大，越易被紧实；而砂型顶部，所受的力趋于零，仍为疏松状态。图 2-38 是震击实砂时砂型垂直中心线上型砂紧实度沿砂型高度方向的分布曲线。由此可知，震击造型后，砂箱顶部的型砂没有得到紧实，必须施加压力补充紧实。如采用加压方法为震压造型，如图 2-39 所示。

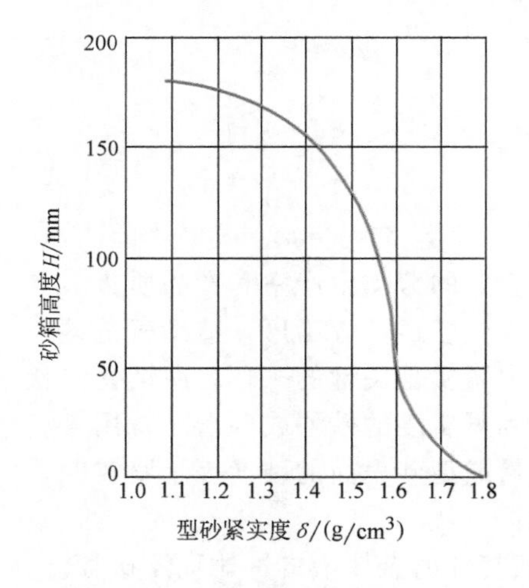

图 2-38 震击紧实时的紧实度分布

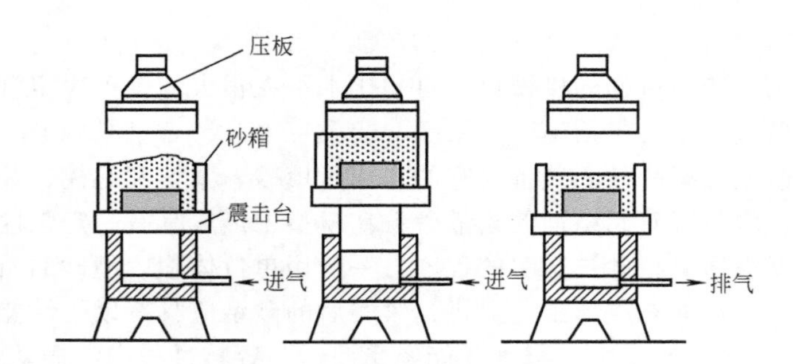

图 2-39 震压造型的工作示意图

国产 Z145A 型震压造型机的最大砂箱尺寸为 400mm×500mm，砂型单位面积上的压力（即压实比压）为 0.1~0.2MPa，单机生产率约为 60 型/h，其结构如图 2-40 所示。其震压气缸结构如图 2-41 所示。造型机机架是悬臂单立柱结构，压板架是转臂式的。机架和转臂都是箱形结构。为了适应不同高度的砂箱，打开压板机构上的防尘罩，转动手柄，可以调整压板在转臂上的高度。

转臂可以绕转臂中心轴 10 旋转。由转臂动力缸 9 推动一齿条，带动转臂中心轴 10 上的齿轮使转臂摇转。为了使转臂转动终了时能平稳停止，避免冲击，动力缸在行程两端都有油阻尼缸缓冲。

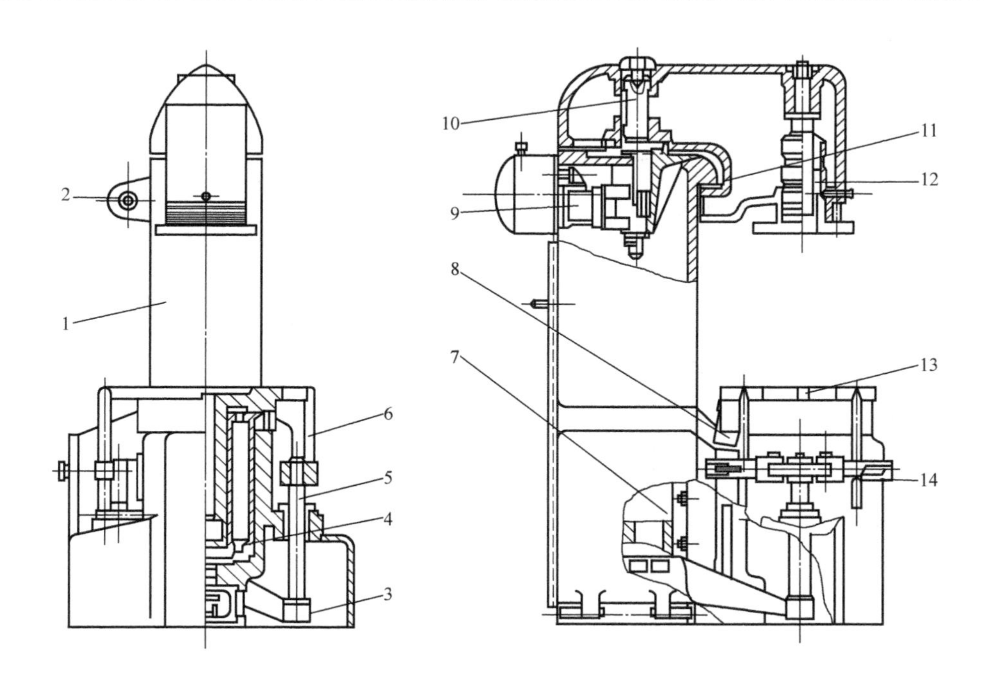

图 2-40 Z145A 型震压造型机结构

1—机身 2—按压阀 3—起模同步架 4—震压气缸 5—起模导向杆
6—起模顶杆 7—起模液压缸 8—震动器 9—转臂动力缸 10—转臂中心轴
11—垫块 12—压板机构 13—工作台 14—起模架

Z145A 型震压造型机采用顶杆法起模。装在机身内的起模液压缸 7 带动起模同步架 3，起模同步架 3 带动装在工作台两侧的两个起模导向杆 5 同时向上顶起，起模导向杆 5 带动起模架 14 和起模顶杆 6 同步上升，顶着砂箱四个角而起模。为了适应不同大小的砂箱，顶杆在起模架上的位置可以在一定的范围内调节。

为了保证起模质量，起模运动要缓慢平稳，因而用气压油驱动。起模液压缸的结构如图 2-42 所示。压缩空气由进气孔 3 进入起模缸，作用在缸内油液上，油液通过节流阀 2 起模回程时，液压缸中的油液可以通过芯杆 5 的中心孔推开上面的单向阀 4，快速回流，所以起模后节流阀 2 的小孔进入下面的液压缸，推动活塞杆向上，因此起模动作十分平稳。起模速度可借节流阀调整，回程速度可以较快。

2. 压实/高压造型机

用直接加压的方法紧实型砂称为压实造型，如图 2-43 所示。压实时，砂型的平均紧实度与砂型单位面积上的压实力或压实比压有关。图 2-44 是三种性能不同型砂的压实紧实曲线，表示了砂型平均紧实度与压实比压的变化关系。由图 2-44 可见，无论哪一种型砂，在压实开始时，p 增加很小，就会引起紧实度很大的变化；但当压实比压逐渐增高时，紧实度的增长减慢，在高比压阶段，虽然 p 增大很多，但紧实度的增加却很微小。

当砂箱比较高或模样比较复杂时，采用平板压实，砂型内的紧实度分布很不均匀。图 2-45 所示为平压板采用上压式后砂型各部分紧实度的分布曲线（填砂高度为 400mm）。图 2-45中线 1 表示砂型中心部分，沿整个砂型的高度上，紧实度大致相同；但靠近箱壁或砂箱角处的摩擦阻力较大，紧实度沿砂箱高度分布严重不均匀（图 2-45 中曲线 2）。

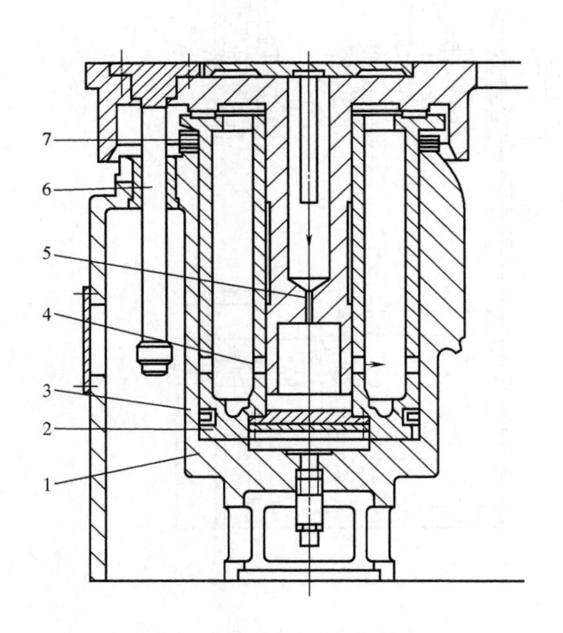

图 2-41 Z145A 型震压造型机的震压气缸结构

1—压实气缸 2—压实活塞及震击气缸 3—密封圈 4—排气孔 5—震击活塞 6—导杆 7—折叠式防尘罩

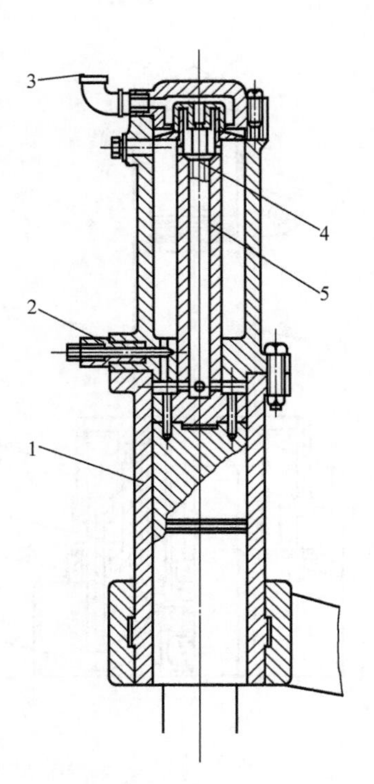

图 2-42 Z145A 型震压造型机的起模液压缸结构

1—起模缸 2—节流阀 3—进气孔 4—单向阀 5—芯杆

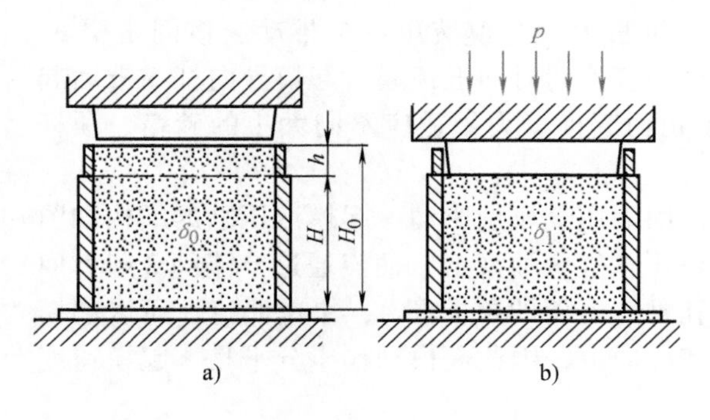

图 2-43 压实造型

a）压实前 b）压实后

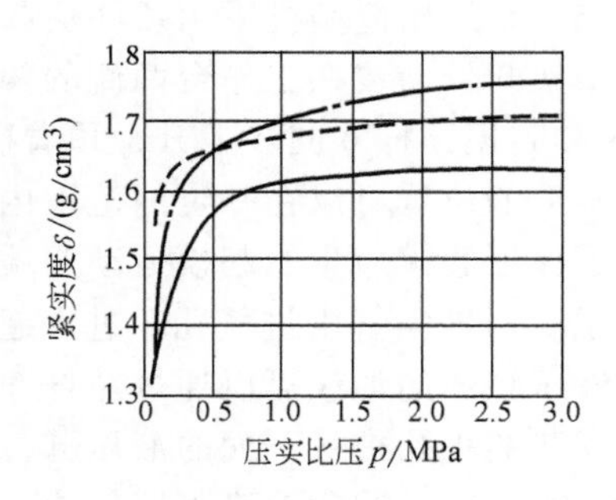

图 2-44 不同型砂的压实紧实曲线

为获得紧实度均匀一致的砂型，实际应用中一般采用成形压板或多触头压射冲头。所谓成形压板就是压板的形状和模样形状相似，压实时可保证砂型的紧实度基本均匀。但生产中需经常更换模板，因此也要同时更换与模样相对应的压射冲头。这样不仅增加了工艺装备的费用，而且降低了机器的生产率。因此，目前更多的是将整块的平压板分割成许多小压板，称为多触头压射冲头，如图 2-46 所示。每个小压射冲头的后面是一个液压缸，各个液压缸的油路是互相连通的（称为浮动式多触头）。压实时每个小压射冲头的压力大致相等，各个触头能随着模样的高低压入不同的深度，使砂型的紧实度均匀化。

当压实比压达到 0.7~1.2MPa 时，称之为高压造型。大量的实验研究证明，采用高压造型，能提高砂型的紧实度，减少浇注时的型壁移动，从而提高铸件的尺寸精度和表面质量。

另外由于砂型紧实度高、强度高，砂型受震动或冲击而塌落的危险性小，因此高压造型得到了大量应用。另外单纯的高压造型很难满足砂型紧实均匀化的要求，它更多的是和其他紧实方法联合使用。与气动微震紧实相结合，采用多触头压射冲头就是人们常说的多触头高压微震造型机，简称高压造型机。

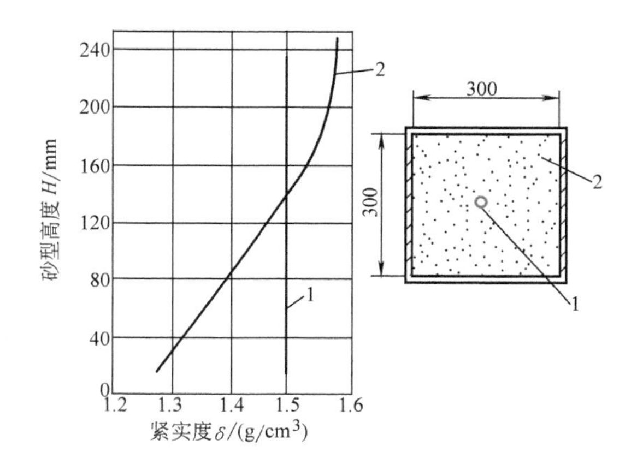

图 2-45　平压板采用上压式后砂型各部分紧实度的分布曲线

1—砂型中心部分　2—靠近箱壁或砂箱角处

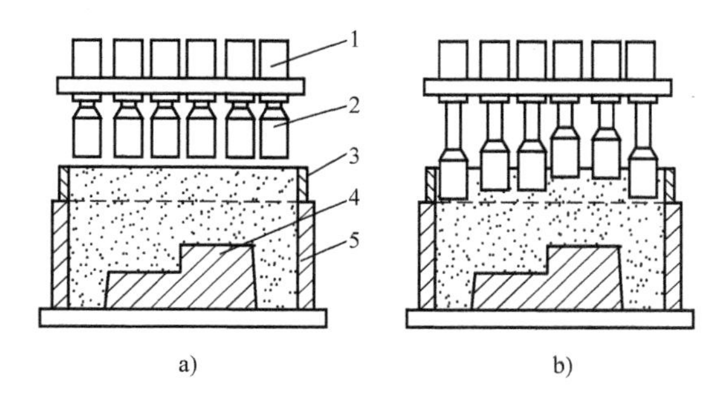

图 2-46　多触头压射冲头

a）压实前　b）压实后

1—小液压缸　2—多触头　3—辅助框　4—模样　5—砂箱

多触头高压造型机机构形式很多，每一制造商所制作的高压造型机结构都不相同。典型的多触头高压微震造型机的结构如图 2-47 所示。它由机架、微震压实机构、多触头压射冲头、定量加砂斗、砂箱进出辊道等主要部分组成。机架为四立柱式，横梁 10 上装有浮动式多触头压射冲头 13 及漏底式加砂斗 8，它们装在移动小车上，由压射冲头移动缸 9 带动可以来回移动。机体内的紧实缸分为两部分，上部是气动微震缸 17，下部是具有快速举升缸的压实缸 1。4 是模板穿梭机构，将模板框连同模板送入造型机。定位后，工作台 6 上有模板夹紧器 16 夹紧。

造型时，空砂箱由边辊道 15 送入。压实活塞 2 先快速上升，同时高位油箱向压实缸 1 充液。工作台上升，先托住砂箱，然后托住辅助框 14。此时压射冲头小车移位，加砂斗向砂箱填砂。同时开动微震机构进行预震，型砂得到初步紧实。加砂及预震完毕后，压射冲头小车再次移位，加砂斗移出，多触头压射冲头移入，此过程中加砂斗将砂箱顶面刮平。然后，微震缸与压实缸同时工作，一边震击，一边从压实孔通入高压油液进行压实。紧实后，工作台 6 下降，边辊道 15 托住砂型，实现起模。

造型机所用砂箱内尺寸为 850mm×600mm×200mm，生产率为 150 型/h。

3. 射压造型机

（1）射砂紧实方法　射砂紧实是利用压缩空气将型（芯）砂以很高的速度射入型腔（或芯盒）内而得到紧实。射砂机构如图 2-48 所示。射砂紧实过程包括加砂、射砂、排气紧实三个工序：

1）加砂。打开加砂闸板 6，砂斗 5 中的砂子加入射砂筒 1 中，然后关闭加砂闸板。

2）射砂。打开射砂阀 7，贮气包 8 中的压缩空气从射砂筒 1 的顶横缝和周竖缝进入筒内，形成气砂流射入砂箱（或芯盒）中。

3）排气紧实。型腔中的空气通过排气塞 4 排除，高速气砂流由于型腔壁的阻挡而被滞

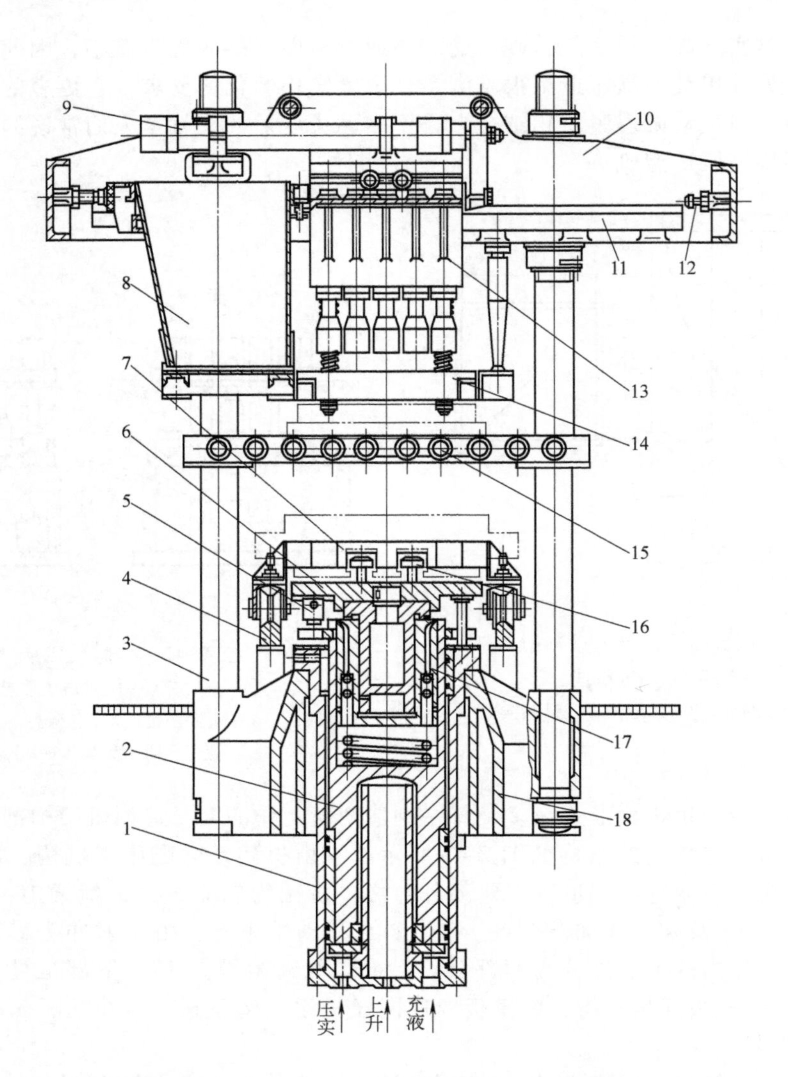

图 2-47 典型的多触头高压微震造型机的结构

1—压实缸 2—压实活塞 3—立柱 4—模板穿梭机构 5—震动器 6—工作台 7—模板框 8—加砂斗 9—压射冲头移动缸 10—横梁 11—导轨 12—缓冲器 13—多触头压射冲头 14—辅助框 15—边辊道 16—模板夹紧器 17—气动微震缸 18—机座

止，气砂流的动能转变成型（芯）砂的紧实功，使型（芯）砂得到紧实。射砂紧实时，主流方向上以冲击紧实为主，在非主流方向或拐角处（此处常开设不少排气塞），型砂靠压力差下的滤流作用得到紧实。

射砂能同时完成快速填砂和预紧实的双重作用，具有生产率高、工作环境好、砂型紧实度比较均匀的优点，广泛用于制芯和造型。但芯盒或模样的磨损比较大，且得到的砂型紧实度不够。如果将射砂和压实紧实结合起来，便成为射压造型机。射压造型机先用射砂方法填砂并使型砂预紧实，然后再加压紧实，因此可以得到紧实度高而且比较均匀的砂型。

如果射压造型时不用砂箱（无箱），或者在造型后能先将砂箱脱去（脱箱），使砂箱不进入浇注、落砂、回送的循环，就能减少造型生产的工序，节省许多砂箱，而且可使造型生产线所需辅机减少，布线简单，容易实现自动化。所以无箱或脱箱射压造型机发展迅速，应用广泛。射压造型机按砂型分型情况不同，可分成垂直分型或水平分型两大类。

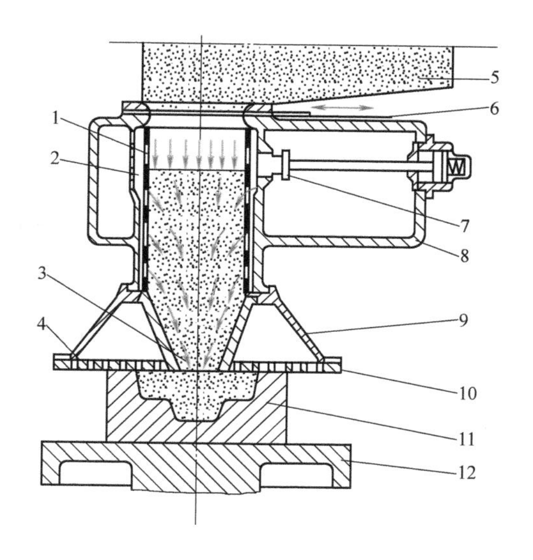

图 2-48 射砂机构示意图

1—射砂筒 2—射腔 3—射砂孔 4—排气塞 5—砂斗 6—加砂闸板 7—射砂阀 8—贮气包 9—射砂头 10—射砂板 11—芯盒 12—工作台

（2）垂直分型无箱射压造型机 垂直分型无箱射压造型机工作原理如图 2-49 所示。造型室由造型框及正、反压板组成。正、反压板上有模样，封住造型室后，由上面射砂填砂（图 2-49a）；再由正、反压板两面加压，紧实成两面有型腔的型块（图 2-49b）；然后反压板退出造型室并向上翻起让出型块通道（图 2-49c）；接着正压板将造好的型块从造型室推出，且一直前推，使其与前一块型块推合，并且还将整个型块列向前推过一个型块的厚度（图 2-49d）；此后正压板退回（图 2-49e），反压板放下并封闭造型室（图 2-49f），机器进入下一造型循环。

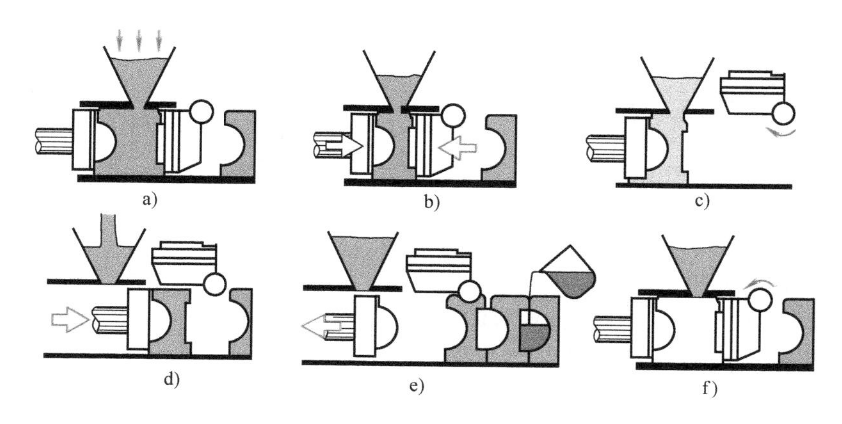

图 2-49 垂直分型无箱射压造型机工作原理

这种造型方法的特点是：①用射压方法紧实砂型，所得型块紧实度高而均匀。②型块的两面都有型腔，铸型由两个型块间的型腔组成，分型面是垂直的。③连续造出的型块互相推合，形成一个很长的型块列。浇注系统设在垂直分型面上。由于型块互相推住，在型块列的中间浇注时，型块与浇注平台之间的摩擦力可以抵住浇注压力，型块之间仍保持密合，无需卡紧装置。④一个型块即相当于一个铸型，而射压都是快速造型方法，所以造型机的生产率很高。造小型铸件时，生产率可达 300 型/h 以上。

垂直分型无箱射压造型机如图 2-50 所示。机器的上部是射砂机构。射砂筒 1 的下面是造型室 9。正、反压板由液压缸系统驱动。为了获得高的压实比压和较快的压板运动速度，采用增速液压缸。为了保证合型精度，结构上采用了四根刚度大的长导杆 6 协调正、反压板的运动。造型室前有浇注平台，推出的砂型即排列在上面。

该机的造型过程有六道工序，如图 2-51 所示。

1）射砂工序（图 2-51a）。正、反压板关闭造型室。当料位指示器 14 显示射砂筒 3 中已装满砂时（图 2-51f），开启射砂阀 15，贮气罐 5 中的压缩空气进入射砂筒 3，将型砂射入造型室 1 内。射砂结束后，射砂阀 15 关闭，射砂阀 2 打开，使射砂筒 3 内余气排出。

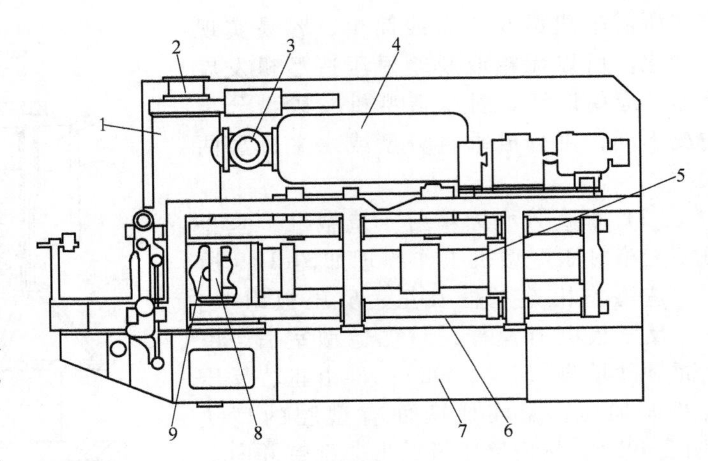

图 2-50 垂直分型无箱射压造型机

1—射砂筒 2—加砂口 3—射砂阀 4—贮气包 5—主液压缸 6—导杆 7—机座 8—正压板 9—造型室

2）压实工序（图 2-51b）。液压油从 C 孔进入液压缸 11，推动主活塞 10 及正压板 12 压实型砂，同时反压板 13 由辅助活塞 8 通过导杆 9 拉住，使型砂在正、反压板之间被压实。当铸型需要下芯时，待下芯结束信号发出后，造型机进行下一工序。

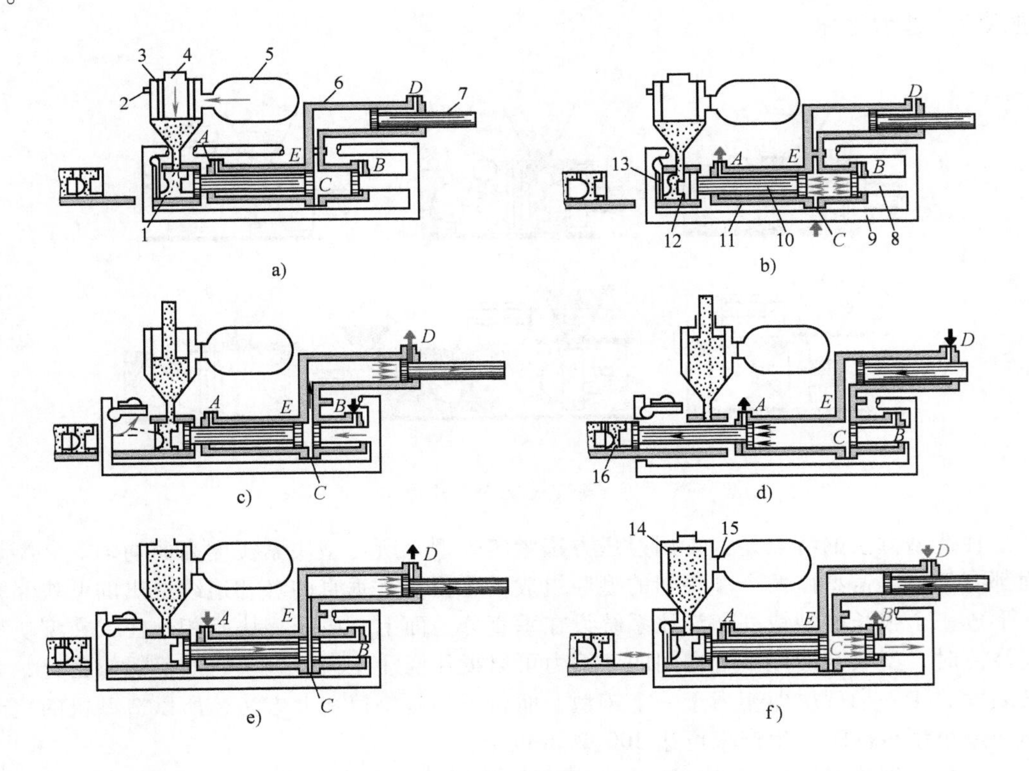

图 2-51 造型循环的六个工序

a）射砂 b）压实 c）起模Ⅰ d）推出合型 e）起模Ⅱ f）关闭造型室

1—造型室 2—排气阀 3—射砂筒 4—砂闸板 5—贮气罐 6—增速液压缸 7—增速活塞 8—辅助活塞 9—导杆 10—主活塞 11—液压缸 12—正压板 13—反压板 14—料位指示器 15—射砂阀 16—砂型

3）起模Ⅰ工序（图 2-51c）。液压油从 B 孔进入，使辅助活塞 8 左移，通过导杆 9 使反压板 13 左移完成起模，然后反压板在接近终端位置时，通过导杆及四连杆机构使之翻转 90°，为推出合型做好准备。起模前反压板上的震动器动作，同时砂闸板 4 开启，供砂系统可向射砂筒 3 内加砂，为再次射砂做准备。

4）推出合型工序（图 2-51d）。液压油从 D 孔进入，推动增速活塞 7 动作，使主活塞 10 左移。这样，砂型 16 被推出，且与以前造型的砂型进行合型。

5）起模Ⅱ工序（图 2-51e）。液压油从 A 孔进入，使主活塞 10 右移，正压板 12 从砂型中起模。起模前正压板上的震动器动作。

6）关闭造型室工序（图 2-51f）。液压油再次从 D 孔进入，推动增速活塞 7 左移，使辅助活塞 8 右移，并通过导杆将反压板拉回原位而关闭造型室，完成一次工作循环。

造型机的主液压缸为一个双向液压缸，因前后两个活塞共处于一个缸中，一个活塞的运动有时会对另一个活塞的运动产生干扰，影响造型质量。例如，起模Ⅰ工序中，反压板起动时会干扰压实板，若发生颤动可能损坏砂型，因此改进后的结构是将前后两个活塞互相隔离以避免干扰。

在造型循环的六个工序中，主液压缸各油孔的状态见表 2-4。

表 2-4　造型循环各工序中主液压缸各油孔的状态

工序	工序名称	主液压缸各油孔名称				
		A	B	C	D	E
Ⅰ	射砂	关闭	关闭	关闭	关闭	关闭
Ⅱ	压实	回油	回油	进油	进油	关闭
Ⅲ	起模Ⅰ	关闭	进油	关闭	回油	回油
Ⅳ	推出合型	回油	关闭	进油	关闭	进油
Ⅴ	起模Ⅱ	进油	关闭	回油	关闭	回油
Ⅵ	关闭造型室	关闭	回油	关闭	进油	进油

垂直分型无箱射压造型机的工作循环是自动进行的，操作者只需在机器旁进行监视即可。造型机的控制系统由液压、气压及计算机控制系统联合组成。垂直分型无箱射压造型机的液压系统工作原理图如图 2-52 所示。

系统供油是由单电动机驱动两台并联的变量轴向柱塞泵完成的，其输出的油量是两泵流量之和。而轴向柱塞泵具有尺寸小、重量轻、寿命长、效率高的优点。造型循环中推出合型及起模Ⅱ两工序所要求的压实板的变速则通过容积调速来实现，它可在转速不变时通过变量机构的调节来改变输出的流量。

造型时液压缸动作由电液动换向阀 1、2、3 及 4 控制。电液动换向阀具有既能实现换向缓冲，又能获得大流量的优点。阀 5 为充液阀，用于向高位油箱补充液压油。因其通径大（100mm），故采用气动推杆驱动其阀芯。对应于各造型工序，液压换向阀的开启状态见表 2-5。

表 2-5　造型循环各工序中液压换向阀的开启状态

工序号	工序名称	液压换向阀号					工序号	工序名称	液压换向阀号				
		1	2	3	4	5			1	2	3	4	5
Ⅰ	射砂	中	中	中	左	右	Ⅳ	推出合型	左	右	中	左	左
Ⅱ	压实	左	右	左	右	右	Ⅴ	起模Ⅱ	左	左	中	左	左
Ⅲ	起模Ⅰ	左	中	右	左	左	Ⅵ	关闭造型室	左	中	左	左	左

垂直分型无箱射压造型机的气控原理图如图 2-53 所示。从气源来的压缩空气先经过分水滤气器，然后一路经减压阀进入环形贮气罐；另一路经油雾器进入造型机、下芯机构控制

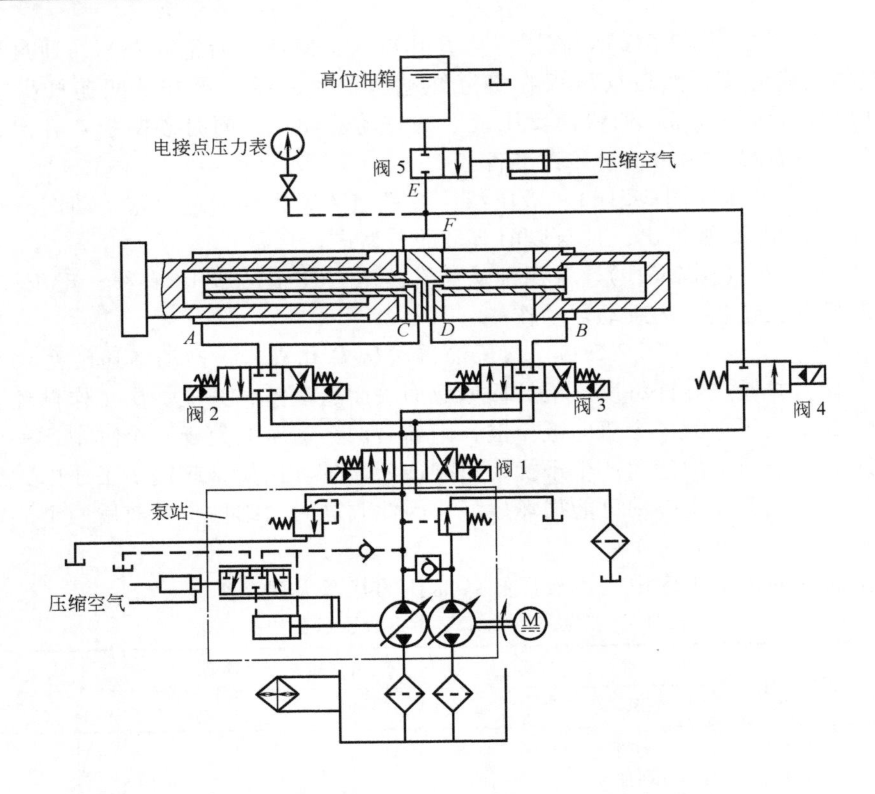

图 2-52 垂直分型无箱射压造型机的液压系统工作原理图

气路。串联在后一管路中的油雾器使气流中含有油雾，以便润滑各气缸及气阀。

进入环形贮气罐的压缩空气的压力由远程减压阀控制，改变此压力就可以改变射砂压力。造型循环各个工序的气动动作均由二位五通电磁阀控制。

（3）水平分型脱箱射压造型机　水平分型脱箱射压造型机是在分型面呈水平的情况下进行射砂充填、压实、起模、脱箱、合型和浇注的。此类造型机的类型很多，按照填砂方向不同又可分为侧射方式、顶射加底射方式及顶射方式。

图 2-54 所示为侧射式水平分型脱箱射压造型机的工作原理。在侧射方式中，因模样形状挡住射砂方向，易造成填砂不均匀，尤其是远离射砂口的模样底部。为解决此问题，人们开发了顶射加底射方式的造型机，如图 2-55 所示。但在顶射/底射方式中，底射填砂必须克服砂的重力影响，填砂较困难。而顶射方式因有对型砂性能的要求低、填砂均匀且易获得性能稳定的砂型等优点，近年来其应用发展非常迅速。图 2-56 所示为顶射式水平分型脱箱射压造型机的工作原理。

对于水平分型脱箱造型和垂直分型无箱造型，砂箱都没有进入输送线，有组成简单的优点，但与垂直分型相比，水平分型还有以下一些优点：

1）水平分型下芯和下冷铁比较方便。

2）水平分型时，直浇道与分型面相垂直，模板面积有效利用率高，而垂直分型的浇注系统位于分型面上，模板的面积利用率低。

3）垂直分型时，如果模样高度较大，模样下面的射砂阴影处紧实度不高，而水平分型可避免这一缺点。

4）水平分型时，铁液压力主要取决于上半型的高度，较易保证铸件质量。

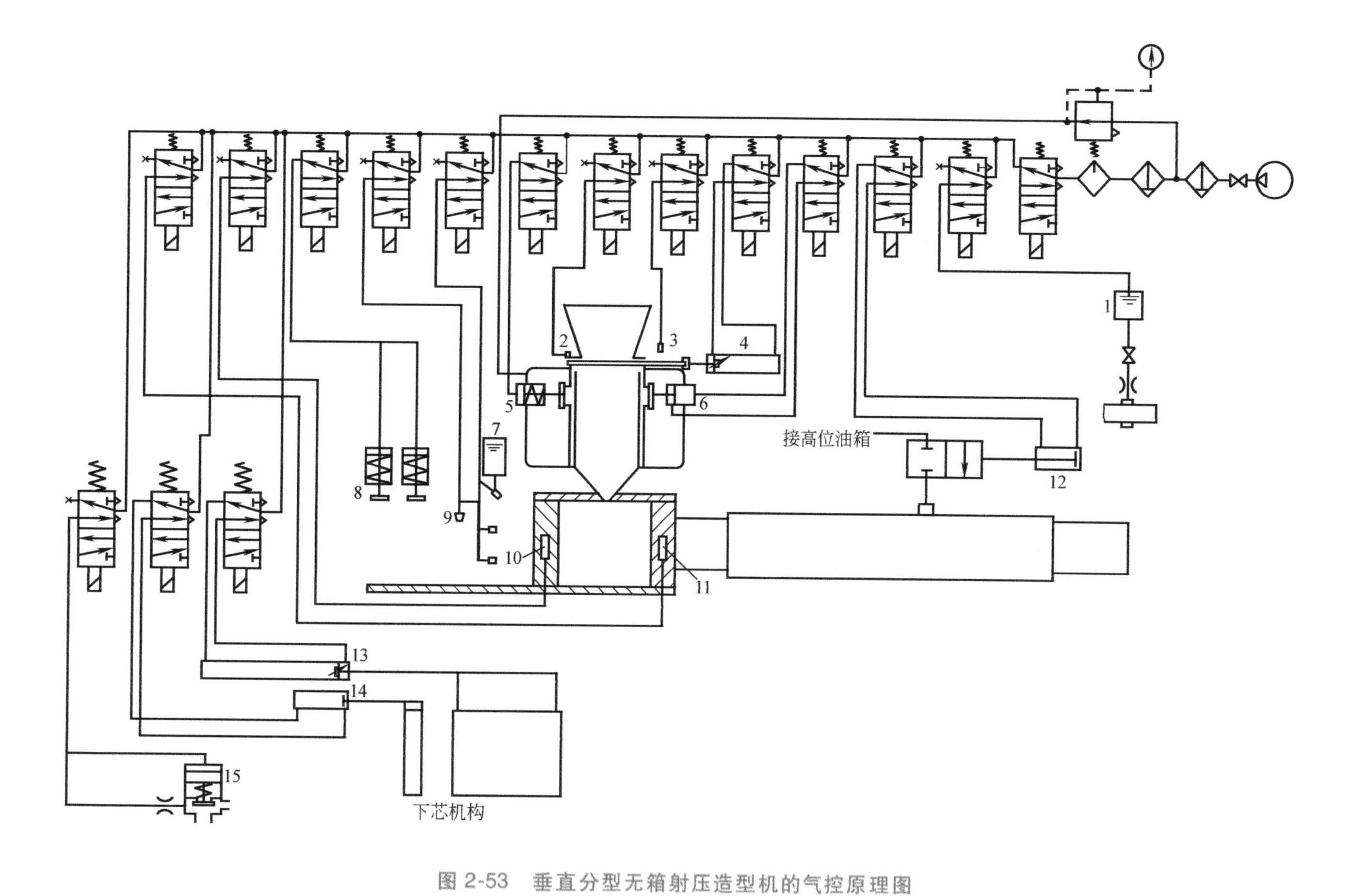

图 2-53　垂直分型无箱射压造型机的气控原理图

1—导柱润滑油箱　2—砂闸板充气密封　3—砂闸板吹净器　4—砂闸板气缸　5—排气阀　6—射砂阀　7—脱模剂桶　8—压砂型器　9—砂型、桩头吹净器　10—反压板震动器　11—正压板震动器　12—充液阀气缸　13—下芯机构长气缸　14—下芯机构短气缸　15—下芯机构换气阀

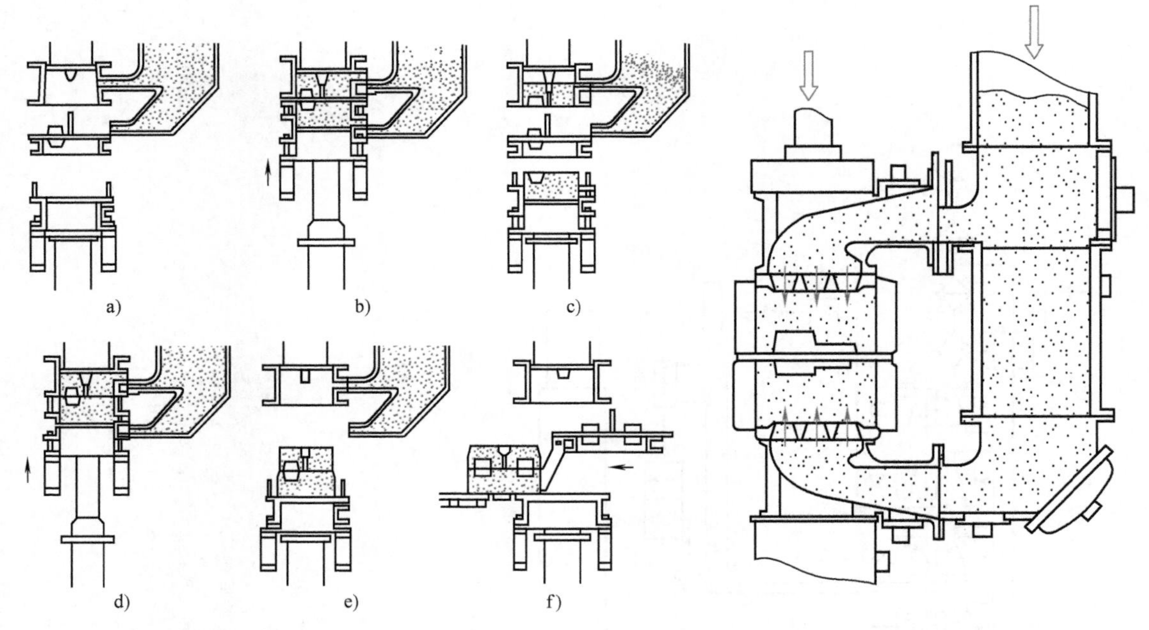

图 2-54 侧射式水平分型脱箱射压造型机的工作原理
a）初始位置 b）射砂压实 c）起模 d）合型 e）脱箱 f）推出

图 2-55 顶射/底射式水平分型脱箱射压造型机的工作原理

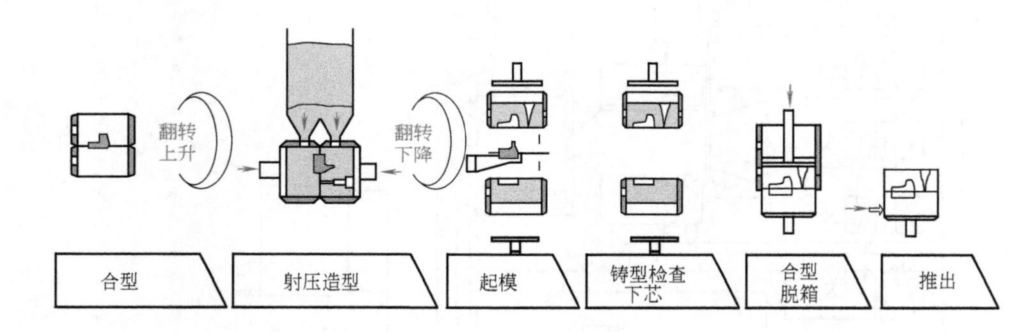

图 2-56 顶射式水平分型脱箱射压造型机的工作原理

但水平分型脱箱造型比垂直分型无箱造型的生产率低。另外，水平分型的生产线上需要配备压铁及取放套箱的装置，比垂直分型的生产线要复杂。

4. 静压造型机

静压造型机是利用压缩空气气流渗透预紧实并辅以加压压实型砂的一种造型机。所谓气流渗透紧实方法，是用快开阀将贮气罐中的压缩空气引至砂箱的砂粒上面，使气流在较短的时间内透过型砂，经模板上的排气孔排出。气流在穿过砂层时受到砂粒的阻碍而产生压缩力（即渗透压力）使型砂紧实，如图 2-57 所示。因渗透压力随着砂层厚度的增加而累积叠加，所以最后得到的型砂紧实度和震击实型砂的效果一样，也是靠近模板处高而砂箱顶部低。该法具有机器结构简单、实砂时间短、噪声和振动小等优点，故而称为静压造型法。

为克服气流实砂的缺点，获得紧实度高而均匀的砂型，型砂经过气流紧实后再实施加压紧实的静压造型机于 1989 年开发成功后得到了广泛应用，其工作原理如图 2-58 所示。图 2-59所示为静压紧实的砂型强度分布。

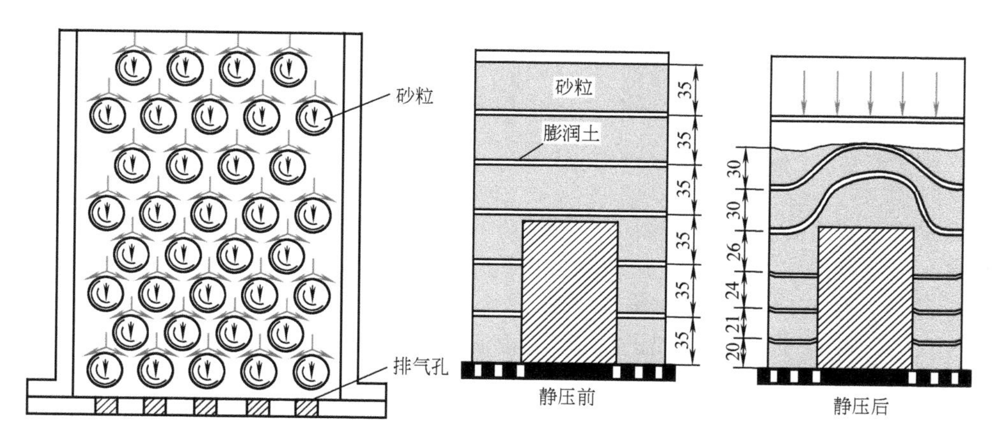

图 2-57　气流渗透紧实法的工作原理

2000 年以来，静压造型的优势逐渐被国内接受。目前国内一些工厂已引进了最新的自动化静压造型线，如国内某柴油机制造公司的新铸车间引进 HWS 公司的静压造型机，用于大功率柴油机缸体的生产，效益显著。静压造型机外形照片如图 2-60 所示。

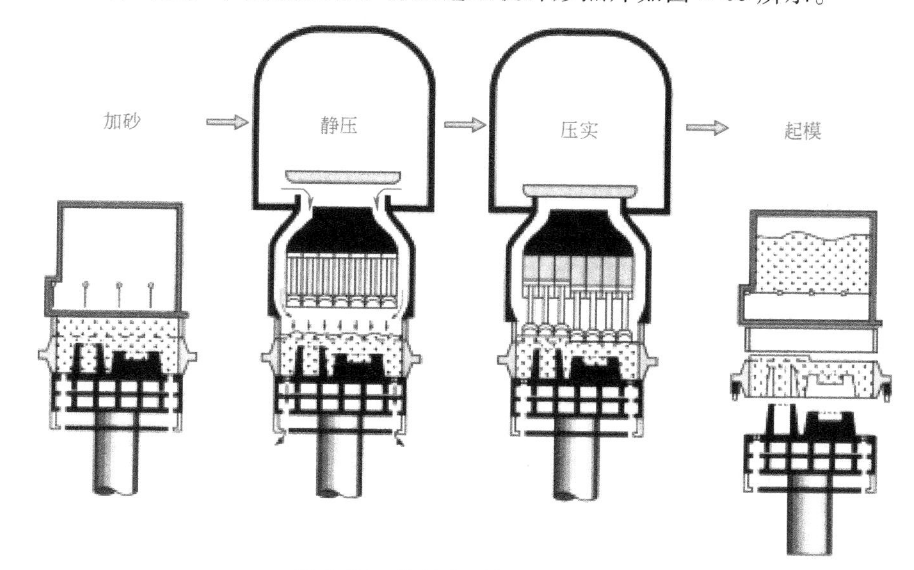

图 2-58　静压造型机的工作原理

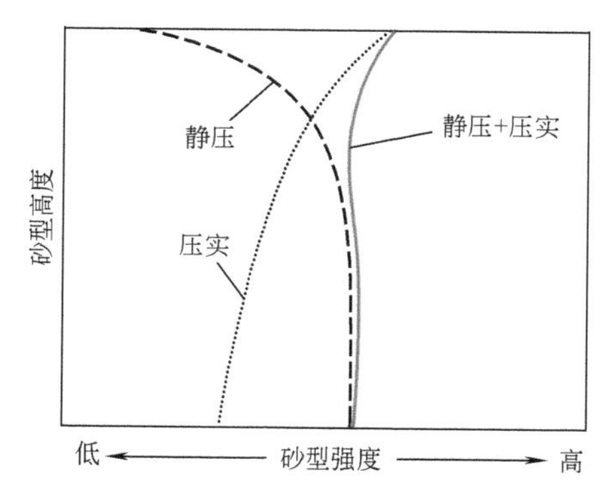

图 2-59　静压紧实的砂型强度分布

图 2-60　静压造型机外形照片

5. 气冲造型机

20 世纪 80 年代，欧洲和我国都开发成功了利用气流冲击紧实型砂的气冲造型机。气流冲击紧实是先将型砂填入砂箱内，然后压缩空气在很短的时间内（10~20ms）以很高的升压速度（dp/dt=4.5~22.5MPa/s）作用于砂型顶部，高速气流冲击将型砂紧实，其工作原理如图 2-61 所示。

气流冲击紧实过程示意图如图 2-62 所示。高速气流作用于砂箱散砂（图 2-62a）的顶部，形成一顶紧砂层（图 2-62b）；预紧砂层快速向下运动且越来越厚，直至与模板发生接触（图 2-62c），加速向下移动的预紧实砂体受到模板的滞止作用，而产生对模板的冲击，最底下的砂层先得到冲击紧实（图 2-62d），随后上层砂层逐层冲击紧实，一直到达砂型顶部（图 2-62e）。

气冲紧实时最底层的砂所受的冲击力最大，因而紧实度最高；砂层越高，所受冲击力越小，紧实度越低。图 2-63 所示为气冲紧实的砂型强度分布。由此可知，砂型顶部的砂层由于它上面没有砂层对它的冲击，紧实度很低，常以散砂的形式存在，因此气冲造型时，砂型顶部的砂层必须刮去。

气冲紧实的优点是：靠近型面处紧实度高且均匀，比较符合铸造工艺要求；生产率高，噪声较低；机器结构简单。但也存在冲击力大，模板磨损快及模样反弹降低铸型尺寸精度，对地基影响大等缺点。

气冲紧实的关键是进气时砂型顶部气压上升的速度（dp/dt）。升压速度越高，则气流冲击力越大，型砂的紧实度也越高。气冲紧实的升压速度是评判气冲紧实效果和气冲装置质量的重要指标之一。而气体的升压速度取决于气冲装置内快开阀的结构和动作速度。目前实际生产中使用较多的气冲装置有两种：一种是 GF 公司的圆盘式气冲装置，另一种是德国 BMD 公司制造的液控栅格式气流冲击装置。

GF 公司的气冲装置如图 2-61 所示。在充满压缩空气的压力室内有一个快开阀，其阀门通常是处于受压关闭状态，一旦需要排气时阀门便快速打开（开启时间为 0.01s 左右），室内的压缩空气迅速进入工作腔，在 0.01~0.02s 的时间内达到最高压力 0.45~0.5MPa，利用这种强大的气压冲击作用，可使型砂得到紧实。该阀结构简单，阀门为一金属圆盘，外层包覆一层塑料或橡胶薄膜。阀门开启速度快，使用寿命长。使用的压缩空气压力为 0.3~0.5MPa。

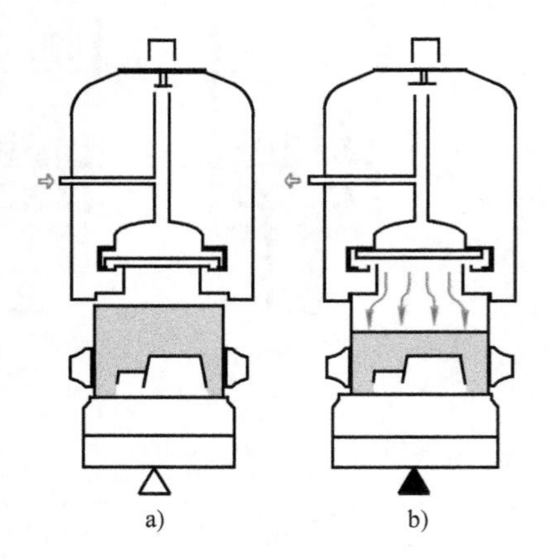

图 2-61　气冲紧实的工作原理

a）合型　b）气冲紧实

BMD 液控栅格式气冲装置结构如图 2-64 所示。定阀板 8 与动阀板 7 都做成栅格形，两阀板的月牙形通孔相互错开，当两阀板贴紧时完全关闭。当液压锁紧机构放开时，在贮气室 1 的气压作用下，动阀板迅速打开，实现气冲紧实。紧实后活塞 4 使动阀板复位，液压锁紧机构再锁紧动阀板，恢复关闭状态。贮气室补充进气，以待再次工作。

气冲造型机主要由机架、接箱机构、加砂机构、模板更换机构和气冲装置等组成。在结构形式上它与多触头高压造型机类似，不同之处在于用气冲装置取代了多触头压实机构和微震机构。图 2-65 所示为栅格式气冲造型机的结构。

气冲造型机，由于对地基、模具等冲击力大，气冲对模样磨损及对地基的损害较大，虽

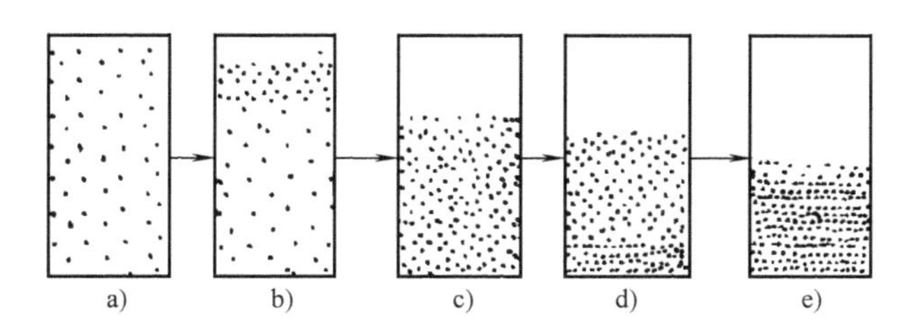

图 2-62　气流冲击紧实过程示意图

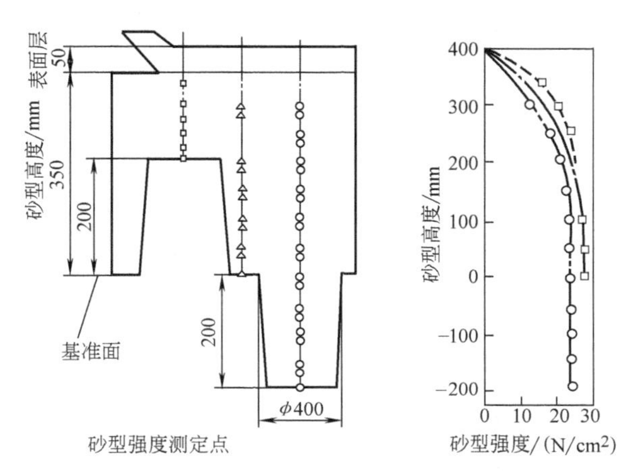

图 2-63　气冲紧实的砂型强度分布

然 20 世纪八九十年代风行一时，但进入 21 世纪后逐步被静压造型机替代。

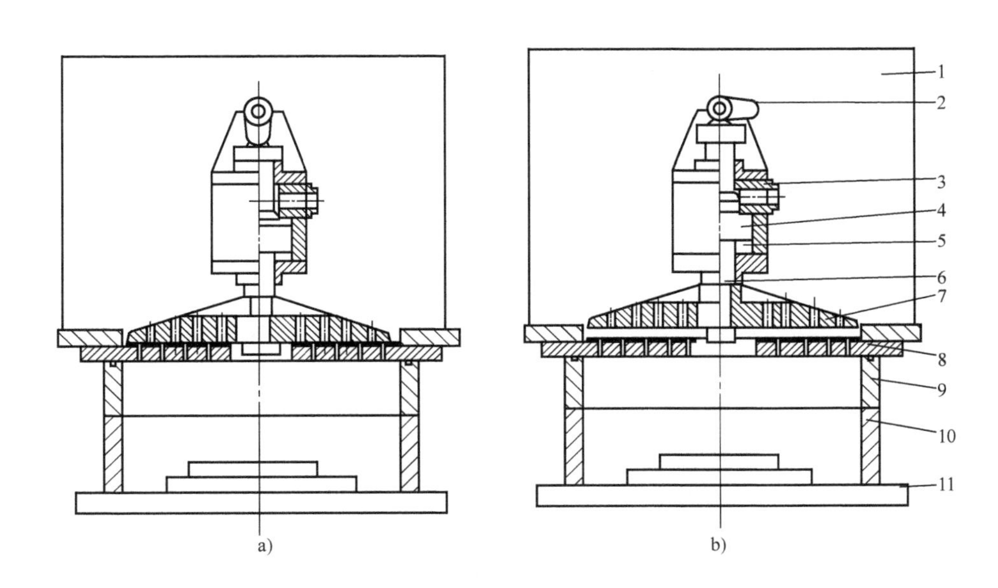

图 2-64　BMD 液控栅格式气冲装置结构图

a）栅格关闭　b）栅格开启

1—贮气室　2—气动锁紧凸轮　3—控制阀盘启闭的液压缸　4—活塞　5—控制阀盘启闭的气缸　6—活塞杆　7—动阀板　8—定阀板　9—预填框　10—砂箱　11—模板

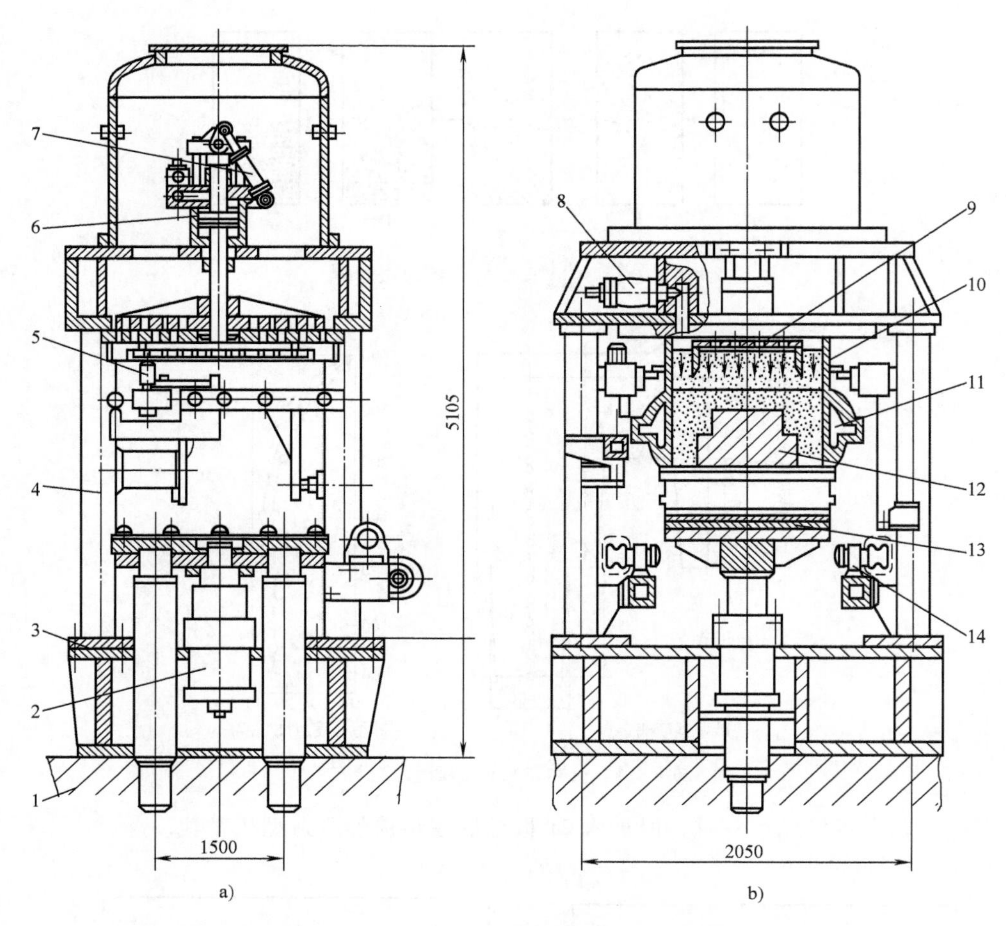

图 2-65 栅格式气冲造型机的结构

a）气冲机构 b）气冲紧实

1—底座 2—液压举升缸 3—机座 4—支柱 5—辅助框辊道及驱动电动机 6—气冲阀 7—气动安全锁紧缸 8—胶胆阀 9—阻流板 10—辅助框 11—砂箱 12—模样及模板框 13—工作台 14—模板辊道

2.4.2 树脂砂（水玻璃砂）振动紧实台

与黏土砂相比，树脂砂和水玻璃砂的流动性好，易于紧实；加之它们硬化后的强度更高，不需要非常高的紧实度。因此，水玻璃砂的紧实方法较为简单，普通的振动紧实（或人工紧实）加手工刮平即可满足水玻璃砂造型紧实的要求。

除气动振动台可用于树脂砂和水玻璃砂的造型紧实外，常用的水玻璃砂振动紧实台如图 2-66 所示。它利用两台振动电动机激振，振动频率为 47～50Hz，振幅为 0.4～0.8mm，采用空气弹簧缓冲，也可以采用金属丝弹簧缓冲。

图 2-66 所示的振动紧实台中，充气时台面升起承接砂箱进行振实工作。造好型后，空气弹簧排气，栅床台面下降，辊道突出并承托砂箱，便于推出。这种振动台结构简单、操作方便、动力消耗小，并能调节充气压力，以改变空气弹簧的刚度，从而适应因砂箱大小引起的载荷变化。

由振动电动机驱动的振动紧实台成本低，大量用于酯硬化水玻璃砂和自硬树脂砂铸型（芯）的紧实，用户可根据所生产铸件的大小选择不同规格的振动台。

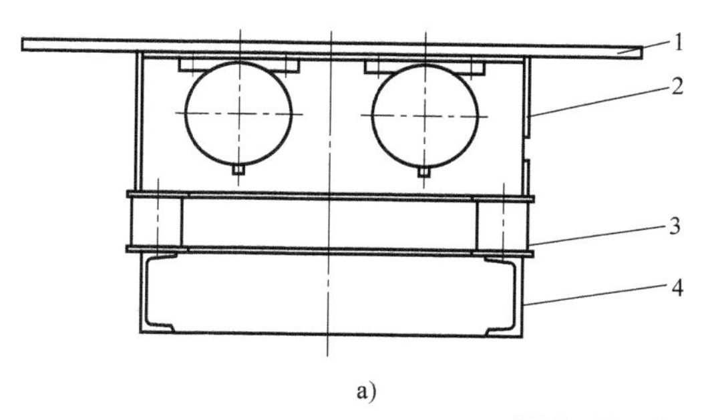

a)

b)

图2-66 振动紧实台

a）结构简图 b）外形图

1—振实台面 2—振动电动机 3—隔振弹簧 4—底座

2.4.3 造型生产线

1. 黏土砂造型生产线

造型生产线是根据生产铸件的工艺要求，将造型机和辅助机械（如翻箱机、合型机、压铁机、捅型机、落砂机等）按照工艺流程用运输机械（铸型输送机、辊道等）连接起来，并采用一定的控制方法组成的机械化或自动化造型生产体系。对于黏土砂造型而言，按是否使用砂箱可分为有箱造型线和无箱造型线，又可分为封闭式生产线和开放式生产线。

（1）造型生产线的辅助机械 在造型生产线上，为完成整个工艺过程须设置必要的辅助机械，如翻箱机、扎气孔机、合型机、捅型机等。这些辅助机械的动作单一，结构相对简单，易于控制和自动化，一般由工作机构或机械手、驱动装置、定位/限位及缓冲装置等组成。造型生产线上常见的辅助机械类型及其作用原理见表2-6。

表2-6 造型生产线上常见的辅助机械类型及其作用原理

机器名称	作用	工作原理
刮砂机	刮去砂箱上的余砂	用气动(或液压)砂铲
扎气孔机	对铸型扎排气孔	用气动(或液压)气孔钎
铣浇道机	对铸型铣出浇道或浇口杯	用电动或气动铣刀
挡箱器	防止砂箱干扰	用气动挡爪
清扫机	落砂后清扫小车台面	用气动推刷或电动轮刷
转箱机	使砂箱绕垂直轴旋转90°或180°	用气动(或液压)齿轮齿条机构
翻箱机	使砂箱绕水平轴旋转180°	用气动(或液压)齿轮齿条机构等
合型机	将造好型的上、下砂型合上	用气动(或液压)升降机构
落箱机	将砂箱落到铸型输送小车上	用气动(或液压)升降机构
压铁机	取、放压铁	用气动(或液压)升降机构及机械手
捅型机	将铸件及型砂捅出砂箱	用气动(或液压)推头
分箱机	将上、下砂箱分开运输	用气动(或液压)举升或抓取机构
推箱机	推移砂箱	用气动(或液压)推杆
下芯机	对铸型下芯	用气动(或液压)机械手、平移或转动机械手

（2）铸型输送机 铸型输送机是造型生产线各工序之间的主要运输连接设备，常见的铸型输送机有水平连续式、脉动式和间歇式三种。

图2-67所示为国产SZ—60型水平连续式铸型输送机，它由输送小车、传动装置、张紧装置和轨道系统等部分组成。该铸型输送机工作可靠，故障率低，可以根据工艺要求铺设成各种复杂的布置线路，因此在铸造生产中使用非常广泛。但由于落箱、浇注、加卸压铁等工序都是在小车运动过程中进行的，使实现这些工序的机械设备复杂化。为此，可将传动装置改成脉动式，可使上述工序在静态下进行。

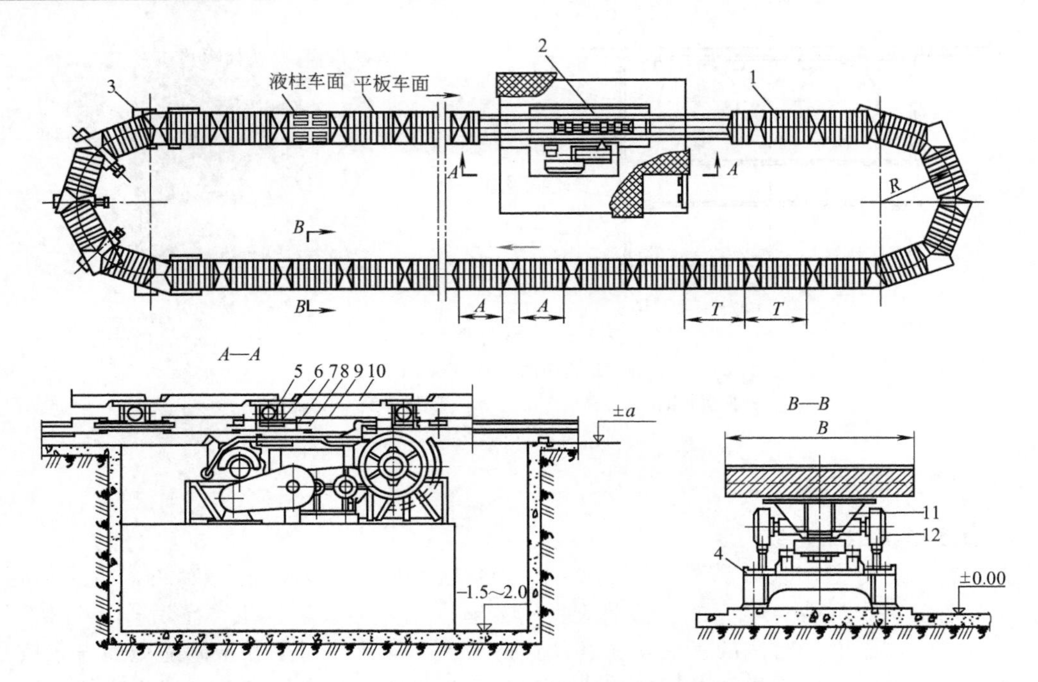

图 2-67 国产 SZ—60 型水平连续式铸型输送机

1—输送小车 2—传动装置 3—张紧装置 4—轨道系统 5—链轮 6—驱动链条 7—推块 8—导轮 9—牵引链条 10—车面 11—车体 12—走动轮

脉动式铸型输送机的运动是有节奏的。按工艺要求定出静止及运动的时间，每次移动一个小车距离，且要求定位准确，以便实现下芯、合型、浇注等工序的自动化。脉动式铸型输送机的优点是小车每次移动的距离不变，可在静态下实现下芯、合型、浇注等工序；但其传动装置的制造精度要求较高，成本高，维修工作量大。

间歇式铸型输送机的静止与移动根据需要而定，为非节奏性运动。其特点是输送小车为分离的，互不连接。与水平连续式或脉动式铸型输送机不同，间歇式铸型输送机的线路一般都设计成非封闭式，各条线路都有单独的传动装置，线路之间采用转动机构或辊道以实现循环运输。此种输送机结构简单，布线紧凑，能在静止状态下实现落箱、下芯、合型、浇注等工序，工作节奏可以灵活安排；但动力消耗大，控制系统复杂，生产率不高。适用于多品种的批量生产。

(3) 自动化生产线实例 造型生产线的自动化随生产线上造型主机或辅机的自动化程度而变化，其布置方式也应根据厂家实际情况而灵活多变。图 2-68 是以造型机的自动化为中心，其他工序逐步实现自动化的布置实例。

图 2-68a 所示为初期阶段的自动化生产线。仅仅是造型机及其前后工序为自动化，其他如翻箱、合型等工序无自动化操作，特别是浇注、冷却落砂等工位的工作必须由人工完成。这类生产线生产率比较低，故冷却线长度相对要短一些。这种模式比较适合我国目前的技术水平和现实国情，因而在国内得到了比较多的应用。图 2-68b 所示的生产线实现了造型、翻箱、合型、落箱工位的自动化，自动化水平比图 2-68a 所示大为提高。图 2-68c 所示则为全自动化的造型生产线，因生产率提高，所以相比于图 2-68b 另增设了一条冷却线，以保证砂型有足够的冷却时间。另外，根据需要也可增设模板的自动交换、自动下芯、自动浇注等工序的连接。

(4) 造型生产线的监控 下面以静压造型机组成的自动化造型生产线为例，介绍其主要的自动监测/检测参数，见表 2-7。

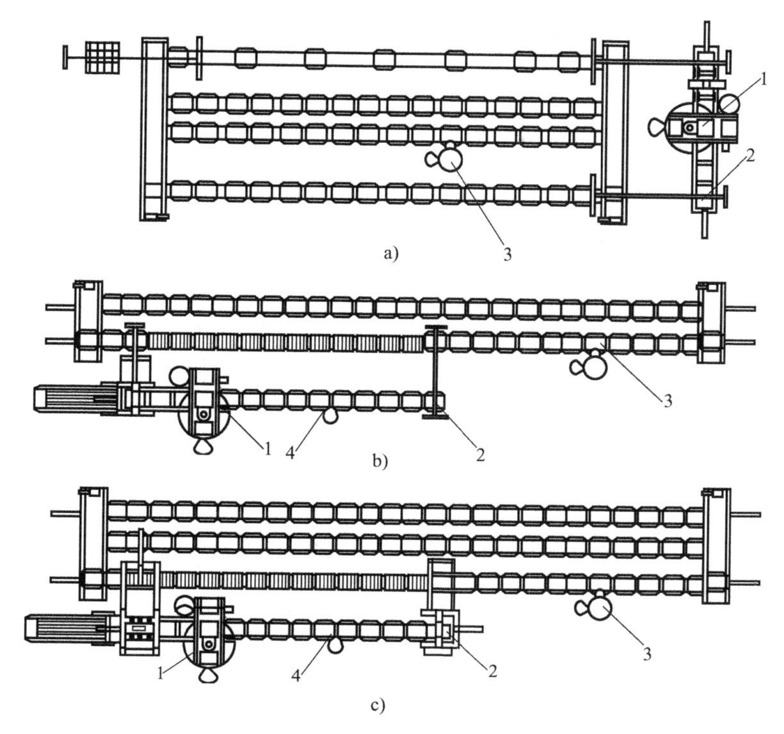

图 2-68 造型生产线平面布置实例

1—造型机 2—合型输送 3—浇注 4—下芯及砂型检查

表 2-7 造型线运行状态的自动检测

工序		检测内容	测定位置	测定目的	测定方法		重要性	实现性	数据处理		
									显示	保存	打印
造型前	每回	CB 值,水分	加砂前	产品缺陷时的原因分析	自动	型砂性能测试仪	○	△	○	○	○
		型砂加入量	加砂前	防止过度加砂及砂不足	自动	砂重量测定仪	○	○	○	○	○
		脱模剂喷涂时间	脱模剂喷涂装置	喷涂量简易测定	自动	PC 内部的计数器	△	○	○	○	△
		模样温度	模样	防止黏砂	自动	热电偶红外线测温仪	○	△	○	○	○
造型时		模样面传递压力	模样	型腔面的紧实力	自动	高灵敏度压力传感器	○	—	○	○	○
		气流升压时间、升压速度	贮气罐 造型室	监视铸型紧实力	自动	高响应压力传感器	○	○	○	○	○
		气流压力、压力波形	贮气罐 造型室	监视铸型紧实力	自动	高响应压力传感器	○	○	○	○	○
		压实力	压实液压缸	监视铸型紧实力	自动	压力传感器 压力变换器	○	○	○	○	○
		压实行程	压实液压缸	监视砂型高度和 CB 值相关	自动	带编码的液压缸 非接触式长度测定仪	○	△	△	△	△
		压实时间	压实液压缸	检测压实液压缸的动作时间	自动	PC 内部的计数器	△	○	○	○	△
		造型机的循环时间	造型机	检测机器的整个运行时间	自动	PC 内部的计数器	○	○	○	○	○

（续）

工序		检测内容	测定位置	测定目的	测定方法		重要性	实现性	数据处理		
									显示	保存	打印
扎气孔	每型	刀具脱落、磨损监视	扎气孔机	气孔缺陷防止	自动	激光长度测定仪	○	△	△	△	—
铣浇口	每型	铣刀磨损确认	铣浇口机	流动缺陷防止	自动	激光长度测定仪	○	△	△	△	—
铸型移动	每型	砂箱/铸型的变形	浇注前	防止浇注不良铸型	自动	激光长度测定仪 激光透视识别传感器	○	△	△	○	—
合型	每次	是否错箱	合型机	防止浇注不良铸型	自动	激光长度测定仪 激光透视识别传感器	○	△	△	△	—
台车移动	每次	定位精度	台车	防止台车偏移	自动	激光长度测定仪	○	△	△	△	—
压铁	每次	下降速度	取放压铁机	防止损坏铸型	自动	PC 内部的计数器	△	△	△	△	—
浇注	每型	浇注重量 浇注温度 抬箱/漏箱	自动浇注机	浇注缺陷防止	自动	荷重传感器 热电偶 光电开关	○	○	○	○	○
冷却	每型	冷却时间	控制装置	确保生产率，防止铸件变形	自动	PC 内部的计数器	○	△	△	△	—

注：1. 重要性、实现性栏中“○”表示高；“△”表示中；“—”表示低。
2. 数据处理栏中“○”表示必要；“△”表示部分采用；“—”表示几乎不用。

2. 自硬树脂砂（水玻璃砂）造型生产线

与黏土砂造型生产线相比，自硬树脂砂（水玻璃砂）造型生产线较为简单，除了转运轨道外，主要设备包括连续混砂机、振动紧实台、翻转合型机构。为了满足生产工艺及生产节奏的要求，通常还需要固化加热恒温、涂料喷刷及表面干燥设备。一种自硬树脂砂造型生产线布置示意图如图 2-69 所示。

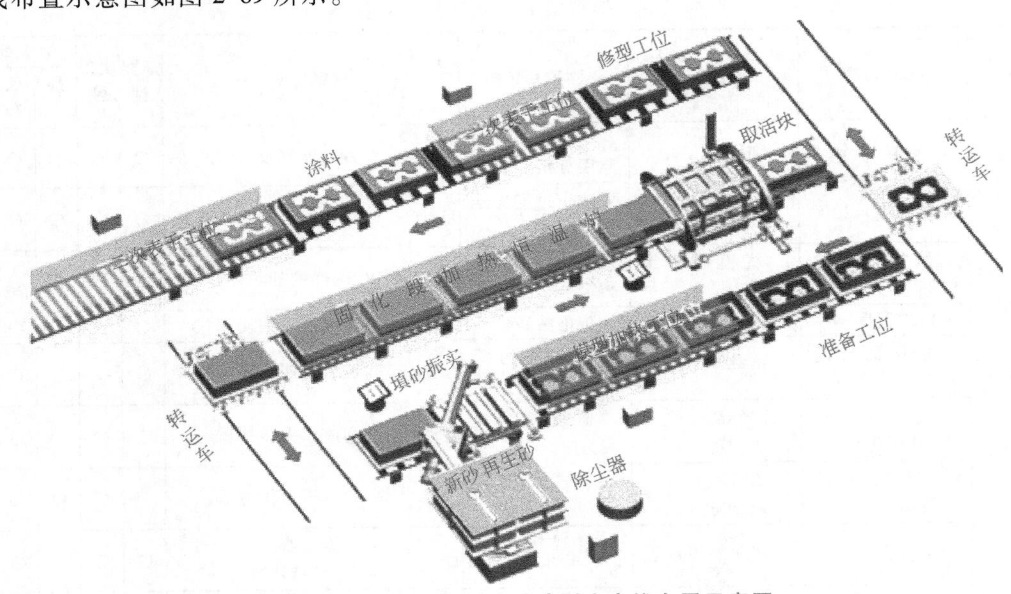

图 2-69　一种自硬树脂砂造型生产线布置示意图

2.5　制芯设备及自动控制系统

制芯设备的结构形式与芯砂黏结剂及制芯工艺密切相关，常用的制芯设备有热芯盒射芯机、冷芯盒射芯机、壳芯机三大类。

2.5.1　热芯盒射芯机

1. 热芯盒射芯机结构原理

热芯盒法射芯是采用液态热固性树脂和催化剂配制芯砂（又称为覆膜砂或壳型砂），通过射砂紧实方式填入加热到一定温度的芯盒内，贴近芯盒表面的砂芯受热，其黏结剂在很短时间内即可缩聚而硬化（其固化时间只需几分钟）。它为快速生产尺寸精度高的中小砂芯（砂芯最大壁厚一般为 50~75mm）提供了一种非常有效的方法，特别适用于汽车、拖拉机或类似行业大量流水生产中小型砂芯。

图 2-70 所示为 ZZ8612 热芯盒射芯机的结构示意图。其主要由供砂装置、射砂机构工作台及夹紧机构、立柱机座、加热板及控制系统组成。依次完成：加砂、芯盒夹紧、射砂、加热硬化、开盒取芯等工序。

1）加砂。当振动电动机 1 工作时，砂斗 12 振动向射砂筒 3 加砂；振动电动机停止工作时，加砂完毕。

2）芯盒夹紧。夹紧气缸 17 推动夹紧器 16 完成芯盒的合闭，工作台及升降气缸 7 驱动工作台上升完成芯盒的夹紧。

3）射砂。加砂完毕后，闸板 2 伸出关闭加砂口，闸板密封圈 11 的下部进气使之贴合闸板以保证射腔的密封。射砂时，环形薄膜阀 22 上部排气，压缩空气由 b 腔进入助射腔 a，再通过射砂筒 3 上的缝进入射砂筒，完成射砂工作。

射砂完毕后，射砂阀关闭（22 上方充气），快速排气阀 14 打开排除射砂筒内的余气。

4）加热硬化。加热板 15 通电加热，砂芯受热硬化。

5）开盒取芯。加热延时后，工作台及升降气缸 7 下降，夹紧气缸 17 打开，取芯。

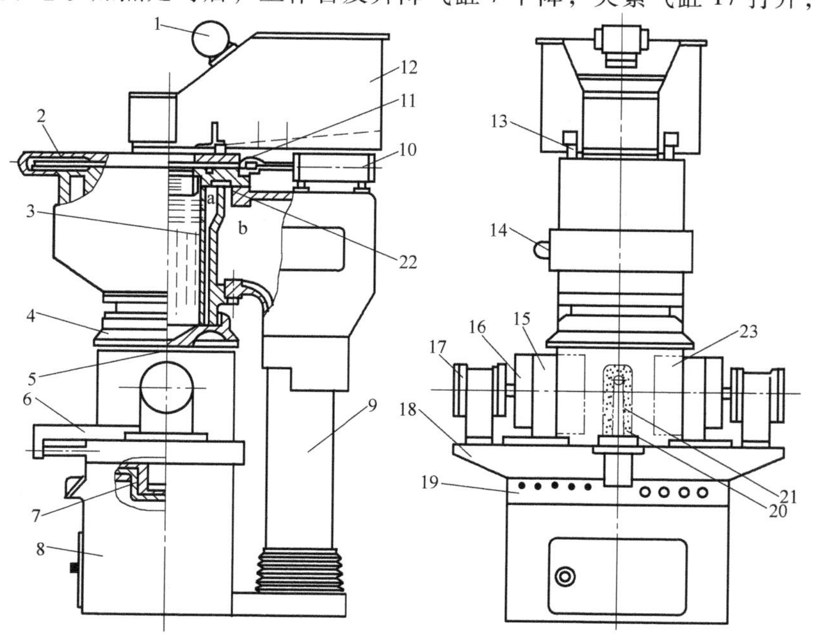

图 2-70　ZZ8612 热芯盒射芯机的结构示意图

1—振动电动机　2—闸板　3—射砂筒　4—射砂头　5—排气塞　6—气动托板　7—工作台及升降气缸　8—底座　9—立柱　10—闸板气缸　11—闸板密封圈　12—砂斗　13—减震器　14—快速排气阀　15—加热板　16—夹紧器　17—夹紧气缸　18—工作台　19—开关控制器　20—取芯杆　21—砂芯　22—环形薄膜阀　23—芯盒

图 2-71 所示为热芯盒射芯机的气动控制系统原理。射芯机在原始状态时，加砂闸门 18 和快速射砂阀 16 关闭，射砂筒 19 内装满芯砂。随后，按照射芯机的动作程序，其气动控制系统分别完成工作台上升和芯盒夹紧、射砂、工作台下降、加砂等四个步骤。

射芯机完成一个工作循环的动作程序及循环时间（结合图 2-71），见表 2-8。

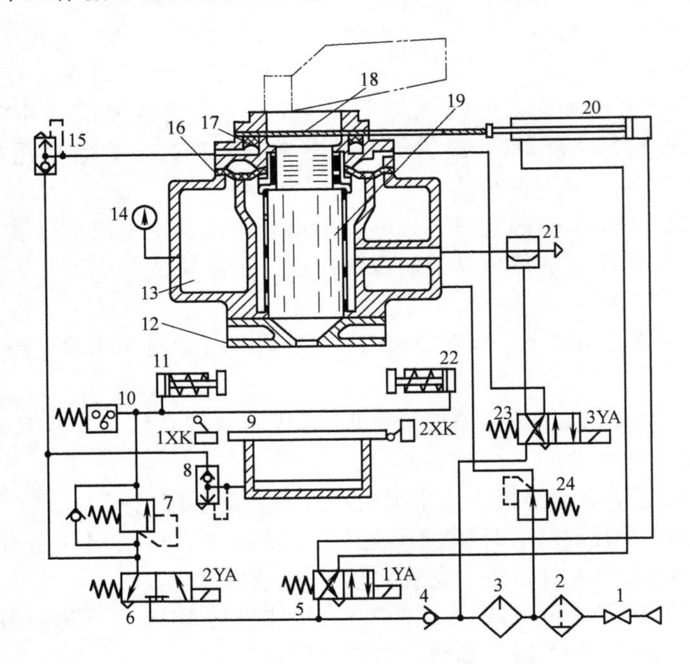

图 2-71 热芯盒射芯机的气动控制系统原理

1—总阀 2—分水滤气器 3—油雾器 4—单向阀 5、6、23—电磁换向阀；7—顺序阀 8、15—快速排气阀 9—顶升缸 10—压力继电器 11、22—夹紧缸 12—射砂头 13—贮气包 14—压力表 16—快速射砂阀 17—闸门密封圈 18—加砂闸门 19—射砂筒 20—闸门气缸 21—排气阀 24—调压阀 1YA、2YA、3YA—电磁铁 1XK、2XK—行程开关

表 2-8 热芯盒射芯机的动作程序表

序号	动作名称	发信元件	电磁铁			动作时间/s													
			1YA	2YA	3YA	1	2	3	4	5	6	7	8	9	10	11	12	13	14
1	工作台升	1XK		+		—	—												
2	芯盒夹紧	单向顺序阀		+				—											
3	射砂	压力继电器		+	+				—										
4	排气	时间继电器		+	-					—									
5	工作台降	时间继电器		-							—	—							
6	加砂	2XK	+										—	—	—	—	—		
7	停止加砂	时间继电器	-															—	—

注：+代表通电。

2. 热芯盒射芯机的特点

与普通射芯机（烘干硬化）相比，热芯盒射芯机有以下优点：

1）生产率高。热芯盒射芯机的工作过程是填砂与紧实同时完成的，并立即在热的芯盒中硬化，一个循环周期仅需十几秒至几十秒，便可生产出供浇注用的砂芯。

2）砂芯质量好。能射制任何形状复杂的砂芯，而且尺寸精确高、表面质量好，从而可以减小铸件加工余量。

3）可以省去很多制芯用辅助设备及工具，如烘芯炉、烘干器、芯骨、蜡线等。

4）减轻了劳动强度、操作灵活轻便、容易掌握；采用电加热，温度可自动控制；工作地易保持清洁；为射芯过程的机械化、自动化创造条件。

5）如选配气体发生系统，热芯盒射芯机可满足冷芯盒射芯的要求。

2.5.2　冷芯盒射芯机

1. 冷芯盒射芯机结构原理

（1）冷芯盒射芯原理　冷芯盒射芯是指采用气体硬化砂芯，即射芯后，通以气体（如三乙胺、SO_2 或 CO_2 等气体），使砂芯硬化。与热芯盒及壳芯相比，冷芯盒射芯不用加热，降低了能耗，改善了工作条件。

目前已有各种类型的冷芯盒射芯机。冷芯盒射芯机的结构与热芯盒射芯机的结构相似。冷芯盒射芯机也可以在原有热芯盒射芯机上改装而成，只需增设一个吹气装置取代原有的加热装置。吹气装置主要是吹气板和供气系统。

射砂工序完成后，将射头移开，并将芯盒与通气板压紧，通入硬化气体，硬化砂芯。砂芯硬化后，再通过通气板通入空气，使空气穿过已硬化的砂芯，将残留在砂芯中的硬化气体（三乙胺、SO_2 等）冲洗除去。

（2）冷芯盒射芯机结构　图 2-72 所示为吹气冷芯盒射芯机，它由加砂斗 7、射砂机构 5、吹气机构 10、立柱 12、底座 1、硬化气体供气和管道系统等部件组成。工作时，将置于工作台上的芯盒顶升夹紧，射砂后工作台下降；由旋转手轮 14 将转盘 16 转动 180°，射砂机构可在加砂斗下补充加砂；带抽气罩 11 的吹气机构 10 转至工作台上方，工作台再次上升夹紧芯盒，进行吹气硬化砂芯，经反应净化后，工作台再次下降，完成一次工作循环。

为了防止硬化气体的腐蚀作用，管道阀门系统均采取了相应的防护措施；同时为了避免硬化气体泄漏对环境的污染，还应有尾气净化装置。

一种冷芯盒射芯机的外形如图 2-73 所示。

2. 冷芯盒射芯系统的组成与特点

冷芯盒射芯系统通常由一台高速混砂机、一台全封闭射芯机、一台氨气发生装置、吹气控制系统及相应工装模具组成。射芯工部需安装一台吹气尾气清洗塔以减轻尾气对环境的污染。冷芯盒射芯机采用向芯盒内通气硬化砂芯工艺，其具有以下优点：

1）砂芯精度高，表面粗糙度值低。砂芯常温下芯盒内实现硬化，模具尺寸稳定，砂芯精度高、变形小，铸件精度高。

2）硬化时间短，硬透性好，生产率高。砂芯硬化速度以秒计算，远快于热芯盒、壳芯射芯工艺。

3）不需加热，节省能耗；常温下工作，改善了劳动条件。

4）出芯后不到 1h 即可浇注，减少贮存面积。

5）没有过硬化问题，容易制作壁厚差大的砂芯。

6）对芯盒的材料要求较低，可用多种材料的模具；浇注后易溃散，落砂性能好。

冷芯盒射芯机的工作原理为射芯机将芯砂吹入芯盒，然后由气体发生器将液态硬化剂蒸发成气态吹入芯盒，通过气态硬化剂与芯砂树脂膜之间的化学反应，使芯盒中的芯砂迅速硬化成所需形状和尺寸精度的砂芯，残留在砂芯中的有害气体则被干燥的压缩空气吹出，通过

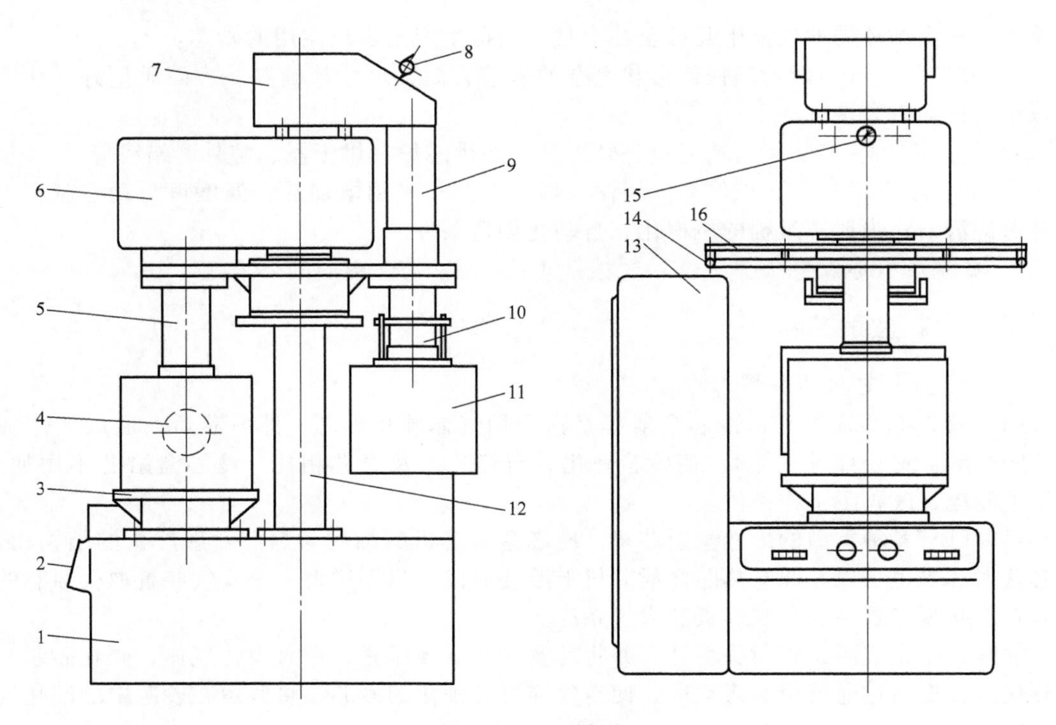

图 2-72 吹气冷芯盒射芯机

1—底座 2—控制板 3—工作台 4—抽风管 5—射砂机构 6—横梁 7—加砂斗 8—振动电动机 9—加砂筒 10—吹气机构 11—抽气罩 12—立柱 13—供气柜 14—旋转手轮 15—压力表 16—转盘

芯盒（或模板框）以及相连的软管和管道系统进入净化器进行中和净化处理，排到室外的气体将符合环保要求。

冷芯盒射芯机，按模具的分开形式可分为单开模、双开模、四开模，按工作位置可分为单工位、双工位。采用三乙胺或二氧化碳固化方式，适合铸造用大中型（40~160kg）的实心砂芯，其特点是固化快、效率高、成本低。图 2-74 所示为采用冷芯盒射芯机制备大型整体砂芯（列车上的侧架铸钢件）的照片。

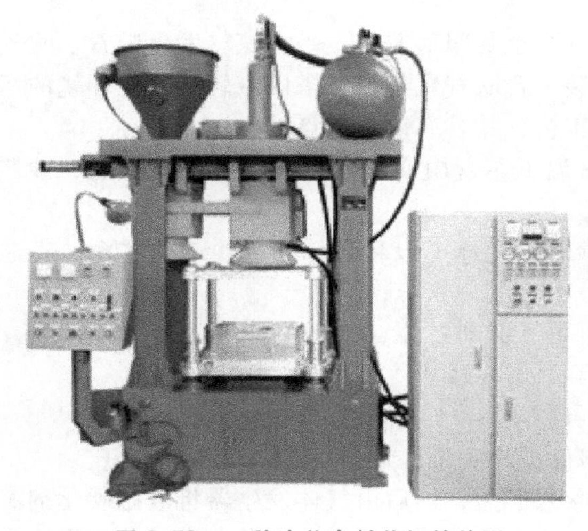

图 2-73 一种冷芯盒射芯机的外形

图 2-74 采用冷芯盒射芯机制备大型整体砂芯（列车上的侧架铸钢件）的照片

2.5.3　壳芯机

1. 壳芯机的工作原理

壳芯机基本上是利用吹砂原理制成的。壳芯机工作原理示意图如图 2-75 所示。依次经过：芯盒合拢、吹砂斗上升、翻转吹砂加热结壳、转回摇摆倒出余砂硬化、芯盒分开顶芯取芯等工序。

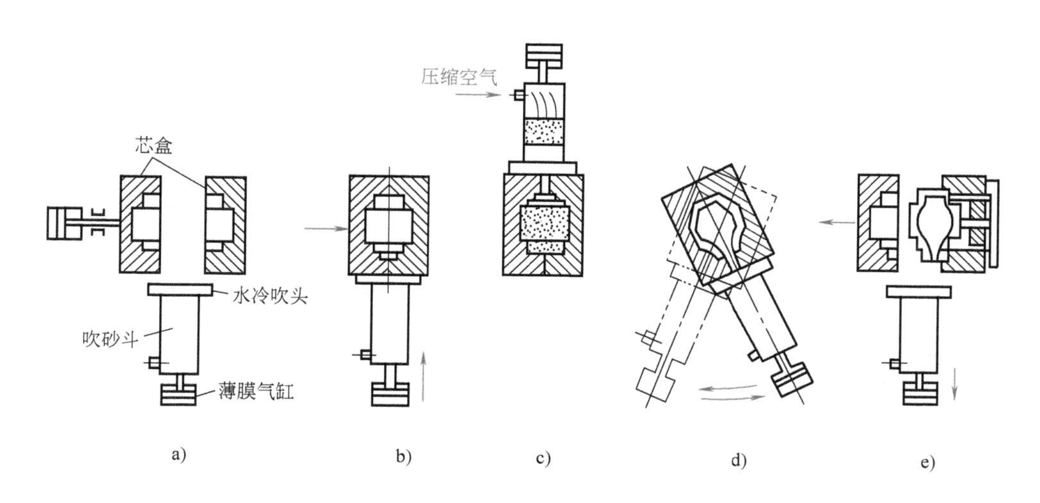

图 2-75　壳芯机工作原理示意图

a）原始位置　b）芯盒合拢吹砂斗上升

c）翻转吹砂加热结壳　d）转回摇摆倒出余砂硬化　e）芯盒分开顶芯取芯

壳芯是相对实体芯而言的中空壳体芯。它以强度较高的酚醛树脂为黏结剂的覆膜砂，加热硬化而制成。用壳芯所生产的铸件，由于砂粒细，故铸件表面质量好，尺寸精度高，芯砂用量少，降低了材料消耗；加之砂芯中空，增加了型芯的透气性和溃散性，所以壳芯在大型芯制造上得到广泛应用。整体壳芯如图 2-76a 所示。较大、较复杂的壳芯可以分块制作，对称的壳芯可以分半制作（图 2-76b），最后通过黏结（组装）形成整芯。

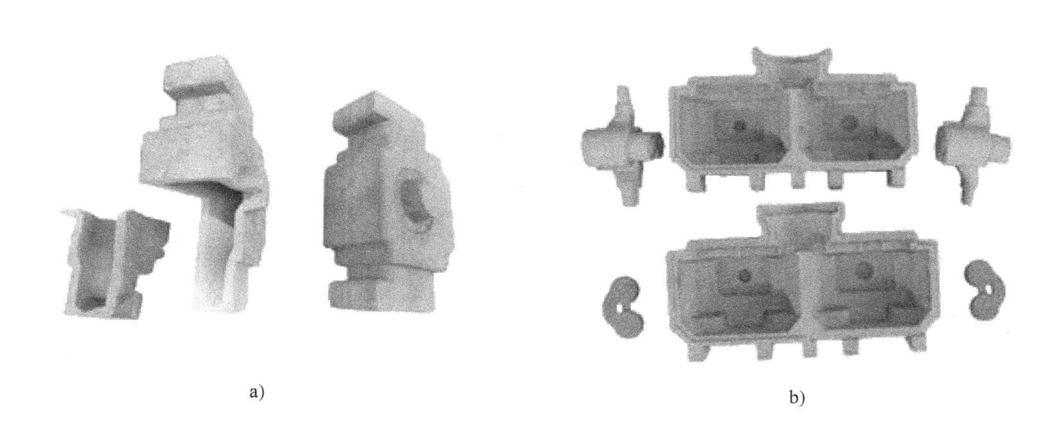

图 2-76　壳芯照片

a）整体壳芯　b）半边壳芯

2. K87 型壳芯机

K87 型壳芯机（图 2-77）是广泛使用的壳芯机，它由加砂装置、吹砂装置、芯盒开闭机构、翻转机构、顶芯机构和机架等组成。

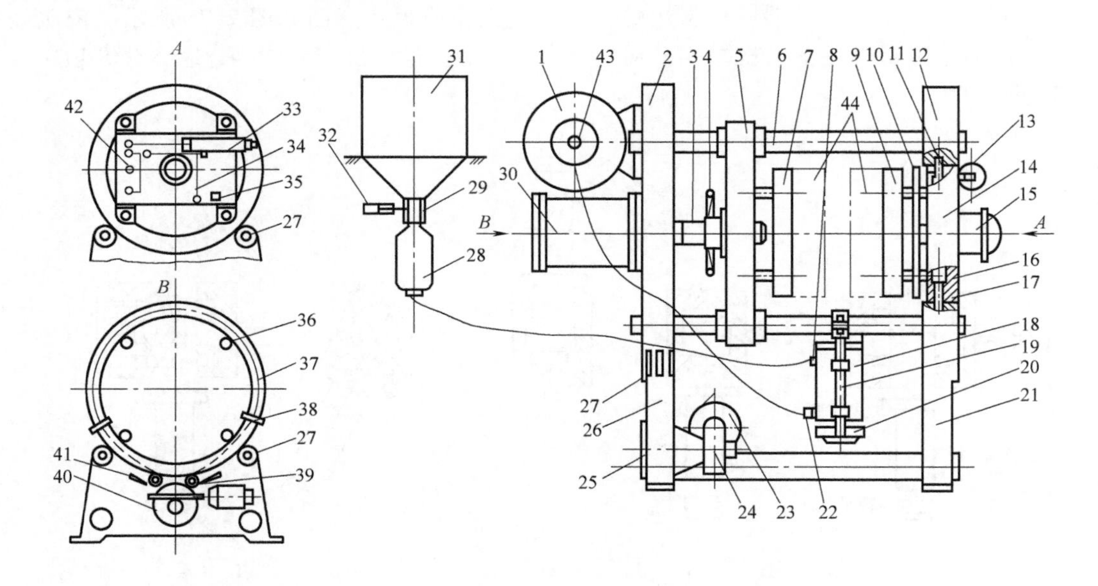

图 2-77 K87 型壳芯机结构原理

1—贮气包 2—后转环 3—调节丝杠 4—手轮 5—滑架 6、19、36—导杆 7—后加热板 8—加砂阀 9—前加热板 10—顶芯板 11—门转轴 12—前转环 13、33—摆动气缸 14—门 15—顶芯气缸 16—门锁紧气缸 17—门锁销 18—吹砂斗 20—薄膜气缸 21—前支架 22—接头 23—制动电动机 24—蜗杆减速器 25—离合器 26—后支架 27—托辊 28—送砂包 29—橡胶闸阀 30—合芯气缸 31—大砂斗 32—闸阀气缸 34—顶芯同步杆 35、38—挡块 37—链条 39—导轮 40—链轮 41—保险装置 42—机控连锁阀 43—吹砂阀 44—芯盒

（1）开闭芯盒及取芯装置　两个半芯盒分别装在门 14 和滑架 5 之上的加热板 9 和 7 的上面。当门 14 关闭时，由门锁紧气缸 16 驱使门锁销 17 插入销孔中，使右半芯盒相对固定。左半芯盒由合芯气缸 30 驱动滑架 5 在导杆 6 上移动，执行芯盒的开闭动作。滑架的原始位置可根据芯盒厚度的不同，转动手轮 4 并通过调节丝杠 3 进行调整。

取芯时，由气动滑架先拉开左半芯盒，这时芯子应在右半芯盒上（由芯盒设计保证）。再使门锁紧气缸 16 动作拔出门锁销 17，随即摆动气缸 33 动作将门打开。然后起动顶芯气缸 15 通过顶芯同步杆 34 使顶芯板 10 平行移动，从而使顶芯板上的顶芯杆顶出砂芯。

（2）供砂及吹砂装置　由于覆膜砂是干态的，流动性好，因此采用了压缩空气压送的供砂装置，送砂包 28 上部进口处装有气动橡胶闸阀 29，下部出口与吹砂斗 18 上的加砂阀 8 相连。加砂阀是由一个橡皮球构成的单向阀，送砂时球被冲开，吹砂时又由吹气气压关闭，这种结构简单可靠。

吹砂时，吹砂斗 18 先由薄膜气缸 20 顶起，使吹砂斗与芯盒 44 的吹嘴吻合。再由电动翻转机构翻转 180°，使吹砂斗转至芯盒的上部。然后打开吹砂阀 43，则压缩空气进入吹砂斗中将砂子吹入芯盒，剩余的压缩空气从斗上的排气阀排出。待结壳后，翻转机构反转 180°，使吹砂斗回到芯盒之下，进行倒砂，并使芯盒摆动以利于倒净余砂。最后翻转机构停止摆动，薄膜气缸 20 排气使砂斗下降复原，吹砂斗上部还设有水冷却吹砂板，以防余砂受热硬化堵塞吹砂口。

（3）翻转及其传动装置　芯盒翻转主要是指电动机经过蜗杆减速器 24 驱动链轮链条带动前后转环 2 和 12，在托辊 27 上滚动 180°。芯盒的摆动（摆动角约 45°）是通过行程开关控制电动正反转而实现的。为了防止过载，在链轮两侧设有扭矩限制离合器 25。当载荷过大时，摩擦片打滑，链轮停转。挡块 38 和保险装置 41 是在转动时分别起缓冲和保险作用的。

图 2-78 所示为一种自动翻转式壳芯机，图 2-79 所示为一种普通水平脱模壳芯机。

图 2-78　一种自动翻转式壳芯机

图 2-79　一种普通水平脱模壳芯机

2.6　铸件落砂与清理装备及自动化

2.6.1　铸件落砂

落砂是在铸型浇注并冷却到一定温度后，将铸型破碎，使铸件从砂型中分离出来。落砂工序通常由落砂机完成，常用的落砂设备有振动落砂机和滚筒落砂机两大类。

（1）振动落砂机　振动落砂法是由周期振动的落砂栅床将铸型抛起，然后铸型又自由下落与栅床碰撞，经过反复撞击，砂型破坏，最终铸件和型砂分离。

图 2-80 为采用振动电动机作为激振源的输送落砂机结构原理，其外形如图 2-81 所示，它具有落砂与输送两种功能。

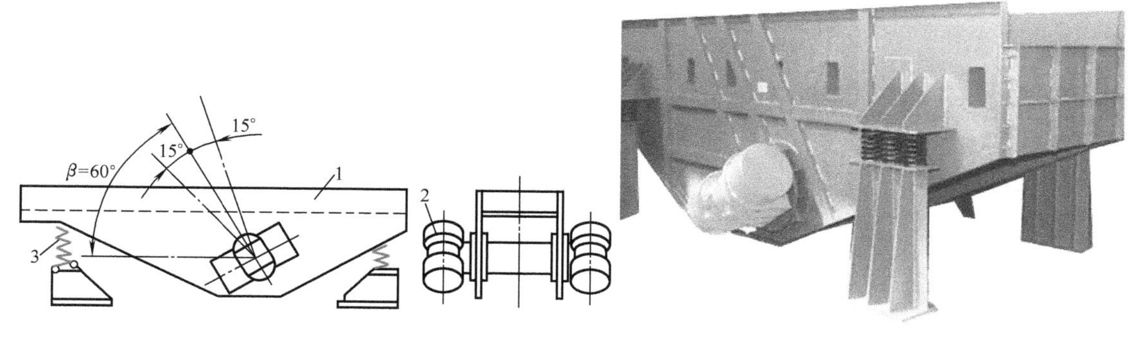

图 2-80　输送落砂机结构原理

1—栅床　2—振动电动机　3—弹簧

图 2-81　输送落砂机外形

一种大型双振动电动机驱动的振动落砂机外形如图 2-82 所示，它主要由落砂栅床、隔振弹簧、振动电动机（两台）、底座等组成。其原理示意图如图 2-83 所示。双振动电动机驱动时产生的水平方向上的合力为零，垂直方向上的合力叠加。即

$$F_x = F_{x1} - F_{x2} = 0 \tag{2-1}$$

$$F_y = F_{y1} + F_{y2} = 2F_{y1} \tag{2-2}$$

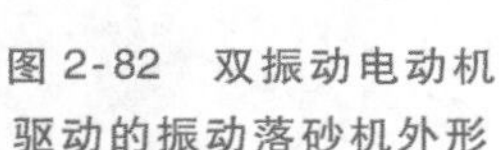

图 2-82 双振动电动机驱动的振动落砂机外形

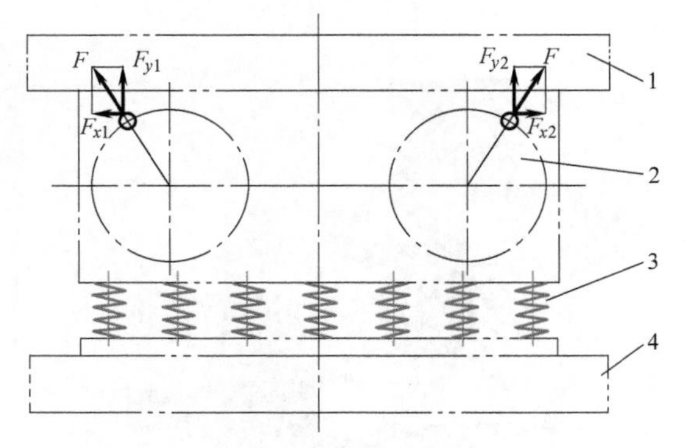

图 2-83 双振动电动机驱动的振动落砂机原理示意图
1—落砂栅床 2—振动电动机 3—隔振弹簧 4—底座

（2）滚筒式落砂机及其他 虽然振动落砂机具有结构简单、成本低等优点，但是噪声大，灰尘多，工作环境差。另外，目前工业化国家比较广泛使用回转冷却滚筒（图 2-25）、振动式落砂滚筒、机械手等。

图 2-84 所示为振动式落砂滚筒的工作原理。它是在摆动式滚筒的基础上增加了振动机构，使得滚筒边摆动边振动，一方面避免了落砂滚筒易损坏铸件的缺点；另一方面大大增加了落砂效果，扩大了应用范围，从而适合于各种大小的铸件。但因为设置有振动功能，整个机体仍对地基有影响。相比于回转冷却滚筒，振动式落砂滚筒主要以落砂为主，砂子或铸件的冷却则是其次的。

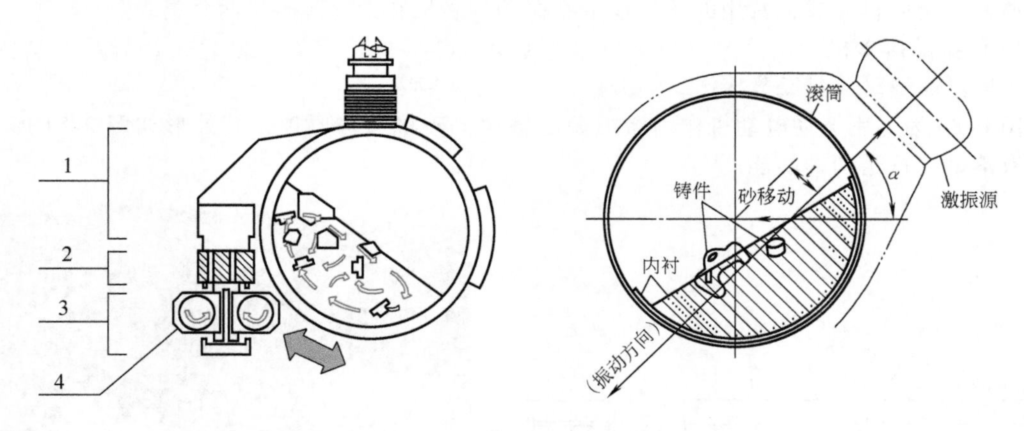

图 2-84 振动式落砂滚筒的工作原理
1—工作部分 2—增幅机构 3—激振源 4—振动电动机

图 2-85 所示为人工操作取件机械手的外形示意图，其动作示意如图中箭头所示。它可灵活地完成上下、左右、旋转、开闭等各种动作。其控制方式有操纵杆式或主从式（图

2-86)。对于前者需设置多个操纵杆，而后者只需一根杠杆即可控制所有的动作，因此操作更灵活，更方便。

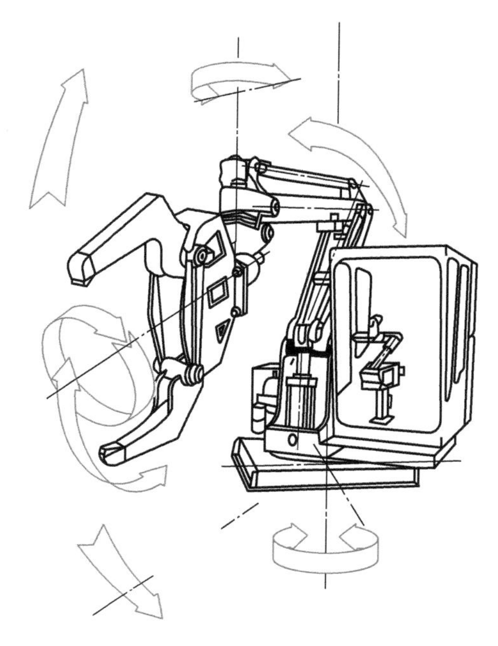

图 2-85　人工操作取件机械手的外形示意图

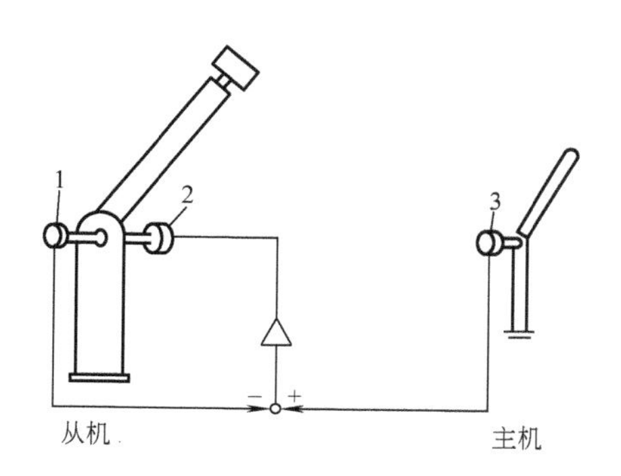

图 2-86　机械手的主从操纵方式示意图
1、3—速度/位移传感器　2—伺服电动机

2.6.2　铸件清理

1. 铸件表面清理方法概述

铸件清理包括表面清理和除去多余的金属两部分。前者是除去铸件表面的砂子和氧化皮；后者主要包括去除浇冒口、飞边等。铸件表面清理的常用方法有抛丸清理、喷丸清理等。

抛丸清理是利用高速旋转的叶轮将弹丸抛向铸件，靠弹丸的冲击打掉铸件表面黏砂和氧化皮。该清理方法效果好，生产率高，劳动强度低，自动化程度高，在生产中应用广泛。其缺点是抛射方向不能任意改变，灵活性差。

喷丸清理是利用压缩空气将弹丸喷射到铸件表面来实现的。喷枪的操作灵活，可清理复杂内腔和深孔的铸件；但生产率低，工作环境恶劣，不易实现自动化，一般用于清理复杂铸件或作为抛丸清理的补充手段。

清理机械按其铸件载运方式不同可分为滚筒式（如抛丸清理滚筒）、转台式和室式（悬挂式和台车式抛丸清理室）。滚筒式用于清理小型铸件；转台式用于清理壁薄而又不易翻转的中、小型铸件；悬挂式清理室用于清理中、大型铸件；台车式清理室用于清理大型和重型铸件。

常用清理装备的类型及其特点见表 2-9。

去除浇冒口的方法很多，如采用锤击、压断、剪断、铣切等。浇冒口及飞边的去除，目前国内外广泛采用专用机械、操作器或机器人，其结构原理可参考有关专著。

对于大批量生产车间，应采用自动化的清理生产线。这样可获得较高的生产率、稳定的清理质量和较好的劳动条件，占用较少的面积。

表 2-9 常用清理装备的类型及其特点

名称		适用范围	主要参数及特点	工作原理简图	国产定型产品型号
清理滚筒	间歇作业式抛丸清理滚筒	一般用于清理小于 300kg、容易翻转而又不怕碰撞的铸件	1)滚筒直径:ϕ600~ϕ1700mm 2)一次装料量:80~1500kg 3)滚筒转速:2~4r/min	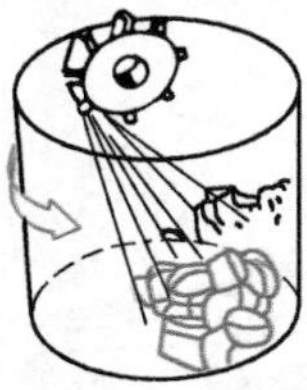	Q3110(滚筒直径 ϕ1000mm)
	履带式抛丸清理滚筒(间歇作业式)		1)生产率:0.5~30t/h 2)履带运行速度:3~6m/min		QB3210(一次装料 500kg)
	普通清理滚筒		1)一次装料量:0.08~4t 2)滚筒直径:ϕ600~ϕ1200mm		
清理室	台车式抛丸清理室	适于清理中、大型及重型铸件	1)转台直径 ϕ2~ϕ5m,转速 2~4r/min 2)台车运行速度:6~18m/min 3)台车载重量:5~30t	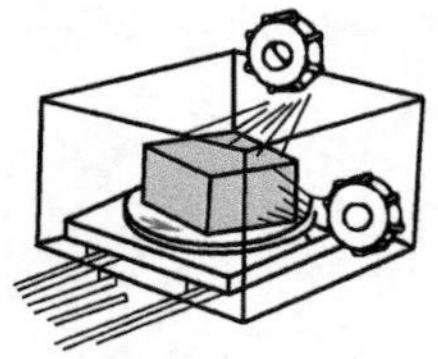	Q365A(铸件最大质量 5t)
	单钩吊链式抛丸清理室	适于多品种、小批量生产	1)吊钩载重量:800~3000kg 2)吊钩自转速度:2~4r/min 3)运行速度:10~15m/min	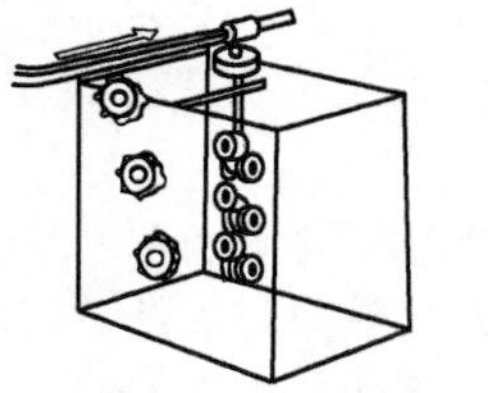	Q388(吊钩载重 800kg)
	台车式喷丸清理室	适于清理中、大型及重型铸件	台车载重量几吨至上百吨	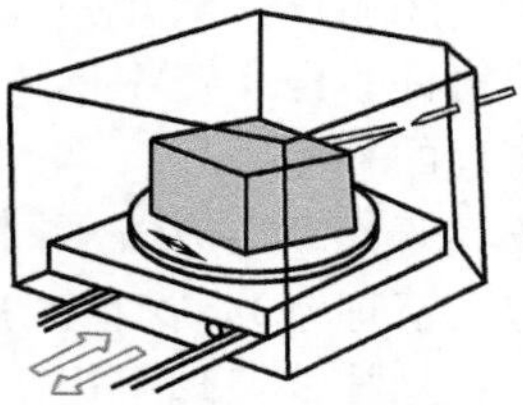	Q265A(铸件最大质量 5t)

2. 抛丸清理设备

大规模生产使用最多的是抛丸清理方法。

(1) 抛丸清理的工作原理及分类 抛丸清理是指弹丸进入叶轮，在离心力作用下成为高速丸流（图 2-87），撞击铸件表面，使铸件表面的附着物破裂脱落（图 2-88）。除清理作用外，抛丸还有使铸件表面强化的功能。

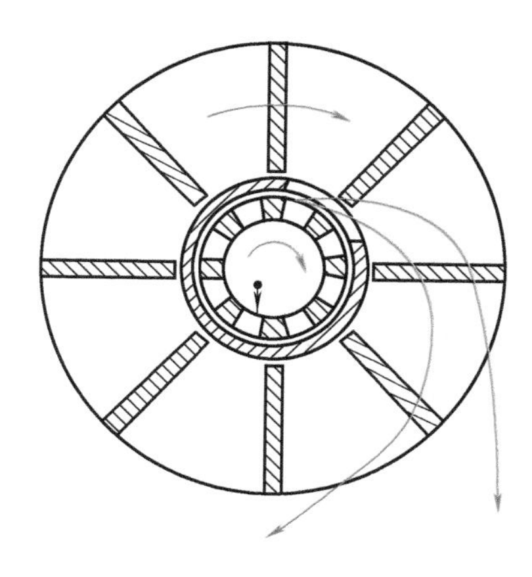

图 2-87 高速丸流的形成

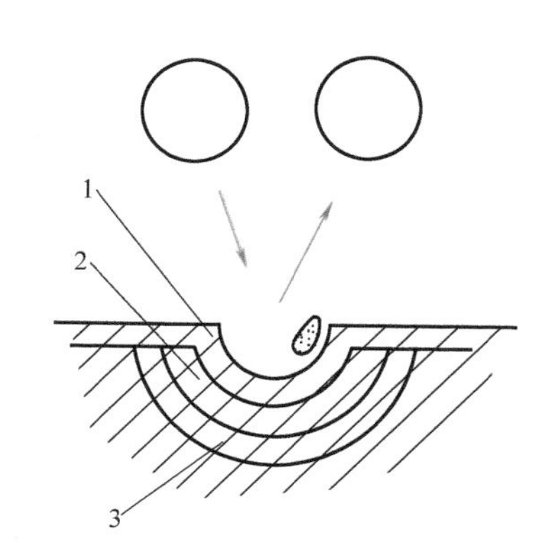

图 2-88 抛丸清理示意图

1—氧化皮锈斑体 2—塑性变形区 3—弹性变形区

撞击会使零件表面产生压痕，其内层为塑性变形区，更深处则为弹性变形区。在弹性力的作用下，塑性变形区受到压缩应力，弹丸被反弹回去。附着层、塑性变形层与弹性变形层的厚薄决定了所需的弹丸数量与速度。

一般抛丸清理只要求破坏氧化皮与锈斑体，并不要求塑性变形区的厚度值；而抛丸强化则要求尽可能厚的塑性变形区。因此，不同的抛丸目的需采用不同的工艺参数（如弹丸数量、速度等）。

若铸件表面残留物为大量的型砂与芯砂，则抛丸清理中可破坏砂子的黏土膜，而使其再生，经通风除尘后回用，此即抛丸落砂。

抛丸清理设备，按照设备结构形式不同可分为抛丸清理滚筒、抛丸清理振动槽、履带式抛丸清理机、抛丸清理转台、抛丸清理转盘、台车式抛丸清理室、吊钩式抛丸清理室、悬链式抛丸清理室、鼠笼式抛丸清理室、辊道通过式抛丸清理室、橡胶输送带式抛丸清理室、悬挂翻转器抛丸清理室、组合式抛丸清理室、专用抛丸清理室以及其他形式的抛丸清理设备；按作业方式可分为间隙式抛丸清理设备和连续式抛丸清理设备。

此外，按工艺要求可分为表面抛丸清理、抛丸除锈、抛丸强化和抛丸落砂等。

1）抛丸清理。广义来说，铸件落砂，表面清理，除锈，锻件、焊接件及热处理后的工件上氧化皮的去除，型材预处理，弹簧、齿轮的强化，家用电器、餐具的增色（指抛丸增色，利用直径为 0.1~0.3mm 或更细的弹丸抛打，使表面粗糙度值小于 $Rz6.3\mu m$），航空零件成形，建筑预制件打毛等，均可适用抛丸加工。

铜、铝件也可做抛丸处理，增加光泽，提高强度。铜、铝件的抛丸并不要求很深的塑性变形区与弹性变形区，因而抛丸速度低，且用轻质弹丸。

2）抛丸强化。抛丸强化时，要求碰撞力（冲量变化率）在零件碰撞点上产生的主应力超过零件材质的屈服强度，以产生塑性变形，其外围处于弹性变形状态。碰撞第一阶段结束时，弹性变形区的张应力要压缩塑性变形区，使其产生压应力。凡是承受交变载荷的零件（如齿轮、连杆、板簧等）均可以进行抛丸强化，提高疲劳强度，延长使用寿命。

3）抛丸落砂。抛丸落砂是一种以抛丸方法清除铸件内外表面型砂的清砂工艺。这种工艺与一般清砂工艺不同，可以同时完成落砂、表面清理、砂再生、除尘、除灰、砂子回用等几道工序。

1958 年，美国潘伯恩（Pangborn）公司在宾夕法尼亚工厂首先使用抛丸落砂滚筒，创立了新工艺。20世纪60年代，这种工艺与设备在欧美日得到迅速发展，1970年美国几家公司提出四道工序合而为一的概念，进一步完善了抛丸落砂设备。我国自20世纪70年代始也开始研制并推广抛丸落砂设备，并且设计上还解决了通风除尘问题。

树脂砂、自硬砂铸型可以连砂箱带铸件一起做抛丸落砂，而其他铸型不宜以此种方法处理。这是因为铸型外层砂未经烧结，黏土未丧失结晶水，无须再生。所以，应先开箱轻微落砂，再做抛丸落砂，这将节约大量电能、劳力、时间。

抛丸落砂与表面抛丸清理的区别在于：抛丸落砂采用强力抛丸器与高效丸砂分离器，抛丸速度为70~75m/s，单台抛丸器的抛丸量不低于200kg/min，甚至高达500~1200kg/min，丸砂分离率达99.5%以上。而抛丸清理中的抛丸量小，速度低（低于60m/min），对分离率无严格要求。新式抛丸落砂设备也可用于抛丸清理。新型的抛丸清理设备与抛丸落砂设备逐渐接近。

抛丸落砂的特点包括：几道工序合而为一，简化了工艺流程，减少了相应工序的设备，节约了场地，降低了能耗，提高了劳动生产率；可以清理300~350℃的热铸件，缩短了生产周期，从而提高了生产面积利用率，降低了劳动强度，减少了灰尘，抑制了噪声，改善了工作环境；旧砂再生回用率高达85%~95%，干法再生设备简单，无须烘干与污水处理；可处理CO_2水玻璃砂、自硬砂、树脂砂等铸型，并使其型砂获得初步再生。

（2）抛丸清理设备　抛丸器是抛丸清理设备的核心部件，在不同形式的清理机中，其数量和安装位置有所不同，尺寸大小及规格也有不同。

图2-89所示为抛丸器的结构示意图。叶轮3上装有八块叶片4，与中心部件的分丸器6一起，均安装在由电动机9直接驱动的主轴11上。外罩8内衬有护板，罩壳上装有定向套7及进丸管5。工作时，弹丸由进丸管送入，旋转的分丸器使弹丸得到初加速度，经由定向套的窗口飞出，进入外面旋转的叶片上，在叶片上进一步加速后，抛射到铸件上去。由于弹丸的抛出速度很高，被冲击的铸件表面黏砂和飞边得到了有效清理。同时还能使铸件得到冷作硬化，可提高铸件表面的力学性能。

为了改进抛丸器的工作性能，可以采用鼓风进丸的抛丸器，如图2-90所示。此时，弹丸被鼓风送入，调整进丸喷嘴方位即可改变抛射方向。该类抛丸器省去了分丸器和定向套，使抛丸器的结构简化，但增加了一套鼓风系统。图2-91所示为常见的抛丸器照片。

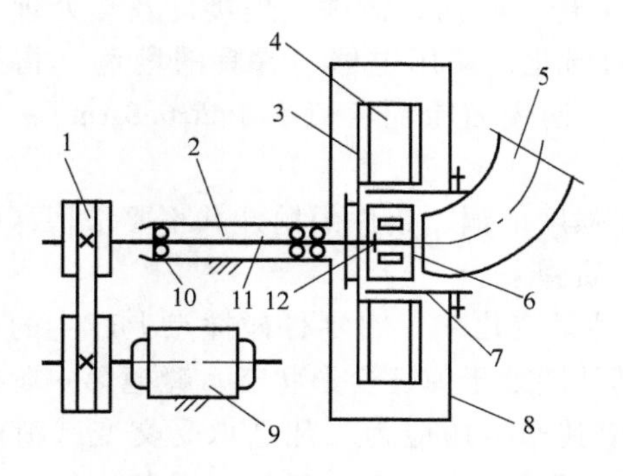

图2-89　抛丸器的结构示意图
1—V带　2—轴承座　3—叶轮
4—叶片　5—进丸管　6—分丸器
7—定向套　8—外罩　9—电动机
10—轴承　11—主轴　12—左螺钉

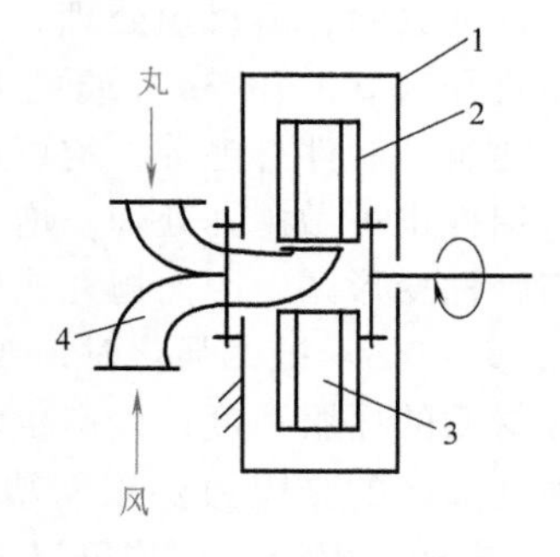

图2-90　鼓风进丸的抛丸器
1—外壳　2—叶轮　3—叶片
4—鼓风进丸管

a)

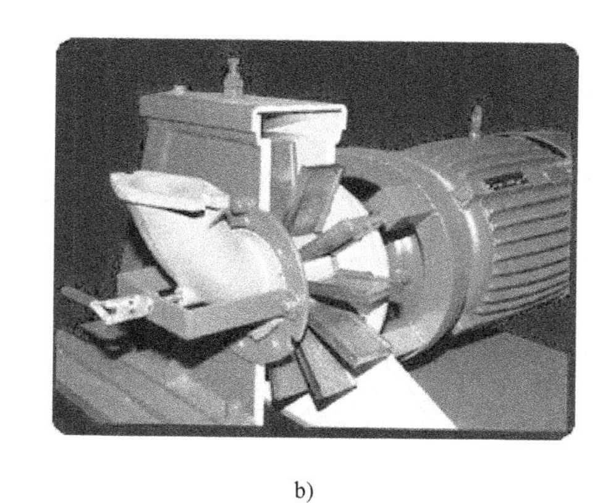

b)

图 2-91　常见的抛丸器照片
a）外形　b）内部结构

2.7　特种铸造装备及自动化

特种铸造通常是指所有非砂型铸造，包括压力铸造、低压铸造、金属型铸造、离心铸造、熔模铸造、挤压铸造等。自动化程度高的是压力铸造与低压铸造，下面就这两种特种铸造装备及自动化给予介绍。

2.7.1　压力铸造装备及自动化

1. 压力铸造工艺原理简介

压力铸造（简称压铸）是指在高压作用下，金属液以高速充填型腔并在压力作用下凝固获得铸件的成形方法，在铝合金、锌合金、镁合金铸件等生产上应用广泛。

压铸工艺参数主要有压力、速度、温度和时间。压铸过程中的各种参数是相辅相成而又相互制约的，只有正确选择与调整这些因素相互之间的关系，才能获得预期的效果。

（1）压力　压力是获得组织致密和轮廓清晰铸件的主要参数。在压铸中，压力的表现形式为压射力和比压两种。压射力是压射机压射机构中推动压射活塞活动的力；比压是压室内熔融金属在单位面积上所受的压力。压射力的变化与作用见表 2-10 和如图 2-92 所示。

表 2-10　压射力的变化与作用

压射阶段	压射力 p	压射冲头速度 v	压射过程	压射力作用
Ⅰ τ_1	p_1	v_1	压射冲头以低速前进，封住浇道口，推动金属液，在压室内平稳上升，使压室内空气慢慢排出	克服压室与压射冲头、液压缸与活塞之间的摩擦阻力
Ⅱ τ_2	p_2	v_2	压射冲头以较快的速度前进，金属液被推至压室前端，充满压室并堆积在浇道口前沿	内浇口处的阻力是整个浇注系统中阻力最大地方，压射力 p_1 升高，直至突破内浇口阻力为止，此阶段后期，由于内浇口的阻力产生第一个压力峰

（续）

压射阶段	压射力 p	压射冲头速度 v	压射过程	压射力作用
Ⅲ τ_3	p_3	v_3	压射冲头按要求的最大速度前进，金属液充满整个型腔与浇注系统	金属液突破内浇口阻力，填充型腔，压射力升至 p_3，在此阶段结束前，由于水锤作用，压射力升高，产生第二个压力峰
Ⅳ τ_4	p_4	v_4	压射冲头运动基本停止，但稍有前进	此阶段为最后增压阶段，压铸机没有增压时，此压射力为 p_3；有增压时，压射力为 p_4。压射力作用于正在凝固的金属液上，使之压实，消除或减少疏松，提高铸件的密度

（2）速度　压室内压射冲头推动熔融金属液的移动速度，称为压射速度（也称为冲头速度）。金属液在压力作用下，通过内浇口导入型腔的线速度，称为充填速度（也称为内浇口速度），它是重要的工艺参数，对获得轮廓清晰、表面光洁的铸件有着重要作用。

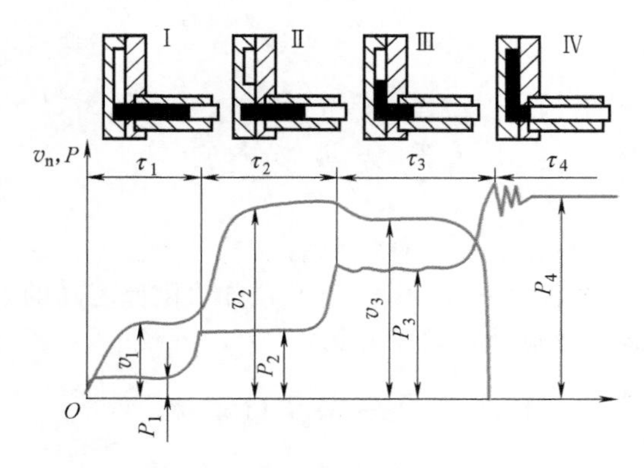

图 2-92　压射力的变化与作用

（3）温度　温度是压铸过程的热参数，为了提供良好的充填条件，控制和保持热因素的稳定性，必须有一个相应的温度范围。这个温度范围包括模型温度和熔融金属浇注温度。

（4）时间　压铸时间包含充填时间、持压时间及铸件在压铸模型中停留的时间等。

2. 压铸机的分类及结构

压铸机是压力铸造生产的最基本设备，一般分为热室压铸机和冷室压铸机两大类，而冷室压铸机按开合型及压射方向又分为卧式压铸机和立式压铸机两种。

（1）热室压铸机　图 2-93 所示为热室压铸机结构。它的压射室与坩埚连成一体，因压射室浸于液体金属中而得名，而压射机构则装在保温坩埚上方。当压射冲头 8 上升时，液态金属通过进口进入压射室 10 内，合型后压射冲头下压时，液态金属沿着鹅颈通道 12 经喷嘴 2 充填压铸型腔。凝固后开型取件，完成一个压铸循环。

热室压铸机的优点是：生产工序简单，效率高；金属消耗少，工艺稳定；压射入型腔的金属液干净，铸件质量好。压铸机的结构紧凑，易于实现自动化。但压射室、压射冲头长期浸泡在液态金属中，影响使用寿命。热室压铸机主要用于压铸镁合金、锌合金等低熔点合金的小型铸件。一种热室压铸机照片如图 2-94 所示。

（2）冷室压铸机　冷室压铸机的压射室与保温坩埚是分开的，压铸时从保温坩埚中舀取液态金属倒入压铸机上的压射室后进行压射。

1）立式压铸机　立式压铸机的压射室和压射机构是处于垂直位置的，其工作过程如图 2-95 所示。合型后，舀取液态金属浇入压射室 2，因喷嘴 6 被反料冲头 8 封闭，金属液 3 停留在压射室中（图 2-95a）。当压射冲头 1 下压时，液态金属受冲头压力的作用，使反料冲头下降，打开喷嘴，金属液被压入型腔中，待冷凝成形后，压射冲头回升退回压射室，反料

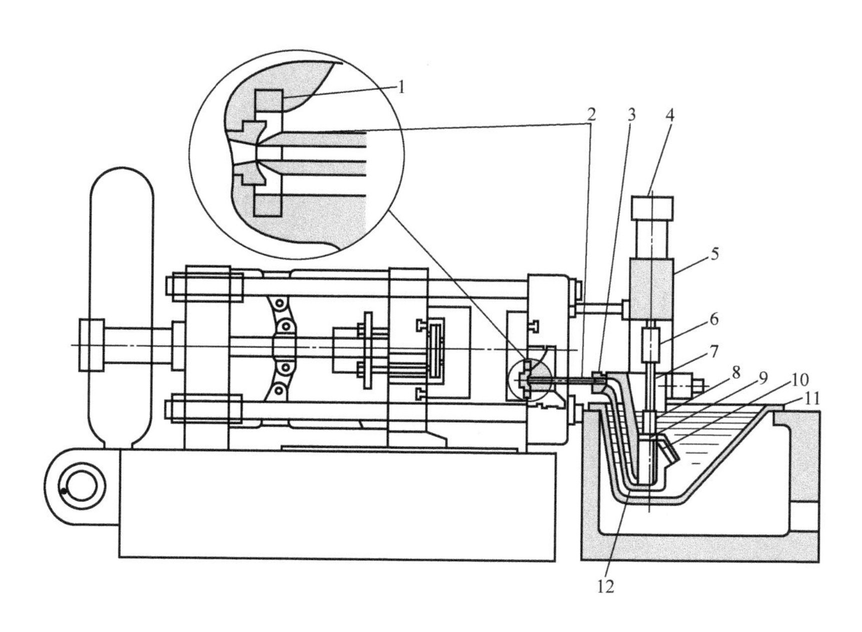

图 2-93　热室压铸机结构

1—环形压垫　2—喷嘴　3—鹅颈头　4—压射液压缸　5—支架　6—联轴器　7—压射杆
8—压射冲头　9—冲头活塞　10—压射室　11—熔化坩埚　12—鹅颈通道

图 2-94　热室压铸机照片

冲头因下部液压缸的作用而上升，切断直浇道与余料 9 的连接处并将余料顶出（图 2-95b）。取出余料后，使反料冲头复位，然后开型取出铸件（图 2-95c）。

2）卧式压铸机　卧式压铸机的压射室和压射机构是处于水平位置的，其工作过程如图 2-96 所示。合型后，舀取液态金属浇入压射室 2 中（图 2-96a）。随后压射冲头 1 向前推进，将液态金属经浇道 7 压入型腔 6 内（图 2-96b）。待铸件冷凝后开型，借助压射冲头向前推移动作，将余料 8 连同铸件一起推出并随动模移动，再由推杆顶出（图 2-96c）。

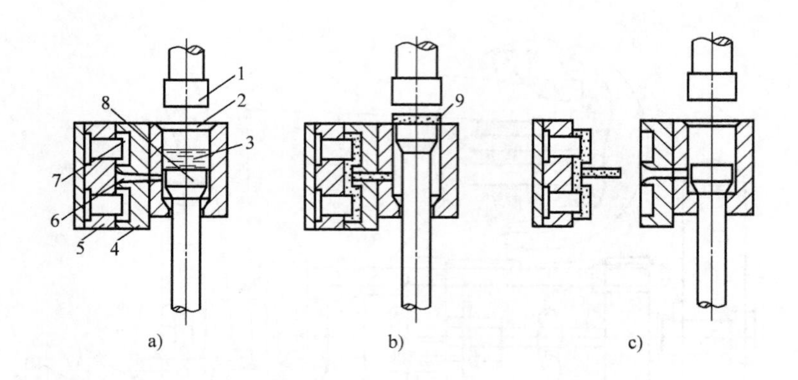

图 2-95 立式压铸机的工作过程

1—压射冲头 2—压射室 3—金属液 4—定模 5—动模 6—喷嘴 7—型腔 8—反料冲头 9—余料

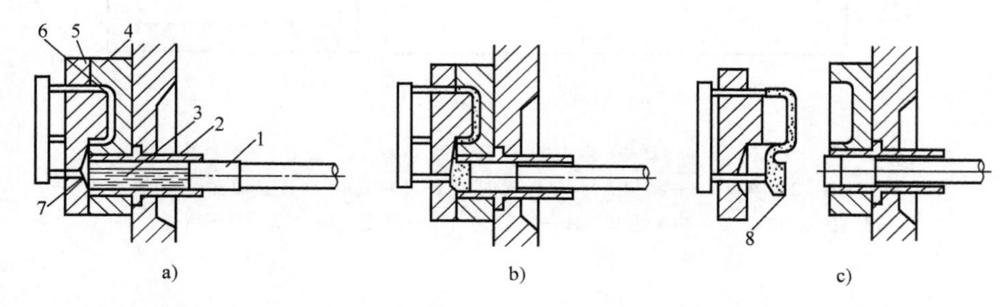

图 2-96 卧式压铸机的工作过程

1—压射冲头 2—压射室 3—金属液 4—定模 5—动模 6—型腔 7—浇道 8—余料

卧式压铸机由于具有压射室结构简单、维修方便、金属液充型流程短、压力易于传递等优点而获得广泛应用。图 2-97 所示为卧式压铸机结构示意图。

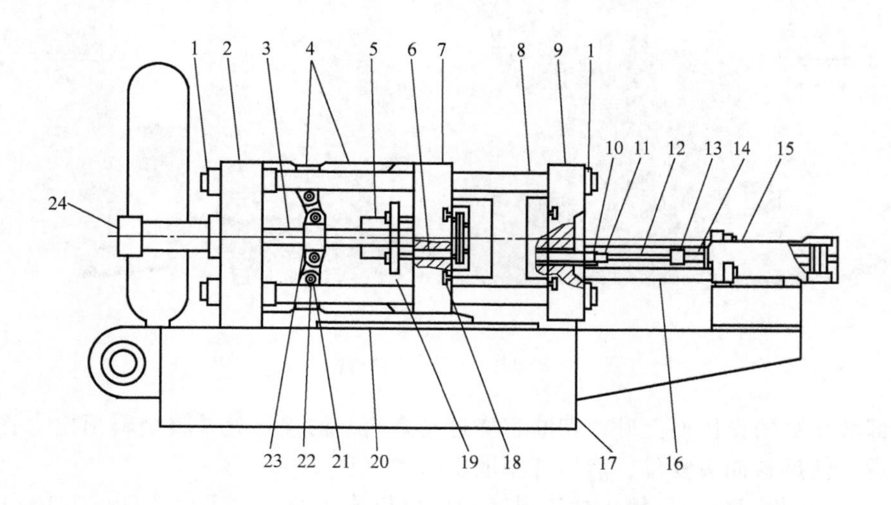

图 2-97 卧式压铸机结构示意图

1—固定螺母 2—连接底板 3—导杆 4—连杆 5—顶出液压缸 6—顶杆 7—动模板 8—哥林柱 9—定模板 10—压射室 11—压射冲头 12—压射杆 13—联轴器 14—活塞杆 15—压射液压缸 16—压射连杆 17—机座 18—T 形槽 19—顶板 20—滑动板 21—连接销 22—销套 23—锁模机头 24—合型液压缸

（3）压铸机的主要机构　压铸机主要由开合型机构、压射机构、顶出机构以及液压动力系统和控制系统等组成。下面主要介绍机械部分。

1）开合型机构　开合型机构是压射金属液时将安装在模底板上的压铸型合型锁紧，金属液冷却凝固后打开模具取出铸件的装置部分。由于金属液充填型腔时的压力作用，合拢后的压铸型仍有被胀开的可能，故合型机构必须有锁紧模型的作用，锁紧压铸型的力称为锁型力，是压铸机的重要参数之一。

虽然仍有极少量的立式压铸机采用液压式合型机构，但目前几乎所有的压铸机均采用曲肘式合型机构，如图 2-98 所示。

曲肘式合型机构由三块座板组成，并且用四根导柱将它串联起来，中间是动模座板，由合型液压缸的活塞杆通过曲肘机构来带动。动作过程如下：当液压油进入合型液压缸 1 时，推动合型活塞 2 带动连杆 3 使三角形铰链 4 绕支点 a 摆动，通过力臂 6 将力传给动模板，产生合型动作。当动模与定模完全闭合时，a、b、c 三点恰好成一直线，也称为“死点”，此时压射力完全由曲肘机构中的杆系承受，因而可以承受很大的压射力，即利用此“死点”实现锁型。

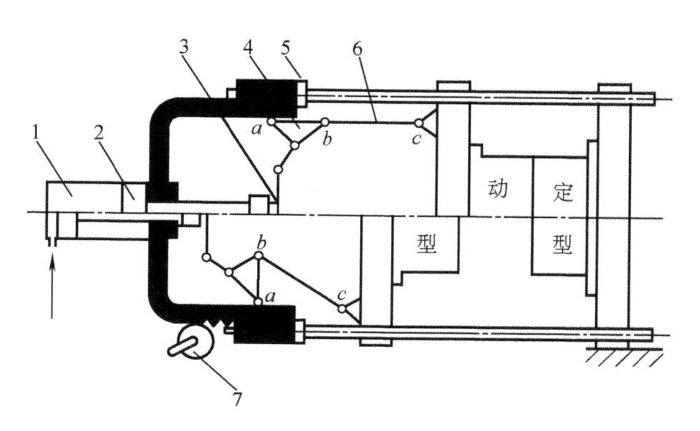

图 2-98　曲肘式合型机构示意图

1—合型液压缸　2—合型活塞　3—连杆　4—三角形铰链　5—螺母　6—力臂　7—齿轮齿条

曲肘式合型机构的特点是：①合型力大。曲肘连杆系统可将合型力放大 16~26 倍，因此合型液压缸的直径大大减小，液压油的工作压力、耗油量也可降低。②运动特性好，合型速度快。在合型过程中，曲肘离“死点”越近，动模移动速度越慢，使两半型缓慢闭合。同样刚开型时，动模运动速度也慢，有利于铸件顶出和抽芯。③合型机构刚度大。④控制系统简单。

为适应不同厚度的压铸型，动模板与定模板之间的距离必须能够调整（开档调节）。如图 2-98 所示，齿轮齿条 7 使动模板沿导杆做水平移动，调整到预定位置后用螺母 5 固定。表 2-11 列出了常用开档调节装置的工作原理及特点。但是在连续的铸造生产中，模具温度的升高会使模具尺寸变大，此时螺母 5 应稍微调整。为适应模具尺寸随温度的变化，自动化的压铸机大多安装了开档自动调节装置。

表 2-11　常用开档调节装置的工作原理及特点

序号	类型	原　理　图	工作原理及特点
1	齿轮式	主齿轮 行星齿轮	原理：通过齿轮传动驱动模板移动 特点：①模具安装面的平行度容易调整；②驱动效率高；③需要制动装置
2	链式	主动轮 链条	原理：通过链传动驱动模板移动 特点：①模具安装面的平行度容易调整；②驱动效率不高；③需要制动装置

（续）

序号	类型	原理图	工作原理及特点
3	蜗轮蜗杆式	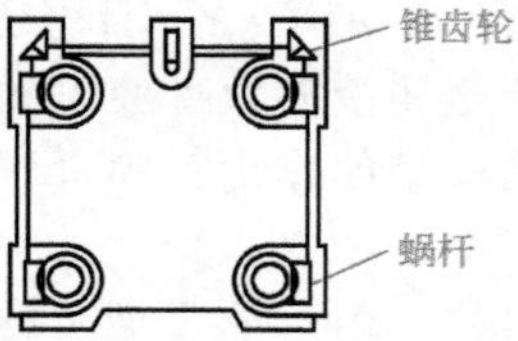 锥齿轮 蜗杆	原理：通过锥齿轮带动蜗杆，由蜗轮驱动模板移动 特点：①模具安装面的平行度不易调整；②驱动效率低；③不需要制动装置

2）压射机构。压射机构是实现压铸工艺的关键部分，它的结构性能决定了压铸过程中的压射速度、增压时间等主要参数，对铸件的表面质量、轮廓尺寸、力学性能和致密性都有直接影响。

压射机构一般由压射室、压射冲头、增压器、压射液压缸、蓄能器等组成，其中增压器和压射液压缸决定了压射机构的性能。表2-12列出了压铸机常用压射液压缸的种类及原理。

表2-12 压铸机常用压射液压缸的种类及原理

普通型	蓄能器增压	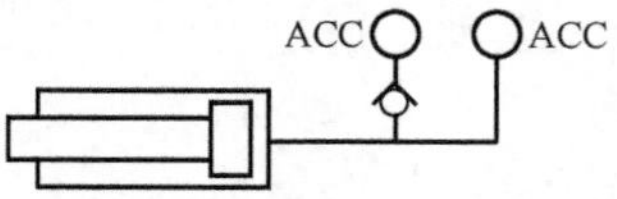 ACC ACC
	差动增压式	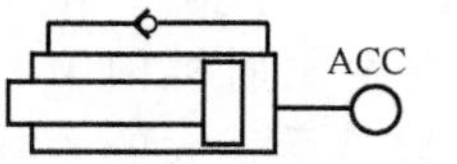 ACC
	差动缓冲式	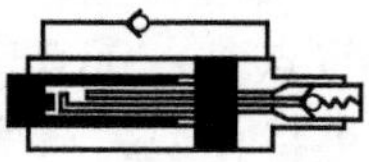
补偿型	补偿型	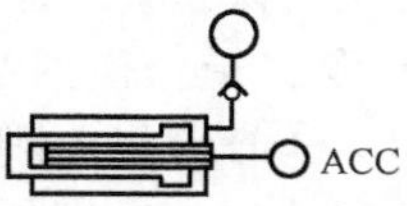 ACC
活塞增压型	分离式	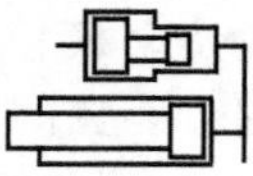
	连体式	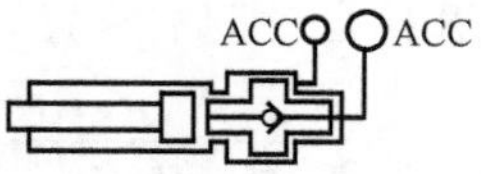 ACC ACC
	连体式（速度、压力独立控制）	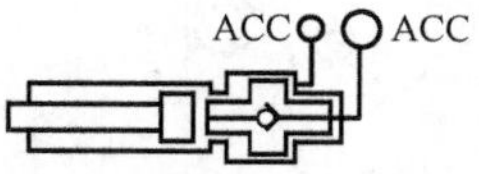 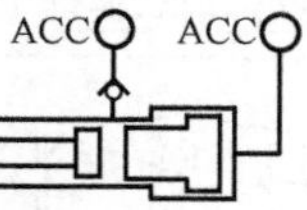 ACC ACC
		ACC ACC

近年来，高性能压射机构的开发取得了很大进展，如日本宇部公司研发了DDV（Direct Digital Valve）方式的调速压射装置，东芝公司开发了电动调速压射装置等。

图2-99所示为DDV控制的压射机构工作原理。它对压射杆施加电磁信号，根据此信号首先读取压射杆的位置，计算压射杆的运动速度；然后在预先设定好的压射杆位置，分阶段调节DDV阀的开合度以控制压射速度。它能够在0.03~0.1s的极短时间内实现加速、减速，使内浇口处压射速度按曲线变化。图2-100所示为开发的DDV阀结构示意图。

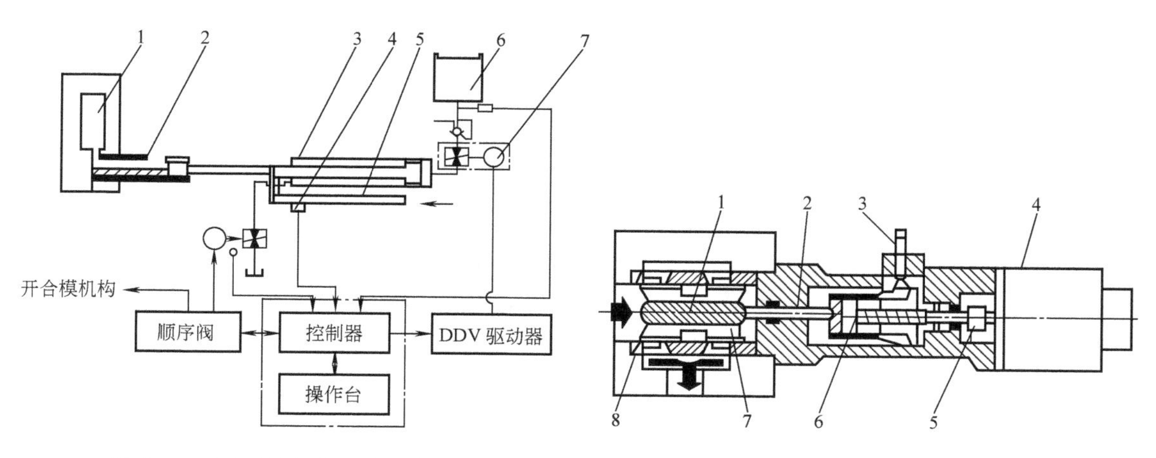

图2-99　DDV控制的压射机构工作原理

1—型腔　2—压射室　3—压射液压缸　4—感应器　5—导杆　6—蓄能器　7—DDV阀

图2-100　开发的DDV阀结构示意图

1—阀芯　2—连杆　3—零位传感器　4—脉冲电动机　5—联轴器　6—法兰　7—阀座　8—油腔

图2-101所示为某公司开发的压射流量调节阀的结构示意图。它采用了特殊结构形式的节流阀，节流口大小及阀芯位置由三台交流电动机控制。

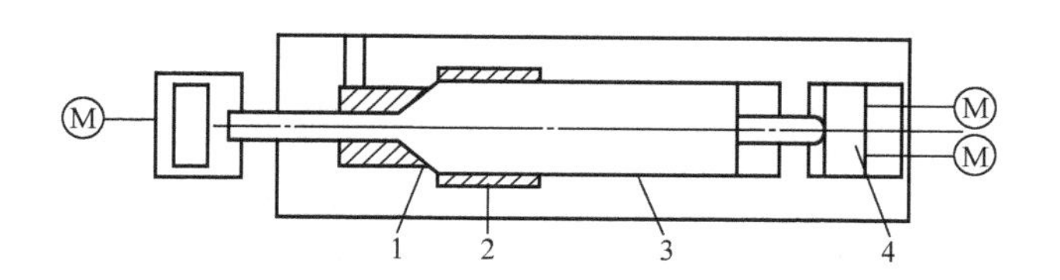

图2-101　调节阀的结构示意图

1—节流口　2—油腔　3—阀芯　4—驱动板

3）顶出机构。顶出机构用于顶出压铸件，有液压式和机械式两种，如图2-102所示。

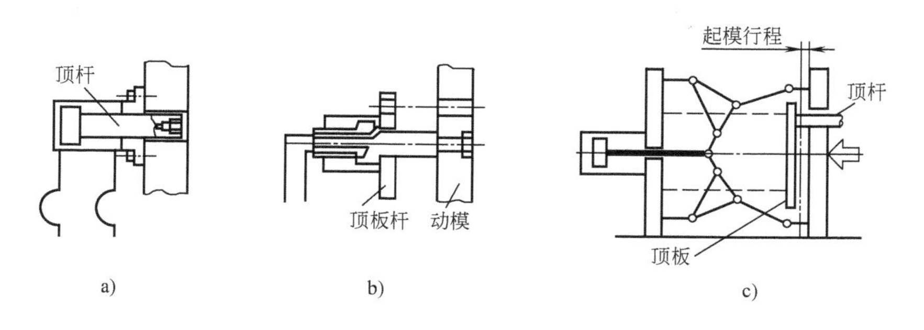

图2-102　顶出机构原理示意图

a）液压缸固定液压式　b）液压缸移动液压式　c）机械式

3. 压铸机的液压及电气控制

压铸机实际是一台液压机，液压传动是其主要传动方式。液压系统对压铸机的压射速度、生产率及可靠性具有决定性的作用。

（1）液压系统原理 图2-103所示为DCC250型卧式冷室压铸机的液压控制系统原理图。该系统采用双联叶片泵，设计最高工作压力为10MPa，最低工作压力为2MPa。系统与各执行液压缸的工作压力由电液比例阀控制，根据PLC的设定进行调节。其工作原理如下：

1）系统供油 由电动机驱动双联泵向系统供油，其中1为大流量低压液压泵，2为小流量高压液压泵。泵1的工作压力由溢流阀8和二位二通电磁阀9调节。泵2的工作压力由溢流阀3和二位二通电磁阀6调节。在液压系统中设计有遥控调压阀4，由二位二通电磁阀5控制，可控制低压合型压力不超过3MPa。

为保证供油过程中的压力稳定，设计有稳压液压系统。当电源接通，液压泵起动时，4DT断电，二位四通电磁阀19如图2-103所示位置，液压泵无荷起动。当4DT通电后，二位四通电磁阀19换向，液压泵负载运转，向系统和蓄能器供油，管路压力上升到10MPa时，压射蓄能器油液充满，液压泵卸荷，顺序阀20导通。这时压射蓄能器向常压管路补充高压油，补偿常压管路的泄漏以保持压力稳定。待机器工作时，管路压力降低，顺序阀20复位，压射蓄能器停止补压，液压泵开始工作。

2）开合型。当三位四通电磁阀12的5DT通电时，液压油进入合型液压缸13的活塞腔，活塞杆推动曲肘机构进行合型。当14DT通电时，合型液压缸活塞返回进行开模。

3）顶出复位。当三位四通电磁阀15的15DT通电时，液压油进入顶出缸左侧，推动顶杆板顶出铸件。断电则顶出缸活塞返回复位。

4）抽芯。设有一组三位四通电磁阀（抽芯控制阀）17、41及抽芯液压缸18和40。其动作过程同步骤3，可实现插芯和抽芯动作。

5）压射。系统设有四级压射。①慢压射。电磁铁8DT得电，阀22的阀芯左移，液压油经单向节流阀23进入浮动活塞左侧，再由连接内孔进入压射缸，推动压射活塞，实现慢压射，速度由单向节流阀23控制。而活塞杆腔的油流回油箱。同时，液压油推动浮动活塞右移。②一级快压射。当压射冲头越过浇注孔时，阀39电磁铁得电，油液驱动阀35打开，压射蓄能器34的液压油进入压射液压缸，实现一级快压射。③二级快压射。充型开始后，阀32的电磁铁得电，阀33打开，压射蓄能器的液压油大量进入压射液压缸，实现二级快压射。④增压。二级快压射结束瞬间，电磁铁10DT通电，阀24换向，液压油经单向节流阀25使阀26换向，阀31打开，增压蓄能器中的高压油大量流入压射液压缸的增压腔，实现增压。

6）压射回程。电磁铁10DT断电，阀31断开；阀32、39的电磁铁断电，阀33、35断开。电磁铁8DT断电，17DT通电，阀22换向，液压油进入压射液压缸前腔，压射液压缸后腔的液压油经阀22流回油箱，压射冲头返回。

7）压射参数的调整。由于采用压射蓄能器和增压蓄能器，所以压射参数可以单独调整互不干扰。快压射的速度可通过调节阀33、35的手轮，改变阀的开启量实现。压射增压力由增压蓄能器内的压力控制。调节减压阀27可以改变增压蓄能器内的压力。当减压阀调整好后，还需调整氮气瓶内的气体容积，即通过截止阀28及另一截止阀来进行。升压时间主要靠调节阀31的手轮实现，通过改变压射速度而改变升压时间，当速度高时，升压时间就短，反之就长。升压延时由单向节流阀25调节。

各工序中电磁铁的工作状态见表2-13。

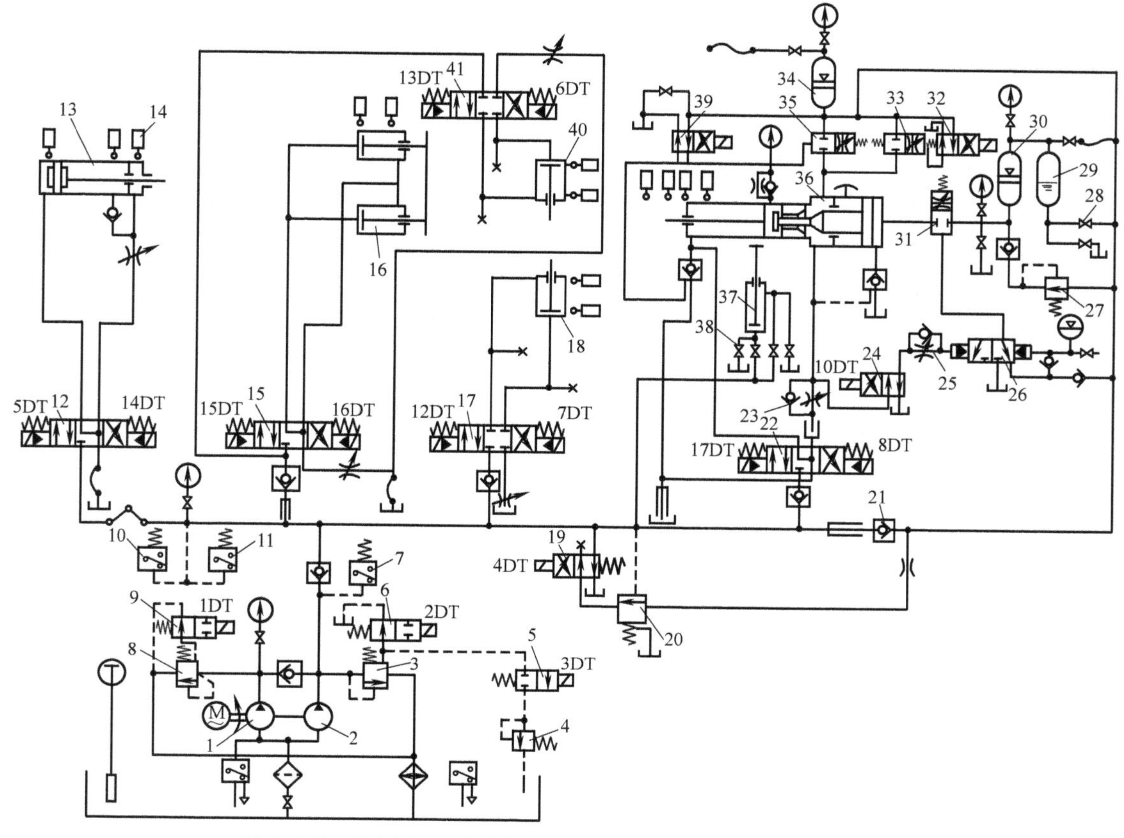

图 2-103　DCC250 型卧式冷室压铸机的液压控制系统原理图

1—低压液压泵　2—高压液压泵　3、8—溢流阀　4—调压阀　5、6、9—二位二通电磁阀　7、10、11—压力继电器　12、15、17、22、41—三位四通电磁阀　13—合型液压缸　14—行程开关　16—顶出缸　18、40—抽芯液压缸　19、24、32、39—二位四通电磁阀　20—顺序阀　21—单向阀　23、25—单向节流阀　26—二位三通电磁阀　27—减压阀　28、38—截止阀　29—增压氮气瓶　30—增压蓄能器　31、33、35—锥形方向阀　34—压射蓄能器　36—压射液压缸　37—升降液压缸

表 2-13　循环工序中电磁铁的工作状态

工序 程序	动芯入 6DT	合型 5DT	动芯入 6DT	定芯入 7DT	压射 8DT	快压射 11DT 9DT	增压 10DT	冷却 延时	定芯出 12DT	动芯出 13DT	开型 14DT	动芯出 13DT	顶出 15DT	顶回 延时	顶回压回 16DT 17DT
0		+			+	+	+	+			+		+	+	+
1		+	+		+	+	+	+		+	+		+	+	+
2		+	+		+	+	+	+	+	+	+		+	+	+
3		+		+	+	+	+	+	+		+		+	+	+
4	+	+		+	+	+	+	+	+		+	+	+	+	+
5	+	+		+	+	+	+	+			+	+	+	+	+

注："+"表示电磁铁通电。

（2）电气控制　目前压铸机的电气控制均采用可编程序控制器（简称 PLC），使得庞大而复杂的控制系统简化，且稳定可靠，故障率低，具体控制系统图可参考压铸机生产厂的使用手册。

4. 压铸生产自动化

目前压铸生产的自动化程度相对较高，尤其是在现代化的压铸车间。作为冷室压铸机自动化的生产，其最低配置应包括自动浇注装置、自动取件装置和自动喷涂料装置。上述三种装置的发展趋势是采用机器人或机械手，因而机器人或机械手的大量使用和普及促进了压铸生产自动化水平的提高。

（1）自动浇注装置　压铸用自动浇注装置的类型主要有负压式、机械式、压力式和电磁泵式等。其中压力式和电磁泵式类似于前面介绍的用于砂型铸造的气压式浇注机和电磁泵浇注机，而使用最为广泛的还是机械式自动浇注装置。机械式自动浇注装置采用机构，如用连杆驱动料勺舀取金属液后旋转到一定位置，再倒入压铸机的压射室内，而料勺可根据铸件大小更换。图 2-104 所示为机械式自动浇注装置实例。

图 2-105 所示为真空压铸法用负压式自动浇注示意图。当真空泵抽取型腔、压射室内的空气时，保温炉内的金属液便在大气压力的作用下沿升液管进入压射室，浇注的金属量及浇注速度由真空系统控制。

（2）自动取件装置　自动取件装置一般通过机械手的夹钳夹住铸件，然后将铸件移出压铸机外放置在规定的位置。图 2-106 所示为四连杆自动取件机械手的工作示意图。

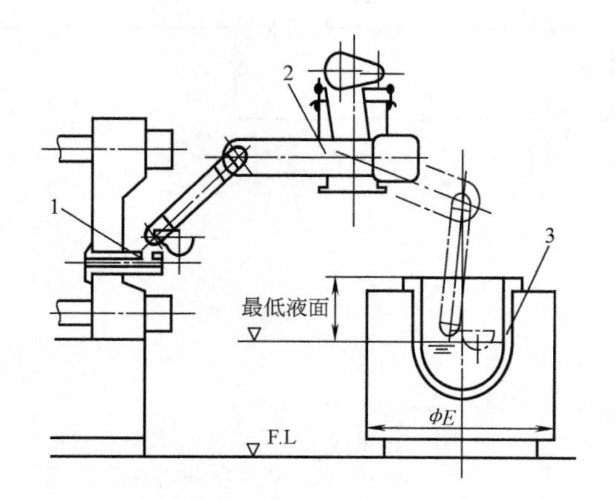

图 2-104　机械式自动浇注装置实例

1—压射室　2—机械手　3—熔化坩埚

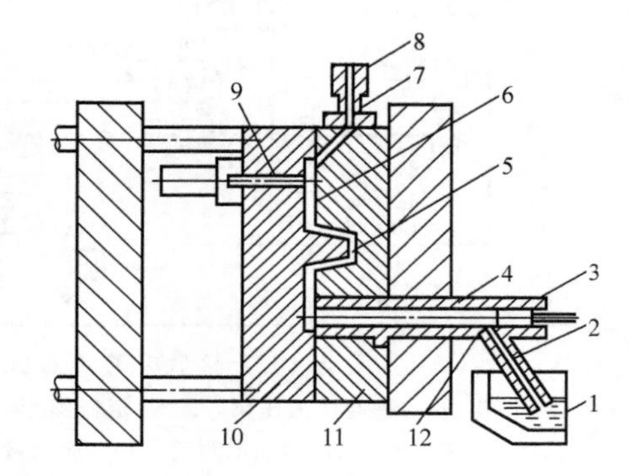

图 2-105　真空压铸法用负压式自动浇注示意图

1—金属液　2—加热器　3—填料　4—压射室　5—型腔　6—真空通道　7—真空过滤器　8—真空泵　9—真空切断阀　10—动模　11—定模　12—升液管

取件机械手的结构及原理如图 2-107 所示。采用电气控制，液压传动。主液压缸 6 做前后运动时，通过齿条 1、传动齿轮 2 带动四连杆机构的曲柄转轴 3 做左右旋转运动，从而使四连杆机构上的手臂做伸入、直线平移、退出等动作。副液压缸 4 则控制手掌做夹持及放松动作。

机械手的座板 8 安装在压铸机定型板的一侧，座板上装有可动滑架 9，滑架在弹簧 5 的作用下处于座板偏后的部位。主液压缸在滑架的导槽内，液压缸活塞杆 10 固定在座板的支架 11 上，缸体侧面有齿条。手臂 15 通过连杆 13 和曲柄 12 与滑架 9 相连，同时摇杆 14 也将手臂和滑架连接，形成一个四连杆机构。

取件时，主液压缸右腔输入高压油，由于活塞杆固定在支架上，因而主液压缸沿导槽向前运动，其侧面的齿条通过传动齿轮 2 带动曲柄转轴 3 转动，转轴带动摇杆使四连杆绕定轴转动，手臂 15 即沿连杆机构特定的运动轨迹伸入型内。此时滑架台阶恰好挡住液压缸端面，曲柄转轴 3 停止转动。液压缸右腔继续进油，则使缸体克服滑架上的弹簧力，迫使滑架随同连杆机构一起沿座板导轨做直线运动，当手掌伸到预定位置时，主液压缸右腔停止送油。副液压缸 4 输入高压油，手掌做闭合动作，夹住铸件。随后主液压缸左腔进液压油，滑架在液压缸压力

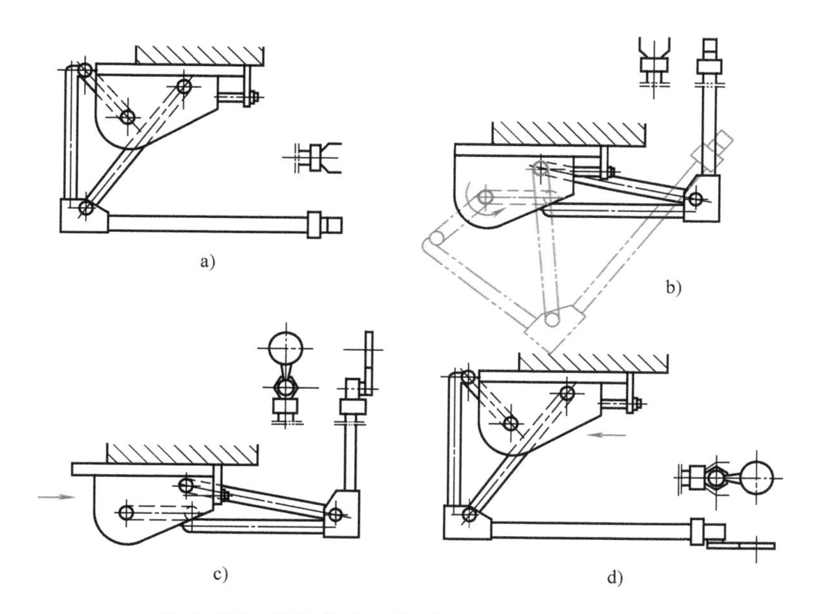

图 2-106　四连杆自动取件机械手的工作示意图

a）原始位置　b）沿固定轨迹伸入型内　c）直线前移，夹住铸件　d）直线后退，退出型外，放下铸件

和弹簧力的作用下，向后做直线运动。当主液压缸端面与滑架台阶脱离时，曲柄转轴 3 随液压缸的返回而做反向旋转，连杆机构反向运行，手掌退回原处。当到达终点位置时，副液压缸卸压，手掌在副液压缸体内弹簧力作用下松开，铸件落入料筐内，完成一次取件动作。

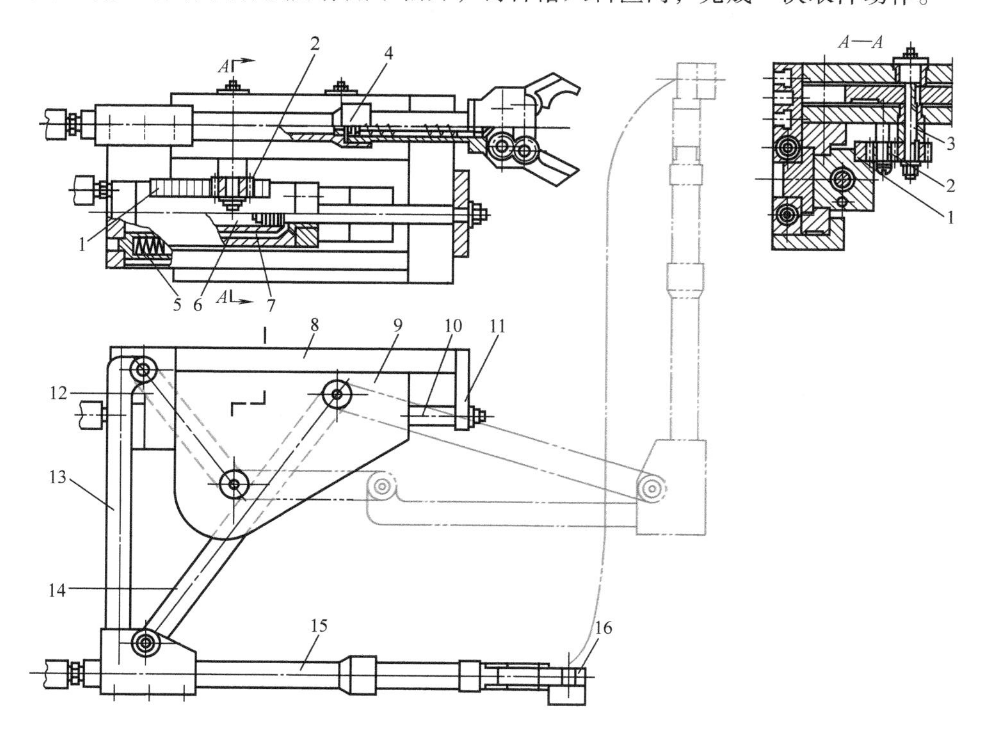

图 2-107　取件机械手的结构及原理

1—齿条　2—传动齿轮　3—曲柄转轴　4—副液压缸　5—弹簧　6—主液压缸　7—油管　8—底板　9—滑架　10—活塞杆　11—支架　12—曲柄　13—连杆　14—摇杆　15—手臂　16—手掌

（3）自动喷涂料装置 自动喷涂料装置有固定式和移动式。移动式一般为多关节式的机械手，可自由移动，适合复杂模具表面的喷涂。喷涂的基本原理是用一组细铜管（约几十根）做喷头，按照型腔各部位的形状和深浅程度进行布置，确保压铸型型腔的各个部分都能喷涂均匀。

目前，压铸机的发展趋势是大型化、系列化、自动化，并且在机器结构上有很大的改进，尤其是压射机构发展更为迅速。冷室压铸机一般都设有增压式的三级压射机构，四级压射机构的压铸机也已用于生产。由于压射机构的改进，更好地满足了压铸工艺的要求，提高了压射速度及瞬时增压压力，从而有利于提高铸件外形的精确度和内部的致密度。

图 2-108 所示为我国力劲公司最新的 OLS 系列全实时控制大型冷室压铸机的照片。

图 2-108 OLS 系列全实时控制大型冷室压铸机的照片

2.7.2 低压铸造装备及自动化

1. 低压铸造机的类型及构造

低压铸造是金属液在压力作用下由下而上地充填型腔并在压力下凝固成形的一种方法。由于所用的压力较低（通常为 0.02～0.06MPa），故称之为低压铸造。低压铸造装备一般由保温炉及附属装置、模具开合机构、气压系统和控制系统组成。按模具与保温炉的连接方式，可分为顶置式低压铸造机和侧置式低压铸造机。

图 2-109 所示为顶置式低压铸造机结构示意图，是目前用得最广的低压铸造机型。其特点是结构简单，制造容易，操作方便；但生产效率较低，因保温炉上只能放置一副铸型，在铸件的一个生产周期内所有操作均在炉上进行，所以一个周期内保温炉近一半时间是空闲的。其次，下模受保温炉炉盖的热辐射影响，冷却缓慢，使铸件凝固时间延长；而且，下模不能设置顶杆装置，给铸型设计增加不便。此外，保温炉的密封、保养和合金处理均不方便。

为克服顶置式低压铸造机的缺点，又发展了侧置式低压铸造机，如图 2-110 所示。它将铸型置于保温炉的侧面，铸型和保温炉由升液管连接。这样一台保温炉上同时可为两副以上的铸型提供金属液，生产效率得到提高。此外，装料、扒渣和合金液处理都较方便，铸型的受热条件也得到改善。但是侧置式机器结构复杂，限制了其应用。

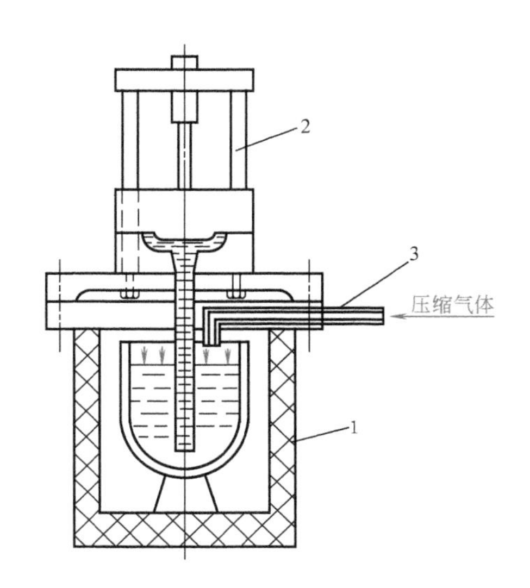

图 2-109　顶置式低压铸造机结构示意图
1—保温炉体　2—开合型机构　3—进气管

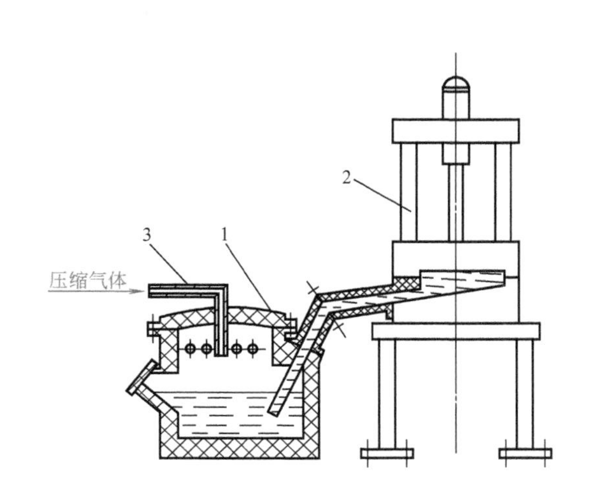

图 2-110　侧置式低压铸造机结构示意图
1—保温炉体　2—开合型机构　3—进气管

低压铸造保温炉一般采用坩埚式电阻炉，如图 2-111 所示。其优点是结构简单，温控方便。

2. 低压铸造的自动加压控制系统

低压铸造工艺中，正确控制对铸型型腔的充型和增压是获得优质铸件的关键。因此，气体加压控制系统是低压铸造装备的核心。图 2-112 所示为以数字组合阀为中心的加压系统原理。该系统采用 PLC 控制，装有高灵敏度的压力传感器和软件式 PID 控制器。具有较高的压力自动补偿能力，使得保温炉内的压力可以根据设定的曲线精确、重复再现，而不受保温炉泄漏、供气管路气压波动和金属液面高度变化的影响。目前，低压铸造操作中，在自动放置过滤网、自动下芯、自动取件方面取得了很大进展，但相比压铸，其自动化程度较低，可发展的空间仍然很大。

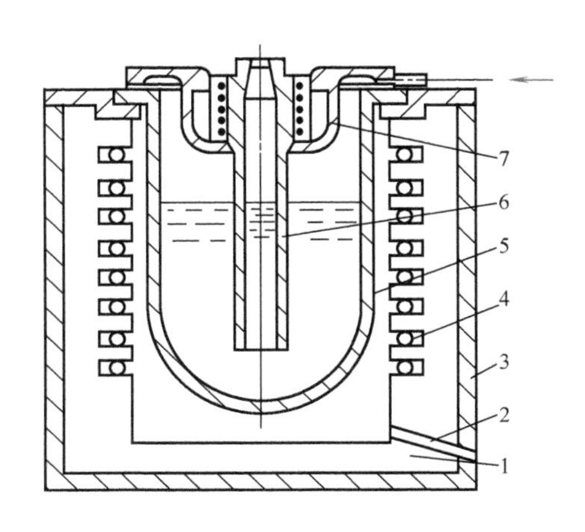

图 2-111　坩埚式电阻炉
1—炉体　2—排铝孔　3—炉壳　4—电阻元件
5—铸铁坩埚　6—升液管　7—密封盖

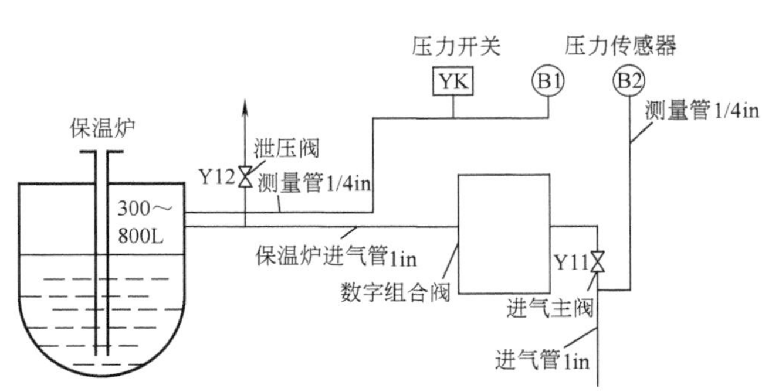

图 2-112　以数字组合阀为中心的加压系统原理

一种简单的低压铸造液面加压工艺曲线如图 2-113 所示。其中升液段、充型段加压工艺曲线的斜率随铸件的不同而改变。

计算机控制的低压铸造生产过程如图 2-114 所示。加压工艺曲线的数学模型为

$$\frac{\mathrm{d}\Delta p_i}{\mathrm{d}t}=\rho g\left(1+\frac{A_i}{A}\right)v_i(1+\theta v_i)$$

式中，$\frac{\mathrm{d}\Delta p_i}{\mathrm{d}t}$为气体升压速度；$\Delta p_i$ 为第 i 段压差值；ρ 为液态金属密度；A 为坩埚截面积；A_i 为型腔第 i 段处截面积；v_i 为型腔第 i 段上要求的液态金属充型速度；θ 为气体升压速度补偿系数，由实验确定；g 为重力加速度。

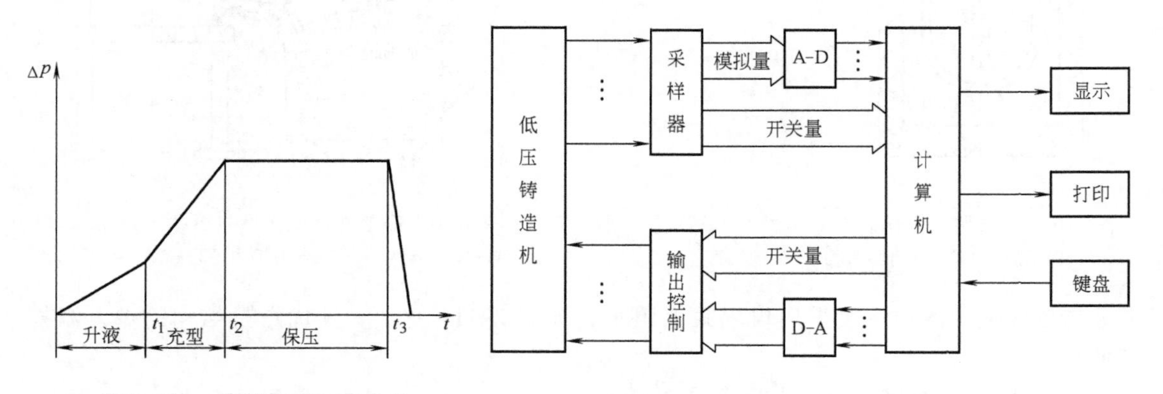

图 2-113　液面加压工艺曲线

图 2-114　计算机控制的低压铸造生产过程

低压铸造计算机控制原理如图 2-115 所示。

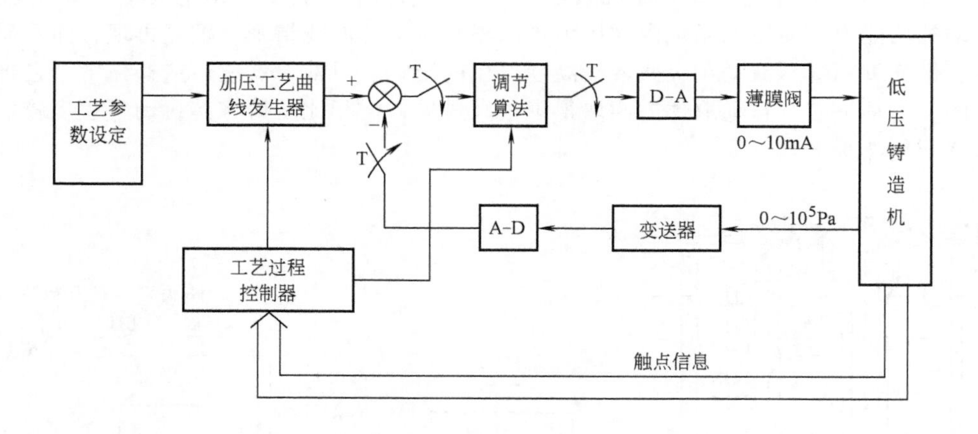

图 2-115　低压铸造计算机控制原理

该计算机控制系统采用实时控制，对整个生产工艺过程进行闭环控制。为了便于编制程序和简化，采用块程序结构形式，即每一块程序完成一个特定的功能。程序之间的联系有跳转、调用和建立公用参数区三种方式。

该系统的主控制程序包括引导工作程序、开关量状态检测程序和中断服务程序等，详细资料可参见有关专著。一种低压铸造机的外形照片如图 2-116 所示。

图 2-116　一种低压铸造机的外形照片

2.8　消失模精密铸造装备及生产线

消失模铸造可分为三个部分：一是泡沫塑料模样的成形加工及组装部分，通常称为白区；二是造型、浇注、清理及型砂处理部分，又称为黑区；三是涂料的制备及模样上涂料、烘干部分，也称为黄区。因此，消失模精密铸造装备包括三方面：泡沫塑料模样的成形装备，造型装备及型砂处理装备，涂料的制备及烘干装备。下面就消失模铸造中的一些特殊装备做一介绍。

2.8.1　泡沫塑料模样的成形装备

模样制作的方法有两种：一是发泡成形；二是利用机床加工（泡沫模样板材）成形。前者适合于批量生产，后者适合于单件制造。泡沫塑料模样的模具发泡成形及切削加工成形的过程如图 2-117 所示。主要设备有预发泡机、成形发泡机等。

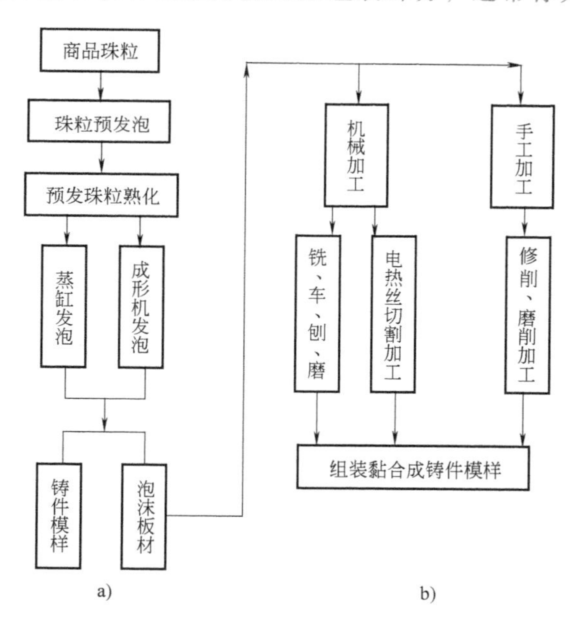

图 2-117　泡沫塑料模样的模具发泡成形及切削加工成形的过程
a）模具发泡成形　b）切削加工成形

1. 预发泡机

在成形发泡之前，对原料珠粒进行预发泡和熟化是获得密度低、表面光洁、质量优良制品的必要条件。

图 2-118 所示为一种典型的间歇式蒸汽预发泡的工艺流程，珠粒从上部加入搅拌筒体，高压蒸汽从底部进入，开始预发泡。筒体内的搅拌器不停地转动，当预发泡珠粒的高度达到光敏管的控制高度时，自动发出信号，停止进汽并卸料，预发泡过程结束。

目前在我国广大中小企业采用的一种间歇式蒸汽预发泡机如图 2-119 所示。使用该设备

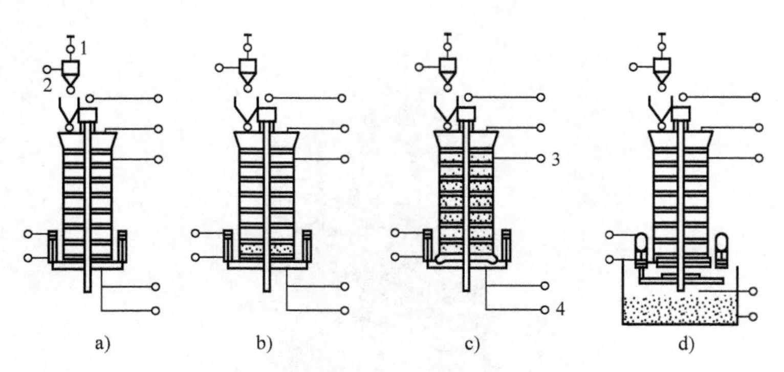

图 2-118　间歇式蒸汽预发泡的工艺流程

a）称量　b）加料　c）预发泡　d）卸料

1—称量传感器　2—原珠粒　3—光电管　4—蒸汽

的关键是：①蒸汽进入不宜过于集中，压力和流量不能过大，以免结块、发泡不均，甚至部分珠粒因过度预发而破坏；②因为珠粒直接与蒸汽接触，预发泡珠粒中水的质量分数高达10%左右，因此卸料后必须经过干燥处理。

这种预发泡不是通过时间而是通过预发泡的容积定量（即珠粒的预发泡密度定量）来控制预发泡质量，控制方便、效果良好。

图 2-119　间歇式蒸汽预发泡机的照片

2. 成形发泡机

将一次预发泡的单颗分散珠粒填入模具内，再次加热进行二次发泡，这一过程称为成形发泡。成形发泡的目的在于获得与模具内腔一致的整体模样。

图 2-118 所示为预发泡的工艺流程，在模具预热后，还要通蒸汽、二次发泡成形、喷冷却水，最后出模。成形发泡设备主要有两大类：一类是将发泡模具安装到机器上成形，称为成形机；另一类是将手工拆装的模具放入蒸汽室成形，称为蒸汽箱（或蒸缸）。大量生产多采用成形机成形。成形机的结构示意图如图 2-120 所示，全自动化的卧式成形机如图 2-121 所示。

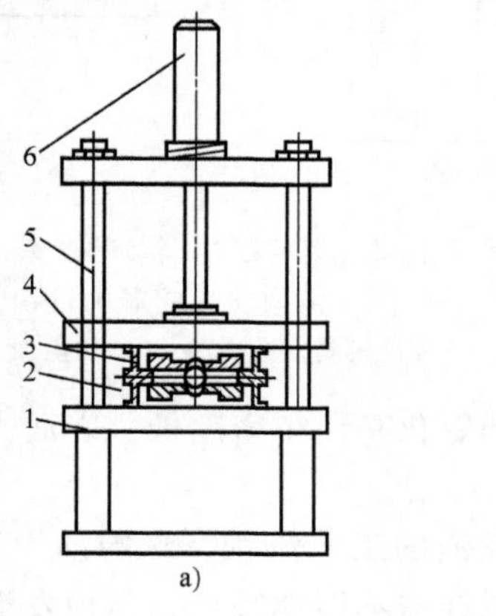

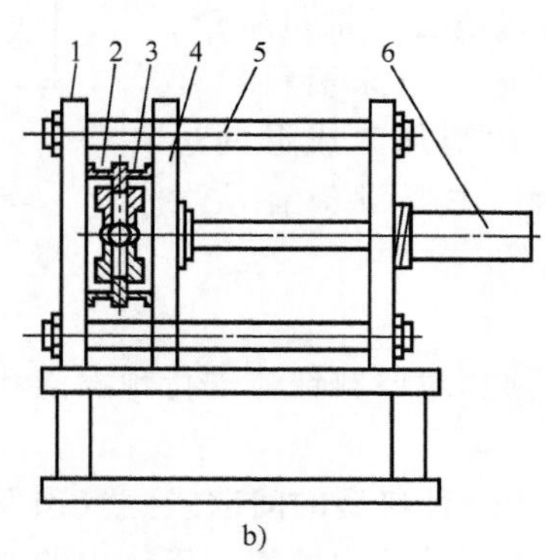

图 2-120　成形机的结构示意图

a）立式成形机　b）卧式成形机

1—固定工作台　2—定模　3—动模　4—移动工作台　5—导杆　6—液压缸

模样的黏结、组装、上涂料、烘干等其他工序，均可由机械手或机器人完成。但值得注意的是，因泡沫模样的强度很低，机器操作应避免模样的变形与损坏。

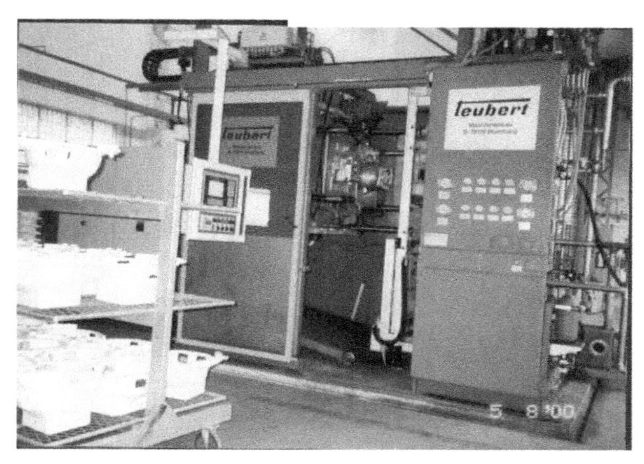

图 2-121　全自动化的卧式成形机

2.8.2　造型装备及生产线

消失模铸造生产线上的主要装备有雨淋加砂器、振动紧实台、真空系统、旧砂冷却除尘系统、输送辊道、浇注设备等，其中关键设备是振动紧实台。

1. 振动紧实台

消失模造型与黏土砂造型的区别在于消失模采用干砂振动造型机即振动紧实台。目前，振动紧实台通常采用振动电动机作为驱动源，结构简单，操作方便，成本低。根据振动电动机的数量及安装方式，振动紧实台分为一维振动紧实台、二维振动紧实台、三维振动紧实台及多维振动紧实台等。

消失模铸造的振动紧实台，不仅要求干砂快速到达模样各处形成足够的紧实度，而且在紧实过程中应使模样变形最小，以保证浇注后得到轮廓清晰、尺寸精确的铸件。一般认为，消失模铸造的振动紧实台应采用高频振动电动机进行三维振动紧实（振幅为 0.5～1.5mm，振动时间为 3～4s），才能完成干砂的充填和紧实过程。

振动紧实台的基本组成包括激振器、隔振弹簧、工作台面、底座及控制系统等，其中激振器常用双极高转速的振动电动机，而隔振弹簧一般采用橡胶空气弹簧，以利于工作台面的自由升降。目前常用的消失模铸造紧实台有两种：一维振动紧实台和三维振动紧实台。

一维振动紧实台的结构如图 2-122 所示。其特点是空气弹簧和橡胶弹簧联合使用；砂箱与振动台之间无锁紧装置，依靠工作台面上的三根定位杆来实现砂箱与振动台面的定位；两台振动电动机采用变频器控制；用高度限位杆来限制空气弹簧的上升高度。这种结构（或类似结构）的振动紧实台，简单实用，成本低，应用广泛。

三维振动紧实台的结构如图 2-123 所示。其特点是采用六台振动电动机，可配对形成三个方向上的振动；振动紧实时砂箱固定在振动台的台面上；空气弹簧可实现隔振与台面升降功能。这种结构（或类似结构）的振动紧实台可方便地实现一至三维振动及振动维数的相互转换。但设备成本比一维振动紧实台高，控制相对也复杂一些。一种采用六台振动电动机驱动的三维振动紧实台的外形如图 2-124 所示。

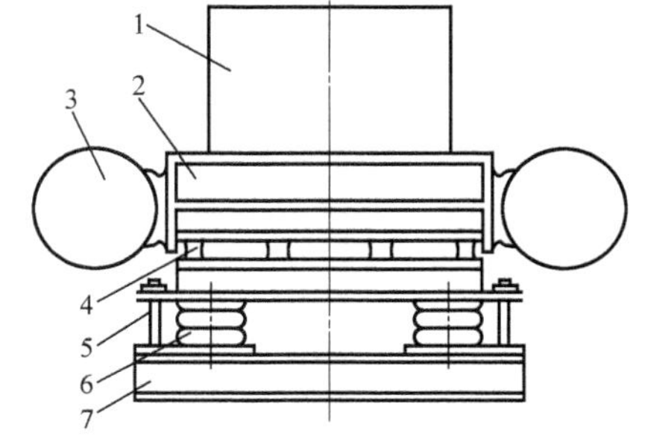

图 2-122　一维振动紧实台的结构

1—砂箱　2—振动台体　3—振动电动机　4—橡胶弹簧　5—高度限位杆　6—空气弹簧　7—底座

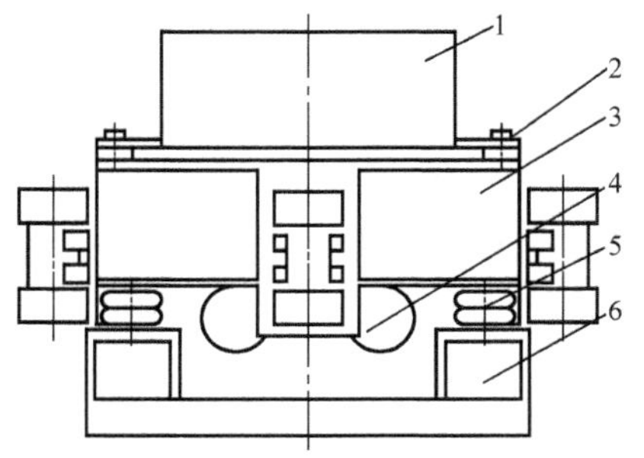

图 2-123　三维振动紧实台的结构

1—砂箱　2—夹紧装置　3—振动台体　4—振动电动机　5—空气弹簧　6—底座

消失模铸造的其他设备（旧砂冷却除尘系统、输送辊道、浇注设备等）大多与普通铸造装备相同，详细了解可参见有关专著。

2. 消失模铸造生产线

按消失模铸造工艺流程，将各种消失模铸造设备有机地组合起来，配备必要物流的输送装备，可形成消失模铸造连续生产流水线。

图 2-124 三维振动紧实台的外形

图 2-125 所示为某工厂年产 1500t 铸件消失模铸造生产线的黑区平面布置简图。它具有布置紧凑、占地面积小、投资少等优点，是目前国内消失模铸造生产线中较紧凑、较经济的布置类型之一。黑区部分控制在 12m×12m 的面积内。振动紧实滚道与浇注滚道（相互）垂直布置。浇注后的砂箱，用电动葫芦来完成铸件的倒箱及砂箱的转运。由于投资的限制，砂箱的移动采用人工推动方式。

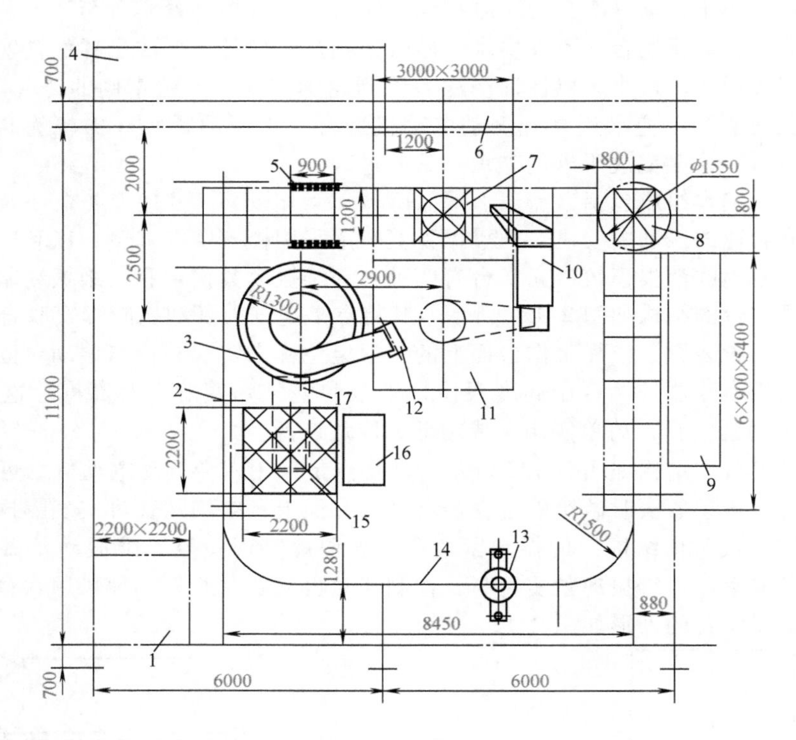

图 2-125 某工厂年产 1500t 铸件消失模铸造生产线的黑区平面布置简图

1—除尘器 2—翻转架 3—振动冷却提升机 4—真空系统 5—边辊 6—砂斗 7—振动紧实台 8—转向架 9—浇注区 10—斗式提升机 11—冷却砂斗 12—磁选滚筒 13—电动葫芦 14—吊环 15—落砂栅格 16—铸件桶 17—振动输送机

该生产线的工艺流程为：砂箱由电动葫芦吊至滚道上，人工推入振动紧实工位；在完成雨淋加砂及型砂的紧实后，推入转向架使砂箱转向，进入浇注工位待浇（每次可同时浇注 5 个砂箱）；浇注后的砂箱经一定时间的冷却后，由电动葫芦吊至翻转架上方，倒箱落砂；铸件进入铸件桶后由桥式起重机吊走，而旧砂经落砂栅格、振动给料机、振动冷却提升机、磁选机，而进入冷却砂斗；干砂经冷却调温后，由振动给料机、斗式提升机送入振动紧实台上方的砂斗中待用。砂处理系统采用机械化动作，整个生产线设备流畅、简捷，投资少。该生产线的三维视图如图2-126所示。

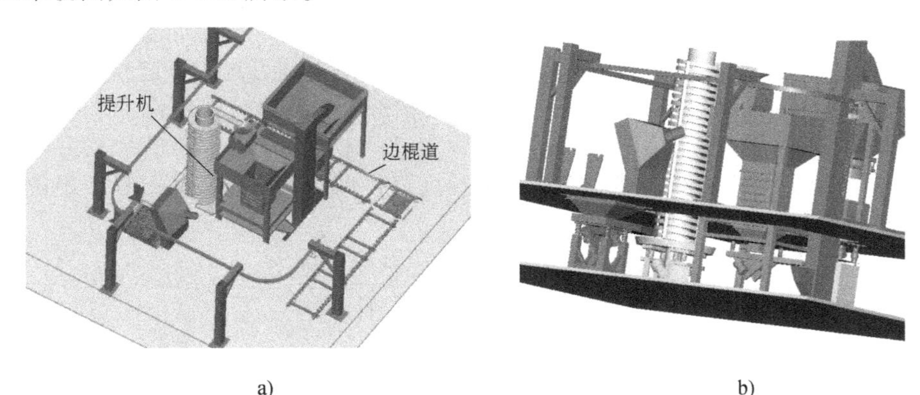

a)　　　　b)

图2-126　图2-125所示生产线的三维视图

a）平面俯视图　b）立体图

图2-127所示为自动化消失模铸造生产线布置图。其特点是设置两台振动台，分别紧实底砂及模样四周。即前一振动台工位，加底砂后振实；随后砂箱进入下一振动台工位，放置泡沫模样后加砂紧实。造好型后的砂箱由辊道、转运小车送至浇注工位。在浇注工位，自动对接装置将砂箱和真空管道连接，抽真空后浇注。浇注后的砂箱则送入翻转式落砂机，落砂后，铸件进入装料框；将热砂送入砂冷却装置冷却，而砂箱则返回造型工位进入下一循环。冷却后的干砂由风力输送器送至造型工位上方的砂斗中。该线造型速度可达12箱/h，砂箱尺寸为800×800×950mm。

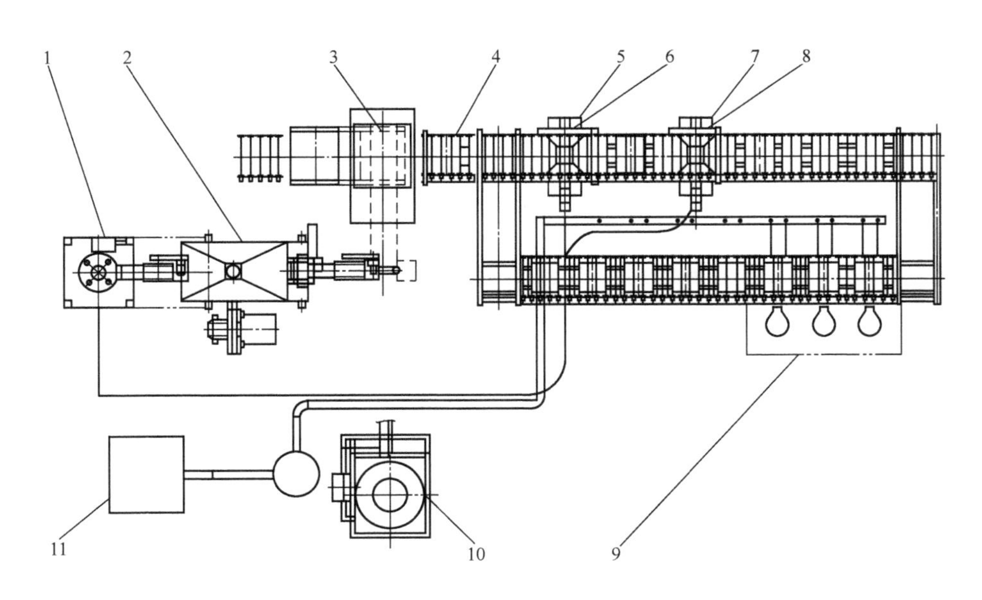

图2-127　自动化消失模铸造生产线布置图

1—风力输送器　2—砂冷却装置　3—翻转式落砂机　4—砂箱及辊道　5、7—振动台　6、8—砂斗　9—浇注　10—除尘器　11—真空系统

2.9 半固态铸造成形装备及生产线

半固态铸造成形是在液态金属凝固的过程中进行强烈的搅动，使普通铸造凝固易于形成的树枝晶网络骨架被打碎而形成分散的颗粒状组织形态，从而制得半固态金属液，然后将其铸成坯料或压成铸件。根据工艺流程的不同，半固态铸造可分为流变铸造和触变铸造两大类（图 2-128）。流变铸造是将从液相到固相冷却过程中的金属液进行强烈搅动，在一定的固相分数下将半固态金属浆料压铸或挤压成形，又称为“一步法”；触变铸造是先由连续铸造方法制得具有半固态组织的锭坯，然后切成所需长度，再加热到半固态状，最后压铸或挤压成形（图 2-129），又称为“二步法”。

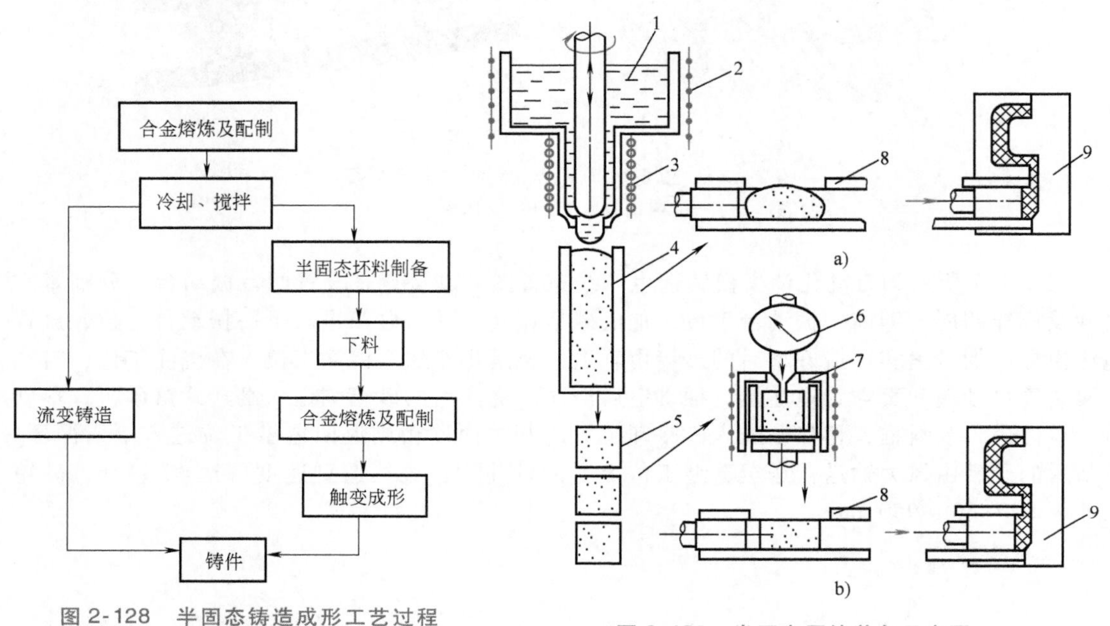

图 2-128 半固态铸造成形工艺过程

图 2-129 半固态压铸装备示意图

a）流变压铸 b）触变压铸

1—金属液 2—加热炉 3—冷却液 4—流变铸锭 5—毛坯
6—软度指示仪 7—毛坯二次加热 8—压射室 9—压铸型

半固态铸造成形装备主要包括半固态浆料制备装备、半固态成形装备、辅助装备等。按流变铸造和触变铸造分类，又有流变铸造装备和触变铸造装备。

2.9.1 半固态浆料的制备装备

在半固态成形工艺中，制备具有一定固相率的半固态浆料是工艺的核心，也一直是半固态技术研究开发的热点。虽然新的工艺及装备不断涌现，但半固态浆料的制备方法主要有机械搅拌、电磁搅拌、单辊旋转冷却、单/双螺杆法等。其基本原理都是利用外力将固液共存体中的固相树枝晶打碎、分散，制成均匀弥散的糊状金属浆料。最新发展的还有倾斜冷却板法、冷却控制法等。

1. 机械搅拌式制浆装备

图 2-130 所示为机械搅拌式半固态浆料的制备装备示意图。金属液在冷却槽中冷却至液-固相区间的同时，电动机带动搅拌头旋转，搅拌头对液体施以切线方向上的剪切力，将

固相树枝晶破碎并混合到液相中。半固态浆料从下端的出料口排出。调整浆料的出料量就能控制其固相率。机械搅拌式适合于所有金属液半固态浆料的制备。

设备结构简单、搅拌的剪切速度快，有利于形成细小的球状微观组织结构；但机械搅拌对设备的构件材料（搅拌叶片等）要求高，构件材料的耐热蚀性问题及其对半固态金属浆料的污染问题都会对半固态铸坯带来不利影响。

2. 电磁搅拌式制浆装备

图2-131所示为电磁搅拌式半固态浆料的制备装备示意图。它是用电磁场力的作用来打碎或破坏凝固过程中树枝晶网络骨架，形成分散的颗粒状组织形态，从而制得半固态金属液。为保证破碎树枝晶所必需的剪切力，电磁搅拌应有足够大的磁场。电磁搅拌式制浆装备在铝合金半固态成形工艺中获得了工业化应用。电磁搅拌制备半固态浆料，构件的磨损少，但搅拌的剪切速度慢，电磁损耗大。

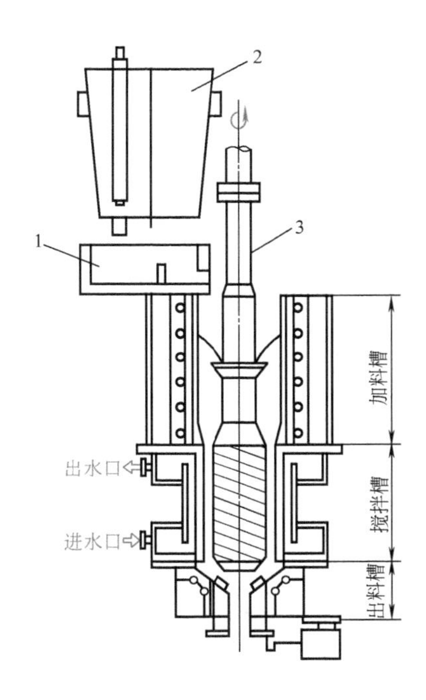

图2-130　机械搅拌式半固态浆料的制备装备示意图

1—浇包　2—浇口杯　3—搅拌杆

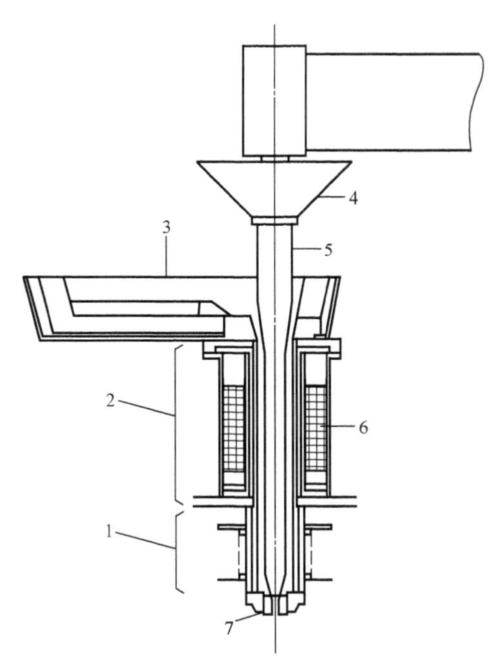

图2-131　电磁搅拌式半固态浆料的制备装备示意图

1—高频加热段　2—搅拌段　3—浇口杯　4—防热罩　5—塞杆　6—感应线圈　7—出料口

3. 单辊旋转冷却式制浆装备

在机械搅拌和电磁搅拌装备中，当浆料的固相率较高时，浆料的粘度迅速增加，流动性下降，使得浆料的出料非常困难。图2-132所示的单辊旋转冷却式制浆装备，利用辊子的回转产生的剪切力在制备浆料的同时强制出料，因此能获得高固相率的半固态浆料。

2.9.2　半固态铸造成形装备

目前半固态铸造的成形装备主要有压铸机（即半固态压铸）、挤压铸造机（即半固态挤压），以及利用塑料注射成形的方法和原理开发的半固态注射成形机等。压铸机的结构及工作原理在2.7.1节中已有详述；挤压铸造机的结构及工作原理较为简单，其实质为将半固态金属浆料浇入金属模具中，在压力机压力的作用下冷却凝固成形。下面主要介绍新近发展起

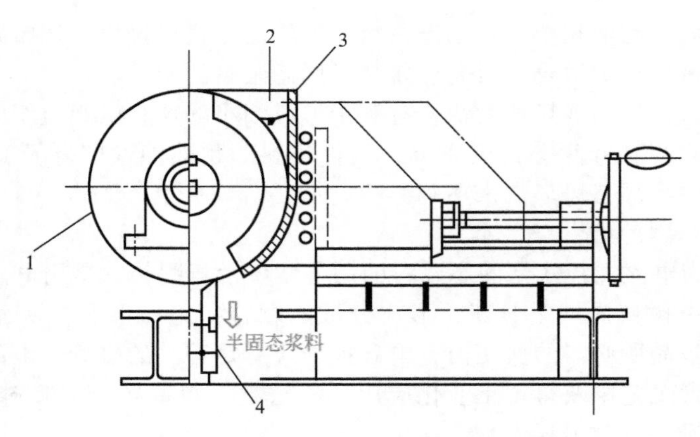

图 2-132 单辊旋转冷却式制浆装备

1—辊筒 2—加料口 3—固定板 4—挡板

来的半固态注射成形机。

1. 半固态触变注射成形机

图 2-133 所示为半固态触变注射成形机的原理示意图。它已成功地用于镁合金，其成形过程为：细块状的镁合金从料斗加入，在螺旋的作用下向前推进，镁粒在前进的过程中逐渐被加热至半固态，并储存于螺旋的前端至规定的容积后，注射缸动作，将半固态浆料压入模具凝固成形。

2. 半固态流变注射成形机

图 2-134 所示为半固态流变注射成形机的原理示意图。它与触变注射成形的不同在于，加入料为液态镁合金；在垂直安装的螺旋的搅拌作用下冷却至半固态，积累至一定量后，由注射装备注射成形。

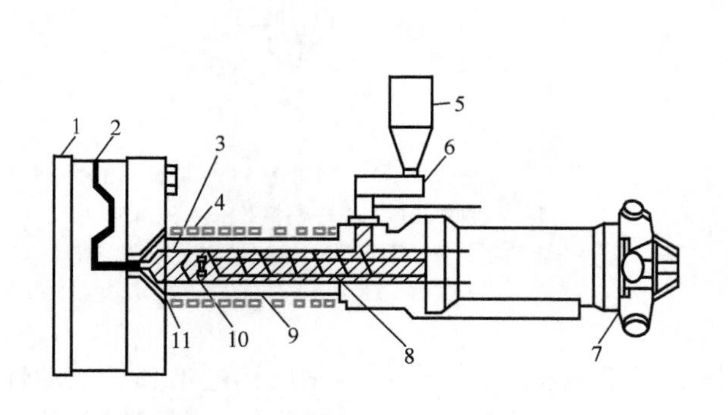

图 2-133 半固态触变注射成形机的原理示意图

1—模架 2—模样 3—浆料累积受苦 4—加热器

5—料斗 6—给料器 7—旋转驱动及注射装置

8—螺杆 9—筒体 10—单向阀 11—射嘴

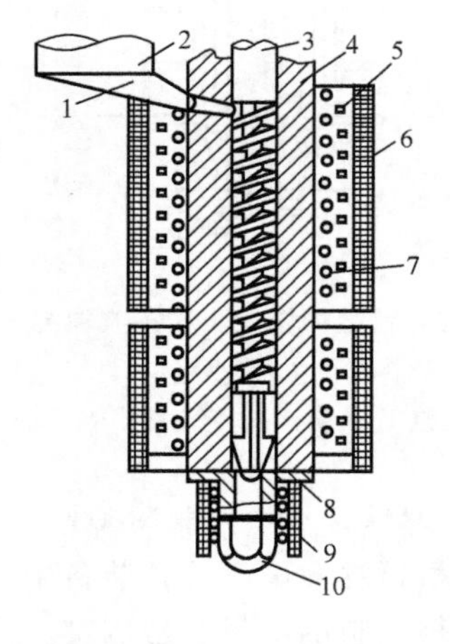

图 2-134 半固态流变注射成形机的原理示意图

1—金属液输入管 2—保温炉 3—螺杆 4—筒体

5—冷却管 6—绝热管 7—加热器

8—浆料累积腔 9—绝热层 10—射嘴

2.9.3 半固态铸造的其他装备

流变铸造采用“一步法”成形，半固态浆料制备与成形联为一体，装备较为简单；而触变铸造采用“二步法”成形，除有半固态浆料制备及坯料成形装备外，还有下料装备、二次加热装备、坯料重熔测定控制装备等。下面介绍触变铸造中的二次加热装备、坯料重熔测定控制装备。

1. 二次加热装备

触变成形前，半固态棒料先要进行二次加热（局部重熔）。根据加工零件的质量大小精确分割，经流变铸造获得的半固态金属棒料，然后在感应炉中重新加热至半固态供后续成形。二次加热的目的是：获得不同工艺所需要的液固相体积分数，使半固态金属棒料中细小的树枝晶碎片转化为球状结构，为触变成形创造有利条件。

目前，半固态金属加热普遍采用感应加热，能够根据需要快速调整加热参数，加热速度快，温度控制准确。图 2-135 所示为一种二次加热装备的原理图，它利用传感器信号来控制感应加热器，得到所要求的液固相体积分数。其工作原理为：当金属由固态转化为液态时，金属的电导率明显减小（如铝合金液态的电导率是固态的 0.4~0.5）；同时，坯锭从固态逐步转变为液态时，电磁场在加热坯锭上的穿透深度也将变化，这种变化将引起加热回路的变化，因此可通过安装在靠近加热坯锭底部的测量线圈测出回路的变化。比较测量线圈的信号与标定信号之间的差别，就可计算出坯锭的加热温度，从而实现控制加热温度（即控制液固相体积分数）的目的。

2. 坯料重熔测定控制装备

理论上，对于二元合金，重熔后的液固相体积分数可以根据加热温度由相图计算得出。但实际中，常采用硬度检测法，即用一个压射冲头压入部分重熔坯料的截面，以测加热材料的硬度来判定是否达到要求的液固相体积分数。半固态金属重熔硬度测定装备如图 2-136 所示。

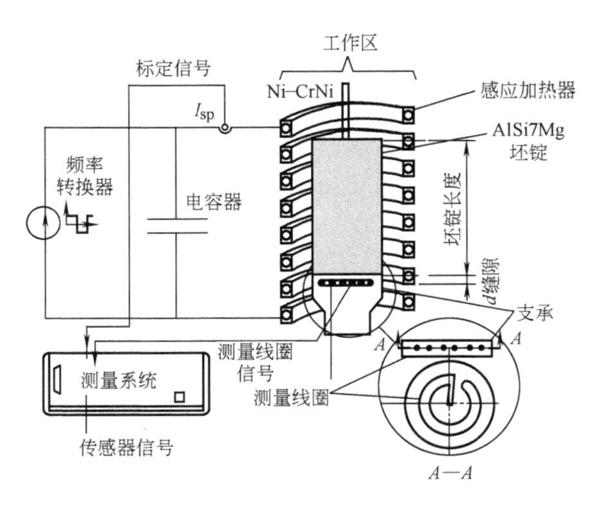

图 2-135　一种二次加热装备的原理图

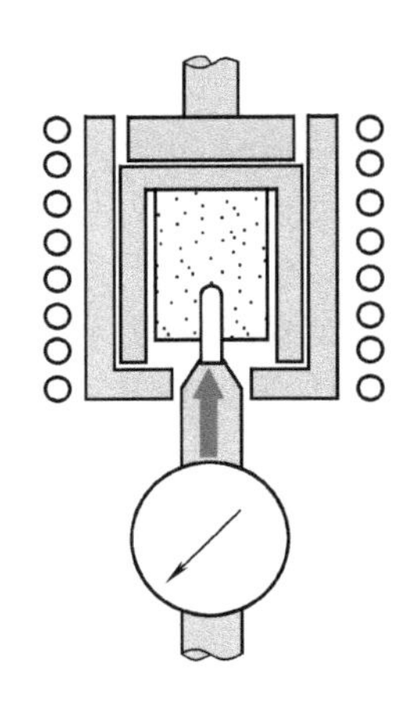

图 2-136　半固态金属重熔硬度测定装备

2.9.4　半固态铸造生产线及自动化

1. 半固态触变成形生产线

立式半固态触变成形生产线的平面布置如图 2-137 所示。其工作过程为：机器人将（冷）半固态坯料装入位于立式成形机的加热圈内（图 2-138），位于机器下部平台上的感应加热圈将料坯加热到合适的成形温度，在完成模具润滑以后，两半模下降并锁定在注射口处；在一个液压圆柱冲头作用下，将坯料垂直压入封闭模具的下模内；在压入过程中能使坯料在加热时产生的氧化表面层从原金属表面剥去，当冲头在垂直方向上运动时，剥去氧化皮的金属被挤入模具型腔内，零件凝固后，两半模分开，移出上次成形件；留在下半模内的铸件残渣由残渣清除装置自动清除回收；进入下一零件循环。

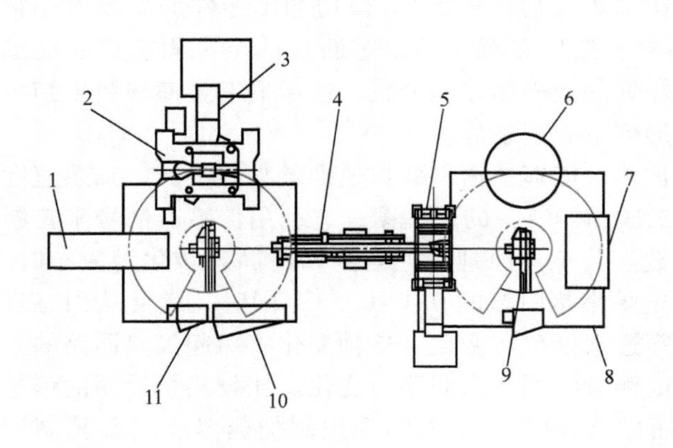

图 2-137 立式半固态触变成形生产线的平面布置

1—送料装置 2—立式半固态成形机 3—残渣清除装置 4—零件冷却装置 5—去毛刺机 6—后处理系统 7—集装箱包装系统 8—安全护栏 9—工业机器人 10—系统控制柜 11—机器人控制柜

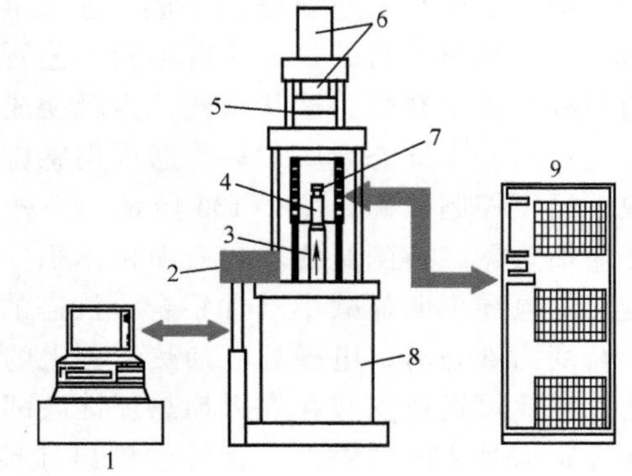

图 2-138 触变挤压成形设备示意图

1—计算机控制台 2—模具升降装置 3—柱塞 4—冲头 5—模具 6—模具夹持器 7—芯轴 8—工作缸 9—加热装置

2. 半固态流变铸造生产线及自动化

由国外某公司开发的新型流变铸造（New Rheo-casting）成形装备及其生产线如图2-139所示。该系统由铝合金熔化炉、挤压铸造机、转盘式制浆机、自动浇注装置、坩埚自动清扫和喷涂料装置等组成。其工艺过程为：首先浇注机械手 3 将铝液从熔化炉 2 中浇入转盘式制浆机 4 的金属容器中冷却；同时浆料搬运机械手 5 从制浆机的感应加热工位抓取小坩埚，搬运至挤压铸造机并浇入压射室中成形；随后继续旋转，将空坩埚返回送至转盘式自动清扫装置上的空工位，并从另一个工位抓取一个清扫过的小坩埚旋转放置到制浆机上；然后制浆机和清扫机同时旋转一个角度，进入下一个循环。该生产线具有结构紧凑、自动化程度高、生产率高的优点。

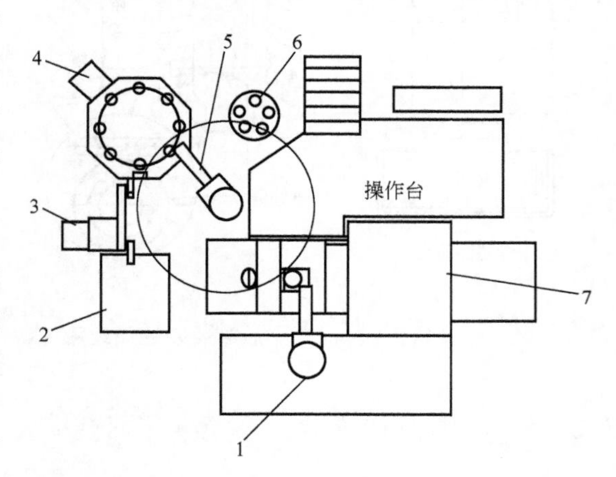

图 2-139 新型流变铸造成形装备及其生产线

1—取件机械手 2—熔化炉 3—浇注机械手 4—转盘式制浆机 5—浆料搬运/浇注机械手 6—转盘式自动清扫和喷涂料装置 7—挤压铸造机

新型流变铸造法的核心是采用冷却控制法的半固态浆料制备装置——制浆机，其结构示意图如图 2-139 中 4 所示，它采用转盘式结构，转盘上均匀布置 8 个冷却工位。当将金属液浇入小坩埚后，转盘转动一个角度，装满金属液的坩埚进入冷却工位；满坩埚上方的密封罩下降，罩住坩埚，对坩埚外表面通气冷却；一段时间后，密封罩上升，转盘转动，坩埚又转入下一工作位置，重复上述动作；而当满坩埚转入最后一个工位时，则由设置的感应加热器进行加热，对浆料做温度调整，以获得预定的固相率；调整后的浆料由搬运机械手送至高压铸造机成形，随后一个清理干净的空坩埚又由机械手返回至加热工位，转盘转动一个角度，进入下一工作循环。

新流变铸造法的半固态浆料制备原理如图2-140所示。这样，通过转盘式制浆机就能连续制备半固态浆料，从而提高了生产率。

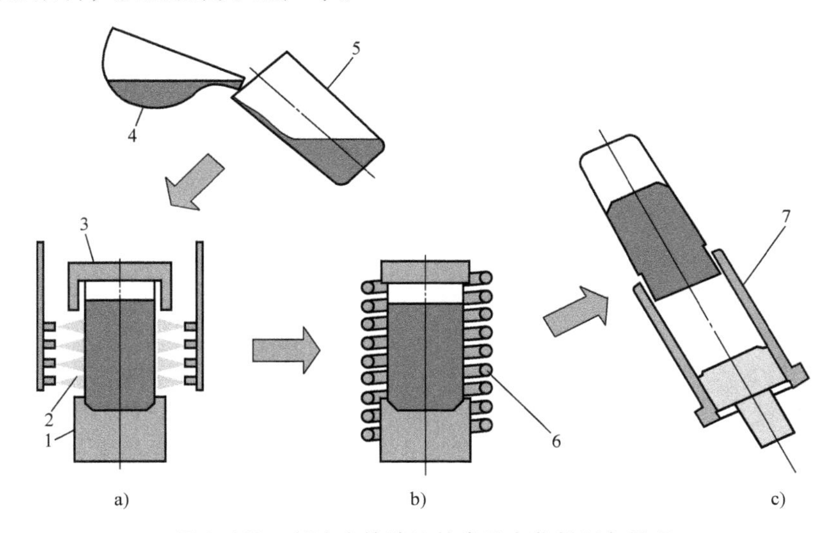

图2-140 新流变铸造法的半固态浆料制备原理

a）气流冷却 b）高频加热 c）反转浇注

1、3—绝热材料 2—空气 4—浇包 5—金属容器 6—感应线圈 7—压射室

2.10 典型铸造工业机器人及无人工厂

工业机器人是集机械、电子、控制、计算机、传感器、人工智能等多学科先进技术于一体的现代制造的重要自动化装备。自从1962年美国研制出世界上第一台工业机器人以来，机器人技术及其产品发展很快，已成为柔性制造系统、自动化工厂、计算机集成制造系统的自动化工具，工业机器人已在越来越多的领域得到了应用。

近年来，随着铸件质量要求的提高，人工成本、安全与环保压力不断增加，实施铸造行业“信息化与工业化融合”，实现关键工序智能化、关键岗位机器人替代、铸造生产过程智能优化控制，成为铸造发展技术升级的必然趋势。采用先进适用的铸造新技术，提高铸造装备自动化，特别是工业机器人自动化技术的应用，是铸造企业实现可持续发展的关键举措。传统上，以人工为主、劳动力密集的铸造行业，机器人的应用将是大势所趋。国外的一些企业已形成利用工业机器人替代人工进行重力铸造过程中的下芯、清模、浇注、取件、打磨等作业，开始出现了无人铸造工厂。

2.10.1 典型铸造工业机器人

1. 去毛刺机器人系统

ABB公司开发了“IRB6640机器人铝合金铸件去毛刺系统工作站”，如图2-141所示。

该系统可在减少高强度人工重复劳动、改善工人工作环境的同时，提高铸件清理效率、保证铸件质量的稳定性。并且可配备不同的清理工具，具有高柔性和广泛的通用性，其浮动清理工具适用于薄厚不均、多样性的飞边清理。IRB6640机器人有效荷重可高达235kg，集高效生产、紧凑设计、简便维修、低成本维护等优势于一体，有铸造专家型和铸造加强型可供选择，使机器人能够应对严苛的铸造生产环境。

图2-141 ABB开发的机器人自动化工作站系统照片

ABB公司的铸造机器人产品，针对铸造行业的特殊情况，除了能在较好的环境和在工艺流程中应用一般的标准工业机器人外，还设计研发了铸造专家型系列机器人，该机器人具有达到IP67防护等级的高密封防护性，且具备耐蚀、耐高温、可蒸汽清洗、能抵抗压铸环境中的铝汁飞溅等诸多优异性能，能够承受来自现代性能铸造厂日常作业中的高温考验。

2. 铸造级专用的FANUC机器人

针对铸造行业的特殊情况，FANUC机器人除了能在较好的环境和工艺流程中应用的一般标准工业机器人外，还设计研发了铸造专家型系列机器人，在防护方面达到国际认证等级的IP67，此等级说明FANUC机器人可浸没在水中工作0.5h，除了高密封防护性外，FANUC机器人同时具备耐蚀、耐高温、可蒸汽清洗、能抵抗压铸环境中的铝汁飞溅等诸多优异性能，完全能承受来自现代性能铸造厂日常作业中的高温考验。

目前，在压铸、重力铸造、砂芯铸造等各个领域，尤其在喷脱模剂、取件、机加工等各工序中，FANUC专业铸造机器人均承担着重要工作，切实解决了可持续生产的问题，在铸造领域的应用中，已取得巨大的成果。例如：MINO上海某工厂使用了40余台FANUC机器人，用于压铸机的取件、喷脱模剂及浇注等（图2-142），降低了人工成本的投入，提高了成品率，简化了产品更换的工艺步骤；ASUS苏州某工厂使用了20余台FANUC机器人，用于铸件表面的打磨抛光，使工人从恶劣的抛光车间环境中解脱的同时，提高了产品的一致性及品质。

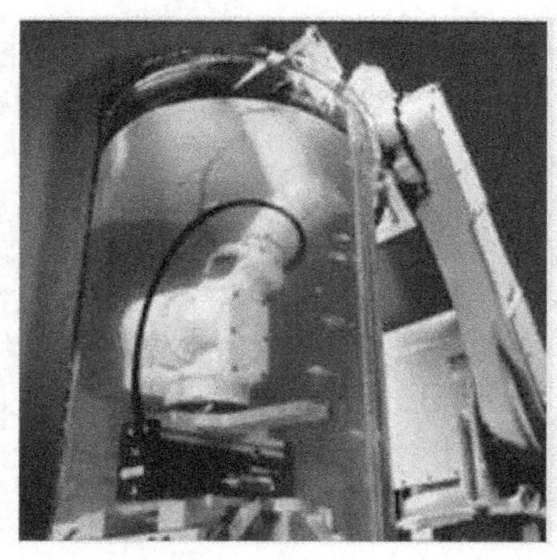

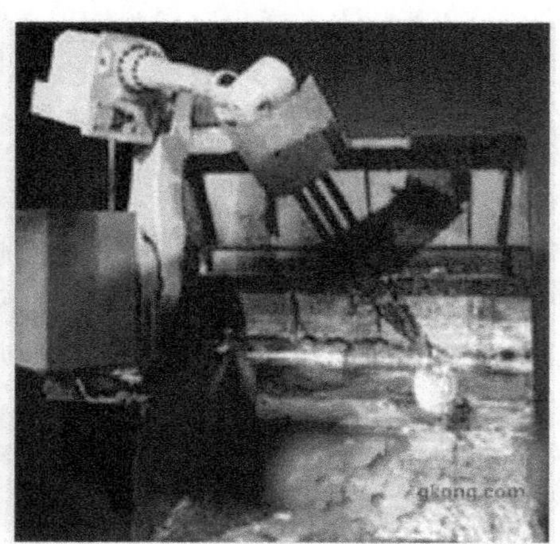

图2-142 FANUC机器人在压铸行业的应用

3. KUKA铸造砂芯机器人自动搬运系统

KUKA机器人公司针对客户的要求，开发了重载型机器人KR500，用于铸造砂芯柔性生产线自动上下料。该工业机器人系统及周边设备包括：两个以PC为基础的KUKA机器人控制系统，包括视窗操作界面的控制面板；设计建造并提供夹持器；设计建造并提供工件更换台；存放安全托架的仓库，安全托架是一种用来保持砂芯间距离的间隔块；适用于 20 种砂芯类型的浸水、注水及堆垛程序；机器人编程；保护装置；三维模拟设备；控制器；电气柜；安全围栏及安全门等。

该铸造砂芯柔性生产线的特点包括：

1）生产灵活性高。有了六轴及由此带来的活动自由性作为基础，KUKA 机器人具有极高的灵活性，能满足更多的生产需要。

2）提高了工效。从抓取到放下砂芯的整个循环时间由产品类型决定，但是都在 2～3min 之内。由此，机器人可以严格遵守连续式干燥炉控制系统所规定的周期时间。

3）净收益高。在利用率为普通的情况下，该设备的回报周期为三年。而机器人的寿命是 8～10 年，用户可以获得更多的净利润。

4）提高了质量。与人工传送相比，自动传送的质量提高非常显著，而且也更加稳定。

5）减少劳资矛盾。自动化程度的提高，减少了工人数量，改善了劳动条件。

图 2-143 所示为机器人组芯下芯，图 2-144 所示为机器人打磨清理。

图 2-143　机器人组芯下芯

图 2-144　机器人打磨清理

2.10.2　铸造无人工厂简介

1．“无人工厂”的定义

无人工厂又称为自动化工厂、全自动化工厂或智能化工厂，是指全部生产活动由电子计算机进行控制，生产第一线配有机器人而无须配备工人的工厂。“无人工厂”里安装有各种能够自动调换的加工工具。从加工部件到装配以至最后一道成品检查，都可在无人的情况下自动完成。无人工厂能把人完全解放出来，而且能使生产率提高一二十倍。

1952 年，美国福特汽车公司在俄亥俄州的克里夫兰建造了世界上第一个生产发动机的全自动化工厂。它所需的生铁及其原料从一端输入，由 42 部自动机器进行 500 种不同的操作和加工，还能够把不合格的产品检查出来。不过真正的无人工厂还是在机器人、计算机、电子技术等得到极大的发展之后才涌现出来的。

1984 年 4 月 9 日，世界上第一座实验用的“无人工厂”在日本筑波科学城建成，并开始进行试运转。试运转证明，以往需要用近百名熟练工人和电子计算机控制的最新机械，花两周时间制造出来的小型齿转机、柴油机等，现在只需要用 4 名工人花一天的时间就可制造出来。最有名的是日本“法那克”的一个工厂。它是 20 世纪 80 年代初建立的，投资数千万美元，用于生产制造机器人所需的部件。这个无人工厂坐落在日本富士山附近的一片松林中，为黄色建筑物。在工厂里，自动机械加工中心、机器人、自动运输小车，白天和夜里都是在无人看管的情况下进行生产的。自动机械加工中心在控制中心计算机的控制下进行加工；自动运输小车从一个装置旁边移动到另一个装置旁边，运送材料，搬运机器零件；自动装置在仓库周围悄悄移动，机器人在进行产品检查包装……，在 1.6 万 m^2 的场地上，一切工作都是由计算机按程序控制的。这个工厂有 1010 台带有视觉的机器人，它们与数控机床、自动运输小车共同工作。白天工厂内有 19 名工作人员在操作室内从事作业，夜里只有两名监视员。无人工厂并不是完全无人。日本和别的国家还有其他一些类型的无人工厂。

2. “无人工厂”的特点

近年来，我国劳动力成本持续快速上升，“机器换人”“无人或少人工厂”对企业颇有吸引力。值得注意的是，机器换人不是不需要人了，缺的恰恰是人，缺的是技术型的人才、技术型的技工、技术型的工程师。推广和应用以工业机器人为代表的智能制造技术，在降低生产成本的同时还可以大幅提高生产率，实现更高产能并提升产品质量，帮助制造业从低端向高端转型升级，从而跨入更高效、更智能化的发展新阶段。

工业机器人的柔性生产技术可以帮助制造业提高生产灵活性，缩短产品生产周期，在瞬息万变的市场环境中提升企业的竞争力。而智能制造中物料浪费的减少、能耗和废品率的降低不仅能够帮助企业实现更高效益，而且有助于缓解日益严峻的环境和资源压力。

例如，在格力电器珠海工厂，机器人已被用于搬运、码垛、机床上下料、钣金冲压等自动化生产线，帮助车间提升 30%的生产率。在汽车制造行业，ABB 为长安福特提供了最新的柔性车身总拼定位系统，多达 6 种车型的车身可以共用同一条生产线完成制造，多种车型生产的快速切换只需 18s。

3. “无人工厂”的系统组成

“无人工厂”或“智能化工厂”，就是利用各种现代化技术，实现工厂的办公、管理及生产自动化，达到加强及规范企业管理、减少工作失误、堵塞各种漏洞、提高工作效率、进行安全生产、提供决策参考、加强外界联系、拓宽国际市场的目的。

无人工厂的系统组成包括：楼宇自控系统、生产过程监控系统、工业电视监视及保安电视监视系统、防盗报警系统、停车场管理系统、一卡通智能化管理系统、公共广播系统、综合布线系统、计算机网络系统和系统综合集成。

图 2-145 所示为小型无人铸造厂的布置简图，图 2-146 所示为一个铸造无人工厂照片。

4. 铸造无人工厂的特殊要求

随着技术的进步和人力成本的提升，无人工厂在世界范围内逐渐普及。在无人工厂中，工业机器人是核心装备，汽车制造、机械制造、电子器件、集成电路、塑料加工等较大规模

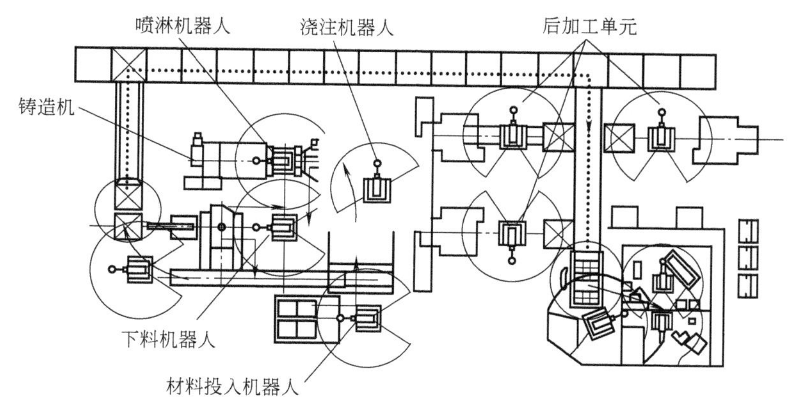

图 2-145 小型无人铸造厂的布置简图

图 2-146 一个铸造无人工厂照片

生产企业都涉及工业机器人的应用。一个个机械手，正在让车间变得“人烟稀少”，一台台无人搬运车，正在让厂区之间的物流变得有条不紊。随着工业机器人的普及，越来越多的企业正在朝着“无人工厂”的方向转型，同时这也是我国制造业未来发展的方向。

铸造是获得机械产品毛坯的主要方法之一，是机械制造业重要的基础工艺。我国是个铸造大国，“铸造无人工厂”必将在铸造领域得到广泛应用。铸造行业的特殊性对铸造无人工厂提出了一些特殊的要求：

1）因铸造存在高温、高粉尘、振动、油污、噪声及电磁干扰的恶劣环境，铸件不仅温度高，而且质量也大，因此一般工业机器人无法满足生产需要，需要特定的工业机器人，铸造版的工业机器人必须能适应这样的工作环境并正常运行，这对制造商来说就是大的挑战。

2）铸造无人工厂缺少熟悉铸造技术的人才、技工和工程师，这类人才的培养是长期的过程，需要政府、铸造行业和企业的长期共同努力。

3）铸件产品的多样性也对铸造版工业机器人和铸造技术人员提出了更高的要求，从而对铸造无人工厂的建立提出了更高的要求。

思 考 题

1. 简述液态金属成形常用熔化装备的原理、特点及适用场合，实现熔化过程自动化控制的意义。

2. 简述常用浇注装备的种类及控制原理，实现浇注自动化对提高铸件生产质量的作用。

3. 比较震击、压实、射砂、气冲、静压等型（芯）砂紧实方法的工作原理、特点和应用。

4. 比较碾轮式混砂机与转子式混砂机，在混砂机构和混砂原理上的不同。

5. 砂处理系统的自动化主要包括哪些内容？简要说明其工艺过程。

6. 简述压力铸造机的种类、结构组成及工艺特点，真空压铸的目的及效果如何？

7. 简述低压铸造机的结构组成及工艺特点，举例说明其应用。

8. 消失模铸造的主要装备有哪些？简述它们的工作原理。

9. 简述新流变（半固态）铸造法的工艺原理及自动化生产线的组成与特点。

10. 采用两台振动电动机驱动的设备有：振动输送机、振动落砂机、振动紧实台，用图示方法分析表述它们在工作原理及振动力作用方向上的区别。

11. 简述消失模铸造用振动紧实台的要求。

12. 简述压力铸造的工艺参数及其特点。

13. 简述低压铸造设备的原理及组成。

14. 简述铸造造型生产线的种类、特点及其应用。

15. 概述铸件表面清理的常用方法、特点与区别。

16. 概述制芯设备的种类及其结构原理。

第3章 金属塑性成形装备及自动化

3.1 概述

3.1.1 金属塑性成形装备在现代工业中的地位

金属塑性成形装备是装备制造业的基础之一，在冶金、机械、电力、汽车、铁道、航天、航空、造船、兵器、化工、电子、仪表、轻工等工业部门中都占有重要地位。

金属塑性成形是基于材料塑性的加工工艺，利用材料的塑性，在装备上通过模具改变毛坯的形状与尺寸，并改善其性能，从而获得所要求的工件。这种生产方法能获得强度高、性能好的工件，并具有生产率高、材料消耗少等优点。金属塑性成形技术的应用已引起世界各国的重视，目前精密成形技术正在世界范围内蓬勃发展。

世界范围内的激烈竞争及计算机技术、电子技术、激光技术的发展，强烈地推动着金属塑性成形技术及装备的进步。金属塑性成形技术正向着尽量减少切削加工甚至直接生产产品零件的方向发展。采用冷挤、冷镦、精密模锻、特种轧制、精密冲裁、旋压加工、多工位模锻、多工位冲压、级进模高速冲压、粉末锻造、电磁成形、超塑性加工及激光加工等先进工艺，可加工出精度高、表面粗糙度值低的成品零件。金属塑性成形工艺仅能生产毛坯的时代已经过去。

金属塑性成形工艺需要装备来完成，金属塑性成形装备是保证成形生产正常进行和成形技术不断进步的重要手段和主要组成部分，更是工业和国民经济发展所必须的基础装备之一。金属塑性成形技术的进步推动了金属塑性成形装备不断发展，金属塑性成形装备的发展水平、拥有量和构成比，不仅对金属塑性加工生产起着关键性的作用，而且在一定程度上还标志着一个国家机械制造工业技术水平。

目前，金属塑性成形装备在全部机床中所占比例在30%以上。

3.1.2 金属塑性成形装备的发展趋势

金属塑性成形装备经过100多年的发展，常规的成形装备已形成系列化的成熟产品。随着生产的发展和各种新材料的不断涌现，新的成形工艺和成形技术也层出不穷，对成形装备提出了更高要求，使得成形装备不断发展和完善，各种新型装备不断出现；同时，随着数控技术、传感检测技术、液压技术、伺服驱动技术、信息技术等不断发展，新技术在各种成形装备上得到广泛应用，成形装备的技术水平得到很大提高，成形装备的运行方式、自动化水平、生产速度、加工精度等都发生了很大变化。

1. 金属塑性成形装备的数控化与自动化

自1955年世界上第一台数控（NC）转塔压力机问世之后，揭开了金属塑性成形装备技术发展史上新的一页。1970年，第一台计算机数控（CNC）转塔压力机研制成功，数控技术很快覆盖了各类金属塑性成形装备。随着计算机水平的发展，金属塑性成形装备数控水平得到很大提高。通过数控，提高了加工能力，扩大了加工范围，改善了加工质量。我国现已开发了数控转塔压力机、数控步冲-冲孔压力机、CNC弯管机、数控板料折弯机、数控板料剪板机、数控卷板机、数控校平机、数控辗环机、数控电动螺旋压力机、数控锻造液压机、程控电液锤等各类数控装备，目前数控装备的占比在不断增大。

金属塑性成形生产过程的自动化是行业发展的必然趋势，也是生产过程智能化的主要表现形式，是数控技术、物流技术、信息技术在金属塑性成形装备中的具体体现。如配有上下料机械手的压力机生产线、多工位压力机系统、带机械手的数控折弯机、模锻自动生产线、各种冲压自动线等。生产过程的自动化使单位产出增加，生产成本下降，产品竞争力提高。

2. 高效精密成形装备水平日益提高

（1）高速机械压力机　高效率和高精度是装备制造业永恒的追求。目前，高速压力机的行程次数基本都提高到1000次/min以上。压力机的高速化乃至超高速化对机器本身和外围设备提出了苛刻的要求：机架必须有极好的刚性，运动部件必须实现最佳平衡，轴承质地必须优良，导向系统必须精确，模具必须有高的寿命，送料装置必须精度高、速度快、性能可靠。采取各种措施后，高速压力机的精度大为提高，一些高速压力机冲压件的精度达±0.01mm。

（2）快速液压机　由于液压元件、电气元件、密封件等功能部件在技术上的进步，性能日趋可靠，从而大大提高了液压机的滑块速度，使液压机的生产率得到显著提高。世界上最快的快速液压机的最高行程次数达1000次/min。普通液压机的快下速度可达500mm/s以上，工作速度可达100mm/s以上。

（3）大型多工位压力机　由于汽车工业发展的需要，大型多工位压力机迅速发展。如配有拆垛装置、三坐标工件传送系统和码垛工位的多工位压力机系统，其生产速度可达16~35件/min，是手工送料流水线的4~5倍，是单机连线自动化的2~3倍，生产过程全自动化，生产率高，制件质量好。

（4）激光与等离子切割机械　激光技术和等离子技术主要用于切割各种金属和非金属板材。现在这两项技术与转塔压力机或步冲—冲孔压力机组成复合加工机械，取得了很好的实用效果。激光冲压复合机向“三高一多”方向发展，即高功率、高精度、高柔性和多轴。

（5）近净成形装备快速发展　近净成形技术是目前制造技术中发展较快的先进技术，它使机械产品毛坯成形实现由粗放到精细的转变，使外部质量做到无余量或接近无余量，内部质量做到无缺陷或接近无缺陷，实现了优质、高效、轻量化、低成本的加工。随着现代制造业的发展，对产品和环境的要求越来越高，要求制造成本越来越低，近净成形技术以及与其相关的装备必然在制造加工中发挥重要作用。

近年来，大量涌现的温锻、冷辗扩、热冲压、多向模锻、楔横轧、电磁成形等近净成形工艺技术，符合绿色制造要求，配套的模具、装备发展较快。例如：电站用高压阀门采用多向模锻工艺，质量提高，成本降低；轿车齿轮可以采用冷挤压生产，齿形不需再加工；轿车等速万向节零件是很复杂的零件，已经可以采用精确的塑性成形技术来生产；轿车连杆不仅尺寸精度高，而且重量偏差小，轿车连杆重量精度已经可以控制在4%以下。这些技术都推动了相应装备的发展。

（6）重型装备发展迅速　随着核电、造船、大飞机、高速列车、汽车等行业对整体式、高精度、轻量化结构的需要，金属零件进一步向大尺寸、整体结构、复杂曲面等方向发展，特别是钛合金、高温合金、铝合金、镁合金、高强度钢、多层板、拼焊板、复合板等新材料的不断应用，促使现代制造装备向大型化、集成化、智能化方向发展。如800MN模锻液压机、680MN挤压机、195MN自由锻造液压机、355MN螺旋压力机、直径10m以上的辗环机等大型装备在生产中投入使用，为国内众多行业的自主制造和创造及行业安全提供了保证。

3. 伺服主传动成形装备快速发展

随着伺服技术与数控技术的发展普及，采用伺服主电动机驱动的塑性成形装备越来越多，极大地提高了塑性成形装备的性能和工艺灵活性，也使塑性成形装备更加节能与环保。采用伺服主传动的装备已经成功应用于实际生产，如已有2500kN的大型伺服压力机在板料加工中得到应用。研发伺服主传动的金属塑性成形装备已经成为当今金属塑性成形装备开发的主流方向之一。

金属塑性成形装备中除传统的普通压力机走向伺服压力机、相当多的板材加工装备应用伺服驱动技术外，最近又延伸到体积成形设备上。如舒勒公司给宝马、奔驰换装的大型多工位压力机全部采用伺服控制，使产能和产品质量得到大幅提高，目前又将伺服驱动应用到普通热模锻压力机上。

3.1.3　金属塑性成形装备的分类

我国金属塑性成形装备分为八类，用汉语拼音字母表示。每类分十组，每组又分若干型。类和组的具体分法如下：

（1）机械压力机（J）　分手动压力机、单柱压力机、开式压力机、闭式压力机、拉延压力机、螺旋压力机、压制压力机、板料自动压力机、精压挤压压力机和其他压力机十组。

（2）液压机（Y）　分手动液压机、锻造液压机、冲压液压机、一般用途液压机、校正压装液压机、层压液压机、挤压液压机、压制液压机、打包压块液压机和其他液压机十组。

（3）线材成形自动机（Z）　分自动镦锻机、自动切边滚丝机、滚珠钢球自动冷镦机、多工位自动镦锻机、自动制弹簧机、自动制链条机、自动弯曲机和其他自动机等十组。

（4）锤（C）　分蒸汽—空气自由锻锤、蒸汽—空气模锻锤、空气锤、落锤、对击式模锻锤和气动液压模锻锤等十组。

（5）锻机（D）　分平锻机、热模锻压力机、辊锻横轧机、辗环机、径向锻造机和其他锻机等十组。

（6）剪切机（Q）　分手动剪切机、板料手动剪切机、板料曲线剪切机、联合冲剪机、型材棒料剪断机和其他剪切机等十组。

（7）弯曲校正机（W）　分板料弯曲机、型材弯曲机、校正弯曲机、板料校平机、型材校直机、板料折弯机、旋压机和其他弯曲校正机等十组。

（8）其他锻压设备（T）　分轧制机、冷拔机、锻造操作机、板料自动送卸料装置和专门用途的设备等十组。

本章介绍金属塑性成形装备中具有代表性的成形装备的结构组成、工作原理及相关控制技术等。通过本章的学习，使读者初步具备分析、评价和选用一般金属塑性成形装备的基本知识。

3.2　曲柄压力机

曲柄压力机是采用曲柄滑块机构进行运动、能量转换的机械压力机，是机械压力机的主要形式，在汽车、航空、电子、轻工等行业广泛应用，可以完成板料冲压、模锻、挤压、精压和粉末冶金等多种成形工艺。

3.2.1 曲柄压力机工作原理及组成

1. 工作原理

图3-1所示为曲柄压力机的工作原理。电动机1通过带轮2、4和齿轮5、6将运动传递给曲轴8。连杆10的上端套在曲柄上，下端与滑块11铰接，组成曲柄滑块机构。通过曲柄滑块机构将齿轮的旋转运动转变为滑块的往复运动。上模12装在滑块上，下模13装在工作台垫板14上。滑块带动上模对毛坯施加压力，完成成形加工工艺。在曲柄滑块机构的大齿轮与小齿轮之间设置有离合器7，曲柄传动轴端部设有制动器9，当需要滑块运动时，离合器接合，制动器脱开；当需要滑块停止运动时，离合器分离，制动器接合制动，使滑块停止在某一位置上。

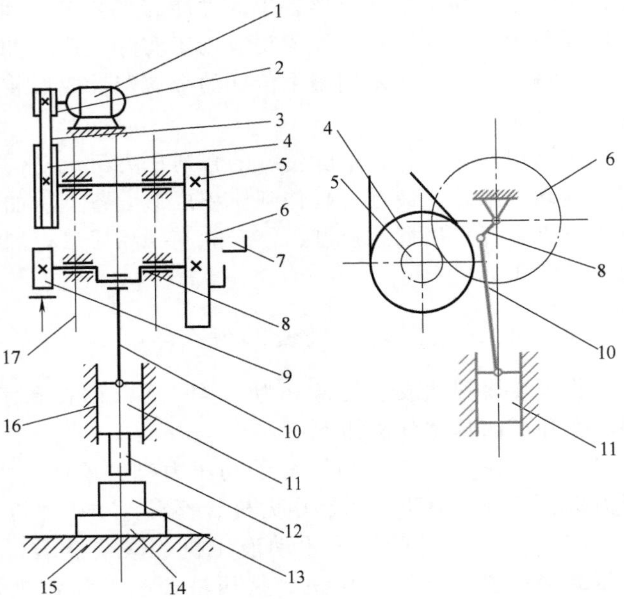

图3-1 曲柄压力机的工作原理

1—电动机 2—小带轮 3—传动带 4—大带轮 5—小齿轮 6—大齿轮 7—离合器 8—曲轴 9—制动器 10—连杆 11—滑块 12—上模 13—下模 14—垫板 15—工作台 16—导轨 17—机身

2. 基本组成及特点

曲柄压力机一般由以下基本部分组成：

（1）工作机构 工作机构是曲柄压力机的工作执行机构，一般为曲柄滑块机构，由曲轴、连杆、滑块等零件组成。

（2）传动系统 传动系统按一定的要求将电动机的运动和能量传递给工作机构。由带传动和齿轮传动等机构组成。

（3）支承部件 如机身等。支承部件连接和固定所有零部件，保证它们的相对位置和运动关系。工作时机身要承受全部工艺力。

（4）能源系统 包括电动机和飞轮。电动机提供动力源，飞轮起储存和释放能量的作用。

（5）操纵与控制系统 主要包括离合器、制动器、电气控制装置等。

（6）辅助系统及附属装置 包括气路系统、润滑系统、保护装置、气垫、快速换模装置等。

与其他成形设备相比，曲柄压力机具有下列特点：

1）曲柄滑块机构为刚性连接，滑块具有强制运动性质。即曲柄滑块机构的几何尺寸一经确定，滑块运动的上下极限位置（上、下死点）、行程大小、封闭高度则确定。

2）工作时机身组成一个封闭的受力系统，工艺力不传给基础，只有少量的惯性冲击、振动传给基础，不会引起基础的强烈振动。

3）利用飞轮储存空载时电动机的能量，在压力机短时高峰负荷的瞬间将部分能量释放。电动机的功率按一个工作周期的平均功率选取。

3. 主要技术参数

曲柄压力机的主要技术参数反映压力机的工艺能力、应用范围、生产率等指标，是正确选用压力机和设计模具的基本依据。

(1) 公称压力及公称压力行程 滑块离下死点前某一特定距离（此特定距离称为公称压力行程）时或曲柄旋转到离下死点前某一特定角度（此特定角度称为公称压力角）时，滑块所允许承受的最大作用力。例如，JA31—315B型压力机滑块在距离下死点13mm时，允许滑块承受3150kN的作用力，即公称压力行程为13mm，公称压力为3150kN。通用曲柄压力机以公称压力为主参数，其他技术参数称为基本参数。

(2) 滑块行程 滑块从上死点到下死点之间的距离称为滑块行程。它表示压力机的工艺空间参数。

(3) 滑块行程次数 滑块每分钟从上死点到下死点，然后再回到上死点所往复的次数称为滑块行程次数。它是表示压力机生产率的参数，行程次数越高，生产率越高，但次数超过一定数值以后，必须配备自动化送料装置，否则不可能实现高生产率。

(4) 最大装模高度及装模高度调节量 装模高度是指滑块在下死点时，滑块下表面到工作台垫板上表面的距离。当装模高度调节装置将滑块调整到最上位置时，装模高度达最大值，称为最大装模高度。上下模的闭合高度应小于压力机的最大装模高度。装模高度调节装置所能调节的距离，称为装模高度调节量。也有用封闭高度表示压力机安装模具的高度空间。封闭高度是指滑块在下死点时，滑块下表面到工作台上表面的距离，与装模高度之差恰是工作台垫板的厚度，它们之间的关系如图3-2所示。在设计模具时，模具的封闭高度不得超过压力机的最大装模高度。

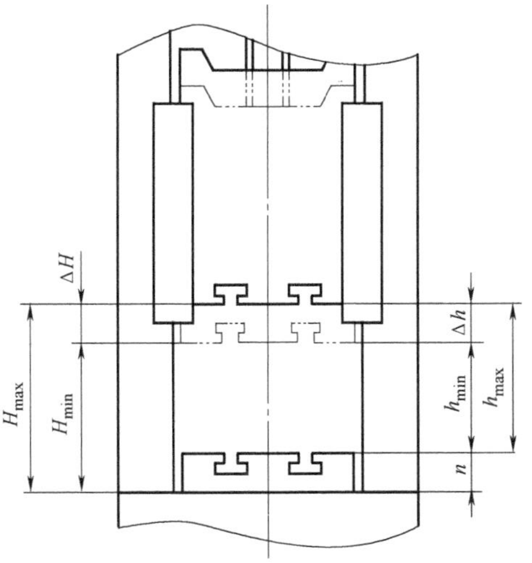

图3-2 装模高度、封闭高度与调节量之间的关系

h_{max}、h_{min}—最大、最小装模高度

Δh—装模高度调节量 H_{max}、H_{min}—最大、最小封闭高度

ΔH—封闭高度调节量 n—垫板厚度

(5) 工作台板及滑块底面尺寸 它是指压力机工作台板及滑块底面工作空间的平面尺寸。它的大小直接影响所能安装模具的平面尺寸以及模具安装固定方法。

(6) 喉深 滑块中心线至机身的距离称为喉深，它是开式压力机和单柱压力机的特有参数。

4. 曲柄压力机的分类

曲柄压力机按床身结构可分为开式压力机和闭式压力机；按滑块数量可分为单动、双动压力机；按连杆的数量可分为单点、双点和四点压力机；按传动系统的布置位置可分为上传动压力机和下传动压力机；按工艺用途可分为板料冲压压力机、体积模锻压力机、剪切机等。

3.2.2 曲柄滑块机构的工作特性

1. 曲柄滑块机构的运动规律

图3-3所示为曲柄滑块机构的运动分析。图中，O点为曲柄的旋转中心，A点为连杆与

曲柄的连接点，B 点为连杆与滑块的连接点，OA 为曲柄半径，AB 为连杆长度。当 OA 以角速度ω绕 O 点旋转运动时，B 点则以速度 v 做直线运动。

曲柄的旋转中心节点 O 有时偏离滑块的直线运动方向，偏离的距离 e 称为偏置距，这种机构称为偏置机构。向前偏置称为正偏置机构，反之为负偏置机构。当 $e=0$，即节点在滑块运动方向上称为正置机构。采用偏置的曲柄滑块机构主要是为了得到不同的滑块运动特性，多用在专用曲柄压力机上。

下面以正偏置机构分别讨论滑块的位移、速度、加速度与曲柄转角之间的关系。

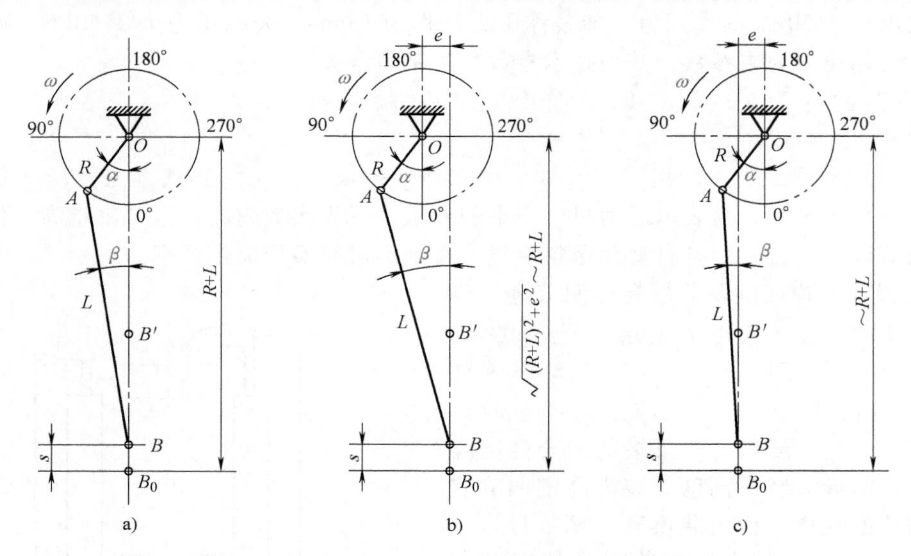

图 3-3 曲柄滑块机构的运动分析

a）正置 b）正偏置 c）负偏置

（1）滑块位移 根据图 3-3 所示的曲柄滑块机构运动关系，取滑块的下死点 B_0为行程的起点，滑块从 B_0点到 B 点为滑块位移 s。

$$s=R+L-(R\cos\alpha+L\cos\beta) \tag{3-1}$$

$$L\sin\beta=R\sin\alpha$$

令

$$\lambda=\frac{R}{L}$$

则

$$\sin\beta=\lambda\sin\alpha$$

所以

$$\cos\beta=\sqrt{1-\sin^2\beta}=\sqrt{1-\lambda^2\sin^2\alpha}$$

将其代入式（3-1）得

$$s=R\left[(1-\cos\alpha)+\frac{1}{\lambda}(1-\sqrt{1-\lambda^2\sin^2\alpha})\right] \tag{3-2}$$

由于 λ 一般小于 0.3，对于通用压力机，λ 一般为 0.1~0.2，式（3-2）可进行简化。根号部分可用级数展开并取前两项得

$$\sqrt{1-\lambda^2\sin^2\alpha}\approx1-\frac{1}{2}\lambda^2\sin^2\alpha$$

故式（3-2）变为

$$s=R\left[(1-\cos\alpha)+\frac{\lambda}{4}(1-\cos2\alpha)\right] \tag{3-3}$$

式中，s 为滑块位移，从下死点算起，滑块离下死点的距离；R 为曲柄半径；α 为曲柄转角，从下死点算起，与曲柄旋转方向相反为正，以下均同；λ 为连杆系数。

（2）滑块速度　将式（3-3）对时间求导，得滑块运动速度为

$$v=\frac{\mathrm{d}s}{\mathrm{d}t}=\frac{\mathrm{d}s}{\mathrm{d}\alpha}\cdot\frac{\mathrm{d}\alpha}{\mathrm{d}t}=\frac{\mathrm{d}}{\mathrm{d}\alpha}\left\{R\left[(1-\cos\alpha)+\frac{\lambda}{4}(1-\cos2\alpha)\right]\right\}\frac{\mathrm{d}\alpha}{\mathrm{d}t}$$

因为

$$\frac{\mathrm{d}\alpha}{\mathrm{d}t}=\omega$$

所以

$$v=\omega R\left(\sin\alpha+\frac{\lambda}{2}\sin2\alpha\right) \tag{3-4}$$

式中，v 为滑块速度，向下方向为正；ω 为曲柄角速度，$\omega=\pi n/30$。

（3）滑块加速度　将式（3-4）对时间求导，得滑块运动加速度为

$$\begin{aligned} a &=-\frac{\mathrm{d}v}{\mathrm{d}t}=-\frac{\mathrm{d}v}{\mathrm{d}\alpha}\cdot\frac{\mathrm{d}\alpha}{\mathrm{d}t}\\ &=-\frac{\mathrm{d}}{\mathrm{d}\alpha}\left[\omega R\left(\sin\alpha+\frac{\lambda}{2}\sin2\alpha\right)\right]\frac{\mathrm{d}\alpha}{\mathrm{d}t}\\ &=-\omega^2R(\cos\alpha+\lambda\cos2\alpha)\end{aligned} \tag{3-5}$$

式中，a 为滑块加速度，向下方向为正。

图 3-4 所示为 J31—160 型压力机滑块运动规律曲线。

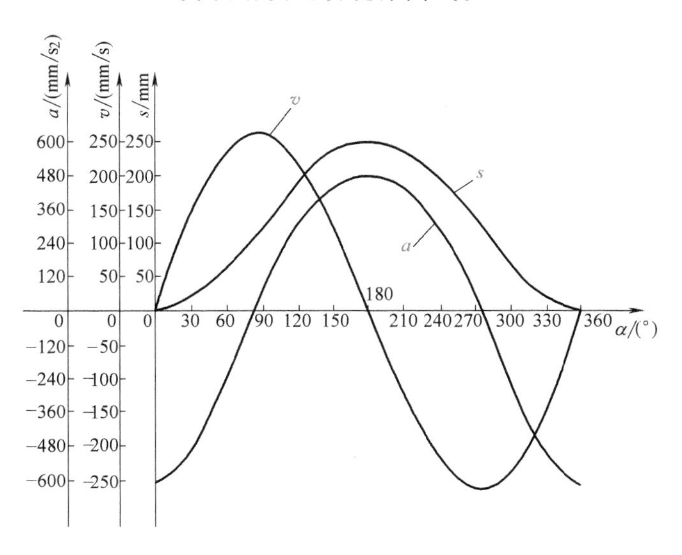

图 3-4　J31—160 型压力机滑块运动规律曲线

2. 曲柄滑块机构的受力特性

曲柄压力机工作时，曲柄滑块机构承受全部的工艺力，是主要的受力机构之一。对此机构所承受的作用力和曲柄转矩的计算是设计曲柄滑块机构和传动系统的基础。

在不考虑摩擦状态的情况下，曲柄滑块机构的受力分析如图 3-5 所示。滑块上受到的作用力有：工件成形工艺力 F、连杆对滑块的作用力 F_{AB}、导轨对滑块的反作用力 F_Q。根据力平衡条件有

$$F_{AB}=\frac{F}{\cos\beta}$$

$$F_Q=F\tan\beta$$

因为在滑块工作范围内 β 角较小，$\cos\beta\approx1$，$\sin\beta=\lambda\sin\alpha$，故有

$$F_{AB}\approx F$$

$$F_Q\approx F\lambda\sin\alpha \tag{3-6}$$

在工艺力 F 作用下，曲柄所受的转矩为

$$T_t=F_{AB}\cdot\overline{OD}$$

因为 $\overline{OD}=R\sin(\alpha+\beta)=R(\sin\alpha\cos\beta+\cos\alpha\sin\beta)$

取 $\cos\beta\approx1$，而 $\sin\beta=\lambda\sin\alpha$，则

$$\overline{OD}=R\left(\sin\alpha+\frac{\lambda}{2}\sin2\alpha\right)$$

所以

$$T_t=FR\left(\sin\alpha+\frac{\lambda}{2}\sin2\alpha\right) \tag{3-7}$$

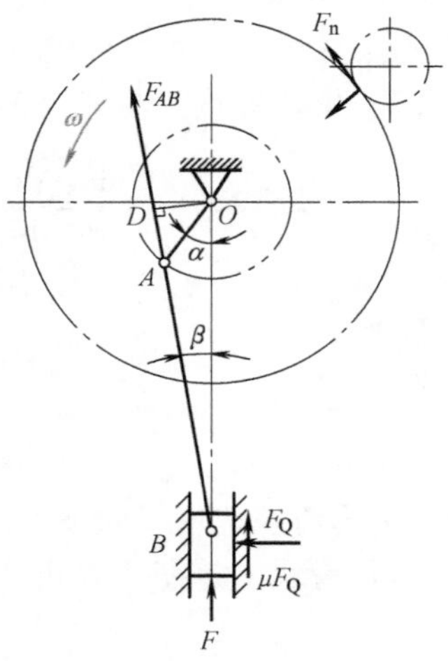

图 3-5　曲柄滑块机构的受力分析

由式（3-7）可知，当工件成形工艺力 F 一定时，曲柄所受转矩随曲柄工作转角 α 的不同而不同。在滑块接近下死点附近，α 较小，则曲柄所受到的转矩较小；在下死点处 $\alpha=\beta=0$，曲柄不受转矩的作用；在行程中点附近，α 较大，所以曲柄所受转矩也较大。

实际上，在工艺力的作用下，曲柄滑块机构各运动副之间有很大的摩擦力，各环节的受力方向及大小均发生了变化，曲柄所受转矩可简化为

$$T_q=FR\left(\sin\alpha+\frac{\lambda}{2}\sin2\alpha\right)+F\mu[(1+\lambda)r_A+\lambda r_B+r_0] \tag{3-8}$$

式中，μ 为摩擦因数，对于通用压力机 $\mu=0.04\sim0.05$；r_A、r_B 为曲柄颈、连杆梢或球头半径；r_0 为曲轴支承颈半径。

式（3-8）为实际工作中曲柄转矩计算公式，前面一项即为曲柄理想状态下的转矩 T_t。

3. 曲柄滑块机构的许用负荷

从式（3-8）可以看到，曲柄压力机曲柄所受的转矩 T_q 除与滑块所承受的工艺力 F 成正比外，还与曲柄转角 α 有关，α 越大，力臂越大，则 T_q 越大，即在较大的曲柄转角下工作时，曲柄上所受转矩较大。在设计和使用曲柄压力机时，必须对工作时的 α 值加以限制。在压力机基本参数中就规定了公称压力角。公称压力角是指与公称压力行程所对应的曲柄转角。在设计曲柄压力机时，若公称压力角定得太大，压力机固然能在较大的角度下用公称压力进行工作，但这时曲柄受到的转矩很大，设备强度储备必然会过大，造成浪费；反之，若公称压力角定得较小，又会限制压力机的工艺使用范围。一般小型压力机的公称压力角为30°，中大型压力机的公称压力角为20°。在使用压力机时，只有在公称压力角内，才允许滑块承受公称压力；在公称压力角之外，允许作用在滑块上的力应当相应减小，以保证机床零件不发生强度破坏。图 3-6 所示为 J23—16C 型压力机的许用负荷。

在使用压力机时，需要严格注意曲柄工作角度和最大滑块负荷，应使工艺力的最大值在曲柄颈处产生的最大弯曲和曲轴支承颈处产生的最大转矩不超过强度范围，方能保证设备安全工作。尤其是在通用曲柄压力机上进行冷挤压工艺或用复合模进行冲压加工时，更要注意此问题。

3.2.3　通用曲柄压力机

通用压力机广泛应用于汽车、电器和日用品生产等行业，可进行落料、冲裁、弯曲、拉深及翻边等工艺。

图 3-7 所示为开式曲柄压力机，其机身三面敞开，操作方便，但刚性较差。中、小型压力机多为开式压力机。闭式压力机只有机身前后敞开，刚性较好，但操作不太方便，中、大型压力机多为闭式压力机。图 3-8所示为 JB23—63 型压力机的曲柄滑块机构，其只有一组曲柄滑机构，故称为单点压力机，适用于工作台面较小的压力机。

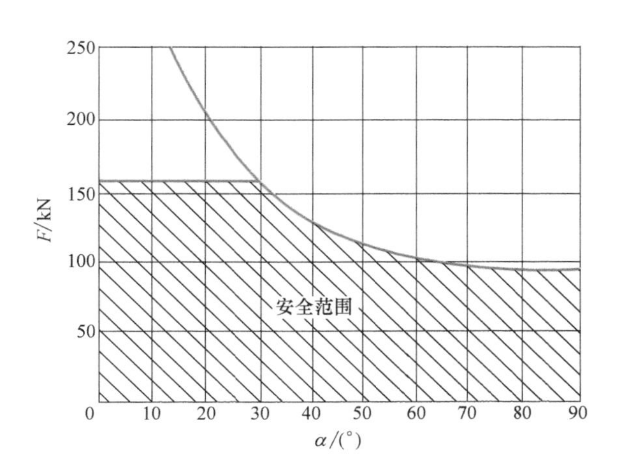

图 3-6　J23—16C 型压力机的许用负荷

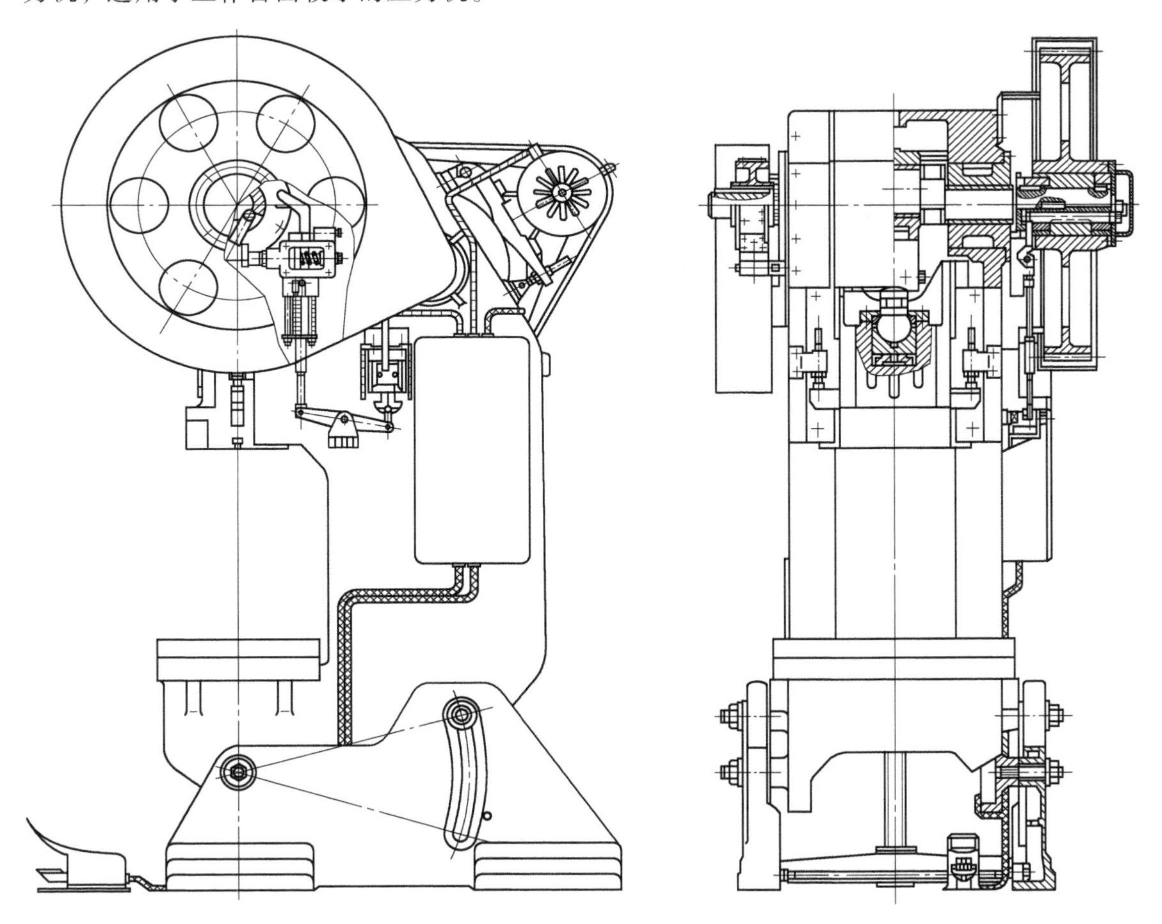

图 3-7　开式曲柄压力机

1. 通用压力机的曲柄滑块机构

通用压力机的曲柄滑块机构主要由曲轴、连杆和滑块组成压力机的工作机构。曲轴旋转时，连杆做摆动和上下运动，滑块沿导轨做上下往复直线运功。除此之外，曲柄滑块机构中还设有装模高度调节装置、过载保护装置和顶件装置等。

曲柄滑块机构主要有三种结构形式：

（1）曲轴驱动的曲柄滑块机构 曲轴上有两个对称的支承颈和一个曲柄颈，由曲柄臂连为一体。曲柄半径可做得比较大，能满足压力机行程较大的要求。压力机工作时，工艺载荷通过滑块、连杆传至曲轴后再传给机身。曲柄颈较小，传动效率较高，是中、小型压力机上广泛应用的结构，如图 3-8 所示，主要由曲轴 3、连杆体 1、调节螺杆 6 和滑块 5 组成。曲轴旋转时，连杆做摆动和上下运动，因而使滑块沿导轨做上下往复直线运动。在连杆中设有调节其长度的装置，由连杆体 1、调节螺杆 6 和锁紧螺钉 9 等组成。松开锁紧螺钉，转动螺杆，即可调节连杆的长度，以达到调节装模高度的目的。在滑块中使用模具夹持块 11 夹持模具，打料横杆 4 用来顶出工件。

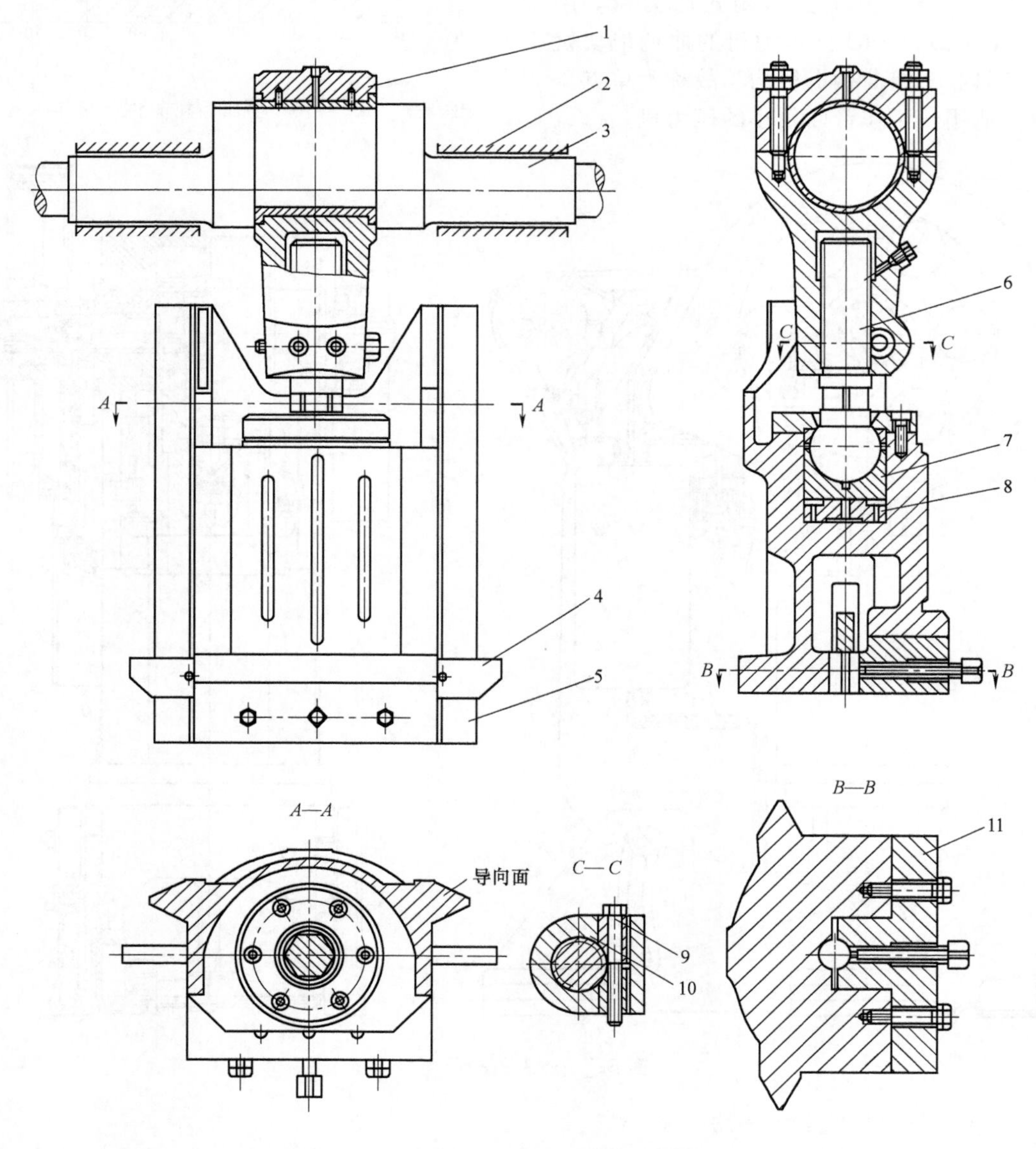

图 3-8 JB23—63 型压力机的曲柄滑块机构

1—连杆体 2—轴瓦 3—曲轴 4—打料横杆 5—滑块 6—调节螺杆 7—下支承座 8—保护装置 9—锁紧螺钉 10—锁紧块 11—模具夹持块

在有些压力机中，装有过载保护装置，零件 8 即为压塌块式的保护装置。

（2）曲拐轴驱动的曲柄滑块机构　曲拐轴的曲柄颈为一悬臂端，刚性较差。为了满足压力机所需的行程，大端支承颈的直径较粗，影响传动效率，其优点是结构简单，容易制造。它适用于小行程开式单柱压力机，通常垂直于机身正面安装，如图 3-9 所示，JB21—100 型压力机的曲柄滑块机构主要由曲拐轴 2、连杆 3 和滑块 4 组成。这种形式的压力机一般装有行程调节装置，即在曲拐上装有偏心套 1，连杆套设在偏心套的外圆上，转动偏心套便可改变曲拐偏心距，从而改变曲柄半径的大小，达到调节行程的目的。

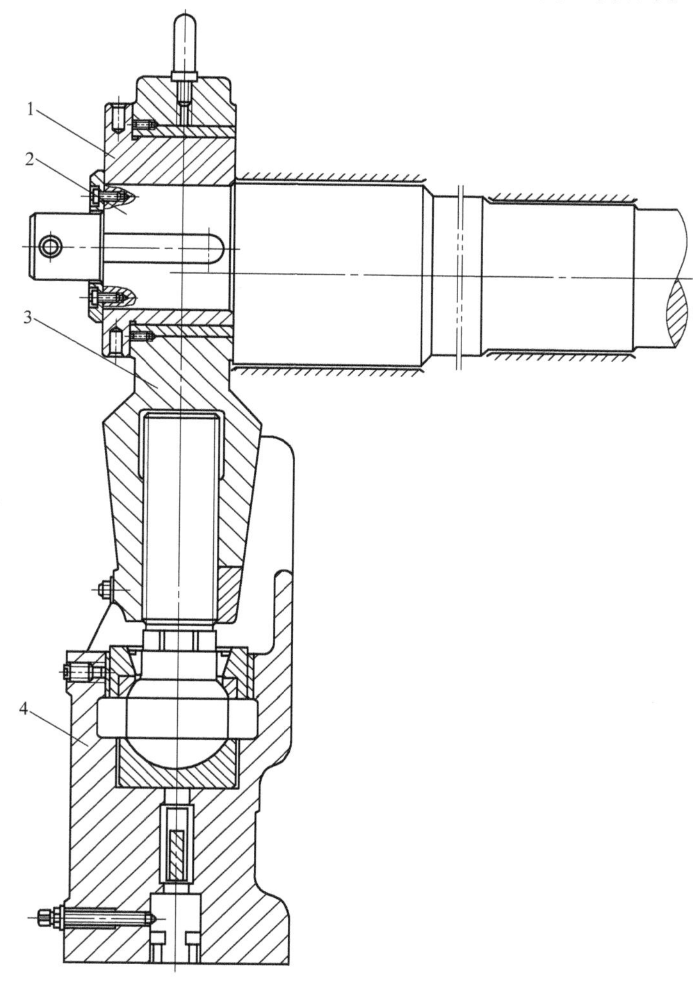

图 3-9　JB21—100 型压力机的曲柄滑块机构

1—偏心套　2—曲拐轴　3—连杆　4—滑块

（3）偏心齿轮驱动的曲柄滑块机构　偏心齿轮通过心轴安装在机身上，心轴与大齿轮同心。大齿轮旋转时偏心颈起曲柄作用。偏心距等于曲柄半径。偏心齿轮的结构紧凑，刚性好，并能安装在机身的箱体内构成闭式传动，同时改善了齿轮的工作条件和压力机外观，在大型压力机上基本取代了曲轴。如图 3-10 所示，J31—315 型压力机曲柄滑块机构主要由偏心齿轮 7、心轴 8、连杆 1、调节螺杆 2 和滑块 3 组成。偏心齿轮的偏心颈相对于心轴有一偏心距，相当于曲柄半径。心轴两端紧固在机身上，偏心轴在心轴上旋转，就相当于曲柄在旋转，并通过连杆机构使滑块上下运动。滑块上的电动机 9 通过蜗杆 10 驱动蜗轮 5（调节螺母）旋转，使滑块本体上下移动，连杆与滑块的铰接点距滑块下平面的距离发生变化，从而达到调节装模高度的目的。

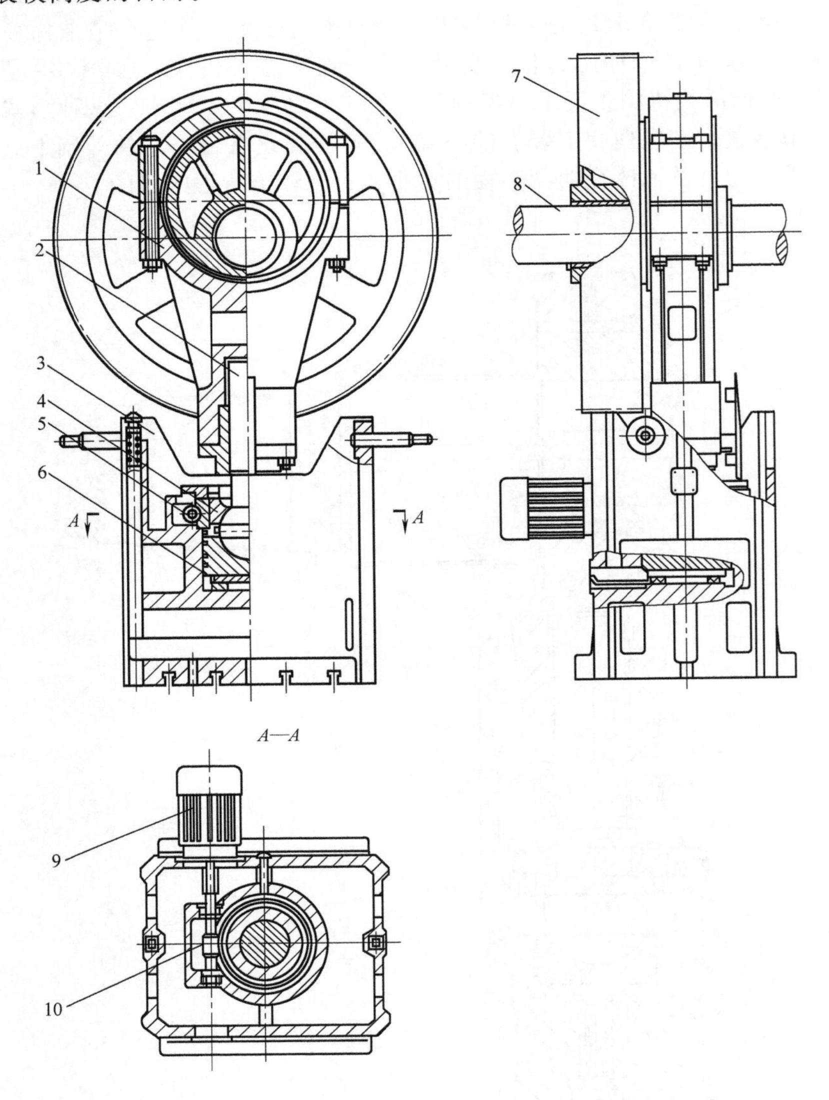

图 3-10　J31—315 型压力机曲柄滑块机构

1—连杆　2—调节螺杆　3—滑块　4—拨块　5—蜗轮　6—保护装置
7—偏心齿轮　8—心轴　9—电动机　10—蜗杆

上述三种形式有一共同特点，即连杆与滑块的连接采用球头形式，连杆采用组合式，通过调节连杆体与螺杆的相对位置达到调节装模高度的目的。

除上述三种基本形式外，连杆与滑块的连接还有采用柱销式。连杆采用整体式，通过调节连接螺杆与滑块的相对位置来调节装模高度。

2. 通用压力机的离合器与制动器

在通用压力机的传动系统中，设置了离合器和制动器，用来控制压力机工作机构的运动和停止。离合器的作用是使工作机构与传动系统接合或分离。接合时它把压力机的工作机构与传动系统联系起来，使工作机构得到传动系统提供的运动和能量。分离时在制动器的作用下使滑块迅速停止运动并支承滑块的自重，防止滑块下滑造成人身事故。

常用的离合器可分为刚性离合器和摩擦离合器两大类。刚性离合器仅用于小型压力机，常配合闸瓦式制动器完成压力机的操作控制。摩擦离合器和制动器的结构比较完善，普遍应用于大、中型压力机。

（1）刚性离合器　刚性离合器是靠接合零件把主动部分和从动部分刚性连接起来。这类离合器根据接合零件的结构可分为转键式、滑销式、滚柱式和牙嵌式，应用最多的是转键式离合器。

1）双转键式离合器的结构和工作原理。图3-11所示为双转键式离合器的结构和工作原理，转键16是它的主要工作元件。按转键的工作截面形状分为半圆形转键（习惯上称为圆形转键）和矩形转键（或称为切向键）。

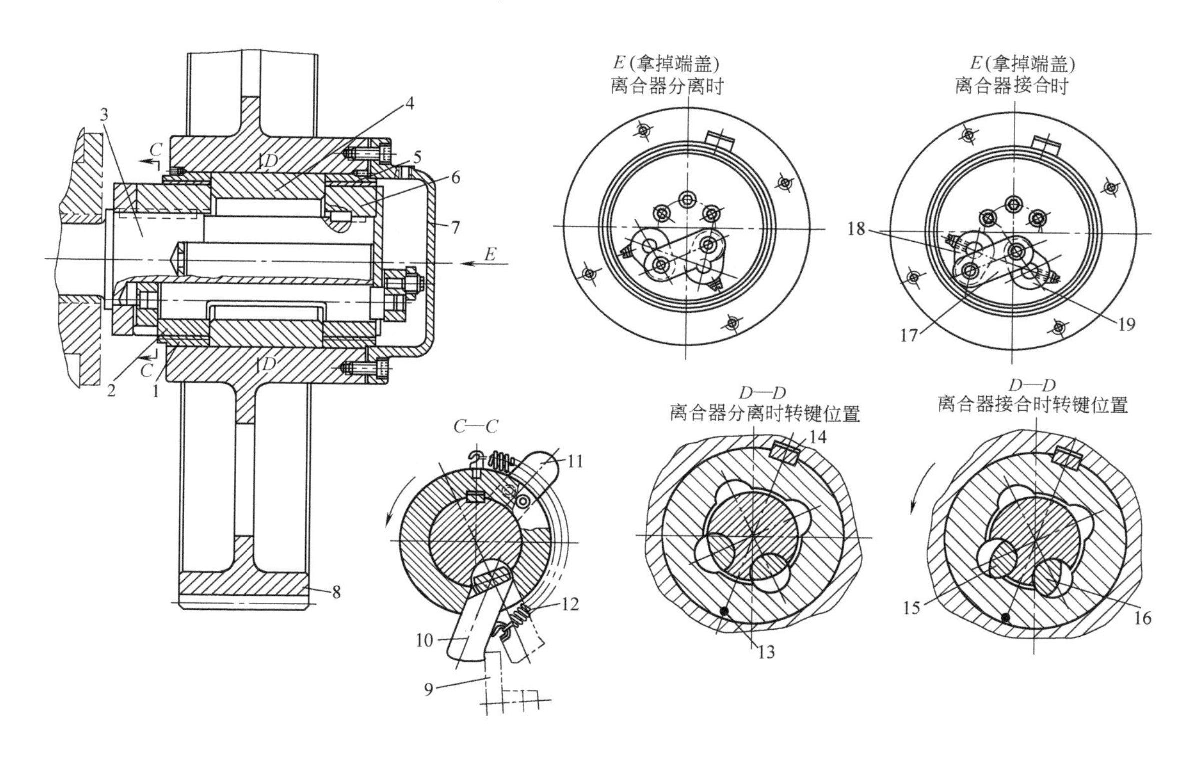

图3-11　双转键式离合器的结构和工作原理

1、5—滑动轴承　2—内套　3—曲轴　4—中套　6—外套　7—端盖　8—大齿轮　9—关闭器　10—转键尾板　11—凸块　12—弹簧　13—润滑棉芯　14—平键　15—副键　16—工作键（转键、主键）　17—拉板　18—副键柄　19—工作键柄

双转键式离合器采用圆形转键。转键16通过内套2和外套6装在曲轴3的右端。内、外套上有半圆槽与曲轴上的半圆槽相对应组成圆孔，转键装在此孔可以自由转动。大齿轮的内孔装有中套4，中套内孔有3~4个半圆槽。圆形转键的工作截面为满月形。压力机不工作时，由关闭器9挡住转键尾板10（见 *C—C* 剖视图），其工作截面处于 *D—D* 剖视图所在位置，转键与大齿轮不起连接作用，大齿轮可在内、外套支承下自由旋转，即脱离状态。当关闭器9放开转键尾板10时，键尾在弹簧12作用下转至 *D—D* 剖视图所示接合状态。月牙形截面转出曲轴的半圆孔落入中套的半圆槽中，与大齿轮发生连接，大齿轮带动转键和曲轴一起旋转。双转键式离合器有两个键，一个称为工作键（图中16），又称为主键，主键传递工

作转矩，另一个称为填充键（又称为副键）。主键和副键之间由四连杆机构联动，有的采用扇形齿轮，有的直接用链尾联动。副键的作用是防止曲轴“超前”。曲轴“超前”的概念是指从动件的运动速度超过主动件的运动速度。在曲柄压力机工作时，下列情况有可能产生曲轴“超前”：当滑块向下行程时，由于制动器调得过松，滑块和上模自重可使曲轴加速旋转；在使用拉深垫或弹性压边圈和弹性顶料器作业时，滑块开始回程时受到向上的弹力作用，也可能造成超前；回程后期滑块做减速运动，产生向上的惯性力也可能造成超前。一旦出现超前，从 *D—D* 剖视图所示接合状态可以看出，如果没有副键 15，主键 16 的工作面将出现间隙，间隙消失时会产生撞击和噪声；有副键 15 就不会出现超前现象。制动器松紧调节合适可以避免超前现象。

2）双转键式离合器的操纵装置。图 3-12 所示为电磁铁控制的操纵机构。它主要由关闭器 10、齿轮-齿条机构和杠杆系统组成。这种操纵装置可控制压力机滑块的单次行程和连续行程。

① 单次行程。先将拉杆 5 与打棒 3 连接，踩下脚踏开关起动操作命令，电磁铁 6 通电，衔铁 7 上吸，摆杆 8 沿逆时针方向旋转，拉杆 5 拉下打棒 3 下行，通过台阶 4 压下齿条 12，使齿条 12 与打棒 3 一起下行，齿条 12 带动齿轮 1 旋转，让开转键尾板，在弹簧作用下转键向接合方向旋转，转键接合。单次行程时，脚踏开关在起动后断开，电磁铁断电，打棒在尾部弹簧的作用下回复至上位，关闭器处于关闭状态，曲轴转动一圈后由于关闭器挡住转键尾板，离合器自动分离，完成一次工作行程。

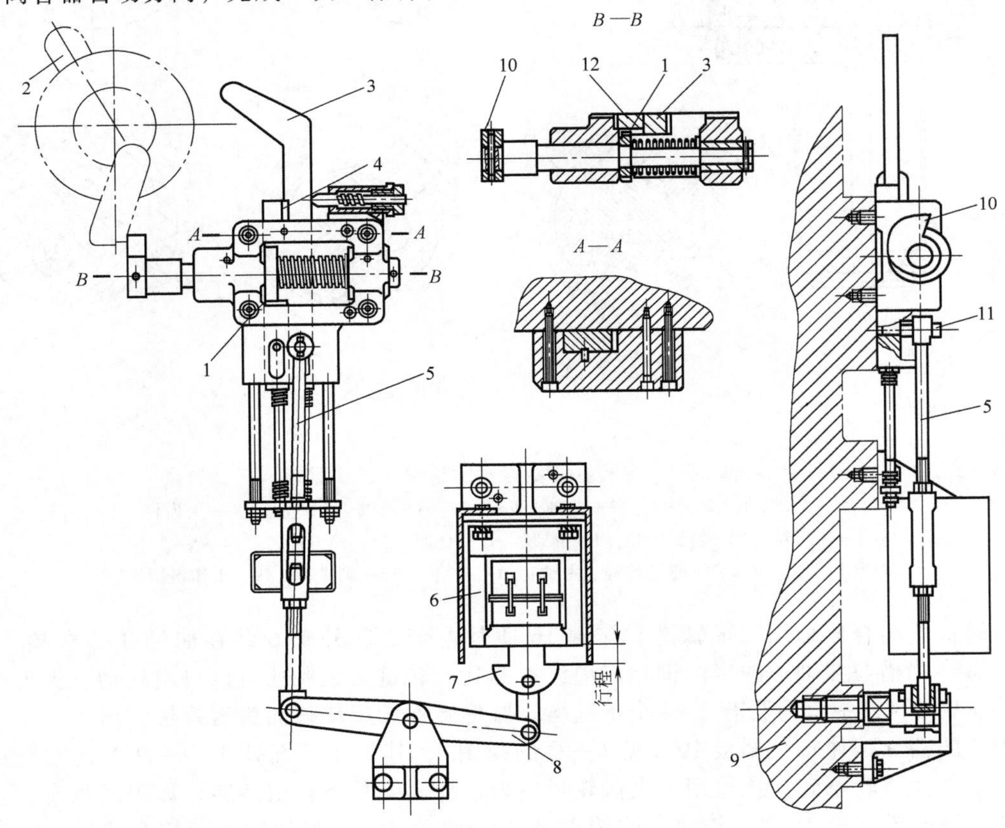

图 3-12 电磁铁控制的操纵机构

1—齿轮 2—凸块 3—打棒 4—台阶 5—拉杆 6—电磁铁 7—衔铁 8—摆杆
9—机身 10—关闭器 11—销子 12—齿条

若进行单次行程时，脚踏开关未断开或电器故障使电磁铁一直通电而使关闭器始终处于让开状态，此时由于打棒3一直处于下位，当安装在曲轴上的凸块2转至打棒位置时，推开打棒，使压住齿条12的台阶4与齿条分离，齿条在弹簧的作用下回复至上位，带动齿轮轴旋转使关闭器复位挡住转键尾板，曲轴转动一圈后自动停止，达到单次操作的目的。当脚踏开关松开或故障清除后，电磁铁断电，打棒在弹簧的作用下回复至上位，同时打棒在后侧弹簧的作用下，台阶4又将齿条压合配上，恢复初始状态，为下一次单次打击做好准备。

② 连续行程。用销子11将拉杆5连到齿条12上，连续运行时，电磁铁持续通电，齿条一直处于下位，关闭器处于常开状态，转键一直接合，压力机处于连续运行状态。

刚性离合器的主要缺点是在滑块向下行程途中不能随时停止滑块运动，容易造成操作安全问题。现在已出现了安全刚性离合器，如凸轮式安全刚性离合器、拔叉式安全刚性离合器，其具有急停功能，能实现紧急停车，也称为寸动刚性离合器。

（2）摩擦离合器—制动器　摩擦离合器主要用于大、中型压力机。摩擦离合器有圆盘式和嵌块式两种。根据盘数和有无介质，又有单片式、多片式、干式和湿式之分。

摩擦离合器依靠摩擦力传递转矩。这种摩擦离合器—制动器的特点是：传递的转矩大；工作平稳，没有冲击；可以在任意位置离合或制动，调整模具方便；超负荷时，摩擦片之间打滑可起一定的保险作用。曲柄压力机的摩擦离合器—制动器的结构形式很多，按其工作情况分为干式和湿式两种。干式摩擦离合器—制动器的摩擦面暴露在空气中，而湿式则浸在油里。按其摩擦盘的形状，又有圆盘式、浮动镶块式和圆锥式等。目前常用的是圆盘式和浮动镶块式摩擦离合器—制动器。

图3-13所示为JA31—160B型压力机的圆盘式摩擦离合器—制动器。左端是离合器，右

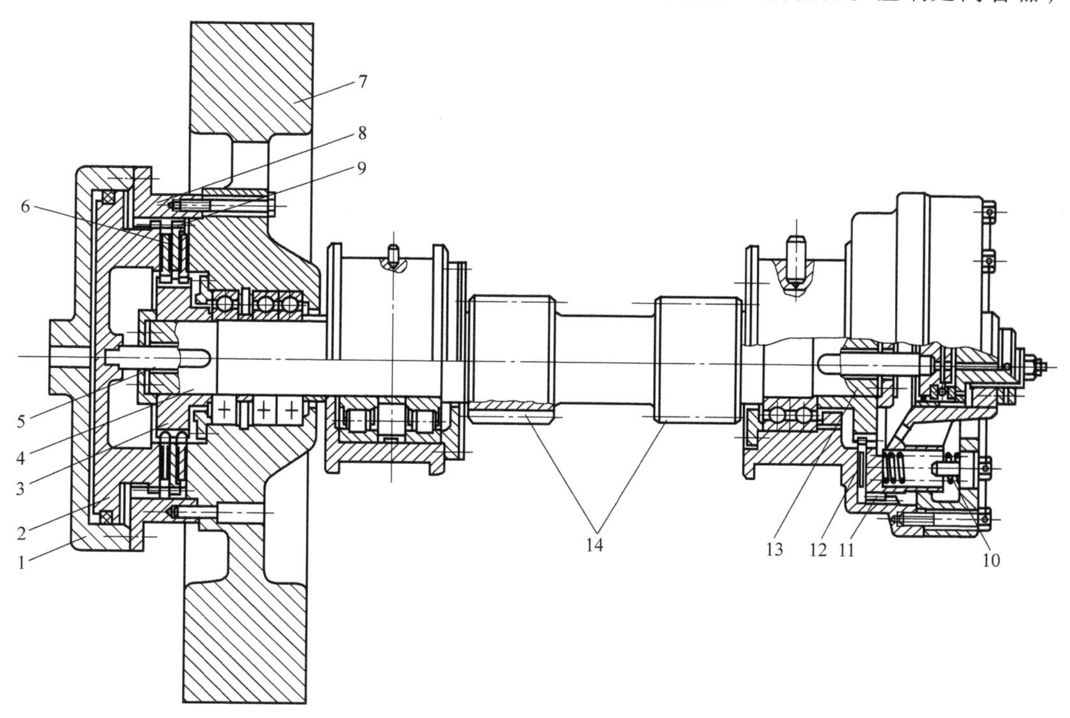

图3-13　JA31—160B型压力机的圆盘式摩擦离合器—制动器

1—气缸　2—活塞　3—离合器外齿圈　4—空心传动轴　5—推杆　6—从动摩擦片　7—大带轮　8—离合器内齿圈　9—主动摩擦片　10—制动弹簧　11—制动器内齿圈　12—摩擦片　13—制动器外齿圈　14—小齿轮

端是制动器。大带轮 7 并不直接与空心传动轴 4 装在一起，而是支承在滚动轴承上。在带轮上固接离合器内齿圈 8，此内齿圈与主动摩擦片 9 的轮齿相啮合。在从动轴上固接离合器外齿圈 3，此外齿圈与从动摩擦片 6 的轮齿相啮合。当气缸 1 进气时，推动活塞 2 右行，主动摩擦片与从动摩擦片接合，带轮把运动传递给空心传动轴。同时，装在空心传动轴中的推杆 5 把制动器顶开。当气缸排气时，在制动弹簧 10 的作用下，活塞左行，离合器分离，制动器接合，并通过摩擦片 12 和制动器外齿圈 13 使从动系统制动。离合器—制动器接合与分离的先后次序是靠顶杆来完成的，故又称为机械联锁的离合器—制动器。

（3）带式制动器　带式制动器通常和刚性离合器配合使用，安装在曲轴的另一端。通用压力机常用的带式制动器有偏心带式制动器和凸轮带式制动器两种。

图 3-14 所示为偏心带式制动器，制动轮 5 固接在曲轴的一端，在其外沿包有制动带 3，制动带的一端与机身 6 铰接，另一端用制动弹簧 2 张紧。制动轮与曲轴有一偏心距 e，因此当曲轴接近上死点时，制动带张得最紧，制动力矩最大。曲轴在其他角度时也不完全松开，仍然保持一定的制动力矩。制动力矩的大小可用调节螺钉 1 上的螺母进行调节。这种制动器结构简单，但因经常有制动力矩作用，增加了压力机的能量损耗，加速摩擦材料 4 的磨损。

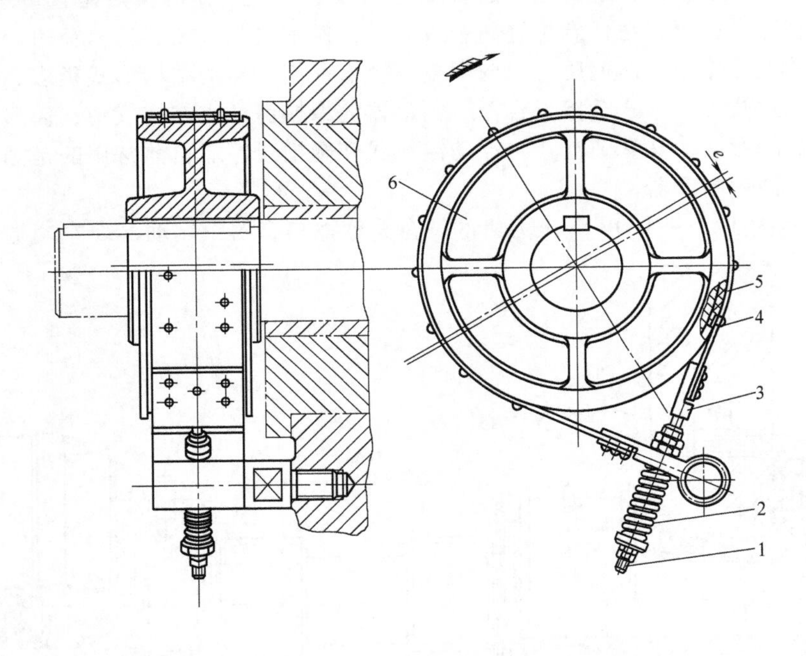

图 3-14　偏心带式制动器

1—调节螺钉　2—制动弹簧　3—制动带　4—摩擦材料　5—制动轮　6—机身

3. 通用压力机的机身

机身是压力机的一个基本部件，所有零部件都装在机身上面，工作时要承受全部工件变形力。因此，机身的合理设计对减轻压力机重量，提高压力机刚度都具有直接的影响。

机身分为两大类型，即开式机身和闭式机身。前者三面敞开，操作方便，但刚性较差，适用于中、小型压力机；后者两侧封闭，刚性较好，但操作不如开式方便，适用于中、大型压力机以及某些精度要求较高的小型压力机。

开式机身常见类型如图 3-15 所示。按机身背部有无开口可分为双柱机身（图 3-15a）和单柱机身（图 3-15b、c），按机身是否可以倾斜分为可倾机身（图 3-15a）和不可倾机身

（图 3-15b、c），按机身的工作台是否可以移动分为固定台机身（图 3-15b）和活动台机身（图 3-15c）。不同的机身形式有不同的用途，双柱可倾机身便于从机身背部卸料，利于冲压工作的机械化与自动化。活动台机身可以在较大范围内改变压力机的闭合高度，适用工艺范围较广。单柱固定台机身一般用于公称压力较大的开式压力机。

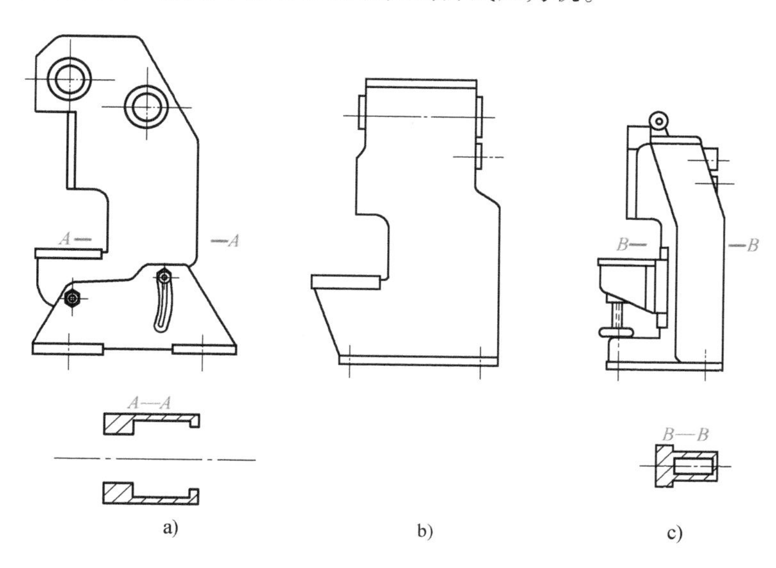

图 3-15 开式机身常见类型

a）双柱可倾机身 b）单柱固定台机身 c）单柱活动台机身

闭式机身常见类型如图 3-16 所示。整体闭式机身（图 3-16a）加工装配工作量较少，但需要大型加工设备，运输也较困难。组合闭式机身（图 3-16b）是由上梁、立柱、底座和拉紧螺栓组合而成的，加工运输比较方便，在大、中型压力机中此种机身应用较多。

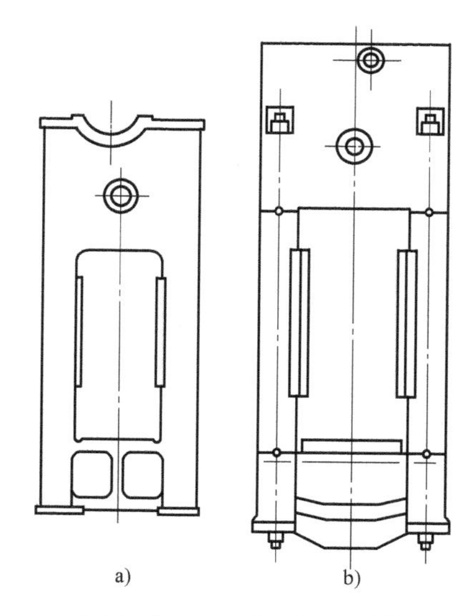

图 3-16 闭式机身常见类型

a）整体式 b）组合式

4. 通用压力机的电动机与飞轮

曲柄压力机在一个工作周期内只在较短的时间内承受工作负荷，而较长的时间是空程运转。如果按工作时这一短暂的负荷来选择电动机的功率，则电动机的功率会很大。如 J31—315 型压力机，若按冲压直径为 100mm、厚度为 23mm 的 Q235 钢板，工件变形力为 3150kN，工件变形功为 22800J，冲裁时间为 0.2s，按冲压时机械效率为 0.25，则所需功率为 456kW。

曲柄压力机采用电动机与飞轮驱动，工作时能量由飞轮提供，在非工作的空转时期电动机对飞轮储能。前述 J31—315 型压力机加装飞轮后，电动机功率降为 30kW 即可满足要求。

曲柄压力机的一个工作循环所消耗的能量 A 称为单次行程功。它由下面几部分组成，即

$$A=A_1+A_2+A_3+A_4+A_5+A_6+A_7$$

式中，A_1为工件变形功；A_2为工作行程时，消耗于压边所需的功；A_3为工作行程时，曲柄滑块机构的摩擦功；A_4为工作时，压力机受力系统的弹性变形能；A_5为压力机空程向下和空程向上所消耗的能量；A_6为单次行程时，滑块停顿、飞轮空转所消耗的能量；A_7为单次行程时，离合器接合所消耗的能量。

设计压力机时，是按一次行程的平均能量来计算电动机功率的，即

$$P=KA/T \tag{3-9}$$

式中，P 为电动机功率；K 为电动机功率系数，一般取 $K=1.2\sim1.6$；T 为压力机实际工作周期，$T=1/(nC_n)$，其中，n 为滑块每分钟行程次数，C_n 为行程利用系数，$C_n=0.4\sim1.0$。

完成成形工作主要靠飞轮释放能量，如果忽略电动机在这时所输出的能量，则

$$A_y=A_1+A_2+A_3+A_4=\frac{1}{2}J_0(\omega_1^2-\omega_2^2)$$

令

$$\omega_m=\frac{1}{2}(\omega_1+\omega_2)$$

$$\delta=\frac{\omega_1-\omega_2}{\omega_m}$$

则

$$A_y=J_0\omega_m^2\delta$$

所以

$$J_0=\frac{A_y}{\omega_m^2\delta} \tag{3-10}$$

式中，A_y 为压力机完成成形工作所消耗的能量；J_0 为飞轮转动惯量；ω_1、ω_2 为成形开始、结束时飞轮的角速度；ω_m 为飞轮平均角速度；δ 为飞轮转速不均匀系数。

由式（3-10）可知，δ 越大，所需飞轮的转动惯量就越小，飞轮尺寸也就越小，但不均匀系数的最大值受电动机过载和发热条件的限制。当压力机完成成形工作所需的能量一定时，飞轮的角速度越大，飞轮的转动惯量就可以越小。但转速太高又会使离合器和制动器在工作中严重发热，一般飞轮的转速为 300~400r/min。

3.3 液压机

液压机是塑性成形生产中应用最广的装备之一，广泛应用于自由锻造、模锻、板料成形、挤压、剪切、粉末冶金、塑料及橡胶制品成形、胶合板压制、打包、金刚石成形等不同工业领域。液压机随着液压技术的发展不断进步，液压机的种类、规格、用途十分齐全。

3.3.1 液压机的组成与工作原理

1. 液压机的工作原理

液压机是一种以液体为工作介质来传递能量从而实现各种工艺的机器，其工作原理如图 3-17 所示。两个柱塞液压缸由管道连接，中间充满液体，两个柱塞工作面积分别为 A_1、A_2，当小柱塞 1 作用力为 F_1时，液体的压力为 $p=F_1/A_1$。根据帕斯卡原理，在密闭的容器中液体压力在各个方向完全相等，因此大柱塞 2 上将产生向上的作用力 F_2，使工件 3 受力变形，且

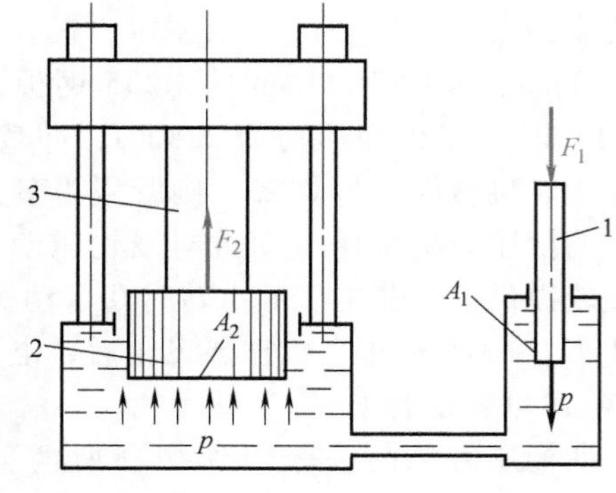

图 3-17 液压机工作原理
1—小柱塞 2—大柱塞 3—工件

$$F_2 = pA_2 = \frac{F_1 A_2}{A_1} \tag{3-11}$$

由此可见，只要增加大柱塞的面积，就能以小柱塞上一个较小的力 F_1，在大柱塞上获得一个很大的力 F_2。这里的小柱塞相当于液压泵中的柱塞，而大柱塞就是液压机中工作缸的柱塞。

液压机一般由本体（主机）和动力系统两部分组成。

最常见的小型液压机本体结构如图 3-18 所示。由上横梁 2、下横梁 5、立柱 4 和内外螺母组成一个封闭框架，该框架称为机身。工作时，全部工作载荷都由机身承受。液压机的各部件都安装在机身上：工作缸 1 固定在上横梁 2 中，工作缸为活塞缸，活塞杆的下端与活动横梁 3 相连接，活动横梁通过其四根立柱为导向，沿立柱在上、下横梁之间往复运动。活动横梁的下表面和下横梁的上表面都有 T 形槽，以便安装模具。在下横梁的中间孔内还有顶出缸 6，供顶出工件或其他用途。工作时，在工作缸的上腔通入高压液体，在液体压力作用下推动活塞、活动横梁及固定在活动横梁上的模具向下运动，使工件在上、下模之间成形。回程时，工作缸上腔排液，高压液体进入工作缸下腔，推动活塞杆带动活动横梁向上运动，返回其初始位置。

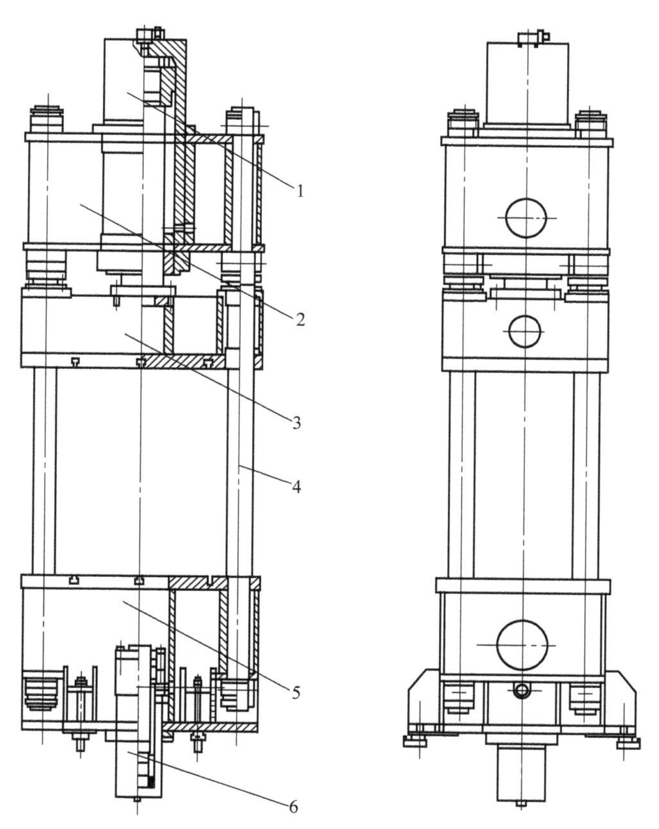

图 3-18　小型液压机本体结构

1—工作缸　2—上横梁　3—活动横梁　4—立柱　5—下横梁　6—顶出缸

许多大、中型液压机本体结构如图 3-19 所示。上横梁 2、下横梁 8、立柱 7 采用拉杆 1 组合成预应力框架，主缸和回程缸均采用柱塞缸，主缸缸体固定在上横梁 2 中，主缸柱塞连接在活动横梁 4 上。活动横梁在主缸和回程缸的分别作用下，沿立柱作上、下运动。

液压机的动力系统主要为液压机本体工作时提供高压液体。液压机的动作过程一般包括停止、空程向下（充液行程）、工作行程及回程，各个行程动作靠液压系统中各种阀的动作来实现。

液压机的动力系统普遍以液压油为工作介质，采用液压泵直接传动。图 3-20 所示为液压泵直接传动液压机系统简图。在该系统中，泵将高压液体直接输送到工作缸中，通过手动三位四通阀来实现液压机的各种行程动作。

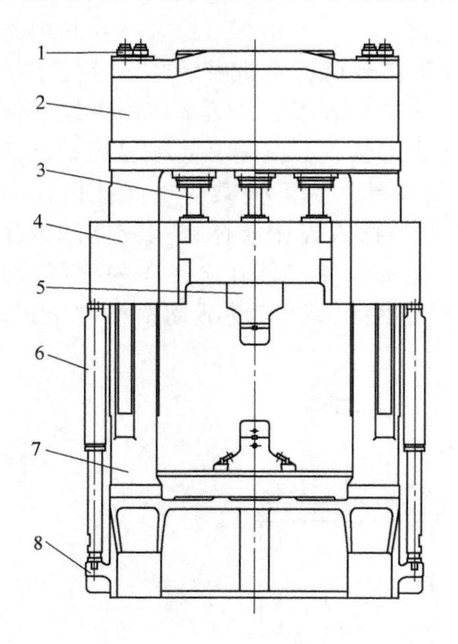

图 3-19　大、中型液压机本体结构
1—拉杆　2—上横梁　3—主缸　4—活动横梁
5—模具　6—回程缸　7—立柱　8—下横梁

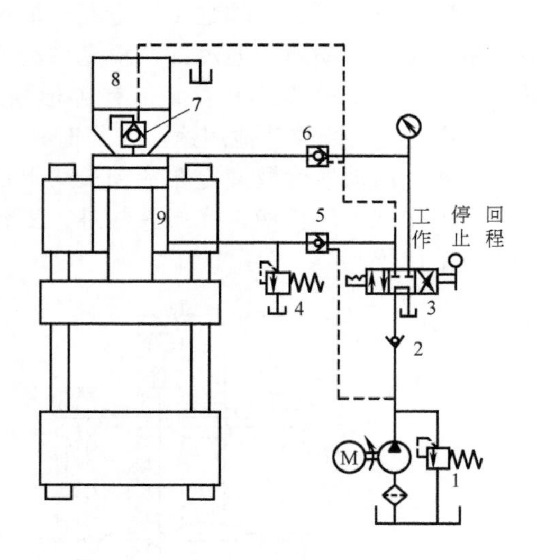

图 3-20　液压泵直接传动液压机系统简图
1、4—溢流阀　2—单向阀　3—手动换向阀
5、6—液控单向阀　7—充液阀　8—充液油箱　9—工作缸

（1）空程向下（充液行程）　将手动换向阀 3 置于“工作”位置，工作缸 9 下腔的油液通过开启的液控单向阀 5 和手动换向阀 3 排入油箱，活动横梁靠自重快速下行，液压泵输出的油液通过阀 2、3、6 进入工作缸 9 的上腔，不足的油液由充液油箱 8 内的油液通过充液阀 7 补入，直到上模接触工件。

（2）工作行程　阀 3 位置不变，当上模接触到工件后，由于下行阻力增大，充液阀 7 自动关闭，这时液压泵输出的液体压力随着阻力的增大而升高，此油液进入工作缸 9 的上腔，推动活塞下行，对工件进行加工。工作缸下腔的油液继续经阀 5 和阀 3 排回油箱。

（3）保压　若工艺有保压要求，则将手动换向阀 3 的手柄置于“停止”位置，液压泵通过阀 3 卸荷，工作缸内的油液被液控单向阀 6 封闭在内而保压。

（4）回程　将手动换向阀 3 置于“回程”位置，液压泵输出的油液通过阀 2、3、5 进入工作缸的下腔，同时，打开液控单向阀 6，使工作缸上腔卸压，然后打开充液阀 7，这样，在工作缸下腔高压液体的作用下，活塞带动活动横梁向上回程，工作缸上腔的油液大部分排入充液油箱中，小部分经手动换向阀 3 排入油箱。

（5）停止　将手动换向阀 3 置于“停止”位置，液压泵通过手动换向阀 3 卸荷，工作缸 9 下腔的油液被液控单向阀 5 封闭于缸内，使活塞及活动横梁稳定地停止在任意所需位置。

有一些传统的锻造液压机采用乳化液作为传动介质，这类液压机一般称为水压机，采用水泵—蓄能器传动。蓄能器用于储存高压液体，利用高压气体来保持工作液体的压力。在液压机不工作时，泵输出的高压液体储存在蓄能器中，当液压机需要大量高压液体时，则由泵及蓄能器同时供液。随着液压技术的进步，这类液压机装机数量逐步减少。

2. 液压机的特点

液压机与其他塑性成形装备相比具有以下特点：

1）基于液压传动的原理，执行元件结构简单。易于实现很大的作用力、较大的工作空间及较长的行程，因此适应性强，便于成形大型工件。

2）在行程的任意位置均可产生压力机的额定最大压力。可以在下转换点长时间保压，这对许多工艺是十分需要的。

3）可以用简单的方法（各种控制阀）在一个工作循环中调压或限压，不易超载，容易保护模具。

4）活动横梁的总行程可以在一定范围内任意地无级改变，活动横梁（滑块）行程的下转换点可以根据压力或行程位置来控制或改变。

5）滑块速度可在一定范围内进行调节，从而适应工艺过程对滑块速度的不同要求。

6）工作平稳，撞击、振动和噪声较小。

3. 液压机的基本参数

液压机的基本参数根据液压机的工艺用途及结构类型来确定，它反映了液压机的工作能力和特点。

（1）公称压力　公称压力是液压机的主要参数，它反映了液压机的主要工作能力，是液压机名义上能产生的最大压力，数值上等于工作柱塞总的工作面积与液体压力的乘积。

（2）最大净空距　最大净空距是指活动横梁在上限位置时从工作台上表面到活动横梁下表面的距离。它反映了液压机在高度方向上工作空间的大小，应根据模具（工具）及垫板高度、工作行程大小以及放入取出工件所需空间的大小等工艺因素来确定。最大净空距对液压机的总高、立柱的长度、液压机的稳定性及安装厂房的高度都有很大影响。

（3）最大行程　最大行程是指活动横梁能移动的最大距离。最大行程应根据工件成形所要求的最大工作高度来确定，它直接影响工作缸、回程缸及其柱塞的长度以及整个机身的高度。

（4）工作台尺寸　工作台一般固定在下横梁上，其上安放模具或工具，工作台尺寸指工作台面上可以利用的有效尺寸。

除工作台尺寸外，有些压力机采用立柱中心距这一参数。

（5）活动横梁运动速度　可分为工作行程速度、空程（充液行程）速度及回程速度。

应根据不同的工艺要求来确定工作行程速度，它的变化范围很大，并直接影响工件质量和系统的装机功率。如锻造液压机要求的工作行程速度较高，可达50~150mm/s，四柱万能压力机的工作行程速度则在10~15mm/s，而等温锻造液压机的工作行程速度则仅为0.05mm/s左右。

空程速度及回程速度一般较高，以提高生产率，但如果速度太快，会在停止或换向时引起冲击和振动。

（6）允许最大偏心距　液压机工作时，不可避免地要承受偏心载荷，偏心载荷在液压机的宽边与窄边都会发生。允许最大偏心距是指工件变形阻力接近公称压力时所允许的最大偏心值。

3.3.2 液压机本体结构

液压机本体一般由机架、液压缸部件、运动部分、导向装置以及其他辅助装置组成。辅助装置则是根据工艺要求而增设的，如顶出装置、移动工作台等。

工艺要求是影响液压机本体结构形式的主要因素，因此液压机的本体结构形式多种多样。从机架形式上看，有立式与卧式；从机架组成方式看，有梁柱组合式、单柱式、框架式、钢丝缠绕预应力牌坊式等多种；从机架的传动形式看，有上传动和下拉式；框架式结构又可分为整体式和组合式等。

1. 典型结构形式

(1) 三梁四柱式结构　如图 3-18 所示，这是最常见的结构形式，广泛应用于各种用途的液压机中。由上横梁、下横梁、四根立柱和多个螺母组合成一个封闭框架。小型液压机采用活塞缸作为工作缸，缸体固定在上横梁上，活塞杆下端连接在活动横梁上，活动横梁由四根立柱导向。高压液体进入工作缸无杆腔，有杆腔排液，活动横梁下行；有杆腔进液，无杆腔排液，活动横梁回程。中、大型液压机采用多缸结构，一般主缸采用 1~3 个柱塞缸，回程缸采用 2 个柱塞缸，主缸和回程缸的柱塞均连接在活动横梁上。主缸进液，回程缸排液时，活动横梁下行；主缸排液，回程缸进液时，活动横梁上行。

(2) 预应力组合框架式结构　如图 3-19 所示，这是大、中型液压机常用的另一种结构形式。组合框架由上、下横梁和两个立柱组成，由多根大型螺栓（拉杆）施加预紧力将上横梁、下横梁及支承它们的立柱预紧在一起，组成刚性框架。活动横梁由安装在立柱内侧的导向面导向。立柱、横梁可以是铸钢件，也可以是钢板焊接结构。

(3) 下拉式机架　图 3-21 所示为液压机下拉式机架结构简图，这是中、小型快速锻造液压机的常用形式。机架采用铸钢整体铸造，也有从成本考虑，采用两根立柱及上、下横梁组成一个可动的封闭式框架。主缸缸体 4 固定在固定横梁 3 上，固定横梁上装有立柱的导向装置和回程缸，立柱按对角线布置。

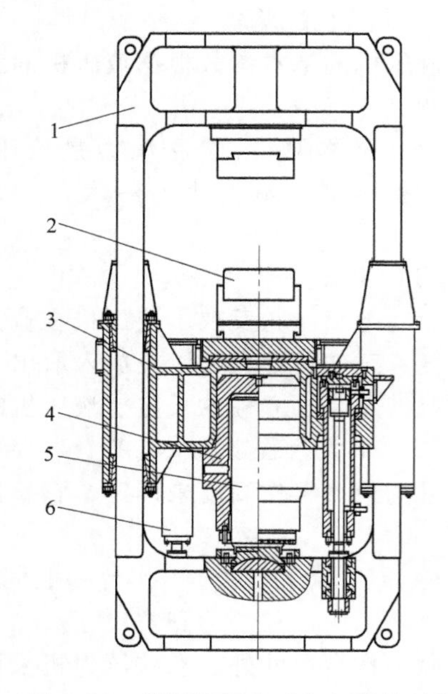

图 3-21　液压机下拉式机架结构简图

1—机架　2—模具　3—固定横梁　4—主缸缸体　5—主缸柱塞　6—回程缸

双柱下拉式结构的液压机中心低，稳定性好，抗偏心载荷能力好。工作缸在地面以下，液压机地面以上部分高度小，锻造生产时比较安全。但这种液压机运动部分质量大，惯性大。

(4) 单柱式结构　这种结构多用于小型液压机。图 3-22 是一种柱塞不动而工作缸运动的结构。柱塞固定在用四根拉杆与单臂机架连接的横梁 2 上，而工作缸可以在单臂机架的导向中上下往复运动。两个回程缸固定在机架上，回程柱塞通过活动横梁与工作缸连接在一起。

单臂液压机机架为整体铸钢结构或钢板焊接结构，结构简单，工作时可以从三个方向接近，操作方便，但整个机架刚性较差。

2. 立柱及其导向

(1) 立柱的结构及其与上、下横梁的连接形式　立柱式机架是常见的机架形式，一般由四根立柱通过螺母将上、下横梁紧固连接在一起，组成一个刚性框架。在这个框架中，既安装了液压机本体的主要零部件，又在液压机工作时承受全部工作载荷，并为液压机运动部分导向。整个液压机的刚度与精度，在很大程度上取决于立柱与上、下横梁的连接形式与连接的紧固程度。

液压机常用的立柱连接形式有以下几种，如图 3-23 所示。

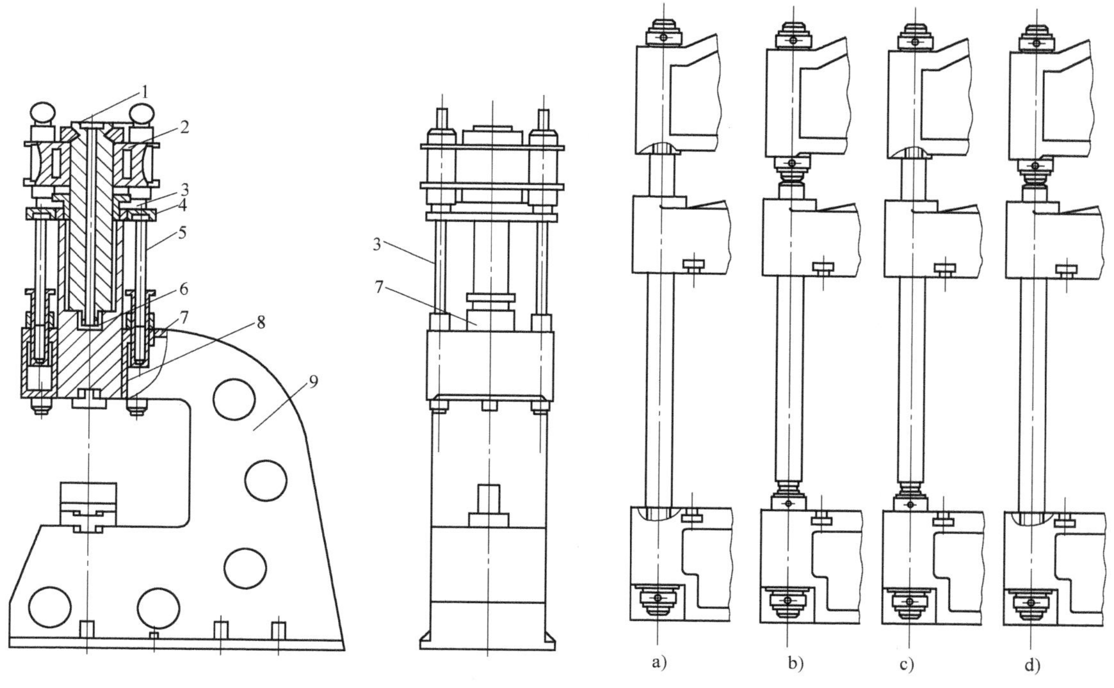

图 3-22　单柱式结构液压机简图

1—工作柱塞　2—横梁　3—拉杆　4—小横梁　5—回程柱塞　6—工作缸　7—回程缸　8—导向装置　9—机架

图 3-23　液压机立柱连接形式

1）立柱用台肩分别支承上、下横梁，用外锁紧螺母上、下进行锁紧，如图 3-23a 所示。这种结构中，上横梁下表面与下横梁（工作台）上表面间的距离与平行度，靠四根立柱台肩间尺寸的一致性来保证，装配简单，不需调整，装配后机架的精度也无法调整。这种结构仅在无精度要求的小型液压机中采用。

2）在立柱上分别用内、外螺母来固定上、下横梁，内螺母起图 3-23a 中台肩的支承作用，如图 3-23b 所示。上横梁下表面的水平度以及下横梁（工作台）上表面的水平度、两个表面之间的平行度与间距靠安装时的内螺母来调整，因此对立柱螺纹精度要求较高，安装时调整复杂。

3）上横梁连接处用台肩代替螺母，如图 3-23c 所示。精度调整和加工均不是很复杂，但立柱预紧不如图 3-23b 所示方便。

4）如图 3-23d 所示，与图 3-23c 所示形式基本相同，只是在下横梁处用台肩代替内螺母。

为了避免应力集中，防止横梁与立柱发生相对水平位移，立柱的台肩面多加工成单锥台式或双锥台式。

对于大型液压机，上、下活动横梁之间多以立柱套支承，中间以拉杆贯通，在拉杆的两端以螺母预紧，根据吨位不同，有单拉杆和多拉杆结构。

（2）立柱螺母及预紧　立柱螺母一般为圆柱型，小型液压机和多拉杆结构中的螺母是整体的。当立柱直径较大时，可做成组合式，由两个半螺母用螺栓紧固而成。

在卸压及偏心加载时液压机都会引起机架的晃动，并使立柱受力不均匀，导致个别立柱受载过大，甚至早期断裂。因此，必须有效地进行立柱螺母预紧及防止松动。

立柱的预紧分加热预紧、液压预紧及机械预紧。

（3）立柱导向装置　活动横梁运动及工作时，往复运动频繁，且在偏心加载时有很大的侧推力，因此不能让活动横梁与立柱直接接触，以防互相磨损。在活动横梁和立柱间安装有导向装置。导向装置可分为导套和平面导板两大类。

1）导套。对于圆形截面的立柱，都是在活动横梁的立柱孔中采用导套结构，导套可分为圆柱面导套和球面导套，如图3-24所示。

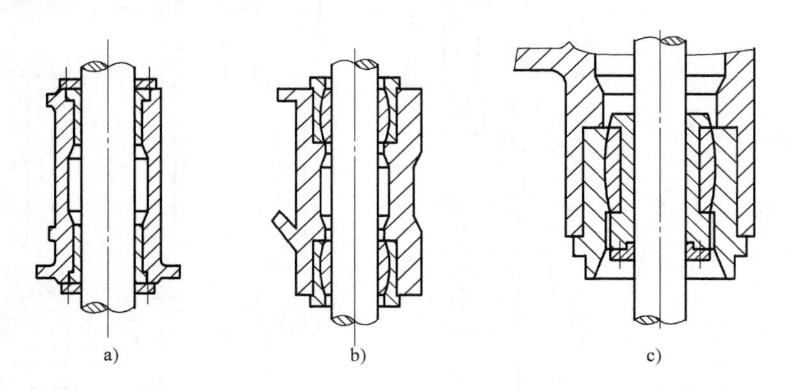

图3-24　立柱导套形式
a）圆柱面导套　b）双球面导套　c）单球面导套

圆柱面导套由两半组成，装在立柱的上、下边。这种导套结构简单，但在偏心载荷引起活动横梁倾斜时，导套与立柱间为线接触，液压机机架受力恶化，磨损加剧。一般用在中、小型液压机上。

球面导套分双球面和单球面两种，在活动横梁倾斜时，球面导套和球面支承间能相对滑动，使立柱与导套仍能保持面接触，但结构复杂。一般适用于中、大型液压机。当活动横梁与柱塞均为球铰连接时，采用双球面导套，而当中间柱塞与活动横梁为刚性连接时，一般采用单球面导套。

以上两种导套与立柱的间隙不能调整，对于模锻和冲压液压机，导向精度要求高，一般采用间隙可调整的导套。

2）平面导板。过去液压机的立柱多为圆形截面，因此只能用圆形导套，间隙无法或难以调整。现在许多液压机将立柱的中间导向部分加工成方形截面，从而可用平面可调导板结构，调整垫片以调节导向间隙。

3. 横梁结构

上横梁、活动横梁及下横梁是液压机本体十分重要的部件，它们外形轮廓尺寸大，质量也大，占液压机总质量的绝大部分。一般横梁做成箱形，安装各种缸、柱塞及立柱的地方做成圆桶形，中间加设肋板，承载大的地方肋板较密，以提高刚度，降低局部应力。

横梁以铸造或焊接制成。铸造一般采用ZG35铸钢，小型液压机也有采用铸铁的，如HT20—40。在设计横梁结构时，应使各部分厚度没有突然变化，特别是铸造横梁，以避免不均匀冷却而产生应力集中，在各连接过渡区应有较大的圆角。

钢板焊接横梁加工周期短、结构质量轻及外形美观，一般采用 Q235 或 16Mn 板材。但焊后整体退火需大型热处理设备，特别是由于焊接应力及变形规律不易掌握，使用时易产生裂纹，因此受到一定限制。

横梁的宽边尺寸由工作缸的布置及立柱的宽边中心距确定，上横梁和活动横梁的窄边尺寸应尽量小。横梁中间的高度由强度确定。

中、小型液压机的横梁多为整体结构，大型液压机的横梁受铸造、加工能力和运输能力的限制，设计成分块组合结构，各块之间用螺栓和键进行连接。

（1）上横梁　图 3-25 所示为液压机铸造上横梁结构，除三个工作缸孔外，两侧还有安装回程缸与平衡缸的孔。上横梁工作缸孔做成圆形的支承筒形式，以保证工作缸支承面有均匀的刚度，从而减少由于上横梁不均匀变形而使工作缸的支承反力局部集中，降低缸的使用寿命。图 3-26 所示为液压机焊接上横梁结构。铸造与焊接上横梁都必须进行热处理，以消除其内应力。

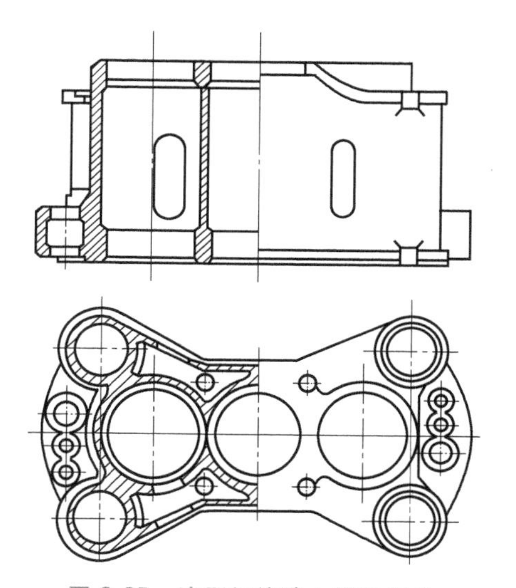

图 3-25　液压机铸造上横梁结构

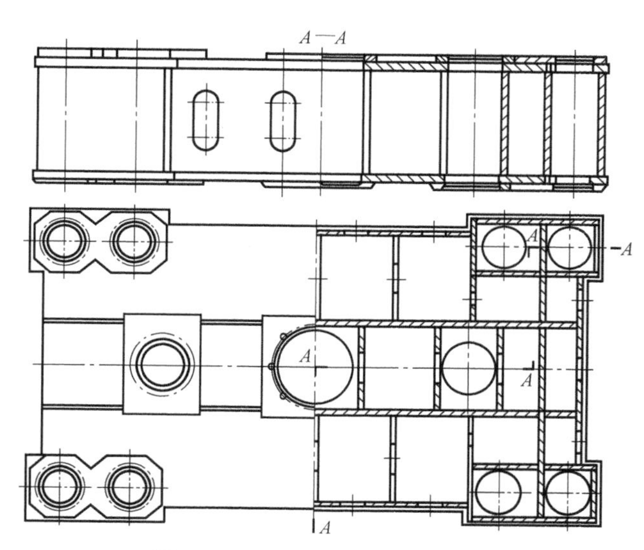

图 3-26　液压机焊接上横梁结构

在立柱间距较小而工作缸尺寸较大时，有时将工作缸与上横梁铸成一个整体，这样简化了结构，但对铸造技术及质量要求高，加工也比较复杂。

（2）活动横梁　活动横梁与工作缸的柱塞或活塞杆相连接以传递液压机的作用力，立柱为往复运动的导向，下表面则安装模具。因此，活动横梁应有足够的承压力，一般把柱塞下面的肋板设计成圆桶形或方格形，如图 3-27 所示。除应有足够的承压强度外，活动横梁还应具有一定的刚度与抗弯能力，常设计成高度略低于上横梁而壁厚均匀的封闭箱体。

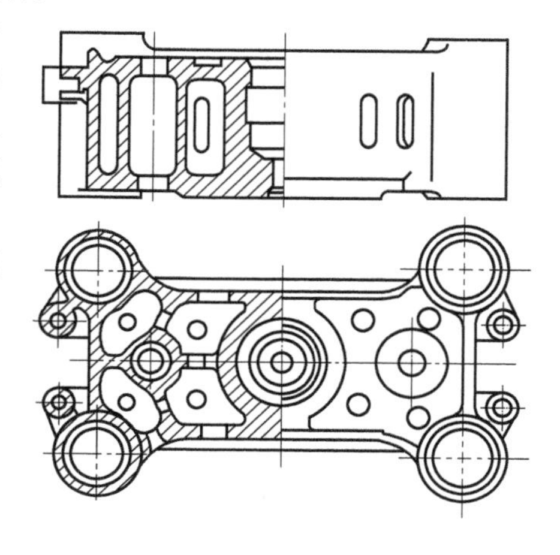

图 3-27　活动横梁结构

（3）下横梁　下横梁又称为底座，通过支承安装在基础上。下横梁上除有固定模具或工具的各种沟槽外，有时还安装有顶出器和其他零部件。对于锻造液压机，下横梁上一般安装有移动工作台，因此下横梁的两侧还有侧梁，用于安装移动工作台的液压缸、导向块等。下横梁结构如图 3-28 所示。

4. 液压缸部件

(1) 液压缸的形式及用途 液压缸是液压机的主要执行元件，主要完成直线往复运动，并将高压液体的压力能转换成使工件变形或成形的机械能。

在液压机中液压缸部件通常可分为柱塞式、活塞式和差动式三种。

1) 柱塞式液压缸。如图 3-29 所示，此结构在锻造液压机中应用最多，广泛用于工作缸、回程缸、工作台移动缸以及平衡缸等处。它结构简单，柱塞在导向套中运动，与缸体内壁不接触，有一定的间隙，因此除安装导向套和密封外，液压缸内壁可以粗加工或不加工。但只能单向使用，反向运动则需要回程缸来实现。

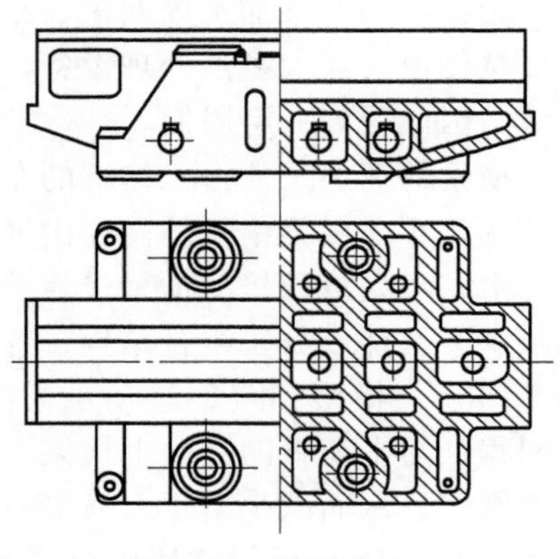

图 3-28 下横梁结构

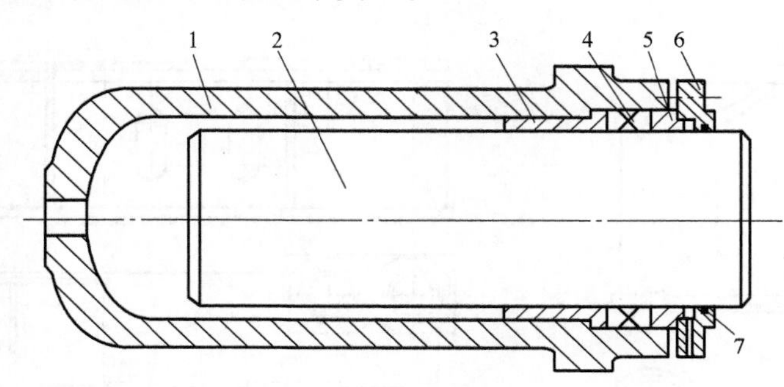

图 3-29 柱塞式液压缸

1—缸体 2—柱塞 3—导向套 4—密封装置 5—密封压紧装置 6—压盖 7—防尘圈

2) 活塞式液压缸。如图 3-30 所示，活塞式液压缸多用于中、小型液压机中，活塞 7 及活塞杆 1 组成运动件，在缸体 5 中做直线往复运动，并把缸体分为活塞腔与活塞杆腔，可以两个方向作用，既可完成工作行程，又可实现回程，因此简化了液压机的结构，使液压机结构紧凑。由于活塞 7 在运动的两个方向都要求密封，且沿缸体内壁运动，对缸体的加工精度要求较高，故结构比柱塞缸复杂。

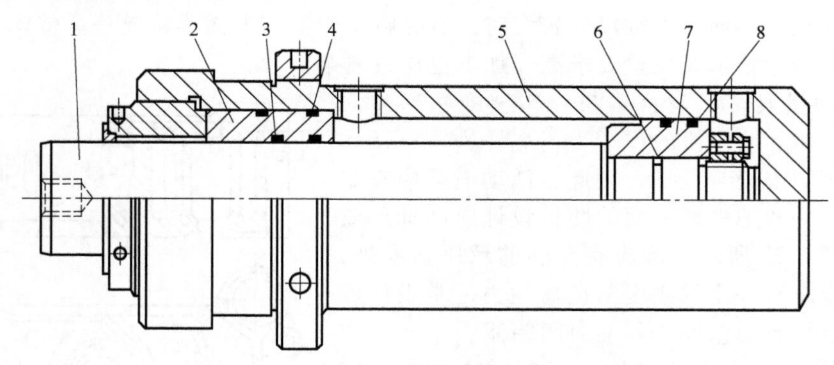

图 3-30 活塞式液压缸

1—活塞杆 2—导向套 3、8—动密封圈 4、6—静密封圈 5—缸体 7—活塞

(2) 液压缸固定及支承方式

1) 法兰支承且法兰处固定。液压缸以其法兰部分支承并安装在横梁内，由缸体法兰的环形上表面与横梁配合。工作时，通过法兰与横梁的环形接触面将反作用力传递给横梁，液压缸

本身则靠法兰上的一圈螺栓固定在横梁上，如图 3-31 所示。这种结构由缸体法兰部分传力，在法兰到缸外壁的过渡处存在应力集中，容易疲劳破坏。这种形式多用于大、中型液压机。

有的液压机中，缸的法兰嵌入横梁内，另外用压环及螺栓固定在横梁内，如图 3-32 所示。这样可避免在缸的法兰部位开螺栓孔，减小了法兰外径，改善了法兰受力情况。

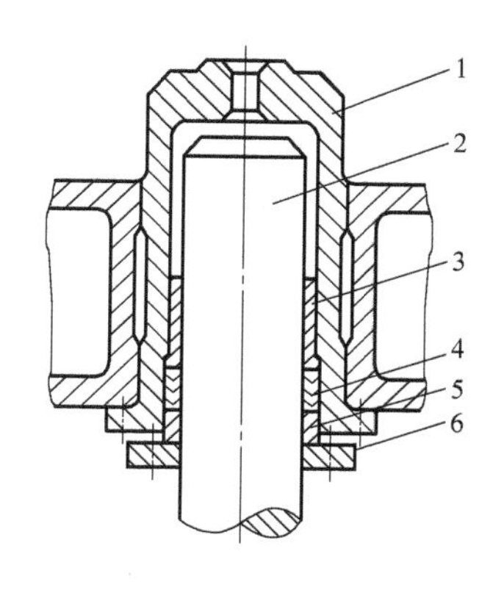

图 3-31　法兰支承且法兰处固定的液压缸

1—工作缸　2—柱塞　3—导套

4—密封　5—压套　6—压盖

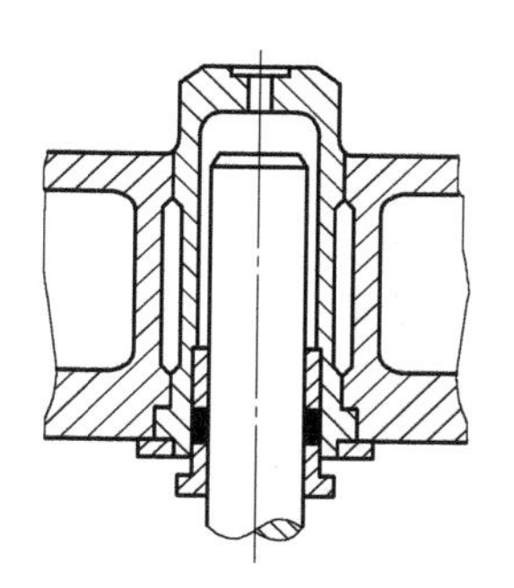

图 3-32　法兰嵌入横梁内的液压缸

2）法兰支承缸底固定。在小型液压机中，液压缸也有在缸底处固定于横梁上的，如图 3-33 所示。图 3-33a 是在缸底用大螺母固定，图 3-33b 是在缸底用压环和螺栓固定，图 3-33c 是在缸底用对分卡环固定。

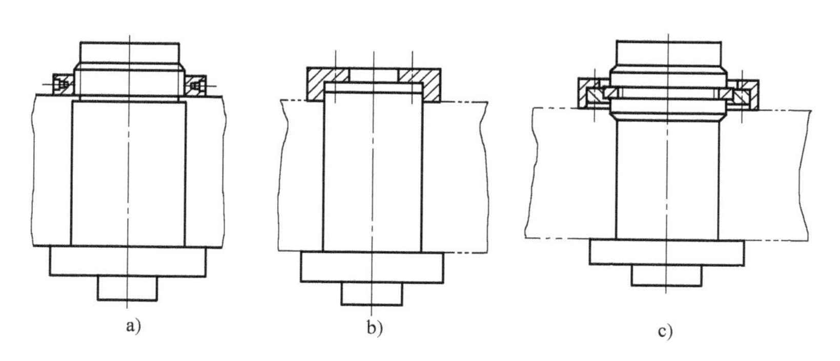

图 3-33　法兰支承缸底固定的液压缸

3）缸底支承缸底固定。这种结构中液压缸的反作用力通过缸底传到横梁上，改善了缸的受力情况，但增加了液压机的高度，如图 3-34a 所示，图 3-34b 则是柱塞（或活塞杆）固定，液压缸倒装于活动横梁内，与横梁一起运动。

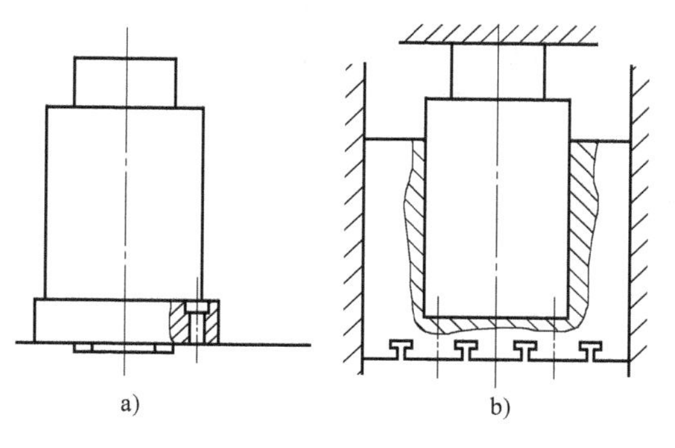

图 3-34　缸底支承缸底固定的液压缸

（3）工作缸柱塞与活动横梁连接形式

1）刚性连接。柱塞下端插入活动横梁内，上面用压盖及螺栓固定，如图 3-35 所示。偏心加载时，刚性连接的柱塞随活动横梁一起倾斜，加剧了导向套及密封的磨损。单缸液压机及三缸液压机的中间缸多采用此结构。

2）单球面支承连接。柱塞支承于活动横梁的球面座上，球面座一般做成凸球形，水平方向可以稍微移动，如图 3-36 所示。在偏心加载时，活动横梁在偏心力矩的作用下倾斜转动，如果球面处润滑良好，球面副可以相对滑动，柱塞只传递轴向压力及摩擦力矩，柱塞仍然基本保持垂直，侧推力大为减少，改善了柱塞导套及密封的磨损情况。

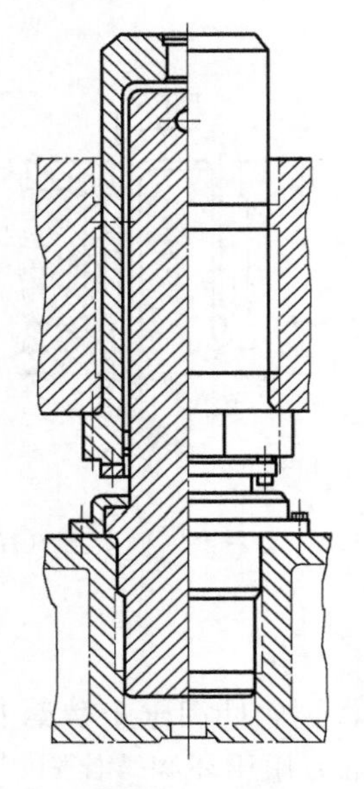

图 3-35 柱塞与活动横梁刚性连接

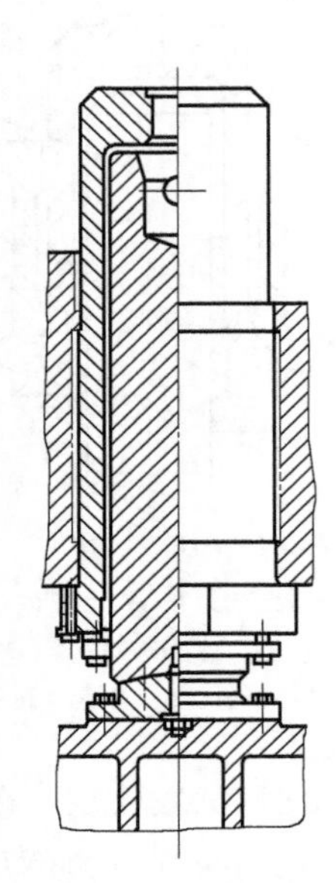

图 3-36 单球面支承连接的柱塞

3）双球面中间杆连接。这种形式的连接多用于大型液压机，结构比较复杂，如图 3-37 所示。中间杆 4 的两端均为球面，支承于上、下球面座 2 与 5 之间，柱塞 3 通过中间杆传递作用力，中间杆与柱塞之间径向有间隙，当液压机受偏心载荷作用时，中间杆能在球面座中转动，使柱塞保持垂直，因而作用在柱塞导套及密封上的侧推力小，密封寿命长。

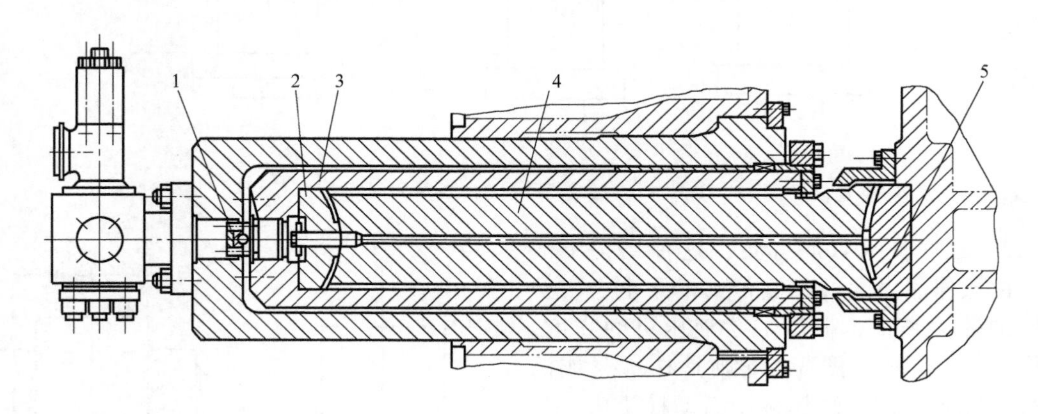

图 3-37 双球面中间杆连接的柱塞

1—节流塞 2—上球面座 3—柱塞 4—中间杆 5—下球面座

3.3.3 液压系统

液压系统为液压机提供动力，完成液压机的各种动作、力、速度和位置控制。液压机液压系统由液压泵、各种控制阀、液压缸及管道等多种辅助元件组成。液压泵将电动机输出的机械能转换为液体的压力能；控制阀完成液体的压力、流量、方向调节，控制液压缸输出力的大小、速度和方向；液压缸将液体的压力能转换为机械能，驱动液压机活动横梁完成各种成形工艺。

液压机种类众多、用途广泛，液压机的吨位、运行速度相差很大，但液压系统要实现的动作基本相同。液压机一般要实现活动横梁的空程快速下降、减速下降、工作压制、保压延时、快速回程及停止等动作。液压机的行程大小、工作行程的起点和终点以及成形速度均可根据工艺要求来调整。

液压机液压系统有多种组成方案，比较简单的液压系统一般采用独立的液压控制阀组合，目前一般的液压系统都由液压插装阀和液压集成阀块构成。对于有速度、位置等闭环控制的液压机多采用比例阀控制。

液压机工作时有定压成形与定程成形两种成形方式。定压成形是当液压机工作压力达到调定压力时可进行保压、延时及自动回程，延时时间根据工艺要求来调整；定程成形是活动横梁达到设定的行程位置后，转入保压、延时及自动回程。

图 3-38 所示为 3150kN 通用液压机液压系统原理图。液压系统采用插装阀集成，系统结构简单、制造方便，能一阀多用，并且插装阀具有通油能力大，流动阻力小，密封好，泄漏少，工作可靠等优点。系统主要由液压泵、插装阀集成阀块、充液装置以及行程开关等组成。其电磁铁动作顺序见表 3-1。

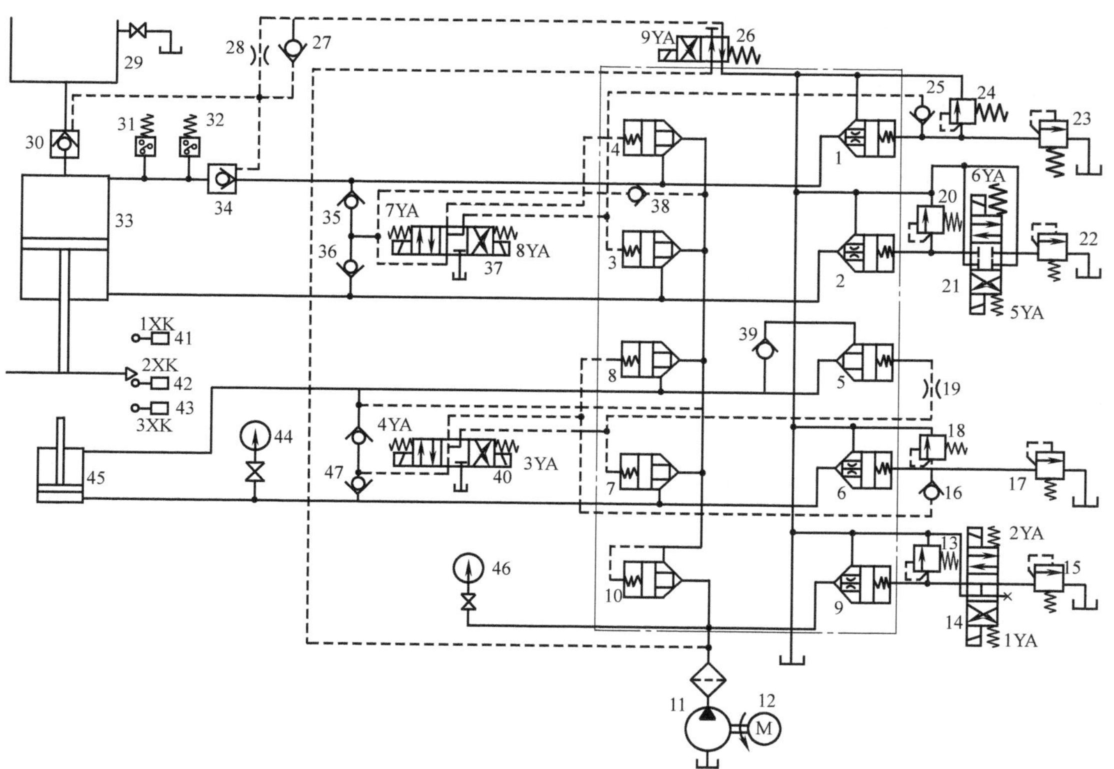

图 3-38　3150kN 通用液压机液压系统原理图

1～10—插装阀　11—液压泵　12—电动机　13、15、17、18、20、22、23、24—溢流阀　14、21、26、37、40—电磁换向阀　16、25、27、35、36、38、39、47—单向阀　19、28—节流阀　29—充液油箱　30—充液阀　31、32—压力继电器　33—主工作缸　34—液控单向阀　41、42、43—行程开关　44、46—压力表　45—顶出缸

表 3-1 3150kN 通用液压机电磁铁动作顺序

动作要求	发信元件		电磁铁(+为通电)								
	手动	半自动	1YA	2YA	3YA	4YA	5YA	6YA	7YA	8YA	9YA
电动机起动	3AN										
动梁快降	5AN	5AN	+				+			+	+
动梁慢降、加压	5AN 2XK	2XK	+					+		+	
保压		1SJ 或 3XK									
卸压	6AN	2SJ		+					+		+
回程	6AN 2YA	2YA	+						+		+
顶出缸顶出	7AN		+			+					
顶出缸退回	8AN		+		+						
停止	4AN	4AN									
紧急停车	2AN	2AN									

注：3AN、5AN 等为控制系统按钮开关，1SJ、2SJ 为控制系统时间继电器。

插装阀集成阀块将插装阀组合在一个阀块上，由内部孔道互相连接，外接管道少。

液压控制系统的工作原理如下：

（1）液压泵起动　按 3AN 按钮，电动机起动，液压泵 11 空载运转。此时由于电磁铁 1YA 及 2YA 均未通电，三位四通电磁换向阀 14 处于中位，插装阀 9 上腔通油箱，主阀芯开启，液压泵 11 输出的油经插装阀 9 直接回油箱，泵处于卸荷状态。

（2）活动横梁快速空程下降　按 5AN 按钮，电磁铁 1YA、5YA、8YA、9YA 通电，使下列电磁阀动作：阀 14 换至下位，插装阀 9 关闭，泵输出液压油；阀 21 换至下位，插装阀 2 开启，主缸下腔通油箱快速放油，活动横梁靠重力作用快速下降，同时在主缸上腔形成负压；阀 37 换至右位，插装阀 4 开启，泵输出的油经插装阀 4 进入主缸上腔；阀 26 换至左位，使充液阀 30 的控制腔通液压油，充液阀 30 开启，充液油箱同时向主缸上腔补油。

（3）活动横梁慢速下降及加压　活动横梁下降到预定位置，行程开关 2XK 发信号，使电磁铁 5YA、9YA 断电，6YA 通电，1YA、8YA 继续通电，阀 21 换至上位，插装阀 2 上腔与先导溢流阀 22 接通，在先导溢流阀 22 调定的压力下溢流，使主缸下腔产生一定的背压。同时，阀 26 复位，充液阀 30 关闭，停止充液。液压泵供油给主缸上腔，活动横梁慢速下降，下降速度取决于泵的输出流量。

活动横梁继续下行，与工件接触后，随着工件变形抗力的增加，主缸上腔油压升高，活动横梁的压下速度仍取决于泵的输出流量。

（4）保压　定压成形时，当主缸上腔压力达到压力继电器 32 调定值上限时，压力继电器 32 发信号，电磁铁全部断电，除插装阀 9 开启外，其余全部关闭，主缸保压，泵卸荷。同时，时间继电器 1SJ 动作，开始保压延时，延时时间可由时间继电器调整。当主缸上腔压力降到压力继电器 31 调定的下限时，压力继电器 31 发信号，系统恢复到加压状态，对主缸补压。

（5）卸压　时间继电器在延时结束后发信号，电磁铁 2YA、7YA、9YA 通电，插装阀 9 关闭，泵输出低压油。阀 26 换至左位，泵输出的低压油进入充液阀 30 及液控单向阀 34 的控制腔，使阀 30、34 开启，主缸上腔卸压。同时，阀 37 换至左位，插装阀 4 关闭，插装阀 3 开启，泵输出的低压油进入主缸下腔，为活动横梁回程做好准备，但由于油压低，尚不足以使活动横梁回程。

（6）活动横梁回程　主缸上腔卸压时间达到时间继电器 2SJ 调定值时，时间继电器发信号，电磁铁1YA、7YA、9YA通电，插装阀2、4、9关闭，1、3开启，泵输出的液压油经插装阀10及3进入主缸下腔，主缸上腔油经充液阀30、液控单向阀34及插装阀1回油箱，活动横梁回程。当活动横梁回程达到调定位置时，行程开关1XK发信号，电磁铁全部断电，活动横梁停止运动。

（7）顶出缸顶出及退回 按7AN按钮，电磁铁1YA、4YA通电，泵输出高压油，插装阀5、7开启，顶出缸下腔进液压油，上腔排油，实现顶出动作。退回时，按8AN按钮，电磁铁1YA、3YA通电，插装阀6、8开启，顶出缸退回。

（8）定程成形 活动横梁下压到调定位置时，行程开关3XK发信号，活动横梁停止运动、保压、延时，然后回程。

（9）压力调整

1）溢流阀13调至27.5MPa，为系统的最高压力，起安全保护作用。

2）溢流阀15调至1.5~2MPa，为系统的控制压力，用于控制充液阀30及液控单向阀34的开启。

3）溢流阀20的压力根据活动横梁及模具的重量来调整，起支承作用，防止运动部分因重力作用而下行。

4）溢流阀23控制主缸的最大压力，根据所压制工件的变形抗力来确定。当最大工作压力为25MPa时，相当于公称压力3150kN。

（10）行程调整 利用行程开关1XK、2XK、3XK控制。1XK控制行程的上死点；2XK控制活动横梁由快速下行转为慢速下行；3XK控制行程的下死点。

3.4 螺旋压力机

螺旋压力机是一种利用驱动装置使飞轮储能，以螺杆滑块机构为执行机构，依据动能工作的塑性成形装备，其工作过程与锻锤相似，又称为螺旋锤。它广泛应用于汽车、拖拉机、航空、五金、工具、餐具、医疗器械、建材及耐火材料等许多行业，尤其适用于精密模锻工艺。按照驱动方式不同可分为摩擦螺旋压力机、液压螺旋压力机、离合器式螺旋压力机和电动螺旋压力机四大类。

3.4.1 工作原理

螺旋压力机的基本工作方式有两种，如图3-39所示。图3-39a中飞轮做螺旋运动；螺母固定于机身，飞轮边旋转边上升（或下降），滑块随飞轮做上下运动；图3-39b中飞轮只做旋转运动，螺母固定于滑块中，飞轮做旋转运动，滑块做上下运动。无论哪种形式，都是通过螺杆滑块机构将旋转运动变为直线运动，将运动部分的动能变为成形能，

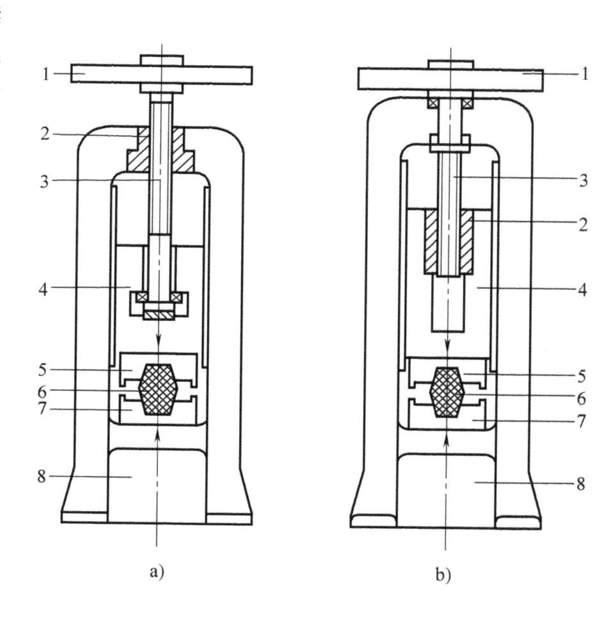

图3-39 螺旋压力机基本工作方式
1—飞轮 2—螺母 3—螺杆 4—滑块 5—上模 6—工件 7—下模 8—机身

因此称为螺旋压力机。

螺旋压力机向下行程中，动力机构带动飞轮旋转并逐渐加速，使运动部分储存大量的动能。当滑块带动上模与坯料接触时，被迫在短暂的时间内突然停止，能量全部释放，同时飞轮产生巨大的惯性力矩，该力矩通过螺旋副机构转化为滑块与工作台间的压力对坯料进行成形，坯料吸收能量，产生变形，所储存能量耗尽，运动停止，一次打击过程结束。

3.4.2 力能特性

螺旋压力机的运动部分由飞轮、螺杆和滑块组成。向下行程中，运动部分储蓄能量，在接触锻件前所具有的能量为

$$A_0=\frac{1}{2}J\omega^2+\frac{1}{2}mv^2 \tag{3-12}$$

式中，A_0 为运动部分具有的能量（J）；J 为飞轮等转动部分的转动惯量（$kg \cdot m^2$）；ω 为飞轮角速度（rad/s）；m 为滑块等运动部分的质量（kg）；v 为滑块速度（m/s）。

由式（3-12）看出，其右边第一项为旋转运动动能，第二项为直线运动动能。在螺旋机构中，角速度 ω 与直线速度 v 有如下关系：

$$\frac{\omega}{2\pi}=\frac{v}{h} \tag{3-13}$$

即

$$v=\frac{h}{2\pi}\omega$$

式中，h 为螺杆导程（m）。

于是，式（3-12）可转化为

$$A_0=\frac{1}{2}J\omega^2\left[1+\frac{m}{J}\left(\frac{h}{2\pi}\right)^2\right] \tag{3-14}$$

螺旋压力机的滑块速度一般为 0.6~0.7m/s，上式括弧中的第二项数值很小，一般只占总能量的 1%~3%。为了计算简便，常将直线运动部分的动能忽略。在飞轮转动惯量、螺杆导程和滑块质量等设备参数设计确定后，通过实时检测滑块在打击工件前的瞬时速度，就能较准确地确定设备的实际打击能量。

螺旋压力机运动部分储蓄的能量在锻打过程中全部消耗完毕，主要转化为锻件的变形能 A_d、机器的弹性变形能 A_t 和摩擦损耗能 A_m 等。根据能量守恒原理，有

$$A_0=A_d+A_t+A_m \tag{3-15}$$

（1）锻件的变形能 A_d

$$A_d=\int P\mathrm{d}\lambda_d \tag{3-16}$$

式中，λ_d 为锻件的变形量；$P=f(\lambda_d)$ 为锻件变形力，随不同锻压工艺而变化。

锻件的变形能与毛坯特征、工艺设计及打击力等综合因素相关。按工件的形状、尺寸及材料力学性能等特征，通过理论分析研究和生产实践的积累，可找出锻件的成形规律，形成锻造工艺。

（2）机器的弹性变形能 A_t

$$A_t=\int P\mathrm{d}\lambda_t \tag{3-17}$$

式中，λ_t 为机器的弹性变形量；$P=C\lambda_t$ 为打击力，随打击能量的变化而不同，C 为机器的总刚度。

所以

$$A_t=\frac{P^2}{2C} \tag{3-18}$$

（3）摩擦损耗能 A_m　螺旋压力机打击时的摩擦损耗能主要包括三个部分，一是主螺旋副中摩擦阻力产生的损耗；二是主螺杆上的踵块部分摩擦阻力产生的损耗；三是滑块与导轨间的摩擦阻力产生的损耗。滑块与导轨之间的摩擦较小，可以忽略。一般有

$$A_m=(1-\beta)A_0 \tag{3-19}$$

式中，β 为能量折减系数，只与主螺旋副、踵块的结构参数以及润滑状况相关。

由上式可知，摩擦损耗能与工件的打击力无关，只与运动部分总能量及能量折减系数相关。因此，对于既定的螺旋压力机，若飞轮无摩擦打滑保险装置，则其摩擦损耗能为一定值。

根据上面公式可做出如图3-40所示的螺旋压力机力能关系曲线。

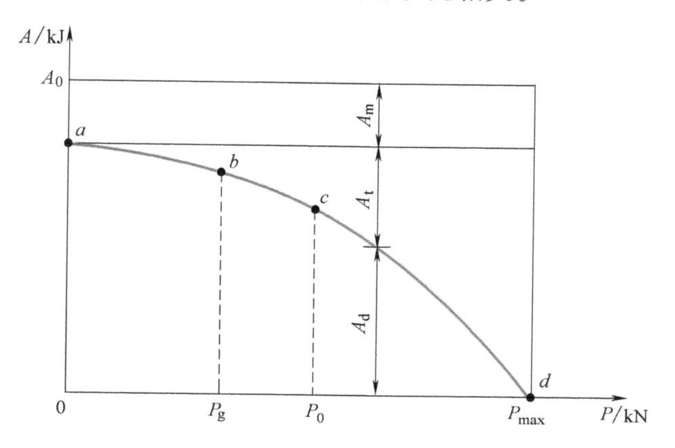

图3-40　螺旋压力机力能关系曲线

图3-40中，a 点的纵坐标为 βA_0，即锻件变形能和机器弹性变形能的最大值；d 点的横坐标为 P_{max}，即机器的最大冷击力；b 点的横坐标为 P_g，即设备的公称压力，纵坐标即为设备公称压力下的锻件变形能，一般要求该值应大于总能量的60%；c 点的横坐标为 P_0，即设备长期运行时的许用压力，该值一般设计为公称压力的1.6倍。从力能关系曲线上，可以很直观的看出，设备的摩擦损耗能是一定值，锻件变形能和机器弹性变形能是互补的，打击力越大则锻件变形能相对越小；锻件变形能越大则工件吸收能量越多，相应机器的弹性变形能就越少，打击力越小。因此，只要锻件的变形能和打击力等工艺参数在某型号压力机的力能关系曲线范围内，该锻件便能用该型号压力机锻压成形。

大、中型吨位螺旋压力机一般在飞轮中设置摩擦打滑保险装置，将飞轮分为内圈和外圈两部分。内圈与主螺杆相连，随螺旋副同步运动，在打击力超过设计的打滑力时，外圈相对内圈滑动而消耗能量，减小最大打击力，保证螺旋压力机既满足打击能量需求，又使设备主要受力部件承受冷击力。

3.4.3　基本参数与特点

1. 基本参数

螺旋压力机的基本参数有公称力、运动部分能量、滑块行程、每分钟行程次数和工作台尺寸等。

（1）公称力　螺旋压力机属于定能量机器，应以能量为主参数，但螺旋压力机又具有压力机的特性，我国一直以力为主参数。螺旋压力机的打击力是不固定的，其大小与模具中有无毛坯的打击状态有关，还与飞轮有无打滑装置有关。模具中不放毛坯打击称为冷击。飞轮无打滑装置、全能量冷击时的冷击力最大，称为最大冷击力。公称力约为最大冷击力的1/3。螺旋压力机的许用压力为压力机连续打击时所允许的最大载荷，为公称力的1.6倍。

（2）运动部分能量　运动部分总能量包括飞轮、螺杆和滑块的动能。

（3）滑块行程　滑块行程指滑块由设计规定的上死点至下死点之间的运动距离，由于

螺旋压力机的向下行程是储蓄能量的过程，因此该参数不仅与锻件生产所需的工艺空间有关，而且与压力机的运动参数和结构参数有关。

2. 性能特点

螺旋压力机兼有锻锤和热模锻压力机的双重工作特性，既与锻锤一样滑块行程不固定，冲击成形，在一个型腔内可进行多次打击变形，且模具调整方便；同时，又与热模锻压力机一样，打击力由压力机封闭框架承受，从而既能为大变形工序（如镦粗、挤压等）提供较大的变形能和一定的打击力，也能为小变形工序（如终锻合模阶段、精压等）提供较大的变形力和一定的变形能。表3-2所列为三种锻压设备的主要性能比较。

表3-2 三种锻压设备的主要性能比较

性能 \ 锻压设备	热模锻压力机	锻锤	螺旋压力机
打击力	不可控	可控	可控
打击速度	慢	快	较快
闷模时间/ms	长 25~40	短 2~10	较长 8~25
工作行程	固定	不固定	不固定
过载能力(%)	20~30	—	60~100
振动冲击	小	大	较小

从表中可以看出，螺旋压力机在成形加工中具有独特的优势：

1）打击能量可控。螺旋压力机属于定能量的设备，对同一品种加工件，可以控制每次的打击能量，同时也控制了打击力的大小。

2）打击速度适中。螺旋压力机的打击速度介于热模锻压力机和锻锤之间，一般为0.6~0.8m/s。这种速度对于各种金属及其合金，包括难变形合金的热模锻是最合适的。由于滑块速度低，利于金属变形过程中的再结晶现象充分进行，特别适合航空航天领域的一些再结晶速度低的合金钢和有色金属材料的模锻。与锻锤相比，因螺旋压力机的打击速度远小于锻锤，金属再结晶软化现象能充分进行，所以同样大小的锻件所需的变形功较小。

3）闷模时间较短。一般使用曲柄式压力机或者肘杆式压力机进行加热锻造时，模具与材料接触时间长使模具温度过高，一般采取水冷措施。而螺旋压力机闷模时间短，仅为热模锻压力机的一半，传递到模具上的热量少，温升低，模具寿命长，这对于大批量生产非常重要，能够保证锻件产品精度的一致性。

4）工作行程不固定。螺旋压力机没有固定的下死点，锻件精度不受设备自身弹性变形的影响，锻件的尺寸精度靠模具打靠和导轨导向来保证。而热模锻压力机的下死点是固定的，工作时变形抗力会引起设备受力部件的弹性变形，使上模向上抬起而影响锻件高度方向上的尺寸精度。因此，对于有下死点构造的热模锻压力机，必须考虑因框架延伸变形造成的加工产品厚薄不均。螺旋压力机的刚度则不会影响锻件的厚度公差，这对于锻造薄壁件非常有利。例如，国内某著名航空发动机叶片厂制造钛合金叶片，采用热模锻压力机时，叶片公差达±1mm，采用电动螺旋压力机后，叶片公差可提高到±0.1mm。

5）振动冲击较小。螺旋压力机机身采用封闭式框架结构，打击力在框架内产生，地面基础工程简单处理即可，基础投资比锻锤要省。与锻锤相比，振动冲击小，但比热模锻压力机稍大。总的来说，螺旋压力机振动小，噪声低，劳动条件较好。

6）工艺适用性好。螺旋压力机对变形量大的工艺可提供较大的能量，对变形量小的工艺可提供较大的力，故螺旋压力机可以完成模锻、切边、弯曲、精压、校正、板料冲压和挤压等多种工艺；同时又由于它的行程可变，下死点不固定，调模和操作十分方便，因此特别适合模具更换频繁的中小批量生产。它是一种“通用性”很强的设备。

螺旋压力机也有不足之处，它与锻锤相比，行程次数低，只适用于单模槽模锻，制坯不便，往往要另行配备制坯设备。它与热模锻压力机相比，生产率低。另外，螺旋压力机还有着特殊的力能关系，存在着多余能量问题。即当飞轮提供的有效能量大于锻件实际需要的变形能时，这部分能量将转化为机器载荷，加剧机器的磨损，缩短主要受力零件的寿命，严重时会造成设备损坏。

3.4.4　摩擦螺旋压力机

摩擦螺旋压力机简称摩擦压力机，它通过摩擦方式驱动飞轮旋转储能。在摩擦压力机的发展中，曾经出现过单盘摩擦压力机、双盘摩擦压力机、三盘摩擦压力机、双锥盘摩擦压力机和无盘摩擦压力机等多种形式。经过长期的生产考验，多数相继淘汰，只有双盘摩擦压力机得到广泛应用。

双盘摩擦压力机的一个工作循环包括向下行程、工作行程及回升行程。下面以J53—300型双盘摩擦压力机（图3-41）为例说明其动作原理。

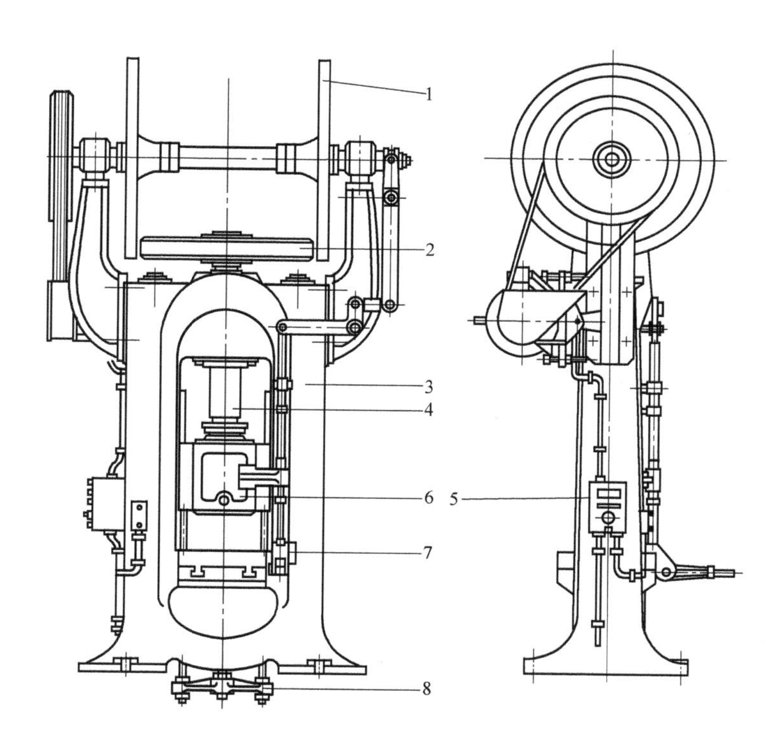

图3-41　J53—300型双盘摩擦压力机

1—摩擦盘　2—飞轮　3—机身　4—主螺杆　5—电器系统
6—滑块　7—操纵机构　8—顶出器

主螺杆4的上端与飞轮2固接，下端与滑块6相连，由主螺母将飞轮—主螺杆的旋转运动转变为滑块的上、下直线运动。电动机经带轮带动摩擦盘1转动。当向下行程开始时，操纵机构7向左推动横轴部件，使右边的摩擦盘1压紧飞轮，搓动飞轮旋转，滑块下行，此时飞轮加速并获得动能。在冲击工件前的瞬间，摩擦盘与飞轮脱离接触，滑块以此时所具有的速度锻压工件，释放能量直至停止。锻压完成后，开始回程，此时，操纵机构推动左边的摩擦盘压紧飞机，搓动飞轮反向旋转，滑块迅速提升；至某一位置后，摩擦盘与飞轮脱离接触；滑块继续自由向上滑动，至制动行程处，制动器（图中未表示）动作，滑块减速，直至停止。这样上、下运动一次，即完成了一个工作循环。滑块的最高点称为上死点，打击时的最低点称为下死点。

3.4.5 液压螺旋压力机

液压螺旋压力机的工作原理与摩擦螺旋压力机基本相同，只是传动装置由液压传动代替机械摩擦传动。

液压螺旋压力机利用液压泵产生的高压液体，通过液压控制系统，作用于做直线运动（液压缸）或旋转运动（液压马达）的液压执行装置上，驱动压力机的工作部分（飞轮、螺杆、滑块）产生上、下运动，在空程加速下降过程中储蓄动能，其中大部分用于锻件成形所需的变形能。与摩擦螺旋压力机相比，液压螺旋压力机具有高效节能的特点，且液压部件由很多标准液压元件构成，易于实现设备大型化。

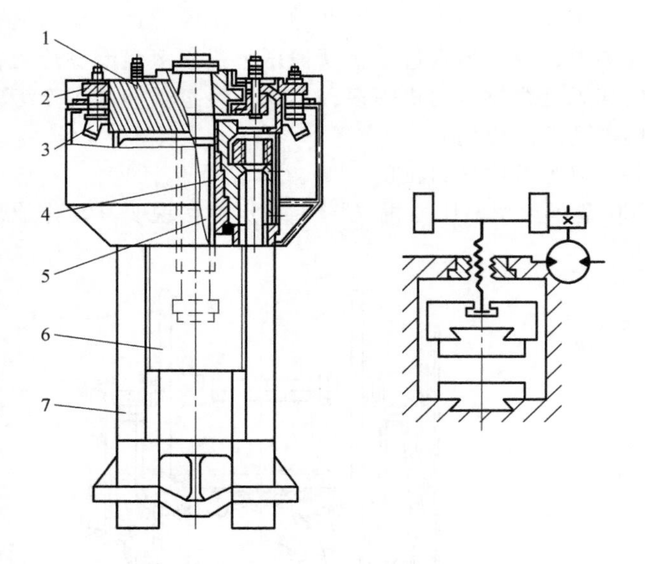

图 3-42 液压马达式液压螺旋压力机

1—飞轮 2—小齿轮 3—液压马达 4—螺母 5—螺杆 6—滑块 7—机身

液压螺旋压力机按传动方式不同主要有液压马达式和液压缸推式。

（1）液压马达式 图 3-42 所示为液压马达式液压螺旋压力机。

工作时，装在上横梁上的液压马达 3 通过齿轮传动带动与之啮合的大齿轮及飞轮 1 旋转，其中飞轮的安装高度大约相当于滑块 6 的行程加小齿轮 2 的厚度。飞轮 1 与螺杆 5 的上端固定连接，当飞轮驱动滑块 6 积蓄足够能量时，液压马达停止旋转；完成锻打后，液压马达反转回程。

（2）液压缸推式 液压缸推式液压螺旋压力机的运动执行部件是液压缸的活塞、活塞杆，液压缸产生的推力推动运动部分产生上、下运动，在向下加速运动中积蓄能量，使锻件得到变形能而成形。这类螺旋压力机的液压推力直接作用于主螺母上，螺旋副接触面比压大，增大了摩擦损失，整机传动效率低。

图 3-43 所示为副螺杆式液压螺旋压力机，采用摩擦因数极低的减摩工程材料作为副螺母，传动效率得到很大提高。副螺母与液压缸、主螺母与机身上横梁均为固定连接，不能运动。副螺杆下端通过联轴器与飞轮连接，飞轮与主螺杆固定连接，主螺杆下端通过推力轴承与滑块连接，副螺杆与主螺杆导程相同。当液压系统提供的液压油进入副螺杆传动部件的上腔而下腔排油时，液压油推动活塞和副螺杆做向下螺旋运动，输出转矩经过联轴器驱动飞轮和主螺杆做同步加速向下的螺旋运动，并带动滑块加速下行，积蓄能量并完成打击；当液压油进入液压缸下腔而上腔排油时，液压油推动活塞和副螺杆做向上螺旋运动，主螺杆也做向上螺旋运动，带动滑块回程。

3.4.6　离合器式螺旋压力机

摩擦、液压、电动螺旋压力机的共同特点是飞轮与螺杆固定连接，飞轮在一个工作循环内经过加速储能、停止（打击锻件后）、反向加速回程、停止（上死点制动）这一过程。打击时飞轮能量释放在锻件、机身、模具上，回程时飞轮能量消耗在制动上。

离合器式螺旋压力机的飞轮与螺杆分开，压力机起动后，飞轮始终保持单向旋转，飞轮与螺杆通过离合器根据锻打需要接合与分离。打击锻件时，离合器接合，飞轮加速螺杆和滑块；锻压锻件时，飞轮降速输出能量；完成锻件变形后，离合器快速分离，电动机驱动飞轮快速恢复到额定转速。图3-44所示为离合器式螺旋压力机结构示意图。

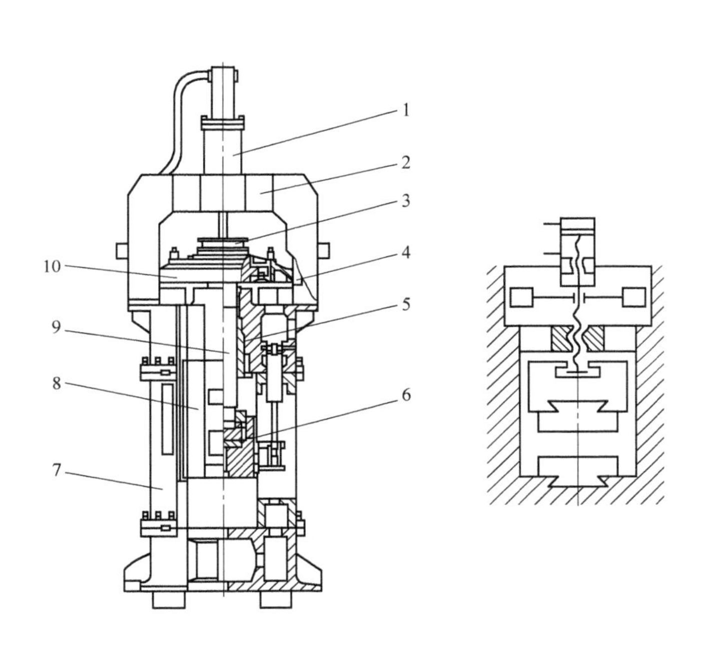

图3-43　副螺杆式液压螺旋压力机

1—副螺杆　2—副螺母　3—联轴器　4—制动器　5—主螺母　6—滑块　7—机身　8—导轨　9—主螺杆　10—飞轮

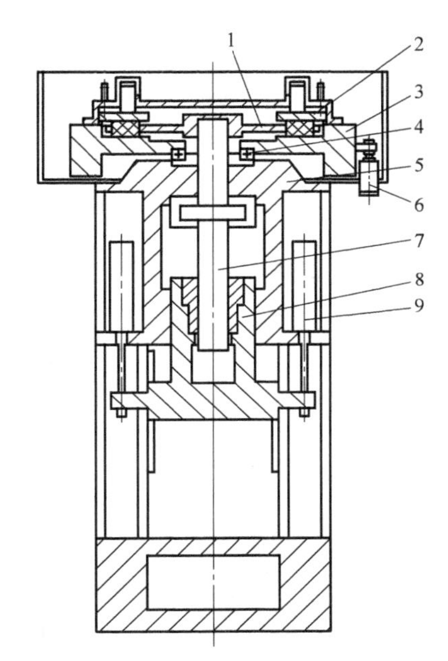

图3-44　离合器式螺旋压力机结构示意图

1—离合器从动盘　2—离合器　3—飞轮　4—轴承　5—机身　6—电动机　7—螺杆　8—滑块　9—回程液压缸

惯性很大的飞轮3通过轴承4支承于机身5的顶部，并在电动机6的带动下朝一个方向以几乎恒定的速度连续旋转。飞轮上安装有离合器2，离合器从动盘1的转动惯量相对较小，与螺杆7固定连接。工作时，控制系统使离合器接合，带动从动盘及螺杆迅速与飞轮同步转动，推动滑块8下行。打击期间，离合器分离，滑块在回程机构（液压缸或液压马达）的作用下回到上死点位置。

离合器式螺旋压力机的飞轮经电动机传动，始终沿着一个方向旋转，由于飞轮与螺杆之间的连接是由离合器完成的，其传动原理近似于热模锻压力机。与其他螺旋压力机相比，离合器式螺旋压力机具有显著特点：有效锻造能量高，有效打击行程长和行程次数高，闷模时间短，可进行偏心锻造和多工位模锻。

3.4.7 电动螺旋压力机

电动螺旋压力机使用电机直接带动飞轮旋转，没有摩擦传动，具有最短的传动链和较高的效率，其结构比其他螺旋压力机简单，因此发展很快。它适用于精密模锻、镦粗、热挤、精整、切边等工艺。电动螺旋压力机目前主要有两类：电机直接传动方式和电机机械传动方式。

（1）电机直接传动方式　直接传动形式中，电机的转子与螺杆轴连为一体。采用专用低速大转矩电机，直接安装在主机顶部，电机转子为螺旋压力机飞轮的组成部分。如图3-45所示，其特点是传动环节少，但要设计低速、大转矩专用电机，螺杆导套磨损后会导致电机的气隙不均匀，影响电机的特性，电机出现故障时不易维修。

（2）电机机械传动方式　电机经齿轮或带传动带动螺杆和飞轮旋转的形式，如图3-46所示。其可采用专门系列的异步电动机、开关磁阻电动机或伺服电动机，维护简单；同时，螺杆导套磨损后不会影响电机的性能。

驱动电机固定在机身顶部，可以为单个电机或多个电机对称分布安装。小齿轮与驱动电

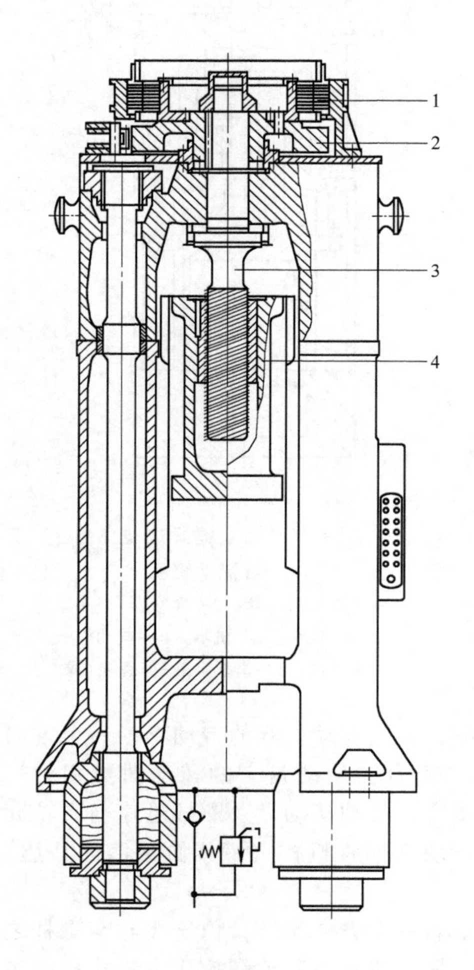

图3-45　电机直接传动方式示意图

1—电机　2—飞轮　3—主螺杆　4—滑块

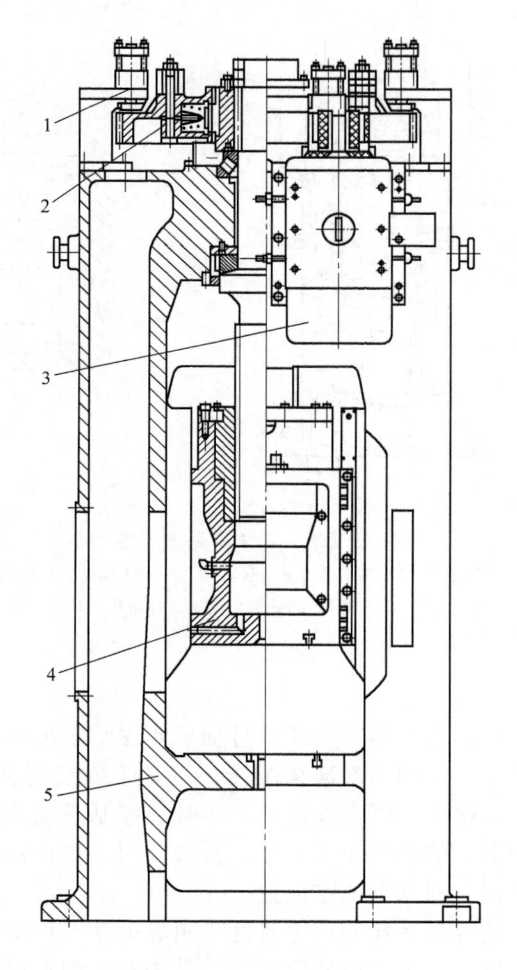

图3-46　电机机械传动方式示意图

1—制动部分　2—飞轮部分　3—电机部分　4—滑块　5—机身

机轴采用摩擦连接，可防止电机超载。电机经小齿轮带动飞轮和螺杆加速旋转，通过螺旋副将螺杆的旋转运动转化为滑块的上、下往复运动。

滑块上装有位移检测装置，可以实时精确测量滑块位移。滑块下行时，飞轮加速。当飞轮加速到预先设定的能量后，固定在滑块上的上模对锻件毛坯加压成形，随即电机反转，带动滑块回程。回程到某一距离后，电机断电，由飞轮储存的能量带动滑块继续上行。此时，电机由电动机状态转变为发电机状态，将飞轮储存的能量转变为电能，如驱动单元配备有能量回收装置，这一部分电能可反馈到电网中，或者采用电阻消耗掉这部分能量。滑块回程到上死点后，制动器制动飞轮，使滑块停止。

从上述工作原理可以看出，电机只有在成形锻件时才工作，无空载损耗，所输出的能量主要用于加速飞轮和主机摩擦损耗，因而电动螺旋压力机的能耗低，效率高。此外，制动器只在飞轮即将停止时才工作，制动能量很小，一方面降低了能量消耗，另一方面可使制动器的制动力矩大大减小。

电动螺旋压力机的工作过程由数控系统控制。在控制系统中可方便设置飞轮能量、滑块行程等主要参数，还可按多模膛锻造要求，预先设置每工步的打击能量，进行程序锻造。机身上安装了测力计，可实时显示成形力，防止主机超载。

3.5　伺服压力机

伺服压力机与传统机械压力机不同，没有飞轮、离合器和制动器，采用伺服电动机驱动、计算机控制，压力机可根据不同的生产需要来设定滑块的运动曲线；滑块位移通过传感器检测，控制系统进行位置、速度的闭环控制，能够始终保证下死点的成形精度；可超低速运行；模具振动小，大大提高了模具的使用寿命；没有离合器、制动部分，节省了电力和润滑油，降低了运转成本。伺服压力机具有复合性、高效性、高精度、高柔性、低噪等特点，能够提高复杂形状零件的成形性能，满足高强度钢板、铝合金板等多种材料的成形加工需求，充分体现了金属塑性成形装备的发展趋势。

3.5.1　伺服压力机工作原理

伺服压力机是一种自由行程压力机，它能根据生产工艺要求自由实现滑块的行程。其基本原理是将伺服电动机的旋转运动通过中间机构转换为滑块的直线运动，由控制系统对压力机滑块的运动实现闭环控制。图3-47所示为伺服压力机滑块的典型运动模式。

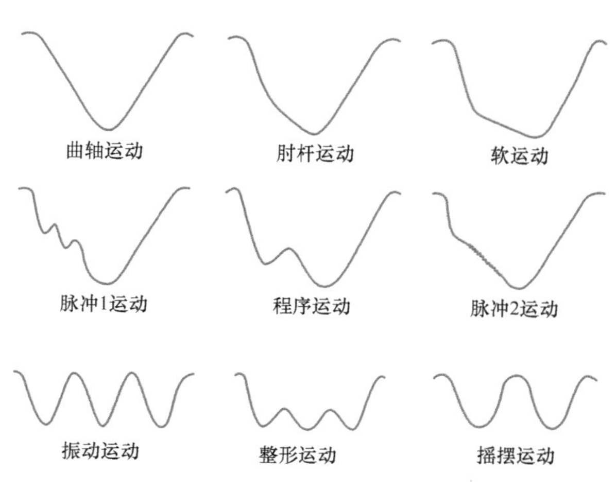

图3-47　伺服压力机滑块的典型运动模式

曲轴运动为典型的通用曲柄压力机的滑块运动曲线，肘杆运动是肘杆传动压力机的滑块运动曲线，软运动是液压机的滑块运动曲线，其他为伺服压力机按不同工艺要求实现的滑块运动曲线。

图3-48所示为曲柄传动伺服压力机的组成及工作原理。与普通曲柄压力机的最大差别是取消了飞轮、离合器和制动器，普通异步电动机改为交流伺服电动机，增加了滑块位移检

测传感器，采用计算机进行控制。控制系统根据工艺要求设定的滑块运动曲线控制伺服驱动器，由伺服驱动器驱动伺服电动机旋转，通过两级齿轮减速带动曲柄滑块机构工作，将伺服电动机的旋转运动转化为滑块的直线运动。控制系统实时检测滑块位移，根据控制算法对伺服电动机的速度、转矩等进行调节，从而实现压力机滑块的位移、速度控制，获得所需要的运动曲线。

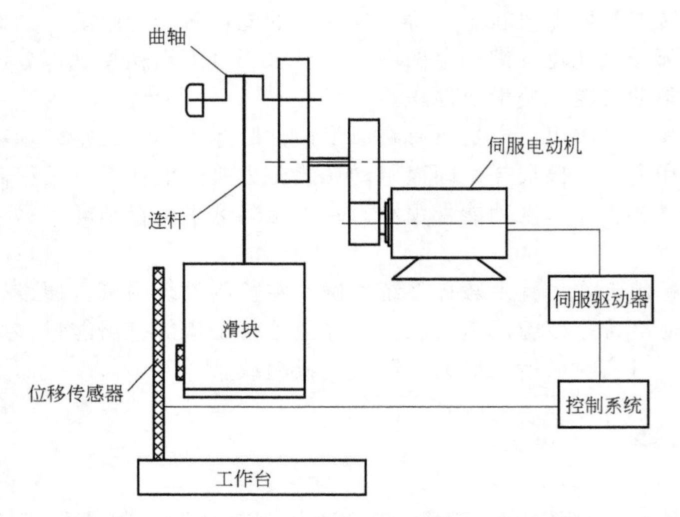

图 3-48　曲柄传动伺服压力机的组成及工作原理

3.5.2　伺服压力机传动结构

根据伺服电动机驱动方式，伺服压力机主传动系统可分为伺服电动机直接驱动执行机构和伺服电动机通过减速机驱动执行机构两种类型。

直接驱动形式的伺服压力机，采用低速、大转矩伺服电动机与执行机构直接连接，无减速机构，传动链短，结构简单，传动效率高，噪声低，但受伺服电动机转矩的限制，直接驱动形式仅适用于小吨位伺服压力机。目前商品化的伺服压力机广泛采用伺服电动机—减速—增力机构的主传动系统，可分为电动机—减速—曲柄连杆、电动机—减速—螺旋、电动机—减速—曲柄—肘杆、电动机—减速—螺旋—肘杆等多种传动结构。采用减速机构和增力机构作为伺服压力机主传动系统可实现高速、小转矩伺服电动机驱动大吨位伺服压力机。

1. 电动机—减速—曲柄连杆传动伺服压力机

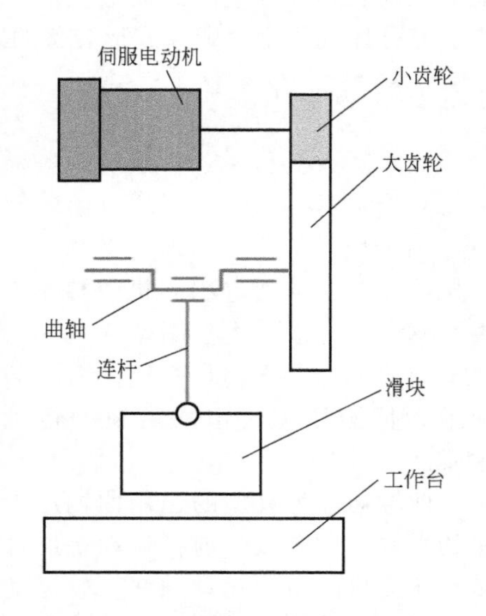

图 3-49　电动机—减速—曲柄连杆传动原理图

如图 3-49 所示，交流伺服电动机经一级齿轮（或同步带）减速后直接驱动曲柄滑块机构，与普通单点机械压力机的传动机构类似。不同之处是取消了飞轮、离合器和制动器，以及缩小了齿轮，是伺服机械压力机前期产品的主要方案。由于减速比不够大、无增力结构，这种传动方式对伺服电动机容量要求较高，因而伺服机械压力机的公称压力较小。

2. 电动机—减速—螺旋传动伺服压力机

如图 3-50 所示，这种机构比较简单。伺服电动机的旋转运动通过传动带传到球形螺杆，球形螺杆的往复运动则带动滑块上、下移动。与液压机一样，在整个行程的任意位置均能产生最大工作压力，滑块的运动柔性高，可以进行各种运动。

工作压力由球形螺杆和伺服电动机共同产生，压力机的吨位受球形螺杆的强度和伺服电动机功率限制。由于重载滚珠丝杠价格高、承载能力有限，工作时电动机需频繁换向；需要精确的同步控制时，采用这种结构的大吨位压力机很难制造。

采用多电动机驱动，可降低单台电动机的成本，一般用于吨位不大的双点伺服机械压力机或折弯机。

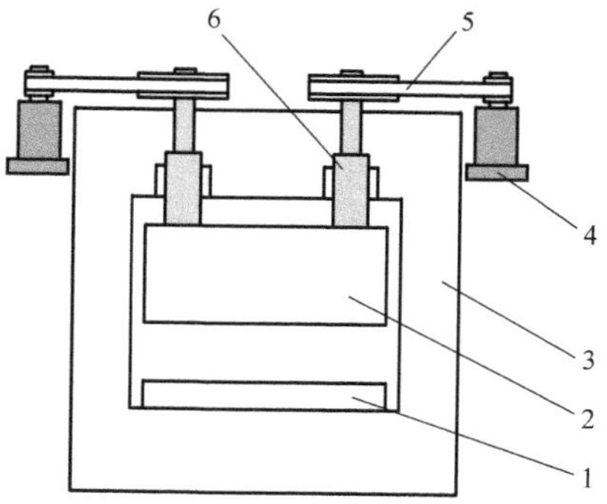

图 3-50 电动机—减速—螺旋传动原理图
1—工作台 2—滑块 3—机架 4—伺服电动机
5—传动带 6—球形螺杆

3. 电动机—减速—曲柄—肘杆传动伺服压力机

如图 3-51 所示，这种驱动机构采用单台伺服电动机，为混合传动机构，伺服电动机通过传动带将运动传给偏心轴，伺服电动机不用反转滑块就能上、下运动。因此，这种结构适合高速连续运转的机器。

伺服电动机经同步带轮、齿轮两级减速后，由曲柄连杆机构将旋转运动转变为移动，再经肘杆机构增力。由于有二级减速和肘杆增力机构，因而降低了伺服电动机的容量。

采用肘杆机构后，压力机具有更好的运动特性和动力特性，因为肘杆（尤其是三角肘杆）机构在滑块的下死点附近具有更好的低速运动特性，可以满足金属材料最大拉伸速度的限制要求；滑块上、下行速度曲线不对称，且具有一定的急回特性，可以适应“快—慢—更快”的成形工艺运动要求，进而降低伺服驱动系统的加/减速要求；具有更优的增力特性，可以降低伺服电动机的容量和成本。该方案在单点压力机上具有良好的发展前景。

4. 电动机—减速—螺旋—肘杆传动伺服压力机

图 3-52 是这种传动方式的一种形式，是一种混合传动机构，伺服电动机的旋转运动通过传动带传到球形螺杆，球形螺杆的往复运动变成连杆机构的摆动，随着连杆的摆动，滑块也跟着上、下运动。这种传动方式具有传动形式 2、3 的优缺点，可以制造出较大吨位的压力机。

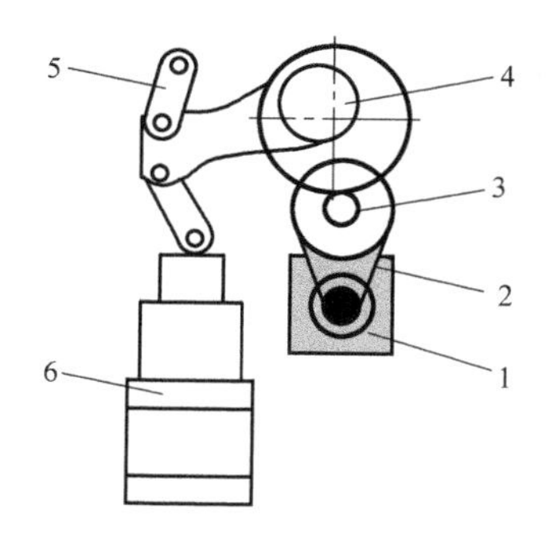

图 3-51 电动机—减速—曲柄—肘杆传动原理图
1—伺服电动机 2—传动带 3—传动齿轮
4—偏心轴 5—连杆 6—滑块

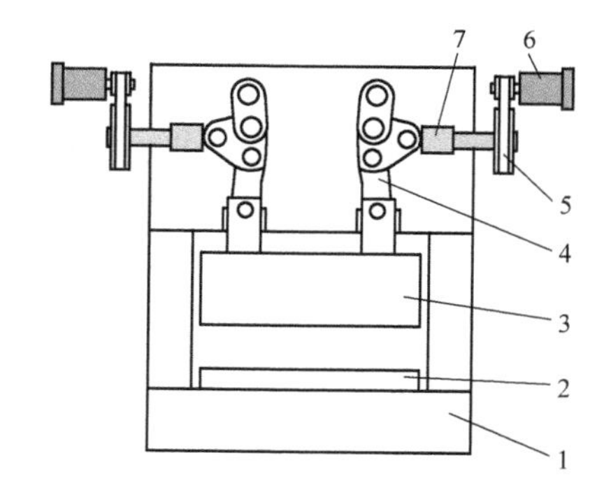

图 3-52 电动机—减速—螺旋—肘杆传动原理图（一）
1—机架 2—工作台 3—滑块 4—连杆
5—传动带 6—伺服电动机 7—球形螺杆

图3-53是这种传动方式的另一种形式。采用两台伺服电动机，分别通过蜗杆驱动同一蜗轮，进而通过重载丝杠螺旋副将蜗轮的转动转变为上滑块的移动，然后利用对称肘杆机构增力后驱动下滑块上、下移动。由于该方案采用两台伺服电动机驱动、蜗轮蜗杆减速、对称肘杆增力，因此单位吨位的电动机容量较低。这种传动形式需要解决重载丝杠的设计、效率、寿命、制造和成本问题；并且传动链较长，增加了制造的复杂性；与下滑块的工作行程相比，上滑块的行程要大得多，从而增加了丝杠的长度，降低了生产率。

采用这种传动方式，可以获得更大的增力比，可以采用多个单元组合，制造大规格的压力机。

图3-54所示为电动机—减速—螺旋—肘杆传动伺服压力机结构。由于采用螺杆传动，传动过程比较柔性，可根据零件拉延深度的不同，实现滑块变行程工作，提高生产率。主传动系统采用肘杆作为增力机构，使得压力机能够提供较大的成形压力，降低对伺服电动机转矩的要求，同时由于肘杆机构自身的特性，使得该结构类型的压力机行程相对较小。

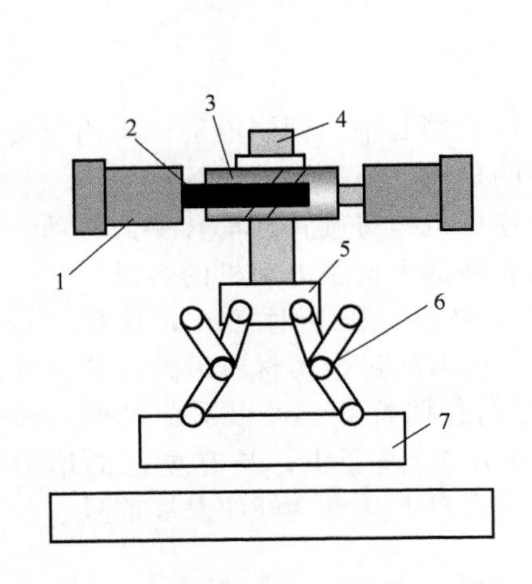

图3-53 电动机—减速—螺旋—肘杆传动原理图（二）

1—伺服电动机 2—蜗杆 3—蜗轮 4—重载丝杠 5—上滑块 6—对称肘杆 7—下滑块

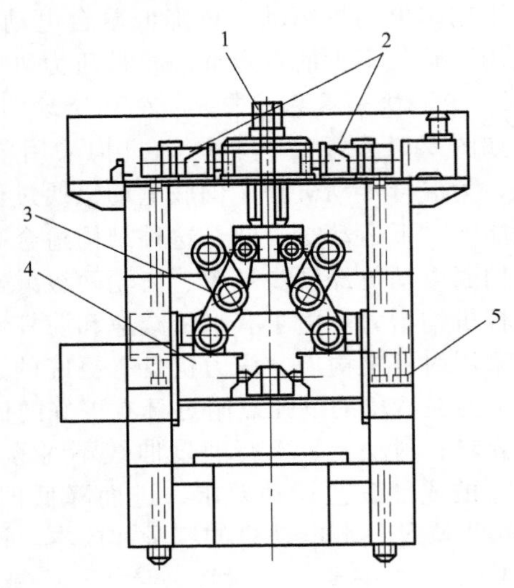

图3-54 电动机—减速—螺旋—肘杆传动伺服压力机结构

1—传动螺杆 2—伺服电动机 3—连杆机构 4—滑块 5—平衡缸

在传统机械压力机设计时，通过加大飞轮的转动惯量和相应的电动机功率即可实现压力机大吨位输出力。而伺服压力机的输出力完全由伺服电动机提供，设计大吨位伺服压力机时要求伺服电动机能够提供较大的输出转矩，因此需要将多台伺服电动机并联以实现多台电动机运动和功率的合成。根据压力机吨位的不同，可以采用2、4台或多台伺服电动机作为动力源，通过机械同步的方式来保证伺服电动机输出运动的同步，进而提高滑块运行精度。

表3-3所列为不同规格伺服压力机主要技术参数。

表3-3 不同规格伺服压力机主要技术参数

项目名称	单位	参数		
公称压力	kN	8000	16000	25000
公称压力行程	mm	7	7	7
滑块行程	mm	600	1000	1100
主电动机台数	台	2	4	4
主电动机功率	kW	100	100	170
工作能量	kJ	280	560	950

3.5.3　伺服压力机特点

目前，各种传动形式的伺服压力机均有市场化的产品，而且更深入的研究仍在继续进行。以复合型交流伺服压力机为例，与常规机械压力机相比，伺服压力机具有以下的明显特点：

1）高生产率。伺服压力机可根据成形工艺要求，自动调整滑块行程，在一个工作循环中，滑块不需要全行程运动，驱动机构仅进行一定角度的摆动来驱动滑块完成成形工艺，最大限度地减少空行程，缩短循环时间，提高生产率，其工作频率不但高于液压机，而且可以高于普通机械压力机。

如图3-55所示，曲柄压力机为定行程压力机，每一次成形时工作行程固定；伺服压力机为自由行程压力机，根据工艺要求设置所需工作行程，空行程减少。

2）高精度。采用位移检测传感器的闭环反馈控制，始终能够保证下死点的精度在一定范围内，从而保证了压力机的闭合高度在生产过程中的精确稳定，提高了产品合格率。另外，滑块运动特性可以优化，如冲压、拉深、弯曲及压印时，适当的滑块曲线可减少毛刺、回弹，提高产品精度。图3-56所示为伺服压力机无毛刺冲裁运动曲线。

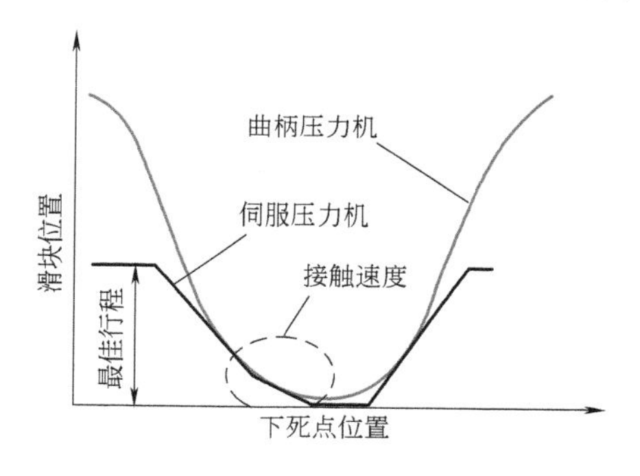

图3-55　伺服压力机与曲柄压力机行程曲线比较

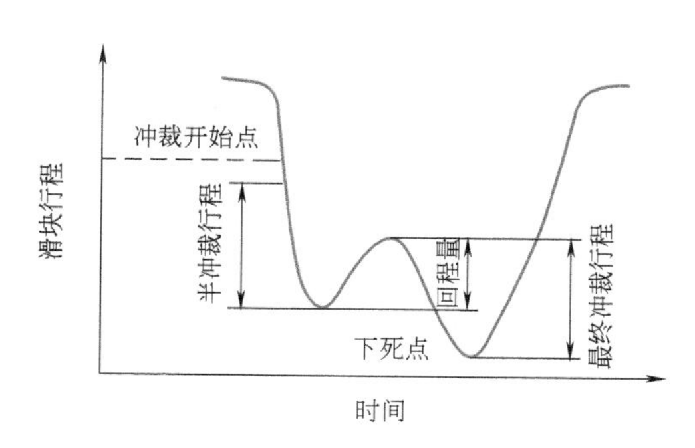

图3-56　伺服压力机无毛刺冲裁运动曲线

3）低噪声。可以设计出特殊的工作特性曲线，控制冲裁时冲头的速度，从而减小冲裁的振动和噪声，提高模具使用寿命。如图3-57所示，伺服压力机采用不同的运动曲线，冲裁噪声比常规曲柄压力机可降低10dB以上；又由于没有空转，不工作时可以完全没有噪声。

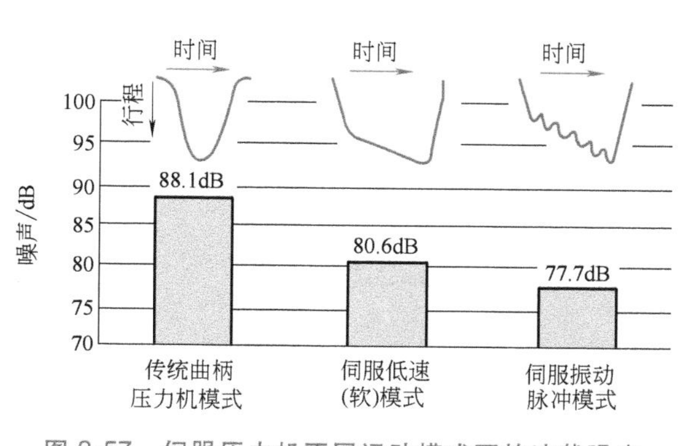

图3-57　伺服压力机不同运动模式下的冲裁噪声

4）高柔性。由于采用伺服电动机驱动，伺服电动机可以正转、反转，并且转速、距离都能控制，伺服压力机的滑块运动曲线不再仅仅是正弦曲线，而是可以根据工艺要求进行优化设计的任意曲线，由控制系统控制伺服电动机实现所需要的工艺曲线。例如，可以在控制器中预存适于冲裁、拉深、压印、弯曲等工艺以及不同材料的特性曲线，使用时根据不同工艺、不同材料调用不同曲线。这就大大提高了压力机的加工性能，扩大了加工范围。其加工性能完全可以与液压机相媲美。

5）节能。由于伺服压力机没有传统的飞轮、离合器，驱动部分部件少，压力机不工作时伺服电动机停止动作，没有传统压力机的空转能耗、离合制动能耗和机械磨损，润滑油的消耗量也极少，运行成本大幅降低，是一种环保节能型压力机。

虽然伺服压力机具有一系列显著优点，但伺服压力机需要大功率伺服电动机、驱动单元和功能驱动部件，现阶段价格昂贵，制约了伺服压力机的推广应用。

3.5.4 伺服压力机控制系统

2000kN多连杆伺服压力机采用伺服电动机—蜗轮蜗杆减速机—传动螺杆—多连杆增力机构的结构形式。如图3-54所示，多连杆增力机构由上连杆、侧连杆和三角肘杆三部分组成。工件加工时，伺服电动机通过蜗轮蜗杆减速机驱动传动螺杆旋转，推动螺母向下运动，带动多连杆增力机构，滑块下行；工件加工完成后，伺服电动机反向旋转，螺母向上运动，滑块快速回程，最终停止在用户设定位置。

控制系统硬件结构采用上、下位机模式，上位机采用工业控制计算机，下位机采用西门子高性能运动控制器，如图3-58所示。

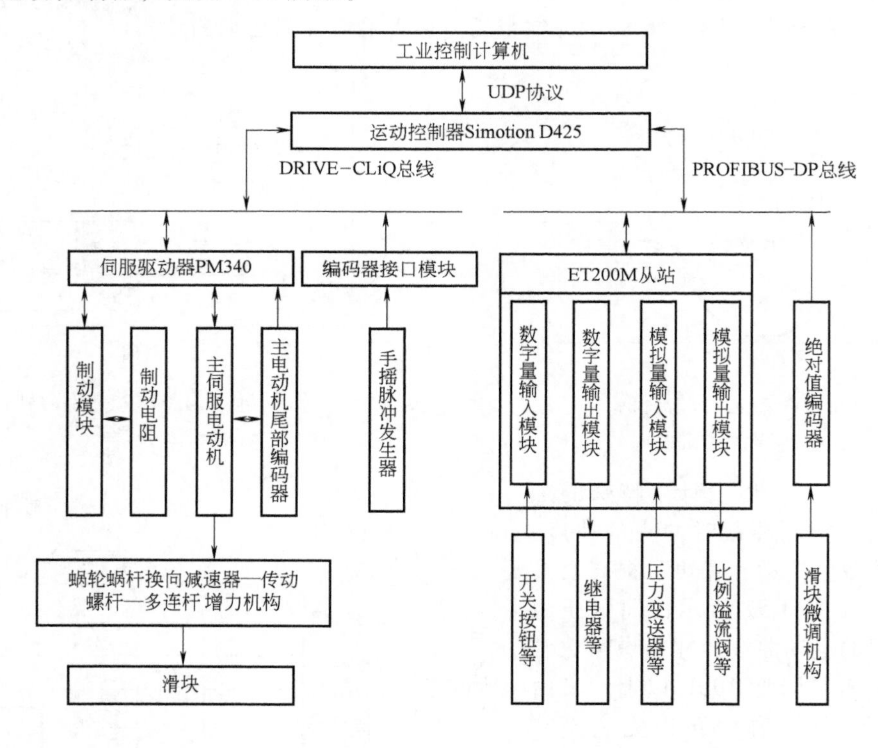

图3-58 2000kN多连杆伺服压力机控制系统硬件结构

通过DRIVE-CLiQ协议，主控制器与功率模块、主电动机尾部编码器、编码器接口模块、制动模块连接到一起，可实时获取伺服电动机运行过程中的各种参数，如位移、速度、力矩等。伺服驱动器通过外接制动模块和制动电阻实现伺服电动机的快速制动。手摇脉冲发生器用于精确调整滑块位移，通过编码器接口模块接入控制系统。除主传动系统外，系统还配有多种辅助系统：如滑块微调机构用于调整安装模具时的装模高度；稀油润滑站和干油润滑站用于满足机身各部位的润滑需求；液压平衡缸系统用于平衡滑块和上模的重量；液压垫系统用于控制拉延成形时的压边力和顶件力；安全光栅系统用于确保滑块运行时一旦有异物进入运行区域马上反馈信号给控制系统，以便安全停机；移动操作台提供双手按钮和急停按钮方便用户操作等。

通过PROFIBUS-DP协议，主控制器与ET200M从站、绝对值编码器连接，从站上有I/O、A/D、D/A模块。I/O模块用于获取操作面板上按钮、档位开关、滑块及其微调机构的上下限位开关、移动操作站的双手按钮、急停按钮、安全光栅输入等，控制继电器、交流接触器、指示灯、蜂鸣器等外部信号输出。A/D模块用于获取稀油润滑站中温度变送器、压力变送器信号等。D/A模块通过比例阀放大器控制比例溢流阀，可根据不同位移实时调整压边力的大小。绝对值编码器用于测量滑块微调机构的位移量。配套辅助系统采用模块化功能设计，可以根据用户的具体需求选配，方便扩展或者裁减某些功能，具备高度的灵活性。

2000kN多连杆伺服压力机控制系统软件结构如图3-59所示。上位机软件基于Windows平台，采用C语言开发。

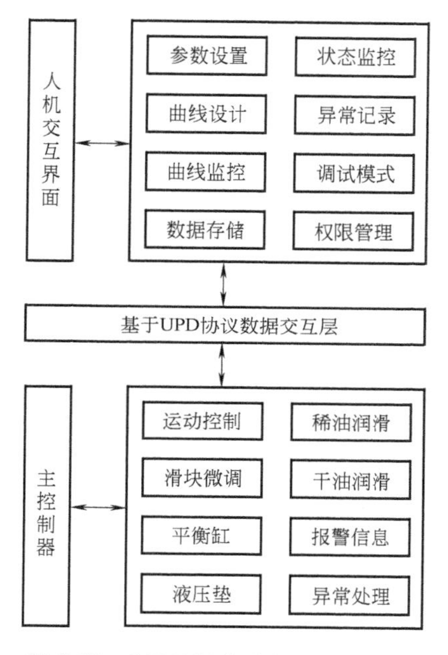

图3-59 2000kN多连杆伺服压力机控制系统软件结构

参数设置包括设定滑块的运行速度和软限位位置、液压平衡缸系统压力、保压时间等。曲线设计包括滑块速度-位移曲线设计和液压垫位移-压边力曲线设计等，满足用户不同的工艺需求，并具备曲线的导入导出功能。

曲线监控可以实时监测滑块运行过程中位移、速度、伺服电动机力矩等信息，并支持数据存储，便于后续的数据分析。

状态监控显示目前的加工模式和程序的运行状态等。

异常记录保存一次开关机过程中，设备的报警信息和错误信息。系统提供权限管理功能，普通用户只能修改低权限参数，对高级用户开放更多的参数和权限，可以进入调试模式进行设备维护等。

下位机软件采用ST语言开发，根据被控对象划分不同的功能模块。

运动控制模块根据上位机传递下来的指令信号，曲线插补后控制主伺服电动机完成自定义曲线运动等。

滑块微调模块控制三相交流异步电动机的正、反转，经过传动机构实现微调机构的上、下运动，并获取绝对值编码器的数值测量微调机构的位移量。

平衡缸模块负责液压平衡缸系统的加压、卸压和压力调整，并获取压力变送器的数值测量压力大小。

液压垫模块根据上位机传递下来的位移-压边力曲线，获取位置信号并输出模拟量，经过比例阀放大器控制比例溢流阀，达到控制压边力的目的。

稀油润滑模块负责开机后起动液压站中的油泵电动机，并获取温度、液位、压差等信号。

干油润滑模块负责定时控制24VDC干油润滑电动机。

报警信息模块记录程序运行过程中的报警信息，并反馈到上位机软件。当设备出现紧急停机、滑块行程超限等错误时，通过异常处理模块重新让设备恢复到正常运行状态。

上、下位机之间基于UDP协议通信。上位机将需要传输的不同类型数据组装成数据帧，发送给下位机，下位机接收到数据后，根据数据帧协议解析出不同类型的数据，传递给控制变量。同样，下位机每隔 3 ms 采集一次滑块位移、速度、伺服电动机力矩参数，每隔 30ms 发送一帧数据（包含 10 次采集到的批量数据）给上位机，用于实时曲线监控。

2000kN 多连杆伺服压力机操作界面如图 3-60 所示，在软件界面中输入滑块速度-位移曲线的特征参数，如滑块下行时合模位置、合模速度，滑块回程时分模位置、分模速度，控制系统软件自动生成控制参数，由主控制器完成滑块的位移、速度控制，获得所需要的滑块运动曲线。

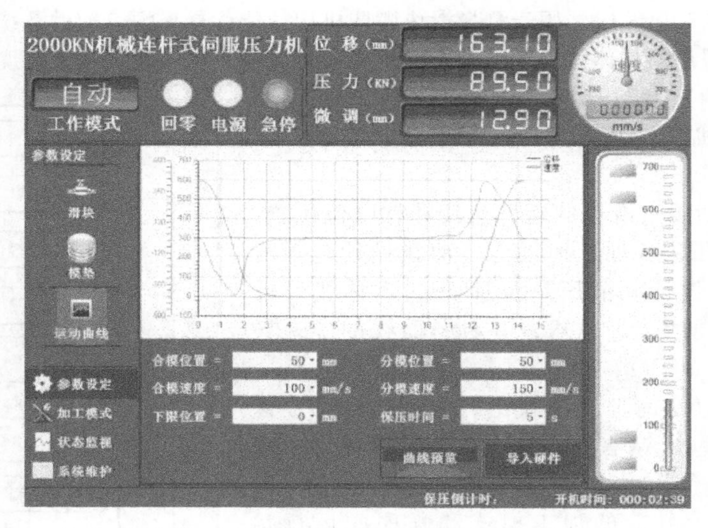

图 3-60 2000kN 多连杆伺服压力机操作界面

3.6 其他塑性成形装备

3.6.1 数控电液锻锤

锻锤是一种利用气压或液压等传动机构使落下部分（活塞、锤杆、锤头、上砧/上模）产生运动并积累能量，在极短时间内施加给锻件，使之获得塑性变形能，完成各种锻压工艺的装备。

锻锤的规格通常以落下部分的质量来表示，其性能参数应为打击能量。锻锤是一种冲击成形设备，工作过程中各主要零部件承受冲击载荷，并有振动传向基础和周围环境。

锻锤作为问世较早的锻压装备，迄今已有一百多年的历史。尽管各种锻压成形新工艺、新装备不断涌现，但锻锤由于具有结构简单、操作方便、成形速度快、适应性强、投资少等优点，至今仍然广泛应用。特别是数控锻锤的出现，使锻锤在现代锻造工业发展中又一次得到了复兴。锻锤打击速度快，特别适合于要求高速变形来充填模具的场合，以及锻造温度范围窄的难成形金属的自由锻造成形。

传统的蒸汽—空气锻锤具有能耗大、热效率低、振动噪声大和工作环境差等缺点，并且与之配套的蒸汽动力站又带来污染环境、浪费水资源等问题。因此，蒸汽—空气锻锤已逐渐被淘汰或被改造为电液锻锤。

电液锻锤从驱动介质及动作原理上可分为两类：一类是以进油打击方式工作的全液压锻锤；一类是以放油打击方式工作的液气锤，但全液压锤在逐渐代替液气锤。

前者工作缸有杆腔始终通恒定的液压油，当液压油进入无杆腔时，有杆腔与无杆腔同时接通实现差动，锤头在自重及差动油压作用下快速下降，实现打击。打击后，无杆腔与回油口接通，同时与有杆腔的通路被切断，锤头在有杆腔液压油作用下迅速回程。采用此原理的全液压锻锤，具有回程速度快、无回弹连击、无闷模现象、打击频率高等优点，主要应用于模锻电液锤。

后者工作缸无杆腔充有一定量的压缩气体，当液压油进入有杆腔时，无杆腔气体被压缩，锤头被迫回升；当有杆腔与回油口接通排油时，无杆腔内的压缩气体膨胀，锤头在自重及膨胀气体的作用下，实现快速下降运动。以此方式工作的液气锤，由于回程信号必须在打击完毕后方能发出，因而易出现闷模时间长、回弹连击等现象。同时，由于无杆腔压缩气体作用，回程阻力增大，回程速度减慢，打击频率不高，因而这类液气锤一般用于自由锻电液锤。

按打击系统结构也可分为两类：一类是对击锤，又称为无砧锤；一类是有砧锤。对击式液压锤，锤头在锤身的内导轨中间运动，锤头与机身质量成一定比例，打击时，机身、锤头相向运动并且动量相等，机身上跳量很小。采用此结构，无须庞大的砧座，对基础的冲击大大降低，一般用于模锻锤。自由锻锤与利用原有蒸汽—空气锤的锤身、砧座进行换头改造成的电液锤均为有砧锤。

1．数控液压模锻锤的组成

图 3-61 所示为全液压数控模锻锤的组成，液压动力头由液压缸、主液压泵、电动机、主控阀、油箱等组成。锤杆为液压缸的活塞杆，锤杆下部连接锤头，锤头在液压缸的驱动下带动锤杆在机身导轨导向下运动，工件在安装于锤头下部的上模和砧座上的下模之间成形。整个机身通过隔振器安装在基础上。

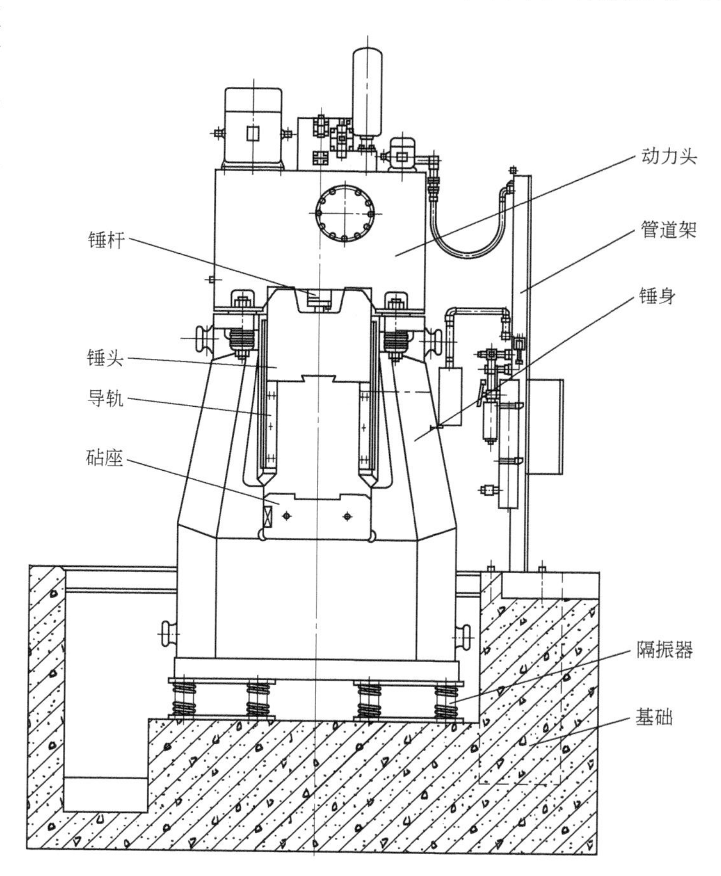

图 3-61　全液压数控模锻锤的组成

2．数控液压模锻锤的工作原理

液压模锻锤由液压力将锤头提升，并快速释放，产生动能，使锻件成形，这一工作由集成式的液压动力头来完成。图 3-62 所示为 CHK 型液压数控模锻锤液压动力头工作原理。

锻锤未打击时，充油阀 2 得电关闭，主液压泵 1 输出的油液经单向阀 6 储存在蓄能器 9 中。当油液压力达到压力继电器 5 设定的工作压力时，压力继电器发信号，充油阀 2 失电，主液压泵卸荷。

当控制系统发出打击命令时，打击阀 Y1、充油阀 Y2 得电，蓄能器和主液压泵输出的液压油同时经打击阀进入液压缸的无杆腔，同时有杆腔的油液经液动阀 11 也排入无杆腔，来自液压泵、蓄能器和有杆腔三部分的液压油进入油缸上腔，实现落下部分加速向下和打击行程。

打击阀 Y1 的得电时间由控制器控制，一旦 Y1 失电，无杆腔的油即通过打击阀排入小油箱，有杆腔进液压油，实现锤头回程。

当需要锤头慢下（如对模、装模）时，可通过点动排油阀 Y3 实现；当需要锤头慢上时，可通过点动充油阀 Y2 实现。

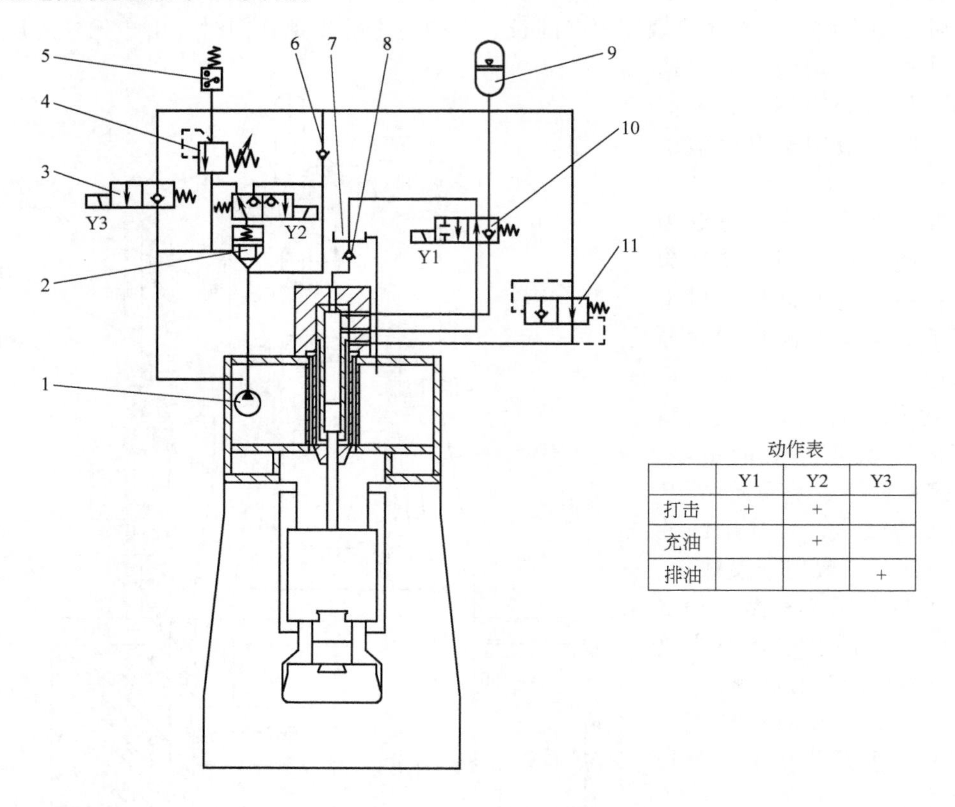

动作表

	Y1	Y2	Y3
打击	+	+	
充油		+	
排油			+

图 3-62 CHK 型液压数控模锻锤液压动力头工作原理

1—主液压泵 2—充油阀 3—排油阀 4—安全溢流阀 5—压力继电器
6—单向阀 7—小油箱 8—充液阀 9—蓄能器 10—打击阀 11—液动阀

3. 数控液压自由锻锤组成及工作原理

数控液压自由锻锤采用电液伺服系统控制，其组成及工作原理如图 3-63 所示。控制锻锤液压缸 2 上腔进、排液的浮动阀 3 为三位三通带锥面密封的大通径滑阀，伺服阀 6 与伺服液压缸 4、位移传感器 5 组成闭环控制系统，控制伺服液压缸 4 动作，伺服液压缸 4 驱动浮动阀 3 以不同的速度、不同的位移动作，从而实现锻锤打击、回程、停止、轻锤、重锤以及不同频次打击动作。

3.6.2 数控板料折弯机

板料折弯机是使用弯曲模具对板料进行弯曲的专用装备，广泛应用于电器开关、仪器仪表、电子、机械等行业。

板料折弯机按驱动方式分为机械板料折弯机、液压板料折弯机和伺服电动机直接驱动板料折弯机。目前，液压板料折弯机在市场上占据绝对地位。

折弯机上进行板料弯曲的方式有自由折弯和三点折弯两种，如图3-64所示。

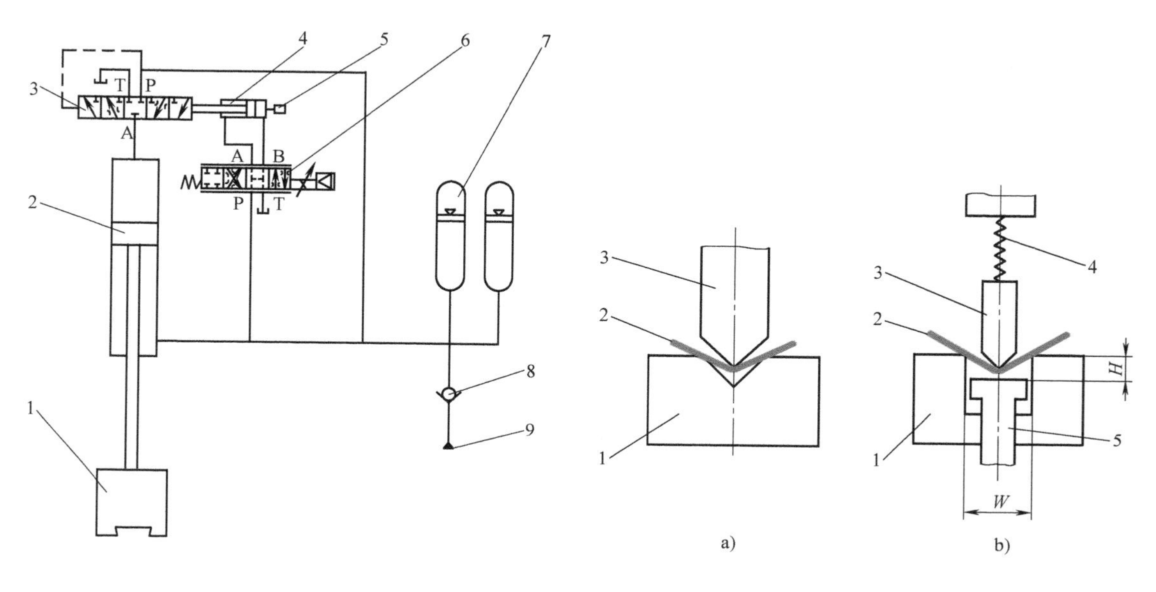

图3-63　液压数控模锻锤控制流程

图3-64　自由折弯与三点折弯

a）自由折弯　b）三点折弯

1—下模　2—板料　3—上模　4—弹性垫　5—活动垫块

（1）自由折弯　板料放置在下模上表面，折弯机滑块带动上模下行，通过控制上模进入下模的深度，从而得到不同的折弯角度，一副模具可以折弯多种角度。自由折弯模具简单，通用性好，但板料厚度的不均匀性、机械性能等对折弯角度造成影响，折弯回弹较大，且对于延伸性能不好的板料容易在折弯区域外侧产生裂纹。

（2）三点折弯　调节下模的底板高度尺寸，即确定了上模进入下模的下压量。折弯时板料与模具存在三个接触区域，其中板料与上模顶端和下模底板的接触区域，使中性层外侧由自由折弯时的拉应力转变为压应力，不易产生裂纹，且折弯回弹量减小，板料的厚度偏差对折弯角度影响很小，但是滑块上模液压垫及下模深度调节机构复杂，成本较高。

目前，绝大多数折弯机上采用自由折弯。

板料折弯机滑块宽度尺寸较大，一般采用左、右两个液压缸同步驱动滑块运动。折弯机的同步驱动系统保证两个液压缸在滑块运动过程中能够精确地同步；滑块的定位控制系统控制上模进入下模的压下量，保证折弯角度准确。在自由折弯方式下，同步驱动系统和滑块定位控制系统是影响折弯角度及折弯件质量的关键因素。

折弯机滑块的同步系统和定位控制方式有多种：①扭轴同步系统和机械挡块定位控制；

②机液伺服同步系统和机械挡块定位控制；③电液伺服同步系统和全闭环定位控制；④全电动伺服同步系统和定位系统等多种。采用电液伺服同步系统和全闭环定位控制这种方式，使折弯机结构简化，同步定位精度不受系统压力、机架变形等因素的影响，具有滑块运动平稳、无冲击、易于数控化等优点，其同步精度显著高于扭轴同步系统的板料折弯机，也高于机液伺服同步系统的板料折弯机，是目前使用最多、应用最广泛的同步系统和定位方式。

1. 数控液压板料折弯机结构

数控液压板料折弯机多采用上传动，主机结构如图 3-65 所示。整体机架由厚钢板焊接而成，主要由左、右两块立板组成，具有足够的刚度与强度，两个液压缸安装在左、右两侧，用来驱动滑块及固定在上面的上模做上、下往复运动，下模固定在工作台上。

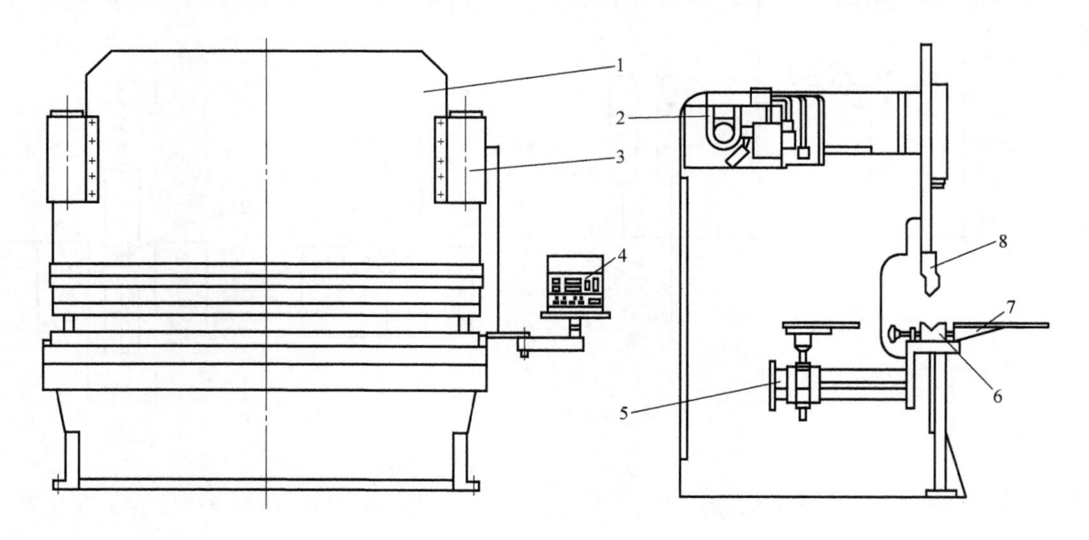

图 3-65 数控液压板料折弯机的主机结构

1—滑块 2—液压系统 3—液压缸 4—操作面板 5—后挡料装置 6—下模 7—托架 8—上模

在机架后侧安装有后挡料装置，用来实现板料折弯处的精确定位。在折弯过程中，后挡料装置调整频繁，其定位精度直接影响工件折弯边的尺寸精度。数控折弯机中的后挡料装置采用交流伺服电动机驱动，由数控系统控制后挡料的定位精度。

折弯机工作时两个液压缸在滑块的两端进行加压，滑块中部会产生向上的挠度，造成上模进入下模的深度在折弯工件全长上不一致，直接影响折弯工件的直线度。多数数控折弯机上设有挠度补偿装置。普遍采用的方法是在工作台中间设置辅助液压缸或机械楔块，在折弯时，对工作台自动产生相应的向上压力，形成挠度自动补偿系统，克服滑块的挠度变形影响，提高工件的质量。

2. 数控板料折弯机液压系统

数控板料折弯机的滑块同步系统和定位控制方式普遍采用电液伺服同步系统和全闭环定位控制。液压系统工作原理大同小异，国外著名的液压元件厂商都可以提供配套的折弯机液压集成系统，图 3-66 所示为数控板料折弯机液压系统工作原理。

滑块两侧分别安装有直线光栅尺，用来检测滑块两端的位移；采用两个比例换向阀分别控制进入液压缸的流量，由数控系统进行全闭环控制，实现滑块的同步速度控制和精确定位控制。

液压系统的工作过程如下：

1）快降。控制系统给定比例换向阀6（YA1、YA3）信号，电磁换向阀8（YA5、YA6）得电，液压缸下腔油液经电磁换向阀8、比例换向阀6排回油箱，滑块由于自重快速下降；液压泵油液经比例换向阀6、单向阀10进入主缸上腔；同时，电磁换向阀5（YA7）得电，充液阀11打开，油箱油液通过充液阀进入液压缸上腔，对主缸进行充液。

2）工进。控制系统按所加工板料需要的折弯力调节比例溢流阀4的输出信号，控制折弯机的折弯力；电磁换向阀5失电，充液阀11关闭；电磁换向阀8失电，主缸下腔油液经背压阀9、比例换向阀6排回油箱，液压泵油液经比例换向阀6、单向阀10进入主缸上腔，推动主缸按工进速度下行。控制系统通过控制比例换向阀的给定信号，从而控制阀口开启幅度来控制流入主缸的液体流量，得到滑块的不同工进速度。

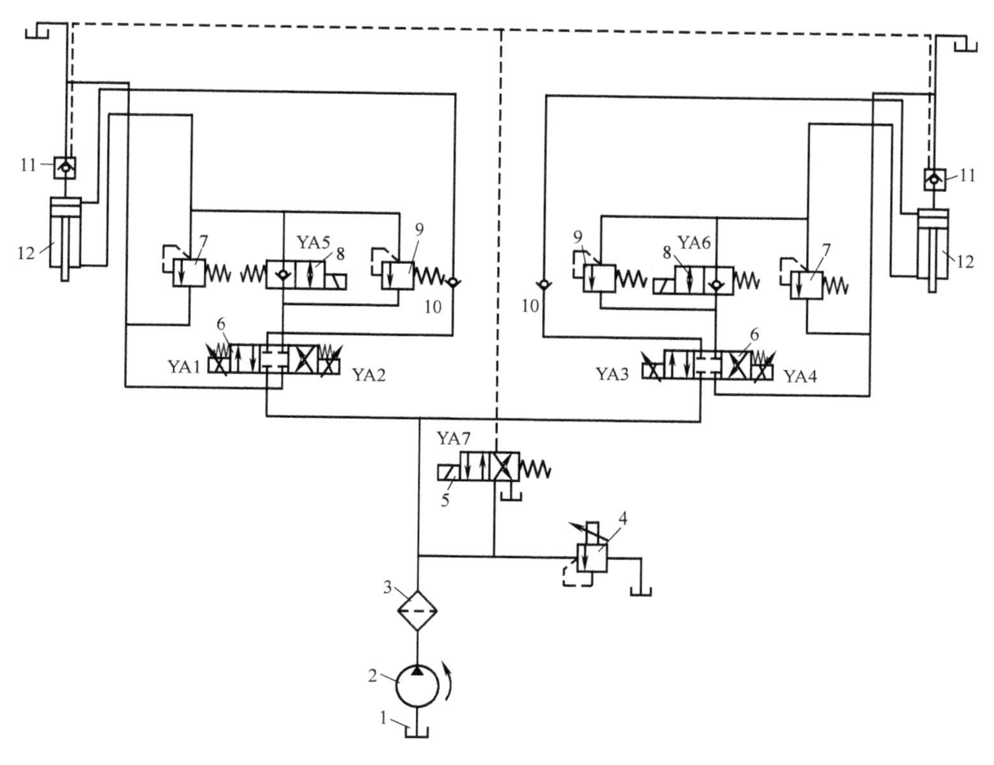

图3-66 数控板料折弯机液压系统工作原理

1—油箱 2—液压泵 3—过滤器 4—比例溢流阀 5、8—电磁换向阀
6—比例换向阀 7—安全阀 9—背压阀 10—单向阀 11—充液阀 12—液压缸

3）保压。当滑块到达设定下给定点后，比例换向阀6关闭，液压缸上、下腔的液流通路被切断，滑块停止在控制系统设定位置。

4）卸荷。保压过程结束后，比例换向阀6的比例电磁铁（YA2、YA4）给定小电流，液压缸上腔压力通过比例换向阀6的微小开口进行卸荷，同时少量的油液进入液压缸下腔，推动滑块微量上行。

5）回程。控制系统调整比例溢流阀的信号，使其保持回程所需工作压力；同时，调节比例换向阀6的比例电磁铁（YA2、YA4）信号，液压油经过比例换向阀6、电磁换向阀8进入液压缸下腔，电磁换向阀5得电，充液阀11打开，液压缸上腔的液压油经充液阀11回油箱，滑块快速回程。

不同动作过程电磁铁动作见表 3-4。

表 3-4 不同动作过程电磁铁动作

	YA1	YA2	YA3	YA4	YA5	YA6	YA7
快降	+		+		+	+	+
工进	+		+				
保压							
卸荷		+		+			
回程		+		+			+

注：“+” 表示通电，比例电磁铁通电时电压在 0~10V 之间。

3. 数控液压板料折弯机控制系统

控制系统是数控液压板料折弯机的核心部件，是决定整台折弯机性能和成本的关键因素。目前，国内绝大多数折弯机的数控系统都是购买国外产品，如荷兰 Delem 公司的 DA 系列系统、瑞士 Cybelec 公司的 DNC 系统、比利时 LVD 公司的 CADMAN 系统等。虽然控制系统由不同的公司开发，但控制系统的结构、系统功能、操作方式等基本相近。

图 3-67 所示为基于华中 8 型系统的数控液压板料折弯机控制系统结构框图。数控装置 HNC-818C 与 I/O 单元通过总线通信，其中 IPC 单元是数控装置的核心控制单元，属于嵌入式工业计算机模块，采用 CF 卡存储程序，具有 USB、RS232、LAN 和 VGA 等 PC 标准接口。

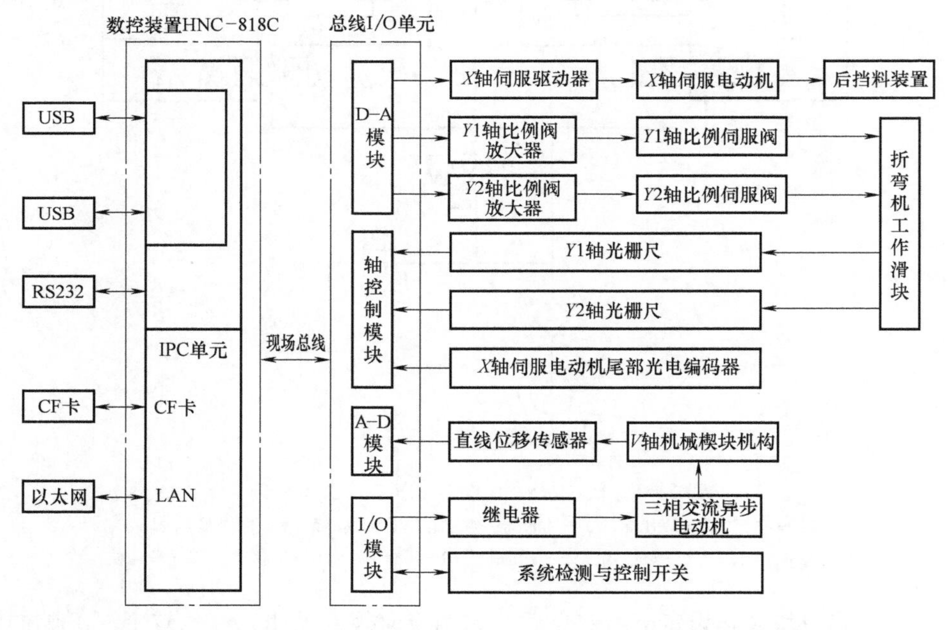

图 3-67 基于华中 8 型系统的数控液压板料折弯机控制系统结构框图

液压板料折弯机滑块两边的液压缸分别为 $Y1$、$Y2$ 轴，各装有一套检测滑块位移的光栅尺，控制系统通过轴控制模块获取两套光栅尺的位置信息，反馈给控制系统进行比较，再由控制系统分别计算出比例阀的控制电压，通过 D/A 模块输出给比例阀放大器调整阀口开度，控制比例阀的输出流量，从而实现两个液压缸的运动速度同步和下给定点的精确定位，属于全闭环控制。

后挡料装置为 X 轴，由交流伺服电动机驱动，采用速度控制模式，通过轴控制模块获取伺服电动机尾部光电编码器的位置信息，反馈给控制系统计算出控制电压，通过 D/A 模块输出给伺服驱动器，实现后档料装置的定位，属于半闭环控制。

工作台挠度补偿采用机械楔块补偿方式，通过 I/O 模块控制继电器，实现三相交流异步电动机正反转运动，达到直线位移传感器（通过 A/D 模块采集电压，换算成位移）的设定值后停止运动。

折弯机系统中的接近开关、按钮、输出控制指示灯等信号采用通用的 I/O 模块获取。

控制系统软件在 Windows 平台运行，控制系统的核心算法基于 WDM 设备驱动程序开发，运行在操作系统的核心态。系统采用 1ms 的硬件中断，在每个中断周期处理过程中，通过现场总线在上行数据区获取 I/O 单元反馈、数字量输入、模拟量输入等信息，经计算处理后，将控制指令写入到下行数据区的数字量输出和模拟量输出区域中，最后发送总线 I/O 单元执行。

控制系统的关键技术是 *Y* 轴同步控制算法。滑块位置信号由两侧光栅尺反馈给控制系统，再由控制系统根据控制算法控制比例阀的阀口开度，调节液压缸进油量的多少，实现 *Y*1 和 *Y*2 轴的同步运行。

Y 轴同步控制有主从结构和并行结构两种方式。主从结构即是两个 *Y* 轴一个为主动轴，一个为从动轴，从动轴的运动规律根据主动轴的运动规律变化而变化。两个驱动轴接收同一位置指令，系统实时检测主从轴的位置，计算偏差，通过不断调整从动轴的输出指令，实现从动轴与主动轴同步。并行结构是两个轴同时接收独立的控制指令，并在规定的控制误差范围内按各自的运动规律运动，两个轴独立驱动，互为主从，在一定的控制策略下，系统具有较强的抗干扰能力。

目前，数控板料折弯机一般配有工艺软件。工艺软件的主要功能包括：材料数据库、机床参数、图形编程、数据编程、自动工序规划、干涉检测、3D 几何仿真等；对折弯工艺参数，如 *Y* 轴下压量（考虑回弹补偿和减薄）、*X* 轴目标位移和退让距离、折弯力、毛坯展开长度、*V* 轴挠度补偿计算、角度校正数据等进行计算；对折弯工艺进行优化，对折弯过程进行模拟等。

3.6.3 数控转塔压力机

数控转塔压力机（也称为数控冲模回转头压力机）是一种通用、高效、精密的冲压装备，是金属板料冲压加工中的一种重要装备，具有高效率、高精度、高自动化、生产成本低、自动换模、柔性化、适用于多品种和中小批量生产等特点，近十年来得到迅猛发展，国内外生产数控转塔压力机的主要厂商大约有数十家，其产品在国内市场得到广泛应用。

数控转塔压力机按床身形式、控制轴数、模具库、主传动方式等可以划分成不同的类型。数控转塔压力机按床身形式可分为开式 C 形或 J 形、闭式 O 形；按控制轴数可分为三轴、四轴或五轴；按模具库可分为转塔式、刀库式、直列式、阵列式；按主传动方式可分为机械式、液压式、伺服式。

1. 数控转塔压力机工作原理及特点

数控转塔压力机是利用数控技术来进行板料的送进、定位以及模具的选择，对需冲制零件上的各种形状和尺寸的孔分步骤冲压，直至完成。数控转塔压力机的冲头与工作台之间有一对可以储存若干套模具的转塔（即回转头，可作为模具库使用）；待加工的板材被夹钳夹持，并沿 *X*、*Y* 轴方向移动；工作时根据冲制零件所编制的计算机程序，使板材在 *X*、*Y* 轴方向移动和定位，并可任意选择转塔盘上的模具进行自动冲压。它与普通压力机的冲孔工艺不同，后者是在压力机上装一副模具，在一批板料上把与模具相对应的孔冲完，再换另一副模具，冲另外一种孔，依此循环，直至冲完所有的孔。这种冲孔法虽然不用重新制造全套模具，但是板材上下搬动次数较多，换模时间长，劳动强度大。如果在数控冲模回转头压力机上冲孔，只要装夹一次板料，就能把其上的孔全部冲出。其冲压方式是：当一种孔冲好后需要换模时，压力机将装于上、下转塔盘中的另一副模具转至冲头下，移动工作台带动板料移到所冲位置即可冲孔（图 3-68 中孔 1）。另外，还可利用组合冲裁法冲出较复杂的孔（图 3-68 中孔 2、3 等）或利用分步冲裁法冲出冲孔力大于压力机公称压力的孔。

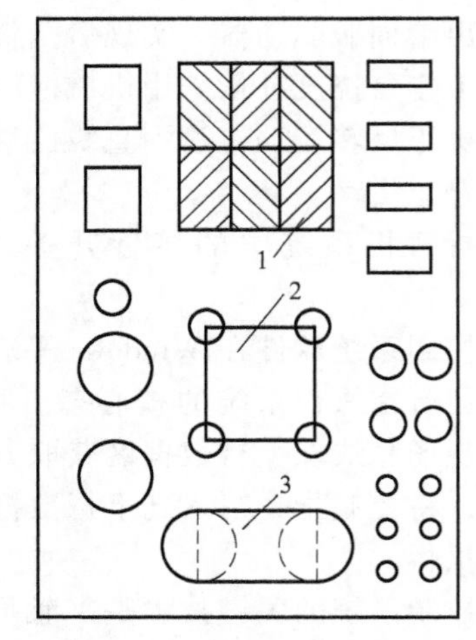

图 3-68 数控转塔压力机冲压零件

由于采用了数控系统，一般只需在编程计算机上利用自动编程软件编制出加工程序，下载到数控系统中，压力机即可工作。

除采用数控技术和冲孔工艺与常规冲法不同之外，数控转塔压力机还具有以下特点：

1）较好的灵活性和较高的生产率。与普通冲孔相比，可提高生产率 4~10 倍，尤其对单件、小批量生产，可提高生产率 20~30 倍。数控转塔压力机有较好的灵活性，同时又有较高的生产率，能满足不断变化的市场需要。

2）较短的调试时间。数控转塔压力机需要极少的调试时间，并且不需要上模和下模的手工对心。

3）程序控制化高。数控转塔压力机利用程序生产零件，所以几乎不需要操作人员干预。操作人员只需把板料放到夹具中，然后只要一按控制按钮，机床自动运行，生产出所需的零件。

4）精度高。数控转塔压力机可以提供较准确的冲孔位置。孔的尺寸和形状由压力机和模具精确地控制，使用数控转塔压力机可以达到±0.1mm 的精度。

5）可以加工大尺寸的板材和大直径的孔。数控转塔压力机带有一个支承板料的工作台。工作台的尺寸直接影响加工板材的大小。大多数数控转塔压力机都带有二次定位功能，从而使加工大尺寸板材成为可能。还可利用小尺寸的模具沿圆周冲切大直径的孔。

2. 数控转塔压力机结构

目前，数控转塔压力机的主流形式是闭式 O 形机身、转塔式模具库。转塔式模具库采用两个转塔盘承载模具，上转塔盘安装上模，下转塔盘安装下模，上下转塔同步旋转，实现模具的更换。模具安装位置称为工位，一般的转塔盘有 20、24、32、36 个工位等，工位越多，能安装的模具越多。工位还可分为固定工位与旋转工位，一般转塔上设置有两个或两个以上的旋转工位，上、下转塔上的内模座同步旋转，安放在内模座中的模具能随内模座同步旋转，可以实现任意角度的冲裁。

数控转塔压力机主要由机架、工作台（伺服送料机构）、驱动（机械、液压或伺服电动机）系统、转塔（模具库）、转模（自动分度）机构、数控系统、气动系统、润滑系统等组成。图 3-69 所示为闭式机身数控转塔压力机结构，图 3-70 所示为开式机身数控转塔压力机外形示意图。

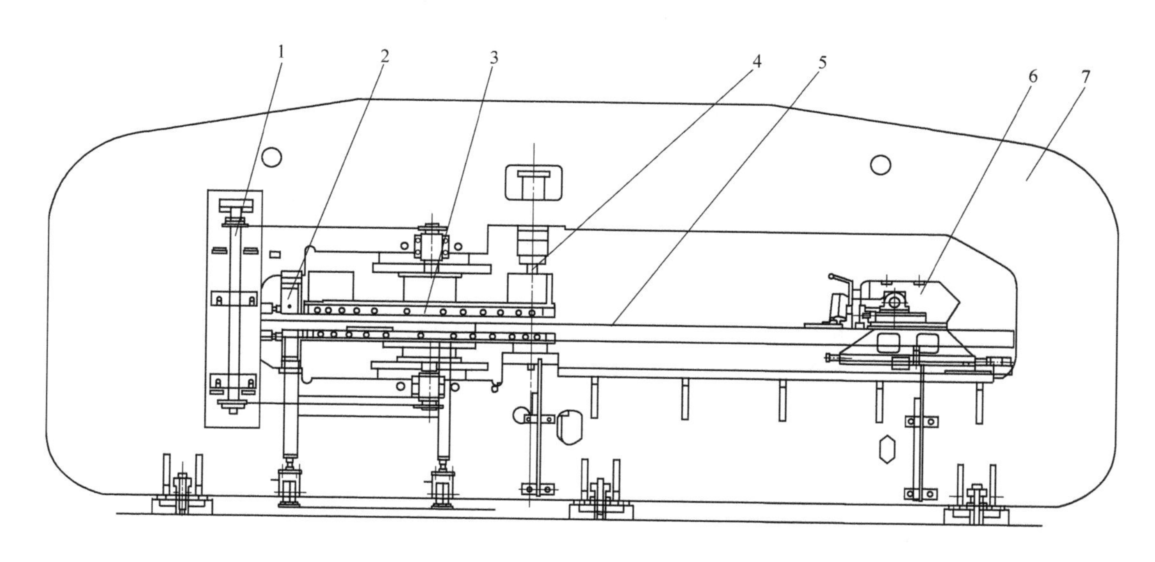

图 3-69　闭式机身数控转塔压力机结构
1—转塔传动系统　2—转塔定位机构　3—转塔部件　4—冲头
5—工作台　6—夹钳机构　7—机身

图 3-71 所示为机械式数控转塔压力机传动示意图。主电动机 10 通过大、小带轮和蜗轮蜗杆，带动曲轴、连杆、肘杆动作，使滑块 3 做上、下往复直线运动进行冲压。转塔 12 支承和悬挂在机身上，伺服电动机 11 通过传动带带动上、下转塔盘同步回转，以选择模具，并用定位销 6 使转塔盘最终定位，以保证上、下模同心。被加工板料用夹钳 13 夹紧，放置在移动工作台 2 上。两个伺服电动机通过滚珠丝杠传动，使工作台纵横向送进，以选择工件冲孔的坐标。

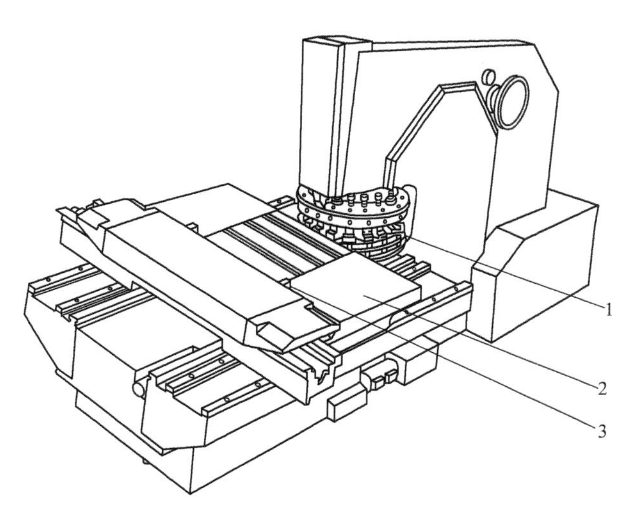

图 3-70　开式机身数控转塔压力机外形示意图
1—转塔　2—移动控制台　3—夹钳

（1）机架　数控转塔压力机的机架多为钢板焊接结构，按其结构形式可分为开式机架（即 C 形或 J 形机架）和闭式机架（即 O 形机架）。闭式机架的优点是机架的刚性好，弹性变形小，在工作过程中对模具有利。采用开式机架时，在机架的各侧面增加加固肋板和使用较厚的夹板以提高机架的刚度。由于冲压力属于动态载荷，因而加大质量可以获得更好的动态特性和振动阻尼。另外，为了解决机架的弹性变形，采用双 C 形开式机架，将安装模具的上、下两个转塔盘装在内机架（副机架）上，内机架只起支承和导向作用；而机床的驱动系统和工作机构则装在外机架（主机架）上。工作时冲孔力由外机架承受，外机架在受力状态下变形，但对内机架却无影响，上、下模能精确对准，因而可提高冲孔精度和模具的寿命。

（2）工作台　数控转塔压力机的工作台为焊接结构，它由本体（即机架的一部分）、活

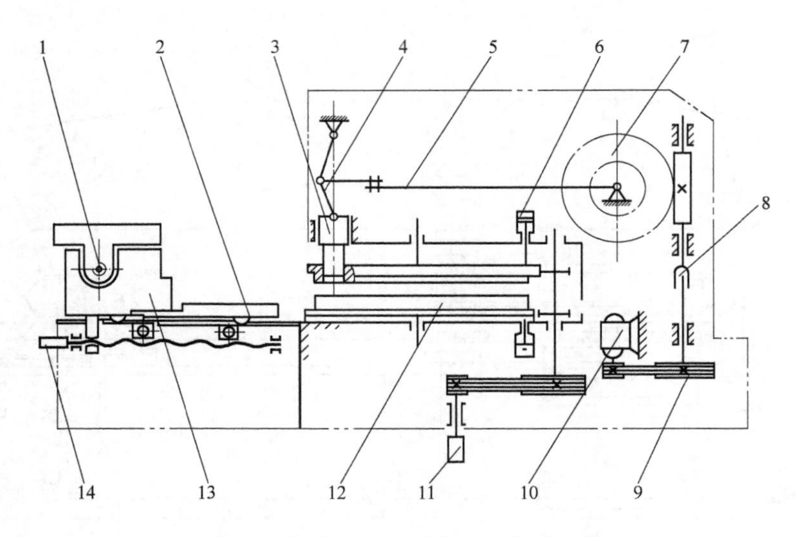

图 3-71 机械式数控转塔压力机传动示意图

1—滚珠丝杠 2—移动工作台 3—冲头 4—肘杆 5—连杆 6—(气动)定位销 7—蜗轮 8—联轴器 9—电磁离合器 10—主电动机 11、14—伺服电动机 12—转塔 13—夹钳

动拖架（即活动工作台 *Y* 轴）和滑动夹钳（*X* 轴）等几部分组成。活动拖架（*Y* 轴）通过安装在本体上的伺服电动机、滚珠丝杠副来驱动；滑动夹钳（*X* 轴）则通过安装在活动拖架上的伺服电动机、滚珠丝杠副驱动，同时夹钳间的距离还可任意调整。目前数控转塔压力机的夹钳间距基本由人工手动调整，但也有少数能进行自动调整。工作台采用这种结构不仅能在加工移动时避开危险区，而且在加工产品改变后能自动调整，具有二次定位功能。通过二次定位，自动完成大尺寸板料的冲压而无须人工干预，可对 *X* 轴方向超出工作台移动范围的工件进行加工。

（3）转塔 转塔是一个装有上模和下模的旋转轮，由上、下两个转塔盘组成，模具均装在转塔盘上。依据模具工位数量的多少，转塔可以分为单轨和多轨两种。为了使上、下转塔盘准确定位，在转塔盘的侧面或背面设有锥形定位销孔，锥销插入就可以保证定位准确。转塔盘轴称为 *T* 轴，*T* 轴的驱动包括伺服电动机、传动机构、驱动轴、分度销、上下转塔盘。当数控系统设定转塔盘的某一模位号之后，定位锥销自动拔出，伺服电动机转动，经传动机构带动上、下转塔盘转动，转到设定的模位后停下，锥销再插入到相应的锥孔之中，从而使上、下转塔盘准确定位。

上模在模具工位中上下滑动，上模的外套和转塔之间的间隙很小，这样可以准确引导上模运动。由于模具上下运动速度较快，容易引起转塔的磨损，磨损后的转塔会影响模具精度并降低加工件质量，因而在设计转塔时，每个工位都使用了模套以消除转塔的磨损。模套由淬火过的合金钢制成，其抗磨损性能大大提高；同时，如转塔上的键槽或转塔工位内径损坏，更换模套既省时又省力，而且成本较低。

具有 20 副模具的转塔结构如图 3-72 所示。上、下转塔 1、9 通过中心轴 3、7 悬挂和支承在机身的上部和下部，转塔可在中心轴上旋转。在上转塔的上平面和下转塔的下平面各有 20 个上、下定位孔 5、6，以使转塔最终定位。20 副上、下模通过上、下模座 2、8 分别安装在上、下转塔上，通过吊环 4 来调整上模的高低位置。每一位置的模具参数由控制系统记录，并能在加工时进行自动选择。

（4）转模（自动分度）机构 转模机构（在高端的转塔压力机上才有）即模具分度机

构，是用来使转塔盘上某些模具沿自身轴线旋转的机构。分度模具的转动是由伺服电动机带动主动轴，并通过传动机构转动分度模具的传动蜗杆，通过蜗轮—蜗杆机构来带动分度模具转动。使用转模（自动分度）机构可以冲切复杂形状的板件，并可减少模具，降低模具的费用，同时还可缩短加工时间。

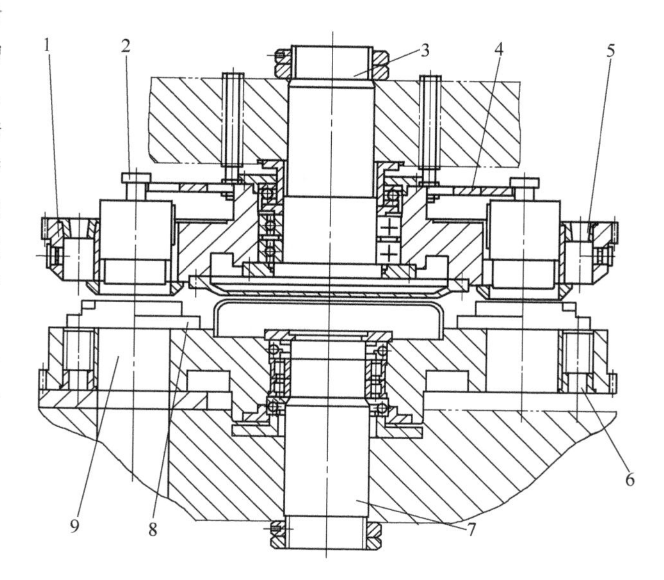

图3-72　具有20副模具的转塔结构

1—上转塔　2—上模座　3—上中心轴　4—吊环　5—上定位孔　6—下定位孔　7—下中心轴　8—下模座　9—下转塔

（5）驱动系统　数控转塔压力机根据冲头驱动方式不同，可分为机械式、液压式或伺服电动机驱动三种主传动形式。

1）机械驱动数控转塔压力机。机械驱动系统一般由电动机、飞轮、离合器/制动器、主轴/偏心轴、连杆和冲头组成。主电动机通过带传动带动飞轮转动，再通过离合器/制动器和偏心轴，驱动冲头上、下往复运动，冲击上转塔盘上所选定的凸模（上模）而对板材进行冲孔。上、下转塔盘上配有若干套模具，其中包括自动分度模具，自动分度模具依靠转模机构可以绕自身轴线转动，其转动精度在0.001°之内。上、下转塔盘由伺服电动机驱动，经过传动机构（链传动或同步带传动）带动两转塔盘同时同向旋转，以选择所需要的模位。为使上、下转塔盘定位准确，在转塔盘侧面或背面设有锥形定位孔，由气缸推动锥销插入定位孔内。板料的移动可由活动拖架（Y轴方向）和滑动夹钳（X轴方向）来完成，X轴方向和Y轴方向的运动由伺服电动机、滚珠丝杠副驱动而实现，机床的所有动作均是根据预先编好的程序来完成。

采用机械传动的优点是结构简单，维护方便，产品价格低，性能稳定，使用寿命长。但其完成一次冲压需等待飞轮转过一圈，冲压行程固定，冲压频率低，冲压速度难以提高；由于打击头的行程没法控制，进行成形工艺冲压时不易控制，成形加工效果不理想。

2）液压驱动数控转塔压力机。液压驱动数控转塔压力机的动力头由活塞和液压缸组合构成，由压力机的液压系统驱动冲头上、下往复运动，冲击上转塔盘上所选定的凸模（上模）而对板材进行冲孔。目前液压驱动数控转塔压力机的液压系统应用较为普遍的是德国哈雷公司的快速压力机液压系统。使用液压驱动系统的数控转塔压力机可以控制冲头的行程和速度，它的优点是噪声小，这是通过控制冲头在冲压过程中的速度来实现的，通过降低冲头在接触板料时的速度，降低了撞击噪声。

3）伺服电动机驱动数控转塔压力机。伺服电动机驱动数控转塔压力机的主传动采用伺服电动机，目前主要有两种驱动方式：伺服电动机—曲轴—连杆—滑块、伺服电动机—减速机—曲柄连杆—肘杆—滑块。数控伺服转塔压力机具有以下显著的特点及优势：

① 节能降噪。伺服电动机驱动的主传动，去掉了飞轮，不需要储蓄能量，伺服电动机仅在冲压时转动，完成一次冲压、送进板料至下一次冲压前，伺服电动机处于静止状态；而且由于去掉了离合器—制动器，缩短了传动机构，这两项变化大大降低了能耗；伺服主传动由于伺服电动机可以实现在滑块运动全行程中对滑块所处的任意位置的速度控制，因此冲压

过程中可以降低冲头进入板料时的速度，实现降噪。同时，也延长了模具的使用寿命。

② 提高机床效率。由于滑块速度可在全行程中任意调整和控制，可根据冲孔工艺不同，选择最优冲孔行程，设定相应冲孔速度，使之与送料机构同步匹配，提高了机床效率。

③ 优化浅拉伸成形工艺，提高成形精度和稳定性。由于可以精确设定滑块的下死点，提高了成形模具的加工精度。通过设定成形高度，保证了成形过程的稳定性，避免成形高度不一致。

(6) 电气控制系统　数控转塔压力机目前多采用日本 FANUC 或德国 SIEMENS 公司的控制系统，控制轴数有三轴（X、Y、T）、四轴（X、Y、T、C）和五轴（X、Y、T、$C1$、$C2$）；采用高精度、高性能交流伺服电动机，X、Y 轴联动；带有标准通信接口，配有 PLC（可编程序控制器），具有自诊断功能。

FANUC 公司有 0P（低档）、18iP 或 180iP（高档）、0iP（简化）等数控转塔压力机专用系统。

SIEMENS 公司有 840D 等开放式用于数控转塔压力机的系统。

3.6.4 精冲压力机

精冲压力机是精密冲裁工艺过程中必不可少的一种重要装备，广泛应用于电子、通信、计算机、家电及汽车等行业的精冲零件生产。

精冲工艺最常见的方法是齿圈压板精冲法，其工作原理及过程如图 3-73 所示。

冲裁时，依靠齿圈压板 2 对板料施加压力 $P_{齿}$，同时，反向顶杆 4 产生的压力 $P_{反}$ 与齿圈压板力作用方向相反，这两个力将板料夹紧。主冲裁力 $P_{冲}$ 由传动系统产生。金属材料因受这三种力的作用，其变形区处于三向压应力状态。冲裁结束卸载时，齿圈压板产生卸料力 $P_{卸}$，反向顶杆产生顶件力 $P_{顶}$，实现制件或废料的卸除。

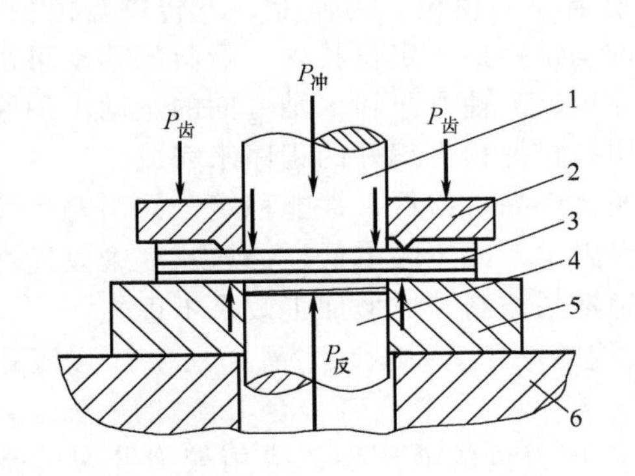

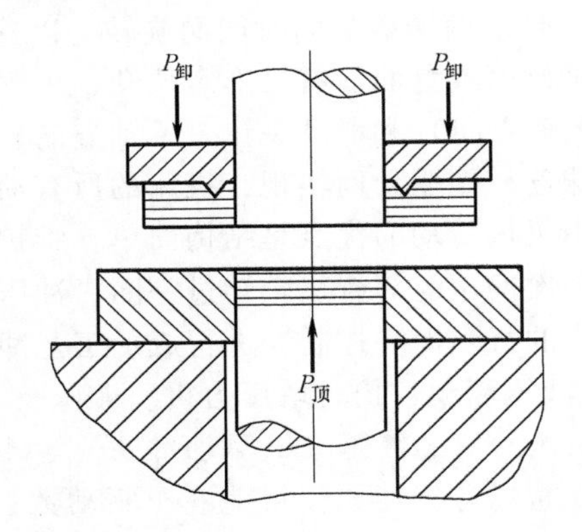

图 3-73　齿圈压板精冲法工作原理及过程

1—凸模　2—齿圈压板　3—被冲材料　4—反向顶杆　5—凹模　6—下模座

1. 精冲压力机工作特点

精冲压力机要实现自动、高效地工作，还需配置一些辅助装置，如材料的校直及检测、自动送料、制件或废料收集、模具安全保护等装置。图 3-74 所示为全自动精冲压力机整套装备示意图。

精冲压力机必须满足精密冲裁工艺的基本要求，精冲压力机有以下特点：

1）按照精密冲裁工艺要求，精冲压力机要提供五种作用力：$P_{冲}$、$P_{齿}$、$P_{反}$、$P_{卸}$ 和 $P_{顶}$，由不同的传动系统产生，相应的滑块运动也不相同。$P_{齿}$ 和 $P_{反}$ 均由液压系统产生（与

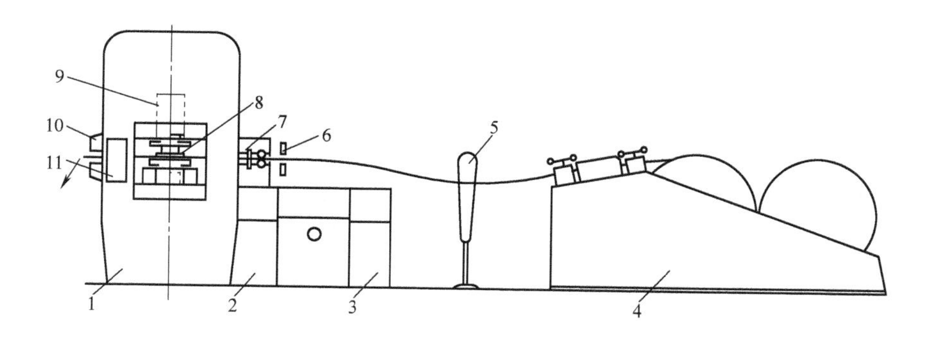

图 3-74　全自动精冲压力机整套装备示意图

1—精冲压力机　2—液压系统　3—电气系统　4—校平装置　5—带材检测器　6—带材末端检测器　7—送料装置　8—模具　9—模具保护装置　10—废料切刀　11—光电保护装置

主传动的形式无关），它们的大小可在一定的范围内单独调整，并在确定的时间内加载和卸载，冲裁中 $P_{齿}$ 保持不变。

2）滑块运动速度变化较大。精密冲裁过程具有快速闭合、慢速冲裁、快速回程的特点。滑块进给和回程时速度较快，冲裁时速度较慢。冲裁速度可以根据板厚的不同进行调节。

3）滑块有较高的导向精度和限位精度。由于精密冲裁的冲裁间隙比普通冲裁小很多，为使上、下模精确对中，保证精冲件的质量和模具寿命，精冲压力机的滑块在工作时具有精确的导向和足够的刚度。

由于精密冲裁的冲裁间隙很小，并要求凸模不得进入凹模型孔，又要保证能够从条料上将制件冲裁下来，因此对滑块有较高的限位精度要求。一般地，滑块的下行位置可精确到±0.01mm。

4）多数采用下传动结构。机械式和液压式的精冲压力机大多数采用下传动机构，即主滑块在工作面下做上、下往复运动。这种结构形式使整个压力机结构紧凑、重心低，大量的传动部件和液压装置均在机身下部体内，可降低机身的高度，运动部分平衡性好。其不足是滑块与下模座在精密冲裁过程中不停地上、下运动，使条料送进和定位比较困难，因此采用了自动送料和定位装置来加以弥补。

5）刚性好。精冲压力机的机身一般为焊接结构，上横梁、中间立柱、下机身用螺钉连接并预紧，使整个压力机达到较好的刚性。在精密冲裁时，上、下工作台之间具有较高的平行度。

6）有可靠的模具保护装置。当制件或废料遗留在模具内时，能自动监测，使压力机停车，避免损坏制件、模具和装备。

2. 精冲压力机结构简介

精冲压力机的类型按主传动形式分为两大类：机械式精冲压力机和液压式精冲压力机。

（1）机械式精冲压力机　图 3-75 所示为 GKP—F 型机械式精冲压力机结构示意图。它是机械式的典型结构，采用双肘杆下传动。该压力机的主传动系统包括电动机 1、变速箱 2、带轮 3、飞轮 4、离合器 5、蜗轮蜗杆 6、双边传动齿轮 7、曲轴 8 和双肘杆机构 14。双肘杆机构传动原理如图 3-76 所示，曲轴 1、3 互相平行，两轴心均装有同样直径的齿轮，两对齿彼此啮合，故这两根轴总是速度相同、方向相反地旋转。曲轴 1、3 旋转，通过连杆 2、4 将力传至第一副肘杆机构 3、5、7 中的铰链轴 5，这副肘杆机构周期性地伸直并回复到原位。当肘杆机构伸直时，通过连杆 6 把力传给板 9，板 9 通过轴承和铰链轴 8 连接于床身并围绕铰链轴8摆动，这种摆动使第二副肘杆机构8、10、12伸直。连杆11将力传至装在滑块13上的铰链轴12，滑块在推力作用下向上或向下做垂直运动，完成开模、闭模和精密冲裁。

机械式精冲压力机齿圈压板的压边力和推件板的反压力通过液压系统的压边活塞10和反压活塞13（图3-75）提供，并满足调节压力和稳定压力的要求。

（2）液压式精冲压力机　液压式精冲压力机主要由三部分组成，即主机部分、液压部分和电气控制部分。

主机部分包括：机身，上、下工作台，封闭高度调节装置，进料装置，出料装置，喷油装置，剪料装置等。

液压部分包括：液压站（各种插装阀块、液压阀），主液压缸，齿圈液压缸，反压液压缸，充液阀，快速液压缸，自动锁模液压缸，送料夹紧液压缸等。

电气控制部分包括：PLC，触摸屏，上、下探测活塞（叠料保护），位置检测装置（位置传感器、接近开关等）及各类电子元器件等。

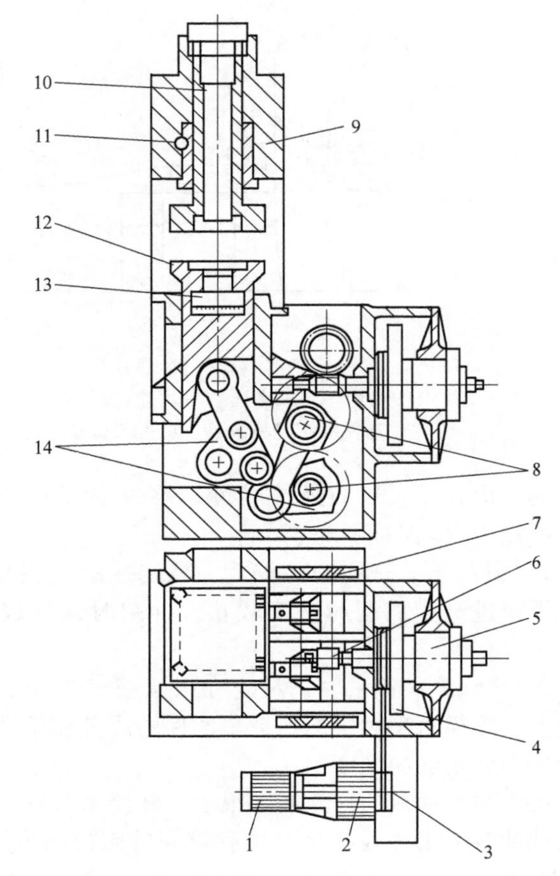

图3-75　GKP—F型机械式精冲压力机结构示意图

1—电动机　2—变速箱　3—带轮　4—飞轮　5—离合器　6—蜗轮蜗杆　7—双边传动齿轮　8—曲轴　9—机身　10—压力活塞　11—封闭高度调节机构　12—滑块　13—反压活塞　14—双肘杆机构

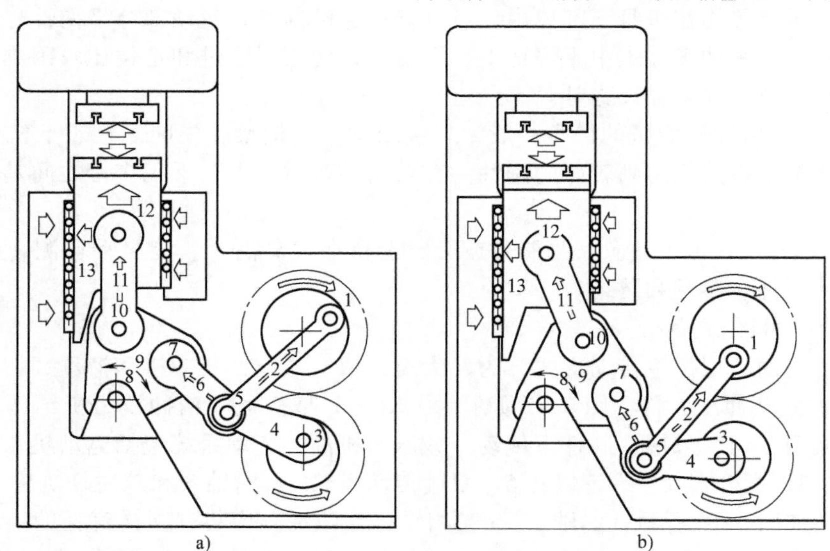

图3-76　双肘杆机构传动原理

a）合模运动　b）开模运动

1、3—曲轴　2、4、6、11—连杆　5、7、8、10、12—铰链轴　9—板　13—滑块

图 3-77 所示为 Y26—630 液压式精冲压力机结构简图。

冲裁动作由冲裁活塞 4 产生，齿圈压板的压边动作由压边活塞 12 产生，反压顶杆的动作由反压活塞 6 产生。下工作台 9 直接装在冲裁活塞上，组成压力机的主滑块，利用主缸本身作为导轨，但不是一般的滑动导轨，而是台阶式内阻尼静压导轨。这种导轨相当于在导轨和柱塞面的环形缝隙间有一层强度很高的油膜，使柱塞和导轨面始终被油膜隔离不接触，且油膜会在柱塞受偏心负荷时自动产生反抗柱塞偏斜的静压支承力，使柱塞保持很高的导向精度。

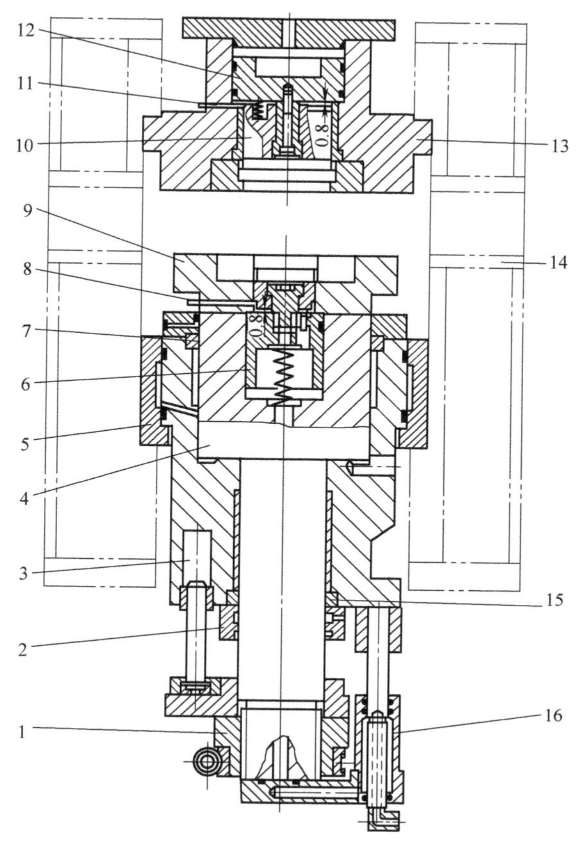

图 3-77 Y26—630 液压式精冲压力机结构简图

1—调节蜗轮 2—挡块 3—回程缸 4—冲裁活塞 5—平衡压力缸 6—反压活塞 7—上静压导轨 8—下保护装置 9—下工作台 10—传感活塞 11—上保护装置 12—压力活塞 13—上工作台 14—机架 15—下静压导轨 16—防转臂

冲裁活塞快速闭模是由液压系统中快速回程实现的，这样可简化主缸结构，便于检修。快速回程由回程缸 3 实现。压力机封闭高度调节蜗轮由电动机驱动，滑块在负荷下的位置精度为 0.03mm，压力机抗偏载能力达 130kN · m。

为了防止主缸因径向变形而破坏静压导轨的正常间隙，在主缸外侧增加平衡压力缸 5，它的液压油来自主缸油腔。

液压式精冲压力机的主要优点是：在冲裁过程中，冲裁速度保持不变；在工作行程任何位置都可承受公称压力；液压活塞的作用力方向为轴线方向，不产生水平分力，利于保证导向精度；滑块行程可任意调节，可适应不同板厚零件的要求，不会发生超载现象。其主要缺点是电动机功率较大，液压系统维修较麻烦。对于小规格压力机，行程次数比机械式精冲压力机低。

3. 精冲压力机的辅助装置

精冲压力机在进行自动化冲压时，除了精冲压力机主机以外，还包括带料自动上料装置、自动进出料装置和模具保护装置等。

精密冲裁自动化要求精冲压力机必须有可靠的模具保护装置，当制件或废料未从模具中顶出，或者虽已顶出但仍停留在模具空间时再次冲裁，就会出现废品并损坏模具和压力机，这时压力机可通过模具保护装置进行监测，从而实现自动停机。有两种不同的监控方法：①通过控制滑块工作台的行程来实现模具保护；②利用负荷控制压力来达到保护模具的目的。后者只适用于液压式精冲压力机。

图 3-78 所示为防止制件或废料滞留在模具空间的模具保护装置。其工作原理是：上工作台 2 为浮动式工作台，用弹簧或液压悬挂，以提高模具保护的灵敏度，在上、下工作台相关部位各装有开关 3 和 1。正常情况（图 3-78a）下，滑块上行先使开关 1 动作，随后上工

作台 2 抬起使开关 3 动作。如果制件或废料滞留在模具空间（图 3-78b），则滑块上行时受制件或废料的影响开关 3 先动作，此时机械式精冲压力机滑块立即停止上行、液压式精冲压力机滑块立即返回原始位置，起到保护模具和压力机的作用。

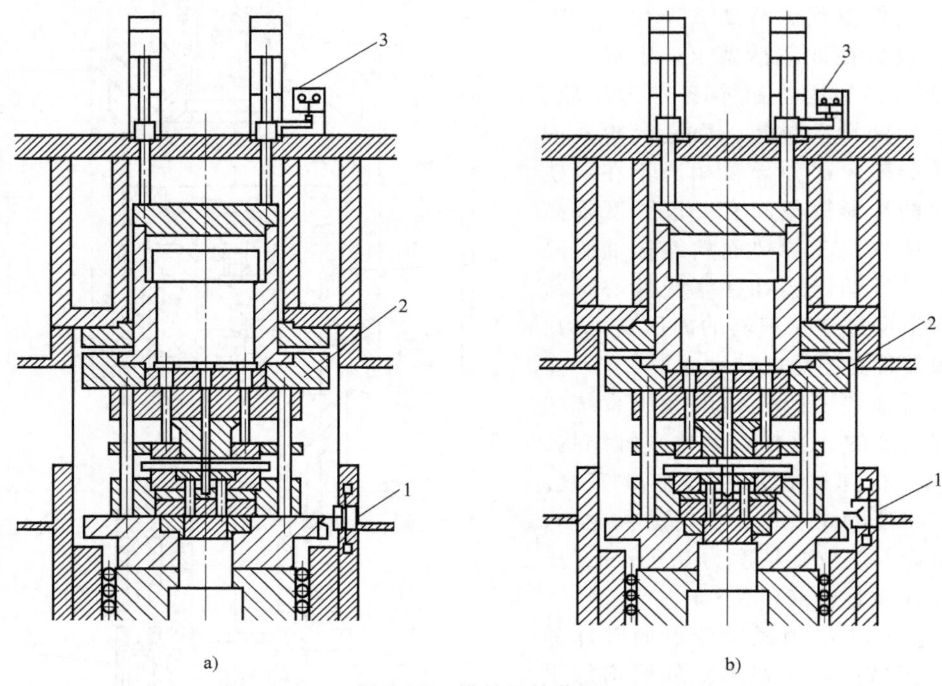

图 3-78 模具保护装置

1、3—开关 2—上工作台

3.6.5 多工位压力机

多工位压力机是一种高效自动锻压装备，在进行板料加工时，在压力机一次行程中以多种模具同时对多个工件进行落料、冲孔、弯曲、拉深、切边等多工序加工，从而获得一个完整的零件。

多工位压力机是一种适合大批量生产，能够实现锻压生产自动化的压力机。多工位压力机在机械、汽车、无线电、电器仪表、家电等行业产品生产中应用广泛，并显示了它的优势。

多工位压力机具有下述优点：生产率高；与单机联线相比，可节省人力、减少占地面积和缩短生产周期；由于连续生产，加工过程中材料来不及硬化，因而不需要中间退火；由于将工艺过程分解为多道工序，简化了模具结构，同时还可制造形状复杂的工件。

1. 多工位压力机的工作原理

多工位压力机的工作原理是按照多工位加工工艺的要求确定的，即在一台多工位压力机上可以安装多副模具进行加工生产，并且通过一套工位间的传递机构使压力机在一次往复行程中可以完成一个零件生产的全部工序，实现自动化生产。

图 3-79 所示为 Z81—125 八工位压力机主体结构。图 3-80 所示为 Z81—125 多工位压力机传动示意图。

通过带轮、齿轮两级减速，将运动传递给双曲轴和滑块。双曲轴的左端通过锥齿轮 16、轴 13 将运动传递给送料机构 12，使其送料与曲轴动作协调。双曲轴的右端通过凸轮 6、拉杆 7、摇臂 10、拖板 11 控制夹板 15 的进退（送料、退回）动作。主滑块两侧各装有斜楔板

9 以控制夹板 15 的张合动作，其进退与张合过程如图 3-81 所示。该压力机可完成如下动作：滑块的往复冲程、材料的自动送进、各工位间工件的顺序传递，使压力机能自动连续运行。

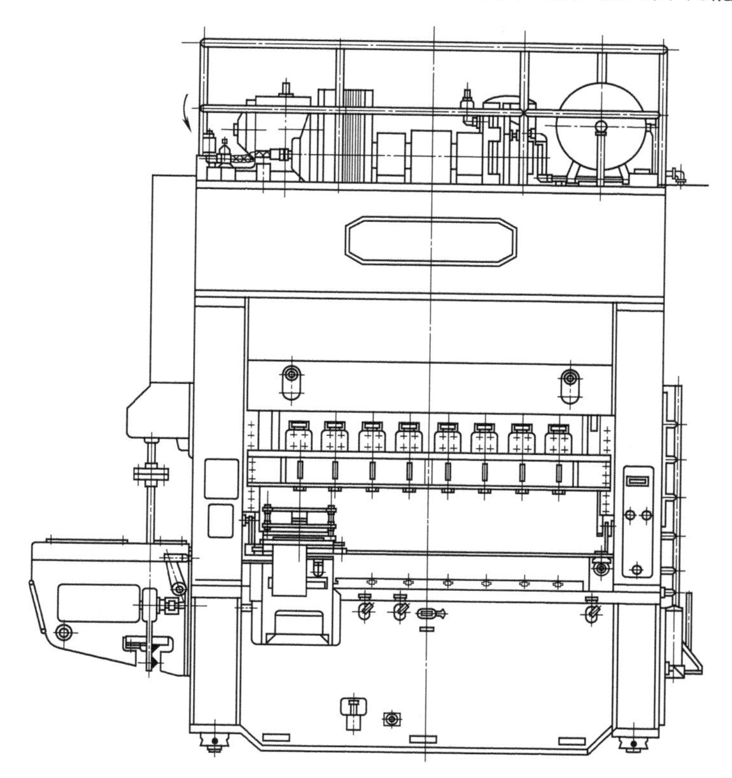

图 3-79　Z81—125 八工位压力机主体结构

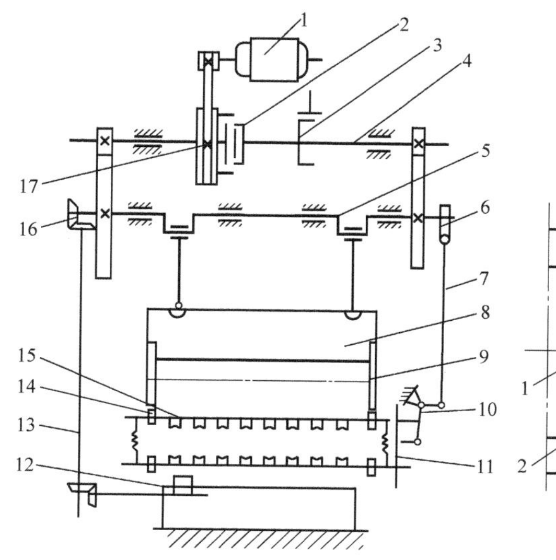

图 3-80　Z81—125 多工位压力机传动示意图

1—电动机　2—离合器　3—制动器　4—轴　5—双曲轴　6—凸轮　7—拉杆　8—主滑块　9—斜楔板　10—摇臂　11—拖板　12—送料机构　13—轴　14—滚轮　15—夹板　16—锥齿轮　17—带轮

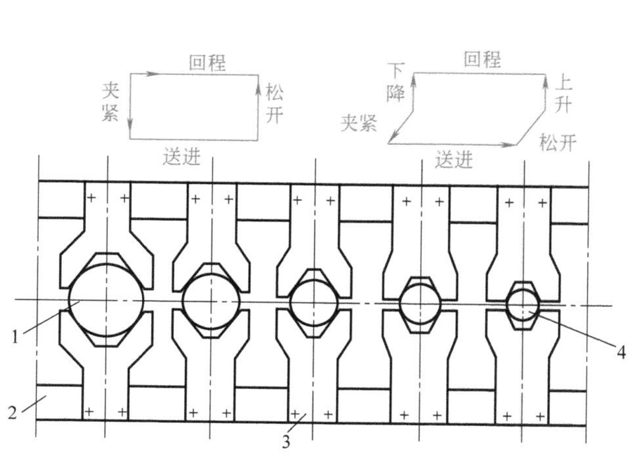

图 3-81　夹板机构动作示意图

1—坯料　2—夹板　3—夹钳　4—工件

Z81—125 多工位压力机机身为组合式钢板焊接结构，通过拉紧螺栓预紧，将上梁、左右立柱及工作台连成整体。在上梁上有离合器轴承座、传动轴及曲轴轴承零部件；左右立柱上装有导轨；主滑块上装有八个小滑块，小滑块的调节量为 50mm，每个小滑块都有顶料杆，顶料行程为 30mm，整个滑块部件的重量由两个气动平衡缸平衡。电动机通过一级 V 带传动，经摩擦离合器带动二级齿轮传动系统，使两套曲柄连杆机构带动主滑块做往复运动。

(1) 滑块　大型多工位压力机一般设置主滑块装模高度粗调和小滑块装模高度微调装置。中、小型多工位压力机一般只在小滑块上设置装模高度调节装置，如图 3-82 所示。其装模高度的调节可通过调节螺杆 3 来实现，并由锁紧螺钉 2 锁紧。

大型多工位压力机的主滑块均装有液压超载保护装置，某些多工位压力机各小滑块还有单独的液压超载保护装置。

(2) 打料装置　小滑块上一般装有气动式或机械式打料装置。图 3-82 所示为机械式打料装置。固定在机身上的凸轮板 5 的位置可以通过螺钉 6 上下调节，它驱动摆杆 4 沿逆时针方向转动实现打料。在使用中，为了使被加工零件加工完后不被上模带走，一般在上模与下模分离时便开始打料，以保证各工位的制件在工作台上有较正确的位置，便于夹板夹持送进。

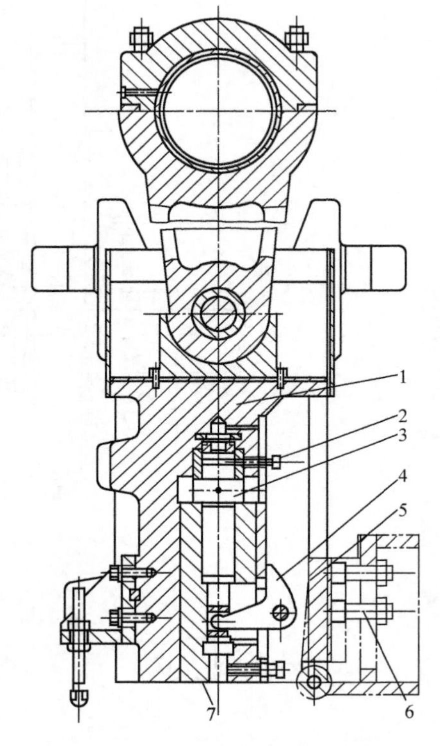

图 3-82　机械式打料装置

1—主滑块箱体　2—锁紧螺钉　3—调节螺杆　4—摆杆　5—凸轮板　6—螺钉　7—小滑块

2. 多工位压力机的特点及技术参数

多工位压力机具有以下特点：

1) 滑块结构较复杂。一般滑块均为箱体结构，根据需要一般会设置全套工位。为便于模具的安装、调整，扩大压力机的应用范围，滑块在各工位上又单独设置了小滑块，这样每个小滑块可以按加工工艺要求安装该工位的上模，工作台上安装相应的下模，并单独调节装模高度。

2) 自动送料机构、工位间传递机构和滑块三者间运动保持同步协调。多工位压力机的主轴与自动送料机构、工位间传递机构三者动作保持同步协调，压力机才可实现机械化与自动化生产。

3) 采用摩擦离合器—制动器。多工位压力机采用摩擦离合器—制动器，以实现压力机工作平稳、动作可靠、模具安装及调整方便。

4) 采用刚性较好的框架型机身。

多工位压力机主要技术参数如下：

(1) 滑块行程　由被加工零件的高度确定。根据多工位压力机的工艺特点，在上模回程等于两个零件高度时，夹钳才能送料。从开始送料到滑块回程到上死点的曲柄转角一般取为 60°。在此条件下，滑块行程 S 和零件高度 H 间的关系为 $S=2.85H$，或为了可靠，取 $S=3H$。

(2) 公称压力　公称压力作为多工位压力机的主参数在规格型号上反映出来，如 Z81—

125，125 指公称压力为 1250kN。每个工位的最大压力一般不允许超过公称压力的 1/3，尽量避免因过大偏载而造成滑块倾斜，使运动精度降低，影响制件精度和模具寿命。为均衡各工位的压力，必要时可安排空工位。

（3）工位距　根据坯料的最大直径 D 和模具强度要求确定。对圆形件，一般取工位距 $A>1.2D$；对矩形件，取 $A>1.5D$。确定工位距时，还应考虑模具导柱导套的布置与尺寸。

（4）工位数　根据压力机的工位数来确定成形工序，即在不影响压力机生产率的情况下，可适当增加工序，以使模具结构简单。对某些特殊零件，在确定工位数时应注意留有余地，可适当增加空工位，供需要增加工序时用。

（5）送料线高度　送料线高度是指纵向送料夹板底面（或送料平面）到工作台垫板上表面之间的距离。

（6）夹钳行程　夹钳行程是指保证夹板退回行程回到最后位置时，其前缘与导柱间的距离，避免夹钳与导柱相碰。

3. 多工位压力机的辅助系统

（1）自动送料机构　多工位压力机的材料送进形式有单料（平片落料件、单个坯料）送进和卷料送进两种。

多工位压力机使用其他压力机上落料的单个坯料或单个毛坯时，一般用推杆式、夹钳式或真空吸盘式装置来送料。

多工位压力机使用卷料时，一般采用辊式送料装置送料。

（2）夹板张合机构　多工位压力机上各工位间的工件传递由夹板机构的张合与进退完成。图 3-81 所示为夹板机构动作示意图。在两平行的夹板上安装数对夹钳。夹钳之间的横向距离与压力机各工位间距离一致，纵向距离与工件尺寸有关且可调节。此夹板可以完成夹紧—送进—松开—退回四个动作，可将各工位上的工件顺序传递。图 3-83 所示为夹板张合机构。在滑块两侧装有斜楔板 1，当滑块下行时，斜楔板压向张开杆 2 上的滚轮 3，使夹板 5 向外张开；当滑块回程时，在弹簧 6 的作用下，夹板向中心合拢，即夹住工件（工件的夹紧力可通过调节螺杆 7 进行调节）。此外，该机构还设置了夹板临时张开机构。该机构通过活塞 9、连杆 8 等把夹板撑开，供试加工、安装模具、调整、排除故障等情况下使用。

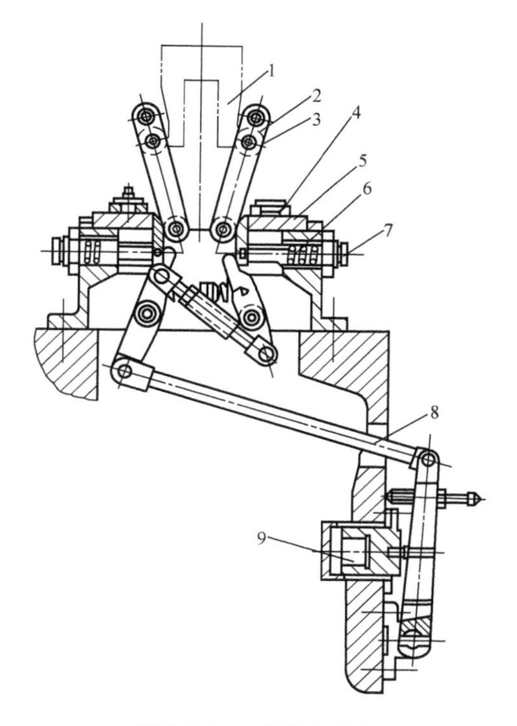

图 3-83　夹板张合机构

1—斜楔板　2—杆　3—滚轮　4—夹钳　5—夹板　6—弹簧　7—调节螺杆　8—连杆　9—活塞

（3）工位传送机构　多工位压力机工序之间的工件传送机构包括夹板纵向送进机构和横向夹钳机构。夹板有平面运动和空间运动两种形式：平面运动的工作循环是：夹紧→送进一个工位距→松开→退回一个工位距；空间运动的工作循环是：夹紧→提升一定高度→送进一个工位距→落下→松开→退回一个工位距。

传统传送机构采用凸轮、行星齿轮等方式来实现（图 3-80），目前多采用伺服电动机实现（图3-84）。其特点是传送夹板的送料、提升和夹紧运动由伺服电动机直接驱动，经减速机带动齿轮传动，再由齿轮带动齿条来实现。这种机电一体化的传动系统有以下优点：

1）可自由设定各种行程，如送料、提升和夹紧行程长度均可通过控制系统输入，然后由伺服电动机驱动，运动精度较高。

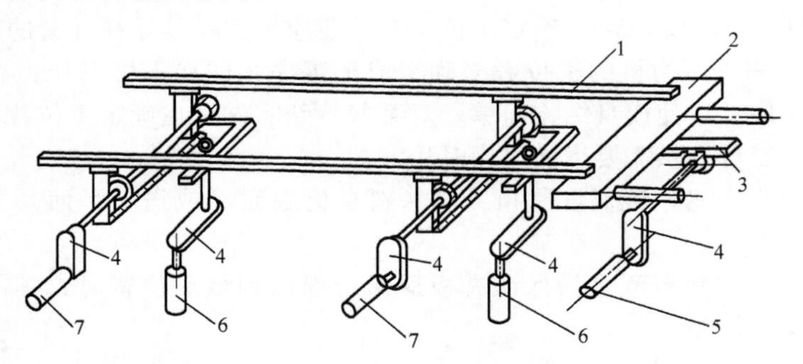

图3-84 伺服电动机传动式三坐标传送装置

1—传送夹板 2—送料滑座 3—齿条 4—减速机 5—传送用伺服电动机
6— 夹紧用伺服电动机 7—升降用伺服电动机

2）采用伺服电动机驱动可提高行程次数，从而提高生产率。还可根据送料、提升和夹紧行程长度的变化自由选择压力机的最高行程次数。

3）传送装置单独驱动，与压力机的传动系统分开。并且由于传送装置能低速运转，大大缩短了夹钳的调整时间，还能进行成形工件的传送试验工作。

该伺服电动机传动式三坐标传送装置也可以根据加工需要设置成两坐标传送方式。

3.6.6 板料渐进成形机

金属板料渐进成形机的特点是引入“分层制造”思想，将零件的三维形状沿 Z 轴离散化，即分解成一系列二维断面层，并在这些二维断面层上局部进行塑性加工，实现设计与制造一体化的柔性快速制造。金属板料渐进成形加工原理如图3-85所示，将被加工板料置于一个支承模型上（图3-85a），在板料四周用压板在托板上夹紧材料，托板可沿导柱自由上下滑动。该装置固定在三轴联动的数控无模渐进成形机上，加工时，成形压头先走到指定位

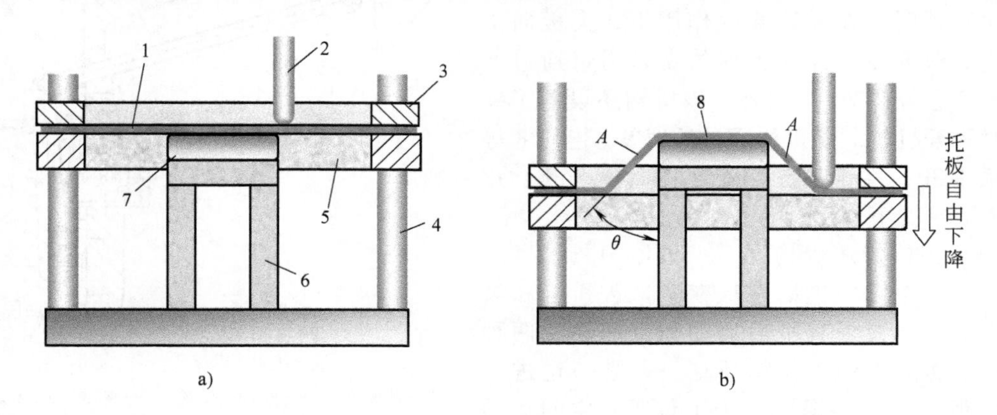

图3-85 金属板料渐进成形加工原理

a）材料成形前 b）板料成形途中

1、8—板料 2—成形压头 3—压板 4—导柱 5—托板 6—支柱 7—支承模型

置，并对板料压下设定的压下量，然后根据控制系统的指令，按照第一层截面轮廓的要求，以走等高线的方式，对板料施行渐进塑性加工（图3-85b），并形成所需第一层截面轮廓后，成形压头压下设定高度，再按第二层截面轮廓要求运动，并形成第二层截面轮廓。如此重复直到整个工件成形完毕。图3-86所示为板材数控单点渐进成形原理示意图。

1. 板料渐进成形机组成

（1）机械系统　如图3-87所示，主机身主要包括底座、立柱、动横梁、拖板、工具头等。被加工板料的夹持系统包括夹板、托架、滑柱、支承气缸和气压传动系统等。支承模型被固定在主机身底座上，成形压头装在拖板上，拖板在动横梁上由伺服电动机滚珠丝杠传动系统驱动下，沿 Y 轴移动。动横梁在机身框架上由双伺服电动机滚珠丝杠传动系统驱动，沿 X 轴移动。工具头在拖板上由伺服电动机滚珠丝杠传动系统驱动，沿 Z 轴向下运动。计算机发送指令控制 X、Y、Z 三轴的伺服电动机，即可控制成形压头做三维运动，以走等高线的方式对金属板料进行渐进的塑性成形。

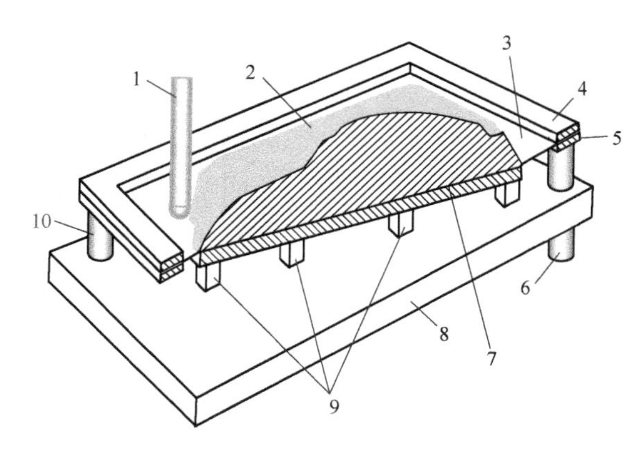

图3-86　板材数控单点渐进成形原理示意图

1—成形压头　2—已成形部分　3—板材　4—压板　5—托板　6、10—滑动导柱　7—支承模型　8—工作台　9—支柱

传动系统采用PMAC运动控制器进行控制，为满足渐进成形工艺的要求，该成形机配备了三轴联动驱动系统，其中 X 轴方向上的运动采用双丝杠同步驱动。为了提高加工效率，X、Y 轴方向上的速度可达20m/min。

在成形复杂曲面形状的工件时，在板料底部需要安置“顶支承模型”。引入纸叠层快速成形技术（LOM），为金属板料渐进成形制作纸基“顶支承模型”，既缩短了工作周期、降低了加工成本，又提高了工件的成形质量。

（2）控制系统硬件体系结构　图3-88所示为基于PMAC运动控制器的完全开放的硬件体系结构框图。

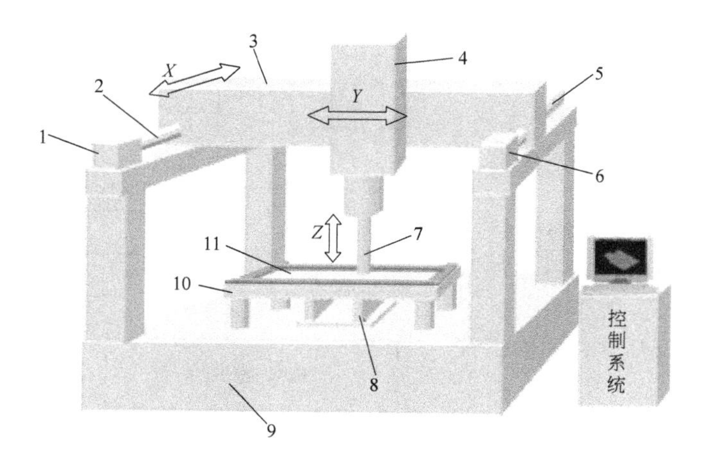

图3-87　金属板料数控渐进成形系统示意图

1、6—伺服电动机　2、5—丝杠　3—动横梁　4—拖板　7—成形压头　8—支承模型　9—底座　10—托架　11—板料

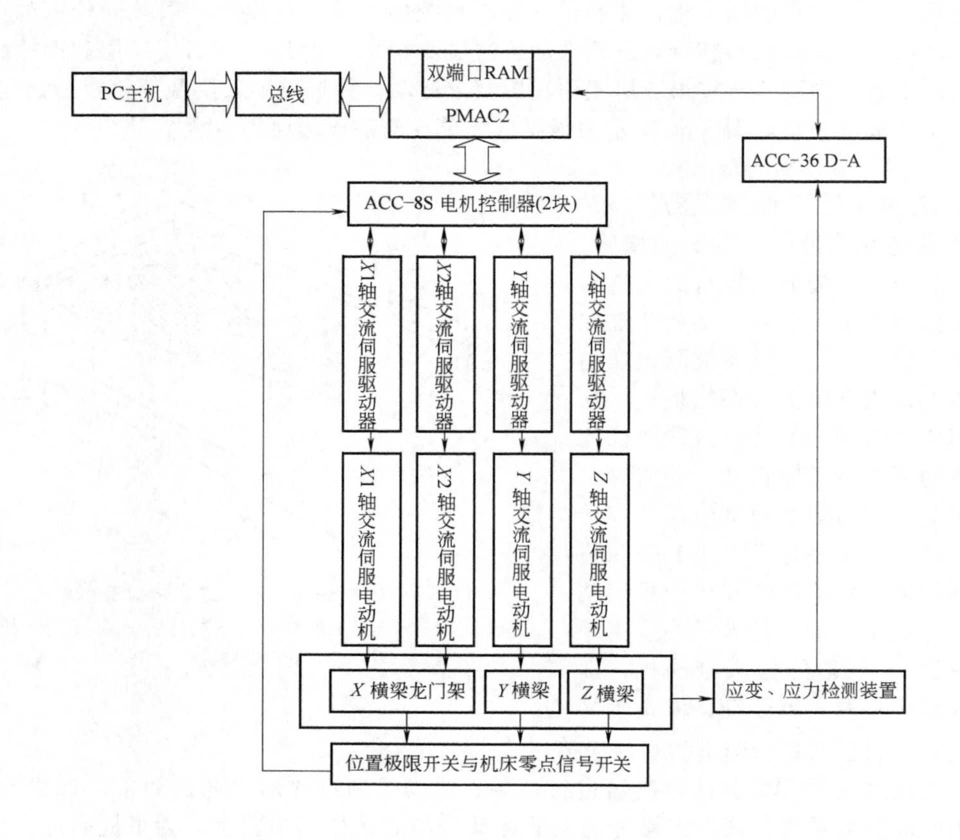

图 3-88 硬件体系结构框图

（3）控制系统软件体系结构 系统软件的控制任务包括控制参数的设定，各轴的回零、点动和寸动，以及运动程序的执行（又分为单层制造和连续制造两种），其他的功能模块包括运动程序的文件分析与切分、零件信息分析、工具头运动轨迹和零件实体的显示、加工工艺规划等。图 3-89 所示为系统软件功能模块结构框图，它描述了运动程序的生成、处理，并执行的整个过程，以及这些功能模块之间相互的关系。

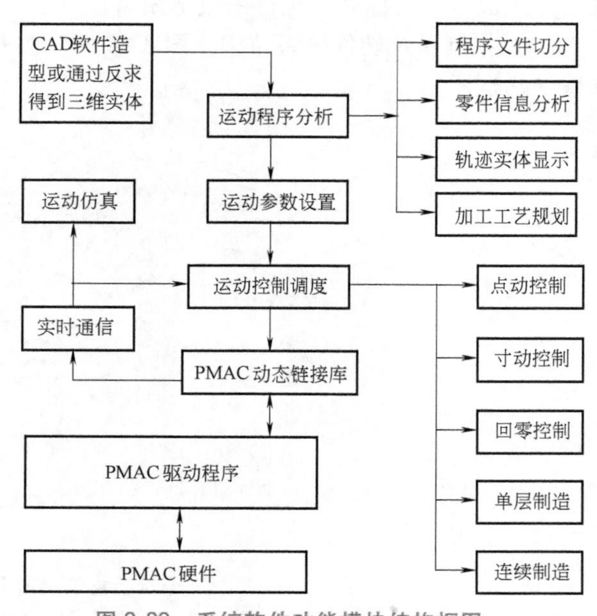

图 3-89 系统软件功能模块结构框图

2. 金属板料渐进成形工艺过程

金属薄板件渐进成形工艺过程如图 3-90 所示。

1）首先用三维 CAD 软件建立工件的三维数字模型。

2）进入成形工艺分析、工艺规划，并制备工艺辅助装备。

3）使用专用的切片软件对三维数

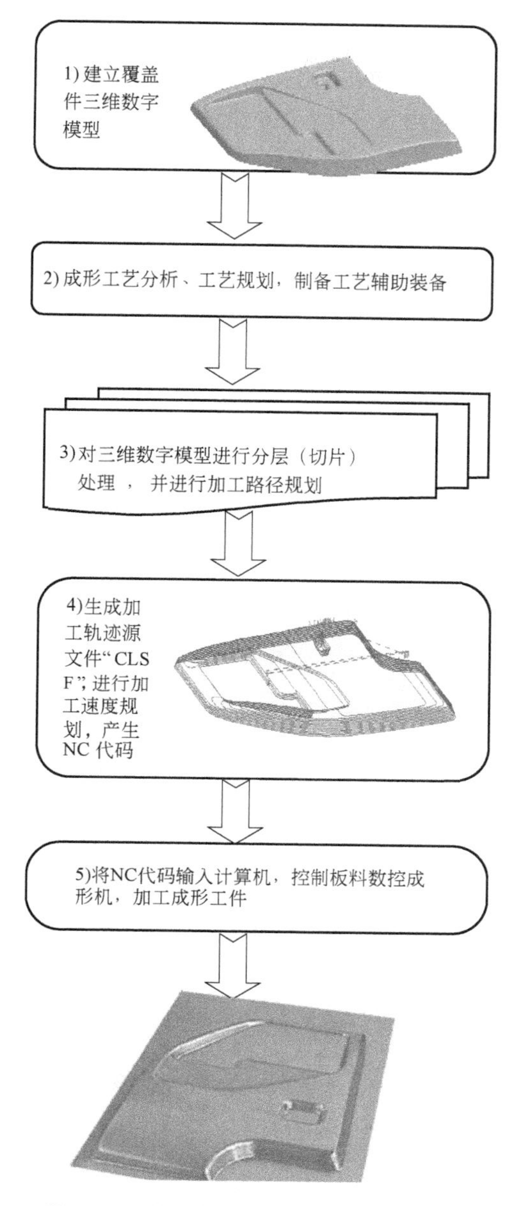

图 3-90 金属薄板件渐进成形工艺过程

字模型进行分层（切片）处理，并进行加工路径规划。

4）生成加工轨迹源文件“CLSF”，进行加工速度规划。

5）将 CLSF 文件输入控制用计算机，最终对加工轨迹源文件进行后置处理，产生 NC 代码，并控制板料数控成形机加工出所需工件形状。

在步骤 5）完成后，对成形件进行后续处理，形成最终产品。

这种方法可以同其他加工技术相结合，如激光切割、冲压和折弯技术等。

3.7 塑性加工柔性系统及其数字化工厂

柔性加工系统（Flexible Manufacturing System，FMS）为自动化制造系统，主要包括若干台 CNC 机床，用一套自动化的物料储运系统连接起来，由计算机系统进行综合管理与控制，协调机床加工系统与物料储运系统功能，以适应多品种小批量生产的高效率加工。柔性加工系统通过将信息流和物质流集成于 CNC 机床系统，以实现小批量生产的加工自动化，成为目前较理想的高效率、高柔性、高精度的制造系统。采用柔性加工系统有可能在中、小批量生产情况下，获得大批量生产特有的低成本。FMS 也是计算机集成制造系统（Computer Integrated Manufacturing System，CIMS）中不可缺少的制造单元，它包含了 CIMS 组成中的设备层、工作层和单元层，在 CIMS 集成环境中共享和使用制造信息系统（Manufacturing Information System，MIS）。

金属塑性加工生产中的柔性系统按照加工方式可分为板材 FMS、冲压 FMS、锻造 FMS 以及它们与某些切削加工工艺或焊接工艺联合的大型混合型 FMS。目前，板材 FMS 在生产中应用较多。

在多品种小批量板材加工生产中，机床上冲压与成形的时间仅占很小一部分，而板材和成形件的运输和存放，模具的运送、更换与装夹、调整，废料的输送以及机床的调整等占了整个生产过程的大部分工时。因此，为了进一步提高劳动生产率、缩短零件生产周期，充分发挥 CNC 机床的效率，必须对中、小批量板材加工过程中的上述各环节尽量实现自动化，如板材仓库存取自动化，板材输送自动化，冲压件和废料输送和存放自动化，模具更换、输送和装夹自动化，模具磨损的自动检测，成形精度自动测量，机床运行状态和加工状态的自动监测和故障诊断等。

3.7.1 板材加工柔性系统

板材 FMS 适用于开关、电器、仪表、计算机、家用电器、纺织机械和军工等行业加工各种板材。

板材 FMS 一般由仓库单元、冲裁单元、剪切单元、折弯单元、辅助设备及计算机控制管理系统组成。仓库单元、冲裁单元、剪切单元和折弯单元既可以在 FMS 中统一由中央计算机管理，完成多工序加工，又可以脱离主生产线，独立运行完成单一工艺的加工。

图 3-91 所示为某公司的板材 FMS 布置示意图。

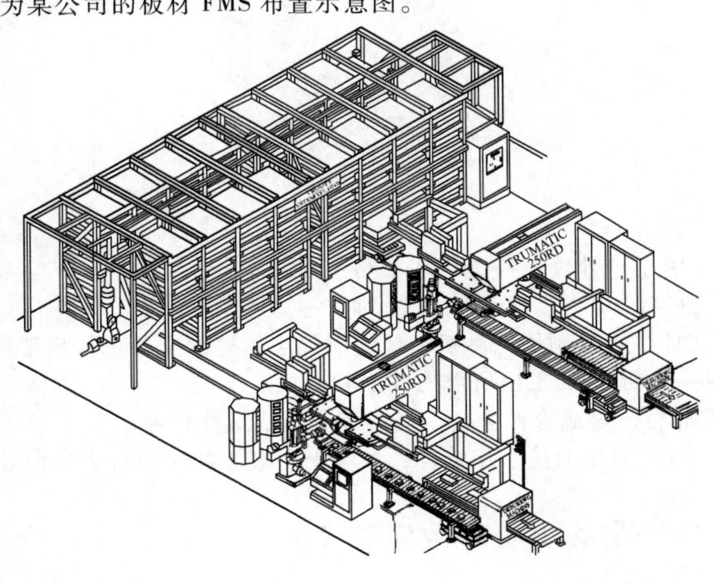

图 3-91 某公司的板材 FMS 布置示意图

在生产各种产品的FMS中，均由一些标准化的易于采用的产品组成，分别采用这些产品的不同组合，可以构成满足不同生产要求的柔性加工系统，如图3-92所示。

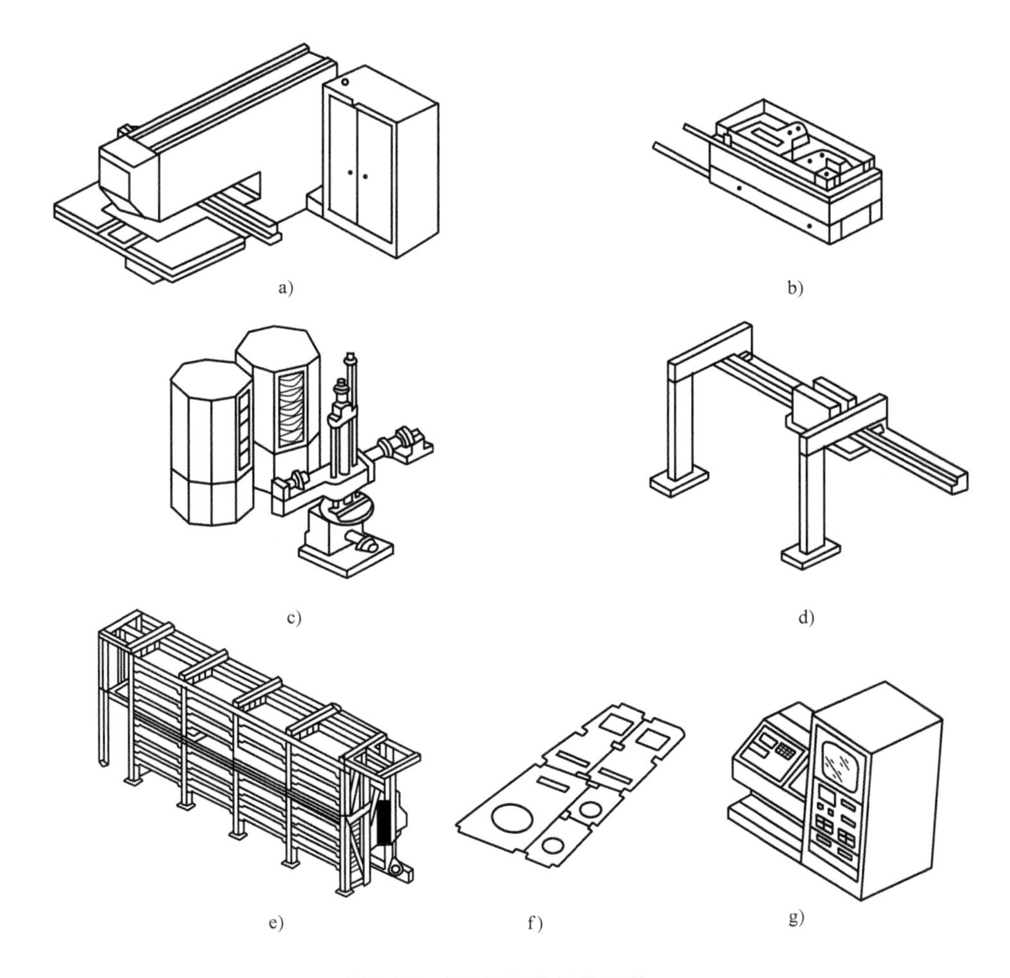

图3-92　板材FMS标准组件

a）CNC压力机、激光切割、等离子切割及成形　b）原材料及产品的固定轨道和柔性的运输网　c）模具更换系统　d）自动上料机及冲压件卸料机　e）自动仓库　f）能同时生产多种工件的优化排样软件包　g）计算机控制系统

下面分别介绍组成板材FMS的各部分。

1．仓库单元

自动板材仓库由货架、堆垛机、托盘、自动检测装置、自动控制装置和计算机管理系统组成。

堆垛机将放在托盘上的板材运送到仓库的指定货位或从指定货位中取出板材，它可做水平行走、垂直行走和左右伸叉三维运动。其运行与停止通过一套检测系统和控制系统实现。

堆垛机的检测包括地址检测、货物检测和货位状态检测等。

1）地址检测。检测堆垛机行走的位置。一般是在地面及堆垛机立柱上与货位相应行和列的位置，放置编码信息，由堆垛机识别信息确认当前位置。

2）货物检测。在堆垛机升降台上，安装有检测传感器，传感器可以探测货物在堆垛机上的高度和宽度，使货物不能超高、超宽，保证堆垛机行走过程中货物不碰撞货架。货物检测还包括重量检测，货物超重时会发出报警信息。

3）货位状态检测。堆垛机将货物放进指定货位之前，先通过传感器探测，确认货位是空的再进行操作，防止出现碰撞。

堆垛机的控制指令由仓库管理与控制系统发送。管理系统根据加工系统的要求查询所需物料存放的货位，再根据“先入先出”等一系列出库管理原则，确定出库货位，并将该货位的位置信息通过监控系统传送给堆垛机的可编程序控制器（PLC），指挥堆垛机到指定货位取出板材。

板材入库时，仓库管理系统首先查询空货位，再根据“均匀分布”等一系列入库原则，选定入库的货位，将该货位位置传送给堆垛机上的 PLC 实现出库。

2. 冲裁单元

数控转塔压力机是冲裁单元的核心设备。

数控转塔压力机将 CAD 和 CAM 紧密结合，即将绘图、设计和加工紧密结合。在板件设计过程中，同时制订加工工艺，提供必要的工艺数据，如模具尺寸、材料规格、轮廓加工工序等。

板材加工经常要考虑在同一块板上加工若干种零件，用套裁的办法可以充分利用材料。CAD/CAM 也可实现工件在板材上的排样优化。

板材 FMS 冲裁单元除以数控转塔压力机为主要设备外，有时也用激光冲切压力机或数控等离子冲切压力机。

激光冲切压力机和等离子冲切压力机将激光切割、等离子切割分别与刚性模冲切结合起来，根据零件的形状、大小、批量等，选择加工方法。形状复杂、尺寸变化大、批量小的零件用激光切割或等离子切割；反之，则用模具加工更加适合。在数控系统的控制下，压力机可自动选择和交替采用不同的加工工艺。

3. 剪切单元

剪切单元的核心设备是数控剪板机。目前许多板材 FMS 都使用数控直角剪板机。

数控直角剪板机为龙门式结构，两个立柱、上横梁与底座通过预应力拉杆连接组成一个封闭框架。刀架在上横梁内做垂直运动，其位置相对于龙门稍有偏心。刀架上有互成直角的两个上刀片。一个是平行于龙门的纵向刀片，另一个是垂直于龙门的横向刀片。两个互为直角的上刀片可以分别运动。当一个上刀片进行剪切时，另一个上刀片能自动从其工作位置移开。这样，每个上刀片都能以重复的短行程进行剪切。剪切的总长度与刀片本身的长度无关。

与直角剪板机相配套的有带吸盘的供料装置、分选机构、卸料系统。直角剪板机的配套装置可以根据用户的要求进行不同的布置。

直角剪板机可进行编程操作。操作人员将原材料的尺寸、厚度及剪下板件的尺寸、件数输入后，剪板机便自动进行剪切编程。编程排样时，总是沿着纵向一侧排列，最后是边角料。不同尺寸的工件还可在板坯上交错排料。加工编程后，数控系统直接将加工程序转换成控制电动机的代码进行操作。在板材 FMS 中的直角剪板机数控系统也可以直接接收上位计算机通信传输的 NC 代码进行加工。

4. 折弯单元

板材 FMS 发展的初期，由于传统的折弯机受到结构限制，生产率低、劳动强度大，难以实现自动化，并且无法折弯形状较复杂的盒形面板零件。因此，折弯单元一般不纳入板材 FMS，而仅仅作为板材 FMS 以外与之配套的加工单元。

数控四边折弯机克服了传统折弯机的缺点，不仅可以加工复杂的盒形面板，同时可以与冲裁单元、剪切单元和仓库单元一起组成板材 FMS。

四边折弯机采用了独特的折弯工艺。如图 3-93a 所示，折弯时，板料被上、下压紧模压紧，需要折弯的部分板料伸出在压紧模外。折弯模座上装有上、下折弯模。折弯模座在液压缸驱动下可做上下运动。当板料向上折弯时，折弯模座向上运动，用下折弯模抵住板料，如图 3-92b 所示；到达向上行程的终点时，折弯模座停止运动，这时折弯角度接近 90°；然后下折弯模水平向前推出，使折弯角度继续增大，直到形成所需的角度，如图 3-92c 所示。

用上折弯模进行向下折弯时，过程相似。

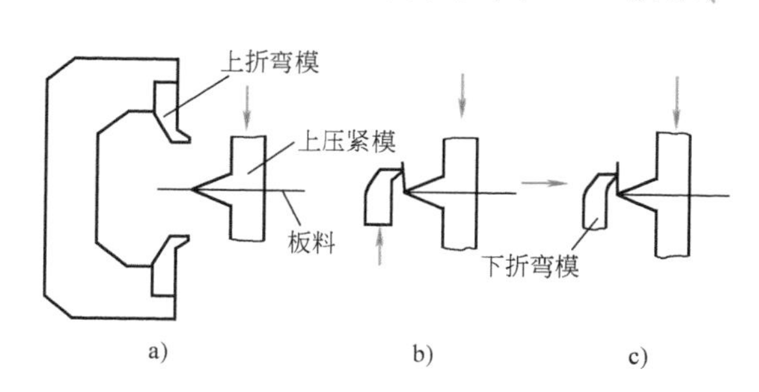

图 3-93 四边折弯机折弯工作原理

折弯的全过程中，板料始终在水平面内，因此容易实现自动化的夹持和送进。同时，在折弯过程中，板料全长始终被压紧，容易保证折弯的精度。

四边折弯机一般是由双向折弯机、定位工作台、操作机、上下料装置、数控系统和电气控制系统组成的。

待折弯的板料垛放在上料装置旁边的平台上。用真空吸盘吸起单张板料送到上料装置的轨道上，再由磁性传送带将板料传送到定位工作台上。定位工作台位于双向折弯机前向和操作机两侧，作为板料移动和回转时的支承。板料一般都已在四角冲出切口，定位工作台上的两个定位挡块和两个推料器使板料定位。这样，板料以其前面两个切口作为定位基准，相对于双向折弯机下压紧模刃口，有精确的定位精度。板料定位后，操作机移动到板料回转中心，液压缸使压料杆压紧板料。操作机按指令携带压紧的板料向双向折弯机送进，开始折弯工序。

长方形的板料，一般先折短边后折长边。每折一道弯时，操作机将板料送进给定的距离，第一个短边全部折弯工序完成后，操作机带着板料退回，操作机上的回转机构使板料绕着压料杆轴线在水平面内回转 180°，开始折第二个短边。以后依次回转，折两个长边。

上压紧模的长度必须与所折零件长边内缘尺寸一致，所以上压紧模是由一系列同样形状、不同长度的模块组成的，采用不同的组合可以得到所需的模具长度。上压紧模的长度可进行手动调整或自动调整。

数控编程系统不仅可以根据设计者要求编制折弯的程序，同时还具备较强的参数运算功能，能够将毛坯下料时造成的误差分布在指定的折弯工序，以保证工件的最终尺寸。

5. 辅助设备

板材 FMS 的各单元之间还配有若干辅助设备，进行单元之间的板料运输。

从仓库单元运送出来的板垛，在进入冲裁单元前，先由真空吸盘式升降装料机将最上层的板料吸起，送到冲裁单元。为了防止多张板料同时被吸起，在板垛的一角装有磁性分片装置，板与板之间在磁场作用下相互排斥，形成间隙。板料被吸起时，由测厚装置检测板料厚度。如果吸起的板厚不合格，或吸起一块以上的板料，测厚仪会发出警报信号。

真空吸盘式升降装料机将吸起的板料放在辊道输送机上，送到冲裁压力机前。辊道输送机上安装有传感器，传感器发出信号后，冲裁压力机的移动工作台接收并夹紧板料，准备加工。

冲裁单元加工完的工件与废料，经分拣装置，工件通过双动卸料移动台被送到剪切单元，继续加工；废料被送入料箱，由搬运车送回仓库。

剪切单元加工完的工件，经分选机构分选，再通过传送带分别送入相应的料箱。

装料机、卸料机、传送带、分拣装置等，将仓库单元、冲裁单元、剪切单元、折弯单元连接起来，构成一个柔性生产线。

6. 板材 FMS 的控制系统

板材 FMS 的控制系统是一个多级控制系统，共分三级，如图 3-94 所示。

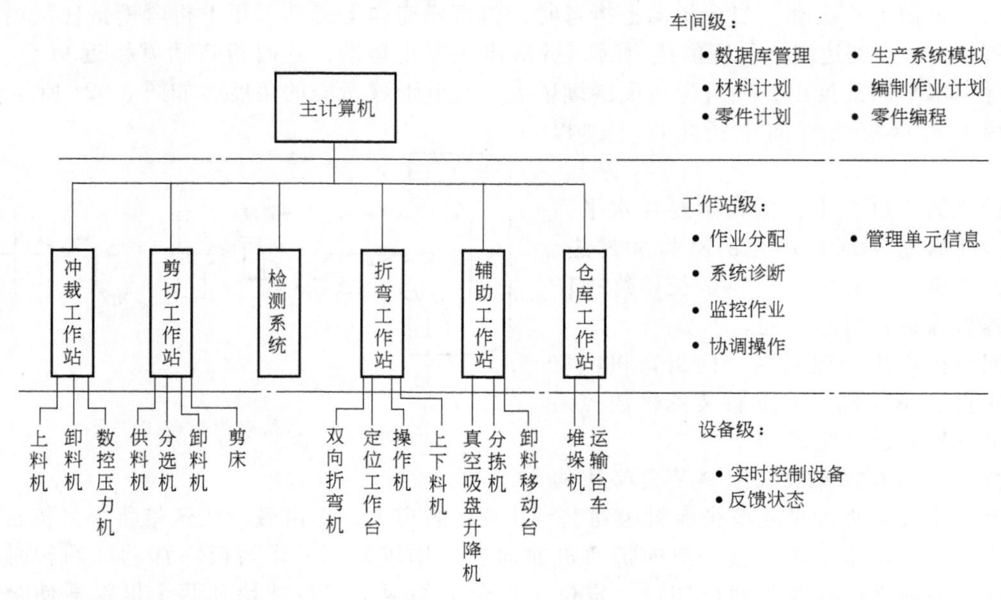

图 3-94 板材 FMS 控制系统

(1) 第一级：过程控制、逻辑控制级 这一级由对生产加工设备的运行做过程控制或做程序控制的控制器组成，如 CNC 控制器、可编程序控制器（PLC）、单板机控制器等。

这一级是实现对数控设备的控制，如仓库的堆垛机、冲裁单元的数控冲裁压力机、剪切单元的剪板机、折弯单元的折弯机，以及辅助设备中的真空吸盘式升降装料机等。

控制指令来自上一级。设备执行操作指令过程中，及时反馈设备的运行状态、操作执行情况等信息。

(2) 第二级：工作站控制级 这一级是对 FMS 中各种自动化设备及各单元进行控制的控制器。每一个单元可以看作一个工作站。

例如，折弯单元中，其工作站控制所属的下层设备——操作机、定位工作台、双向折弯机。工作站接到上位机传过来的操作指令后，将指令分别下达给操作机、定位工作台和双向折弯机，并协调三者的动作。三台设备执行指令的情况、运行状态随时反馈给工作站。

通常，工作站控制级以上可以离线独立运行和操作。

(3) 第三级：车间控制级 这一级负责编制作业及物料计划，协调各加工单元的运行，进行设备利用率统计，制订材料计划，进行计算机辅助设计，监控整个系统的作业，管理系统的数据等。

3.7.2 数字化工厂

随着计算机技术和信息技术的飞速发展，制造技术已从原有物质形式的制造向信息制造转变，产品中知识比重越来越高，出现了各种新的制造理论和制造模式，如计算机集成制造、柔性制造、并行制造、网络化制造等，提高了制造系统数字化和智能化水平。另一方面，随着数字仿真和虚拟现实技术的发展，使得对真实工业生产的虚拟规划、仿真优化成为现实。因此，随之出现了“数字化工厂（Digitalized Factories，DF）”概念，为制造技术的发展提供了新的途径。

数字化工厂是以产品全生命周期的相关数据为基础，根据虚拟制造原理，对整个生产过程进行仿真、优化和重组的新的生产组织方式。狭义的数字化工厂指应用网络数字技术，实现工厂控制系统内部数字化信息的有效传递，既链接了生产过程的各个环节，又与企业经营管理相互联系，把整个企业数字化的资金信息、物流信息、生产装置状态信息、生产能力信息、市场信息、采购信息等控制目标实时、准确、全面、系统地提供给决策者和管理者，帮助企业决策者和管理者提高决策的实时性和准确性以及管理者的效率，从而实现管理和控制数字化、一体化目标。

1. 数字化工厂的体系结构

数字化工厂是在数字仿真技术和虚拟现实的基础上发展而来的，是当前企业在信息化、数字化、网络化下的一种新形式。数字化工厂的结构如图3-95所示。

数字化工厂利用数字建模技术根据外部输入的制造资源、工艺数据、CAD数据等建立数字化模型。利用虚拟现实技术根据建立的数字化模型进行可视化仿真，得到直观的模拟生产过程和虚拟产品。数字化工厂还可根据实际的生产计划进行进一步的优化仿真，对产品设计、产品制造过程和生产规划等进行评价与优化。此外，数字化工厂技术还可对工厂布局进行规划仿真和对生产过程进行全面管理。

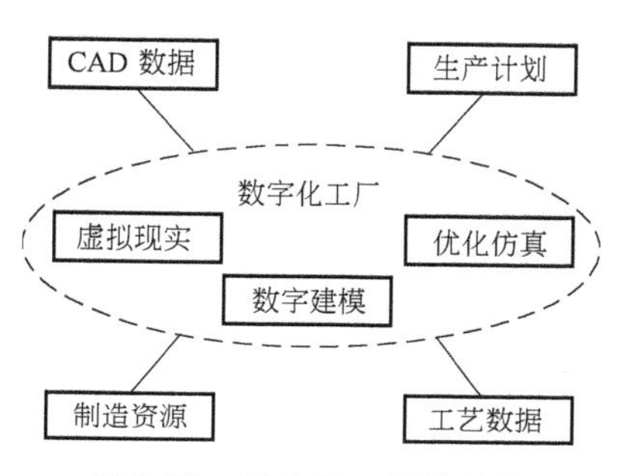

图3-95　数字化工厂的结构

数字化工厂主要是以数字模型为基础进行虚拟仿真的集成软件平台。数字化工厂的软件架构可分为三层：其中底层为基础数据层，它由产品、资源和过程及相应的知识库构成；中间为应用控制层，实现数字化工厂的具体功能；最上层为表示层，主要完成与用户的交互功能，提供可视化的、甚至是虚拟现实的数字化工厂交互。

数字化工厂涉及大量的建模仿真、可视化操作和虚拟现实等，需要占用大量的计算机资源，数字化工厂系统硬件架构主要采用C/S结构，同时通过网络技术，实现系统的远程数字化工厂。

2. 数字化工厂的实现与应用

数字化工厂涉及的技术主要有数字建模、虚拟现实、优化仿真、应用生产技术等。

数字化工厂是建立在数字建模基础上的虚拟仿真系统，输入数字化工厂的各种制造资源、工艺数据、CAD数据等要求建立离散化数学模型，才能在数字化工厂软件系统内进行各种数字仿真与分析。数字化模型的准确性关系到对实际系统的真实反映精度，对后续的产品设计、工艺设计以及生产过程的模拟仿真具有较大的影响。

虚拟现实技术能提供一种具有构想性和交互性的多维信息空间，方便实现人机交互，使用户能身临其境地感受所开发的产品，具有很好的直观性。虚拟技术的实现水平，很大程度地影响着数字化工厂系统的可操作性，同时也影响着用户对产品设计以及生产过程判断的正确性。

优化仿真技术根据建立的数字化模型与仿真系统给出的仿真结果及其各种预测数据，分析虚拟生产过程中可能存在的各种问题和潜在的优化方案，进而优化生产过程、提高生产的可靠性与产品质量，最终提高企业的效益。优化仿真技术水平对能否最大限度地发挥企业效益、提升企业竞争力具有十分重要的作用。

数字化工厂通过建模仿真可提供一套较为完善的产品设计、工艺开发与生产流程，但是作为生产自动化的需要，数字化工厂系统要求能够提供各种可以直接应用于实际生产的设备控制程序以及各种生产需要的工序、报表文件等。各种友好、优良的应用接口，能够加快数字化设计向生产应用的转化进程。

应用最为广泛的数字化工厂软件主要有 Tecnomatix eM-Power 和 Delmia 等。eM-Power 是建立在 Oracle 数据库之上的三层结构，它为企业用户提供工厂设计及优化、零件制造工艺管理、装备规划与验证、开发、仿真和调试自动的制造过程和质量管理等功能。这些主要功能模块建立在统一的数据库 eM_ Server 中，实现整个生产制造过程的信息共享。

Delmia 体系结构主要包括面向制造过程设计、面向物流过程分析、面向装配过程分析、面向人机分析、面向机器人仿真、面向虚拟数控加工、面向系统数据集成等系统，由面向数字化工艺规划模块、数字化仿真平台工具集以及车间现场制造执行系统的集成模块等组成。

数字化工厂是信息发展过程中的一种新的企业组织形式，目前主要应用在汽车制造、航空航天等大型制造企业。例如：通用汽车公司使用 Tecnomatix eM-Power 的解决方案，大大缩短了通用汽车公司从新产品设计、制造到投放市场的时间，同时提升了产品质量；奥迪公司使用 eM-Plant 进行物流规划仿真，不仅使整个生产物流供应链之间建立了紧密有序的联系，同时也方便对物流方案进行先期评估和可行性分析；一汽大众在白车身拼焊工艺设计中采用数字化工厂技术，改善了车身焊接工艺，提高了车身焊接质量；上海大众在发动机设计和产品总装领域采用数字化工厂技术，大幅提升了公司的制造技术水平和产品质量；美国波音公司在波音 777 和洛克希德·马丁公司在 F35 的研制过程中，采用基于三维模型的数字化协同研制和虚拟制造技术，缩短了 2/3 的研制周期，降低研制成本 50%；航天科技某厂通过普及基于单一数据源的三维模型，制订了“三维到工艺”“三维到现场”“三维到设备”的步骤发展策略，重点解决了基于三维模型的设计工艺协同工作模式和三维设计文件的信息传递、生产现场无纸化和航天产品的加工、装配、检测等装备的数控化问题，新支线飞机 ARJ21 的研制 100% 采用三维数字化定义、数字化预装配和数字化样机。上述应用目前已开始推广至工程机械、造船等其他领域。

思 考 题

1. 曲柄压力机由哪几部分组成？各部分的功能如何？曲柄压力机滑块位移、速度、加速度变化规律是怎样的？
2. 分析曲柄滑块机构的受力，比较曲柄压力机的几种曲柄滑块机构。曲柄压力机为何要设置飞轮？
3. 装模高度调节方式有哪些？各自有何特点？
4. 分析转键式离合器的工作原理，分析摩擦离合器—制动器的工作原理。
5. 液压机的工作原理是什么？它具有哪些特点？液压机的本体结构有哪些？
6. 为什么说框架式机身的刚度和运行精度要优于梁柱式？
7. 液压缸的主要组成如何？不同结构的液压缸有何特点？
8. 螺旋压力机的工作特点有哪些？四种螺旋压力机从工作原理上有什么异同？螺旋压力机为什么要控制打击能量？
9. 目前伺服压力机的传动方式有哪些？伺服压力机的优势在哪里？
10. 数控电液锻锤的工作原理及特点是什么？
11. 数控液压板料折弯机的工作原理及特点是什么？
12. 分析数控转塔压力机的工作原理及主要组成。
13. 精冲压力机有何特点？
14. 分析多工位压力机的工作原理及系统组成。
15. 分析金属板料渐进成形机的工作原理。
16. 板材 FMS 的组成有哪些？数字化工厂包括哪些内容？

第 4 章 金属焊接成形设备及自动化

4.1 概述

4.1.1 焊接的定义及其分类

焊接是指通过适当的物理化学过程使两个分离的固态物体产生原子（分子）间结合力而连接成一体的连接方法。被连接的两个物体可以是同类或不同类的金属、非金属，也可以是一种金属与一种非金属。金属焊接在现代工业中广泛应用，是现代金属加工中最重要的方法之一，它和金属切削加工、压力加工、铸造、热处理等其他金属加工方法一起构成金属加工技术，是现代一切工业，包括汽车、船舶、飞机、航天、原子能、石油化工、电力、电子等工业部门的基础生产工艺。

由于焊接的对象主要是钢铁，因而焊接设备的发展一般来说，也取决于钢产量的增长，全世界生产的钢有一半以上需要经过焊接加工才能成为产品。随着工业和科学技术的发展，各种高熔点、高强度及活泼金属的焊接，合金、异种金属及精密复杂结构件的焊接，对焊接工艺和设备提出了越来越高的要求，已使焊接技术成为能源、造船、汽车、航空航天等工业设备制造中的关键技术之一。而焊接设备又是焊接技术的重要基础。

焊接加工中采用的基本焊接方法分类（族系法）如图 4-1 所示。

- 基本焊接方法
  - 熔焊
    - 电弧焊
      - 熔化极
        - 螺栓焊
        - 焊条电弧焊
        - 埋弧焊
        - 氩弧焊
        - CO_2焊
      - 不熔化极
        - 钨极氩弧焊
        - 原子氢焊
        - 等离子弧焊
    - 气焊
      - 氧氢焊
      - 氧乙炔焊
      - 空气乙炔焊
    - 铝热焊
    - 电渣焊
    - 电子束焊
    - 激光束焊
  - 压焊
    - 电阻点、缝焊
    - 电阻对焊
    - 冷压焊
    - 超声波焊
    - 锻焊
    - 爆炸焊
    - 扩散焊
    - 摩擦焊
  - 钎焊
    - 火焰钎焊
    - 感应钎焊
    - 炉钎焊
    - 盐浴钎焊
    - 电子束钎焊

图 4-1 基本焊接方法分类

相应地，每种焊接方法都有与其对应的焊接设备。随着电子技术、微电子技术、信息技术的飞速发展，焊接设备电子化、数字化也紧接其后，这为实现高速、高效、优质和自动化焊接加工提供了有力保证。

本章介绍焊接加工中几类主要的焊接设备，即电弧焊（简称弧焊）设备、电阻焊设备、激光焊接设备和焊接机器人。

4.1.2 金属焊接成形设备的发展趋势

采用逆变变流技术的弧焊电源称为逆变式弧焊电源。逆变式弧焊电源把单相（或三相）

交流电整流后，由逆变器转变为几百至几万赫兹的中频交流电，再经中频变压器降压后输出交流或直流电。它具有高效节能、体积小、重量轻、功率因数高、动态响应快、可控性好、利于焊接电流波形控制等优点。

根据逆变器中采用的功率开关半导体器件不同，可细分为晶闸管式逆变弧焊电源、晶体管式逆变弧焊电源、场效应管式逆变弧焊电源、IGBT 式逆变弧焊电源。此外，还包括采用双逆变技术的交流逆变弧焊电源、变极性逆变弧焊电源。随着新型功率开关半导体器件的发展及其应用，各种新型逆变电源将不断涌现。

采用数字控制技术的弧焊电源称为数字式弧焊电源。数字控制技术主要用于逆变式或整流式弧焊电源。在弧焊电源数字控制中，把电压电流等模拟量变成数字量，模拟电路控制系统变为数字信号处理系统。它具有以下特点：①柔性化控制和多功能集成；②系统控制精度高；③稳定性和可靠性好；④产品一致性好；⑤通过修改软件可使焊机功能升级方便。由此可见，数字式弧焊电源控制性能好，适用性更强，可用于各种电弧焊方法以及焊接质量要求较高的工程结构焊接场合。

根据采用的数字处理系统不同，数字式弧焊电源可以分为单片机控制数字式弧焊电源、DSP 控制数字式弧焊电源、单片机和 DSP 双机控制数字式弧焊电源、双 DSP 控制数字式弧焊电源等。随着数字技术的发展，将会出现各种新的数字化处理器，相应的新型数字式弧焊电源也会发展。

在经典 PID 控制技术的基础上，现代控制理论和技术诸如模糊控制理论、微型计算机和 DSP 数字控制技术、变结构控制技术、复合控制技术、数据库技术和专家系统技术、计算机网络技术等，在焊接装备及自动化领域实现了任意外特性的控制和切换、动态特性控制、熔滴过渡波形控制、焊接参数一元化调节、焊缝跟踪、焊接过程程序控制、焊接工艺专家系统查询及控制、焊接装备远程监视和群控等。

随着机器视觉技术、人工智能理论和技术、精密减速器制造技术的长足进步，焊接机器人已在焊接加工领域得到逐渐推广应用。它提高了焊接生产率，保证了焊接接头质量，也促使焊接加工向焊接工艺高效化、焊接电源数字化、焊接质量控制智能化、焊接生产过程柔性化和绿色化等方向发展。

4.2 电弧焊设备及自动化

在焊接设备中，电弧焊设备不但品种多，而且数量也是最多的，是焊接结构生产中主要的焊接设备。本节介绍的埋弧焊设备、熔化极氩弧焊设备、CO_2电弧焊设备、钨极氩弧焊设备和等离子弧焊设备是最基本的自动电弧焊设备，其中，前三种为熔化极电弧焊设备，后两种为不熔化极电弧焊设备。

4.2.1 电弧静特性和弧焊电源基本特性

电弧焊设备的核心是弧焊电源，它是用来产生焊接电弧并维持电弧燃烧的供电器件，主要有以下几种类型。

(1) 弧焊变压器　由主变压器及所需的调节部分的指示装置等组成。能将网路电压的交流电变成适宜弧焊的低压交流电，其结构简单、易造易修，具有成本低、效率高等优点。但是，弧焊变压器输出的焊接电流波形为正弦波，电弧稳定性较差，功率因数低。一般应用于焊条电弧焊、埋弧焊和钨极氩弧焊等工艺方法。

(2) 矩形波交流弧焊电源　采用半导体控制技术来获得矩形波交流电流。其电弧稳定性好，可调参数多，功率因数高，除用于交流钨极氩弧焊外，还可用于埋弧焊，甚至可代替直流弧焊电源用于碱性焊条电弧焊。

（3）直流弧焊发电机　一般由特种直流发电机和获得所需外特性的调节装置等组成。它的空载损耗较大，效率低、噪声大、造价高、维修难，其优点是过载能力强、输出脉动小，可用作各种弧焊方法的电源。由于耗能大、维修难，目前已很少使用，只是在没有电源的野外作业时，可采用由柴油机驱动的直流弧焊发电机。

（4）弧焊整流器　由主变压器、半导体整流元件及获得所需外特性的调节装置等组成。能将交流电降压整流后获得直流电。与直流弧焊发电机相比，它具有制造方便、价格低、空载损耗小、噪声小等优点，而且大多数可以远距离调节，能自动补偿电网电压波动对输出电压、电流的影响，可用作各种弧焊方法的电源。弧焊整流器可分为硅弧焊整流器、晶闸管弧焊整流器。

（5）弧焊逆变器　把单相（或三相）交流电整流后，由逆变器转变为几百至几万赫兹的中频交流电，再经降压后输出交流或经整流后输出直流电。整个过程由电子电路控制，使电源具有符合要求的外特性和动特性。它具有高效节电、重量轻、体积小、功率因数高、焊接性能好等独特的优点，可用作各种弧焊方法，是一种最有发展前途的弧焊电源。

（6）脉冲弧焊电源　焊接电流以低频调制脉冲方式馈送，一般由普通的弧焊电源和脉冲发生电路组成。它具有效率高，输入线能量较小，可在较宽范围内控制焊接线能量等优点。这种弧焊电源用于对热输入量比较敏感的高合金材料、薄板和全位置焊接，具有独特的优点。随着电子技术的发展和大功率电子元件的出现，脉冲电流的波形及其可调参数的变换已变得非常容易。按主要功率器件分类，主要有晶闸管式和晶体管式；按脉冲电流的频率分类，有低频脉冲式和高频脉冲式。

弧焊过程的稳定性主要取决于焊接电弧燃烧的稳定性，这样就引出了“电源—电弧”系统的稳定性，即电弧静特性和电源外特性间的关系。

一定长度的电弧在稳定状态下，电弧电压 U_f 与电弧电流 I_f 之间的关系，称为焊接电弧的静态伏安特性，简称伏安特性或静特性，如图4-2所示。焊接电弧是非线性负载，其静特性曲线近似呈U形曲线，可以看成由三个区段组成：Ⅰ区段，电弧电压随电流的增加而下降，是下降特性段；Ⅱ区段，呈等压特性，即电弧电压不随电流变化，是平特性段；Ⅲ区段，电弧电压随电流的增加而上升，是上升特性段。

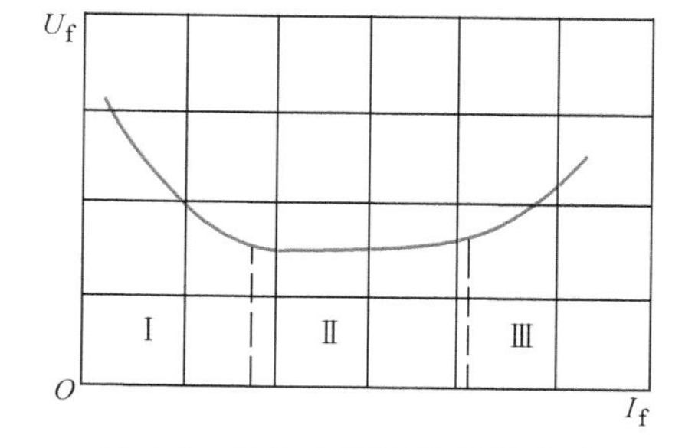

图4-2　焊接电弧的静特性曲线

对于各种不同的焊接方法，它们的电弧静特性曲线是有所不同的，而且在其正常使用范围内，并不包括电弧静特性曲线的所有部分。静特性的下降段由于电弧燃烧不稳定而很少采用。焊条电弧焊、埋弧焊的电弧大多工作在静特性曲线的水平段，即电弧电压只随弧长而变化，与焊接电流关系很小。不熔化极气体保护焊、等离子弧焊电弧大多工作在静特性曲线的水平段；当焊接电流较大时才工作在静特性曲线的上升段。熔化极气体保护焊电弧基本上工作在静特性曲线的上升段。

焊接电弧作为弧焊电源的负载，改变负载时，电源输出的电压稳定值 U_y 与输出的电流稳定值 I_y 之间的关系曲线称为弧焊电源的外特性。为了能在给定电弧电流和电压情况下，维持长时间的电弧稳定燃烧，这时应有 $U_f=U_y$，$I_f=I_y$，即电源外特性曲线与电弧静特性曲线必须能够相交，形成工作点，如图4-3所示的 A_0 点和 A_1 点。

A_0点和A_1点是“电源—电弧”系统的静态平衡工作点。当系统受瞬时的外界干扰时，会破坏原来的静态平衡，造成焊接参数的变化；但当干扰消失之后，系统应能够自动恢复到原来的平衡点。要达到这一条件，电弧静特性曲线在工作点上的斜率必须大于电源外特性曲线在工作点上的斜率，如图4-3所示，其中A_0点是稳定工作点，而A_1点是非稳定工作点。

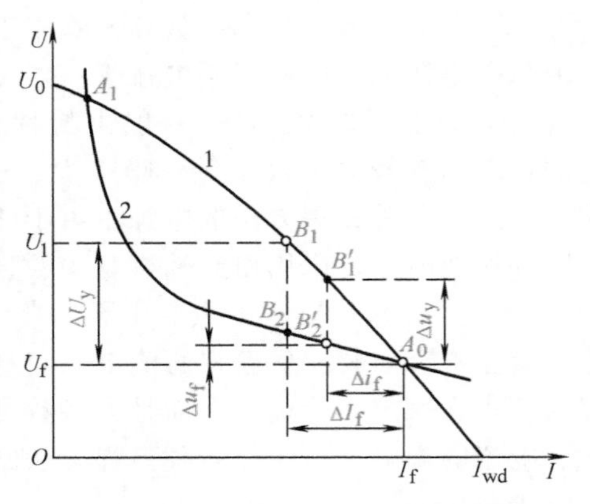

图4-3　“电源—电弧”系统工作状态图

电源的外特性形状除了影响“电源—电弧”系统的稳定性外，还关系到焊接参数的稳定。在外界干扰使弧长变化的情况下，将引起系统工作点移动和焊接参数出现静态偏差。为了获得稳定的焊接过程，不但要求电弧燃烧稳定，而且要求由干扰引起的静态偏差越小越好。因此，需要一定形状的电弧静特性曲线与适当形状的电源外特性曲线相配合。

熔化极电弧焊时，根据送丝方式的不同可分为两种情况。

第一种情况是等速送丝控制系统熔化极电弧焊。CO_2气体保护焊、熔化极氩弧焊、含有活性气体的混合气体保护焊或细丝（直径≤ϕ3mm）的直流埋弧焊，它们均工作在电弧静特性曲线的上升段。由于电极中的电流密度较大，电弧的自身调节作用较强，此时应尽可能配用平特性电源。当弧长变化时，引起电流和焊丝熔化速度变化大，能很快恢复弧长原值。如图4-4所示，平外特性比下降外特性引起的电流偏差大，弧长恢复速度快。

第二种情况是变速送丝控制系统熔化极电弧焊。普通埋弧焊（焊丝直径>ϕ3mm）和一部分熔化极氩弧焊，它们均工作在电弧静特性曲线的水平段。为满足“电源—电弧”系统的稳定，只能采用下降特性的弧焊电源。这种情况下，焊丝中的电流密度较小，电弧自身调节作用不强，不足以在弧长变化时维持焊接参数稳定，不宜采用等速送丝控制系统，而应采用电弧电压反馈调节送丝速度的变速送丝控制系统，来保证弧长的稳定。如图4-5所示，当弧长拉长时，电弧电压增大迫使送丝加快，使弧长得以恢复。同时，选择较陡的下降外特性，使得在弧长变化时引起的电流偏差较小，有利于焊接参数（主要指的是焊接电流）的稳定。

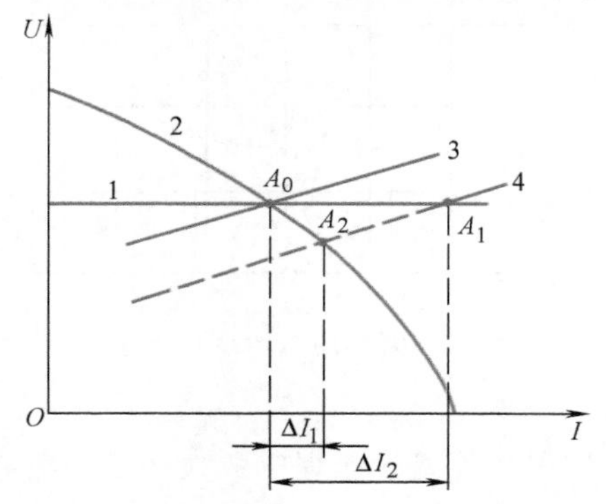

图4-4　电弧静特性为上升形状时电源外特性对电流偏差的影响

1、2—电源外特性　3、4—电弧静特性

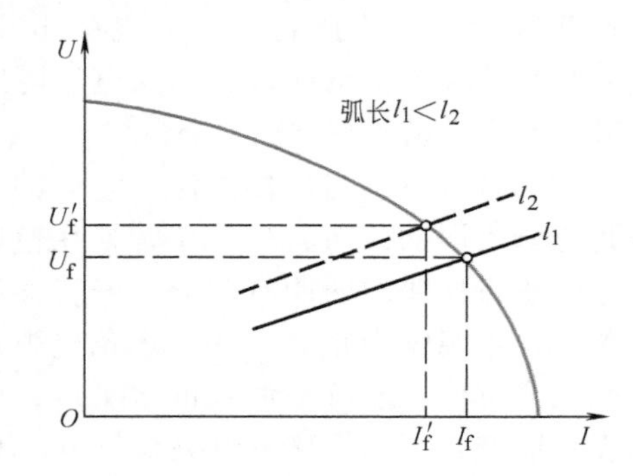

图4-5　变速送丝控制系统的弧焊电源与电弧静特性的关系

不熔化极电弧焊包括钨极氩弧焊和等离子弧焊等，它们均工作在电弧静特性的水平段或略上升段。对于不熔化极焊接，稳定焊接参数主要是指稳定焊接电流，因此最好采用恒流外特性的电源。如图4-6所示，曲线3为恒流外特性（也称为垂直陡降外特性），当弧长由 l_1 变为 l_2 时，恒流外特性的电流偏差 ΔI_3 最小，即焊接电流稳定。

此外，弧焊电源的空载电压在确保引弧容易和电弧稳定的前提下，尽可能采用较低的数值，以利于保障人身安全，降低设备成本及能耗。对于下降特性弧焊电源，一般空载电压不得超过100V，通常为55～90V；对于平特性弧焊电源来说，其空载电压比下降特性的要求要低些。

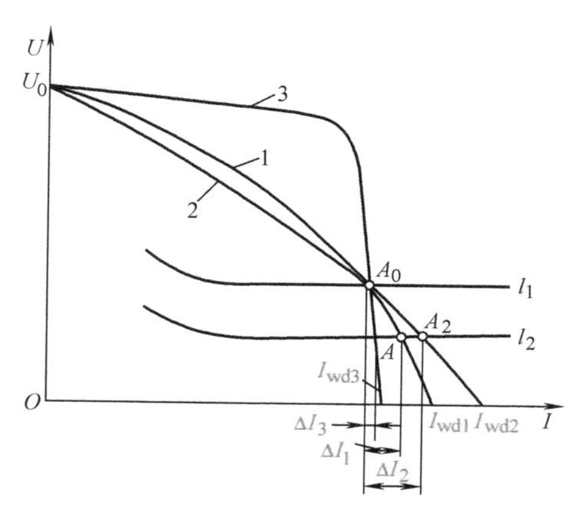

图4-6　弧长变化时引起的电流偏移

1、2—缓降外特性　3—恒流外特性

l_1、l_2—电弧静特性

对于熔化极电弧焊，金属熔滴进入熔池时，经常会短路而引起电弧长度、电弧电压和电流的瞬间变化，这时焊接电弧对供电的弧焊电源来说就是一个动态负载。要使这个动态的电弧稳定燃烧，还需要弧焊电源有相应的快速响应的动特性能力，当电弧负载状态发生突然变化时，要求弧焊电源具有较快的输出电压、电流的响应速度。当弧焊电源具有合适的动特性时，电弧的引弧和熔滴短路过渡后重新引弧容易，熔滴过渡平稳、飞溅较少。这对于采用短路过渡的熔化极电弧焊（如 CO_2 细丝电弧焊）来说，其弧焊电流的动特性就需特别要求。动特性一般用瞬时短路电流峰值（包括空载到短路和负载到短路）、负载到短路的瞬时电流增长速度、短路到空载的电压恢复速度等指标来描述。

4.2.2　埋弧焊设备

埋弧焊属于熔化极电弧焊，由于电弧被掩埋在由颗粒状焊剂熔化后所形成的气泡内燃烧，故称为埋弧焊，其焊接过程如图4-7所示。

埋弧焊不仅生产率高，操作环境好，而且容易获得高质量焊缝，在桥梁、化工、船舶、锅炉与压力容器、海洋结构、核电设备等制造中得到广泛应用。经历了80多年的发展，埋弧焊已经从最初的单丝埋弧焊演变到今天的双丝、多丝埋弧焊。但是，埋弧焊一般只适用于平焊和角焊位置的焊接；而且，由于焊接热输入大，导致焊缝金属晶粒粗大，组织性能下降。

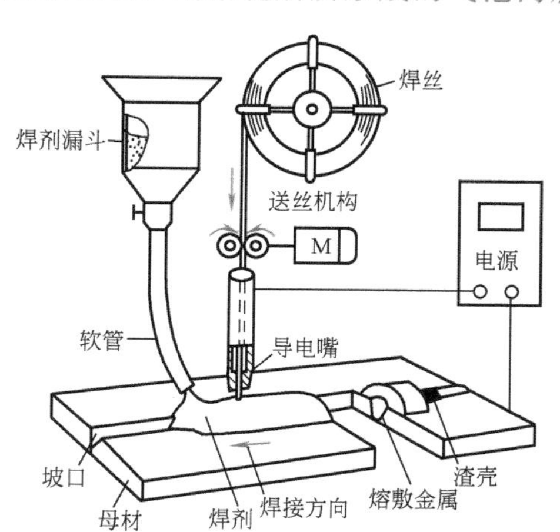

图4-7　埋弧焊焊接过程示意图

1. 埋弧焊机的分类与结构

（1）埋弧焊机的分类

1）按用途分类。可分为通用和专用埋弧焊机。前者可广泛用于多种结构的对接、角接、环缝和纵缝的焊接；后者则用来焊接某些特定的金属结构或焊缝，如角焊机、T形梁焊机、堆焊机等。

2）按送丝方式分类。可分为等速送丝式和电弧电压调节式埋弧焊机。前者适用于细焊丝或高电流密度的埋弧焊；后者适用于粗焊丝或低电流密度的埋弧焊。

3）按行走机构形式分类。可分为小车式、门架式、悬臂式埋弧焊机。通用埋弧焊机大都采用小车式行走机构，如图4-8所示，适合于焊接多种平板对接、角接及内外环缝。国产

MZ—1000 型（电弧电压调节式）、MZ1—1000 型（等速送丝式）埋弧焊机均属于这类结构形式。

4）按焊丝根数分类。可分为单丝、双丝和多丝埋弧焊机。生产应用中大多是单丝埋弧焊机，为了提高生产率，双丝或多丝埋弧焊机也获得了广泛应用。焊丝截面形状一般为圆形，堆焊时可采用带状电极式的专用埋弧焊机。

国产埋弧焊机的主要技术数据见表 4-1。

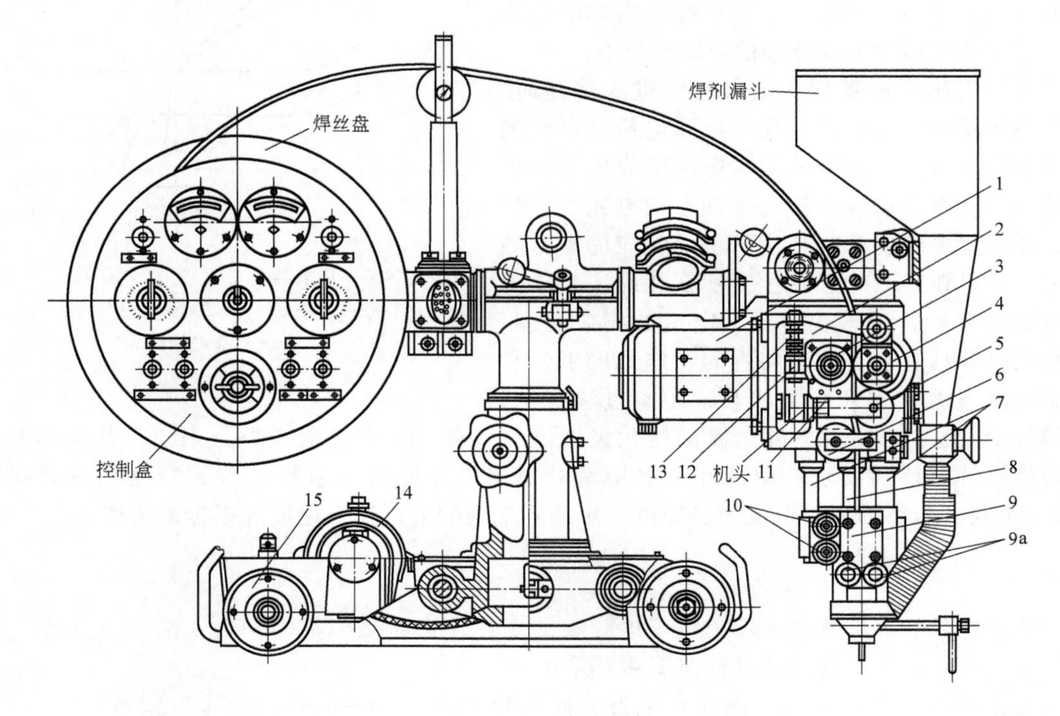

图 4-8 MZ1—1000 型埋弧焊小车

1—送丝电动机 2—杠杆 3、4—送丝滚轮 5、6—矫直滚轮 7—圆柱导轨 8—螺杆 9—导电嘴 9a—螺钉（压紧导电块用） 10—螺钉（接电极用） 11—螺钉 12—旋转螺钉 13—弹簧 14—行走电动机 15—行走轮

（2）埋弧焊机的结构 埋弧焊机通常由机械、电源、控制系统和焊接辅助设备四个主要部分组成。

1）机械部分。埋弧焊接的机械部分主要是指送丝机构和行走机构。以 MZ—1000 型埋弧焊机为例，其机械部分主要包括送丝机头、机头调节机构、导电嘴及焊丝盘、焊剂漏斗、行走传动机构、行走轮、离合器和驱动电动机等，以上部分全都安装在焊接小车上。图 4-9 和图 4-10 所示分别为焊丝送给机构传动系统和小车行走机构传动系统。

埋弧焊机焊接小车的行走机构和送丝机构一般采用直流电动机驱动，行走速度和送丝速度可以均匀调节。送丝电动机的功率取决于焊丝直径，一般为 40～100W；行走电动机的功率取决于小车自重，一般为 40～200W。

2）电源。埋弧焊可以采用交流或直流弧焊电源，可根据工件材质及焊剂型号进行选择。一般碳钢或低合金结构钢在配用高锰高硅低氟焊剂“HJ430”或“HJ431”时，应优先考虑采用交流弧焊电源；若用低锰低硅高氟焊剂，则应选用直流弧焊电源，且电极采用反极性接法，以保证电弧稳定，获得更大熔深。

表4-1　国产埋弧焊机的主要技术数据

新型号	NZA-1000	MZ-1000	MZ1-1000	MZ2-1500	MZ—1—1000	MZ—1—1250	MZ6-2×500	MU-2×300	MU1-1000
旧型号	GM-1000	EA-1000	EK-1000	EK-1500	—	—	EH-2×500	EP-2×300	—
送丝形式	弧压自动调节	弧压自动调节	等速送丝	等速送丝	弧压自动调节	弧压或电流反馈调节	等速送丝	等速送丝	弧压自动调节
焊机结构特点	埋弧、明弧两用小车式	小车式	小车式	悬挂小车式	小车式	小车式	小车式	堆焊专用	堆焊专用
焊接电流/A	200~1200	400~1200	200~1000	400~1500	200~1000	250~1250	200~600	60~300	400~1000
焊丝直径/mm	$\phi3\sim\phi5$	$\phi3\sim\phi6$	$\phi1.6\sim\phi5$	$\phi3\sim\phi6$	$\phi3\sim\phi6$	$\phi3\sim\phi6$	$\phi1.6\sim\phi2$	$\phi1.6\sim\phi2$	焊带宽30~80，厚0.5~1
送丝速度/(m/h)	30~360（弧压反馈控制）	30~120（弧压35V）	52~403	28.5~225	30~120	≤270	150~600	96~324	15~60
焊接速度/(m/h)	2.1~78	15~70	16~126	3.4~112	15~70	12~150	8~60	19.5~35	7.5~35
焊接电流种类	直流	直流或交流	直流或交流	直流或交流	直流	直流	直流	直流	直流
送丝速度调整方法	用电位器无级调速（用改变晶闸管导通角来改变直流电动机转速）	用电位器无级调整直流电动机转速	调换齿轮	调换齿轮	用电位器无级调速（晶闸管系统）	用电位器无级调速（晶体管PWM系统）	用自耦变压器无级调整直流电动机转速	调换齿轮	用电位器无级调整直流电动机转速

等速送丝调节式埋弧焊机宜采用缓降外特性弧焊电源；电弧电压反馈调节式埋弧焊机则选用陡降外特性弧焊电源。由于埋弧焊的弧柱电场强度高，要求电源的空载电压较高，一般为70~90V。常用的交流埋弧焊电源有BX_2—1000，直流埋弧焊电源有ZXG—1000R、ZP5—1250等。

3）控制系统。通用小车式埋弧焊机的控制系统由送丝与行走驱动控制、引弧和熄弧程序控制、电源外特性控制等环节组成。门架式、悬臂式等专用埋弧焊机还包括悬臂伸缩和升降、立柱旋转以及焊剂回收等控制环节。

4）焊接辅助设备。埋弧焊机的焊接辅助装置包括为确保焊件准确定位并减少焊接变形的焊接夹具；使焊件旋转、倾斜、翻转以保证良好焊接位置并提高焊接质量和生产率的工件变位装置；将焊接机头准确或者以一定速度沿规定轨迹送至待焊位置的焊机变位装置；防止熔化金属流失和烧穿并促进焊缝背面成形的衬垫或焊剂垫等焊缝成形装置；在焊接中自动回收并输送焊剂以提高自动化程度的焊剂回收输送装置。

2. 埋弧焊机举例

以MZ—1—1000型埋弧焊机为例，该焊机由焊接电源和焊接小车两部分组成。其控制电路原理如图 4-11 所示，可分为主电路和控制电路两大部分。

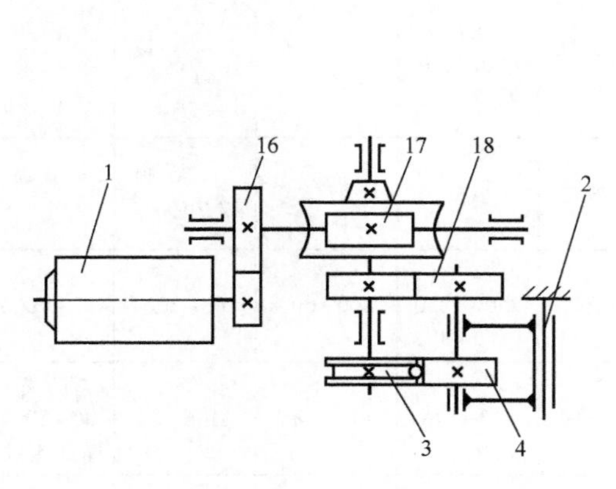

图 4-9 焊丝送给机构传动系统

1—送丝电动机 2—杠杆 3、4—送丝滚轮

16、18—圆柱齿轮 17—蜗轮蜗杆

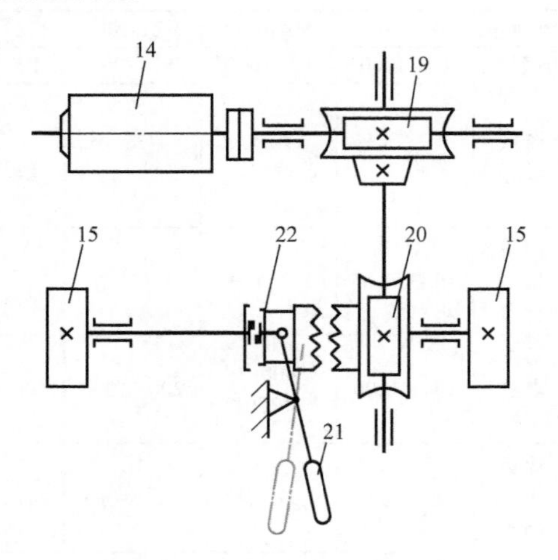

图 4-10 小车行走机构传动系统

14—行走电动机 15—行走轮

19、20—蜗轮蜗杆 21—手柄 22—离合器

（1）主电路　主电路指焊接电源电路，如图 4-11 中的细点画线框所示。本机配用 ZXG—1000R 型弧焊整流器，它由三相降压变压器、磁放大器组成，而磁放大器又由饱和电抗器和硅整流器组成。变压器的作用是将电网电压降低到焊接所需要的整流交流侧电压；饱和电抗器的作用是控制焊接所需要的下降外特性和调节焊接电流的大小；硅整流器的作用是将交流变成直流。

（2）控制电路　主要由送丝驱动电路、小车行走驱动电路和焊接程序控制电路组成。

1）送丝驱动电路。本机采用电弧电压负反馈自动调节系统送丝，即变速送丝方式。直流电动机 M_1 的电枢电压和激磁绕组 M1F 的电流由整流器 VC_7 提供。送丝速度由晶体管 V_3、单结晶体管 V_4、脉冲变压器 TP_1 和晶闸管 VT_1 等组成的电枢电压调速电路调节。VC_5 为 VT_1 的触发电路中 V_4 和 TP_1 组成的支路供电；VC_4 为 V_3 提供电源及基极偏置电压。反馈电压由 92 号控制线引入，加到 R_4、R_5、R_3 构成的支路上，取 R_4 上的电压与电弧电压调节电位器 RP_1 上的给定电压 U_{RP1} 反向串联后，送到 VC_4 的输入端，使得 $U_入=U_{RP1}-U_{R4}$。当电弧电压为 0，即焊丝与工件接触时，$U_{R4}=0$，VC_4 输入端的电压为上“+”下“-”，V_1 导通，V_2 截止，继电器 K_4 释放，其常闭触头接通 M_1 的电枢。同时，VC_4 输出端电压 $U_出$ 使 V_3 导通，触发电路工作，VT_1 导通，M_1 电枢得电反转，使焊丝上抽，电弧引燃。当电弧电压上升，R_4 上的电压 U_{R4} 增加到等于 U_{RP1} 时，则有 $U_入=0$，$U_出=0$，V_3 截止，VT_1 关断，M_1 停转。同时，V_1 截止，V_2 导通，K_4 吸合，其常开触头接通 M_1 的正转电流方向。由于电弧电压继续升高，当 $U_{R4}<U_{RP1}$ 时，则 $U_入<0$，VC_4 输入端的电压为上“-”下“+”，仍使 V_1 截止，V_2 导电，K_4 保持吸合；同时，VC_4 的 $U_出$ 也随之升高，V_3 又开始导通，VT_1 导通，M_1 电枢得电正转，使焊丝向下输送。而且，随着电弧电压的升高，送丝速度加快，直至送丝速度与焊丝熔化速度相等时，电弧电压就稳定在预定电压值上。上述引弧过程称为“短路—反抽”引弧方法。可见，调节 RP_1 即可改变送丝速度，从而改变电弧电压；焊接过程中，当电弧电压发生瞬变时，瞬变电压使送丝速度自动变化，促使电弧电压自动恢复到原值。

2）小车行走驱动电路。小车行走由直流电动机 M_2 驱动，其电枢电压和激磁绕组 M2F 的电流也由整流器 VC_7 提供。行走速度由晶体管 V_5、单结晶体管 V_6、脉冲变压器 TP_2 和晶

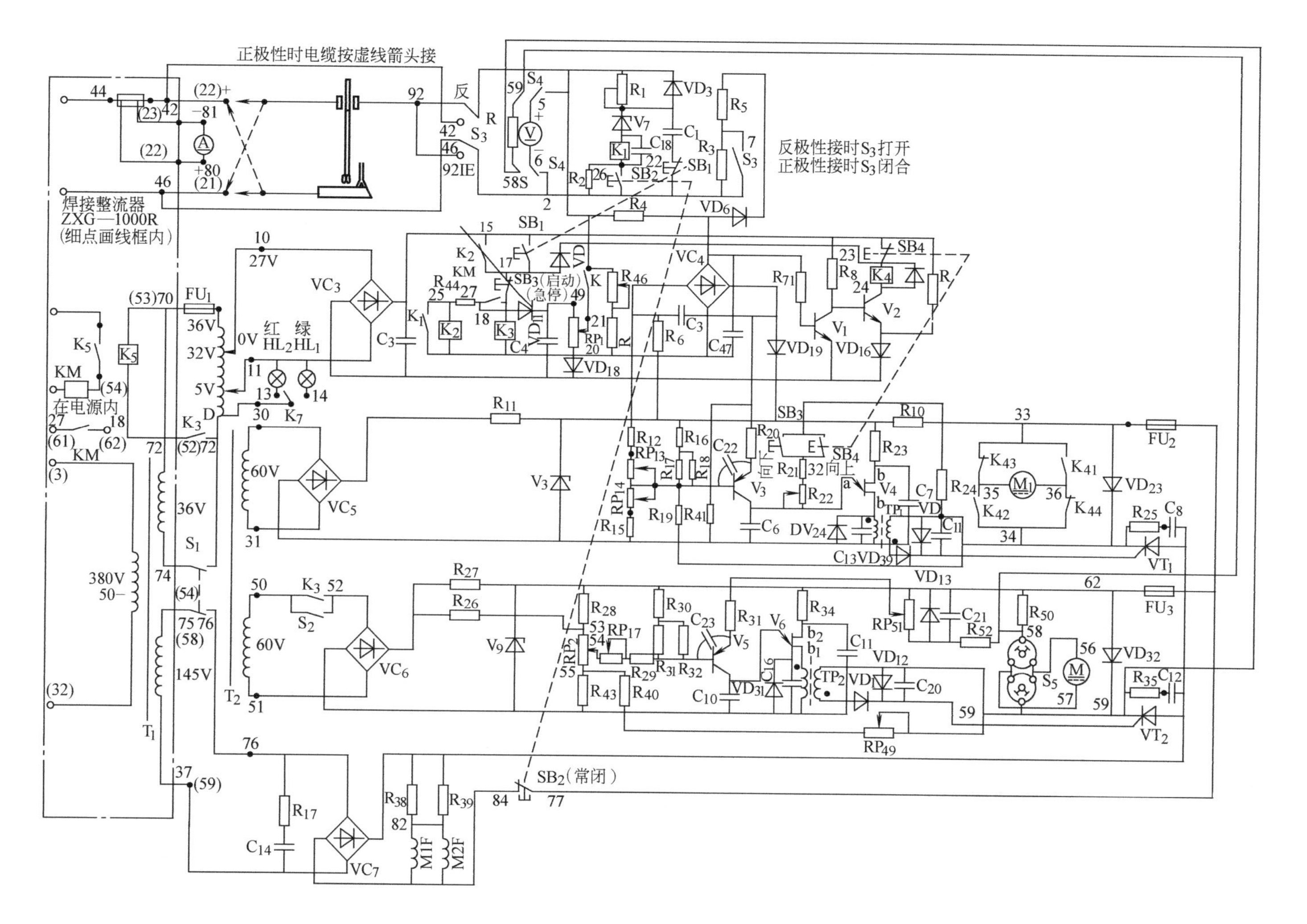

图 4-11　MZ—1—1000 型埋弧焊机控制电路原理图

闸管 VT_2以及电位器 RP_2等组成的电枢电压调速电路调节。

为了增强小车的负载能力，驱动电路的触发电路中引入了由 R_{50}、RP_{51}、R_{52}、C_{21}等元件组成的电枢电流正反馈环节，以补偿因负载增加而导致电动机转速减慢的现象。

3）焊接程序控制电路。包括焊前小车行走速度调整、焊丝位置调整以及焊接起动和停止等控制环节。

① 小车行走速度调整。电源开关 S_1合上，变压器 T_2得电，各控制电路电源工作。将小车调试开关 S_2合上，晶闸管 VT_2的控制极回路接通，调节 RP_2，即可调节 M_2的运转速度。M_2的运转方向由开关 S_5控制，当转动 S_5时，可改变 M_2电枢电流的方向，从而改变 M_2的正、反转方向，即小车的前进或后退。当速度和方向调试好后，将 S_2断开，等待焊接。

② 焊丝位置调整。焊丝位置调整控制电路由 VC_3、晶体管 V_2、继电器 K_4、“焊丝向下”按钮 SB_3和“焊丝向上”按钮 SB_4等元件组成。当电源开关 S_1合上时，VC_3为焊丝位置调整电路供电，晶体管 V_2导通，K_4吸合。若按下 SB_3，V_4触发极得电，C_6充电到 V_4的峰值电压时，V_4导通，TP_1发出脉冲，VT_1触发导通，电流由 K_4的常开触头经 M_1电枢流通，M_1正转，焊丝下送；若按下 SB_4，V_4触发极仍得电，使 VT_1触发导通，同时使 K_4释放，电流由 K_4的常闭触头经 M_1电枢流通，M_1反转，焊丝上抽。点动 SB_3或 SB_4，使焊丝上抽或下送，直至焊丝与工件轻轻接触良好，以备起动焊接。调节焊丝位置时送丝速度较低。

③ 启动焊接。调整好小车行走速度和焊丝位置后，即可启动焊接。这时按下“启动按钮”SB_1，继电器 K_3吸合，其常开触头 K_3闭合，使继电器 K_5得电吸合，引起焊接电源箱内主接触器 KM 吸合，而使 K_2吸合，则使电弧电压调节电位器 RP_1支路得电，使得 M_1反转，上抽焊丝引弧，直至焊丝下送，正常焊接过程开始。当焊接过程即将结束停止焊接时，采用自动熄弧方法，由继电器 K_1、稳压管 V_7、R_1、二极管 VD_3和 SB_2停止按钮等元件组成的电路来实现。按下 SB_2，电动机 M_1、M_2的供电源切断，送丝与小车行走立即停止工作，但电弧的电源未切断，因而电弧继续燃烧，而使电弧电压升高。当电弧电压升高到约 52V 时，V_7导通，继电器 K_1吸合，其常开触头短接 K_2线圈而使 K_2、K_3失电，K_5、KM 失电，主电源切断，电弧熄灭，焊接停止。

MZ—1—1000 型埋弧焊机的起弧、焊接及停止焊接的自动程序控制过程，如图 4-12 所示。

4.2.3 熔化极氩弧焊设备

熔化极氩弧焊属于熔化极气体保护电弧焊，与埋弧焊不同的是，其电弧是在氩气或富氩气体保护下燃烧，电弧为明弧，焊丝的熔化、熔滴过渡、熔池及焊缝是可见的。熔化极氩弧焊示意图如图 4-13 所示。

熔化极氩弧焊以氩气作为保护气体，简称为 MIG 焊（Metal Inert-gas Arc Welding）；以富氩气体（$Ar\text{-}O_2$、$Ar\text{-}CO_2$、$Ar\text{-}CO_2\text{-}O_2$）作为保护气体，简称为 MAG 焊（Metal Active-gas Arc Welding）。熔化极氩弧焊具有熔敷效率高，适合全位置焊接等优点，广泛应用于铝及铝合金、铜及铜合金、不锈钢及钛合金等中等厚度以上的金属材料的焊接。尤其是对铝及铝合金的焊接，当采用直流反接法电弧时，由于电弧的阴极雾化清理作用，待焊工件不需要焊前特别清洗，就可获得优质的焊缝。

熔化极氩弧焊按操作方式可分为自动焊和半自动焊；按电弧电流形式可分为连续电弧焊和脉冲电弧焊；按送丝方式可分为等速送丝式和电弧电压反馈调节变速送丝式。一般半自动焊机采用细丝等速送丝控制系统，自动焊机采用粗丝电弧电压反馈调节变速送丝控制系统。

熔化极氩弧焊设备主要由以下五个部分组成：焊接电源、焊枪及行走机构（半自动焊

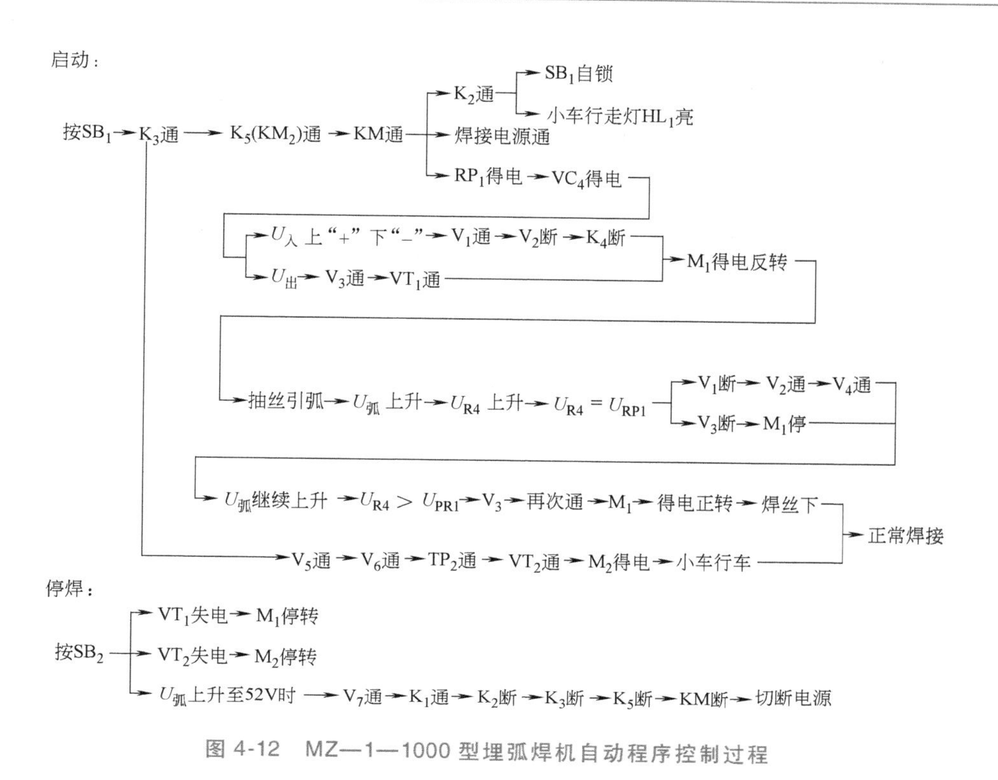

图 4-12　MZ—1—1000 型埋弧焊机自动程序控制过程

无行走机构）、供气供水系统、送丝机构和控制系统，如图 4-14 所示。

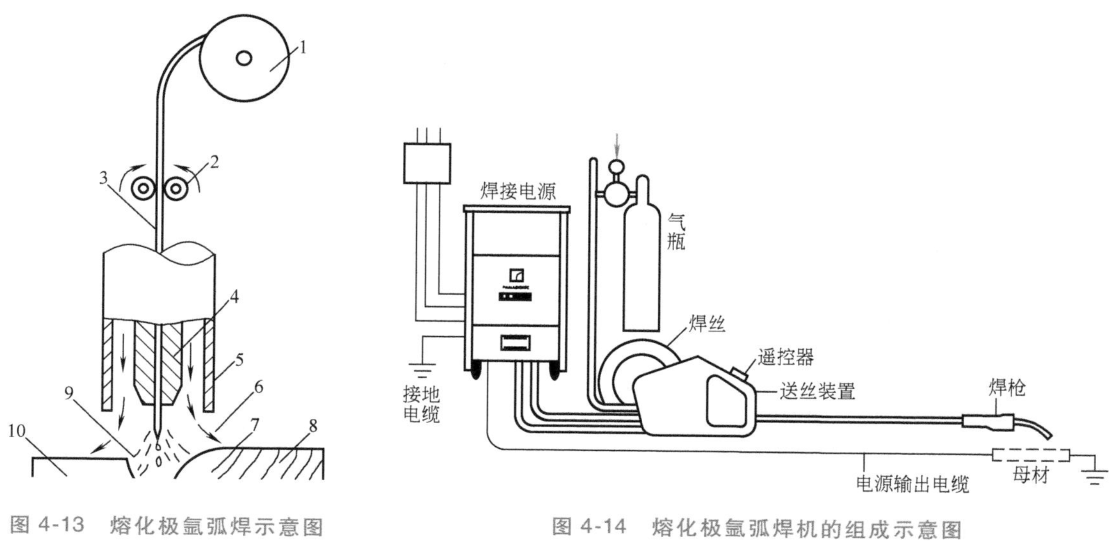

图 4-13　熔化极氩弧焊示意图
1—焊丝盘　2—送丝滚轮　3—焊丝　4—导电嘴　5—保护气体喷嘴　6—保护气体　7—熔池　8—焊缝金属　9—电弧　10—母材

图 4-14　熔化极氩弧焊机的组成示意图

1. 焊接电源

熔化极氩弧焊通常采用直流电源，主要有硅弧焊整流电源、晶闸管弧焊整流电源、晶体管弧焊整流电源及逆变式弧焊整流电源等。当焊丝直径≥ϕ2.0mm时，应选择陡降外特性的电源，配以电弧电压反馈调节式送丝机构；当焊丝直径<ϕ1.6mm时，应选择平外特性的电源，配以等速式送丝机构。

采用脉冲熔化极氩弧焊工艺时，必须配备电弧电流大小按时间可规律地控制输出的脉冲弧焊电源。

2. 焊枪

熔化极氩弧焊的焊枪可分为自动焊枪和半自动焊枪两类。图4-15所示为双层气流保护的自动焊枪结构，图4-16、图4-17所示为半自动焊枪结构。焊枪的冷却方式有气冷和水冷两种。一般的焊枪采用气冷方式即可；当焊接电流大于200A时要采用水冷方式，其结构多为手枪式。

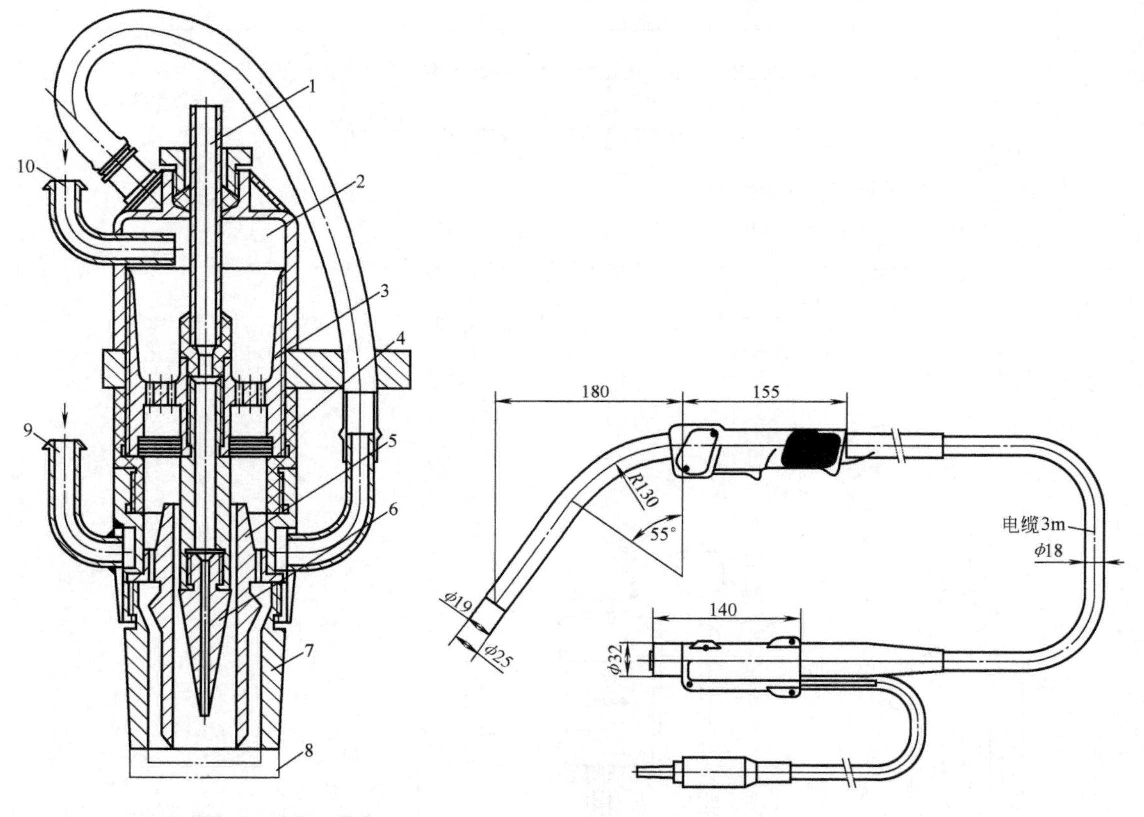

图4-15 双层气流保护的自动焊枪结构
1—铜管 2—镇静室 3—导流体 4—铜筛网 5—分流套 6—导电嘴 7—喷嘴 8—帽盖 9—进水管 10—进气管

图4-16 典型鹅颈式气冷半自动焊枪结构

3. 供气供水系统

供气系统由氩气瓶、减压阀、流量计、电磁气阀等组成，如图4-18所示。如果采用混合气体，还需有氧气瓶、二氧化碳气瓶、氩气瓶以及气体配比器。减压阀用于将气瓶中的高压气体（一般为15MPa）降为所要求的压力；流量计用来调节保护气体的流量；电磁气阀用来控制保护气的通断。供水系统是为了大电流焊接时，冷却焊枪中的电缆及发热部件，以保护焊枪，延长其寿命。

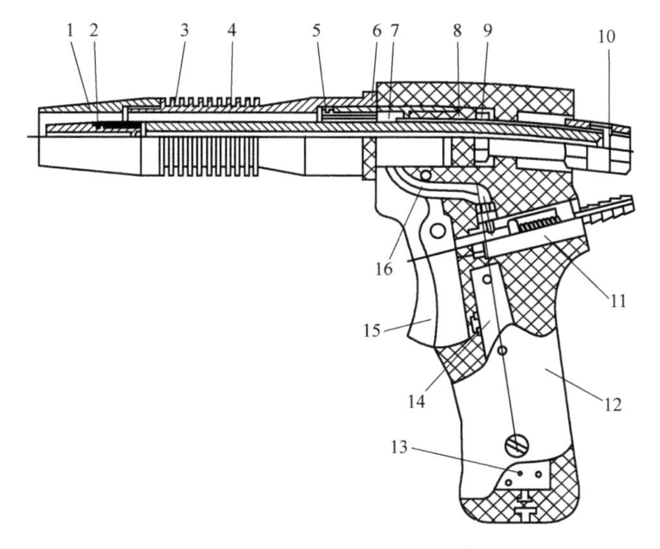

图 4-17 典型手枪式半自动焊枪结构

1—喷嘴 2—导电嘴 3—套筒 4—导电杆 5—分流环 6—挡圈 7—气室 8—绝缘圈 9—紧固螺母 10—锁母 11—球形气阀 12—枪把 13—退丝开关 14—送丝开关 15—扳机 16—气管

4. 送丝机构

熔化极自动氩弧焊的送丝机构与埋弧焊的送丝机构大同小异，焊丝从焊丝盘到导电嘴处，距离很短，不需要送丝软管，所以焊丝输送过程中不存在堵塞现象，送丝机构相对简单。这里介绍熔化极半自动氩弧焊的送丝机构。熔化极半自动氩弧焊是由人工手动移动焊枪，焊丝自动送进的焊接方式，因为灵活机动的特点在焊接生产中应用广泛。其送丝方式可分为推丝式、拉丝式和推拉丝式三种类型，如图4-19所示。

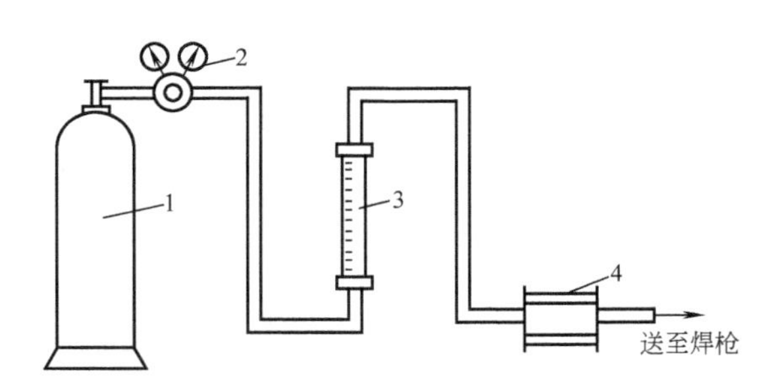

图 4-18 供气系统组成

1—高压气瓶 2—减压阀 3—流量计 4—电磁气阀

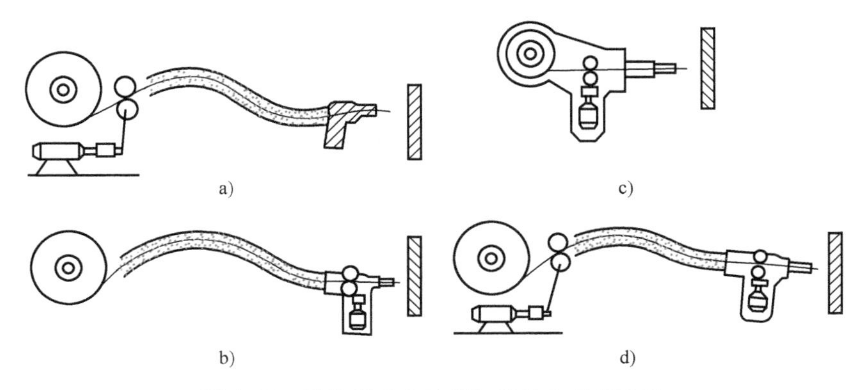

图 4-19 熔化极半自动焊机送丝方式示意图

a）推丝式 b）、c）拉丝式 d）推拉丝式

（1）推丝式 推丝式是应用最广泛的一种送丝方式，其特点是焊枪结构简单，操作轻便，如图 4-19a 所示。由于送丝机与焊枪之间连有送丝软管，增加了送丝阻力，所以只适合于直径≥ϕ1.0mm 的钢焊丝和直径>ϕ2.0mm 的铝焊丝，送丝软管的长度为 2~5m。

（2）拉丝式 拉丝式主要适合于细焊丝（直径<ϕ1.0mm 的钢焊丝）。按其结构不同又可分为两种：一种是将焊丝盘与焊枪分开，其间用送丝软管连接，如图 4-19b 所示；另一种是将焊丝盘直接安装在焊枪上，如图 4-19c 所示。后一种由于去掉了送丝软管，增加了送丝的可靠性和稳定性，生产中应用较多。拉丝电动机采用小功率微型直流电动机。

（3）推拉丝式 推拉丝式的送丝过程如图 4-19d 所示。由于采用两个电动机驱动，增加了送丝力，可以加长送丝软管，最长可达 15m，焊枪可在更远的位置进行焊接作业。在这种机构中，推丝电动机的转速和拉丝电动机的转速要有适当的配合，需保持同步。送丝力主要由推丝电动机提供。拉丝电动机的作用是将焊丝在送丝软管中拉直，减少送丝阻力，因此拉丝电动机的转速要略高于推丝电动机的转速。

熔化极半自动氩弧焊的送丝机构是重要部件，它必须保证送丝稳定，否则就会造成焊接过程不稳定。在目前应用最广的推丝式送丝机构中，送丝软管及导电嘴是最关键的部件。对送丝软管的要求有：①有一定的刚度和挠性，以保证在操作过程中既不会产生局部的小弯曲而导致送丝阻力增加，又便于操作；②摩擦力小，以减小送丝阻力，摩擦力的大小与送丝软管的材料和内径有关。常用的送丝软管材料有两种：一种是弹簧软管，主要用于输送钢焊丝；另一种是聚四氟乙烯或尼龙软管，主要用于输送铝及铝合金等比较软的焊丝。软管的内径要合适，过大或过小都会增加送丝阻力。表 4-2 列出了不同直径的焊丝应选配的送丝软管内径。

表 4-2 不同直径的焊丝应选配的送丝软管内径

焊丝直径/mm	软管内径/mm	焊丝直径/mm	软管内径/mm
0.8~1.0	1.5	1.4~2.0	3.2
1.0~1.4	2.5	2.0~3.5	4.7

熔化极半自动氩弧焊枪对导电嘴的要求是既要保证导电可靠，又要尽可能减小焊丝在导电嘴中的阻力。因此，导电嘴要有合适的孔径和长度。其孔径应比焊丝直径大 0.1~0.4mm，过小会增加送丝阻力，使送丝不稳；过大则易使焊丝与导电嘴之间打弧粘连，使焊丝送不出。导电嘴材料一般为铜合金。

5. 控制系统

电子控制的熔化极气体保护焊机为通用型，既可用于 MIG 焊、MAG 焊，也可用于 CO_2 气体保护焊。其控制系统包括焊接电源控制电路、送丝控制电路和焊接程序控制电路等。如国产 NB 系列熔化极气体保护焊机，焊接电源为晶闸管式弧焊整流器，其控制系统有：①电源控制电路，包括移相与触发控制电路、外特性控制电路和焊接电流波形控制电路；②送丝电动机驱动主电路及控制电路；③焊接参数（焊接电流、焊接电压）一元化调节电路；④引弧控制电路，包括电源电压控制电路和慢送丝引弧控制电路；⑤焊接程序控制电路。其中，焊接参数一元化调节电路是 NB 系列焊机的主要特点之一，它不但使送丝速度能够和电源输出电压自动配合调整，而且可以根据不同的焊接材料、保护气体和焊丝直径进行参数的优化选择配合，达到调节更简单的目的。

焊接参数一元化调节电路原理如图 4-20 所示，电路主要由运算放大器 N_7、N_8、N_9 和晶体管 VT_8、VT_9 等组成。给定信号 U_g 经 R_{88}、$+V_{CC}$ 由 R_{89} 和 R_{90} 分压后经 R_{91} 均输入到 N_7 的反相端，经 N_7 反相放大后输入到 N_8 的反相端；焊接电源输出电压 U_f 和偏置电压 $-V_{CC}$ 经 VD_{19}、VD_{20} 组成的或门电路，其中电压更低的支路经 R_{95}、R_{96} 和 R_{97} 分压后送至 N_8 的同相端，与其反相端的输入进行差动积分运算后，输出至 VT_8 的基极，另一路送至 VT_8 的集电极，作为 VT_8 的电源，则 VT_8 集电极与发射极间的电压 U_6 决定于 U_f 的大小；N_9 和 VT_9 组成负反馈放大电路，U_6 和从"电流微调"电位器 RP_3 上取出的 U_7 为 N_9 的反相输入信号，则该放大电路的输出电压 U_5 可由下式表达：

$$U_5 = -(R_{75}+RP_2)\left(\frac{U_7}{R_{101}}+\frac{U_6}{R_{87}+R_{72}}\right) \tag{4-1}$$

U_5 决定了送丝机的送丝速度，即控制了焊接电流的大小。由式（4-1）可知，除电位器 RP_2 阻值和电压 U_6 可变外，其余参数均为固定值。电位器 RP_2 的阻值可以根据预置的焊接材料类型、保护气体以及焊丝直径来选择。因此，只要焊接材料、保护气体和焊丝直径确定，通过检测电源输出电压 U_f，与之相对应的送丝速度（焊接电流）也就确定，从而实现了以电源输出电压优先的焊接参数一元化调节。

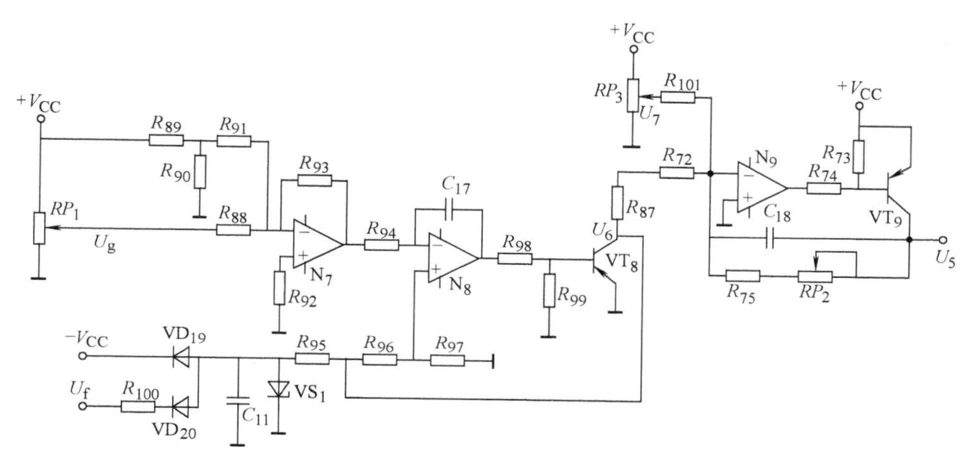

图 4-20　焊接参数一元化调节电路原理图

电路中 VD_{19} 和 VD_{20} 的作用是，当焊机输出电压的绝对值 $|U_f|<|-V_{CC}|$ 时，VD_{20} 截止，U_6 受控于 $-V_{CC}$，使小焊接参数下的 U_6 不至于太小，送丝速度不至于太低或停止送丝，即决定了送丝速度的下限。稳压管 VS_1 的作用是，当 U_f 较高时将 U_f 箝位，使 U_6 不至于太高，而使送丝速度太快，即 VS_1 的稳压值决定了送丝速度的上限。

熔化极气体保护焊焊接程序控制电路一般都有如图 4-21 所示的程序循环图。其程序一般为：提前送气 ⟶ 慢送丝引弧 ⟶ 正常焊接 ⟶ 停焊丝返烧熄弧 ⟶ 滞后停气终止焊接。

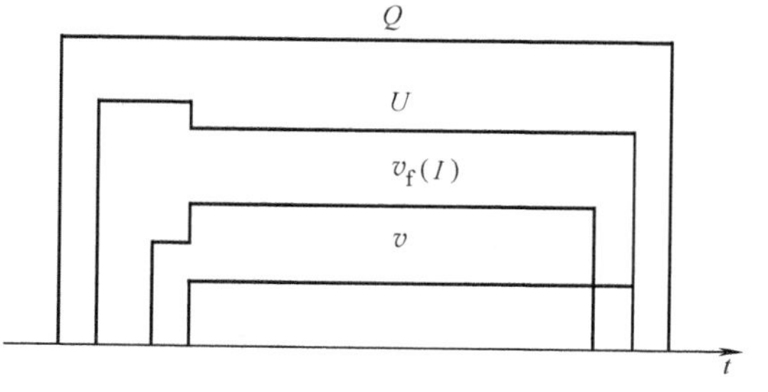

图 4-21　熔化极气体保护焊的程序循环图

Q—保护气体　U—电弧电压　t—焊接时间

I—焊接电流　v_f—送丝速度　v—焊接速度

4.2.4　CO_2 气体保护电弧焊设备

CO_2 气体保护电弧焊也属于熔化极气体保护电弧焊，是利用 CO_2 气体作为保护气的一种高效率焊接方法，具有成本低、焊接质量好的优点，广泛用于船舶、机车、汽车、石油化工机械等钢结构的制造。CO_2 气体保护电弧焊主要用于焊接低碳钢及低合金钢等黑色金属。金属飞溅是 CO_2 电弧焊中较为突出的问题，不论从焊接电源、焊接材料及工艺上采用何种措施，也只能使其飞溅减少，并不能完全消除。

CO_2气体保护电弧焊按操作方式也可分为自动焊和半自动焊。按送丝方式也有等速送丝式和电弧电压反馈调节变速送丝式。由于在实际生产中，大多采用半自动焊，而且使用细焊丝（直径≤ϕ1.6mm），所以通常见到的CO_2焊机为等速送丝系统配以平特性的弧焊电源。

半自动CO_2焊机一般由焊接电源、送丝机、焊枪、供气系统和控制系统等部分组成，如图4-14所示。

1. 焊接电源

通常细丝CO_2焊时，金属熔滴采用短路过渡，过渡频率一般为30~150Hz。短路过渡时，熔滴会产生飞溅，这不仅影响金属的熔敷率，而且会烧伤焊件表面和危害工作环境，因而成为CO_2焊的主要工艺问题之一。图4-22所示为两种熔滴短路形态示意图。

经过分析，飞溅产生的原因有两个方面，一为冶金因素，二为力学因素。冶金因素可以通过调整焊丝成分，清理焊丝或焊件的油锈及水分来解决。力学因素与熔滴短路瞬间（100~150μs）产生的爆炸力有关，为了控制这一动态过程，减少飞溅，需要电源具有很高的响应速度，以控制短路电流上升速度$\frac{di}{dt}$和短路峰值电流I_m具有合适的值。

a) b)

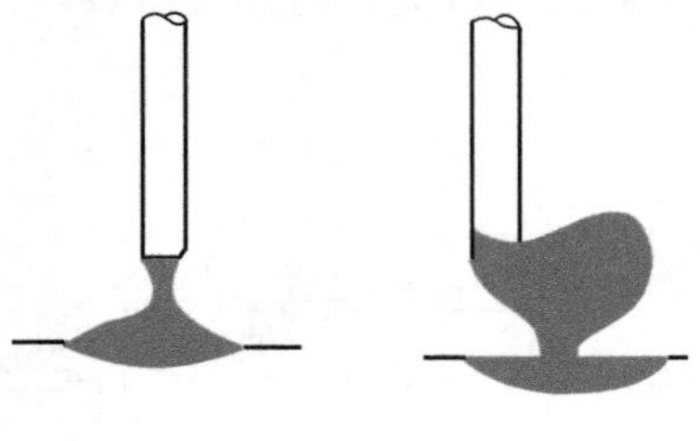

图4-22 两种熔滴短路形态示意图

a）正常短路 b）瞬时短路

CO_2焊机的焊接电源主要有抽头式整流弧焊电源、晶闸管式整流弧焊电源和逆变式弧焊电源。改善电源动特性的方法有：改变直流输出电抗器的电感量法，同时控制电源电流和电压的波形控制法，电子电抗器控制法及表面张力控制法。后两种方法都是以逆变式弧焊电源为基础，利用逆变式弧焊电源的快速响应特点得以实现，其实质仍然是对电流波形的控制，而且也是比较理想的控制方法。

图4-23所示为基于单片机和DSP控制电流波形的数字化逆变式CO_2焊机电路原理图。单片机为主机，负责外围设备（如参数输入及显示设备等）的管理，并协调与DSP的协同，

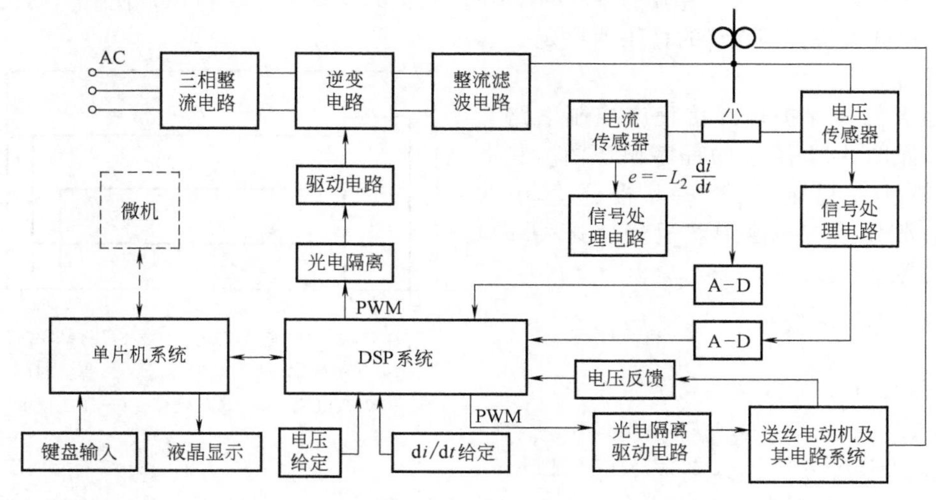

图4-23 基于单片机和DSP控制电流波形的数字化逆变式CO_2焊机电路原理图

DSP 为从机，实现弧焊电源特性及参数的控制。这样可以充分发挥单片机管理能力强和 DSP 强大的数据处理能力及高运行速度的优势组合，从而提高弧焊电源控制系统的精度和实时性。它是以直流电感的副线圈采样得到 $e=-L_2\frac{\mathrm{d}i}{\mathrm{d}t}$，将该信号反馈到 DSP 与$\frac{\mathrm{d}i}{\mathrm{d}t}$给定值相比较，同时将电压采样值反馈到 DSP 与电压给定值相比较，然后进行控制算法得到相应控制变量，通过调节 PWM 的相关参数来控制电源的$\frac{\mathrm{d}i}{\mathrm{d}t}$输出。

2. 控制系统

CO_2焊机控制系统包括电源控制电路、送丝控制电路和程序控制电路。分段电源控制电路利用电流、电压的不同反馈控制策略组合，采用增量式数字 PI 控制算法，得到数字控制量，从而控制 PWM 波形控制的占空比值，得到所需的各种弧焊电源外特性。在进行 PI 运算时，可以根据需要设定不同的 K_P和 K_I，K_I可以消除静态误差，而且可以调节焊接电流增长速率，从而获得良好的动特性控制性能，满足实际焊接工艺和焊接质量控制要求。分段CO_2焊机的程序控制电路主要由模块化软件控制系统实现，包括系统初始化程序、主程序、触发中断服务子程序、电源特性控制算法子程序、信号采样与处理子程序、电源输出参数调节与显示子程序、故障自诊断与显示报警子程序等。主程序主要完成调用人机交互程序，进行焊接参数的设定。分段进入焊接等待状态，当检测到焊接开始信号（焊枪开关连通）时，进入焊接过程控制，提前送保护气并接通主电路，开通中断服务程序，调用相应焊接过程控制子程序。为了提高引弧成功率，对电弧特性控制算法中的 K_P和 K_I进行适当选取可提高初期短路电流上升速度$\frac{\mathrm{d}i}{\mathrm{d}t}$和慢速送丝，即增大瞬间短路电流值和接触电阻，让焊丝快速熔断引弧；引燃后调整控制算法中的 K_P和 K_I，立即恢复合适的$\frac{\mathrm{d}i}{\mathrm{d}t}$和正常送丝速度进行焊接，实现相应波形控制和动特性控制；当检测到焊接结束信号时，进入焊接结束控制过程，包括熄弧电流控制（填弧坑控制）以及回烧去小球控制，最后切断电源主电路，延时断保护气，再次进入焊接等待状态。分段熄弧时需注意熔池情况和焊丝端头状态，若焊接电流过大，则熔池也大，冷却凝固时会产生较大的弧坑，同时焊丝端头易产生较大的熔化金属小球，影响下次引弧。为了克服收弧时的缺陷，焊接过程结束时采取减缓送丝速度（即降低焊接电流），同时相应降低电弧电压，首先填弧坑，待弧坑填满后，切断送丝电动机两端电压，让电动机惯性运行，自动衰减送丝速度，直至停运，则焊接电流也随即衰减到零。此时电弧电压也同时再降低，维持电弧燃烧以去除焊丝端头的熔化金属小球，避免了焊丝与熔池相粘，最后关断电源，停止焊接。整个程序如图 4-24 所示。

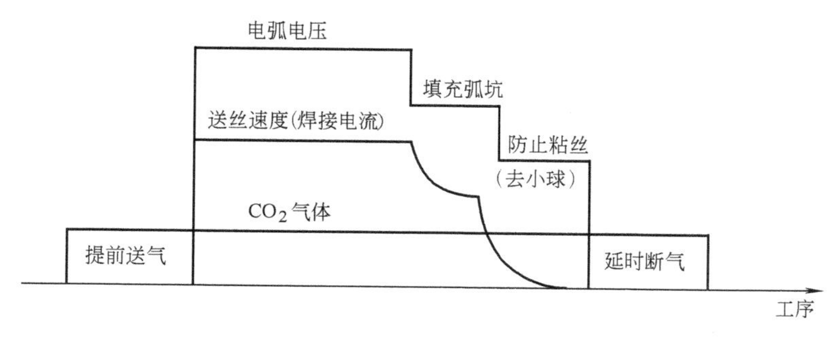

图 4-24　CO_2半自动焊接过程程序控制图

数字化逆变焊机不仅节能环保适应了绿色制造的趋势，而且由于具有优异的动特性控制性能和极佳的送丝速度调节能力，促进表面张力 CO_2 过渡焊接（Surface Tension Transfer，STT）、CMT 冷金属过渡焊接（Cold Metal Transfer，CMT）等先进焊接技术的发展。

3. 供气系统

CO_2 焊机的供气系统如图 4-25 所示。与熔化极氩弧焊供气系统相比，多了预热器和干燥器，这是因为从钢瓶中放出的 CO_2 气体是由液态挥发而成。从液态转变成气态时将吸收汽化热，同时经减压后，气体体积膨胀也要吸收热量，可能使管路冻结，而被堵塞。因此，为了防止出现这种情况，在 CO_2 气体流出瓶嘴到减压器之前，需要加装预热器。预热器大多采用电阻加热式，功率为 100~150W，交流安全电压 36V 供电。由于 CO_2 气体中还会有一定量的水分，为了防止焊缝金属中产生气孔和减少含氢量，气路中还装置了气体干燥器，以去除水分。

4.2.5 钨极氩弧焊设备

钨极氩弧焊属于不熔化极气体保护电弧焊，又称为钨极惰性气体保护焊（Tungsten Inert Gas Arc Welding），简称 TIG 焊。它是在惰性气体（氩气、氦气）作为保护气体的保护下，使用纯钨或活化钨（钍钨、铈钨等）作为不熔化电极引燃电弧进行焊接的一种方法，如图 4-26 所示。

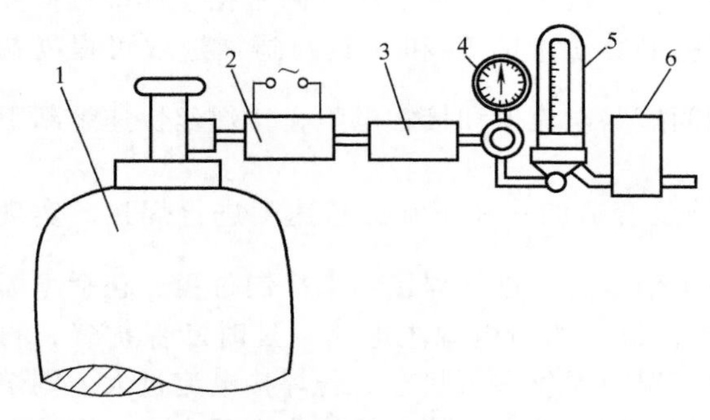

图 4-25 CO_2 焊机的供气系统

1—CO_2 气瓶 2—预热器 3—干燥器 4—减压器 5—流量计 6—电磁气阀

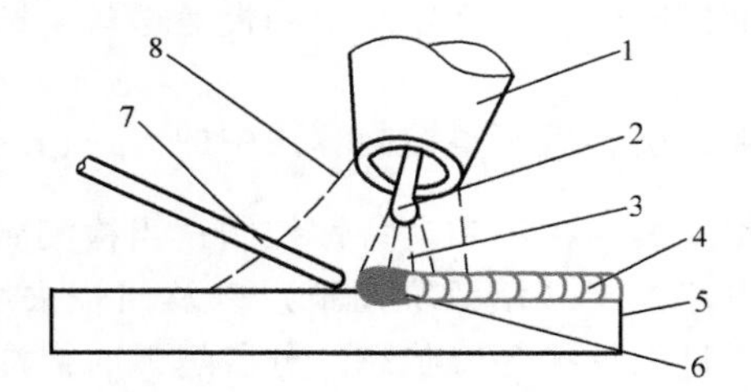

图 4-26 钨极氩弧焊示意图

1—喷嘴 2—钨极 3—电弧 4—焊缝 5—工件 6—熔池 7—填充焊丝 8—氩气

在焊接过程中可以填丝也可以不填丝。填丝时，焊丝应从钨极前方送入。钨极氩弧焊广泛用于飞机、原子能、化工、纺织等工业产品的制造中，可以焊接易氧化的有色金属及其合金、不锈钢等金属构件，特别是具有阴极雾化清理作用，可以轻松地焊接铝及其合金。

钨极氩弧焊按操作方式可分为焊条电弧焊和自动焊；按电弧电流形式可分为交流（含正弦波和方波）、脉冲（含低频、中频、高频）和直流氩弧焊；按填丝是否预热可分为冷丝和热丝钨极氩弧焊。

钨极氩弧焊设备由焊接电源、焊枪、焊丝送给装置及小车行走机构（自动填丝焊）、供气供水系统和控制系统等部分组成，如图 4-27 所示。

1. 焊接电源

钨极氩弧焊由于可采用交流电弧、脉冲电弧和直流电弧，所以焊接电源也相应分为交流电源、脉冲电源和直流电源。交流电源按所用的功率器件及电路结构可分普通弧焊变压器式、硅二极管（或晶闸管）—电抗器式、逆变式弧焊电源。其中，普通弧焊变压器式弧焊

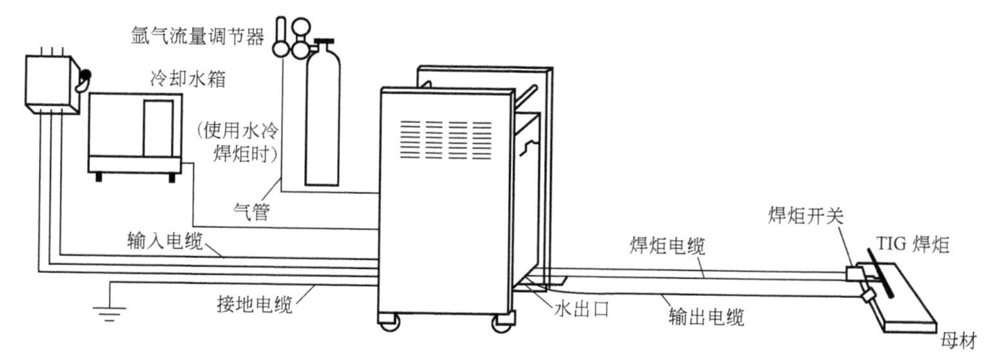

图 4-27 钨极氩弧焊机的组成示意图

电源输出的焊接电流为正弦交流，而硅二极管（或晶闸管）—电抗器式、逆变式交流弧焊电源输出的焊接电流为方波交流。脉冲和直流电源有硅整流式、晶闸管整流式、晶体管整流式、逆变式弧焊电源。钨极氩弧焊电源的外特性采用陡降特性，以保证在弧长波动时引起焊接电流的变化最小。

（1）引弧、稳弧及交流整流现象和隔直方式 为了保持钨极端部的形状，以及防止钨电极熔化造成焊缝夹钨，钨极氩弧焊不采用短路引弧方式，而是采用非接触式引弧，所以不论哪种形式的电源，都设置有引弧器。为了保证电弧的稳定性，交流电源中还设置有稳弧器。

1）引弧器。用于钨极氩弧焊的引弧器主要有高频高压引弧器和高压脉冲引弧器。

高频高压引弧器又称为高频振荡器，其电路原理如图 4-28 所示。T_1是高漏抗的升压变压器，二次电压高达 3000V。当开关 S 合上时，变压器 T_1的二次侧开始向电容 C_1充电；当 C_1两端的电压达到一定值时，火花放电器 P 被击穿而导通，电容 C_1便通过 P 向变压器 T_2的一次侧放电，形成 L-C 振荡。振荡所产生的高频高压，通过 T_2的串联于焊接电源输出回路的二次侧耦合输出，用来击穿钨极与工件之间的气隙而引燃电弧。

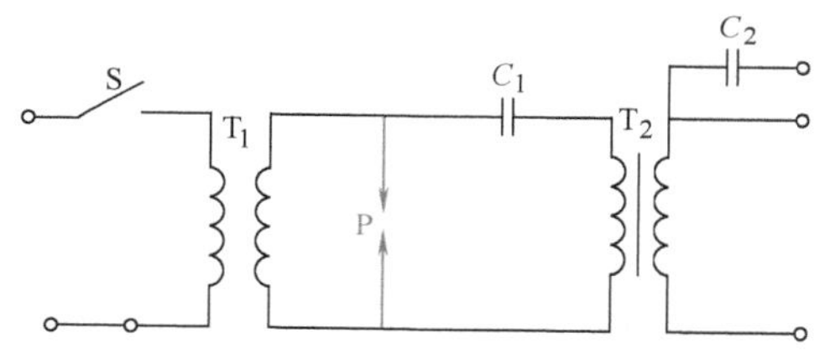

图 4-28 高频振荡器电路原理

T_1—升压变压器 P—火花放电器 C_1—振荡电容器
T_2—高频耦合变压器 C_2—旁路电容器

高频振荡器的振荡频率为 $f=\frac{1}{2\pi\sqrt{LC}}$，通常取 $f=150\sim260\text{kHz}$。该振荡为衰减振荡，其作用时间为 2～5ms。当振荡消失后，T_1重新向 C_1充电而重复产生振荡。实际应用时，一旦电弧引燃，则断开 S，振荡器停止工作，以减少对焊接电源中的其他电路产生电磁干扰。

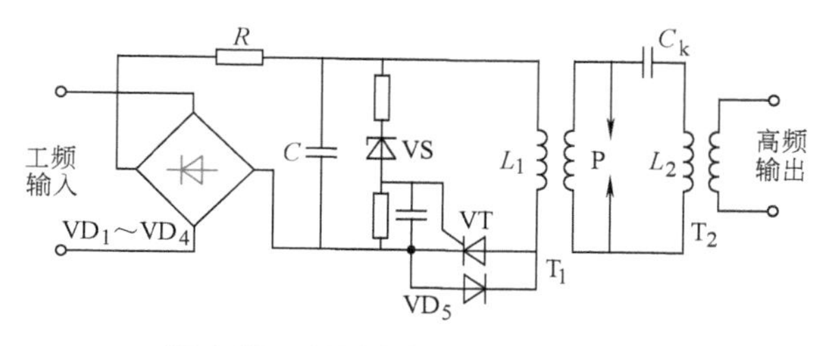

图 4-29 新型高频振荡器电路原理

图 4-29 所示为新型高频振荡器电路原理，它由整流桥 $VD_1\sim VD_4$、限流电阻 R、中频振荡电容 C、稳压管 VS、晶闸管 VT、二极管 VD_5、中频升压变压器 T_1、火花放电器 P、高频振荡电容 C_k、高频耦合输出变压器 T_2等组成。

T_1二次侧以后的电路工作原理与图4-28相同，而T_1的一次侧增加了以晶闸管VT为核心的中频振荡电路，其工作原理为：当接通电源时，经VD_1～VD_4整流后输出的直流电压通过R向C充电，当C的两端电压上升到VS的反向击穿电压时，VT导通，于是电容C与T_1的一次侧绕组L_1构成L-C振荡。若电路条件能使流过VT的电流是衰减的并保证使放电电流最终小于VT的导通维持电流时，则VT关断，此后L-C环路的反向电流可经与VT并联的VD_5流过。当L-C环路电流再次反向过零后，因VT已关断，L-C环路暂时中断，此时由输入电压再次经VD_1～VD_4对C充电，此后过程重复，T_1输出一系列脉冲，频率可达6kHz，经升压后，使L_2-C_k产生一系列高频高压振荡，然后经输出变压器T_2耦合到焊接电源输出回路。与普通高频振荡器相比，由于振荡频率的提高，使得新型高频振荡器的体积、质量大大减小，引弧可靠性更高。

高频高压振荡器引弧十分可靠，被广泛应用于钨极氩弧焊电源中。

晶闸管高压脉冲引弧和稳弧电路原理如图4-30所示。图中T_1是升压变压器，经VD_1～VD_4整流后通过电阻R_1，向电容C_1充电。引弧时，由引弧脉冲控制电路产生的触发脉冲将晶闸管VT_1、VT_2同时触发导通。C_1将通过R_2、VT_1、VT_2向高压脉冲变压器T_2的一次侧放电，在T_2的二次侧（串联在焊接电源的输出回路）感应出一个高压脉冲（达2～3kV），将钨极与工件之间的气隙击穿而引燃电弧。为提高引弧可靠性，电路设计时，使高压脉冲在工件接负时的90°相位加入。与高频高压脉冲引弧相比，高压脉冲引弧的优点是不产生高频电磁波，从而减少了对周围电器设备的干扰和对操作人员的身体影响，但是其引弧的可靠性不如高频高压脉冲引弧。

2）稳弧器。在直流钨极氩弧焊时，由于电流不过零，电弧一旦引燃后便能保证稳定燃烧，所以不需稳弧器。在交流钨极氩弧焊时，特别是工频正弦波交流钨极氩弧焊，当电流每次由正半波向负半波过零时会出现断弧现象，因为这时工件（如铝及其合金）接负极，其发射电子能力弱，使电弧的再引燃电压增高。为防止断弧，必须在此相位点及时加入一个稳弧高压脉冲。

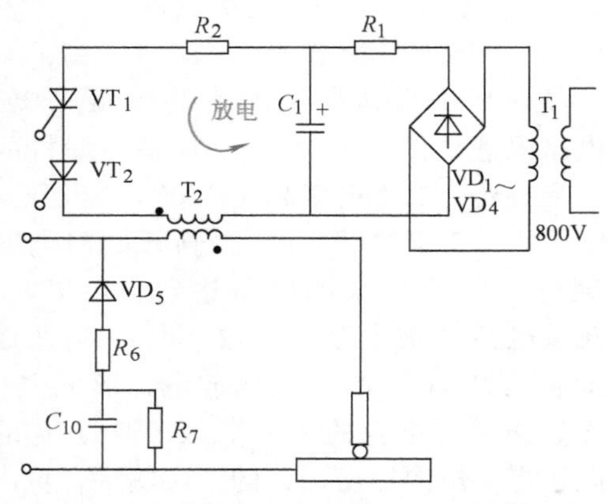

图4-30 晶闸管高压脉冲引弧和稳弧电路原理

为简便起见，稳弧器可以共用高频高压脉冲引弧器或高压脉冲引弧器。在共用高频高压引弧器时，只是在稳弧时将高频振荡器的输入电源电压降低（由焊接电源控制电路完成），以减弱高频强度；在共用高压脉冲引弧器时，稳弧时控制触发稳弧器的信号则取自电弧电压。

3）交流整流现象和隔直方式。在铝、镁及其合金的交流钨极氩弧焊中，由于两电极的热物理性质及几何尺寸差异悬殊，使得正、负半波的电流波形不对称。在正半波（工件为正的半波），钨极为阴极，发射电子的能力强，阴极压降小，电弧电压低，电流大；而在负半波（工件为负的半波），工件为阴极，发射电子的能力差，阴极压降大，电弧电压高，电流小。从形式上看，相当于在交流电流上叠加了一个由工件指向钨极的直流分量，如图4-31所示。

直流分量会产生两点危害：①负半波电流减小，削弱了阴极雾化清除氧化铝薄膜的作用；②使弧焊变压器的铁心中产生一部分直流磁化，使变压器的励磁电流增加，造成变压器发热。为了消除这个危害，最好的方法是在焊接电源输出回路中串联电容，既简便效果又

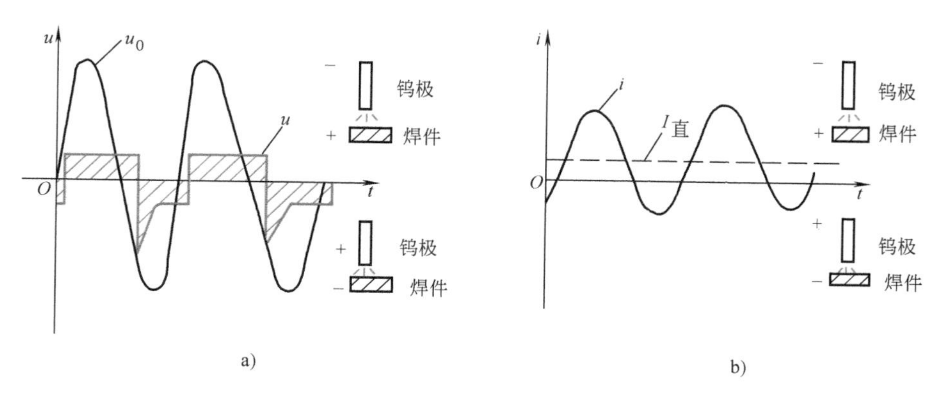

图 4-31　交流钨极氩弧焊时电流电压波形及直流分量的形成示意图
a）电压波形　b）电流波形
u_0—电源空载电压　u—电弧电压　i—电弧电流　$I_直$—直流分量

好，如图 4-32 所示。隔直电容的容量可按 500～1100μF/A 计算。

（2）交流方波电源　根据焊接工艺以及改善正弦交流电弧的引弧和稳弧性能的要求，可采用交流方波弧焊电源或交、直流两用弧焊电源。这种电源通过控制电源主回路的功率器件晶闸管，使输出电流由正弦交流变为方波交流，而且其正、负半波的宽度可调。交流方波电源主回路及电源的原理框图如图 4-33 所示。

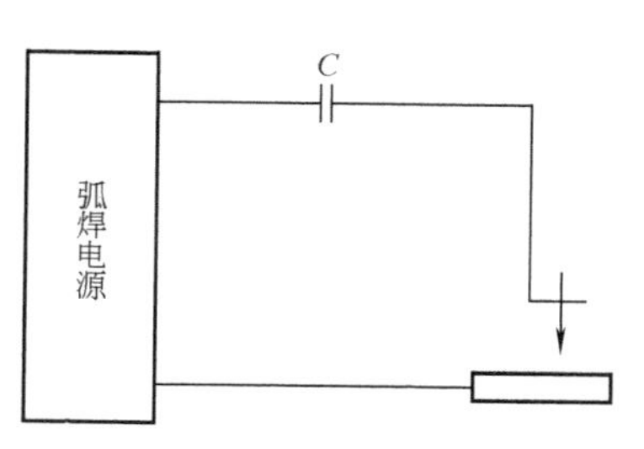

图 4-32　串联电容消除直流分量

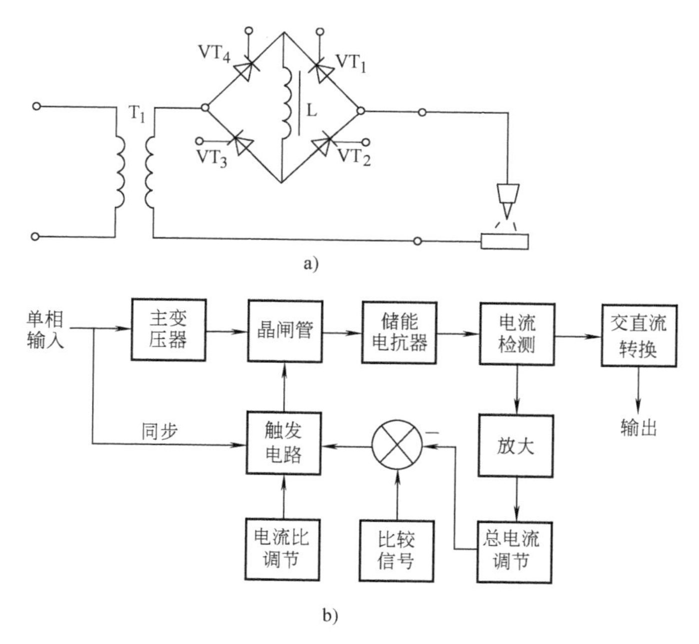

图 4-33　交流方波电源主回路及电源的原理框图
a）电源主回路　b）电源的原理框图
T_1—弧焊变压器　L—直流电抗器　VT_1～VT_4—晶闸管整流桥

图 4-33a 所示的电源主回路由二次空载电压为 75~80V 的弧焊变压器 T_1、4 只晶闸管 $VT_{1\sim4}$构成的整流桥和一只串联在直流侧的电感量较大的直流电抗器 L 组成。晶闸管 VT_1、VT_3为一组，VT_2、VT_4为一组，它们在控制电路产生的触发脉冲的控制下，分组轮流导通。可见直流电抗器 L 只能流过单方向的电流，即在二次侧交流电压的作用下，起到先储后放，电流不为零，而使得焊接电流换向时的上升沿变得非常陡，电流波形近似方波波形。这种方波交流电源通过电流负反馈获得陡降外特性；同时，通过控制两组晶闸管的导通时间来调节正、负半波的宽度。通过转换开关改变主电路的接法，可以成为交、直流两用电源，如图 4-33b 所示。如果采用逆变式的方波交流电源，方波交流的频率、正负半波宽度和交直流变换等电源的调节特性更好。

由于交流方波电源电流过零换向变化极快，使得电弧空间易保持高温而有利于稳弧。应用在焊接铝及其合金时，通过调整正、负半波的宽度，在满足去除氧化膜作用的前提下，尽可能减少负半波的宽度，增加正半波的时间，以此来达到减少钨极的烧损、提高钨极的载流能力、增加工件熔深的目的。

（3）脉冲电源　为了适应一些热敏感的金属材料和薄板、超薄板构件以及薄壁管子的全位置焊接的需要，控制焊接过程的热输入，可采用脉冲钨极氩弧焊，即在焊接过程中脉冲电流的幅值按一定的规律周期性地变化，如图 4-34 所示。脉冲频率可分为 0.1~10Hz 低频、10~1kHz 中频和 1~30kHz 高频。

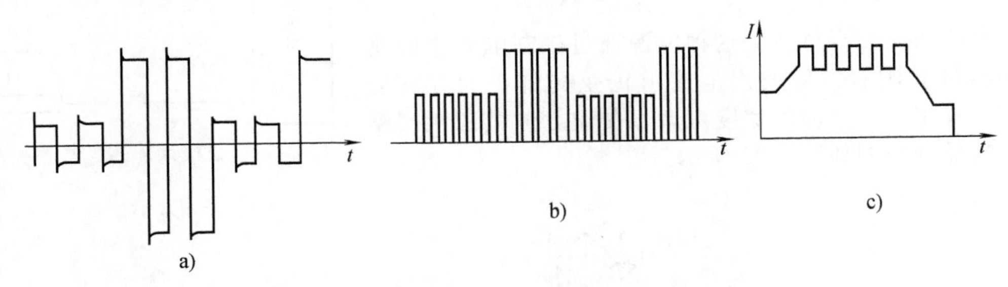

图 4-34　钨极脉冲氩弧焊脉冲电流波形示意图

a）交流脉冲　b）直流脉冲　c）调制脉冲电流

钨极脉冲氩弧焊电源可分为直流脉冲电源和交流脉冲电源。实际生产中使用的大多为直流脉冲钨极氩弧焊电源，它是在直流电源的基础上加上脉冲控制功能而构成，往往是脉冲和连续电流共用一个电源，用切换开关转换。钨极脉冲氩弧焊电源可分为硅整流式、晶闸管式和逆变式。

2. 焊枪

钨极氩弧焊焊枪的作用是夹持钨极、传导焊接电流和输送保护气体，其结构如图 4-35 所示。焊枪喷嘴的前端为一定长度的圆柱段，使保护气体流出时呈层流态，利于形成对电弧和熔池良好的保护效果。在电弧高温的作用下，钨极和喷嘴在使用过程中易损耗，因此喷嘴和电极帽应拆装方便，与枪体连接绝缘可靠。

钨极氩弧焊焊枪按冷却方式可分为气冷式和水冷式，其中水冷式的冷却效果好于气冷式。当焊接电流≤150A 时，可以采用气冷式焊枪；当焊接电流>150A 时，必须采用水冷式焊枪。按操作方式可分为手工焊枪和专用焊枪，其中专用焊枪适用于多种位置焊接，如管板自动焊枪、全位置自动焊枪等。

3. 供气供水系统

钨极氩弧焊机的供气供水系统与熔化极氩弧焊机基本相同，参见 4.2.3 节，不再赘述。

4. 控制系统

钨极氩弧焊机的控制系统主要包括焊接电源控制电路和焊接程序控制电路。钨极氩弧焊电源分交流、直流和脉冲电源，各种电源的主电路结构都不一样，控制功率器件的工作方式也就不一样，如晶闸管式、晶体管式或逆变式钨极氩弧焊电源，通过触发信号对主电路的开关器件进行控制，以获得一定大小、不同形式的焊接电流。

钨极氩弧焊为不熔化极电弧焊，根据非接触引弧和氩弧焊工艺的需要，其程序有提前送气和滞后断气、高频引弧和切断高频、焊接电流开始缓升和焊接结束时电流缓降、填弧坑等过程。对于自动填丝钨极氩弧焊还包括行走机构和送丝机构的起、停控制等操作。钨极氩弧焊程序控制顺序示意图如图4-36所示。

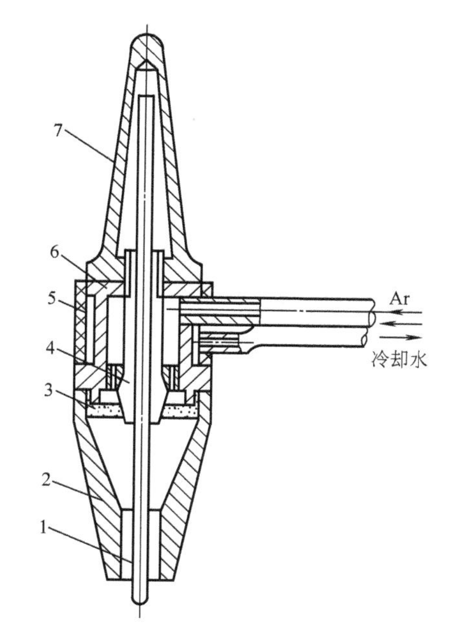

图4-35 钨极氩弧焊焊枪结构
1—钨极 2—喷嘴 3—铜丝网 4—钨极夹头 5—冷却水套 6—焊枪体 7—帽罩

4.2.6 等离子弧焊设备

等离子弧焊（Plasma Arc Welding）是在钨极氩弧焊的基础上发展起来的一种焊接方法，也属于不熔化极电弧焊。等离子弧是将自由钨极氩弧压缩强化后获得电离度更高的电弧等离子体。等离子弧与钨极氩弧在物理本质上没有区别，仅是弧柱中电离程度不同，其能量密度可达$10^5 \sim 10^6$ W/cm^2，温度可达24000~50000K，等离子焰流速度可达300m/s以上，是一种高能密束流。等离子弧既可以用于焊接，又可以用于切割，在工业生产中得到了广泛应用，可以焊接钨极氩弧焊所能焊接的金属材料。由于能量更集中，温度更高，一次可焊厚度更大，速度更快；由于电弧挺直度好，小电流时电弧稳定，特别适合于焊接薄板和微型零件。

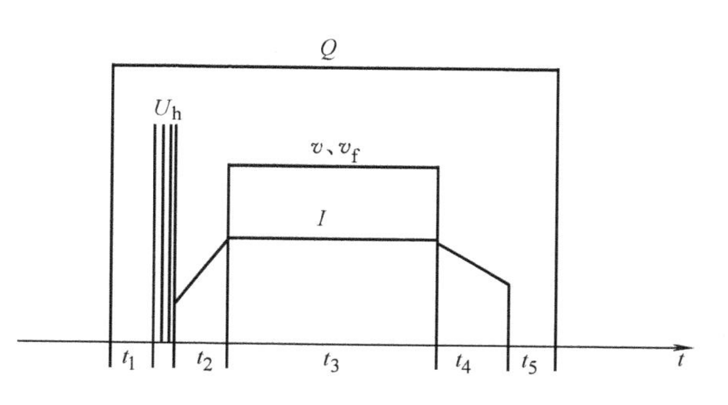

图4-36 钨极氩弧焊程序控制顺序示意图
U_h—高频或高压引弧电压 Q—保护气流 v—焊接速度 v_f—送丝速度 t_1—提前送气时间 t_2—电流上升时间 t_3—正常焊接时间 t_4—电流衰减时间 t_5—延迟断气时间

1. 等离子弧的类型

将钨极氩弧压缩成等离子弧，就是依靠等离子枪的水冷铜喷嘴的拘束作用实现的。由于喷嘴的拘束，使氩弧受到机械压缩、热压缩和电磁压缩三种压缩的作用，导致弧柱的能量密度及温度越来越高，从而产生电离程度极高的等离子体电弧。

根据电源的连接方式，等离子弧可分为非转移型电弧、转移型电弧及联合型电弧，如图4-37所示。它们的枪体结构一样，钨极都接电源的负极，只是电源正极接法不同。

（1）非转移型电弧　正极接在焊枪的喷嘴上，电弧在钨极与喷嘴之间燃烧，如图4-37a所示。依靠高速喷出的等离子气将弧焰带出，喷烧在被焊工件上。非转移型电弧适用于焊接或切割较薄的金属及非金属。

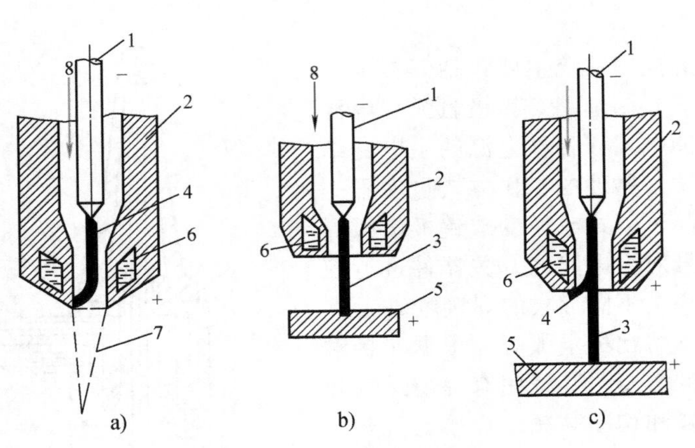

图 4-37 等离子弧的类型

1—钨极 2—喷嘴 3—转移弧 4—非转移弧 5—工件 6—冷却水 7—弧焰 8—离子气

（2）转移型电弧 正极接在工件上，电弧直接在钨极与工件之间燃烧，如图 4-37b 所示。焊接时首先引燃钨极与喷嘴间的非转移弧，使其电弧焰流从喷嘴喷出并接触工件，然后进行电路转换，将电源的正极从喷嘴转移到工件，转移弧便瞬间产生，同时非转移弧熄灭。这种电弧适用于焊接较厚的金属工件。

（3）联合型电弧 转移弧和非转移弧同时并存的电弧称为联合型电弧，如图 4-37c 所示。此时的非转移弧称为维持电弧，转移弧称为工作电弧。可见，在工作时喷嘴和工件同时接电源正极，且在电弧转移后喷嘴的正极电路不切断。因为联合型电弧在很小的电流下能保持稳定燃烧，所以特别适合薄板及超薄板的焊接，这种焊接方法称为微束等离子弧焊。

2. 等离子弧焊的分类

等离子弧焊接工艺可分为穿孔型等离子弧焊、熔透型等离子弧焊、微束等离子弧焊、熔化极等离子弧焊、热丝等离子弧焊及脉冲等离子弧焊。

（1）穿孔型等离子弧焊 穿孔型等离子弧焊又称为小孔型、锁孔型、穿透型等离子弧焊。焊接时利用离子流冲力大的特点，将工件完全熔透穿出一小孔，熔化金属在电弧吹力、液体金属重力、表面张力互相作用下保持平衡。小孔随焊接枪体向前移动而移动，随后在电弧后方锁闭，形成完全焊透的焊缝。穿孔型等离子弧焊可一次穿透焊接厚度达 8~10mm 的不锈钢。焊接时采用转移型等离子弧，焊接电流大、电弧功率大。

（2）熔透型等离子弧焊 熔透型等离子弧焊又称为熔入型、熔融型等离子弧焊。焊接时只熔化工件，不产生穿孔。焊缝成形过程与钨极氩弧焊相类似。较大电流焊接时可采用转移型等离子弧，中、小电流焊接时一般采用联合型等离子弧。

（3）微束等离子弧焊 焊接电流在 30A 以下的熔透型等离子弧焊通常称为微束等离子弧焊。为了提高等离子弧的稳定性，采用小孔径压缩喷嘴（直径为 $\phi0.6 \sim \phi1.2$mm）及联合型等离子弧。由于加强了电弧的压缩作用和非转移弧的维持作用，使转移弧在焊接电流小至 0.5A 时，等离子弧仍然非常稳定。微束等离子弧的电弧形态类似针状，因此称为微束或针状等离子弧，可用来焊接金属薄箔。

（4）熔化极等离子弧焊 熔化极等离子弧焊是等离子弧与熔化极电弧焊相组合的一种焊接方法。与等离子弧焊相比，其优点是焊丝受等离子弧预热，熔化功率大，焊接速度高。当熔化极采用直流反接时有去除氧化膜的阴极雾化清理作用，因此该焊接工艺适用于铝、镁及其合金的焊接。

熔化极等离子弧焊有水冷喷嘴式熔化极等离子弧焊和钨极式熔化极等离子弧焊两种基本形式。图4-38所示为水冷喷嘴式熔化极等离子弧焊原理图，水冷喷嘴在强烈的直接水冷条件下，可以承担较大的等离子弧电流。在焊枪体中间送入焊丝作为熔化极，熔化极与工件间接一直流电源，产生的熔化极电弧在转移型等离子弧中间燃烧。由于等离子弧起到预热熔化焊丝的作用，因此熔敷率很高，适用于堆焊。

图4-39所示为钨极式熔化极等离子弧焊原理图，在钨极与工件之间接有直流电源和高频引弧器，等离子弧在钨极与工件之间燃烧。焊丝熔化极与工件之间接直流电源，产生的熔化极电弧在等离子弧中间燃烧。为了焊接导热性强的金属材料，还可以在工件和喷嘴之间加一降压特性的直流电源加热工件。这种焊接工艺适用于厚板深熔焊接或薄板高速焊接。

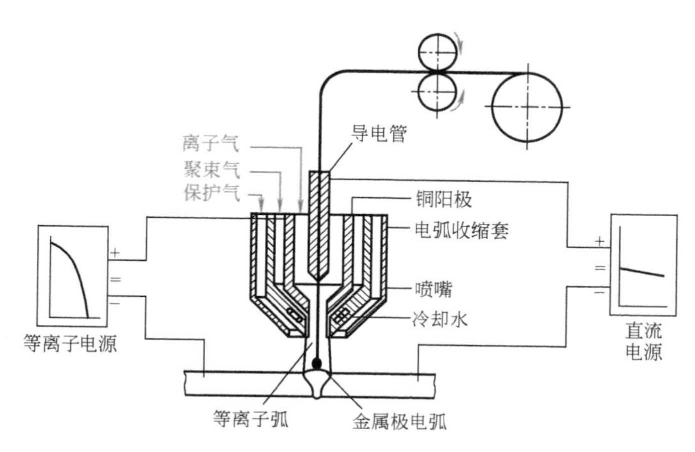

图4-38 水冷喷嘴式熔化极等离子弧焊原理图

3. 等离子弧焊设备

等离子弧焊设备比较复杂，一般由焊接电源、等离子弧焊枪（发生器）、供气供水系统、行走机构（自动焊）、送丝机构（熔化极等离子弧焊）、控制系统等部分组成。

（1）焊接电源 等离子弧焊电源一般采用陡降外特性直流电源，空载电压比钨极氩弧焊电源的高。用纯氩气作为离子气时，电源空载电压需65~80V；用氩气+氢气混合气作为离子气时，电源空载电压需110~120V。

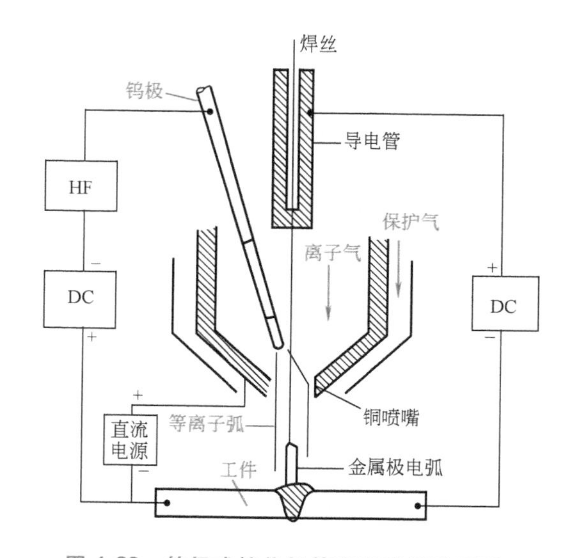

图4-39 钨极式熔化极等离子弧焊原理图

采用转移型电弧焊接时，可用一套电源，也可采用两套电源，如图4-40a所示。采用联合型电弧焊接时，由于转移弧与非转移弧同时存在，因此需要两套独立的电源，如图4-40b所示，这时非转移弧电源的空载电压应为100~150V，转移弧电源的空载电压在80V左右。大电流等离子弧焊都采用转移型电弧，电源里设有高频振荡器用于引燃电弧。

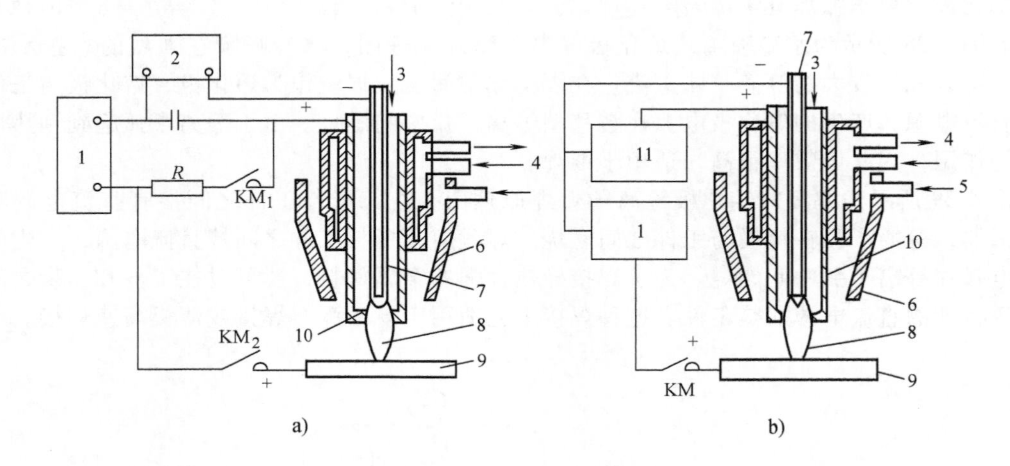

图 4-40 典型等离子弧焊接设备结构示意图

1—焊接电源 2—高频振荡器 3—离子气 4—冷却水 5—保护气 6—保护气罩 7—钨极 8—等离子弧 9—工件 10—喷嘴 11—维弧电源 KM、KM_1、KM_2—接触器触头

（2）焊枪 等离子弧焊枪是等离子弧发生器，对等离子弧的性能及焊接过程的稳定性起着决定性作用。焊枪主要由电极、电极夹头、压缩喷嘴、中间绝缘体、上枪体、下枪体及冷却水套等组成，如图 4-41 所示，其中最关键的是喷嘴及电极的安装。

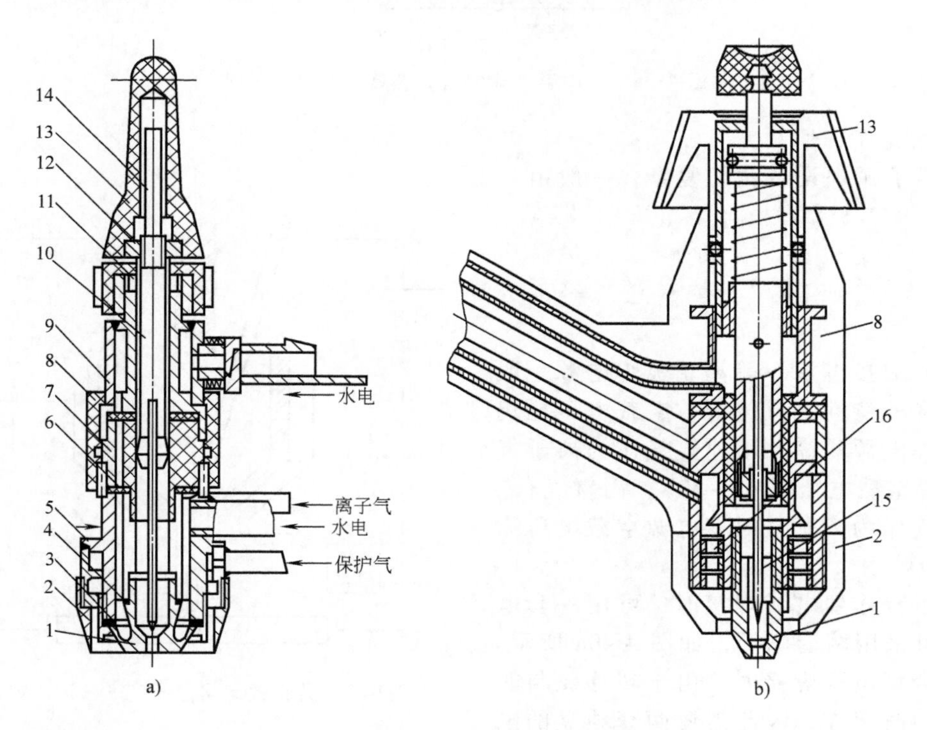

图 4-41 等离子弧焊枪结构图

a）大电流等离子弧焊枪 b）微束等离子弧焊枪

1—喷嘴 2—保护套外环 3、4、6—密封垫圈 5—下枪体 7—绝缘体 8—绝缘套 9—上枪体 10—电极夹头 11—套管 12—小螺母 13—胶木套 14—钨极 15—瓷对中块 16—透气网

1）喷嘴。喷嘴是压缩电弧的关键零件，等离子弧焊接喷嘴结构如图 4-42 所示。根据喷嘴孔道的数量，等离子弧焊枪喷嘴可分为单孔型（图 4-42a、c）和三孔型（图 4-42b、d、e）。根据孔道的形状，喷嘴可分为圆柱型（图 4-42a、b）和收敛扩散型（图 4-42c、d、e）。焊枪的喷嘴大部分采用圆柱型压缩孔道，而收敛扩散型压缩孔道有利于电弧的稳定。

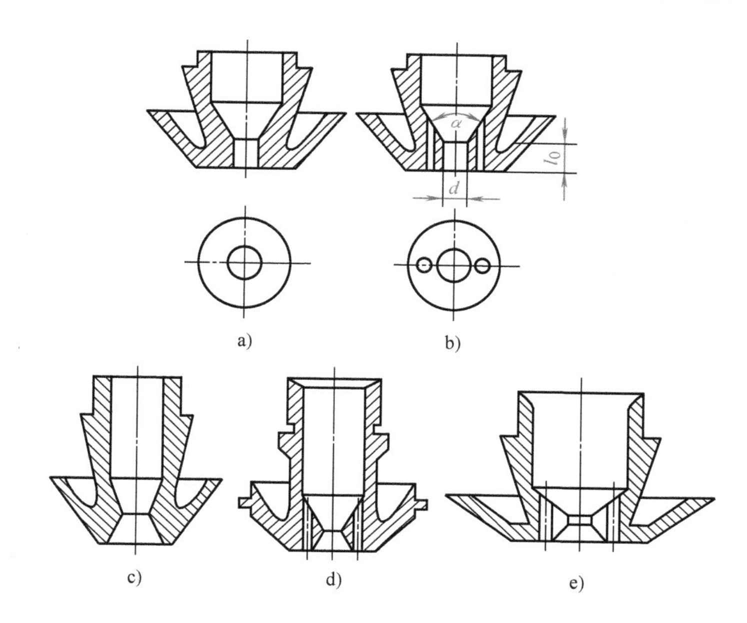

图 4-42　等离子弧焊接喷嘴的结构

a）圆柱单孔型　b）圆柱三孔型　c）收敛扩散单孔型

d）收敛扩散三孔型　e）带压缩段的收敛扩散三孔型

三孔型喷嘴除中心主孔外，两侧还带有两个辅助小孔。从两侧孔喷出的等离子气对等离子弧有附加压缩作用，可使等离子弧的横截面变为椭圆形。当椭圆的长轴平行于焊接方向时，可显著提高焊接速度并减小焊接热影响区的宽度。

喷嘴主要的结构参数有喷嘴孔径 d、孔道比 l_0/d 和压缩角 α，主要参数值见表 4-3。其中，喷嘴孔径 d 决定了等离子弧的直径及能量密度，应根据焊接电流大小和离子气流量来决定。对于给定的电流和离子气流量，直径越小，对电弧的压缩作用越大，但太小时，等离子弧的稳定性下降，甚至导致双弧现象，烧坏喷嘴。

表 4-3　喷嘴的孔道比及压缩角

喷嘴用途	喷嘴孔径 d/mm	孔道比 l_0/d	压缩角 α/(°)	等离子弧类型
焊接	0.6~1.2	2.0~6.0	25~45	联合型电弧
	1.6~3.5	1.0~1.2	60~90	转移型电弧
切割	0.8~2.0	2.0~2.5	—	转移型电弧
	2.5~5.0	1.5~1.8	—	转移型电弧
堆焊	—	0.6~0.98	60~75	转移型电弧

2）电极的端部形状和安装要求。为了便于引弧和增加电弧稳定性，钨极端部一般磨成尖锥形，电流较大时可磨成球形，以减少烧损。钨电极的安装位置对电弧稳定性有很大的影响。钨电极的安装位置首先应与喷嘴保持同轴心，否则会使等离子弧偏斜，甚至产生双弧现象；等离子弧焊时，内缩长度取 $l_g = l_0 \pm 0.2$mm 合适，过长也会产生双弧现象。

（3）供气系统　等离子弧焊接设备的供气系统较复杂，其组成如图 4-43 所示。供气系统设有可调节的离子气、保护气和背面保护气。为了保证引弧和收弧处的焊接质量，离子气可两路供给，其中一路可经电磁气阀放空，以实现离子气流衰减控制，图 4-43 中的调节阀 9 和 DF_3 电磁气阀即起这个作用。

（4）供水系统　由于等离子弧的温度在 10000℃以上，为了防止烧坏喷嘴并增加对电弧的压缩作用，必须对电极和喷嘴进行有效的水冷却。冷却水的流量不得小于 3L/min，水压不小于 0.15～0.2MPa。水路中应设有水压开关，在水压达不到要求时，电源打不开或切断电源。

（5）控制系统　等离子弧焊接设备的控制系统包括焊接电源控制电路、行走机构控制电路、送丝机构控制电路和焊接程序控制电路等。

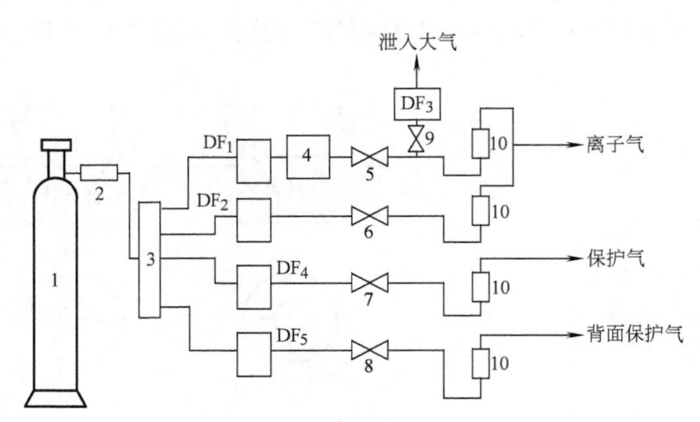

图 4-43　等离子弧焊接设备的供气系统

1—氩气瓶　2—减压表　3—气体汇流排　4—储气筒　5～9—调节阀　10—流量计　$DF_{1\sim5}$—电磁气阀

等离子弧焊可分为多种类型的工艺方法，每种方法所用的等离子弧类型不同，所采用的电源数量和外特性也有所不同，因此输出的焊接电流的调节范围和方式也有不同。目前等离子弧焊电源除了硅整流式外，还有晶闸管式和逆变式等离子弧焊电源。等离子弧焊电源采用直流陡降外特性电源，并带有高频振荡器和电流缓升及缓降调节环节。

等离子弧焊接工艺比较复杂，气路主要有两路，一路为供产生等离子弧的离子气，厚板焊接时为保证起弧处和收弧处的焊接质量，离子气流采用递增和衰减控制；另一路为供给等离子弧外围的保护气，以保护焊接熔池和电极，焊接电流在起弧处和收弧处也采用递增和衰减控制。因此，等离子弧焊程序控制电路控制顺序为：提前送保护气，高频引弧（或转弧），离子气递增，电流缓升，小车延迟行走（预热），正常焊接，离子气衰减，电流缓降，小车停走（填弧坑），滞后停保护气，如图 4-44 所示。

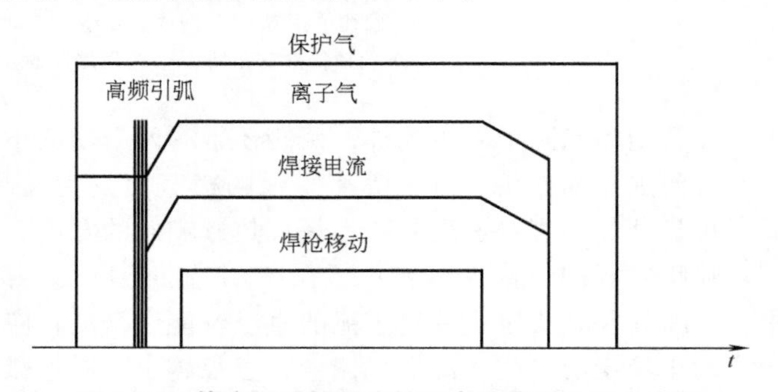

图 4-44　等离子弧焊程序控制电路控制顺序示意图

4.3　电阻焊装备及自动化

4.3.1　概述

1. 电阻焊的原理及分类

电阻焊（Resistance Welding）是焊件组合后通过电极施加压力，利用电流通过接头的接触面及邻近区域产生的电阻热进行焊接的方法，又称为接触焊。

电阻焊过程的物理本质是利用焊接区金属本身的电阻热和大量塑性变形能，使两个分离表面的金属原子之间接近到晶格距离，形成金属键，在结合面上产生足够量的共同晶粒而得到焊点、焊缝或对接接头。因此，适当的热和机械（力）作用是获得电阻焊优质接头的基本条件。

根据所使用的焊接电流波形特征、接头形式和工艺特点将电阻焊做如下分类，如图 4-45 所示。

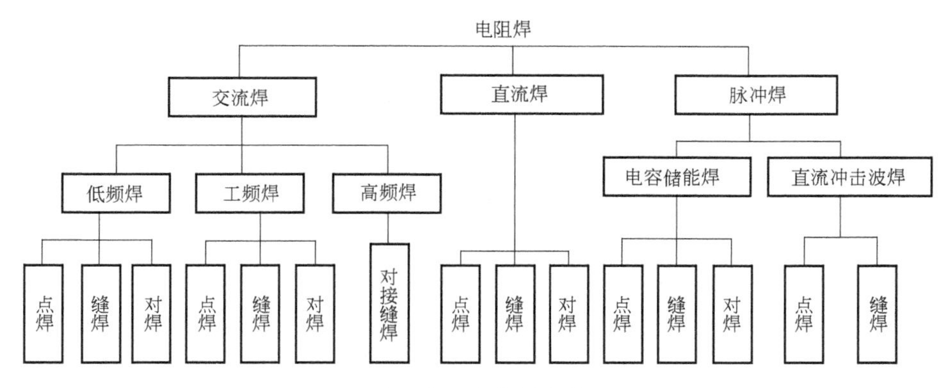

图 4-45　电阻焊分类

说明：

1）交流焊中所用焊接电流频率可分为低频 3～10Hz、工频 50Hz 和高频 2.5～450kHz。

2）点焊、缝焊、对焊和对接缝焊接头的基本形式见表 4-4。

3）在实际中，对某一电阻焊方法往往称呼其全称，如工频交流点焊、直流冲击波缝焊、电容储能对焊、高频对接缝焊、直流点焊（又称为二次整流点焊）等。

表 4-4　电阻焊接头的基本形式

点　焊	缝　焊	对　焊	对接缝焊

点焊、缝焊和对焊是应用最广、易于机械化、自动化、在焊接机电一体化技术中广为应用的主要电阻焊方法，因此本节介绍的主要电阻焊装备为点焊、缝焊和对焊装备。

2. 电阻焊装备的分类

电阻焊机（Resistanc Welding Machine）是指采用电流流过工件及焊接接触面间的电阻产生热量，同时对焊接处加压进行焊接的一类设备的统称。按照电阻焊工艺方法不同，主要分为点（凸）焊机、缝焊机及对焊机。

4.3.2　电阻焊机的基本结构

电阻焊机的基本结构通常由以下三个主要部分组成：

（1）主电力电路　由阻焊变压器、功率调节机构和焊接回路等组成。

（2）机械结构　由机架和有关夹持工件及施加焊接压力的传动机构组成。

（3）控制装置　由主电力开关及控制设备等共同组成。

1. 主电力电路

电阻焊机的主电力电路或称为功率电路，包括从电网开始的所有一、二次主电流所流经的路程组件。

(1) 主电力电路的特点 根据电阻焊的基本原理及工艺要求，电阻焊机的主电力电路一般具有以下特点。

1) 可输出大电流、低电压。根据电阻焊的基本原理可知，焊接区电阻是产生电阻焊热源的基础，由于它的数值很小（为 10~100μΩ），必须有足够大的焊接电流通过才能获得形成接头所必须的热量。同时，考虑到焊接回路在结构上与机身连接并直接接触操作者，从安全角度考虑，供电装置应提供低电压。通常阻焊变压器的二次空载电压应低于 36V。

2) 可提供多种焊接电流波形。根据焊接材料的性质及焊接工艺的要求，供电装置可把工频的电网电能直接或经过适当变换、储存后，向焊接区提供工频交流、高频、直流冲击波、三相低频、二次整流、电容储能和矩形波等焊接电流波形。

3) 供电功率大且可方便地进行调节。为能向焊接区提供大电流、低电压，供电装置采用大容量、低漏抗的降压阻焊变压器作为电源。为满足焊接工艺要求，供电装置通过改变阻焊变压器初级绕组匝数的办法来分级调节焊接功率；用控制设备中的“热量”（通过改变主电力开关通断时间来实现电流调节，进而调节焊接热量）控制来均匀调节在某一级数下的焊接功率。

4) 无空载运行及负载持续率低。阻焊变压器一般按断续周期方式运行（仅连续缝焊、闪光对焊例外），故无空载状态。同时，阻焊变压器的负载持续率低，当前均按额定负载持续率为 50%进行设计。

电阻焊机主电源可以采用工频交流、三相低频、二次整流、电容储能和逆变等方式供电，由于这几种供电方式的电阻焊机主电源的工作原理、特点及用途各不相同，通常根据被焊材料的性质和厚度、被焊工件的焊接工艺要求、设备投资费用以及用户的电网情况等选择其中一种供电方式的焊机。

(2) 电阻焊机的焊接电源及焊接电流的波形 焊接电流波形是对电阻焊工艺过程影响颇大的因素，很能表征金属材料的工艺要求和所用设备的特点。不同的焊接电流波形是由相应的供电装置提供的。

1) 工频交流电阻焊机。工频焊接电流波形是由工频交流电阻焊机提供的，该焊机主要的电气框图及焊接电流波形如图 4-46 所示。工作原理为：阻焊变压器经级数换接器（即功率调节机构）和开关（晶闸管）接于工频交流电网；由控制设备决定开关导通时刻的不同，则在焊接回路中得到如图 4-46 所示的四种类型的工频焊接电流波形。图 4-46b 用于简单点焊、连续缝焊、对焊；图 4-46c 用于点焊、凸焊、断续缝焊；图 4-46d 用于对预热、缓冷（后热）有要求的金属材料点焊、程控降低电压的闪光对焊等；图 4-46e 中的单脉冲常用于微型件精密点焊，连续脉冲则主要用于热压焊和电阻钎焊。

工频交流电阻焊机通用性强、控制简单、易于调整，同时也容易实现波形变换和多脉冲规范控制，因而获得了最为广泛的应用。但是，工频交流电阻焊机大部分是单相交流焊机，容量大而又负载持续率低，工作时会引起供电电网电压的周期性变化，影响其他用电设备的正常工作。工频交流电阻焊机由于功率因数低（$\lambda=0.4$），所以耗能较大。

一般认为，单相工频交流电阻焊机的合理应用范围是，零件的电阻较大，其结构尺寸不要求电阻焊机有大的臂长和大的电极开度；点焊机和缝焊机需用功率一般为 300~400kV·A，凸焊机和对焊机需用功率在 1000kV·A 以下。

2) 电容储能电阻焊机。电容储能焊接电流波形是由电容储能电阻焊机提供的，该焊机主要的电气框图及焊接电流波形如图 4-47 所示。工作原理如下：三相电源（或单相）经中间变压器升压后，再经可控整流器输出直流电流对电容器组（储能器）充电，当充电电压达到设定数值时，控制设备的充电电压控制环节动作，使可控整流器截止。此时，若控制设备的程序控制环节输出焊接信号时，则开关接通。储存在电容器组中的电场能作为电源，通过开关、极性换向器和级数换接器等迅速向阻焊变压器一次绕组放电，并在二次侧的焊接回路中流过感应出的电容储能焊接电流。极性换向器为一换向开关，使每次通往阻焊变压器的放电电流改变方向，以防止变压器被单向磁化。

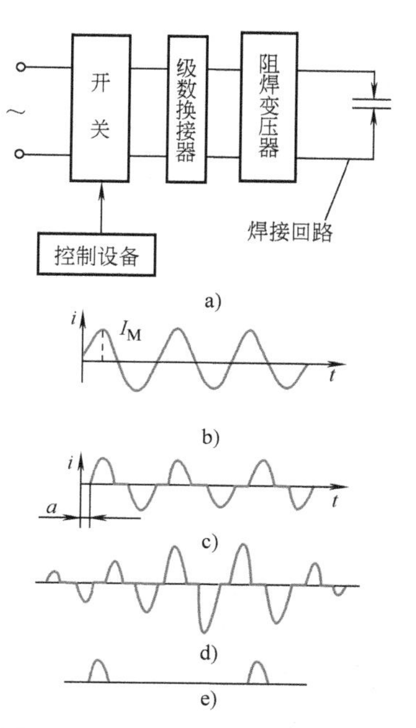

图 4-46　工频交流电阻焊机电气框图及焊接电流波形

a）电气框图　b）连续波形　c）断续波形　d）调幅波形　e）半波波形

电容储能焊接电流波形可以有两种类型，即衰减振荡波形 1 和非振荡波形 2，如图 4-47 所示。目前，电容储能焊接电流波形主要采用非振荡波形，因为它的工艺性好。

电容储能焊接电流波形广泛应用在点焊、凸焊、T 形焊、缝焊、电阻对焊和冲击闪光对焊。所焊对象多为同种或异种金属的薄件、箔材及线材等的精密焊接。电容储能电阻焊机从电网取用瞬时功率低，各相负载均衡并且功率因数高；同时，可精确地向焊接区提供集中能量，进行精密焊接。电容储能电阻焊机的主要缺点是该类焊机规范硬，焊接过程中电流的大小不可能改变（无法使用电流负反馈进行自动控制），电容器体积庞大和高电压不安全。

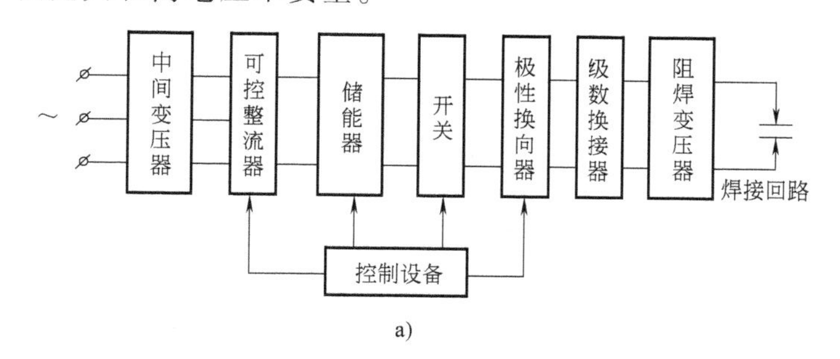

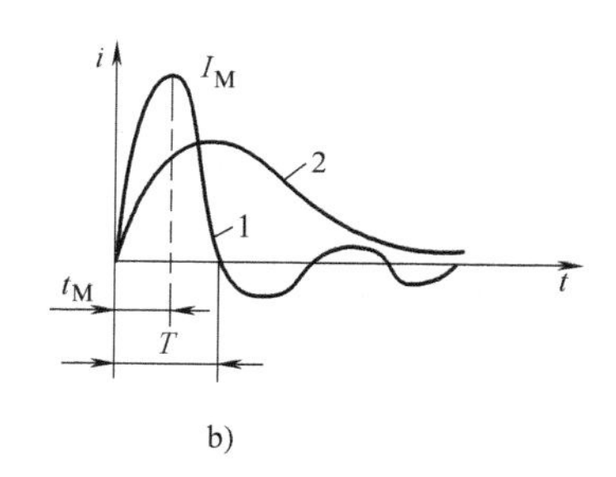

图 4-47　电容储能电阻焊机电气框图及焊接电流波形

a）电气框图　b）焊接电流波形

1—衰减振荡波形　2—非振荡波形

3）三相低频电阻焊机。三相低频焊接电流波形是由三相低频电阻焊机提供的，所谓三相低频电阻焊机，即采用三相电网供电，而输出焊接电流的频率低于工频 50Hz（一般为 15~20Hz或更低）。该焊机主电路电气原理及焊接电流波形如图 4-48 所示。从图 4-48a 可以看出，在主电路结构上，它采用一个特殊的焊接变压器，此变压器带有三个相同的一次绕组和一个二次绕组，安装在同一铁心柱上，且变压器的铁心截面较大；另一方面，变压器的一次绕组与一组可控的三相开关兼整流管连成三角形电路。

工作原理如下：焊接前，$VT_{1\sim6}$六个晶闸管全部关断；焊接时，先轮流触发晶闸管 VT_1、VT_3、VT_5，使它们顺次导通，在一次绕组 a、b、c 中顺次通以正向电流，变压器二次绕组也获得相应的正向焊接电流。三相低频电阻焊机与工频交流电阻焊机及二次整流电阻焊机不同，它不一定是在每一周波中轮流触发正反向晶闸管，而是可以连续多个周波依次循环触发正向的晶闸管（其顺序为 $VT_1 \rightarrow VT_2 \rightarrow VT_3$）得到多个周波的连续正向焊接电流，电流大小

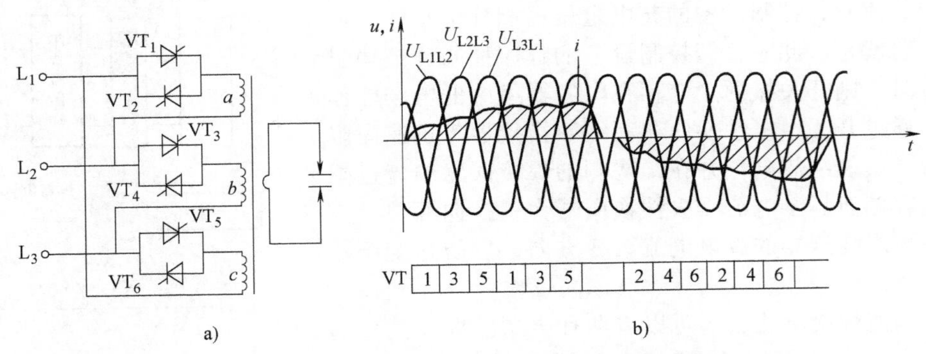

图 4-48 三相低频电阻焊机主电路电气原理和焊接电流波形

a）主电路电气原理 b）焊接电流波形

随时间而逐渐增大，其波形如图 4-48b 所示。随着焊接电流的增加，铁心磁通也随之增加，在铁心磁通饱和之前必须切断正向电流。由此可见，连续通以单方向电流的时间受到铁心截面的限制，如果某些焊接工艺要求较长时间通电（一般不超过 0.2s），应对电流进行换向，即连续依次触发反向晶闸管 VT_2、VT_4、VT_6，产生反向的焊接电流，如图 4-48b 所示。

三相低频焊接电流波形的特点是：

① 采用三相电网供电，使电网负荷均匀。

② 由于焊接回路通过低频电流，回路感抗减小，既可将焊机的功率因数提高至 0.85 以上，又可降低焊接过程中的功率损耗。

③ 三相低频电阻焊机输出缓升缓降波形的焊接电流，此种波形电流的焊接工艺性好，易于调节。

三相低频电阻焊机的缺点是：由于频率低，且单方向通电时间较长，焊接变压器铁心容易饱和，故所需的阻焊变压器的尺寸比工频交流电阻焊机的尺寸大得多；同时，由于低频焊接，焊接生产率较低。

三相低频电阻焊机可用于焊接碳钢、不锈钢、有色金属、耐热合金等多种材料，并且，通常用于焊接质量要求较高的航空、航天结构件，也可用于大厚度钢件的点焊及缝焊以及大截面尺寸零件的闪光对焊。

4）二次整流电阻焊机。二次整流焊接波形是由二次整流电阻焊机提供的，电流波形属于直流型。该焊机的主要电气框图及焊接电流波形如图 4-49 所示，即在阻焊变压器的二次输出端接入大功率硅整流器，使得二次回路中流过的是经过整流后的直流电流。

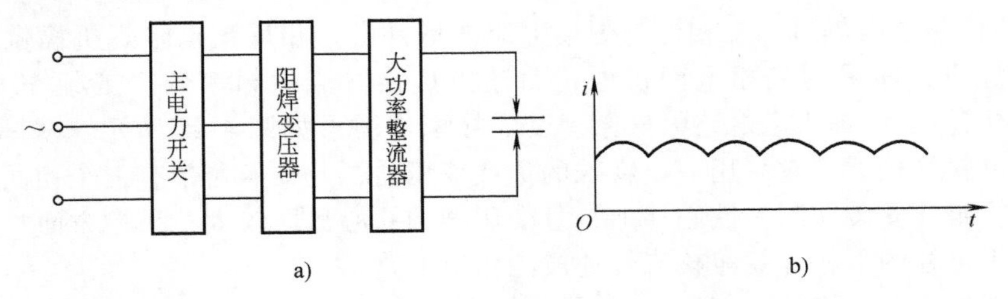

图 4-49 二次整流电阻焊机电气框图及焊接电流波形

a）电气框图 b）焊接电流波形（感性负载）

一般二次整流电阻焊机有单相全波整流、三相半波整流和三相全波整流三种类型，其电气原理如图 4-50 所示。单相全波整流焊机采用二次绕组有中心抽头的单相变压器加上全波整流器（图4-50a）。三相半波整流焊机可采用单个三柱式三相变压器，三个二次绕组与三个整流管相连后接成星形（图4-50b）。三相全波整流焊机可以采用三只相同的单相变压器，二次绕组按单相全波整流方法与六组整流管相连，该系统相当于三个简单的单相系统组合而成（图4-50c）；三相全波整流焊机也可以采用单独的一个三相变压器，使两组二次绕组呈反星形联结。

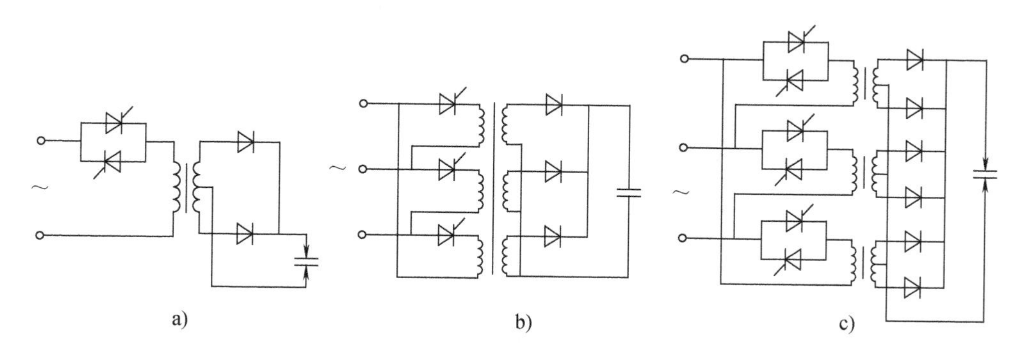

图4-50 二次整流电阻焊机主电路的三种基本形式

a）单相全波整流 b）三相半波整流 c）三相全波整流

二次整流电阻焊机具有以下特点：

① 由于二次输出为直流，回路感抗几乎为零，且电流不过零，热效率高，因此获得同样大小的焊接电流所需的二次空载电压和功率比交流焊机低得多，其视在功率只有交流焊机的1/3~1/5。

② 由于二次整流电阻焊机通常采用三相供电，因此负载均衡，线电流小，对供电电网冲击小，利用率高。

③ 由于二次输出为直流，回路感抗几乎为零，焊机臂伸长、大开度以及回路内伸入磁性物质均不影响焊接电流输出大小，因此特别适用大面积钢板件的点焊和长臂悬挂式点焊机的应用。

④ 由于直流电的集束效应，电流更集中地流过焊件的中心部，使焊点在电极对轴向上尺寸长，穿透力强，可达到多层钢板一次焊成的效果。

⑤ 由于直流电主要受回路电阻影响，因此焊接回路电流可随焊接区电阻的变化做自动补偿，从而可减小电极与焊件的黏损、喷溅、分流的影响等。

二次整流电阻焊机的缺点是：需采用大功率整流管，价格高、体积大；且阻焊变压器的利用系数低、尺寸较大，设备的一次性投资费用将是交流焊机的一倍左右；同时，由于变压器二次输出的是大电流、低电压，整流器的正向压降也会损耗相当一部分功率。

二次整流电阻焊机的通用性很强，可用于点焊、凸焊、缝焊和对焊等各种电阻焊方法，并可用于焊接各类金属材料，能获得比工频交流电阻焊机更好的焊接效果，而且能够满足一些特殊的焊接工艺要求。其主要应用如下：

① 工频交流电阻焊机难于焊接的导电、导热性好的有色金属的点焊和缝焊。

② 大型构件、厚板的点焊以及多层薄板的点焊。

③ 焊接耐热钢板，不易产生裂纹。

④ 较薄板材的高速连续缝焊以及大型截面焊件的对焊。

⑤ 焊件结构要求焊机臂伸长较长或有铁磁性物质伸入焊接回路的情况；以及用于要求焊接回路面积较大的悬挂式点焊钳上，在不需要增加焊机功率的情况下可以保证焊接质量。

5）逆变式电阻焊机。逆变式电阻焊机是20世纪80年代发展起来的一种新型产品，在日本、美国、欧洲现已有较多的应用，在国内也开始有少量应用。

逆变式电阻焊机的基本原理是：从电网输入的三相交流电经桥式整流和滤波后得到较平稳的直流电，经逆变器逆变产生中频交流电，再向阻焊变压器馈电，阻焊变压器二次输出的低电压中频交流电经单相全波整流后产生脉动很小的直流电用于焊接。逆变式电阻焊机通常是用脉宽调制（Pulse Width Molulation，PWM）的方法来调节焊接电流，逆变式电阻焊机的电气框图及原理图如图4-51所示。

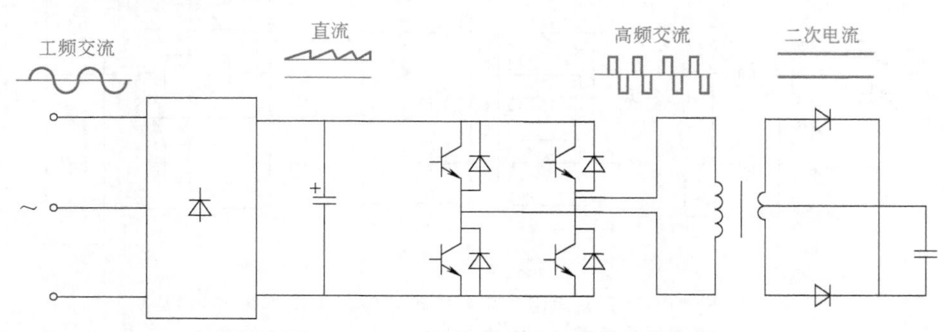

图4-51 逆变式电阻焊机的电气框图及主电路原理图

逆变式电阻焊机的特点如下：

① 三相负载平衡，功率因数高，节能效果明显。

② 响应速度快，控制精度高。由于采用较高的逆变频率（600~2000Hz），时间调节和反馈控制周期在1ms以内，大大提高了焊接电流的控制精度。

③ 阻焊变压器体积小、质量小。由于采用中频工作频率，相同的功率输出时阻焊变压器的体积和质量明显减小。例如，逆变式电阻焊机的一体式焊钳与普通一体式焊钳相比，质量可减小50%。

④ 工艺优势明显。焊接电流为脉动直流（且波纹度小），无交流电流过零点不加热工件的缺点，热量集中，能焊接各种材料；同时，电极寿命获得延长。

逆变式电阻焊机目前存在的主要问题是由于大功率开关元件和大功率整流管的制造技术及价格因素，此类焊机的输出功率受到一定的限制，销售价格也较高。

逆变式电阻焊机的阻焊变压器质量显著减小，特别适用内装变压器式点焊钳。此种点焊钳用于点焊机器人系统中有更大的优越性，美、日等国汽车行业逐步建立了以逆变式点焊机器人为主的车身焊装线。此外，逆变式电阻焊机还可用在罐头缝焊上，其特点是不采用二次整流，而采用中频交流电（频率为120~400Hz）直接焊接，以提高焊接速度。

（3）阻焊变压器及其功率调节机构　阻焊变压器是电阻焊机供电装置的核心，工作原理与一般电力变压器没有什么不同，但在结构和使用条件方面却有其特点。

阻焊变压器的性能指标通常有额定容量S_n、额定焊接电流I_{2n}、额定负载持续率x（%）、一次电压U_1、二次空载电压U_{20}等。前面提及的电阻焊机主电源的几个特点也集中反映在阻焊变压器上。阻焊变压器的输出电流大（通常为1~100kA）、输出电压低（固定式交流电阻焊机阻焊变压器的空载电压通常在12V以内，移动式焊机因焊接回路长、范围宽，空载电压可达24V左右），二次绕组匝数少，通常只有一匝。阻焊变压器的功率一般很大，通常为几十至几百kV·A，特殊要求的可达几千kV·A。为满足焊接工艺的上述要求，可以通过改变阻焊变压器一次绕组匝数的方法来分级调节输出空载电压和焊接功率。阻焊变压器是一种周期工作的变压器，工作周期是指焊接通电时间（负载持续时间）与断电时间

（空载时间）之和，焊接通电时间与全周期时间的比值称为焊机的负载持续率。虽然阻焊变压器的负载持续率比弧焊变压器低，按现行的国家标准规定通用电阻焊机主电源的额定值都是按负载持续率为50%设计的。

1）阻焊变压器的功率调节机构。阻焊变压器通常是采用改变一次绕组匝数来获得不同的二次电压。仅在大功率电阻焊时，为更好地利用阻焊变压器，可采用串入自耦变压器调节电压，这时阻焊变压器可不分级或仅分二、三级。

由变压器理论可知，变压器一、二次电压比（近似）等于其绕组的匝数比。即

$$\frac{U_1}{U_{20}} \approx \frac{n_1}{n_2} = K \tag{4-2}$$

式中，K为变压比；U_1为一次电压（V）；U_{20}为二次空载电压（V）；n_1为一次绕组匝数；n_2为二次绕组匝数。

通常$n_2=1$，由式（4-2）可得

$$U_{20} = \frac{U_1}{n_1} \tag{4-3}$$

$$I = \frac{U_{20}}{Z} = \frac{U_1}{Zn_1} \tag{4-4}$$

式中，I为焊接电流（A）；Z为焊接回路阻抗（Ω）。

式（4-4）表明，当电网电压U_1及焊接回路阻抗Z不变时，改变阻焊变压器一次绕组的匝数即可改变二次空载电压，从而改变焊接电流的大小，达到功率调节的目的。阻焊变压器一次绕组的匝数越少，其输出功率越大。

2）调节方式。阻焊变压器输出功率的调节方法有两种：①自耦变压器调压法（抽头式），缺点是绕阻利用率低、安全性差，一般只能用于小功率电阻焊机上；②采用分段串—并联法（串并联式）改变一次绕组匝数，这种方法的绕组利用率高，目前广泛用于中、大功率电阻焊机上，根据功率大小，可分别采用4级、8级或16级。图4-52所示为阻焊变压器输出功率调节原理图。

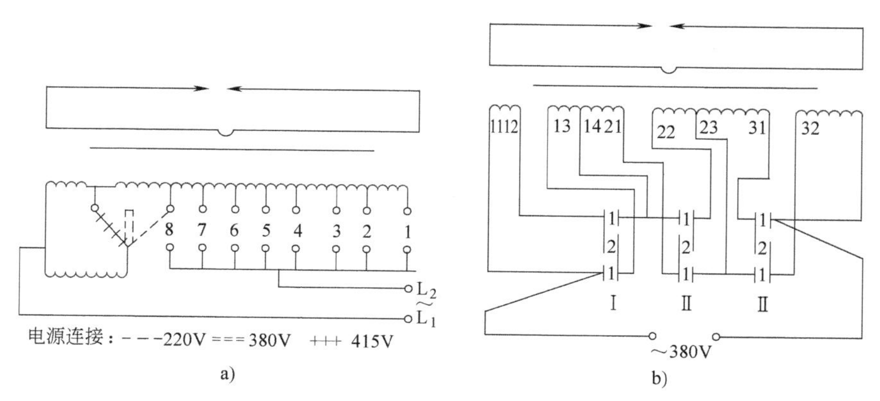

图4-52　阻焊变压器输出功率调节原理图

a）抽头式　b）串并联式

2. 机械结构

电阻焊机的机械结构是实施电阻焊时给焊接区加压的重要部件，包括机架、电极加压机构和传动机构。电极加压机构和传动机构在点焊机、缝焊机和对焊机中各有不同，点焊机中

主要有电极臂、电极握杆及杠杆或气液压加压传动机构；缝焊机中主要有电极臂、滑动轴承、气液压加压系统、滚轮电极转动传动系统；对焊机中主要有动夹具、静夹具的夹紧机构和顶锻机构。

3. 控制装置

电阻焊的大电流、短时间、高速度的焊接特点，要求控制装置应能满足工艺要求的全部控制，响应速度快，并能实现焊接过程的自动化，具有高的使用可靠性。

电阻焊机控制装置的任务是实现焊接电流、电极压力、夹紧力、顶锻力等工艺参数的调节与控制，保证焊接循环中各阶段工艺参数的动态波形相互匹配及时间控制。对要求严格控制焊接质量的电阻焊机还可实现工艺参数的自动调整和焊接质量的监控。

控制装置主要由焊接电流控制器、焊接程序控制器和电网同步装置等组成，其中，焊接电流控制器和焊接程序控制器是两大核心部分。

焊接电流的控制有简单的电磁接触器式和精确的电子开关式。由于采用电子开关，可以与电网实现同步控制，不但能使焊接电流在电网电压的固定相位处接通和断开，同时用移动电子开关的触发相位角可实现热量控制。

焊接程序的控制通常由程序转换电路和定时电路组合的控制单元实现。焊接程序实质上是一个电阻焊的循环程序，简单的循环程序为预压、加热焊接、冷却结晶（维持加压）和休止四个程序段。简单循环程序中的电极压力和焊接电流为固定值，当电极压力使用梯形、马鞍形或任意可调的压力循环，以及焊接电流使用预热、焊接、回火等阶段值时，焊接程序就会变成复杂的循环程序。复杂的循环程序焊接可以适应特殊的工艺要求。为此，电阻焊机的控制器采用微机控制已越来越广泛，除了可方便设置复杂的程序控制外，还设置了电网电压补偿、电流斜率控制、恒流控制、功率因数自适应控制、自动补偿电极端面增大的电流调节，还可方便设定数组焊接参数、监控以及实现多台电阻焊机的群控。

4.3.3 点焊装备

点焊机是在电极间的工件上产生点状焊接区的电阻焊设备。通用点焊机的组成如图 4-53 所示。其中，由加压机构 1、冷却系统 7 和机身 8 等组成机械装置部分；由焊接回路 2、阻焊变压器 3 和功率调节机构 6 组成供电装置部分，由主电力开关 4 和控制器 5 等组成供电装置部分。

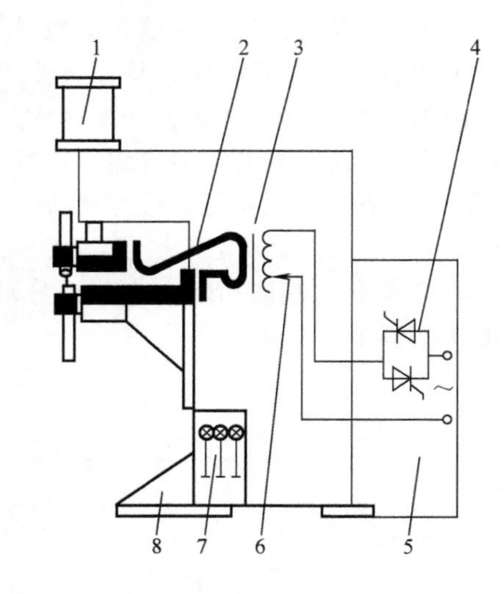

图 4-53 通用点焊机组成

1—加压机构 2—焊接回路 3—阻焊变压器 4—主电力开关 5—控制器 6—功率调节机构 7—冷却系统 8—机身

点焊机的分类：①按用途可分为通用型、专用型、特殊型；②按安装方式可分为固定式、移动式、轻便式；③按加压机构传动方式可分为脚踏式、电动凸轮式、电磁式、气压式、液压式、复合式；④按活动电极移动方式可分为垂直行程式、圆弧行程式；⑤按焊接电流波形可分为交流型、低频型、电容储能型、直流型（包括二次整流式和逆变式）；⑥按电极数可分为单点、双点、多点式。

1. 加压机构

点焊机的加压机构应具有刚性好、动作灵活、随动性好，以及具有适应焊接工艺要求的压力变化曲线（恒定压力、阶梯形压力及马鞍形压力等）。常用加压机构的类型及应用范围见表 4-5。

表 4-5　常用加压机构的类型及应用范围

名　称	电极压力 F_w/N	压力变化曲线	应用
杠杆弹簧传动	<3000	不变	25kV・A 以下点焊机
电动凸轮传动	<4000	不变	75kV・A 以下点焊机
电磁传动	—	不变或可变	小功率精密点焊机
气压传动	<150000	不变或可变	1000kV・A 以下点（凸）焊机
液压传动	<3500	不变	2800kV・A 以下多点焊机
气压—液压传动	<9000	不变	200kV・A 以下悬挂式点焊机

2. 点焊电极

正确选用点焊电极是获得点焊优质接头的重要手段。

（1）电极的作用　电极有以下作用：①向焊接区传输电流；②向焊接区传递压力；③传导焊件表面及焊接区的部分热量；④调节和控制点焊加热过程中的热平衡；⑤将工件定位、夹持于适当的位置。

（2）对电极材料的要求　要求电极：①有足够的高温硬度与强度，再结晶温度高；②有高的抗氧化能力，并且与焊件材料形成合金的倾向小；③在常温和高温下都有合适的导电、导热性；④具有良好的加工性能。

点焊生产过程对电极来说，是一个恶劣的使用环境，在加热和加压的作用下，电极端面会墩粗变形，甚至与焊件表面发生黏损而使点焊质量下降。国内常用的点焊电极材料见表 4-6，点焊电极的典型形式如图 4-54 所示。

表 4-6　国内常用的点焊电极材料

名称	成分 w(%)（余为铜）	性　能				应用
		抗拉强度 /MPa	硬度（HBW）	电导率 $\times 10^{-2}$	软化温度 /℃	
冷硬铜 T2	杂质<0.1	250~360	75~100	98	150~250	工业纯铝、塑性铝合金 5A02、2A21
镉青铜 QCd0.1	0.9~1.2Cd	400	100~120	80~88	250~300	低塑性铝合金 5A06、高强度铝合金 2Al2CZ、镁合金
铬青铜 QCr0.5—0.2—0.1	0.4~0.7Cr 0.1~0.25Al 0.1~0.25Mg	480~500	110~135	65~75	510	低碳钢
铬锆铜 HD1	0.25~0.4Cr 0.08~0.15Zr		170~190	75	≥600	黑色金属
钨铜合金	W60Cu40		140~160			黑色金属、微型件
	W75Cu25			30	1000	
扩散硬化铜合金 DHOM Al—35	Al_2O_3微粒		83（HRB）	84	930	不锈钢、耐热合金、点焊机械人

点焊电极的结构一般由端部、主体、尾部和冷却水孔组成。图 4-54a 为标准直电极，在点焊中应用最为广泛，其结构简单、承载强度高、变形小、冷却效果好、加工方便、成本低。因此，只要焊件的结构允许，都可采用标准直电极。图 4-54b 为弯电极，这种电极是在直电极无法焊接的地方采用。由于承受偏心力矩，焊接时易出现挠曲，使上、下电极端面对中不良，所以允许的电极压力比直电极小，而且电极的加工复杂。图 4-54c 为帽式电极，这种电极的结构为电极帽和接杆两部分。在使用过程中，电极帽变形或磨损后，只需更换电极

帽，从而可节省大量的电极铜合金。但是，由于电极帽与接杆结合面处的电阻会使电极发热和磨损，因此是否采用帽式电极应视具体使用情况来决定。图 4-54g 为盖式电极，具有与帽式电极相似的优点，其头部做成单独的圆片，通过螺纹盖压紧在接杆上。图 4-54d 为旋转头电极，这种电极在电极头和接杆间采用球铰连接，使电极头在一定范围内可以跟随焊接平面做适当的转动，形成良好的接触，具有自适应焊接位置的能力，适合于焊件表面需要严格平整的点焊或凸焊。图 4-54e、f 为插头电极和螺纹电极，插头电极尺寸小，适用小型点焊机或多点焊机；螺纹电极适用装配空间小或焊接压力较大的凸焊或多点焊。

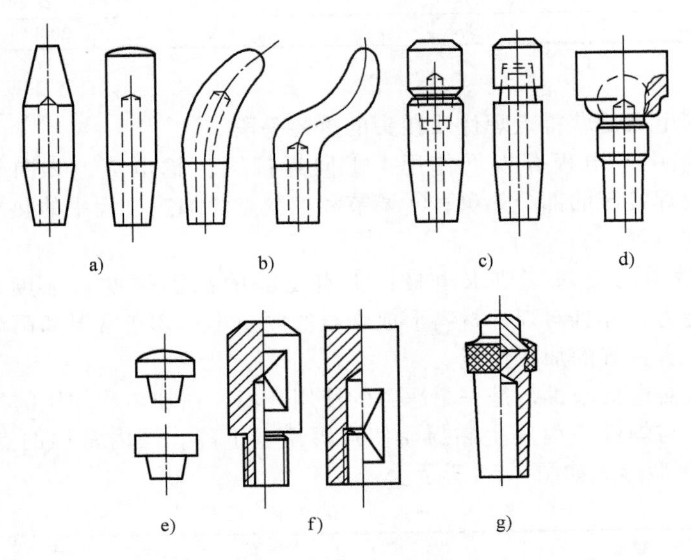

图 4-54 点焊电极的典型形式

a）标准直电极 b）弯电极 c）帽式电极 d）旋转头电极 e）插头电极 f）螺纹电极 g）盖式电极

3. 控制系统

通用点焊机目前都采用集成电路组成的同步控制系统，这时主电力开关可以控制在电网电压每半周固定相位下接通，而在电流过零时断开，其开关元件通常为晶闸管，属于无触点开关，如图 4-55 所示。集成电路组成的控制器的通用控制原理框图如图 4-56 所示。此类控制器的同步控制系统主要由同步脉冲发生电路、定时和程序转换电路、热量调节和触发电路、功率因数自适应与单管导通保护电路等组成。

(1) 同步脉冲发生电路 同步脉冲发生电路主要用于产生与网压同步的 50Hz 和 100Hz 脉冲信号，分别用于控制定时和程序转换电路及移相电路。

(2) 定时和程序转换电路 定时和程序转换电路包括同步定时控制电路和程序转换电路。同步定时控制电路由用于设定时间的 8421 数字拨码盘和用于时间计数的加法计

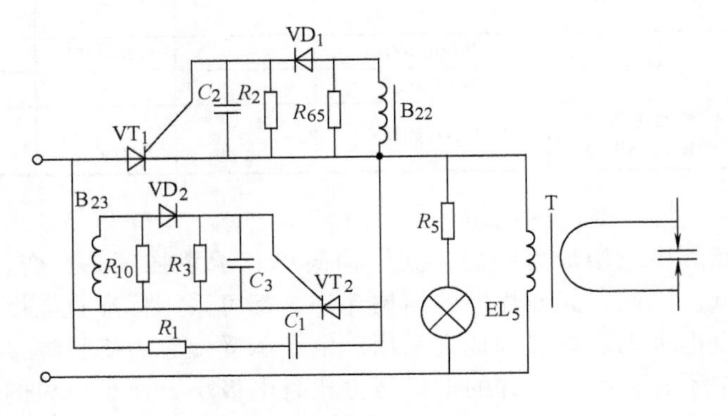

图 4-55 晶闸管主电力开关电路原理图

数器等组成，用于设定和计时加压、焊接、维持、休止程序的延时时间，计时范围一般为工频交流正弦波周期的0~99个整周期数。程序转换电路由程序选通门、延时电路、程序转换门等组成，由两组J-K触发器组成的二位二进制计数器可以输出四种不同状态的程序循环，程序信号再经译码器输出，分别轮流控制加压、焊接、维持、休止四个程序。

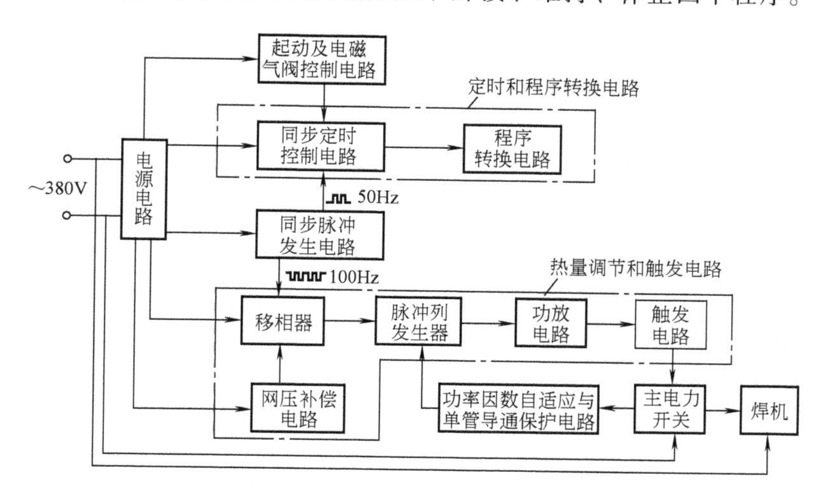

图4-56 集成电路组成的控制器的通用控制原理框图

（3）热量调节和触发电路 热量调节和触发电路包括移相器、脉冲列发生器、功放电路、触发电路等。移相器用于调节晶闸管触发脉冲的相位角，即调节每半波晶闸管的导通角，从而实现连续的焊接电流调节。脉冲列发生器是由非门、电阻和电容等构成的多谐振荡器，其主要作用是将输入的100Hz移相脉冲调制为3~4kHz的高频脉冲列，然后触发晶闸管，它既能保证触发的可靠性及焊接电流波形正负对称，又能减小脉冲变压器的尺寸。

4.3.4 缝焊装备

缝焊是点焊的一种演变，它使用滚轮电极取代点焊电极，焊件装配成搭接或对接接头形式并置于两滚轮电极之间，在滚轮连续或断续滚动并通以连续或断续电流脉冲时，形成一系列焊点组成的缝焊焊缝。能实现这种电阻焊方法的电阻焊机就称为缝焊机。

缝焊机除了必须具有与点焊机相同的加压和馈电功能外，还需带动焊件移动，即必须有使滚轮电极转动的传动机构。通用缝焊机的组成如图4-57所示。

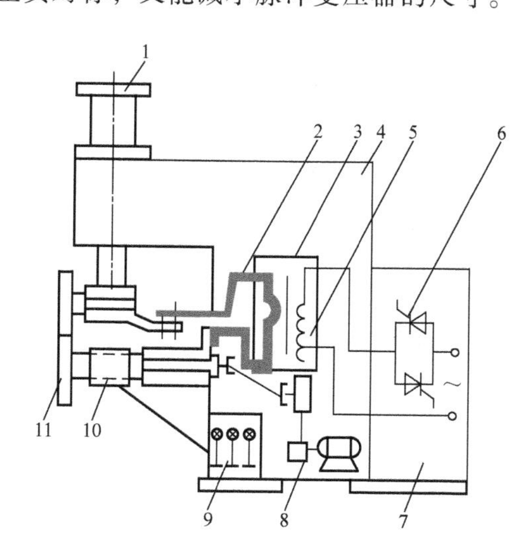

图4-57 通用缝焊机组成示意图

1—加压机构 2—二次回路 3—阻焊变压器 4—机身 5—功率调节机构 6—主电力开关 7—控制设备 8—传动机构 9—冷却系统 10—机头 11—焊轮

缝焊机与点焊机相似，也可以按其用途、安装方法、主电源类型、电极运动方向、电极类型、加压机构类型进行分类。

缝焊机的机械装置主要是加压机构和传动机构，加压机构和点焊机基本相似，这里只介绍传动机构和电极。

1. 传动机构

缝焊机传动机构的主要功能是获得需要的焊接速度，其中缝焊机机头还承担传递焊接压力和电流的作用。缝焊机的传动机构一般由电动机通过减速变速器和方向轴等带动滚轮（焊轮）转动。

缝焊机的传动机构分类如下：按焊机的用途及焊接工艺要求不同，可分为连续传动和步进传动；按带动焊轮转动的部件不同，可分为齿轮传动或修整轮传动；按焊机类型及被焊工件的形状要求不同，可分为上焊轮主动（用于纵向焊缝），下焊轮主动（用于横向缝焊），或上、下两焊轮均为主动。

（1）连续传动机构　连续传动机构一般用于连续缝焊和断续缝焊的缝焊机。由于焊轮的转速很低，一般不超过每分钟数十转，可传动用的电动机转速高，这就要求使用变速比相当大的减速、变速机构。通常调节转速和减速可以采用交流变频电动机、直流调速电动机、带轮减速器、一齿差减速器（体积小、减速比大）、齿轮减速器等机构实现，如图 4-58 所示。

图 4-58a 所示为典型的带轮调速、减速传动机构，其工作原理为：当交流电动机 1 转动时，与电动机同轴的斜面啮合花盘 3 也同速转动，并经带式传动系统（由 3、4、5 组成），蜗杆 6、蜗轮 7、直齿轮对 8 减速后，由万向轴 9 通过直齿轮对 10 带动下焊轮 11 旋转。此机构的速度调节方式是带轮无级调速，即通过调节手轮 2 使电动机 1 沿导轨上升或下降时，斜面啮合花盘 3 在弹簧 4 的作用下直径变大或变小，从而使带传动系统的减速比增大或减小，进而降低或提高焊轮 11 的转速。

图 4-58b 所示为焊接汽车油箱的专用缝焊机的双轮传动机构，其工作过程是：电动机 1 的转动经减速器 2、可变换齿轮组 3、锥齿轮 4 的减速和转向，再由万向轴 5 把转动传递给钢制的修整轮 6，修整轮上有滚花，并通过弹簧紧紧地压在焊轮的工作表面上，带动焊轮转动，并自动清除焊轮工作表面的沾污物，修整焊轮表面尺寸。修整轮一般由热处理过的钢材制成，几乎不会被铜合金焊轮磨损，故可保证两个焊轮的线速度始终相等，且不受焊轮磨损后的直径变化的影响。

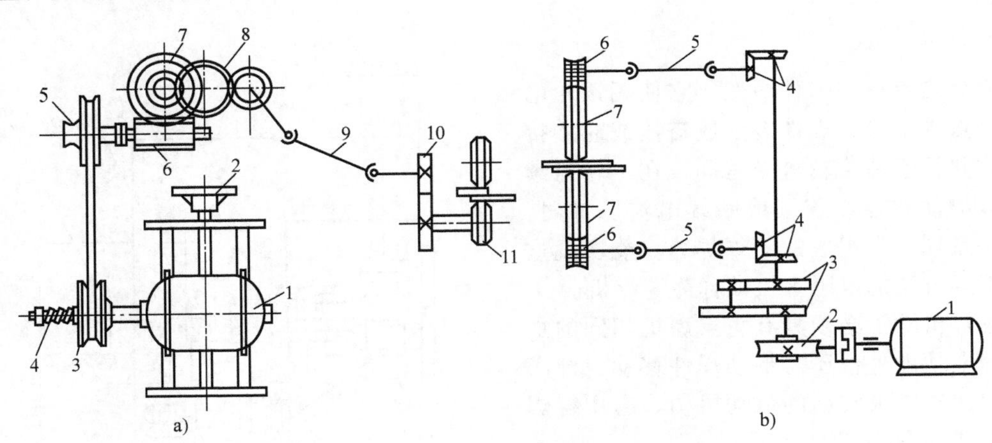

图 4-58　连续传动机构

a）带轮调速、减速传动机构

1—电动机　2—调节手轮　3—斜面啮合花盘　4—弹簧　5—带轮　6—蜗杆　7—蜗轮

8、10—直齿轮对　9—万向轴　11—焊轮

b）双轮传动机构

1—电动机　2—减速器　3—可变换齿轮组　4—锥齿轮　5—万向轴　6—修整轮　7—焊轮

（2）步进传动机构　步进传动机构通常用于步进式缝焊机。传动机构的动力来源可以

是电动机或气动驱动，电动机输出转矩较小，气动驱动虽可获得较大的转矩，但由于经常放气，噪声严重。常用的步进传动机构有马氏轮传动和棘轮传动两种方式，它们的传动都不太平稳（活塞的直线运动会造成焊机机头的振动）。因此，步进式缝焊机上也采用磁力离合器式步进传动机构，如图4-59所示。其工作过程为：直流电动机1的转动经磁力离合器2、锥齿轮对3、蜗轮蜗杆减速器4传递到可变换齿轮组5上，再经万向轴6把转矩加到下焊轮7上。通过磁力离合器中的电磁线圈与焊接循环同步接通和断开，可以实现焊轮的同步步进动作，焊轮的转动速度通过可变换齿轮组5或直流电动机1来调节。

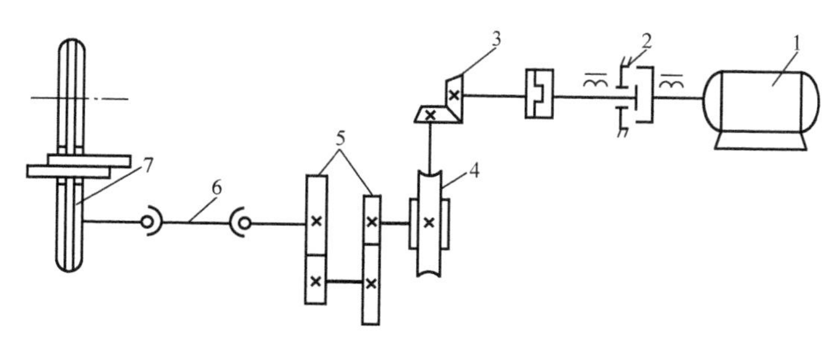

图4-59　具有磁力离合器的步进式传动机构

1—直流电动机　2—磁力离合器　3—锥齿轮对　4—蜗轮蜗杆减速器
5—可变换齿轮组　6—万向轴　7—下焊轮

（3）机头　缝焊机的机头集传动、加压和导电三项功能为一体，是缝焊机的关键结构，其性能不仅影响焊接速度、电极压力的稳定性，还直接决定焊接电流的大小及稳定性。由于缝焊机机头的电极部分既需要实现转动，又需要实现导电，且两者是互相矛盾的，因此在设计中必须兼顾这两方面的要求。为了进一步提高缝焊机机头的性能和使用寿命，设计者们一直在不断地改进机头结构、导电方式，并寻找最佳性能的导电润滑液。

缝焊机机头可以采用滚动接触导电、滑动接触导电及耦合导电三种导电方式。从机头性能及焊机的整体使用性能考虑，较好及最常用的导电方式是滑动接触导电。

在滑动接触导电中，对滑动触点的基本要求是：能在转动及低应力的条件下传导大电流，并且要求具有较低的功率损耗和低而稳定的接触电阻，同时还要求使用可靠、寿命长、维护和修理方便。

2. 缝焊电极

缝焊电极通常采用圆形滚盘式，称为滚轮或焊轮，其基本结构如图4-60所示。缝焊电极的结构一般由轮缘端面外形、焊轮直径、焊轮宽度、冷却方式和安装形式等因素决定。根据被焊工件的材料及工艺要求不同，焊轮轮缘端面可以分别选用图4-60中所示的几种不同形式。

平面形焊轮（图4-60a）较为常用，一般可用于焊接厚度在2mm以内的低碳钢板，但平面形焊轮的安装和调整要求较高，因为只有将上、下两焊轮平面调整到互相平行且与工件均匀接触，才能获得最佳的焊接质量，并保证较长的电极寿命。球面形焊轮（图4-60d）对安装、调整的要求最低，且散热效果好，压痕过渡均匀，焊缝外观最佳，常用于焊接铝和铝合金等有色金属。单边倒角形焊轮（图4-60b）、双边倒角形焊轮（图4-60c）与平面形焊轮相比，在同样的电极工作面厚度（即焊接电流密度相同）的情况下，倒角形焊轮具有更高的强度，且散热效果也较好。双边倒角形焊轮用于焊接镀锌钢板，具有较佳的效果。此外，有时由于驱动要求或焊缝表面成形的要求，也可以将焊轮与焊件接触的端面滚花。

缝焊焊轮的直径和厚度通常由被焊工件的尺寸、轮廓形状以及焊机的结构特点决定。焊

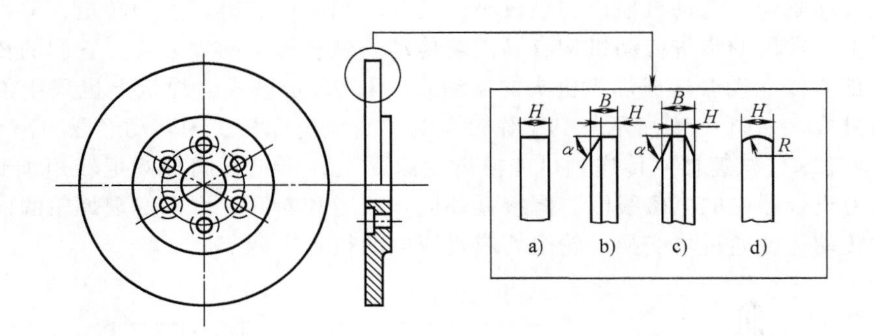

图 4-60 缝焊滚轮形状

a）平面形 b）单边倒角形 c）双边倒角形 d）球面形

轮直径一般为 50~600mm，常用的尺寸为 80~350mm。相关标准规定的焊轮外径系列为 100mm、112mm、125mm、140mm、160mm、180mm、200mm、224mm、250mm、280mm、315mm。从焊轮的散热效果、使用寿命和利用率考虑，在被焊工件结构尺寸允许的情况下，焊轮直径应尽可能大。

焊轮厚度和工作面宽度通常可根据被焊工件的板厚按经验公式来决定。

平面形焊轮：

$$B=H=2\delta+2\text{mm} \tag{4-5}$$

式中，B 为焊轮厚度（mm）；H 为工作面宽度（mm）；δ 为与此焊轮接触的焊件厚度（mm）。

由式（4-5）可见，如果上、下焊件的厚度不同，则要求上、下焊轮的厚度及工作面宽度也不同。

单边倒角形焊轮和双边倒角形焊轮：

$$\begin{cases} B=4\delta+2\text{mm} \\ H=2\delta+2\text{mm} \\ \alpha=30^\circ \sim 60^\circ \end{cases} \tag{4-6}$$

式中，B 为焊轮厚度（mm）；H 为工作面宽度（mm）；δ 为与此焊轮接触的焊件厚度（mm）；α 为焊轮倒角。

球面形焊轮：

当 $\delta=0.5\sim1.5\text{mm}$ 时，$R=50\text{mm}$；当 $\delta=1.5\sim2\text{mm}$ 时，$R=75\text{mm}$。

在焊接过程中，由于磨损，焊轮的工作面宽度会发生变化，此变化对焊缝质量的影响相当大，使用中一般规定焊轮工作面宽度允许变化量 $\Delta H<10\%H$，对于球面形焊轮规定 $\Delta R<15\%R$。当焊轮工作面尺寸变化量超出上述规定值时，必须对焊轮进行修正后方可再使用。

以上介绍的缝焊焊轮通常采用外部注水方式冷却，以减小焊轮端面磨损及焊件变形。近年来，为了减小焊件搭边尺寸、减轻焊件结构的重量、减少电极消耗、提高焊接电流密度，开始采用一种薄形焊轮，焊轮厚度只有普通焊轮的1/3，这种焊轮需要采用内部强制冷却方式。

4.3.5 对焊装备

将焊件端面相对放置，利用焊接电流通过焊件产生的电阻热加热，并施加压力完成焊接的电阻焊方法称为对焊。能实现这种焊接方法的电阻焊机称为对焊机。

对焊接头必须为相同截面的对接结构形式。若为变截面焊件时，必须将焊接部位加工成相同的截面，如图 4-61 所示。不论工件截面积的大小（从直径为 0.04mm 的细丝至截面积为 10000mm²以上的铁路钢轨、输气管道等)，均要求对整个工件截面一次同时焊成，因此一般要求对焊机有较大的容量，个别可高达 1000kV·A 以上。

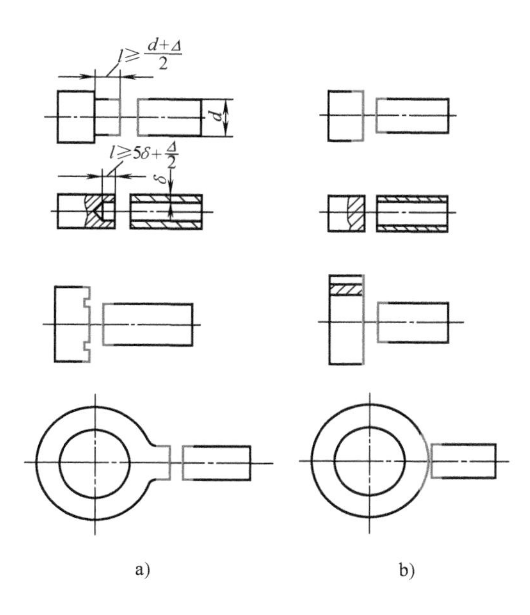

图 4-61 对焊接头设计

a) 正确设计 b) 错误设计

Δ—总留量 d—直径 δ—壁厚

1. 对焊的分类

对焊可分为电阻对焊与闪光对焊两大类，如图 4-62 所示。

(1) 电阻对焊 将焊件装配成对接接头，端面紧密接触后通电，利用电阻热加热至塑性状态，然后施加顶锻力完成焊接的方法称为电阻对焊。按压力在焊接过程中的变化与否，电阻对焊又可分为等压式与变压式两种，如图 4-62a所示。

(2) 闪光对焊 将焊件装配成对接接头，接通电源后使其端面逐渐移近达到局部接触，在电阻热的强烈加热下，局部接触点迅速熔化并产生金属液体小桥闪光喷射；经过不断地接触、闪光，当接头端部在一定深度范围内达到塑性状态时，迅速施加顶锻力而完成对接焊接，如图 4-62b 所示。闪光对焊又可分为连续闪光对焊与预热闪光对焊。

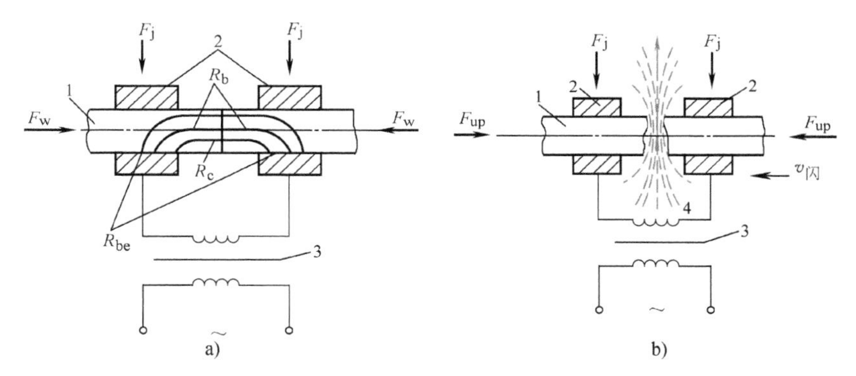

图 4-62 对焊原理图

a) 电阻对焊 b) 闪光对焊

1—焊件 2—电极(或称为夹头) 3—变压器 4—闪光

根据以上对焊工艺的要求，对焊机必须具有夹紧焊件、送进焊件直至顶锻以及向焊件馈送焊接电流等基本功能。通用对焊机的组成如图 4-63 所示。

按加热焊件的方法分类，可分为电阻对焊机、连续闪光对焊机、预热闪光对焊机以及脉冲闪光对焊机；按主电源类型分类，可分为工频交流对焊机、电容储能对焊机、二次整流对焊机、低频对焊机和逆变对焊机；按焊接过程自动化程度分类，可分为非自动(手工传动)对焊机、半自动(非自动预热、自动烧化和顶锻)对焊机以及自动对焊机；按用途分类，可分为通用对焊机和专用对焊机。

2. 对焊机的机械装置和电极部分

(1) 对焊机的机械装置 对焊机的机械装置主要包括机身、夹紧机构和送进机构等关键部分。

1）夹紧机构。夹紧机构包括静夹具和动夹具两部分，前者是固定的，直接安装在固定台板上，与阻焊变压器二次绕组的一端相连，并与机身在电气上绝缘；后者是可移动的，安装在可动台板上，与阻焊变压器的另一端相连。夹紧机构的主要功能是夹紧焊件并从电源向焊件馈送焊接电流。

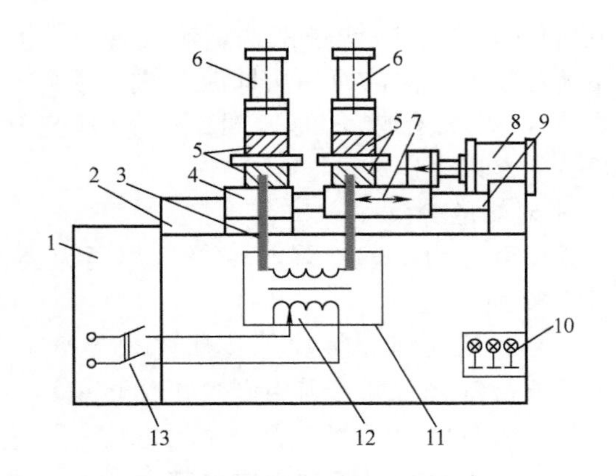

图 4-63　通用对焊机组成示意图

1—控制设备　2—机身　3—二次回路　4—固定台板　5—钳口（电极）6—夹紧机构　7—可动台板　8—送进机构　9—导轨　10—冷却系统　11—阻焊变压器　12—功率调节装置　13—主电力开关

根据被焊工件的长度及不同的夹紧要求，对焊机的夹紧机构可采用有顶座和无顶座两种形式，如图 4-64 所示。有顶座形式夹紧机构（图 4-64a）的顶锻力主要通过顶座传递给焊件，因此所需的夹紧力较小；无顶座形式夹紧机构（图 4-64b）的顶锻力通过钳口与焊件之间的摩擦力传递给焊件，因此所需的夹紧力要大，但应用较广，常用于焊接长焊件（如平板、钢轨、钢管等的对焊）。

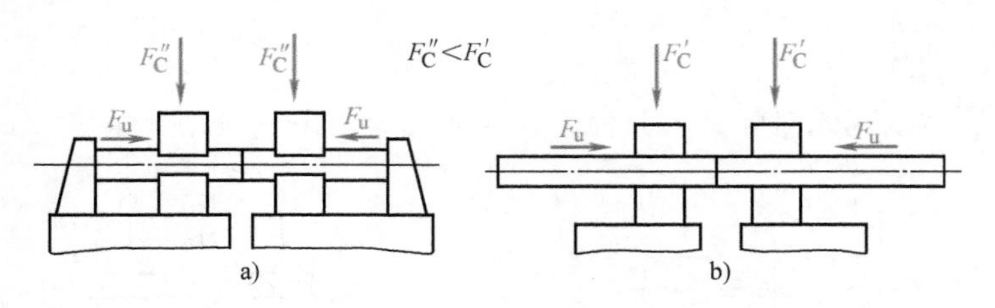

图 4-64　对焊机的夹紧机构

a）有顶座形式　b）无顶座形式

夹紧机构按加力方向的不同，可分为垂直夹紧和水平夹紧。通用对焊机大多采用垂直夹紧机构，少数大型焊件或很长的焊件则用水平夹紧机构，以便采用吊装形式装卸工件。

中、小功率的对焊机因所需的夹紧力不大，常采用手动夹紧机构和气压夹紧机构；大功率的对焊机因所需的夹紧力较大，需采用气—液压夹紧机构或液压夹紧机构。

2）送进机构。送进机构是对焊机中起决定性作用的关键部分，它的性能直接影响焊件的焊接质量。送进机构主要完成以下功能：①在电阻对焊时，使焊件端面压紧，并在通电加热和顶锻时使焊件产生一定的变形；②在闪光对焊时，先使焊件按一定的烧化曲线平稳送进，并在顶锻时提供必要的顶锻力和顶锻速度，使焊件快速压紧和塑性变形；③在有预热的闪光对焊中，使动夹具中的焊件做多次往复直线移动。常见的送进机构有弹簧加压式、杠杆加压式、凸轮加压式、气体加压式、气—液加压式和液体加压式等。

中等功率的对焊机广泛采用凸轮加压式送进机构，如图 4-65 所示。其工作原理和过程如下：凸轮及位移曲线如图 4-65b 所示，焊接前，支承滚子 6 停在凸轮的区域Ⅰ上；焊接开始后，电动机 1 通过带轮对 2、齿轮对 3、蜗轮蜗杆组 4 减速，然后带动凸轮 5 以逆时针方向旋转，凸轮再通过支承滚子 6 使可动台板和动夹具以及焊件一起移动；当凸轮旋转到与支承滚子接触的区域时，表面的凸起部位使焊件端部压紧后再拉开，以激起闪光。当凸轮旋转到区域Ⅲ后，凸轮的半径不断增加，从而推动夹具不断向前移动，此阶段为闪光阶段，该区域凸轮的半径增量即为闪光流量 Δf，半径的增加率决定了闪光速度。当凸轮继续旋转到区域Ⅵ时，凸轮半径急剧增加，动夹具快速向前实现顶锻，此区域中凸轮半径的增量即为顶锻留量 Δu。最后，凸轮旋转到区域Ⅴ与支承滚子接触，进入保持阶段，保证焊接断电后动夹具继续有微量送进，使刚完成焊接的接头保持一定的压力以免被拉断。可见，凸轮的外形及转速决定了闪光和顶锻时的位移曲线。

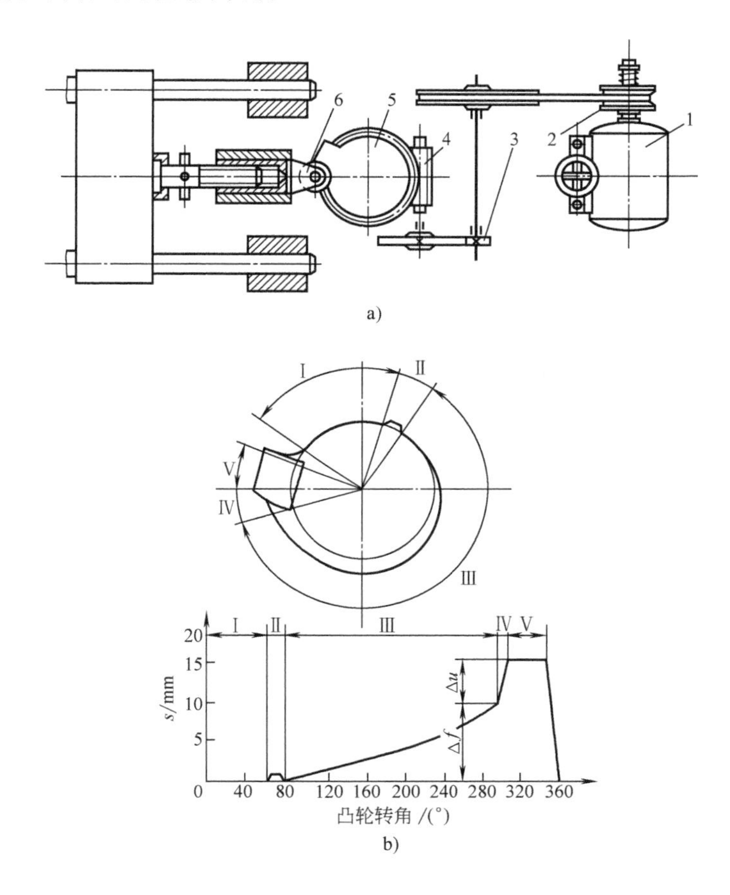

图 4-65　凸轮加压式送进机构和位移曲线

a）送进机构　b）凸轮及位移曲线

1—电动机　2—带轮对　3—齿轮对　4—蜗轮蜗杆组　5—凸轮　6—支承滚子

凸轮加压式送进机构具有结构简单、闪光稳定、便于自动控制等优点，其缺点是顶锻速度限制为 20~25mm/s。利用凸轮加压式送进机构的优点，焊机可采用凸轮和气压、液压联用的复合送进机构，闪光阶段依靠凸轮传动，而在顶锻阶段则采用气压、液压或气—液压传动，以增加顶锻力和顶锻速度，这种复合送进机构的顶锻参数可以独立调节而与闪光曲线无关。

目前对焊机上使用最多的是气体加压式送进机构或气—液加压式送进机构。这种装置一般是气压传动，带液压阻尼以调节闪光速度。功率较大的对焊机上通常还增加气—液式增压顶锻装置，以保证有相当高的顶锻速度和足够大的顶锻力。气—液加压式送进机构的优点是烧化速度均匀可调，闪光稳定，顶锻速度快，顶锻力大；缺点是结构比较复杂。这种送进机构常用于较大功率的闪光对焊机上，如 UN7—400 型汽车轮圈对焊机。

对于一些特大功率的闪光对焊机，如钢轨对焊机、锚链对焊机等，需采用液体加压式送进机构，这种送进机构可以给大截面焊件施加大的顶锻力，一般采用伺服系统来控制闪光和顶锻时动夹具的运动。

(2) 对焊电极 对焊电极就其形状、作用及工作特点来说，都与点焊或缝焊电极有很大的不同。对焊电极的主要作用是：①向焊件传输焊接电流；②夹紧焊件；③向焊件传递顶锻力；④在闪光对焊时，动夹具还兼有带动焊件运动的作用。

对焊电极有以下几个工作特点：①对焊电极夹持焊件的部位与焊接接头处有一定距离，因此电极不直接接触焊件的高温区；②电极与焊件的接触面积较大，使得电极上的电流密度比点焊、缝焊时低得多，所以不要求电极材料有很高的电导率和热导率；③要求电极的夹紧力很大，一般为顶锻力的两倍左右，以保证顶锻时电极与焊件不打滑；④顶锻时电极与焊件之间的强烈摩擦，以及闪光对焊时飞溅落入电极钳口都会使电极严重磨损；⑤对焊电极的钳口形状一般根据焊件的形状确定，通常比较复杂，所以电极钳口磨损后不易修复。由上可见，对焊电极材料必须有足够的强度和硬度，特别是钳口表面耐磨性要好。

对焊电极的使用寿命不仅取决于电极材料的性能，还与电极的形状、尺寸等因素有关。对焊电极的钳口形状、尺寸通常根据不同的焊件形状和尺寸来确定，最为常用的有平面形钳口、V 形钳口和半圆形钳口，如图 4-66 所示。平面形钳口常用于板材、钢轨等焊件的对焊；V 形钳口常用于直径较小的圆棒或圆管、角钢等的对焊；而半圆形钳口则常用于直径较大的圆棒和圆管等的对焊。对焊电极钳口的曲率半径应与焊件的外径相吻合，以保证电极与焊件有较大的接触面积。

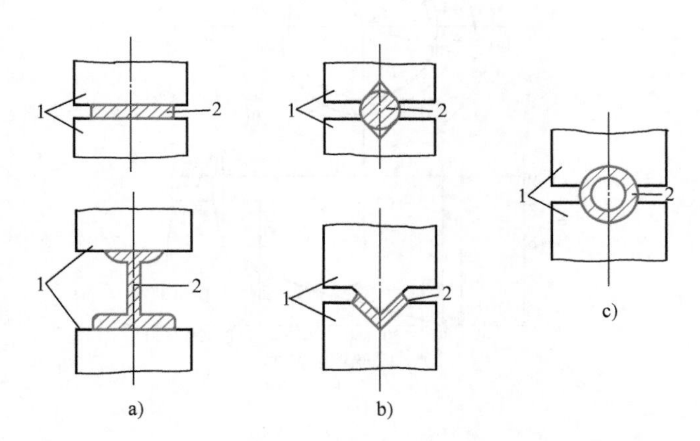

图 4-66 对焊电极的形状

a) 平面形钳口 b) V 形钳口 c) 半圆形钳口

1—钳口 2—焊件

4.4 激光焊接设备

激光焊（Laser Welding）是利用高能量密度的激光束作为热源进行焊接的一种高效精密的焊接方法。激光焊在汽车、钢铁、船舶、航空、轻工等行业得到了日益广泛的应用，特别是随着航空航天、微电子、医疗及核工业等行业的新材料及特殊结构的出现，激光焊的优越性和重要作用越发凸显。

4.4.1 概述

1. 激光焊的原理

激光焊接时，激光照射到被焊材料的表面，与其发生作用，一部分激光被反射，另一部分激光进入材料内部。对于不透明材料，透射光被吸收，金属的线性吸收系数为 $10^7 \sim 10^8 m^{-1}$。对于金属，激光在金属表面 0.01~0.1μm 的厚度中被吸收转变成热能，导致金属表面温度升高，再传向金属内部。如果被焊金属有良好的导热性能，则会得到较大的熔深。激光在材料表面的反射、透射和吸收，本质上是光波的电磁场与材料相互作用的结果。激光光波入射材料时，材料中的带电粒子依着光波电矢量的步调振动，使光子的辐射能变成了电子的动能。物质吸收激光后，首先产生的是某些质点的过量能量，如自由电子的动能、束缚电子的激光能或者还有过量的声子。这些原始激发能经过一定过程再转化为热能。同时，光子在轰击金属表面时还伴随着强烈的金属蒸气产生，可减少激光能量的反射。

金属对激光的吸收主要与激光的波长、材料的性质、温度、表面状况和激光功率密度等因素有关。一般来说，金属对激光的吸收率随温度的上升而增大，随电阻率的增加而增加。

2. 激光焊的分类

激光焊通常按激光对工件的作用方式和作用在工件上的功率密度进行分类。按照激光发生器工作性质的不同，激光有固体、半导体和气体激光之分。根据激光对工件的作用方式和激光器输出能量的不同，激光焊可分为连续激光焊和脉冲激光焊。连续激光焊在焊接过程中会形成一条连续的焊缝。脉冲激光焊接时，输入到工件上的能量是断续的，每个激光脉冲在焊接过程中会形成一个圆形焊点。按激光聚焦后光斑作用在工件上功率密度的不同，激光焊可分为传热焊（功率密度小于 $10^5 W/cm^3$）和深熔焊（又称为穿孔焊、锁孔焊、小孔焊）。前者熔池形成时间长，且熔深较浅，多用于小型零件的焊接；后者金属熔化速度快，在金属熔化的同时伴随着强烈的汽化，能获得较大熔深的焊缝，焊缝的深宽比较大，可达 12∶1。

激光器是激光焊接设备的核心组成部分，焊接用激光器的特点见表 4-7。

表 4-7　焊接用激光器的特点

激光器	波长/μm	工作方式	重复频率/Hz	输出功率或能量范围	主要用途
红宝石激光器	0.6943	脉冲	0~1	1~100J	点焊、打孔
钕玻璃激光器	1.06	脉冲	0~1/10	1~100J	点焊、打孔
YAG 激光器	1.06	脉冲/连续	0~400	1~100J/ 0~2kW	点焊、打孔、焊接、 切割、表面处理
封闭式 CO_2 激光器	10.6	连续	—	0~1kW	焊接、切割、表面处理
横流式 CO_2 激光器	10.6	连续	—	0~25kW	焊接、表面处理
快速轴流式 CO_2 激光器	10.6	连续/脉冲	0~5000	0~6kW	焊接、切割

选择激光焊接设备时，应根据工件的尺寸、形状、材质和设备的特点、技术指标、适用范围和经济效益等因素综合考虑。微型件、精密件的焊接可选用小功率激光焊机；中厚板的焊接应选用功率较大的激光焊机；点焊可选用脉冲激光焊机；要获得连续焊缝则应选用连续激光焊机或高频脉冲激光焊机。

3. 激光焊的特点

激光是一种光源，它除了与其他光源一样为一种电磁波外，还具有其他光源不具备的特性，如方向性强、亮度（光子强度）高、单色性和相干性好等。激光加工时，材料吸收的光能向热能的转换是在极短的时间（约 10^{-9}s）内完成的。在这个时间内，热能仅局限于材料的激光辐射区，而后通过热传导，由高温区向低温区传导。正是因为激光具有独特的特性及其与材料相互作用的特点，使得激光焊接具有许多区别于其他焊接方法的特点。

（1）高深宽比　利用 10kW 的激光进行深熔焊时，可获得 15mm 熔深，熔宽为 1~3mm 的焊接接头。

（2）线能量低　热变形小，晶粒和热影响区小，可焊接对热输入非常敏感的材料。

(3) 效率高　激光焊接速度为氩弧焊的10倍左右。

(4) 灵活性好　可增强产品的设计能力，适应多种接头形式，基本不需要焊后机加工。

(5) 设备价格昂贵　一般一次性投入高达数百万元，价格随功率的增加呈指数上升。

(6) 装配精度要求极高　焊接接头的对中要求严格，一般要求间隙小于0.1mm。

(7) 高反射性材料焊接困难　焊接过程不稳定，易产生缺陷。

4.4.2　激光器的结构

激光器是激光焊接设备的核心组成部分，其最基本的组成是由两块相互平行的镜片构成的光学谐振腔。如果镜片间没有光吸收，则光将永远沿着光轴在镜片之间往复振荡，镜片之间放置的是可以通过受激辐射将光振荡放大的激活介质。激光一词就是“利用受激辐射实现光的放大”的简称，“laser”是“light amplification by stimulated emission of radiation”的缩写。

受激辐射是产生激光的物理基础，也是必要条件，但并不是充分条件。因为受激辐射是处于高能级的粒子受到外来光子的激励，从高能级跃迁到低能级上，并发出一个和外来光子完全相同的光子的过程。在这一过程中，由于热平衡时低能级上的粒子数远高于高能级上的粒子数，因此低能级上受激吸收的粒子数多于高能级上受激辐射的粒子数，此时系统不能产生光的放大（激光）。为此，必须使处于低能级的粒子经种种途径被激发到高能级上，使系统呈非平衡状态，从而造成高能级上的粒子数多于低能级上的粒子数，形成所谓的粒子数反转。

工业激光器中常用光泵作为泵浦源来激励工作物质，从而实现粒子数反转。由于存在“激励的饱和”作用，具有二能级系统的工作物质不能实现粒子数反转，必须是具有三能级及以上能级系统的工作物质在光泵作用下才能实现粒子数反转。例如，红宝石激光器为三能级系统，而钕玻璃激光器是四能级系统。

要产生激光，除了实现粒子数反转分布和工作物质中的光的放大作用外，还必须具有能够提供光学正反馈作用的谐振腔；除此之外，谐振腔还应具有限制激光束的方向和限制激光束的频率的作用。

激光器的基本构成为：使激光工作物质处于粒子数反转分布状态的泵浦源，具有三能级或以上能级系统的激光工作物质，实现正反馈的光学谐振腔，激光器的结构如图4-67所示。

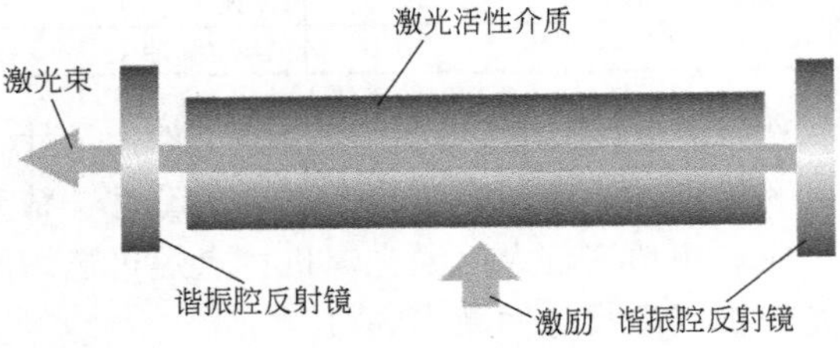

图4-67　激光器的结构

下面按照激光发生器工作物质的不同类型，介绍固体激光焊接机和气体激光焊接机。

4.4.3　固体激光焊接机

固体激光焊接机是发展和应用最早的激光焊机之一，1960年第一台红宝石（Cr^{3+}：Al_2O_3）激光器出现，1964年就在焊接领域中获得应用。固体激光器常用的工作介质有红宝石、钕玻璃（即掺Nd^{3+}玻璃）和掺钕钇铝石榴石（Nd^{3+}：$Y_3Al_5O_{12}$，简称Nd：YAG）。除掺钕钇铝石榴石激光器既可输出脉冲激光又可输出连续激光外，红宝石激光器和钕玻璃激光器都只能输出脉冲激光，且电光转换效率低。

固体激光焊接机主要由固体激光器、导光装置和数控工作台等部分组成。

1. 灯泵浦 Nd：YAG 激光器

灯泵浦 Nd：YAG 激光器由 Nd：YAG 棒、聚光器、泵灯（脉冲氙灯）和电源等部分组成，如图 4-68 所示。其中 Nd：YAG 棒通常安装在双椭圆反射器的公共焦轴上，两个泵浦灯分别安装在两个外焦轴上。

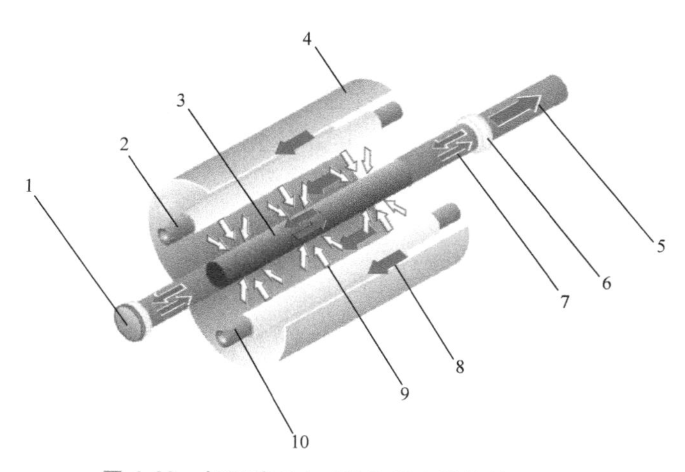

图 4-68　灯泵浦 Nd：YAG 激光器的基本结构

1—后镜　2、10—泵灯　3—活性介质（Nd：YAG 棒）　4—聚光器　5—激光束
6—输出镜　7—受激发射　8—冷却水　9—泵浦光

Nd：YAG 棒和一个或几个泵灯一起安装在聚光器内，聚光器的作用是把泵灯发射出来的光聚集到 Nd：YAG 棒上，使得激光工作物质实现粒子数反转，发射激光。聚光器是 Nd：YAG 激光器的重要部件之一，可以把 80%左右的光聚集在 Nd：YAG 棒上。其常见外形为球形、圆柱形、椭圆柱形等，圆柱形聚光器便于加工，而椭圆柱形聚光器的聚光效果较好。为了增加反射效果，通常需要对聚光器的反射面进行抛光，然后再蒸镀一层银膜、金膜或铝膜。Nd：YAG 棒的热胀系数小，强度高，激励阈值低。激光器工作时，Nd：YAG 棒和泵灯需要冷却，其目的是保持 Nd：YAG 棒和泵灯处于稳定的工作状态。Nd：YAG 激光器一般采用惰性气体放电灯作为泵灯，分为脉冲泵灯（氙灯）和连续泵灯（氪灯）。脉冲泵灯瞬间光能大，利于获得大功率脉冲激光。

激光器工作时，泵灯的能量由电源提供，供电参数与它们的动态阻抗相匹配。电源设有预燃电路和触发电路，后者为脉冲泵灯提供触发高压，使灯内气体电离，形成火花放电。连续泵灯需采用稳压电源供电，脉冲泵灯的触发电路多采用电感电容储能电路控制放电脉冲。为了获得高的激光输出功率，通常把几只 Nd：YAG 棒串接在一起，用氪灯泵激，可获得 2000W 以上的连续激光输出功率。

大功率激光器中，典型的 Nd：YAG 棒一般长度为 150mm，直径为 7～10mm。泵浦过程中激光棒发热，限制了每个棒的最大输出功率，因此必须保持激光棒晶体内部的产热和外壁冷却造成的温度梯度处于较低水平，以确保在晶体棒内形成的残余应力低于晶体的开裂极限。在材料加工中，单棒 Nd：YAG 激光器的功率范围为 50～800W，所产生的光束质量为 5～50mm · mrad。这种激光器的控制电路和电源设备通常是放在独立的控制柜中，激光头可通过光纤直接与加工系统安装在一起。图 4-69 所示为输出功率为 1kW 的脉冲 Nd：YAG 激光器。

将几个 Nd：YAG 棒串联起来可获得高功率的激光束，每个独立的棒可通过透镜引导并规则地排列起来，所有的棒都可以放入谐振腔中，附加的放大器可放在谐振腔外，如图 4-70

所示。目前的 Nd：YAG 激光器系统设计可多达 8 个腔，光束质量为 25mm · mrad，输出功率为 4kW。

另一种提高功率的办法是通过并行光纤耦合，几个激光器发出的激光通过几根光纤直接供给加工头；或者采用脉冲激光器，多路激光依次进入一根光纤传输。由于同时需要数台带电源的激光器，这种方式非常昂贵，目前还只是在实验室中使用。

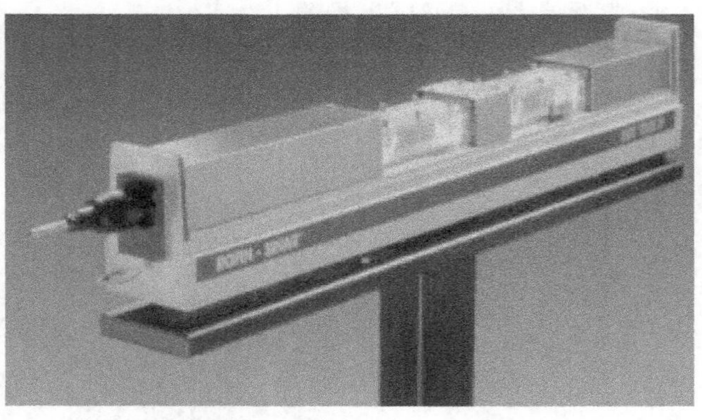

图 4-69 输出功率为 1kW 的脉冲 Nd：YAG 激光器

2. 二极管泵浦 Nd：YAG 激光器

随着大功率二极管激光器制造成本的降低，放电灯正逐渐被激光二极管取代。二极管泵浦式激光器的装配方法与灯泵浦激光器基本相同。目前，应用到激光器中的主要是几种铝—镓—砷酸盐（Al—Ga—As）二极管。

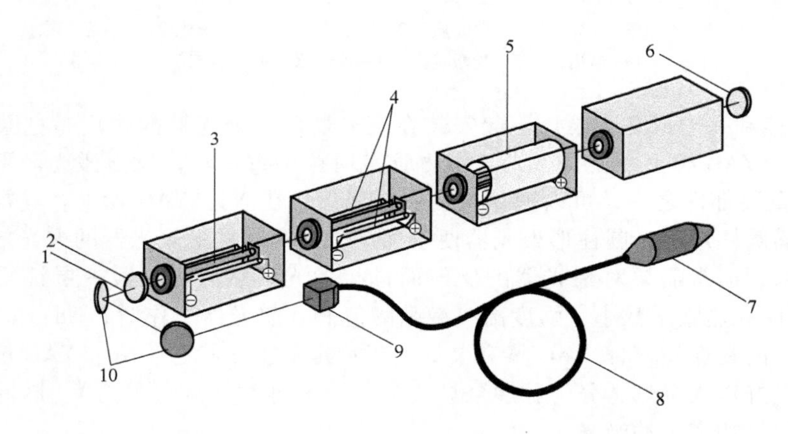

图 4-70 多级 Nd：YAG 激光器的基本结构

1—激光束 2—输出镜 3—Nd：YAG 棒 4—泵灯 5—反射镜
6—后镜 7—聚焦单元 8—光纤 9—耦合单元 10—光束转向镜

在低功率激光器中，激光二极管的光耦合是以末端泵浦的方式产生的，即在光轴上通过后反射镜进行。这种布局结构紧凑、操作灵活，激光输出功率约为 6W。

如果要输出更高的功率，则可使用侧向或横向泵浦 Nd：YAG 激光器。在这种激光器中，激光二极管环绕在晶体表面对称排列。与灯泵浦激光器中的双椭圆反射器不同，二极管泵浦激光器中采用“封闭式耦合”设计。二极管阵列可以直接排放在激光棒周围，如图 4-71所示。

选择二极管激光作为泵浦源的主要原因是它可提高元件的使用寿命和激光效率，二极管在连续输出模式下的使用寿命可超过 10000h（用于打标时寿命可超过 15000h），而且无须任何维护。而弧光灯泵浦激光器的寿命只在 1000h 以下（打标激光器为 2000h 以下）。因此，二极管泵浦 Nd：YAG 激光器具有很高的可靠性和运行时间。

由于大多数焊接系统中激光器的工作时间小于 50%，因此可以认为二极管的使用寿命

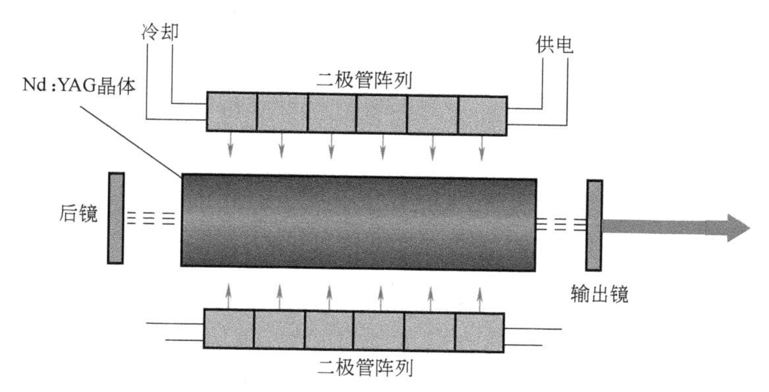

图 4-71　二极管泵浦 Nd：YAG 激光器的基本结构

会更长。如果激光器的使用寿命为 20000h，工作时间为 50%，3 班岗位，年生产时间为 5000h，那么这对用户而言，则意味着在激光器的 4 年使用期内无须更换二极管组件，或者在激光器的折旧阶段根本不需要更换二极管组件。

二极管泵浦 Nd：YAG 激光器之所以具有较高的总体效率（>10%），是因为二极管激光发射和 Nd：YAG 吸收波段之间的光谱匹配非常好。而灯激励产生的是“白”光，Nd：YAG 晶体只吸收其中一小部分光谱，这导致灯泵浦 Nd：YAG 激光器的总体效率较低，通常低于 3%。

而且，二极管激光器的发射光和 Nd：YAG 吸收波段之间的良好光谱匹配降低了 Nd：YAG 晶体上的热负荷，从而可获得较好的光束质量，提高激光输出功率和脉冲重复频率。在脉冲模式（Q 开关）下，二极管泵浦 Nd：YAG 激光器能够达到 10MW 的最大脉冲功率和 60kHz 以上的脉冲频率。

制造几千瓦范围的二极管泵浦 Nd：YAG 激光器，采用几个棒串联排列应该是最好的解决办法，这样可以使激光头更加紧凑。由于光束质量较好，这种激光器的光束一般是通过光纤传输，激光头和电源柜可集成在一起，设计非常紧凑。

图 4-72 所示为二极管泵浦激光器高质量光束在材料加工中的优势。较小的焦点直径，在切割与焊接时能够达到相当高的加工速度。焦点直径相同的光束，光束质量越高，工作距

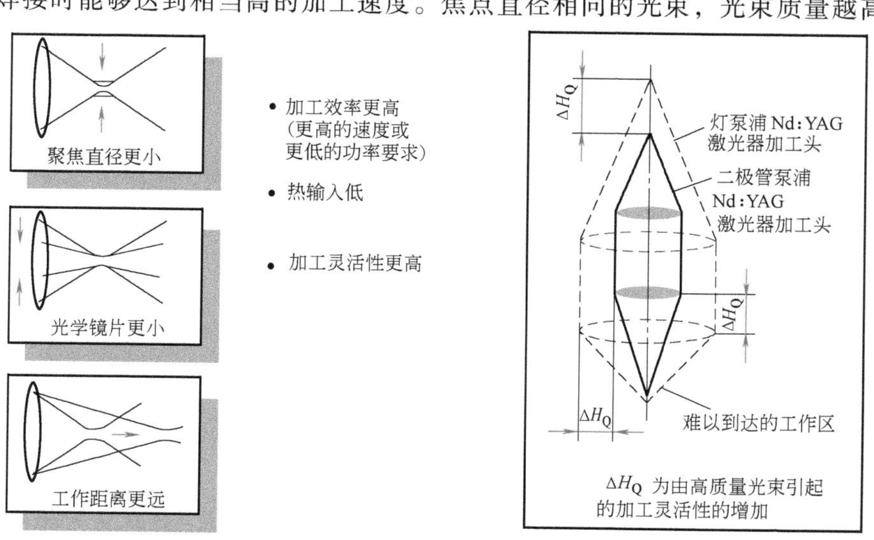

图 4-72　二极管泵浦激光器高质量光束在材料加工中的优势

离越大。对于一些应用来说，瑞利长度的增加也是一大优点。例如，在焊接或切割形状公差较大的厚零件时，焦点位置对公差就不会那么敏感。如果事先已经调整好焦距和焦点直径，则可按更加复杂的方式排布聚焦模块。

目前，市场上出现的功率范围为 3～100W 的二极管泵浦 Nd：YAG 激光器主要用于打标，功率范围为 550～4400W 的二极管泵浦 Nd：YAG 激光器主要用于切割和焊接。

3. 高功率碟片激光器

碟片激光器（Disk Laser）的概念是 1994 年由德国航空航天研究院技术物理所的研究人员提出来的，是全固态激光器发展史上的一个里程碑。典型的碟片激光器的波长为 1030nm；工作介质为碟片状 Yb：YAG 晶体，典型碟片的直径为 10mm，厚度为 0.3mm。碟片激光器有效地解决了固体激光器的热透镜效应问题，保证输出高功率激光且具有较好的光束质量。德国 Trumpf 公司生产的高功率碟片激光器的最高功率达到 16kW，光束质量达到 8mm · mrad，实现了机器人激光远程焊接和大幅面激光高速切割，为固体激光器在高功率激光加工领域开辟了广阔的应用市场。图 4-73 所示为碟片激光器的结构简图。

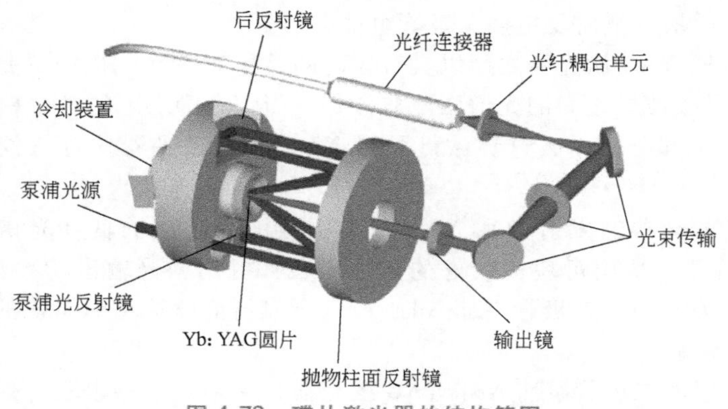

图 4-73 碟片激光器的结构简图

4. 导光装置

固体激光焊接机的导光装置也可称为光学系统，包括激光束的传播、聚焦系统和观察系统等部分，如图 4-74 所示。激光束的传播、聚焦系统由反射镜、透射镜和光纤等光学元件组成，并负责把激光传输到焊件上，同时还可起到光束变换的作用。

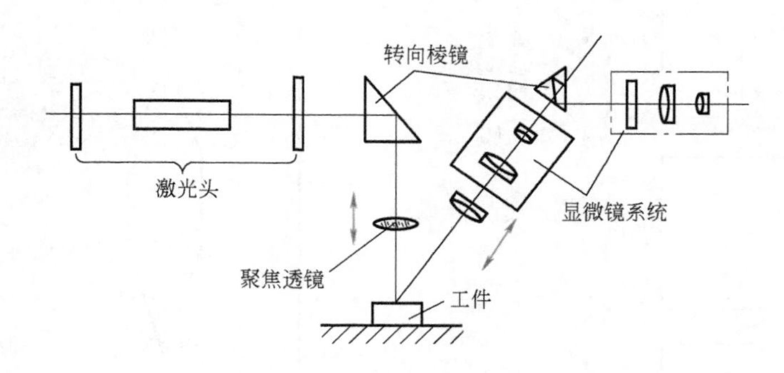

图 4-74 固体激光焊接机的光学系统示意图

（1）反射镜 反射镜有普通反射镜和聚焦反射镜两种类型。前者的镜面（辐射面）一般为平面，起变换激光传输路线的作用；后者的镜面一般为凹面，常见的是球面和抛物面，起聚焦和换向的作用。反射镜使用的材料有硅、钼、锗、铍青铜或无氧铜等。硅反射镜的导热性好，热胀系数小，尺寸稳定性好，硬度高，但它有透射性而不能直接使用，需要在它的表面镀增加反射能力的银介质膜。钼反射镜镜面的表面硬度高，不易损伤，经常擦拭不易产生划痕，适于在易受污染的加工环境中使用。目前广泛应用的反射镜是镀有金-镍复合介质膜的纯铜反射镜，它可以作为10kW以上大功率激光器谐振腔的反射镜。为了防止反射镜温度升高，通常采用水冷措施。

（2）透射镜　透射镜多为聚焦透射镜，有时在平面透射镜的表面镀功能膜，制成复合透射镜，以调整光的透射率（谐振腔的激光输出窗口）。用于制造透射镜的材料主要是锗（Ge）、硒化锌（ZnSe）和砷化镓（GaAs）等半导体材料。在使用过程中，激光对镜片的辐射作用能引起镜片温度上升，产生热应力，导致镜片发生热畸变，甚至碎裂，因此要对它们进行水冷却。聚焦透镜和平面反射镜组合而成的平面镜——透镜聚焦系统是激光焊接的常用光路，如图4-74所示。

（3）光束光纤传输系统　目前可用石英光纤来传输的激光波长是1.06μm，其传输损耗小，YAG固体激光器输出的激光波长正好是1.06μm。光纤传输的基本原理如图4-75所示，聚焦元件f_1将进入光纤的光束聚焦到较小直径，内耦合角α不能超过某一临界光纤相关值；激光束在光纤中传出时是发散的，通过光学元件f_2和f_3进行校准和聚焦。

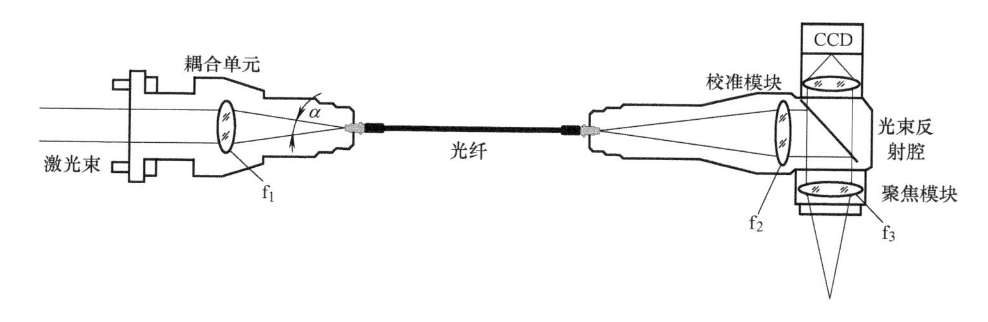

图4-75　光纤传输的基本原理

固体激光器的激光束传输采用光纤传输系统有以下好处：

1）导光系统柔性大，容易与机器人配合，去除了通常采用的反射镜传输方法，使得激光机器人系统结构紧凑、体积小、重量轻，如CO_2激光焊机器人系统，导光光纤就像送丝导管一样，将光束送达焊接处。

2）被焊工件可以放置在远离激光器的地方。

（4）观察系统　观察系统的作用是观察加工工件的配合状况，使激光束准确地对准被加工部位，监视激光加工过程和成形质量。特别是在激光微型焊接机的光路系统中，因为激光聚焦光斑都在零点几毫米范围内，故观察对准系统可采用数十倍的显微放大系统、屏幕显示系统或闭路电视系统。

5. 工作台

激光焊接机的工作台承载被焊接工件，并与激光束做相对运动，其运动轨迹有直线、矩形、圆形和任意复杂形状。

激光束与工件做相对运动的方法有很多，常用的方法是激光束不动，用数控或微型计算机控制工作台运动。运动有二维、三维和五维等，先进的工作台已经达到六轴联动。当工件较重时，也采用工件不动，激光束运动的方式。这时光束的运动是通过反射镜、透镜或聚焦镜等光学部件的运动来实现的，如反射镜沿极坐标运动。

4.4.4　气体激光焊接机

气体激光焊接机主要指的是CO_2激光焊接机，它由激光器、导光装置和数控工作台等部分组成。

1. CO_2激光器

在实用的激光器中，唯一能够连续输出高功率的是CO_2激光器，它是目前工业应用中数量最大、最广泛的一种激光器。因其输出功率大，电光转换效率高（10%~25%），结构牢固可靠，操作维修方便和对工作环境要求不高等优点而受到用户的欢迎。根据加工对象和加工目的不同，CO_2激光器的输出功率范围可以从几十瓦到几万瓦，输出激光模式可以在多阶模、低阶模到基模之间选择。通常所说的高功率CO_2激光器，是指当输出激光是多阶模时，其功率大于1000W；当输出激光是低阶模（或基模）时，其功率大于500W。为了提高CO_2激光器的输出功率和稳定性，除工作物质CO_2外，还需加入不同含量的辅助气体N_2和He，通常最佳气压比为CO_2：N_2：He=1：7：20（体积比），实际成为混合气体。

CO_2气体激光器一般采用电激励方式，激励电源可以用射频电源、直流电源、交流电源和脉冲电源等，其中交流电源用得最为广泛。根据气体流动方向、放电方向和光轴方向的相互位置不同，高功率CO_2激光器在结构上可分为横向流动CO_2激光器和纵向流动CO_2激光器两大类。横向流动CO_2激光器采用三轴正交结构，即气流方向、放电方向与光轴方向三者相互垂直；纵向流动CO_2激光器采用三轴同轴结构，即三个方向一致。

（1）纵向流动CO_2激光器

1）折叠封离式纵向CO_2激光器。在中、小功率的CO_2激光器中，通常采用折叠封离式纵向CO_2激光器，如图4-76所示。工作气体不流动且密封在放电管内，通过管壁来冷却气体，其输出功率与管长成比例增加，而与放电管直径关系不大。为了提高激光输出功率，且使激光器结构紧凑，大功率CO_2激光器的放电管采用折叠式结构。由于放电管较长，这种激光器的最基本特点是输出激光束的模式TEM_{00}基模，聚焦光斑小，能获得很高的功率密度。但是，其缺点是随着工作时间的增加，输出功率逐渐降低，主要原因是管内CO_2气体因放电而发生分解，因而需向放电管内重新充入工作气体。

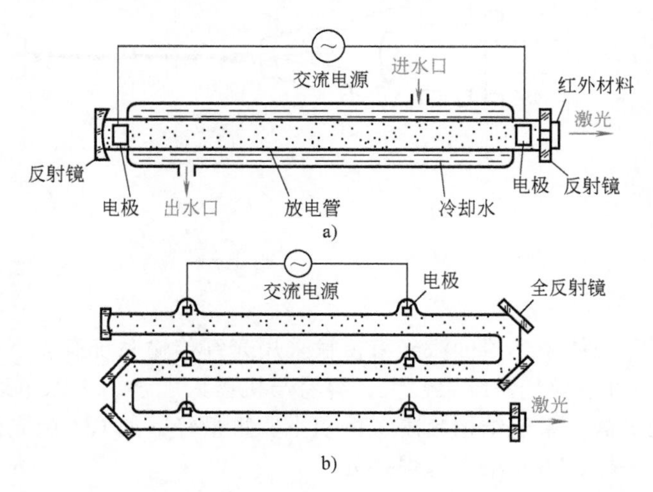

图4-76　折叠封离式纵向CO_2激光器示意图

a）直管式　b）折叠式

2）纵向流动式的连续CO_2激光器。输出功率为近千瓦到几千瓦的纵向CO_2激光器，一般都是纵向流动式的连续CO_2激光器，如图4-77所示。纵向流动式的连续CO_2激光器将折叠封离式纵向CO_2激光器中工作气体从不流动变为纵向流动。其基本结构可分为五个部分：①自动气体混合控制器；②双层管壁结构的特殊玻璃振荡管，管内流动着混合气体，管外为冷却水或冷却油的循环系统；③激光谐振腔；④电源电流控制装置；⑤真空泵冷却装置。

工作气体的流动有利于激光功率的稳定和增加。通常按工作气体在谐振腔内的流动速度，把纵向流动式的连续CO_2激光器分为慢速轴向流动和快速轴向流动两大类。前者气体流速为0.1～1.0m/s，后者气体流速为100～500m/s。慢速轴向流动CO_2激光器的输出功率每米可达80W，光束模式好，可以获得接近基模的光斑，但因其换气率不高，使它很难获得超过1kW的功率输出；快速轴向流动CO_2激光器的工作气体循环速度快，换气率高，每米谐振腔的输出功率可达500W，容易获得高功率输出。为使结构紧凑，快速轴向流动CO_2激光器把谐振腔折叠起来，气体在每段谐振腔内并行流动，由多个电源对每段谐振腔分别进行激励。快速轴向流动CO_2激光器输出的光束接近基模，由于气流速度快，转换效率高，其最高输出功率已达10kW以上，因此对高质量的激光焊和切割来说，它是一种理想的高功率激光器。

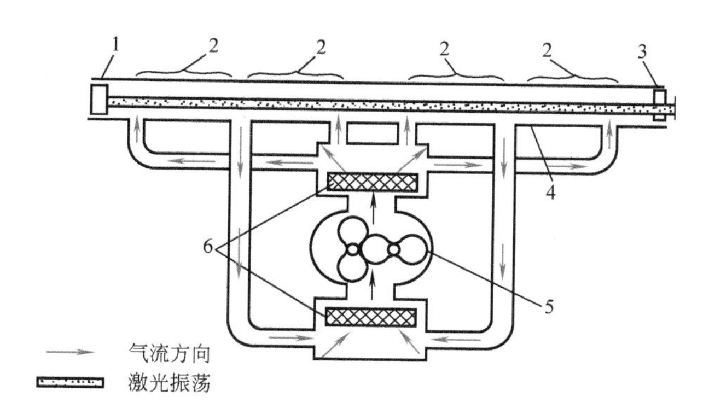

图4-77　纵向流动式的连续（快速轴向流动）CO_2激光器示意图

1—后腔镜　2—高压放电区　3—输出镜　4—放电管　5—高速风机　6—热交换器

3）扩散冷却板条式CO_2激光器。扩散冷却板条式CO_2激光器的诞生标志着工业激光技术新时代的到来。扩散冷却板条式CO_2激光器采用扩散冷却技术，抛弃了用于气体快速流动冷却的风机或罗茨泵风机及其附件，激光器体积大大缩小，结构更加紧凑，并且降低了激光器的成本，提高了总效率，实现了激光器的无噪声运行。在两个大面积铜电极之间进行射频气体放电，电极之间的间隙很小，通过水冷电极放电腔可达到很好的散热效果，获得相对较高的能量密度。扩散冷却板条式CO_2激光器的基本结构如图4-78所示。不稳定谐振腔采用柱状反射镜产生高度聚焦的激光光束。在激光器的外部采用水冷反射式光束元件将矩形光束转换成旋转对称的光束，光束传播系数$K \geqslant 0.8$。

除紧凑与坚固的设计之外，扩散冷却板条式CO_2激光器最大的优点是气体消耗少。流动式气体激光器需每隔一定时间添加新的工作气体；而扩散冷却板条式CO_2激光器只需将装有10L混合气体的小气瓶放在激光头内部，就能持续工作1年以上，而不需要再安装外部的供气系统。

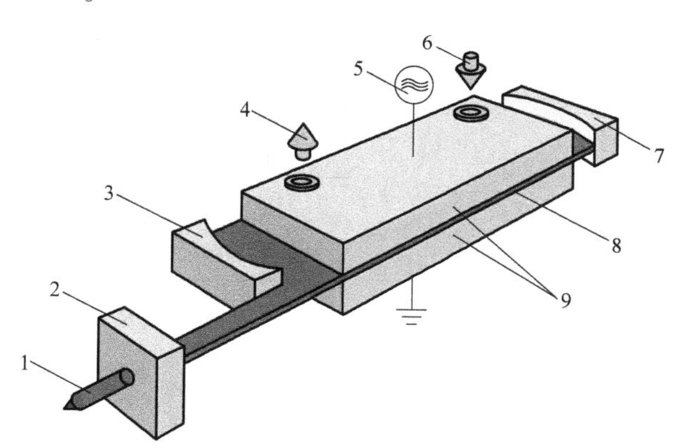

图4-78　扩散冷却板条式CO_2激光器的基本结构

1—激光束　2—光束修整单元　3—输出镜　4—冷却水出口　5—射频激励　6—冷却水入口　7—后镜　8—射频激励放电　9—波导电极

扩散冷却板条式CO_2激光器的激光头尺寸较小，容易与加工机床集成在一起。系统可设计为与激光头一起运动，用于船厂或车间里的大型龙门架时，在整个工作区域中都可以保证较好的光束质量，这对于激光切割尤为重要。其技术优点如下：①结构紧凑。②光束质量好。③无气体换热要求。④光损失低。⑤热稳定性高。⑥气体消耗量低，无须外部气体。⑦没有气体流动，因此光学谐振腔无污染。⑧维护工作量少。

（2）横向流动 CO_2激光器 图 4-79 所示为横向流动（横流）CO_2激光器结构。它主要由六个部分组成：激光器外封壳体、激光电源、放电盒（含阴、阳电极）激光高速风机、光学谐振腔、热交换器及导流系流。工作时，工作气体沿垂直于光轴的方向流动，并在较大面积内接受电场激励，在谐振腔内的停留时间短。虽然气体流速不是很快（50m/s），但是流量大，因此导致激光器有较大的激活体积，单位长度输出的功率很高，可以达到 25kW 以上。

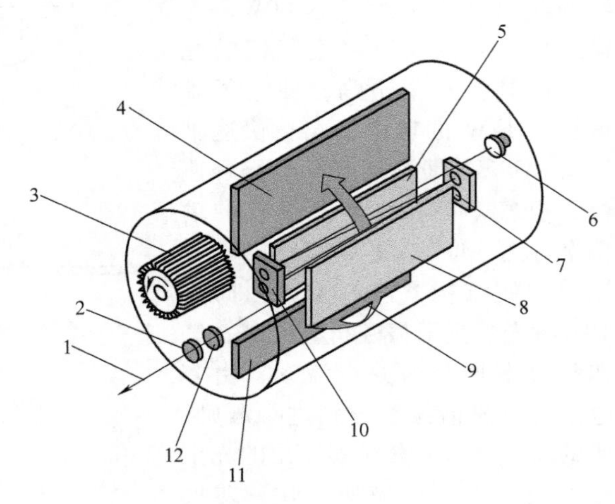

图 4-79 横向流动（横流）CO_2激光器结构
1—激光束 2—输出窗口 3—切向排风机
4、11—热交换器 5、8—高频电极 6—后镜
7、10—折叠镜 9—气流方向 12—输出镜

工业用横流 CO_2激光器的电激励电极结构目前主要有管（阴极）—板（阳极）放电结构和针（阴极）—板（阳极）放电结构两种，后者在高功率 CO_2激光器中占主导地位。高功率横流 CO_2激光器的谐振腔主要有稳定腔（包括多折腔）和非稳腔两种类型。稳定腔多为多模光束输出，主要适用于激光热处理等工艺；非稳腔可输出单模环形光束，适用于激光切割和焊接工艺。

横流 CO_2激光器的电源系统包括主电源和控制部分。主电源的稳定性直接影响激光功率的稳定性。横向激励连续 CO_2激光器放电技术的关键是，要获得高气压下大体积均匀连续辉光放电并能有效防止弧光放电。因此，主电源必须能够输出足够大小的直流高压电功率。控制部分的控制功能除一般的功率反馈、电流反馈外，还增加了光腔的自动调节，自动充、排气系统控制等。图 4-80 所示为针—板式横向激励 CO_2激光器电源工作原理框图。

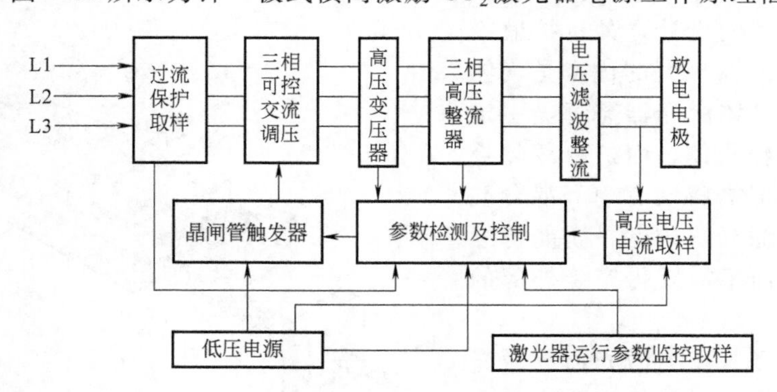

图 4-80 针—板式横向激励 CO_2激光器电源工作原理框图

表 4-8 所列为不同类型 CO_2激光器的性能比较。

表 4-8 不同类型 CO_2激光器的性能比较

激光器类型	横流式	轴流式	扩散冷却式
输出功率	3~45kW	1.5~20kW	0.2~3.5 kW
脉冲能力	DC	DC-1kHz	DC-5kHz
光束模式	TEM_{02}以上	TEM_{00}~TEM_{01}	TEM_{00}~TEM_{01}
光束传播系数(K)	≥0.18	≥0.4	≥0.8

（续）

激光器类型	横流式	轴流式	扩散冷却式
气体消耗	少	多	极少
电光转换效率	≤15%	≤15%	≤30%
焊接效果	较好	好	优良
切割效果	差	好	优良
相变硬化	好	一般	一般
表面涂层	好	一般	一般
表面熔覆	好	一般	一般

2. 导光装置

导光装置是高功率CO_2激光器中将光束引导到被加工工件上的重要部件。高功率连续CO_2激光加工机一般情况下是一机多用，可以进行切割、深熔焊接和热处理。无论哪一种激光器，都要求光束以TEM_{00}基模输出，然后在导光聚焦光学系统中设计不同的聚焦系统，改变激光聚焦的光斑尺寸和功率密度分布，以适应不同工艺的需要。

导光聚焦系统有单向导光和多向导光两种类型。单向导光系统只满足一种加工工艺，多向导光系统可将一束激光导向不同的工作台，且同时或分别进行相同或不同的加工工艺。图4-81所示为单向导光系统示意图。

聚焦部分一般采用损耗少的简单聚焦系统，透镜材料选用砷化镓。砷化镓不仅对10.6μm波长的激光吸收系数很小，而且具有较高的热导率、较小的热胀系数和较高的机械强度，光学均匀性好，且不易潮解。图4-82所示为单透镜聚焦系统。

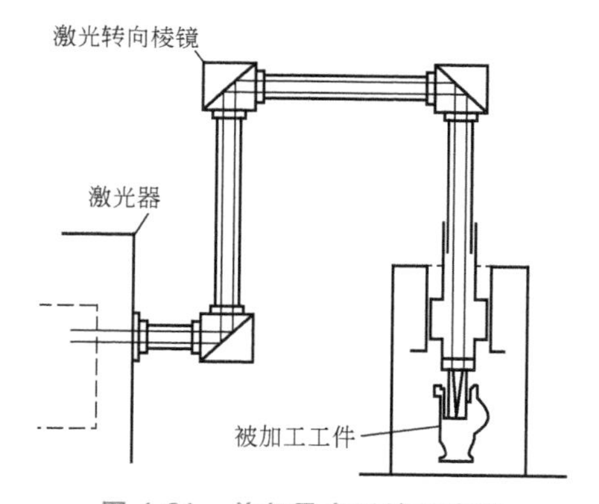

图4-81 单向导光系统示意图

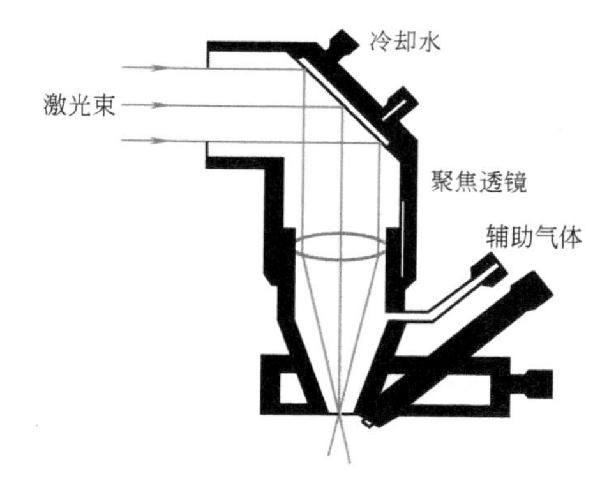

图4-82 单透镜聚焦系统

单透镜聚焦系统需要的焦距很短，透镜到被加工工件表面的距离很短，加工过程中的金属飞溅物容易污染透镜表面，特别是当激光功率为数千瓦，甚至万瓦级时，容易引起砷化镓聚焦透镜损坏，或者由于热变形而使聚焦光斑质量降低。因此，高功率激光加工系统一般采用球面反射镜聚焦系统，如图4-83所示。图4-83a所示为稳定腔输出激光束的球面反射镜聚焦系统，图4-83b所示为非稳定腔输出同心圆环激光束的球面反射镜聚焦系统。球面反射镜聚焦系统的优点是球面聚焦反射镜离工件的距离较远，球面聚焦反射镜不容易受污染，而且聚焦光斑也很小。球面聚焦反射镜和平面反射镜均采用金属铜材料，价格较便宜且加工容易。

3. 工作台

高功率CO_2激光焊接工作台的要求与固体激光焊接工作台相似。只不过，因为被加工工件的尺寸一般都较大，所以要求工作台具有较大的工作面积，而且其控制运动的驱动装置也需具有较大的功率。同样，激光束与工作台的相对运动可互为静止，或各做几个方向的运动。复杂的工作程序和控制需要通过计算机控制技术来实现。图 4-84 所示为多用途数控五轴联动激光加工机结构，该机采用了自动控制和伺服驱动等多项先进技术，能完成平面和三维曲面的激光加工，主要用于汽车制造厂的车身模具制造维修中的热处理与表面熔覆，以及对汽车大型覆盖件和梁类零件进行激光切割与焊接。

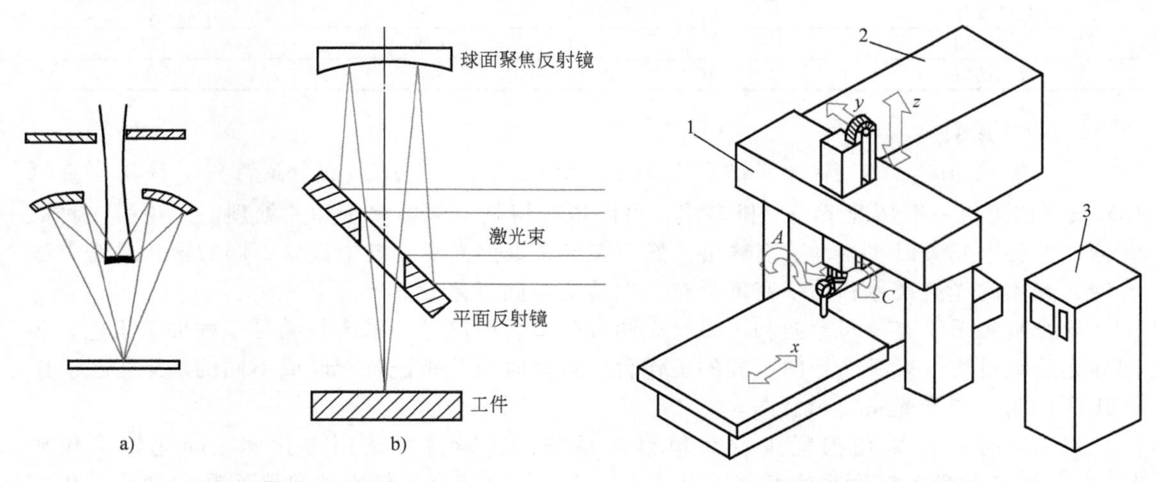

图 4-83 球面反射镜聚焦系统

a）稳定腔输出激光束的球面反射镜聚焦系统

b）非稳定腔输出同心圆环激光束的球面反射镜聚焦系统

图 4-84 多用途数控五轴联动激光加工机结构

1—主机 2—横流激光器 3—电气控制系统

图 4-85 所示为数控五轴联动激光加工机的电气控制系统框图，由五轴联动计算机数控和伺服驱动单元、系统逻辑控制单元、激光焦点位置控制单元和示教单元组成。

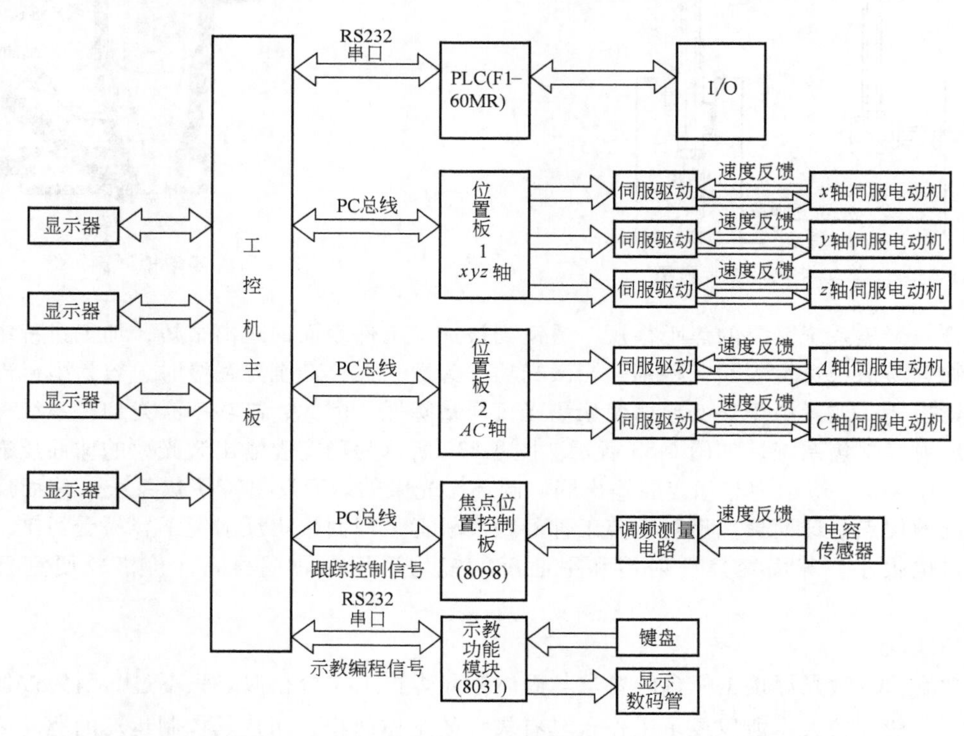

图 4-85 数控五轴联动激光加工机的电气控制系统框图

4.5　焊接机器人

4.5.1　概述

作为工业机器人之一，焊接机器人是机器人与现代焊接技术相结合以完成焊接作业任务的典型机电一体化产品。焊接机器人主要由机器人和焊接设备两个部分组成。其中，机器人主要由机器人本体和控制柜组成；焊接设备，以弧焊及点焊为例，则由焊接电源及控制系统、送丝机构（弧焊）、焊枪（钳）等部分组成。我国焊接机器人的应用主要集中在汽车、摩托车、工程机械和铁路机车等行业，执行点焊、弧焊及辅助工装等任务。焊接机器人的主要优点包括：

1）良好的稳定性和较高的焊接质量，保证了焊缝均一性。

2）更高的生产率，一天可24h连续生产。

3）改善工人劳动条件，可在有害环境下长期工作。

4）降低对工人操作技术的要求。

5）可实现小批量产品的焊接自动化。

6）为焊接柔性生产线提供技术基础。

焊接机器人按照技术发展进程可分为三代。第一代是指基于示教再现工作方式的焊接机器人，依靠操作者引导机器人的运动和辅助功能来完成预期的焊接过程，再通过示教盒转换为一系列的可执行程序。焊接机器人则依靠执行此程序来完成焊接过程。这是目前焊接生产中使用最广泛的机器人，其基本结构如图4-86所示，一般由三个相互关联的部分组成，即机械手总成、控制器和示教系统。

机械手总成是机器人的执行机构，由驱动器、传动机构、机械手机构、末端操作器和内部传感器等组成。它的任务是精确地保证末端操作器所要求的位置、姿态并实现其运动。驱动器大多由伺服电动机、电源、功率放大、伺服控制、测角器、测速器和制动器组成，用于控制各关节的运动，一般一个关节一个驱动器。目前，世界各国生产的焊接用机器人基本上都属于关节型机器人，以6轴机器人为主。其中，1、2、3轴可将末端工具送到不同的空间位置，而4、5、6轴解决工具姿态的不同要求，如图4-87所示。其优点是机构紧凑，灵活性好，占地面积小，工作空间大，可获得较高的末端操作器线速度和较大的有效工作空间。

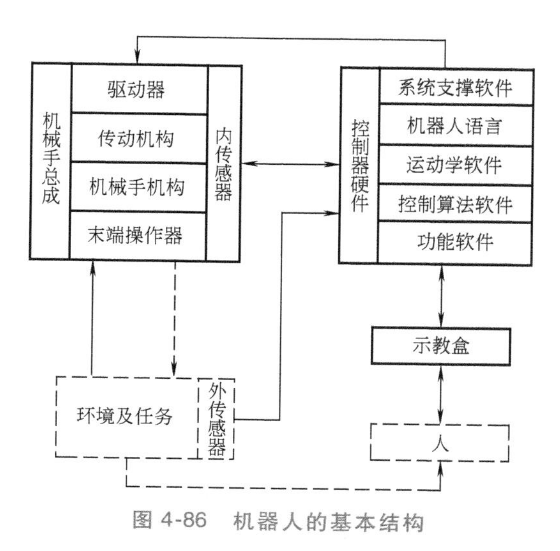

图4-86　机器人的基本结构

控制器是机器人的“神经中枢”，由计算机硬件、软件和一些专用电路构成。软件包括控制器系统软件、机器人专用语言编译软件、机器人运动学及动力学软件、机器人自诊断及自保护功能软件等。控制器负责处理机器人工作过程中的全部信息并控制其全部动作。

示教系统是操作者与机器人的交互接口。为使焊接机器人完成预定的任务，在工作前由操作者把作业要求的内容（如机器人的运动轨迹、作业顺序、工艺条件等）通过示教的方式引导机器人执行命令，同时示教盒将其示教的内容按顺序精确地转换成程序指令，并存入控制器计算机系统的相应存储区。示教结束的同时，控制器就会自动生成一个执行上述示教参数的程序。当需要机器人工作时，只要给机器人一个起动命令，机器人就会精确地一步步重现示教的全部动作。示教是目前工业机器人所采用的主要编程方法，是真实作业环境中的在线编程。

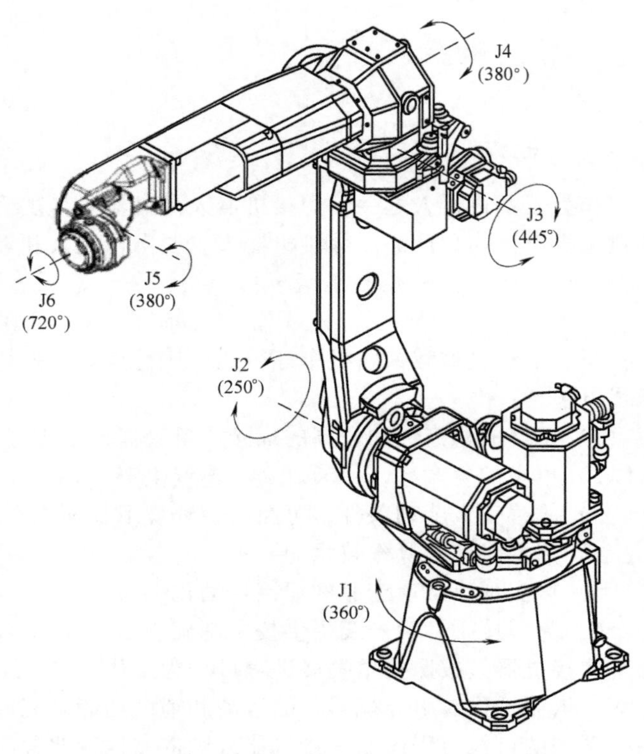

图 4-87 6 轴关节型机器人

第二代焊接机器人是在第一代焊接机器人的基础上配置了一系列的“感知系统”，即各种传感器，如温度传感器、位置传感器、红外传感器等，使得机器人能够对环境的变化进行一定范围的适应性调整，称为适应型机器人。例如，很多高端的焊接机器人都有防止意外碰撞的功能，可以避免机器人在高速运行时焊枪与工件发生意外碰撞，这就是因为防撞传感器的存在，使机器人能够检测到焊枪与工件的距离，并做出判断。

第三代焊接机器人不仅具有感知功能，还能根据人的命令或按照所处环境自行做出决策和规划动作，即按任务自行编程进行作业，称为智能型机器人。目前，智能焊接机器人已有一些相应的产品与应用。

4.5.2 点焊机器人

点焊机器人占国内焊接机器人总数的45%左右，最常用的是直角坐标式（2~4 个自由度）和全关节式（5~6 个自由度）点焊机器人。全关节式机器人既有落地式安装，也有悬挂式安装，多采用直流或交流伺服电动机驱动。

1. 点焊机器人的特点

点焊对所用的机器人的要求不是很高。因为点焊只需点位控制，至于焊钳在点与点之间的移动轨迹没有严格要求。这也是机器人最早只能用于点焊的原因。点焊机器人不仅要有足够的负载能力，而且要求在点与点之间移位时速度快捷、动作平稳、定位准确，从而减少移位时间来提高工作效率。

点焊机器人需要有多大的负载能力，取决于所用的焊钳形式。对于与变压器分离的焊钳，30~45kg 负载的机器人就足够。但是，这种焊钳一方面由于二次电缆线长，电能损耗大，也不利于机器人将焊钳伸入工件内部焊接；另一方面电缆线随机器人运动而不停摆动，电缆的损坏较快。因此，目前一体式焊钳的采用逐渐增多。这种焊钳连同变压器质量在 70kg 左右，考虑到机器人要有足够的负载能力，能以较大的加速度将焊钳送到空间位置进行焊接，一般都选用 100~150kg 负载的重型机器人。为了适应连续点焊时焊钳短距离快速移位的要求，新的重型机器人增加了可在 0.3s 内完成 50mm 位移的功能。

2. 点焊机器人的基本组成

点焊机器人主要由三大部分组成，即机器人本体、控制系统以及由阻焊变压器、焊钳、点焊控制器和水、电、气路等组成的焊接系统，如图 4-88 所示。

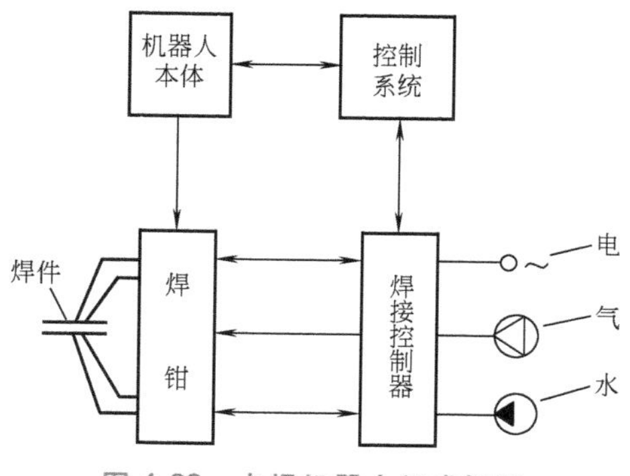

图 4-88　点焊机器人组成框图

点焊机器人本体主要指其机械部分，通常由机体、臂、手腕和焊钳（末端执行器）组成。关节式机器人的前三个自由度，即机体腰轴的回转、肩（大臂和机体连接处）轴的仰俯和肘（大臂和小臂连接处）轴的屈伸，可把焊钳送到一定的空间位置；后三个自由度，即手腕的三个关节运动使焊钳以一定的角度（姿态）对准焊点。

点焊机器人的控制系统由机器人本体控制部分和焊接控制部分组成。本体控制部分主要实现示教再现、焊点位置及精度控制。点焊作业一般可采用点位控制，又称为点到点控制（Point-to-Point control，PTP），仅考虑原始点和目标点的位置，而不考虑经由何途径到达目标点。因此，一般点焊时只要求电极到达焊点位置准确，重复定位精度达到±(0.2~0.4)mm，而对电极运动轨迹无严格要求。

焊接控制部分主要指点焊控制器，一种相对独立的多功能点焊微型计算机控制装置，可实现以下功能：

1）点焊过程时序控制，即预压、加压、焊接、维持、休止，每一程序周波数设定范围为 0~99（误差为 0），如图 4-89 所示。

2）焊接电流波形的调制及电流大小的控制。

3）同时存储多套焊接参数。

4）自动进行电极磨损后的阶梯电流补偿、记录焊点数并预报电极寿命。

5）故障自检，对晶闸管超温和单管导通、变压器超温、电极黏结以及水压、气压等故障进行显示和报警，直至自动停机。

6）与机器人控制器及示教盒的通信。

7）断电后系统内存数据不丢失。

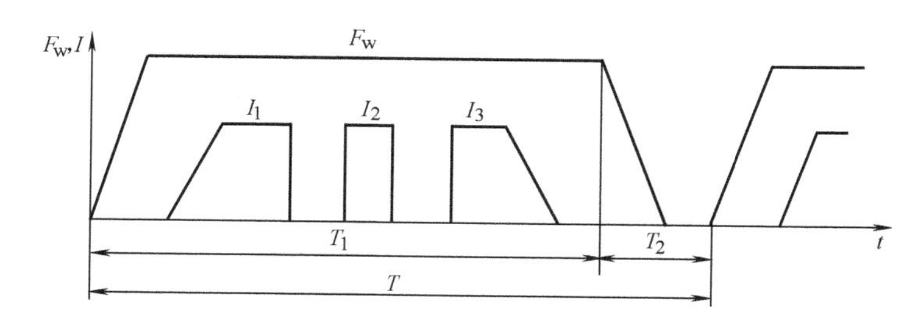

图 4-89　点焊机器人焊接循环

T_1—点焊控制器控制　T_2—机器人主控计算机移位控制

T—焊接周期　F_w—电极压力　I_1、I_2、I_3—焊接电流

为了统一管理，将点焊控制器作为一个模块安装在机器人控制器系统内，由主计算机统一管理和编程预置多种参数。

焊接系统中的阻焊变压器和焊钳的连接关系是点焊机器人的一个特殊问题，如果将变压器装置在机体上，可以使机器人手臂的质量减小，但是二次侧回路太长，引起电气性能变差和电缆挠性而产生附加载荷；如果将变压器和焊钳制成一体安装在机器人手腕上，则可以改善电气性能，但是机器人手腕承受的载荷大，手臂的动作速度和所能达到的位置精度都会下降。随着逆变式电阻焊电源的出现，使得变压器的体积和质量大为减小，克服了一体式焊钳质量较大所带来的不足，为点焊机器人匹配电气性能好、体积小、质量小的一体式焊钳创造了条件。

一体式焊钳是点焊机器人的末端执行器，也是机器人执行点焊的重要部件。一体式焊钳的种类主要有 C 型和 X 型两种，如图 4-90 所示。焊接时，根据工件形状、材料、工艺参数及焊点位置来选用焊钳的形式、电极直径、电极间的压紧力、两电极的最大开口度和焊钳的最大喉深等。一般来说，垂直及近于垂直的焊点位选 C 型焊钳，水平及近于水平的焊点位选择 X 型焊钳。

3. 点焊机器人系统的选择

机器人要完成焊接作业，必须依赖于控制系统与辅助设备的支持和配合。完整的焊接机器人系统一般由机器人本体、变位机、控制器、焊接系统（专用焊接电源、焊枪或焊钳等）、焊接传感器、中央控制计算机和相应的安全设备等组成。点焊机器人系统的基本组成如图 4-91 所示。

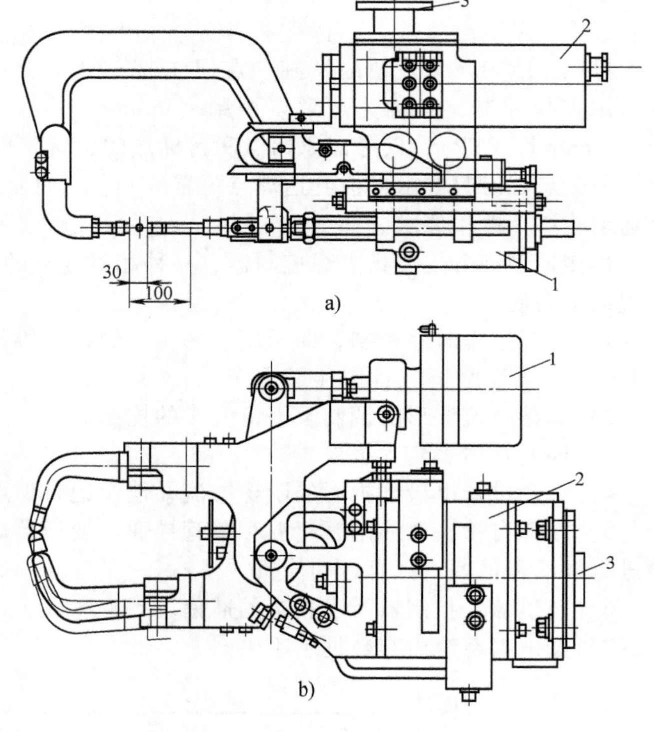

图 4-90　一体式焊钳的基本结构形式

a）C 型　b）X 型

1—电极移动气缸　2—变压器　3—与机器人连接的法兰

焊接机器人系统按其复杂程度，可有以下三种组成形式。

（1）焊接机器人工作站（单元）　这种机器人焊接系统最简单的形式就是一台机器人和一个工作台，无需变位机，工件被夹具固定在工作台面上进行焊接。但是，实际生产中工件被焊接处往往需要变位，以利于焊点或焊缝处于机器人的可达位置。这时为了协调运动，变位机实际上也是一台机器人，其控制由焊接机器人控制器控制。

（2）焊接机器人生产线　这种机器人焊接系统实际上是将多个工作站连在一条生产线上进行作业。工件在生产线上流动，每个站只能在规定的时间内完成预定程序的焊接作业。

（3）焊接柔性自动生产线　为了适应现代产品更新换代快、小批量、多品种的生产特点，可按准时制造（Just-in-time manufacture，JIT）或无库存的生产管理方式，即按订单生产，这时采用机器人柔性自动生产线是比较合适的。所谓机器人柔性自动生产线，即利用机器人储备多套程序，只需要更换工件的夹具并调出相应的程序就可以焊接另一种工件。因此，在生产线上需要设置识别传感器，一旦新的工件被识别，机器人的初始状态进入相应的程序执行状态。

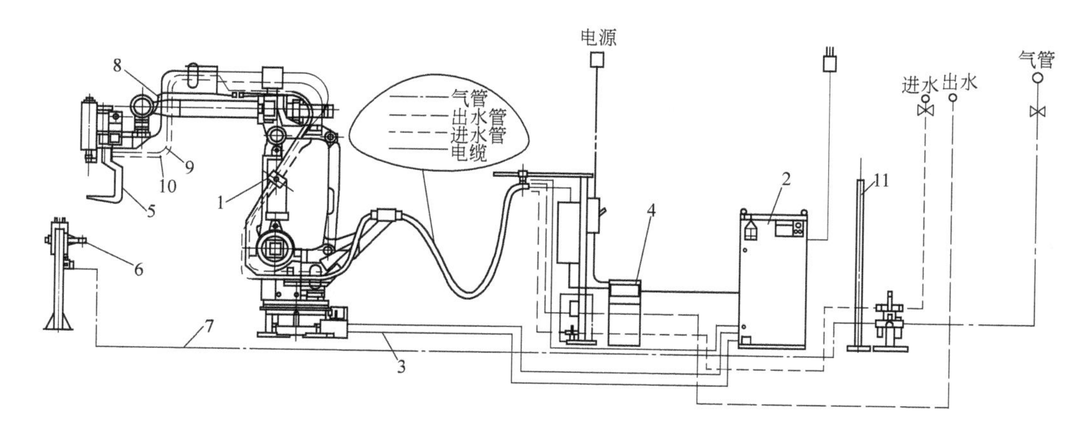

图 4-91 点焊机器人系统的基本组成

1—机器人本体 2—机器人控制柜 3—控制电缆 4—点焊定时器 5—点焊钳
6—电极修整装置 7~10—气、电、进水、出水管线 11—安全围栏

最基本的点焊机器人系统就是机器人工作站，最简易的工作站甚至不需要变位机。简易点焊机器人工作站是一种能用于点焊生产的、最小组成的一套焊接机器人系统。凡是在焊接时工件可以不用变位，而机器人的活动范围又能达到所有焊点位置的情况下，都可以采用这种系统。因此，结构不复杂、批量大、质量要求高的产品选用这种工作站比较合适。简易点焊机器人工作站由点焊机器人（包括机器人本体、机器人控制柜、编程盒、一体式焊钳、定时器和接口及各设备间的连接电缆、压缩空气管和冷却水管等）、工作台、工件夹具、电极修整装置、围栏和安全保护设施等部分组成，如图 4-91 所示。

简易点焊机器人工作站还可采用两台或多台点焊机器人分别布置在工作台两侧的方案，各台机器人同时工作，每台机器人负责各自一侧（区）的焊点。不少工厂还将这种简易点焊机器人工作站安装在工件的流水线上，如汽车的顶、底板及前、后、侧围板的点焊生产线。图 4-92 为一种点焊轿车车身侧围板的双点焊机器人工作站。

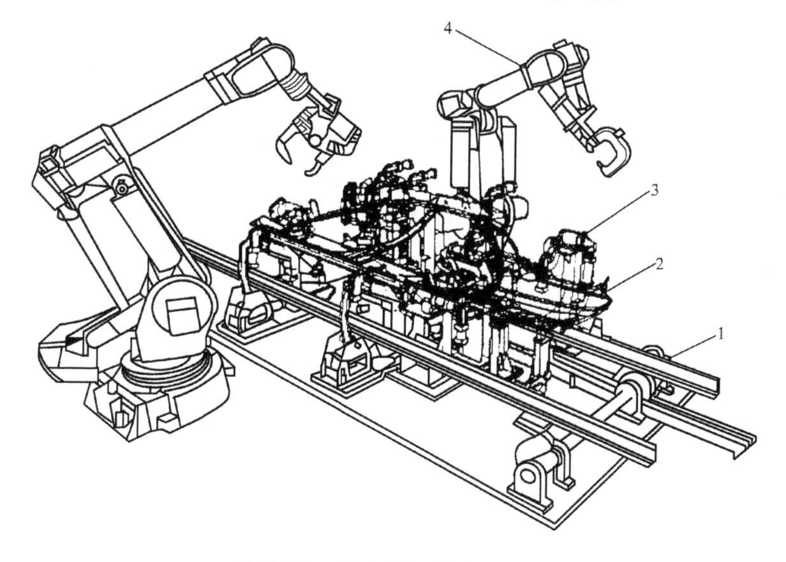

图 4-92 双点焊机器人工作站

1—工件输送轨道 2—轿车车身侧围板 3—工件夹具 4—点焊机器人

4.5.3 弧焊机器人

弧焊机器人的应用范围很广，几乎在所有需要机械化和自动化的弧焊作业场合，都可以应用弧焊机器人，并且特别适合多品种，中、小批量的生产。就其发展而言，弧焊机器人处于第一代机器人向第二代机器人过渡转型阶段，即配有焊缝自动跟踪（如电弧传感器、激光视觉传感器等）和熔池形状控制系统等，可对环境的变化进行一定范围的适应性调整。弧焊机器人按坐标分类，可分为直角坐标式、SCARA 式（水平关节型）和全关节式，其中最常用的是全关节式。按弧焊工艺又常将弧焊机器人分为熔化极弧焊机器人和非熔化极弧焊机器人，此外还有等离子弧切割和焊接机器人，以及激光切割和焊接机器人。

1. 弧焊工艺对机器人的基本要求

相对点焊来说，弧焊工艺过程要复杂得多。弧焊机器人焊接操作是复杂的空间位移、相适应的焊枪姿态和优选的工艺参数的协调合成，机器人系统一方面要以较高的位置和精度沿着焊缝移动焊枪，另一方面在运动过程中要不断协调焊接参数。焊接生产系统柔性化是焊接生产自动化的主要标志之一，其发展方向是以弧焊机器人为主体，配合多自由度变位机及相关的焊接传感控制设备、先进的弧焊电源，在计算机的综合控制下实现对空间焊缝的精确跟踪及焊接参数的在线调整，实现对熔池形状动态过程的智能控制。

弧焊工艺对机器人的基本要求包括以下几个方面。

1）按焊件材质、焊接电源及焊接方法选择合适种类的机器人。例如，碳钢的焊接一般选配有 CO_2/MAG 电源的弧焊机器人，不锈钢的焊接选配有 MIG 电源的弧焊机器人，铝及其合金的焊接选配有脉冲 TIG 电源或配有 MIG 电源的弧焊机器人。

2）弧焊作业均采用连续轨迹控制，使工具中心点，即焊丝端头按预期的轨迹、姿态和速度运动，其重复定位精度为±（0.1～0.05）mm，同时还必须具有较高的速度稳定性，以适应不同焊接速度的要求。

3）弧焊机器人负载能力都在 3～16kg，常选用 8kg 左右。

4）弧焊机器人应具有以下重要的相关功能：焊缝自动跟踪；焊缝始端检出、定点摆弧及摆动焊接；熔透控制；多层焊接控制；防碰撞及焊枪矫正；清枪剪丝和较强的故障自诊断（如黏丝、断弧故障的显示及处理等）。

5）可采用离线示教方式。由于弧焊工艺复杂，现场示教会占用大量生产时间，因此有条件的地方应采用离线编程。其方法一是在生产线外另安装一台所谓主导机器人，用它模仿焊接作业的动作，然后将生成的示教程序传给生产线上的机器人；方法二是借助计算机图形技术，在显示器上按焊件与机器人的位置关系对焊接动作进行图形仿真，然后将示教程序传给生产线上的机器人。随着计算机技术的发展，后一种方法将会越来越多地应用于生产中，并得以向自动编程的更高阶段发展。

2. 弧焊机器人系统的基本组成

弧焊机器人系统的基本组成包括机器人本体、机器人控制器、焊接系统、工作台、变位机和外围设备等，如图 4-93 所示。

（1）机器人本体　机器人本体就是机械手或称为操作机，是弧焊机器人的操作部分，焊枪和送丝机安装在机器人的上臂及腕部，其运动轨迹及精度由控制器控制。

（2）焊接系统　焊接系统包括弧焊电源、送丝机和焊枪，以及焊缝跟踪传感器等部分。

1）弧焊电源。弧焊电源的配置是保证弧焊机器人焊接质量的关键，其要求有：

① 负载持续率要高，容量要大，以满足机器人长时间焊接的需要而不使电源升温过高。

② 具有外特性控制功能，通过不同算法可获得恒流特性、恒压特性和其他不同形状的

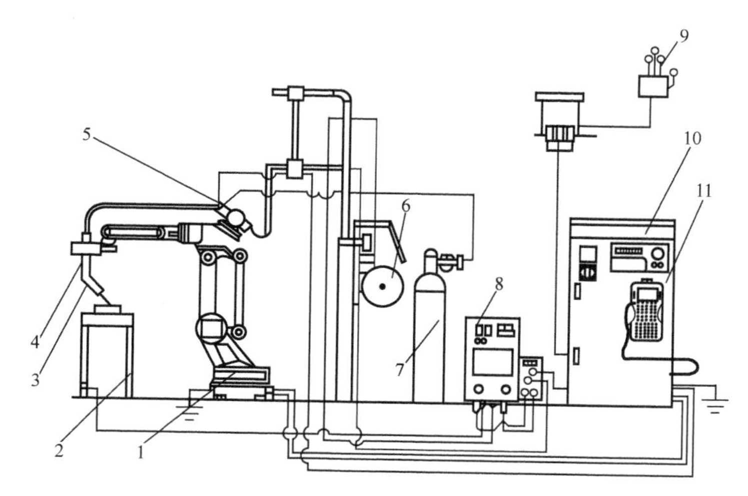

图4-93　弧焊机器人系统的基本组成

1—弧焊机器人　2—工作台　3—焊枪　4—防撞传感器　5—送丝机　6—焊丝盘
7—气瓶　8—焊接电源　9—三相电源　10—机器人控制柜　11—编程器

外特性，以满足各种弧焊方法和场合的需要。

③ 具有动特性控制功能，对于 CO_2 短路过渡焊等负载变化较大的场合，能提供合适的 di/dt 和 I_m 的控制，以使焊接过程平稳，减少飞溅。

④ 具有预置焊接参数功能，根据不同的焊丝直径、焊接方法、工件材质、形状、厚度、坡口形式等进行预置焊接参数，再现记忆，监控各组焊接参数，并根据需要实时变换参数。

⑤ 具有焊接电流波形控制功能，通过软件设计，能获得适合多种焊接工艺要求的脉冲或非脉冲电流波形，并能对脉冲频率、峰值电流、基值电流、脉冲宽度、占空比及脉冲前后沿斜率进行任意控制和调节。

⑥ 具有与中央计算机双向通信的能力，随着微电子学、计算机技术、通信技术和智能控制技术的发展，与弧焊机器人配套的弧焊电源已从晶体管式发展到目前由弧焊逆变式电源所替代。单片机控制的弧焊逆变式电源可全面地满足上述各项功能的要求，特别是当今国内外正在发展的数字化逆变式弧焊电源，在单片机（MCU）和数字信号处理器（DSP）以及专家系统的控制下，使电源实现了柔性化控制和多功能集成，具有控制精度高、系统稳定性好、功能升级方便等优点。同时，电源接口兼容性好，可以方便地与外部设备建立数据交换通道，如与焊接机器人接口、焊接专家数据库系统的联网、焊接生产的网络化管理与监控等，为数字化先进焊接技术提供了重要基础。

图4-94所示为配有逆变式弧焊电源的弧焊机器人系统组成框图。此系统采用积木式结构，硬件上保留逆变式电源的本体（包括功率主电路和必要的电压、电流检测元件），通过编程由计算机软件来控制焊机的外特性、输出波形，因此更适合焊接机器人的柔性加工。

2）送丝机和焊枪。送丝机的结构有一对送丝辊轮的，也有两对辊轮的；有一电动机驱动的，也有两电动机驱动的。当采用药芯焊丝时，由于焊丝较软，辊轮的压力不能像实心焊丝那么大，为了保证足够的送丝推力，选用两对辊轮的更好。当采用铝材焊丝时，一定要用推—拉丝双驱动送丝机，以保证送丝可靠。对填丝脉冲TIG焊，可选用具有脉动送丝功能的送丝机。

送丝机可以装在机器人的上臂上，也可以放在机器人之外。前者焊枪到送丝机之间的软管较短，有利于保持送丝的稳定性；而后者软管较长，当机器人把焊枪送到某些位置，使软

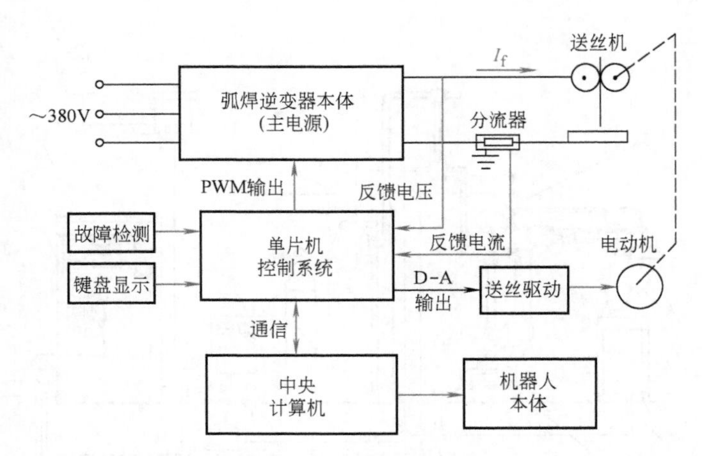

图 4-94 配有逆变式弧焊电源的弧焊机器人系统组成框图

管处于多弯曲状态，会严重影响送丝的质量。因此，送丝机的安装方式一定要考虑送丝稳定性的问题。

目前，弧焊机器人都将送丝机安装在机器人的上臂的后部上面与机器人组成一体，使连接送丝机和焊枪的送丝软管短，增加了送丝的稳定性。但对要求在焊接过程中进行自动更换焊枪（变换焊丝直径或种类）的机器人，必须选用将送丝机与机器人分开安装的方式。

弧焊机器人用的焊枪大部分和手工半自动焊所用的鹅颈式焊枪基本相同，其弯曲角一般都小于45°，可以根据工件特点选用不同角度，以保证焊枪的可达性。

3）焊缝跟踪传感器。最常用的焊缝跟踪传感器为电弧传感器，它利用焊接电极与工件之间的距离变化所引起电弧电流或电压变化这一物理现象来检测坡口中心。采用电弧传感器进行焊缝跟踪不占用额外空间，使机器人的可达性好；同时，直接从焊丝端部检测信号，易于进行反馈控制，信号处理比较简单，特别是由于它的可靠性高、价格低，因而得到广泛的应用。但是，电弧传感器必须在电弧点燃的情况下才能工作，而且做横向跟踪偏差检测时，不能应用于薄板工件的对接、搭接、坡口很小等情况下的检测。

另一种焊缝跟踪传感器是基于三角测量原理的激光扫描视觉焊缝跟踪传感器，如图4-95所示，其优点是获取的信息量大、精度高，可以精确地获得接头截面几何形状和空间位置姿态信息。激光扫描视觉焊缝跟踪传感器可同时用于接头的自动跟踪和焊接过程的参数控制，还可用于焊后的接头外观检查。激光扫描视觉焊缝跟踪传感器的检测空间范围大、误差容限大，焊接之前可以在较大范围内寻找接头；可自动检测和选定焊接的起点和终点，判断定位焊点等接头特征。这种传感器的主要缺点是要占用一定的额外空间，应用中还要防止飞溅、烟尘等对其的有害影响。

（3）工作台、变位机和外围设备　如果被焊工件的焊缝较少，或都处在水平位置，或对焊接质量要求不是很高，在焊接时不需要对工件进行变位，可以将工件固定在工作台上，完全由机器人操作焊枪完成焊接作业。

当焊缝复杂，不移动工件便不可完成必要的焊接作业；或者，需要使工件的焊缝能处于水平或船形位置，以便获得质量高、外观好的焊缝时，需要采用变位机。变位机一般可分为单轴、两轴和三轴三种类型，以及不同的负载等级。多自由度变位机与机器人的协调控制，可减少辅助时间，是提高生产率的关键措施之一。采用一个控制柜同时控制机器人本体和变位机为最佳配置。

此外，还有行走机构以及小型、大型移动机架，焊枪喷嘴清理装置，焊丝剪切装置等外围辅助设备。

3. 简易弧焊机器人工作站

简易弧焊机器人工作站一般由弧焊机器人（包括机器人本体、机器人控制柜、示教盒、弧焊电源和接口、送丝机、焊丝盘支架、送丝软管、焊枪、防撞传感器、操作控制盘及各设备间相连接的电缆、气管和冷却水管等）、机器人底座、工作台、工件夹具、围栏、安全保护设施和排烟罩等部分组成，必要时可再加一套焊枪喷嘴清理及剪丝装置。

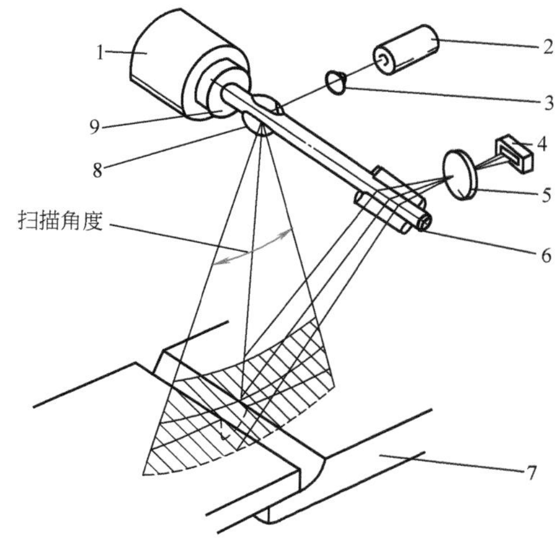

图 4-95　激光扫描视觉焊缝跟踪传感器的结构
1—扫描电动机　2—激光器　3—聚焦透镜　4—线阵光敏感器　5—聚焦物镜　6—检测转镜　7—焊件　8—扫描转镜　9—角度传感器

简易弧焊机器人工作站的一个特点是焊接时工件只是被夹紧固定而不做变位。除夹具必须根据工件情况单独设计外，其他均采用标准的通用设备或简单结构件。简易弧焊机器人工作站由于结构简单可由使用单位自行成套，只需购进一套焊接机器人，其他可自己设计制造。

4.5.4　焊接机器人的应用

焊接机器人在高质量、高效率的焊接生产中发挥了极其重要的作用。工业机器人技术的研究、发展与应用，有力地推动了世界工业技术的进步。近年来，焊接机器人技术的研究与应用在焊缝跟踪、信息传感、离线编程与路径规划、智能控制、电源技术、仿真技术、焊接工艺方法、遥控焊接技术等方面取得了许多突出的成果。以下简要介绍几种应用于特定生产场合的焊接机器人。

1. 焊接机器人工作站（单元）的应用

如果工件在整个焊接过程中无须变位，就可以用夹具把工件定位在工作台面上，这种系统是最简单的。但在实际生产中，更多的工件在焊接时需要变位，使焊缝处在较好的位置（姿态）下焊接。对于这种情况，变位机与机器人可以是分别运动，即变位机变位后机器人再焊接；也可以是同时运动，即变位机一边变位，机器人一边焊接，也就是常说的变位机与机器人协调运动。这时变位机的运动及机器人的运动复合，使焊枪相对于工件的运动既能满足焊缝轨迹又能满足焊接速度及焊枪姿态的要求。实际上这时变位机的轴已成为机器人的组成部分，这种焊接机器人系统可以多达7~20个轴，或更多。最新的机器人控制柜可以是两台机器人的组合做12个轴协调运动，其中一台是焊接机器人，另一台是搬运机器人做变位机使用。

对焊接机器人工作站进一步细分，有以下四种类型。

（1）箱体焊接机器人工作站　箱体焊接机器人工作站是专门针对箱柜行业中生产量大，焊接质量及尺寸要求高的箱体焊接开发的机器人工作站专用装备，广泛用于电力、电气、机械、汽车等行业。

箱体焊接机器人工作站由弧焊机器人、焊接电源、焊枪送丝机构、回转双工位变位机、工装夹具和控制系统组成。该工作站适用于各式箱体类工件的焊接，在同一工作站内通过使用不同的夹具可实现多品种的箱体自动焊接，焊接的相对位置精度高。由于采用双工位变位机，焊接的同时，其他工位可拆装工件，极大地提高了焊接效率。由于采用了 MIG 脉冲过渡或 CMT 冷金属过渡焊接工艺方式进行焊接，使焊接过程中热输入量大大减少，保证产品焊接后不变形。通过调整焊接规范和机器人焊接姿态，保证产品焊缝质量好，焊缝美观，特别对于密封性要求高的不锈钢气室，焊接后保证气室气体不泄漏。通过设置控制系统中的品种选择参数并更换工装夹具，可实现多个品种箱体的自动焊接。

采用不同工作范围的弧焊机器人和相应尺寸的变位机，工作站可以满足焊缝长度在 2000mm 左右的各类箱体的焊接要求。焊接速度可达 3~10mm/s，根据箱体基本材料，焊接工艺采用不同类型的气体保护焊。

（2）不锈钢气室机器人柔性激光焊接加工设备　不锈钢气室机器人柔性激光焊接加工设备是针对不锈钢焊接变形量比较大，密封性要求高的箱体类工件焊接开发的柔性机器人激光焊接加工设备。

该加工设备由机器人、激光器、水冷却机组、激光扫描跟踪系统、柔性变位机、工装夹具、安全护栏、吸尘装置和控制系统等组成。通过设置控制系统中的品种选择参数并更换工装夹具，可实现多个品种的不锈钢气室类工件的自动焊接。

（3）轴类焊接机器人工作站　轴类焊接机器人工作站是专门针对低压电器行业中万能式断路器中的转轴焊接开发的专用设备，推出了一套专用的转轴焊接机器人工作站。

轴类焊接机器人工作站由弧焊机器人、焊接电源、焊枪送丝机构、回转双工位变位机、工装夹具和控制系统组成。该工作站用于以转轴为基体（上置若干悬臂）的各类工件的焊接，在同一工作站内通过使用不同的夹具可实现多品种的转轴自动焊接，焊接的相对位置精度很高。由于采用双工位变位机，焊接的同时，其他工位可拆装工件，极大地提高了焊接效率。广泛应用于高质量、高精度的以转轴为基体的各类工件的焊接，适用于电力、电气、机械、汽车等行业。

如果采用焊条电弧焊进行转轴焊接，工人劳动强度极大，产品的一致性差，生产率低，仅为 2~3 件/h。而采用自动焊接工作站后，产量可达到 15~20 件/h，焊接质量和产品的一致性也大幅度提高。

（4）螺柱机器人焊接工作站　螺柱机器人焊接工作站针对复杂零件上具有不同规格螺柱采用机器人将螺柱焊接到工件上。该工作站主要由机器人、螺柱焊接电源、自动送钉机、机器人自动螺柱焊枪、变位机、工装夹具、自动换枪装置、自动检测软件、控制系统和安全护栏等组成。通过自动送钉机将螺柱送到机器人自动焊枪里面，通过编程将机器人在工件上示教的路径，将不同规格的螺柱焊接到工件上。可以采用储能焊接或拉弧焊接将螺柱牢牢地焊接到工件上，保证焊接精度和焊接强度。当螺柱规格为直径 3~8mm，长度为 5~40mm 时，焊接效率为 3~10 个/min。

2. 焊接机器人生产线的应用

焊接机器人生产线比较简单的是把多台工作站（单元）用工件传送线连接起来组成一条生产线。这种生产线仍然保持单站的特点，即每个站只能用选定的工件夹具及焊接机器人的程序来焊接预定的工件，在更改夹具及程序之前的一段时间内，这条线是不能应用于其他焊接工件的。

另一种是焊接柔性生产线，也是由多个工作站组成，如图 4-96 所示，不同的是被焊工件都装夹在统一形式的托盘上，而托盘可以与线上任何一个工作站的变位机相配合并被自动夹紧。焊接机器人系统首先对托盘的编号或工件进行识别，自动调出焊接这种工件的程序进行焊接。这样每一个工作站无须做任何调整就可以焊接不同的工件。焊接柔性生产线一般有一个轨道子母车，子母车可以自动将点固好的工件从存放工位取出，再送到有空位的焊接机器人工作站的变位机上；也可以从工作站上把焊好的工件取下，送到成品件流出位置。整个焊接柔性生产线由一台调度计算机控制。因此，只要白天装配好足够多的工件，并放到存放工位上，夜间就可以实现无人或少人生产。

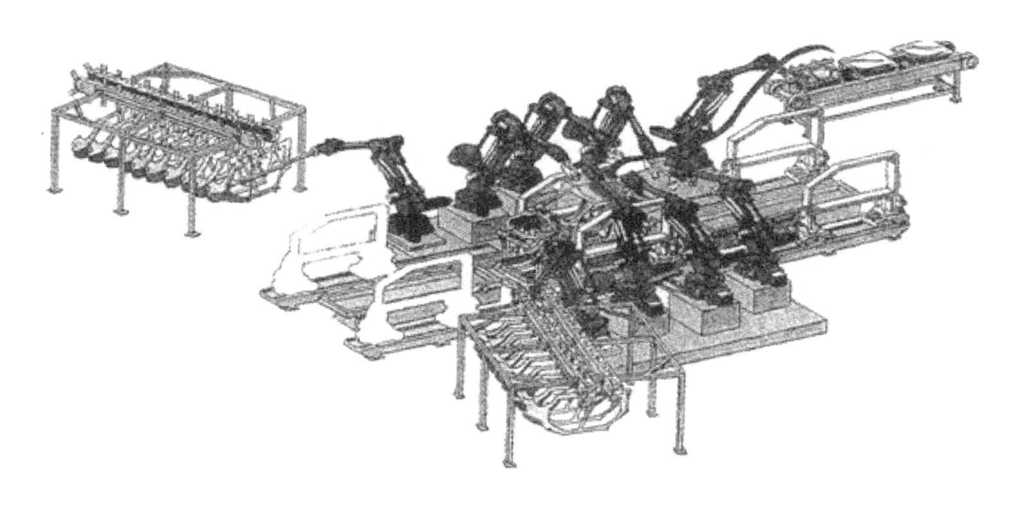

图 4-96 一种典型的多工作站焊接机器人生产线

工厂选用哪种自动化焊接生产形式，必须根据实际情况及生产要素而定。焊接专机适合批量大，改型慢的产品，而且工件的焊缝数量较少、较长、形状规矩（直线、圆形等）的情况。焊接机器人系统一般适合中、小批量生产，被焊工件的焊缝可以短而多，形状较复杂。焊接柔性生产线特别适合产品品种多，每批数量又很少的情况，目前国外企业正在大力推广无（少）库存、按订单生产的管理方式，在这种情况下采用焊接柔性生产线是比较合适的。

3. 焊接机器人在汽车生产中应用

焊接机器人目前已广泛应用在汽车制造业，汽车底盘、座椅骨架、导轨、消声器及液力变矩器等的焊接，尤其在汽车底盘焊接生产中得到广泛的应用。

丰田公司已决定将点焊作为标准来装备其日本国内和海外的所有点焊机器人。用这种技术可以提高焊接质量，因而甚至试图用它来代替某些弧焊作业。在短距离内的运动时间也大为缩短。该公司最近推出一种高度较低的点焊机器人，用它来焊接车体下部零件。这种矮小的点焊机器人还可以与较高的机器人组装在一起，共同对车体上部进行加工，从而缩短整个焊接生产线的长度。

国内生产的桑塔纳、帕萨特、别克、赛欧、波罗等车型的后桥、副车架、摇臂、悬架、减振器等轿车底盘零件大都是以 MIG 焊接工艺为主的受力安全零件。主要构件采用冲压后焊接的工艺，板厚平均为 1.5~4mm，焊接主要以搭接、角接接头形式为主，焊接质量要求相当高，其质量的好坏直接影响到轿车的安全性能。应用机器人焊接后，大大提高了焊接件的外观和内在质量，并保证了质量的稳定性，降低了劳动强度，改善了劳动环境。

思 考 题

1. 金属焊焊接成型设备的最新发展趋势体现在哪儿方面？
2. 什么是焊接电弧的静特性和动物性？简述弧焊电源的外特性种类及应用范围，分析焊接电源—电弧系统稳定性的条件。

3. 简述逆变式弧焊电源的基本原理及特点。简述埋弧焊设备的组成。

4. 简述熔化极气体保护焊设备的组成。其有哪些送丝方式？

5. 简述钨极氩弧焊的直流分量产生的原因及消除的方法。

6. 简述钨极氩弧焊的电流波形种类及工艺特点。

7. 等离子弧的形式有哪些？各自的特点是什么？

8. 电阻焊设备分为哪几类？请简述电阻焊设备的主要特点。

9. 电阻焊机主电源有哪几种主要形式？分别有哪些特点？分别适用于哪些材料？

10. 电阻点焊机加压机构主要采用哪几种动力来源？

11. 简述电阻焊控制装置的主要功能及其组成。

12. 简述激光焊的基本原理。激光焊接设备的基本组成部分有哪些？

13. 在材料激光焊接加工中常用的工业激光器有哪几种？它们的光束质量和电光转换效率各自如何？

14. 在激光焊接系统中，将激光器输出的光束传输到加工位置有哪两种方法？对于 CO_2 激光一般采用什么传输方法？

15. 比较各种结构形式机器人的优缺点，并说明理由。

16. 简述焊接机器人系统的结构组成。简易点焊机器人工作站的基本组成是什么？简易弧焊机器人工作站的基本组成是什么？简述焊接机器人在工业中的应用。

17. 简述一体式焊钳的种类和选择。

第5章 高分子材料成型设备及自动化

5.1 概述

聚合物加工是将聚合物（有时还加入各种添加剂、助剂或改性材料等）转变成实用材料或制品的一种工程技术。要实现这种转变，就要采用适当的方法。研究这些方法及所获得的产品质量与各种因素（材料的流动和形变行为、各种加工条件参数及设备结构等）的关系，是聚合物加工技术的基本任务。它对推广和开发聚合物的应用有十分重要的意义。

目前，各种聚合物（塑料、橡胶和合成纤维等）的产量已超过6000万t，应用已遍及国民经济各部门，特别是近20年来，军事及尖端技术对具有各种不同性能聚合物材料的迫切需要促使聚合物合成和加工技术有了更快的发展，聚合物成型与加工已经成为一种独立的专门工程技术。从20世纪60年代以来，由于加工技术理论的研究、加工设备设计和加工过程自动控制等方面都取得了很大的进展，产品质量和生产率大大提高，产品适应范围扩大，原材料和产品成本降低，聚合物加工工业更进入了一个高速发展期。

5.1.1 高分子材料的加工性能

聚合物具有一些特有的加工性质，如良好的可挤压性（Extrudability）、可模塑性（Mouldability）、可纺性（Spinnability）和可延性（Stretchability）。这些加工性质为聚合物材料提供了适于各种加工技术的可能性，这也是聚合物能得到广泛应用的重要原因。下面主要介绍与上述加工性有密切关系的基本性质和特点。

（1）聚合物的可挤压性　聚合物在加工过程中常受到挤压作用，如聚合物在挤出机和注射机机筒中、压延机辊筒间，以及在模具中都受到挤压作用。可挤压性是指聚合物通过挤压作用形变时获得形状和保持形状的能力。研究聚合物的可挤压性能对制品的材料和加工工艺做出正确的选择和控制。

通常条件下，聚合物在固体状态不能通过挤压而成型，只有当聚合物处于黏流态时才能通过挤压获得宏观而有用的形变。挤压过程中，聚合物熔体主要受到剪切作用，故可挤压性主要取决于熔体的剪切黏度和拉伸黏度。大多数聚合物熔体的黏度随剪切力或剪切速率增大而降低。材料的挤压性质还与加工设备的结构有关。挤压过程中聚合物熔体的流动速率随压力增大而增加，通过流动速率的测量可以决定加工时所需的压力和设备的几何尺寸。

（2）聚合物的可模塑性　可模塑性是指材料在温度和压力作用下形变和在模具中模制成型的能力。具有可模塑性的材料可通过注射、模压和挤出等成型方法制成各种形状的模塑制品。可模塑性主要取决于材料的流变性、热性质和其他物理力学性质等，热固性聚合物还与聚合物的化学反应性有关。实验表明，温度过高，熔体的流动性大，易于成型，但会引起分解，制品收缩率大；温度过低时熔体黏度大，流动困难，成型性差。适当增加压力，通常能改善聚合物的流动性，但过高的压力将引起溢料和增大制品内应力；压力过低时则造成缺料。所以必须选择适当的温度和压力使成型材料达到模塑的最佳区域。

模塑条件不仅影响聚合物的可模塑性，而且对制品的力学性能、外观、收缩以及制品中的结晶和取向等都有广泛影响。聚合物的热性能（如热导率 λ、焓 ΔH、比热容 c_p 等）影响它加热与冷却的过程，从而影响熔体的流动性和硬化速度，因此也会影响聚合物制品的性质（如结晶、内应力、收缩、畸变等）。模具的结构尺寸也影响聚合物的可模塑性，不良的模具结构甚至会使成型失败。

（3）聚合物的可纺性 可纺性是指聚合物材料通过加工形成连续的固态纤维的能力。它主要取决于材料的流变性质，熔体黏度、熔体强度以及熔体的热稳定性和化学稳定性等。作为纺丝材料，首先要求熔体从喷丝板毛细孔流出后能形成稳定细流。细流的稳定性通常与由熔体从喷丝板的流出速度 v、熔体的黏度 η 和表面张力 γ_F 组成的数群 $v\eta/\gamma_F$ 有关。

（4）聚合物的可延性 可延性表示无定形或半结晶固体聚合物在一个方向或两个方向上受到压延或拉伸时变形的能力。材料的这种性质为生产长径比（长度对直径，有时是长度对厚度）很大的产品提供了可能，利用聚合物的可延性，可通过压延或拉伸工艺生产薄膜、片材和纤维。但工业生产上仍以拉伸法用得最多。

5.1.2 高分子材料成型方法分类

根据高分子材料的性能，目前常用的成型方法分类如图 5-1 所示。

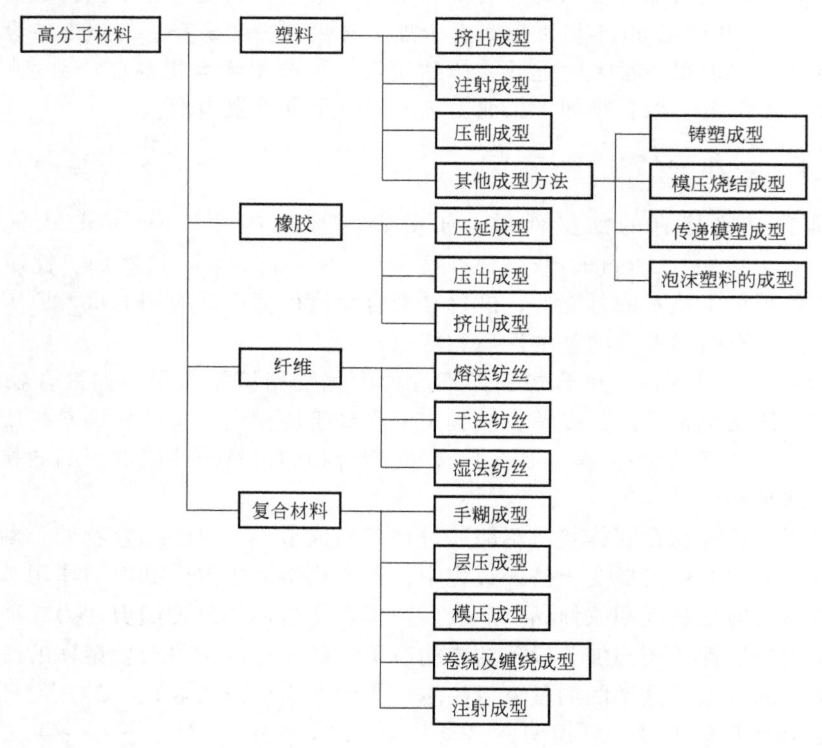

图 5-1 高分子材料成型方法分类

5.1.3 高分子材料加工成型设备的特点

加工过程中，聚合物会表现出形状、结构和性质等方面的变化。形状转变往往是为满足使用的最起码要求而进行的，如将粒状或粉状聚合物制成各种型材、各种形式的制品等。材料结构的转变包括聚合物组成、组成方式、材料宏观与微观结构的变化等，如由单纯聚合物组成的均质材料等。聚合物结晶和取向也会引起材料聚集态变化。加工过程中材料结构的转变有些是材料本身所固有的，也是人为有意进行的，如聚合物的交联或硫化、生橡胶的塑炼降解等；有些则是不正常的加工方法或加工条件引起的，如高温引起的分解、交联或烧焦等。

大多数情况下，聚合物加工通常包括两个过程：首先使原材料产生变形或流动，并取得所需要的形状，然后设法保持取得的形状（即固化）。聚合物加工与成型通常有以下几种形式：

（1）聚合物熔体的加工　如以挤出、注射、压延或模压等方法制得热塑性塑料型材和制品，热固性塑料则采用模压、注射或传递模塑；橡胶制品的加工也属于这一类；挤出法还可用于纤维纺丝，这些都是用得很广泛的重要加工技术。

（2）类橡胶状聚合物的加工　如采用真空成型、压力成型或其他热成型技术等制造各种容器、大型制件和某些特殊制品。薄膜或纤维的拉伸也属于这一技术范围。

（3）聚合物溶液的加工　如以流延方法制取薄膜的技术。油漆、涂料和黏结剂等也往往采用溶液方式制造。与挤出技术结合，聚合物溶液还用于湿法或干法纺丝。

（4）低分子聚合物或预聚物的加工　如丙烯酸酯类、环氧树脂、不饱和聚酯树脂以及浇注聚酰胺等都可用这种技术制造各种尺寸的整体浇注制件或增强材料。

（5）聚合物悬浮体的加工　如以橡胶胶乳、聚乙酸乙烯酯胶乳或其他胶乳以及聚氯乙烯糊等生产多种胶乳制品、涂料、黏合剂、搪塑塑料制品等。

（6）聚合物的机械加工　考虑到经济上的原因或难以采用前述方法时，可采用机械切削加工（车、铣、刨等）方法来制取某些产品。主要用于数量不多或尺寸过大的产品，通常是选择适当的“毛坯”来进行的。

可以看出，除机械加工以外的大多数加工技术中，流动—硬化是这些加工过程的基本程序。根据加工方法的特点或聚合物在加工过程变化的特征，可用不同的方式对这些加工技术进行分类。常见的一种分类方法是根据聚合物加工过程中是否有物理或化学变化而将这些加工技术分为三类：

1）加工过程主要发生物理变化的。热塑性聚合物的加工属于此类，如注射成型、挤出成型（包括吹塑成型、纤维纺丝）、压延成型、热成型、搪塑成型和流延薄膜等。

2）加工过程只发生化学变化的。如铸塑成型中单体或低聚物在引发剂或加热的作用下因发生聚合反应或交联反应而固化。

3）加工过程中同时兼有物理和化学变化的。在过程中有加热—流动和交联—固化作用，热固性塑料的模压成型、注射成型和传递模塑成型以及橡皮的成型等属于这一类。

这些加工技术大致包括以下四个步骤：①混合、熔融和均化作用；②输送和挤压；③拉伸或吹塑；④冷却和固化（包括热固性聚合物的交联和橡胶的硫化）。但并不是所有制品的加工成型过程都必须完全包括上述四个步骤，如注射与模压成型通常就不需要经过拉伸或吹塑，热固性聚合物交联硬化（注：以下将交联硬化与热塑性聚合物的冷却固化均统称硬化）成型后也不需冷却。

由于涂料、黏结剂在加工过程的“转变”技术与塑料、橡胶、纤维加工过程的“转变”技术有一些明显差异，因此本章的内容只着重讨论与塑料、橡胶、纤维有关的加工技术及其设备控制。

5.2 塑料注射机

注塑机又称为注射成型机或注射机。它是将热塑性塑料或热固性塑料利用塑料成型模具制成各种形状的塑料制品的主要成型设备。其结构分为立式、卧式、全电式。注射机能加热塑料，同时对熔融塑料施加高压，使其射出而充满模具型腔。卧式注射机的基本组成如图 5-2 所示，塑料注射机的主要性能特征通常用一些性能参数来表示。注射机的种类很多，但其基本组成是相同的，主要由合模装置、注射装置、驱动装置和电气控制系统四部分组成。

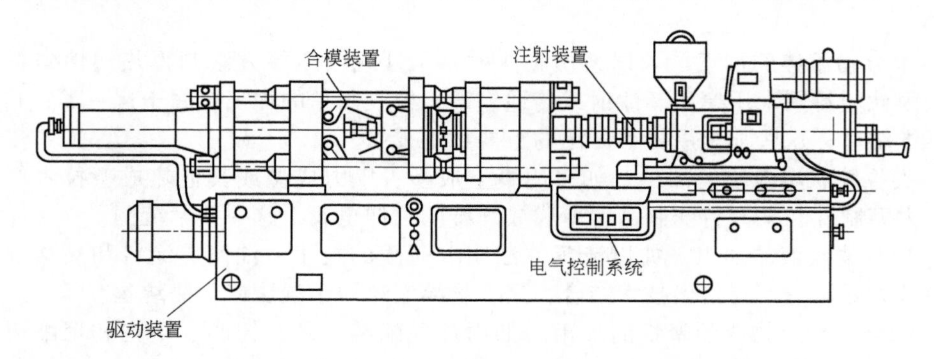

图 5-2 卧式注射机的基本组成

所以不管是哪种组成型式的注射机，要想在这台设备上全部完成塑料制品的注射成型工作，它就必须具备有原料的塑化、注射、成型模具合模、保压、冷却固化和制件的脱模等功能。由于注射机的结构组成型式不同，各部位装置的形状位置也就有所不同。从图 5-3 可知，注射机的主要零部件为机身、液压系统电动机、合模液压缸、成型模具、机筒、螺杆和电加热装置、计量装置、操作台等。

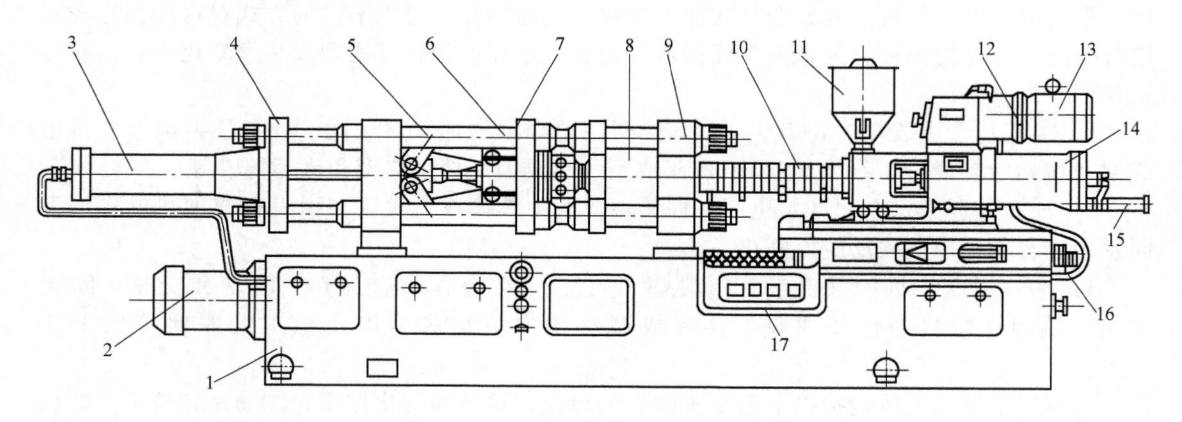

图 5-3 卧式注射机的主要零部件

1—机身 2—液压系统电动机 3—合模液压缸 4、9—固定模板 5—合模机构 6—拉杆 7—移动模板 8—成型模具 10—机筒、螺杆和电加热装置 11—料斗 12—螺杆减速箱 13—驱动螺杆电动机 14—注射液压缸 15—计量装置 16—注射移动液压缸 17—操作台

5.2.1 塑料注射机的基本原理

注塑成型是利用塑料的热物理性质，把物料从料斗加入机筒中，机筒外由加热圈加热，

使物料熔融，在机筒内装有在外动力马达作用下驱动旋转的螺杆，物料在螺杆的作用下，沿着螺槽向前输送并压实，物料在外加热和螺杆剪切的双重作用下逐渐塑化、熔融和均化，当螺杆旋转时，物料在螺槽摩擦力及剪切力的作用下，把已熔融的物料推到螺杆的头部，与此同时，螺杆在物料的反作用下后退，使螺杆头部形成储料空间，完成塑化过程，然后，螺杆在注射液压缸的活塞推力的作用下，以高速、高压，将储料室内的熔融料通过喷嘴注射到模具的型腔中，型腔中的熔料经过保压、冷却、固化定型后，模具在合模机构的作用下，开启模具，并通过顶出装置把定型好的制品从模具中顶出落下。注射成型是一个循环的过程，每一周期主要包括：定量加料—熔融塑化—加压注射—充模冷却—起模取件。取出塑件后再闭模，进行下一个循环。注射机循环流程如图 5-4 所示。

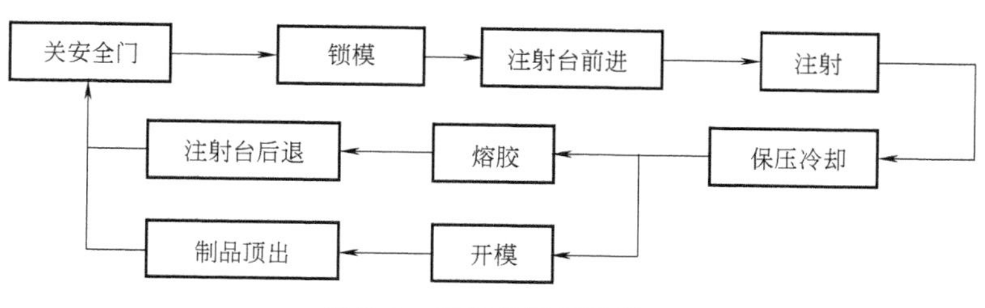

图 5-4 注射机循环流程

注射机操作分别进行注射过程动作、加料动作、注射压力、注射速度、顶出形式的选择，机筒各段温度的监控，注射压力和背压压力的调节等。

一般螺杆式注射机的成型工艺过程是：首先将粒状或粉状塑料加入机筒内，并通过螺杆的旋转和机筒外壁加热使塑料成为熔融状态，然后机器进行合模和注射座前移，使喷嘴贴紧模具的浇口道，接着向注射液压缸通入液压油，使螺杆向前推进，从而以很高的压力和较快的速度将熔料注入温度较低的闭合模具内，经过一定时间和压力保持（又称为保压）、冷却，使其固化成型，便可开模取出制品（保压的目的是防止模腔中熔料的反流、向模腔内补充物料，以及保证制品具有一定的密度和尺寸公差）。注射成型的基本要求是塑化、注射和成型。塑化是实现和保证成型制品质量的前提，而为满足成型的要求，注射必须保证有足够的压力和速度。同时，由于注射压力很高，相应地在模腔中产生很高的压力（模腔内的平均压力一般为 20~45MPa），因此必须有足够大的合模力。由此可见，注射装置和合模装置是注射机的关键部件。

对塑料制品的评价主要有三个方面，第一是外观质量，包括完整性、颜色、光泽等；第二是尺寸和相对位置间的准确性；第三是与用途相对应的物理性能、化学性能和电性能等。这些质量要求又根据制品使用场合的不同，要求的尺度也不同。制品的缺陷主要在于模具的设计、制造精度和磨损程度等方面。但事实上，技术人员往往苦于面对用工艺手段来弥补模具缺陷带来的问题而成效不大的困难局面。

生产过程中工艺调节是提高制品质量和产量的必要途径。由于注塑周期本身就很短，如果工艺条件掌握不好，废品就会源源不断。在调整工艺时最好一次只改变一个条件，多观察几次，如果压力、温度、时间同时调整，很易造成混乱和误解，出了问题也不知道是何原因。调整工艺的措施、手段是多方面的。例如，解决制品注不满的问题就有十多个可能的解决途径，要选择出解决问题症结的一、两个主要方案，才能真正解决问题。此外，还应注意解决方案中的辩证关系。例如：制品出现了凹陷，有时要提高料温，有时要降低料温；有时要增加料量，有时要减少料量。要承认逆向措施解决问题的可行性。

5.2.2 注射部分主要性能参数

注射装置主要做塑化粒状塑料和注射熔料入模使用。因此，注射部分的参数即表示注射机在注射、塑化性能方面的特征参数。

1. 注射量

注射机注射量是指注射机在注射螺杆（或柱塞）做一次最大注射行程时，注射装置所能达到的最大注出量。注射机注射量是一个重要参数，它在一定程度上反映了注射机生产制品能力的大小，标志着注射机所能生产的塑料制品的最大质量。因此，注射量可作为表示注射机规格的主参数。

（1）注射容积 注射量以体积计量，即为注射容积。根据不同的定义内容，分为理论注射容积和当量注射容积。

1）理论注射容积。注射时螺杆所能排出的理论最大容积，称为注射机的理论注射容积，即螺杆的截面与行程的乘积，如图5-5所示。

$$V_c=\frac{\pi}{4}D_s^2 s \tag{5-1}$$

式中，V_c 为理论注射容积（cm^3）；D_s 为螺杆直径（cm）；s 为螺杆注射行程（cm）。

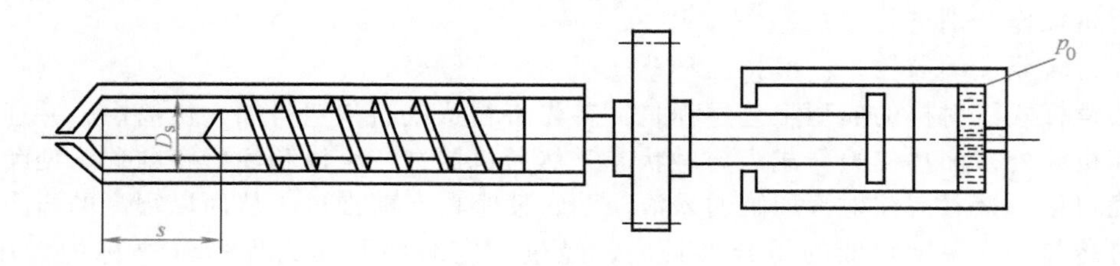

图5-5 注射部件相关尺寸结构

2）当量注射容积。相当于在100MPa注射压力条件下的理论注射容积，定义为当量注射容积。当量注射容积又称为标准注射容积或国际规格。由式（5-1）可知，理论注射容积是不能完全反映注射机的注射能力的。如注射机在相同行程 s 时，理论注射容积仅与直径有关，并不涉及注射压力的高低。按定义和图5-5可写出当量注射容积与理论注射容积之间的关系为

$$F_s p_i=F_{sB}p_{iB}=p_0 \tag{5-2}$$

式（5-2）中同乘以行程 s，经整理可得

$$V_B=\frac{p_i}{p_{iB}}\times V_c=K_p V_c \tag{5-3}$$

式中，F_s 为机筒内孔截面积（cm^2）；F_{sB} 为注射压力为100MPa时所用机筒截面积（cm^2）；p_i 为注射机注射压力（MPa）；p_{iB} 为标准注射压力（100MPa）；V_B 为当量注射容积（cm^3）；K_p 为压力比值。

由式（5-3）可知，在一台注射机上仅变更不同直径的螺杆和螺杆筒，其当量注射容积是不变的。

（2）注射质量 注射机在无模（对空注射）操作条件下，从喷嘴所能注出的树脂最大质量，称为注射机的注射质量。

在注射成型的整个进程中，随温度和压力的变化，塑料的密度也随之发生相应的变化。聚苯乙烯在注射成型过程中的密度变化见表5-1。对于非结晶型塑料，其密度变化约为7%；结晶型塑料（PE、PP、PA等）的密度变化为15%~20%。因此，在塑化温度下的机筒，其计量体积与室温和常压下的制品体积就存在差异。此外，在注射时，熔料在螺槽等处还会发生返流等，所以注射机的注射质量应为

$$W=V_c\alpha_1\alpha_2\rho=V_c\alpha\rho=V_c\rho' \tag{5-4}$$

式中，W为注射质量（g）；V_c为理论注射容积（cm^3）；α_1为密度修正系数，视物料种类和工艺条件而定；α_2为螺杆泄漏修正系数，对于止逆头螺杆约为0.95；α为注射系数；ρ为常温下塑料制件密度（g/cm^3）；ρ'为考虑密度和泄漏修正后的计算密度。

具体塑料的ρ、ρ'数值详见有关专著。

表5-1　聚苯乙烯在注射成型过程中的密度变化

成型阶段	温度/℃	压力/MPa	密度/(g/cm^3)
加热熔融	230	0	0.97
注射入模	230	84	1.02
成型制品	25	0	1.05

目前注射机多用理论注射容积和以聚苯乙烯或聚乙烯为原料的注射质量共同表示其注射量。注射机的注射量主要取决于螺杆的行程和直径。在设计时，注射机的注射量是已知的，而行程s直接关系到机筒内熔料轴向温差的大小。根据实践结果，对于一般螺杆，其最大行程一般取$3.5D_s$（D_s为螺杆直径）左右为宜。如在保证塑化质量的前提下，注射行程应尽可能取较大值。这样就可使用直径较小的螺杆，以利于实现稳定的工艺条件和紧凑的结构。

目前在一些塑化性能比较好的注射装置上，螺杆行程已取到$5D_s$左右。在螺杆行程和直径比$\left(K=\dfrac{s}{D_s}\right)$选定之后，可得计算螺杆直径的表达式为

$$D_s=\sqrt[3]{\frac{V_c}{\pi K}}=\sqrt[3]{\frac{W}{\pi\alpha\rho K}}=\sqrt[3]{\frac{W}{\pi\rho' K}} \tag{5-5}$$

在使用注射机时，所加工的塑料制品的质量一般为机器注射量的1/4~4/5，最低不应小于1/10。因为过小的注射量不仅使机器的能力得不到充分发挥，而且会因塑料在机筒内停留时间过长而形成热分解；反之，过大有时难以成型，即使成型也易发生欠压等弊病。

2. 注射压力

注射时为了克服熔料流经喷嘴、浇道和模腔等处的流动阻力，螺杆（或柱塞）对塑料必须施加足够的压力，此压力称为注射压力。注射压力不仅是熔料充模的必要条件，同时也直接影响到成型制品的质量。如注射压力对制品的尺寸精度和制品应力都有影响。因此，对注射压力的要求，不仅数值要足够，而且要稳定与可控。

影响所需注射压力的因素很多，如塑料性能、成型制品的几何形状及其对精度的要求、塑化方式、喷嘴和模具的结构以及树脂和模具温度等。归纳起来主要有以下三个方面：

1）影响塑料流动性能的因素（树脂的熔融指数、塑化、模具温度、注射速度等）。

2）模具流道与制品的形状和尺寸，即影响流动阻力的因素。

3）对制品尺寸精度的要求。

目前注射制品大量用于工程结构零件，可这类制品结构较复杂，形状多样，精度要求较高，所用的塑料又具有较高的黏度，所以注射压力有提高的趋势。但是注射压力选得过高，

会直接影响机器的结构和传动部分的设计。同时，对一些压力敏感系数较低的塑料，可用提高注射压力的方法解决充型不足问题，也不一定能取得明显效果。因此，设计时注射压力主要根据机器结构和用途来确定。

表5-2、表5-3和图5-6列举了部分塑料在加工时所需的注射压力及其与加工制品流长比（熔料自喷嘴出口处流至制品最远距离 L 与制品壁厚 δ 之比）之间的关系，若超出此值一般难以加工。根据目前对注射压力的使用情况，可做以下分类。

1）加工流动性好的塑料、形状简单的厚壁制品，注射压力≤70~80MPa。

2）加工的塑料黏度较低，制品形状一般，对精度有一般要求，注射压力为100~120MPa。

3）加工的塑料具有高、中等黏度，制品形状较为复杂，有一定的精度要求，注射压力为140~170MPa。

4）加工的塑料具有较高的黏度，对于薄壁长流程、制品壁厚不均和精度要求严格的制品，注射压力为180~220MPa。对于加工优质精密造型制品，注射压力可达到250~360MPa，个别可超过400MPa。

表5-2 加工时一般所需注射压力范围 （单位：MPa）

塑料	加工条件		
	易流动的厚壁制品	中等流动程度，一般制品	难流动、薄壁窄浇口制品
ABS	80~110	100~130	130~150
聚甲醛	85~100	100~120	120~150
聚乙烯	70~100	100~120	120~150
聚酰胺	90~110	110~140	>140
聚碳酸酯	100~120	120~150	>150
有机玻璃	100~120	120~150	>150
聚苯乙烯	80~100	100~120	120~150
硬聚氯乙烯	100~120	120~150	>150
热固性塑料	100~140	140~175	175~230
弹性体	80~100	100~120	120~150

表5-3 制品流长比与注射压力关系

塑料名称	流长比（L/δ）	注射压力/MPa
尼龙6（PA6）	320~200	90
尼龙66（PA66）	130~90	90
	160~90	130
聚乙烯（PE）	140~100	50
	240~200	70
	280~250	150
聚丙烯（PP）	140~100	50
	240~200	70
	280~240	120
软聚氯乙烯（SPVC）	280~200	90
	240~160	70
硬聚氯乙烯（HPVC）	110~70	70
	140~100	90
	160~120	120
	170~130	130
聚碳酸酯（PC）	130~90	90
	150~120	120
	160~120	130
聚苯乙烯（PS）	300~260	90
聚甲醛（POM）	210~110	100

注射压力是指螺杆或柱塞端面处作用于塑料单位面积上的力。根据图5-5，注射压力与注射液压缸中的工作油压力之间的关系应为

$$p_i=\frac{F_0p_0}{F_s} \tag{5-6}$$

式中，p_i 为注射压力（MPa）；F_0 为液压缸注射腔总截面面（cm^2）；F_s 为机筒内孔截面积（cm^2）；p_0 为工作油压力（MPa）。

在设计时，注射压力和工作油压力是选定的，螺杆直径可由式（5-5）计算出，因此用式（5-6）可计算液压缸内径。

3. 注射速率

熔融的树脂通过喷嘴后，就开始冷却。为了使熔料及时充满模腔，得到密度均匀和高精度的制品，必须在短时间内把熔料充满模腔，进行快速充模。表示熔料充模快慢特性的参数有注射速率、注射速度和注射时间。注射速率低，熔料充模时间长，制品易产生冷接缝、密度不均、应力大等问题。使用高速注射，可以减少模腔内的熔料温差，改善压力传递效果，因而可得到密度均匀、应力小的精密制品。高速注射可采用低温模塑，缩短成型周期。如在不形成过填充的条件下，高速注射也能使所需的合模力减小。但是注射速度过高，熔料流经浇口等处时，易形成不规则的流动、物料烧焦以及吸入气体和排气不良等现象，从而直接影响到制品质量。同时，高速注射也不易保证注射与保压压力稳定地撤换，形成过填充而使制品出现溢边现象。因此，目前对注射速度的要求，不仅数值要高，而且要在注射过程中可进行程序设计（即分级注射），根据使用的树脂和加工制品的特点，对熔料充模时的流动状态实现有效地控制。

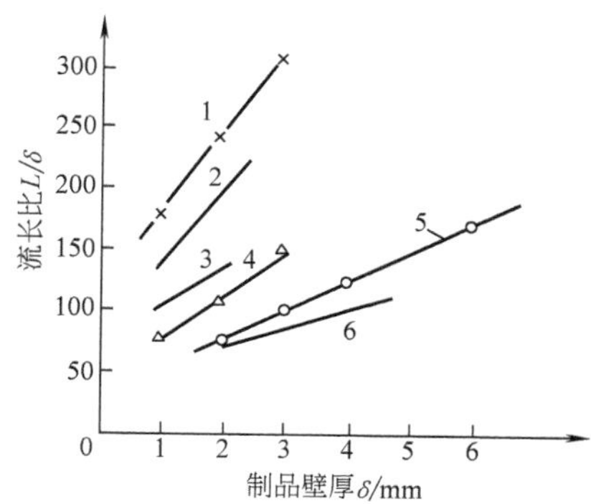

图5-6 工程塑料的流长比

1—缩醛共聚物（190℃，125MPa）

2—增强PBT（250℃，130MPa）

3—增强缩醛共聚物（195℃，130MPa）

4—PA6（250℃，90MPa）

5—PC 6—增强PC（300℃，125MPa）

注射速率是表示单位时间内从喷嘴射出的熔料量，其理论值是机筒截面积与速度的乘积。计算公式为

$$q_i=\frac{\pi}{4}D_s^2\times\frac{s}{\tau_i}=\frac{V_c}{\tau_i}=\frac{\pi}{4}D_s^2v_i \tag{5-7}$$

或

$$q_i=\frac{W}{\tau_i} \tag{5-8}$$

式中，q_i 为注射速率（g/s）；D_s 为螺杆直径（cm）；v_i 为注射速度（cm/s）；V_c 为理论注射容积（cm^3）；τ_i 为注射时间（s）；s 为注射行程（cm）；W 为注射质量（g）。

又因

$$v_i=\frac{Q_0}{F_0}=\frac{q_i}{F_s} \tag{5-9}$$

所以

$$q_i=Q_0\frac{F_s}{F_0} \tag{5-10}$$

式中，Q_0 为工作油流量（cm^3/s）；F_0 为液压缸注射腔总截面积（cm^2）；F_s 为机筒内孔截面积（cm^2）。

目前注射机所采用的注射速度范围，一般为 8~12cm/s，高速时为 15~20cm/s。图 5-7 表示了注射速率与当量注射容积之间的关系，对于注射机的注射时间可参见表 5-4 的推荐值。

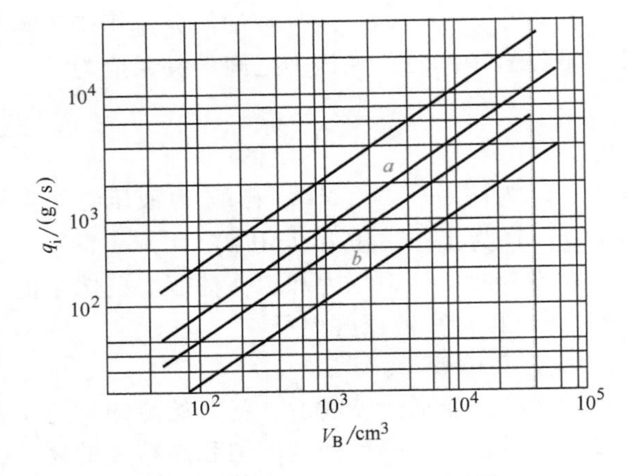

图 5-7 注射速率与当量注射容积之间的关系

a—蓄能器驱动 b—泵直接驱动

4. 注射功及注射功率

注射机在实际使用过程中，能否将一定量的熔融树脂注满模腔，主要取决于注射压力和注射速度，即取决于充模时机器做功能力的大小。注射功及注射功率即作为表示机器注射能力大小的一项指标。

注射功为液压缸注射总力与行程的积，即

$$A_i = p_i F_s s = p_i V_c \times 10^3 \qquad (5\text{-}11)$$

由式（5-11）与式（5-3）相比可知，注射功与当量注射容积的数值相等。

注射功率为液压缸注射总力与注射速度的积，即

$$N_i = F_s p_i v_i = q_i p_i \times 10^{-3} \qquad (5\text{-}12)$$

式中，N_i 为注射功率（kW）；F_s 为机筒内孔截面积（cm^2）；p_i 为注射压力（MPa）；v_i 为注射速度（cm/s）；q_i 为注射速率（cm^3/s）。

表 5-4 注射机（通用型）注射量与注射时间的推荐值

注射量/g	注射时间/s	注射量/g	注射时间/s	注射量/g	注射时间/s
50	0.8	500	1.5	4000	3.0
100	1.0	1000	1.75	6000	3.75
250	1.25	2000	2.25	10000	5.0

注射功率大，利于缩短成型周期，消除充模不足，改善制品外观质量，提高制品精度。随着注射压力和注射速度的提高，注射功率也有了较大的提高。

注射时间短，机器的液压泵电动机允许瞬时超载，故机器的注射功率一般均大于液压泵电动机的额定功率。对于液压泵直接驱动的油路，注射功率即为注射时的工作负载，也是电动机的最大负载。液压泵电动机功率是注射功率的 70%~80%。

5. 塑化能力与回复率

表示注射装置塑化性能方面的参数有螺杆直径（D_s）、螺杆长径比（L/D_s）、螺杆转速（n）、塑化能力与回复率等。其中最主要的也是最有代表性的是塑化能力。

（1）螺杆塑化能力计算 塑化能力是表示螺杆与机筒在单位时间内可提供熔融树脂的最大能力。在正确的螺杆设计和工艺操作条件下，螺杆均化段的输送能力即等于塑化能力，根据图 5-8 所示的螺杆各要素，其塑化能力应为

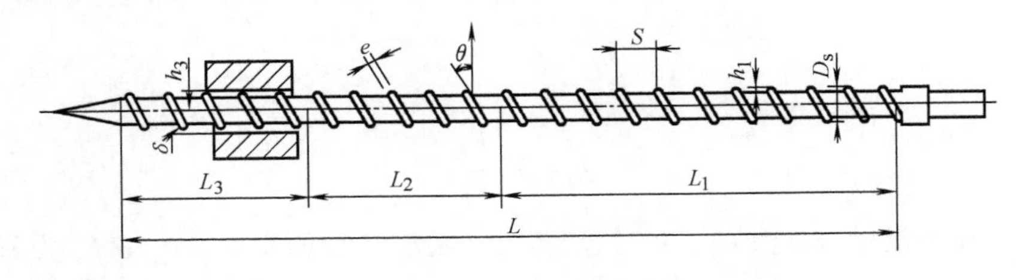

图 5-8 注射螺杆尺寸结构

$$Q=\frac{\pi^2 D_s^2 h_3 n\sin\theta\cos\theta}{2}-\frac{\pi D_s h_3^3 \sin^2\theta}{12\eta_1}\frac{\Delta p}{L_3}-\frac{\pi^2 D_s^2 \delta^2 \tan\theta}{12\eta_2 e}\frac{\Delta p}{L_3} \tag{5-13}$$

式中，Q 为螺杆塑化能力（cm^3/s）；D_s 为螺杆直径（cm）；n 为螺杆转速（r/min）；h_3 为均化段螺纹深度（cm）；η_1 为螺槽中塑料有效黏度（MPa·s）；η_2 为间隙中塑料有效黏度（MPa·s）；L_3 为均化段长度（cm）；θ 为螺杆轴向夹角（°）；δ 为螺杆与机筒之间间隙（cm）；e 为螺棱轴向宽度（cm）；Δp 为塑化时螺杆均化段处的压力差（MPa）。

因注射螺杆仅做预塑用，塑化时的工作状况比较固定，其头部压力值较小，而且变动也不大，所以在计算塑化能力时，可将式（5-13）后两项略去，即认为螺杆在零压下工作时的螺杆输送能力，即螺杆最大输送能力。然后，将略去项当作常数项，用效率加以修正。即

$$Q=\frac{1}{2}\pi^2 D_s^2 h_3 n\sin\theta\cos\theta\eta \tag{5-14}$$

计算结果用质量单位表示，则为

$$G=1.8\pi^2 D_s^2 h_3 n\sin\theta\cos\theta\eta\rho \tag{5-15}$$

式中，G 为螺杆塑化能力（kg/h）；ρ 为塑化温度下的塑料密度（g/cm^3）；η 为修正系数，一般取 0.85~0.9。

在通常情况下，式（5-15）的计算结果与实际塑化能力相比，相差一般不超过 5%~10%。螺杆的塑化能力，应该在规定的时间内保证提供足够量的塑化均匀的熔料。根据成型动作程序安排，螺杆预塑大都同制品冷却同时进行。所以螺杆塑化能力应满足

$$G\geqslant 3.6\frac{W}{t} \tag{5-16}$$

式中，t 为制品最短冷却时间（s）；W 为机器注射量（g）；G 为螺杆塑化能力（kg/h）。

制品最短冷却时间可按式（5-17）计算：

$$t=\frac{-\delta^2}{2\pi\alpha}\ln\left[\frac{\pi}{4}\left(\frac{T_x-T_m}{T_c-T_m}\right)\right] \tag{5-17}$$

式中，t 为制品最短冷却时间（s）；δ 为制品最大厚度（cm）；α 为塑料热扩散系数（cm^2/s）；T_x 为塑料脱模温度，常取塑料热变形温度（℃）；T_m 为模具温度（℃）；T_c 为塑料注射温度（℃）。

按式（5-17）计算出 PP、PS、PE、PA 等塑料制品的壁厚与冷却时间之间的关系，如图 5-9 和图 5-10 所示。

（2）回复率　螺杆的塑化能力一般与成型周期无关，它表示螺杆对树脂塑化的最大限度值。而回复率则用于反映螺杆间断工作时恢复原注射状态能力的大小。

根据塑料工业学会（SPI）规定，加工树脂的温度一定，其塑化与空注连续进行 10 次，并在一定的注射速率条件下，测出的注射量（空注）与螺杆转动时间之比称为回复率。

5.2.3　合模力性能参数

合模力性能参数主要用于表示该部件在工作时所能提供的力和模具安装尺寸等特性。

螺杆作用于熔料的压力，在熔料流经机筒、喷嘴、模具的浇注系统后，将要损失一部分。余下的即为模腔内的熔料压力，简称模腔压力。注射时，要使模具不被模腔压力所形成的胀模力顶开，就必须对模具施以足够的夹紧力，即合模力。

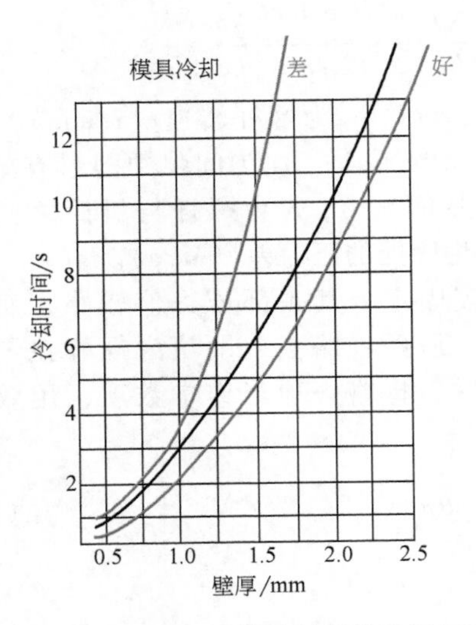

图 5-9 PA 和丙烯酸树脂的壁厚与冷却时间之间的关系

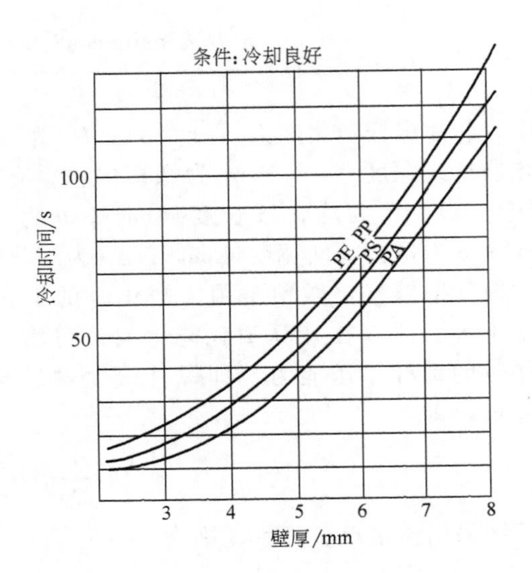

图 5-10 PE、PP、PS、PA 的壁厚与冷却时间之间的关系

根据图 5-11 所示，注射时胀模力应由熔料的静压和由液体的（包括熔料和液压缸内的工作油）冲击而产生的动压所组成。当动模板受到胀模力作用时，运动部分可能发生退让。若取动模板为平衡体，在不考虑机械摩擦的条件下，沿合模机构轴线方向的力平衡关系应为

$$P_{cm}-p_m F-\Delta p_g F+\frac{d^2x}{d\tau^2}=0 \tag{5-18}$$

式中，P_{cm} 为合模力；p_m 为模腔压力；Δp_g 为注射时由熔料和工作油的冲击所产生的压力增量；F 为制品在分型面上的投影面积；$\frac{d^2x}{d\tau^2}$ 为注射时合模装置运动部件发生位移时的加速度。

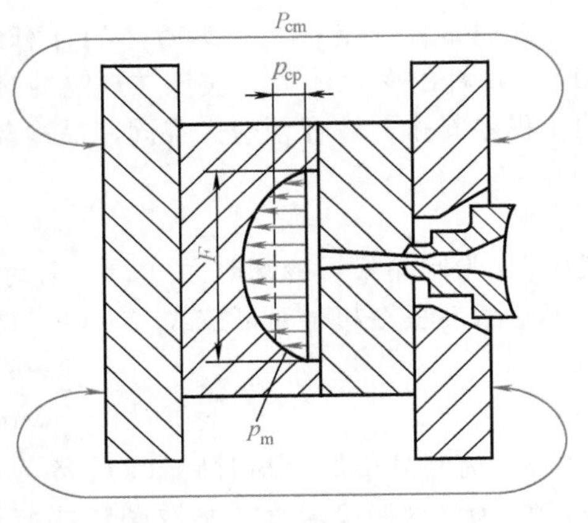

图 5-11 注射时动模板的力平衡

因高分子流动以及对压力的传递不同于牛顿型液体，所以在模腔内由冲击所产生的压力增量是比较小的。式（5-18）中的位移加速度，主要取决于模具在胀模力的作用下所形成的间隙量。若保证模具完全闭合，则位移加速度应为零，此时，可将式（5-18）简化成仅考虑模腔压力作用的合模力表达式：

$$P_{cm}\geqslant p_m F \tag{5-19}$$

因此，要正确确定对机器质量和尺寸影响较大的参数——合模力，首先要分析模腔压力的形成、分布及其影响因素，进而求得它们之间的解析关系。可是，对于注射过程这样极为复杂的流变现象，至今尚未找到熔料在模内流动基本因素之间的可靠定量关系。但研究表明，模腔压力的大小及其分布与很多因素有关，如注射压力、保压压力、树脂温度、模具温度、注射速度、制品壁厚与形状、熔料流动距离以及保压时间等。如工艺条件一定，加工某一种塑料，模腔压力可表示成仅与模腔几何形状及其尺寸有关的函数表达式：

$$p_x=p_0 f(x) \tag{5-20}$$

式中，p_x 为熔料自浇口流入 x 距离处的压力；p_0 为浇口处的压力；$f(x)$ 为由模腔几何形状

及尺寸、树脂特性等决定的计算函数。

上述表达式在使用时是相当困难的，至今只能找出数量有限、形状简单的计算函数。因此，在工程实际中，常用的方法是通过分析合模系统的性能之后，测出注射过程中的合模力的变化，求出模腔平均压力的方法计算合模力。

$$P_{cm}=p_{cp}F \tag{5-21}$$

式（5-21）中的模腔平均压力 p_{cp}，可参考表 5-5 选取。

表 5-5　不同成型条件下的模腔平均压力及其举例

成型条件	模腔平均压力/MPa	举　例
容易成型的制品	25	PE、PP、PS 等壁厚均匀的日用容器类制品
一般制品	30	在模具温度较高的条件下，成型薄壁容器类制品
加工高黏度树脂和有精度要求的制品	35	ABS、PMMA 等有加工精度要求的零件，如壳体、齿轮等
用高黏度树脂加工高精度、充模难的制品	40	用于机器零件的高精度的齿轮或凸轮等

在上述计算中，由于给的条件和数据不够精确，其结果比较粗略。目前大多采用以流长比 i 反映流道阻力，用黏度系数 α 表示塑料流动性的查图（表）计算法，来确定模腔平均压力。

$$p_{cp}=\alpha p \tag{5-22}$$

式中，p 为根据流长比由图 5-12 查出的模腔压力值；α 为塑料的黏度系数，见表 5-6。

表 5-6　塑料的黏度系数

塑料名称	黏度系数 α	塑料名称	黏度系数 α
PE、PS、PP	1.0	CA	1.3～1.5
PA	1.2～1.4	PMMA	1.5～1.7
ABS	1.3～1.4	PC	1.7～2.0

合模力是保证制品质量的重要条件，同时它又直接影响机器的尺寸和质量。因此，研究降低充模压力，即合模力，是一项很有实际意义的工作。近来，由于改善了塑化机构的效能，提高了注射速度并实现其过程控制，使机器的合模力有明显的下降。

合模力与注射量一样，在一定程度上反映了机器加工制品能力的大小，所以经常用来作为表示机器规格大小的主参数，并做系统规定。

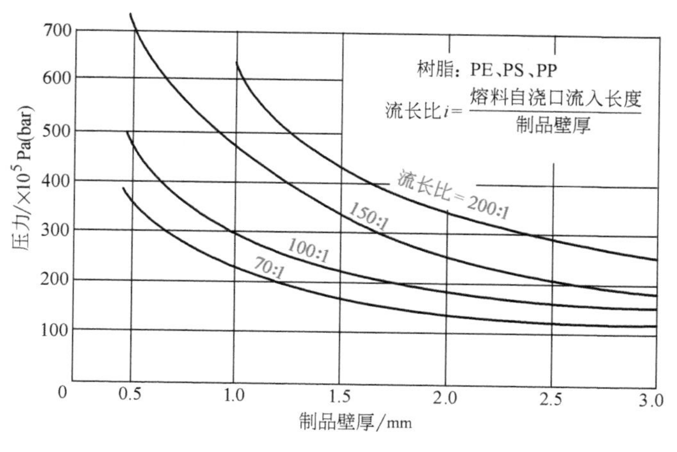

图 5-12　模腔压力与流长比 i

5.2.4 注射工艺控制流程

1. 注射机液压油路系统

注射机的液压油路系统由液压泵、液压泵电动机、过滤器、油箱、油管、油温冷却器、比例压力阀、比例流量阀、开关阀、液压马达等各种液压元件组成，还包括一些辅助元件和密封件。注射机系统设计采用了比例压力阀和比例流量阀，可实现压力和流量的多级控制，具有油路简单、效率高、系统稳定性良好、冲击少和噪声小等优点。

（1）液压系统　它是为注射机的各种执行机构（工作液压缸）提供压力和速度控制的装置。液压油路一般由控制系统压力与流量的主回路和去各执行机构的分回路组成。回路中有进出过滤器、泵、管，各种阀以及交换器等。控制执行阀是比例阀，输入电流为0~1000mA，它与比例阀的活塞位置成正比。另外各种执行阀是开关阀，开关阀驱动电压是24V。每个阀体有两个线圈，分别控制进油和出油。

液压油的走向是：油箱里的油经过滤器到液压泵，再经过比例流量阀至各个方向阀（油制）的进油孔，各方向阀的电磁线圈按规定的程序带电，使阀芯运动，液压油也就依次进入相应的液压缸或液压马达。回油由低压侧经冷却器流入油箱（实际上有部分回油不经冷却器），液压油的压力和流量是由比例压力阀和比例流量阀控制的，也就是说，靠比例压力阀电磁线圈电流的大小来控制。电流是由比例阀放大板产生脉冲宽度调节信号（PWM）。用电流信号大小来控制比例阀阀芯行程位置的变化，而电流的大小是按注塑工艺要求首先在注射机的控制面板上设定的。

液压油路原理如图5-13所示，注塑过程工艺流程图如图5-14所示，液压油路系统开关阀工作顺序见表5-7。液压油路系统开关阀工作顺序表与注塑过程工艺流程图配合来看，可以看出动作顺序和阀的线圈通电与工艺流程图箭头指向吻合，读者可根据图5-13、图5-14及表5-7推敲一下。

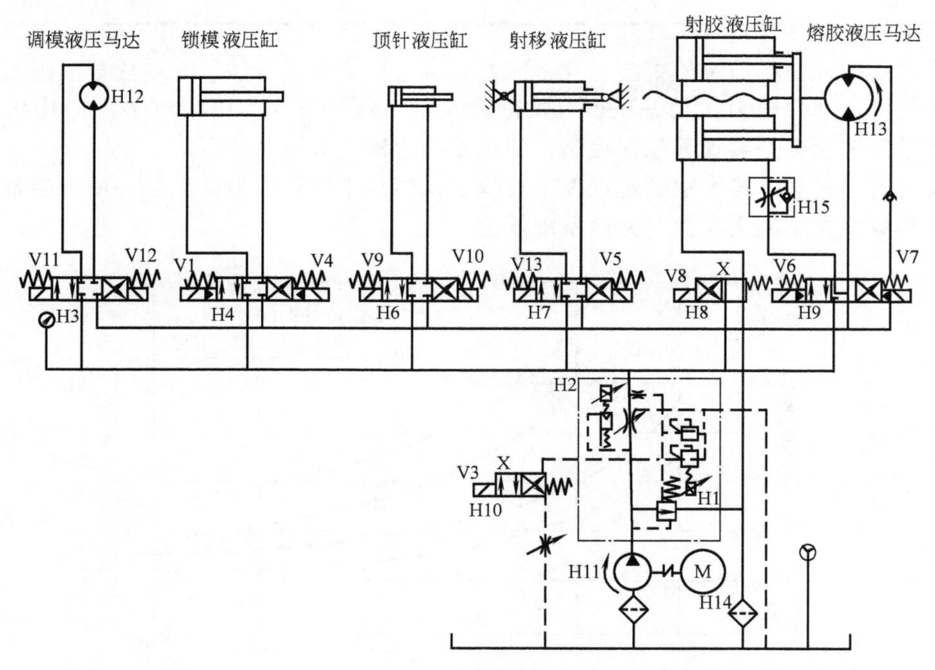

图5-13　液压油路原理

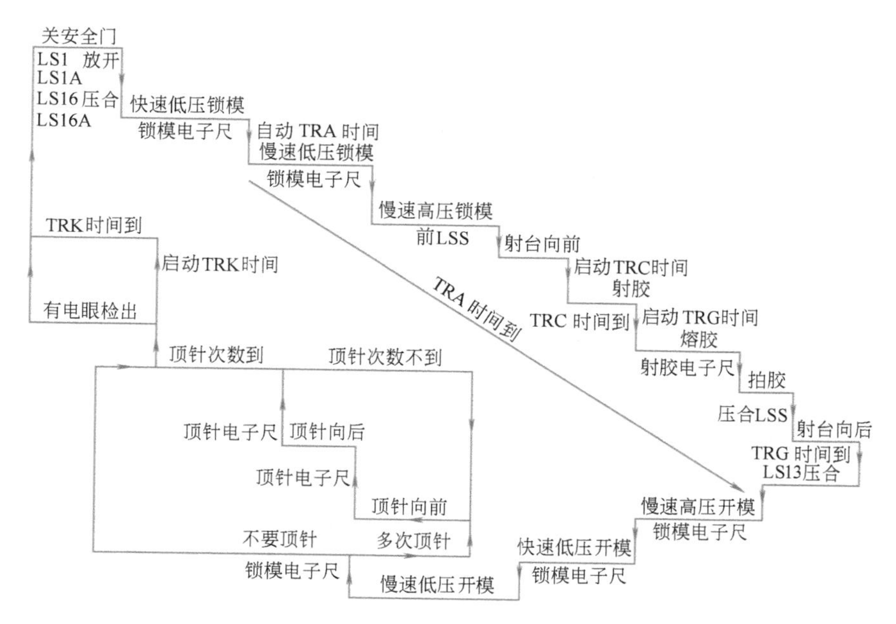

图 5-14　注塑过程工艺流程图

表 5-7　液压油路系统开关阀工作顺序

动　作		电　磁　阀													
		H1	H2	V1	V3	V4	V5	V6	V7	V8	V9	V10	V11	V12	V13
1	快速锁模	+	+	+											
2	低压锁模	+	+	+	+										
3	高压锁模	+	+	+											
4	射台向前	+	+				+								
5	一级射胶	+	+				+	+							
6	二级射胶	+	+				+	+							
7	三级射胶	+	+				+	+							
8	熔胶	+	+						+						
9	拍胶	+	+							+					
10	射台向后	+	+												+
11	慢速高压开模	+	+			+									
12	快速低压开模	+	+			+									
13	慢速低压开模	+	+			+									
14	顶针向前	+	+								+				
15	顶针向后	+	+									+			
16	调模向前	+	+										+		
17	调模向后	+	+											+	

注："+"表示电磁阀接通电源。

（2）控制阀　按其执行件在注射机上的位置而分别组合在两块油路板上，这两块阀板一个称为锁模油路板（图 5-15），一个称为射胶油路板（图 5-16）。锁模油路板上，装有比例压力阀 H1 和比例流量阀 H2、锁模控制阀 H4 和调模控制阀 H3、顶针控制阀 H6 和低压锁模控制阀 H10 以及抽芯控制阀。射胶油路板上，装有射胶嘴进退控制阀 H7、螺杆进退控制阀 H8 和螺杆旋转控制阀 H9。它们的功能分别为：H1，控制压力；H2，控制速度；H3，调节模板进退；H4，锁模、开模；H6，顶针进退；H7，射胶嘴进退；H8，螺杆后退（抽胶）；H9，螺杆前进、旋转（射胶、熔胶）；H10，低压锁模。它们的工作状况都由指示灯显示，可根据指示灯的显示来分析故障。

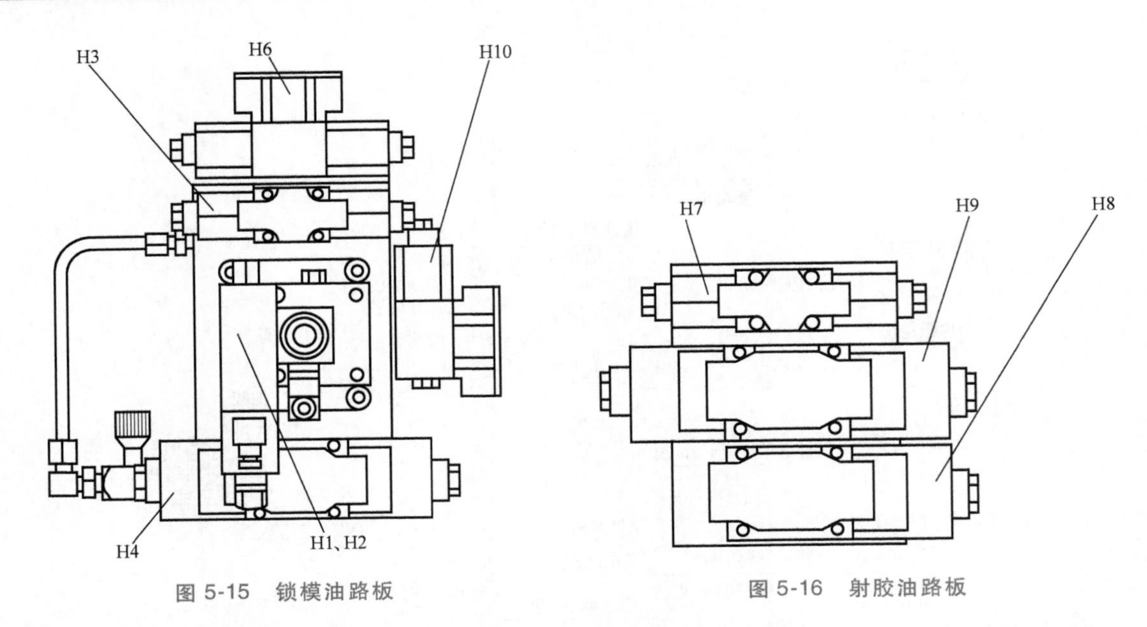

图 5-15 锁模油路板

图 5-16 射胶油路板

液压油路系统开关阀工作顺序表可以告诉我们注射机在一周期内某动作有哪些元件在工作，可以帮助查找事故原因，V1～V13 是电磁铁编号，也称为注塑工艺动作开关阀。

2. 合模系统

合模系统的作用是推动模具进行开合运动，使动模板做启闭模往返移动，锁紧模具的力要大于注射压力，使塑料制品没有飞边。合模系统主要由四根拉杆和螺母把前后模板连接起来形成整体刚性框架。动模板装在前、后模板之间，后模板上固定合模液压缸；动模板在合模液压缸的作用下以四根拉杆为导向柱做启闭模运动。模具的动模装在动模板上，而定模则装在前固定模板上。当模具闭合后，在合模液压缸压力作用下，产生额定合模力，锁紧模具，防止模具注入高压熔体时模具的型腔张开。当合模时，模具拉杆和前、后模板形成力的封闭系统达到平衡状态。注塑过程合模动作如图 5-17 所示。合模动作包括：关安全门、锁模、注射、保压、熔胶、冷却、抽胶、开模和制品顶出等。

在动模板的后侧装有液压及机械顶出装置。动模板在开启模具时，可通过模具中的顶出机构，从模腔中顶出制品。动模板或定模板上还装有调模机构，以便在一定的范围内调节模具厚度。在液压机械式合模机构中，还要通过调模机构来调试合模力的大小，以防止超载。

合模框架的前后侧设有安全罩、安全门以及液压、机械安全保护装置。为了确保安全，一般都有液压装置和电气限位开关与安全门双

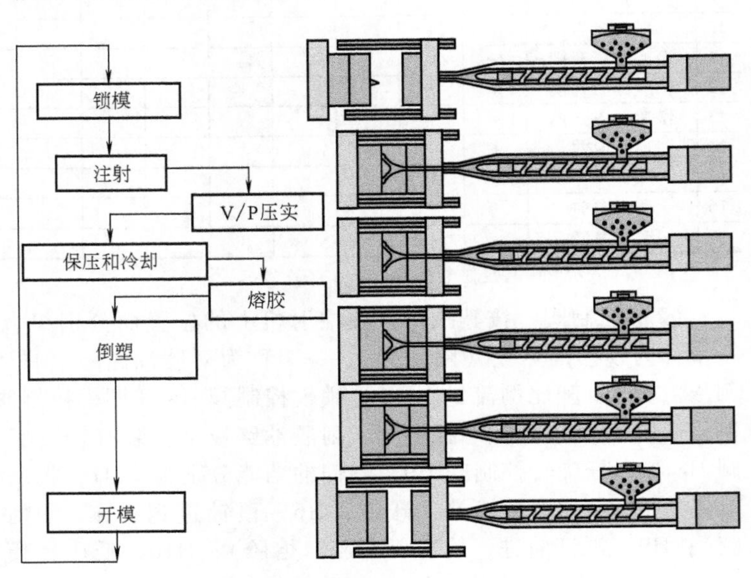

图 5-17 注塑过程合模动作

重联锁，当只有安全门闭合时才能进行闭模动作。

3. 注射系统、射台移动系统

注射机注射系统的作用是使物料塑化和熔融，并在高压和高速下将熔体注入模腔。注射系统主要由塑化装置、螺杆驱动装置、计量装置、注射动作装置、注射座以及整体移动装置、行程限位装置以及加料斗装置等组成。塑化装置又由螺杆和加热机筒组成，在螺杆头部装有防止熔体倒流的止逆环和各种剪切或混炼元件；螺杆驱动装置主要由减速装置、轴承支架、主轴套和螺杆驱动电动机或液压马达组成。预塑化时，动力通过主轴套和轴承支架上的减速装置带动螺杆旋转。

注射动作装置主要由注射液压缸、活塞及喷嘴组成。在注射时，液压缸产生注射推力，通过主轴推动螺杆向头部熔体施加高压，使熔体通过喷嘴充入模腔。注射座是一个可以在机身上移动的基座，塑化装置、注射动作装置以及计量装置和料斗都固定在注射座上。注射座在液压缸的作用下，可以整体前进或后退，使喷嘴与模具接触或离开。

4. 冷却系统

冷却系统用于冷却液压油、料口和模具。它是一个封闭的循环系统，能将冷却水分配到几个独立的回路上并能对其流量进行调节，通过检测水的温度，实行闭环调节。

5. 安全保护与监测系统

注射机的安全装置主要是用于保护人和机器的安全。由安全门、行程阀、限位开关、光电检测元件等组成，实现电气、机械、液压的联锁保护。监测系统主要对注射机的油温、料温、系统超载以及工艺和设备故障进行监测，发现异常情况即进行指示或报警。

5.2.5　注射机的电气控制系统

电控系统是注射机的“中枢神经”，它控制着注射机的各种程序及其动作；对时间、位置、压力、速度和转速等进行控制。主要由计算机及接口电路、各种检测元件及液压驱动放大电路组成闭环调节系统。

1. 输入输出模块的硬件实现

输入输出（I/O）通道是计算机控制系统的主要组成部分，通常是指模拟量输入通道（AI）、模拟量输出通道（AO）、数字量输入通道（DI）、数字量输出通道（DO）、信号调理电路（SC）、继电器电路（RL）及特殊信号的处理。在本系统中，I/O通道的作用是连接嵌入式计算机和执行板的信号通道，即嵌入式计算机产生的所有控制信号，都需要通过执行板进行一定的处理后，才能去驱动各个执行机构进行动作。

注射机控制系统的I/O接口较多，包括32个输入点和28个开关量输出点，下面就详细介绍I/O接口板的设计方法。

输入输出（I/O）模块的硬件框图如图5-18所示。

2. 数字量输入通道

数字量输入通道主要包括光耦隔离电路和8位移位寄存器电路。光耦隔离电路的作用是将执行板与执行机构在电气上隔离开，防止高压产生干扰，破坏CPU程序运行。光耦隔离电路有32路，每一个电路都是相同的，每一路输入信号的含义在电路接线中已经规定。注射机行程开关输入接线图如图5-19所示。8位移位寄存器电路是将并行输入的信号转换为串行输出，实现这个功能的芯片是74HC165，总共用5片转换芯片，每一片实现8路并行输入，一路串行输出，因此40路数字量输入经过这样转换后就变成5路数字量输入。

3. 6路热电偶模拟信号输入通道

6路热电偶输入信号分别是T2-与T2+、T3-与T3+、T4-与T4+、T5-与T5+、T6-与T6+、T7-与T7+，分别对应螺杆的6段温度线。

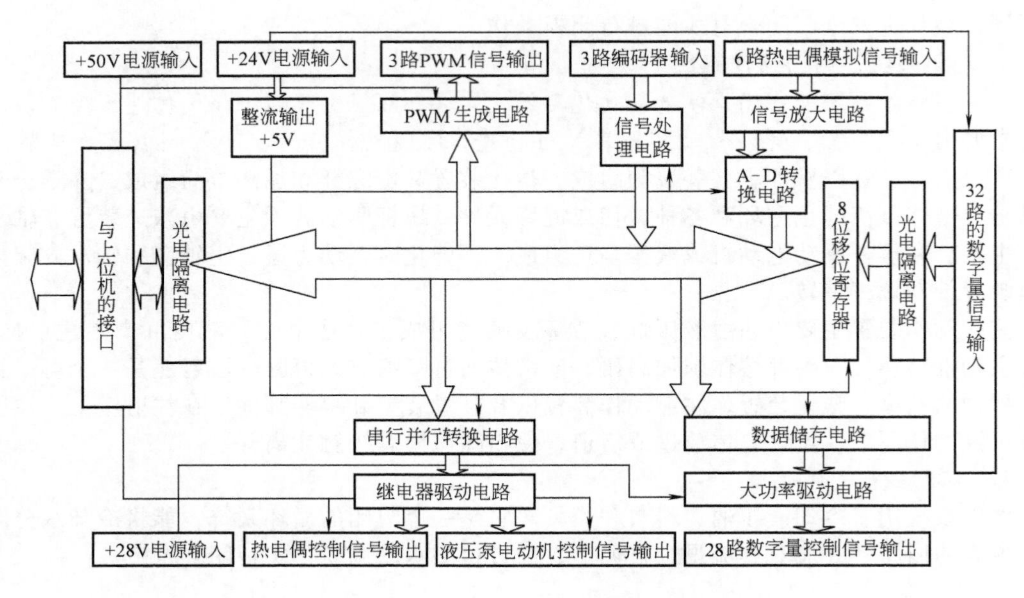

图 5-18 输入输出（I/O）模块的硬件框图

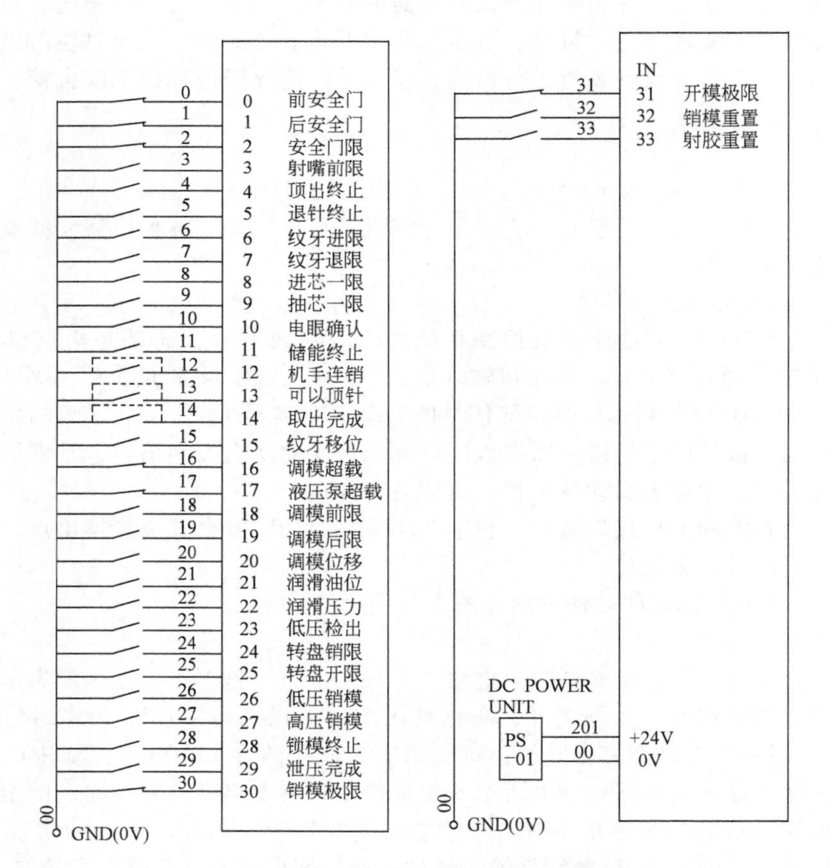

图 5-19 注射机行程开关输入接线图

注射机加热器热电偶电路、比例阀电路、编码器电路如图 5-20 所示。

热电偶信号是模拟信号，在输入到计算机进行处理之前，需要将模拟信号转化为数字信

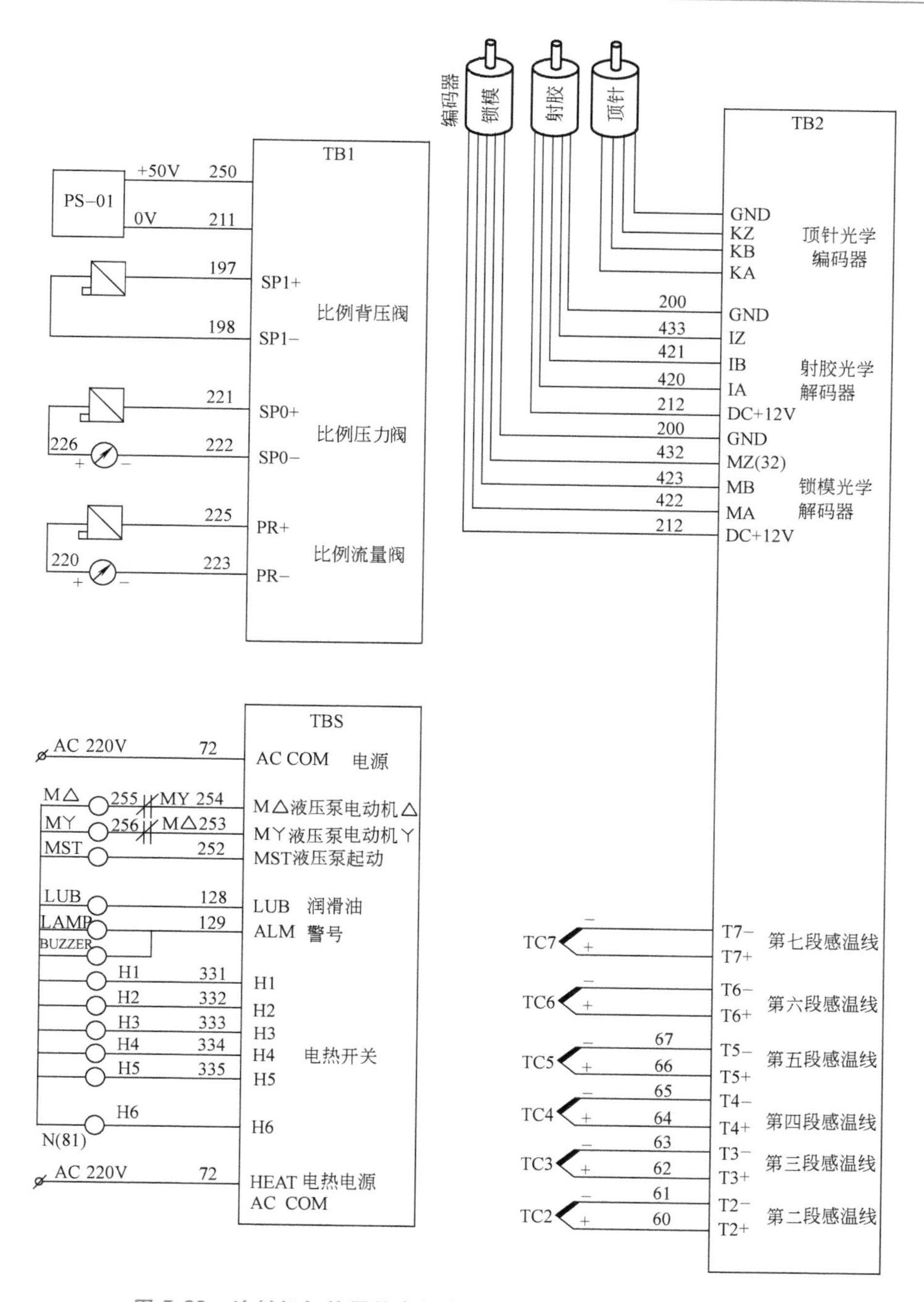

图 5-20　注射机加热器热电偶电路、比例阀电路、编码器电路

号，这也是热电偶信号输入电路的主要作用，它包括两部分：一个是模拟信号放大电路，一个是 A-D 转换电路。具体如图 5-21 所示。

放大电路采用 AD622 芯片来实现，每一路需要一个 AD622 转换芯片，总共 6 路；经过放大后的模拟信号输入到 A-D 转换电路，A-D 转换采用日本 NEC 公司的 D7011C 芯片来实现，每一片有 2 路 A-D 转换，6 路模拟信号需要三片。

4. 3 路光学编码器输入通道

3 路光学编码器分别是顶针光学编码器、射胶光学编码器和锁模光学编码器。编码器的输出信号是数字量，因此不用结果转换就可以直接输入到计算机进行处理。3 路光学编码器接线电路如图 5-20 所示。

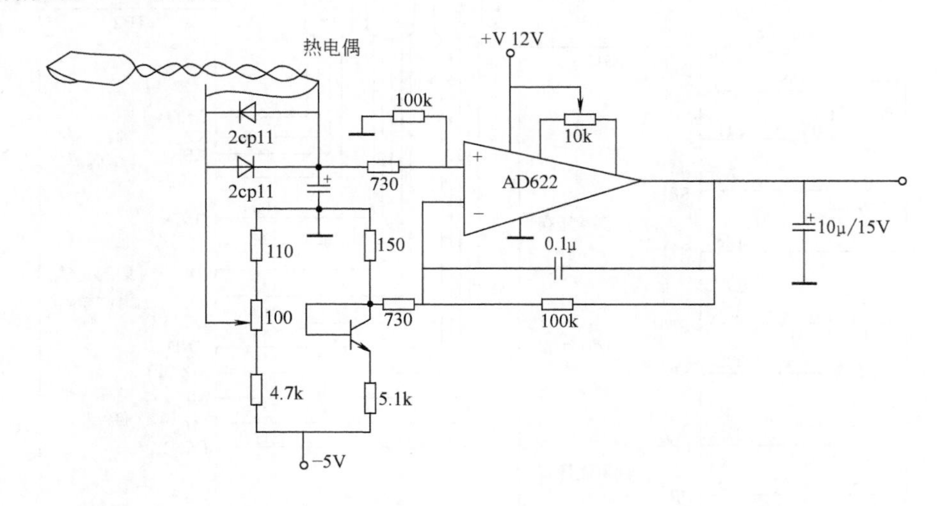

图 5-21 热电偶信号输入电路

5. 数字量输出通道

数字量输出通道是将计算机输出的控制信号经过一定的处理后，输出去驱动执行机构进行动作。每一路输出信号的含义在电路接线中已经规定。注射机行程开关阀输出接线图如图 5-22 所示。

输出通道主要包括数据锁存电路和大功率驱动电路。数据锁存电路采用 74HC244 芯片来实现，一共 4 片，每片锁存 8 位，共 32 位；大功率驱动电路采用达林顿大功率驱动管。

6. 加热器输出和液压泵电动机控制输出通道

加热系统是用来加热螺杆筒及注射喷嘴的，注射机螺杆筒一般采用电阻加热圈，套在螺杆筒外部并用热电分段检测。热量通过筒壁向内传递，为物料塑化提供热源。加热器输出控制主要是螺杆六段温度控制继电器线圈 H1～H6，如图 5-20 所示。计算机系统通过温度传感器 TC2～TC7 采集螺杆的六段热电的温度值，经过计算机 PID 运算后确定每一段加热器的控制继电器开或者关，继电器输出形式是脉冲宽度调节（PWM）的开关量输出，去控制加热器动作。

这一部分电路包括继电器驱动电路和串行并行转换电路两部分：由于加热器温度控制和液压泵电动机控制都属于强电控制，因此需要用继电器来实现，所以有了继电器控制电路部分；串行并行转换电路主要是为了节省计算机的 I/O 资源，采用这个电路只需要占用计算机的一路 I/O 口就可以实现八路输出，串行并行转换芯片采用 74HC240 芯片。

图 5-23 所示为 3 路热电偶输出控制电路。

7. PWM 信号输出通道

PWM 信号驱动电路采用 TIP147 达林顿管来实现。PWM 信号输出通道有两路，分别是比例压力阀和比例流量阀，其接线电路如图 5-20 所示。图 5-20 中 SP0+接到比例压力阀线圈，经安培电流表回到 SP0-，同样，比例流量阀接线也是流过线圈和电流表。

8. 注射机低压电源和电动机主回路控制线路图

整个执行板上总共有 4 种电源输入，分别是+50V、+28V、+24V 和+12V，采用 4 种电源是因为在执行板上的各种器件所要求的供电电压不同。

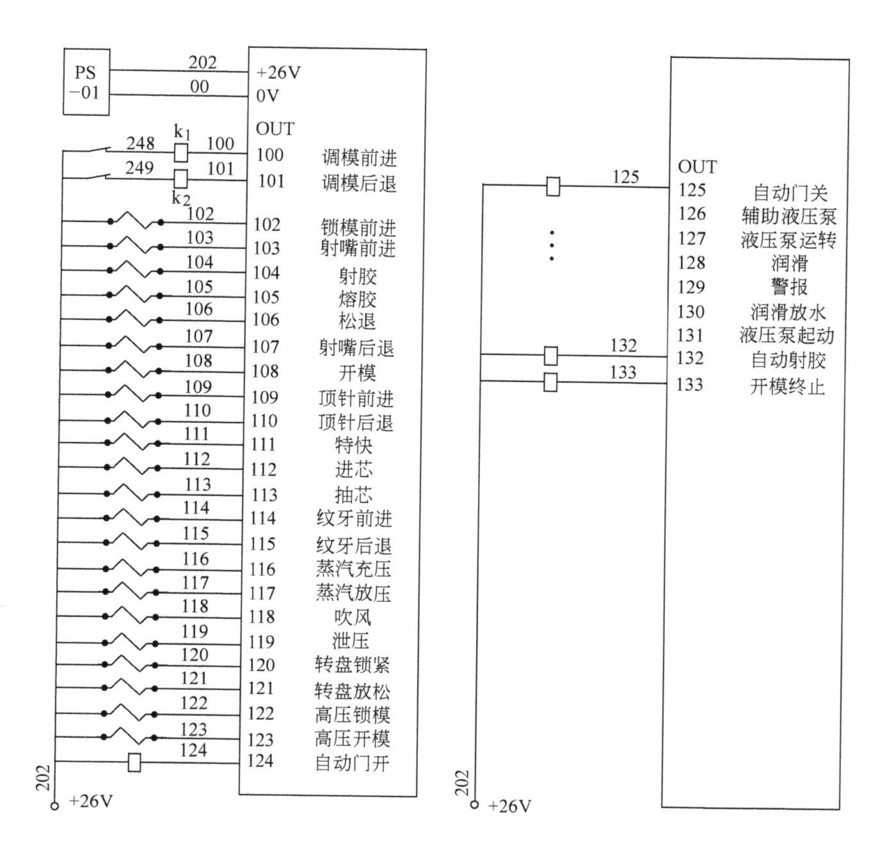

图 5-22　注射机行程开关阀输出接线图

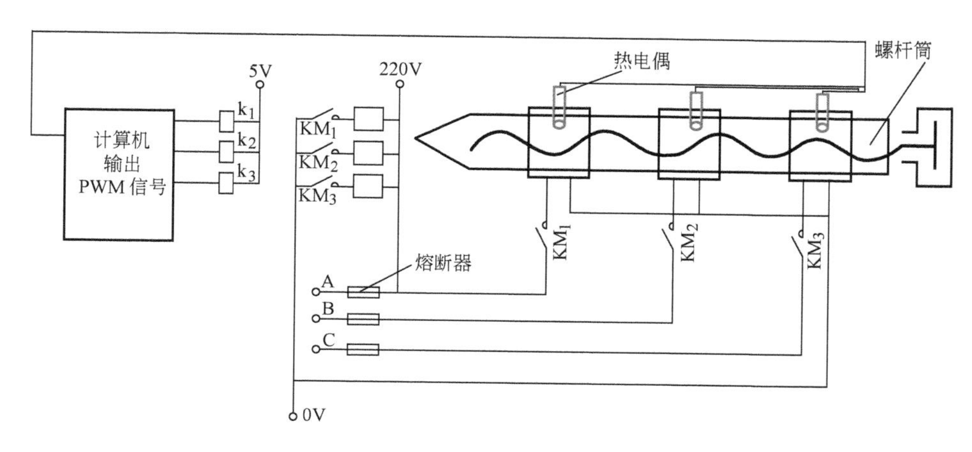

图 5-23　3 路热电偶输出控制电路

+50V 电源是为 PWM 信号产生电路供电，PWM 产生电路所用的器件 TIP147 达林顿管需要+50V 电源。

+28V 是为所有的数字量输出口供电。

+24V 有两个作用，一是为所有的数字量输入口供电，另一是经过整流后输出+5V 电压，这个+5V 电压供给所有的 IC 芯片。

这些低压电源由变压器和整流板 PS—1 组成，如图 5-24 所示。

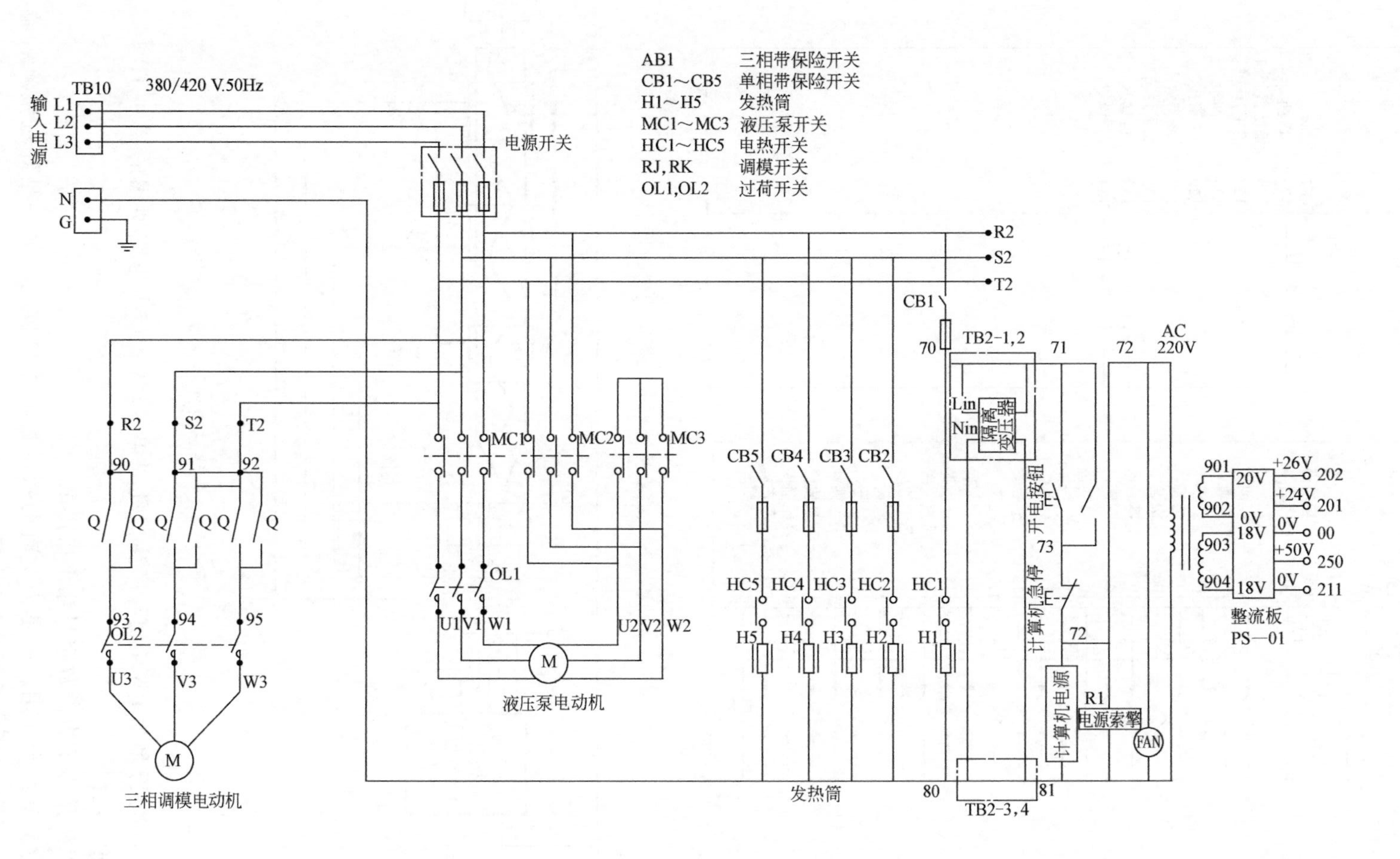

图 5-24　注射机主回路控制线路图

注射机有两个电动机，一个是液压泵电动机，另一个是调模电动机。液压泵电动机起动控制由计算机实现Y-△运转，其中Y-△起动互锁是由M△和MY实现的（图5-20）。

5.3 其他高分子材料成型设备

在大多数情况下，一次成型是通过加热使塑料处于黏流态的条件下，经过流动、成型和冷却硬化（或交联固化），而将塑料制成各种形状的产品的方法；二次成型则是将一次成型所得的片、管、板等塑料成品，加热使其处于类橡胶状态（在材料的 T_g-T_t或 T_m之间），通过外力作用使其形变而成型为各种较简单形状，再经冷却定型而得到产品。一次成型法能制得从简单到极复杂形状和尺寸精密的制品，应用广泛，绝大多数塑料制品是通过一次成型法制得的。一次成型法包括挤出成型、注射成型、模压成型、压延成型、铸塑成型、传递模塑成型、模压烧结成型以及泡沫塑料的成型等，且前四种方法最为重要。

5.3.1 橡胶成型设备及自动化

本节介绍橡胶成型设备，重点介绍橡胶挤出机（又称为压力机），它是橡胶加工的主要设备之一，其分类见表5-8。由于橡胶工业新材料、新工艺、新技术的不断出现，除传统的热喂料挤出机外，又涌现出一些新型橡胶冷喂料挤出机、排气挤出机、螺杆连续混炼挤出机、排料挤出机等。

表5-8 橡胶挤出机的分类

<table>
<tr><td rowspan="22">橡胶挤出机</td><td rowspan="14">橡胶半成品挤出机</td><td colspan="5">热喂料挤出机</td></tr>
<tr><td rowspan="13">冷喂料挤出机</td><td rowspan="12">普通冷喂料挤出机</td><td rowspan="5">压型挤出机</td><td rowspan="2">胎面挤出机</td><td>普通胎面挤出机</td></tr>
<tr><td>复合胎面挤出机</td></tr>
<tr><td colspan="2">内胎挤出机</td></tr>
<tr><td colspan="2">胶管挤出机</td></tr>
<tr><td colspan="2">异型截面挤出机</td></tr>
<tr><td rowspan="3">压片挤出机</td><td rowspan="2">片材挤出机</td><td>普通片材挤出机</td></tr>
<tr><td>复合片材挤出机</td></tr>
<tr><td colspan="2">运输带挤出机</td></tr>
<tr><td colspan="3">电线电缆复合胶挤出机</td></tr>
<tr><td rowspan="2">绕贴挤出机</td><td colspan="2">胎面绕贴挤出机</td></tr>
<tr><td colspan="2">胶管绕贴挤出机</td></tr>
<tr><td colspan="3">子午胎钢丝层挤出机</td></tr>
<tr><td colspan="4">排气冷喂料挤出机</td></tr>
<tr><td rowspan="8">橡胶原材料加工及处理挤出机</td><td rowspan="2">炼胶挤出机</td><td colspan="4">螺杆塑炼挤出机</td></tr>
<tr><td colspan="4">螺杆连续混炼挤出机</td></tr>
<tr><td rowspan="3">胶料处理挤出机</td><td colspan="4">滤胶挤出机</td></tr>
<tr><td colspan="4">造粒挤出机</td></tr>
<tr><td colspan="4">下片挤出机</td></tr>
<tr><td rowspan="2">胶硫脱水挤出机</td><td colspan="4">脱硫挤出机</td></tr>
<tr><td colspan="4">脱水挤出机</td></tr>
<tr><td colspan="5">供胶挤出机</td></tr>
</table>

1. 橡胶挤出机的基本结构和工作原理

橡胶挤出机的基本结构如图5-25所示。胶料从喂料口喂入，再由电动机通过减速器带动旋转的螺杆进入螺槽。胶料在旋转螺杆的推动下向前移动，从机头的口型中以一定形状挤出，完成挤出过程。

喂料段的作用是吃进胶料并在螺杆推挤的作用下，在螺杆沟槽表面与机筒之间形成相对

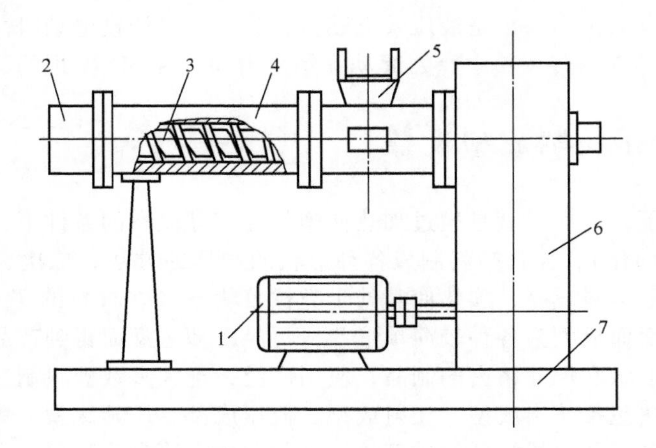

图 5-25 橡胶挤出机的基本结构

1—电动机 2—机头 3—螺杆 4—机筒

5—喂料口 6—减速器 7—底座

运动，在喂料口连续形成胶团，这些胶团随螺杆转动而前进并逐渐被压实，胶料由硬变软，过渡到塑化段。

塑化段将胶料进一步压实、加热和塑化。胶料由高弹的固体状态向黏弹状态转化。挤出段的作用是将塑化段输来的胶料稳定地向机头挤出。

2. 橡胶挤出机的基本技术参数

（1）螺杆直径与长径比 螺杆直径 D 指螺杆工作部分的外径。橡胶挤出机的规格一般以螺杆直径来表示。其系列为 ϕ45mm、ϕ60mm、ϕ90mm、ϕ120mm、ϕ150mm、ϕ200mm、ϕ250mm、ϕ300mm。

螺杆工作部分长度 L 与直径 D 的比（L/D）称为螺杆长径比。较大的长径比有利于胶料的均匀混合和塑化，也有利于挤出过程的稳定性，从而提高半成品的质量，但过大的长径比会导致功率消耗增大以及挤出温度过高，从而造成胶料烧焦。热喂料挤出机的长径比一般为3.5~6，冷喂料挤出机一般为12~20，排气挤出机一般为14~22。

（2）螺杆转速 螺杆转速直接影响挤出过程的生产能力、功率消耗、挤出温度、挤出质量、挤出压力及轴向力。挤出机的螺杆转速见表 5-9。提高螺杆转速的同时要考虑驱动功率、挤出温度和挤出质量是否得到保证。

表 5-9 挤出机的螺杆转速 （单位：r/min）

螺杆直径/mm	45	60	75	90	120	150	200	250	300
热喂料挤出机	75	70	—	70	65	65	55	55	45
排气挤出机	60	55	55	50	45	40	30	—	—
冷喂料挤出机	70	65	—	60	55	45	35	30	25

（3）挤出压力与轴向力

1）挤出压力。胶料在挤出机内流动时，因受到机头内腔流道阻力和螺杆的挤压作用，使胶料在机筒内的压力沿胶料流动方向逐渐升高，在螺杆头端部附近达到最大值，该值称为挤出压力或机头压力。

影响挤出压力的因素是多方面的。硬胶料的挤出压力大于软胶料；随着挤出口型截面积的减小和螺杆转速的增加，挤出压力也在增加。较大的挤出压力利于提高挤出制品致密性，但过高的挤出压力会使挤出温度过高。

2）轴向力。螺杆轴向力由作用在螺杆上的两个不同的力所组成：①螺杆头端胶料对螺杆的反压力（胶料的静压力）作用在螺杆端面上引起的静压轴向力；②螺杆旋转推动胶料运动时，胶料对螺杆表面阻力的轴向分力而引起的动压轴向力。

（4）挤出温度　在挤出过程中，胶料受到强烈的剪切与挤压作用，胶料温度逐渐升高，当到达机头时，其温度升高到最大值，该值称为挤出温度。挤出温度受螺杆转速影响最大，其次是胶料的品种、螺杆结构形成和流道的阻力等。挤出温度对挤出机生产能力影响十分显著，因此在寻求提高生产能力的途径时，应从各个方面去考虑如何在较低的挤出温度下提高螺杆转速来提高生产能力。

（5）功率　挤出机驱动功率的大小主要取决于螺杆的几何尺寸与结构、螺杆转速、胶料的加工性能和机头流道的阻力等。挤出机的驱动功率见表5-10。

表5-10　挤出机的驱动功率　（单位：kW）

螺杆直径/mm	45	60	75	90	120	150	200	250	300
热喂料挤出机	5.5	10	—	22	40	55	75	100	165
排气挤出机	10	22	30	45	90	150	260	—	—
冷喂料挤出机	10	22	—	55	100	200	320	550	700

（6）生产能力　生产能力是挤出机的综合性能指标，它受许多因素的影响。在设备方面，主要是螺杆直径、螺槽深度、螺纹升角、螺纹长度、螺杆与机筒的间隙、螺杆结构、机筒结构、喂料段结构和机头流道的结构等；在工艺条件方面，主要是螺杆转速、螺杆与挤出机各段温度的分布和挤出温度的选择等；在加工对象方面，主要是胶料黏度、胶料种类、胶料配合剂等。因此，挤出机性能的优劣，相同条件下的生产能力大小是最重要的评判标准。各种挤出机的生产能力见表5-11。

表5-11　各种挤出机的生产能力　（单位：kg/h）

螺杆直径/mm	45	60	75	90	120	150	200	250	300
热喂料挤出机	40	75	—	250	530	1050	1800	3600	4500
排气挤出机	30	65	110	200	420	680	1200	—	—
冷喂料挤出机	35	75	—	230	500	800	1500	2500	3500

3. 橡胶挤出机的控制系统

（1）电动机的选择　橡胶挤出机的驱动电动机通常有交流电动机、整流子电动机和直流电动机。一般用途的挤出机可用多速电动机或采用多档调速减速箱实现有级调速。这种调速方法控制简单、噪声低且造价低廉，但难于满足各种挤出胶料和挤出半成品对转速的要求，尤其在复合胎面、压片、供胶等作业中更难得到满足，因此近代的橡胶挤出机很少采用交流电动机。在出现晶闸管直流调速以前，常使用整流子电动机，它能容易地实现平滑的无级变速，同时控制系统也比较简单。然而，由于整流子电动机有大而多的电刷，高速运转下噪声大而且容易产生火花，易于对控制仪表产生干扰，在推广微型计算机应用的今天，这一问题更值得注意。目前工业化国家的挤出机一般采用晶闸管的直流调速电动机，它能实现较大范围内的无级变速，噪声比整流子电动机低，但造价较高，噪声也比交流电动机大。因此，直流电动机也不是很理想的驱动电动机。近年来，国内外有些厂家已采用变频调速电动机，它可直接采用交流电动机改变频率来实现调速，这种调速方法最大的优点是调速范围特大，能大幅度节省能源，噪声低，对控制仪表系统干扰小，不足之处是控制系统比较复杂，造价高。但随着技术的发展、微型计算机的应用，这种调速方法造价会相对降低，是一种前景很好的调速方法。

（2）自动供料装置 自动供料装置主要是将胶片自动输送至挤出机的喂料口，实现对挤出机的自动供料。同时在供料过程中，能够实现对胶片混入金属杂质的检测。自动供料装置是现代冷喂料挤出机不可缺少的配套装置。自动供料装置主要有两种类型：切刀式自动供料装置和无切刀式自动供料装置。

1）切刀式自动供料装置。切刀式自动供料装置主要组成部分有斜坡供料带、夹持带及抬起夹持带用的气缸、金属探测器、旋转切刀、平衡辊及平衡辊的调速开关、驱动电动机与装置、配电盘、支架等。具体操作过程如下：

① 通空气阀，由气缸将夹持带抬起，将胶片放入胶片带上。

② 断空气阀，夹持带下落，将胶片夹持在供料带上。

③ 驱动电动机，供料带将胶片向喂料口输送。

④ 胶片经过金属探测器时，若发现胶片夹带金属杂物，装置则停止输送，并由自动装置将金属切除；胶片正常无金属杂物时，供料正常进行。

⑤ 胶片通过旋转切刀的工作位置时，胶片被切成连续的“Z”型。

⑥“Z”型胶片构成带状，通过平衡辊和过渡辊送入挤出机喂料口。

⑦ 挤出机螺杆与旁压辊将胶片吃入，从而对胶片形成一个拉力，此拉力与平衡辊平衡后，胶片稳定地喂入挤出机。

2）无切刀式自动供料装置。无切刀式自动供料装置主要组成部分有供料带、压辊气缸、金属探测器、浮动辊床、调速传感器气缸、支架等。具体的操作过程如下：

① 接通压辊气缸开关，抬起压辊将胶片放入夹持缝中。

② 切断压辊气缸开关，放下压辊并将胶片压紧。

③ 起动供料带，带动胶片向前输送。

④ 胶片经过金属探测器时，若发现胶片夹带有金属杂物，则停机处理；若胶片正常，则胶片继续向前输送。

⑤ 胶片经过浮动辊床下垂，进入喂料口。

⑥ 挤出机吃料的拉力与浮动辊床的张紧力（由传感器气缸产生）平衡后，胶片以一定的紧度进入挤出机。通过传感器气缸传递压力信号改变电动机转速，以协调供料与喂料速度。

（3）温控装置 通常，热喂料挤出机是采用开炼机热炼供胶，喂入的胶片已经具有较高的温度和塑化程度。因而，热喂料挤出机的功能主要是进一步提高喂入胶片的温度和塑化程度，并实现连续挤出成型。在热喂料挤出机机筒螺杆系统中，胶片的状态没有发生明显的变化，同时，不同类型的胶料可以通过控制开炼机热炼的时间和条件来达到喂入胶料的要求。因此，热喂料挤出机没有很严格要求控制温度，所以热喂料挤出机很少使用温控装置。但冷喂料挤出机的情况就大不一样了，喂入的胶料既冷又硬，各种冷硬胶料都必须由冷喂料挤出机本身来实现其挤出的工艺要求。从冷到热，从硬到软以及从非匀化到匀化等过程经历明显的变化阶段，而各阶段又相互影响。在其他操作条件恒定时，挤出机各段温度对挤出过程起着决定性作用。如果各段温度发生变化，则挤出过程的挤出速度、挤出温度和膨胀率都将发生变化，导致挤出操作失去稳定，严重地影响半成品的质量。在没有温控装置的情况下，只有凭借经验对各段温度进行手动调节，但挤出过程往往对影响因素有严重的滞后现象，使操作人员难于获得比较精确的操作条件，甚至使操作人员无可适从。另一方面，在实际操作中，即使各段温度都调得很合适，但由于供水系统直接受外界用户的影响，冷却水的压力在不断变动，影响冷却水的传热效果，从而影响挤出机各段的温度，这一因素就更难以掌握。挤出温度是挤出过程的综合指标，它对挤出半成品的质量有很大影响。挤出温度除受各段温度影响外，还受到胶料种类、螺杆构型、螺杆转速、喂料情况、口型尺寸和环境温度等的影响。因此，用手动控制冷喂料的挤出温度是十分困难的，保证挤出质量就更困难了。所以，现在为了保证冷喂料挤出机的挤出质量，一般在冷喂料挤出机中都采用热水循环温控装置。温控装置的分类见表5-12。

表5-12 温控装置的分类

<table>
<tr><td rowspan="8">冷喂料挤出机温控装置</td><td rowspan="3">蒸汽加热型温控装置</td><td rowspan="2">直接加热型温控装置</td><td colspan="3">非循环型温控装置</td></tr>
<tr><td colspan="3">循环型温控装置</td></tr>
<tr><td colspan="4">间接加热型温控装置</td></tr>
<tr><td rowspan="5">电加热温控装置</td><td colspan="4">直接电加热温控装置</td></tr>
<tr><td rowspan="4">间接电加热温控装置</td><td rowspan="3">直接冷却型温控装置</td><td colspan="2">开放型温控装置</td></tr>
<tr><td rowspan="2">封闭型温控装置</td><td>低温型温控装置</td></tr>
<tr><td>高温型温控装置</td></tr>
<tr><td colspan="3">间接冷却型温控装置</td></tr>
</table>

5.3.2 压制成型设备及自动化

压制成型，是塑料成型加工技术中历史最久，也是最重要的方法之一，主要用于热固性塑料的成型。根据材料的性能、形状和成型加工工艺的特征，又可分为模压成型和层压成型。

模压成型又称为压缩模塑，这种方法是将粉状、粒状、碎屑状或纤维状的塑料放入加热的凹模模槽中，合上凸模后加热使其熔化，并在压力作用下使物料充满模腔，形成与模腔形状一样的制品，再经加热（使其进一步发生交联反应而固化）或冷却（对热塑性塑料应冷却使其硬化），脱模后即可得制品。

模压成型主要用于热固性塑料制品的生产。对于热塑性塑料，由于模压成型的生产周期长，生产率较低（模具交替加热和冷却，生产周期长），同时易损坏模具，故生产中很少采用。随着成型加工技术的发展，在传递模塑出现后，紧接着又产生了热固性塑料的注射成型，所以模压成型的应用受到一定限制，但目前仍有较广泛的应用，特别是生产某些大型特殊制品时，还常采用此成型方法。用模压法加工的塑料主要有酚醛塑料、氨基塑料、环氧树脂、有机硅（主要是硅醚树脂制的压塑粉）、硬聚氯乙烯、聚三氟氯乙烯、氯乙烯与醋酸乙烯共聚物、聚酰亚胺等。

模压成型与注射成型相比，生产过程的控制、使用的设备和模具较简单，较易成型大型制品。热固性塑料模压制品具有耐热性好、使用温度范围宽、变形小等特点；但其缺点是生产周期长、效率低、较难实现自动化，因而工人劳动强度大，不能成型复杂形状的制品，也不能模压厚壁制品。

1. 模压成型的工艺过程

模压成型通常是在油压机或水压机上进行。模压的原料（树脂或塑料粉及其他组分）常为粉状，有时也呈纤维束状或碎片状。将其在室温下按一定重量预压成一定形状的锭料或压片，减少塑料成型时的体积，有利于加料操作和提高加热时的传热速度，从而缩短了模压时间，粉状原料也可不经预压而直接使用。加料前常对原料进行预热，即将原料置于适当的温度下加热一定时间，既可排除原料中某些挥发物（如水分等），又可提高原料温度、缩短成型时间，预热常用烘箱、真空干燥箱、远红外加热器或高频加热器等。由于热固性塑料的成分中含有具有反应活性的物质，预热温度过高或时间过长，会降低其流动性（图5-26），所以在预热温度确定后，预热时间应控制在获得最大流动性的时间 t_{max} 的极小范围内为佳。经过预热的原料即可进行模压。模压过程主要包括加料、闭模、排气、固化、脱模和吹洗模具等几个步骤，其典型过程如图 5-27 所示。

（1）加料　按需要往模具内加入规定量的塑料，加料多少直接影响制品的密度与尺寸等。加料量多则制品毛边厚，尺寸准确性差，难以脱模并可能损坏模具；若加料量少则制品不紧密，光泽差，甚至造成缺料而产生废品。加料可用重量法、容量法和计数法三种。重量法准确，但较麻烦，多用在制品尺寸要求准确和难以用容量法加料的塑料（如碎屑状、纤维状塑料）；容量法不如重量法准确，但操作方便，一般用于粉料计量；计数法只用于预压物加料。

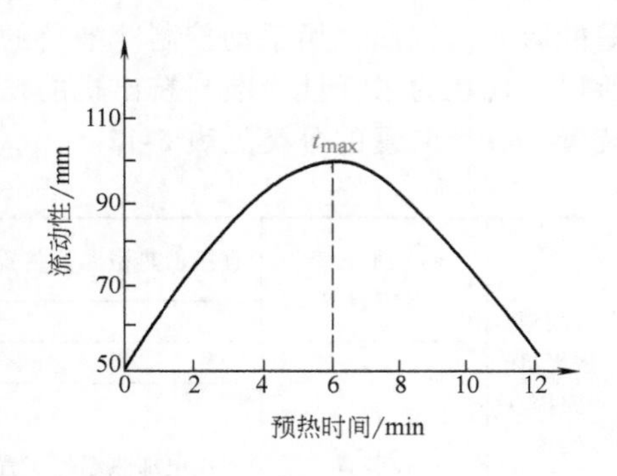

图 5-26　预热时间对流动性的影响（热固性酚醛压塑粉，180℃±10℃）

（2）闭模　加料完后即使凸模和凹模相闭合。合模时先用快速，待凹、凸模快接触时改为慢速。先快后慢的操作法有利于缩短非生产时间，防止模具擦伤，避免模槽中原料因合模过快而被空气带出，甚至使嵌件移位，成型杆或模腔遭到破坏。待模具闭合即可增大压力（通常达15~35MPa）对原料加热加压。

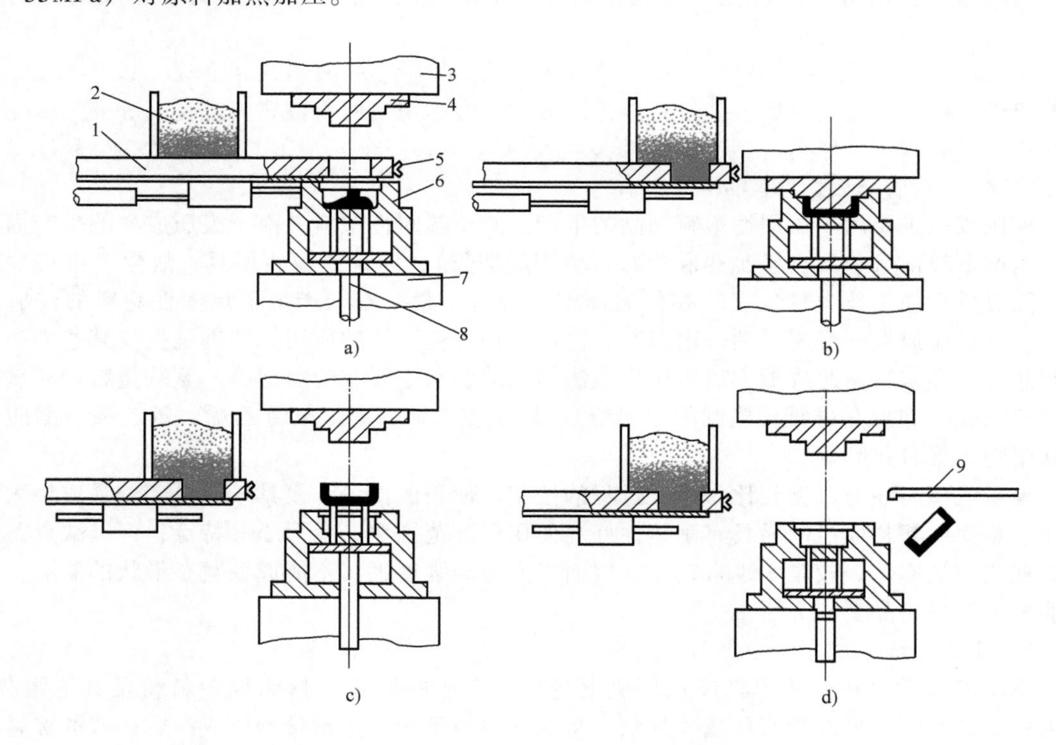

图 5-27　热固性塑料模压成型工艺过程

a）加料　b）压制成型　c）顶出脱模　d）凹模复位

1—自动加料装置　2—料斗　3—上模板　4—凸模　5—压缩空气上、下吹管　6—凹模　7—下模板　8—顶出杆　9—成品脱模装置

（3）排气　模压热固性塑料时，常有水分和低分子物放出，为了排除这些低分子物、挥发物及模具内空气等，在塑模的模腔内塑料反应进行至适当时间后，可卸压松模排气一很

短的时间。排气操作能缩短固化时间和提高制品的物理性能和力学性能，避免制品内部出现分层和气泡；但排气过早、过迟都不行，过早达不到排气目的；过迟则因物料表面已固化气体排不出。

（4）固化 热固性塑料的固化是在模压温度下保持一段时间，使树脂的缩聚反应达到要求的交联程度，使制品具有所要求的物理性能和力学性能的过程。固化速率不高的塑料也可在制品能够完整脱模时固化就暂告结束，然后再用后处理来完成全部固化过程，以提高设备利用率。模内固化时间通常为保温保压时间，一般为30s至数分钟不等，多数不超过30min。固化时间取决于塑料的种类、制品的厚度、预热情况、模压温度和模压压力等。过长或过短的固化时间，对制品性能都有影响。

（5）脱模 脱模通常是靠顶出杆来完成的。带有成型杆或某些嵌件的制品应先用专门工具将成型杆等拧脱，而后再行脱模。

（6）模具吹洗 脱模后，通常用压缩空气吹洗模腔和模具的模面，如果模具上的固着物较紧，则可用铜刀或铜刷清理，甚至需用抛光剂拭刷等。

（7）后处理 为了进一步提高制品的质量，热固性塑料制品脱模后也常在较高温度下进行后处理。后处理能使塑料固化更趋完全，同时减少或消除制品的内应力，减少制品中的水分及挥发物等，有利于提高制品的电性能及强度。

后处理和注射制品的后处理一样，都是在一定环境或条件下进行的，所不同的仅处理温度不同而已。一般处理温度比成型温度高10～50℃。表5-13列出了几种热固性塑料的模压工艺性能。

表5-13 几种热固性塑料的模压工艺性能

指标名称	酚醛塑料			氨基塑料
	一般工业用①	高压电绝缘用②	耐高频电绝缘用③	
颜色	红、绿、棕、黑	棕、黑	红、棕、黑	各种颜色
密度（指制品）/(g/cm³)	1.4～1.5	1.4	≤1.9	1.3～1.45
比体积（指压塑粉）/(cm³/g)	≤2	≤2	1.4～1.7	2.5～3.0
压缩率	>2.8	>2.8	2.5～3.2	3.2～4.4
水分及挥发物含量（%）	<4.5	<4.5	<3.5	3.5～4.4
流动性/mm	80～180	80～180	50～180	50～180
收缩率（%）	0.5～1.0	0.6～1.0	0.4～0.9	0.8～1.0
模塑温度/℃	150～165	160±10	185±5	140～155
模塑压力/MPa	30±5	30±5	>30	30±5
制品厚度1mm所需模塑时间/min	1±0.2	1.5～2.5	2.5	0.7～1.0

① 以苯酚—甲醛线型树脂和木粉为基础的压塑粉。

② 以甲酚—甲醛可溶性树脂和木粉为基础的压缩粉。

③ 以苯酚—苯胺—甲醛树脂和以无机矿物为基础的压缩粉。

2. 层压成型

除以压塑粉为基础的模压成型外，以片状材料作为填料，通过压制成型还能获得另一材料——层压材料；制造这种层压材料的成型方法称为层压成型。填料通常是片状（或纤维状）的纸、布、玻璃布（纤维或毡）、木材厚片等，胶黏剂则是各种树脂溶液或液体树脂，如酚醛树脂、不饱和聚酯树脂、环氧树脂、有机硅树脂、聚苯二甲酸二烯丙酯树脂等。

层压成型主要包括填料的浸胶、浸胶材料的干燥和压制等几个过程。浸胶前先将树脂配成固体含量为50%～60%的树脂液（质量分数，或本身就为液体树脂），然后以直接浸胶法或刮胶法、铺展法等让填料浸渍足够的胶液，再通过挤压以控制填料中合适的含胶量。经干燥的含胶材料，按要求相重叠，即可在加热加压下成型为层压材料。由于树脂具有反应能力，在热或固化剂的作用下能形成交联结构，所以对某些填料的黏结既有物理作用又可能有化学作用。用层压成型技术可生产板状、管状、棒状和其他一些形状简单的制品，也可用于生产增强塑料和热塑性聚氯乙烯板等。

层压成型所用设备简单，可用多层油压机或水压机压制，也可用极简单的加压方法使其成型甚至可用接触压力。改变原材料配方可使层压成型在高温、低温甚至室温下进行。层压成型所用模具也很简单，如生产层压板的模具就是两块具有一定光洁表面曲钢板。但层压成型工序较多，且手工操作量大，制品结构简单，故应用较为有限。玻璃纤维增强塑料也是以层压成型方法生产的一种典型材料。

5.3.3 压延成型设备及自动化

压延成型是生产薄膜和片材的主要方法。它是将已经塑化的接近黏流温度的热塑性塑料通过一系列相向旋转着的水平辊筒间隙使物料承受挤压和延展作用，成为具有一定厚度、宽度与表面光洁的薄片状制品。用作压延成型的塑料大多是热塑性非晶态塑料，其中以聚氯乙烯用得最多，它适于生产厚度为 0.05~0.5mm 的软质聚氯乙烯薄膜和厚度为 0.25~0.7mm 的硬质聚氯乙烯片材。当制品厚度大于或低于这个范围时，一般均不采用压延法，而采用挤出吹塑法或其他方法。

压延软质塑料薄膜时，如果将布（或纸）随同塑料一起通过压延机的最后一道辊筒，则薄膜会紧覆在布（或纸）上，这种方法可生产人造革、塑料贴合纸等，此法称为压延涂层法。

压延成型具有较大的生产能力（可连续生产，也易于自动化）、较好的产品质量（所得薄膜质量优于吹塑薄膜和 T 形挤出薄膜），还可制取复合材料（人造革、涂层纸等）、印刻花纹等。但所需加工设备庞大、精度要求高、辅助设备多，同时制品的宽度受压延机辊筒最大工作长度限制。

5.3.4 板材成型设备及自动化

在板材成型设备中，以硬质 PVC 微发泡装饰板加工设备发展最为迅速，技术也最为复杂，在此仅以此为典型进行剖析。

硬质 PVC 微发泡装饰板由于其密度小，内部有细微泡孔结构，表面类似于天然木材，因而又称为“合成木材”，是一种新型化学建材。通过配方、工艺和模具的特殊处理，可生产多花色、多功能、多品种的产品。它仿木逼真，可像木材一样锯、钉、刨、胶黏，但在防水、防湿、防火、防虫、隔声性能等方面又优于木材，是一种十分理想的建筑装饰材料，可广泛用于天花板隔板、壁柜、商店店面、商品陈列布置材料，轮船、火车、飞机、汽车的内装饰材料，宾馆、办公室、住宅的室内墙面，广告业中用来制作各种层板、展台、标牌、公共标志物，家具业中用它制作家具、电脑桌、快餐桌，环保领域中用来制作化学防腐槽、通风管道等。据有关资料介绍，西方发达国家，如意大利、奥地利，上述发泡板材产量占塑料制品的 15%以上；2000 年欧洲 PVC 微发泡制品的用量为 16.8 万 t，美国为 7.5 万 t，其每年用量还分别以 7%和 17%的速度递增。硬质 PVC 低发泡技术的研究在国外始于 20 世纪 70 年代，20 世纪 80 年代实现工业化生产。法国 Vigine Kuhlman 公司开发的 Caluka 法（又称为结皮发泡法）是低发泡技术的重大突破，20 世纪 90 年代推出共挤芯层发泡法，其加工设备稍加配置，不仅可以生产自由发泡板材和内向发泡板材，而且可扩展成其他芯层填充回收料和多层共挤出板材的加工设备，因此近几年发展迅速，被认为是最有发展前景的成型技术。

在硬质 PVC 微发泡板材成型装备方面，欧洲主要以异向旋转平行和锥形双螺杆挤出生产线为主，主要厂家有德国的巴登费尔德（Battenfeld）和克劳斯玛菲（Kmuss Maffia）公司、意大利的保山诺（Bausano）和阿姆特（Amut）公司。20世纪90年代初，我国鸡西、深圳、佛山、苏州、广州、杭州、上海、顺德、武汉、台湾等地分别引进硬质PVC低发泡板材生产线，具有30余条，形成4.5万t生产能力，其中一半左右是台湾制造，大部分采用自由发泡和Caluka法成型。国内一些大学和厂家也曾对硬质PVC微发泡机理、工艺配方及成型装备进行了大量的研究，积累了不少经验。其核心技术是原材料的配方、发泡工艺的控制、流道的流动模拟和优化计算、冷却定型部件的研制以及生产线全线调控（包括各项工艺参数的采集、显示、储存以及反馈控制）。

5.3.5 成型装备的发展趋势

1）新型挤出混炼技术与装备。目前国际上用于高分子材料共混改性的新型混炼装备机主要有三大类，即同向平行双螺杆挤出机、往复移动式螺杆混炼机和串联式磨盘挤出机。其中，中小型同向平行双螺杆挤出机在国内已能生产，但万吨级大型混炼挤压造粒机组全部依靠进口，2010年前，我国用于该机种的引进外汇预计约需4.5亿美元。往复移动式螺杆混炼机和串联式磨盘挤出机是制备高填充、高附加值、高聚物合金的必要装置，在国内，它们的研制刚刚处于样机阶段，规格不多，品种不全，市场几乎全部被国外厂家垄断。

2）大口径管材挤出的异向平行双螺杆挤出机组、钢塑复合管材挤出机组和500mm以上大型双壁波纹管挤出成型机组以及特种塑料管材专用挤出机组的开发研究。

3）复合挤出成型技术和装备。最近，多层共挤的超宽土工膜、包装用拉伸拉幅平膜、建筑用复合瓦楞板、芯层发泡板材和管材的市场需求量很大，与此相关的成型技术和装备的开发研究必须引起足够的重视。

4）废弃塑料的回收和再生利用技术装备。塑料产品对自然环境造成的“白色污染”，已影响我国国民经济的可持续发展，因此必须加强废弃塑料的回收和再生利用的研究工作，对那些回收困难或再生利用耗费过大的塑料产品应使其具有降解功能。

5）对常规塑料加工设备进行更新换代，提高产量、效率和自控水平的研究。目前国外塑料异型材的挤出速度为4~8m/min、双向拉伸膜牵引速度为450m/min，而国内相应的速度则仅为1.5~2.5m/min和120m/min。对现有设备进行更新换代的改造、投资少，可以起到四两拨千斤的作用。

6）加强CAD/CAE/CAM技术在塑料工业中的应用研究。该研究可使橡塑机械的设计从费时、费钱的经验设计，试车修改的模式提高到准确、快速、高精度的现代化水平，从而使我国的挤出成形装备制造业在激烈的国际竞争中取胜。

7）在线检测及自动控制技术的研究。发达国家的数字、智能控制和激光测试及伺服系统技术已经成熟，挤出机组可以实现全线联机控制，并与在线检测装置相连，根据采集和储存的信号实现反馈控制，保证了工艺条件的稳定，提高了产品的精度。此外电气元件的可靠性研究也不容忽视，国产设备故障率高的一个重要原因就是电控系统的可靠性太差。

8）积极发展高效、节能、环保型挤出成型装置，限制发展生产能力过剩的长线产品，淘汰耗能、耗材高和污染环境严重的产品。以天然植物纤维和废弃塑料为主要原料的木塑复合制品挤出技术与装备的研究应予以足够重视，在PS、PE挤出发泡生产中限制使用氟利昂设备，淘汰超薄型（小于0.015mm）塑料袋生产设备，鼓励发展废弃塑料回收处理和再利用以及降解塑料加工挤出装备。

思 考 题

1. 简述高分子材料成型方法及成型设备特点。
2. 塑料注射机由哪些部分组成？其主要性能参数有哪些？
3. 简述塑性注射成型的工艺过程及电气控制原理。
4. 简述橡胶挤出机的结构原理及控制系统的特点。
5. 比较高分子材料压制成型、压延成型的区别。

第6章 增材制造装备及系统

6.1 概论

6.1.1 引言

增材制造技术，最早在美国称之为快速原型（Rapid Protoyping，RP），在中国称为“快速成形”。美国3D Systems公司创始人查尔斯·胡尔（Charles W. Hull）被公认为是最早奠定快速原型技术道路的先行者。在紫外光设备生产公司UVP担任副总裁的查尔斯·胡尔于1982年将光学技术应用于制造领域，经数次实验研究后，研发出了立体光刻法（Stereo Lithography，SL），这一技术后来成为一种快速原型的标准技术。1986年3月，查尔斯·胡尔将这项技术申请了专利，随后辞职创办了3D Systems公司，开始致力于该技术的商业化。1988年，3D Systems推出了世界上第一台立体光刻机（Stereo Lithography Apparatus，SLA），标志着RP技术商业化的起步。1990年，3D Systems公司从UVP公司购买了立体光刻法（SL）专利，SLA量产加快。同一年，3D Systems公司在纳斯达克上市，成为第一家上市的RP技术公司。

RP技术，涉及机械工程、自动控制、激光、计算机、材料等多个学科，是由于现代设计和现代制造技术迅速发展的需求应运而生的。由于应用RP技术能显著缩短新产品开发时间、降低开发费用，并能制造出用传统技术无法制造的具有复杂结构的零件等优势，出现了许多RP制造服务机构、设备制造商、材料供应商、专门的软件供应商、咨询机构和教育与科研机构。随着RP技术在世界范围内的迅速发展，如今被冠以时髦的称呼3D打印（3D Print）技术。

事实上，目前有一种基于打印技术的三维打印成形技术就称为3D打印（3D Print）技术。该技术是以点阵平面喷墨打印为基础，通过将熔融材料分层叠加喷射打印的方式来实现增材制造。而光固化成形（SL）、激光选区烧结成形（Selective Laser Sintering，SLS）、激光选区熔融成形（Selective Laser Melting，SLM）、熔丝沉积成形（Fused Deposition Modeling，FDM）和薄材叠层成形（Laminated Object Manufacturing，LOM）等技术是通过对轮廓和平面的扫描实现分层叠加成形的增材制造。3D打印采用的是点阵数据，SL、SLS、SLM、FDM和LOM等采用的是矢量数据，如果将它们统称为3D打印技术容易造成概念混乱，因此本书将所有的分层叠加成形技术统称为增材制造技术（Additive Manufacturing，AM）或简称增材制造。

6.1.2 增材制造基本原理

无论是哪种增材制造技术，其共性的成形方法是一种分层制造的原理，即将复杂的三维模型切分成上千层断面，再将这些断面分别叠加成形在一起，形成三维实体。如图 6-1 所示，在进行增材制造之前需要有一个数字模型，并对该数字模型进行分层（常称之为切片），如图 6-1a 所示；然后将切片数据送入增材制造设备实施一层层的叠加成形，如图 6-1b 所示；叠加成形完成后得到如图 6-1c 所示的三维实体，并进行必要的后续处理后得到最终需要的物件。

上述分层叠加成形的原理是所有不同种类增材制造设备的共性技术路线，增材制造前将三维数字模型转变为切片数据是必需的，对于不同的增材制造技术其前期的切片方法及原理均是相同的。而叠加成形过程则有不同的材料和不同的方法，对成形物件的后续处理也有多种不同的方法。

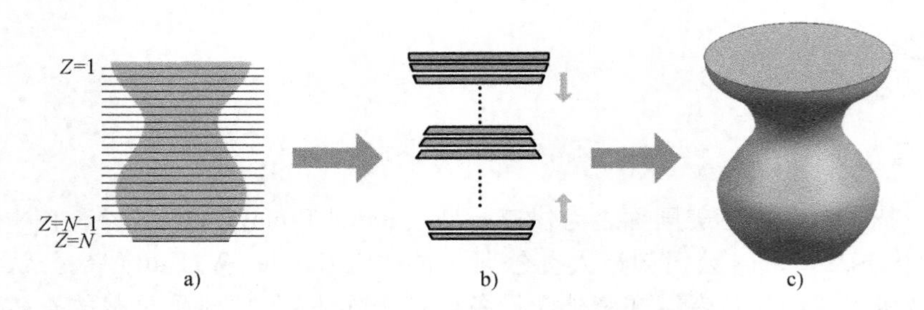

图 6-1　增材制造的分层叠加成形原理

a）对三维数字模型切片　b）叠加成形　c）成形为三维实体

6.1.3　分类及发展

目前增材制造技术的种类可以分为：液态树脂光固化成形（Stereo Lithography Apparatus，SLA）、粉床式的激光选择性粉末烧结成形（SLS）、粉床式的激光选择性粉末熔融成形（SLM）、同轴送粉式的激光粉末熔化成形［美国称为激光工程化净成形技术（Laser Engineered Net Shaping，LENS）］、熔丝沉积成形（FDM）和薄材叠层成形（LOM）。

1. 液态树脂光固化成形

该方法在早期称为“立体光刻”（SL），其基本原理如图 6-2 所示，是目前世界上研究最深入、技术最成熟、应用最广泛的一种快速成形方法。目前，采用 SL 方法的有 3D Systems 公司、EOS 公司、F&S 公司、CMET 公司、D-MEC 公司、西安交通大学、华中科技大学等。

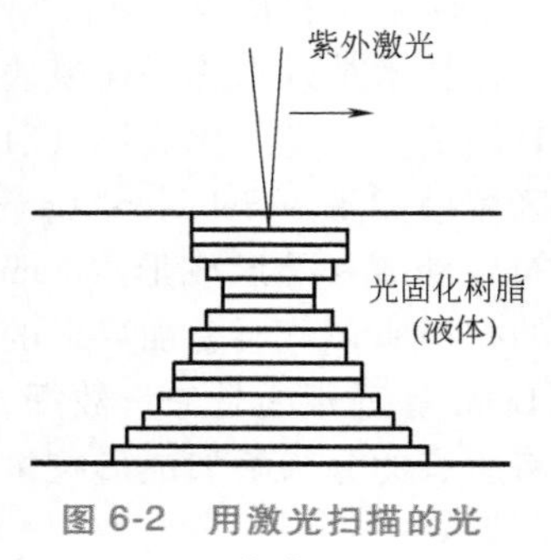

图 6-2　用激光扫描的光固化成形

美国 3D Systems 公司的 SL 技术在国际市场上占的比例最大，该公司自 1988 年推出 SLA-250 机型以后，又于 1997 年推出 SLA—250HR、SLA—3500、SLA—5000 三种机型，在技术上有了长足的进步。还采用了一种称之为 Zephyer recoating system 的新技术，该技术是在每一成形层上，用一种真空吸附式刮板在该层上涂一层 0.05～0.1mm 的待固化树脂，使成形时间平均缩短了 20%。该公司于 1999 年推出的 SLA—7000 机型与 SLA—5000 机型相比，成形体积虽然大致相同，但其扫描速度却达 9.52m/s，平均成型速度提高了 4 倍，成形层厚度最小可达 0.025mm，精度提高了一倍。国内外研究者在 SLA 技术的成型机理、控制制件变形、提高制件精度等方面，进行了大量研究。

SL 成形技术的材料主要有四大系列：Ciba 公司生产的 CibatoolSL 系列，DuPont 公司生产的 SOMOS 系列，Zeneca 公司生产的 Stereocol 系列和 RPC 公司（瑞典）生产的 RPCure 系列。CibatoolSL 系列有以下新品种：用于 SLA—3500 的 CibatoolSL—5510，这种树脂可以达到较高的成形速度和较好的防潮性能，还有较好的成形精度；CibaltoolSL—5210，主要用于要求防热、防湿的环境，如水下作业条件。SOMOS 系列也有新品种 SOMOS 8120，该材料的性能类似于聚乙烯和聚丙烯，特别适合于制作功能零件，也有很好的防潮、防水性能。

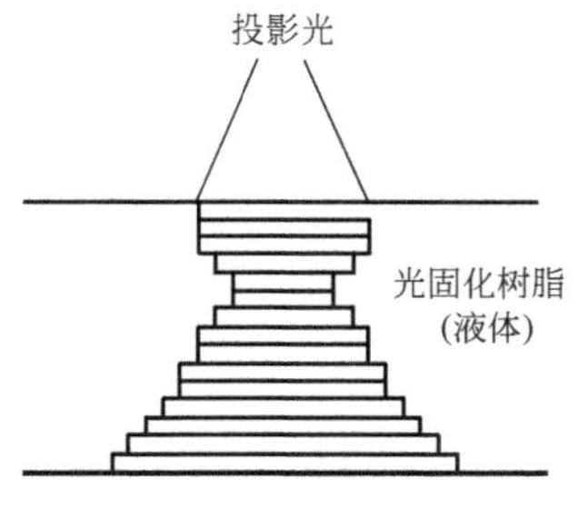

图 6-3 用断面轮廓投影的光固化成形

目前光固化技术已发展到有桌面型和切片断面投影式的技术，如图 6-3 所示，用数字模型的切片断面轮廓图形直接照射到液面，取代了用激光进行扫描的方式，既减少了成形时间，又可减小层间阶梯效应造成的误差。

在日本化药公司开发新型光敏树脂的协作下，由 DENKEN ENGINEERING 公司和 AUTOSTRADE 公司率先使用 680nm 左右波长的半导体激光器作为光源，大大降低了 SL 设备的价格。特别是 AUTOSTRADE 公司的 E—DARTS 机型，采用一种光源从下部隔着一层玻璃往上照射的约束液面型结构，如图 6-4 所示。目前已有多家公司采用如图 6-5 所示的隔着玻璃向上投影的方法，既可提高成形精度还可大幅提高成形速度。

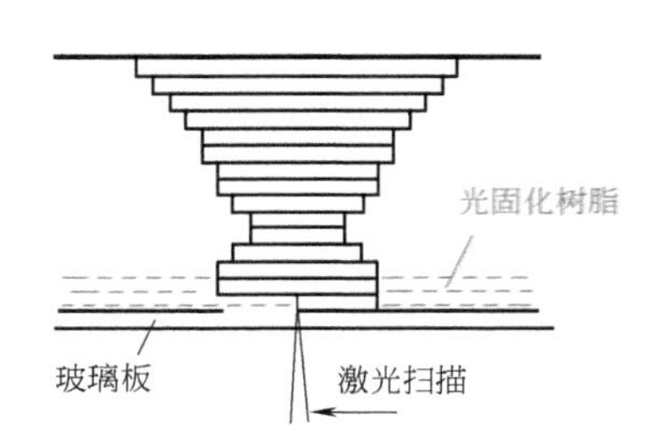

图 6-4 激光向上扫描的光固化成形

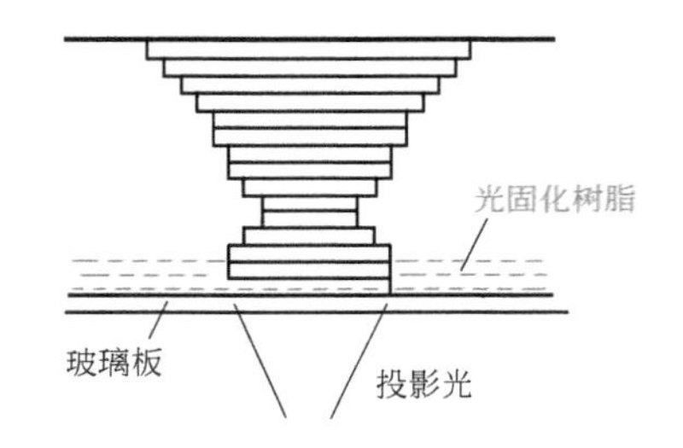

图 6-5 用断面轮廓向上投影的光固化成形

在提高制品精度方面，DeMontfort 大学发展了一种称之为“Meniscus Smoothing”的技术，旨在提高制件表面质量。Clemson 大学开发了一种旋转工件造型平台，可消除分层造型中的台阶问题。

2. 激光选区粉末烧结/熔融成形

激光选区烧结成形如图 6-6 所示。该方法使用粉状材料作为加工物质，并用激光束分层扫描烧结。研究 SLS 的有 DTM 公司、EOS 公司、北京隆源公司、南京航空航天大学和华中科技大学等。DTM 公司于 1992 年、1996 年和 1999 年先后推出了 Sinterstation 2000、2500 和 2500Plus 机型。其中 2500Plus 机型的成形体积比过去增加了 10%，同时通过对加热系统的优化，减少了辅助时间，提高了成形速度。北京隆源公司推出了 AFS—300 成形机及数种材料，华中科技大学开发出了 HRPS—Ⅰ型成形机。

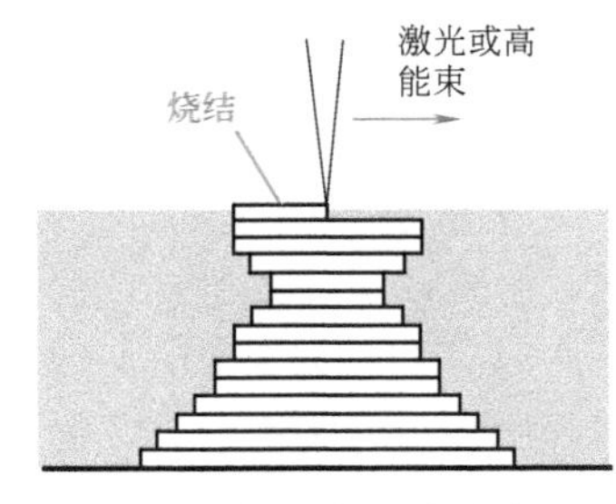

图 6-6 激光选区烧结成形

在材料方面，DTM 公司每年有数种新产品问世，其中 DuraForm GF 材料生产的制件，精度更高，表面更光滑。最近开发的弹性聚合物 Somos201 材料，具有橡胶特性，并可耐热和耐化学腐蚀，用该材料制造出了汽车上的蛇型管、密封垫和门封等防渗漏的柔性零件；用 RapidSteel 2.0 不锈钢粉制造的模具，可生产 100000 件注塑件；RapidTool 2.0 材料的收缩率只有 0.2%，其制件可以达到较高的精度和表面质量，几乎不需要后续抛光工序；DTM Polycarbonate 铜—尼龙混合粉末主要用于制作小批量的注塑模。EOS 公司发展了一种新的尼龙粉末材料 PA3200GF，类似于 DTM 公司的 DuraForm GF，用这种材料制作的零件精度和表面质量都较高。

目前有不少公司用这种粉床式方法，也同样使用粉状材料作为加工物质，不同的是用激光束分层扫描熔融成形，如图 6-7 所示，因此称为粉床式的激光选择性粉末熔融成型（SLM）。当用于金属粉末的熔融成形时，需要更高的激光功率，一般采用 300W 以上的功率，而且为了提高制件质量还需要在惰性气体的环境下进行加工。

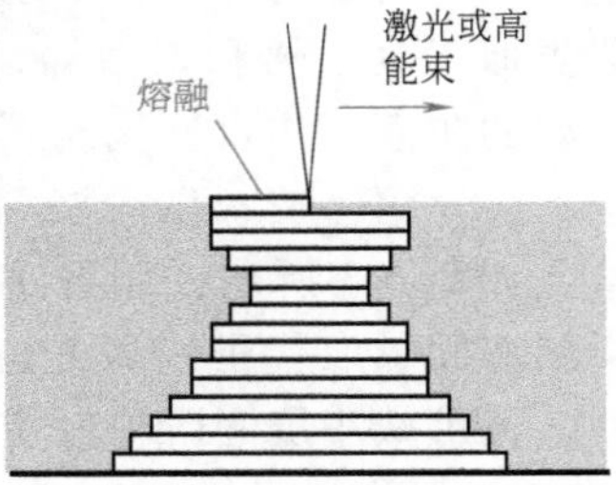

图 6-7　激光扫描熔融成形

3. 熔丝沉积成形

熔丝沉积成形如图 6-8 所示。采用丝状材料作为加工物质，通过两个喷头分别挤出熔融态的成形材料和支撑材料，扫描二维截面形成实体。它与前三种工艺不同的是成形过程不需要激光器，因而设备价格便宜。研究 FDM 的主要有 Stratasys 公司和 MedModeler 公司。Stratasys 公司于 1993 年开发出第一台 FDM—1650（台面为 250mm × 250mm × 250mm）机型后，先后推出了 FDM—2000、FDM—3000 和 FDM—8000 机型。其中 FDM—8000 的台面达 457mm × 457mm×610mm。清华大学推出了 MEM 机型。引人注目的是，1998 年 Stratasys 公司推出的 FDM—Quantum 机型，最大造型体积为 600mm×500mm×600mm。由于采用了挤出头磁浮定位（Magna Drive）系统，可在同一时间独立控制两个挤出头，因此其造型速度为过去的 5 倍。Stratasys 公司 1998 年与 MedModeler 公司合作开发了专用于一些医院和医学研究单位的 MedModeler 机型，使用 ABS 材料，并于 1999 年推出可使用聚酯热塑性塑料的 Genisys 型改进机型——Genisys Xs，造型体积达 305mm×203mm×203mm。

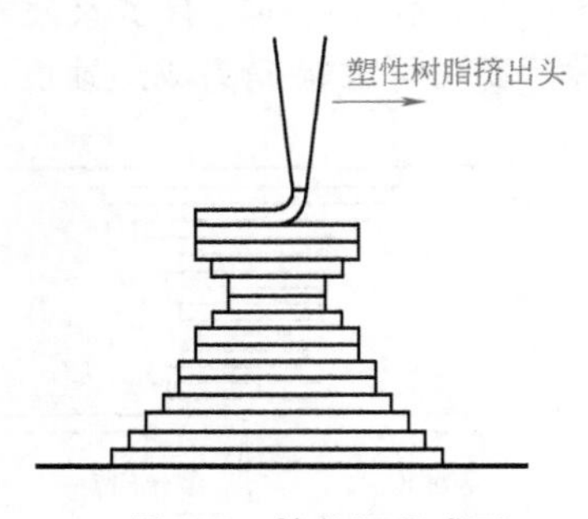

图 6-8　熔丝沉积成形

在熔丝线材方面，其材料主要是 ABS、人造橡胶、铸蜡和聚酯热塑性塑料。1998 年，澳大利亚的 Swinburn 工业大学研究了一种金属—塑料复合材料丝。1999 年，Stratasys 公司开发出水溶性支撑材料，有效地解决了复杂、小型孔洞中的支撑材料难以去除或无法去除的难题。

目前有不少公司研制出个人/桌面型的 FDM 方式的 3D 打印成形机。2016 年初，国际知名的市场研究公司的研究报告称，个人/桌面级 3D 打印机正在进入主流市场，2015 年前三季度全球 3D 打印机出货量同比猛增了 35%，不少公司不遗余力地推动桌面级在院校中的应用，甚至学院和大学的 3D 打印教育中。据称目前 3D 打印机已经在进驻全美 5000 多家院校。

4. 3D 打印法成形

3D 打印（3D Print，3DP），也称为微滴喷射 3D 打印成形技术，如图 6-9 所示。1997 年 Z 公司推出 Z—402 机型，该设备以淀粉掺蜡、石膏粉或环氧树脂为原料，将黏结剂喷射到粉末上的方法制造零件。1998 年 ProMetal 公司推出 RTS—300 机型，以钢、合金钢、镍合金和钛钽合金粉末为原料，同样采用将黏结剂喷到粉末上的技术，可直接快速生产金属零件。1999 年 3D Systems 公司开发了一种使用热塑性塑料的多喷头式热力喷射实体打印机

(Thermo Jet Solid Object Printer)，成形速度更高。该技术也可采用多个不同颜色的喷头形成彩色3D打印成形设备。以色列Objet公司的3D打印技术采用两个喷头，一个用光固化材料喷射实体，另一个用易去除的光固化材料喷射支撑结构，每喷射一层用紫外灯照射固化一层，直至成形完成。

5. 同轴送粉式激光粉末直接熔融法成形

1979年，美国联合技术研究中心（UTC）利用高能束沉积多层金属来获得大体积金属零件，开创了金属零件激光直接快速成形技术研究的先河。UTC在1982年把该项技术命名为"LAYERGLAZE"，提出在成型过程中可以使用的加热源为激光束或电子束，而送给料可以选择粉末或丝材。在早期的实验中，UTC的研究人员就意识到该项技术具有成形成分梯度材料等独特的优势，并加工了一个具有两种不同合金成分的镍基合金燃气轮机涡轮盘。

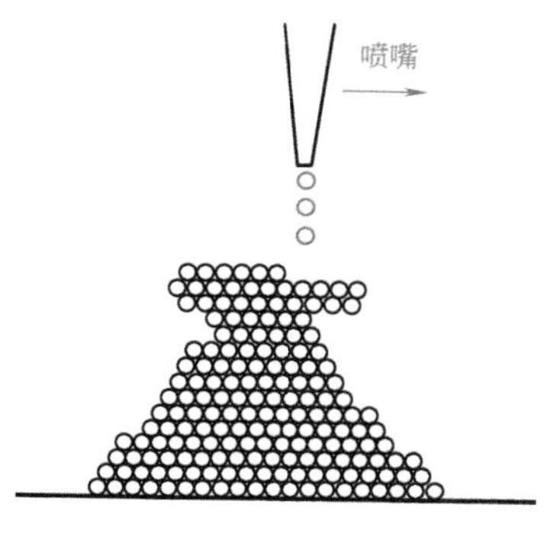

图6-9 3D打印法

20世纪90年代中期，UTC与美国桑地亚国家实验室（Sandia National Laboratories）合作开发了使用Nd:YAG固体激光器和同步粉末输送系统的全新理念的激光工程化净成形技术（LENS），如图6-10所示，成功地把同轴送粉激光熔覆技术和选区激光烧结技术融合成先进的激光直接快速成形技术，使3D打印技术进入了激光近型制造的崭新阶段。

Sandia实验室对多种材料的LENS工艺进行了研究，所使用的材料包括镍基高温合金、钢、钛合金、钨等。与传统方式制件相比，采用LENS工艺制造的近形金属件的强度得到显著提高。成形件的最小特征尺寸可达0.76mm；通过对控制软件进行研究和改进，有效地提高了该技术的加工精度，制造的近型件与CAD模型的设计公差仅为0.051~0.381mm。特别引人注目的是，通过调节送粉装置，逐渐改变粉末成分和送粉速度，在一个零件中实现了材料成分的连续变化。这一结果表明激光直接快速成形技术在加工异质材料（功能梯度材料、复合材料）方面的特有优势，采用LENS技术可以很容易地实现零件不同部位具有不同的成分和性能，为合理化设计零件提供了一个灵活的实现手段。

6. 薄材叠层成形

薄材叠层成形如图6-11所示，其是先将单面涂有热熔胶的纸通过加热辊加压黏结在一起，此时位于其上方的激光器按照三维CAD模型的切片数据，将该层纸切割成所制零件的内外轮廓，如此多次重复上述过程，直至完成整个原型的制作。研究LOM工艺的有Helisys公司、华中科技大学、清华大学、Kira公司、Sparx公司和Kinergy公司。Helisys公司于1992年推出LOM—1015（台面380mm×250mm×350mm）机型后，于1996年又推出台面达815mm×550mm×508mm的LOM—2030H机型，成形时间比原来缩短了30%。Helisys公司除原有的LPH、LPS和LPF三个系列纸材品种以外，还开发了塑料和复合材料品种。日本Kira公司的PLT—A4机型采用了一种超硬质刀切割的方法。清华大学推出了SSM系列成形机及成形材料。华中科技大学推出的HRP系列成形机和成形材料，具有较高的性价比。

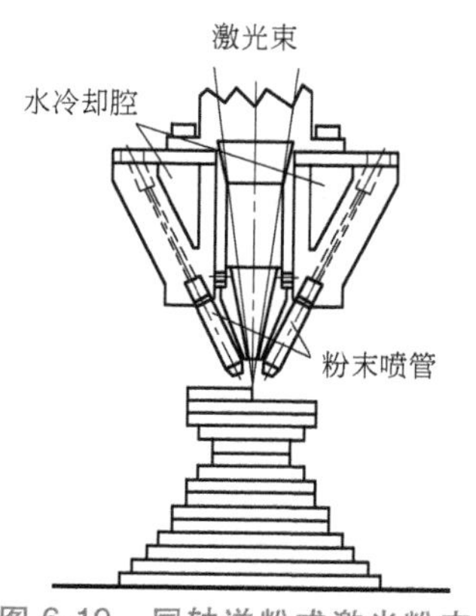

图6-10 同轴送粉式激光粉末熔融沉积成形

6.1.4 典型应用

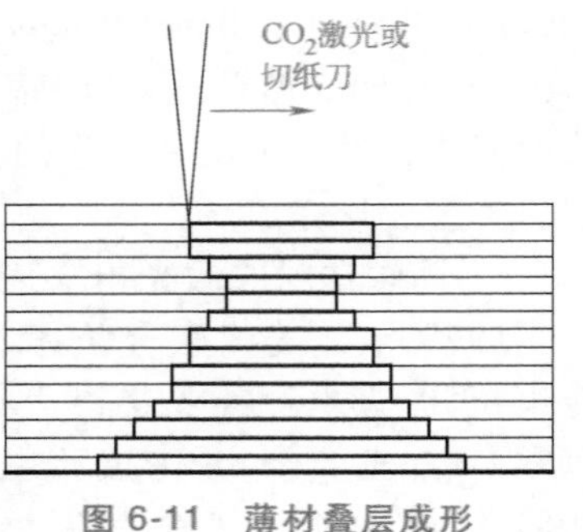

图 6-11 薄材叠层成形

不断提高增材制造的应用水平，是推动增材制造技术发展的重要方面。自增材制造技术产生以来，各系统制造商和服务中心都在不断扩大增材制造技术的应用范围，主要用在设计检验、市场预测、工程测试（应力分析、风道等）、装配测试、模具制造、医学、美学等方面。

图 6-12 所示为增材制造技术在不同行业中的应用分布状况，图 6-13 所示为增材制造技术按用途的分布状况。增材制造技术在制造工业中应用最多，达到 67%，这说明增材制造技术对改善产品的设计和提高制造水平起着巨大作用。

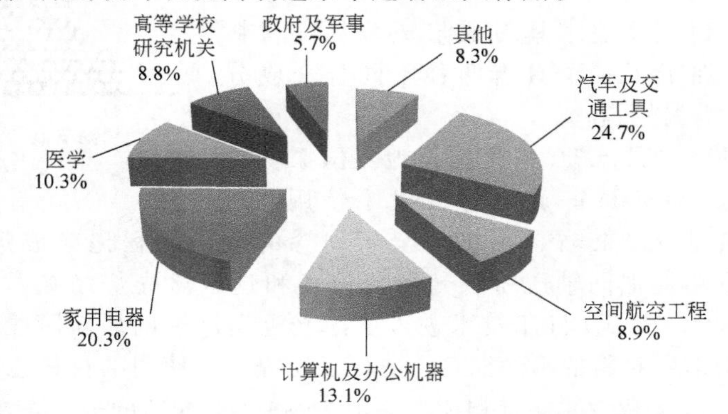

图 6-12 增材制造技术在不同行业中的应用分布状况

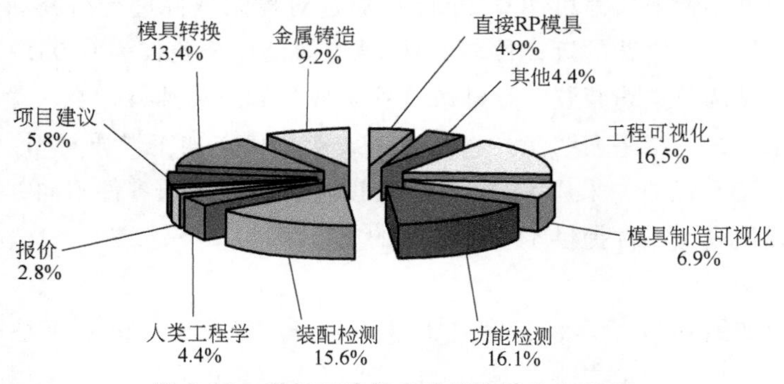

图 6-13 增材制造技术按用途的分布状况

增材制造技术的应用有以下新趋向：

1）利用增材制造技术进行金属板材成形，该技术利用增材制造模型制作成形模具，通过液压机成形小批量的金属零件。

2）更复杂的功能测试。主要应用于流体和气体的流动测试，由于流动分析是工程分析中最为复杂的分析之一，所以借助于实际测试确定有关流动参数和设计参数是常用的方法。包括利用高温材料的增材制造原型进行发动机和泵的功能测试。

3）在生物学和医学上的应用。美国有研究小组利用增材制造技术制作人工肺和人工心脏，而另一研究小组则在小光斑激光 SLA 系统上用一种类生物材料建造生物组织，如肌肉等。还有利用 RP 技术帮助发展新的医疗装置。

4）在艺术上的应用。利用增材制造技术建立佛像模型和数字雕刻。

5）在金属和陶瓷零件成形方面的应用。

6）制作彩色制件。目前已能制作具有两种色彩的制件（如牙模）和四色合成的工艺品和人像。

6.2　三维模型与数据处理

6.2.1　概述

增材制造系统需要接受被成形零件的三维数字模型才能进行增材制造成形，因此首先需要应用计算机 3D 辅助设计软件，根据产品的要求设计建立零件的三维数字模型。目前可以用所谓的正向工程设计方法，应用计算机辅助设计软件建立增材制造所需要的 3D 模型，或者用所谓的逆向工程设计方法，采用数字化扫描技术采集已有零件结构的几何形状，然后建立三维数字模型。

1. 用 CAD 软件建立三维模型

一般的三维 CAD 软件都有实体线框造型和表面造型功能，三维 CAD 软件种类很多，著名的有 UG、Pro/Engineer、SolidWorks、CATIA、AutoCAD 等，主要用于工业工程中的建模和产品设计；3DMAX、MAYA 等软件，主要在艺术品和文物复制等领域应用较多。

UG（Unigraphics NX）软件是 Siemens PLM Software 公司出品的产品工程设计软件，于1969 年基于 C 语言开发实现，UG NX 是在二维和三维空间无结构网格上使用自适应多重网格方法开发的一个灵活的数值求解偏微分方程的软件工具。UG 可为用户的产品设计及加工过程提供数字化造型、建模和验证的手段。可针对虚拟产品设计和制造工艺的需求，提供经过实践验证的解决方案。UG 是一个交互式 CAD/CAM 系统，其诞生之初主要在工作站上运行，后随着个人桌面计算机的发展，在 PC 上的应用取得了高速增长，目前已成为模具制造业三维模具设计的一个重要软件。

CATIA（Computer Aided Three-dimensional Interactive Application）软件是法国 Dessault System 公司开发的 CAD/CAE/CAM 一体化软件。其主要特点为具备了混合建模技术，具体体现为：

1）设计对象的混合建模。在 CATIA 的环境中，可以做到实体与面的真正交互操作。

2）变量与参数化混合建模。其提供的变量驱动及后参数化能力，使得用户在设计过程中不必考虑如何参数化设计目标。

3）几何与智能工程混合建模。可以将设计经验积累到 CATIA 的知识库中，用于指导新手或新产品的开发。

CATIA 提供了智能化的树结构，具有在整个产品周期内易于修改的功能，用户可以快捷地对产品的实体建模和曲面造型进行重复修改，即使是在设计的最后阶段，也可以根据需要很方便地对原方案进行重大修改或更新换代。CATIA 源于航空航天工业，由于其强大的功能得到各行业的认可，已经在航空航天、汽车制造、造船、机械制造、电子电器、消费品制造等行业得到广泛应用。

AutoCAD（Autodesk Computer Aided Design）软件是 Autodesk（欧特克）公司首次于1982 年开发的自动计算机辅助设计软件，用于二维绘图、详细绘制、设计文档和基本三维设计，现已成为国际上广为流行的绘图工具。AutoCAD 具有良好的用户界面，通过交互菜单或命令行方式便可以进行各种操作。它的多文档设计环境，让非计算机专业人员也能很快地学会使用。在不断实践的过程中更好地掌握它的各种应用和开发技巧，从而不断提高工作效率。AutoCAD具有广泛的适应性，它可以在各种操作系统支持的微型计算机和工作站上运行，广泛用于土木建筑、装饰装潢、工业制图、工程制图、电子工业、服装加工等多方面领域。

SolidWorks公司成立于1993年，从1995年推出第一套SolidWorks三维机械设计软件至2010年已经拥有位于全球的办事处，并经由300家经销商在全球140个国家进行销售与分销该产品。1997年，SolidWorks被法国达索（Dassault Systemes）公司收购，作为达索中端主流市场的主打品牌。

SolidWorks软件功能强大，组件繁多，有功能强大、易学易用和技术创新三大特点，这使得SolidWorks成为领先的、主流的三维CAD解决方案。SolidWorks能够提供不同的设计方案、减少设计过程中的错误以及提高产品质量。其不仅提供如此强大的功能，而且对每个工程师和设计者来说，操作简单方便、易学易用。

对于熟悉微软的Windows系统的用户，基本上就可以用SolidWorks来搞设计了。SolidWorks独有的拖拽功能使用户在比较短的时间内完成大型装配设计。SolidWorks资源管理器是与Windows资源管理器一样的CAD文件管理器，用它可以方便地管理CAD文件。使用SolidWorks，用户能在比较短的时间内完成更多的工作，能够更快地将高质量的产品投放市场。

在目前市场上所见到的三维CAD解决方案中，SolidWorks是设计过程比较简便而方便的软件之一。美国著名咨询公司Daratech评论："在基于Windows平台的三维CAD软件中，SolidWorks是最著名的品牌，是市场快速增长的领导者。"在强大的设计功能和易学易用的操作（包括Windows风格的拖/放、点/击、剪切/粘贴）协同下，使用SolidWorks，整个产品设计是百分百可编辑的，零件设计、装配设计和工程图之间是全相关的。

Pro/Engineer（或称为Pro/E）软件是美国参数技术公司（PTC）旗下的CAD/CAM/CAE一体化的三维软件。Pro/E软件以参数化著称，是参数化技术的最早应用者，在目前的三维造型软件领域中占有着重要地位。Pro/E作为当今世界机械CAD/CAE/CAM领域的新标准而得到业界的认可和推广，是现今主流的CAD/CAM/CAE软件之一。Pro/E是第一个提出了参数化设计的概念，并且采用了单一数据库来解决特征的相关性问题。另外，它采用模块化方式，用户可以根据自身的需要进行选择，而不必安装所有模块。Pro/E的基于特征方式，能够将设计至生产全过程集成到一起，实现并行工程设计。它不但可以应用于工作站，而且也可以应用到单机上。

Pro/E采用了模块方式，可以分别进行草图绘制、零件制作、装配设计、钣金设计、加工处理等，保证用户可以按照自己的需要进行选择使用。其几个特点如下：

1）参数化设计。相对于产品而言，可以把它看成几何模型，而无论多么复杂的几何模型，都可以分解成有限数量的构成特征，而每一种构成特征，都可以用有限的参数完全约束，这就是参数化的基本概念。但是无法在零件模块下隐藏实体特征。

2）基于特征建模。Pro/E是基于特征的实体模型化系统，工程设计人员采用具有智能特性的基于特征的功能去生成模型，如腔、壳、倒角及圆角，可以随意勾画草图，轻易改变模型。这一功能特性给工程设计人员提供了在设计上从未有过的简易和灵活。

3）单一数据库（全相关）。Pro/E是建立在统一基层上的数据库上，不像一些传统的CAD/CAM系统建立在多个数据库上。所谓单一数据库，就是工程中的资料全部来自一个库，使得每一个独立用户在为一件产品造型而工作，不管他是哪一个部门的。换言之，在整个设计过程的任何一处发生改动，都可以反应在整个设计过程的前后相关环节上。例如：一旦工程详图有改变，数控（NC）工具路径也会自动更新；组装工程图如有任何变动，也完全同样反应在整个三维模型上。这种独特的数据结构与工程设计的完整结合，使得一件产品的设计能将 CAD 与 CAM 结合起来。这一优点，使得设计更优化，成品质量更高，产品能更好地推向市场，价格也更便宜。

目前，三维 CAD 软件产生的输出格式有多种，其中常见的有 IGES、STEP、DXF、HPGL 和 STL 等，其中 STL 格式是增材制造系统最常用的一种。

2. 通过逆向工程建立三维模型

用三维扫描仪对已有工件实物进行扫描，可得到一系列离散点云的数据，再通过数据重构软件处理这些点云，就能得到被扫描工件的三维模型，这个过程常称为逆向工程或反求工程（Reverse Engineering，简称 RE）。常用的逆向工程软件有多种，如 Geomegics Studio、ImageWare 和 MIMICS 等。

在逆向工程中，由实物到 CAD 模型的数字化包括以下三个步骤（图 6-14）：①对三维实体零件进行数据采集，生成点云数据；②对点云数据进行处理（对数据进行滤波去除噪声或拼合等）；③采用曲面重构技术，对点云数据进行曲面拟合，借助三维 CAD 软件生成三维 CAD 模型。

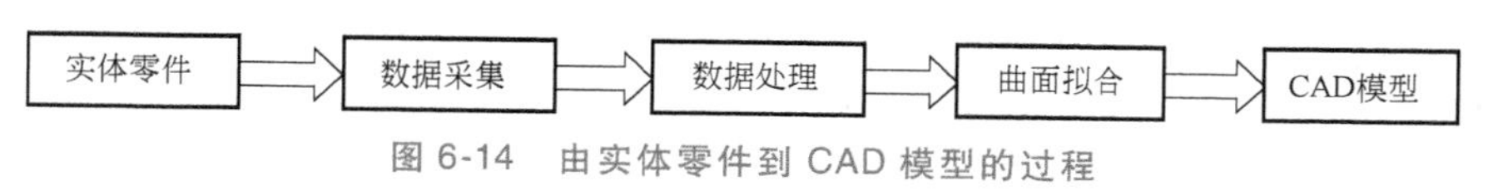

图 6-14　由实体零件到 CAD 模型的过程

6.2.2　正向工程三维建模

1. 传统的设计建模

如图 6-15 所示，传统工业产品的开发均是循着序列严谨的研发流程，从功能与规格的预期指标确定开始，构思产品的零组件需求，再由各个元件的设计、制造以及检验零组件组装、检验整机组装、性能测试等程序来完成。每个元件都保留原始的设计图，此设计图目前已广泛采用计算机辅助设计（CAD）软件的图形文档来保存。每个零件的加工也有所谓的工令图表，对复杂形状零件需要三维数控机床加工的，则用计算机辅助制造（CAM）软件产生数控（NC）加工代码文档来保存。每个零件的尺寸合格与否则以产品质量管理检验报告来记录。这些所记录的档案均属于公司的知识产权，一般通称为机密（Know-how）。这种开发模式称为预定模式（Prescriptive Model），此类从零件的功能设计、结构设计开始到图样绘制、制订工艺、生产出产品的开发工程流程，业界也通称为正向工程（Forward Engineering）。

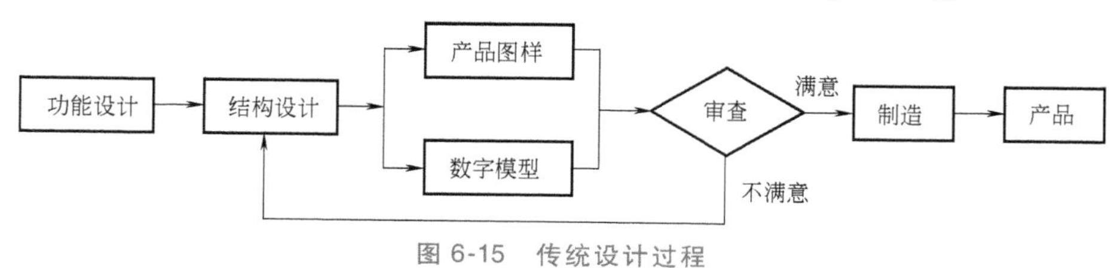

图 6-15　传统设计过程

然而，随着工业技术的提升以及经济环境的成长，任何通用性产品在消费者高品质要求之下，功能上的需求已不再是赢得市场竞争力的唯一条件。在近代高功能的计算机辅助工程（CAE）软件的带动下，工业设计（又称为产品设计）这一新兴领域已受到重视，任何产品不仅是功能上要求先进，其外观（Object appearance）上也需要做美观化造型设计，以吸引消费者的眼球。这些产品设计理念在正向工程的流程中已不是传统的机械工程师们所能胜任的。一些具有美工背景的设计师们可在 CAE 的技术支持下，构思出创新的美观外形，再以手工方式利用各种材料塑造出如木模、石膏模、黏土模、蜡模、工程塑胶模、玻璃纤维模等实体模型。用这些模型再以三维尺寸测量的方式，建立出具有复杂曲面模型的 CAD 图形文档。这种建模方法具有了逆向工程的理念，但仍属于正向工程的一环，公司仍保有设计图的知识产权。

因此，正向工程可归纳为：功能导向（Functionally-oriented）、物件导向（Object-oriented）、预定模式（Prescriptive model）、系统开发（System to-be）及所属权的系统（Legacy system）。在还没有计算机绘图以前，工程图大多是手绘，此时的工程图以二维（2D）草图为主要的施工图，组装部分则以轴测图来描述三维（3D）的立体结构，2D 与 3D 的方式分开独立绘制，因此还称不上正向工程。在计算机硬件与软件发展成熟的今天，利用计算机绘图来取代手工绘图，此过程中，由计算机绘制 2D 图档，经由适当的排列后，可以方便地采用 3D 立体图绘制，此种将概念与尺寸表达在 2D 平面图上，然后利用 2D 的图素与相关尺寸，绘制成 3D 立体图的过程可以说是一种正向工程。

2. 正向工程的设计举例

通常的拼图都是用小型平面图形拼接成的完整图形。本设计的思想是用具有特殊轮廓的曲面小图块拼接成一个完整的球体，因此仅用一套模具制作所有的曲面小图块就能实现地球仪的立体拼接。同时，为了减少曲面小图块模具的种类，将所有曲面小图块的形状设计成完全一致。具体方法如下：

1）根据球面几何分析，可以将一个完整的球最多分成 20 个完全相同的基本正三角形铺满，然后将三角形的每条邻接边设计成拼图形状，如图 6-16 所示。

2）为了增加拼图数量及改善小图块的形状，以基本正三角形的中心为起点，将每个正三角形进一步分成 3 个完全一致的基本小拼图块，如图 6-17 所示。

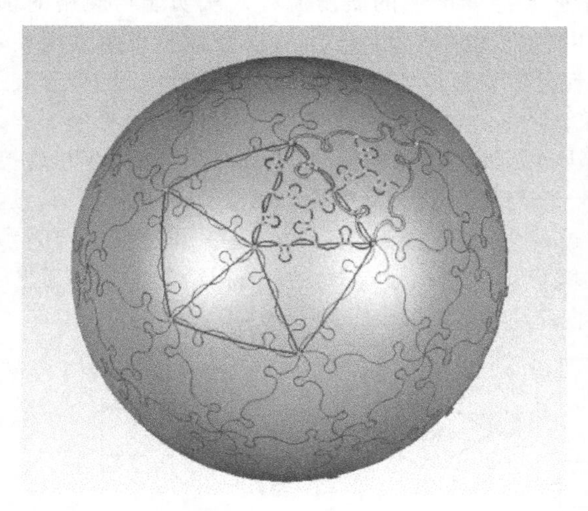

图 6-16 将圆球分割成 20 个完全一致的曲边正三角形

图 6-17 基本小拼图块

图 6-18 所示为拼图效果，图 6-19 为用基本小拼图块拼接的球面效果图。

6.2.3 逆向工程三维建模

逆向工程（Reverse Engineering，RE）是通过各种测量手段及三维几何建模方法，将原有实物转化为计算机上的三维数字模型，并对模型进行优化分析和加工。

1. 逆向工程的原理及意义

产品的传统设计过程是根据功能和用途来设计的，从概念出发绘制产品的二维图样，而

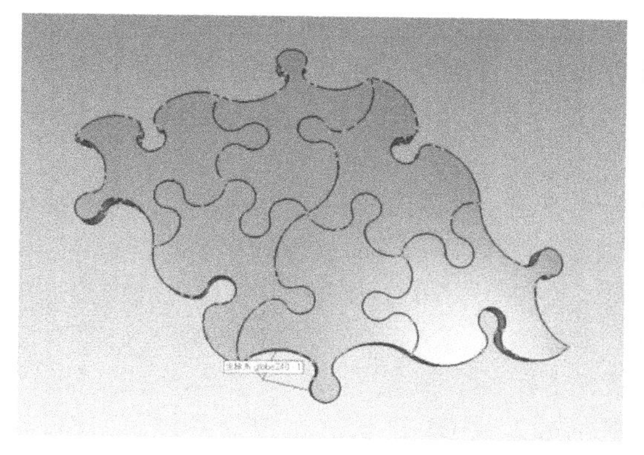

图 6-18 拼图效果

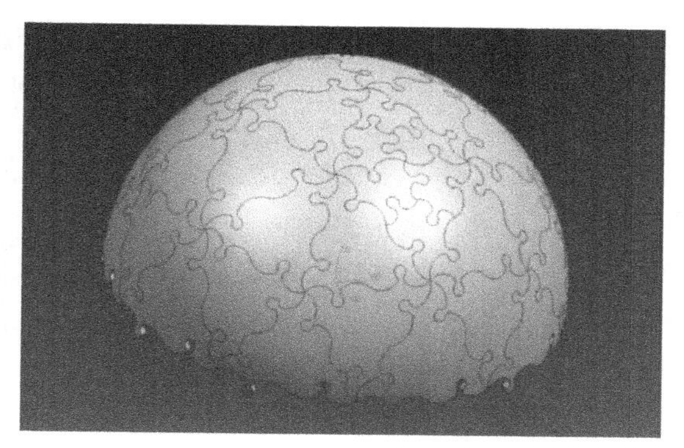

图 6-19 用基本小拼块拼接的球面

后制作三维几何模型，经检查满意后制造出产品来，采用的是从抽象到具体的思维方法，而逆向工程也称为反求工程、反向工程等，是对存在的实物模型进行测量并根据测得的数据重构出数字模型，进而进行分析、修改、检验、输出图样，然后制造出产品的过程，如图 6-20 所示。简单说来，传统设计和制造是从图样到零件（产品），而反求工程的设计是从零件（或原型）到图样，再经过制造过程到零件（产品），这就是反求的含义。在产品开发过程中，由于形状复杂，其中包含许多自由曲面，很难直接用计算机建立数字模型，常常需要以实物模型（样件）为依据或参考原型，进行仿型、改型或工业造型设计。如汽车车身的设计和覆盖件的制造，通常由工程师用手工制作出油泥或树脂模型形成样车设计原型，再用三维测量的方法获得样车的数字模型，然后进行零件设计、有限元分析、模型修改、误差分析和数控加工指令生成等，即可进行快速原型制造并进行反复优化评估，直到得到满意的设计结果。也可以说，反求工程就是对模型进行测量、CAD 模型重构、模型加工并进行优化评估的设计方法。反求工程一般由产品数字化、数据编辑处理和分片、生成曲线曲面和最终构造 CAD 模型四个步骤组成。

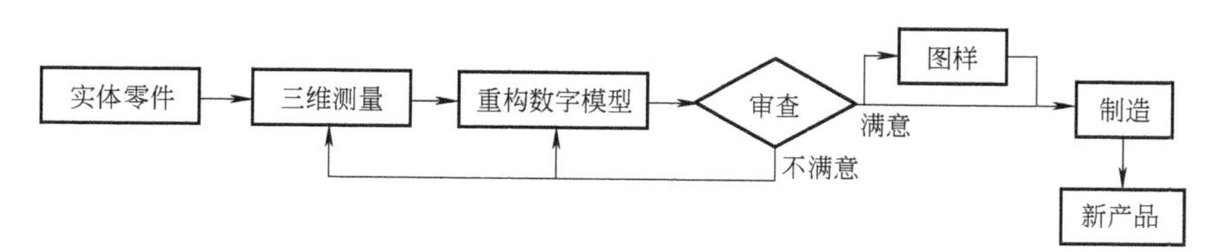

图 6-20 反求工程设计过程

用逆向工程开发产品可以有两种工艺路线，即首先用三维数字化测量仪器准确、快速地测量出轮廓坐标值，并建构曲面，编辑、修改后，将图档转至一般的 CAD/CAM 系统，再由 CAM 所产生刀具的 NC 加工路径送至 CNC 加工机制作所需模具；或者采用增材制造技术将样品模型制作出来，其流程如图 6-21 所示。

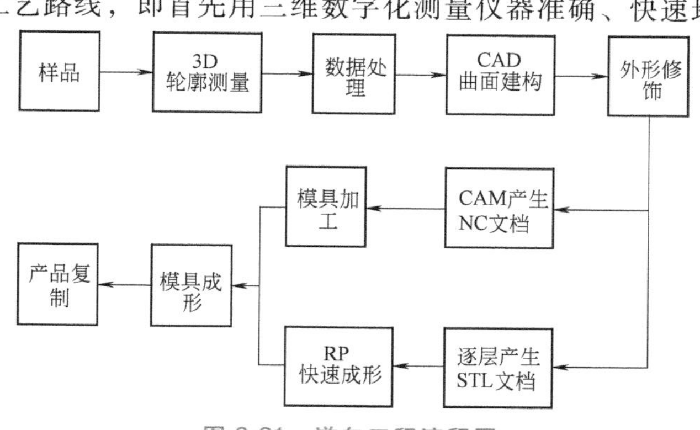

图 6-21 逆向工程流程图

2. 逆向工程测量的分类

数据测量是产品形状数字化建模过程，是通过专用测量设备和测量方法来获取实物表面离散点的几何数据。根据这些数据才能实现复杂曲面的建模、评价、改进和制造。而测量方法的好坏直接影响到对被测实体描述的精确、完整程度，进而影响到重构的 CAD 曲面、实体模型的质量，最终影响到快速成形制造出来的产品是否能真实地反映原始的实体模型。因此，它是 RE 技术的基础。

目前，有多种采集实物表面数据的测量设备和方法。不同的测量方法就有不同的精度、速度、经济性、数据类型以及后续处理方式。反求工程中实物形状三维数据获取方法可以分为接触式和非接触式两大类。根据测头形式不同，接触式又可分为基于力变形原理的触发式和连续式，其主要产品是三坐标测量机和关节式坐标测量机。非接触式按原理分为光学式和非光学式，其中光学式包括激光三角测量法、激光测距法、激光干涉法、结构光法、光干涉法、机器视觉法、图像分析法等；而非光学式则包括工业 CT 测量法、核磁共振（MRI）测量法、超声波法和采取破坏性测量的层析法，具体分类如图 6-22 所示。

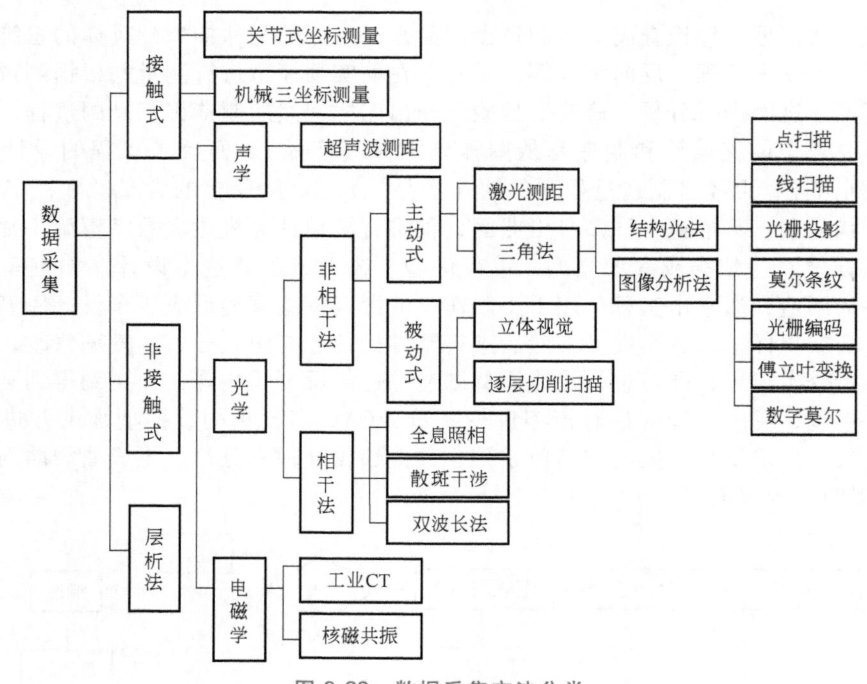

图 6-22　数据采集方法分类

3. 接触式测量

三坐标测量机（Coordinate Measuring Machine，CMM）最初是作为一种检测仪器，对零件的尺寸、形状和相对位置进行精确检测。后来随着自动控制、触发式测头等技术的发展，形成了现在的计算机控制的三坐标测量系统，可应用于各种零件的自动检测与测量。三坐标测量机主要由主机、测头、电气系统三大部分组成，如图 6-23 所示。测量原理是：将被测零件置于三坐标测量机的工作台测量空间中（图 6-24），计算机控制测头点触各预设测点，用计算机记录下被测点的坐标位置，根据这些点的空间坐标值，可计算求出被测零件的几何尺寸、形状和位置。

（1）三坐标测量机的主机　机身结构主要由工作台、立柱、横梁组成，如图 6-23 所示；驱动装置由伺服电动机、滚珠丝杠系统、钢带驱动系统、无振动驱动系统等组成；实现二维运动采用滑动轴承、滚动轴承和气浮导轨；标尺系统包括线纹尺、气动平衡装置、感应同步器、光栅尺及数显电气装置等。

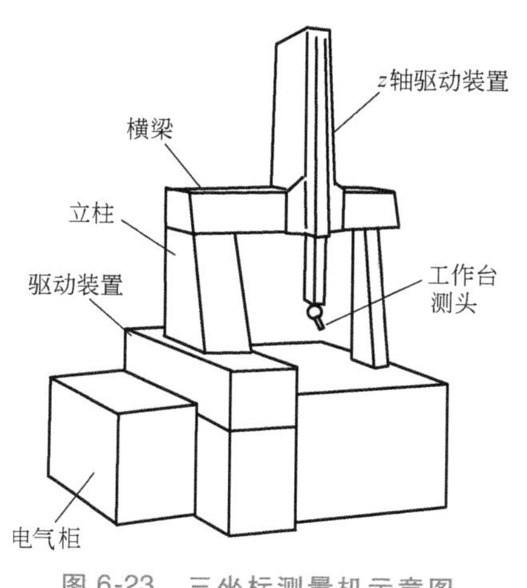

图6-23　三坐标测量机示意图

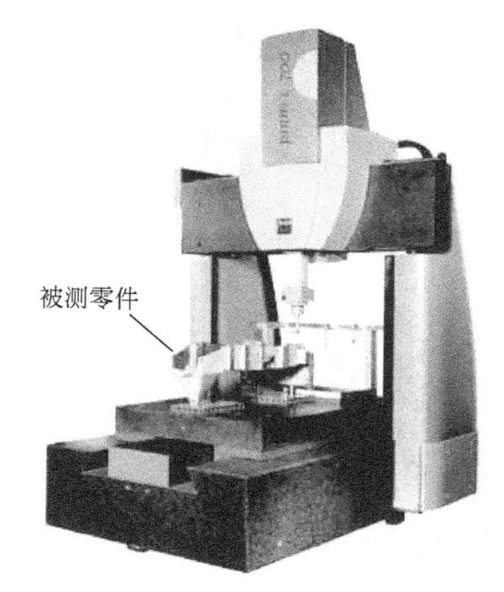

图6-24　Brown&Sharpe公司的MM—C700三坐标测量机

（2）三维测头　三维测头或称为三维测量传感器，是测量机触测被测零件的发信开关，如图6-25a所示。三坐标测量机可以配置不同类型的测头，包括机械式、光学式和电气式。机械式主要用于手动测量，光学式多用于非接触测量，电气式多用于接触式的自动测量。机械式测头又可分为开关式与扫描式两大类，开关式测头的实质是零位发信开关，如图6-25b所示，它相当于三对触点串联在电路中，当测头产生任一方向的位移时，均使任一触点断开，电路断开即发信计数。图6-25c所示为接触式测头测量三维曲面。

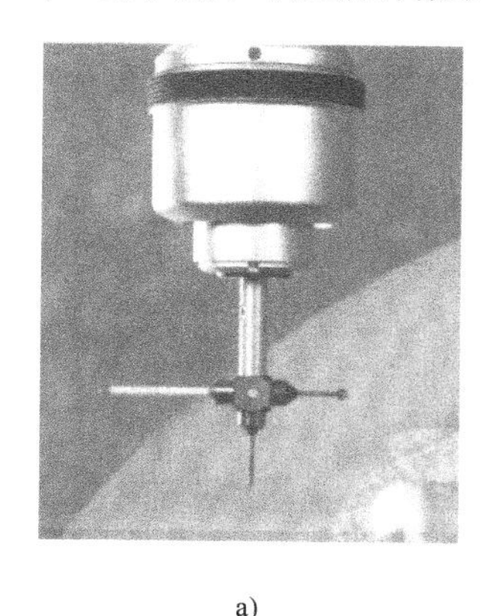

a)

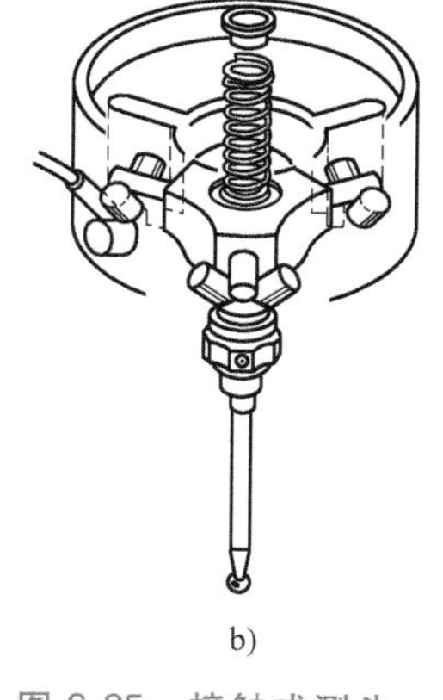

b)

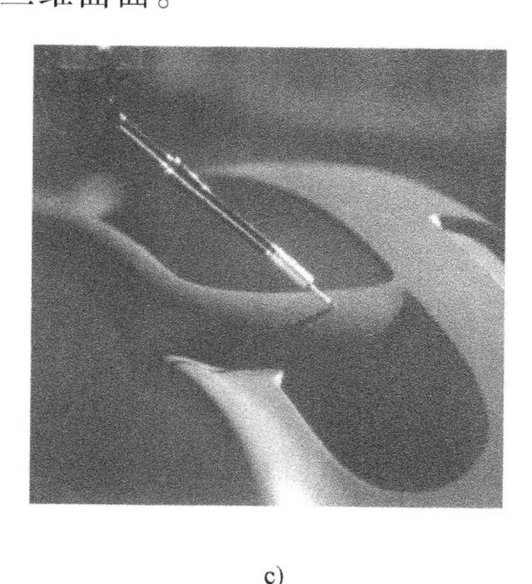

c)

图6-25　接触式测头

a）多头接触式测量针　b）开关式测头　c）接触式测头测量三维曲面

扫描式测头实质是相当于x、y、z三个方向皆为差动点感测微仪，x、y、z三个方向的运动是靠三个方向的平行片簧支撑，做无间隙转动，测头的偏移量由线性电感器测出。

从图6-26a可以看出，接触式测量的测头是一个球形体，对三维曲面的测量得到的数据是测头的球心位置，要获得物体外形的真实尺寸，则需要对测头球半径进行补偿，即三维接触式测量存在一个误差修正的问题。接触式测量的补偿原理为：当测量某一曲面时，测头球体位于此被测点表面法线方向上，如图6-26b所示，测头球体边沿与被测物体边沿间的接触点为A，A点至球心C点有一半径偏差量，实际要求的位置是接触点A，所以必须沿法线负方向补正一个球头半径的值。这就是产生测量误差的因素之一，整个物体曲面的补偿需要冗长的计算。

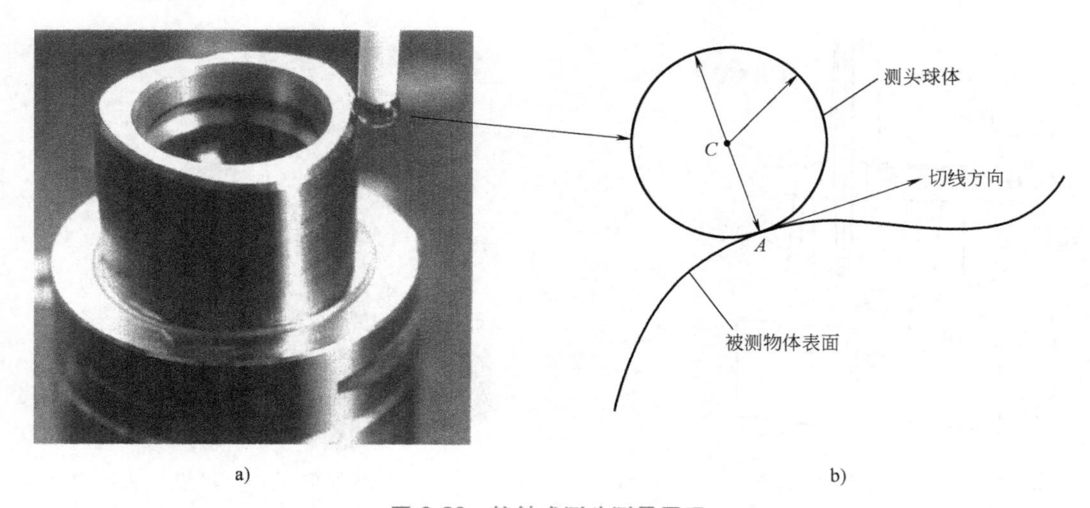

图 6-26 接触式测头测量原理

a）测头球体与被测零件接触 b）测头球体半径补偿原理

4. 非接触式测量

非接触式测量技术是利用声、光、电、磁等与物体表面发生相互作用的物理现象来获取物体的三维坐标信息。其中以应用光学原理发展起来的激光三角法、结构光法的测量方法应用最为广泛。由于其具有测量速度快、精度较高，且不与被测物体接触，因而对于柔软质地的物体也能测量等优点，越来越受到重视，市场潜力巨大。随着计算机技术、CCD 摄像机技术、机器视觉技术及精密制造技术的发展，工业精密测量技术越来越向柔性化、小型化、便携式和高精度方向发展。

一般常用的非接触式测量方法分为被动视觉和主动视觉两大类。被动式方法中无特殊光源，只能接收物体表面的反射信息，因而设备简单，操作方便，成本低，可用于户外和远距离观察，特别适用于由于环境限制不能使用特殊照明装置的应用场合，但算法较复杂、精度较低。主动式方法使用一个专门的结构光源照射到被测物体表面，使系统获得更多的有用信息，降低算法的难度。被动式非接触测量的理论基础是计算机视觉中的三维视觉重建。根据可利用的视觉信息，被动视觉方法包括由明暗恢复形状、由纹理恢复形状、光度立体法、立体视觉和由遮挡轮廓恢复形状等，其中在工程中应用较多的是后两种方法。

立体视觉又称为双目视觉或机器视觉，其基本原理是从两个（或多个）视点观察同一景物，以获取不同视角下的感知图像，通过三角测量原理计算图像像素间的位置偏差（即视差）来获取景物的三维信息，这一过程与人类视觉的立体感知过程是类似的。

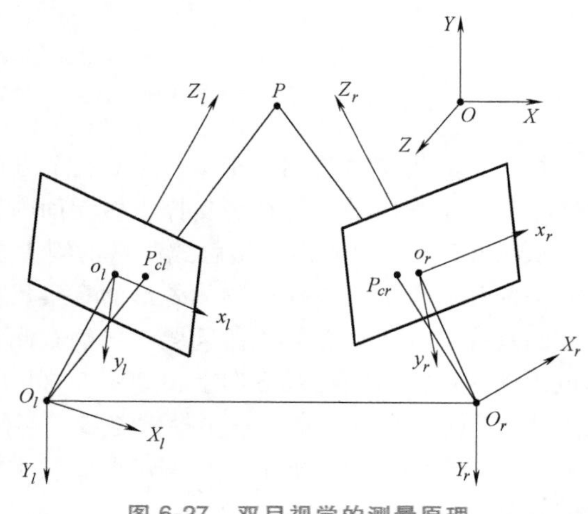

图 6-27 双目视觉的测量原理

双目视觉的测量原理如图 6-27 所示，其中 P 是空间中任意一点，O_l、O_r是两个摄像机的光心，类似于人的双眼，P_{cl}、P_{cr}是 P 点在两个成像面上的像点。空间中 P、O_l、O_r只形成一个三角形，且连线 O_lP 与像平面交于 P_{cl}点，连线 O_rP 与像平面交于 P_{cr}点。因此，若已知像点 P_{cl}、P_{cr}，则连线 O_lP 和 O_rP

必交于空间点 P，这种确定空间点坐标的方法称为三角测量法。

一个完整的立体视觉系统通常由图像获取、摄像机标定、特征提取、立体匹配、深度计算和数据处理六部分组成。由于它直接模拟了人类视觉的功能，可以在多种条件下灵活测量物体的立体信息；而且通过采用高精度的边缘提取技术，可以获得较高的空间定位精度（相对误差为1%~2%），因此在计算机被动测距中得到了广泛应用。但立体匹配始终是立体视觉中最重要，也是最困难的问题，其有效性依赖于三个问题的解决，即选择正确的匹配特征，寻找特征间的本质属性及建立能正确匹配所选特征的稳定算法。虽然已提出了大量各具特色的匹配算法，但场景中光照、物体的几何形状与物理性质、摄像机特性、噪声干扰和畸变等诸多因素的影响，至今仍未得到很好解决。

利用图像平面上将物体与背景分割开来的遮挡轮廓信息来重构表面，称为遮挡轮廓恢复形状，其原理为将视点与物体的遮挡轮廓线相连，即可构成一个视锥体。当从不同的视点观察时，就会形成多个视锥体，物体一定位于这些视锥体的共同交集内。因此，通过体相交法，将各个视锥体相交便得到了物体的三维模型。

遮挡轮廓恢复形状方法通常由相机标定、遮挡轮廓提取以及物体与轮廓间的投影相交三个步骤完成，而且遮挡轮廓恢复形状方法在实现时仅涉及基本的矩阵运算，因此具有运算速度快、计算过程稳定、可获得物体表面致密点集的优点。缺点是精度较低，难以达到工程实用的要求，目前多用于计算机动画、虚拟现实模型、网上展示等场合，而且该方法无法应用于某些具有凹陷表面的物体。如美国 Immersion 公司开发了 Lightscribe 系统，该系统由摄像头、背景屏幕、旋转平台及软件系统等组成。首先对放置在自动旋转平台上的物体进行摄像，将摄得的图像输入软件后利用体相交技术可自动生成物体的三维模型，但对于物体表面的一些局部细节和凹陷区域，该系统还需要结合主动式的激光扫描进行细化。

随着主动测距方法的日趋成熟，在条件允许的情况下，工程应用更多使用的是主动视觉方法。主动视觉是指测量系统向被测物体投射出特殊的结构光，通过扫描、编码或调制，结合立体视觉技术来获得被测物的三维信息。对于平坦的、无明显灰度、纹理或形状变化的表面区域，用结构光可形成明亮的光条纹，作为一种“人工特征”施加到物体表面，从而方便图像的分析和处理。

目前非接触式测量方法主要有：激光三角法、结构光法、工业 CT 法、核磁共振（MRI）法、超声波法和层析法（CGI）。根据不同的原理，应用较为成熟的主动视觉方法可又分为激光三角法和投影光栅法两类。

激光三角法是目前最成熟，也是应用最广泛的一种主动式方法。激光三角法测量原理如图6-28所示。由激光源发出的光束，经过一组可改变方向的反射镜组成的扫描装置变向后，投射到被测物体上，摄像机固定在某个视点上观察物体表面的漫射点。若图中激光束的方向角 α、摄像机与反射镜间的基线距离是已知的，β 可由焦距 f 和成像点的位置确定。因此，根据光源、物体表面反射点及摄像机成像点之间的三角关系，可以计算出表面反射点的三维坐标。激光三角法的原理与立体视觉在本质上是一样的，不同之处是将立体视觉方法中的一个“眼睛”置换为光源，而且在物体空间中通过点、线或栅格形式的特定光源来标记特定的点，可以避免立体视觉中对应点匹配的问题。

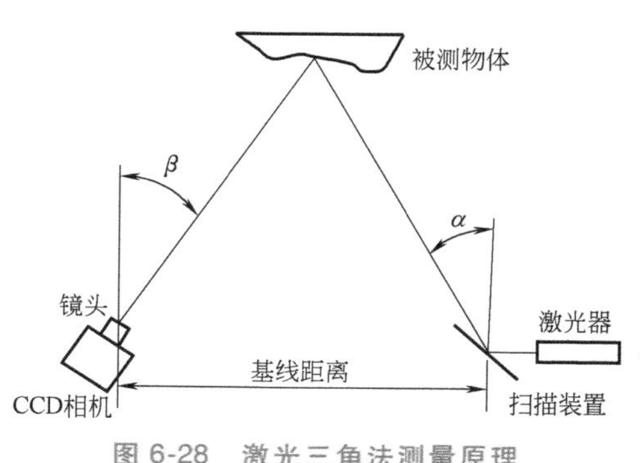

图6-28 激光三角法测量原理

激光三角法具有测量速度快，而且可达到较高的精度（±0.05mm）等优点，但存在的主要问题是对被测表面的表面粗糙度、漫反射率和倾角过于敏感，存在由遮挡造成的阴影效应，对突变的台阶和深孔结构容易产生数据丢失。

在主动式方法中，除激光以外，也可以采用光栅或白光源投影。投射光栅法的基本思想是把光栅投射到被测物表面上，受被测样件表面高度的调制，光栅投射线发生变形，变形光栅携带了物体表面的三维信息，通过解调变形的光栅投射线，从而得到被测表面的高度信息，其原理如图 6-29 所示。入射光线 P 照射到参考平面上的 A 点，放上被测物体后，P 照射到物体上的 B 点，此时从图示方向观察，A 点移到新的位置 C 点，距离 AC 就携带了物体表面的高度信息 $z=h(x, y)$，即高度受到了表面形状的调制。按照不同的解调原理，就形成了诸如莫尔条纹法、傅里叶变换轮廓法和相位测量法等多种投影光栅的方法。

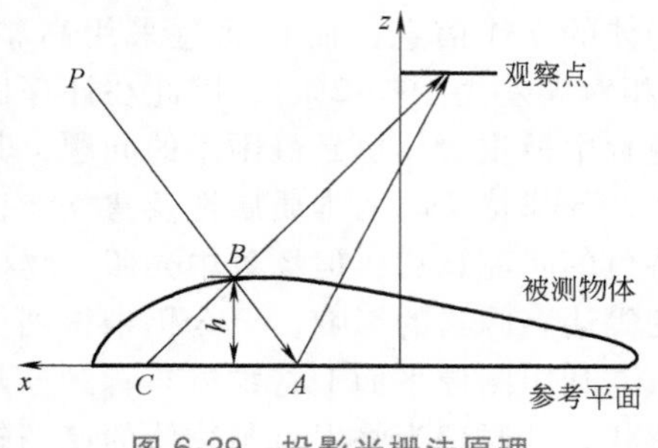

图 6-29 投影光栅法原理

投影光栅法的主要优点是测量范围大、速度快、成本低、易于实现，且精度较高（±0.03mm）；缺点是只能测量表面起伏高度差不大较平坦的物体，对于表面形貌变化剧烈的物体，在陡峭处往往会发生相位突变，使测量精度大大降低。

总的来说，精度与速度是数字化方法最基本的指标。数字化方法的精度决定了 CAD 模型的精度及反求的质量，测量速度也在很大程度上影响着反求过程的快慢。目前，常用的各种方法在这两方面各有优缺点，且有一定的适用范围，所以在应用时应根据被测物体的特点及对测量精度的要求来选择对应的测量方法。在接触式测量方法中，CMM 是应用最为广泛的一种测量设备；而在非接触式测量方法中，结构光法被认为是目前最成熟的三维形状测量方法，在工业界广泛应用，德国 GOM 公司研发的 ATOS 测量系统及 Steinbicher 公司的 COMET 测量系统都是这种方法的典型代表。CMM 接触式测量与基于光学方法的非接触式测量，每一种测量方法都有其优势与不足，在实际测量中，两种测量技术的结合将能够为逆向工程带来很好的互补性，有助于逆向工程的进行。

以下仅将在反求工程中常用的激光三角法、结构光法（含数字图像处理方法）做一简介。

（1）激光三角法 这种测量方法根据光学三角形测量原理，以激光作为光源，将激光束投射到被测物体表面，用光电敏感元件在另一位置接收激光的反射能量。此时，利用激光束和光敏元件之间的位置和角度关系来计算被测物体表面点的坐标数据。其结构模式可以分为点光源测量法和线光源测量法。

1）点光源测量法。点光源测头一次测量一个点，计算机控制测头在给定区域内进行扫描运动，对于较大的物体可以分区进行扫描。点光源测量法原理如图 6-30 所示，若被测点相对于参考平面的高度为 h，则两者在光敏元件上成像的位移为

$$e=\frac{bh\sin\theta}{h\sin(\theta+\beta)a\sin\beta}$$

式中，a、b 分别为透镜前、后焦距。

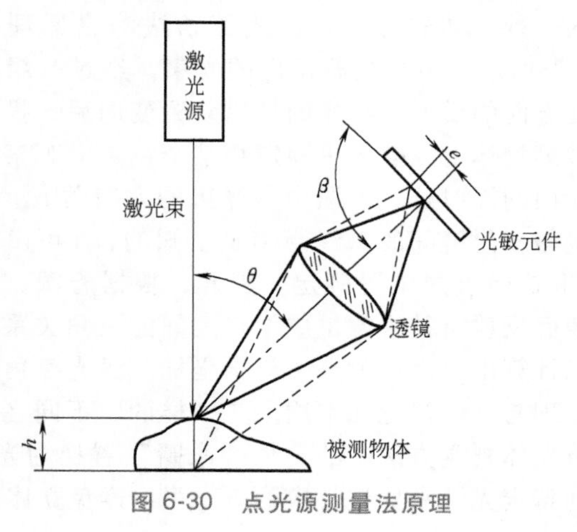

图 6-30 点光源测量法原理

2）线光源测量法。线光源测头一次测量一条线，计算机控制测头在给定区域内进行线扫描运动，对于较大的物体可分区进行扫描，为了不遗漏边缘数据，各区域间衔接处有一定的重叠。线光源测量法原理如图 6-31a 所示。

一个小功率半导体激光器和光学镜头产生线激光束，垂直投射到被测物体表面（图 6-31b），由左、右两个 CCD 摄取激光线在物体表面形成的反射光线，由于两个 CCD 摄像头与垂直线形成一定的角度，拍摄到的激光线是随物体表面起伏变化的空间曲线。激光线将物体从头到尾扫描一遍，即可获取一组描述物体表面形状的空间曲线，还要通过标定才可得到准确的三维空间坐标数据。

（2）结构光测量法　结构光测量法是基于相位偏移测量原理的莫尔条纹法。这种方法将光栅纹投射到被测物体表面（图 6-32），光栅条纹受物体表面形状的调制，其条纹间的相位关系会发生变化，用数字图像处理的方法解析出光栅条纹图像的相位变化量来获取被测物体表面的三维信息。

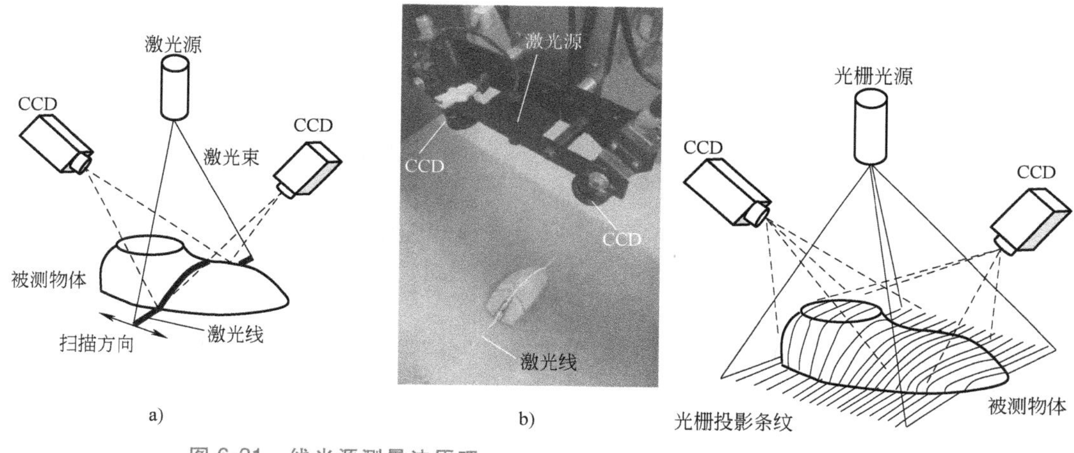

图 6-31　线光源测量法原理
a）线光源测量法原理　b）线光源测量法实测照片

图 6-32　结构光测量法原理

采用这种测量方法的测量系统被认为是目前测量速度和精度最高的扫描测量系统，用分区扫描技术可增大测量的范围。德国 GOM 公司的 ATOS 光学测量系统可以在 1min 内测量完成一幅 430000 像素的图像，精度达到 0.03mm，图 6-33 所示为光栅投影测头，图 6-34a 所示为光栅投射到被测物体，图 6-34b 所示为采集到的三维条纹图像。

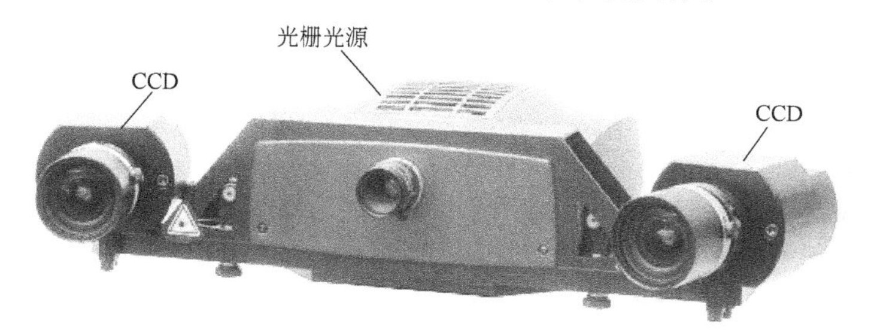

图 6-33　光栅投影测头

5. 接触式与非接触式测量方法的优缺点

各种测量方法都有一定的局限性，对于反求工程而言，用三维测量采集数据的方法应满足下列要求：测量精度应满足工程的需要；测量速度要快；采集的数据要完整；测量过程中

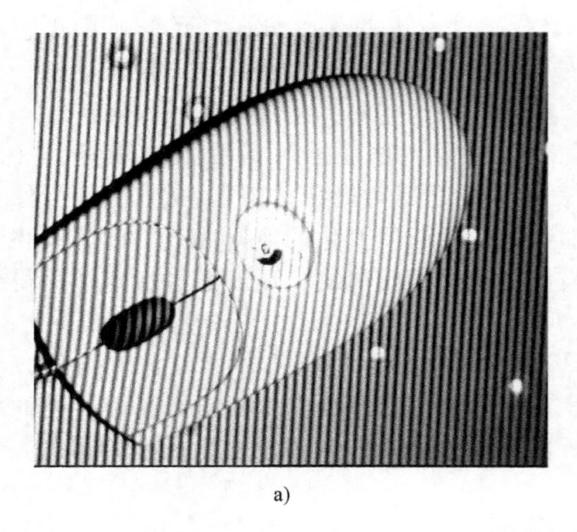

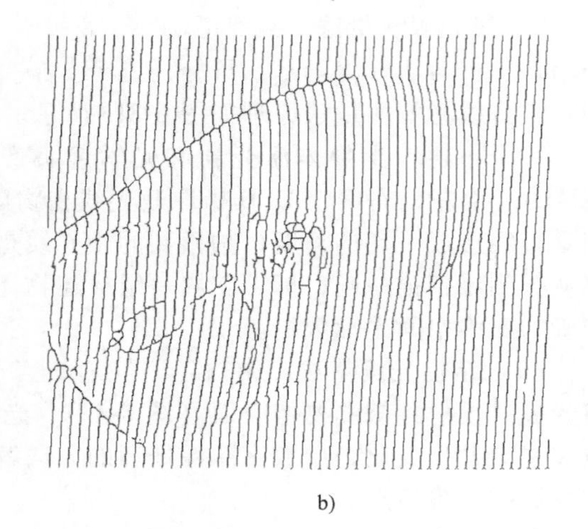

a)　　　　　　　　　　　　b)

图 6-34　光栅投影及被测物体的条纹图像

a）光栅投射到被测物体　b）采集到的三维条纹图像

不能破坏被测物体；尽量降低采集数据的成本。

根据上述要求，可以选择不同的测量方法，或根据反求工程中实际测量的情况，利用各种方法的优点互补，以获得精度高、信息完整的三维数据。

（1）接触式测量方法的优缺点　接触式测量方法的优点如下：

1）接触式测头、机械结构及电子系统已发展了几十年，技术已相当成熟，准确性、可靠性高。

2）由于是通过接触物体表面进行测量，因而不受物体表面的颜色、反射特性和曲率影响。

3）可快速准确地测量出面、圆、圆柱、圆锥和圆球等物体表面的基本几何形状。

接触式测量方法的缺点如下：

1）需要使用特殊的夹具以确定测量基准，而不同形状的零件就需要对应的夹具，从而大幅增加了测量成本。

2）由于测头频繁接触被测物体导致球头容易磨损，为保持一定精度需要经常校正球头直径。

3）如果操作失误，容易损坏测头和降低零件某些重要部位的表面精度。

4）由于是逐点进行测量，因而测量速度慢。

5）如果零件上小孔的尺寸小于测量球头的尺寸，则无法测量。

6）如果测头的压力过大使被测物体表面发生变形，导致测头的局部弧面压入被测物体表面，则影响测量精度。

7）测量系统的结构存在静态和动态误差。

8）由于测头触发机构的延迟导致动态误差。

（2）非接触式测量方法的优缺点　非接触式测量方法的优点如下：

1）激光光斑的位置就是物体表面的位置，没有半径补偿的问题。

2）测量过程可以用快速扫描，不用逐点测量，因此测量速度快。

3）由于测量过程不接触物体，可以直接测量软性物体、薄壁物体和高精密零件。

非接触式测量方法的缺点如下：

1）非接触测量大多应用光敏位置探测器（Position Sensitive Detector，PSD），而目前PSD的测量精度有限。

2）非接触测量原理要求测头接收照射在物体表面的激光光斑的反射光或散射光，因此极易受物体表面颜色、曲率等反射特性影响。

3）环境光线及散射光等噪声对 PSD 影响很大，噪声信号的处理比较困难。

4）非接触测量方法主要对物体表面轮廓坐标点进行大量采样，而对边线、凹孔和不连续形状的处理较困难。

5）被测物体形状尺寸变化较大时，使 CCD 成像的焦距变化较大，成像模糊，影响测量精度。

6）被测物体表面的表面粗糙度也会影响测量结果。

6. 数据处理和产品建模

不同的数据采集方法为反求工程的产品 CAD 建模提供了不同的数据来源。在多数情况下，反求工程中测量得到的物体表面点数据量庞大，其中常带有许多噪声点，这些数据点被形象地称为“点云”。需要对点云数据进行预处理才能重构成曲面。

产品建模就是要在“点云”的基础上，应用计算机辅助几何设计的有关技术，构造零件原型的 CAD 模型。常用的方法就是曲面拟合，一般采用插值和逼近两种方式拟合。插值方法拟合时，曲面通过所有数据点，因此适合于测量设备精度高，数据点坐标精确的场合。而使用逼近的方法拟合时，曲面不必通过所有的数据点，但它表达了对数据点的总体最优逼近的程度，适用于测量数据点较多，含噪声较高的情况。

目前流行的反求软件针对不同的应用，有很多种建模方法，各软件有各自的特点。按照点云的组织方式、模型的产生过程不同，建模方法分为以下几类：

（1）基于特征的建模方法　包括特征的提取（即区域划分及分类），对每个特征进行曲面拟合，基于合适的拓扑关系进行求交、延伸、裁剪、光滑过渡等计算。特征提取即把数据点划分为多个区域，每个区域可以用一种曲面表示。虽然已有许多关于数据区域划分的研究，但目前使用的反求工程系统区域划分大多是交互或半交互方式。

（2）基于切片数据（截面数据）的建模方法　此类数据具有特殊的分布方式，数据分布于一组平行的截面线上。模型产生有两种方法，一种是连接相邻截面线上的点，形成 G0 连续的模型；另一种方法先拟合截面线，再用蒙皮的方式产生曲面模型，是交互系统中常用方法之一。

（3）基于可变形模型的建模方法　首先产生一个简单的形状 S，称为可变形模型，数据点 D 完全被 S 包围或 S 完全被数据点 D 包围。在 S 与 D 之间建立某种目标函数 F 及约束，通过收缩或膨胀 S，使 F 达到极值以产生数据点的近似表示。F 可有不同的取法。该方法不通用，也难于达到实用。

（4）整体的自动建模方法　以上三种方法对于由复杂雕塑面（如人体器官、艺术品）或大型的自由曲面（如覆盖件）产生的散乱数据难以达到精确或自动的拟合，近年来出现了一些针对散乱点的整体曲面重构方法。此类方法用三角面片或光滑曲面片表示整个实体。

几何建模是反求工程的关键环节，同时也是影响反求工程速度的瓶颈环节，因此提高反求工程几何建模的自动化程度和通用性是目前反求工程研究的一个重要方向。

常用的反求及 CAD 软件有：Surfacer、Geomagic、Re_ Sofe、CopyCAD、Pro/E 2001 及 UG 等。这些软件各有特点，实际应用中可将几种软件结合起来使用，以提高效率，获得最好的反求结果。

7. 逆向工程的应用

目前，逆向工程已被运用于众多的领域，如在没有设计图样或者设计图样不完整以及没有 CAD 模型的情况下，按照现有零件的模型，利用各种数字化技术及 CAD 技术重新构造零件原型的 CAD 模型；当要设计需要通过实验测试才能定型的工件模型时，这类零件一般都具有复杂的自由曲面外形，最终的实验模型将成为设计这类零件及反求其模具的依据；在美学设计特别重要的领域，如汽车外形设计广泛采用真实比例的木制或泥塑模型来评估设计的美学效果时，需用逆向工程的设计方法；在修复破损的艺术品或缺乏供应的损坏零件时，不需要对整个零件原型进行复制，而是借助逆向工程技术抽取零件原型的设计思想，指导新的设计，由实物反求推理出设计思想。

逆向工程是近年来发展起来的消化吸收和提高先进技术的一系列分析方法和应用技术的组合，其主要目的是改善技术水平，提高生产率，增强经济竞争力。世界各国在经济技术发展中，应用逆向工程消化吸收先进技术经验，给人们有益的启示。据统计，各国 70%以上的技术源于国外，逆向工程作为掌握技术的一种手段，可使产品研制周期缩短 40%以上，极大地提高了生产率。因此，研究逆向工程技术对我国国民经济的发展和科学技术水平的提高具有重大的意义。

8. 应用实例

从扫描实体获取空间数据到建模的过程，以结构光测量法为例。图 6-35 所示为高尔基石膏头像，用如图 6-36 所示的便携式光栅测量仪对高尔基石膏头像的各个部分进行扫描测量和数据采集。

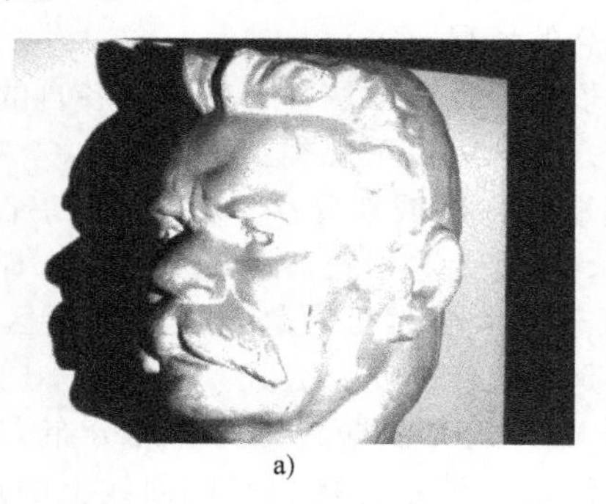

a)

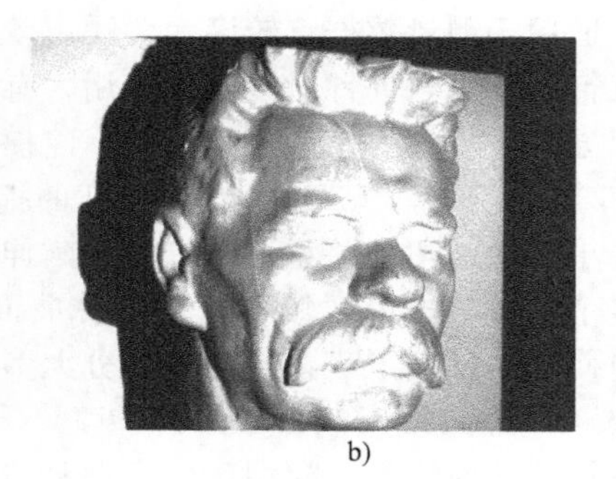

b)

图 6-35　高尔基石膏头像

a）侧面　b）正面

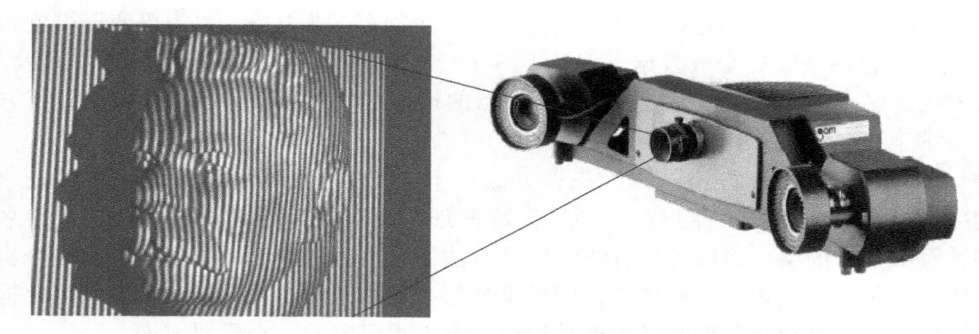

图 6-36　用便携式光栅测量仪进行扫描测量

图 6-37 所示为从不同角度对高尔基石膏头像进行扫描测量得到的点云数据分区图像，然后将这些点云数据经过拼合处理，得到一个如图 6-38 所示的完整的点云数据三维图像。最后，用这个点云数据图像生成由三角面片构成的如图 6-39 所示的三维图像。这种三角面片的数据格式称为 STL 格式。

由图 6-39 可以看到，三角面片构成的模型还不够完美，出现局部破损。此时可用

Geomagic 软件的数据补洞功能修补该破损处，再经光顺处理后，得到如图 6-40 所示的完美三维面模型，其充分表现了面部特征和细节。其后再用 Geomagic 软件处理为加厚壳体或封闭为实心体模型，如图 6-41 所示。将该模型导出为 STL 格式的文件，即可直接输入到增材制造设备系统中，用分层添加成形的方法制造出跟数字模型一样的实体模型。

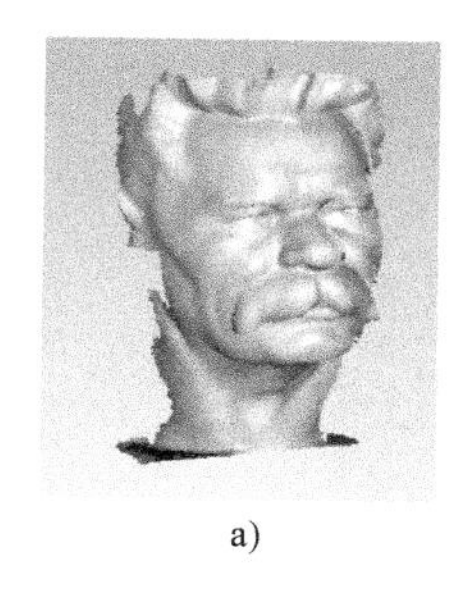

a)

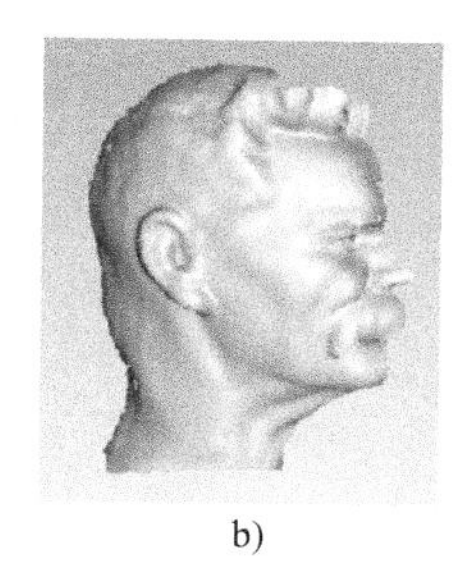

b)

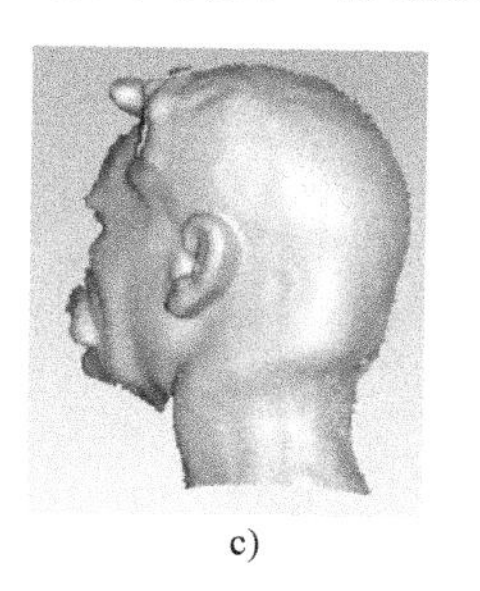

c)

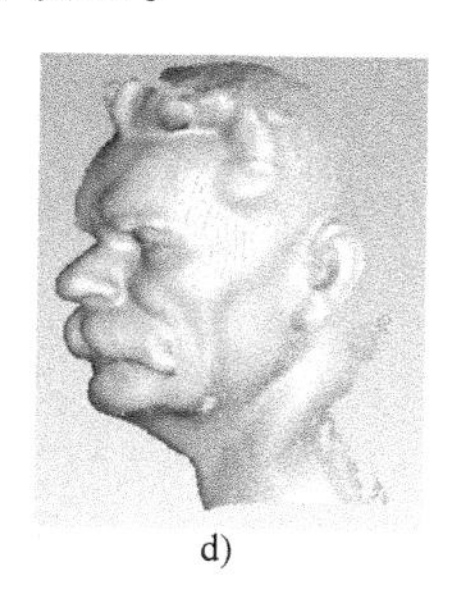

d)

图 6-37　分区扫描得到的点云数据图像

a）正面区域　b）右侧区域　c）后脑区域　d）左侧区域

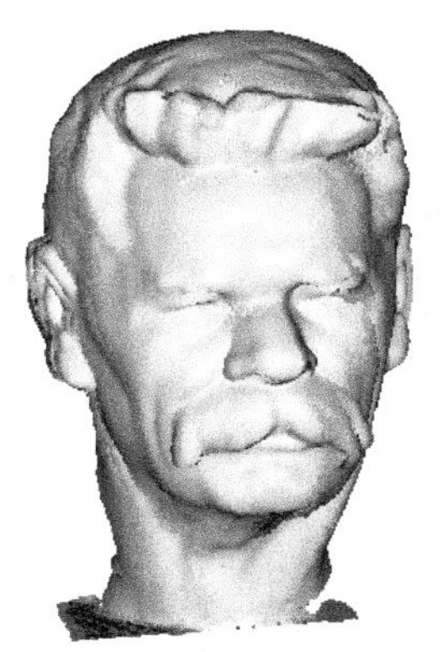

图 6-38　点云数据三维图像

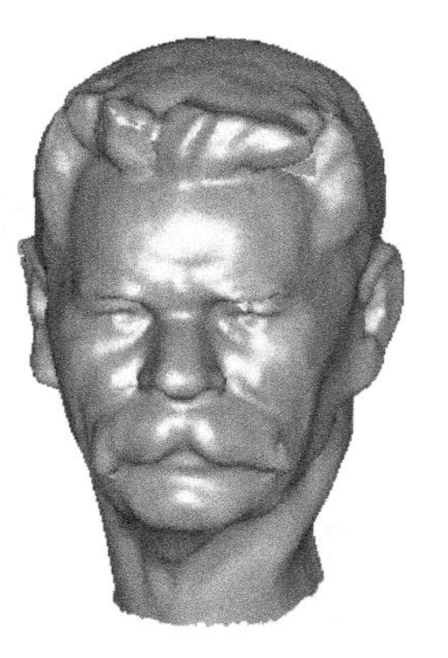

图 6-39　三角面片构成的三维图像

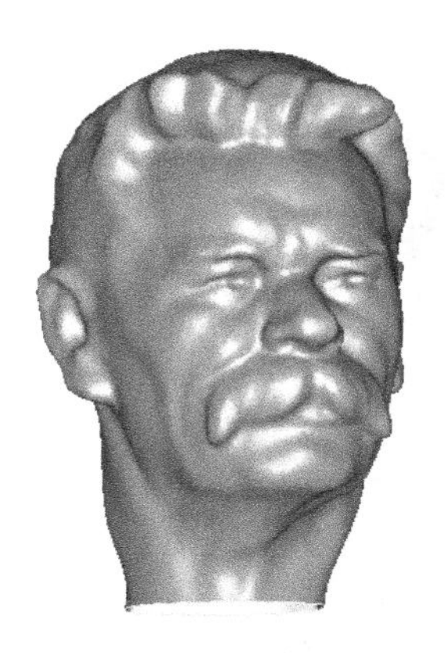

图 6-40　三维面模型

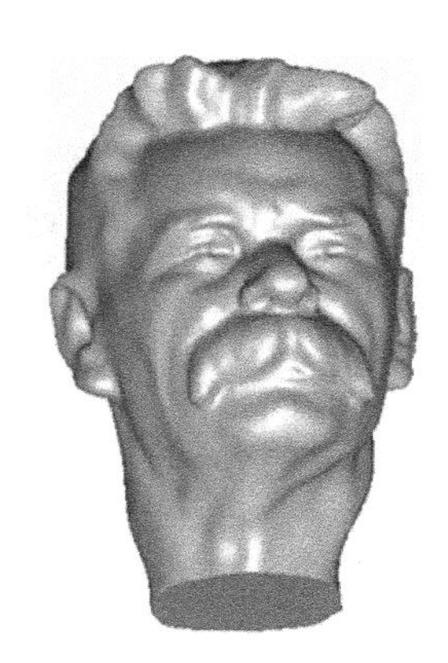

图 6-41　三维实心体模型

6.2.4　数据处理

三维 CAD 系统所表现的三维模型，有线框模型、面模型和实体模型。线框模型是用空间的棱线和顶点构成的三维模型。面模型是由多个线框围成的面拼合成的立体空心模型，即模型表面内是没有数据的。而实体模型是包括模型内部和表面都有数据的实心模型。对于增材制造系统，需要接受 STL 格式的数据模型。所谓 STL 格式模型，是一种用大量的三角面片逼近曲面来表现三维模型的数据格式，是目前大多数增材制造系统使用的一种标准格式。

1. STL 格式文件

STL（STereo Lithography）文件是美国 3D Systems 公司提出的一种三维数字模型，是 CAD 文档与增材制造系统之间进行数据交换的格式，由于它格式简单，对三维模型数字建模方法无特定要求，因而得到广泛的应用，目前在世界范围内已成为各种增材制造系统中事实上的标准数据输入格式。所有的增材制造系统都能接收 STL 文件进行工作，而几乎所有的三维 CAD 软件也都能把三维数字模型从自己专有的文件格式中导出生成为 STL 文件。

（1）STL 模型的表示方法　STL 文件格式最重要的特点是它的简单性，它不依赖于任何一种三维建模方式，存储的是三维模型表面的离散化三角形面片信息，并且对这些三角形面片的存储顺序无任何要求。如图 6-42 所示，STL 模型的精度直接取决于离散化时三角形的数目。一般而言，在 CAD 系统中输出 STL 文件时，设置的精度越高，STL 模型的三角形数目越多，文件体积越大。图 6-43 所示为 CAD 的三维模型，图 6-44 为将 CAD 的三维模型输出为 STL 格式模型。

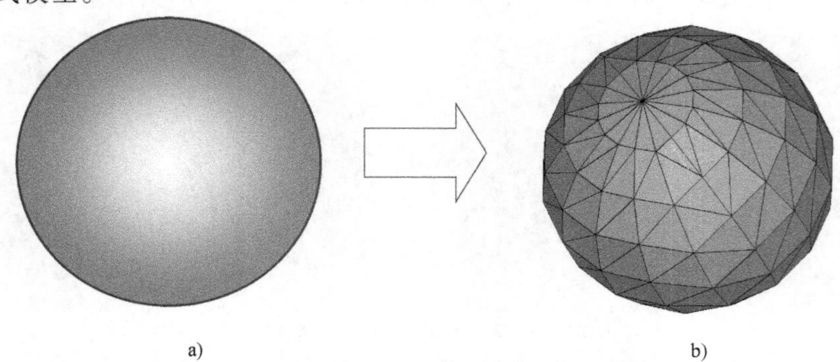

图 6-42 三维模型的三角化处理

a）原始三维模型 b）三角化后的模型

图 6-43 CAD 的三维模型

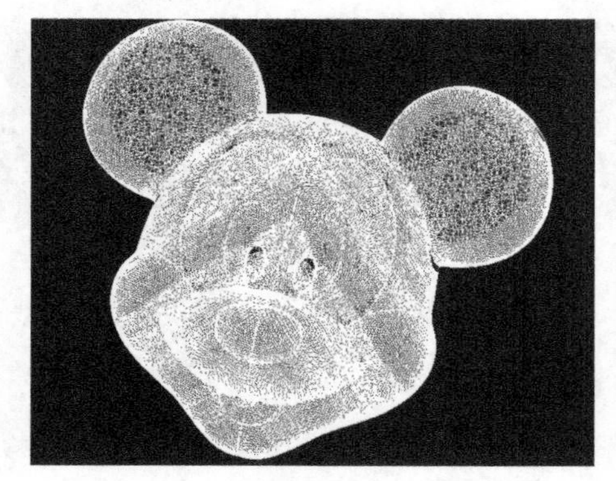

图 6-44 输出为 STL 格式模型

（2）STL 文件的存储格式 STL 文件有两种格式，即二进制和文本格式。二进制 STL 文件将三角形面片数据的三个顶点坐标（x，y，z）和外法矢（l_x，l_y，l_z）均以 32bit 的单精度浮点数（IEEE754 标准）存储，每个面片占用 50B 的存储空间。而 ASCII STL 文件则将数据以数字字符串的形式存储，并且中间用关键词分隔开来，平均一个面片需要 150B 的存储空间，是二进制的三倍。

STL 文件的二进制格式如下：

偏移地址	长度/B	类型	描述
0	80	字符型	文件头信息
80	4	无符号长整数	模型面片数
第一个面的定义，法向矢量			
84	4	浮点数	法向的 x 分量
88	4	浮点数	法向的 y 分量
92	4	浮点数	法向的 z 分量

第一点的坐标

96	4	浮点数	x 分量
100	4	浮点数	y 分量
104	4	浮点数	z 分量

第二点的坐标 ……

第三点的坐标 ……

第二个面的定义，法向矢量

……

STL 文件的文本格式如下：

```
solid <part name>（实体名称）
  facet    （第一个面片信息开始）
    normal <float><float><float>（第一个面的法向矢量）
    outer loop
      vertex <float><float><float>（第一个面的第一点的坐标）
      vertex <float><float><float>（第一个面的第二点的坐标）
      vertex <float><float><float>（第一个面的第三点的坐标）
    endloop
  endfacet（第一个面片信息结束）
  ……（其他面片的信息）
endsolid <part name>
```

由上述两种格式可以看出，二进制和文本格式的 STL 文件存储的信息基本上是完全相同的，只是其中二进制 STL 文件中为每个面片保留了一个 16 位整型数属性字，一般规定为 0，没有特别含义；而文本格式 STL 文件则可以描述实体名称（solid <part name>），但一般增材制造系统均忽略该信息。

文本格式主要是为了满足人机友好性的要求，它可以让用户通过任何一种文本编辑器来阅读和修改模型数据，但在 STL 模型动辄包含数十万个三角形面片的今天，已经没有什么实际意义，显示和编辑 STL 文件通过专门的三维可视化 STL 工具软件更加合适。文本格式的另一个优点是它的跨平台性能很好，二进制文件在表达多字节数据时在不同的平台上有潜在的字节顺序问题，但只要 STL 处理软件严格地遵循 STL 文件规范，完全可以避免这个问题的发生。由于二进制 STL 文件只有相应文本格式 STL 文件的 1/3 大小，现在主要应用的是二进制 STL 文件。

（3）STL 格式的优缺点及其改进格式　STL 文件能成为增材制造领域事实上标准格式的原因主要在于它具有以下优点：

1）格式简单。STL 文件仅仅只存放 CAD 模型表面的离散三角形面片信息，并且对这些三角形面片的存储顺序不做要求。从“语法”的角度来看，STL 文件只有一种构成元素，那就是三角形面片，三角形面片由其三个顶点和外法矢构成，不涉及复杂的数据结构，表述上也没有二义性，因而 STL 文件的读写都非常简单。

2）与 CAD 建模方法无关。在当前的商用 CAD 造型系统中，主要存在特征表示法（Feature Representation）、构造实体几何法（Constructive Solid Geometry，CSG）、边界表示法（Boundary Representation，B-Rep）等主要形体表示方法，以及参量表示法（Parametric Representation)、单元表示法（Cell Representation）等辅助形体表示方法。当前的商用 CAD 软件系统一般根据应用的要求和计算机技术条件采用上述几种表示的混合方式，其模型的内部表示格式都非常复杂，但无论 CAD 软件系统采用何种表示方法及何种内部数据结构，它表达的三维模型表面都可以离散成三角形面片并输出 STL 文件。

但 STL 文件的缺点也是很明显的，主要有以下几点：

1）数据冗余，文件庞大。高精度的 STL 文件比原始 CAD 数据文件大许多倍，具有大量数据冗余，在网络传输效率很低。

2）使用小三角形平面来近似三维曲面，存在曲面误差。由于各系统网格化算法不同，误差产生的原因与趋势也各不一样，要想减少误差，一般只能采用通过增大 STL 文件精度等级的方法，这会导致文件长度增加，结构更加庞大。

3）缺乏拓扑信息，容易产生错误，切片算法复杂。由于各种 CAD 系统的 STL 转换器不尽相同，在生成 STL 文件时，容易产生多种错误，诊断规则复杂，并且修复非常困难，增加了快速成形加工的技术难度与制造成本。由于 STL 文件本身并不显式包含三维模型的拓扑信息，增材制造软件在处理 STL 文件时需要花费很长时间来重构模型拓扑结构，然后才能进行离散分层制造，处理超大型 STL 文件在系统时间和空间资源上都提出了非常高的要求，增加了软件开发的技术难度与成本。

总的来说，STL 文件的缺点主要集中在文件容量大和缺乏拓扑信息上，增材制造领域中的模型精度问题可以通过增加 STL 文件三角形面片数目（即增加文件容量）的方法来解决。现在已经出现了多种可以替代 STL 文件的接口格式，如 IGES、HP/GL、STEP、RPI、CLI、SLC 等，但这些格式目前并没有一种能在增材制造领域得到广泛应用。STL 文件能成为增材制造领域事实上的标准，除了历史原因外，其格式简单性和 CAD 建模方法无关性也是非常重要的关键因素。如果要开发一种新的增材制造数据接口格式，不得不考虑到 STL 文件的优点和影响力，必须符合以下条件。

1）与 STL 文件兼容，由于新的接口格式不可能立刻被广大 CAD 和增材制造系统所接受，因此新的格式最好能与 STL 格式具有双向互换性，即能在不损失信息的基础上将新的格式转换为 STL 文件或者反之。

2）与 STL 文件相比，能显著减少文件容量，并且具有一定的模型拓扑信息，易于增材制造软件重构模型拓扑结构。

3）格式最好比较简单，并且与 CAD 造型方法无关，否则这种格式将很难被广泛接受。

PowerRP 支持一种改进的接口格式 CS（Compressed STL，压缩 STL)，它较好地满足上述要求，其文件容量只有相应二进制 STL 文件的 1/4 以下，并且具有了一定的拓扑结构信息，易于重构模型的拓扑结构。最重要的一点是它完全满足上述的“兼容性”要求，能和 STL 文件进行信息无损的双向转换，能够在增材制造领域得到一定程度的利用。

2. 增材制造的数据处理流程

目前所有的增材制造技术都采用分层制造的原理，分层制造就是首先要对三维数字模型进行分层离散化，称之为切片。因而增材制造的数据处理软件都遵循一个如图 6-45 所示的处

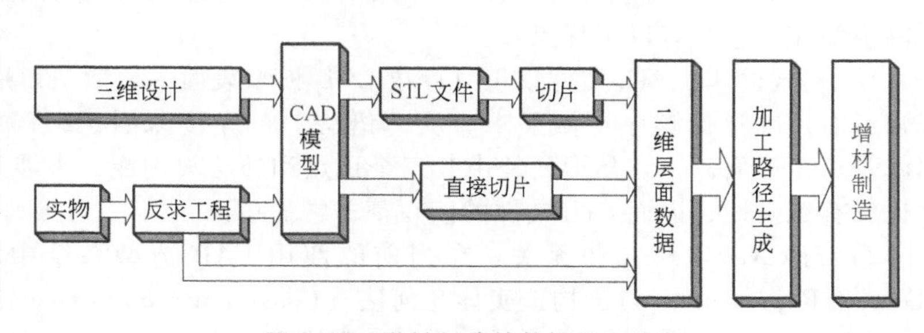

图 6-45 增材制造的数据处理流程

理流程，它可分成两个主要部分：各层切片截面二维数据的生成和加工路径的生成。

截面二维数据即实体模型的切片轮廓，它是增材制造数据处理流程的核心，任何一种来源的实体模型都要转换为二维切片轮廓才可能进行分层实体制造，而不同的增材制造技术将二维层面数据转换为不同的加工路径，然后才可以驱动增材制造设备进行制造。

6.3　液态树脂光固化成形装备

6.3.1　概述

利用光能的化学和热作用可使液态树脂材料产生变化的原理，对液态树脂进行有选择地固化，就可以在不接触的情况下制造所需的三维实体原型。利用这种光固化技术逐层成形，称为光固化成形法（SL），也有用 SLA 表示光固化成形技术的。

光固化树脂是一种透明、黏性的光敏液体。当光照射到该液体上时，被照射的部分由于发生聚合反应而固化。目前有两种工作方式，如图 6-46 所示。图 6-46a 所示是将数字模型的分层切片断面轮廓图形通过一个投影器投射到液态树脂表面，使该树脂接受面曝光；而图 6-46b 所示的方式是用扫描头将激光束扫描到树脂表面使之曝光。

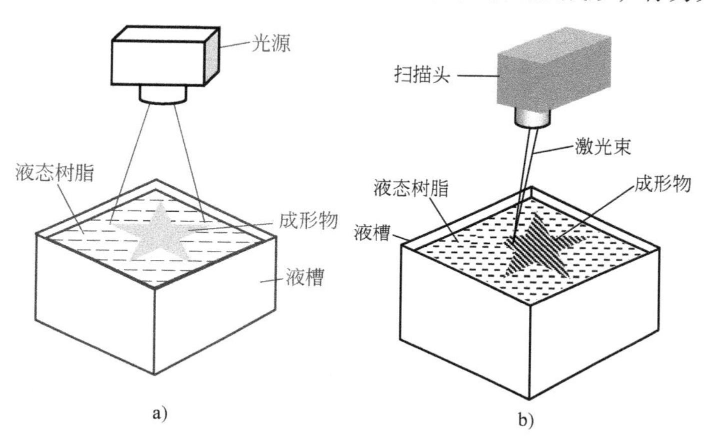

图 6-46　两种曝光方式

a）实体断面投影方式　b）激光束扫描方式

6.3.2　光固化成形原理

1. 工作原理

最初使增材制造技术实现工业应用的，是美国 3D Systems 公司的光固化成形法，这是一种通过一组振镜扫描系统，将紫外激光束照射到液态的光敏树脂表面，使其固化成所需形状的技术。其工作过程如图 6-47 所示，首先在计算机上用三维 CAD 系统构成产品的三维实体模型（图 6-47a），然后生成并输出 STL 文件格式的模型（图 6-47b）。再利用切片软件对该模型沿高度方向进行分层切片，得到模型的各层断面的二维数据群 S_n（$n=1，2，\cdots，N$），如图 6-47c 所示。依据这些数据，计算机从下层 S_1 开始按顺序将数据取出，通过一个扫描头控制紫外激光束，在液态光敏树脂表面扫描出第一层模型的断面形状。被紫外激光束扫描辐照过的部分，由于光引发剂的作用，引发预聚体和活性单体发生聚合而固化，产生一薄固化层（图 6-47d）。形成了第一层断面的固化层后，将托板下降一个设定的高度 d，在该固化层表面再涂覆上一层液态树脂。接着依上所述用第二层 S_2 断面的数据进行扫描曝光、固化（图 6-47e）。当切片分层的高度 d 小于树脂可以固化的厚度时，上一层固化的树脂就可与下层固化的树脂黏接在一起。然后第三层 S_3、第四层 S_4……，这样一层层地固化、黏接，逐步按顺序叠加直到 S_n 层为止，最终形成一个立体的实体原型（图 6-47f）。

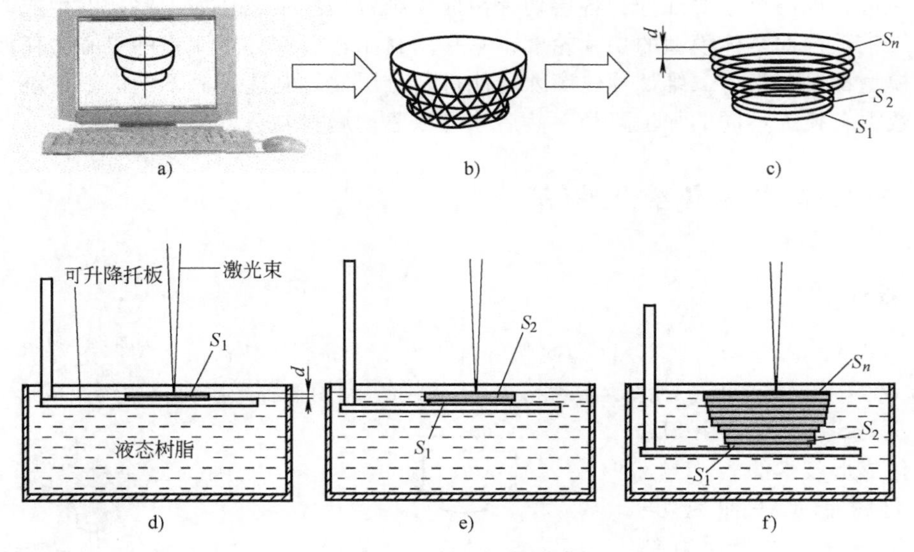

图 6-47　光固化成形过程

a）CAD 三维造型　b）STL 格式模型　c）模型切片　d）第一层 S_1 的固化　e）第二层 S_2 的固化　f）最后一层 S_n 的固化

2. 激光扫描辐照原理

对液态树脂进行光扫描曝光的方法通常有两种，如图 6-48 所示。图 6-48a 所示为一种由计算机控制的 x-y 平面扫描仪系统，光源可以经过光纤传送到安装在 y 轴臂上的聚焦镜中，也可通过一组定位反光镜将光传送到聚焦镜中，并通过计算机控制使聚焦镜在 x-y 平面运动，对液态树脂进行扫描曝光。图 6-48b 所示为一种振镜扫描系统，它是通过由振摆电动机带动的两片反射镜，根据控制系统的指令，按照每一截面轮廓的要求做高速摆动，从而将激光器发出的光束反射并聚焦于液态光敏树脂表面，并沿此面做 x、y 方向的扫描运动。

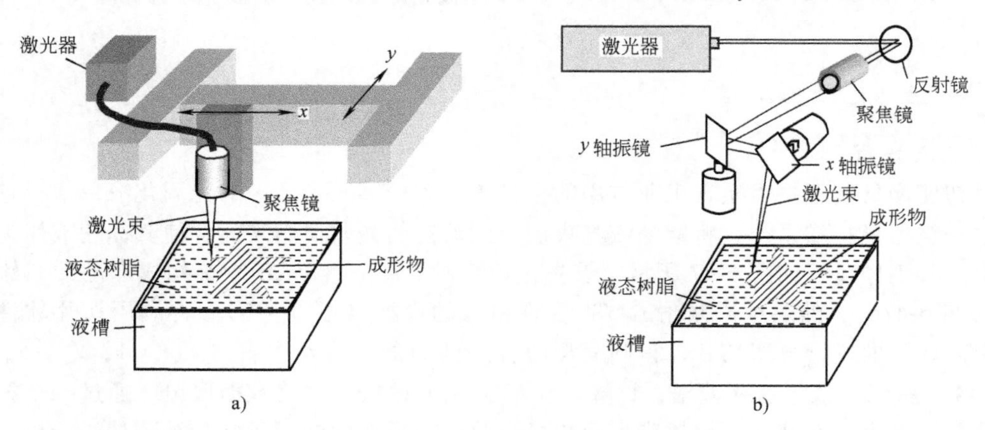

图 6-48　激光扫描原理

a）x-y 平面扫描仪方式　b）振镜扫描方式

6.3.3　光固化成形系统

图 6-49 所示为光固化成形机外形，该设备可成形尺寸为 600mm×600mm×300mm，使用半导体激光器作为光源。

光固化成形系统原理如图 6-50 所示，由三部分组成：计算机控制系统、主机、激光器控制系统。

(1) 计算机控制系统 由高可靠性计算机、性能可靠的各种控制模块、电动机驱动单元、各种传感器组成，配以HRPLA2002软件。该软件用于三维图形数据处理、加工过程的实时控制及模拟。

(2) 主机 该主机由五个基本单元组成：涂覆系统、检测系统、扫描系统、加热系统、机身与机壳。它主要完成系统光固化成形制件的基本动作。

(3) 激光器控制系统 主要由激光器和振镜扫描机构组成。振镜扫描机构用来控制激光器，输出紫外激光来固化树脂。

图 6-49 光固化成形机外形

激光扫描系统由控制计算机1、电源2、扫描头3、激光器4、动态聚焦镜5、振镜系统6和功率检测传感器12等组成。其中振镜系统由两组反射镜和驱动器构成，一组控制激光束在 x 轴方向移动，另一组控制激光束在 y 轴方向移动；激光器为350nm的紫外光固态激光器；动态聚焦镜用于动态补偿激光束从液面中心扫描到边缘时产生的焦距差；功率检测传感器定时监测激光器的功率变化，为扫描过程提供动态数据；电源给控制板提供所需要的电压。

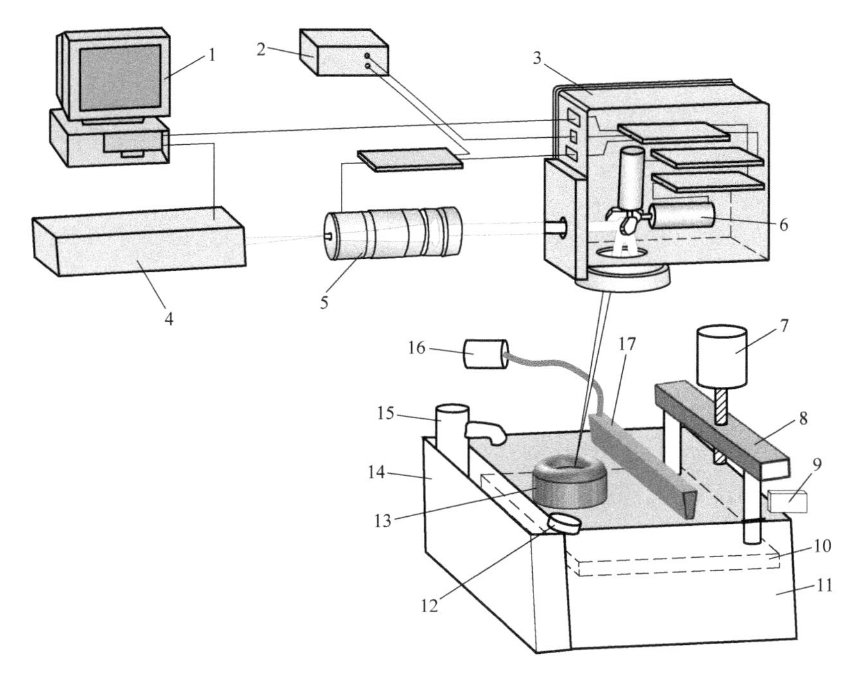

图 6-50 光固化成形系统原理

1—控制计算机 2—电源 3—扫描头 4—激光器 5—动态聚焦镜 6—振镜系统 7—步进电动机 8—升降架 9—液面检测传感器 10—升降工作台 11—主液槽 12—功率检测传感器 13—成形件 14—副液槽 15—充液泵 16—抽气泵 17—补液刮板

光固化成形系统主要由步进电动机7、升降架8、液面检测传感器9、升降工作台10、主液槽11、功率检测传感器12、成形件13、副液槽14、充液泵15、抽气泵16和补液刮板17等组成。其中步进电动机、升降架和升降工作台构成升降机构，主要在工作中起承载成形件并进行上升、下降操作的作用。当成形件的每一层固化后，升降机构将成形件下降到设定高度使固化层浸入液面下，并控制固化层面与液态树脂面保持设定的距离，这个距离一般在0.1mm以下。由液面检测传感器、副液槽和充液泵构成补液系统，以确保液面能在设定的高度精确定位，工作中当树脂有消耗并检测到液面出现下降偏离设定高度时，即可用充液泵从副液槽抽取树脂补充到主液槽以使液面回到设定的高度。由抽气泵和补液刮板组成的铺液系统，主要用于在每一层树脂被激光束扫描固化后在其上表面铺上一层液态树脂。

如图6-51所示，补液刮板是一种空心夹层结构，当刮板在成形件固化层以外的区域移动时，抽气泵从刮板空心夹层处抽出适量空气使之能吸入适量液态树脂，当含液态树脂的刮板移动到成形件的固化层面上时，刮板即释放出一层薄薄的液态树脂铺覆在已固化层上，等待激光束的下一轮扫描固化。

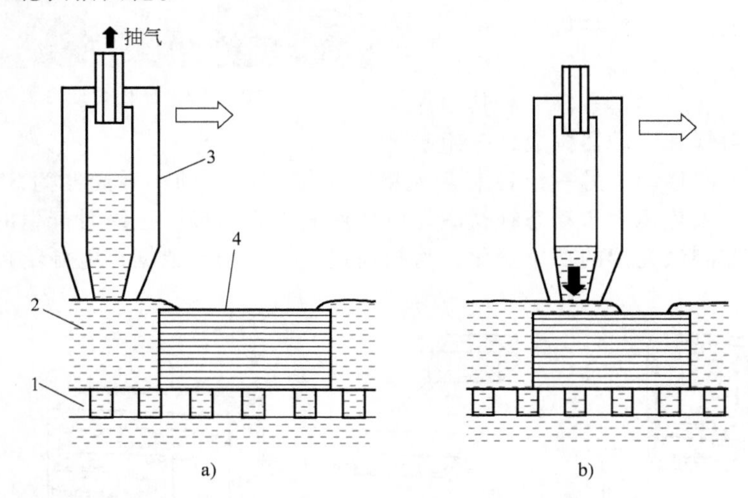

图6-51 补液刮板铺液工作原理

a）刮板吸液过程 b）刮板铺覆过程

1—可升降工作台 2—液态树脂 3—补液刮板 4—固化层

6.3.4 光固化成形工艺

1. 光敏树脂简介

在光能的作用下会敏感地产生物理变化或化学反应的树脂一般称为光敏树脂。其中，那些在光能的作用下既不溶于溶剂，又能从液体转变为固体的树脂称为光固化性树脂。它是一种由光聚合性预聚合物（Pre-Polymer）或齐聚物（Oligomer）、光聚合性单体（Monomer）以及光聚合引发剂等为主要成分组成的混合液体。其主要成分有齐聚物、丙烯酸酯（Acrylate）和环氧树脂（Epoxy）等种类，它们决定光固化产物的物理特性。因为齐聚物的黏度一般很高，所以要将单体作为光聚合性稀释剂加入其中以改善树脂整体的流动性。在固化反应时单体也与齐聚物的分子链反应并硬化。体系中的光聚合引发剂，能在光能的照射下分解，成为全体树脂聚合开始的“火种”。有时为了提高树脂反应时的感光度还要加入增感剂，其作用是扩大被光引发剂吸收的光波长带，以提高光能的效率。此外，体系中还要加入消泡剂、稳定剂等。根据光固化树脂的反应形式，可分为自由基聚合和阳离子聚合两种类型。

2. 光固化成形对树脂材料的要求

激光快速成形系统制造原型、模具，要求快速准确，对制件的精确性及性能要求严格，这就使得用于该系统的光固化树脂必须满足以下条件：

1）固化前性能稳定，可见光照射下不发生化学反应。

2）黏度低。由于是分层制造技术，光敏树脂进行的是分层固化，就要求液体光敏树脂黏度较低，从而能在前一层上迅速流平，而且树脂黏度小，可以缩短模具的制作时间，同时还给设备中树脂的加料和清除带来便利。

3）光敏性好。对紫外光的光响应速率高，在光强不是很高的情况下能快速固化成形。

4）固化收缩小。特别要求在后固化处理中收缩要小，否则会严重影响模具的精度。

5）溶胀小。在成形过程中，固化产物浸润在液态树脂中，如果固化物发生溶胀，将会使模具产生明显形变。

6）半成品强度高，以保证后固化过程中不发生形变、膨胀、出现气泡及层分离等。

7）最终固化产物具有较好的机械强度，耐化学试剂，易于洗涤和干燥，并具有良好的热稳定性。

8）毒性小。未来的快速成形可以在办公室中完成，因此对单体或预聚物的毒性和对大气的污染有严格要求。

随着现代科技的进步，快速成形技术得到了越来越广泛的应用。为了满足不同的需要，对树脂的要求也随之提高。例如：利用丙烯酸单体和不饱和聚酯制备出的具有互穿网络结构的高分子合金；将羟基氟化物（Hydroxyflourones）和呫吨（Xanthene）两种物质引入到光固化体系的配方中，制得新型光敏树脂，该树脂光固化后，得到的模型可以应用于汽车工业、玻璃工业及医疗设备中；还有人将陶瓷粉末加入到用于 UV 固化的溶液中，同样可以获得光固化制件。

3. 激光光固化的特性

（1）固化形状　对于自由液面型激光扫描的光固化成形系统，主要采用紫外激光器。由于紫外激光的波长短，使得其可将光聚集得很小。图 6-52 所示为单一模式激光束截面的发光强度分布，光束的中心部分发光强度最高。其中，I 表示单位面积的发光强度，I_0 是光束中心部分的 I 值。沿 z 方向即光束轴线方向，为光强的空间分布。取一直角坐标系 x-y 平面垂直于光束轴线，则发光强度在 x-y 平面的分布可用式（6-1）来表示。

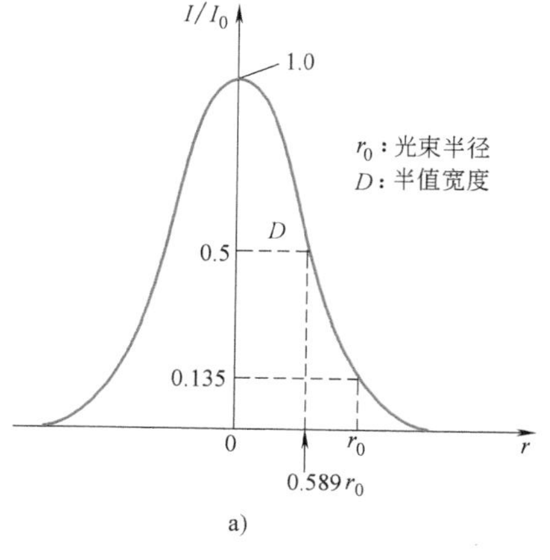

a)

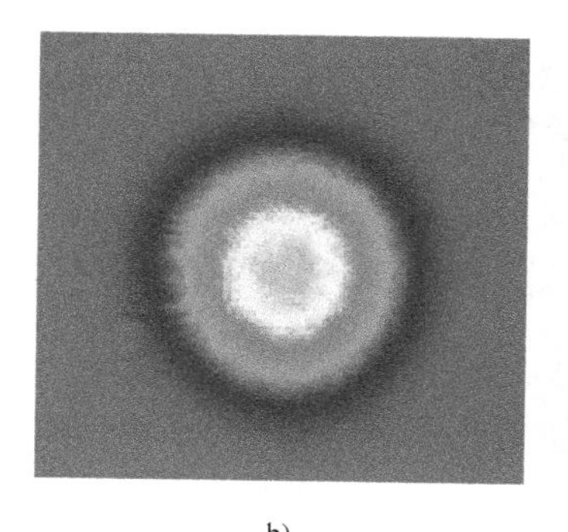
b)

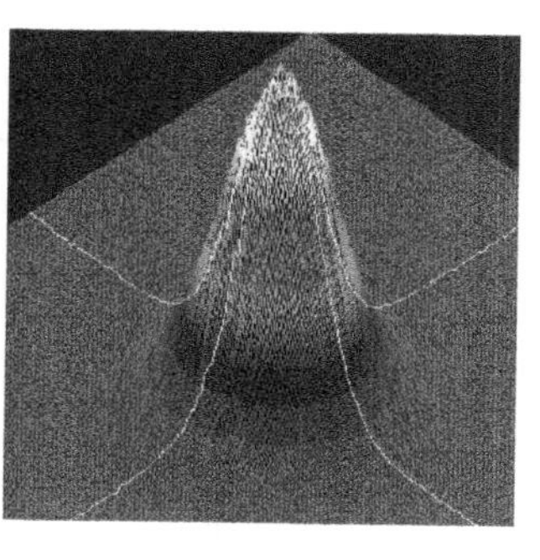
c)

图 6-52　单一模式激光束截面的发光强度分布

a）光强的高斯分布曲线　b）光束截面的光强分布　c）光强分布三维图

$$I(x,y)=(2P_t/\pi r_0^{\ 2})\exp(-2r^2/r_0^{\ 2}) \tag{6-1}$$

式中 P_t——激光全功率；

r_0——激光束中心发光强度值 $1/e^2$（约 13.5%）处的半径；

r——距光轴原点（x_0，y_0）的距离，可表示为

$$r=[(x-x_0)^2+(y-y_0)^2]^{1/2} \tag{6-2}$$

当激光束垂直照射在树脂液面时，设液面为 z 轴的原点，激光束发光强度 I（x，y，z）沿树脂深度方向 z 分布，发光强度遵循 Lambert-Beer 法则，沿 z 方向衰减，即

$$I(x,y,z)=(2P_t/\pi r_0^{\ 2})\exp(-2\,r^2/\,r_0^{\ 2})\exp(-z/D_p) \tag{6-3}$$

式中 D_p为光在树脂中的透过深度。

照射在树脂上的激光束处于静止状态时，该处树脂上的曝光量 E 是时间 τ 的函数，可表示为

$$E(x,y,z)=I(x,y,z)\tau \tag{6-4}$$

此时光固化形状如图 6-53a 所示，呈旋转抛物面状态。

光固化成形时激光束是按一定速度扫描的，当其沿 x 轴方向以速度 v 进行扫描时，在某时刻 t，树脂中一点的发光强度可表示为 $I(x-vt,y,z)$。当扫描范围在 $-\infty<x<\infty$ 之间时，树脂各部分曝光量为

$$E(x,y,z)=\int_{-\infty}^{\infty}I(x-vt,y,z)\,\mathrm{d}t \tag{6-5}$$

$$=[(\sqrt{2}/\pi)P_t/(r_0v)]\exp(-2y^2/\,r_0^{\ 2})\exp(-\,z/D_p)$$

当 $E=E_c$（临界曝光量）时开始固化，当 $E\geqslant E_c$，$z\geqslant0$ 时则式（6-5）变为

$$2y^2/r_0^{\ 2}+z/D_p=\ln[(\sqrt{2}/\pi)P_t/(r_0vE_c)] \tag{6-6}$$

图 6-53b 中的 y-z 平面是关于 z 轴的抛物线，沿 x 轴方向是等截面的柱体。

将 $z=0$ 代入式（6-6）中，求出 y 值，即可得到 2 倍的固化宽度 W，即

$$W=2\,r_0\{\ln[(\sqrt{2}/\pi)P_t/(r_0vE_c)]\}^{1/2} \tag{6-7}$$

图 6-54 中的激光全功率 P_t、激光半径 r_0、扫描速度 v，均由临界曝光量 E_c 所决定。

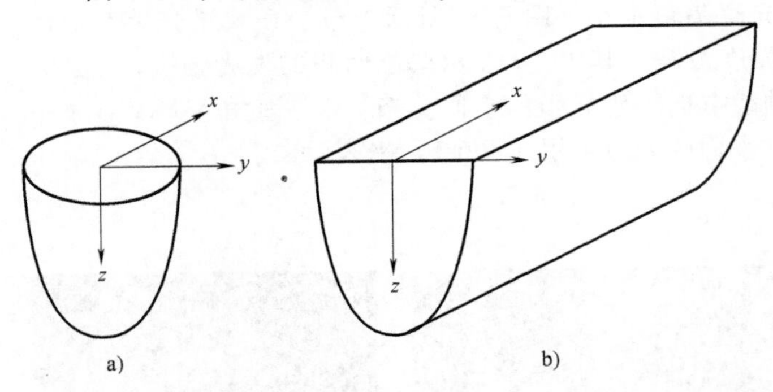

图 6-53 激光束照射得到的光固化形状

a）静止照射时的光固化形状 b）移动照射时的光固化形状

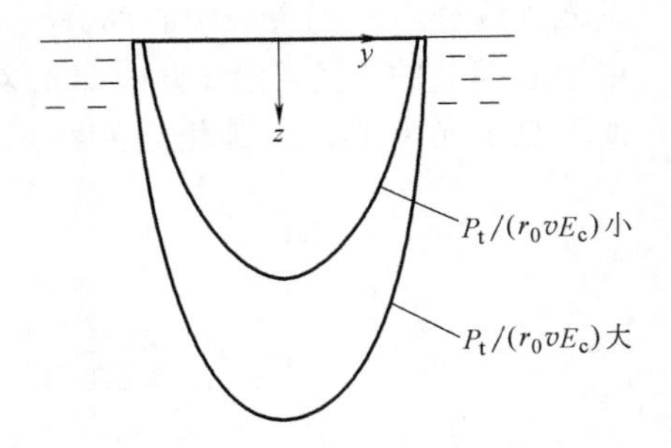

图 6-54 固化因子及尺寸

光固化成形过程如图 6-55 所示，控制激光束按 $E\geqslant E_c$，$z\geqslant0$ 时决定的单个树脂固化空间相互重叠地进行扫描，使单个固化体相互黏接而形成一个整体形状。

（2）固化曲线 当一束均匀的光从液面上方垂直照射到树脂上时，在液面下一定深度 z 处的曝光量为 E，用曝光时间 τ 乘以式（6-1），即 $I\tau=E$，$I_0\tau=E_0$，则得

$$E(z)=E_0\exp(-z/D_p) \tag{6-8}$$

式中　E_0为液面的曝光量。

光引发剂在光的照射下发生分解，对于丙烯酸系单体这种有氧气阻聚特性的树脂，产生的自由基都被溶解在树脂中的氧消耗掉了。但当 E 超过某个值后，氧对自由基的消耗达到饱和时开始出现初始聚合反应。设该临界值为 E_c，则在一定深度范围内产生固化。当 $E(z) \geqslant E_0$时，固化的范围为

$$z \leqslant D_p \ln(E_0/E_c) \quad (6\text{-}9)$$

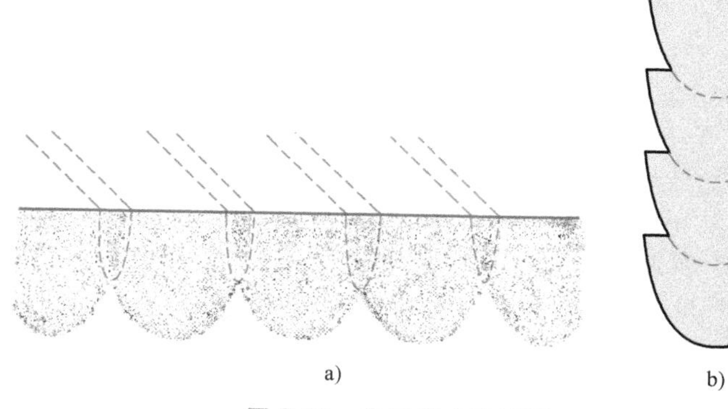

图 6-55　光固化成形过程

a）水平方向扫描成形　b）垂直方向（叠层）扫描成形

等号左边的 z 为深度，设其值为 C_d，则

$$C_d = D_p \ln(E_0/E_c) \quad (6\text{-}10)$$

固化深度与曝光量 E_0成对数比例关系，这一关系曲线称为固化曲线，该曲线因树脂的种类而异。如果将式（6-10）改写为

$$C_d = D_p \ln E_0 - D_p \ln E_c \quad (6\text{-}11)$$

并将 E_0 作为对数坐标，则表示固化深度的固化曲线为直线，其斜率为 D_p。

式（6-11）的第二项表示固化阻聚，当 E_0增加，C_d为正值时，固化开始。也就是说，E_c为表示树脂感光度的参数之一。因为阻聚的主要因素为氧气阻聚，所以如果没有氧气阻聚的话，E_0会很小，E_0很快达到正值，使固化开始。自由基聚合型树脂在氮气环境中长期放置，树脂中的氧气会释放出，E_c值变小。

图 6-56 所示为通过实验得到的丙烯酸树脂的固化曲线，从图中可知，如同理论上所指出的，可以用直线来近似。同时可以看出，在空气中丙烯酸树脂由于氧气阻聚的原因，其 E_c值更大，即在同样的固化深度值上比在氩气中需要更大的曝光量。在控制固化深度中，固化曲线是经常用到的一个重要特性。

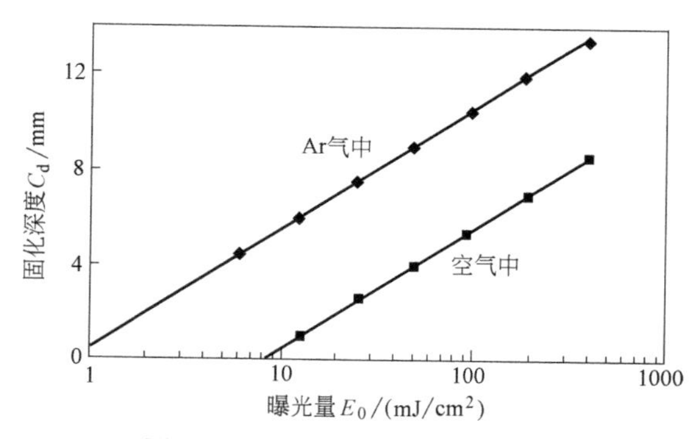

图 6-56　丙烯酸树脂的固化曲线

（3）感光度　若 I 为照射到液态树脂中的发光强度，分子吸光率为 ε，光引发剂的浓度为 c（mol/L），则沿深度 z 方向的吸光比例可表示为

$$\mathrm{d}I/\mathrm{d}z = -\varepsilon c I \quad (6\text{-}12)$$

因而，在单位时间里光引发剂所吸收的光用每单位体积

$$I_a(x,y,z,t) = \varepsilon c I \quad (6\text{-}13)$$

来表示。其结果，光引发剂的浓度变化率出现衰减，即

$$\mathrm{d}c/\mathrm{d}t = -\varphi I_a \quad (6\text{-}14)$$

式中　φ——光引发剂光反应的量子效率。

设 R_p为光聚合速度，则单体及齐聚物的浓度 M 的变化率为

$$\mathrm{d}M/\mathrm{d}t = -R_p \quad (6\text{-}15)$$

这里，R_p与扩散系数k_p成正比，可表示为

$$R_p = k_p M(\varphi I_a / k_t)^{1/2} \tag{6-16}$$

因此

$$dM/dt = -k_p M(\varphi I_a / k_t)^{1/2} \tag{6-17}$$

式中 k_t——终止速率。

因为$-dM/dt$是单位时间的反应量，从上式也可以看出，在反应初期，M值大则反应活泼；光引发剂浓度大则反应速度快；树脂的流动性高则扩散系数大。由此可知，用强光照射可提高反应效率。

图6-57为分子吸光率ε、光引发剂浓度c与D_p之间的关系曲线。由图可知，在同一曝光量下，可用光引发剂浓度控制其固化深度，浓度高则固化范围浅。

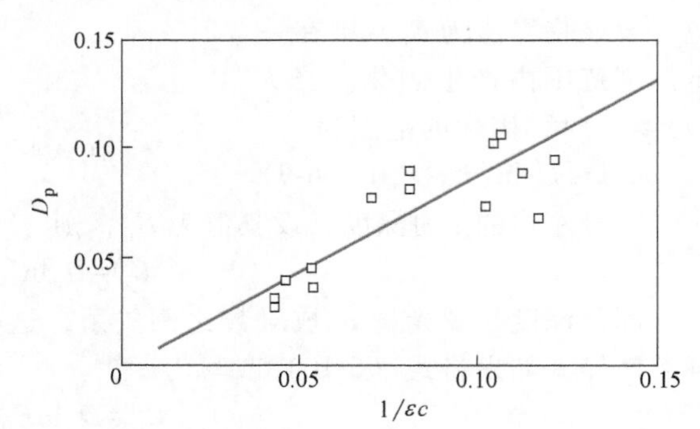

图6-57 光引发剂与固化深度的关系曲线

由式（6-16）可知，$I_a=0$则$R_p=0$，即当光的照射一停止，聚合反应即刻终止。但实际上当光的照射停止后还有部分自由基生存并继续反应（即所谓“暗反应”）。因此，如果设自由基浓度为R，k_1、k_2为自由基的增减系数，则有

$$dR/dt = \varphi I_a - k_1 MR \tag{6-18}$$

$$dM/dt = -k_2 MR \tag{6-19}$$

以上说明，当光的照射停止（即$I_a=0$）时，浓度R呈递减变化，反应逐渐终止。

图6-58表示阳离子树脂的感光度与树脂温度的关系曲线，图6-59是该树脂的黏度与树脂温度的关系曲线。由此可知，如果对这种树脂进行加温，则在降低其黏度的同时可提高其感光度。

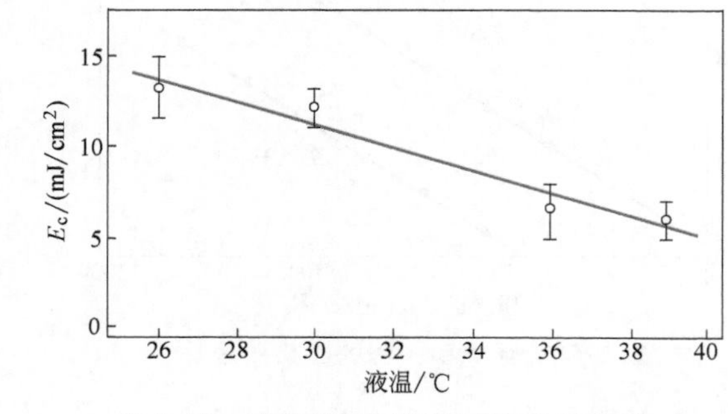

图6-58 感光度与树脂温度的关系曲线

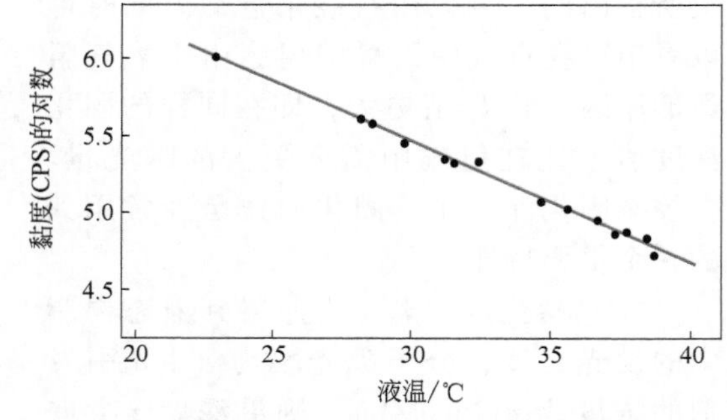

图6-59 黏度与树脂温度的关系曲线

4. 成形过程

光固化成形的全过程一般分为前处理、分层叠加成形、后处理三个主要步骤。

（1）前处理 所谓前处理包括成形件三维模型的构造、三维模型的近似处理、模型成形方向的选择、三维模型的切片处理和生成支撑结构。图6-60所示为数据前处理程序流程。

由于增材制造系统只接受计算机构造的原型的三维模型，然后才能进行其他的处理和造型。因此，首先必须在计算机上用三维计算机辅助设计软件，根据产品的要求设计三维模型；或者用三维扫描系统对已有的实体进行扫描，并通过反求技术得到三维模型。

在将模型制造成实体前，有时要进行修改，这些工作都可以在在售的三维设计软件上进

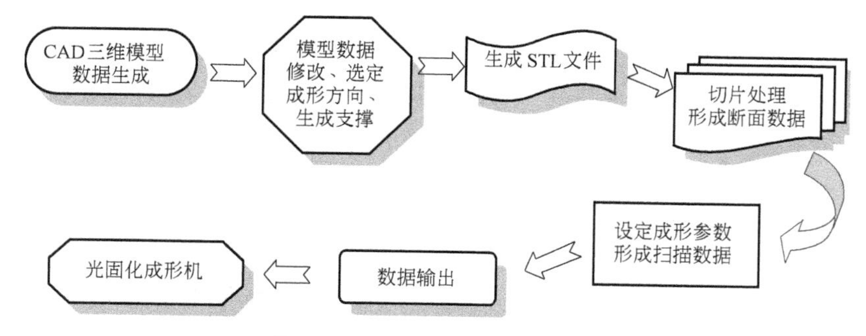

图 6-60 数据前处理程序流程

行。模型确定后，根据形状和成形工艺性的要求选定成形方向，调整模型姿态。然后使用专用软件生成工艺支撑，模型和工艺支撑一起构成一个整体，并转换成 STL 格式的文件。用计算机辅助设计软件产生的模型数据文件的输出格式，常见的有 IGES、HPGL、STEP、DXF 和 STL 等。

而 STL 是目前增材制造系统常用的一种文件格式，它由一系列相连的空间三角形组成，即用一系列的小三角形平面来逼近曲面。其中，每个三角形用 3 个顶点的坐标（x, y, z）和 1 个法向量（$\boldsymbol{N}$）来描述，如图 6-61 所示。三角形的大小是可以选择的，从而能得到不同的曲面近似精度。STL 格式最初出现于 1988 年美国 3D Systems 公司生产的 SLA 快速成形系统中，这种格式有 ASCII 码和二进制码两种输出形式，二进制码输出形式所占用的文件空间比 ASCII 码输出形式的小得多（一般是 1/6）。

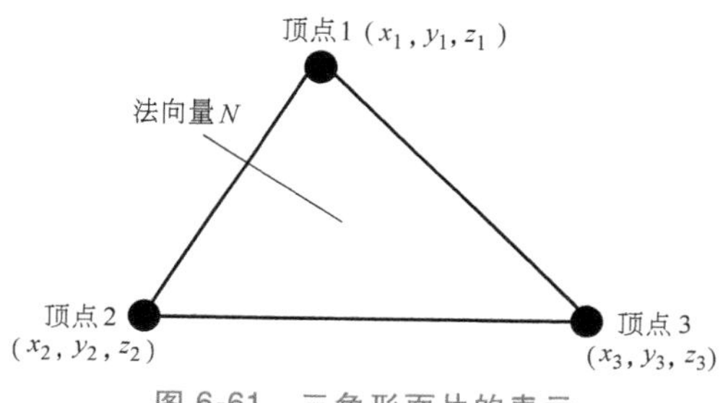

图 6-61 三角形面片的表示

生成 STL 格式文件的三维模型后再进行切片处理。由于快速成形是用一层层断面形状来进行叠加成形的，因此加工前必须在三维模型上，用切片软件沿成形的高度方向，每隔一定间隔进行切片处理，提取断面轮廓的数据。切片间隔越小，精度越高。间隔的取值范围一般为 0.025~0.3mm。

成形运行前需要设定一些工艺参数，如激光功率、扫描速度和树脂材料的温度等。然后将三维模型的切片数据和工艺参数数据形成加工指令输入到光固化成形机中。

（2）分层叠加成形　这是增材制造技术的核心，其过程是模型断面形状的制作与叠加合成的过程。增材制造系统根据切片处理得到的断面形状，在计算机的控制下，快速成形机的可升降工作台的上表面处于液面下一个截面层厚的高度（0.025~0.3mm），将激光束在 x-y 平面内按断面形状进行扫描，扫描过的液态树脂发生聚合固化，形成第一层固态断面形状之后，工作台再下降下一层高度，使液槽中的液态光敏树脂流入并覆盖已固化的断面层。然后成形机控制一个特殊的涂敷板，按照设定的层厚沿 x-y 平面平行移动使已固化的断面层树脂覆上一层薄薄的液态树脂，该层液态树脂保持一定的厚度精度。再用激光束对该层液态树脂进行扫描固化，形成第二层固态断面层。新固化的这一层黏接在前一层上，如此重复直到完成整个制件。

（3）后处理　树脂固化成形为完整制件后，从光固化成形机上取下的制品需要去除支撑结构，并将成形件置于大功率紫外灯箱中做进一步的内腔固化。此外，制件的曲面上存在因分层制造引起的台阶效应（图 6-62a），以及因 STL 格式的三角面片化而可能造成的小缺陷；制件的薄壁和某些小特征结构的强度、刚度不足；制件的某些形状尺寸精度还不够；表面硬度也不够，或者制件表面的颜色不符合用户要求等。因此，一般都需要对快速成形制件进行适当的后处理。

图 6-62 制件的后处理

a）因分层制造引起的台阶效应 b）打磨、抛光和喷漆

对于制件表面有明显的小缺陷而需要修补时，可用热熔塑料、乳胶以细粉料调和而成的腻子，或湿石膏予以填补，然后用砂纸打磨、抛光和喷漆（图 6-62b）。打磨、抛光的常用工具有各种粒度的砂纸、小型电动或气动打磨机，也有使用喷砂打磨机进行后处理的。

5. 成形工艺

由于各种因素会使成形件出现收缩变形，复杂结构的模型需要附加工艺支撑结构，成形件的台阶效应需要采取工艺措施减小等原因，制造实体模型前需要通过软件设定一些工艺措施对数字模型进行修饰、调整或补偿。其有两种主要方式，一种是直接对 CAD 三维模型进行操作，另一种是对三维模型数据修改、调整，或对三维断面形状的扫描轨迹数据做修饰。分别阐述如下：

1）直接对 CAD 三维模型进行操作。

① 调整模型在制作时的方向。

② 对模型进行扩大或缩小。

③ 设定一次同时制作多个模型。

④ 设定模型在升降工作台上的位置。

2）对三维模型数据修改、调整，或对三维断面形状的扫描轨迹数据做修饰，以期提高成形精度。

① 精度设定。它是指在 x-y 平面，设计的三维模型断面轮廓与激光束实际扫描轮廓间的最大允许误差的设定。这个误差越小，制件的曲面越光滑。

② 模型断面切片厚度设定。如图 6-63 所示，在切片厚度一定时，曲面与水平面的夹角越小其台阶效应越大。因此，可以根据模型的方向及其曲面对水平面夹角较小的部分，设定更小的切片厚度。

③ 扫描轨迹偏移。使激光束扫描的轮廓大于设计轮廓（图 6-64a），让成形件留有一个加工余量；或使其扫描的轮廓小于设计轮廓（图 6-64b），让成形件留有一个涂覆涂料余量。

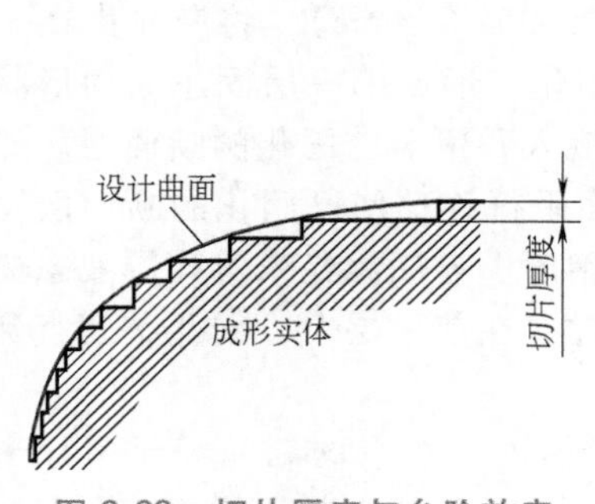

图 6-63 切片厚度与台阶效应

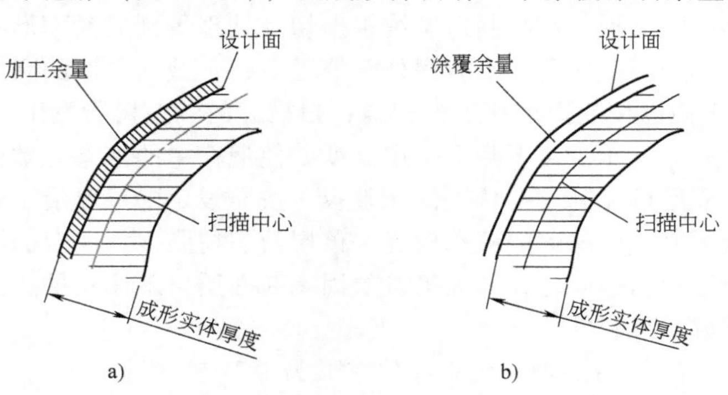

图 6-64 扫描轨迹的偏移补偿

a）正补偿 b）负补偿

④ 添加底垫支撑。如图 6-65 所示，在成形实体模型与升降工作台之间需设一层底垫支撑框架，让模型离开升降工作台一定距离成形，使成形件不受升降工作台不平度的影响。底垫支撑是一些类似薄筋板的结构，以便实体模型成形完成后易于去除并移出。

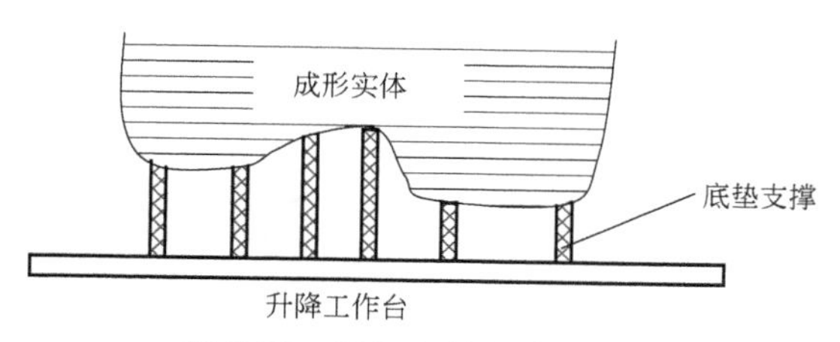

图 6-65 添加底垫支撑示意图

⑤ 添加框架及柱形支撑。当紫外光辐照在光固化树脂上使其完全固化时，由于固化树脂的收缩，使制件在成形过程中就会发生变形，这时无论用什么方法对树脂的曝光部分稍加固定，都可以防止制件的变形。如图 6-66 所示，采用一种框架支撑结构对制件整体进行加固，使框架支撑与制件一起成形。图 6-67 所示为柱形支撑结构示意图。其功能是一方面防止成形实体在水平方向伸出的部分发生变形，同时也可防止成形途中制件从升降工作台漂离。上述框架支撑结构和柱形支撑结构均与底垫支撑一样，其强度远比成形实体低，对制件进行后处理打磨时易于去除掉这些支撑。

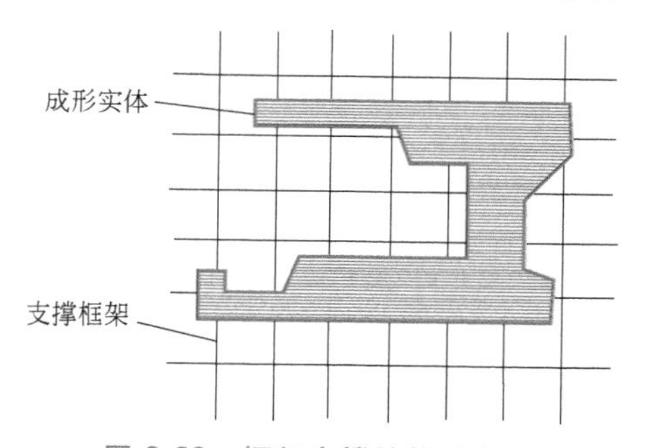

图 6-66 框架支撑结构示意图

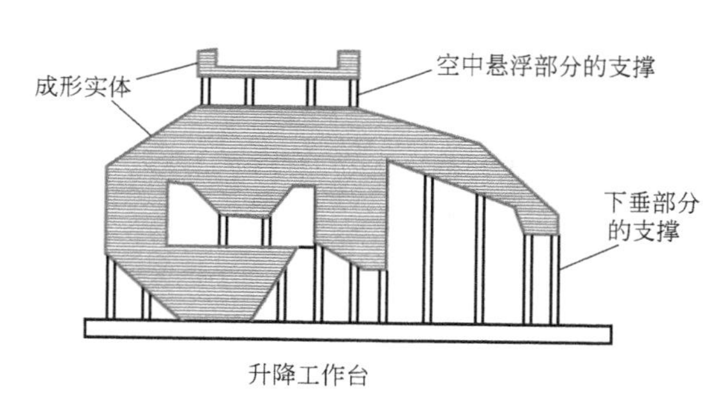

图 6-67 柱形支撑结构示意图

⑥ 扫描路径的选择。激光束扫描一个切片断面的方式大致有三种，即沿断面外轮廓边沿的扫描；除轮廓边沿以外，内部的蜂巢状格子结构的扫描；内部的密集填充扫描。可以选用一种结构复杂的模型，其制作过程包括上述三种扫描方式。甚至可以采用一种包括安装有开关、电动机等的组合模型一次完成其制作，以此来测试成形工艺性。

6.3.5 典型应用

自从光固化成形技术出现以来，不少学者一直在提出新理论、新发明、新工艺方法，提高了该技术的制造水平，并扩大了其应用范围。目前主要用在新产品开发设计检验、市场预测、航空航天、汽车制造、电子电信、民用器具、玩具、工程测试（应力分析、风道等）、装配测试、模具制造、医学、生物制造工程、美学等方面。

光固化增材制造技术在制造工业中应用最多，达到 67%，这说明该技术对改善产品的设计和制造水平有巨大作用。图 6-68 所示为一个电子产品外壳从设计到组装成产品的开发过程典型案例。

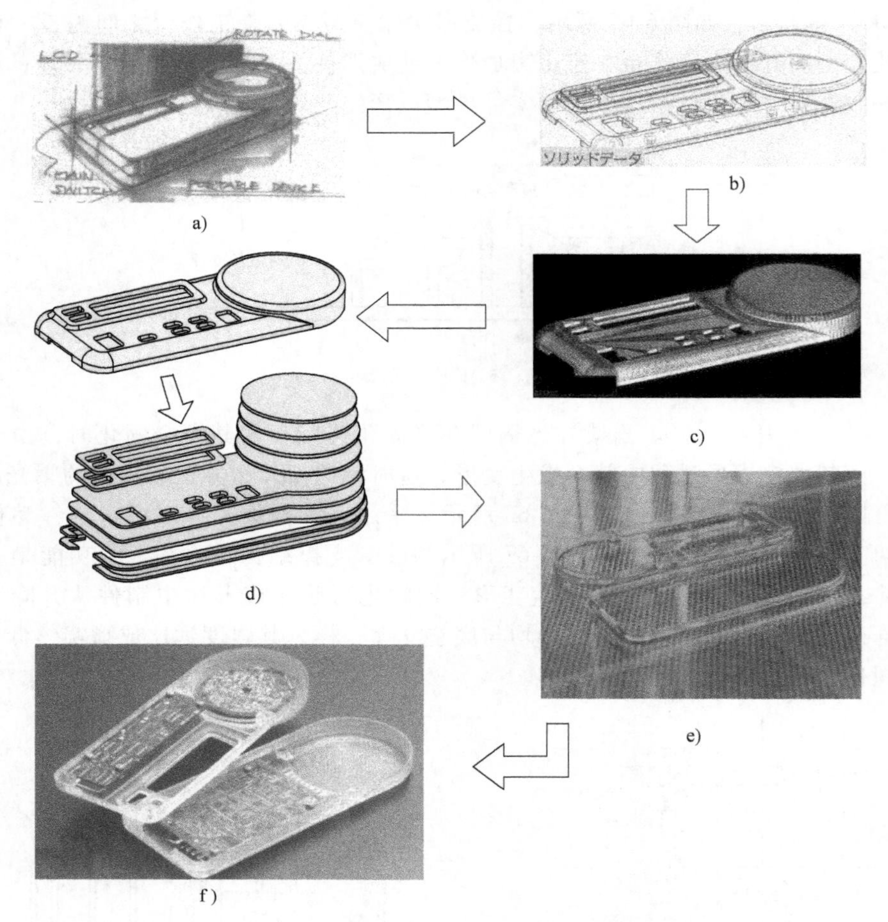

图 6-68 电子产品外壳设计、3D 打印过程

a）产品造型设计 b）用三维 CAD 软件建立数字模型 c）生成 STL 格式模型

d）数字模型切片处理 e）光固化成形 f）与电子元件组装成产品

6.4 粉末选择性激光烧结（SLS）/熔融成形（SLM）装备

6.4.1 概述

选择性激光烧结（SLS）成形工艺最早是由美国德克萨斯大学奥斯汀分校的卡尔·迪卡德（Carl Deckard）于 1989 年在其硕士论文中提出的。随后卡尔·迪卡德创立了 DTM 公司并于 1992 年发布了基于 SLS 技术的工业级商用 3D 打印机 Sinterstation。

SLS 成形工艺使用的是粉末状材料，激光器的光束在计算机的操控下，依据数模切面形状及轮廓选择性对粉末进行扫描照射而实现材料二维层面的烧结黏合，然后在已烧结层面上铺粉末材料再次烧结，粉末材料被如此分层烧结，并层层堆积黏接成形为三维零件。

选择性激光熔融（SLM）成形工艺最早是由德国 Fraunhofer 激光技术研究所在 20 世纪 90 年代提出的一种能够直接制造金属零件的增材制造工艺。其采用了功率较大的（100~500W）光纤激光器或 He-YAG 激光器，具有较高的激光能量密度和更细小的光斑直径，成形件的机械性能、尺寸精度等均较好，只需简单后处理即可投入使用，并且成形所用原材料无须特别配制。其成形过程与上述激光烧结成形过程基本一致，也是对粉末材料进行选择性分层成形，但不同的是SLM是对粉末进行选择性熔化，并且要求工作环境具备惰性气体气氛，粉末需要预热到一定的温度。

6.4.2　工作原理

选择性激光烧结（SLS）成形装置的结构及其工作原理如图6-69所示，图6-70所示为选择性激光烧结（SLS）成形的过程。如图6-70a所示，成形缸升降机构1下降一个层厚的高度，移动机构推动铺粉辊2运动（同时铺粉辊做逆时针旋转），将粉末刮至成形缸上，在制件已成形部分的上表面铺一薄层粉末（100～200μm）。然后，如图6-70b所示，铺粉辊3返回原位，储粉缸升降机构4上升一定高度推出一定量粉末，等待后续铺粉工作。与此同时，数控系统操控激光束按照该层截面轮廓在粉层上进行扫描照射，使粉末颗粒表面发生相互烧结并与下面已成形的烧结面黏接。当一层截面烧结完后成形缸升降机构下降一个层厚，再进行上述工作循环。如此反复操作直到工件完全成形。

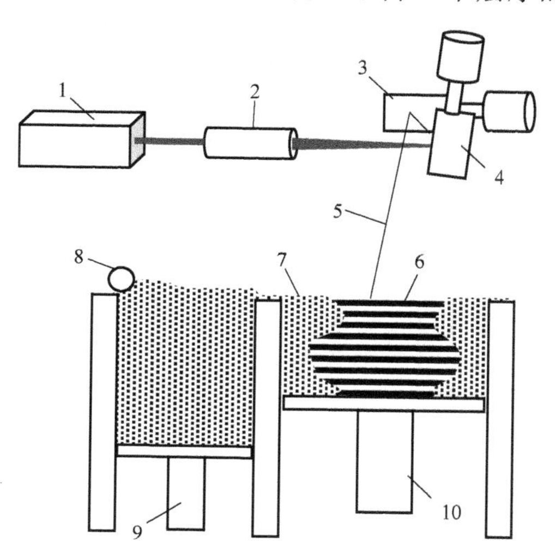

图6-69　选择性激光烧结（SLS）成形装置的结构及其工作原理

1—激光器　2—扩束聚焦镜　3—y轴振镜　4—x轴振镜　5—激光束　6—成形件　7—粉末　8—铺粉辊　9—储粉缸升降机构　10—成形缸升降机构

图6-70b中未烧结的粉末5保留在原位置起支撑作用，完成整个制件的扫描、烧结、成形后，取出成形件去掉表面上多余的粉末，并对表面进行打磨、烘干，根据不同零件制造工艺不同也会有渗蜡或渗树脂等后处理，最终获得具有一定性能的SLS制件。

选择性激光熔融（SLM）成形主要是成形金属零件，其成形过程与SLS基本相同，同样是采

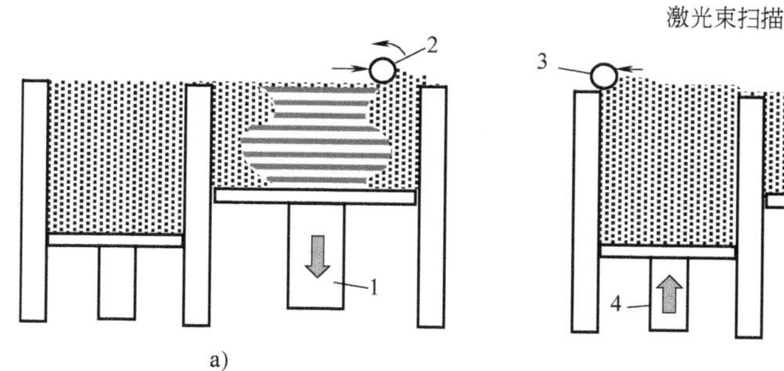

图6-70　选择性激光烧结（SLS）成形的过程

a）铺粉辊铺粉　b）激光扫描成形

1—成形缸升降机构　2、3—铺粉辊　4—储粉缸升降机构　5—粉末

用铺粉装置将金属粉末材料铺平一层在已成形零件的上表面，然后控制系统控制高能量激光束按照该层的截面轮廓在金属粉层上扫描。SLM工艺是要使金属粉末完全熔化并与下面已成形的部分熔合。当一层截面熔化完成后，工作台下降一个薄层的厚度（0.02～0.03mm），然后铺粉装置又在上面铺上一层均匀密实的金属粉末，进行新一层截面的熔化，如此反复，

直到成形完成整个金属制件。对于金属的熔融成形，为防止金属氧化，整个成形过程一般在惰性气体的保护下进行，特别是对更易氧化的金属（如 Ti、Al 等），还必须进行抽真空去除成形腔内的空气。

6.4.3 SLS 成形系统

图 6-71 所示为 SLS 成形机外形图，其由计算机控制系统 3、成形机主机 2 和激光器冷却器 1 三大部分组成。图 6-72 所示为 SLS 成形机主机系统，包括可升降工作缸、废料桶、铺粉辊装置、送料装置、聚焦扫描单元、加热装置等基本单元。其控制系统主要由计算机、各种接口模板、电动机驱动单元、各种传感器组成，配以应用软件。

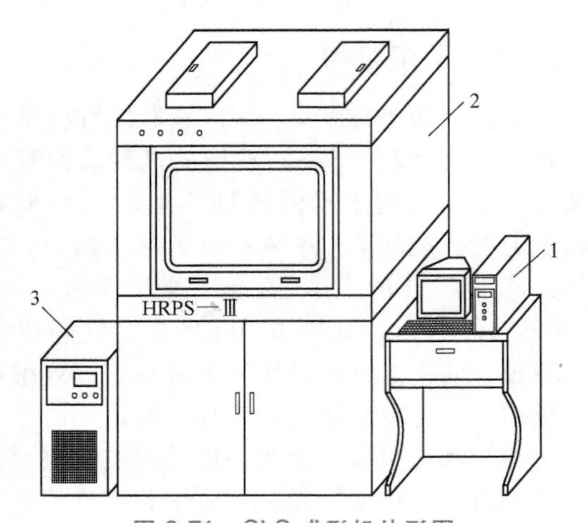

图 6-71 SLS 成形机外形图
1—激光器冷却器 2—成形机主机 3—计算机控制系统

图 6-73 所示为 SLS 成形控制系统的硬件构成，该系统配置如下：

（1）计算机系统 一台上位计算机完成模型切片数据、数据处理并输入下位机、激光束扫描、铺粉、送粉、工作台升降等控制任务。

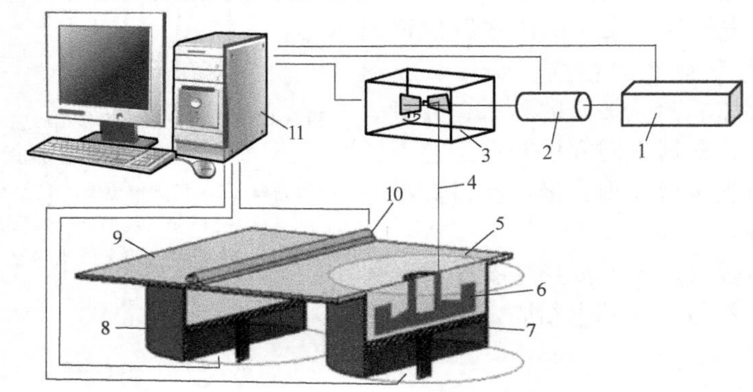

图 6-72 SLS 成形机主机系统
1—激光器 2—扩束聚焦镜 3—振镜扫描系统 4—激光束 5—工作台面 6—烧结件 7—成形缸 8—储粉缸 9—粉末 10—铺粉辊 11—计算机控制系统

（2）振镜动态聚焦扫描系统 振镜动态聚焦扫描系统由 x-y 扫描头和动态聚焦模块组成。x-y 扫描头上的两个反射镜在伺服电动机的控制下，把激光束反射到工作面预定的 x、y 坐标点上，其控制信号由动态聚焦扫描控制器提供；动态聚焦模块通过伺服电动机调节 z 方向的焦距，使反射到 x、y 任意坐标点上的激光束始终聚焦在同一平面上。动态聚焦扫描系统的各种动作由其控制器控制，控制器包括电源和 x、y、z 轴数字驱动器，其任务是把计算机系统输出的信息变成相应的控制指令去控制 x、y、z 伺服电动机的偏转角度和激光发送。扫描头和激光系统的控制始终是同步的。

（3）测量控制系统 测量控制系统主要是对温度、氮气浓度和工作缸升降位移的检测与控制。温度传感器用来检测工作腔和送料筒的预热温度，以便进行预热温度的实时控制。氮气浓度传感器用来检测工作腔中的氮气浓度，以便把氮气浓度控制到预定的值。工作腔和送料筒粉末的预热温度可分别自动调节。

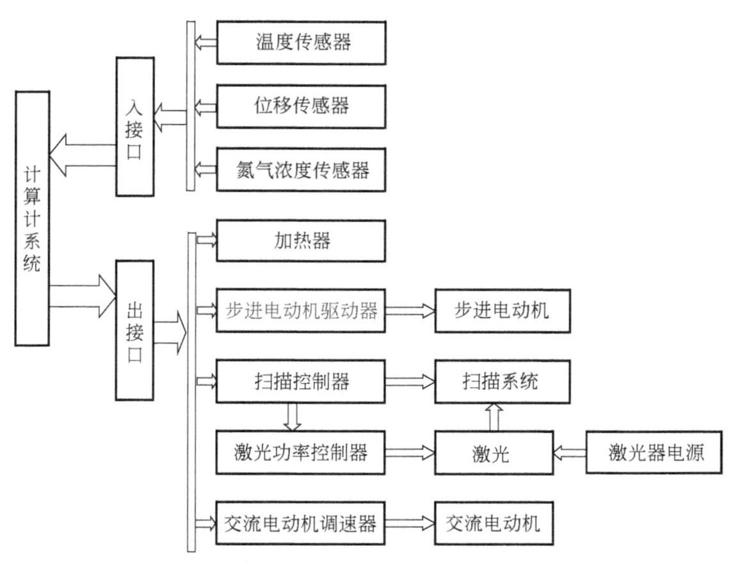

图 6-73　SLS 成形控制系统的硬件构成

（4）驱动系统　驱动系统完成各种电动机的控制。交流电动机完成送粉辊的铺粉和自转的驱动，其速度可由交流电动机调速器调节；步进电动机完成工作缸的上下和升降，上下和升降的控制指令由计算机通过步进电动机驱动器来提供。

6.4.4　SLM 成形系统

SLM 成形系统结构及工作原理如图 6-74 所示，主要由激光及光路控制系统、振镜扫描系统、成形腔室、气氛保护系统、铺粉系统、储粉缸/成形缸升降机构系统等组成。

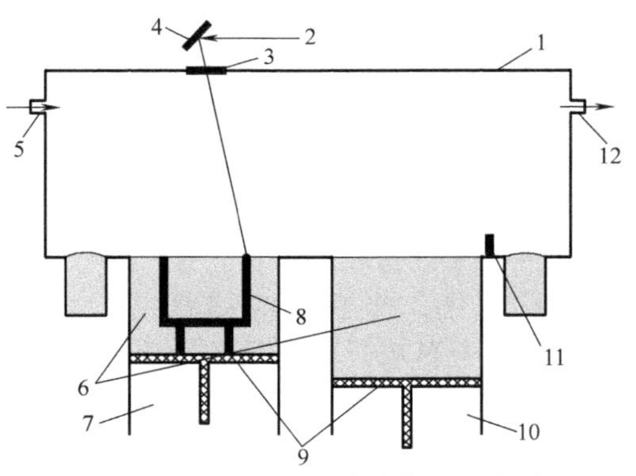

图 6-74　SLM 成形系统结构及工作原理

1—成形腔室　2—激光束　3—保护镜　4—振镜　5—惰性气体入口　6—金属粉末　7—成形缸　8—成形件　9—升降机构　10—储粉缸　11—刮板　12—出气口

SLM 成形系统的主要工作流程基本与 SLS 相同，不同的是 SLM 工作中的成形腔室需要灌入惰性气体保护，同时采用氧气传感器检测系统检测成形腔室内含氧量，并用含氧量值控制成形工作过程。材料不同则对含氧量的要求不同。对不锈钢、镍合金等不易氧化的材料，一般要求腔室含氧量（体积分数）为 0.2%～0.3%；对铝合金、钛合金、铜合金等易氧化的材料，要求腔室含氧量为 0.1%以内。

由于 SLM 成形工作中粉末材料被高能束激光作用熔化之时会产生汽化蒸发现象形成烟尘，在成形腔室中弥漫的金属蒸发烟尘会影响激光束照射，降低激光能量密度从而影响制件质量。因此，SLM 成形机还需要配备气体在线净化系统，过滤掉成形腔室内的烟尘以确保成形腔室内气氛的洁净。

6.4.5　成形工艺

SLS 成形的材料选择范围很广，所以其成形工艺方法也是多种多样的，但大体上可分为聚合物粉末的激光烧结成形、无机物（金属、陶瓷等）与聚合物混合粉末的激光烧结成形和无机物（金属、陶瓷等）粉末的激光烧结成形。SLS 成形工艺过程如图 6-75 所示。

1. SLS 成形用材料

用于 SLS 成形技术中的聚合物材料有两大类，一类是无定形聚合物，另一类是半结晶聚合物。无定形聚合物粉末经过 SLS 烧结成形后很难达到全密度，但收缩率一般较小，所以无定形聚合物一般不能直接作为成形功能零件的 SLS 材料使用，只能作为设计检验、熔模铸造模型等使用。目前，在 SLS 成形技术中常用的无定形聚合物材料有 PS、PC、ABS 等。而半结晶聚合物的 SLS 成形可以达到较高的相对密度，所成形的零件具有较高的力学性能，所以可以作为功能零件成形材料，目前在 SLS 成形技术中使用最多的半结晶聚合物材料是尼龙。由于 SLS 成形技术所需要的材料是粉末材料，所以在选择材料时还必须考虑这方面的问题，粉末的颗粒度、分布和颗粒的统计形状都对产品的性能产生很大的影响。颗粒度越细，产品的表面质量越好，可以采用更薄的成形层厚度，但是粉末颗粒太细，将会影响铺粉过程，从而也会影响产品的成形质量。颗粒的分布对粉层密度有较大的影响，当粉末颗粒分布合理时，可以适当提高粉层的密度，这样有利于提高粉末的烧结性能。粉末颗粒的合理分布还有利于粉末的铺粉顺利进行。颗粒形状也对粉末的烧结有所影响。

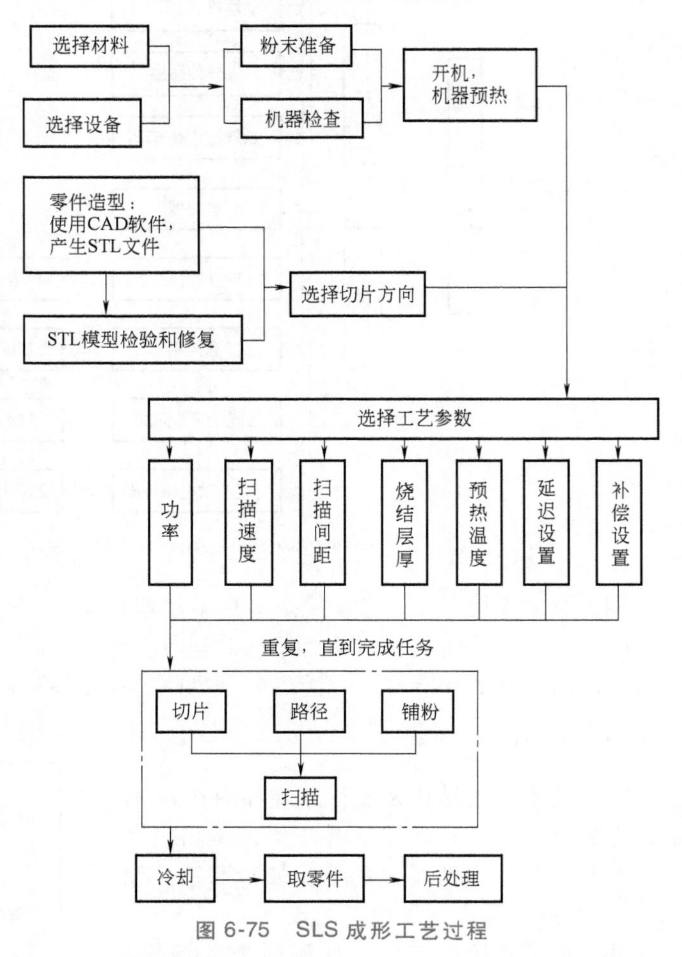

图 6-75 SLS 成形工艺过程

2. 制件的三维数字模型准备

目前用于零件造型的软件包很多，使用较多的有：Pro/E、UG、AutoCAD 等。目前快速成形系统多采用 STL 模型格式，而这些主要的造型软件都提供 STL 格式的模型输出。通过这些软件造型的模型文件，由于其本身存在的一些问题，还需要进行检验和修复。现在有些制造商采用直接切片软件，则不存在模型的修复和检验问题。

3. 成形数据准备（切片）

SLS 成形机的切片分实时切片和非实时切片。实时切片对于成形精度的反馈控制是必要的，但这样会占用一定的成形时间。如果是实时切片，那么切片是与成形过程交替进行的，就不需要一个专门的过程。如果是非实时切片，则必须在加工过程开始前完成这个任务。

4. 设备预热

机器在受热后，温度就要升高，随后就要向环境中散热。那么机器中的温度在开始阶段就难以保持稳定，所以需要一定的预热时间使机器成形室中的温度达到稳定。成形室的温度对所加工零件的质量有重要的影响，有时还会影响到加工过程的顺利进行。一般预热需要1~2h。

5. 加工工艺参数设置

加工工艺参数包括激光功率、激光束扫描速度、扫描间距、环境温度、粉层预热温度、储粉缸的粉末预热温度、层厚、铺粉辊移动速度等。这些参数的设置必须根据材料的一些特性结合加工条件进行仔细考虑。一般设备制造商对于一些常用的材料都定好一个默认的成形工艺，包括所有工艺参数的值。

6. 成形操作

当所有准备工作做好以后开始零件的成形，在成形前为了减小成形零件在底部的散热速度，还必须在储粉缸的底层铺上一定厚度的粉层作为基底。成形过程可以自动进行，也可以手动进行。在零件成形完成后不能即刻取出成形件，应先关机器，让成形件随机器冷却后取出。

经过3~5h的冷却后，可以打开机器门，将成形缸底板升高到工作平面，利用一个工具或者专用的附件将零件从工作台上取出来，再用压缩空气或软毛刷将零件表面上的浮粉去掉。对于无定形聚合物材料成形的零件，其强度较低，必须轻拿轻放。

7. 后处理

去掉浮粉的零件可以进行适当的后处理，如浸渗石蜡、表面打磨等后处理工艺。

6.5 熔丝沉积成形装备

6.5.1 概述

熔丝沉积（FDM）成形技术最早是由美国的斯科特·科伦普（Scott. Crump）于1988年发明并申请专利。1989年斯科特·科伦普成立了Stratasys公司，1992年Stratasys公司推出第一台名为3D MODELER的设备。1992年，Stratasys公司获得专利权，于1993年推出第一台FDM—1650机型。

如图6-76所示，FDM成形系统主要由计算机控制系统、成形系统和熔丝供给系统组成。其主要使用ABS丝状材料，FDM成形系统组成简单，设备制造及运行成本低，因此目前有大量的小型公司制作并销售各种规格的台式FDM成形机。与其他增材制造设备相比，FDM的优点是：①不需要价格昂贵的激光器和振镜系统，故设备价格较低；②成形件韧性较好；③材料成本低且材料利用率高；④工艺操作简单、易学。

市面上也有专门销售散装的小型FDM成形机零件，供增材制造技术爱好者自行组装，研究成形工艺，如图6-77所示。

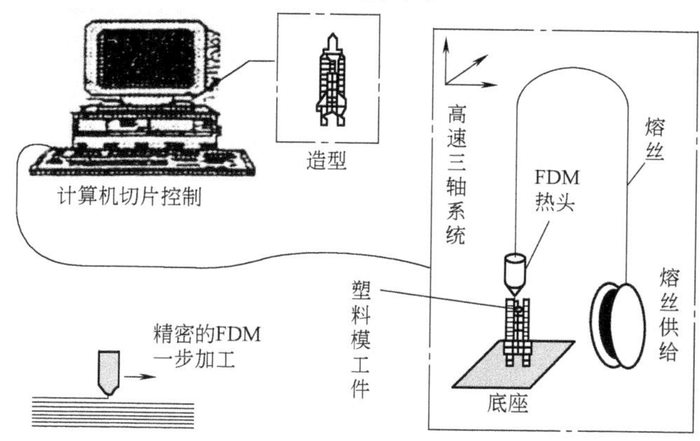

图6-76 FDM成形系统原理图

图6-77 供个人自行组装的台式FDM成形机

6.5.2 FDM 成形技术工作原理

图 6-78 所示为 FDM 成形系统的基本结构。其主要由机架 1、工作台 2、3y 轴驱动电动机及其传动系统、卷丝盘 4、丝材 5、送丝机构 6、x 轴驱动电动机 7 及其传动系统、加热挤出头 8、z 轴驱动电动机 10 及其传动系统等组成。

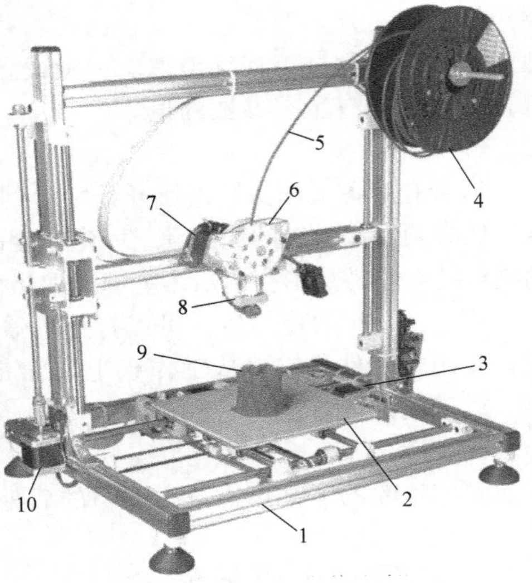

FDM 成形的工作原理如图 6-79 所示。先将热熔性丝材（ABS 或 PLA）缠绕在卷丝盘上，由送丝机构的步进电动机驱动送丝辊旋转，丝材在主动辊与从动辊的摩擦力作用下送入加热挤出头。在加热挤出头的上方有电阻丝式加热器，在加热器的作用下，丝材被加热到临界半流动的熔融状态。然后通过送丝辊的送入作用，把材料从加热挤出头挤出到工作台上。在供料辊和喷嘴之间有一导向套，导向套采用低摩擦力材料制成，以便丝材能够顺利准确地由供料辊送到加热挤出头的内腔。

图 6-78 FDM 成形系统的基本结构
1—机架 2—工作台 3—y 轴驱动电动机 4—卷丝盘 5—丝材 6—送丝机构 7—x 轴驱动电动机 8—加热挤出头 9—成形件 10—z 轴驱动电动机

成形过程是在计算机的控制下，挤出头按照 CAD 模型的切片截面轮廓数据移动，依据零件每层的预定轨迹，以固定的速率进行熔体沉积，如图 6-80 所示。挤出头在移动过程中挤出半流动材料，沉积固化为一个薄层。每完成一层，工作台下降一个切片层厚，再沉积固化出另一新的薄层，进行叠加沉积新的一层，如此反复一层层成形且相互黏结，便堆积叠加出三维实体，最终实现零件的沉积成形。

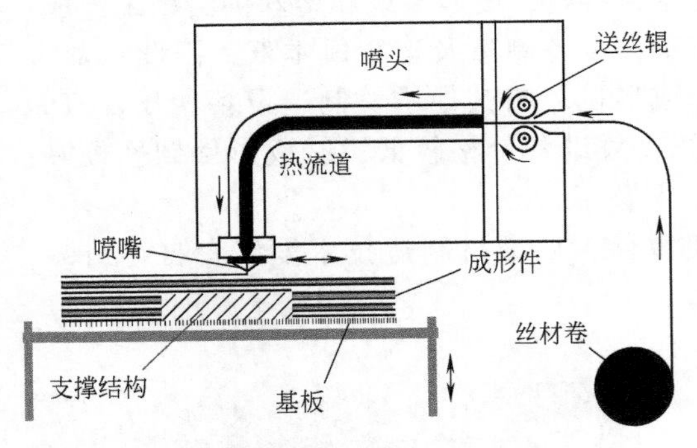

图 6-79 FDM 成形的工作原理

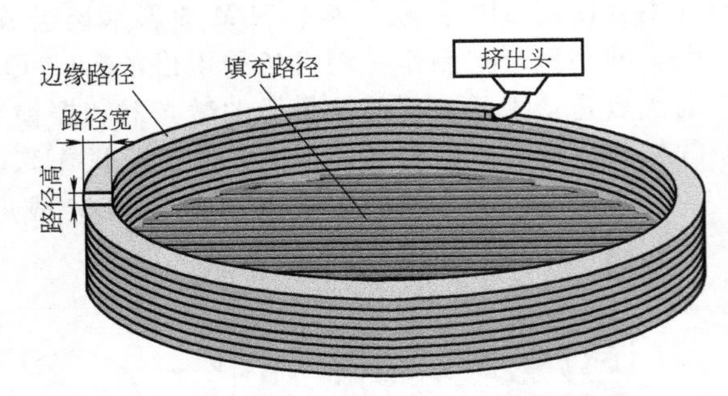

图 6-80 熔融材料挤出叠加成形示意图

FDM 成形工艺的关键是保持半流动成形材料的温度刚好在熔点之上（比熔点高 1℃ 左右）。其每一层片的厚度由挤出丝的直径决定，通常是 0.25~0.50mm。

采用 FDM 工艺制作具有悬空结构的工件原型时需要有支撑结构的支持，为了节省材料成本和提高成形效率，有些 FDM 设备采用了双挤出头的设计，如图 6-81 所示，一个挤出头负责挤出成形材料，另外一个挤出头负责挤出支撑材料。一般来说，用于成形件的丝材相对更精细一些，而且价格较高些，沉积效率也较低。用于制作支撑材料的丝材会相对较粗一些，而且成本较低，但沉积效率会更高些。支撑材料一般会选用水溶性材料或比成形材料熔点低的材料，这样在后期处理时通过物理或化学的方式就能很方便地把支撑结构去除干净。

FDM 的优点是：①操作环境干净、安全，可在办公室环境下进行（没有毒气或化学物质的危险，不使用激光）；②工艺简单、易于操作且不产生垃圾；③表面质量较好，可快速构建瓶状或中空零件；④原材料以卷轴丝的形式提供，易于搬运和快速更换（运行费用低）；⑤原材料费用低，材料利用率高；⑥可选用多种材料，如可染色的 ABS 和医用 ABS、PC、PPSF、蜡丝、聚烯烃树脂丝、尼龙丝、聚酰胺丝和人造橡胶等。

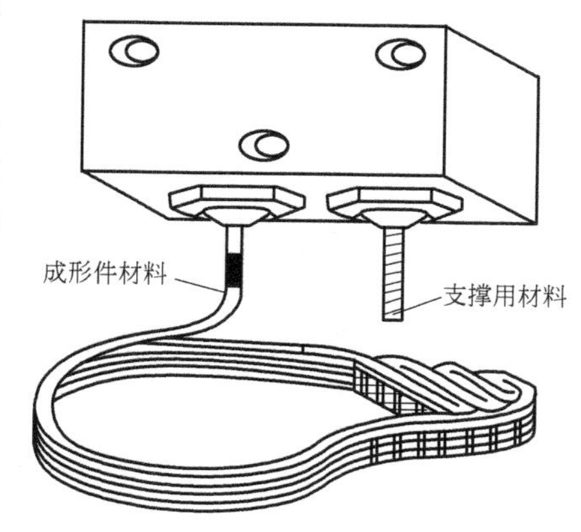

图 6-81 双挤出头的 FDM 成形工作原理

FDM 的缺点是：①精度较低，难以构建结构复杂的零件；②与截面垂直的方向强度低；③成形速度相对较慢，不适合构建大型制件，特别是厚实制件；④喷嘴温度控制不当容易堵塞，不适宜更换不同熔融温度的材料；⑤悬臂件需加支撑，不宜制造形状复杂的构件。

FDM 适合制作薄壁壳体原型件，该工艺适合产品的概念建模及形状和功能测试，中等复杂程度的中小原型。若用性能更好的 PC 和 PPSF 代替 ABS，则可制作塑料功能产品。

6.5.3 工业级设备及控制系统

图 6-82 所示为 Stratasys 公司于 1998 年推出的 FDM—Quantum 机型，最大成形体积为 600mm×500mm×600mm。由于采用了挤出头磁浮定位（Magna Drive）系统，可在同一时间独立控制两个挤出头，因此其成形速度为过去的 5 倍。图 6-83 所示为 Stratasys 公司于 1998 年与 MedModeler 公司合作开发专用于一些医院和医学研究单位的 MedModeler 机型，使用 ABS 材料，并于 1999 年推出可使用聚酯热塑性塑料的 Genisys 型改进机型—— GenisysXs，其成形体积达 305mm×203mm×203mm。图 6-84 和图 6-85 所示为 Stratasys 公司开发的低价位和中等价位小尺寸工业型 FDM 成形机，其传动机构有钢丝传动和滚珠丝杠传动两种方式。图 6-86 所示为 FDM 成形机控制系统结构。

图 6-82 FDM—Quantum 型成形机

图 6-83 医学研究用 MedModeler 机型

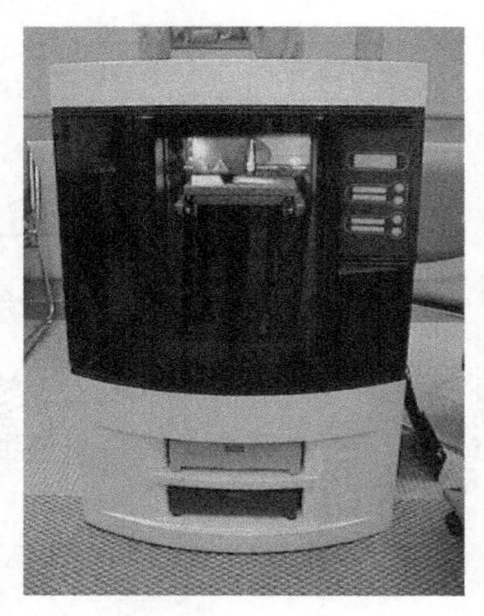

图 6-84 小型低价位成形机

图 6-85 小型中等价位成形机

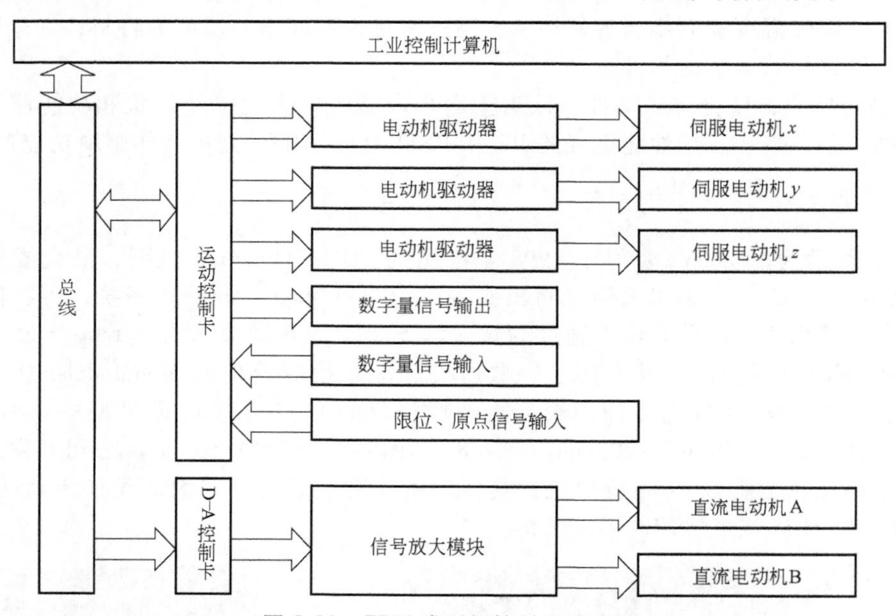

图 6-86 FDM 成形机控制系统结构

6.5.4 典型应用

使用大型 FDM 设备可直接打印成形小型车壳体，如图 6-87 和图 6-88 所示。

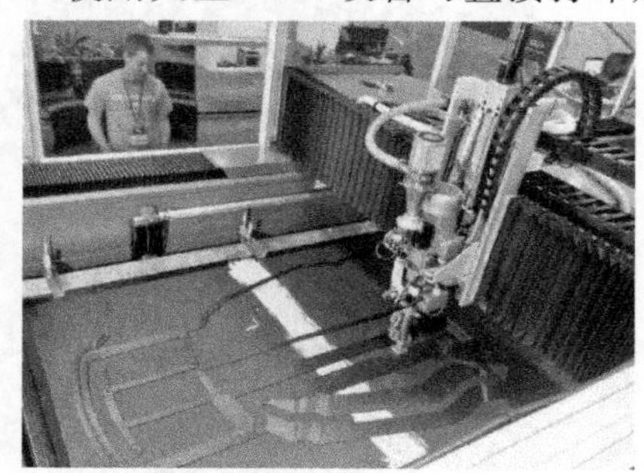

图 6-87 分层打印汽车壳体

图 6-88 打印完成的汽车壳体

6.6 微滴喷射成形装备

6.6.1 概述

三维打印成形是利用喷射打印头逐点喷射黏结剂来黏结粉末材料的方法制造原型件的。液滴喷射技术主要有连续喷射和按需间歇喷射两种工作模式，其中按需间歇喷射打印头根据其工作原理不同又可分为热气泡式按需间歇喷射打印头和压电式按需间歇喷射打印头。

1. 连续式喷射打印

连续喷射打印头的工作原理如图 6-89 所示，主要由液滴发生器、充电电极、高压偏转电场和导流槽组成。其工作过程如下：液滴发生器在振荡器振动信号的激励下形成一种稳定、连续和均匀的微小液滴流，当液滴通过充电电极时，根据打印信息对不需要打印的液滴进行充电形成带电荷的液滴，对需要打印的液滴不充电形成不带电荷的液滴，带电荷的液滴经过高压偏转电场发生偏移进入导流槽回收至材料盒中，不带电荷的液滴经过高压偏转电场不发生偏移飞行到介质上，生成需要打印的字符或图像记录。连续喷射打印头能够生成高速液滴，具有每个喷嘴每秒喷射 62000 个液滴的能力，喷射打印速度比按需间歇喷射打印头快得多，非常适合高速打印场合。连续喷射打印头的缺点是液滴直径难以进一步细化，喷射的液滴直径较大，而且连续喷射打印头的终端需要液滴回收装置，结构比较复杂，因此价格比较昂贵。此外，连续喷射打印头所使用的材料必须具有导电性。

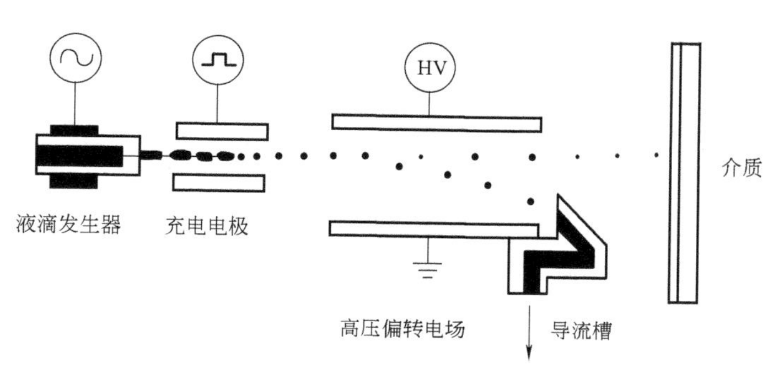

图 6-89 连续喷射打印头的工作原理

2. 按需间歇式喷射打印

（1）气泡式喷射打印 气泡式按需间歇喷射打印头的工作原理如图 6-90 所示，主要由热敏电阻加热器、喷嘴和溶液腔组成。气泡式按需间歇喷射打印头的液滴形成和喷射过程如下：在需要喷射的时段将脉冲电信号加到热敏电阻上，使加热器快速升温，并在极短的时间内使加热器表面约 0.1mm 厚的液体薄膜加热到 300℃ 左右，液体迅速汽化产生气泡，气泡膨胀产生的高压能够克服液体的表面张力，使液体形成液滴脱离喷嘴喷射至工作面。在不需要喷射的时段中断脉冲电信号，加热器迅速冷却，气泡消失，同时通过毛细作用使液体从储液腔中迅速补充到喷嘴处，准备下一次喷射。

气泡式按需间歇喷射打印头的优点是：结构简单，可以用类似于集成电路的制造技术进行制造，制造比较容易，制造成本较低；打印头上可设置排列密度高和数量更多的喷嘴，因此其物理分辨率可达到较高水平。但其缺点是：由于有加热过程，打印头在较高的温度下工作，使得环境和材料更易对热敏电阻和喷孔造成腐蚀，喷头的损坏率较高，工作寿命短（一般只有几百小时）；气泡式形成液滴的速率低，使液滴喷射频率受限制；液滴的喷射过程易产生喷溅散射状，较难把握液滴的形状，因此造成液滴量有 10% 左右的误差；气泡式所能喷射打印的材料主要是水基溶液。

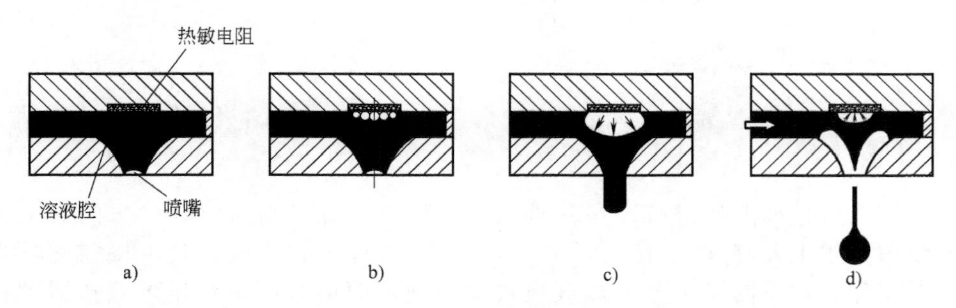

图 6-90 气泡式按需间歇喷射打印头的工作原理
a）初始状态 b）气泡形成 c）气泡膨胀 d）气泡收缩，液滴形成

（2）压电式喷射打印 压电式按需间歇喷射打印头（挤压式）的工作原理如图 6-91 所示，主要由压电陶瓷片、振动膜、喷嘴和喷腔组成。液滴喷射过程是：在需要喷射的时段将脉冲电信号加到压电陶瓷的两极上，压电陶瓷材料在电场的作用下产生压电效应，在电场的垂直方向上产生伸长变形，推动振动膜对喷腔内的液体产生一个可以克服液体表面张力的机械作用力，使位于喷嘴处的液体脱离喷嘴形成液滴喷射到工作面，图 6-92 是喷射产生一颗液滴直至打印到平面的过程。在不需要喷射的时段中断脉冲电信号，使压电陶瓷两极上的电场消失，压电陶瓷片恢复到原来的形状，液滴喷射停止。同时在毛细管作用下液体从图 6-91 所示的材料入口补充到喷腔内，准备下一次喷射。此外，压电式按需间歇喷射打印头还有收缩、弯曲和切变三种工作模式，它们的作用原理与挤压模式类似，只是采用不同的变形方式使喷腔内的液体产生压力。

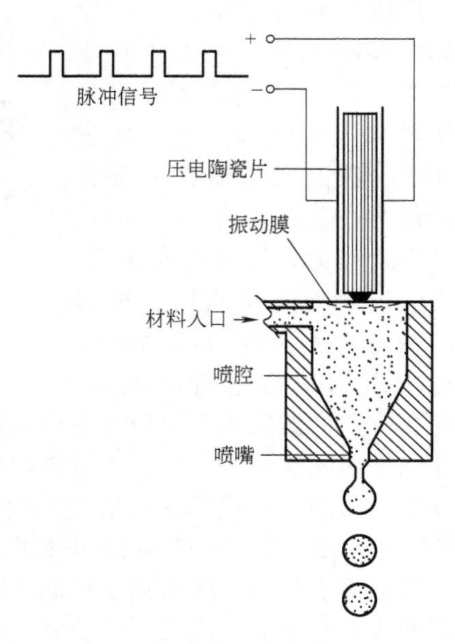

图 6-91 压电式按需间歇喷射打印头的工作原理

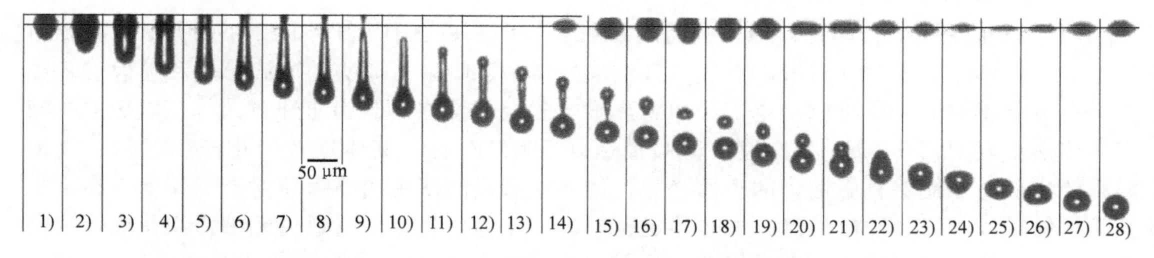

图 6-92 压电式按需间歇喷射打印头中液滴的形成过程

3. 打印分辨率

3D 打印过程中，经打印头喷射到成形工作面的材料是由呈阵列布置的液滴组成的，如图 6-93 所示。这些液滴必须能够重新结合并融为一个整体，否则影响 3D 打印的成形精度和质量，这就要求相邻两个液滴之间的距离 L 必须小于液滴在成形面上铺展的最大直径 D_m。L 取决于打印头的实际打印分辨率 R_f，打印分辨率是指打印头在每英寸长度上喷射出的液滴数量，单位是 dpi（dots per inch），打印分辨率越高则 L 越小。因此，在 3D 打印快速成形工

艺中，R_f与D_m之间必须满足如下关系：

$$R_f \geqslant \frac{25.4}{D_m} \tag{6-20}$$

实验研究表明，在 x 轴和 y 轴方向上 400dpi 的实际打印分辨率可以满足 3D 打印快速成形工艺的需要。由于一般打印头的喷嘴物理分辨率只有 180dpi，因此为了满足在 y 轴方向上的打印分辨率的要求，需将打印头倾斜一定的角度进行安装，如图 6-94 所示。随着倾斜角 θ 的增大，打印头在 y 轴方向上的实际打印分辨率会增大，但在 y 轴方向上每次打印的宽度会随之减小。基于在满足打印分辨率要求的条件下，使 y 轴方向上每次打印的宽度实现最大化，从提高单层的成形速度考虑，确定 y 轴方向上的打印分辨率为 400dpi，经计算此时打印头的安装倾斜角 θ 应为 63.3°。x 轴方向上的打印分辨率可以通过调节打印头的喷射频率与 x 轴的运动速度的关系来确定。

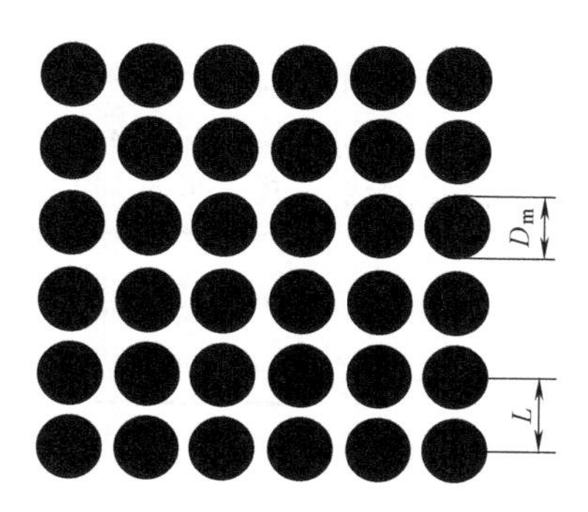

图 6-93　液滴分布及其分辨率

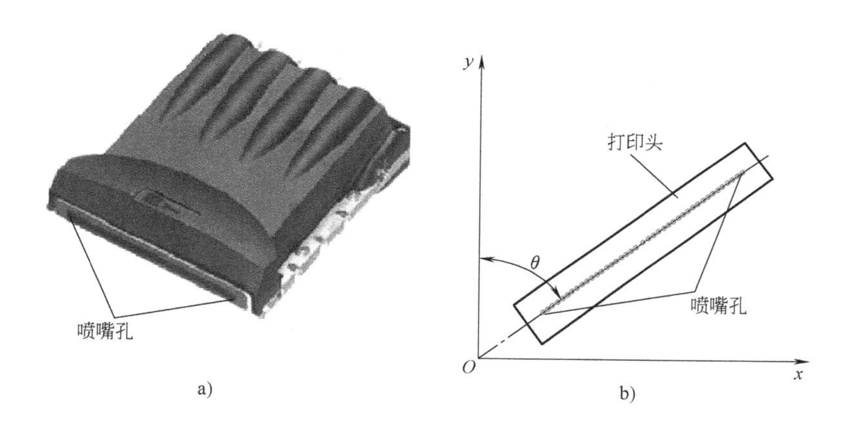

图 6-94　打印头的倾斜安装

a）打印头外形图　b）打印头安装示意图

3D 打印的优点是：成形速度快，成形材料价格低；在黏结剂中添加颜料，可以制作彩色原型，这是该工艺最具竞争力的特点之一；成形无需支撑，多余粉末去除比较方便，特别适合于做内腔复杂原型；适用于 3D 打印成形的材料种类多，还可制作复合材料或非均匀材质材料的零件。

3D 打印的缺点是：强度较低，只能做概念型模型，而不能做功能性试验。

6.6.2　3D 打印工作原理

目前，3D 打印成形技术大致可分为三种类型，即材料热喷成形法、光敏树脂喷射光固化成形法和粉末喷胶成形法，其中粉末喷胶成形法可成形彩色零件。

1. 材料热喷（Ink-Jet）成形法原理

图 6-95 所示为热塑性材料喷射成形工作原理，其主要由计算机控制系统、送料机构、喷嘴机构、平面铣削装置等组成。工作过程如下：

1）热塑性模型材料被加热熔融后，从成形喷嘴挤出，计算机控制其扫描模型的一个断面。

2）热塑性支撑材料被加热熔融后，从另一个喷嘴挤出，填满模型的外周及其空腔部分。

3）上述两喷嘴挤出扫描涂覆的材料冷却后形成一薄层模型断面固化层。

4）为了提高成形精度，采用铣削装置在每一固化层上进行平整加工。

5）重复上述四道工步直到完全成形为一个三维实体，取出制件后将支撑材料溶解掉。

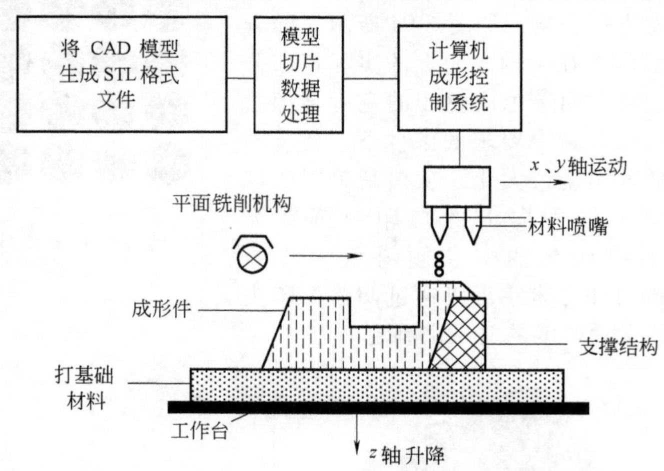

图 6-95 热塑性材料喷射成形工作原理

2. 光敏树脂喷射光固化成形法原理

该方法是直接由喷嘴喷出光固化材料，然后经紫外灯照射固化成形得到制件。图 6-96 所示为光敏树脂喷射光固化成形的工作原理，其主要工作过程为：根据零件截面形状，计算机控制喷射打印头直接打印光固化成形材料和在需要支撑的区域打印光固化支撑材料。在紫外灯的照射下光固化材料边打印边固化，如此逐层打印逐层固化直至工件完成，最后除去支撑材料得到成形制件。图 6-97 所示为光敏树脂喷射光固化成形步骤，其具体操作步骤如下：

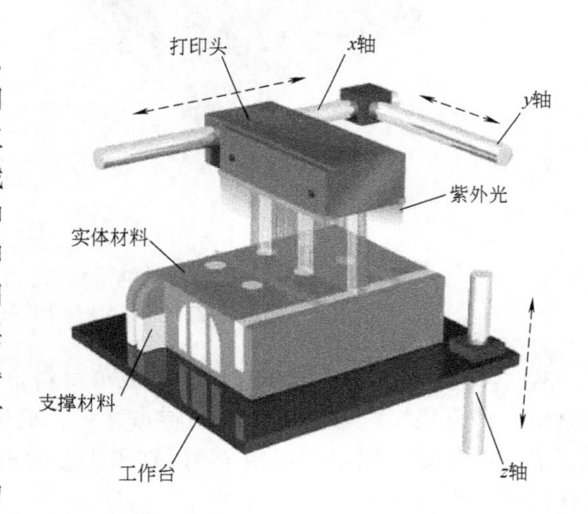

图 6-96 光敏树脂喷射光固化成形的工作原理

1）制件材料和支撑材料分别用不同的喷嘴喷出。

2）喷涂完一层断面后，用紫外光照射使之固化。

3）为了提高成形精度，在该固化层上用铣削装置进行平整加工。

4）重复上述三道工步直到完成三维实体的成形。

3. 粉末喷胶成形法原理

粉末喷胶的成形技术用到粉床方法，其过程与 SLS 成形相似，只是将 SLS 中的激光束变成喷射打印头喷射的黏结剂（“墨水”）。打印一层的工作原理类似于喷墨打印机，只是将黏

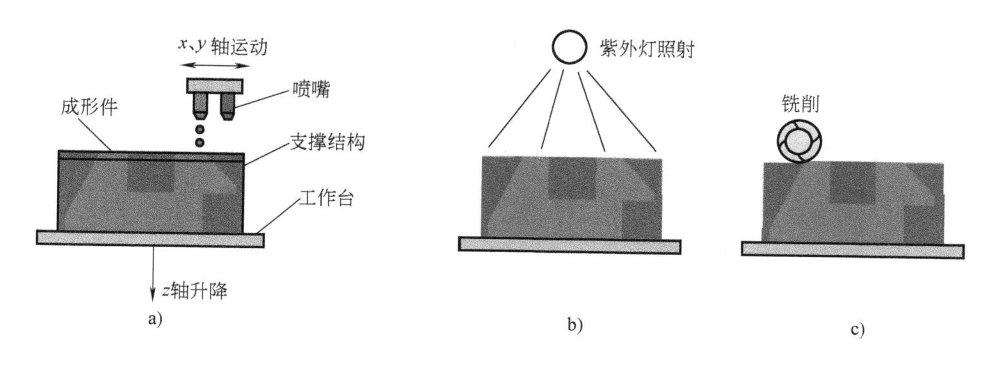

图 6-97　光敏树脂喷射光固化成形步骤
a）分层打印　b）光照固化　c）平面铣削

结剂打印在粉末表面上。该方法可采用的粉末材料有陶瓷、金属、塑料等，还可以将树脂黏结剂直接打印在型砂上制作铸造工艺用的砂型，直接用于浇注零件。

图 6-98 所示为粉末喷胶成形的工作原理。其工作过程为：首先设备会把工作槽中的粉末铺平，接着喷嘴会按照指定的路径将液态黏结剂（如硅溶胶）喷射在预先粉层上的指定区域中，上一层黏结完毕后，成形缸下降一个距离（等于层厚：0.013～0.1mm），供粉缸上升一个层厚的高度，推出若干粉末，并被铺粉辊推到成形缸，铺平并被压实。喷嘴在计算机的控制下，按下一层建造截面的成形数据有选择地喷射黏结剂建造层面。铺粉辊铺粉时多余的粉末被收集到集粉装置中。如此周而复始地送粉、铺粉和喷射黏结剂，最终完成一个三维粉体的黏结（即制造出成形制件）。粉床上未被喷射黏结剂的地方仍为干粉，在成形过程中起支撑作用，且成形结束后，比较容易去除。操作步骤如下：

1）采用胶水喷嘴在铺平的粉末上扫描喷射模型的断面，被喷过胶的粉末层被黏结固化为一薄层。

2）在固化的薄层上再铺上一层薄粉末。

3）重复上述两道工步，直到最终黏结完成一个三维实体模型。

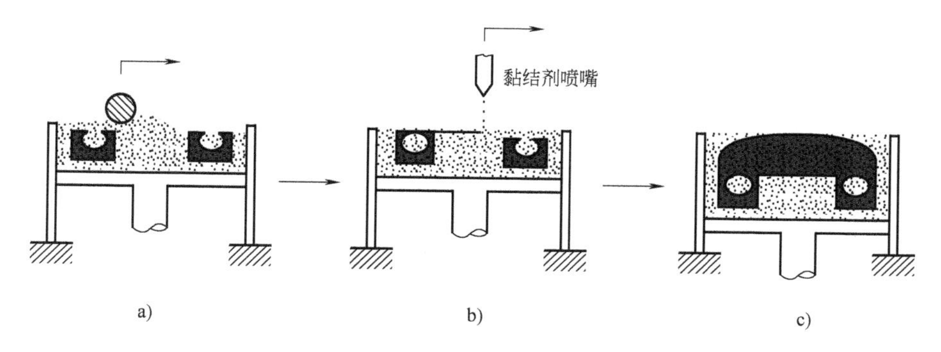

图 6-98　粉末喷胶成形的工作原理
a）铺粉过程　b）喷胶打印　c）成形完成

6.6.3　3D 打印成形系统

3D 打印快速成形系统涉及机械、控制、信息、计算机和材料等多个学科，是一个典型的多学科交叉和综合应用的复杂机械电子系统。根据系统论的观点，任何一个系统都是由多个要素按一定结构组织起来的有机整体，并通过信息、物质和能量与外部环境发生关系。3D 打印快速成形系统的总体结构如图 6-99 所示，其主要由软件系统、控制系统和机械系统三个子系统组成。

（1）软件系统　读入零件的 STL 文件数据，根据成形工艺的要求进行数据处理与计算，生成层面实体位图数据和支撑位图数据；在成形加工过程中向控制系统传送数据和发送控制指令信息。

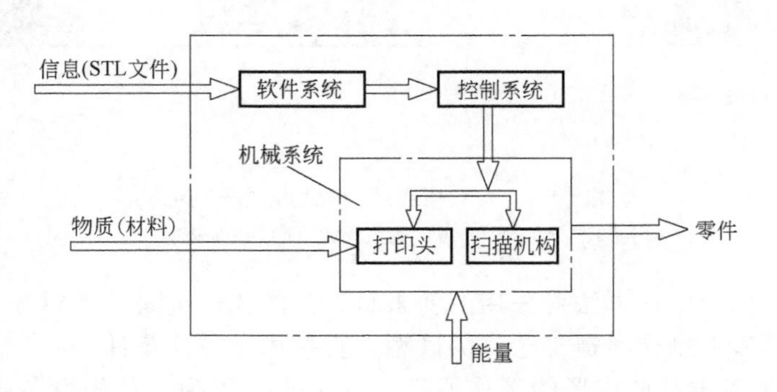

图 6-99　3D 打印快速成形系统的总体结构

（2）控制系统　接收软件系统的数据和控制指令信息生成控制驱动信号，并把控制驱动信号传送到机械系统相应的执行部件。

（3）机械系统　机械系统是 3D 打印快速成形工艺过程的执行机构，为系统提供工艺需要的成形环境，实现扫描运动、材料供给和打印的基本结构，并在控制系统生成的控制信号的作用下，完成 3D 打印快速成形工艺所要求的各种动作。

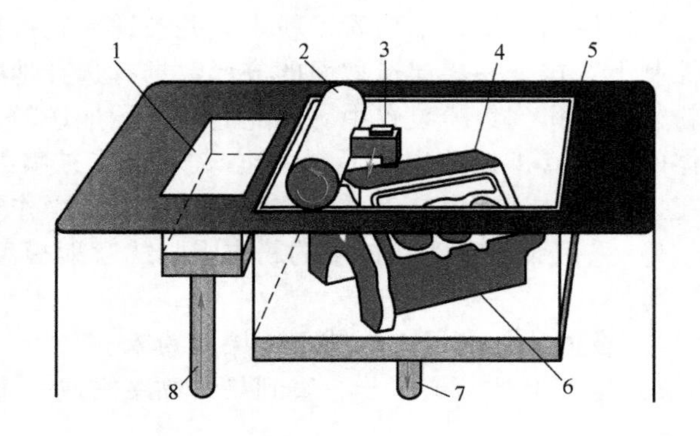

图 6-100　3D 打印成形系统原理图

1—供粉缸　2—铺粉辊　3—黏结剂喷头　4—成形件打印层　5—成形区域　6—成形件　7—工作缸活塞　8—供粉缸活塞

图 6-100 所示为 3D 打印成形系统原理图，其主要由计算机控制系统、供粉缸、铺粉辊、黏结剂喷头、工作缸、黏结剂输送系统组成。

3D 打印成形设备的机械系统又可分为打印头系统、运动系统和材料供给系统三个分系统，图 6-101 所示为 3D 打印成形设备机械系统的组成。

3D 打印成形系统机械结构的总体布局如图 6-102 所示。3D 打印成形打印头传动系统结构如图 6-103 所示，其采用交流伺服电动机+V 形导轨+精密滚珠丝杠的传动方式，上悬挂式安装结构。

图 6-104 所示为 3D 打印成形系统总体结构。3D 打印成形设备的控制系统结构如图 6-105所示，其具有如下特点：①采用单机控制模式，硬件结构简单，成本较低；②直接利用计算机的扩展槽，通过计算机总线进行信息传输，相当于并行方式，计算机的资源得以充分利用，运行速度快；③控制系统采用了开放式模块化设计，扩展灵活性好，可形成系列化生产；④设备的监测系统较完善，可靠性较高，可以进行无人值守成形加工。

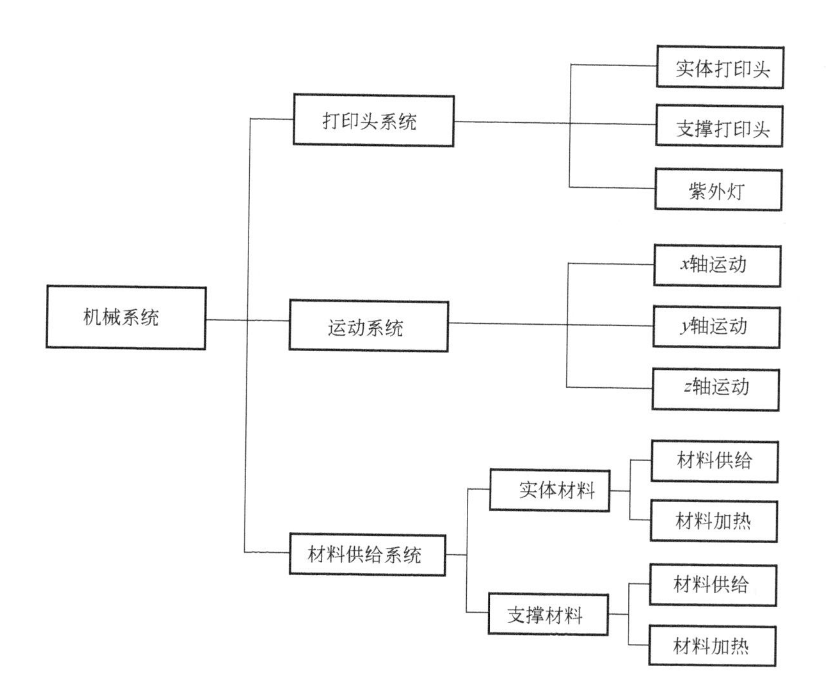

图 6-101　3D 打印成形设备机械系统的组成

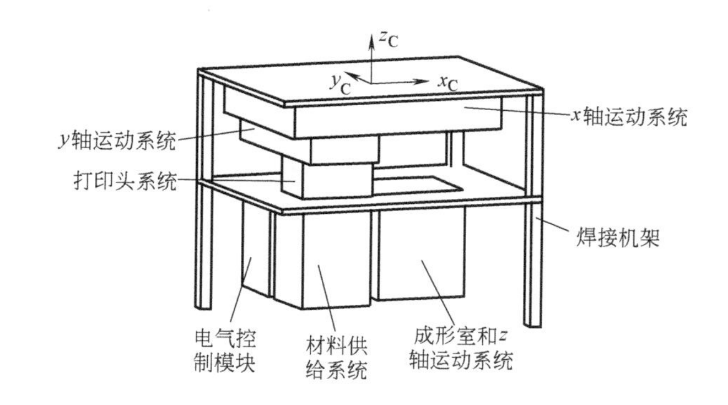

图 6-102　3D 打印成形系统机械结构的总体布局

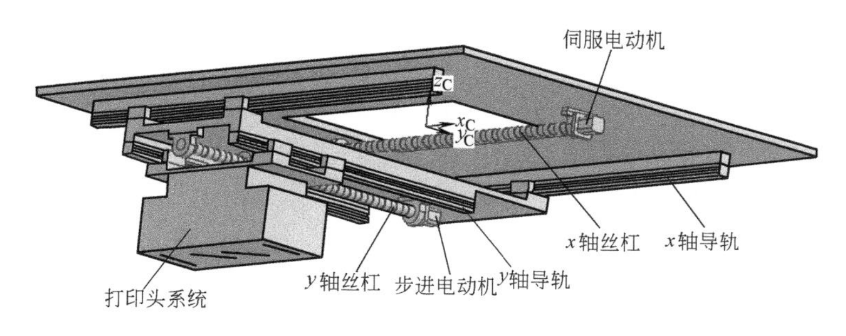

图 6-103　3D 打印成形打印头传动系统结构

图 6-104　3D 打印成形系统总体结构

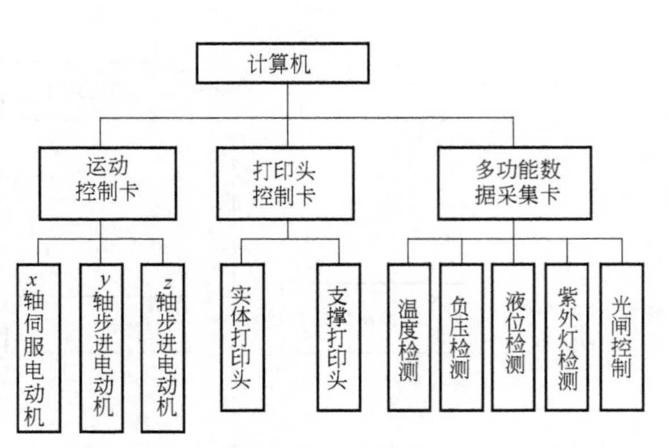

图 6-105　3D 打印成形设备的控制系统结构

图 6-106 所示为 Z-Corporation 公司的 Q3 2004 型小尺寸粉末喷胶成形技术的 3D 打印设备。图 6-107 所示为 Z-Corporation 公司的 Z810 型大尺寸粉末喷胶成形技术的 3D 打印设备，其工作尺寸达到 500mm×600mm×400mm。图 6-108 所示为 Z-Corporation 公司的 Z406 型粉末彩色喷胶成形技术的 3D 打印成形机，其成形尺寸为 200mm×250mm×200mm。图 6-109 所示为以色

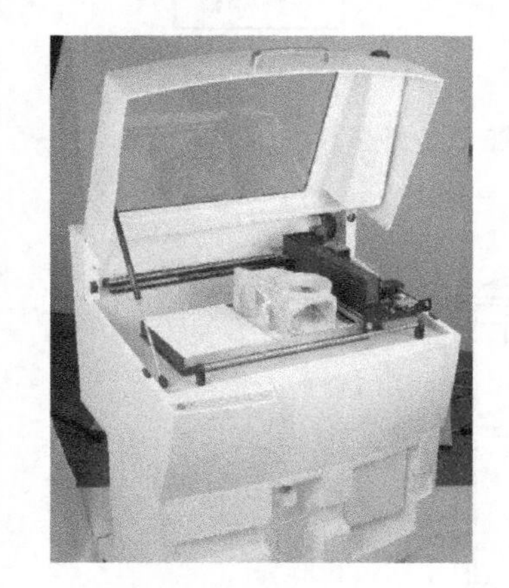

图 6-106　Q3 2004 型 3D 打印设备

图 6-107　Z810 型 3D 打印设备

图 6-108　Z406 型彩色 3D 打印成形机

图 6-109　Objet 公司开发的光敏树脂喷射光固化成形机

列的 Objet 公司开发的光敏树脂喷射光固化成形机。

6.7　薄材叠层成形装备

6.7.1　概述

薄材叠层成形（LOM）也称为分层实体制造。早在 1979 年，东京大学的中川威雄教授就提出一种低成本快速制造模具的方法，即用激光在一张张钢板上切割模具断面形状，然后叠加焊接在一起，构成冲压模具。1985 年美国的 Helisys 公司成立，该公司的米歇尔·菲金（Michael Feygin）发明了纸叠层成形技术，并于 1988 年获得专利权。1991 年，Helisys 公司开始推出 LOM—1015、LOM—2030 设备。1992 年，日本的 Kira corporation 公司建立 RP，研发部，于 1995 年推出使用普通纸的叠层成形机 KSC—50N。2000 年，Helisys 公司退出市场，日本的丰田工机公司继承该事业。后于 2005 年，日本的杉村精工公司从丰田工机公司引进并继承该技术。

LOM 技术主要用底面涂有热溶胶的纸或塑料胶带或金属箔等薄材料，在薄材料底面涂有固化的黏结剂，当涂有固化黏结剂的薄材两层叠在一起时，通过一加热辊在其上面滚压即可将它们加热黏接在一起。然后用计算机控制激光束，在一层薄材上根据数模切片数据切割出该切片层的截面轮廓。其成形过程为：首先在一层切割出工艺边框和所制零件的内外轮廓，然后将不属于成形件的材料切割成网格状，以便后期剥离。接着将新的一层薄材再叠加在上面，通过热压辊装置与其下面已切割层黏合在一起，计算机控制激光束再次切割制件的上一层轮廓，如此反复逐层切割、黏合直至整个模型制作完成。切割的方法也有采用硬质刀具的。工作中，薄材制作成长卷料，用计算机控制其根据工作节拍自动送进，也有制作成单张片料自动送进的。承载成形件的工作台，在计算机控制下每切割完成一层即下降一层高度。当完成整个成形工作后，取出如图 6-110 所示的成形块，需要将不属于成形件的被切割成小方块的废料去除掉，即可获得所需的成形件。上述成形用的薄材可以使用普通纸单面涂覆黏结剂，也可以使用陶瓷箔单面涂覆黏结剂，也有使用金属箔或其他材质基的箔材。

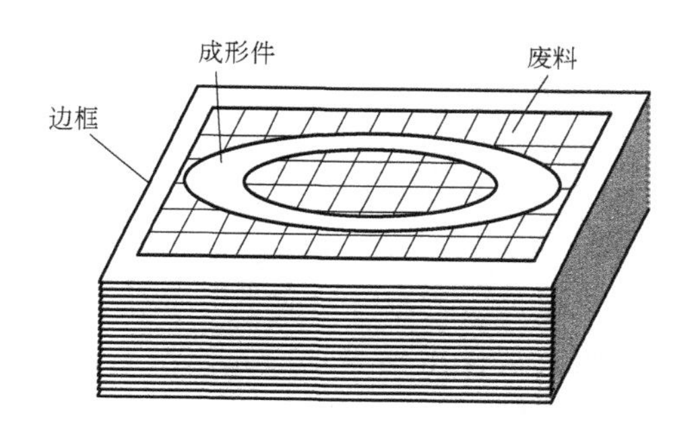

图 6-110　LOM 成形块

LOM 成形技术的优点：不需要用激光束扫描成形件的整个二维截面，只需要沿其横截面的内外轮廓线进行切割，故在较短时间能制出形状复杂的成形件原件，生产率高；成形件的尺寸大；成形件的力学性能较高；成形件的原材料价格比其他方法便宜；无须设计和构建支撑结构，无须后固化处理；成形机操作简便、运行可靠、价格便宜，成形件的制作成本低。

LOM 成形技术的缺点：薄材叠层方法主要采用纸做基底，其强度和刚度低。加以需要剥离废料，制作复杂薄壁件困难，而信息、家电、汽车、摩托车、玩具等行业薄壁件十分普遍，限制了该方法的应用；材料厚薄不均匀，制件高度方向精度较难保证；制件易吸潮变形，因此制件成形后应尽快进行表面防潮处理；为保证成形材料可靠送进，搭边很宽，降低了材料的利用率。

LOM 成形工艺适合于制作大中型、形状简单的实体类原型件，特别适用于直接制作砂型用的铸造模（替代木模）。

6.7.2 工作原理

薄材叠层成形系统工作原理示意图如图 6-111 所示，其主要由激光器、光学系统、x-y 扫描机构、材料传送机构、热滚压粘贴机构、四导柱双滚珠丝杠升降工作台和控制系统等组成。目前商品化的成形机使用普通纸作为材料，做成纸卷便于送料。纸材一面涂敷一层热熔胶，工作时涂胶面朝下。用激光器发出的激光束经过光学系统和 x-y 扫描机构被引导在纸面扫描切割模型的截面轮廓形状。材料传送机构在计算机控制下配合成形工作节拍，自动将纸从供料卷送进到工作台，而废料在送料的同时被卷入回收卷。热滚压粘贴机构在计算机控制下将热压滚筒滚过工作面使上下层纸材黏接在一起。四导柱双滚珠丝杠升降工作台在计算机控制下每次下降一个纸厚的高度。

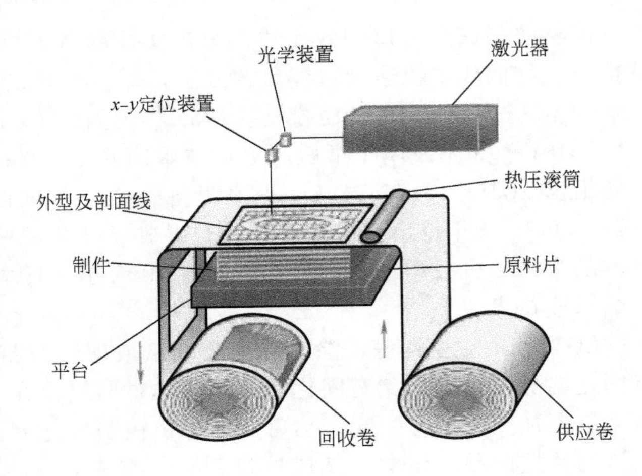

图 6-111 薄材叠层成形系统工作原理示意图

纸叠层成形系统的工艺过程如图 6-112 所示。首先由计算机接受 STL 格式的三维数字模型，并沿垂直方向进行切片得到模型横截面轮廓数据；由模型横截面轮廓数据，生成激光束切割截面轮廓的轨迹，并生成激光束扫描切割控制指令；材料送进机构将原材料（底面涂敷有热熔胶的纸或塑料薄膜）送至工作区域上方，如图 6-112a 所示；热滚压粘贴机构将热压滚筒滚过材料，使材料上下黏合在一起，如图 6-112b 所示；激光切割系统在计算机控制下，根据模型的切片横截面轮廓的切割轨迹，在材料上表面切割出轮廓线，如图 6-112c 所示，同时将非成形件区切割成网格，这是为了在成形件后处理时容易地剔除废料而将非模型实体区切割成小碎块；支撑成形件的可升降工作台，在每层模型截面轮廓切割完后下降一个材料厚度（通常为 0.1～0.2mm），材料传送机构将材料送进至工作区域，一个工作循环完成。接着依次重复上述工作循环，直至最终形成三维实体零件。

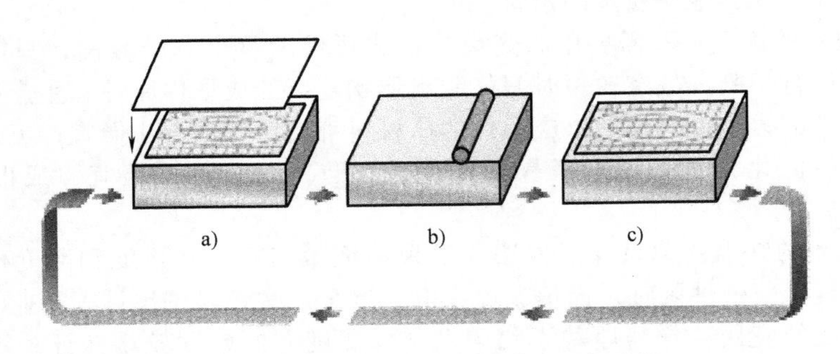

图 6-112 纸叠层成形系统的工艺过程

a）铺材料 b）材料黏接 c）材料切割

成形加工工作完成后，将完成的工件从成形机上卸下，用手工将成形件周围被切成小方块的废料拆除掉，如图6-113所示。此时成形件表面还是较粗糙，需要进行必要的后处理工作，可以通过打磨和喷涂的方法处理，最终完成一个原型件的制造。

6.7.3　控制系统

LOM系统主要由三部分组成：数控系统、成形系统、激光器及其冷却系统，如图6-114所示。

图6-113　用手拆除成形件周围的废料

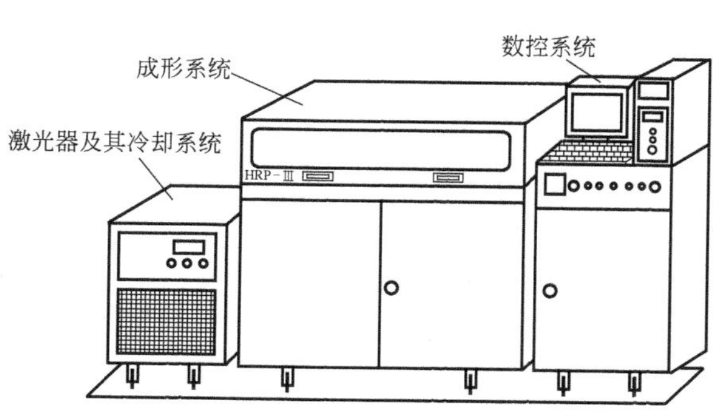

图6-114　LOM系统

1. 数控系统

数控系统由计算机、各种控制模块、电动机驱动单元和传感器组成。其功能用于三维图形数据处理，加工过程的实时控制及模拟。

薄材叠层成形系统硬件结构如图6-115所示，由一台微型计算机和几块通用控制卡或接口板构成。在软件上，利用Windows系统提供的设备驱动程序编写方式，对控制卡或接口板编写控制模块，由这些控制模块控制控制卡或接口卡，进而控制外部设备；同时编写Windows系统下的应用程序，完成数据处理、生成加工指令和图形信息显示等。应用程序与设备驱动程序通过Windows系统提供的接口进行数据通信。控制系统硬件结构如图6-115所示，该系统能很好地在工业生产环境下工作，其性能特点如下：

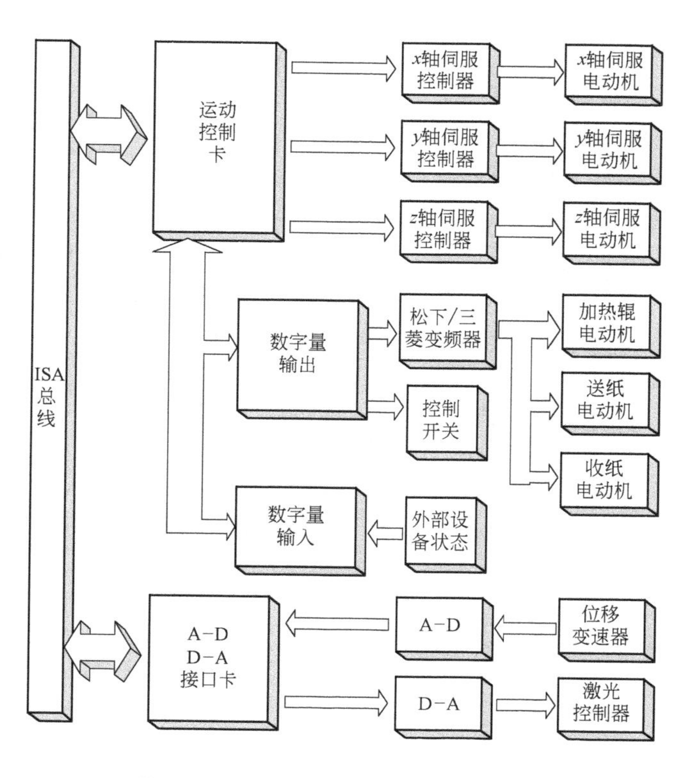

图6-115　薄材叠层成形系统硬件结构

1）x、y、z三个轴由伺服电动机驱动。x、y轴用于平面轨迹的扫描，z轴用于平台的升降运动。这三个轴的重复定位精度为0.02mm，平面扫描精度为0.1mm，均采用伺服电动机和伺服控制器构成半闭环控制。伺服控制器的控制主要是对其进行发脉冲，由通用的脉冲发生器完成。

2）加热辊、送纸、收纸装置由异步电动机驱动。这三轴要求的精度不高，误差在5mm左右。交流异步电动机的运动速度由输入交流电的频率决定，控制变频器的交流电输出频率可以控制交流异步电动机以不同的速度运行，运行长度可以由运行时间来确定。它们之间的关系为

$$t=1000Bl/f \tag{6-21}$$

式中，t为运行l长度需要电动机运行的时间（ms）；l为电动机需要运行的长度（mm）；f为变频器输出的交流电频率（Hz）；B为距离与时间之间的折算系数，这个系数需要通过实验测定。

如果给定运动距离，用上式可以计算出需要的运动时间，通过时间控制来完成对交流异步电动机的位置控制。

3）位移变送器和激光器的控制主要是A-D和D-A转换，同时还利用其上面的中断发生器来产生系统所需要的周期为1ms的中断。

4）其他系统所需要的数字量输出和数字量输入（外部设备的状态信号）也由三轴控制卡上所带的数字量输入/输出端口来完成。

2. 操作软件

华中科技大学开发的HRP’2000软件，具有易于操作的友好图形用户界面、开放式的模块化结构、国际标准输入输出接口。其功能模块如下：

1）数据处理具有STL文件识别及重新编码、容错及数据过滤切片。这是该中心独有的技术，具有提高工作效率、STL可视化、图形变换（旋转、平移、缩放）、多个制件（STL格式）排样和原型制作实时动态仿真等功能。

2）激光能量的控制随切割速度适时控制，因而能保证切割深度和线宽均匀，切割质量良好，激光光斑直径随内外轮廓自动补偿，提高了制件精度。

3. 成形系统

成形系统由六个主要部分组成：伺服驱动的激光扫描切割系统、由四导柱双滚珠丝杠组成的可升降工作台机构、送收料机构、热滚压粘贴机构、通风排尘装置、机架。薄材叠层成形系统结构原理如图6-116所示。

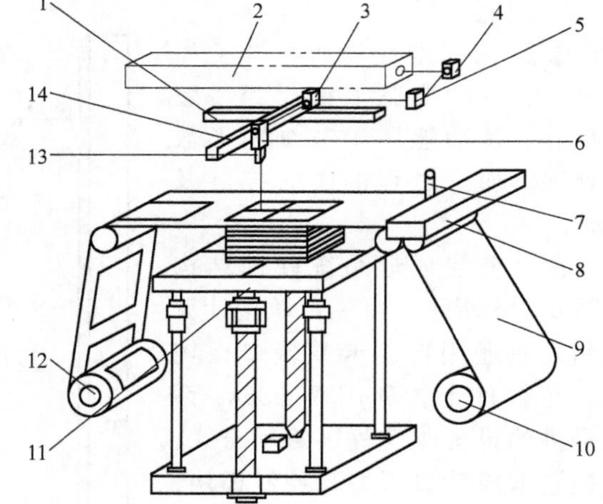

图6-116 薄材叠层成形系统结构原理

1—x轴 2—激光器 3—反射镜3 4—反射镜1 5—反射镜2 6—反射镜4 7—高度传感器 8—加热器 9—材料 10—送料辊 11—工作台 12—收料辊 13—聚焦镜 14—y轴

（1）激光切割及冷却系统　激光切割系统由CO_2激光器、外光路、切割头、x-y工作台、驱动伺服电动机和排烟除尘装置等组成。其中，激光器的功率为50W，波长为10.5~10.7μm（处于远红外波段），产生的激光束稳定，连续运行10个月时的功率波动仅为±10%（即±5W），保证使用寿命20000h。外光路由4个反光镜和1个聚焦镜组成，它能保证焦距稳定，切割光斑的直径为0.1~0.2mm。配上激光切割速度与切割功率的自动匹配控制后，光束能恰好切透正在成形的一层材料，而不会

损伤已成形的下一层截面轮廓。切割头由两台伺服电动机驱动，能在 xy 平面上做高速、精密扫描运动。x-y 工作台由精密滚珠丝杠传动，用精密直线滚珠导轨导向，重复定位精度为 10μm。排烟除尘装置包括鼓风机、抽风机，从而可以有效地排出烟气。

冷却装置配有 1625W 的冷却器，由可调恒温水冷却器及外管路组成，用于冷却激光器，以提高激光能量的稳定性。图 6-117 所示为成形工作区域。

图 6-117　成形工作区域

（2）薄材料送进机构　快速成形机的原材料存储及送进机构由原材料存储辊、送料夹紧辊、两根导向辊、余料辊、交流变频电动机、摩擦轮和材料撕断报警器组成。卷状材料套在原材料存储辊上，材料的一端经送料夹紧辊、两根导向辊、材料撕断报警器粘在余料辊上。余料辊的辊芯与送料直流电动机的轴心相连。摩擦轮固定在原材料存储辊的轴心，其外因与一带弹簧的制动块相接触产生一定的摩擦阻力矩，以便保证材料始终处于张紧状态。送料时，送料交流变频电动机沿逆时针方向旋转一定角度，克服加在摩擦轮上的阻力矩，带动材料向左前进一定距离。此距离等于所需的每层材料的送进量，它由成形件的最大左、右尺寸和两相邻切割轮廓之间的搭边确定。当某种原因偶然造成材料撕断时，材料撕断报警器会立即发出音响信号，停止送料直流电动机的转动及后续工作循环。

（3）热滚压粘贴机构　热滚压粘贴机构使用热压辊的压烫来完成纸材间的黏合，如图 6-118 所示。该机构由变频交流电动机、热管（或发热管）、热压辊、温控器及高度检测传

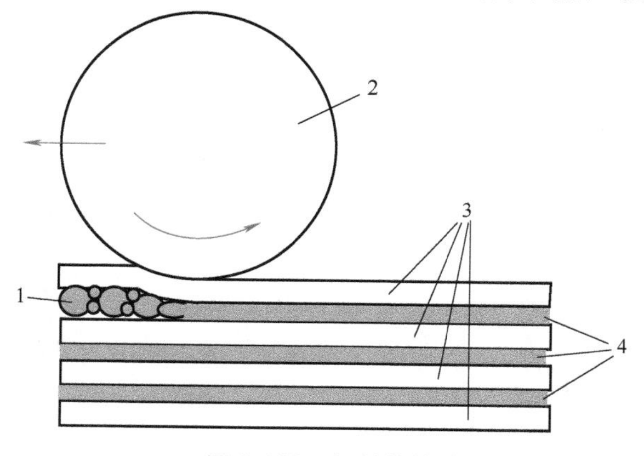

图 6-118　纸材的热黏合

1—黏合前的粉粒状热熔胶　2—加热辊

3—薄片状纸材　4—热熔胶受热熔融黏合态

感器等组成。变频交流电动机经同步带驱动热压辊，使其能在工作台的上方做左右往复运动。热压辊内装有大功率发热管，以便使热压辊快速升温。温控器包括温度传感器（热电偶或红外温度传感器）和显示、控制仪，它能检测热压板（热压辊）的温度并使其保持在设定值，温度设定值根据所采用材料的黏结温度而定。高度检测传感器固定在热压辊的支架上，它的测量分辨率为 2μm。当热压辊对工作台上方的纸进行热压时，高度检测传感器能精确测量正在成形的制件的实际高度，并将此数据及时反馈至计算机，然后据此高度对产品的三维模型进行切片处理，得到与上述高度完全对应的截面轮廓，从而可以较好地保证成形件在高度方向的轮廓形状和尺寸精度。

上述机构中采用的原材料是华中科技大学快速成形中心自行开发、生产的高性能纸，纸的底面涂有热熔胶和改性添加剂。当热压辊被加热至 210~250℃并辗压纸时，能使纸上的胶熔化并产生黏性。混入添加剂的作用是改善纸和成形件的性能，使其具有优良的黏性、强度、硬度和抛光性，较小的收缩率，较高的工作温度和易于剔除废料。实践证明，这类纸加工成形后坚如硬木，能承受高达 200℃的温度，粘贴后不会开裂，轻轻振动制品中的方块形废料小碎片，并用普通小刀挑剔，就能方便地使嵌在工件中的废料与工件分离。用其中一种纸成形的工件有很好的弹性，表面光滑，如同塑料，产品的最小壁厚可达 0.13~0.5mm。常用的纸厚为 0.13mm 左右。

（4）升降工作台机构　升降工作台由四导柱、双精密滚珠丝杠组成，精密滚珠丝杠由交流伺服电动机驱动，从而能在高度方向做快速、精密往复运动，且工作台运动平稳。

机架由钢管焊接而成，安装台板固定在其中部，x-y 工作台、热滚压粘贴机构、激光器和升降工作台等都以该台板为基准进行安装。原材料存储及送进机构固定在机架的下部。机架的四角装有可调支撑和移动滚轮，以便调整机器的水平和搬运。

（5）成形用材料特点　华中科技大学研发的纸质成形材料，黏结可靠、强度高、容易剥离废料、制件精度稳定、成本低廉、对环境无污染，综合性能超过国外产品。制件后处理后，仍然能保持精度、表面质量和尺寸稳定性。

6.7.4 LOM 成形设备

国内外已有多家公司生产纸叠层成形设备。图 6-119 所示为华中科技大学开发的 HRP 系列 HRP-ⅢA 型 LOM 成形机。图 6-120 所示为美国 Helisys 公司早期推出的 LOM 成形机。各种 LOM 成形设备的基本组成如图 6-121 所示。

图 6-119　华中科技大学开发的 HRP-ⅢA 型 LOM 成形机

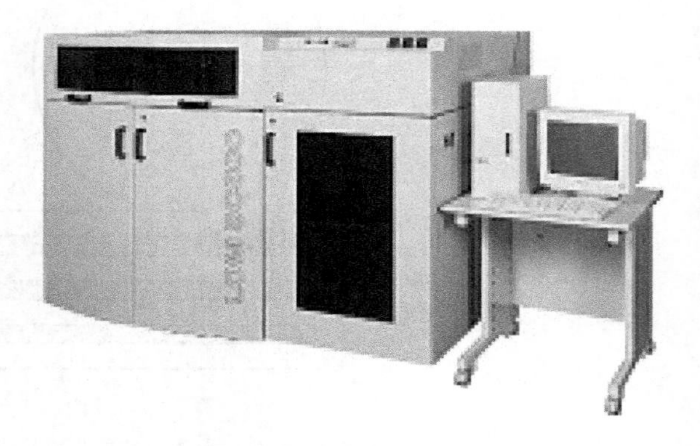

图 6-120　Helisys 公司的 LOM 成形机

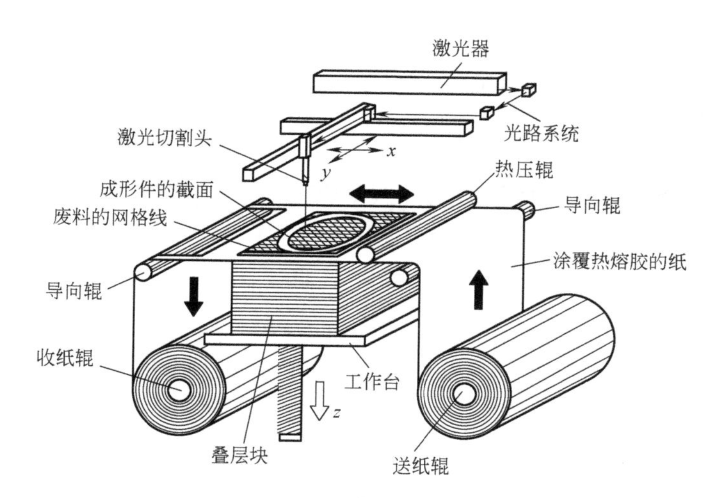

图 6-121　LOM 成形设备的基本组成

思　考　题

1. 快速成形技术基于什么成形原理？可应用于哪些领域？
2. 概述采用振镜扫描方式的立体光刻成形技术的工作原理。
3. 概述选择性激光烧结成形技术的工作原理。
4. 概述熔丝沉积成形技术的工作原理。
5. 概述薄材叠层成形技术的工作原理。
6. STL 文件有几种格式？
7. STL 格式文件描述的是什么结构的三维数据模型？
8. 概述金属板材数控渐进成形技术的工作原理。

第7章 其他重要的材料成形装备

在常用的材料及其成形装备中，除各类金属材料、高分子材料（塑料、橡胶等）外，陶瓷材料、玻璃材料及各种粉末材料也是重要的成形材料种类。本章就重点介绍陶瓷、玻璃、粉末材料的成形装备。

7.1 陶瓷成形装备

7.1.1 陶瓷技术装备概述

陶瓷是水火土之产物，它根植于地球上最丰富的资源，融入人类几千年的智慧。人们通常把硅酸盐制品或材料中以黏土为主要原料所烧成的多晶、多相（晶相、玻璃相和气相）聚集体制品，包括土器、陶器、炻器、瓷器等，统称为陶瓷。

现代陶瓷不论是产品生产或是产品的使用已遍及全世界。其行业产品包括日用美术陶瓷、建筑卫生陶瓷、电瓷、工业陶瓷、特种陶瓷（如磨料、合金、生物陶瓷、环保陶瓷、功能陶瓷、新材料等）、陶瓷原料、釉料、技术装备等。

现代化的陶瓷工业生产过程如图7-1所示，其制品的生产工艺过程与方法如图7-2所示。

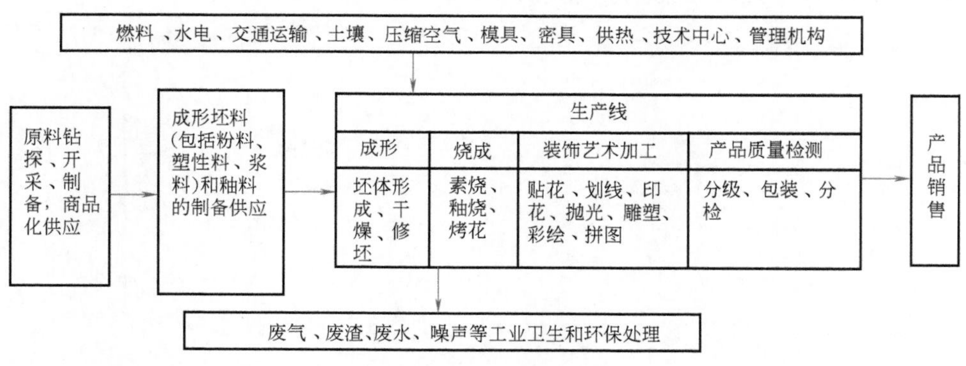

图7-1 现代化的陶瓷工业生产过程

陶瓷技术装备包括原材料制备、釉料制备、成形、烧成等专业装备，它在陶瓷工业生产中发挥着重要作用。陶瓷技术装备按其在生产过程中的主要用途可划分为10大类：①原材料开采、加工、精选装备；②成形原料的制备装备；③成形装备（包括成形、干燥、修坯用的装备）；④施釉、装饰、彩印等艺术加工装备；⑤煅烧设备［包括制品的素烧、釉烧、烤花、补（重）烧等设备］；⑥制品的深加工装备（如磨底、抛光、磨平、切割等）；⑦专业辅助件（如模具、窑具）生产装备；⑧包装机械；⑨原料与制品质量检测仪器仪表；⑩

通用配套设施（如燃料、水电供应设施，称量计量设备，运输机，电动机，空气压缩机，真空泵等）。

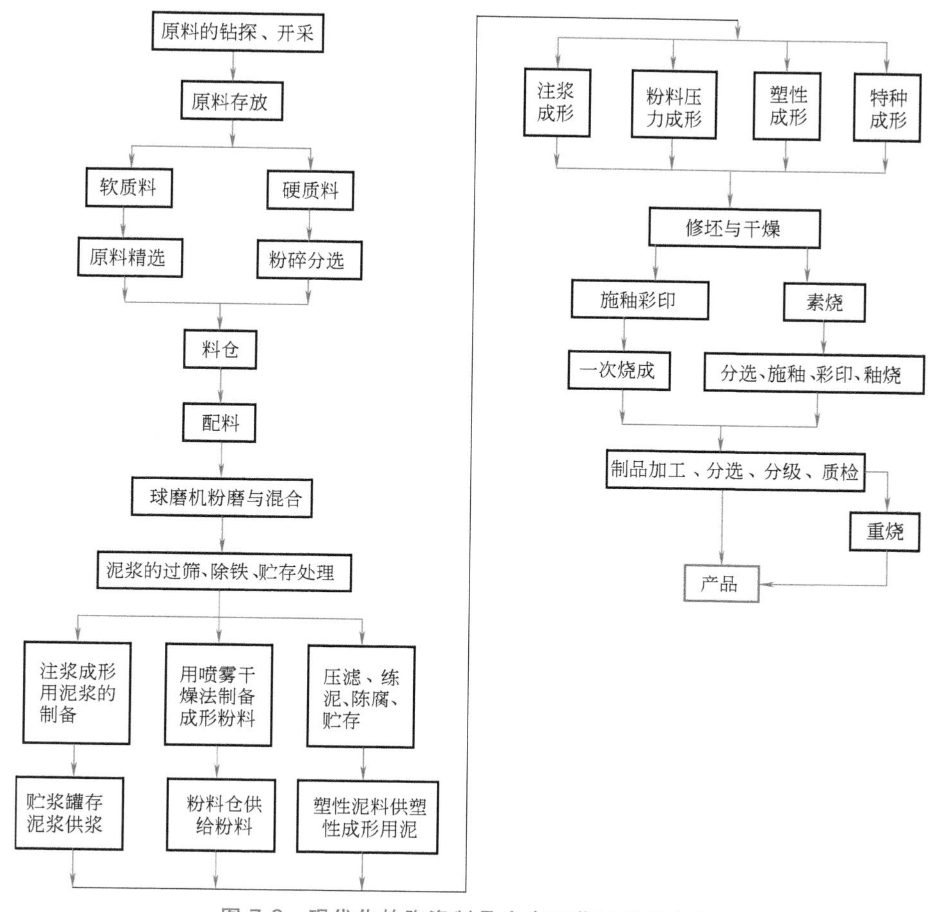

图 7-2 现代化的陶瓷制品生产工艺过程与方法

按装备的来源和使用特性，陶瓷装备又可分为三大类：①行业专业装备（如滚压成形机、行列式微压注浆机、全自动压砖机等）；②行业通用装备（如球磨机、泥浆泵、辊道窑等）；③通用装备（即各行业都能选用的装备，如传送带运输机、空气压缩机、衡器等）。

7.1.2 陶瓷原料生产加工装备

原料生产加工包括钻探、开采、精选精制、粉碎粉磨、混合、去除杂质、浓缩与脱水、质量检测等。主要装备包括矿山开采装备、精选装备、各类粉碎粉磨装备、筛分装备、除铁器、搅拌器、压滤机、泥浆泵、真空练泥机、喷雾干燥器、粉仓等，其中大部分是专业通用装备和工业通用装备。下面主要介绍球磨机、压滤机、真空练泥机的工作原理及结构特点。

1. 球磨机

球磨机是当代最广泛地被应用于陶瓷原料的粉磨与混合机械。在较高效率阶段，物料细度达 40~60μm，筛余量小于 3%。球磨机的类型很多，按研磨体的运动工作特性可分为抛落式、泻落式、离心式三种，按工作连续性可分为间歇式和连续式两种。

图 7-3 所示为当今世界上最常使用的几种类型球磨机的外形和筒体（工作部分）的剖视图，从实验室使用的瓷瓶球磨机到大规模生产厂用的大型球磨机。图 7-4 所示为球磨机机组

组成示意图，主要包括机架、工作部分（由主轴承和筒体组成）、动力传动部分（由电动机和传动装置组成）和辅助部分（由电控箱、出浆阀、加水装置、物料入磨设施组成）四大部分。

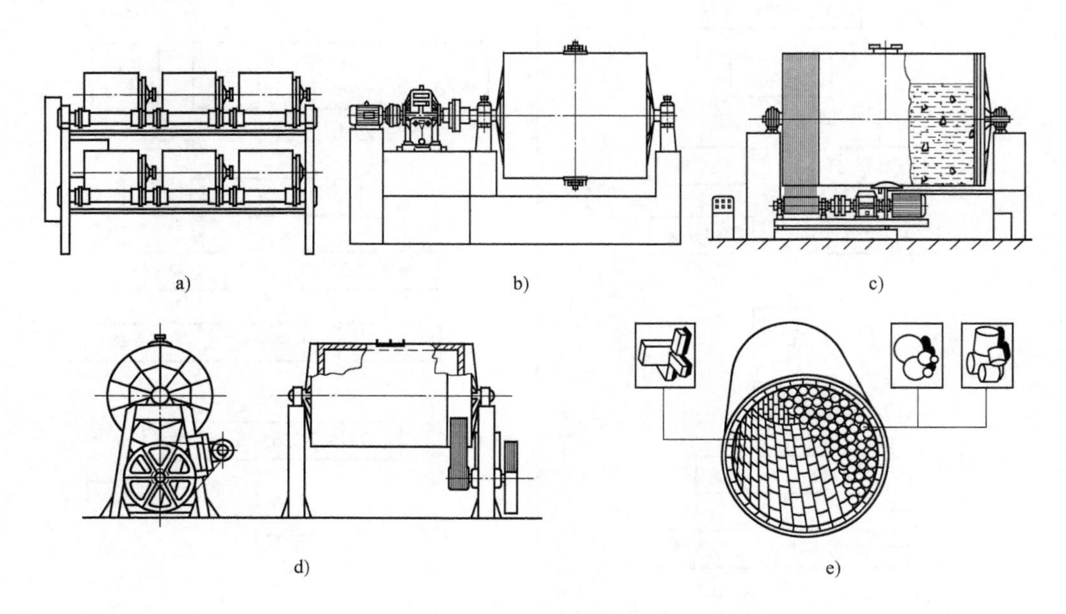

图 7-3 不同类型的球磨机

a）瓷瓶球磨机 b）中心传动球磨机 c）电动机、减速器、传送带边缘传动球磨机 d）全传送带边缘传动球磨机 e）带内衬和研磨体的筒体剖面

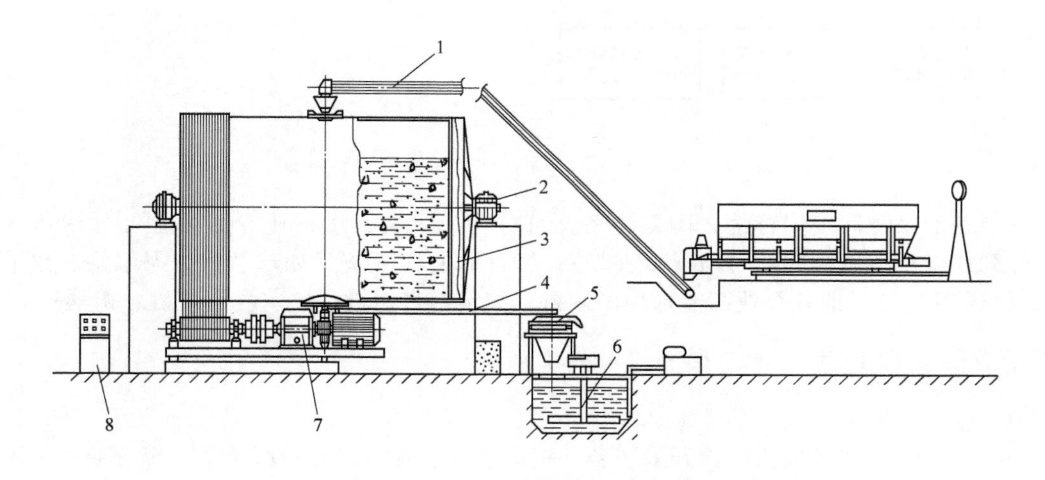

图 7-4 球磨机机组组成示意图

1—加料装置 2—主轴承 3—筒体 4—出浆料 5—筛 6—浆池 7—传动装置 8—电控箱

球磨机的工作过程为：开机前，放完浆的筒体的入料口朝上；喂入料、球、水并将入料口盖拧紧后，开机；筒体起动，直至达到预定的球磨时间后，停机；将筒体出浆口朝上，开盖，换上出浆阀；开机，将出将阀转至向下，打开阀门，出浆，直至出完为止。至此，完成一个工作周期。

球磨机工作时，筒体内腔装填适量的料、水、磨球。装填物料的球磨机起动后，筒体做回转运动，带动筒体内众多大大小小的研磨体以某种运动规律运动，使物料受到撞击、研磨作用而粉碎，直至达到预定的细度。

研磨体在筒体内的运动规律可简化为三种基本形式，如图 7-5 所示。泻落式（图 7-5a）是在转速很低时，研磨体靠摩擦力作用随筒体升至一定高度，当面层研磨体超过其自然休止角时，研磨体向下滚动泻落，主要以研磨的方式对物料进行细磨，此时研磨体的动能不大，碰击力量不足；离心式（图 7-5b）是在筒体转速很高时，研磨体受惯性离心力的作用贴附在筒体内壁随筒体一起回转，不会对物料产生碰击和研磨作用；抛落式（图 7-5c）是筒体在某个适宜的转速下，研磨体随筒体的转动上升至一定高度后抛落，物料受到碰击和研磨作用而粉碎。当代球磨机选用抛落式的最多。

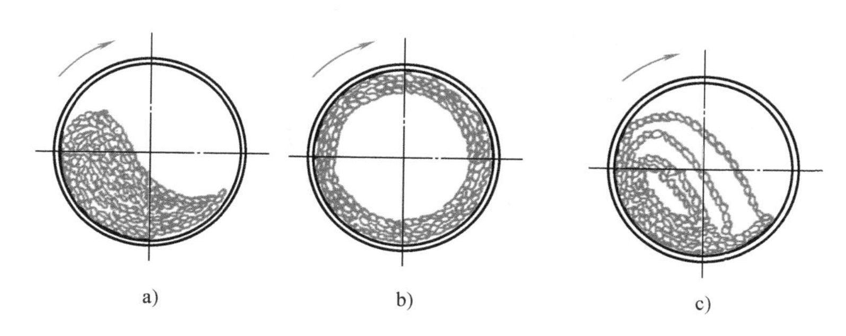

图 7-5 研磨体在筒体内的运动形式

a）泻落式 b）离心式 c）抛落式

（2）压滤机

压滤机又称为榨泥机，是一种泥浆脱水机械，在化工、食品、陶瓷等工业生产中广泛应用。在陶瓷行业，通常将含水分为 30%~80%的泥浆通过压滤机过滤出部分水分得到含水率为 18%~26%的泥料。

压滤机是湿法制泥和泥浆脱水生产工艺中的重要陶瓷专业机械。压滤机分为厢式和板框式两大类，陶瓷行业物料脱水的目的是“要渣不要水”，故选用厢式压滤机。但当企业需要进行废水处理时，即“要水不要渣”时，则选用板框式压滤机。

厢式压滤机过滤脱水结构原理如图 7-6 所示。其工作原理是两块相邻滤板压合在一起，中间形成空腔，内衬是滤布，滤浆在滤布的空腔内，借助压力向滤布外排，在滤布的空腔内逐渐形成滤饼。

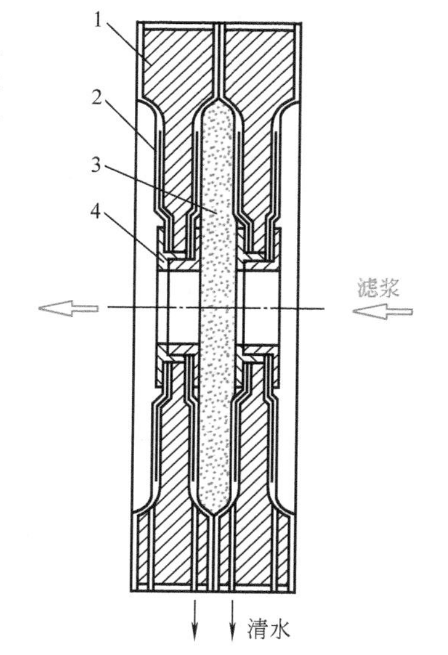

图 7-6 厢式压滤机过滤脱水结构原理

1—滤板 2—滤布 3—滤腔（形成滤饼） 4—阴阳螺栓

压滤机通常由压滤工作部分、机架、压紧机构、辅助装置四大部分组成，如图 7-7 所示。压滤工作部分由滤板、头板、尾板和滤布等组成，滤片数目为 20~160 片，最常用 40~120 片。

压紧机构的作用是产生足够大的压力将压滤机前后板之间的所有滤片压紧，保证压力泥浆通入后不喷浆、不漏浆，能保压（锁紧），卸载方便、安全。压紧机构有机械式、液压传动、机械和液压组合式三种，现代大型压滤机基本全部采用液压传动。图 7-8 所示为压滤机液压压紧机构油路图，它可实现滤片的移动合紧、预压、保压、卸压等工序。如果是自动压滤机，还有滤片的推移机构和滤饼卸落机构，选用电磁阀可实现自动程序化操作。

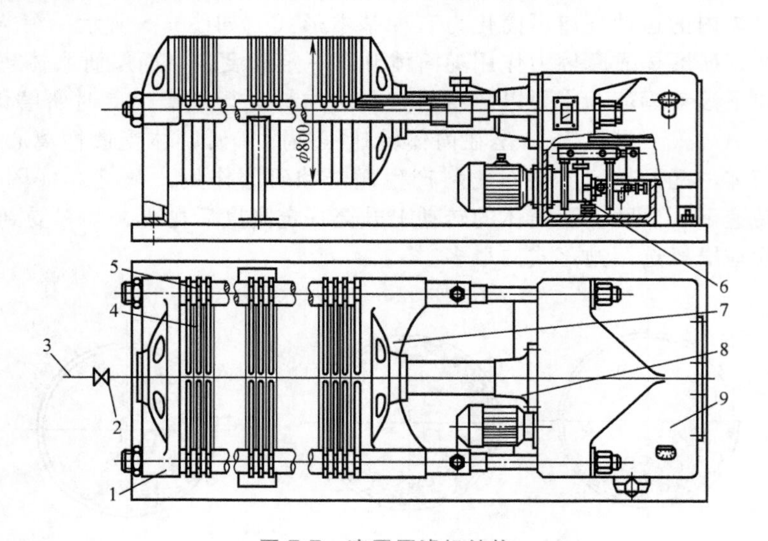

图 7-7 液压压滤机结构

1—尾板 2—旋阀 3—进浆管道 4—滤板 5—横梁 6—液压系统 7—头板 8—液压缸 9—机座

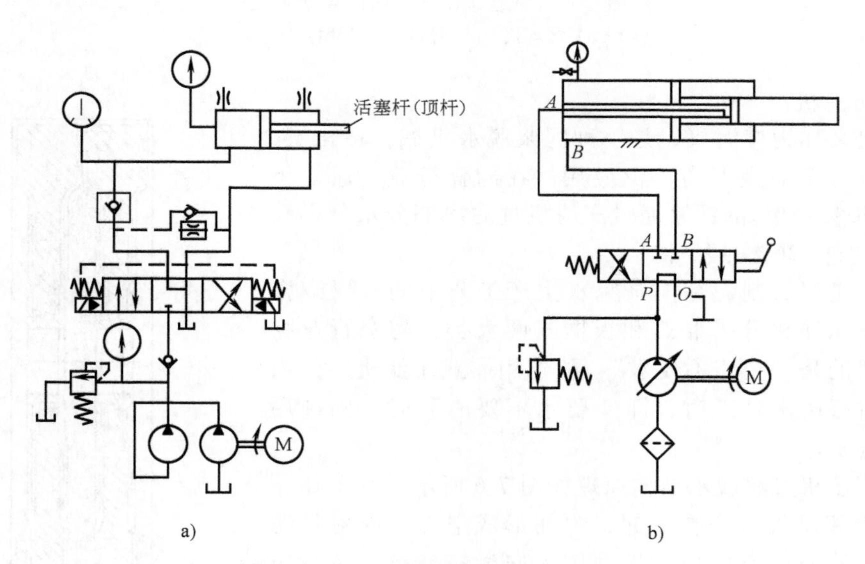

图 7-8 压滤机液压压紧机构油路图

a）压紧机构油路一 b）压紧机构油路二

（3）真空练泥机

泥浆经压滤机过滤后得到的泥饼，其中各组分的分布往往是不均匀的，泥饼中还含有一定数量的气泡，这对泥料的工艺性能和产品质量都是十分有害的。为了消除泥料中的这些缺陷，在陶瓷工业中常采用真空练泥机对泥料进行加工，以提高泥料组分的均匀性和致密性。因此，真空练泥机是陶瓷工业中一种重要的机械设备。

真空练泥机由加料部分、出料部分、真空室和传动装置等组成。根据结构上的不同，真空练泥机可分为单轴式和多轴式（又分双轴和三轴两种）两类，生产中普遍使用的是多轴式真空练泥机。

双轴式真空练泥机的结构示意图如图7-9所示。电动机1通过传动装置带动上绞刀轴5和下绞刀轴11转动，两根轴上均装有螺旋绞刀，泥料从加料口3加入，首先被不连续螺旋绞刀搅拌和输送，然后在连续螺旋绞刀的挤压下通过筛板6进入真空室10。设置筛板的目的是把泥料切成细小的泥条，以便有效地抽走泥料中的空气。在真空室内，泥料中的空气被抽走，接着泥料进入练泥机的出泥部分。泥料在出泥部分螺旋绞刀的输送和挤压下经机头12和机嘴13挤出，切断后即成为具有一定截面形状和大小的泥段。为了防止泥料跟随螺旋绞刀一同旋转，机壳内壁开有许多纵向（或其他形式）的凹槽，在装有不连续螺旋绞刀处，机壳内除有凹槽外，还装有固定的梳状挡泥板4。真空室10用真空管道7经滤气器与真空泵相连，真空度的大小根据工艺要求而定，一般不宜低于96kPa。

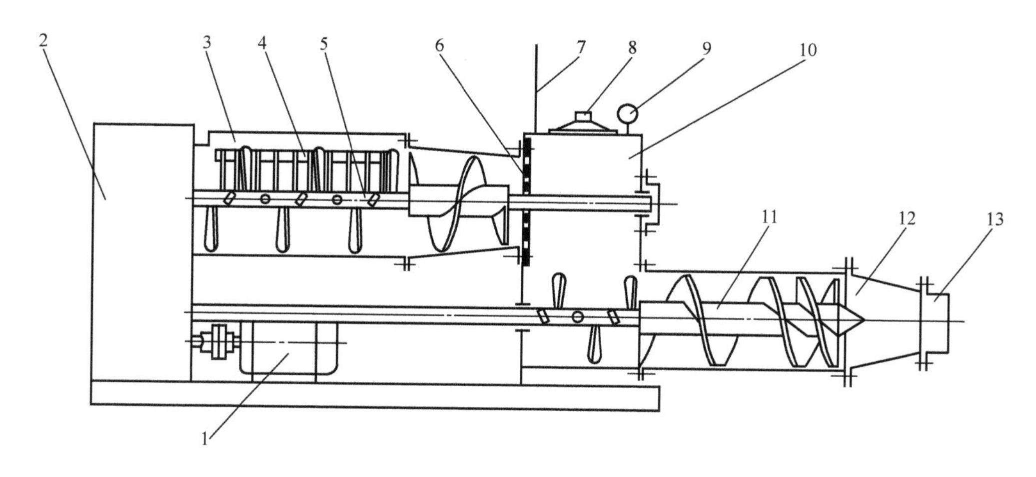

图7-9　双轴式真空练泥机的结构示意图

1—电动机　2—齿轮箱　3—加料口　4—梳状挡泥板　5—上绞刀轴　6—筛板　7—真空管道
8—真空室照明灯　9—真空表　10—真空室　11—下绞刀轴　12—机头　13—机嘴

真空练泥机的主要参数有功率消耗、生产能力、转轴转速、脱气率。

（1）功率消耗　主要取决于设备的结构参数（如筒体大小、螺旋绞刀结构等），还与练泥机的生产能力和泥料的质量等因素密切相关。真空练泥机中泥料的受力及运动都很复杂，且影响因素很多，要获得一个精确的计算公式极难。目前确定功率消耗最可靠的方法仍是“类比法”，即根据现有设备的功率进行类比设计。

（2）生产能力 Q　通常由下式计算：

$$Q=\frac{\pi}{4}(D^2-d^2)(t-\delta)(1-\alpha)nK\times60 \tag{7-1}$$

式中，Q 为真空练泥机的生产能力（m^3/h）；D 为挤出末端螺旋外径（m）；d 为挤出螺旋轴毂外径（m）；t 为挤出末端螺旋外径螺距（m）；δ 为挤出螺旋轴毂外径平均厚度（m）；α 为体积收缩率（可查表获得）；n 为挤出螺旋轴毂外径轴转速（r/min）；K 为考虑泥料回流、返泥、旋转等因素的修整系数（$K=0.2\sim0.4$）。

（3）转速　转速的正确选择对于泥坯质量和产量有着重要意义。对于一定规格的练泥机，在合适的范围内提高转速，生产能力会增加；若超出一定范围，盲目地增速，将会适得其反。因为转速增加，功耗增大，泥料在挤制过程中的回流、返泥趋势就会增加，如超过某一转速，功率会增大，泥料回转时功率大量转化为热能导致泥坯温升，实际产量下降，最终影响泥坯质量，出现泥坯层裂、分层等缺陷。

我国对练泥机的最佳转速范围已有标准参数（JB/T 9679—2008），设计时可以参考选用。但有的国家认为：加料螺旋转速选择为挤出螺旋转速的 2 倍为宜。不论怎样，设计成转速可调或多级转速的传动系统已成为共识。

（4）脱气率　真空度是衡量真空练泥机工作好坏的一个重要参数，国家标准明确规定了真空练泥机的真空度不得低于 95%。但现代学者认为：由于各地海拔高度不等、平均气温不同等因素，同一台练泥机在不同地区、不同季节，其真空表显示的真空度已不再是定值，更不能确切反映泥料真正的脱气程度，故提出了“泥料脱气率”这个新概念。

脱气率是指泥料经过真空室时能够被抽走的空气（包括水气）质量与泥料带入真空室的空气（包括含水）质量之比。脱气率 x 可用下式表示：

$$x=\frac{H}{p_a-p_s}\times 100\% \tag{7-2}$$

式中，H 为真空室内的真空度（MPa）；p_a为当地的大气压力（MPa）；p_s为在真空室泥料的温度下，其饱和水蒸气压力（MPa）。

影响脱气率的主要因素是：真空泵的实际抽气速度及真空系统管道的流量等；真空室的密封也很重要，因为密封不良的真空室，真空度上不去，会影响脱气率的大小。

7.1.3 成形机械装备

将陶瓷坯料按预定的要求制订具有一定强度、形状和尺寸的坯体的工艺过程称为成形。现代陶瓷的成形方法可分为四类：塑性成形法、浆料成形法、粉料压制成形法（干压成形法、等静压成形法）和特种成形法，而塑性成形法在日用陶瓷工业、电瓷工业中广泛采用。常用的塑性成形设备中又包括滚压成形机、轧膜成形机、注射成形机等。下面介绍常用的陶瓷塑性成形装备和浆料成形装备及其生产线。

1. 陶瓷的塑性成形装备

（1）滚压成形机及生产线　滚压成形的基本原理如图 7-10 所示。通常阳模成形选用于制作盘类坯体，阴模成形选用于制作深型空心坯体（如深杯、碗、汤盆等）。制作同一坯体，如采用不同的成形方法，其滚压头形状和大小、模型、泥料性能要求、工作参数等都不相同。滚压头及模型的设计详见有关专著。

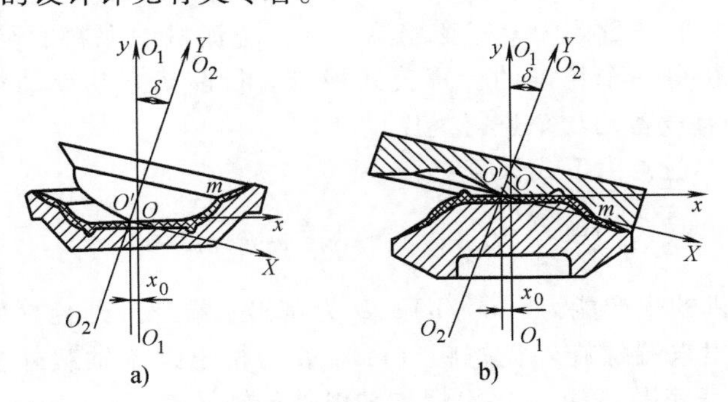

图 7-10　滚压成形的基本原理

a）阴模滚压成形（外成形）　b）阳模滚压成形（内成形）

1）滚压成形机。图 7-11 为一种双头固定工作台式滚压成形机，其机械传动示意图如图 7-12 所示。根据滚压成形工艺的要求，在一个工作循环中，主轴和滚压头的工作状态如图 7-13 所示。从图中可以看出，滚压成形机的操作过程如下：

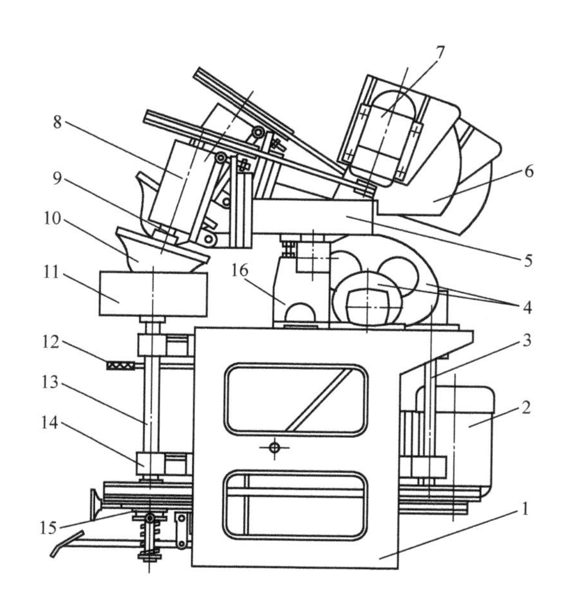

图 7-11　450 型双头滚压成形机示意图

1—机架　2—电动机　3—蜗杆轴　4—凸轮　5—滚压头架　6—配重　7—滚压头电动机　8—滚压头轴承座　9—滚压头轴　10—滚压头　11—模座　12—手把　13—主轴　14—主轴轴承座　15—摩擦离合器　16—支座

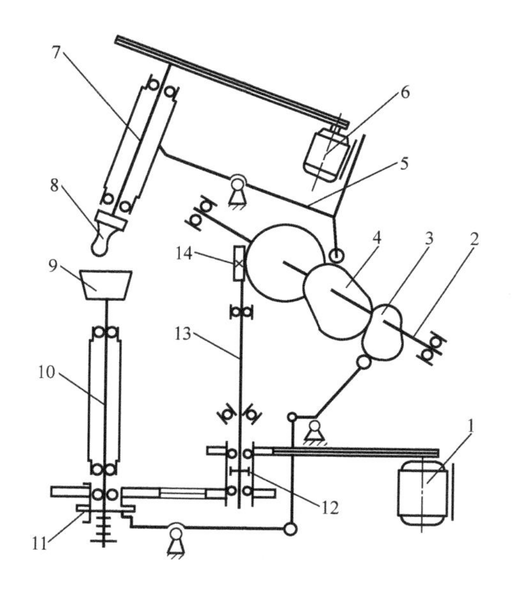

图 7-12　450 型双头滚压成形机机械传动示意图

1—主电动机　2—凸轮轴　3—主轴离合器凸轮　4—滚压头升降凸轮　5—滚压头架　6—滚压头电动机　7—滚压头轴　8—滚压头　9—模座　10—主轴　11—摩擦离合器　12—滚珠活动联轴器　13—蜗杆轴　14—蜗杆

① 凸轮轴的转角从 0°~100°，主轴处于静止状态，滚压头在上死点位置。在这段时间内，由人工将模座中已有坯体的模型取出，放回空模，并向空模投入泥料。

② 转角从 100°~150°，主轴上的摩擦离合器接合，主轴旋转，滚压头快速下降，直至滚压头与模型中泥料接触为止。

③ 转角从 150°~200°，主轴继续旋转，滚压头慢速下降，泥料在滚压头的压延作用下逐渐在模型中成形为坯体，多余的泥料从边缘排出，被随同滚压头一道下降的切边装置切除，直至滚压头到达下死点为止。

④ 转角从 200°~280°，主轴继续旋转，滚压头保持在下死点位置。

⑤ 转角从 280°~310°，主轴继续旋转，滚压头慢速上升，离开坯体。

⑥ 转角从 310°~360°，主轴上的摩擦离合器分离，主轴停止转动，滚压头快速上升，

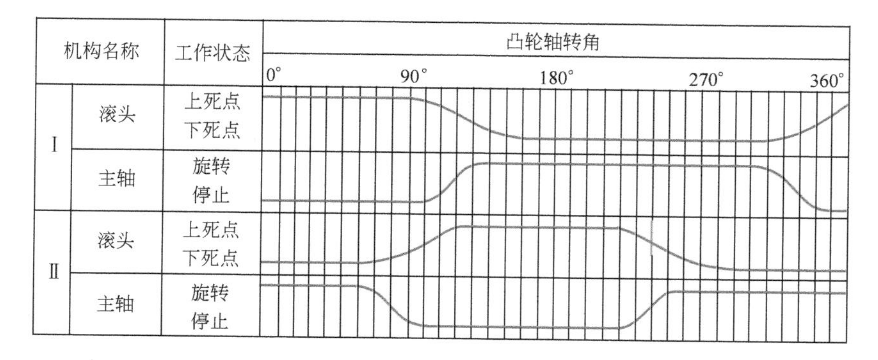

图 7-13　450 型双头滚压成形机的工作循环图

直至滚压头回到上死点为止。至此滚压机成形完成了一个工作循环，接着重复上述周期性的动作。

滚压成形机属于间断作用型的半自动机，其主要工作参数为主轴转速、滚压头倾角、滚压头转速、生产能力及所需功率等，可以根据产品的尺寸大小、生产批量、泥料质量等要求选择使用。

2）滚压成形生产线。滚压成形生产线一般是完成成形、青坯干燥、脱模、白坯干燥等几道工序。生产线主要由泥料给料机、滚压成形机、干燥机和运输设备等组成。根据成形工艺（阳模成形或阴模成形）和脱模工艺（取坯留模或取模留坯）等的不同，滚压成形生产线有多种形式，其中以采用的脱模工艺不同而差别较大。一般按脱模工艺不同将生产线分为两类：采用取模留坯工艺的滚压成形生产线和采用取坯留模工艺的滚压成形生产线。下面以取模留坯工艺为例介绍滚压成形生产线的工艺过程。

图 7-14 所示为采用取模留坯工艺的滚压成形生产线示意图。生产线由真空练泥机 1、长圆形链式输送机 5、滚压成形机 2、翻模机械手 6、链式干燥机 3、脱模机械手 4、回模机械手 7 等组成。在长圆形链式输送机的链条上固装着按等距离排列的一系列载模器。输送机做间歇式运动，从而把载模器的模型从一个工位依次送到各个工位。链式干燥机有两条相互平行的链条，在链条之间悬挂着一个一个的吊架，坯体连同模型一起放在吊架上，由做间歇运动的链条带入干燥室内进行干燥。

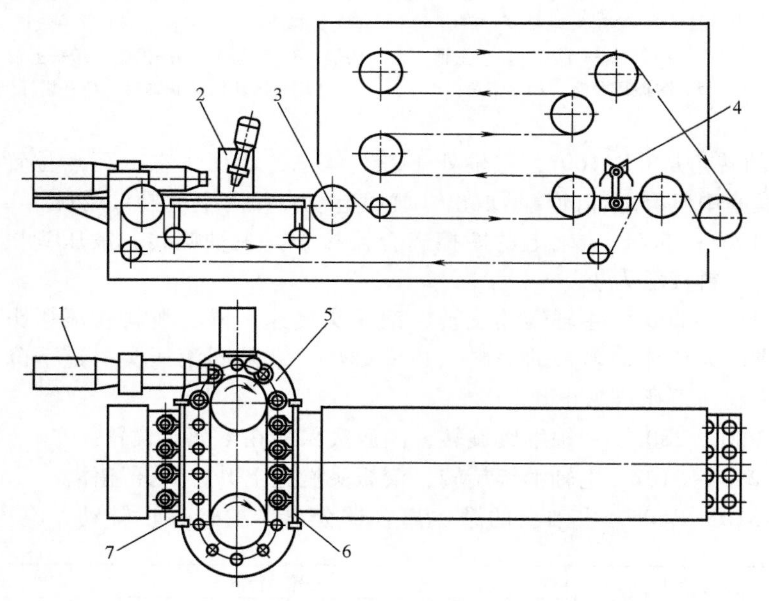

图 7-14 采用取模留坯工艺的滚压成形生产线示意图
1—真空练泥机 2—滚压成形机 3—链式干燥机 4—脱模机械手
5—长圆形链式输送机 6—翻模机械手 7—回模机械手

生产线的工作过程主要分为四个工位：

① 投泥工位。泥料由带式输送机喂入真空练泥机内，泥料经加工后从机嘴挤出。在机嘴前面有限位开关，以控制每次挤出的泥料量。当挤出的泥料触及限位开关时，练泥机停机等待。接着，空模进入投泥工位，切割器动作，泥料被切下而落入模型内，从而完成投泥操作。然后，练泥机重新起动，挤出泥料，为下一次投泥操作做好准备。

② 成形工位。当带有泥料的模型送到该工位时，滚压成形机主轴上升，把载模器中的

模型顶起并使之落入主轴端部的模座中，接着主轴旋转，滚压头下降，进行成形操作。成形后，主轴下降，把带有坯体的模型放回到载模器上。

当四个带有坯体的模型由输送机送到干燥机的入口处时，翻模机械手动作，将输送机上的四个模型抓取并翻转180°送入干燥机内。

③ 脱模工位。脱模机械手把模型移到干燥机链条返回段的吊架上往投泥工位输送，坯体则留在原来的吊架上继续干燥，直至干燥机出口，由人工把坯体取出送去做进一步加工。

④ 回模工位。回模机械手把干燥机中的空模再次翻转180°并放回到输送机的载模器上，然后由输送机送到投泥工位继续使用。

（2）轧膜成形机　轧膜成形使用的轧膜成形机主要由电动机、V带-蜗杆传动装置、联轴器组成的驱动部分、前后轧辊、轧辊齿轮、可移动式轴承组成的轧膜工作部分及台式机架、轧刀等构成，如图7-15所示。

两根轧辊是轧膜成形机的关键性部件，为了获得光滑而均匀的膜坯片必须要满足以下条件：

1）工作面的线速度相同。

2）轧辊有足够的强度、刚度、表面粗糙度、硬度和几何精度。

3）轧辊不能污染材料。

4）两轧辊制件的距离，即开度，能够精确调节。

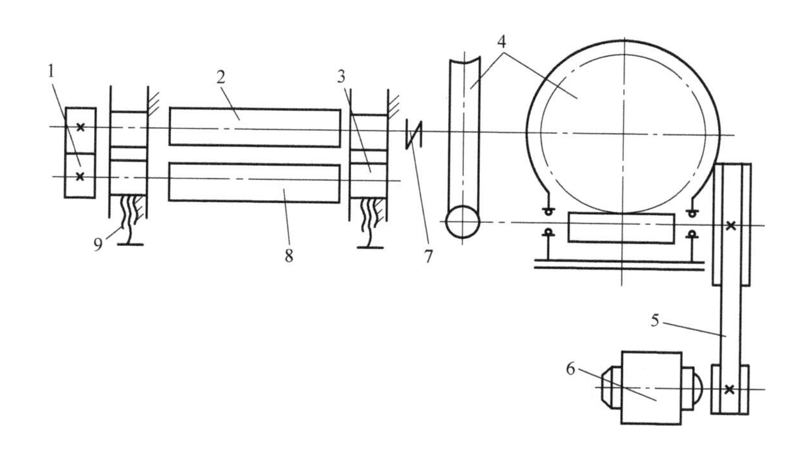

图7-15　轧膜成形机结构示意图

1—齿轮传动　2—后轧辊　3—可移动式轴承　4—蜗杆传动　5—V带传动
6—电动机　7—联轴器　8—前轧辊　9—调节螺旋

当轧膜成形机两个相向滚动的轧辊转动时，如图7-16所示，置于两个轧辊之间的坯料不断受到挤压，使坯料中的颗粒能够均匀地覆盖上一层有机黏结剂。同时，在轧辊连续不停地挤压下坯料中的气泡不断地被排出，最后轧出所需厚度的薄片和薄膜，再由冲片机冲出所需的形状、尺寸即可。在轧膜过程中坯料在两轧辊之间碾压时，在不同部位所受到的应力和产生的变形是不同的。图7-17所示为轧膜过程中坯料的受力部位，入轧辊膜坯片的厚度为L，轧辊的开度为l。当膜坯片随轧辊转动到A、A'点时，坯料开始受到径向的应力作用，经过A和A'点以后，应力逐渐增大。当到B、B'后坯料所受到的应力迅速降低到零。如果轧辊的开度较大，则膜坯片各个部位所受到的应力是不同的，变形也是有差别的。膜坯片的变形越大，其密度也越大。

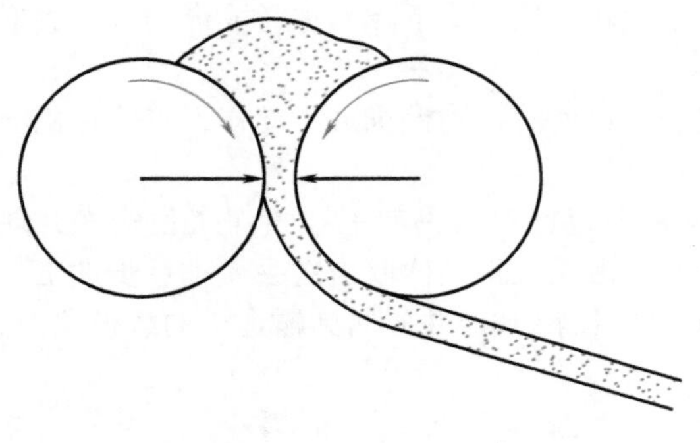

图 7-16 轧辊工作示意图

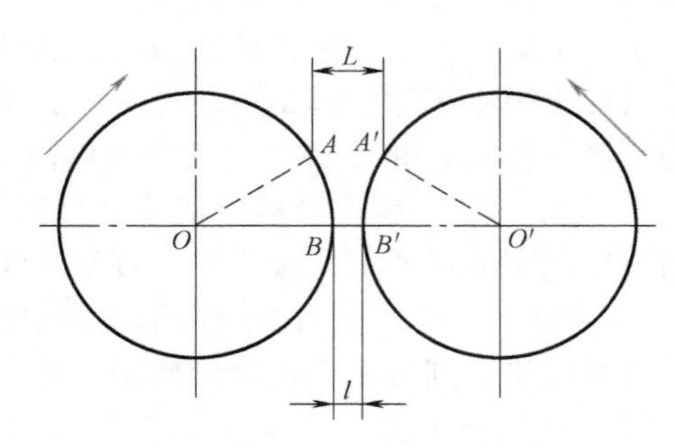

图 7-17 轧膜过程中坯料的受力部位

（3）注射成形机 陶瓷注射成形的原理如下：先将陶瓷粉末与适量的黏结剂混合后制备成适用于注射成形工艺要求的喂料。当温度升高时，喂料产生较好的流动性，此时在一定的压力作用下注射成形机将具有流动性的喂料注射到模具的型腔内制成毛坯。待其冷却后取出已固化的成形坯体在一定的温度条件下进行脱脂，去除毛坯中所含的黏结剂，再进行烧结获得所需形状、尺寸的陶瓷制件。

注射成形机一般由注射机构、合模机构、油压机构和电子、电气控制机构所组成。注射成形机因塑化机构的内部不同分为两类：柱塞式注射成形机和液压螺杆式注射成形机，其结构如图 7-18 所示。按其压力大小又可分为高压注射成形机和低压注射成形机两种。柱塞式注射成形机是通过柱塞依次将落入机筒的喂料推向机筒前端的塑化室，依靠机筒外加热器提供的热量使喂料塑化。然后，熔料被柱塞注射到模具型腔内成形。这是早期的注射成形机类型，现在已经很少见了。螺杆式注射成形机与柱塞式注射成形机的工作原理基本相同，只是喂料塑化由螺杆和机筒共同完成，而注射过程则完全由螺杆实现，螺杆取代了柱塞。这是目前最常用的注射成形机类型，应用非常广泛。

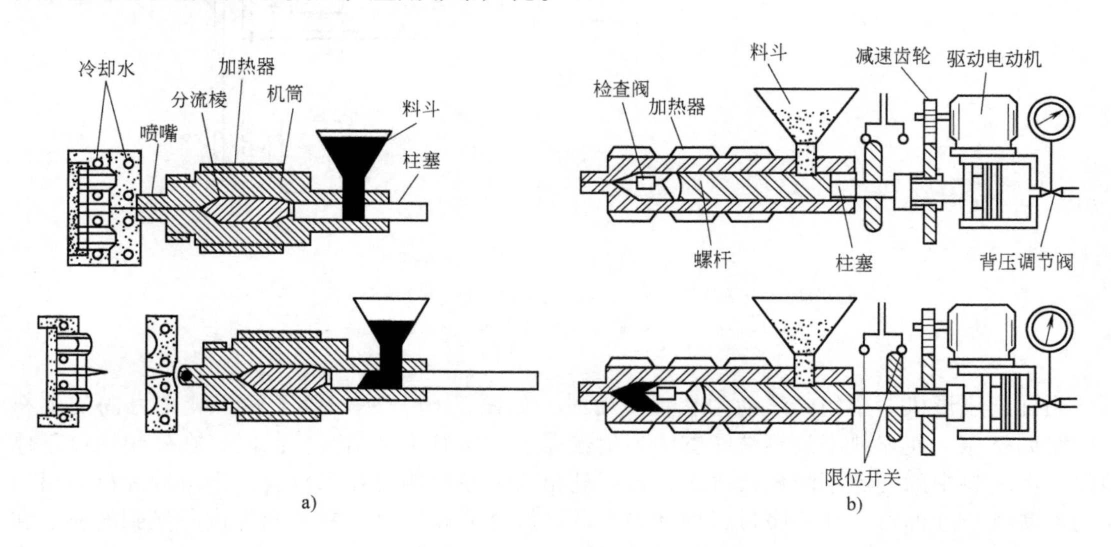

图 7-18 两种注射成形机的结构

a）柱塞式 b）螺杆式

2. 陶瓷的浆料成形装备

（1）注浆成形机及生产线 注浆成形是利用模型具有吸水能力用泥浆浇注成形的。目前，在日用陶瓷工业中，对于形状复杂的制品，大都采用注浆成形。

注浆用的泥浆中，通常混入了一定数量的空气，使浇注出的制品中有一些孔洞，为此浇注前泥浆应经过真空处理，以除去泥浆中的空气。泥浆的真空处理设备示意图如图7-19所示，它实际上是一只带有搅拌机的、可以密闭的贮浆槽。为了能连续作业，采用两只贮浆槽并联的方式，通过阀门的启闭使之轮流工作。

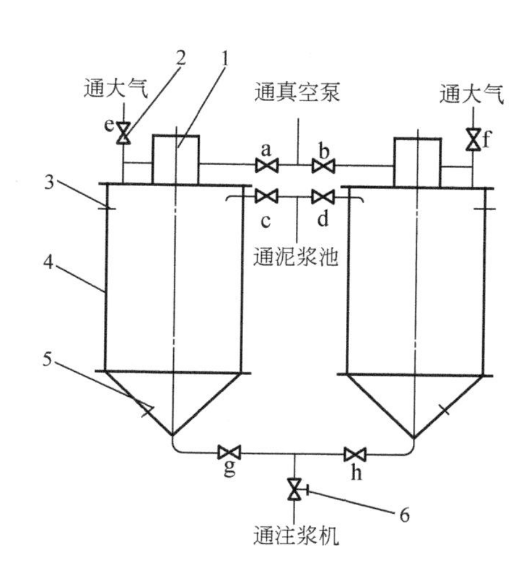

图7-19 泥浆的真空处理设备示意图
1—搅拌机 2—截止阀 3、5—高、低位液面探极 4—贮浆槽 6—调节阀

泥浆的真空处理过程为：当贮浆槽4进浆时（阀门a、c开启，阀门e、g关闭），贮浆槽由真空泵抽成真空，泥浆经进浆管和阀门c被吸入槽内，同时，混在泥浆中的空气也不断被真空泵抽走。当槽内浆面上升触及高位液面探极3时，液面计发出满料信号，控制装置关闭阀门a、c并开启阀门e、g，于是，空气经由阀门e进入贮浆槽内，槽内浆面与大气相通。这样，经真空处理的泥浆即可经阀门g和出浆管送往注浆机使用。

1）离心注浆机。离心注浆机主要由主轴、压盖、凸轮轴和传动装置等组成，如图7-20所示。注浆操作过程为：

① 在主轴停止转动的状态下，由人工把空模放入模座中。

② 压盖下降，压住模型。

③ 主轴转动，截止阀开启，泥浆注入模型内，在模型中，泥浆随同模型一道旋转。

④ 模型注满后，截止阀关闭。

⑤ 主轴停止旋转，压盖上升，由人工取出浇注完毕的模型。

⑥ 放入空模，重复上述操作。

离心注浆机的工作循环图如图7-21所示。

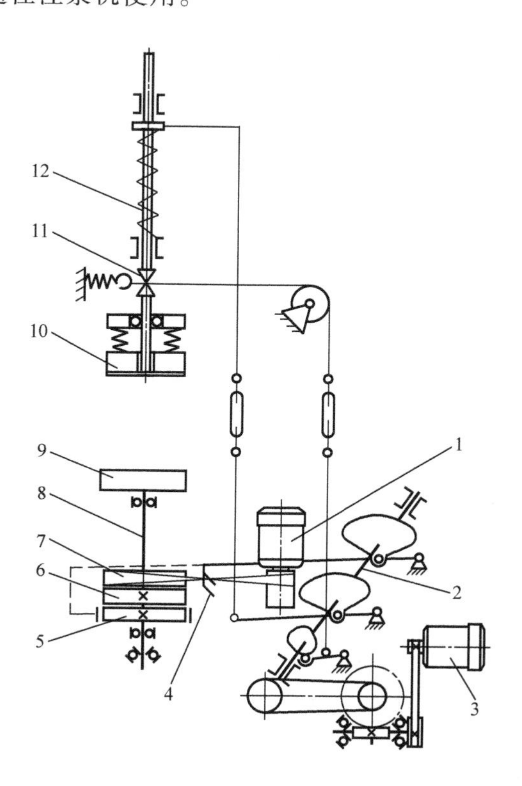

图7-20 离心注浆机机械传动示意图
1、3—电动机 2—凸轮轴 4—传送带拔叉 5—带式制动器 6—工作轮 7—惰轮 8—主轴 9—模座 10—压盖 11—截止阀 12—泥浆管

2）注浆成形生产线。由于注浆工艺及生产线上完成的工序不同，注浆成形生产线的种类很多，下面以制造壶类产品的注浆成形生产线（图7-22）为例，介绍注浆成形生产线的组成情况。该生产线以水平放置的长圆形链式输送机以及连接在输送机上的载模小车组成的模型运送装置作为中心，在适当位置装设了注浆器、离心注浆机、倒浆机械手、甩浆机和干燥器等设备，以完成注浆、倒浆、甩浆和干燥等工艺操作。

图7-22所示生产线的工作过程如下：

① 注浆工位Ⅰ。注浆器（是一个带有阀门的泥浆计量斗）往模型内注入少量泥浆。这是由于壶子底足较厚，需要先注入少量泥浆，把壶底浇出，以防止壶底与底足连接处出现一圈凹陷。

② 注浆工位Ⅱ。离心注浆机主轴上升，把载模小车中的模型顶起并使之落入固定于主轴端部的模座中，接着主轴旋转，与此同时往模型中注入泥浆。待泥浆注满后，主轴停止转动，最后主轴下降，把注满泥浆的模型放回到载模小车上，其操作过程与滚压成形生产线中的滚压成形操作相似。

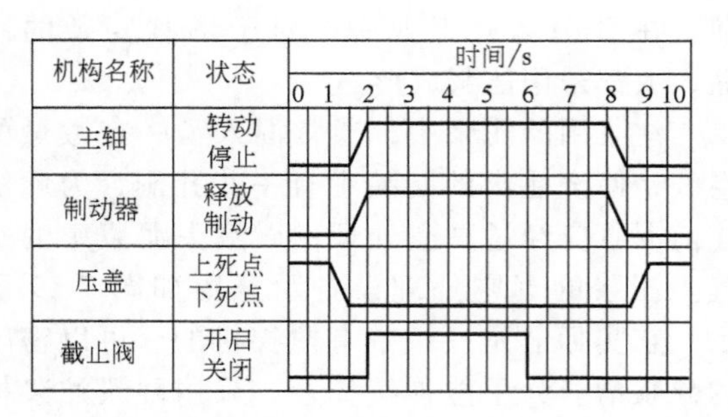

图 7-21 离心注浆机的工作循环图

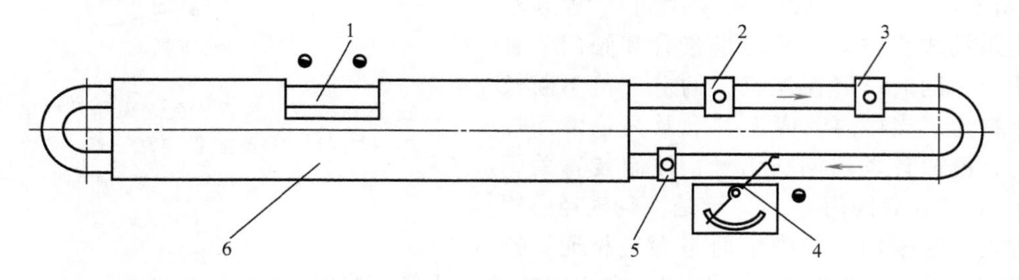

图 7-22 制造壶类产品的注浆成形生产线示意图

1—脱模工位 2—注浆工位Ⅰ 3—注浆工位Ⅱ 4—倒浆机械手 5—甩浆工位 6—干燥室

③ 倒浆工位。倒浆机械手夹持和取出模型，将模型中多余的泥浆倒出，然后把模型放回到载模小车上。

④ 甩浆工位。甩浆机带动模型旋转，使模型中剩下的少量泥浆均匀摊开，以得到平整光滑的坯体表面。甩浆机的构造与离心注浆机相同。甩浆后，模型进入干燥室干燥。

⑤ 在脱模工位。由人工将模中坯体取出，空模则放回载模小车上，模型经干燥后又回到注浆工位Ⅰ再次使用。

（2）热压注成形机　热压注成形从某种意义上讲也是一种注浆成形，但与前面介绍的注浆工艺不同。热压注成形在坯料中混入了石蜡，利用石蜡的热流性特点，使用金属模具在压力下进行成形，冷凝后的坯体能够保持一定的形状，该成形方法在先进陶瓷的成形中能被普遍采用。采用这种方法成形的制件尺寸精确、结构紧密、表面粗糙度值低。广泛用于制造形状复杂、尺寸精确的工程陶瓷制件。

陶瓷热压注成形需要在热压注机上进行，目前生产上使用的热压注机分为两种：手动式和自动式。这两种热压注机的工作原理基本相同，图 7-23 所示为手动式热压注机结构示意图。热压注机包括浆桶、注浆管、油浴桶、电加热装置、气动压紧模具装置、蜡浆自动控温装置、工作台、机架、压缩空气源、管路、气阀和模具等。热压注时，先将料浆蜡饼放入热压注机的浆桶内，浆桶可以锁紧密封，桶外为油浴桶，靠电加热管通电对浆桶加热并可以控制温度。当浆桶内的蜡浆温度达到所要求的温度时，由控温装置维持恒温。成形时，将金属模具的进浆口对准浆桶的出浆口，踩下脚控踏板打开压缩空气阀，压缩空气推动热压注机上部顶杆锁紧模具。与此同时，压缩空气进入料桶使料浆沿供料管注入模腔。保压片刻（通常为几秒到 1min）后再松开脚控踏板排出压缩空气，注浆停止，顶杆放松，移开模具，等冷却固化后再打开模具取出成形好的坯体。生产中为了缩短冷却时间或给模具降温，常将模具在冷水中停留数秒或放在冰上来降低温度再开模取坯。

油浴的目的是使加热均匀，通常浆料温度为60~85℃。压缩空气的压力为0.3~0.5MPa，其压力与制件的大小、浆料的温度等因素有关。从理论上说，进入气缸的空气应优先于进入料桶的空气，以防模具尚未压紧就开始注浆，导致料浆飞溅。

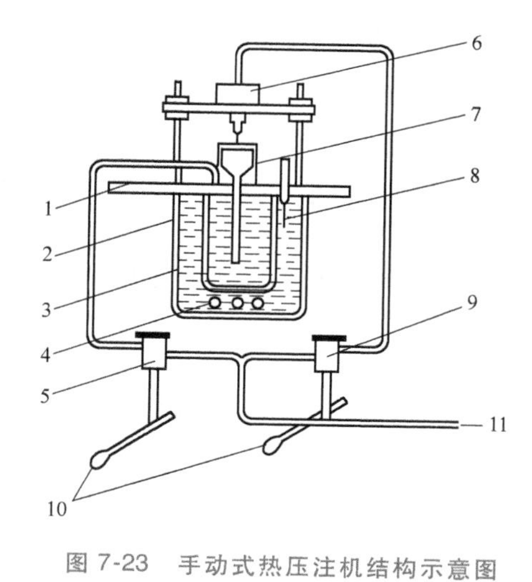

图7-23 手动式热压注机结构示意图
1—工作台 2—热油浴桶 3—蜡浆桶 4—电加热管 5、9—压缩空气阀 6—活塞 7—模具 8—温度计 10—脚控踏板 11—压缩空气进口

（3）流延成形机 流延成形是将粉碎好的粉料与有机塑化成形剂溶液按照适当的配比混合后制成具有一定黏度的浆料，浆料从容器桶流下，被刮刀以一定的厚度刮压涂覆在专用的基带上，经过干燥、固化后剥下制成生坯带的薄膜。然后，根据制件的形状、尺寸需要对生坯带进行冲切、层合等加工处理，最终制成待烧结的毛坯。

陶瓷浆料的流延成形需要在流延成形机上完成。流延成形机一般由进料槽、刮刀、基带三个主要部分组成，另外，还包括传动机构、过滤装置、真空除泡装置等辅助设备。根据流延成形机工作方式不同，可分为连续式、间歇式和旋转式流延成形机三种类型，如图7-24所示。

1）连续式流延成形机。该流延成形机采用进料槽和刮刀固定，而基带运动的工作方式为在基带的运动过程中，浆料进入进料槽流向基带，经过刮刀后形成厚度均匀的薄膜层。在溶剂等有机化合物挥发后浆料固化，形成坯片。连续式流延成形机适合于连续化、大批量生产。

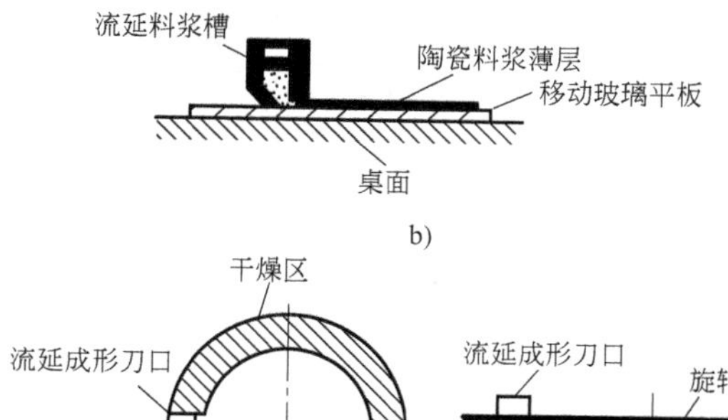

2）间歇式流延成形机。该流延成形机采用基带固定，进料槽随刮刀在基带上运动的工作方式。在进料槽与刮刀的运动过程中，浆料经过进料槽流向基带，由刮刀控制在基带上形成一定厚度的薄膜。在溶剂挥发后浆料固化并形成坯片。间歇式流延成形机多用于实验室研究，不适于大批量的生产。

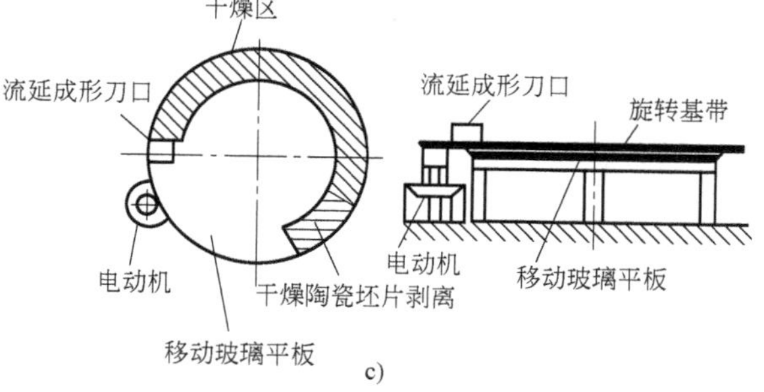

图7-24 流延成形机结构示意图
a）连续式 b）间歇式 c）旋转式

3）旋转式流延成形机。该流延成形机也是采用进料槽和刮刀固定，基带运动的工作方式。但是，与连续式流延成形机不同的是，旋转式流延成形机的基带不是做直线运动的而是做旋转运动。其主要作用如下：在基带上某一点经过进料槽和刮刀时会覆盖一层浆料，每旋转一周后再经过进料槽和刮刀时又会覆盖一层浆料。旋转式流延成形机是一种新颖的工艺方法，其主

要用于一些特殊要求的场合，尤其适合于叠层材料、复合材料的成形。

7.1.4 施釉与装饰机械装备

陶瓷生产过程中，坯体经成形、干燥后，便进入施釉、修坯、装饰加工工序。施釉、装饰加工（彩印、贴花、描金等）都是为了使制品改善其表面性能或赋予更高的文化艺术效果。施釉与装饰装备在陶瓷工业生产设施中属于较精细的机械设备，品种与方法繁多。施釉方法主要有浇釉、浸釉和喷釉等几种；装饰主要有贴花、印花、人工彩绘等。下面介绍两种典型的施釉与装饰装备。

1. 浇釉机械

陶瓷制品上的釉是一层由磨得很细的由长石、石英、黏土及其他矿物组成的物料，经高温焙烧后形成（与坯体牢固结合在一起的）的一薄层的玻璃态物质。釉具有光滑、半透明、不透水、不易沾污、易洗涤干净等性质。作为釉所使用的物料（即釉料），一般都制成泥料状，利用干燥坯体的吸水性使之黏附在坯体表面。

浇釉是主要的施釉方法之一。浇釉机的结构如图 7-25 所示，主要由主轴 2、凸轮轴 13、釉浆泵 12、釉浆桶 11、机架 3 等组成。主轴上端固定着坯体承座 1，下部为摩擦离合器 4，摩擦离合器的接合与分离用踏板 6 由人工控制。底釉管 5 穿过空心的主轴，使釉浆能向上喷浇在坯体的底部。在工作台上装有抹水笔 16。浇釉前，抹水笔自动对坯体内面抹水，清除黏附在坯体表面上的灰尘。釉盘 17 承接从坯体甩出的多余釉浆，多余的釉浆集中后由另一台釉浆泵送回釉浆桶中继续使用。抹水笔和各台釉浆泵的动作由凸轮轴上相应的凸轮控制。

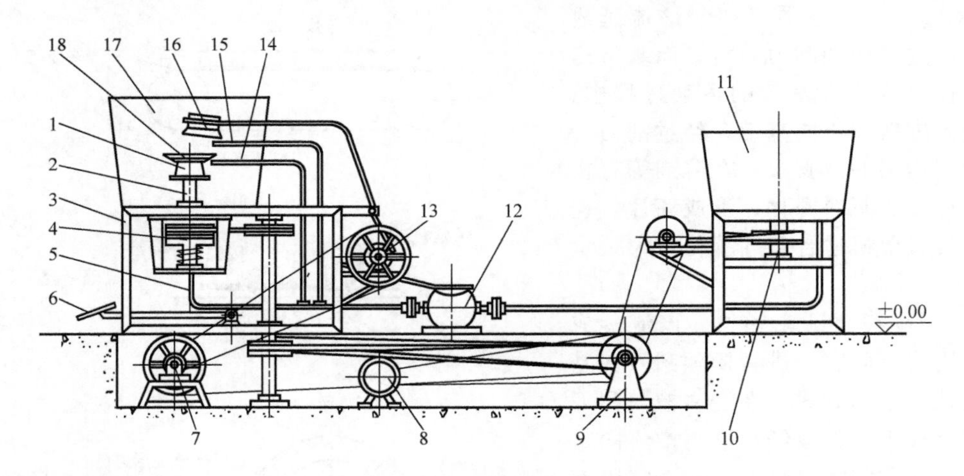

图 7-25 浇釉机的结构

1—坯体承座 2—主轴 3—机架 4—摩擦离合器 5—底釉管 6—踏板 7、9—传动装置 8—电动机 10—搅拌机 11—釉浆桶 12—釉浆泵 13—凸轮轴 14—外釉管 15—内釉管 16—抹水笔 17—釉盘 18—坯体

施釉的操作过程如下：

1）用脚踩下踏板，使主轴离合器分离，同时制动器制动，主轴停止转动。

2）将坯体正确地放在坯体承座上。

3）松开踏板，离合器接合，制动器松开，主轴转动。

4）抹水笔自动抹水，清除坯体表面上的灰尘。

5）三根浇釉管同时往坯体上的不同部位浇上釉浆。

6）待釉层不粘手后，踩下踏板，主轴停止转动。

7）取出施好釉的坯体，接着把另一个需要施釉的坯体放到坯体承座上，重复上述操作。

浇釉机采用三根浇釉管同时浇釉，故通常又称为三管施釉机。

2. 贴花机

手工贴花速度慢、产量低，需要大量的熟练工人，不便于进行大量生产，目前只用于少量的高级细瓷制品，其余多数是采用贴花和印花的方法进行陶瓷制品的装饰。

贴花机采用链式输送机作为制品的运送设备，按照贴花的工艺过程，沿着制品的运送方向，在适当的位置装设了装载机械手 4、涂刷黏胶装置 5、贴面花装置 6、贴底款装置 7、吹平花纸装置 8、干燥器 9 和镶金装置 10 等，以完成制品的贴花和镶金边的工艺操作，如图 7-26 所示。

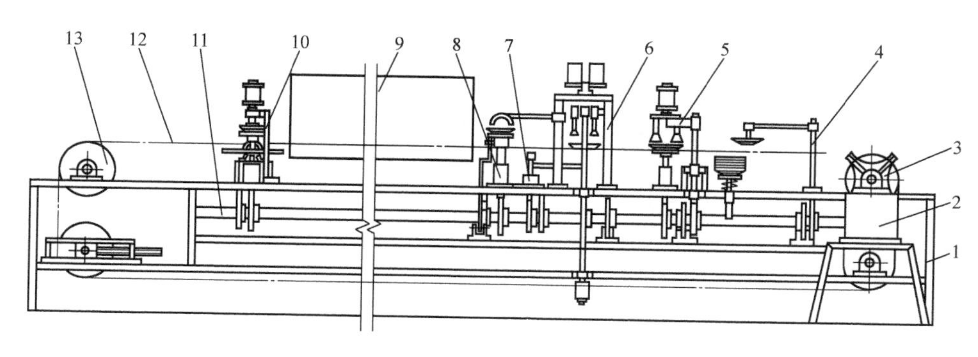

图 7-26　贴花机示意图

1—机架　2—减速器　3—槽轮　4—装载机械手　5—涂刷黏胶装置　6—贴面花装置　7—贴底款装置　8—吹平花纸装置　9—干燥器　10—镶金装置　11—凸轮轴　12—链条　13—链轮

链式输送机主要由两条平行的闭合链条 12 和四对链轮 13 组成（图 7-26），在链条之间装有等距离排列的一系列托盘，作为制品的承载工具，如图 7-27 所示。输送机由电动机经减速器和槽轮机构带动做间歇运动。制品由机械手放到输送机的托盘上后，随着输送机的间歇运动，制品依次到达各个工位由有关装置分别进行涂刷黏胶、贴花纸、吹平花纸、干燥以及镶金边等操作。

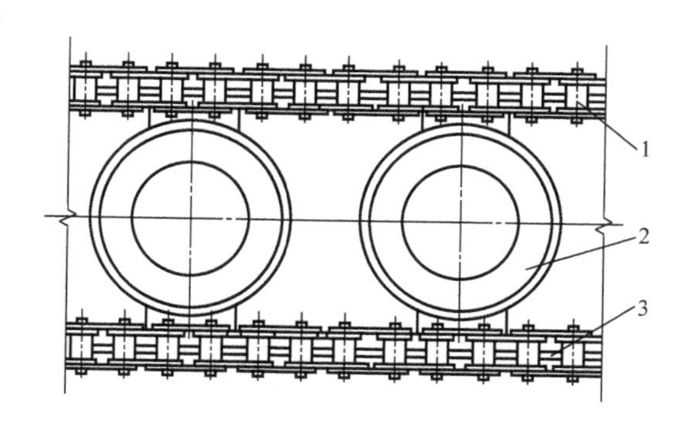

图 7-27　贴花机使用的链式输送机

1—链条　2—托盘　3—轮道

在贴花工位，总共有两套装置，一套装置用于贴面花（图 7-26 中的 6），另一套装置用于贴底款（图 7-26 中的 7）。贴面花装置示意图如图 7-28 所示。其工作过程为：与真空装置连接的吸头 5 在齿轮 4、齿条 3 的作用下旋转 180°，接着吸头上升从花纸盒 1 处吸取花纸，然后反转 180°并下降；当带有花纸的吸头靠近制品时，吸头切换到与压缩空气接通，压缩空气经空气管 11 进入吸头，从而把花纸喷吹到制品上。

经过施釉、彩印后的陶瓷坯体，再经过窑炉的高温热处理（烧成）过程，便可获得不同种类陶瓷成品。窑炉的结构、原理与其他工业加热窑炉相似，将在第 8 章详细介绍。

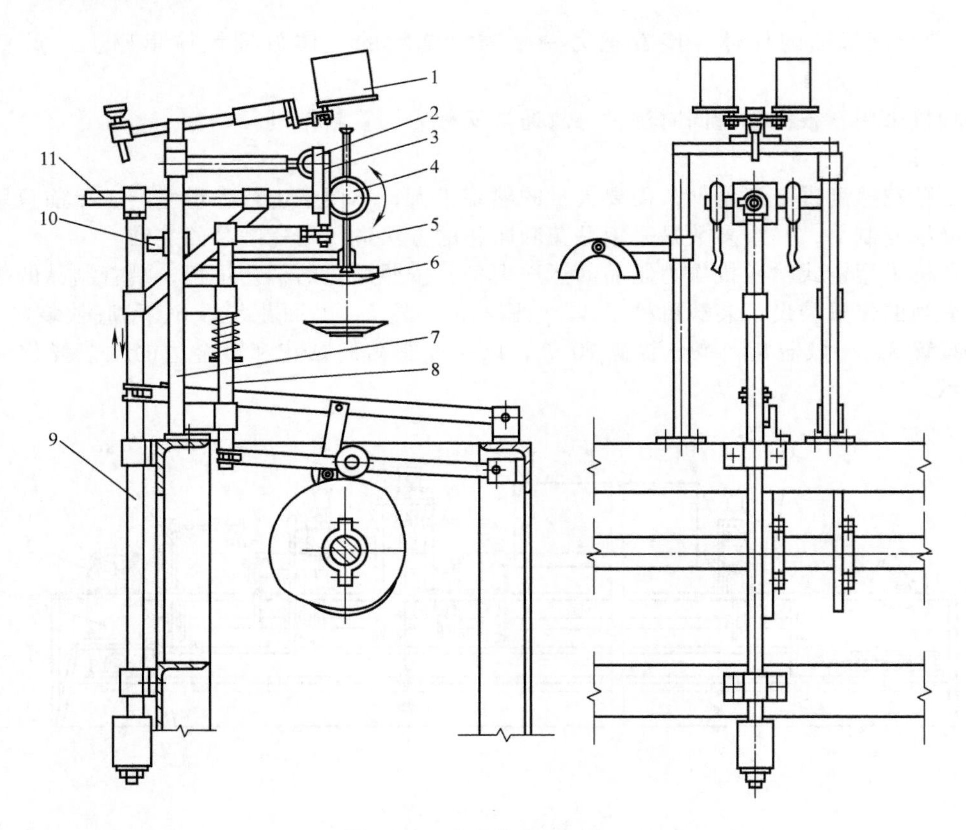

图 7-28 贴面花装置示意图

1—花纸盒 2—齿条滑座 3—齿条 4—齿轮 5—吸头 6—压杆 7—立柱 8、9—升降机 10、11—空气管

7.2 玻璃成形装备

玻璃的主要成分是硅酸盐，它通常为一种透明或半透明的无定形物质。玻璃也可认为是：“熔融液体冷却时不析出结晶，逐渐硬化而成形的无机物质”或“熔体因受冷却，黏度逐渐增大而形成的非晶固体物质”。

7.2.1 玻璃制品生产的工艺过程

在玻璃工厂，玻璃制品生产的工艺过程如图 7-29 所示，主要经过配料、熔制、成形、退火、加工、检验等工序。

（1）配料 将各种原料进行破碎、干燥、称量、混合，送至熔炉旁等待熔制。

（2）熔制 配料在熔炉中进行熔化，整个池炉分为熔化池和澄清池，中间用带流液洞的桥墙分隔。熔化后的玻璃液进入澄清池，澄清结束后的玻璃液流入通道，在通道内将玻璃液温度调节到成形所需的滴料温度，以保证成形时的玻璃黏度。

（3）成形 玻璃的成形，按生产工具可分为手工、半机械化、机械化三大类，按生产方法可分为吹制法、拉制法、压制法和吹—压制法四大类。

（4）退火 成形后的玻璃制品都要经过退火，以减少玻璃制品在成形过程中所产生的热应力。

（5）加工 玻璃加工主要分热加工和冷加工。热加工主要是指加热切削或加热封接、造型等工艺；冷加工主要是指抛磨，以除去表面缺陷。

（6）检验 经退火或加工后的制品都要按规定的标准进行检验。

7.2.2 玻璃成形的主要装备

玻璃成形是将熔融的玻璃液转变为具有固定几何形状制品的过程。玻璃是在一定的温度范围内成形的。成形时，玻璃液不仅要做机械运动，而且与周围介质进行连续的热传递。玻璃因冷却而硬化，先是由黏性的液态转变为可塑状态，后来再转变为脆性的固态。玻璃的成形有人工和机械的成形方法两种。玻璃的人工成形方法主要分为人工吹制、自由成形（无模型成形）、人工拉制和人工压制等。下面主要介绍机械成形方法及装备。

机械成形是在人工成形的基础上发展起来的。机械成形的方法有压制法、吹制法、拉制法、压延法、浇注法和烧结法等。机械成形的关键之一是如何将玻璃液供给成形机，对于不同的成形机有不同的供料方法，下面主要介绍机械成形中的供料机械和成形机械。

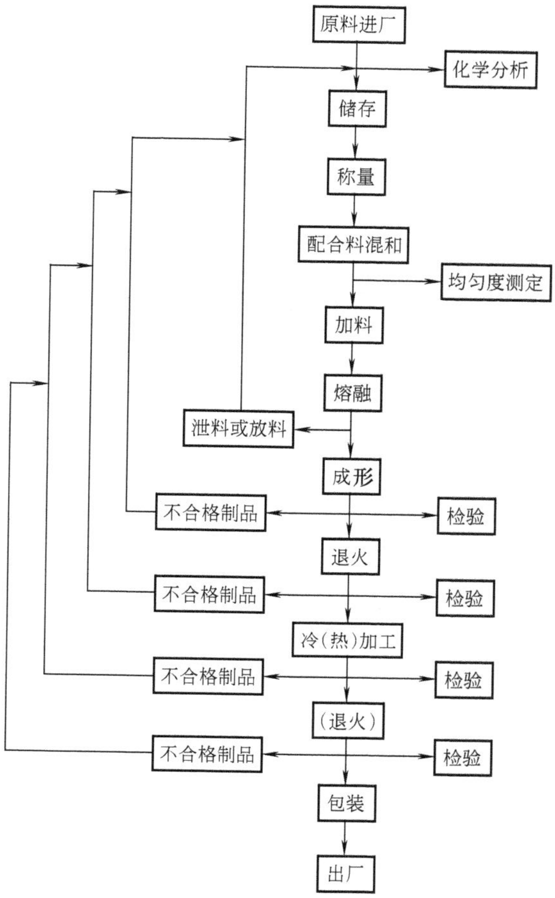

原料进厂
化学分析
储存
称量
配合料混和
均匀度测定
加料
熔融
泄料或放料
成形
不合格制品
检验
退火
不合格制品
检验
冷(热)加工
不合格制品
检验
(退火)
不合格制品
检验
包装
出厂

图 7-29 玻璃制品生产的工艺过程

1. 供料方法及机械

（1）液流供料 它利用池窑中玻璃液本身的流动进行连续供料，如平板玻璃池窑的通道、连续压延玻璃板的通道等。这种供料方法的玻璃液流量大、产量高，要求有稳定的温度控制。玻璃液的降温和温度调节是在通道、中间室或流料槽中进行，玻璃液的流量用挡砖、溢流砖、机筒等来控制。

供料道是一个用耐火砖砌造的封闭通道，玻璃液自池窑作业部经此通道流至供料机。供料道由冷却段和匀化段组成，玻璃液在供料道中通过精确的调节，达到所要求的温度。U 形供料道如图 7-30 所示（槽宽 406mm）。K 形供料道如图 7-31所示（K 表示使用气体燃料的供料道）。为了使供料道中的玻璃液均匀，在供料道内可设置搅拌装置。

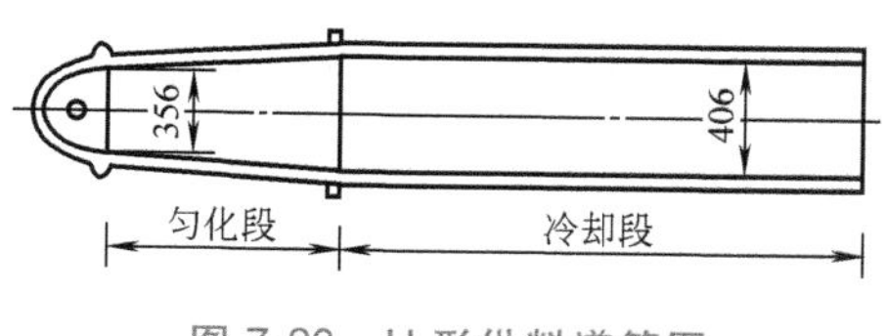

图 7-30 U 形供料道简图

（2）真空吸料 它是在真空作用下将玻璃液吸出池窑进行供料，其优点是料滴的形状、质量和温度均匀性比较稳定，成形温度高，玻璃分布均匀，产品质量好。供料方式有两种：一种是用吸料头吸料，再将吸料滴转入成形机模型；另一种是利用成形机的雏形模直接吸料。

（3）供料机 除真空吸料外，还有一种滴料供料法，常用于瓶罐玻璃的生产。采用滴

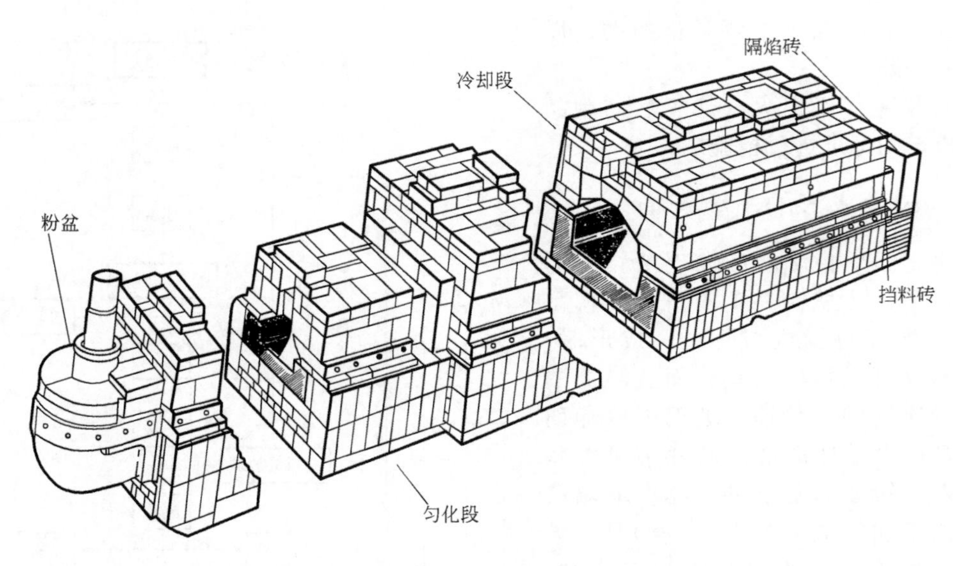

图 7-31 K 形供料道砖结构示意图

料法供料时，需使用供料机，以便将合乎成形要求的玻璃液变成料滴均匀地滴入制瓶机接料装置中。供料道终端的料盆部分称为供料机，其结构如图 7-32 所示。

供料机中的各部件功能如下：

1）料盆。料盆是一个耐火材料制造的容器，对做成料滴所需的一定量的玻璃液起保温和蓄热作用。

2）冲头。冲头是一根耐火材料制的头部呈锥形的圆棒，可上下运动，将料碗中的玻璃液吸引并从碗孔压出。

3）套筒。套筒是在冲头周围旋转的用耐火材料制的圆筒，使玻璃液均匀，并且能调节玻璃液量。

4）料碗。料碗是装在料盆内的耐火材料制的小碗，碗底有孔，冲头将玻璃液从该孔压出，以便形成料滴。料碗根据制品质量决定碗底孔的直径，由滴料孔数的不同可分成单滴料碗、双滴料碗和三滴料碗三种类型。

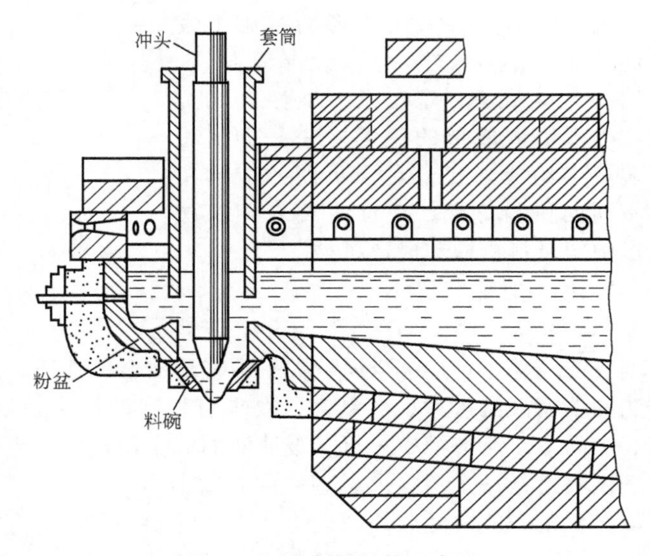

图 7-32 供料机结构示意图

2. 成形方法及机械

（1）平板玻璃的成形　平板玻璃的成形方法主要有垂直法（垂直引上、垂直引下）、平拉法、浮法和压延法等。

对辊法引上的结构示意图如图 7-33 所示。转动成形辊 1 是中空的辊子，可以由耐热金属或耐火材料制成，每根辊的横断面是两头粗中间细。当两根辊子相互靠近平行设置在玻璃液面一定深度后，两根辊子之间就形成了一道中间宽、两边窄的缝隙 7。玻璃液经缝隙 7 被石棉辊 6 拉引形成原板（玻璃带）5。对辊上部玻璃带两侧设有水冷却器 4，用来加快玻璃带的冷却硬化。

引上产量与辊沉入玻璃液的深度及缝隙大小有关。深度变化10mm，引上产量变化15%~20%；缝隙变化10mm，引上产量变化8%~12%。用对辊法生产的玻璃板质量好，生产稳定且效率高。

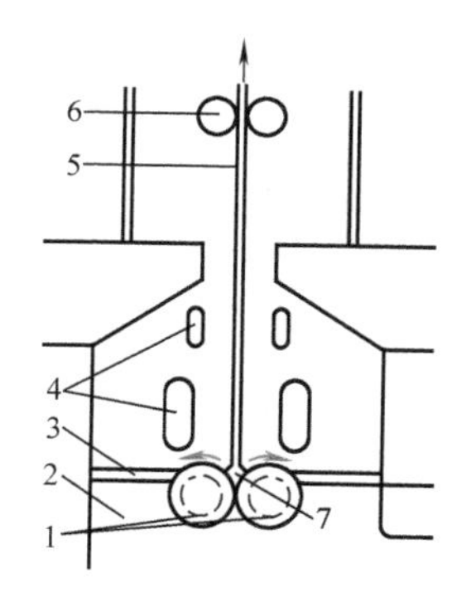

图7-33 对辊法引上的结构示意图

1—转动成形辊 2—玻璃液 3—辐射热挡板 4—冷却器 5—原板 6—石棉辊 7—缝隙

平板玻璃的另一种现代化的成形方法是浮法玻璃成形。它是在如图7-34所示的锡槽中进行的，整个成形过程受玻璃在锡液面上浮起的高度、自由厚度、抛光时间和拉薄等四个因素的影响。玻璃液和锡液不发生化学反应，也互不浸润，如图7-35所示。其中，H为玻璃液在锡液面上的自由厚度，h_1为玻璃液在锡液面上的浮起高度，h_2为玻璃液沉入锡液的深度。在一定温度时，当玻璃在没有外力作用的条件下，其所受重力和表面张力达到平衡，此时玻璃的厚度会有一固定值，称之为平衡度，为6~7mm。浮法玻璃成形的详细工艺及装备详见有关专著。

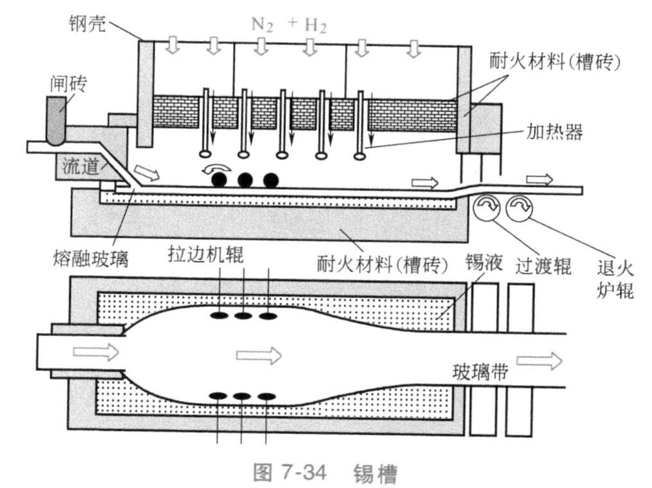

图7-34 锡槽

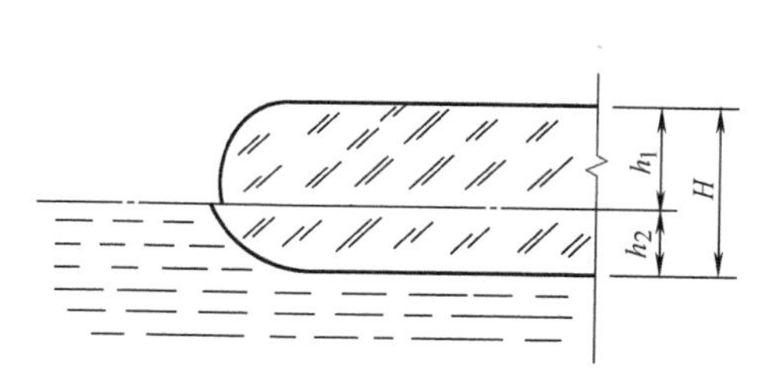

图7-35 玻璃液在锡液面上浮起高度

(2) 瓶罐玻璃的成形 瓶罐玻璃的成形方法主要有三种：吹—吹法（瓶子）、压制法（器皿）、压—吹法（瓶子和器皿）。用吹—吹法成形瓶子的工艺流程如图7-36所示，它是先在带有口模的雏形模中制成口部和吹成雏形，再将雏形移入成形模中吹成制品的方法。

用吹—吹法成形瓶子的工艺过程为：

1）装料（图7-36a）。由料碗落下的料滴，装入雏形模中。

2）瓶口成形（图7-36b）。料滴在雏形模中，被来自上部的压缩空气压入口模内，冲头从下向上升至规定的位置，使瓶口成形。

3）吹成雏形料泡（图7-36c）。冲头下降，向冲头冲出的凹洞，从下面吹入压缩空气，吹成雏形料泡。

4）雏形料泡翻转（图7-36d）。

5）落入成形模（图7-36d）。挡板上升，雏形模开启，雏形料泡在被口模夹住的状态下，做180°翻转送到成形模中，在成形模合上的瞬间，口模开启，雏形料泡便完全落入成形模中。

6）重热（图7-36e）。为使雏形料泡在成形模中成形为瓶子，从雏形模开启后，一直到吹气头吹入压缩空气之前，雏形料泡受到“重热”。

7）吹气成形（图7-36f）。在成形模内，从雏形料泡口部吹入压缩空气（吹气时间可根据需要调整），进行最后的吹气，吹成完整的制品。

8）钳移（图7-36g）。成形模开启，用钳瓶夹具将制品移置在固定的风板上，利用拨瓶机构的拨叉将风板上冷却后的制品按时拨到机器的出瓶输送带上。

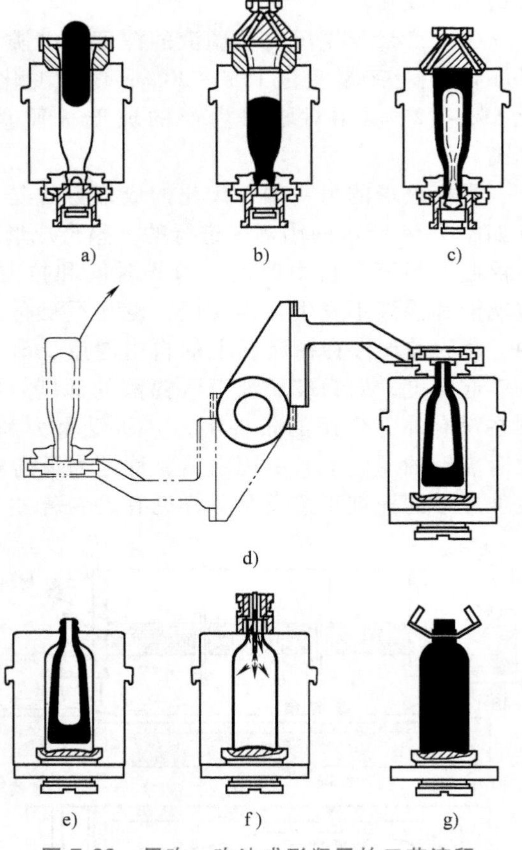

图7-36 用吹—吹法成形瓶子的工艺流程

（3）管玻璃的成形 管玻璃一般用于二次加工使用，近年来除了圆形截面的玻璃管，还可见到异形截面的玻璃管制品，但最大使用量的管玻璃为圆形截面。管玻璃主要用于荧光灯、太阳能集热器、安瓿瓶等的二次加工。最早的管玻璃采用人工挑料吹泡后由两人一边吹一边拉引而成形，合格率极低。

丹纳法拉管是我国生产药用玻璃管及荧光灯管的主要生产方式。图7-37所示为丹纳法拉管的马弗炉及牵引机的示意图。一般丹纳法可拉制玻璃管径范围为1~130mm，玻璃流量为200~2000kg/h，牵引速度为2~200m/min。料槽中已冷却至对应黏度1000dPa·s温度的玻璃液，通过用于流量控制的闸砖后，以条状玻璃流至并缠绕马弗炉中的旋转管上，马弗炉的终端处玻璃黏度为5000dPa·s。受牵引机作用将玻璃拉成管（旋转管中心吹入空气而拉成玻璃管）。

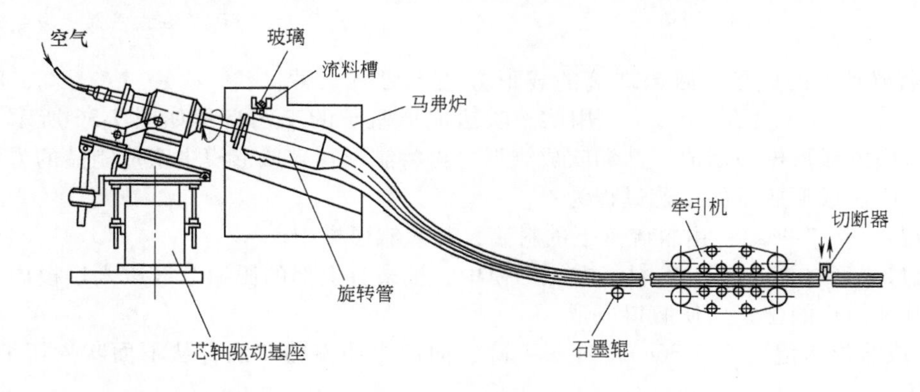

图7-37 丹纳法拉管的马弗炉及牵引机的示意图

（4）压制成形 压制成形的制品有口杯、盆、钵、碗、盘、皿、带手柄的较大容量杯等，以及形状结构复杂的汽车灯、路灯灯罩等也采用压制方法生产。一般压制产品的壁厚较大。

图7-38所示为转台式压制机的示意图。设备的工位一般为6、8、10、12、16个，每个

工位设一组成形模，而共用同一个冲头及模环。对于大型压制件则采用奇数的工位，如9工位，每个模具需间歇转动两周后才生产一个制品。图7-38中还给出小制品（如口杯）的制品取出方法。其压制过程为，由供料机剪切的料滴进入模具，紧接着的工位即是压制，此时冲头比模环稍晚些压至最大的行程，由模环与阴模将玻璃向上溢出的通道封死，之后冲头才压制到位。冲头及模环返回后，机械转过一个工位（第3个工位），在3、4、5工位，玻璃受冷却风（低压空气）冷却固形。阴模打开及钳移制品，在第6工位，之后7、8、9、10工位均是模具闭合和冷却。由此可知，在1~6工位处均有玻璃在模具之中，为防止玻璃温度不一，一旦接料之后立即进入压制工位。

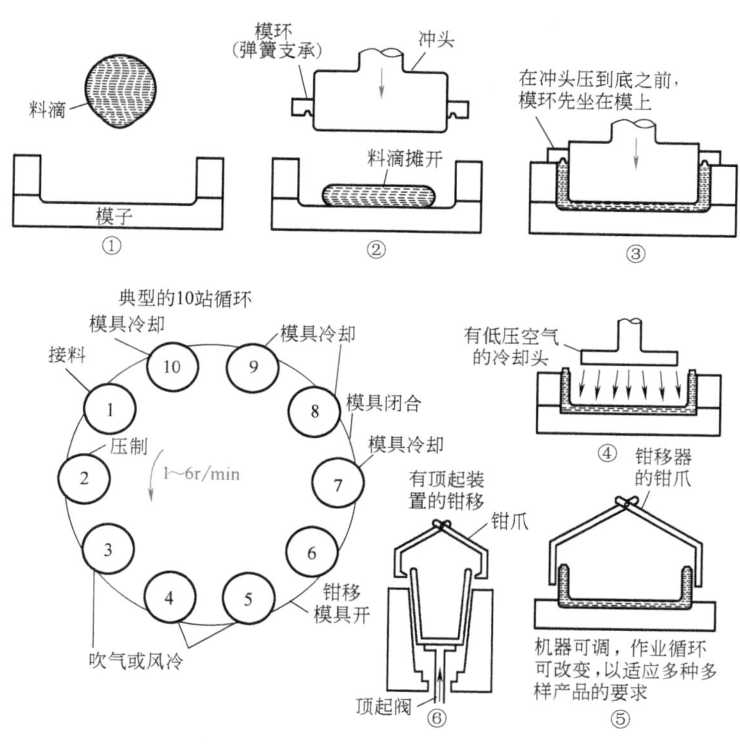

图7-38　转台式压制机的示意图

7.2.3　玻璃制品的冷加工装备

冷加工是指对玻璃制品进行切割、磨边、钻孔、研磨抛光等机械加工，类似于金属制品的机械加工，但由于玻璃材料与金属材料在物理性能（硬度和脆性等）上的巨大区别，其加工设备有很大的不同。

1. 切割设备

玻璃切割机由切桌、切割桥、计算机控制箱、掰板台、供电柜等主要部件组成，其实物照片如图7-39所示。

切桌由支架、桌面、输送带及传动装置、气垫装置等构成。

切割桥是横跨于切桌上空的金属结构桥，它支承于切桌纵向外侧的金属导轨上。桥纵向运动的传动机构包括编程器、编程电动机、齿轮，终端小齿轮与切桌的固定齿条咬合。从控制箱传输来的控制脉冲传到编程器，由编程器换算为编程电动机的转动转速，编程电动机的曲轴带动小齿轮，后者的齿数、齿距是固定的，控制编程电动机的转速就可以控制切割桥纵向的运动距离。

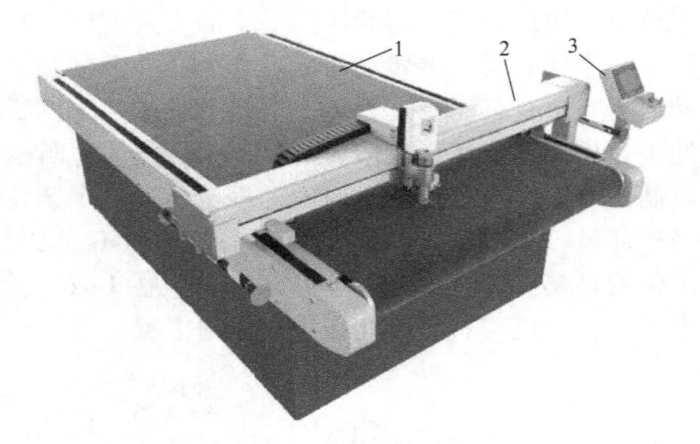

图 7-39 玻璃自动切割机
1—切桌 2—切割桥 3—计算机控制箱

切割玻璃的切割头装于切割桥侧面的导轨上，导轨轨面经过精密加工，切割桥也有类似于上述的固定齿条，用类似于上述的传动方式以控制切割头的横向运动。

切割玻璃的刀轮是用硬质合金钢制成的，它装于一旋转轴上，该轴装于一气缸活塞杆端部，轴及气缸均装于切割头上。另外有一套调节装置调节旋转轴，使通过刀轮刃口的垂直面总与设备的切割线的方向一致。刀轮施于玻璃表面的压力则由装于旋转轴上部的小型气缸进行调节。

2. 磨边设备

加工后的玻璃制品通常要进行磨边处理，可根据玻璃的外形、边部形状、边部光滑程度要求等的不同，选择不同类型的磨边机。通常，磨边机可分为直线立式磨边机和水平式磨边机两大类。

水平式磨边机又包括双边直线磨边机、砂轮磨边机、砂带磨边机、曲线磨边机等。砂带磨边机的结构如图 7-40 所示，它由工作台、砂带、电动机及砂带张紧装置、吸尘罩、吸尘管、除尘器等组成。两条碳化硅砂带分别各由一电动机带动，并各有一砂带张紧装置，使砂带张紧。两砂带的侧视图呈交叉状态（图 7-40）。磨边前，调整两条砂带交叉的交汇点距离滚轮顶面的高度，使其等于被磨玻璃厚度的 1/2。磨边时，玻璃放在万向滚轮上，人工推着玻璃制品使其边沿紧靠砂带。不停运动的两条砂带分别磨削玻璃的上下两条边。这样磨出的两条边，其倒角角度与磨削尺寸基本相同。将玻璃制品在滚轮上平面旋转一圈或两圈后，即完成一块玻璃制品的磨边。

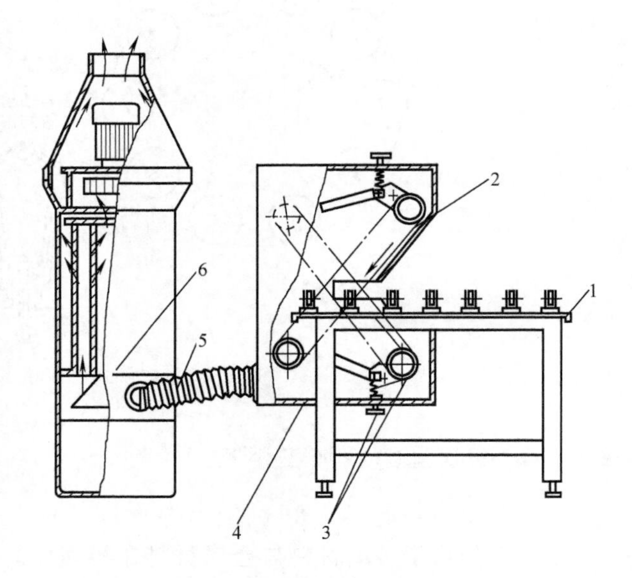

图 7-40 砂带磨边机的结构
1—工作台 2—砂带 3—电动机及砂带张紧装置 4—吸尘罩 5—吸尘管 6—除尘器

本机结构简单，既适用于矩形玻璃制品的磨边，也适用于圆弧形、异形玻璃制品的磨边。磨边时又同时对玻璃制品的两边进行研磨，操作方便。常用于加工玻璃生产线上粗磨边加工。

3. 钻孔设备

玻璃钻孔机是用来对玻璃钻孔的专用设备，它与普通钻孔机的主要不同之处是从玻璃的两面钻孔。若用普通钻孔机对玻璃钻孔，在孔钻透时必然产生爆边，而用玻璃钻孔机钻孔，当孔钻透时玻璃不会产生爆边。玻璃钻孔机的结构如图7-41所示。

玻璃钻孔机由铸铁座、弓形工作臂、工作台、上下夹具（连接器）、主轴、传动装置、操纵杆、玻璃压紧装置、玻璃蕊喷吸器及收集箱、压缩空气系统、冷却水系统及控制盒等组成。当大规格玻璃钻孔时，还配有外接气动工作台。个别型号的产品配有上下主轴对心装置。

4. 研磨抛光设备

在游离磨粒存在的条件下将被加工玻璃在磨盘上反复推移加工的研磨，使玻璃具备一定的形状并去除缺陷的加工，称之为研磨抛光，适宜于电子玻璃基板、光学玻璃元件、光纤端面等器件的表面、曲面加工。利用简单的设备实现高精度加工，可分类为研磨和抛光，两者虽加工机理不同，但单位时间的加工量（δ_d）均服从公式

$$\delta_d = kpv \tag{7-3}$$

式中，p 为被研磨物与研磨盘之间的所加压力；v 为工件与磨盘间的相对速度；k 为常数。

对研磨而言，由于磨粒硬度比玻璃要稍高或等同，一般研磨速度随所加压力及相对速度的提高而提高。而且对玻璃而言其脆性越高、磨粒的粒度及硬度越大，其研磨速度越高。水对玻璃的龟裂延伸起着加速作用，因而在有水的条件下会使研磨速度提高。所使用的研磨磨具可采用铸铁、陶瓷及锡。图7-42所示为各种研磨设备。其中双面研磨机（图7-42a）主要是为了在单面研磨（精磨）薄板玻璃（1mm左右）时，防止研磨面呈现凸面方向的翘曲。

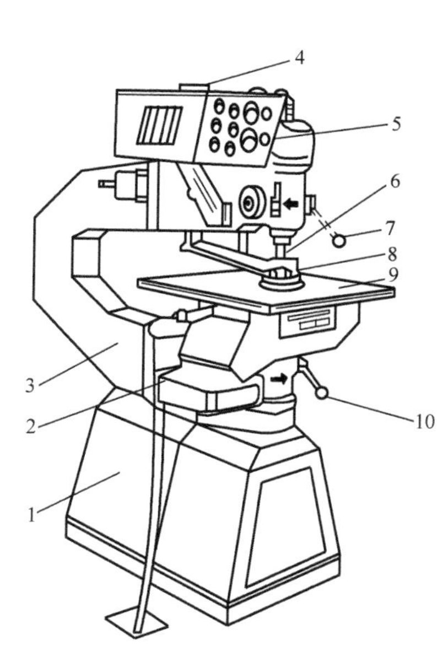

图7-41 玻璃钻孔机的结构

1—铸铁座 2—玻璃蕊喷吸器及收集箱 3—弓形工作臂 4—控制盒 5—传动装置 6—主轴 7—上下夹具（连接器） 8—玻璃压紧装置 9—工作台 10—操纵杆

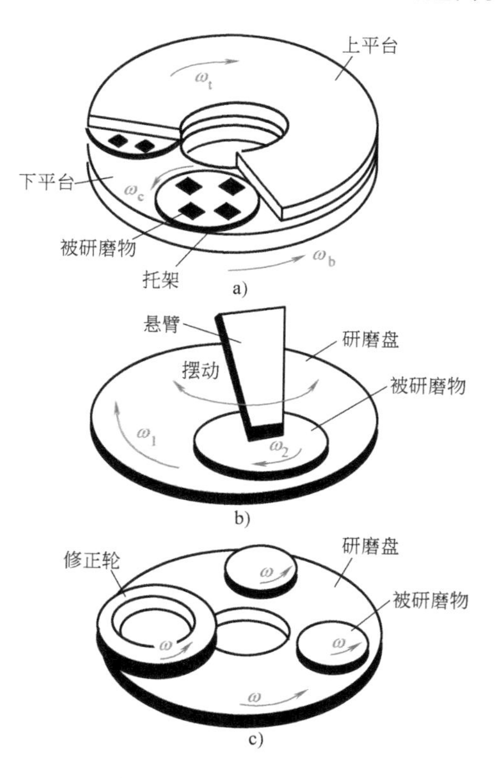

图7-42 各种研磨设备

a）双面研磨机 b）奥斯卡研磨机 c）带修正轮研磨机

图 7-42b 所示为奥斯卡研磨机，用于对球面透镜的研磨加工。为了得到形状精度高的制品，可采用图 7-42c 所示的带修正轮研磨机。抛光所用设备与研磨基本一致，但所用磨盘材料要软，如聚氨酯树脂、无纺布、聚氯乙烯等都是常见的抛光材料。

7.3 粉末材料成形装备

粉末材料的种类繁多，主要有金属材料粉末、陶瓷材料粉末、塑料粉末等。粉末材料的成形方法主要有粉末冶金成形、陶瓷粉末的压制成形、塑料注射成形等。压制成形的主要装备是压力机，本节不做介绍，本节主要介绍粉末冶金成形、粉末材料注射成形、粉末材料挤压成形等有关设备。

7.3.1 粉末冶金加工工艺过程简介

粉末冶金是一门制造金属粉末，并以金属粉末（有时也添加少量非金属粉末）为原料，经过混合、成形和烧结，制造成材料或制品的技术。粉末冶金的生产工艺与陶瓷的生产工艺在形式上相似，因此粉末冶金法又称为金属陶瓷法。

粉末冶金工艺的基本工序如图 7-43 所示，主要包括粉末准备、加工成形、性能测试等。

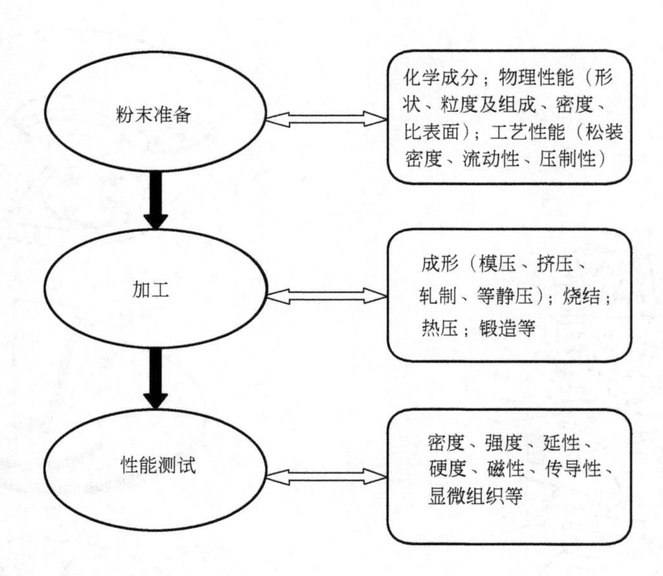

图 7-43 粉末冶金工艺的基本工序

1. 金属粉末的制备方法简介

金属粉末，按形状，有球形、片状、树状等；按粒度，有几百微米的粗粉，也有纳米级的超细粉末；按制取粉末的方法，有机械法、物理化学法等，金属粉末的主要制备方法见表 7-1。另外，一些难熔的金属化合物（如碳化物、硼化物、硅化物、氮化物等）可采用“还原—化合”“化学气相沉积（CVD）”等方法制备。

粉末原料在成形之前，通常要根据产品最终性能的需要或成形过程的要求，经过一些处理，包括粉末退火、混合、筛分、加润滑剂、制粒等。详细要求及过程可参见有关专著。

表 7-1 金属粉末的主要制备方法

生产方法			原材料	粉末产品举例	
				金属粉末	合金粉末
物理化学法	还原	碳还原	金属氧化物	Fe、W	
		气体还原	金属氧化物及盐类	W、Mo、Fe、Ni、Co、Cu	Fe-Mo、W-Re
		金属热还原	金属氧化物	Ta、Nb、Ti、Zr、Th、U	Cr-Ni
	气相还原	气相氢还原	气相金属卤化物	W、Mo	Co-W、W-Mo 等
		气相金属热还原		Ta、Nb、Ti、Zr	
	气相冷凝或离解	金属蒸气冷凝	气态金属	Zn、Cd	
		羰基物热离解	气态金属羰基物	Fe、Ni、Co	Fe-Ni
	液相沉淀	置换	金属盐溶液	Cu、Sn、Ag	
		溶液氢还原		Cu、Ni、Co	Ni-Co
		从熔盐中沉淀	金属熔盐	Zr、Be	
	电解	水溶液电解	金属盐溶液	Fe、Cu、Ni、Ag	Fe-Ni
		熔盐电解	金属熔盐	Ta、Nb、Ti、Zr、Th、Be	Ta-Nb、碳化物等
机械法	机械粉碎	机械研磨	脆性金属与合金	Sb、Cr、Mn、高碳铁	Fe-Al、Fe-Si、Fe-Cr
			人工增加脆性的金属与合金	Sn、Pb、Ti	
		旋涡研磨	金属和合金	Fe、Al	Fe-Ni、钢
		冷气流粉碎		Fe	不锈钢、超合金
	雾化	气体雾化	液态金属和合金	Sn、Pb、Al、Cu、Fe	黄铜、青铜、合金钢、不锈钢
		水雾化		Cu、Fe	黄铜、青铜、合金钢
		旋转电极雾化		难熔金属、无氧铜	铝合金、钛合金、不锈钢等

2. 粉末的主要成形方法简介

粉末成形是将松散的粉末体加工成具有一定尺寸、形状、密度和强度的压坯的工艺过程，它可分为普通模压成形和非模压成形两大类。普通模压成形是将金属粉末或混合粉末装在压模内，通过压力机加压成形，这种传统的成形方法在粉末冶金生产中占主导地位；非模压成形主要有等静压成形、连续轧制成形、喷射成形、注射成形等。

(1) 普通模压成形　模压成形是指粉料在常温下，在封闭的钢模中，按规定的压力（一般为 150~600MPa）在普通机械式压力机或自动液压机上将粉料制成压坯的方法，如图 7-44 所示。这种成形方法通常由下列工步组成：称粉、装粉、压制、保压、脱模等。

(2) 等静压成形　等静压成形示意图如图 7-45 所示。这种方法借助高压泵的作用把流体介质（气体或液体）压入耐高压的钢质密封容器内，高压流体的静压力直接作用在弹性模套内的粉料上，粉料在同一时间内、在各个方向上均衡地受压而获得密度分布均匀和强度较高的压坯。

(3) 连续轧制成形　轧制成形示意图如图 7-46 所示。将金属粉末通过一个特制的漏斗喂入转动的轧辊缝中，可轧出具有一定厚度的、长度连续的且强度适宜的板带坯料。这些坯料经预烧结、烧结，又经轧制加工和热处理等工序，可制成有一定孔隙率的或致密的粉末冶金板带材。

(4) 喷射成形　喷射成形是用高压惰性气体将金属液流雾化成细小液滴，并使其沿喷嘴的轴线方向高速飞行，在这些液滴尚未完全凝固之前，将其沉积到一定形状的接收体上成形，如图 7-47 所示。喷射成形的坯料致密度高，可获得锭、管、板、环等各种形状的坯料，由于冷却速度较快，坯料的组织性能好，晶粒各向同性。

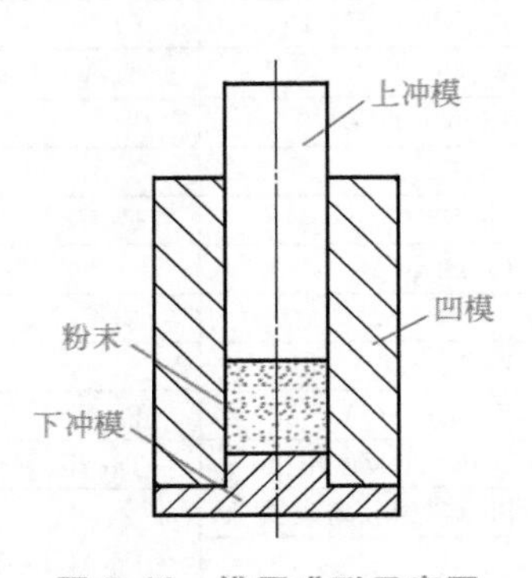

图 7-44 模压成形示意图

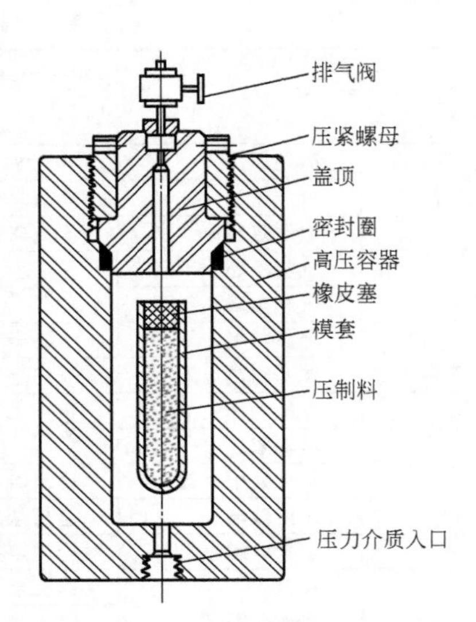

图 7-45 等静压成形示意图

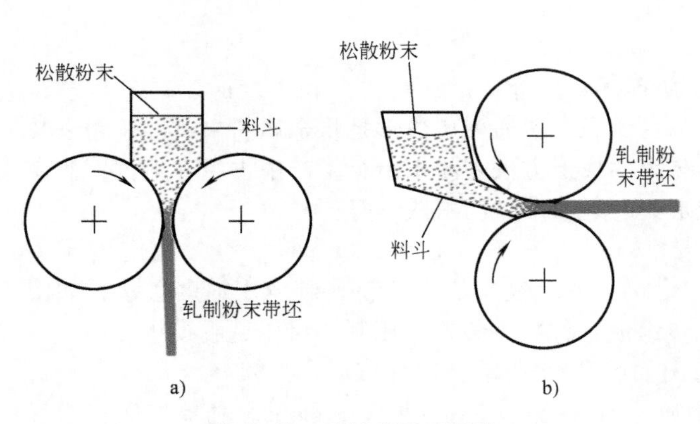

图 7-46 轧制成形示意图
a）垂直轧制 b）水平轧制

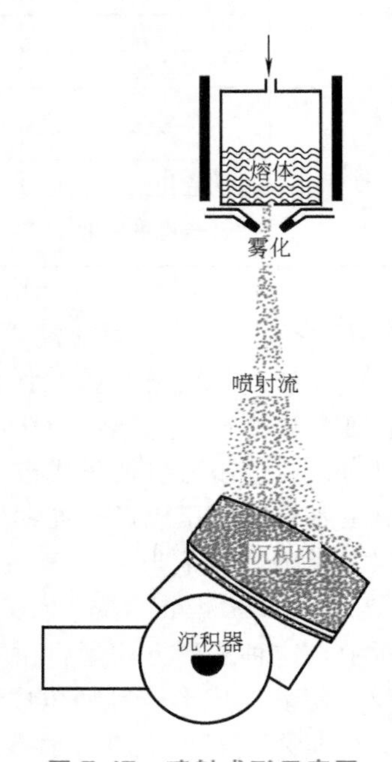

图 7-47 喷射成形示意图

（5）注射成形 粉末注射成形（Powder Injection Molding，PIM）是一种采用黏结剂固结金属粉末、陶瓷粉末、复合材料、金属化合物的一种特殊成形方法，是在传统粉末冶金技术基础上，结合塑料工业的注射成形技术而发展起来的一种近净成形（Near-Shaped）技术。PIM 工艺主要包括黏结剂与粉末的混合、制粒、注射成形、脱脂及烧结五个步骤。注射成形设备示意图如图 7-48 所示。

7.3.2 粉末材料注射成形装备

粉末注射成形工艺需要在注射（成形）机上实现。注射机按外形特征可分为立式注射机、卧式注射机、角式注射机等，按塑化和注射方式可分为柱塞式注射机、螺杆定位预塑机、移动螺杆式注射机等。最常用的注射机为卧式往复注射机，其基本结构如图7-48所示。

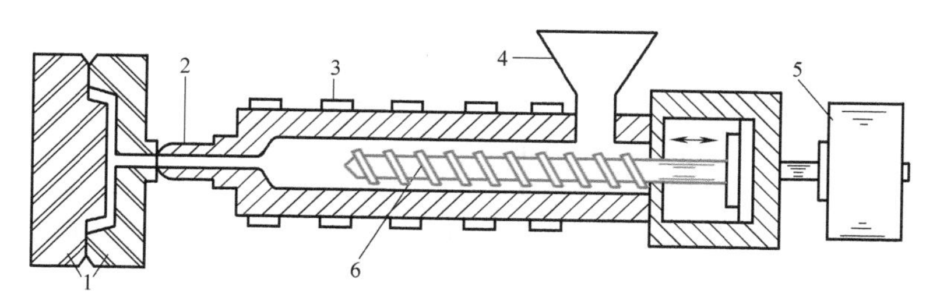

图7-48 注射成形设备示意图

1—模具 2—喷嘴 3—加热器 4—料斗 5—螺杆驱动电动机 6—供料螺杆

注射机包括注射系统、锁模系统、液压控制系统等，其中注射系统是主要部分，它的作用是使物料塑化和均匀化，并在高压下通过螺杆的推挤将熔融的物料高速注入模具。注射系统包括加料斗、机筒、螺杆、喷嘴及加压和驱动装置等部件，其中螺杆起着关键的作用。当螺杆在机筒内旋转时，首先将加入到料斗中的喂料卷入机筒，并逐步将其向前推送、压实、排气和塑化，随后熔融的喂料就不断被推送到螺杆顶部与喷嘴之间，而此时螺杆本身则受熔料的压力而缓慢后移。当积存的熔料达到一次注射量时，螺杆停止转动。注射时螺杆将液压或机械力传给熔料使它以一定的速度快速注入模具型腔，螺杆从后往前可分为加料段、压缩段、均化段，典型的螺杆直径为22~30mm，长度为115mm。PIM注射时喂料对螺杆和机筒的磨损远大于采用单一塑料对螺杆和机筒产生的磨损，因此需对螺杆和机筒表面做硬化处理。一般是在两者的表面做渗氮处理和涂层处理，这样可以使其耐磨性大大提高。

7.3.3 粉末材料挤压成形装备

挤压成形设备包括挤压成形机及其辅助成形设备。辅助成形设备包括挤压前物料处理设备，如烘箱、干燥器等；挤压物处理设备，如用作冷却、牵引、切断和检验的设备；控制生产条件的设备，如温度控制器、机头压力测定装置、螺杆转速表等。挤压成形机是挤压成形的主体设备，一般采用螺杆挤压机。下面就以单螺杆挤压机为主，介绍挤压机结构。

单螺杆挤压机由传动系统、加料系统、挤压系统、加热系统、冷却系统以及机头、口模等组成，其结构示意图如图7-49所示。传动系统由电动机、减速装置、变速器及轴承系统组成，它的作用是在给定的工艺条件下使螺杆具有必要的转矩和均匀的转速而完成挤出过程。加料系统由加料斗和上料装置组成，加料斗一般采用铝板和不锈钢板，料斗容量至少应能容纳15h的挤出量，加料口为矩形或圆形，以人工或自动方式上料。挤压系统由螺杆和机筒组成。螺杆是挤压机的关键部件，挤压机工作时，螺杆转动带动机筒内的物料发生移动混合，

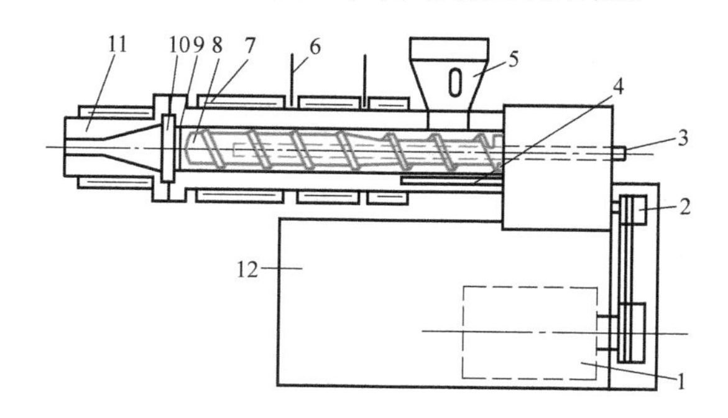

图7-49 单螺杆挤压机结构示意图

1—电动机 2—减速装置 3—冷却水入口 4—冷却水夹套 5—料斗 6—温度计 7—加热器 8—螺杆 9—滤网 10—粗滤器 11—机头和口模 12—机座

同时物料所受压力增加并得到部分摩擦热，最后螺杆定量定压地将物料输送到机头而成形。

7.3.4 烧结及气体保护装备

压制成形的压坯，其强度和密度通常较低，为了提高压坯的强度，需要在适当的条件下进行热处理，从而使粉末颗粒相互结合起来，以改善其性能，这种热处理称为烧结。

烧结是粉末冶金生产过程中必不可少的最基本工序之一，对粉末冶金材料和制品的性能有着决定性的影响。在烧结过程中，压坯要经历一系列的物理化学变化，且不同的材料组成有着不同的变化过程。通常烧结可分为不加压烧结和加压烧结两种。典型的烧结过程分类如图 7-50 所示，各烧结工艺的原理详见有关专著。

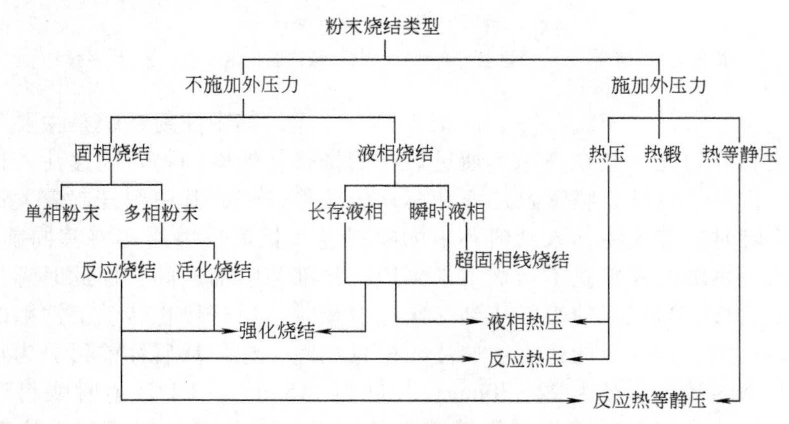

图 7-50 典型的烧结过程分类

烧结过程通常是在烧结炉内完成的，它是在低于压坯中主要组分熔点的温度下进行加热，使它们相邻的颗粒之间相互形成冶金结合。除在高温下不怕氧化的金属（如铂）外，所有金属的烧结都是在真空或保护气氛中进行。在保护气氛中进行烧结，可将烧结过程分为预热或脱蜡、烧结、冷却等三个阶段，故烧结炉一般也是由这三个部分组成。

烧结炉按热源可分为燃料加热和电加热两种，按生产方式的不同可分为连续式和间歇式两类。而常用的连续式烧结炉按制品在炉内移动（传送）方式又可分为推杆式烧结炉、网带式烧结炉、步进式烧结炉等。下面介绍几种典型的烧结及气体保护设备。

1. 钟罩式烧结炉

钟罩式烧结炉是一种电加热间歇式烧结炉，其结构如图 7-51 所示，主要由炉底座、外罩、内罩三个部分组成。

烧结操作时，先把粉末压坯整齐排好垛放在炉中央的台座上，罩好内罩，降下外罩后通入保护气体并开始通电加热。

因为钟罩炉是采用两层钟罩，成批生产时每一个加热外罩可配用两个炉座及内罩，当其中一个内罩的零件烧结保温完成后，外罩吊起上升并转移到另一个待烧结的内罩上。采用钟罩式烧结炉，由于炉体中热容量最大的外罩常常在高温下继续使用，故可以减少热量损失，节约预热外罩的电能，比其他间歇式烧结炉经济、效率高。

2. 网带传送式烧结炉

直通型网带传送式烧结炉是一种铁基粉末冶金零件生产中最常用的烧结炉，多用于质量不大的小型零件生产。如图 7-52 所示，它由装料台、烧除带、高温烧结带、缓冷带、水套冷却带及卸料台组成。在装料台上将压坯装在连续运转的网带上，在炉子后端的卸料台上将烧结件取下。

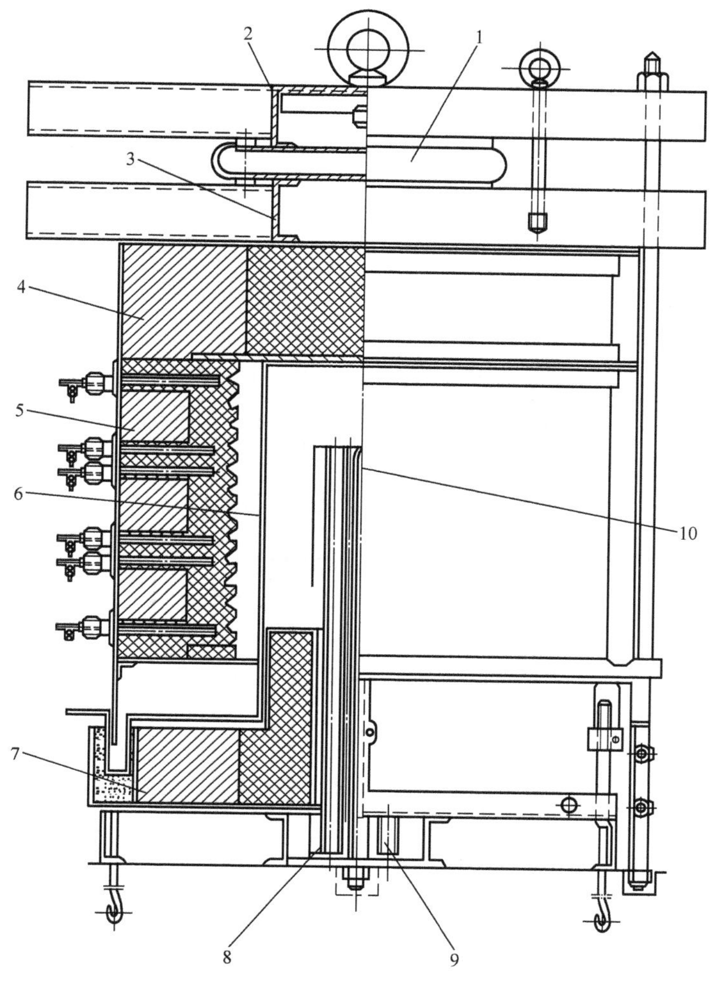

图 7-51　钟罩式烧结炉结构

1—气囊　2—上盖架　3—下盖架　4—护盖　5—炉膛　6—钢内罩　7—炉底　8—进气管　9—排气管　10—热电偶

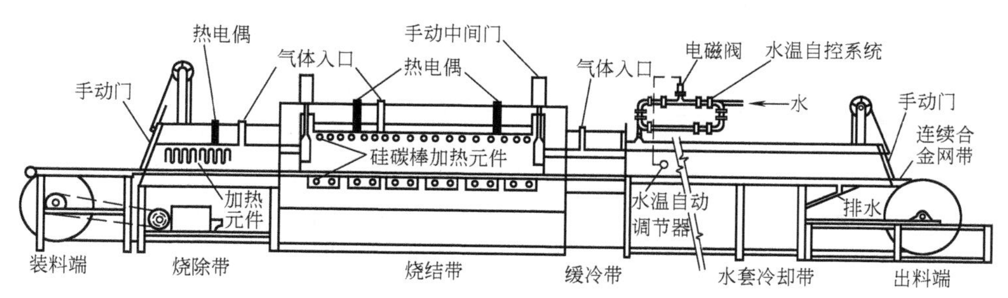

图 7-52　直通型网带传送式烧结炉纵剖视图

3. 保护气体发生装置

在粉末冶金的烧结中，使用最广泛的保护气体是煤气、氨气、氢气、真空及氮基气体等。下面介绍两种主要的保护气体发生装置。

（1）煤气发生装置　图 7-53 所示为常用的放热型煤气发生器示意图。右边燃料气体

（天然气）及空气通过流量计进入比例混合器。压气机加大混合气体的压力，使气体强制通过入口处的火封及燃烧器而进入反应室并通过催化剂层。催化剂被燃烧的气体加热，使得反应更加彻底。燃烧后的气体通过冷却器，进行冷凝以去掉大部分水。如果不再需要进一步净化，气体可直接通入炉内。

放热型气氛有如下优点：可燃性低，因而使用安全；导热性差，热损失少，生产成本低；放热型气体发生器性能可靠，不易出故障。

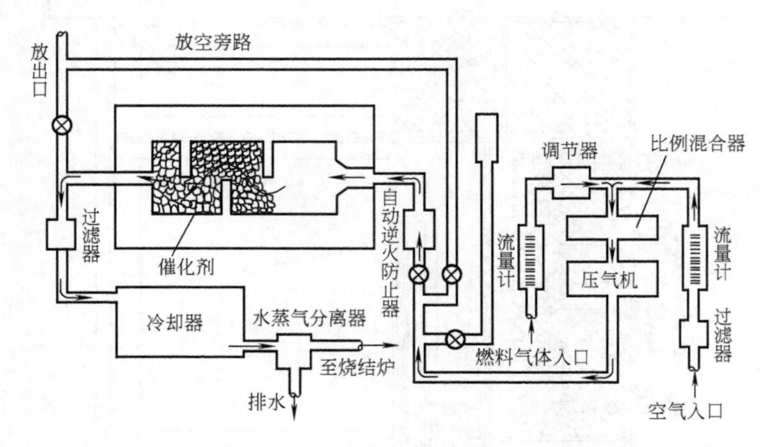

图 7-53 放热型煤气发生器示意图

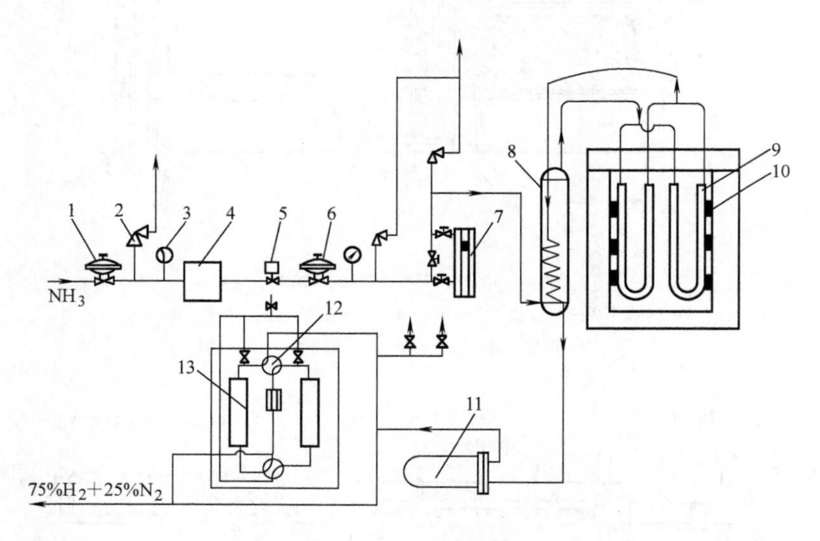

图 7-54 分解氨气体发生装置示意图

1、6—减压阀 2—安全释放阀 3—压力表 4—油过滤器 5—电磁阀 7—浮子流量计 8—热交换器 9—U 形分解器 10—加热元件 11—水冷套 12—四通切换阀 13—分子筛干燥器

（2）氨气发生装置 图 7-54 所示为分解氨气发生装置示意图。氨气首先经过油过滤器除去所含的油，然后经过减压阀将压力降至工作压力。在分解之前氨气先通过热交换器预热，分解后的气体流经热交换器后进入水冷套冷却，然后进入干燥器。干燥器可采用活性氧化铝、硅胶或分子筛，其作用是吸收残留的氨和水分，从而进一步净化并干燥分解氨气。干燥器一般为双塔分子筛干燥，因为当一个干燥塔内的干燥剂的毛细孔隙中吸满水分后，需将

其加热，进行气体循环流通，使干燥剂再生。此时便换用另一个干燥塔工作。约 8h 切换一次。

由液氨生成氨气的体积大（1kg 液氨可生成 2.83m^3的氨气）。氨气分解后生成 75% H_2+25% N_2，氢气的含量高，具有很高的可燃性，必须和使用纯 H_2的场合一样，注意安全，防止爆炸。

思考题

1. 概述陶瓷成形装备的种类、特点。
2. 简述陶瓷件施釉、装饰的目的，其主要设备的原理与特点。
3. 概述玻璃成形的工艺过程及其主要加工设备。
4. 以玻璃制瓶机生产线为例，概述其工艺过程及设备特点。
5. 简述粉末冶金加工工艺过程及主要设备原理。
6. 比较粉末材料压力成形装备与其他压力成形机的异同。

第 8 章 工业炉及其控制

在许多情况下，材料的成形加工都是在加热的状态下完成的，因此涉及热能的产生、传递和交换，而完成这些热过程的主要装备是各种工业用炉。下面就从介绍工业用炉的种类及特点入手，阐述和介绍材料成形加工中的各种典型工业用炉的结构原理及其控制技术。

8.1 工业炉

8.1.1 热能的产生与热交换概述

热能只是能源基本形式之一，其他还有机械能、电能、化学能和原子能等。各种能量可以通过一定的形式相互转换，但只有转变成热能以后并具有一定的温度差时，才能通过热交换的方式使待处理的物料或工件获得热量并达到一定的温度，以保证工艺过程的顺利进行。各种形式的热装置是保证上述过程得以完成的场所，它们与热能的发生和热交换之间的联系以及各种能源和热能之间的转换关系如图 8-1 所示。

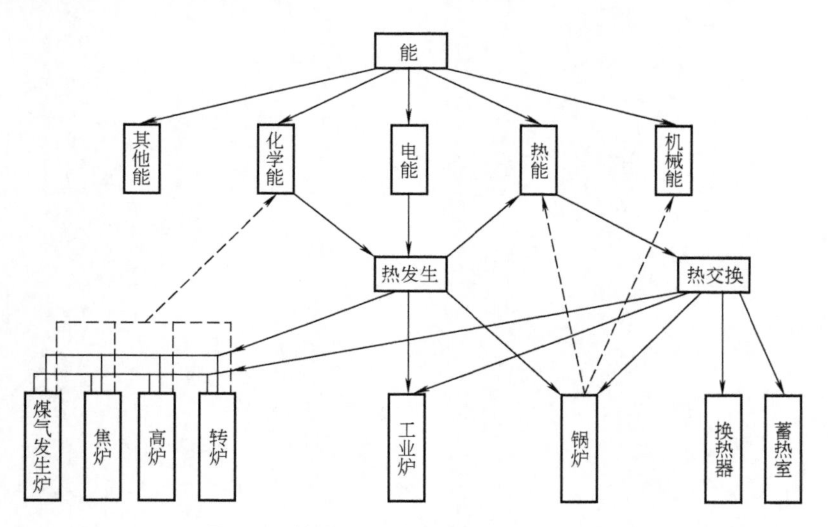

图 8-1 热发生、热交换及热装置的关系

目前，工业生产中通常是以燃料燃烧的形式或电加热的形式来获得热能。这种完成热能产生的装置称为热发生器，如各种形式的火焰炉、电炉等。热由一种物体通过辐射、对流和传导传递给另一种物体，中间没有热能的发生过程（如在预热器和蓄热器中的情况那样），这是一种纯粹的热交换装置。热发生装置和热交换装置按不同的形式结合起来就形成了不同的工业炉，如图 8-1 所示。

8.1.2 工业炉的种类及特点

由于各种工业炉窑所完成的工艺过程不同，加热物料种类和形状的不同，在炉型结构、炉内温度的高低和炉内温度分布等方面各不相同，因此工业炉的种类繁多，形状各异。但是由于传统的工业组合和分工不同，“工业炉”的范围不是很严格。在我国，工业炉通常指轧钢加热炉、锻造炉、热处理炉、窑炉、铸造熔化炉等，一般不包括冶金行业的高炉、平炉和转炉。而焦炉和动力锅炉属于能量转换装置，煤气发生装置属于化工用炉。工业炉的种类、作用及特点见表 8-1。

表 8-1 工业炉的种类、作用及特点

工业炉的分类		作用及特点	应用举例
按工艺特点分类	熔炼炉	用于完成物料的加热熔化及熔(冶)炼,它又包括: ①由矿石到金属的冶炼加热炉 ②对金属(如铁液、废钢)进行去除杂质(硫、磷等)、加入合金元素(镍、铬等)的熔化精炼炉 ③把固态金属变为液态的加热熔炼炉	①炼(生)铁高炉 ②炼钢平炉、转炉、电弧炉等 ③铸造化铁炉
	加热炉	用于物料的加热,提高物料的温度,改变物料的物理力学性能,但不改变物料的物态,它包括以下几种: ①用于压力加工(轧制、锻造等)前的加热,以提高物料的塑性 ②完成各种热处理工艺加热(获得所需物理力学性能)的热处理炉 ③去除物料或工件中水分的干燥炉 ④物料加热的目的是为获得新产品	①热轧用推钢式连续加热炉、锻造用室状炉等 ②处理长形工件的井式炉、各种钢件的台车炉 ③铸造型砂烘干炉 ④石灰石的焙烧炉等
按所用能源种类分类	燃料炉	以各种燃料的燃烧放热为炉子热能来源的加热炉	各种工业炉窑,如陶瓷窑等
	电炉	以通电加热作为炉子热能来源的加热炉	电弧炉、电阻炉、感应炉等
按工作温度高低分类	高温炉	工作温度在 1000℃ 以上,热交换以辐射传热为主	钢铁行业中的熔炼炉、加热炉
	中温炉	工作温度在 650～1000℃,热交换的形式主要为辐射、对流,随着温度的升高辐射传热的比例升高	钢铁零件的热处理炉,铜、铝、镁等有色金属的熔化炉
	低温炉	工作温度低于 650℃,热交换以对流传热为主	物料干燥、有色金属加热熔化、钢铁及有色金属回火处理炉
按操作方式分类	连续式操作炉	炉温沿炉长度方向连续变化,在正常生产情况下,炉内各点温度不随时间变化,料坯在炉内运动,从装料门进入炉内,通过炉子不同的温度区域完成加热过程,从出料门出炉	推钢式连续加热炉、步进炉等
	间歇式操作炉	炉子成批装料,装料完成后进行加热或熔炼,在炉内完成加热和熔炼工艺之后,成批出料。炉料在炉内不运动,而是炉温随时间变化	台车炉、井式炉、均热炉、罩式炉、反射炉等

另外，还有按使用行业的不同进行分类，如铸造熔化炉、轧钢加热炉、锻造炉、热处理加热炉（又分退火炉、渗碳炉等）、陶瓷烧结炉、玻璃退火炉等。详细可参见各行业的有关专著。有时，同一种炉子可以在不同的行业中通用。

8.1.3 工业炉的基本要求及其主要组成

1. 基本要求

炉子是完成某一工艺过程的加热设备，在满足工艺要求的前提下还应满足下列基本要求：

1）控制方便，生产率高。

2）保证热加工产品质量达到工艺要求。

3）热效率高，单位产品能耗低。

4）使用寿命长，维护方便，维护费用较低。

5）机械化、自动化程度高。

6）造价较低，基建投资少，占地面积小且便于布置。

7）对环境造成的污染少。

2. 主要组成

炉子的主要组成部分包括炉体及基础、热发生装置、进出料机构、钢结构以及测量和控制仪表等。对燃料炉（图 8-2）来说，还应包括燃料和空气供给系统、排烟系统和余热回收装置以及炉子冷却系统等部分。炉子各主要部分的功能应该围绕着对炉子的基本要求互相协调、互相配合，这样才能达到良好的生产技术经济指标，否则就会妨碍炉子正常功能的发挥。

热轧用推钢式连续加热炉（燃油式）的主要组成示意图如图 8-2 所示。

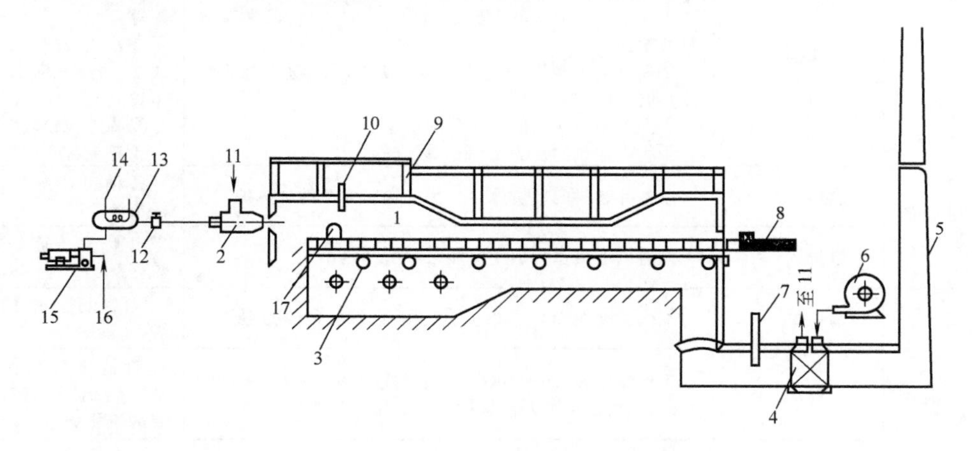

图 8-2 热轧用推钢式连续加热炉的主要组成示意图

1—炉子主体 2—烧嘴 3—炉底水管 4—空气预热器 5—烟囱 6—鼓风机 7—烟道闸门 8—推钢机 9—钢结构 10—热电偶 11—预热空气口 12—重油过滤器 13—重油预热器 14—蒸汽管道 15—油泵 16—接油库 17—炉门

各种形式及用途的工业炉，为了满足不同的要求，其具体结构有很大的区别。在现代工业用炉中，电加热炉已被广泛采用，它工作温度范围宽，控温精度高，便于实现自动控制，且电加热炉结构紧凑，占地面积小，劳动条件好，对环境没有污染，易于实现机械化和自动化操作。

金属（铸造）熔化炉已在 2.2 节中做了简述，粉末冶金烧结炉在 7.3 节中已有概述。下面主要介绍热处理炉及其他工业用炉的结构原理与控制。

8.2 热处理工业炉

8.2.1 热处理工艺概述

热处理的作用可归纳为：改变工件的机械、加工性能，或获得某种使用性能；使工件内部成分均匀，消除内应力；化学热处理（渗碳、渗氮等）可以改变工件表面的化学成分，使工件得到特殊的性能（耐磨性、耐蚀性等）。

热处理工艺有淬火（水冷、油冷）、退火（炉冷、砂冷）、正火（空气冷却）、回火和化学热处理。无论何种热处理工艺，从热工角度看，都由三个阶段组成，即加热、保温、冷却。不同的热处理只是加热温度、加热速度、保温时间、冷却速度和炉子气氛的不同组合。有些热处理工件要求表面不氧化、不脱碳，或要往表面渗碳、渗氮等，这可以在热处理炉中通入控制气氛实现。

图 8-3、图 8-4 所示为典型热处理工艺示意图。图 8-3 所示工艺常用于中、小型普通零件，图 8-4 所示工艺适用于大型铸锻件。详细的工艺参数可参见有关专著。

热处理工艺对热处理炉的要求为：从炉型结构和热工制度上能保证热处理工艺的实现；温度均匀性好，一般要求温差为±10℃以内；炉内气氛可以控制；在优质的基础上力求高产、节能；易于实现机械化和自动化控制等。

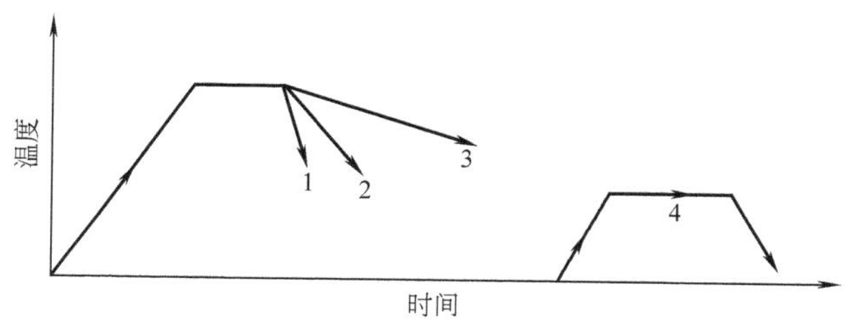

图 8-3 常见热处理工艺示意图

1—淬火 2—正火 3—退火 4—回火

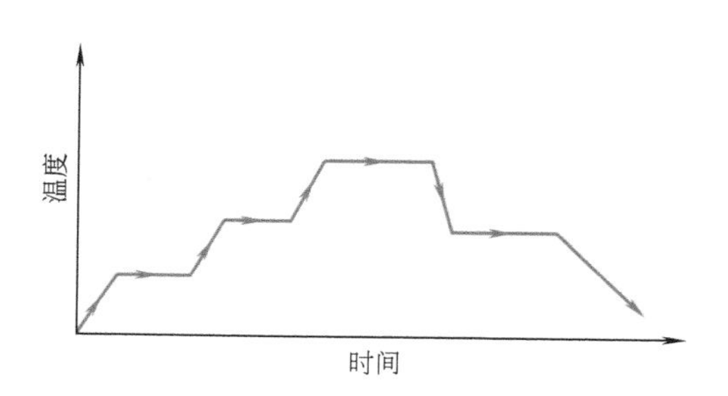

图 8-4 大型铸锻件热处理工艺示意图

8.2.2 连续淬火热处理炉

连续式热处理炉适用于大批量工件生产，常用的连续炉类型有推杆式、输送带式、转底式等。下面以推杆连续式淬火热处理炉为例来介绍它的结构组成及控制。

1. 推杆式淬火热处理炉

图 8-5 所示为推杆式光亮淬火热处理炉，由前室、炉体、后室、清洗机、炉外运输机构和各种动作的液压缸组成，采用吸热式气氛保护，主要用于进行碳钢和低合金结构钢的光亮或光洁加热淬火工艺。该热处理炉的特点是：

1）为了使工件快速和均匀加热，除了在炉墙布置电阻板外，在炉底也布置电阻板。

2）光亮淬火工艺的一个特点是工件最终加热温度要求精确。为此，采用直出炉设计方案，即出料炉门和进料炉门在一条直线上。这样，炉体出料端的炉墙和炉底也可布置电阻板，以提高炉腔出料端温度的均匀性。

3）光亮淬火炉的工作周期较短（10min 就可能出一盘料），为了避免后室吸入空气，影响炉内气氛稳定和淬火工件的光亮程度，后室不设门，使淬火工件在油下移动，从后室以外的油面提出。这种出料方式称为油下出料。

4）在 2720mm×900mm×844mm（长×宽×高）的炉腔尺寸下，炉子安装功率为 138kW，两区控温，最高工作温度为 950℃。电阻板尺寸为 140mm×4mm，两组三角形连接，沿两侧墙和炉底均匀分布。料盘尺寸为 590mm×340mm，炉腔能容纳 8 个料盘，实际放置 7 个料盘。

2. 连续式热处理炉的控制系统

某厂设计的可控气氛连续式热处理炉及其液压控制系统分别如图 8-6 和图 8-7 所示。炉

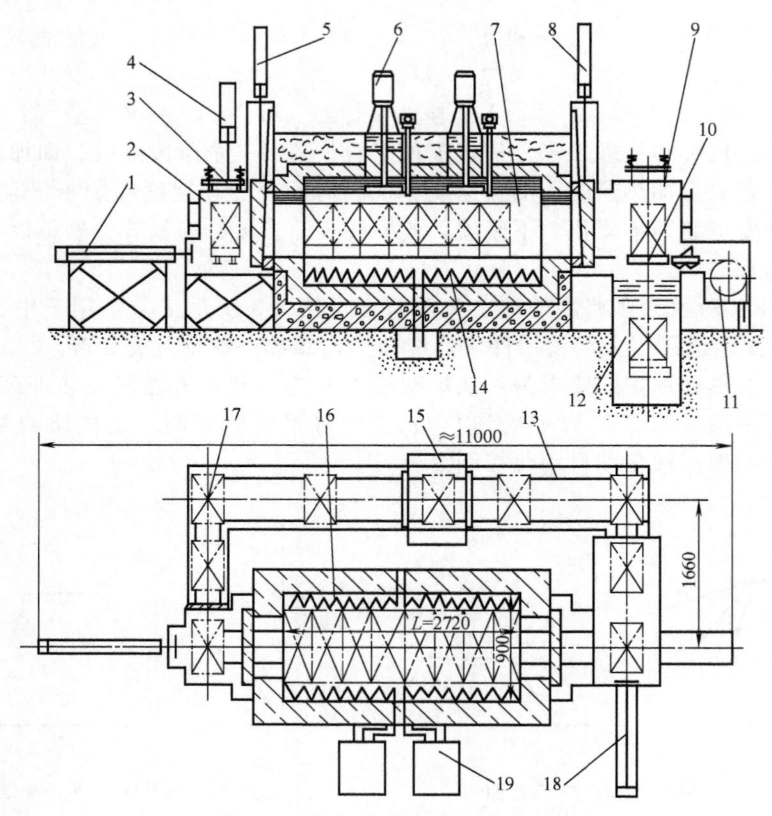

图 8-5 推杆式光亮淬火热处理炉

1—前推料液压缸 2—前室 3—防爆装置 4—前室门液压缸 5—前炉门液压缸 6—炉体风扇装置 7—炉体 8—后炉门液压缸 9—后室 10—升降台 11—后拉料机构 12—淬火油槽 13—纵向运输机构 14—炉底电阻板 15—清洗机 16—炉墙电阻板 17—前侧进料机构 18—油下平推液压缸 19—变压器

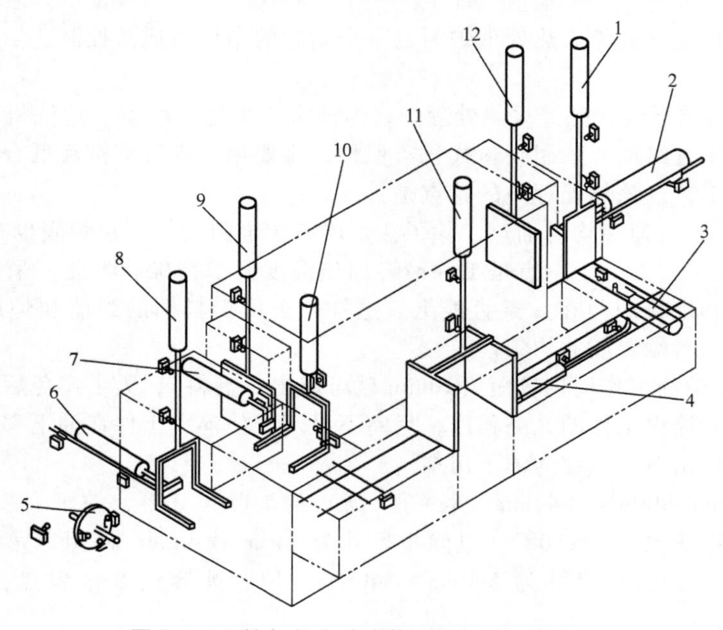

图 8-6 可控气氛连续式热处理炉（立体图）

1—前炉门液压缸 2—前推料液压缸 3—前侧推料液压缸 4—纵向运输液压缸 5—后拉料机 6—油下平推液压缸 7—后侧拨料液压缸 8—升降台Ⅰ液压缸 9—后炉门液压缸 10—升降台Ⅱ液压缸 11—清洗门液压缸 12—前室门液压缸

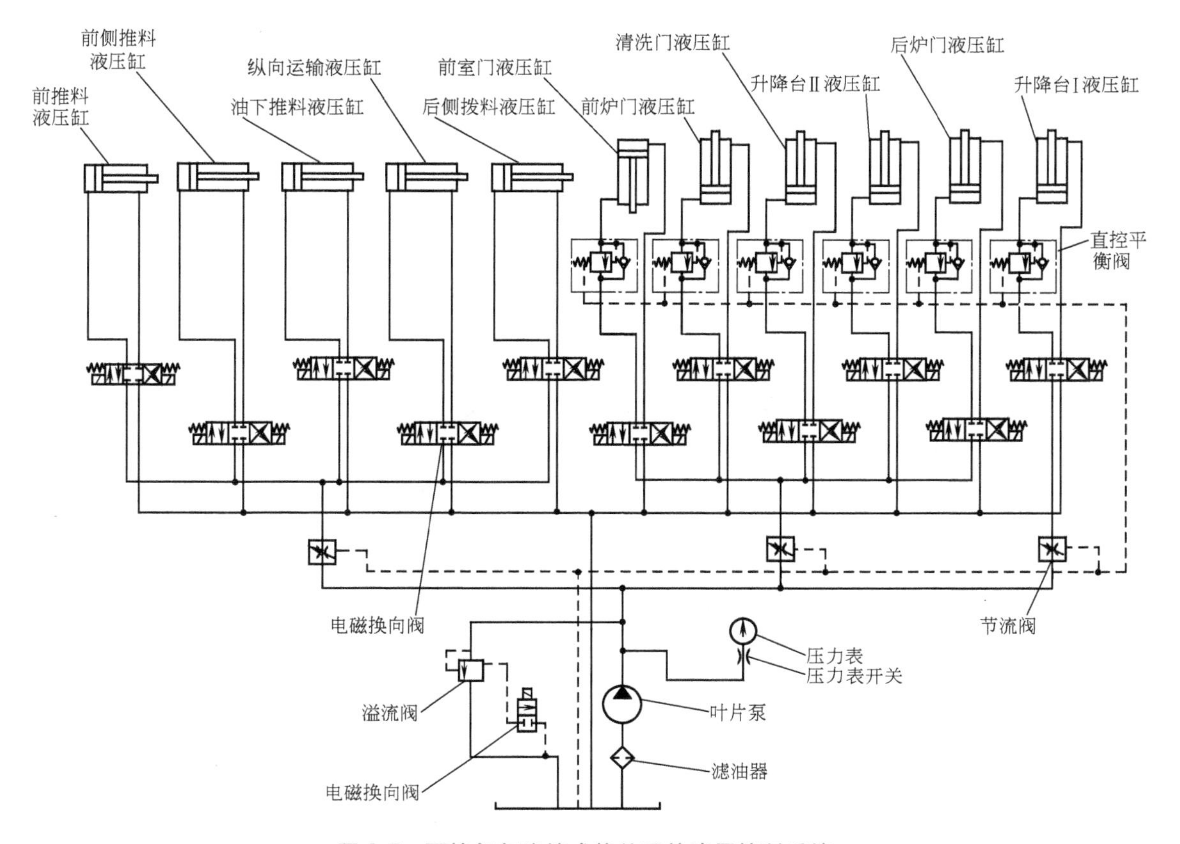

图 8-7　可控气氛连续式热处理炉液压控制系统

内共有 7 个料盘，每盘最大质量（包括料盘）为 220kg。要求淬火升降台Ⅰ下降入油槽使零件淬火的运动速度最快达 0.166m/s。炉子共有前室门、前炉门、前推料机、侧推料机、升降台等 11 个运动部件，其动作过程为：液压泵起动→清洗门开→纵向拉杆进→纵向拉杆退→清洗门关→（清洗泵工作）→升降台Ⅱ升→后侧拨杆进→后侧拨杆退→升降台Ⅱ降→升降台Ⅰ升→前炉门开→前推料机进→前推料机退→前炉门关→后炉门开→后拉料机进→后拉料机退→后炉门关→升降台Ⅰ降→油下推料机推→油下推料机退→前室门开→前室侧推料机进→前室侧推料机退→前室门关，周期完毕。

各程序的转换全部用三位四通电磁换向阀，由电气控制系统实现程序的顺序动作。为了在液压泵起动和第一个程序动作之间使液压泵卸荷，采用二位二通电磁阀的卸荷回路。采用进油节流调速回路对运动部件的运动速度进行调整。由于淬火升降台Ⅰ下降入油槽的速度有特殊要求，故淬火升降台Ⅰ单独用一个节流阀控制。为节省元件，余下的 5 个做水平运动的部件为一组，用一个节流阀控制；5 个做垂直运动的部件为一组，用一个节流阀控制。为了工作可靠，所有做垂直运动的部件都采用单向顺序阀的平衡回路，以防止因自重而自动下落。为了随时可以测得系统的压力，设置一个压力表，并用压力表开关控制。为使油液清洁，用一个网式滤油器。

8.2.3　可控气氛热处理炉

自 20 世纪 90 年代以来，可控气氛热处理炉得到了快速发展，其应用范围越来越广泛。当前，常使用的可控气氛热处理炉有井式渗碳炉、密封箱式周期炉、推杆炉、可控气氛转底炉、网带炉、辊底式炉、转底式炉和链板炉等。可控气氛热处理炉的自动化程度越来越高，很多可控气氛热处理炉生产过程只需人工将零件装入热处理工装，零件的全部热处理过程自动完成；而有的热处理自动生产线零件转运至热处理后进入备料库，其他工序全部自动完成。在实际中，对于不同热处理要求的零件，要根据具体情况选用合适的可控气氛热处理炉。

1. 可控气氛井式热处理炉

可控气氛井式热处理炉是在井式气体渗碳炉的基础上经过改进而来的。对井式渗碳炉的改进，主要是炉子的密封、电气部分（加热控制、温度控制和运转部分的控制）、增加气氛控制部分以及气氛的调节供应部分。

图 8-8 所示为可控气氛井式炉系统。该系统增加了气氛控制部分，加强了炉子的密封。炉子气氛的控制，是从炉子采集的气体通过气体分析仪分析后得到的结果传送给测量转换器；同时氧探头检测得到的氧势值也传送到测量转换器；测量转换器将两组信号经过转换后传送给碳势控制仪；碳势控制仪将计算机给定的碳势值与测定得到的炉子气氛碳势值进行比较计算，向碳势调节器发出指令，碳势调节器调节电动阀气氛碳势，使气氛碳势达到工艺给定要求的碳势值。图 8-8 也是通过气体分析仪和氧探头联合进行两参数的控制。由于渗碳原料直接进入炉内裂解渗碳，容易形成炭黑和较多的 CH_4，易造成氧探头控制气氛的失控现象。而采用两参数控制就能够减少和避免失控现象的发生，使气氛得到比较准确的控制，保证气氛达到给定碳势。可控气氛井式渗碳炉结构简单，投资少。但是，可控气氛井式渗碳炉生产的零件质量稳定性较差及零件质量的重现性差，进出炉时零件与空气接触有轻微的氧化现象。并且，可控气氛井式渗碳炉不利于实现热处理过程的机械化和自动化。

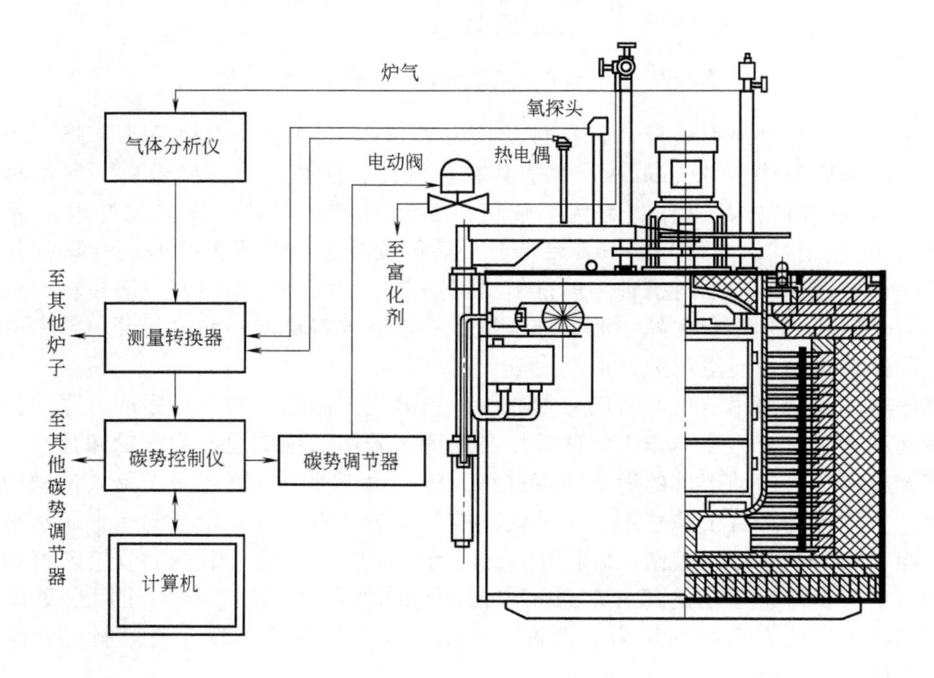

图 8-8 可控气氛井式炉系统

可控气氛热处理过程中热处理质量的保证主要是通过对炉子气氛的控制来实现的。因此，炉子内气氛的碳势是否能够达到工艺规定的碳势将直接影响热处理零件的质量，热处理炉的气氛碳势控制决定了热处理后零件表面的质量。对炉子气氛的控制主要由以下四大部分组成：①气氛检测部分，即气氛检测仪表；②气氛控制部分，气氛控制仪表由碳势控制仪和计算机组成；③气氛调节部分，调节机构由气氛调节机构和电动阀、电磁阀等组成；④炉子温度、气氛碳势以及其他参数的记录和炉子气氛温度控制指令的发出，由计算机或记录仪组成。

气氛检测部分采用检测仪表对气氛进行检测，并将检测得到的气氛相关信号传送到气氛控制部分。对于井式渗碳炉的气氛检测，可以应用的气氛检测仪表主要有如下几种：氧探头碳势控制仪、CO 红外仪、CO_2红外仪和 CH_4红外仪等。图 8-9 是采用 CO_2红外仪对井式气体渗碳炉进行碳势自动控制的系统。井式渗碳炉系统采用的是液体渗碳剂进行滴注方式进行气体渗碳处理的方法。采用煤油作为富化剂，甲醇作为稀释剂。其中，稀释剂甲醇为固定滴量；煤油则有两条管路供给：一条管路固定煤油滴量，另一条管路依靠电磁阀控制煤油滴量。通过调节滴入炉内煤油的滴量，从而达到有效调节炉子气氛碳势的目的。采用的气氛分析仪器是 KH—02 型红外线自动控制仪调节单元和 QGS—04 型红外线气体分析器。在渗碳气氛控制过程中，井式渗碳炉内的气体由取样泵吸取炉内气样，经过干燥、过滤及陶瓷过滤器除去气氛中的水、灰尘和其他杂质。经过干燥过滤的气体流经流量计进入的 CO_2红外仪，红外仪对炉子气氛中的 CO_2进行连续分析测定，测定获得的信号传送到记录仪，将检测得到的 CO_2值指示记录下来，同时将测定获得的 CO_2信号送到调节单元。调节器将红外仪测得的炉内气氛的 CO_2信号值与设定的 CO_2值进行比较。调节单元通过比较得到的信号进行比例—积分运算，变成与偏差值相对应的脉冲式调节信号，脉冲式调节信号对煤油管路上的电磁阀按调节器给出的脉冲信号进行开启或关闭。这样滴入一个与偏差值相对应的煤油滴量至炉内，达到了对炉子气氛碳势进行调节的目的。当调节器输出一个脉冲宽度时，电磁阀开启一个脉冲宽度时间，煤油滴入炉内一个脉冲宽度时间。当调节器处于脉冲间隔时间时，电磁阀处于关闭状态，煤油停止向炉内滴入。在进行自动控制过程时，脉冲宽度和脉冲间隔是交替进行的。调节器得到的偏差越大，则脉冲宽度越大，滴入炉内的煤油就越多；偏差越小，脉冲宽度越小，滴入的煤油也就越少；偏差消失，脉冲宽度为零，电磁阀完全关闭停止向炉内滴入煤油。在自动控制过程中，脉冲间隔的作用是调节滴入炉内的煤油汽化分解，使炉内气氛趋于平衡状态，起到提高气氛碳势控制精度的作用。

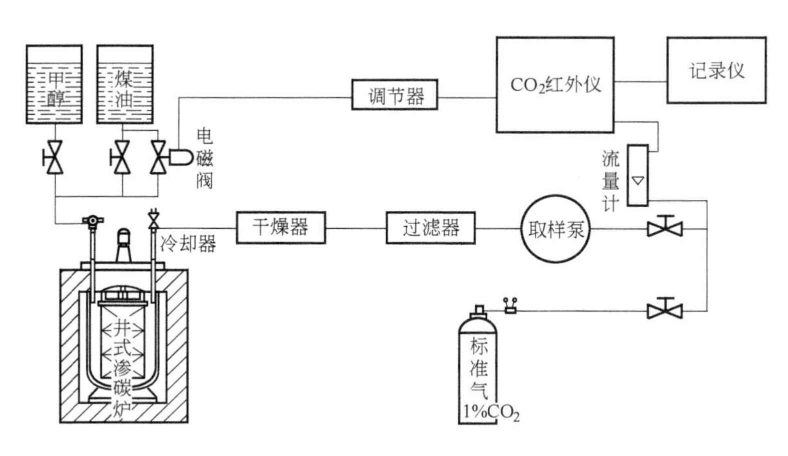

图 8-9　井式渗碳炉碳势自动控制系统

如果采用计算机对井式渗碳炉进行控制，可以一台计算机控制多台炉子，且可以进行联网，实现在办公室就能够直接观察炉子运行情况，同时及时地调整炉子的各种参数，保证炉子随时能够很好地得到及时调整，以确保热处理产品质量。同时，可应用数理统计方法对接收的实时测量数据进行统计分析，也可通过实时记录的数据对热处理后的零件质量进行分析，以确保热处理零件的质量。

2. 可控气氛转底热处理炉

转底炉是指炉子底部能够转动的炉子，主要应用于各种零件的淬火加热过程，也有应用于渗碳、碳氮共渗、退火或其他方面的热处理的加热过程。目前应用转底炉进行热处理较多的工艺是作为零件渗碳后的加压淬火的加热。应用转底炉对零件进行淬火，零件的加热均匀，炉内通入可控气氛能够保证零件加热过程中不发生氧化脱碳或增碳，对于产生轻微脱碳的零件可进行零件表面补碳处理。20 世纪 90 年代，转底炉发展到由多台转底炉、回火炉和清洗机等组合成为热处理柔性生产线。在热处理柔性生产线内，对不同热处理要求的零件同时进行热处理及加热淬火，对不同要求的渗碳层零件进行渗碳处理，热处理完成后的零件质量完全达到工艺要求。转底炉的优点如下：

1）转底炉加热零件均匀。转底炉多数采用辐射管加热，辐射管合理布置，可使得炉内温度均匀，因此零件加热均匀。同时，炉底转动，可使炉子的各个部位进行均匀加热，增加零件加热的均匀性。

2）转底炉与机械手配合容易实现热处理过程的自动化。应用计算机进行控制，配合机械手进行零件的进出炉可实现生产过程的全自动化。

3）零件在转底炉内进行加热不会发生加热过程氧化脱碳或增碳现象。转底炉内通入可控气氛，应用氧探头碳控仪或红外仪对炉内气氛碳势进行控制能够实现零件加热过程不发生氧化、脱碳和增碳现象。

4）对转底炉内气氛碳势进行有效的控制，能够对轻微脱碳的零件进行补碳，保证零件脱碳表面达到要求的碳质量分数。也可进行零件的渗碳、碳氮共渗等，保证得到高质量的渗碳零件。

转底炉由六大部分组成：

（1）炉体部分　包括炉子加热室全部内容：炉壳、炉底、辐射管加热器、炉子保温层和炉子支撑架等。

（2）机械传动部分　包括炉底转动机构、炉门开闭机构、炉底定位装置、炉子工位定位装置等。

（3）炉底密封部分　包括炉底密封油、密封油循环系统、密封油冷却系统、密封油流量油位控制系统和密封油的过滤系统。

（4）转底炉管路部分　管路部分包括吸热式气氛供气管路、天然气管路、压缩空气管路、冷却水管路、油循环管路等。

（5）电气控制部分　包括转底炉运转控制，炉子加热控制，炉子安全控制，水、油、气供应控制等。

（6）仪器仪表部分　包括炉子温度控制仪表、炉内气氛控制仪表、油温控制仪表等。如果应用可编程序控制器（PLC）和计算机联机控制，则还包含有 PLC 和计算机部分。

图 8-10 所示为转底炉结构示意图。转底炉加热功率为 108kW，共有 12 根电加热辐射管进行加热；转动炉底直径为 2.77m，最大分度时间为 0～30min；工作温度为 890℃，最高工作温度为 930℃。该转底炉共 10 个工位，其中 9 个是有效工位，炉门口的工位作为零件进出炉门之用。在进行零件正常加热过程，炉门 1 个工位空着不放零件，这样避免造成即将出炉零件的温差。炉底工位的前进方式采用进二退一方式运转，这样保证炉内加热完成的零件和刚进炉的零件始终有一空工位相隔。炉门的开启应用气缸作用开关炉门。采用吸热式气氛作为载气，天然气作为富化气，空气作为稀释气对炉内零件进行保护加热。通过调整通入炉

内的天然气和空气可以任意调整炉内气氛碳势，适应不同钢种的加热保护。当炉门开启时，马上点燃火帘，烧掉可能进入炉内的氧气，以避免炉内气氛与氧混合发生爆炸。采用氧探头测定炉内氧势，CO 红外仪测量炉内气氛 CO 含量。将氧势和 CO 含量参数送到碳势控制仪进行分析计算，对炉内气氛碳势实现有效控制，能够保证零件加热过程不发生氧化和脱碳现象。采用数字仪表控制炉内温度，确保温度控制在要求温度范围内。碳势控制仪和温控仪的控制信号传送到可编程序控制器，由可编程序控制器将信号传送到计算机。计算机记录炉子生产过程的各阶段温度、碳势以及其他信号。采用温度测温仪表控制炉子的温度，调功器调节晶闸管供给加热器电功率的大小，调节炉子温度在较小的范围内波动。转底炉在可靠的气氛保护、准确的温度调节下进行零件的加热处理，能够得到高质量的热处理零件。

炉底转动采用液压传动方式，液压马达将力矩传动给小链轮，小链轮通过链条带动固定于炉底的大链轮转动，从而使炉底转动。炉底与炉体之间的间隙密封采用循环油进行密封，完全能够保证炉内气氛不会从炉底泄漏出来。炉底密封循环油对炉底的密封是通过液压泵将液压泵向冷却器冷却后的密封循环油流向炉底密封槽实现对炉子气氛密封；密封油再经过回油口流回油槽，完成油对炉子气氛的密封。炉顶应用循环风扇对炉内气氛进行强制循环，以确保炉内气氛的均匀性。

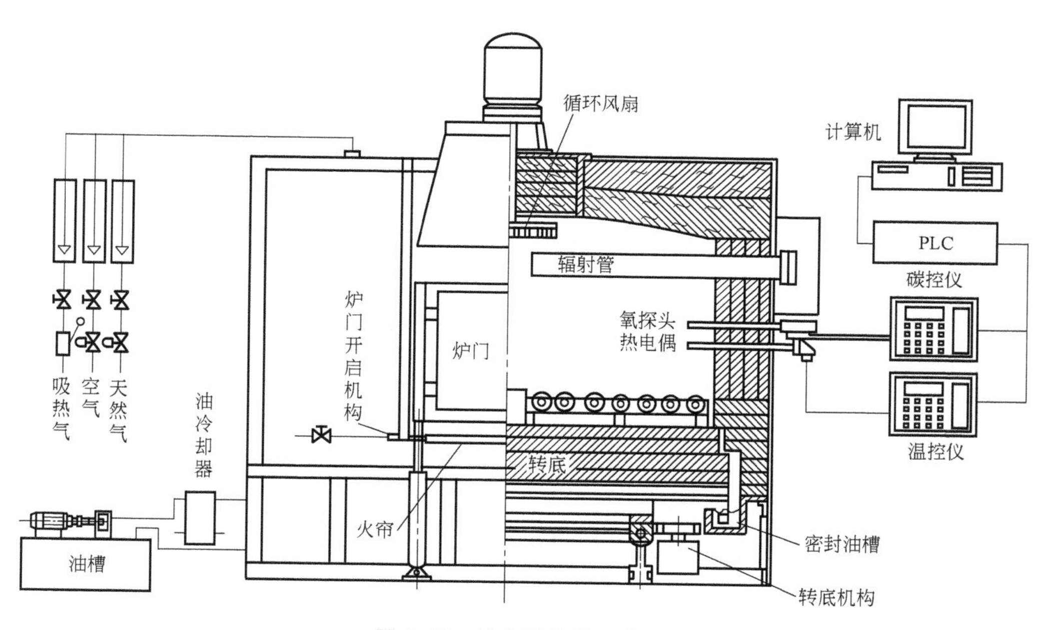

图 8-10　转底炉结构示意图

图 8-11 所示为转底炉的炉底转动机构，它是按“进二退一”方式运转的，为自动运转方式。炉底共设有 10 个工位，其中 9 个工位为有效工位，1 个为空置工位。炉内 9 个有效工位对零件进行正常加热，1 个空工位。零件加热过程空工位始终是炉门工位。图 8-12 所示为转底炉炉底转动示意图。炉门口工位为 1 号工位，为空工位；加热完成零件的工位为 2 号工位。假设炉底每 10min 转 1 个位循环。当 2 号工位零件加热时间达到工艺要求时，炉底开始转动。首先，前进一个工位，此时 2 号工位加热完成的零件到达炉门口；开启炉门取出 2 号工位加热完成零件；2 号工位零件取出后，关闭炉门，炉底后退；1 号工位退回炉门口，开启炉门将零件装到 1 号工位；关闭炉门，炉底向前转动 1 个工位；此时，2 号工位为空工位转到炉门口，零件继续加热；10min 加热完成，3 号工位零件达到工艺要求加热时间，炉

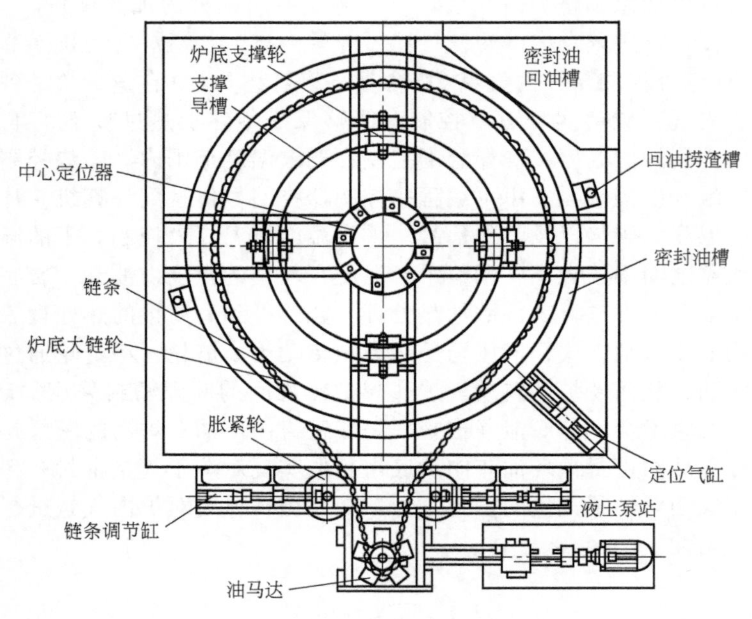

图 8-11 转底炉的炉底转动机构

底开始转动；2 号工位向前进，3 号工位转到炉门口；开启炉门，取出加热完成的 3 号工位零件，关闭炉门。炉底后退，2 号工位空工位转向炉门，开启炉门；将零件装到 2 号工位，关闭炉门，炉底向前转动 1 个工位，炉子继续对零件进行加热，转底炉就按照这样的步骤进行零件的加热处理。

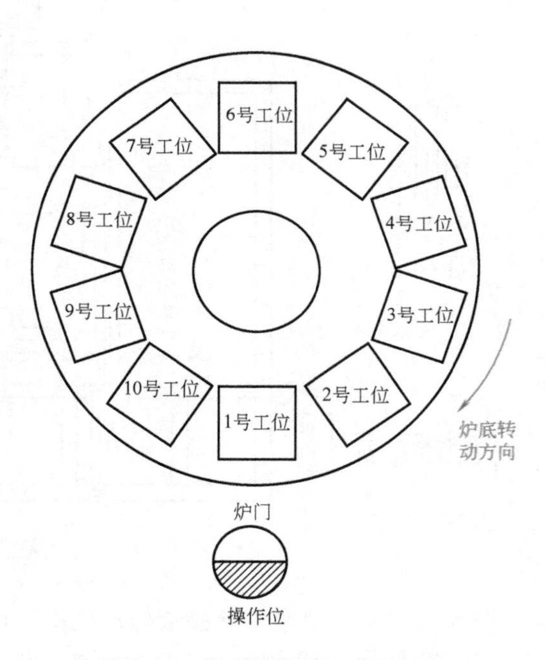

图 8-12 转底炉炉底转动示意图

3. 可控气氛滚筒式热处理炉

可控气氛滚筒式热处理炉适用于大批量轴承滚珠、小型轴承套圈和标准件等小型零件的淬火、回火处理。在加热过程中零件一直在滚筒炉的耐热钢滚筒内不断地翻滚，因此滚筒炉加热使小零件温度均匀。零件顺滚筒内的螺旋槽方向不断前进、不断翻滚完成零件的加热过程。因此，不能磕碰和碰撞的零件不适合该滚筒炉。滚筒炉配备相应的设备可组成小零件热处理生产线。图 8-13 所示为可控气氛滚筒式热处理生产线结构示意图。这条小型零件热处理生产线由上料装置、清洗烘干机、滚筒加热炉、淬火油槽、清洗回火炉以及传动装置、控制系统和气氛供应系统等组成。

这条可控气氛滚筒式热处理生产线具有较高的自动化程度，只需将零件装入装料筐后就能够自动完成零件的清洗、烘干、加热、淬火、清洗和回火全部热处理工序。应用这条可控气氛滚筒式热处理生产线热处理的零件质量稳定、热处理质量高、淬火硬度均匀、表面光洁、质量重现性好。滚筒式热处理生产线与机械加工生产线配合能够形成一条连续不断的零

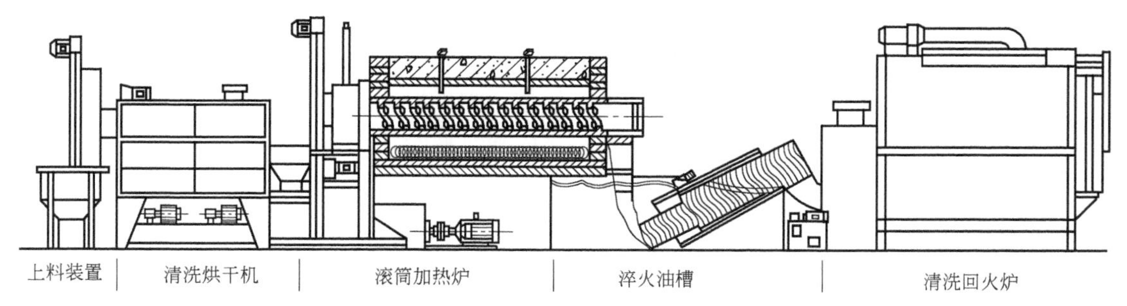

图 8-13　可控气氛滚筒式热处理生产线结构示意图

件生产线。可控气氛滚筒式热处理生产线的关键部位是滚筒，滚筒使用耐高温的高镍铬钢制成，滚筒内有螺旋环槽。滚筒加热炉的滚筒两端伸出端支撑在滚轮上，由电动机经过变速器减速，再由链轮链条带动滚筒旋转。滚筒转动的速度可以根据工艺要求进行调整，由此保证滚筒加热炉适应不同的热处理工艺规范。滚筒滚动过程中零件沿环槽不断地向前推进加热，由此零件能够在滚动过程得到均匀的加热。滚筒炉的气氛控制采用氧探头碳控仪或红外仪进行精确的控制，保证零件加热过程不会发生氧化、脱碳和增碳现象，确保零件加热质量。零件从上料装置进入清洗烘干机清洗，以清洗零件的油污，并烘干残留的水分；然后不断地从烘干机进入滚筒加热炉；加热完成的零件不断地淬入淬火油槽内完成零件的加热淬火过程。由于零件加热过程是在不断滚动的过程中进行，因此加热均匀，零件的热处理质量好。淬火完成的零件依靠滚筒提升装置进入清洗机内清洗，清洗由于加热和淬火过程造成的油污。清洗完零件进行回火处理，从而完成零件热处理的全过程。

4. 多室可控气氛渗碳炉

过去的连续渗碳炉，都是直通式单室炉结构。这种单室炉腔，由于气氛的窜流，不能严格将渗碳过程分为加热、渗碳、扩散等区段，使加热区、预冷区碳势过高，析出大量炭黑，不利于碳势的精确控制。为了提高炉子生产率和改善渗碳件质量，20 世纪 70 年代以后出现了各种类型的多室连续渗碳炉。这种多室炉将加热室、渗碳室、扩散室等用门严格隔开，创造了各区段不同碳势精确控制的条件。

图 8-14 所示为三室渗碳炉，其加热室、渗碳室和扩散室是用门隔开的。加热室保持中

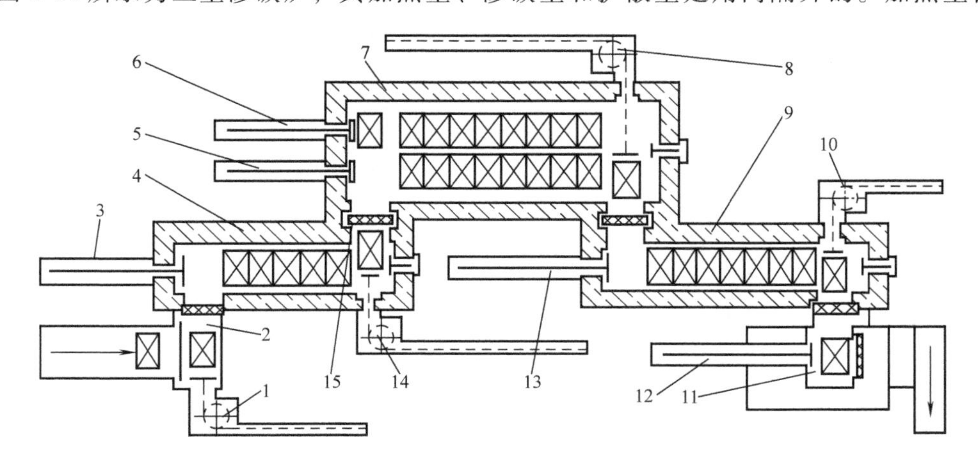

图 8-14　三室渗碳炉

1、3、5、6、8、10、12、13、14—推料机　2—前室　4—加热室　7—渗碳室
9—扩散室　11—冷却室　15—炉门

性气氛（不渗碳、不脱碳气氛）。工件在加热室加热到渗碳温度后才进入渗碳室。渗碳前，工件温度的均匀一致是保证渗碳层均匀的重要条件。

经过扩散室的渗碳件，进入冷却室。冷却室是一个夹层的水冷套，使工件迅速冷却至室温，以免渗碳层厚度增加。为避免工件氧化，在冷却室通有保护气氛。

8.2.4 真空热处理炉

在真空下进行熔炼和热处理，可减少或防止氧化，具有脱气和脱脂等作用。将真空技术用于热处理炉，几乎可实现全部的热处理工艺。真空热处理炉在真空状态下的加热方式为辐射，具有加热速度慢、自动化程度高、温度均匀性好、工艺重现性好、处理的零件变形小、表面状态好、寿命长等特点，它较适合于要求高的不锈钢和耐热合金钢零件、工具和模具等的热处理。

真空热处理炉正处在迅速发展阶段，其结构多种多样，分类五花八门。通常，真空热处理炉可分为真空淬火炉、真空退火炉和真空回火炉等几种。

1. 真空淬火炉

真空淬火炉主要分为油淬真空炉和气淬真空炉，其中油淬真空炉应用较早，应用较为广泛，但近些年来逐渐被气淬真空炉取代。气淬真空炉是在近 20 年来发展较快的真空炉，它是利用惰性气体氩气或氮气作为淬火的冷却介质，有很好的安全性与经济性。目前，冷却室气体压力从 0.2MPa 发展到 0.6MPa（高压气淬真空炉）、1MPa（超高压气淬真空炉），并向 2MPa、4MPa 的更高压方向发展；此外，带对流加热真空炉及高压高流率真空炉、负（高）压高流率真空炉也得到了迅速的发展。

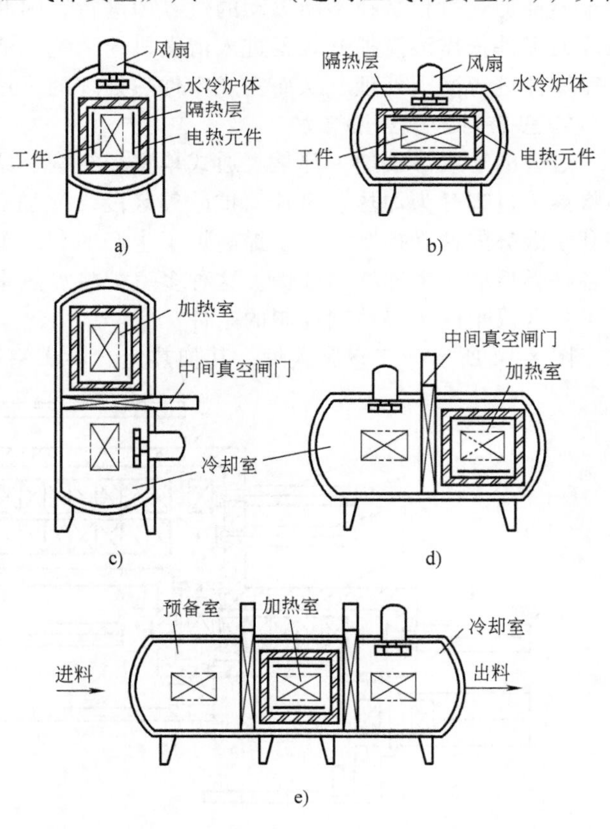

图 8-15 各种类型的气淬真空炉

a）立式单室炉 b）卧式单室炉 c）立式双室炉 d）卧式双室炉 e）三室炉

各种气淬真空炉基本都由炉体、加热室、冷却装置、进出料机构、真空系统、电气控制系统、水冷系统以及回充气体系统等组成。气淬真空炉主要用于金属工件的气淬、回火、退火、钎焊以及烧结等。目前，各种类型的气淬真空炉如图 8-15 所示。图 8-15a、b 是立式和卧式单室气淬真空炉，其加热与冷却在同一个真空室内进行。该类真空炉结构比较简单、操作维修方便、占地面积小，是目前广泛采用的炉型。图 8-15c、d 是立式和卧式双室气淬真空炉，其加热室与冷却室由中间真空隔热门隔开，工件在加热室加热，在冷却室冷却。这类炉子由于冷却气体只充入冷却室，加热室仍保持真空状态，因此可缩短再次开炉的抽真空和升温时间，且有利于工件冷却。图 8-15e 是三室半连续式气淬真空炉，它由预备室、加热室和冷却室等部分组成，相邻两室之间设真空隔热门，该炉的生产率较高，能耗较低。

高压高流率气淬真空炉有内循环和外循环两种结构，如图 8-16 所示。内循环是指风扇和热交换器均安装在炉壳内，形成强制对流循环冷却，而外循环的风热交换器安装在炉壳上进行循环。近年来又出现了带对流加热装置的气淬真空炉，它具有两种结构形式，如图 8-17 所示。图 8-17a 为单循环风扇结构，即对流加热循环与对流冷却循环共用一套风扇装置，各自有独立的风扇结构。在高温下（≥1000℃），搅拌风扇的材料可采用高强度复合碳纤维，它具有轻便以及足够的高温强度和抗耐热气体的冲刷作用。这类炉子可用于真空高压气淬等温淬火。

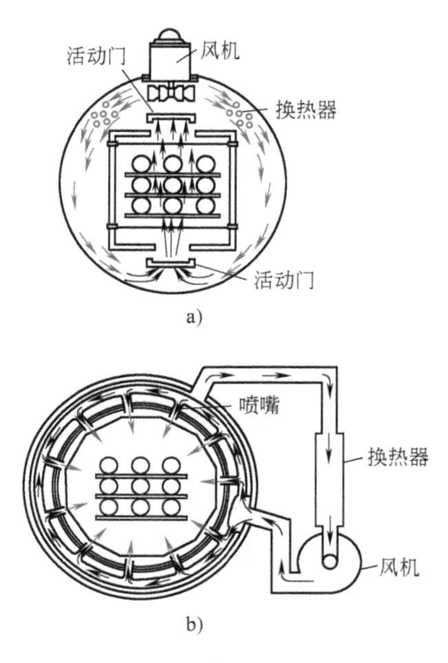

图 8-16 高压高流率气淬真空炉
a）内循环气淬真空炉 b）外循环气淬真空炉

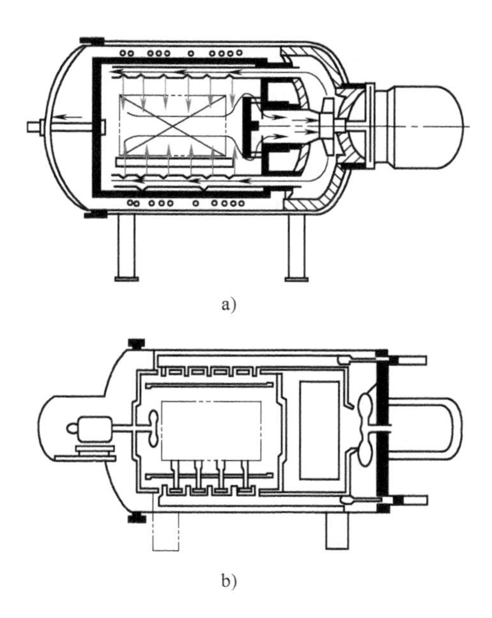

图 8-17 带对流加热装置的气淬真空炉
a）单循环风扇 b）双循环风扇

单室气淬真空炉有卧室和立式两种，单室气淬真空炉的加热与冷却是在同一个室内完成的，该类真空炉采用石墨管加热，硬化石墨毡隔热，也可采用钼带加热，夹层隔热屏或全金属隔热屏隔热。强制冷却系统采用大风高压风机和大面积的铜散热器，以及高速喷嘴沿着加热室 360°均布，以确保气淬的均匀性。单室立式气淬真空炉如图 8-18 所示，VFC 型卧式单室高压气淬真空炉如图 8-19 所示。

2. 真空退火炉

真空退火炉应用最早，应用范围广泛。早期的外热式真空炉主要用于真空退火、消除内应力和固溶处理等，后来发展到用于其他热处理。内热式真空炉中，自冷式炉主要用于各类金属和磁性合金的退火、不锈钢等材质的钎焊以及真空除气等处理。

图 8-20 所示为 LZT—150 型立式真空退火炉。该设备为立式单室结构，具有结构简单和占地面积

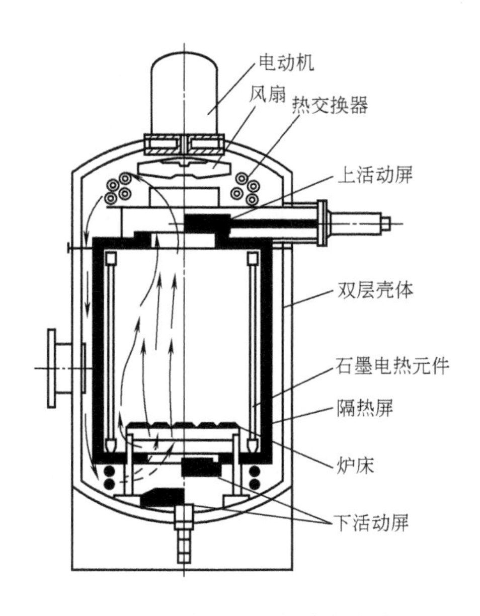

图 8-18 单室立式气淬真空炉

小的特点。全部热处理过程（包括加热和冷却）不用移动工件即可完成。设计采用高架式垂直升降装料结构，设计了料台、炉门合为一体的活动料车，可以升降，也可在导轨上纵向进出移动。装料方便，操作简单，炉门升降机构采用丝杠螺母传动，与国外同类真空炉机构相比，结构简单，制造成本低（国外均采用滚珠丝杠）。另外，炉胆隔热屏是由两层钼片、四层不锈钢和一层碳毡组成的复合式隔热屏，保温隔热性能好，节省能源。加热元件为厚1.2mm、宽55mm的钼带，在炉内均匀布置，钼片之间用钼螺钉连接，加热元件由特殊设计的陶瓷架支撑，安装拆卸方便。为防止金属元素的挥发造成加热体对地短路，加热元件与隔热屏间设计了陶瓷绝缘体。

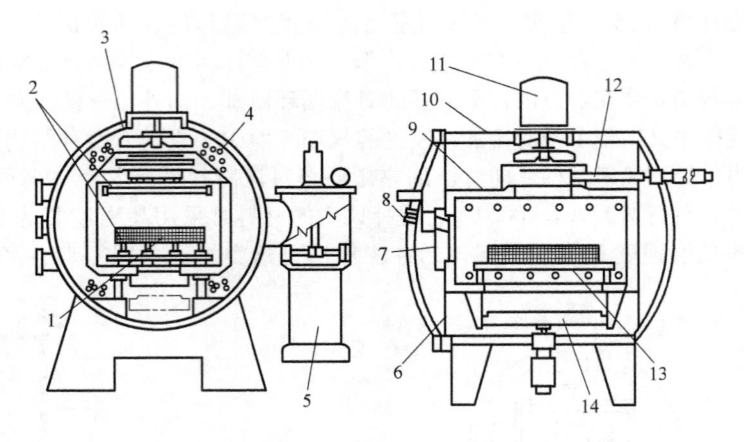

图 8-19 VFC 型卧式单室高压气淬真空炉

1—工件料筐 2—加热元件 3—高压炉壳 4—冷却管组 5—油扩散泵 6—冷却气体屏蔽室 7—铰接热室门 8—观察孔 9—热屏蔽侧板 10—炉体 11—气冷风扇 12、14—可收缩冷却门 13—炉底板

炉膛有效加热区分为上、中、下三区，分别由三个控温热电偶控制，输入电压由三台磁性调压器分别供给，以保证有效加热区内温度均匀性的要求。设备配备有容积为2m^3，压力为0.6MPa的充气储罐及充气气冷装置，当工件需快速冷却时，充气系统向炉内快速充入8×10^{4}Pa的氩气强制冷却；同时，打开上下炉胆小门，开启离心风扇，使气体形成对流。炉内热量通过热交换器和炉体循环水冷却带走，加速了工件的冷却，可以满足零件的整体退火、固溶处理和钎焊等热处理工艺的技术要求。整个工艺过程既可进行自动程序控制，又可手动操作，并有连续安全保护（报警）装置。其温度测量和真空度测量均采用智能化控制仪表，备有自动记录装置。

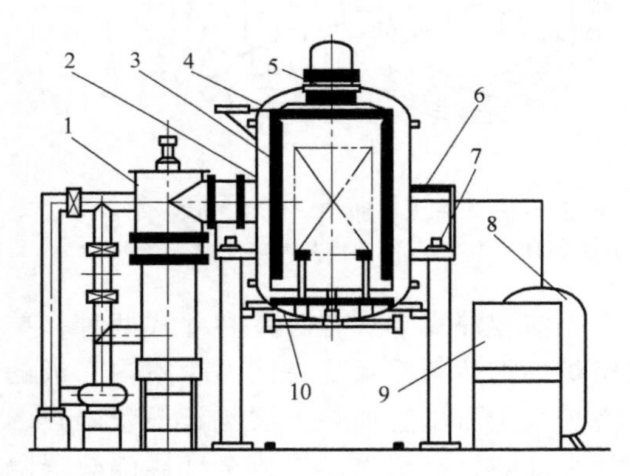

图 8-20 LZT—150 型立式真空退火炉

1—真空系统 2—炉体 3—炉胆 4—上炉门 5—风冷系统 6—支架 7—升降机构 8—充气系统 9—电控系统 10—下炉门

图 8-21 所示为 WZT—10 型卧式真空退火炉，主要由炉门、炉壳、炉胆、真空系统、充气系统、水冷系统和电控系统组成。该设备主要用于沉淀硬化型不锈钢和其他合金材料的固溶处理、时效硬化及退火处理等。由于设备较小，也可作为实验用炉。

（1）炉胆　炉胆是 WZT—10 型真空退火炉的核心部件，也是设计的技术关键，炉胆由外壳（框架）、隔热屏、料台及发热元件等组成，其结构示意图如图 8-22 所示。

炉胆因隔热材料不同，设计了两种结构。第一种炉胆结构采用碳纤维做隔热屏，因其隔热性能好且成本低，主要用于高温加热处理场合。由于碳纤维所夹存的气体不易排出，在加热温度低时（≤650℃），炉内气氛为微氧化气氛，因而，当工件时效硬化时，影响工件的表面质量。第二种炉胆结构全部采用不锈钢做隔热屏，可降低炉内材料在加热过程中的放气量，尽可能减少对工件的氧化，发热元件用 7 根 ϕ12mm 的石墨棒串联组成。

（2）真空系统　为了迅速使真空炉内的真空度达到要求，并保证在加热过程中将工件及炉内结构件释放出的气体及时排出，WZT—10 型真空退火炉配制了强抽气能力的真空系统。真空机组由 K—200 扩散泵、ZJ—30 罗茨泵和 2X—15 旋片式机械泵及各种真空阀门、附属管路连接件等组成。真空系统如图 8-23 所示。

（3）充气系统　充气系统的作用是在加热或冷却时向炉内充入中性或惰性气体。如加热温度在 650℃ 以下，炉内处于微氧化状态，向炉内充入适量的 H_2（如采用 90%N_2+10%H_2），与炉内的微氧化气体中和，形成微还原性气氛，以保证工件在时效硬化处理后表面光亮。在工件冷却时，可向炉内快速充入中性或惰性气体，加速工件的冷却。充气系统由电磁阀、减压阀和贮气罐组成，如图 8-23 所示。

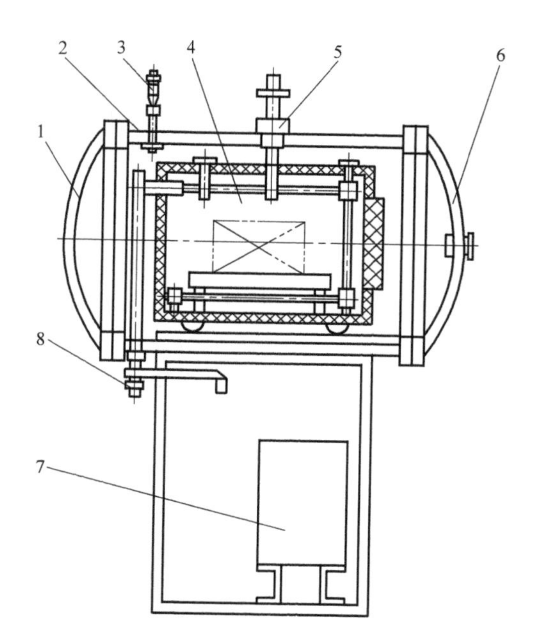

图 8-21　WZT—10 型卧式真空退火炉

1—后炉门　2—炉壳　3—真空规组件　4—炉胆　5—控温热电偶组件　6—前炉门　7—变压器柜　8—水冷电极

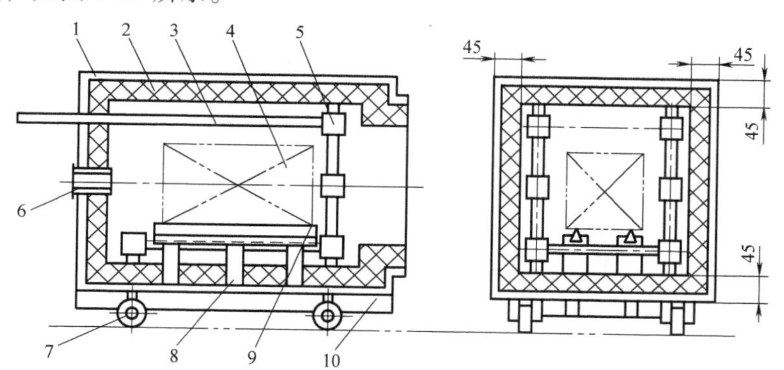

图 8-22　WZT—10 型真空退火炉炉胆结构示意图

1—外壳体　2—隔热层　3—发热体　4—料筐　5—发热体支架　6—观察孔　7—滚轮　8—立柱　9—炉床　10—加强肋

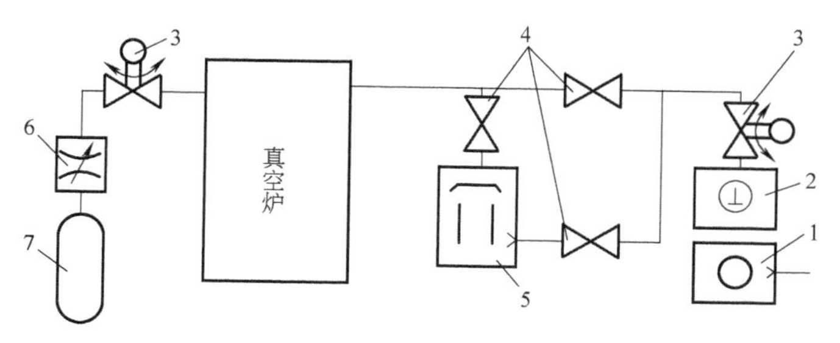

图 8-23　WZT—10 型真空退火炉的真空系统及充气系统示意图

1—机械泵　2—罗茨泵　3—电磁阀　4—手动蝶阀　5—扩散泵　6—液压阀　7—贮气罐

3. 真空回火炉

真空回火的目的是将真空淬火的优势保持下来，如果真空淬火后采用常规回火，特别是中、高温回火，工件表面将发生氧化和不光亮等缺陷。真空回火炉的最高使用温度一般为700℃，气冷压力为2×10^{-5}Pa，真空回火炉由炉体、加热室、热搅拌装置和风冷装置等组成。炉体和炉盖为双层水冷结构，炉体与炉盖间的密封采用双层密封结构，以确保真空炉负压和正压运转时安全可靠。电热元件为镍铬合金带，隔热屏为全金属屏或夹层结构。加热时关闭加热室的前后门，起动热搅拌装置确保加热均匀；冷却时打开前后门并起动风冷装置，气流热量经散热器排除。真空回火炉内的气体为非氧化性的气氛，如氩气、氮气和氮氢混合气体等。

图8-24所示为WZHA—60型真空回火炉及其金属隔热屏结构。炉壳由炉体和炉门组成，炉体是双层圆筒，中间是空的结构，内部通冷却水，炉体与炉门一般是嵌入式结构，采用压紧式形式，也可采用铰链连接，以确保炉门的密封。炉门为双层碳钢结构，通水冷却。加热室呈箱形结构，底部有车轮可前后移动，卸下风扇、热交换器、加热体部件及测温热电偶等，可将加热室拉出炉体，便于设备维修和调整更换部件。送料机构采用导轨料车式送料方式，传动机构是丝杠导轮悬臂叉式升降机构。采用计算机控制料车行进及工位动作，实现装料、出料的半自动化操作。加热室采用石墨棒发热体元件，9根石墨棒分三组均布，炉温均匀性好，升温迅速，价格便宜，使用寿命长。加热室设有转速分两档可调的电动机风扇，用以改变气流方向与流量的导风板以及可升降的热交换器，有利于改变和调节循环气流。采用强力循环冷却，实现真空回火的快速加热和冷却，避免某些钢材的第二类回火脆性；可调节导风板方位，实现最佳的气流导向与分布，获得最优的炉温均匀性。真空系统是为了使零件真空回火后表面颜色合格，产品质量稳定，配备有罗茨泵、机械泵和高真空油扩散泵机组，与气动蝶阀和气动角阀等组成真空系统。充气系统是为了消除零件在加热过程中的氧化，在零件加热时充入低于一个大气压的高纯度氮气，或充入90% N_2+10% H_2的混合气体，使炉内气氛呈弱还原性，以中和炉内残存的氧化性气氛。充气系统由贮气罐、手动蝶阀、减压阀、气动蝶阀、电磁阀和管路等组成。水冷系统为保证炉体各部分正常工作，在炉门、炉壳、热交换器、电极柄部和真空泵等都要进行水冷；同时，为了防备因停水造成对上述部件的影响，必须配有单独的水塔或水箱。电控系统采用计算机等对真空炉的加热系统和冷却系统进行程序控制。温度控制的自动化仪表，其可靠性高。采用计算机控制可实现对机械动作、工艺程序和技术参数的自

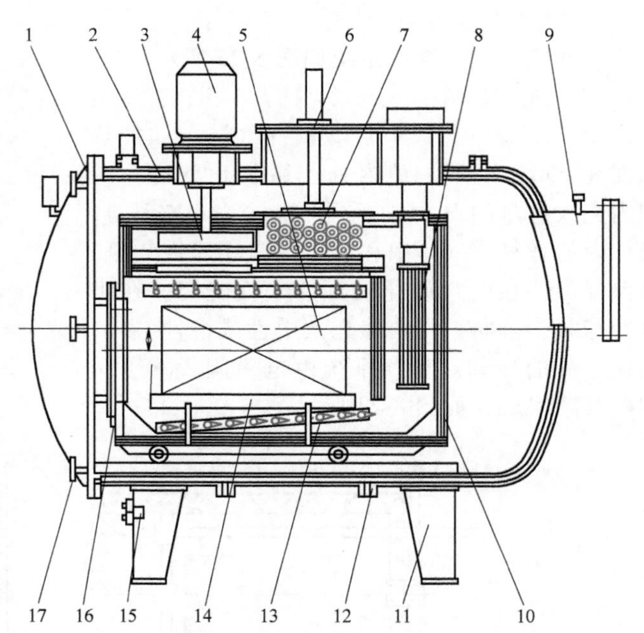

图8-24 WZHA—60型真空回火炉及其金属隔热屏结构
1—炉门 2—炉壳 3—风扇 4—风扇电动机 5—有效加热区 6—热交换器气缸 7—热交换器 8—加热体 9—真空机组接管 10—全金属隔热屏 11—支架 12—冷却水管 13—导风板 14—炉床 15—炉胆 16—加热室门 17—螺栓手柄

动化控制，实现了WZHA—60型真空回火炉的自动化操作。

WZH型真空回火炉的另一种形式为采用双气体循环系统设计，为卧式单室双循环气流真空回火炉，其特点如下：①在炉胆顶部设置热风循环风扇，在加热时回充少量N_2（约0.05MPa），并起动风扇，使热气流经过加热器流向工件，形成对流加热，以确保加热的均匀性；②在炉胆后部设置冷却循环风扇，冷却时回充压力为0.12~0.13MPa的N_2，需要时可加入一定比例的H_2，以防止氧化，冷却气体经热交换器和导风板流向工件，形成强制对流循环冷却，由于冷却速度增加，从而避免了某些合金钢材的回火脆性，缩短了生产周期，提高了生产率；③为保证工件回火后的表面质量和光亮度，真空系统采用高真空扩散泵、罗茨泵及旋片式机械真空泵真空机组，以实现工艺要求的真空度。

WZH—45型真空回火炉由炉壳、炉胆、加热室热循环风扇、冷却循环风扇、真空系统、充气系统、水冷系统、料车、配电装置和控制系统组成，其结构示意图如图8-25所示。该炉加热时抽真空达到预定真空度后向炉内回充氮气，起动加热循环风扇5，随后通电加热，热流循环保证加热温度均匀，保温结束后，停止加热循环风扇，快速充入氮气，同时打开炉胆后小门并起动冷却风扇，使气体从炉胆后小门抽出经热交换器和离心式风机吹向四周，经炉壳内壁再经炉胆前壁与炉胆体中间的开口缝隙进入炉胆内，气体强制循环以保证工件得到均匀快速的加热，从而保证了工件的热处理回火质量。

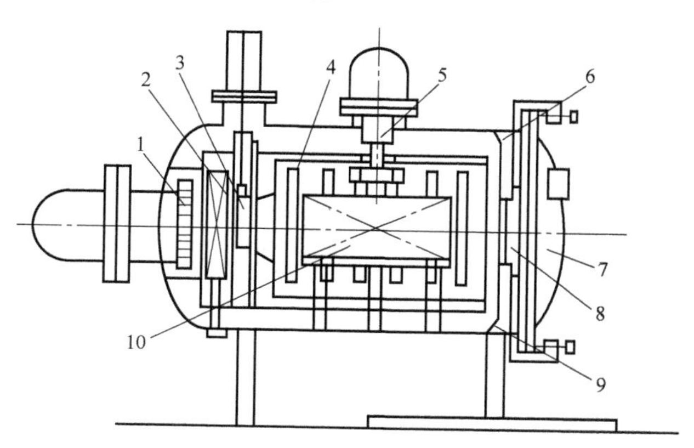

图8-25　WZH—45型真空回火炉结构示意图
1—冷却风扇　2—热交换器　3—炉胆后小门
4—炉胆体及发热元件　5—加热循环风扇　6—炉壳
7—炉门　8—炉前门　9—炉胆前壁（导风口）　10—料筐

8.3　热处理自动生产线

8.3.1　盐浴炉及其热处理生产线

盐浴炉热处理生产线（图8-26）由盐浴加热炉、淬火油槽、淬火水槽、硝盐回火炉和清洗槽组成，可以处理各种中碳钢和中碳合金钢零件。所有设备布置在半径约2m的圆弧上，在圆心位置设有一台机械手，将零件按工艺要求进行传递，以保证各工步间的自动衔接。为了完成零件在加热炉内和淬火槽中的上下运动，在相应设备上各装一个由液压缸驱动的辅助手爪。整条生产线由一台中心控制柜来控制，除装卸料需人工外，其他各步操作可根据工艺要求编排工步顺序，再按工步顺序绘制动作顺序图，预先在控制柜的矩阵板上进行程序编制。

1. 生产线的工步顺序

设计时基本以盐浴炉加热时间为整个工艺流程的最短时间。为了充分利用机械手的传递机能，应尽量缩短盐浴炉装卸料的间隔时间，并利用零件在加热、预冷和回火中的“等待时间”，完成机械手的就位动作。这样，盐浴炉的加热时间及其装出炉时间之和就是整个工艺流程的一次循环时间。在生产线上，先后完成加热、淬火、回火、清洗等工艺过程，其工

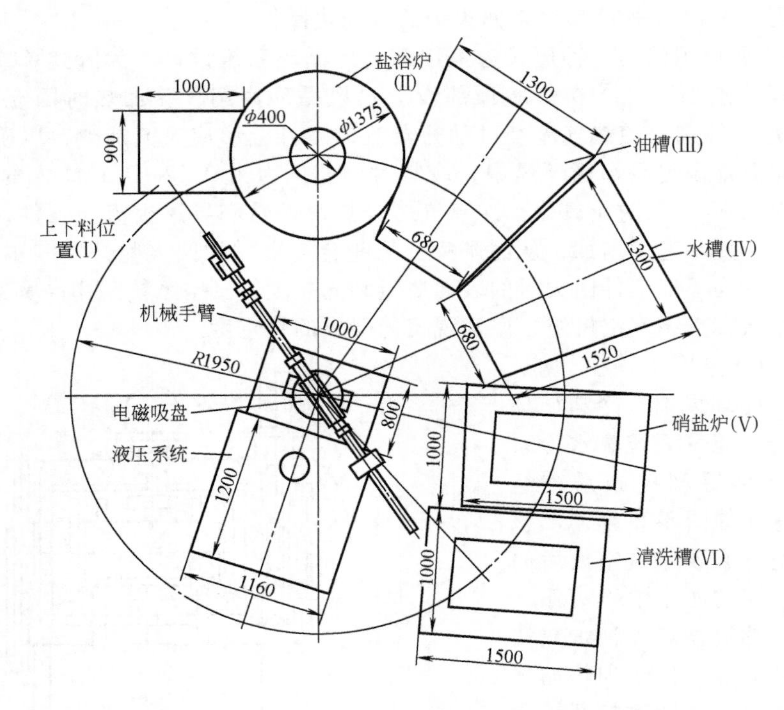

图 8-26 盐浴炉热处理生产线的布置

步顺序如下：位置Ⅱ（盐浴炉）的加热手爪将零件提起（加热完）→机械手的手臂转至位置Ⅱ→手臂伸出→手臂上升、取下零件→手臂缩回→手臂转至位置Ⅲ或Ⅳ（油槽或水槽）→手臂伸出→手臂下降、将零件交给淬火手爪→手臂缩回→手臂转至位置Ⅰ（上下料）→手臂上升、提起待加热零件→手臂转至位置Ⅱ（盐浴炉）→手臂伸出→手臂下降、将零件交给加热手爪→手臂缩回→加热手爪下降、零件入炉加热→手臂转至位置Ⅴ（回火炉）→淬火手爪将零件淬火→淬火手爪将零件提起（淬火完）→工步调整延时继电器工作→回火手爪上升、将回火零件提起→手臂伸出→手臂上升、取下零件→手臂缩回→手臂转至位置Ⅵ（清洗槽）→手臂伸出→手臂大幅度下降、零件入液清洗→手臂上升（清洗完）→手臂缩回→手臂转至位置Ⅰ（操作者取下零件）→手臂转至位置Ⅲ或Ⅳ（油槽或水槽）→手臂伸出→手臂上升、取下淬火零件→手臂缩回→手臂转至位置Ⅴ（回火炉）→手臂伸出→手臂下降、将零件交给回火手爪→手臂缩回→回火手爪下降、零件入炉回火。重复上述顺序，使整个工作连续进行。

2. 机械手

本生产线选用圆柱坐标式机械手，从控制类型上看，又称为程序顺序控制机械手。该机械手共有三个自由度：升降、水平旋转、手臂伸缩。机械手最大伸出臂长为 2.2m，最大起重量为 30kg，升降的最大行程为 0.5m，水平旋转最大角度为 210°。机械手及三个辅助手爪（加热手爪、淬火手爪、回火手爪）都用液压缸驱动，一般工作压力小于 3.5MPa。图 8-27 所示为机械手的液压原理图。

3. 电气控制系统

控制电路由集成电路板组合而成，其控制系统框图如图 8-28 所示。

根据动作顺序图在矩阵板上进行工步流程的二极管矩阵排布。输入输出矩阵的行母线顺序标志着工步的顺序。行母线上的高电位（+24V）是该顺序步工作的先决条件。高电位的

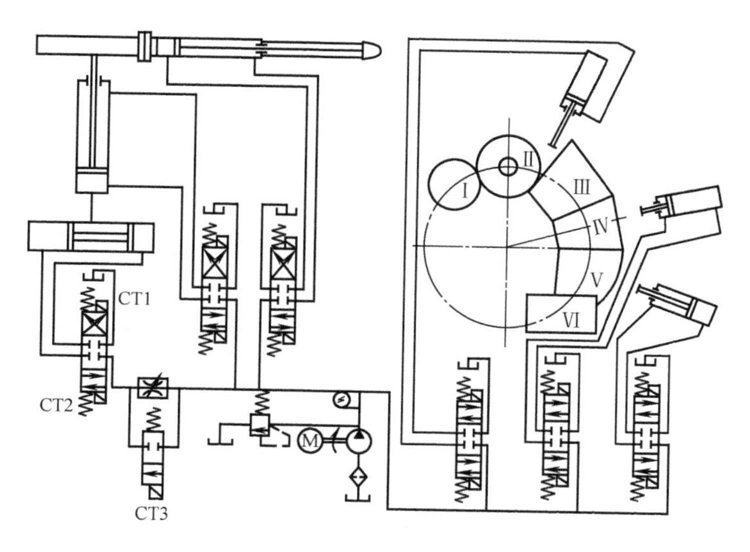

图 8-27　机械手的液压原理图

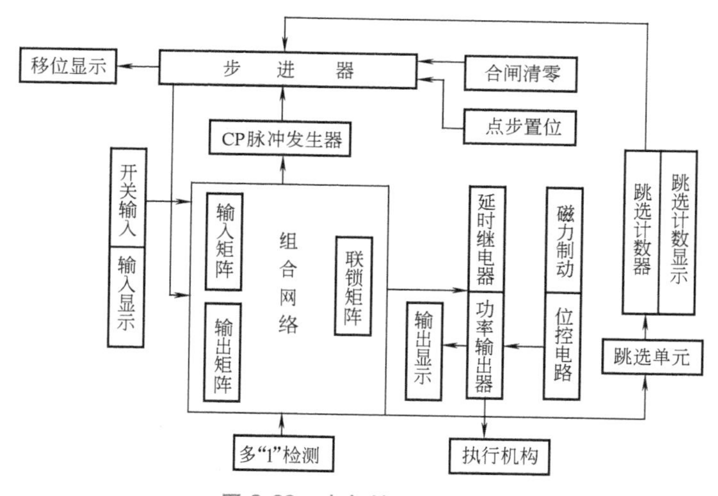

图 8-28　电气控制系统框图

获得来源于步进器的“1”状态。步进器由 10 个 JK 触发器组成，每位触发器对应一条母线。每当由输出矩阵控制的执行机构在完成该步动作后发出回输信号，使该行母线失去旁路条件，高电位窜入 CP 母线而进入触发脉冲发生器，从而产生一个触发脉冲，使步进器的“1”状态移往下一位，于是该条行母线上的高电位消失，该顺序步停止工作，而下一条行母线获得高电位。

如果两条或两条以上行母线同时出现高电位，多“1”检测电路立即检测出来，使步进器清“零”报警停止工作，保证生产的安全进行。

当工步流程中有某几个工步需要重复进行时（如零件在淬火冷却介质中需上下运动多次），只要在该步优先使“跳选单元”得到高电位，即可驱动“跳选单元”，以其发出的脉冲使步进器清“零”，再给该几步的第一位重复置“1”。重复次数由“跳选次数选择”拨盘来控制。“跳选单元”的工作框图如图 8-29 所示，其电路控制原理图略。

8.3.2 可控气氛推杆炉生产线

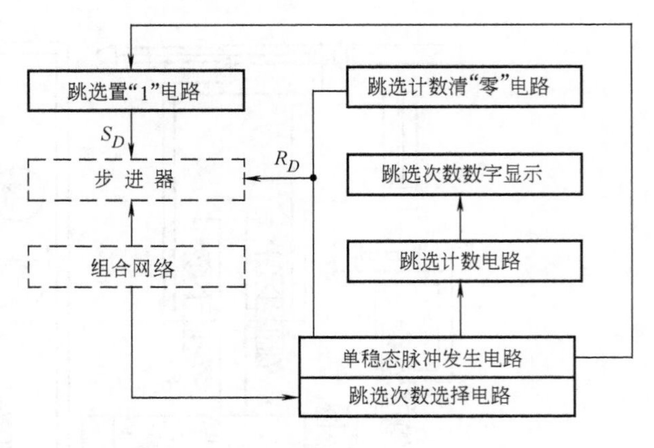

图 8-29 “跳选单元”的工作框图

可控气氛推杆炉生产线的组成根据热处理工艺和生产大纲的要求来确定。对于不同的热处理工艺，有不同的组成。热处理工艺要求进行渗碳淬火的推杆炉生产线的设备组成有：推杆式预氧化炉，推杆式气体渗碳炉，淬火油槽及油冷却系统，清洗机，回火炉，装卸料传输系统，气氛、温度、传动、安全等控制系统以及气体发生器等。对于渗碳以后直接进行加压淬火处理的推杆炉生产线的设备组成有：推杆式预氧化炉，推杆式气体渗碳炉，淬火压床，装卸料机械手，清洗机，回火炉，装卸料传输系统，气氛、温度、传动、安全等控制系统以及气体发生器等。在推杆炉生产线上采用超级渗碳则没有气体发生器，渗碳剂直接进入炉内进行渗碳。对于工艺要求渗碳后进行加工的零件的设备组成，则需要增加零件缓慢冷却的设备。

图 8-30 所示为零件渗碳后直接进行淬火处理的可控气氛推杆炉生产线的平面布置。该零件渗碳生产线由多区推杆式渗碳炉、淬火油槽、清洗机、推杆式回火炉、卸料台、装料台、推杆式预氧化处理炉、中央控制室、传动机构、安全控制机构和吸热式气氛发生器等组成。这一套推杆炉生产线具有独特的特点，其热处理工艺流程是：零件装入料盘→清洗机清洗→预氧化活化表面处理→推杆炉内排气处理→零件均温处理→强渗碳→弱渗碳→扩散处理→降温均温处理→零件淬火→零件出油滤油→清洗、吹干→回火→冷却卸料。

零件装盘完毕，传送料机构将装盘完成的零件传送到清洗机进行清洗。清洗干净机械加工或其他原因带来的油污等（机械加工完成后进行了清洗的零件则可不必再进行清洗，热处理前的清洗可以省掉）。清洗完成的零件进入待处理区，然后将零件输送到预氧化炉进行零件表面的活化处理，预氧化炉活化处理温度为 450℃。零件表面的活化处理，通过较高温度燃烧零件表面残留油污，使零件表面有轻微氧化，起到活化零件表面的作用，同时也是对零件的一个预热处理过程。经过预氧化炉处理后的零件从炉底进入推杆式渗碳炉的排气室进行排气处理，排除零件进入推杆炉带入的氧化性气氛。排气完成进入推杆式渗碳炉的加热室进行零件的均温处理过程，零件表面温度均匀后传送到渗碳室进行渗碳处理。推杆式渗碳炉采用吸热式气氛作为载气，天然气作为富化气，空气作为稀释气的气氛条件下进行零件渗碳处理。渗碳处理过程分为强渗碳、弱渗碳、扩散处理三部分。渗碳完成后，侧推料机将零件推到淬火降温室进行零件降温处理，使零件温度达到要求淬火的温度为淬火做好组织准备。淬火降温完成后零件推入淬火室进行淬火处理。淬火油槽在淬火室下部，零件进入淬火室升降料台，升降料台迅速降下对零件进行淬火处理。零件通过淬火油槽底部推出淬火室，提升料台将零件提升出油面，零件进入倾斜滴油料台进行滤油处理。倾斜滴油料台能够倾斜 30°，将零件凹陷部分的油滤出。零件完成滤油后进入清洗机进行清洗，零件进入三室清洗机清洗、吹干。在清洗机前室用清洗液对零件进行喷淋清洗，在中室应用清水对零件进行喷淋清洗，然后进入后室应用空气将零件吹干净，推料机构将零件推入回火炉进行回火处理。回火完成零件从回火炉出来后送到空冷轨道进行冷却，最后传送到卸料台卸料，完成零件的渗碳淬火热处理过程。

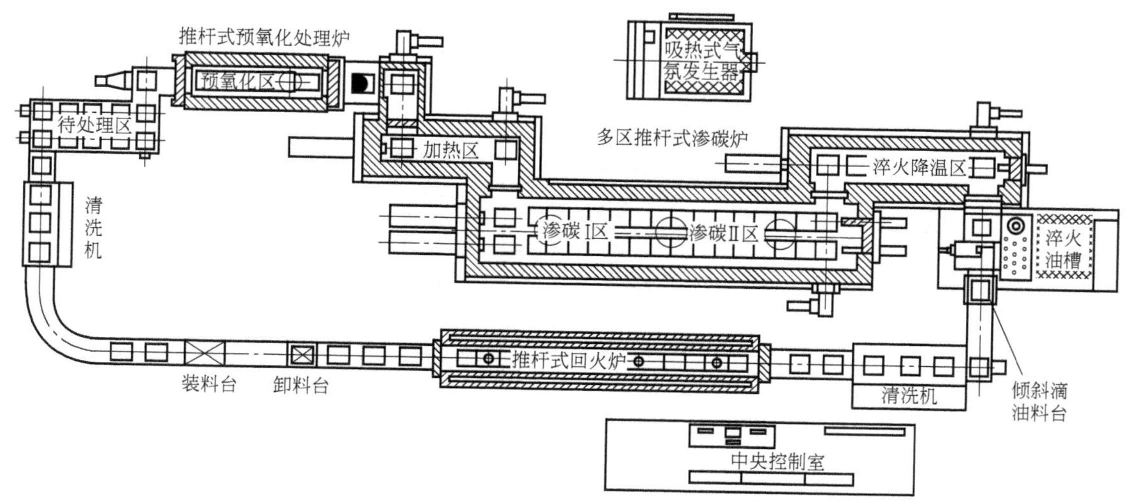

图 8-30 可控气氛推杆炉生产线的平面布置

该生产线的各个组成部分构成了料盘自动循回线。从装料完成到卸料的整个工艺过程包括清洗的喷淋、料盘在炉子内的前进、炉门的开启关闭、炉子温度的控制、炉子气氛的控制调节、淬火油温的控制、淬火过程的控制、回火温度的控制、回火炉内料盘的前进以及倾斜滴油料台对于零件的滤油过程等一系列的操作和机械运转动作，完全依靠传动机构的可靠性在自动控制系统的自动控制状况下运转。排除了人为因素的参与，减少了人为因素影响零件热处理过程的质量波动。因此，推杆炉生产线保证了热处理零件具有较高的质量。

8.3.3 钢板弹簧热处理生产线

钢板弹簧热处理生产线由推料机构、板簧成形淬火机、回火炉和应力喷丸机等组成，生产线的布置如图 8-31 所示。板簧的弯曲成形和淬火通常是一次完成的。由于加热的质量决定了板簧的使用寿命，因此本生产线采用中频感应淬火，以减少钢板表面的氧化和脱碳，实现操作过程的机械化和自动化，保证质量稳定。

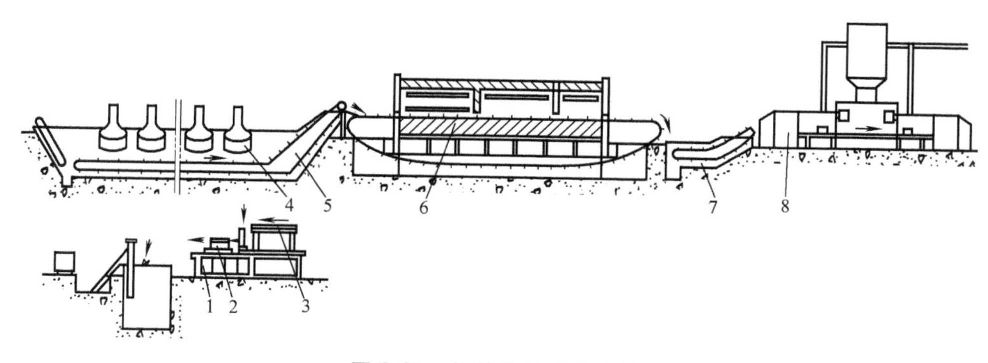

图 8-31 板簧热处理生产线

1—电容器箱 2—感应器 3—推料机 4—淬火机 5—油箱 6—回火电炉 7—水槽 8—应力喷丸机

1. 推料机

在生产线的主要设备中，推料机构的主要部分是用电磁阀控制的推料气缸，它的主要作用是将喂料斗内钢板按规定的节拍推入感应器。推料机的结构示意图如图 8-32 所示。

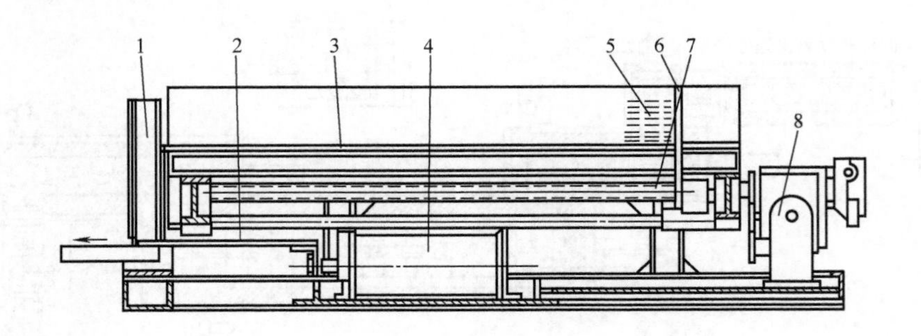

图 8-32 推料机的结构示意图

1—喂料斗 2—推杆 3—料架 4—推料气缸 5—板簧 6—送料挡板 7—丝杠 8—减速机构

2. 感应加热器

感应加热器的作用是加热钢板，感应加热的效率主要取决于电流的频率。感应加热器的结构示意图如图 8-33 所示。线圈用矩形纯铜管绕制或焊接而成，铜管上涂有绝缘材料，线圈上、下、左、右均装置胶木板，进出料两端用耐火水泥石棉板覆盖，并用铜螺钉紧固，使感应器为刚性结构。感应器内腔涂有涂料，起绝缘作用。

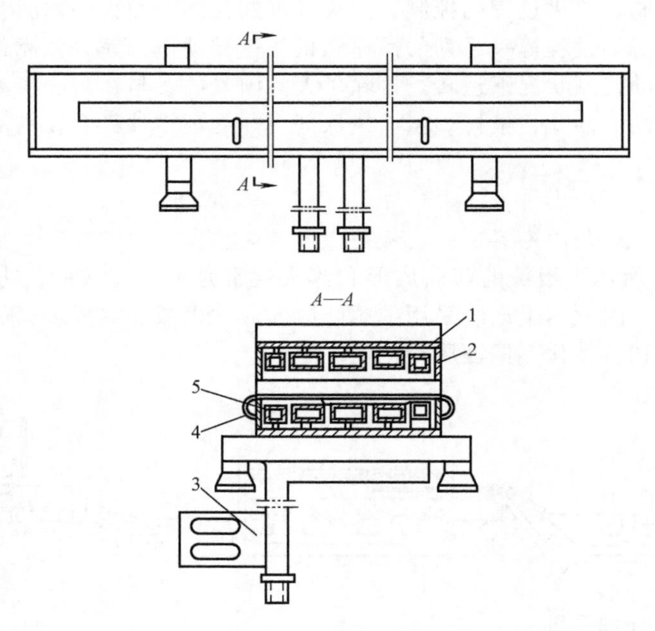

图 8-33 感应加热器的结构示意图

1—胶木板 2—耐火水泥石棉板 3—铜排 4—导线 5—线圈

3. 淬火机

本生产线使用的板簧摇摆式淬火机的结构如图 8-34 所示。其工作过程为：将要淬火的板簧放在夹具中，上夹下降，将板簧压制成形，同时摇摆液压缸将夹具浸入油内，并在油中做摇摆运动。当达到给定的冷却时间时，使上夹上升复位；脱料液压缸将淬火完的钢板推落在油槽的输送带上，完成一个淬火过程。摇摆式淬火机添设冲包机构，可在成形淬火的同时完成板簧的冲包工序。

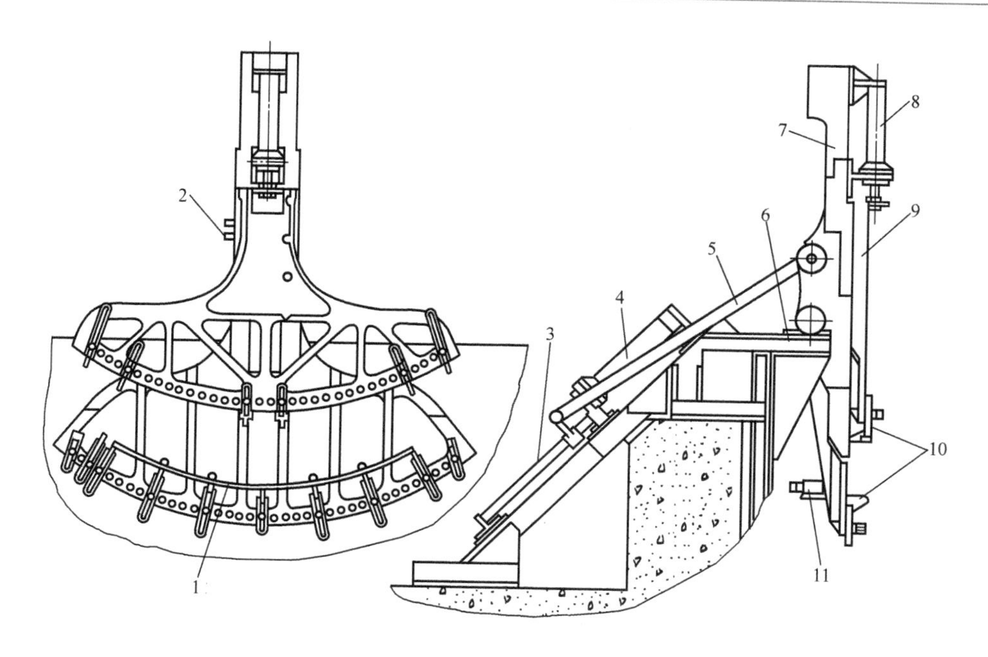

图 8-34　板簧摇摆式淬火机

1—成形板簧　2—限位开关　3—导杆　4—摇摆液压缸　5—拉杆
6—机座　7—下夹　8—夹紧液压缸　9—上夹　10—夹具　11—脱料液压缸

4. 淬火机械手

淬火机械手的结构如图 8-35 所示。

机械手由下列部分组成：

(1) 前后移动机构　机械手主体安装在带燕尾导轨的拖板上，通过液压缸做前后移动。

(2) 水平回转机构　用双活塞齿条液压缸带动回转轴做水平 180°回转，在缸头有缓冲装置。

(3) 转腕机构　通过两个安装在机械手座架两侧的直线液压缸推动齿条，带动转腕轴上的齿轮使手腕俯仰转动，两个液压缸靠回转轴达到机械同步。

(4) 夹紧机构　夹紧液压缸推动滑动块在钳柄斜槽内滑动，使钳手夹紧。钳柄上装有上、下两横杆，杆上装两对可移动的钳口，形成双钳口结构。为防止高温下工件被夹伤，在夹紧机构液压回路上设置减压阀以降低压力。

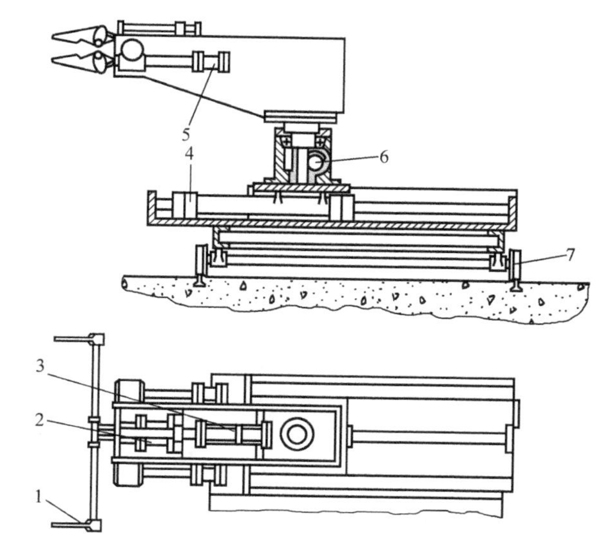

图 8-35　淬火机械手的结构

1—钳手　2—夹紧液压缸　3—伸缩液压缸　4—转台行走液压缸
5—转腕液压缸　6—转台回转液压缸　7—行走车机构

(5) 伸缩机构　伸缩液压缸活塞左右运动，带动夹紧液压缸和钳手水平移动，机械手即伸出或缩回。

（6）行走机构 用一台轴向柱塞液压马达经齿轮减速后带动主动轮在轨道上转动，使行走车做直线水平走动，同时轴上齿轮还与安装在地面的齿条相啮合，以防止工作时轮子打滑而影响定位。在不需要工作时可利用轮子行走至非工作区。液压马达通过快慢速度变换和制动阀来控制其定位。

机械手行走机构中，通过电磁滑阀和单向节流阀的控制来调节小车速度。起步时液压马达只经调速阀排油，因排油量小，起步速度慢；过一段时间电磁滑阀打开，排油量增大（增大程度由调速器决定），小车快速行走，当到达工作位置前，电磁滑阀关闭，恢复慢车。随后，装在导轨上的撞击块与安装在小车上的行程调速阀接触，随着撞击块对行程调速阀的压缩程度增加，排油阻力增大，小车速度进一步减慢，直到电磁滑阀关闭，小车停止。这样，可避免液压冲击，保证定位精度。

回转、前后移动机构则通过单向行程节流阀控制达到上述目的。油路中有卸荷回路，它在非工作状态下使液压泵卸荷，防止油温过高。

淬火机械手的液压原理图如图8-36所示。其中电磁铁工作状态见表8-2。

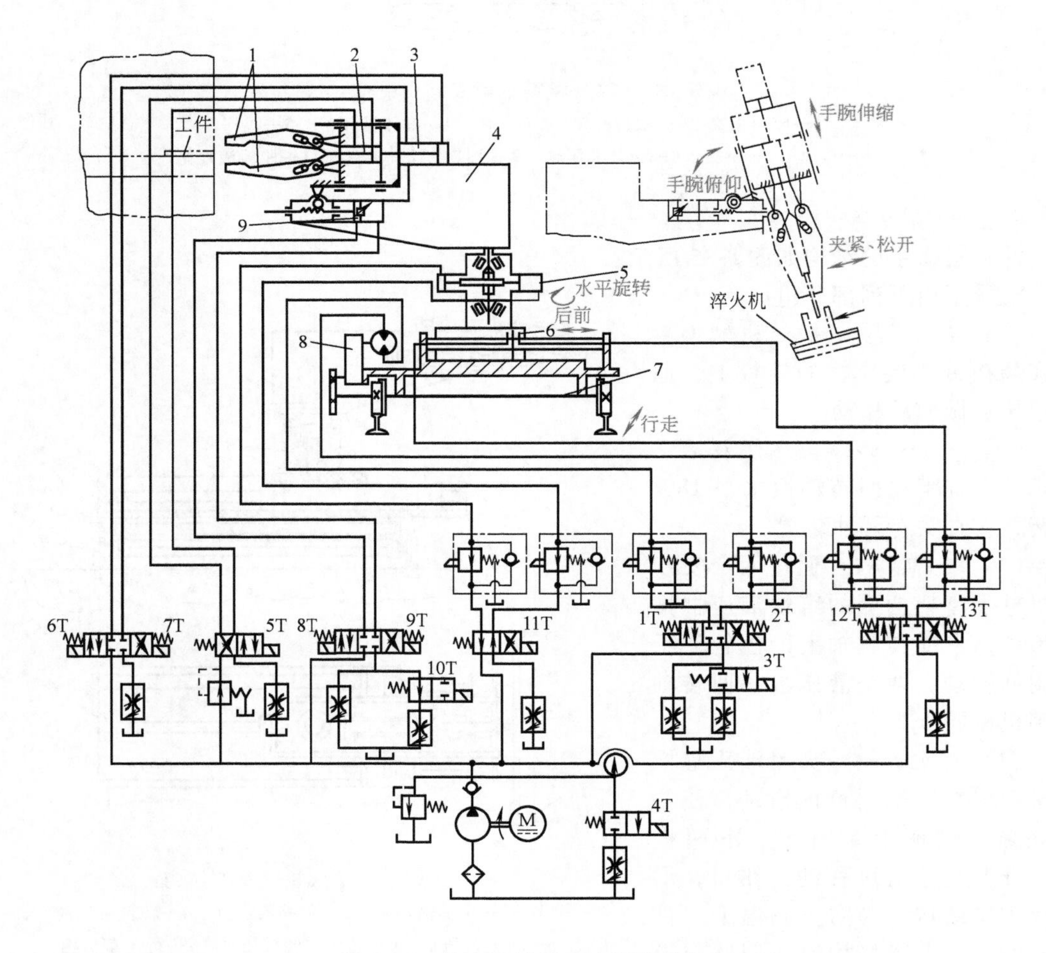

图8-36 淬火机械手的液压原理图

1—钳手 2—夹紧液压缸 3—伸缩液压缸 4—机械手座架 5—回转液压缸 6—转台行走液压缸 7—行走车总成 8—行走车减速机构 9—转腕液压缸

表 8-2　电磁铁工作状态

步进程序	程序转换方式	程序动作	液压马达			泵卸荷	夹紧缸松	伸缩缸		转腕缸			回转缸前	前后缸	
			换向		快					转向		慢			
			正 1	反 2	3	4	5	伸 6	缩 7	上 8	下 9	10	11	前 12	后 13
1	延时	手伸,后退	-	-	-	-	+	+	-	-	+	-	-	-	+
2	延时	夹紧	-	-	-	-	-	+	-	-	+	-	-	-	-
3	延时	手缩	-	-	-	-	-	-	+	-	+	-	-	-	-
4	延时	前进,前回转,慢进	+	-	-	-	-	-	+	-	-	-	+	+	-
5	延时	液压马达快进	+	-	+	-	-	-	+	-	-	-	+	+	-
6	行程	液压马达慢进	+	-	-	-	-	-	+	-	-	-	+	+	-
7	行程	前回转	-	-	-	-	-	-	-	-	-	-	+	+	-
8	行程	转腕下(快)	-	-	-	-	-	-	-	+	-	-	+	-	-
9	行程	手伸	-	-	-	-	-	+	-	-	-	+	+	-	-
10	延时	转腕下(慢)	-	-	-	-	-	-	-	+	-	+	+	-	-
11	延时	手松	-	-	-	-	+	-	-	-	-	-	+	-	-
12	延时	手缩	-	-	-	-	+	-	+	-	-	-	+	-	-
13	延时	转腕上(快)	-	-	-	-	+	-	+	-	+	-	+	-	-
14	延时	后回转,慢退	-	+	-	-	+	-	-	-	+	-	-	-	-
15	延时	液压马达快退	-	+	+	-	+	-	-	-	+	-	-	-	-
16	行程	液压马达慢退	-	+	-	-	+	-	-	-	-	-	-	-	-
17	行程	后回转	-	-	-	-	+	-	-	-	-	-	-	-	-
18	行程	原位	-	-	-	+	-	-	-	-	-	-	-	-	-

注：+表示电磁铁得电，-表示电磁铁失电。

8.4　其他工业用炉

8.4.1　多用途箱式电阻炉

箱式电阻炉广泛用于中小型工件的小批量热处理生产，如淬火、正火、退火、回火和固体渗碳，也可用于其他各行业（铸造、化工、医药等）中的实验测试和生产。按工作温度可分为高温、中温和低温箱式电阻炉。其中，又以中温箱式电阻炉应用最为广泛。

1. 中温箱式电阻炉

中温箱式电阻炉结构如图 8-37 所示。加热介质通常为空气。炉门密封性能较好时，也可向炉内滴入煤油或甲醇等有机液体，它在炉内高温裂解后，产生还原性保护气氛。

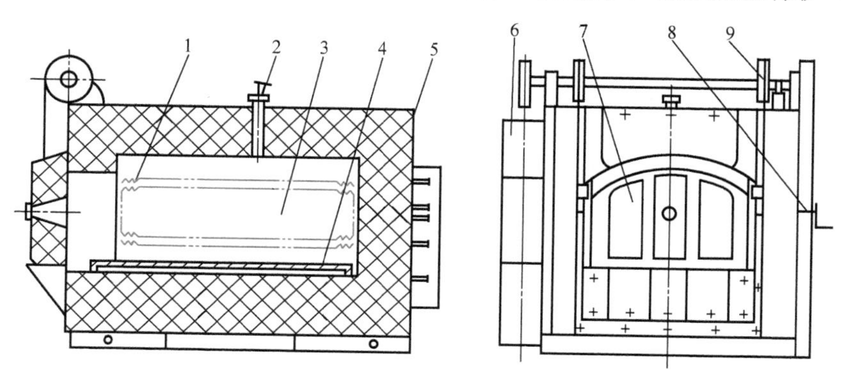

图 8-37　中温箱式电阻炉结构

1—电热元件　2—热电偶孔　3—工作室　4—炉底板　5—外壳　6—重锤筒　7—炉门　8—手摇链轮　9—行程开关

中温箱式电阻炉的最高工作温度为950℃，电热元件常用铁铬铝电阻丝绕成螺旋体，安置在炉膛两侧和炉底的搁砖上，炉底的电阻丝上覆盖耐热钢炉底板，上面放置工件。大型箱式电阻炉也可采用在炉膛顶面、后壁和炉门内侧安装电热元件。炉衬耐火层一般采用轻质耐火黏土砖。保温层采用珍珠岩保温砖并填以蛭石粉、膨胀珍珠岩等，也有的在耐火层和保温层中间夹一层硅酸铝耐火纤维，这种结构的炉衬保温性能好，可使炉衬变薄、重量减轻，有效地减少了炉衬的蓄热损失，降低了炉子空载功率，缩短了空炉升温时间。

2. 高温箱式电阻炉

高温箱式电阻炉，按其最高工作温度可分为1200℃和1350℃两种。由于加热温度高，热处理时，工件极易氧化脱碳，因此必须有保护气氛或采取其他保护措施。

1200℃高温箱式电阻炉的电热元件采用0Cr27Al7Mo2高温铁铬铝电热材料，炉底板用碳化硅板制成。炉子其他部分的结构与中温箱式电阻炉相近，由于炉温更高，应增加炉衬厚度，炉口壁厚也需要增加，以减少散热损失。

1350℃高温箱式电阻炉，一般均采用碳化硅棒为电热元件，最高工作温度为1350℃。碳化硅棒一般均垂直布置在炉膛两侧，也有布置在炉顶和炉底处。高温箱式电阻炉结构如图8-38所示。

碳化硅棒的电阻温度系数很大，而且在使用过程中碳化硅棒逐渐老化，电阻值显著增加，为了稳定碳化硅棒的功率，并便于调节，必须配备多级调压变压器。

高温箱式电阻炉的炉衬通常有三层：用高铝砖砌耐火层，用轻质耐火黏土砖砌中间层，外层则为保温填料；炉底板用碳化硅或高铝砖制成。

用二硅化钼作为电热元件的高温箱式电阻炉，其最高工作温度可达1600℃。

3. 低温箱式电阻炉

低温箱式电阻炉的最高工作温度为650℃，大都用于回火或低温烘烤，也可用于铝合金淬火加热。低温炉主要靠对流换热，为了提高炉温的均匀性和传热效果，在炉顶或炉后墙上安装风扇及导风装置，以强迫炉气循环。

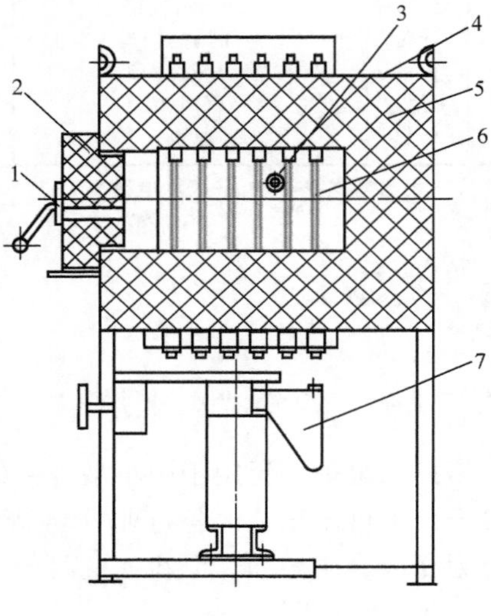

图8-38 高温箱式电阻炉结构

1—观察孔 2—炉门 3—热电偶孔 4—炉壳 5—炉衬 6—碳化硅棒 7—变压器

8.4.2 室式锻造加热炉

1. 锻造炉的基本特征

一些含合金元素较多的钢锭、钢坯或大型零部件，常采用锻锤或压力机进行加工变形，在锻压前将工件加热往往使用锻造加热炉，简称锻造炉。

锻造炉的炉温制度与连续加热炉不同，通常锻造炉炉膛中各处炉温基本相同，随着加热过程的进行，炉温水平可以逐渐变化（变炉温的加热制度），或炉温水平始终保持不变（恒定炉温的加热制度）。锻造炉的结构也各不相同，有室状炉、车底炉、转底炉等，其中室状炉最为普遍。

锻造炉的加热工艺取决于钢种、料坯形状、尺寸和加工方法。一般工件加热温度为1150~1280℃，大型锻件加热终了断面的温度差要求在50~80℃以内。对于精密锻造毛坯，在加热时要求实现无氧化，通常将氧化率小于0.3%列为无氧化加热，氧化率为0.3%~0.7%的称为少氧化加热。在普通锻造炉内，氧化率常达到1%~3%。

锻造炉的炉温一般要达到 1250~1350℃才能满足工件加热温度的要求。当采用高发热量燃料，如重油、天然气、优质烟煤等时，不难达到规定炉温。燃油、燃气的锻造炉炉温高，温度易于控制。在选择和布置燃烧装置时要注意以下几个问题：

1）锻造炉属于高温炉，燃烧火焰宜直接喷入工作室内。

2）烧嘴的布置（上、下排，炉前后和炉中段的供热分配）要有利于达到工作室各处炉温一致。

3）烧嘴的间距、角度应合适，火焰不能直接喷向被加热工件，要造成炉气良好的循环态势，如图 8-39 所示。

4）根据加热工艺要求，在升温期和保温期炉子热负荷相差较大，烧嘴要有相应的调节比，以保证始终在良好状态下工作。

5）烟气余热必须加以利用。

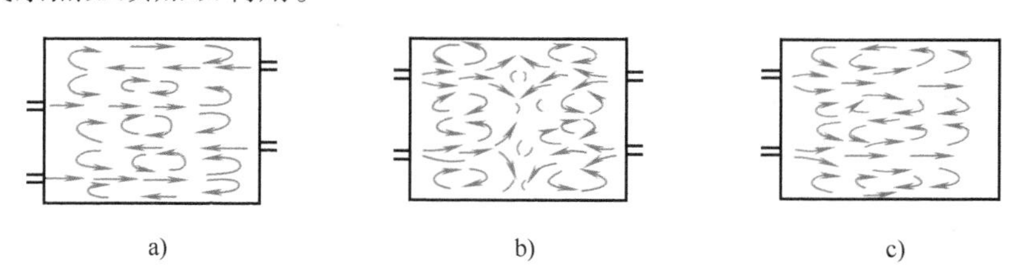

图 8-39　锻造炉内气体运动图

a）双侧交叉分布　b）双侧对称分布　c）单侧分布

2. 锻造炉的常用炉型

图 8-40 所示为烧油室式锻造加热炉，适用于各种形状和尺寸的中、小型工件加热。此炉型在锻压车间得到广泛应用，炉子尺寸可根据生产能力和工件形状而改变。

图 8-41 所示为车底式锻造加热炉，适用于加热大型锻件。它以台车作为炉底，装、卸

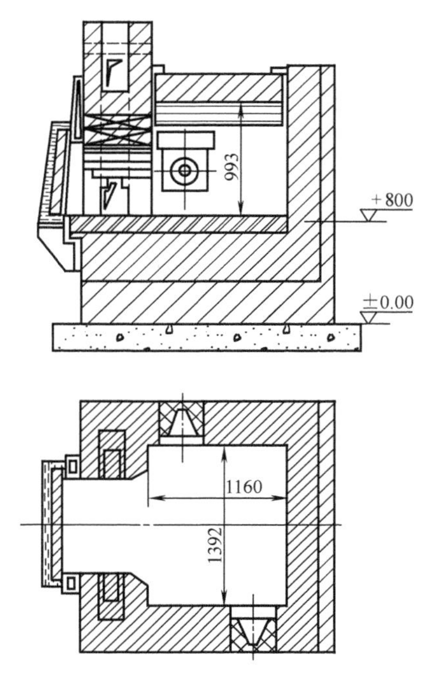

图 8-40　烧油室式锻造加热炉

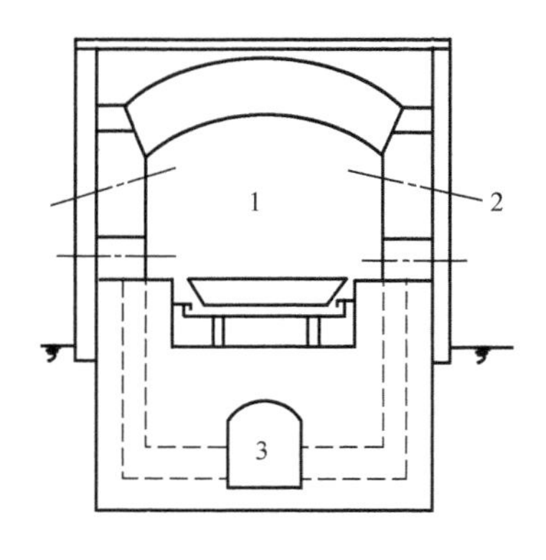

图 8-41　车底式锻造加热炉

1—炉膛　2—烧嘴中心线　3—总烟道

料时将台车拖出炉外，利用车间吊车或装料机装卸工件，是一种简便的机械化方法，故台车炉不仅用于高温锻造炉，也常用于中温热处理炉和低温干燥炉。台车炉炉温不均匀是它的主要缺点，表现为上部温度高下部温度低，中间温度高两端温度低。为了减小炉内各处温差，在布置烧嘴时要合理分配供热量，一般上部供热占30%~35%，下部供热占65%~70%。

图8-42所示为炉顶供热的室状锻造加热炉，由于它具有显著优点被广泛采用。这种炉子在炉顶装上煤气平焰烧嘴，燃烧产物在炉顶铺展，形成圆盘形火焰，直接加热钢坯，可以明显缩短加热时间，提高炉子生产率，并减少冷炉升温时间，有利于间歇生产。从炉体结构上进行相应的改造，如设置空、煤气化比例自动控制装置，改造高效预热器，选用节能炉衬材料等，可以使热工技术指标有显著提高。

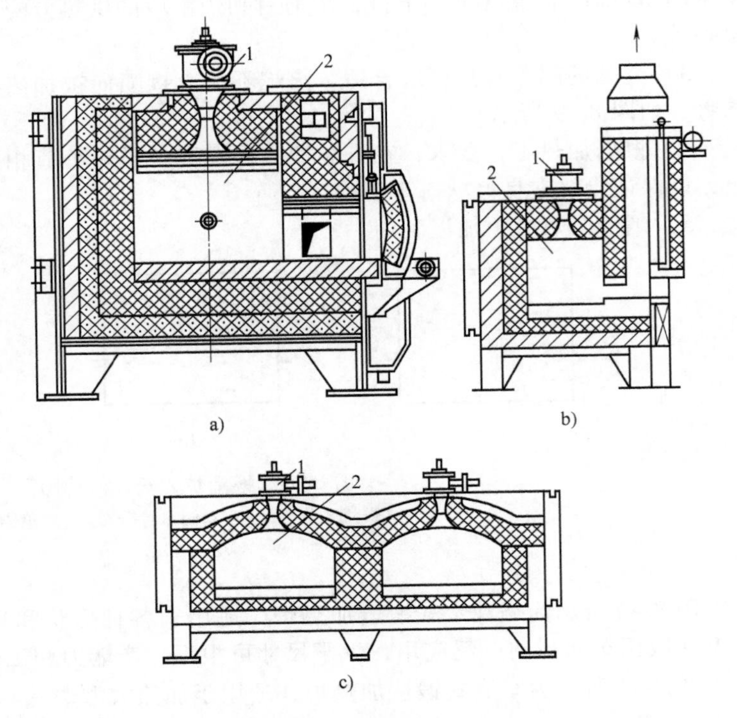

图8-42 炉顶供热的室状锻造加热炉
a）单室炉 b）缝状炉 c）双室炉
1—平焰烧嘴 2—炉膛

8.4.3 干燥炉

在材料加工生产中存在着不少的干燥问题，如石英砂等散粒原材料的干燥、铸造型芯的干燥、压坯等半成品烧结前的干燥等。干燥的主要目的是脱除物料中所含的自由水和吸湿水，干燥温度通常为200~350℃。

1. 散料干燥

对于散料（粉料、型砂等）干燥，最常用的干燥装置有：①悬浮料层干燥装置（或称为热气流干燥装置，如图8-43所示）；②回转干燥筒（图8-44）；③沸腾料层干燥装置（图8-45）等。

实践表明，当散料在热（冷）气流的作用下沸腾和悬浮时，会使气流与颗粒的接触表面积大为增加，使热导率比固定料层呈几十倍或百倍增加，其结果是对物料加热或冷却速度大为增加，而且料层中的温度分布也变得非常均匀，这对于保证物料的加热或冷却质量很有帮助。

用于金属热处理的流动粒子炉也是采用沸腾流化的原理，它已成功地用于钢丝、钢管、零件等的加热和冷却处理。在余热回收方面，流动粒子换热器（图8-46）和流动粒子锅炉的使用，由于强化了对流换热系数，提高了热量回收的程度，从而使设备也比较紧凑。

2. 块料干燥

对于半成品坯料来说，最常用的为隧道干燥器，如图8-47所示。这里也可用废气再循环的干燥方式。

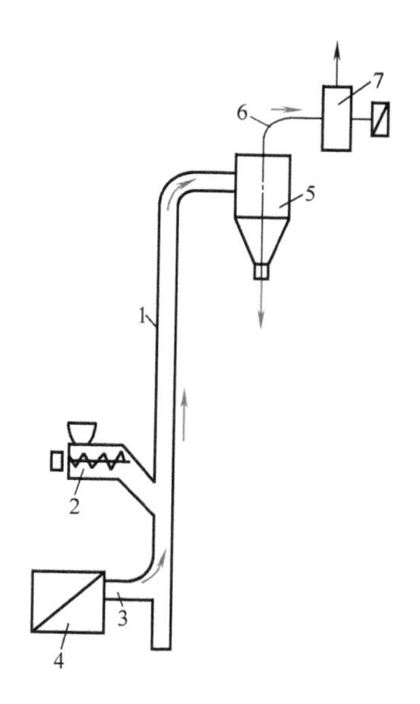

图 8-43　悬浮料层干燥装置
1—干燥管　2—给料器　3—干燥介质入口　4—燃烧室
5—离心收集器　6—排气管　7—抽风机

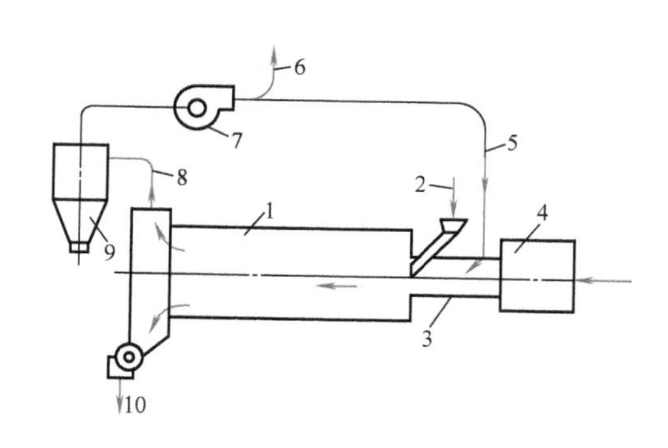

图 8-44　回转干燥筒
1—回转干燥筒　2—给料器　3—混合干燥介质入口
4—燃烧室　5—再循环废气　6—放气管　7—抽风机
8—排气管　9—离心收集器　10—排料口

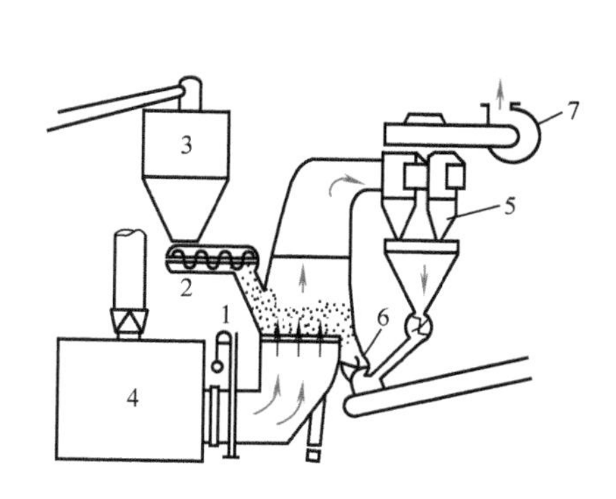

图 8-45　沸腾料层干燥装置
1—沸腾干燥室　2—给料器　3—上料斗
4—鼓风机　5—除尘器　6—出料口　7—引风机

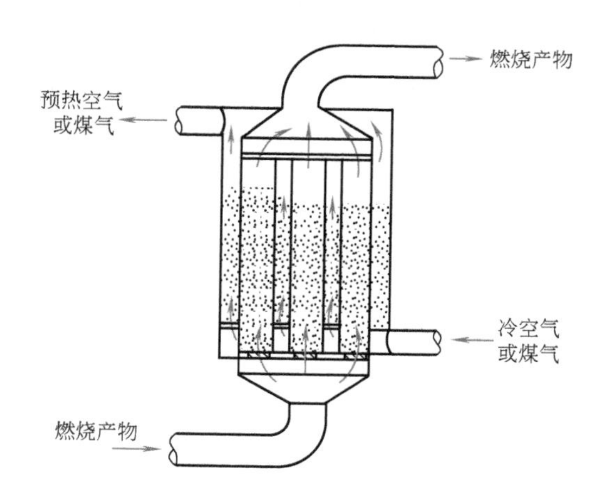

图 8-46　流动粒子换热器

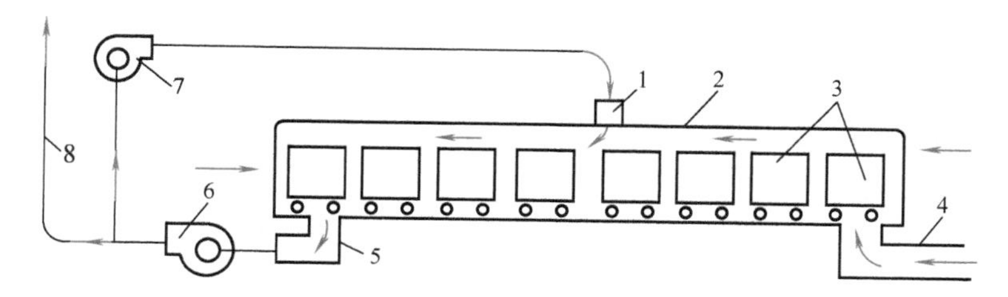

图 8-47　隧道干燥器
1—再循环废气入口　2—窑体　3—窑车　4—干燥介质入口烟道　5—排烟口　6、7—抽风机　8—放散管

铸造车间一般采用砂型或泥芯干燥窑，室式干燥炉如图 8-48 所示。这里采用煤气燃烧后生成的废气从炉底两侧烟道喷口喷入，从而引起炉内气体自然循环，最后废气从中间一排废气口汇流至总烟道后排出。

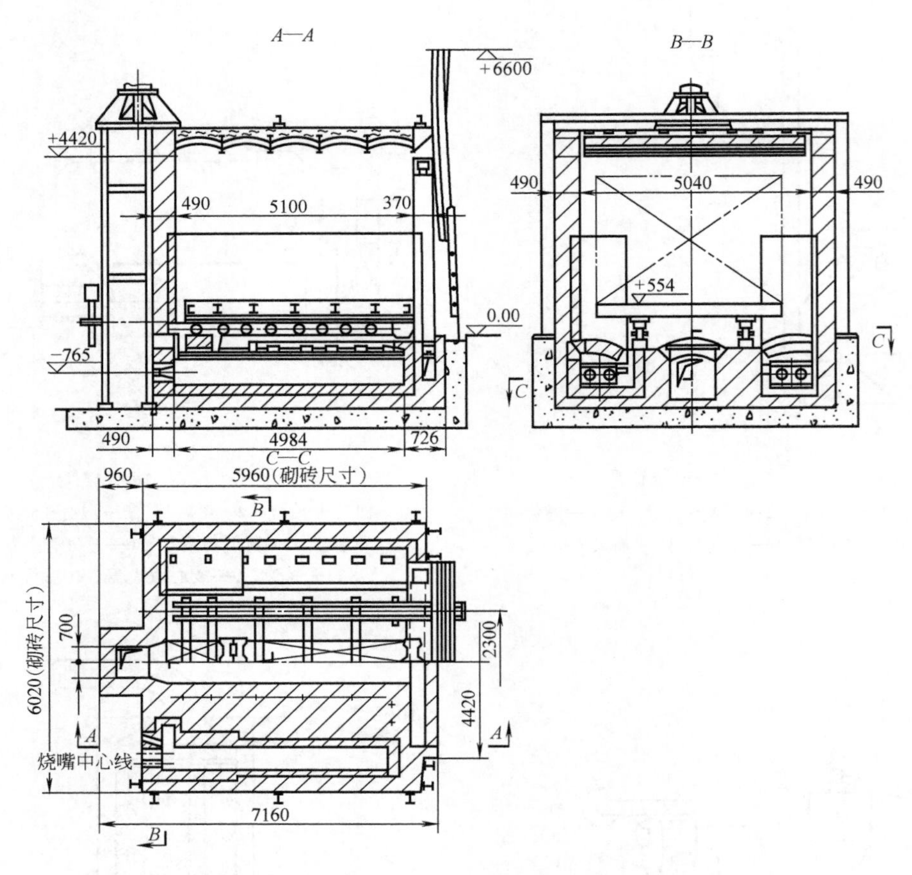

图 8-48 室式干燥炉

8.5 炉温检测及控制系统

在各种工业用炉中，准确、可靠地检测与控制炉温是保证产品质量的关键因素之一。下面简要介绍炉温的检测及控制系统。

8.5.1 常用的测温方法

检测温度的方法很多，基本上可分为两大类：

一类是温度敏感元件（传感器）直接与被测介质接触，当传感器与被测介质处于热平衡状态时，传感器感受的温度就是被测介质的温度。这类接触式检测温度的仪器仪表很多，如水银温度计、热电偶、热电阻等。

另一类是非接触式温度测量。它是根据光和热辐射原理，将被测介质的辐射能量，通过适当方式聚集并投射在光敏或热敏元件上，热能转换为电信号输出以测定温度，如光学高温计、辐射高温计等。

常用的测温方法、仪表类型及特点见表 8-3。

表 8-3 常用的测温方法、仪表类型及特点

测温方式	温度计或传感器类型		测温范围/℃	精度(%)	特点
接触式	热膨胀式	水银	-50~+650	0.1~1.0	简单方便，易损坏(水银污染)，感温部大
		双金属			结构紧凑，牢固可靠
		压力 液	-30~+600	1	耐振、坚固、价廉，感温部大
		压力 气	-20~+350		
	热电偶	铂铑-铂 其他	0~+1600 -200~+1100		种类多、适应性强、结构简单、经济、方便、应用广泛。必须注意寄生热电势及动圈式仪表电阻对测量结果的影响
	热电阻	铂 镍 铜	-260~+600 -50~+300 0~+180	0.1~0.3 0.2~0.5 0.1~0.3	精度及灵敏度均好，感温部大。必须注意环境温度的影响
		热敏电阻	-50~+350	0.3~1.5	体积小、响应快、灵敏度高。注意环境温度的影响
非接触式	辐射温度计		+800~+3500	1	非接触测温，不干扰被测温度场，辐射率影响小，应用简便
	光学高温计		+700~+3000	1	不能用于低温
	热电探测器		+200~+2000	1	非接触测温，不干扰被测温度场，响应快，测温范围大，适于测温度分布，易受外界干扰，定标困难
	热敏电阻探测器		-50~+3200	1	
	光子探测器		0~+3500	1	
其他	示温涂料	碘化银、二碘化汞、氯化铁、液晶等	-35~+200	<1	测温范围大，经济方便，特别适于大面积连续动转零件上的测温，精度低，人为误差大

8.5.2 温度检测系统组成

温度检测系统一般由温度传感器及显示记录仪表构成，通称为温度计或测温仪表。它种类繁多，可分为低于600℃的低温温度计和高于600℃的高温温度计两大类。在选用或设计加热炉的测温系统时，应考虑炉子的温度范围、使用场合、测温精度、显示及保存方式等。更详细的资料可参见有关专著。

最简单的温度检测系统由温度传感器及温度显示记录仪组成。较完善的测温系统，除由传感器与显示记录仪组成外，还可将温度信号经变送器转换为统一的电信号以便于传输。温度检测系统组成如图 8-49 所示。

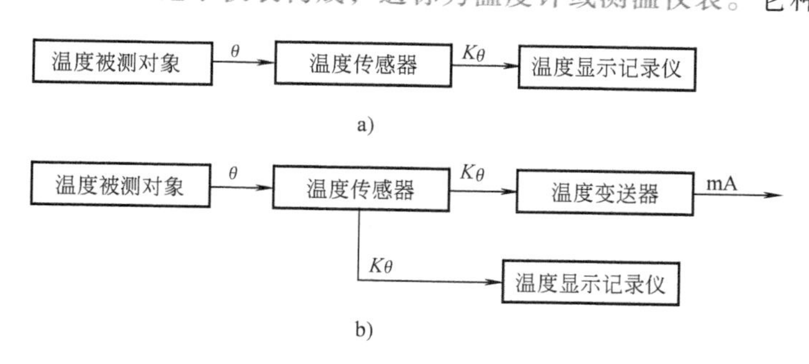

图 8-49 温度检测系统组成

a）最简单的系统 b）较完整的系统

8.5.3 炉温自动控制系统举例

1. 箱式电阻炉的自动控制系统

一种箱式电阻炉的自动控制系统如图 8-50 所示。在该温度控制系统中，热电偶用于测试炉温，它将炉温转变成毫伏信号进行比较，相减之差即为实际炉温和要求炉温偏差的毫伏信号，经电压放大和功率放大后，选择适当的极性驱动可逆电动机，当炉温偏高时，使自耦变压器减小加热电流；反之，加大加热电流，从而完成自动控制炉温的任务。

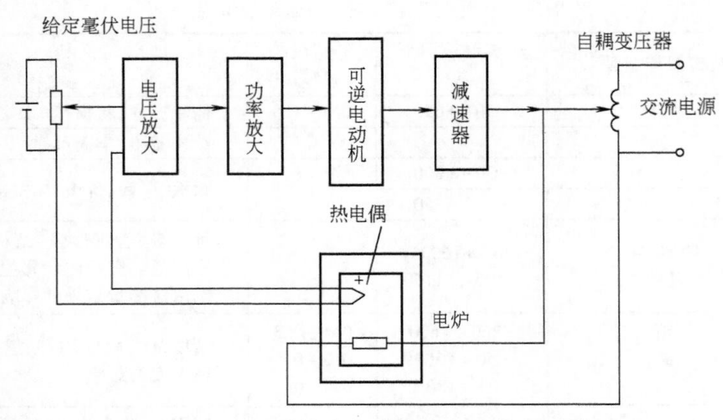

图 8-50 一种箱式电阻炉的自动控制系统

2. 连续加热炉的温度控制系统

连续加热炉是轧钢厂的主要设备之一。按其结构的不同，炉内的温度控制可分为若干个温度控制段。钢坯从炉尾装入炉内，并连续不断地从预热段（炉尾）进入加热段，再进入均热段，最后出钢。钢坯是在连续不断地运动中被加热的。

控制加热炉的热工过程，主要是根据被加热钢坯的品种、尺寸、最终温度要求以及传热条件等控制钢坯的最佳升温曲线和炉温曲线，如图8-51所示。炉内每一段的温度控制值可以分别设定，可按要求决定钢坯在炉内从某一段到下一段的温度斜率。实际生产中，炉气的温度、钢坯表面的温度及其中心的温度存在一定的差值。通常是采用热电偶测定炉气温度，再按经验推测钢坯表面温度，而表面与中心的温度差则要靠加热制度来达到。因此，为了较准确地测量炉内温度，要注意每根热电偶的安装位置和插入深度。

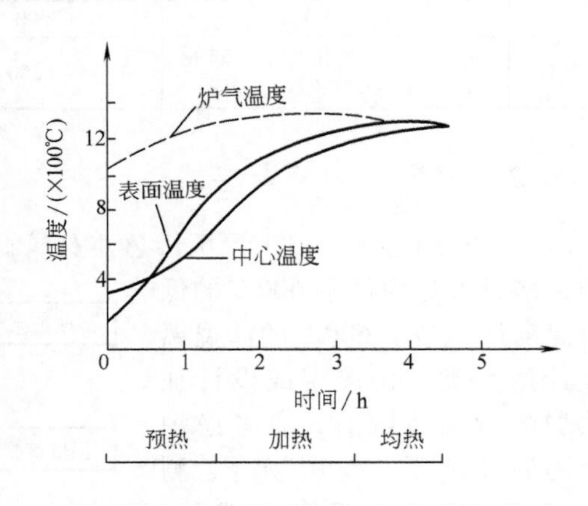

图 8-51 钢坯移动时加热曲线

工程上，主要是用热电偶测量炉内各段的温度，再由温度调节器来控制燃料调节阀和相应的助燃空气阀，以满足热负荷的需要。图 8-52 所示为加热炉温度控制系统框图。这是一种串

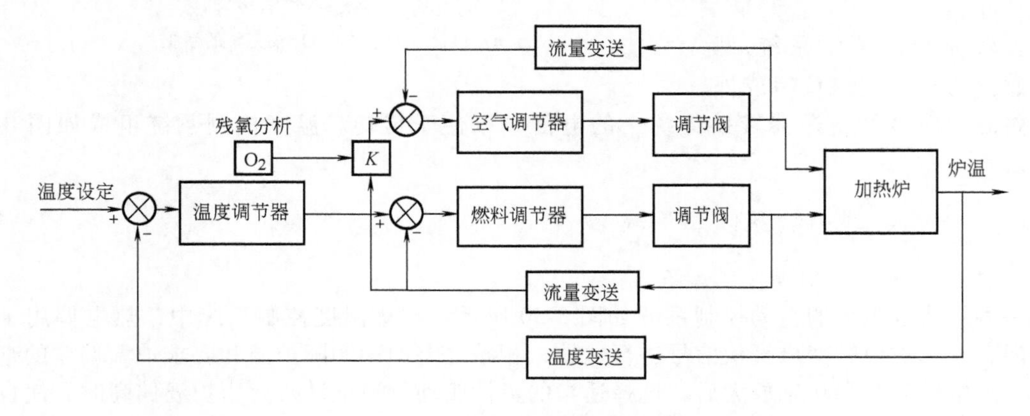

图 8-52 加热炉温度控制系统框图

级比值控制，温度为主调参数，燃料和空气流量为并列副调参数，空气流量随燃料流量按一定的空燃比变化，K 是空燃比系数，它可由残氧分析来校正，炉内各段的气氛可由空燃比调节。

3. 罩式退火炉生产过程控制系统

罩式退火炉的结构示意图如图 8-53 所示。炉内有炉台，供放置被处理的钢材或工件，炉台下装有风机。内罩用于把钢材和加热的火焰隔开，燃料燃烧是在内罩与外罩间进行的，使加热间接进行。罩式退火炉的生产过程是，当扣上内罩后，首先进行气密性试验，往内罩里通入惰性保护气体，以赶走内罩里的空气；当气密性试验合格后，盖上加热外罩，起动燃烧系统，开始加热（升温）、均热（保温）、冷却（降温）的热处理程序。图 8-54 为用罩式退火炉处理一种钢材的时温程序曲线。

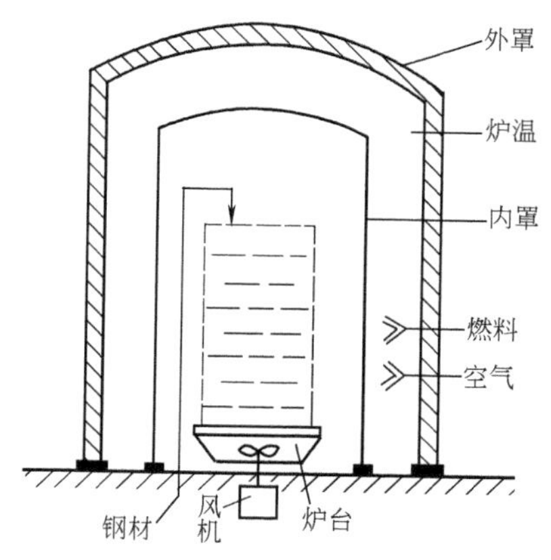

图 8-53　罩式退火炉的结构示意图

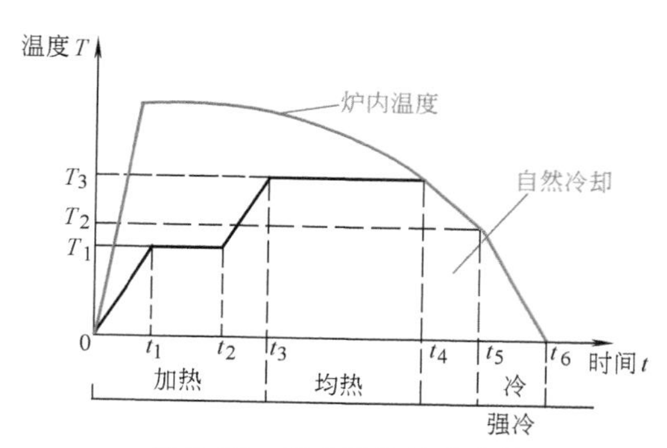

图 8-54　罩式炉热处理曲线

为了实现工艺要求，应对罩式退火炉的各项热参数进行控制。以前通常采用程序信号发生器与模拟仪表组成控制系统。目前，一般采用具有程序控制功能及自整定 PID 功能的温度控制仪，可自适应地在线修改 P、I、D 三个参数，使罩式退火炉的控制系统简单方便。

4. 煅烧窑的煅烧温度控制系统

用于煅烧的回转窑的工艺流程如图 8-55 所示。在煅烧过程中，控制好煅烧温度是保证

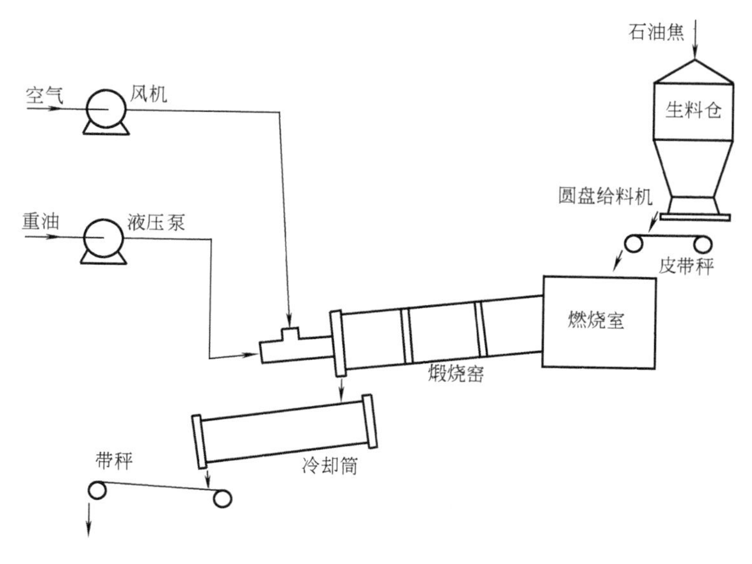

图 8-55　用于煅烧的回转窑的工艺流程

煅烧产品质量的重要手段，通常采用煅烧温度、油与风流量串级比值调节系统，如图 8-56所示。

在该控制系统中，煅烧温度为主参数，重油和空气流量为并列副参数。TIC 为主调节器，FIC—1 和 FIC—2 为副调节器。温度检测信号经变送器输入到 TIC，其输出作为 FIC—1 的外给定信号，用以调节重油量。重油流量经比值给定器 F_rI 后，按一定比例作为外给定信号，输入到 FIC—2，以调节空气量。

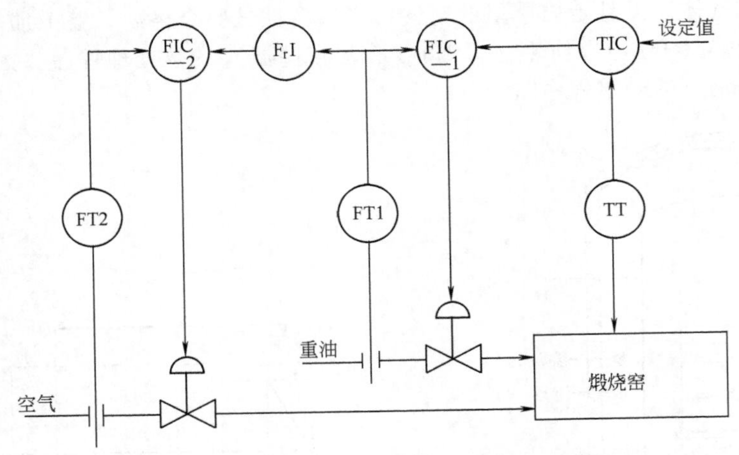

图 8-56 煅烧温度、油与风流量串级比值调节系统

思 考 题

1. 简述工业炉的种类及特点。工业炉通常由哪几部分组成？
2. 概述热处理工艺特点，举例说明热处理工业炉的结构原理及系统组成。
3. 简述气体渗碳淬火自动线的组成原理与特点。
4. 简述室式锻造加热炉的组成与特点。
5. 常用的测量方法有哪几种？简述炉温自动控制系统的组成。
6. 简述均匀加热、保温的方法及控制措施。

第 9 章 材料成形加工中的环境保护装备

材料加工成形生产工艺过程较复杂，材料和动力消耗较大，设备品种繁多，高温、高尘、高噪声。由于人类对环境问题的重视程度越来越高，在材料加工工业，以“无废弃物加工”为代表的绿色加工技术日趋受重视。本章将简述环境保护的意义及我国的环境保护法规，重点介绍材料加工生产中的主要环境保护装备。

9.1 环境保护的意义及国家的环境保护法

9.1.1 可持续发展与绿色制造

工业化虽然给人类社会创造了巨大的物质财富和灿烂的现代文明，但也给人类社会带来了资源行将枯竭、环境遭受污染和生态严重失衡的骇人后果。假如对这种严重的后果不予重视而听之任之，人类将自取灭亡。基于上述认识和理解，1982 年 5 月联合国环境规划署在肯尼亚的内罗毕召开的世界环境大会上，正式提出了可持续发展的问题，并把环境保护提上议事日程。

可持续发展被定义为“满足当代人的需要、又不损害子孙后代满足其需求能力的发展”。制造业是创造财富的主要产业，同时又是环境污染的源头。可持续发展的制造业（即绿色制造），应是最有效地利用资源和最低限度地产生废弃物和最少排放污染，以更清洁的工艺制造绿色产品的产业。

材料的加工成形是制造业的重要组成部分。美国早在 2010 年就确定要把“精确成形工艺”发展为“无废弃物成形加工技术”。所谓“无废弃物加工”的新一代制造技术是指加工过程中不产生废弃物；或产生的废弃物能被整个制造过程作为原料而利用。由于无废弃物加工减少了废料、污染和能量消耗，并对环境有利，从而成为今后推广的重要的绿色制造技术。绿色制造是长期的努力方向；现实的目标应是，防止污染，减少废弃物，重用及再生回用。

9.1.2 国家的环境保护法简介

《中华人民共和国环境保护法》已由中华人民共和国第十二届全国人民代表大会常务委员会第八次会议于 2014 年 4 月 24 日修订通过，自 2015 年 1 月 1 日起施行。《中华人民共和国环境保护法》（第二条）所称“环境，是指影响人类生存和发展的各种天然的和经过人工改造的自然因素的总体，包括大气、水、海洋、土地、矿藏、森林、草原、湿地、野生生物、自然遗迹、人文遗迹、自然保护区、风景名胜区、城市和乡村等。第四十二条排放污染物的企业事业单位和其他生产经营者，应当采取措施，防治在生产建设或者其他活动中产生的废气、废水、废渣、医疗废物、粉尘、恶臭气体、放射性物质以及噪声、振动、光辐射、电磁辐射等对环境的污染和危害。第四十四条国家实行重点污染物排放总量控制制度。重点污染物排放总量控制指标由国务院下达，省、自治区、直辖市人民政府分解落实。企业事业单位在执行国家和地方污染物排放标准的同时，应当遵守分解落实到本单位的重点污染物排放总量控制指标。对超过国家重点污染物排放总量控制指标或者未完成国家确定的环境质量目标的地区，省级以上人民政府环境保护主管部门应当暂停审批其新增重点污染物排放总量的建设项目环境影响评价文件。第六十条企业事业单位和其他生产经营者超过污染物排放标准或者超过重点污染物排放总量控制指标排放污染物的，县级以上人民政府环境保护主管部门可以责令其采取限制生产、停产整治等措施；情节严重的，报经有批准权的人民政府批准，责令停业、关闭。

随着世界各国对环境保护的日趋重视，各种形式的环境保护法律、法规不断出现，我国也前后颁布并实施了二十余种有关环境保护的法律、法规及标准，这些足以表明世界各国对环境保护的重视。我国涉及环境保护和清洁生产的主要法律见表9-1。

表9-1　我国涉及环境保护和清洁生产的主要法律

序号	法律名称	发布日期	实施日期
1	中华人民共和国水污染防治法	2008/02/28	2008/06/01
2	中华人民共和国环境保护法	2014/04/24	2015/01/01
3	中华人民共和国固体废物污染环境防治法	2004/12/29	2005/04/01
4	中华人民共和国噪声污染防治法	1996/10/29	1997/03/01
5	中华人民共和国海洋环境保护法	1999/12/25	2000/04/01
6	中华人民共和国大气污染防治法	2000/04/29	2000/09/01
7	中华人民共和国清洁生产促进法	2002/06/29	2003/01/01
8	中华人民共和国环境影响评价法	2002/10/28	2003/09/01

因此，以环境保护装备生产为代表的环境保护产业将在21世纪的工业中取得重要的地位，它对机械制造工业和材料加工工业的技术水平也将产生深刻的影响。

9.1.3　材料加工中的环保设备概述

本课程涉及的金属材料加工成形工艺主要包括液态成形（铸造）、塑性成形（锻造、冲压等）、连接成形（焊接）、热处理等，涉及的污染物包括废气、废水、废渣（砂）、粉尘等物质以及噪声、振动、热辐射等环境污染源。

铸造生产工艺过程较复杂，材料和动力消耗最大，设备品种繁多。高温、高尘、高噪声直接影响工人的身体健康，废砂、废水的直接排放会给环境造成严重的污染。因此，对铸造车间的灰尘、噪声等进行控制，对所产生的废砂、废气、废水进行处理或回用是现代铸造生产的主要任务之一。铸造生产中的环保设备种类繁多，主要包括除尘设备、污水处理设备、旧（废）砂再生设备、废气净化设备、噪声控制设备等。

锻造、冲压等加工产生的振动大、噪声强，锻造工艺过程还伴随有高温热辐射。在强噪声环境下长时间工作，易引起耳鸣、烦躁、记忆力下降等不良现象，影响工人健康。因此，对锻造（冲压）加工设备进行减振降噪是现代锻造（冲压）生产设计中必须考虑的问题。锻造（冲压）生产中的环保设备主要包括噪声控制设备、减振装备等。

焊接成形的环境污染主要是高温热辐射和由电弧加热引起的有害气体。实施操作工人的现场保护也是十分必要的。用于焊接生产操作时，工人现场保护的装备较为简单，主要有保护面罩和防护手套。现代化的机器人焊接生产线可实现无现场工人生产，操作技术人员只需在控制室内监控生产过程，大大改善了生产工人的工作环境。

热处理工艺的主要生产装备为各种加热炉和冷却设施，与加热炉配套的环保设备主要为降温、通风、除尘及烟尘处理设备等。

下面就材料加工工艺过程中的主要环保设备的原理及结构特点做一概述。

9.2　除尘装备

9.2.1　粉尘的危害及其最高容许浓度

粉尘通常是指小于 40μm 的颗粒，它是污染空气的主要因素之一。砂型铸造生产、电炉熔化等都会产生较多的粉尘。悬浮在空气中的粉尘对人体的影响是多方面的，其危害程度视粉尘的性质、浓度、接触时间而定，有的呈全身中毒，有的呈局部刺激。人长期吸入某些矿物质粉尘会导致尘肺（如矽肺等）。

表 9-2 所列为我国车间空气中常见生产性粉尘的最高容许浓度。生产车间防尘是环境保护的重要任务之一，防治粉尘所采用的主要装备是除尘设备系统。

表 9-2　我国车间空气中常见生产性粉尘的最高容许浓度

物质名称	最高容许浓度/(mg/m^3)
含有 10%(质量分数,下同)以上游离二氧化硅的粉尘(石英、石英岩等)	2
含有 10%以下游离二氧化硅的滑石粉尘	4
含有 10%以下游离二氧化硅的水泥粉尘	6
含有 10%以下游离二氧化硅的煤粉尘	10
铝、氧化铝、铝合金粉尘	4
其他粉尘	10

注：1. 含有 80%（质量分数）以上游离二氧化硅的生产性粉尘，不宜超过 $1mg/m^3$。
2. 其他粉尘是指游离二氧化硅的质量分数在 10%以下，不含有毒物质矿物性或动、植物性粉尘。

9.2.2　除尘设备

除尘设备系统的作用是捕集气流中的尘粒，净化空气，它主要由局部吸风罩、风管、除尘器、风机等组成，其中，除尘器在系统中是主要设备。除尘器的结构形式很多，大致可分为干式和湿式除尘器两大类。由于湿式除尘会产生大量的泥浆和污水，需要二次处理；相比之下，干式除尘的应用更为广泛。常用除尘设备类型如图 9-1 所示，其中用得较多的主要是干式除尘器，有旋风除尘器和袋式除尘器两种。

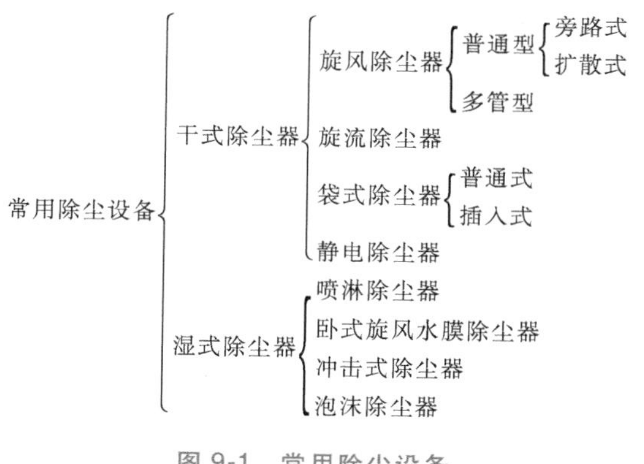

图 9-1　常用除尘设备

1. 旋风除尘器

旋风除尘器的基本结构如图 9-2 所示。其除尘原理与旋风分离器相同。含尘气体沿切向进入除尘器，尘粒受离心惯性力的作用与器壁产生剧烈摩擦而沉降，在重力的作用下沉入底部。

旋风除尘器的主要优点是结构简单，造价低廉和维护方便，故在铸造车间应用广泛；其缺点是对 10μm 以下的细尘粒的除尘效率低。一般用于除去较粗的粉尘，也常作为初级除尘设备使用。

2. 袋式除尘器

脉冲反吹袋式除尘器如图 9-3 所示。它是用过滤袋把气流中的尘粒阻留下来从而使空气净化。

袋式除尘器处理风量的范围很宽，含尘浓度适应性也很强，特别是对分散度大的细颗粒粉尘，除尘效果显著，一般一级除尘即可满足要求。可是工作时间长了，过滤袋的孔隙被粉尘堵塞，除尘效率大大降低。所以过滤袋必须经常清理，通常以压缩空气脉冲反吹的方法进行清理。

袋式除尘器是目前效率最高、使用最广的干式除尘器；其缺点是阻力损失较大，对气流的湿度有一定的要求，另外气流温度受过滤袋材料耐高温性能的限制。

图 9-4 所示为回转反吹扁布袋除尘器，它由过滤室、清洁室、反吹系统等组成。旋风除尘器和袋式除尘器两种典型的除尘系统外形如图 9-5 所示。

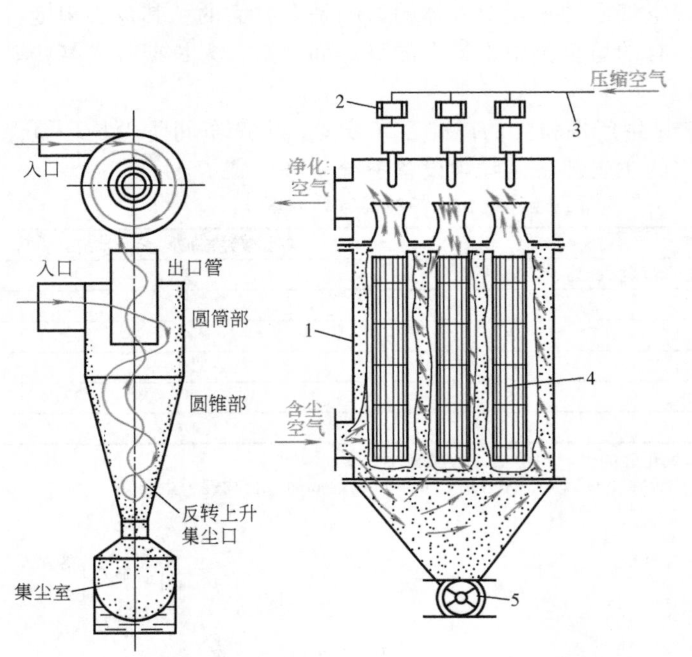

图 9-2　旋风除尘器的基本结构

图 9-3　脉冲反吹袋式除尘器

1—除尘器壳体　2—气阀　3—压缩空气管器　4—过滤袋　5—锁气器

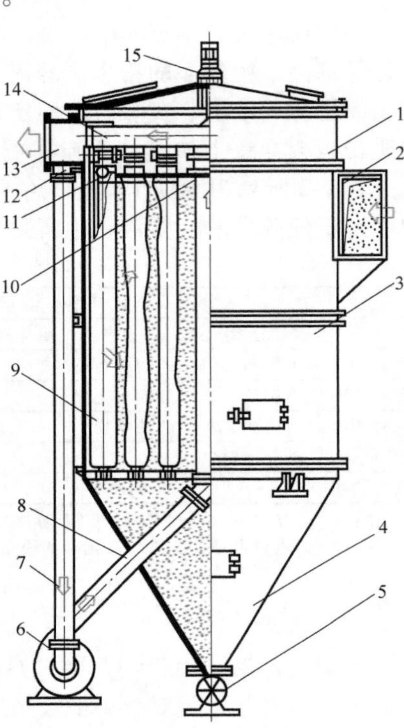

图 9-4　回转反吹扁布袋除尘器

1—清洁室　2—蜗形进气口　3—过滤室　4—灰斗　5—排灰阀　6—反吹风机　7—循环风管　8—反吹风管　9—滤袋　10—花板　11—滤袋导口　12—喷口　13—出气口　14—转臂　15—转臂减速机构

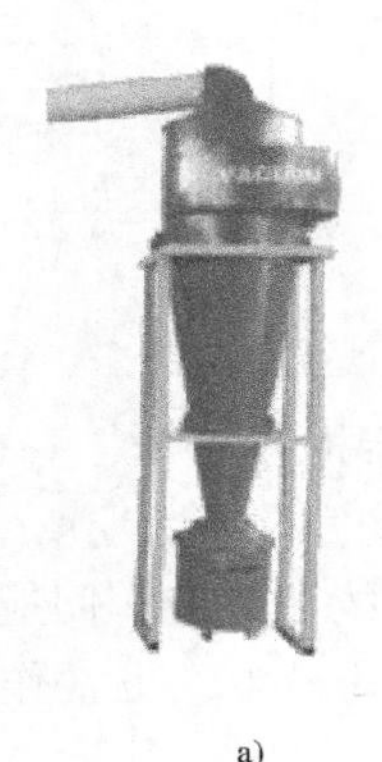

a)

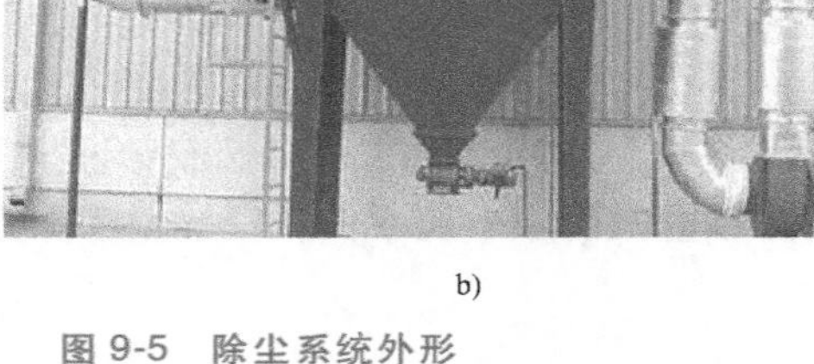

b)

图 9-5　除尘系统外形

a）旋风除尘器　b）袋式除尘器

9.3　噪声及振动控制装备

9.3.1　噪声的危害及其允许等级

噪声是指各种不同频率和声强的声音无规则的杂乱组合。噪声会使人烦躁和讨厌，影响人们正常的生活、工作和学习，甚至使人产生疾病。噪声可分为机械噪声、空气噪声、电磁噪声等种类，铸、锻、焊等材料加工工厂主要的噪声为机械噪声和空气噪声。

噪声的危害主要有：损害人的听力，引起耳聋、神经衰弱等疾病；干扰工作和休息环境，使人的工作效率降低，使人烦躁不安；高声强的噪声还会损坏建筑，声疲劳会使仪器、仪表失灵等。

我国工业企业的生产车间或作业场所的允许噪声级见表 9-3。

表 9-3　我国工业企业的生产车间或作业场所的允许噪声级

每个工作日噪声暴露时间/h	8	4	2	1
新建企业允许噪声级/dB(A)	85	88	91	94
现有企业允许噪声级/dB(A)	90	93	96	99
最高允许噪声级/dB(A)	<115			

9.3.2　噪声控制

铸造车间和压力加工车间都是噪声较大的工作场所，大多数铸造机械、压力加工机械在工作时都会产生一定程度的噪声。噪声污染是对人们的工作和身体影响很大的一种公害，许多国家规定，工人 8h 连续工作下的环境噪声不得超过 80~90dB。对于一些产生噪声较大的设备（如熔化工部的风机、落砂机、射砂机的排气口，各类压力加工机床等）都应采取措施控制其对环境的影响。

噪声控制的方法主要有消声器降噪、吸声降噪和隔离降噪等。

（1）消声器降噪　即气缸、射砂机构、鼓风机的排气噪声可以在排气管道上装消声器，使噪声降低。消声器是既能允许气流通过又能阻止声音传播的一种消声装置。

图 9-6 所示为一种适应性较广的多孔陶瓷消声器。它通常接在噪声排出口，使气体通过陶瓷的小孔排出。它的降噪效果好（大于 30dB），不易堵塞，而且体积小，结构简单。

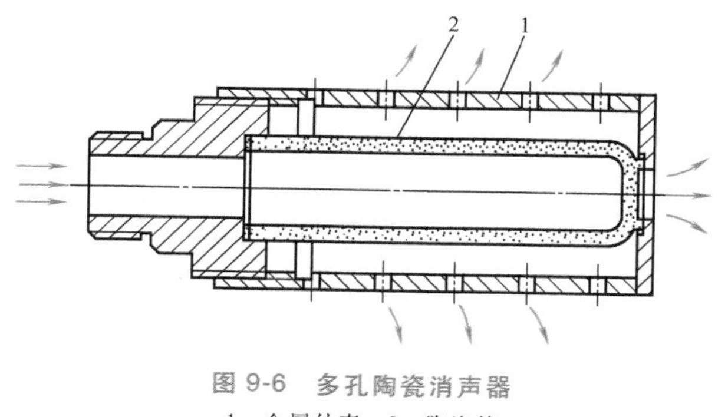

图 9-6　多孔陶瓷消声器

1—金属外壳　2—陶瓷管

（2）吸声降噪　借助某些声学材料或声音结构以提高声能的吸收，可有效减少噪声源周围壁面的反射，从而达到降低噪声的目的。方法是采用各种吸声材料和吸声结构。

（3）隔离降噪　声音的传播有两种方式：一是通过空气直接传播；另一种是通过结构传播，即由于本身的振动以及对空气的扰动而传播。为了降低或减缓声音的传播，常用隔声的方法。

铸造车间有一些噪声源，并混杂着空气声和结构声。单纯的消声器无能为力，常采用隔声罩、隔声室等方法隔离噪声源，应用于空压机、鼓风机、落砂机等的降噪处理方面，均取得了满意的效果。

因振动设备的振动而产生的噪声，一般从减振和隔振两方面入手，寻求降噪途径。其效果与振源的性质、振动物体的结构、材料性质和尺寸以及边界条件等有密切而复杂的关系。隔振降噪研究是现代振动研究的一个重要研究领域。

9.3.3 压力加工设备的隔振装置

对振动较大的锻锤及压力机设备，为减少工作时的振动噪声及对地基的振动影响，常需要采用隔振装置。

锻锤的隔振，是将锻锤基础砧座下的垫木（图 9-7a）改为橡胶、螺旋弹簧和叠板弹簧等弹性元件（图 9-7c），使该弹性元件与砧座组成自振频率为 7~10Hz 的低频率振动系统，可使作用于基础与地基的动压力降至不隔振时的 1/20~1/5，有效地隔离振动向外传播，并显著地减小基础尺寸。

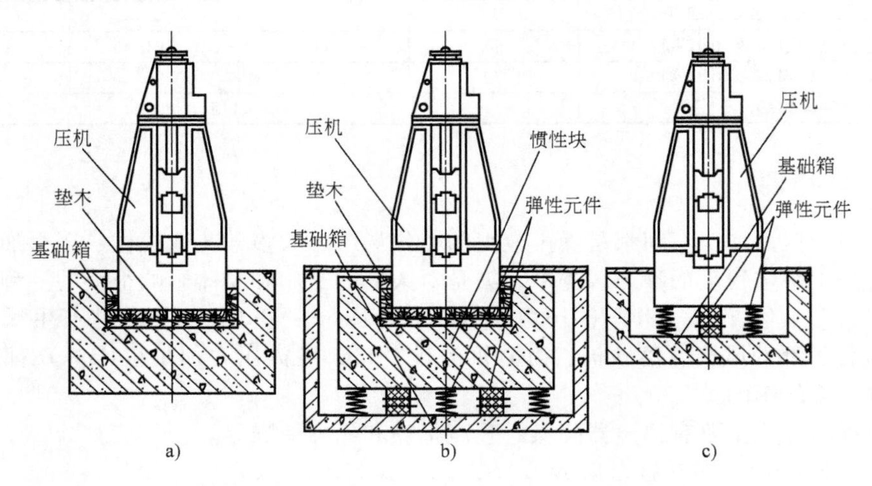

图 9-7 锻锤的安装

a）常规安装锻锤 b）基础下隔振锻锤 c）砧下直接隔振锻锤

压力机的隔振，是将隔振部件直接安装在压力机机脚之下（图 9-8b）或将笨重的基础块改为一钢架结构安放在隔振部件上（图 9-8c）。它能将振动能量集中在隔振部件上，可使基础振动强度降低 10~20dB，显著改善工人劳动条件，保护附近的精密仪器及厂房；压力机隔振后产生 3~5mm 以内的纵向摇晃，既不影响生产操作，也不降低压力机的运动精度；隔振安装的压力用整机晃动代替不隔振时的弯曲变形和伸缩振动，可明显改善压力机机身应

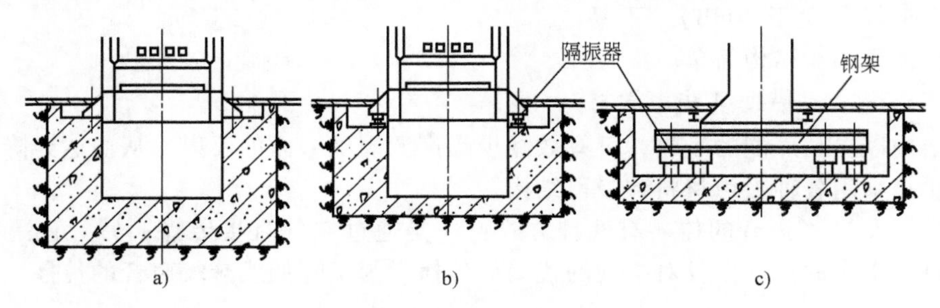

图 9-8 压力机的安装

a）压力机常规安装 b）压力机直接隔振 c）压力机钢架支承隔振

力，从而提高压力机和模具的使用寿命。

9.4 废气净化装备

9.4.1 废气的最高容许浓度及其净化方法

工业用炉和铸造生产等都会产生大量的废气，从而对操作工人造成身体健康的危害，有害气体排入大气还会引起空气的污染，因此必须对废气进行净化处理。中国、美国和俄罗斯的铸造车间空气中常见有害物的最高容许浓度（即工人工作场地空气中有害物质的最高浓度）见表9-4。

表9-4 车间空气中常见有害物的最高容许浓度 （单位：mg/m^3）

物质名称	中国	美国	俄罗斯
一氧化碳	30	50	20
二甲苯	100	435	50
二氧化硫	15	13	10
丙烯醛	0.3	0.25	0.7
甲苯	100	375	50
甲醛	3	3	1
苯(皮)	40	80	20
苯乙烯	40	420	5
氟化氢及氟化物(换算成F)	1	2.5	0.5
氨	30	18	20
臭氧	0.3	0.2	0.1
氧化氮(换算成NO_2)	5	9	5(N_2O_3)
氧化锌	5	5	5
氧化镉	0.1	0.1	0.1
铅烟	0.03	0.15	0.01
铍及其化合物	0.001		
氰化氢及氰酸盐(换算成HCN)(皮)	0.3	5	0.3
锰及其化合物(换算成MnO_2)	0.2	5(以Mn计)	0.3
氯	1		

相对于灰尘（或微粒）和噪声对环境的污染，工业生产排放出的各类废气对周围环境污染的影响范围更广。随着环境保护措施的日趋严格，工业废气直接排放将被严格禁止，废气排放前都必须经过净化处理。常见的废气净化方法见表9-5。下面将结合冲天炉废气和消失模铸造废气的处理，介绍工业废气的液体吸收处理法和催化燃烧处理法。

表9-5 常见的废气净化方法

净化方法	基本原理	主要设备	特点	应用举例
液体吸收法	将废气通过吸收液，由物理吸附或化学吸附作用来净化废气	填料塔或喷淋塔	能够处理的气体量大，缺点是填料塔容易堵塞	用水吸收冲天炉废气中的SO_2、HF等废气
固体吸收法	废气与多孔性的固体吸附剂接触时，能被固体表面吸引并凝聚在表面而净化	固定床	主要用于浓度低、毒性大的有害气体	活性炭吸附治理氯乙烯废气
冷凝法	在低温下使有机物凝聚	冷凝器	用于高浓度易凝有害气体，净化效率低，多与其他方法联用	如用冷凝—吸附法来回收氯甲烷

（续）

净化方法		基本原理	主要设备	特点	应用举例
燃烧法	直接燃烧法	高浓度的易燃有机废气直接燃烧	焚烧炉	要求废气具有较高的浓度和热值，净化效率低	火炬气的直接燃烧
	热力燃烧法	加热使有机废气燃烧	焚烧炉	消耗大量的燃料和能源，燃烧温度很高	应用较少
	催化燃烧法	使可燃性气体在催化剂表面吸附、活化后燃烧	催化焚烧炉	起燃温度低，耗能少，缺点是催化剂容易中毒	烘漆尾气催化燃烧处理

9.4.2 冲天炉喷淋式烟气净化装置

冲天炉是熔化铸铁的主要设备，也是铸造车间的主要空气污染源之一。冲天炉烟气中含有大量粉尘和有害气体（SO_2、HF、CO 等），必须进行净化处理。

常用的冲天炉喷淋式烟气净化装置如图 9-9 所示。

冲天炉烟气在喷淋式除尘器 2 中经喷嘴 1 喷雾净化后排入大气。水经净化处理后循环使用。污水首先经木屑斗 3 滤去粗渣，在初沉淀池 4 中进行初步沉淀，然后进入投药池 7 和反应池 8。在投药池内投放电石渣 $Ca(OH)_2$，以中和水中吸收炉气中的二氧化硫和氢氟酸。其反应如下：

$$H_2SO_3 + Ca(OH)_2 \longrightarrow CaSO_3 \downarrow + 2H_2O$$
$$2HF + Ca(OH)_2 \longrightarrow CaF_2 \downarrow + 2H_2O$$

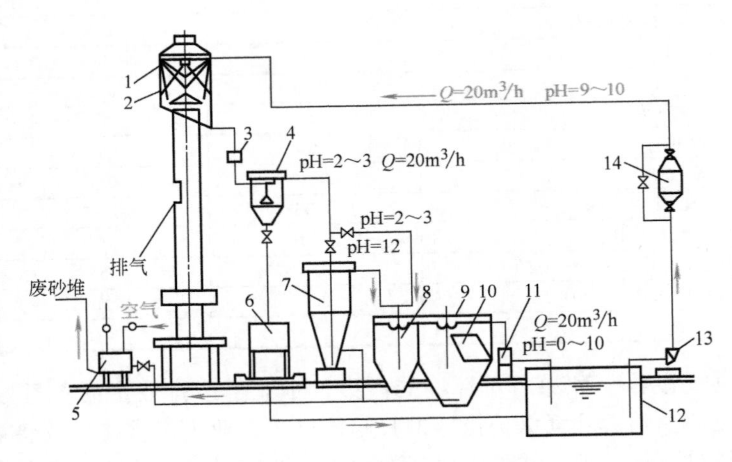

图 9-9 冲天炉喷淋式烟气净化装置

1—喷嘴 2—喷淋式除尘器 3—木屑斗 4—初沉淀池 5—气压排泥罐 6—渣脱水箱 7—投药池 8—反应池 9—斜管沉淀池 10—斜管 11—三角堰 12—清水池 13—水泵 14—磁化器

反应产物经斜管沉淀池 9 沉淀下来，呈弱碱性的清水流入清水池 12，再由水泵 13 送到喷嘴。磁化器 14 使流过的水磁化，以强化水的净化作用。沉淀下来的泥浆由气压排泥罐 5 排到废砂堆。

这种装置的烟气净化部分结构简单，维护方便，动力消耗少。如果喷嘴雾化效果好，除尘效率可达 97%；SO_2、HF 气体也被部分吸收。其缺点是耗水量较大，水的净化系统比较复杂、庞大。

9.4.3 消失模铸造（EPC）废气净化装置

消失模铸造（Expendable Casting，EPC）产生的废气除 H_2、CO、CH_4、CO_2等小分子气

体外，主要是苯、甲苯、苯乙烯等有机废气。这些有机废气直接排放对环境影响较大，大量生产时，必须进行净化处理。净化处理有机废气的方法很多（见表9-5），试验研究表明，催化燃烧法对处理消失模铸造废气比较合适。

催化燃烧净化废气的原理是，使废气以一定的流量进入装有催化剂的具有一定温度的催化焚烧炉内，废气在催化剂表面吸附、活化后燃烧成 CO_2、H_2O 等无害气体排放。由华中科技大学研制开发的EPC废气净化装置的原理图如图9-10所示。它采用了催化燃烧处理方案，具有净化率高、操作控制简便等优点。

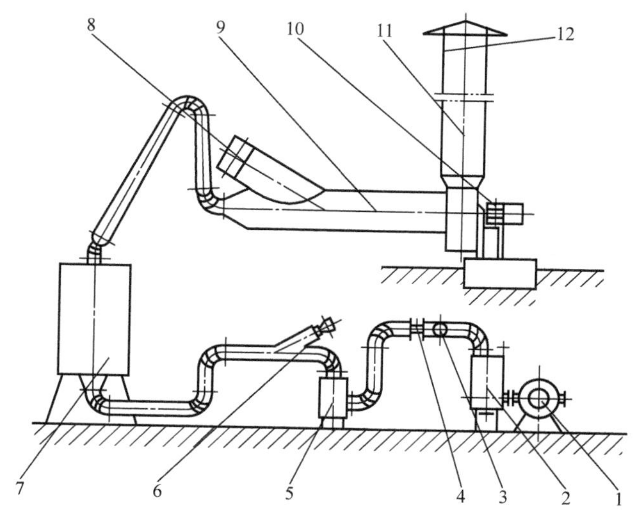

图9-10　EPC废气净化装置的原理图
1—水环真空泵　2—气水分离器　3—应急阀Ⅰ　4—废气截止阀Ⅱ　5—贮气罐　6—新鲜空气阀Ⅲ　7—催化焚烧炉　8—冷却空气阀Ⅳ　9—进风管　10—风机　11—出风管　12—风帽

9.5　污水处理设备

9.5.1　污水的排放标准及处理方法

混入了各种污染物而丧失使用价值的水，称为污水。现代化的工业生产通常要求对工业污水进行处理回用，至少要实现无害排放。工业废水有害物质最高容许排放的浓度分为两类：第一类，能在环境或动物体内蓄积而对人体健康产生长远影响的有害物质，含此类有害物质的废水，必须进行必要的处理，在设备的排出口，水质应符合表9-6规定的排放标准（第一类）；其长远影响小于第一类的有害物质，在设备的排出口，水质应符合表9-7规定的排放标准（第二类）。

表9-6　工业废水最高容许排放浓度（一）

序号	有害物质名称	最高容许排放浓度/(mg/L)
1	汞及其无机化合物	0.05(按Hg计)
2	镉及其无机化合物	0.1(按Cd计)
3	六价铬化合物	0.5(按 Cr^{6+} 计)
4	砷及其无机化合物	0.5(按As计)
5	铅及其无机化合物	1.0(按Pb计)

表9-7　工业废水最高容许排放浓度（二）

序号	有害物质或项目名称	最高容许排放浓度/(mg/L)
1	pH值	6~9(无单位)
2	悬浮物(水力排灰、洗煤水、水力冲砂、尾矿水)	500
3	生化需氧量(5天、20℃)	60
4	化学耗氧量(重铬酸钾法)	100
5	硫化物	1
6	挥发性酚	0.5
7	氰化物(以游离氰根计)	0.5

（续）

序号	有害物质或项目名称	最高容许排放浓度/(mg/L)
8	有机磷	0.5
9	石油类	10
10	铜及其化合物	1(按 Cu 计)
11	锌及其化合物	5(按 Zn 计)
12	氟的无机化合物	10(按 F 计)
13	硝基苯类	5
14	苯胺类	3

污水的处理方法很多，根据要求的不同，可分为三级：一级处理为简单处理，主要是降低悬浮物浓度、初步中和酸碱度等；二级处理，主要是解决可分解或氧化的有机溶解物或部分悬浮固体物的污染问题，基本达到排放标准；三级处理为深度处理，主要是解决难以分解的有机物和溶液中的无机物，最后达到地面水、工业用水和生活用水的标准。污水的处理方法及处理范围见表 9-8。

表 9-8 污水的处理方法及处理范围

分类	处理方法	处理范围
物理法	重力分离	去除悬浮、胶状物质
	离心分离	
	过滤	
	蒸发结晶	去除胶状、悬浮物和可溶性盐类
	高磁分离	去除各种金属离子，如投加磁铁粉和絮凝剂，还能除去其他非金属杂质
化学法	中和	调整 pH 值
	化学凝聚	去除悬浮、胶状物质
	氧化还原	去除溶解性物质
物理化学法	离子交换	去除悬浮、胶状物，主要是离子态物质
	电渗析	
	反渗透	去除悬浮、胶状物质
	气浮	
	汽提	去除溶解性挥发物质
	吹脱	
	吸附	去除溶解性、悬浮状物质
	萃取	
生物法	自然氧化	去除溶解性有机物及部分无机物
	生物滤池	
	活性污泥	
	厌氧发酵	

9.5.2 污水处理工艺流程

湿法清砂、湿式除尘、旧砂湿法再生等工艺过程中，会产生大量的污水，这些污水如直接排放，会对周围环境和生物产生严重的影响，必须对其进行处理以实现无害排放。而对于像我国北方地区这样的缺水地区，还必须考虑生产用水的循环使用。下面以铸造生产的污水处理为例，介绍污水处理的原理及装备。

铸造污水的特点是：浊度高，且不同的污水其酸碱度差别大（如水玻璃旧砂湿法再生污水的 pH 值可大于 11~12，而冲天炉喷淋式烟气净化污水的 pH 值为 2~3）。污水处理的一般方法是，根据水质性质的不同，通过加入化学药剂（或酸碱中和的方法）先将污水的 pH 值调至 7 左右，然后加入混凝药剂等，将污水中的悬浮物凝絮、沉淀、过滤，所得清水被回用，污泥被浓缩成浓泥浆或泥饼。

9.5.3　水玻璃砂污水处理设备

图 9-11 所示为我国自行研制开发的水玻璃旧砂湿法再生的污水处理及回用设备的工艺流程图。湿法再生产生的污水加酸中和（pH 值由 12~13 降至 7 左右）后排入污水池 1 内，由污水泵 3 抽入处理器 5 中（在抽水过程中加凝絮剂和净化剂），在处理器中经沉淀、过滤等工序，清水从出水管 6 中排入清水池 7 中回用，污浆定期从排泥口 11 中排出。为了避免处理器中的过滤层被悬浮物阻塞，定期用清水进行反冲清洗。

该污水处理设备将沉淀、过滤、澄清及污泥浓缩等工序集中于一个金属罐内，工艺流程短、净化效率高、占地面积小、操作简便，能较好地满足水玻璃旧砂湿法再生的污水处理及回用要求。该污水处理器的外形如图 9-12 所示，所配套的污水池及清水池照片如图 9-13 所示。它也可以用于其他工业污水的再生利用。

详细的污水处理原理及药剂等介绍可参见有关专著。

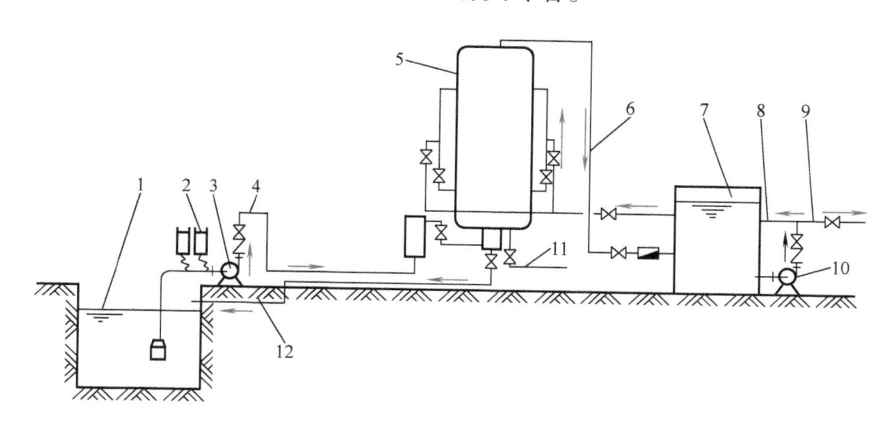

图 9-11　水玻璃旧砂湿法再生的污水处理及回用设备的工艺流程图

1—污水池　2—加药系统　3—污水泵　4—进水管　5—处理器　6—出水管　7—清水池　8—反冲进水管　9—回用水管　10—清水泵　11—排泥口　12—反冲排水管

图 9-12　污水处理器的外形

图 9-13　污水池及清水池照片

9.5.4 压铸铝合金铸件清洗污水处理设备

铝合金压制件广泛应用于汽车、电器、通信、航空航天等领域，对表面质量有着很高的要求。为了获得高清晰度的铸件，铝合金压铸件常采用酸洗的方式清理铸件表面。然而，对酸洗过程中产生的污水进行处理一直困扰着铝合金压铸件的表面清理质量。

近年来，随着高效节能浓缩结晶技术的进步，较好地解决了铝合金压铸件酸洗污水处理问题，不仅能获得良好表面质量的铝合金铸件，同时很好地解决了酸洗过程中的污水达标排放，获得了良好的社会经济效益。

浓缩结晶技术广泛应用于制药、食品、轻工等行业领域，运用加热方法进行浓缩结晶处理以去除溶剂、提高溶液浓度或通过结晶得到固态物质，将不挥发性有害物质从液体中分离出来，实现了污水的达标排放。传统单效浓缩技术主要采用蒸汽在浓缩器中对原液进行加热使溶液中的溶剂蒸发，二次蒸汽冷却后直接排放，生蒸汽消耗量大，热能损失大，并消耗大量冷却水。为了提高浓缩工艺的热效率，广大科技工作者开发了机械再压缩蒸汽浓缩（Mechanical Vapor Recompression MVR）技术，该技术通过对二次蒸汽加压加热，使之完全进行循环利用，除了浓缩初始需要蒸汽外，浓缩过程中完全不用生蒸汽，大大降低了蒸汽消耗量，免除了二次蒸汽的冷却水消耗，是一项高效、节能、降耗、设备简单、占地少的浓缩新技术。

蒸汽再压缩多效浓缩技术装备主要包括蒸发器、涡旋式蒸汽压缩机、泡沫陶瓷气液分离器、电加热蒸汽发生器和料液余热交换器，其中蒸发器系统设计、涡旋式蒸汽压缩机设计和泡沫陶瓷气液分离器设计是该技术的关键所在。在浓缩开始时期，为了减少对蒸汽锅炉的依赖，选用电加热蒸汽发生器进行生蒸汽供给。在蒸发进行过程中，由于加热蒸汽与料液发生热交换产生对等的低温二次蒸汽，并通过蒸汽压缩机将二次蒸汽加压、加温至85~92℃，作为后续加热蒸汽，而完全不需要生蒸汽的消耗。为了进一步提高热效率，该系统包括料液预热装置，利用加热蒸汽产生的高温冷凝水对低温料液进行先期预热，实现热能的充分利用，同时降低冷凝水温度，提高料液浓缩效率。基于MVR技术的铝合金铸件清洗污水处理原理图如图9-14所示。

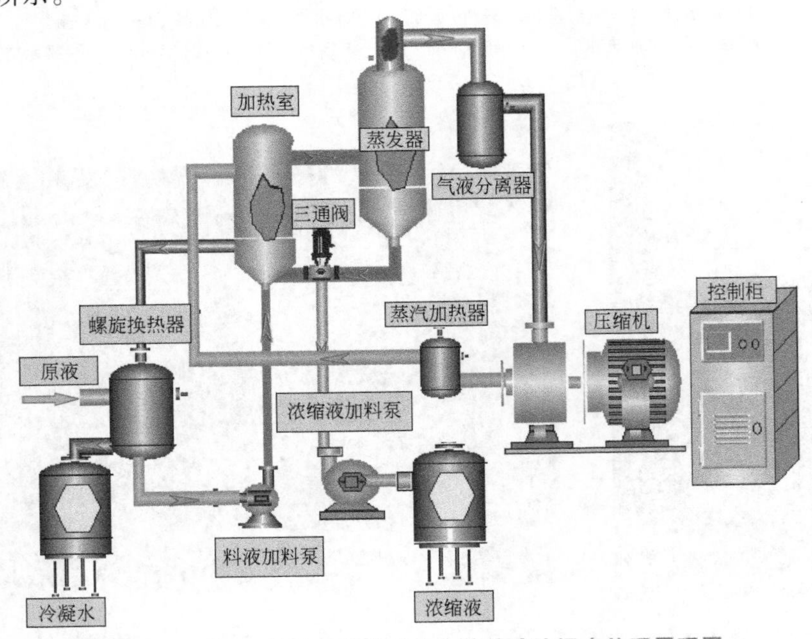

图9-14 基于MVR技术的铝合金铸件清洗污水处理原理图

该系统由螺旋换热器、加热室、蒸发器、结晶器和蒸汽压缩机以及各种管路和控制装置所组成，污水经过螺旋换热器预热进入加热室进一步升温，然后进入蒸发器蒸发结晶，去除污水中的酸性物质，蒸发的水蒸气经过冷凝后达到无污染水标准，实现了污水的零污染排放。

系统蒸发过程中的二次蒸汽经压缩机升温升压，循环反复利用，减少了蒸发过程中的锅炉蒸汽用量和蒸汽冷却水用量，具有良好的经济、节能效果，已为工业精密零件清洗创造了良好的技术基础。

9.6　旧砂再生回用设备

对铸造工厂或车间而言，如果旧砂不进行再生利用，通常生产1t铸件需要排放1t旧砂。这不仅会消耗大量宝贵的石英砂资源，抛弃废旧砂还会给环境带来很大的污染。因此，在现代化的铸造厂，对旧砂进行再生回用是必不可少的。下面就铸造工厂旧砂的回用与再生技术和装备做一介绍。

9.6.1　旧砂回用与旧砂再生

旧砂回用与旧砂再生是两个不同的概念：旧砂回用是指将用过的旧砂块经破碎、去磁、筛分、除尘、冷却等处理后重复或循环使用；而旧砂再生是指将用过的旧砂块经破碎并去除废旧砂粒上包裹着的残留黏结剂膜及杂物，恢复近于新砂的物理和化学性能代替新砂使用。

旧砂再生与旧砂回用的区别在于：旧砂再生除了要进行旧砂回用的各工序外，还要进行再生处理，即去掉旧砂粒表面的残留黏结剂膜。如果将旧砂再生过程分为前处理（旧砂去磁、破碎）、再生处理（去掉旧砂粒表面的残留黏结剂膜）、后处理（除尘、风选、调温度）等三个工序，则旧砂回用相当于旧砂再生过程中的前处理和后处理。即旧砂再生等于“旧砂回用”+“去除旧砂粒表面残留黏结剂膜”的再生处理。

另外，回用砂和再生砂在使用性能上有较大区别。再生砂的性能接近新砂，可代替新砂做背砂或单一砂使用；回用砂表面的黏结剂含量较多，通常做背砂或填充砂使用。

旧砂种类及性质的不同，对旧砂回用及再生的选择有很大的影响。黏土旧砂，由于其中的大部分黏土为活黏土，加水后具有再黏结性能，故大部分黏土旧砂可能进行重复回用，黏土旧砂可以进行回用处理，即黏土旧砂经过破碎、磁选、过筛等工序去除其杂质，经过增湿、冷却降低其温度，达到成分均匀，再用于混制型砂。对于靠近铸件的黏土旧砂，因其黏土变成了死黏土，故必须进行再生处理。而对树脂旧砂、水玻璃旧砂、壳型旧砂等化学黏结剂旧砂，通常必须进行去除残留黏结剂膜的再生处理，才能代替新砂做单一砂或背砂使用；其回用砂通常只能代替背砂或填充砂使用。

对旧砂进行再生回用，不仅可以节约宝贵的新砂资源，减少旧砂抛弃引起的环境污染，还可节省成本（新砂的购置费和运输费），具有巨大的经济和社会效益。旧砂再生已成为现代化铸造车间不可缺少的组成部分。

9.6.2　旧砂再生的方法及选择

旧砂再生的方法很多，根据其再生原理可分为干法再生、湿法再生、热法再生、化学法再生四大类。

干法再生是利用空气或机械的方法将旧砂粒加速至一定的速度，靠旧砂粒与金属构件间或砂粒互相之间的碰撞、摩擦作用再生旧砂。干法再生的设备简单、成本较低；但不能完全去除旧砂粒上的残留黏结剂，再生砂的质量不太高。干法再生的形式多种多样，有机械式、气力式、振动式等，但干法再生机理都是“碰撞—摩擦”，碰撞—摩擦的强度越大，干法再生的去膜效果越好，同时砂粒的破碎现象也加剧。除此之外，旧砂的性质、铁砂比等对干法再生效果也有很大影响。

湿法再生是利用水的溶解、擦洗作用及机械搅拌作用，去除旧砂粒上的残留黏结剂膜。对某些旧砂的再生质量好，旧砂可全部回用；但湿法再生的系统较大，成本较高（需对湿砂进行烘干），有污水处理回用问题。

热法再生是通过焙烧炉将旧砂加热到 800~900℃，除去旧砂中可燃残留物的再生方法。再生有机黏结剂旧砂的效果好，再生质量高；但能耗大，成本高。

化学法再生，通常是指向旧砂中加入某些化学试剂（或溶剂），把旧砂与化学试剂（或溶剂）搅拌均匀，借助化学反应来去除旧砂中的残留黏结剂及有害成分，使旧砂恢复或接近新砂的物理化学性能。对某些旧砂，其化学法再生砂的质量好，可代替新砂使用；但因成本较高，应用受限制。

各种旧砂由于其性能和要求不同，可使用不同的再生方法。各种黏结剂旧砂用不同再生方法的效果见表 9-9。

表 9-9 各种黏结剂旧砂用不同再生方法的效果

再生方法 / 黏结方法			干法		湿法	热法	化学法
			机械式	气动式			
无机的	黏土黏结		A	A	A	B	
	水玻璃黏结	CO_2 硬化	C	C	A	C	C
		酯硬化	B	B	A	C	B
有机的	树脂黏结	冷固化	A	A	C	A	
		热固化	C	C	C	A	

注：A—再生容易；B—再生不易；C—再生困难。

9.6.3 典型再生设备的结构原理及使用特点

典型再生设备的结构原理及使用特点见表 9-10。

表 9-10 典型再生设备的结构原理及使用特点

分类	形式	结构示意图	原理及特点	使用情况
机械式	离心冲击式		在离心力的作用下，砂粒受冲击、碰撞和搓擦而再生 结构简单，效果良好，每次除膜率约 13%	适于呋喃树脂砂再生
	离心式		与离心冲击式同，只是以搓擦为主，比离心冲击式略为逊色，每次除膜率为 10%~12%	适于呋喃树脂砂再生
	振动式	再生砂 杂物	使砂粒利用振动和摩擦而再生	使用效果与旧砂性能有关

（续）

分类	形式	结构示意图	原理及特点	使用情况
气动式	垂直式		利用气流使砂粒冲击和摩擦而再生 结构简单，多级使用，能耗和噪声大	适于呋喃树脂砂和黏土砂再生
	水平式	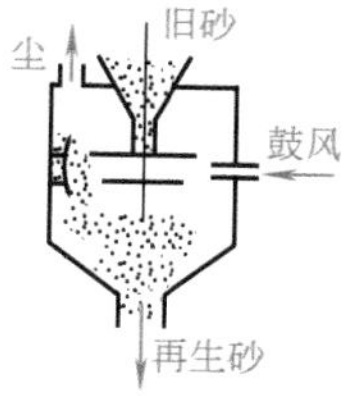	原理同垂直式，多级使用，结构比垂直式紧凑，能耗和噪声均有改善	适于黏土砂再生
湿法	叶轮式	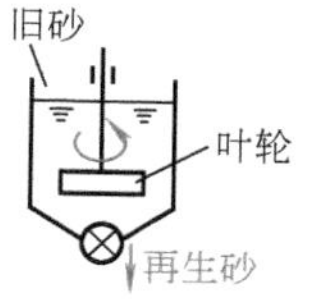	利用机械搅拌擦洗再生	适于黏土砂、水玻璃砂再生
	旋流式	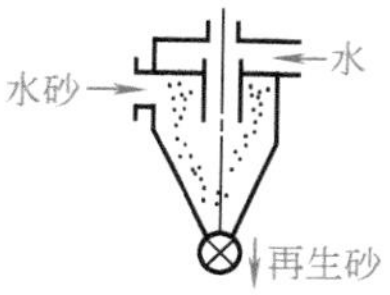	利用水力旋流擦洗再生	适于黏土砂、水玻璃砂再生
热法	倾斜搅拌式	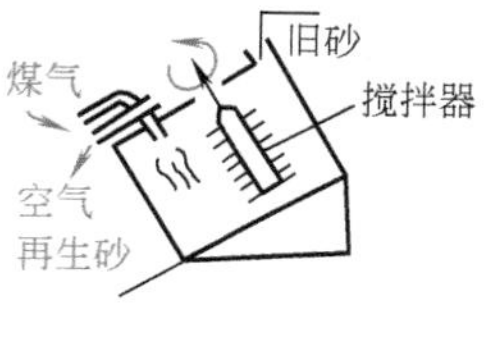	使树脂膜烧去而再生，但结构较复杂	适于树脂覆膜砂和自硬砂再生
	沸腾床式	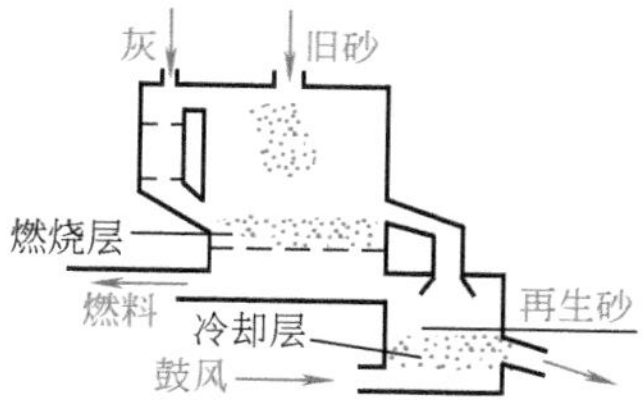	沸腾燃烧式是比较先进的，有利于提高燃烧效率，改善再生效果	适于树脂覆膜砂和自硬砂再生

9.6.4 再生砂的后处理

旧砂再生过程通常分为旧砂的预处理（去磁、破碎）、再生处理（去除旧砂粒表面的残留黏结剂膜）、后处理三个工序。再生砂的后处理一般包括风选除尘和调温。

再生砂的风选除尘原理较为简单，通常是将再生砂以“雨淋”或“瀑布”的方式通过一个风选室（或风选仓），靠除尘器去除再生砂中的灰尘和微粒。

砂温调节器结构示意图如图 9-15 所示，它主要是利用砂子与冷（热）水管的直接热交换来调节再生砂的温度。为了提高热交换效率，在水管上设有很多散热片；同时为了保证调温质量，通过测温仪表和料位控制器等监测手段，自动操纵加料和卸料。对于自硬型的树脂砂或水玻璃砂，型砂的硬化时间和硬化速度对砂温的波动较为敏感，一般应根据天气的变化和硬化剂的种类，将砂温调节在一定的范围内。

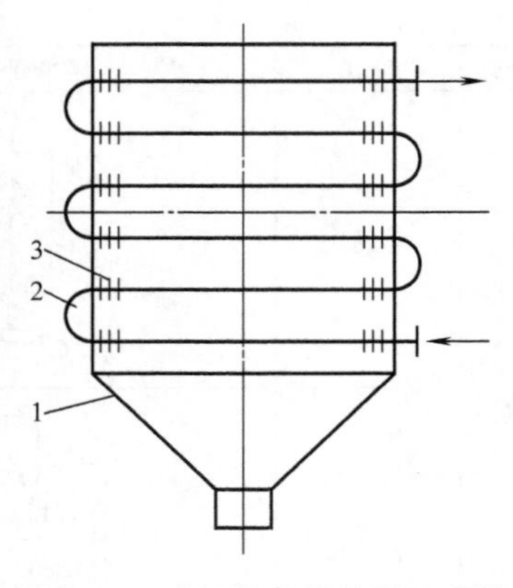

图 9-15 砂温调节器结构示意图
1—壳体 2—调节水管 3—散热片

9.6.5 典型的旧砂干法再生系统

1. 自硬树脂旧砂的干法再生系统

图 9-16 所示为我国使用最多的自硬树脂旧砂的干法再生系统。浇注冷却后的自硬砂型经落砂机 2 落砂，旧砂用带式输送机 1 送入斗式提升机 3 提升并卸入旧砂斗 4 储存。当进行再生时，首先由电磁给料机 5 将旧砂（主要是砂块）送入破碎机 6。破碎后的旧砂卸入斗式提升机 7 提升，在卸料处由磁选机 8 除去砂中铁磁物（如铁豆、飞边、毛刺等），再经筛砂机 9 除去砂中杂物，过筛的旧砂存于再生斗 10 中，再经斗式提升机 11 送入二槽斗 12，并控制卸料闸门将旧砂适量加入再生机 13 中进行再生。合格的再生砂经斗式提升机 14 送入风选装置 15，风选后的再生砂卸入砂温调节器 16 中，使再生砂的温度接近室温，最后由斗式提升机 18 装入储砂斗 19 备用。

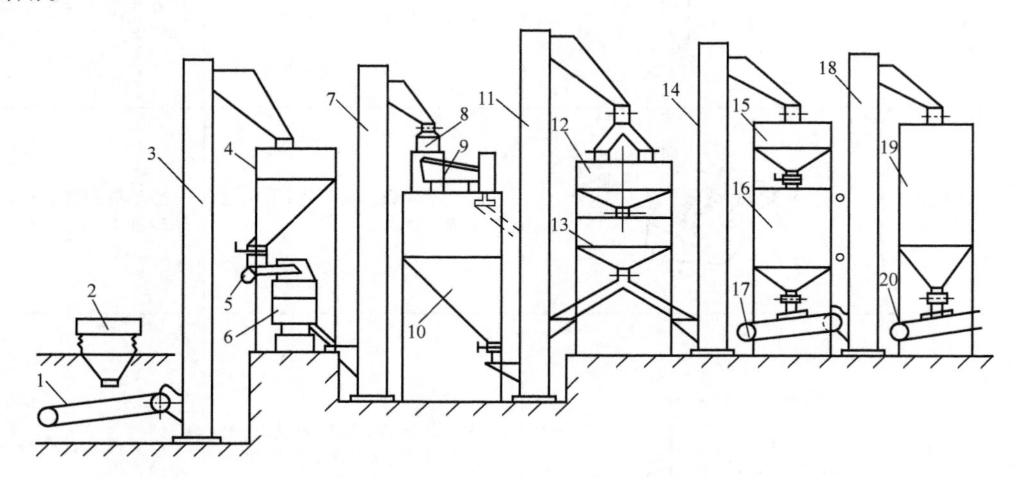

图 9-16 自硬树脂旧砂的干法再生系统
1、17、20—带式输送机 2—落砂机 3、7、11、14、18—斗式提升机 4—旧砂斗 5—电磁给料机 6—破碎机 8—磁选机 9—筛砂机 10—再生斗 12—二槽斗 13—再生机 15—风选装置 16—砂温调节器 19—储砂斗

如果一次再生循环的再生砂质量不符合工艺要求，可以进行二次循环再生，甚至三次循环再生。这只要控制再生机下部的卸料岔道，让再生砂进入斗式提升机 11，即可循环再生。

该系统的破碎机采用振动式破碎机，再生机采用离心冲击式。其工作可靠，再生效果良好，旧砂再生率可达 95%，并使树脂加入量从原来的 1.3%~1.5%降到 0.8%~1.0%，铸件质量提高，成本降低 15%~20%。但系统较复杂，结构庞大，投资大。

2. 水玻璃旧砂干法再生系统

图9-17所示为我国自行研制开发的水玻璃旧砂干法再生系统。该系统采用机械法（球磨）预再生和气流冲击再生的组合再生方案，并根据水玻璃旧砂的特点，在气流再生前对旧砂粒进行加热处理。再生工艺较为先进。但其再生砂通常仍只能作为背砂或填充砂，要实现再生砂做面砂或单一砂的目标仍比较困难。

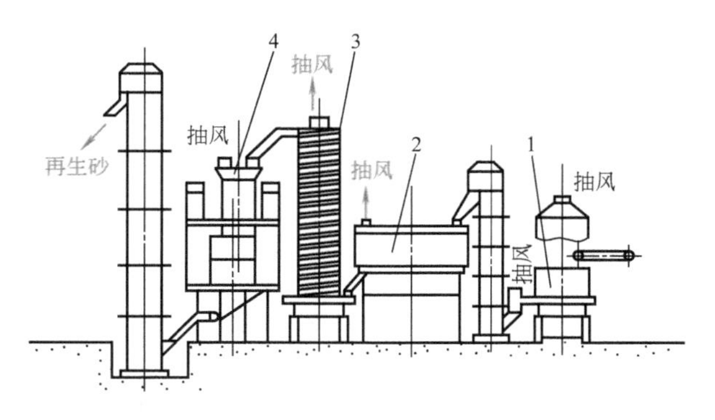

图9-17 水玻璃旧砂干法再生系统

1—振动破碎球磨再生机 2—流化加热器 3—冷却提升筛分机 4—风力再生机

水玻璃旧砂可以采用干法再生、湿法再生及化学法再生，但采用哪种工业方法最佳（再生砂的性能与价格比最好），学术界和企业界仍有争议。详细介绍可参照有关研究论文或专著，最新的研究结果表明，水玻璃旧砂采用干法回用（做背砂或填充砂）、湿法再生（做面砂或单一砂）的综合效果最好。

3. 气流式再生系统

图9-18所示为四室气流式再生系统。旧砂经筛分、磁分、破碎等预处理后，由提升机送入储砂斗，以一定量连续供给再生机；再经四级气流冲击再生后，获得再生砂。

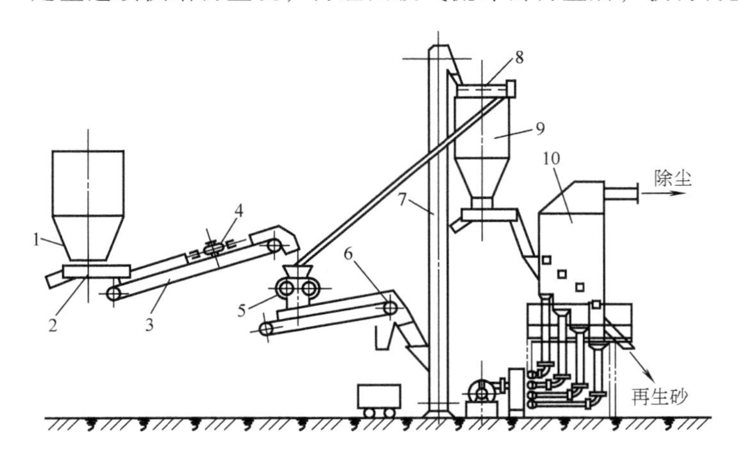

图9-18 四室气流式再生系统

1—旧砂斗 2—给料机 3—带式输送机 4—带式磁分离机 5—破碎机 6—电磁带轮 7—提升机 8—振动筛 9—储砂斗 10—四室式气力撞击再生装置

该系统的特点是：结构简单、工作可靠、维修方便，可适用于各种铸造旧砂，根据旧砂的性质和生产率要求，选择适当的再生室数量和类型；但动力消耗大，对水分的控制较严格。

9.6.6 典型的旧砂湿法再生系统

1. 国外较完整的湿法再生系统

图9-19所示为瑞士FDC公司结合水力清砂工艺开发出的一种处理水玻璃旧砂的湿法再生系统。它将磁选、破碎设备同水力旋流器与搅拌器串联在一起，系统具有落砂、除芯、铸

件预清理、旧砂湿法再生、回收水力清砂用水等五个功能。砂子的回收率达90%，水回收率达80%，生产率为35～50t/h，是一个较完整紧凑的湿法再生系统。

该系统组成庞大、造价高，在我国没有得到采用。

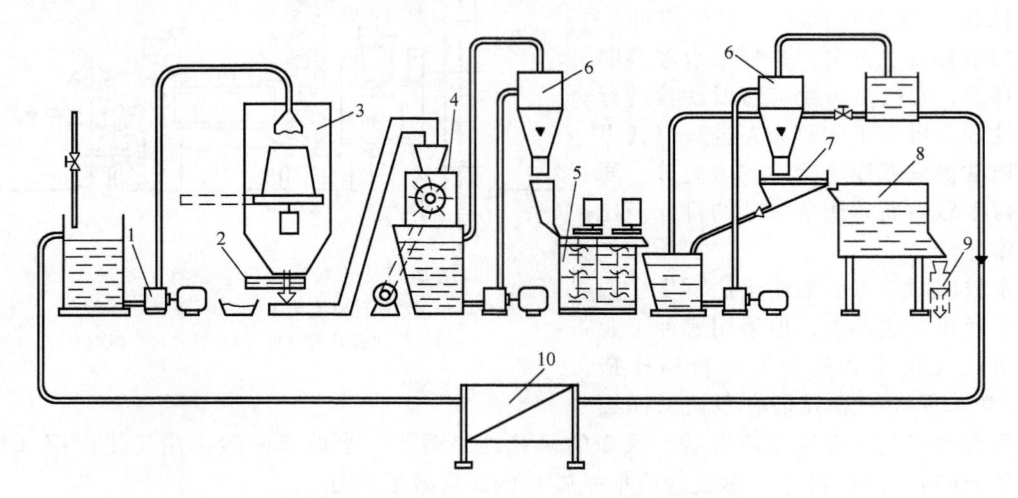

图9-19 FDC公司的水玻璃旧砂湿法再生系统

1—供水设备（高压泵） 2—磁铁分离 3—水力清砂室 4—破碎机 5—搅拌再生机 6—水力旋流器 7—振动给料机 8—烘干冷却设备 9—气力压送装置 10—澄清装置

2. 强擦洗湿法再生及污水处理系统

由我国自行研制开发的新型水玻璃旧砂湿法再生系统工艺流程如图9-20所示，主要由旧砂破碎设备、湿法再生设备、砂水分离及脱水设备、污水处理设备、湿砂烘干设备等组成。该系统具有以下优点：

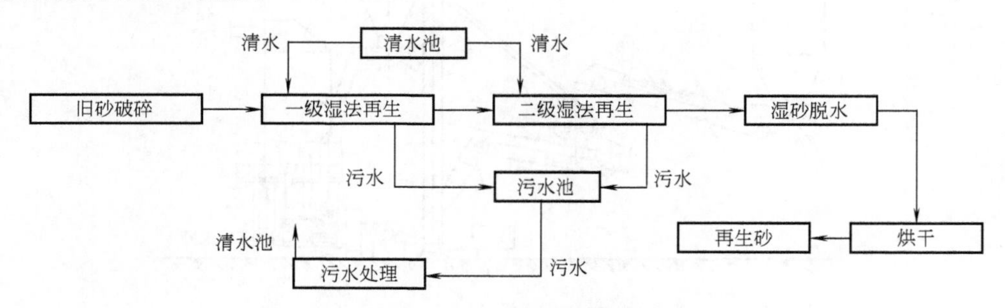

图9-20 新型水玻璃旧砂湿法再生系统工艺流程

1）采用强擦洗湿法再生设备结构，Na_2O的去除率高。两级强擦洗湿法再生Na_2O的去除率为85%～95%，单级湿法再生Na_2O的去除率为70%～80%。

2）湿法再生砂的质量好，可代替新砂做面砂或单一砂使用。

3）湿法再生的耗水量小，每吨再生砂耗水2～3t；污水经处理后可循环使用或达标排放。

单级湿法再生设备布置如图9-21所示。它由湿法再生机、砂水分离机、湿砂脱水机三台设备组成（也可由湿法再生机、砂水分离机两台设备组成，采用其他脱水设备去除湿砂中的水分）。

该再生系统的工作过程为：经破碎磁选后的水玻璃旧砂，与清水按一定的比例（砂水重量比为1∶1～1∶1.5）混合，并以一定的流量连续进入湿法再生机内再生；经一定时间

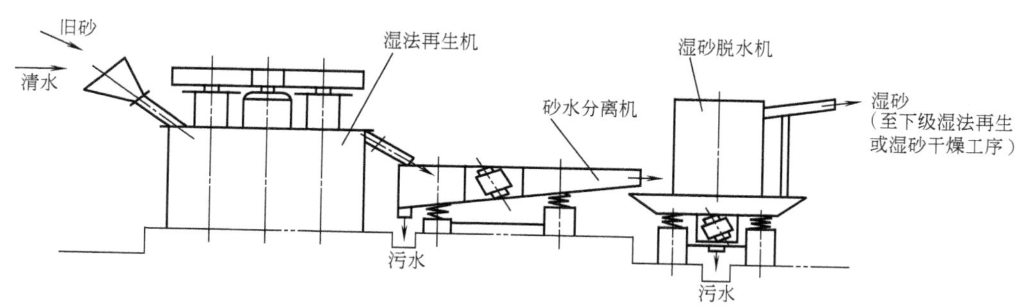

图 9-21　6~8t/h 单级湿法再生设备布置

的再生后（再生时间的长短取决于砂水混合物的流量和再生机的容积），砂水混合物从湿法再生机内卸出，进入砂水分离机中进行砂水分离；来自砂水分离机的湿砂再经湿砂脱水机初步脱水后，进入下一级湿法再生或被直接送入湿砂池存放等待烘干使用。该湿法再生系统的污水处理器系统详见本章的 9.5 节。

实践和研究表明，水玻璃旧砂采用湿法再生系统较适宜。开发耗水量小，脱膜率高，能较好地解决污水处理问题的新型水玻璃旧砂湿法再生工艺及设备系统，应是彻底解决水玻璃旧砂再生难题的方法之一。

9.6.7　典型的旧砂热法再生系统

1. 壳型旧砂热法再生系统

图 9-22 所示为壳型旧砂热法再生系统，可用于壳型旧砂等有机类黏结旧砂的再生，生产率约为 2t/h。其工艺过程是：落砂后的旧砂，经过磁选、破碎、筛分后，进入沸腾炉，在 750℃ 温度下进行焙烧，烧去有机黏结剂，出来的砂子先经过一次喷水沸腾冷却后，再进行第二次沸腾床冷却，使再生砂温度冷却到 80℃ 左右，通过筛选送至储砂斗。

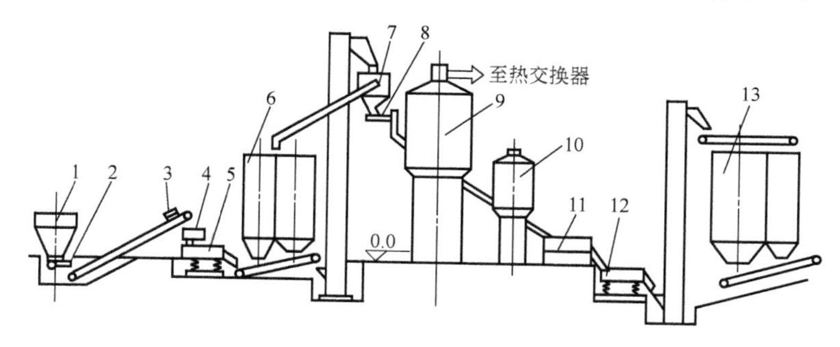

图 9-22　壳型旧砂的热法再生系统

1—砂斗　2、8—振动给料机　3—带式磁分离机　4—破碎机　5、12—振动筛　6—中间斗
7—溢流料斗　9—立式沸腾焙烧炉　10—沸腾冷却室
11—二次沸腾冷却室　13—再生砂储砂斗

2. “三合一”加热炉

最近国外新开发了将铸件清砂、热处理、砂再生结合在一起称之为“三合一”的加热炉，其结构原理如图 9-23 所示。它是利用流态加热原理完成铸件清砂、热处理、砂再生三个工序，其过程为：

1）落砂后的铸件无须完全冷却，直接进入加热炉中；随后热空气被送入到加热炉的底部，吹起炉底部的介质（如型砂）呈悬浮状态，悬浮介质被热空气加热的同时，通过导热传热将热量传递给铸件；铸件外部或内部的砂型/芯因加热破碎从铸件上脱落，即落砂清理。

2）砂表面的黏结剂因高温被烧掉，成为颗粒分散的砂粒，即完成砂的热法再生。

3）再生后的砂也会成为悬浮状态继续快速将热量传递给铸件，控制热空气的温度和强度就可控制炉内的温度，对铸件进行相应的加热处理。

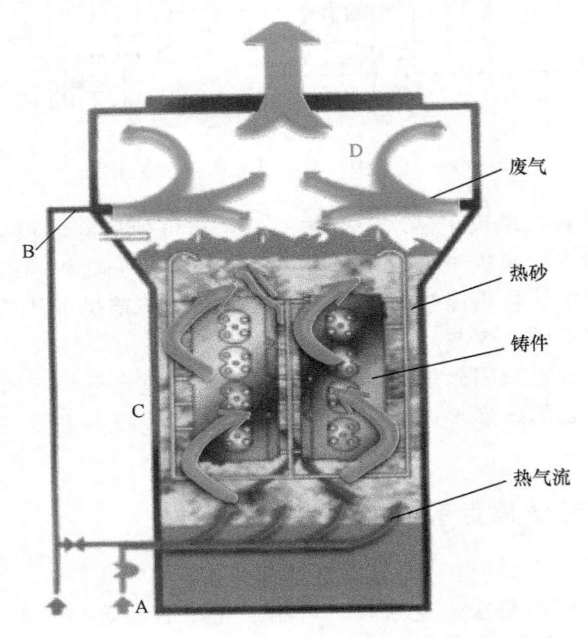

图 9-23 “三合一”加热炉结构原理

相比于传统的处理工序，“三合一”加热炉大大减少了处理工序及各工序间的运输环节，缩短了处理时间，提高了工作效率，而且也减少了对环境的污染。又因为浇注后的铸件无须冷却直接进入到加热炉内，可降低能源消耗，节约生产成本。该装备在铝合金铸件（如发动机缸体、缸盖）上得到了成功的应用，具有非常大的技术优势和经济效益。

思 考 题

1. 简述可持续发展与绿色制造的意义。
2. 常用的除尘设备有哪几种？简述它们的优缺点。
3. 简述噪声控制的原理与方法。压力加工设备的隔振装置由哪几部分组成？
4. 概述工业废气的排入标准及净化方法。
5. 概述材料成形工业污水的特点及常用的处理方法。
6. 简述旧砂再生回用方法、特点及适用范围。

参 考 文 献

[1] 国家自然科学基金委员会. 自然科学学科发展战略调研报告——自动化科学与技术 [M]. 北京：科学出版社，1995.

[2] 朱玉超. 工业自动化设备概论 [M]. 西安：西安电子科技大学出版社，1995.

[3] 曾光廷. 材料成型加工工艺及设备 [M]. 北京：化学工业出版社，2001.

[4] 冯少如. 塑料成型机械 [M]. 西安：西北工业大学出版社，1992.

[5] 黄家康，岳红军，董永祺. 复合材料成型技术 [M]. 北京：化学工业出版社，1999.

[6] 王运赣. 快速成形技术 [M]. 武汉：华中理工大学出版社，1999.

[7] 沈其文. 材料成型工艺基础 [M]. 武汉：华中科技大学出版社，2001.

[8] 崔静涛，兰新哲，王碧侠等. 陶瓷材料成型工艺研究新进展 [J]. 工业技术与职业教育，2008，6 (2)：18-20.

[9] 中国机械工程学会塑性工程学会. 锻压手册 [M]. 3 版. 北京：机械工业出版社，2008.

[10] 王卫卫. 材料成形设备 [M]. 2 版. 北京：机械工业出版社，2011.

[11] 范宏才. 现代锻压机械 [M]. 北京：机械工业出版社，1994.

[12] 张晓萍. 锻压生产过程自动控制 [M]. 北京：机械工业出版社，1998.

[13] 刘振堂. 我国锻压机械行业现状概况 [J]. 锻压装备与制造技术，2011，46 (4)：9-15.

[14] 余俊，张李超，史玉升，等. 机械多连杆伺服压力机控制系统研究与实现 [J]. 锻压技术，2014，39 (12)：87-92.

[15] 余俊，张李超，史玉升，等. 数控液压板料折弯机控制系统的研究与实现 [J]. 锻压技术，2013，38 (5)：115-118.

[16] 施宇峰，徐宁. 数字化工厂及其实现技术综述 [J]. 可编程控制器与工厂自动化，2011 (11)：37-39..

[17] 郑宜庭，黄石生. 弧焊电源 [M]. 3 版. 北京：机械工业出版，1996.

[18] 中国机械工程学会焊接学会. 焊接手册：第 1 卷 [M]. 3 版. 北京：机械工业出版社，2007.

[19] 姜焕中. 焊接方法及设备：第一分册 [M]. 北京：机械工业出版社，1981.

[20] 周兴中. 焊接方法与设备 [M]. 北京：机械工业出版社，1990.

[21] 熊腊森. 焊接工程基础 [M]. 北京：机械工业出版社，2002.

[22] 姜焕中. 电弧焊及电渣焊（修订本）[M]. 北京：机械工业出版社，1988.

[23] 胡特生. 电弧焊 [M]. 北京：机械工业出版社，1996.

[24] 王震澂，郝延玺. 气体保护焊工艺和设备 [M]. 西安：西北工业大学出版社，1991.

[25] 谢海兰. 焊接设备的工作原理与维修 [M]. 广州：广东科技出版社，2001.

[26] 赵熹华. 焊接方法与机电一体化 [M]. 北京：机械工业出版社，2001.

[27] 李亚江，王娟，夏春智. 特种焊接技术及应用 [M]. 2 版. 北京：化学工业出版社，2008.

[28] 殷树言. CO_2 焊接设备原理与调试 [M]. 北京：机械工业出版社，2000.

[29] 黄石生. 电子控制的弧焊电源 [M]. 北京：机械工业出版社，1991.

[30] 黄石生. 弧焊电源及其数字化控制 [M]. 2 版. 北京：机械工业出版社，2017.

[31] 毕惠琴. 焊接方法及设备：第二分册　电阻焊 [M]. 北京：机械工业出版社，1981.

[32] 赵熹华. 压力焊 [M]. 北京：机械工业出版社，1989.

[33] 中国机械工程学会焊接学会电阻焊专业委员会. 电阻焊理论与实践 [M]. 北京：机械工业出版社，1994.

[34] 朱正行，严向明，王敏. 电阻焊技术 [M]. 北京：机械工业出版社，2000.

[35] 王敏. 材料成形设备及自动化 [M]. 北京：高等教育出版社，2010.

[36] 王家金. 激光加工技术 [M]. 北京：中国计量出版社，1992.

[37] 曹明翠，郑启光，陈祖涛. 激光热加工 [M]. 武汉：华中理工大学出版社，1995.

[38] 朱企业. 激光精密加工 [M]. 北京：机械工业出版社，1990.
[39] 李志远. 先进连接方法 [M]. 北京：机械工业出版社，2000.
[40] 唐霞辉. 激光焊接金刚石工具 [M]. 武汉：华中科技大学出版社，2004.
[41] 陈彦宾. 现代激光焊接技术 [M]. 北京：科学出版社，2005.
[42] 刘顺洪. 激光制造技术 [M]. 武汉：华中科技大学出版社，2011.
[43] 林尚扬. 焊接机器人及其应用 [M]. 北京：机械工业出版社，2000.
[44] 黄石生，薛家祥. 新型弧焊电源及其智能控制 [M]. 北京：机械工业出版社，2000.
[45] 潘际銮. 现代弧焊控制 [M]. 北京：机械工业出版社，2000.
[46] 王其隆. 弧焊过程质量实时传感与控制 [M]. 北京：机械工业出版社，2000.
[47] 陈善本，林涛. 智能化焊接机器人技术 [M]. 北京：机械工业出版社，2006.
[48] 蒋力培、薛龙、邹勇. 焊接自动化实用技术 [M]. 北京：机械工业出版社，2010.
[49] 胡绳荪. 焊接自动化技术及其应用 [M]. 2 版. 北京：机械工业出版社，2014.
[50] 中国机械工程学会焊接学会机器人与自动化专业委员会. 焊接机器人实用手册 [M]. 北京：机械工业出版社，2014.
[51] 黎文航，王加友，周方明. 焊接机器人技术与系统 [M]. 北京：国防工业出版，2015.
[52] 莫健华. 快速成形及快速制模 [M]. 北京：电子工业出版社，2006.
[53] 莫健华. 液态树脂光固化增材制造技术 [M]. 武汉：华中科技大学出版社，2013.
[54] 莫健华. 液态树脂光固化 3D 打印技术 [M]. 西安：西安电子科技大学出版社，2016.
[55] 王运赣，张祥林. 微滴喷射自由成形 [M]. 武汉：华中科技大学出版社，2009.
[56] 沈其文. 选择性激光烧结 3D 打印技术 [M]. 西安：西安电子科技大学出版社，2016.
[57] 陈国清. 选择性激光熔化 3D 打印技术 [M]. 西安：西安电子科技大学出版社，2016.
[58] 李中伟. 三维测量技术及应用 [M]. 西安：西安电子科技大学出版社，2016.
[59] P F JACOBS. Stereolithography and Other RP&M Technologies-from Rapid Prototyping to Rapid Tooling [M]. New York：Society of Manufacturing Engineers 1996.
[60] T H PANG. Stereolithography Epoxy Resins SL 5170 and SL 5180：Accuracy，Dimensional Stability and Mechanical Properties [J]. Proceedings of the Solid Freeform Fabrication Symposium，Austin，TX：University of Texas，1994..
[61] P F. JACOBS. Rapid Prototyping & Manufacturing-Fundamentals of Stereolithography [M]. New York：Society of Manufacturing Engineers，1992.
[62] 中川威雄，丸谷洋二. 積層造形システム——三次元技術の新展開 [M]. 东京：工業調査会，1996.
[63] 丸谷洋二，大川和夫，早野誠治，等. 光造形法—レーザによる3次元プロッタ [M]. 东京：日刊工業新聞社，1990.
[64] 黄树槐，肖跃加，莫健华，等. 快速成形技术的展望 [J]，中国机械工程，2000，11（2）. 195-200.
[65] HUANG Bing、Mo jianhua. The Properties of an UV Curable Support Material Prepolymer for Three Dimensionnal Printing [J]. Journal of Wuhan University of Technology-Materials Science. 2010，25（2）：278-281.
[66] 刘海涛、莫健华、黄兵. 一种光固化 3DP 实体材料树脂 [J]. 高分子材料科学与工程. 2009，257：148-151.
[67] 刘海涛，黄树槐，莫健华，等. 光敏树脂对快速原型件表面质量的影响 [J]，高分子材料科学与工程，2007，23（5）：170-173.
[68] 何勇，莫健华，范准峰：光固化快速成形中激光液位检测系统的设计 [J]，激光杂志，2007，28（4）：79-80.
[69] 潘翔，莫健华，冯昕，等. 光固化成形中的变补偿量扫描研究 [J]，激光杂志，2007，28（4）：75-76.
[70] GAO Yongqiang，MO Jianhua，HUANG Shukui. A method of dealing polygon's self-intersection contour in SLA [J]. Journal of Harbin Institute of Technology（New Series），2007，14（2）：163-165.

[71] 祝萍、莫健华、黄树槐. 光固化成形系统激光光斑光强分布检测方法研究 [J]. 激光杂志, 2006, 27 (6), 49-50.

[72] 范准峰, 莫健华, 高永强等. 光固化快速成形激光功率检测系统设计 [J]. 激光杂志, 2006, 27 (6), 74-75.

[73] GAN Zhiwei MO Jian hua, HUANG Shukui: Development of a Hybrid Photopolymer for Stereolithograpuy [J]. Journal of Wuhan University of Technology, 2006. 21 (1), 99-101.

[74] 张琳琳, 莫健华, 甘志伟, 等. 一种新型脂环族环氧树脂丙烯酸酯的紫外光固化 [J]. 高分子材料科学与工程, 2005, 21 (6): 243-246.

[75] 高永强, 莫健华, 黄树槐. 激光静态聚焦系统对 SLA 件精度的影响及改进 [J]. 激光杂志, 2005, 26 (5): 85-86.

[76] 高永强, 莫健华, 黄树槐. 高精度光固化快速成形机控制系统的设计及实现 [J]. 锻压装备与制造技术, 2005, 40, (1), 48-51.

[77] 祝萍, 莫健华: 光固化成形扫描系统坐标漂移检测与校正研究, 2005 年第二届国际模具技术会议论文集 [C]. 北京: 机械工业出版社, 2005.

[78] 黄笔武, 莫健华, 黄树槐. 光敏预聚物丙三醇三缩水甘油醚三丙烯酸酯的合成 [J]. 精细化工, 2004, 21 (10): 778-781.

[79] HUANG Biwu, HUANG Shukui, MO Jianhua. Synthesis of photosensitive diluent of butyl glycidylether acrylate [J]. Journal of Huazhong University of Science & Technology, 2004, 32 (12): 85-87.

[80] 黄笔武, 黄树槐, 莫健华: 乙二醇二缩水甘油醚二丙烯酸酯的合成及应用 [J]. 华中科技大学学报 (自然科学版), 2004, 32 (11), 27-29.

[81] 邹建锋, 莫健华, 黄树槐: 用光斑补偿法改进光固化成形件精度的研究 [J]. 华中科技大学学报 (自燃科学版), 2004, 32 (10), 22-24.

[82] 董学珍, 莫健华, 张李超. 光固化快速成形中柱形支撑生成算法的研究 [J], 华中科技大学学报 (自燃科学版), 2004, 32 (8), 16-18.

[83] 甘志伟, 莫健华, 黄树槐. 可见激光快速成形光固化树脂的研究. 快速成形与快速制造论文集 [C]. 昆明: 原子能出版社, 2004.

[84] 谢璇, 莫健华, 黄树槐, 等. 对紫外光固化中光敏树脂稀释剂的研究 [J]. 材料科学与工艺, 2004, 12 (3): 238-241.

[85] 王静, 莫健华, 杨劲松, 等. 激光固化快速成型技术中环氧树脂/碘鎓盐的应用 [J]. 工程塑料应用, 2004, 32 (6): 27-29.

[86] 刘承美, 曹悠, 甘志伟, 等. 低粘度光敏树脂的合成和表征 [J]. 化学推进剂与高分子材料, 2003, 1 (3): 3-5.

[87] 林柳兰, 莫健华: 快速成形材料及应用 [J]. 金属加工 (冷加工), 2003 (8), 54-56.

[88] 董祥忠, 莫健华, 史玉升, 等. 基于快速制造新型注塑模具设计的探讨 [J]. 工程塑料应用, 2003, 31 (4): 40-43.

[89] 章程斌, 莫健华, 黄树槐. 光固化成形系统激光束光斑的在线检测与位置补偿 [J]. 激光杂志, 2003, 24 (3), 60-61.

[90] 莫健华, 刘杰, 黄树槐. 快速成形技术的发展 [J]. 金属加工 (热加工), 2001 (3): 7-9.

[91] 林柳兰, 莫健华. 等. Material of Indirect Tooling in Rapid Prototyping. 第一届国际模具技术会议论文集 [C]. 北京: 机械工业出版社, 2000.

[92] 陈帆. 现代陶瓷工业技术装备 [M]. 北京: 中国建材工业出版社, 1999.

[93] 张柏清, 林云万. 陶瓷工业机械设备 [M]. 2 版. 北京: 中国轻工业出版社, 2013.

[94] 吴柏诚. 玻璃制造工艺基础 [M]. 北京: 中国轻工业出版社, 1997.

[95] 梁德海、陈茂雄. 玻璃生产技术 [M]. 北京: 轻工业出版社, 1982.

[96] 中华人民共和国机械工业部. 粉末冶金工艺学 [M]. 北京: 科学普及出版社, 1987.

[97] 龙逸. 加工玻璃 [M]. 武汉: 武汉工业大学出版社, 1999.

[98] 殷海荣，李启甲. 玻璃的成形与精密加工 [M]. 北京：化学工业出版社，2010.
[99] 朱海，杨慧敏，朱柏林. 先进陶瓷成型及加工技术 [M]. 北京：化学工业出版社，2016.
[100] 陈鸿复. 冶金炉热工与构造 [M]. 北京：冶金工业出版社，1990.
[101] 曾祥模. 热处理炉 [M]. 西安：西北工业大学出版社，1989.
[102] 孙一唐、林振湛、马忠凯，等. 热处理的机械化与自动化 [M]. 北京：机械工业出版社，1983.
[103] 卢本、魏华胜. 检测与控制工程基础 [M]. 北京：机械工业出版社，2001.
[104] 方之岗. 热工过程自动控制 [M]. 北京：冶金工业出版社，1996.
[105] 陈永勇. 可控气氛热处理 [M]. 北京：化学工业出版社，2008.
[106] 王忠诚. 真空热处理技术 [M]. 北京：化学工业出版社，2015.
[107] 包耳、田绍洁. 真空热处理 [M]. 沈阳：辽宁科学技术出版社，2009.
[108] 陈在良、阎承沛. 先进热处理制造技术 [M]. 北京：机械工业出版社，2002.
[109] 阎承沛. 真空与可控气氛热处理 [M]. 北京：化学工业出版社，2006.
[110] 王忠诚. 热处理工实用手册 [M]. 北京：机械工业出版社，2013.
[111] 吉泽升、张雪龙、武云启. 热处理炉 [M]. 哈尔滨：哈尔滨工程大学出版社，1999.
[112] 冯益柏. 热处理设备选用手册 [M]. 北京：化学工业出版社，2013.
[113] 李泉华. 热处理实用技术 [M]. 北京：机械工业出版社，2007.
[114] 中国机械工程学会热处理学会《热处理手册》编委会. 热处理手册 [M]. 北京：机械工业出版社，2003.
[115] 杨满. 实用热处理技术手册 [M]. 北京：机械工业出版社，2010.
[116] 孟繁杰，黄国靖. 热处理设备 [M]. 北京：机械工业出版社，1988.
[117] 马伯龙，王建林. 实用热处理技术及应用 [M]. 北京：机械工业出版社，2009.
[118] 蔡建国. 可持续发展战略与现代制造工业 [J]. 机电一体化，1998 (1)：6-9.
[119] 樊自田、黄乃瑜、董选普. 从 Cosworth Process 新工艺看现代铸造生产的绿色集约化特点及其发展趋势 [J]. 铸造技术，1999 (5)：37-39.
[120] 柳百成. 21 世纪的材料成形加工技术 [J]. 航空制造技术，2003 (6)：17-21.
[121] National Research Council. Visionary Manufacturing Challenges for 2020 [M]. Washington. D. C：National Academy Press，1998.
[122] 郑铭. 环境影响评价导论 [M]. 北京：化学工业出版社，2003.
[123] 魏华胜. 铸造工程基础 [M]. 北京：机械工业出版社，2002.
[124] 杨国泰，何成宏，揭小平. 锻锤和压力机隔振技术 [J]. 机械工程学报，1997，33 (1)：105-110.
[125] 杨国清. 固体废物处理工程 [M]. 北京：科学出版社，2000.
[126] 樊自田，董选普，陆浔. 水玻璃砂工艺原理及应用技术 [M]. 2 版. 北京：机械工业出版社，2016.